Engineer Electric Work

최신 출제기준에 맞춘
최고의 수험서

최신 개정판

전기공사 기사 필기

이광수 · 이기수 공저

본 교재의 특징

- 이론문제 및 계산문제를 공식부터 풀이과정을 상세하게 정리
- 한국산업인력공단 **변경 출제기준안**에 의한 구성
- 과목별 **체계적인 단원 분류 및 요약정리**
- 전공학습에 대한 **정확한 개념 정리**
- **최근 기출문제 수록**

유료 동영상 강의

질의응답 사이트 운영
http://www.kkwbooks.com
도서출판 건기원

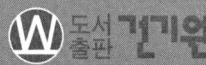

머리말

40여 년간 전기·전자 관련 공학도들을 대상으로 강의하면서 학생들이 어렵게만 느끼고 있는 전기·전자공학 부분을 보다 알기 쉽고, 확실히 이해할 수 있는 방법을 찾고자 노력한 결과를 본서에 담았습니다.

학생들과 같이 호흡하면서 강의해 온 경험을 토대로 자격증 취득은 물론이거니와, 본서를 기반으로 전공 지식에 대한 비상을 목표로 기본적인 개념에서부터 응용분야에 이르는 단원별 핵심 이론 및 엄선 문제를 수록하고 풀이하였으며, 최근 기출문제에 대한 해설을 통하여 각종 시험에 대비할 수 있도록 제작되었습니다.

본서를 통하여 공부하시던 중 궁금한 부분이나 문제점이 생기면 질의·응답을 하실 수 있도록 질의·응답 사이트를 개설하여 수험생들의 문제점을 바로 해결할 수 있도록 하였습니다.

본 교재의 특징

- 강의 경력 40년(대학 강의, 학원 강의, 기업체 연수원 강의)의 초특급 Know-How 교재
- 수험자가 단기간에 학습할 수 있도록 자격증 출제 기준안에 의거 각 과목별로 체계적인 단원 분류 및 핵심 이론과 엄선된 예제를 통한 공학개념 완전 이해
- 단원별 핵심 이론 및 예제와 최근 과년도 출제 문제 해설을 수록하여 학습한 내용을 확인하고 평가할 수 있도록 만전을 기울인 교재

아무쪼록 본서가 전기·전자공학도들에게 지속적인 사랑을 받으면서 전공학습의 개념정리 및 전기기사 자격시험 합격에 있어서 꼭 필요한 책으로 기억되기를 바라며, 차후 변경되는 출제 경향 및 기출문제 등을 지속적으로 수록하여 계속 보완하도록 하겠습니다.

끝으로 본서를 출판하는 데 있어 많은 도움을 주시고 지도하여 주신 모든 선·후배님들과 도서출판 건기원 직원 여러분께 진심으로 감사드립니다.

저 자 씀

차례

제1부 전기응용 및 공사재료

제 1 장 전기조명 ··· 13
　　● 적중예상문제 ·· 18

제 2 장 전열 ·· 33
　　● 적중예상문제 ·· 36

제 3 장 전동기 응용 ·· 46
　　● 적중예상문제 ·· 52

제 4 장 전기철도 ··· 61
　　● 적중예상문제 ·· 67

제 5 장 전기화학 ··· 74
　　● 적중예상문제 ·· 77

제 6 장 전기공사 재료 ··· 81
　　● 적중예상문제 ·· 85

제2부 전력공학

1. 송배전 공학

제 1 장 선로정수 및 코로나 ·· 93
　　● 적중예상문제 ·· 95

제 2 장 송전특성 및 송전용량 ·· 105
　　● 적중예상문제 ·· 107

제 3 장 고장계산 ··· 117
　　● 적중예상문제 ·· 119

제 4 장 유도장애 및 안정도 ················· 127
　　　○ 적중예상문제 ························· 129

제 5 장 중성점 접지방식 ···················· 133
　　　○ 적중예상문제 ························· 135

제 6 장 이상전압 및 개폐기 ················· 139
　　　○ 적중예상문제 ························· 144

제 7 장 전선로 ···························· 157
　　　○ 적중예상문제 ························· 160

제 8 장 배전선로의 구성과 전기방식 ·········· 165
　　　○ 적중예상문제 ························· 167

제 9 장 배전선로의 전기적인 특성 ············ 176
　　　○ 적중예상문제 ························· 178

제 10 장 송배전선로의 운용과 보호 ··········· 189
　　　○ 적중예상문제 ························· 191

2. 수화력 및 원자력 공학

제 11 장 수력 공학 ························ 199
　　　○ 적중예상문제 ························· 203

제 12 장 화력 공학 ························ 212
　　　○ 적중예상문제 ························· 214

제 13 장 원자력 공학 ······················ 220
　　　○ 적중예상문제 ························· 222

차 례

제3부 전기기기

- 제 1 장 직류기 ………………………………… 231
  - 적중예상문제 ………………………………… 235
- 제 2 장 변압기 ………………………………… 250
  - 적중예상문제 ………………………………… 253
- 제 3 장 유도기 ………………………………… 270
  - 적중예상문제 ………………………………… 274
- 제 4 장 동기기 ………………………………… 292
  - 적중예상문제 ………………………………… 296
- 제 5 장 교류 정류자기 및 정류기 ……………… 306
  - 적중예상문제 ………………………………… 309

제4부 회로이론

- 제 1 장 기본 법칙 ……………………………… 323
  - 적중예상문제 ………………………………… 328
- 제 2 장 정현파 교류 …………………………… 333
  - 적중예상문제 ………………………………… 335
- 제 3 장 기본 교류회로 ………………………… 339
  - 적중예상문제 ………………………………… 343
- 제 4 장 교류전력 ……………………………… 348
  - 적중예상문제 ………………………………… 352
- 제 5 장 대칭좌표법 …………………………… 361
  - 적중예상문제 ………………………………… 364

제 6 장	비정현파 교류	368
	○ 적중예상문제	372
제 7 장	2단자 회로망	378
	○ 적중예상문제	381
제 8 장	4단자 회로망	386
	○ 적중예상문제	393
제 9 장	분포정수회로	402
	○ 적중예상문제	405
제 10 장	과도현상	411
	○ 적중예상문제	417
제 11 장	라플라스 변환	423
	○ 적중예상문제	427
제 12 장	전달함수	437
	○ 적중예상문제	439

제5부 제어공학

제 1 장	자동제어계의 요소와 구성	451
	○ 적중예상문제	453
제 2 장	라플라스 변환	456
	○ 적중예상문제	460
제 3 장	전달함수	470
	○ 적중예상문제	472
제 4 장	블록선도와 신호흐름 선도	481
	○ 적중예상문제	483

차 례

제 5 장 과도응답 ········· 491
- 적중예상문제 ········· 492

제 6 장 편차와 감도 ········· 499
- 적중예상문제 ········· 501

제 7 장 주파수 응답 ········· 507
- 적중예상문제 ········· 510

제 8 장 안정도 판별법 ········· 519
- 적중예상문제 ········· 521

제 9 장 근궤적 ········· 530
- 적중예상문제 ········· 531

제 10 장 상태방정식 ········· 537
- 적중예상문제 ········· 540

제 11 장 디지털 공학 ········· 547
- 적중예상문제 ········· 554

제 6 부 전기설비기술기준

제 1 장 공통사항 ········· 567
- 적중예상문제 ········· 582

제 2 장 저압 전기설비 ········· 587
- 적중예상문제 ········· 606

제 3 장 고압·특고압 전기설비 ········· 614
- 적중예상문제 ········· 648

제 4 장 전기철도설비 ········· 660
- 적중예상문제 ········· 671

제 5 장 분산형 전원설비 ·· 679
  ◎ 적중예상문제 ·· 686

제7부 최근 기출문제

제 01 회 2019년 3월 3일 ·· 697
제 02 회 2019년 4월 27일 ·· 726
제 03 회 2019년 9월 21일 ·· 756
제 04 회 2020년 6월 6일 ·· 784
제 05 회 2020년 8월 22일 ·· 815
제 06 회 2021년 3월 7일 ·· 845
제 07 회 2021년 5월 16일 ·· 875
제 08 회 2021년 9월 12일 ·· 903
제 09 회 2022년 3월 5일 ·· 932
제 10 회 2022년 4월 24일 ·· 962

전기공사기사 필기

최신 출제기준 확인하기

CBT 필기시험 미리 보기
http://www.q-net.or.kr

처음 방문하셨나요?
큐넷 서비스를 미리 체험해보고
사이트를 쉽고 빠르게 이용할 수 있는
이용 안내, 큐넷 길라잡이를 제공

- 큐넷 체험하기
- CBT 체험하기
- 이용안내 바로가기
- 큐넷길라잡이 보기
- 동영상 실기시험 체험하기
- 전문자격시험체험학습관 바로 가기

이용방법 큐넷에 **접속**한 후,
메인 화면 하단의 〈CBT 체험하기〉
버튼을 클릭한다.

제1부
전기응용 및 공사재료

제 1 장　전기조명
제 2 장　전열
제 3 장　전동기 응용
제 4 장　전기철도
제 5 장　전기화학
제 6 장　전기공사 재료

Chapter 01 전기조명

1부 전기응용 및 공사재료

① 복사에 관한 여러 가지 법칙

1) 스테판-볼츠만(stefan-boltzmann)의 법칙

J(흑체의 복사발산도)$= \sigma T^4 [\text{w} \cdot \text{m}^{-2}]$

- T : 온도(°K)
- σ : 스테판-볼츠만의 상수 $= 5.6724 \times 10^{-12} [\text{wcm}^{-2} \, °\text{K}]$

2) 비인(wien)의 변위칙

$\lambda_m T = 2896 \, [\mu \, °\text{K}]$

- λ_m : 흑체의 복사발산도에 대응하는 파장
- T : 온도[°K]

3) 플랑크(planck)의 식

$J_A = \dfrac{c_1}{\lambda^5} \times \dfrac{1}{\varepsilon^{\frac{c_2}{\lambda T}} - 1} [\text{w}\,\text{c}\,\text{m}^{-2} \mu^{-1}]$

- J_A : 흑체의 스펙트럼 복사발산도
- c_1, c_2 : 플랑크 제 1, 2상수

② 광속(완전 확산면인 경우)[lm]

① 구광원 : F(광속)$= 4\pi I_0$ [lm]

② 평면판 광원 : F(광속)$= \pi I_0$ [lm]

③ 원통광원 : F(광속)$= \pi^2 I_{90}$ [lm] (형광등에 이용된다.)

④ 반구광원 : F(광속)$= 4\pi I_{90}$ [lm]

❸ 광도(cd)

$I(\text{광도}) = \dfrac{dF}{dw}[\text{cd}] \qquad \therefore F(\text{광속}) = Iw\,[\text{lm}]$

$w(\text{입체각}) = 2\pi(1-\cos\theta)\,[\text{radin}]$

❹ B(휘도)[cd/m²=nt]

광원이 빛나는 정도를 말한다.

$\therefore$ 완전 확산면인 경우 $B = \dfrac{I}{S}\,[\text{cd/m}^2]$

$I(\text{광도}) = BS = B\pi a^2\,[\text{cd}]$

❺ R(완전 확산면일 때의 광속 발산도)[rlx]

① $R(\text{광속 발산도}) = \dfrac{F_0}{S} = \dfrac{\pi I}{S} = \dfrac{\pi BS}{S} = \pi B\,[\text{rlx}]$

단, $B(\text{휘도}) = \dfrac{I}{S}\,[\text{cd/m}^2]$

② $R(\text{광속 발산도}) = \dfrac{F_\tau}{S} = \dfrac{\tau F}{S} = \dfrac{\tau ES}{S} = \tau E\,[\text{rlx}]$

단, $\tau(\text{투과율}) = \dfrac{F_\tau}{F}$, $E(\text{조도}) = \dfrac{F}{S}\,[\text{lx}]$

③ $R(\text{광속 발산도}) = \dfrac{F_\rho}{S} = \dfrac{\rho F}{S} = \dfrac{\rho ES}{S} = \rho E\,[\text{rlx}]$

단, $\rho(\text{반사율}) = \dfrac{F_\rho}{F}$, $E(\text{조도}) = \dfrac{F}{S}\,[\text{lx}]$

∴ ①, ②, ③에서 완전 확산면일 때의 광속 발산도는

$R(\text{광속 발산도}) = \dfrac{F}{S} = \pi B = \tau E = \rho E\,[\text{rlx}]$ 이다.

ρ : 반사율
F : 광속(완전 확산면에서 발산하는 광속)
E : 조도

④ $R(\text{광속 발산도}) = \dfrac{F_0}{S} = \dfrac{\eta F_\tau}{S} = \dfrac{\eta F_\rho}{S}\,[\text{rlx}]$

또한 $R(\text{광속 발산도}) = \dfrac{F_0}{S} = \dfrac{\tau F}{S} \times \eta = \dfrac{\rho F}{S} \times \eta\,[\text{rlx}]$ 이다.

단, $\eta(\text{기구 효율}) = \dfrac{F_0[\text{발산광속}]}{F_\tau[\text{투과 광속}]} = \dfrac{F_0[\text{발산광속}]}{F_\rho[\text{반사광속}]}$ 이다.

❻ E(조도)(lx=lm/m²) ; 면의 밝기 정도를 말한다.

$E(조도) = \dfrac{F}{A}$ [lx], F(A면으로 입사하는 광속)$= EA$ [lm]이다.

E_x(노출)$= Et$ [lm·sec]

① 탁상(원형면)의 평균조도 $E = \dfrac{F}{A} = \dfrac{I_0 w}{A} = \dfrac{2I_0(1-\cos\theta)}{r^2}$ [lx]

② 원형 천장(반구형 천장) 바로 밑(바닥면) 중앙점의 조도 $E = \pi B \sin^2\theta$ [lx]

③ 조도계산의 기초법칙

　㉠ 거리 역제곱의 법칙

$$E(조도) = \dfrac{F}{A} = \dfrac{4\pi I_0}{4\pi r^2} = \dfrac{I_0}{r^2} \text{ [lx]}$$

　㉡ 입사각 여현의 법칙

$$E_n(법선조도) = \dfrac{I_0}{r^2} \text{ [lx]}$$

$$E_h(수평면조도) = E_n \cos\theta \text{ [lx]}$$

$$E_v(수직면조도) = E_n \sin\theta \text{ [lx]}$$

④ θ 각도만큼 기울어진 임의면의 조도 $E = \dfrac{I\cos\theta}{r^2}$ [lx]

❼ R(광속 발산도) ; 완전 확산면에서 발산하는 광속

$R = \dfrac{F}{A} = \pi B = \rho E = \tau E$ [lx]

❽ 상호반사의 관계

F(입사광속)[lm]

ρ(반사율)$= \dfrac{F_L}{F} \times 100$　　　　　F_L(반사광속)[lm]

τ(투과율)$= \dfrac{F_\tau}{F} \times 100$　　　　　F_τ(투과광속)[lm]

α(흡수율)$= \dfrac{F_\alpha}{F} \times 100$　　　　　F_α(흡수광속)[lm]

∴ F(입사광속)$= F_L + F_\tau + F_\alpha$ [lm]

$\rho + \tau + \alpha = 1$이며 구형 글로브의 효율 $\eta = \dfrac{\tau}{1-\rho}$이다.

❾ 광원

1) 전구의 종류
① 백열전구 필라멘트의 구비조건
   ㉠ 용융점이 높을 것
   ㉡ 고유저항이 클 것
   ㉢ 높은 온도에서 증발이 적을 것
   ㉣ 선팽창계수가 적을 것
② 할로겐전구
   불활성가스와 함께 미소량의 옥소와 할로겐원소를 봉입한 전등이다.

2) 방전등의 종류
① 형광등 : 저압수은 증기의 방전을 이용한 전등이다.
② 수은등[저압수은등, 고압수은등, 초고압 수은등, 무영등(수술실에 이용)] : 수은증기의 방전을 이용한 전등이다.
③ 나트륨등 : 나트륨 증기의 방전을 이용한 전등이다.
④ 크세논등 : 고압의 크세논 가스중의 방전을 이용한 전등이다.
⑤ 네온관등 : 가늘고 긴 유리관의 양단에 전극을 봉입하고 수(mmHg)의 불활성가스 또는 수은 봉입. 수은의 방전을 이용한 냉음극 방전등이고 양광주부분의 발광을 이용한 것이다. 전원은 누설변압기(네온 트랜스)를 사용한다.
⑥ EL등(고체등) : 전계 루우미네슨스에 의하여 발광되는 표시용, 장식용 고체등이다.

❿ 조명설계

1) 옥내조명설계
$FUN = EAD$

- F : 광속[lm]
- U : 조명율
- N : 광원의 수
- D : 감광보상율
- M : 보수율 $= \dfrac{1}{D}$
- A : 작업면적[m^2]
- E : 작업면의 평균조도[lx]

2) 도로조명설계

$$\frac{F}{S} = \frac{DEB}{Un}$$

- F : 등주 1개의 광속[lm]
- S : 등주의 간격[m]
- U : 조명율
- n : 등주의 나열수
- B : 도로폭[m]
- D : 감광보상율 = $\frac{1}{M}$
- E : 도로면의 평균조도[lx]

3) 기구의 간격

$S \leq 1.5H$

- S : 기구의 간격
- H : 광원의 높이

4) 광원과 벽면사이의 거리(S_o)[m]는?

$S_o \leq \frac{1}{2}H$[m] (벽면을 사용하지 않을 경우)

$S_o \leq \frac{1}{3}H$[m] (벽면을 사용할 경우)

$RI(실지수) = \frac{XY}{H(X+Y)}$

- H : 광원의 높이
- X, Y : 방의 폭과 길이

① 좁은 도로인 경우 $H = \frac{B}{2}$[m]

② 넓은 도로인 경우 $H = \frac{B}{4}$[m]

- B : 도로 폭

Chapter 01 적중예상문제

01 광원의 광색 온도란?

① 같은색을 내는 백금의 온도
② 같은색을 내는 루미너슨스의 온도
③ 같은 색을 내는 흑체의 온도
④ 청색을 낼때의 온도

 광원의 광색 온도 : 광원색과 같은 색을 내는 흑체의 온도

02 시감도가 가장 좋은 광색은?

① 적색
② 청색
③ 등색
④ 녹색

 시감도 : 어느 파장의 에너지가 빛으로 느껴지는 정도를 말한다. 시감도가 최대인 광색은 황녹색이며 그 파장은 5,550[A°]이다.

03 가시광선의 파장범위(A°)는?

① 3,800~7,600
② 5,550~5,800
③ 4,000~4,300
④ 2,800~3,100

 가시광선의 파장범위는 3,800~7,600[A°]이다.

04 평면 구면광도가 120[cd]인 전구로부터의 총 발산광속은 몇 [lm]인가?

① 1,600
② 380
③ 1,507
④ 1,207

 평균 구면광도 $I=120[cd]$
전구의 총 발산광속 $F=4\pi I=4\times 3.14\times 120=1,507.2[lm]$이다.

정답 01 ③ 02 ④ 03 ① 04 ③

05 100[V]의 백열전구가 있다. 평균 수평광도 200[cd], 주변 확산율이 0.9일 때 전구의 전 광속은 몇 [lm]인가?

① 3,000 ② 1,180
③ 2,260 ④ 1,650

 주변 확산율이 0.9일 때 평균 구면광도 I와 평균 수평면광도 I_h 사이에는
$I = 0.9 I_h = 0.9 \times 200 = 180 [cd]$
∴ 전구의 전 광속 $F = 4\pi I = 4 \times 3.14 \times 180 = 2,260 [\text{lm}]$

06 완전 확산면의 휘도 B와 광속 발산도 R와의 관계는?

① $R = \pi^2 B$ ② $R = 4\pi B$
③ $R = \pi B$ ④ $\dfrac{B}{\pi}$

 완전 확산면의 광도 $I = B\pi a^2 [cd]$
완전 확산면의 광속 $F = \pi I [\text{lm}]$
∴ 광속 발산도 $R = \dfrac{F}{S} = \dfrac{\pi I}{\pi a^2} = \dfrac{\pi \times B \times \pi a^2}{\pi a^2} = \pi B [\text{rlx}]$

07 완전 확산면의 광속 발산도가 2,000[rlx]일 때 휘도는 약 몇 [cd/cm²]인가?

① 0.682 ② 0.064
③ 0.2 ④ 63.7

 완전 확산면에서의 광속 발산도 $R = \pi B [\text{rlx}]$
∴ 휘도 $B = \dfrac{R}{\pi} = \dfrac{2,000}{3.14} [\text{cd/m}^2] = \dfrac{2,000}{3.14} \times 10^{-4} = 0.064 [\text{cd/cm}^2]$

08 눈부심을 느끼는 한계 휘도(cd/cm²)의 값은?

① 0.5×10^4 ② 500×10^4
③ 50×10^4 ④ 5×10^4

 사람이 눈부심을 느끼는 한계는 $0.5 [\text{cd/m}^2] = 0.5 \times 10^4 [\text{cd/cm}^2]$이다.

09 $60[m^2]$의 정원에 평균조도 $20[lx]$를 얻으려면 몇 $[lm]$의 광속이 필요한가? (단, 유효한 광속은 전광속의 40%이다.)

① 3,000 ② 2,500
③ 5,000 ④ 4,000

해설 유효광속이 전광속의 40%이므로 정원에 평균조도 $E = \dfrac{0.4F}{A}[lx]$

∴ 광속 $F = \dfrac{EA}{0.4} = \dfrac{20 \times 60}{0.4} = 3,000[lm]$

10 $2,000[cd]$의 점광원으로부터 $4[m]$ 떨어진 점에서 광원에 수직한 평면상으로 1/50초간 빛을 비추었을 때의 노출($lx \cdot s$)은?

① 2.5 ② 6.3
③ 4.5 ④ 0.15

해설 노출 E_x는 조도 $E[lx]$에다 조사시간 $t[sec]$의 곱이다.

∴ $E_X = E \times t = \dfrac{I}{R^2} \times t = \dfrac{2,000}{4^2} \times \dfrac{1}{50} = 2.5[lx \cdot s]$

11 조도는 광원으로부터의 거리와 어떤 관계가 있는가?

① 거리의 제곱에 비례한다. ② 거리에 비례한다.
③ 거리의 제곱에 반비례한다. ④ 거리에 반비례한다.

해설 조도에 관한 거리 역제곱의 법칙에서 $E = \dfrac{F_0}{S_0} = \dfrac{4\pi I_0}{4\pi R^2} = \dfrac{I_0}{R^2}[lx]$

∴ 조도는 거리의 제곱에 반비례한다.

12 $60[W]$ 전구를 책상 위 $2[m]$인 곳에서 점등하였을 때 전구 바로 밑의 조도가 $18[lx]$가 되었다. 이 전구를 $50[cm]$만큼 책상 쪽으로 가까이 할 때의 조도(lx)는?

① 약 42 ② 약 12
③ 약 24 ④ 약 32

해설 조도는 거리의 제곱에 반비례한다.

∴ 최초의 조도 $E_1 = \dfrac{I}{R_1^2}[lx] \rightarrow ㉠$

$50[cm]$ 가까이 할 때의 조도 $E_2 = \dfrac{I}{R_2^2}[lx] \rightarrow ㉡$

∴ ㉠식과 ㉡식에서 $\dfrac{E_2}{E_1} = \dfrac{R_1^2}{R_2^2} = \left(\dfrac{2}{2-0.5}\right)^2 = \left(\dfrac{2}{1.5}\right)^2$

∴ $E_2 = \left(\dfrac{2}{1.5}\right)^2 \times E_1 = \left(\dfrac{2}{1.5}\right)^2 \times 18 = 32[lx]$

정답 09 ① 10 ① 11 ③ 12 ④

13 그림과 같은 높이 3[m]의 가로등 A, B가 8[m]의 간격으로 배치되어 있고 그 중앙 P점에서 조도계 A로 향하여 측정한 법선조도가 1[lx], B를 향하여 측정한 법선조도가 0.8[lx]라 한다. P점의 수평면 조도는 몇 [lx]인가?

① 0.65
② 1.48
③ 1.08
④ 2.8

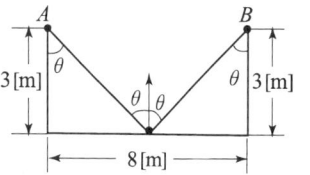

 A, B의 법선조도 $E_A = 1[\text{lx}]$, $E_B = 0.8[\text{lx}]$이다.
A, B의 각 수평면 조도 $E_{hA} = E_A \cos\theta[\text{lx}]$, $E_{hB} = E_B \cos\theta[\text{lx}]$
∴ P점의 수평면 조도 $E_h = E_{hA} + E_{hB} = E_A \cos\theta + E_B \cos\theta = 1 \times 0.6 + 0.8 \times 0.6 = 1.08[\text{lx}]$

(단, $\cos\theta = \dfrac{3}{\sqrt{5^2+3^2}} = 0.6[\text{lx}]$)

14 각 방향 동일 광도를 가지고 있는 광원을 지름 3[m]의 원탁중심 바로 위 2[m]에 놓고 탁상평균조도를 200[lx]로 하려면 광원의 광도(cd)는 얼마로 하면 되겠는가?

① 1200
② 1125
③ 110
④ 1325

 탁상의 평균조도
$E = \dfrac{F(\text{원탁의 광속})}{A(\text{원탁의 면적})} = \dfrac{Iw}{\pi r^2} = \dfrac{I \times 2\pi(1-\cos\theta)}{\pi r^2} = \dfrac{2I(1-\cos\theta)}{r^2}$

$= \dfrac{2I\left(1 - \dfrac{2}{\sqrt{1.5^2+2^2}}\right)}{1.5^2} = \dfrac{0.4 \times I}{2.25}[\text{lx}]$이다.

∴ $I(\text{광도}) = \dfrac{2.25 \times E}{0.4} = \dfrac{2.25 \times 200}{0.4} = 1125[\text{cd}]$이다.

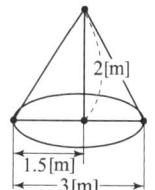

15 그림과 같은 점광원으로부터 원뿔 밑면까지의 거리가 4[m]이고 밑면의 반지름이 3[m]인 원형면의 평균조도가 100[lx]라면 이 광원의 평균광도(cd)는?

① 2500
② 225
③ 2250
④ 1250

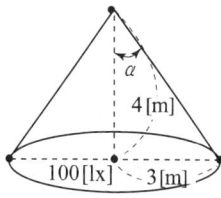

원형면의 평균조도

$$E = \frac{F(\text{원의 광속})}{A(\text{원의 면적})} = \frac{Iw}{\pi r^2} = \frac{I \times 2\pi(1-\cos\alpha)}{\pi r^2} = \frac{2I(1-\cos\alpha)}{r^2} = \frac{2I\left(1-\frac{4}{\sqrt{3^2+4^2}}\right)}{3^2}$$

$$= \frac{0.4 \times I}{9} [\text{lx}] \text{에서 } I(\text{점광원의 광도}) = \frac{9 \times E}{0.4} = \frac{9 \times 100}{0.4} = 2250[\text{cd}] \text{이다.}$$

16 완전 확산 평판광원의 최대광도가 I[cd]일 때의 전광속(lm)은?

① $4\pi I$
② πI
③ $\dfrac{I}{\pi}$
④ $2\pi I$

 완전 확산면이란 휘도가 같은 면을 말한다.

$B(\text{휘도}) = \dfrac{I}{S}[\text{cd/cm}^2]$, $I(\text{광도}) = BS[\text{cd}]$이다.

$\therefore R(\text{광속 발산도}) = \dfrac{F}{S} = \dfrac{\pi I(\text{평면판})}{S} = \dfrac{\pi \times BS}{S} = \pi B[\text{lm/m}^2]$에서

$F(\text{전광속}) = RS = \pi BS = \pi \times \dfrac{I}{S} \times S = \pi I[\text{lm}]$

17 한변이 50[cm]인 정4각형 완전 확산성 평판광원이 있다 총 광속이 157[lm]이라면 중심점에서 수직방향의 최대 광도(cd)의 값은?

① 약 200
② 약 50
③ 약 628
④ 약 12.5

 완전 확산성 평판광원의 면적($S = 0.5 \times 0.5 \,[\text{m}^2]$)이다.

$R(\text{광속 발산도}) = \pi B = \dfrac{F}{S} = \dfrac{157}{0.5 \times 0.5} = 628[\text{lm/m}^2]$

$B(\text{휘도}) = \dfrac{I}{S} = \dfrac{R}{\pi} = \dfrac{628}{3.14} = 200[\text{cd/m}^2]$

$\therefore I(\text{수직 방향 최대광도}) = BS = 200 \times (0.5 \times 0.5) = 50[\text{cd}]$

18 휘도 B(Sb) 반지름 r[m]인 등휘도 완전 확산성 구광원의 전광속 F[lm]는 얼마인가?

① $\pi^2 r^2 B$
② $4r^2 B$
③ $\pi r^2 B$
④ $4\pi^2 r^2 B$

 완전 확산성 구광원의 면적 $S = 4\pi r^2 [\text{m}^2]$이다.

$R(\text{광속 발산도}) = \pi B = \dfrac{F}{S}[\text{lm/m}^2]$이다.

$\therefore F(\text{구광원의 광속}) = RS = \pi B \times S = \pi B \times 4\pi r^2 = 4\pi^2 r^2 B[\text{lm}]$

19 그림과 같은 반구형 천장이 있다. 반지름 r은 30[Cm], 반구 내의 휘도 B는 4487[cd/m²]로 균일하다. 이때 $a=2.5$[m] 거리에 있는 바닥 P점의 조도는 몇 [lx]인가?

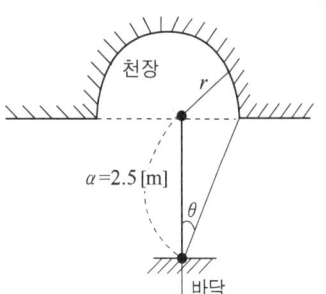

① 400
② 200
③ 100
④ 300

 반구형 천장이 있다. 바닥 중앙점 P의 조도

$$B = \pi B \sin^2\theta = \pi B \times \left(\frac{r}{\sqrt{a^2+r^2}}\right)^2 = \pi \times 4487 \times \left(\frac{0.3}{\sqrt{(0.3)^2+(2.5)^2}}\right)^2$$
$$= \frac{3.14 \times 4487 \times (0.3)^2}{(0.3)^2+(2.5)^2} = 200[\text{lx}]$$

20 그림과 같은 반구형 천장이 있다. 그 반지름은 2[m], 휘도는 80[cd/m²]이고 균일하다. 이때 4[m] 거리에 있는 바닥 중앙점의 조도(lx)는?

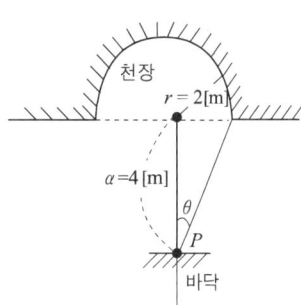

① 약 50.24
② 약 150.24
③ 약 10.24
④ 약 22.54

 반구형 천장이 있다. 바닥 중앙점의 조도

$$E = \pi B \sin^2\theta = \pi B \times \left(\frac{r}{2\sqrt{r^2+a^2}}\right)^2 = \pi B \times \left(\frac{2}{2\sqrt{2^2+4^2}}\right)^2 = 3.14 \times 80 \times \frac{2^2}{2^2+4^2} = 50.24[\text{lx}]$$

21 균일한 휘도를 가진 긴 원통(원주) 광원의 축 중앙 수직방향의 광도가 200[cd]이다. 이 원통 광원의 구면광도(cd)는 얼마인가?

① 100
② 157
③ 300
④ 200

 원통 광원의 법선방향 광도 I[cd]와 전 광속 F[lm] 사이에는 $F = \pi^2 I_0$[lm]이다. 또 원통 광원에 의한 광속 F[lm]과 평균 구면광도 I[cd] 사이에는 $F = 4\pi I$[lm]이다.

$$\therefore I(\text{평균 구면광도}) = \frac{F}{4\pi} = \frac{\pi^2 I_0}{4\pi} = \frac{\pi I_0}{4} = \frac{3.14 \times 200}{4} = 157[\text{cd}]$$

22 루소 선도가 그림과 같이 표시되는 광원의 상반구 광속 [lm]을 구하면? (단, 이 그림에서 곡선 BC는 4분원이다.)

① 약 418
② 약 693
③ 약 493
④ 약 1250

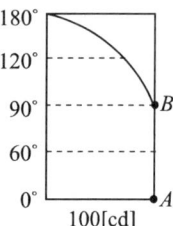

 루소선도에서 전광속 F[lm]과 면적 S사이의 관계에서

$F(\text{상반구의 광속}) = \dfrac{2\pi}{r} \times S = \dfrac{2\pi}{r} \times \dfrac{\pi r^2}{4} = \dfrac{2 \times 3.14}{100} \times \dfrac{3.14 \times 100^2}{4} \fallingdotseq 493[\text{lm}]$

23 반사율 ρ, 투과율 τ, 흡수율 δ일 때 이들의 관계식은?

① $\rho + \tau - \delta = 1$
② $\rho - \tau + \delta = 1$
③ $\rho + \tau + \delta = 1$
④ $\rho - \tau - \delta = 1$

 $\rho(\text{반사율}) = \dfrac{F_\rho(\text{반사광속})}{F(\text{입사광속})} \times 100[\%]$, $\tau(\text{투과율}) = \dfrac{F_\tau(\text{투과광속})}{F(\text{입사광속})} \times 100[\%]$,

$\delta(\text{흡수율}) = \dfrac{F_\delta(\text{흡수광속})}{F(\text{입수광속})} \times 100[\%]$ 이다. 또한 $F_\rho + F_\tau + F_\delta = F$ 관계이다.

$\therefore \rho + \tau + \delta = 1$

24 200[W] 전구를 우유색 구형 글로우브에 넣었을 경우 우유색 유리의 반사율을 30%, 투과율을 50%라고 할 때 글로우브의 효율(%)을 구하면?

① 약 91
② 약 81
③ 약 61
④ 약 71

 $\eta(\text{글로우브의 효율}) = \dfrac{\text{출력}}{\text{입력}} \times 100 = \dfrac{\text{투과율}}{\text{입사율}} \times 100 = \dfrac{\tau}{1-\rho} \times 100 = \dfrac{0.5}{1-0.3} \times 100 \fallingdotseq 71\%$

25 반사율 10%, 흡수율 20%인 5.6[m²]의 유리면에 광속(입사광속) 1,000[lm]인 광원을 균일하게 비추었을 때 이면의 광속 발산도(rlx)는? (단, 전등기구 효율은 80%이다.)

① 100
② 80
③ 114
④ 142

 $\rho + \tau + \delta = 1$ $\therefore \tau(\text{투과율}) = 1 - \rho - \delta = 1 - 0.1 - 0.2 = 0.7$

$\therefore \eta(\text{전등기구의 효율}) = \dfrac{\text{투과율}}{\text{입사율}} \times 100 = 80[\%]$, $\tau(\text{투과율}) = \dfrac{F_0(\text{발산광속})}{F(\text{입사광속})}$

$\therefore R(\text{광속 발산도}) = \dfrac{F_0}{F} \times \eta = \dfrac{\tau F}{S} \times \eta = \dfrac{0.7 \times 1{,}000}{5.6} \times 0.8 = 100[\text{rlx}]$

26 150[W] 가스입 전구를 반지름 20[cm] 투과율 80%인 구의 내부에서 점등시켰을 때 구의 평균휘도(cd/cm²)는? (단, 구의 반사는 무시하고 전구의 광속은 2400[lm]이다.)

① 0.03
② 0.58
③ 0.12
④ 1.52

 가스입 전구의 면적 $S=\pi r^2 [\text{m}^2]$, $\tau(\text{투과율})=\dfrac{F_\tau(\text{투과광속})}{F(\text{입사}(\text{전구})\text{광속})}$ 이다.

∴ $F_\tau(\text{투과 광속})=\tau F=4\pi I[\text{lm}]$

$B(\text{휘도})=\dfrac{I}{S}=\dfrac{\dfrac{F_\tau}{4\pi}}{\pi r^2}=\dfrac{F_\tau}{4\pi\times\pi r^2}=\dfrac{\tau F}{4\pi^2 r^2}=\dfrac{0.8\times 2400}{4\pi^2\times(20)^2}=0.12[\text{cd/cm}^2]$

 $R(\text{광속 발산도})=\pi B=\dfrac{\tau F}{S}=\rho E=\tau E[\text{rlx}]$ 로 계산된다.

27 투과율이 50%인 완전 확산성의 유리를 천장 뒤에서 비추었을 때 마루에서 본 휘도가 0.2[sb]일 때 천정 뒤의 유리면 조도(lx)는?

① 12.56
② 125.6
③ 1256
④ 12560

 완전 확산면의 조도 $E[\text{lx}]$라면 $R(\text{광속 발산도})=\pi B=\tau E=\rho E=\dfrac{\tau F}{S}[\text{rlx}]$

∴ $\pi B=\tau E$에서 $E=\dfrac{\pi B}{\tau}=\dfrac{3.14\times 0.2}{0.5}[\text{cd/cm}^2]=\dfrac{3.14\times 0.2}{0.5}\times 10^4=12560[\text{cd/m}^2=\text{rlx}]$

28 반사율 50% 면적이 50[cm]×40[cm]인 완전 확산면에 100[lm]의 광속을 투사하면 그 면의 휘도는 얼마가 되겠는가?

① 약 120
② 약 80
③ 약 60
④ 약 30

 완전 확산면의 조도 $E=\dfrac{F}{S}=\dfrac{100}{0.5\times 0.4}=500[\text{lx}]$

$R(\text{광속 발산도})=\pi B=\rho E[\text{lx}]$에서 $B(\text{휘도})=\dfrac{\rho E}{\pi}=\dfrac{0.5\times 500}{3.14}=80[\text{cd/m}^2]$

29 발광 현상이 없는 것은?

① 인 광
② X선
③ 온도 복사
④ 전기 불꽃

 X선은 진공보다 파장이 짧고 방사선보다 파장이 긴선으로서 발광 현상은 없다.

30 완전 흑체의 온도가 4,000[°K]일 때 단색 방사 발산도가 최대되는 파장은 730[μ]이다. 최대의 단색 방사 발산도가 555[μ]인 흑체의 온도(°K)는 약 얼마인가?

① 약 5,730   ② 약 5,260
③ 약 5,000   ④ 약 5,460

 비인의 변위 법칙에서 $\lambda_m T = 2,896 [\mu °K]$
∴ 단색 방사 발산도가 555(μ)인 흑체의 온도 $T'[°K]$라면 $\lambda_m T = \lambda_m' T'$
∴ $T'[°K] = \dfrac{\lambda_m T}{\lambda_m'} = \dfrac{730 \times 4,000}{555} = 5,260[°K]$

31 전구의 봉합부 도입선으로 쓰이는 재료는?

① 구리에 니켈강을 피복한 것
② 몰리브덴
③ 구리선
④ 니켈강에 구리를 피복한 것

 전구의 봉합부 도입선은 듀우밋선이다. 이 듀우밋선은 약 42%의 니켈강을 구리로 피복한 것이다.

32 백열 전구에 가스를 봉입하는 이유와 관계가 없는 것은?

① 발광 효율이 높아진다.
② 수명을 길게 한다.
③ 필라멘트의 증발 억제 작용을 한다.
④ 휘도가 낮아진다.

 백열전구에 가스를 봉입하는 이유
• 필라멘트의 증발 억제 작용을 한다.
• 발광 효율이 높아진다.
• 수명을 길게 한다.

33 진공 전구에 적린 게터(getter)를 사용하는 이유는?

① 전력을 적게 한다.   ② 광속을 많게 한다.
③ 효율을 좋게 한다.   ④ 수명을 길게 한다.

 진공전구에 붉은 인이나 질화바륨을 게터(getter)로 사용하는 이유
• 유리구의 흑화를 방지하고 수명을 길게 한다.
• 필라멘트의 증발을 감소시키고 진공을 좋게 한다.

34 텅스텐 필라멘트 전구에서 2중 코일의 주목적은?

① 수명을 길게 한다.　　② 배색을 개선한다.
③ 광색을 개선한다.　　④ 휘도를 줄인다.

 수명을 길게 한다.

35 100[V], 100[W]인 백열전구의 광속은?

① 2,500[lm] 정도　　② 1,500[lm] 정도
③ 1,000[lm] 정도　　④ 2,000[lm] 정도

 100[V], 100[W] 백열전구의 광속은 1,570[lm]이다.

36 백열전구의 전압이 10% 저하하면 광속에 대략의 감소율(%)은?

① 50　　② 10
③ 20　　④ 36

 광속의 전압 특성식에서 $\dfrac{F}{F_0} = \left(\dfrac{V}{V_0}\right)^{3.6}$ 에서

$F = \left(\dfrac{V}{V_0}\right)^{3.6} \times F_0 = \left(\dfrac{90}{100}\right)^{3.6} \times F_0 = (1-0.1)^{3.6} \times F_0 = [(1)^{3.6} + 3.6 \times (-0.1) + (-0.1)^{3.6}] \times F_0$

$\fallingdotseq (1-0.36) \times F_0 \fallingdotseq 0.64 F_0$ 이다. ∴ 36% 감소된다.

37 주광색 형광등의 색온도(°K)는 얼마인가?

① 4500　　② 5500
③ 6500　　④ 7500

 형광 방전등(저압수은등)의 최대 에너지 파장은 2537[Å]이고 주광색(D)의 색온도는 6500[°K], 백색(W)의 색온도는 4500[°K]이다.

38 형광 방전등의 효율이 가장 좋으려면 주위온도는 몇 [°C]이어야 되는가?

① 45　　② 25
③ 55　　④ 10

 형광 방전등(형광등)은 주위온도 20~27℃, 관벽온도 40~45℃일 때에 최대 효율이 된다. 형광등 안정기의 역율은 55~65%로서 나쁘다. 단, 고역율형 형광등의 역율은 85% 이상이다.

39 형광 램프의 초광속은 어느 때에 측정한 값을 말하는가?

① 점등 500시간 후
② 점등 24시간 후
③ 점등 100시간 후
④ 제조 직후

 한국 공업 규격에서 형광 램프의 초광속(초특성의 전광속)이라는 것은 100시간 점등 후의 값이고, 동정곡선의 광속은 500시간 점등 후의 광속으로 정하였다.

40 고압 수은등의 증기압은?

① 100기압
② 1기압
③ 10[mmHg]
④ 10기압

 수은등의 증기압
- 저압 수은등 = 10^{-2}[mmHg]이다.
- 고압 수은등 = 100~760[mmHg]정도로 약 1기압 정도이다. 또한 점등시간은 약 10분 정도이다.
- 초고압 수은등 = 10~200기압 정도이다.

41 네온사인(neon sign)용으로 사용되는 네온관등(neon tube lamp)에 봉입하는 기체 중 청색을 나타내는 기체는 다음 중 어느 것인가?

① He(헬륨)
② A(아르곤)
③ A+Hg(아르곤+수은)
④ Ne(네온)

 네온관등에 봉입하는 기체(봉입가스)에 대한 관등의 색은 가스와 광색은 다음과 같다.

봉입가스	유리관색	관등의 색	봉입가스	유리관색	관등의 색
네온	투명	등적색	헬륨	투명	백색
네온	청색	등색	헬륨	황갈색	황갈색
아르곤과 수은	투명	청색	아르곤	투명	고동색
아르곤과 수은	황록색	녹색			

∴ 표와 같이 관등의 색은 Ne(헬륨)=백색, A(아르곤)=고동색, A+Hg(아르곤+수은)=청색, Ne(네온)=등적색 등이다.

42 면적이 200[m²]인 강의실에 2,000[lm]의 광속을 발산하는 40[W] 형광등 30개를 점등하였다. 조명률은 0.5이고 감광보상률이 1.5라면 이 강의실의 평균조도(lx)는 얼마인가?

① 50
② 150
③ 200
④ 100

정밀공장 작업면의 조도는 대략 300~700[lx] 정도이다.
옥내 조명설계에서 $FUN = EAD$이다.

$$\therefore E[\text{강의실의 평균조도}] = \frac{FUN}{AD} = \frac{2,000 \times 0.5 \times 30}{200 \times 1.5} = 100[\text{lx}]$$

43 평균 구면강도가 100[cd]인 전구 5개를 지름 10[m]인 원형의 방에 점등할 때 조명률 0.5, 감광 보상률 1.5라면 방의 평균 조도(lx)는 얼마인가?

① 약 56
② 약 26
③ 약 46
④ 약 36

 F(구면의 광속)$= 4\pi I = 4\pi \times 100 = 400\pi[\text{lm}]$, A(원형인 방에 면적)$= \pi r^2 = \pi \times 5^2 [\text{m}]$이다.
∴ 옥내 조명설계에서 $FUN = EAD$이다.

$$E[\text{방의 평균조도}] = \frac{FUN}{AD} = \frac{400\pi \times 0.5 \times 5}{\pi \times 5^2 \times 1.5} = \frac{400 \times 2.5}{25 \times 1.5} \fallingdotseq 26.7[\text{lx}]$$

44 가로 10[m], 세로 20[m]인 사무실에 평균조도 200[lx]를 얻고자 40[W], 전광속 2500[lm]인 형광등을 사용하였을 때 필요한 등수는 몇 등인가? (단, 조명률은 0.5, 감광 보상률은 1.25이다.)

① 10
② 40
③ 100
④ 250

 40[W] 형광등 1개의 전광속 NF=2500[lm]이다. 옥내 조명설계에서 $FUN = EAD$이다.

$$\therefore \text{NF}[\text{전광속}] = \frac{EAD}{U} = \frac{200 \times 10 \times 20 \times 1.25}{0.5} = 100,000[\text{lm}]$$

$$\therefore 40[\text{W}] \text{ 형광등의 등수} = \frac{100,000}{2500} = 40\text{개}$$

45 폭 16[m]의 도로 중앙에 8[m]의 높이로 간격 24[m]마다 200[W] 전구를 가설할 때 조명률 0.25 감광 보상률 1.3이라 하면 도로면의 평균 조도(lx)는? (단, 20[W] 전구의 전광속은 3450[lm]이다.)

① 1.7
② 17.7
③ 5.7
④ 8.7

 도로조명에서 20[W] 전구 1등당의 도로면적 A=B[폭]+S[간격]=20×24[m²]이다. 도로조명 설계식에서 FUn=EBSD이다.

$$\therefore E(\text{도로면의 조도}) = \frac{FUn}{BSD} = \frac{3450 \times 0.25 \times 1}{20 \times 24 \times 1.3} \fallingdotseq 1.7[\text{lx}]$$

단, n=등주의 나열수이다.

46 그림과 같이 폭 24[m]인 가로의 양쪽에 20[m] 간격으로 지그재그식으로 등주를 배치하여 가로상의 평균조도를 5[lx]로 하려고 한다. 각 등주상에 몇 [lm]의 전구가 필요한가? (단, 가로면에서의 광속 이용률은 25%이다.)

① 5800
② 2800
③ 4800
④ 3600

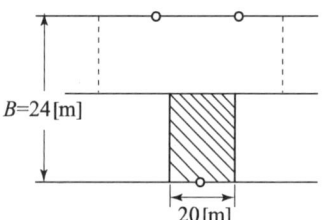

 지그재그식 가로등 1등당의 면적

$A = \dfrac{B(폭) \times S(간격)}{2} = \dfrac{24 \times 20}{2} = 240[\text{m}^2]$

도로 조명설계에서 $FUn = E \times \dfrac{BS}{2} \times D$ 이다.

$\therefore F(\text{필요한 광속}) = \dfrac{E \times \dfrac{BS}{2} \times D}{U \cdot n} = \dfrac{5 \times \dfrac{24 \times 20}{2} \times 1}{0.25 \times 1} = 4800[\text{lm}]$

단, $n = $ 등주의 나열수 $= 1$이다.

---

47 휘도가 균일한 긴 원통 광원의 축 중앙 수직방향의 광도가 500[cd]이다. 이 광원에 평균 구면광도는 약 몇 [cd]가 되겠는가?

① 92   ② 195
③ 392   ④ 492

 원통 광원의 수직방향의 광속 $F = \pi^2 I_0 [\text{lm}]$
원통 광원의 평균 구면광속 $F = 4\pi I [\text{lm}]$에서

$I[\text{평균구면 광도}] = \dfrac{F}{4\pi} = \dfrac{\pi^2 I_0}{4\pi} = \dfrac{\pi I_0}{4} = \dfrac{3.14 \times 500}{4} = 392[\text{cd}]$

---

48 지름이 3[cm] 길이 1.2[m]인 관형 광원에 직각 방향의 광도를 504[cd]라고 하면 이 광원 표면 위의 휘도(Sb)는 얼마인가?

① 10.6   ② 6.4
③ 3.2   ④ 1.4

 광원의 투영면적 $S = D(지름) \times l(길이) = 3 \times 120 = 360[\text{cm}^2]$

$B(\text{광원 표면위의 휘도}) = \dfrac{I}{S} = \dfrac{504}{3 \times 120} = 1.4[\text{cd/cm}^2 = \text{Sb}]$

49 반사율 70%의 완전확산성 종이를 100[lx]의 조도로 비추었을 때 종이의 휘도 [cd/m²]는 얼마인가?

① 약 22
② 약 1.2
③ 약 42
④ 약 0.6

 완전 확산성면의 조도 E[lx], R[광속 발산도] $= \pi B = \rho E$[rlx]에서
$B(\text{휘도}) = \dfrac{\rho E}{\pi} = \dfrac{0.7 \times 100}{3.14} \fallingdotseq 22.3[\text{cd/m}^2]$

50 100[cd]의 점광원의 하방 1[m] 되는 곳에 있는 반사율 70%인 백색 판의 광속 발산도(rlx)의 값은?

① 70
② 100
③ 0.7
④ 20

 조도는 거리 제곱에 반비례하므로 $E = \dfrac{I}{r^2} = \dfrac{100}{1^2} = 100[\text{lx}]$
∴ $R(\text{광속 발산도}) = \pi B = \rho E = 0.7 \times 100 = 70[\text{rlx}]$

51 150[W] 가스입 전구를 반경 20[cm] 투과율 80%인 구의 내부에서 점등시켰을 때 구의 평균 휘도 B[cd/cm²]는? (단, 구의 반사는 무시하고 전구의 광속은 2450[lm]이라고 한다.)

① 약 0.124
② 약 0.04
③ 약 0.469
④ 약 3.06

 F_0(투과 광속) $= \tau F = 4\pi I$[lm]이다.
∴ $B(\text{구의 평균휘도}) = \dfrac{I}{S} = \dfrac{\frac{F_0}{4\pi}}{\pi r^2} = \dfrac{F_0}{4\pi \times \pi r^2} = \dfrac{\tau F}{4\pi^2 r^2} = \dfrac{0.8 \times 2450}{4\pi^2 \times [20]^2} \fallingdotseq 0.124[\text{cd/m}^2]$

52 온도가 2,000[°K] 되는 흑체의 전방사 에너지는 1,000[°K]일 때의 값의 몇 배인가?

① 22배
② 8배
③ 2배
④ 16배

 스테판–볼츠만의 법칙에서 흑체의 온도 T_1[°K]에서의 복사발산도 $S_1 = \sigma T_1^4$이다. 온도가 2배인 경우($T_2 = 2T_1$[°K])의 복사발산도 $S_2 = \sigma [T_2]^4 = \sigma [2T_1]^4 = 16\sigma T_1^4 = 16 S_1$이다.
∴ 16배가 된다.

53 백열전구에서 필라멘트 재료로서의 필요 조건 중 틀린 것은?

① 고유저항이 적어야 한다.   ② 선팽창률이 적어야 한다.
③ 가는 선으로 가공하기 쉬워야 한다.   ④ 기계적 강도가 커야 한다.

 백열전구 필라멘트의 구비조건
- 고유저항이 클 것
- 선팽창률이 적어야 한다.
- 가는 선으로 가공이 쉬워야 한다.
- 기계적 강도가 커야 한다.

54 광질과 특색이 고휘도이고 광색은 적색부분이 비교적 많은 편이고 배광제어가 용이하고 흑화가 거의 일어나지 않는 전등은?

① 나트륨 등   ② 형광등
③ 할로겐 램프   ④ 수은등

 할로겐 램프 : 흑화가 거의 일어나지 않으므로 광색과 색온도의 저하가 매우 작다.
∴ 수명이 길다.

55 다음 램프 중에서 분광 에너지 분포가 주광 에너지 분포와 가장 가까운 전등은 어느 것인가?

① 고압 수은 램프   ② 나트륨 등
③ 크세논 램프   ④ 형광 등

 크세논 램프 : 분광 에너지 분포가 주광 에너지 분포에 가장 가깝기 때문에 표준 백색광원, 영사용 광원 등에 사용된다.

56 방의 폭이 $X[m]$, 길이가 $Y[m]$, 작업면으로부터 광원까지의 높이가 $H[m]$일 때 실지수 K의 식은?

① $\dfrac{H(X+Y)}{XY}$ ② $\dfrac{X(X+Y)}{YH}$
③ $\dfrac{XY}{H(X+Y)}$ ④ $\dfrac{Y(X+Y)]}{XH}$

 조명설계에서 방의 실지수 $K=\dfrac{XY}{H(X+Y)}$ 이다.
단, H=광원의 높이(m)이다.

Chapter 02 전열

1부 전기응용 및 공사재료

❶ 열과 온도

1) T(절대온도) $= 273 + t\,[°\text{K}]$

- 섭씨 → 0℃ ⇒ 절대온도 273[°K]
- 섭씨 → 100℃ ⇒ 절대온도 273+100=373[°K]

2) 열

- 고체 $\xrightarrow[\text{융해열 } 80(\text{Kcal/Kg})]{\text{녹는 점}}$ 액체 $\xrightarrow[\text{기화열 } 540(\text{Kcal/Kg})]{\text{끓는 점}}$ 기체
- 고체 $\xrightleftharpoons{\text{승화}}$ 기체

3) 열의 이동 = 전도, 대류, 복사가 있다.

① $P(\text{전력}) = VI = I^2R = \dfrac{V^2}{R}\,[\text{W}]$

$W(\text{전력량}) = Pt = VIt = I^2Rt = \dfrac{V^2}{R}t\,[\text{J}]$

② $H(\text{joul의 열량}) = 0.24Pt = 0.24VIt = 0.24I^2Rt = 0.24\dfrac{V^2}{R}t = 0.24 \times \dfrac{1}{2}LI^2$

$\quad = 0.24 \times \dfrac{1}{2}CV^2\,[\text{cal}]$

③ joul(주울)의 열량과 물리적인 양과의 관계

$H = 0.24Pt\eta = \text{cm}(T-t)\,[\text{cal}],\ \ 1[\text{kWh}] \fallingdotseq 860[\text{kcal}]$

∴ $H = 860Pt\eta = \text{cm}(T-t) = QT\,[\text{kcal}]$

전열기의 전력량 $Pt = \dfrac{QT}{860\eta}\,[\text{kWh}]$

④ 냉방기의 용량(전력량) $Pt = \dfrac{0.24 \times 1.23\, QT}{860\eta}$ [kWh]

단, 공기 1[m³]의 중량=1.23, 공기의 비열, $C=0.24$이다.

❷ 전열의 가열 방식

① 저항가열 : joul(주울)열을 이용한 가열이다.
② 아크 가열 : 아크열을 이용한 가열이다.
③ 유도가열 : 교번자계중에 생기는 와류손+히스테리시스손에 의한 가열방식이다.
　㉠ 와류손 : 주파수 5~20[KHz]의 고주파 유도가열에 의한 손실이다.
　㉡ 히스테리시스손 : 강제, 금속표면가열에 이용된다.
④ 유전가열 : 교번전계중에 생기는 유전체손에 의한 가열방식이다.
P_c(유전체손)$= wcV^2 \tan\delta$ [w/m³]

※ δ : 유전체(정절) 손실각이다. 이는 목제건조, 목제접촉, 비닐막 접착 등에 이용된다.

❸ 전열재료

1) 아크 가열용 전극재료 : 탄소전극, 흑연전극이 있다.

2) 발열체의 구비조건
① 내열성이 클 것
② 내식성이 클 것
③ 저항의 온도계수가(+)로서 작을 것

3) 발열체의 종류
① 금속 발열체(전열선)
　㉠ 니크롬 제1종 1100℃, 니크롬 제2종 900℃
　㉡ 철크롬 제1종 1200℃, 철크롬 제2종 1100℃
② 비금속 발열체 : Sic(탄화규소질발열체) 1400℃

❹ 전기로

1) 전기저항로 : 카아보런덤을 얻는다.
① 직접 저항로 : 피열물에 직접 통전하는 방식이다.
② 간접 저항로 : 피열물을 간접으로 가열하는 방식이다.

2) 아크로 : 카아 바이트를 얻는다.
   ① 저압 아크로 : 제철, 제강, 합금제조로에 이용된다.
   ② 고압 아크로 : 초산을 얻는데 이용된다.
   ③ 진공 아크로 : 고도의 기계분야 재료제조에 이용된다.

3) 유도로
   ① 저주파 유도로 : 50~60[Hz]의 상용주파수를 사용한다.
   ② 고주파 유도로 : 1~10[KHz]의 주파수를 사용한다.

❺ 전기용접

접합, 응집, 가공 등에 이용한다.
① **저항용접** : 저항열을 이용한 용접이다.
② **아크 용접** : 수소의 아크열을 이용한 용접이다.
③ **불활성 가스용접** : 아르곤이나 헬륨을 분출시켜서 하는 용접이다.
   ※ 용접물의 비파괴검사에는 자기검사, X선검사, Y선 검사가 있다.

❻ 전기건조

① 전열 건조
② 고주파 건조 : 내부 가열건조에 적당하다.
③ 적외선 건조 : 두께가 얇은 재료건조에 적당하다.

❼ 열펌프의 효율

$$\eta = \frac{Q_2}{W/J} = \frac{Q_2}{860Pt}$$

단, Q : 열량(kcal), P : 전력(kW), t [sec]

Chapter 02 적·중·예·상·문·제

01 200[W]는 몇 [cal/s]인가?

① 약 12.73   ② 약 27.78
③ 약 47.78   ④ 약 71.67

 W(전력량) $= P$(전력)$\times t$(시간)의 단위($W \cdot S = J = \dfrac{1}{4.189} ≒ 0.24$[cal]이다.

∴ $200[W] = 200[W \cdot sec/sec] = 200[J/Sec] = 200 \times \dfrac{1}{4.189}$[cal/sec]
$≒ 200 \times 0.24$[cal/sec] $≒ 47.78$[cal/sec]

02 열전도율을 표시하는 단위는?

① $[J/m^3 \cdot deg]$ ② $[W/m^2 \cdot deg]$
③ $[W/m \cdot deg]$ ④ $[J/kg \cdot deg]$

 q(열류)$= -KA\dfrac{d\theta}{dx}$ [W]에서 K(열전도율)$= -\dfrac{q\,dx}{A\,d\theta} \left[\dfrac{W \cdot m}{m^2 \cdot ℃} = \dfrac{W}{m \cdot ℃} = W/m \cdot deg \right]$
단, q : 열류(W), A : 단면적(m^2), θ : 온도차(℃=deg), x : 두께(m)이다.

03 다음 중 열용량의 단위를 나타내는 것은 어느것인가?

① $[J/m^3 \cdot ℃]$ ② $[J/℃]$
③ $[J/cm^2 \cdot ℃]$ ④ $[J/kg \cdot ℃]$

 비열=1[kg]의 물체를 1℃ 상승시키는 데 필요한 열량(J)를 말한다. 즉 c(비열)$[J/℃ \cdot kg]$이다.
열용량=비열 C의 물체 W[kg]를 1℃ 상승시키는 데 필요한 열량을 말한다.
즉, CW(열용량)$= [\dfrac{J}{℃ \times kg} \times kg = J/℃]$이다.

04 온도 $T[℃]$의 흑체 단위 표면적으로부터 단위시간에 복사되는 전복사 에너지(W)는 어떻게 표현되는가?

① 그 절대온도의 4승에 반비례한다.   ② 그 절대온도에 비례한다.
③ 그 절대온도의 4승에 비례한다.   ④ 그 절대온도에 반비례한다.

정답 01 ③ 02 ③ 03 ② 04 ③

스테판-볼츠만의 법칙에서 전 복사에너지 R_b[W/m²]는 절대온도 T[°K]의 4승에 비례한다.
∴ $R_b = \sigma T^4$[W/m²]이다.

05 발열량 5,700[Kcal/kg]의 석탄을 150[t] 소비하여 200,000[kWh]을 발전하였을 때의 발전소의 효율은 약 몇 %인가?

① 60　　② 20
③ 80　　④ 5

 1[kWh]=860[Kcal]이다.
발전소의 효율 $\eta = \dfrac{출력}{입력} \times 100 = \dfrac{860E}{W \cdot C} \times 100 = \dfrac{200,000 \times 860}{150 \times 10^3 \times 5,700} \times 100 = 20\%$

06 1 기압하에서 20℃의 물 6[l]를 4시간 동안에 증발시키려면 몇 [kW]의 전열기가 필요한가? (단, 전열기의 효율은 80%이다.)

① 약 1.35　　② 약 1.34
③ 약 0.013　　④ 약 10.5

 1[kWh]=860[Kcal], 기화열=539이다.
∴ joul의 열량과 물리적인량과의 관계식에서 $860Pt\eta = Cm\{(T-t)+539\}$[kcal]
P(증발시키려는 전력)$= \dfrac{Cm\{(T-t)+539\}}{860\eta t} = \dfrac{6\{(100-20)+539\}}{860 \times 4 \times 0.8} ≒ 1.34956 ≒ 1.35$[kW]

07 100[V], 500[W]의 전열기를 90[V]에서 사용할 때의 전력(W)은?

① 405　　② 810
③ 500　　④ 450

 $P_1 = \dfrac{V_1^2}{R}$[W]에서 $R = \dfrac{V_1^2}{P_1} = \dfrac{(100)^2}{500} = 20[\Omega] \rightarrow 일정$
$V_2 = 90$[V]에 사용시 전열기의 전력 $P_2 = \dfrac{V_2^2}{R} = \dfrac{(90)^2}{20} = 405$[W]

08 500[W]의 전열기를 정격상태에서 1시간 사용시 발생되는 열량은 몇 [Kcal]인가?

① 430　　② 230
③ 530　　④ 610

 1[kWh]=860[Kcal]
joul의 발생열량 $H = 860Pt = 860 \times 0.5 \times 1 = 430$[Kcal]

09 용량 750[W]의 전열기에서 전열선의 길이를 5% 적게 하면 소비전력(W)은 얼마인가?

① 480　　　　　　　　　② 790
③ 890　　　　　　　　　④ 290

 P_1(소비전력) $= \dfrac{V^2}{R_1} = \dfrac{V^2}{\rho\dfrac{l_1}{S}} \doteq \dfrac{1}{l_1}$ [W]

전열선의 길이를 5% 감소시의 전열선에 길이 $l_2 = (1-0.5)l_1 = 0.95 l_1$ 일 때의
P_2(소비전력) $\doteq \dfrac{1}{l_2} \doteq \dfrac{1}{0.95 \times l_1} \doteq \dfrac{1}{0.95} \times P_1 \doteq \dfrac{1}{0.95} \times 750 \doteq 790$[W]

10 20℃의 물 6[l]를 용기에 넣고 1[kW]의 전기풍로로 이것을 가열하여 물의 온도를 95℃로 올리는데 45분이 소요되었다. 가열장치의 효율은 몇 %인가?

① 59.8　　　　　　　　　② 50.8
③ 69.8　　　　　　　　　④ 89.8

 1[kWh] = 860[Kcal]
Joul의 열량과 물리적인 양과의 관계식에서 $860Pt = cm(T-t)$[Kcal]에서
η(효율) $= \dfrac{cm(T-t)}{860 \times Pt} = \dfrac{1 \times 6(95-20)}{860 \times 1 \times \dfrac{45}{60}} = 0.698$　　∴ 69.8%

11 고유저항 $\rho = 200[\mu\Omega \cdot cm]$, 지름 $d = 2$[mm], 길이 $l = 314$[cm]의 니크롬선에 일정 전류 $I = 10$[A]가 흐를 때 매초당의 발열량은 몇 [Kcal]가 되겠는가?

① 48　　　　　　　　　② 0.048
③ 0.42　　　　　　　　　④ 4.3

 길이단위를 cm로 기준하여 저항을 계산하면

R(니크롬선의 저항) $= \rho\dfrac{l}{S} = 200 \times 10^{-6} \times \dfrac{l}{\pi\left(\dfrac{d}{2}\right)^2} = 200 \times 10^{-6} \times \dfrac{314}{\pi \times \left(\dfrac{0.2}{2}\right)^2} = 2[\Omega]$

∴ W(전력량) $= Pt = VIt = I^2 Rt$ (W · Sec = J $\doteq \dfrac{1}{4.2}$ [Cal] $\doteq 0.24$[Cal])

∴ H[Joul]의 열량 $= 0.24Pt = 0.24 I^2 Rt = 0.24 \times [10]^2 \times 2 \times 1 = 48$[Cal] $= 0.048$[Kcal]

12 200[V], 2[kW], 유효길이 l[cm], 정격시의 표면온도 상승이 1200℃인 탄화규소가 있다. 장시간 사용하기 때문에 지름이 10% 감소되었을 경우 동일 발열량을 유지하기 위한 전압은 약 몇 [V]인가?

① 약 422　　　　　　　② 약 122
③ 약 622　　　　　　　④ 약 222

처음 상태에서

$$P_1 = \frac{V_1^2}{R_1} = \frac{V_1^2}{\rho\frac{l}{S_1}} = \frac{V_1^2}{\rho\frac{l}{\pi\left(\frac{d_1}{2}\right)^2}} [\text{W}] \rightarrow ㉠$$

지름이 10% 감소시 $d_2 = (1-0.1)d_1 = 0.9d_1$이다.

이때의 단면적 $S_2 = \pi\left(\frac{d_2}{2}\right)^2 = \frac{\pi}{4}(0.9d_1)^2$이다. 이때 전압을 V_2[V]라면

$$P_2 = \frac{V_2^2}{R_2} = \frac{V_2^2}{\rho\frac{l}{S_2}} = \frac{V_2^2}{\rho\frac{l}{\pi\left(\frac{d_2}{2}\right)^2}} [\text{W}] \rightarrow ㉡$$

동일전력을 공급하기 위한 조건은 ㉠=㉡에서 $(d_1)^2 V_1^2 = (0.9d_1)^2 V_2^2$

$$\therefore V_2 = \frac{1}{0.9} \times V_1 = \frac{1}{0.9} \times 200 ≒ 222[\text{V}]$$

13
1.2[*l*]의 물을 15℃로부터 75℃까지 상승시키기 위하여 10분간 가열을 할 경우 전열기의 용량은 몇 [W]인가? (단, 전열기의 효율은 70%이다.)

① 약 1020
② 약 520
③ 약 720
④ 약 120

 1[kWh]=860[Kcal]

∴ Joul의 열량과 물리적인 양과의 관계에서 $860Pt\eta = cm(T-t)$[cal]

$$\therefore P(전력) = \frac{cm(T-t)}{860t\eta} = \frac{1 \times 1.2(75-15)}{860 \times \frac{10}{60} \times 0.7} = 0.72[\text{kW}] = 720[\text{W}]$$

14
1[kW]의 전열기를 이용하여 20℃의 물 5[*l*]를 70℃까지 올리는 데 요하는 시간 [min]은 약 얼마인가?

① 67.4
② 0.24
③ 17.4
④ 37.4

 η(효율)=1이다. Joul의 열량과 물리적인 양과의 관계에서 $860Pt\eta = cm(T-t)$[cal]이다.

$$t(시간) = \frac{cm(T-t)}{860P\eta}[\text{h}] = \frac{cm(T-t) \times 60}{860P\eta}[\text{min}] = \frac{1 \times 5(70-20) \times 60}{860 \times 1 \times 1} = 17.4[\text{min}]$$이다.

15 저항가열은 어떠한 원리를 이용한 것인가?

① 히스테리시스손
② 와-아크 손
③ 주울 손
④ 유전체 손

정답 13 ③ 14 ③ 15 ③

해설　저항가열 : 전류에 의해서 도체에 생기는 Joul열에 의한 가열방식이다.

16 제품 제조과정에서의 화학반응식이 다음과 같은 전기로는 다음 중 어떤 가열방식인가?

$$CaO + 3C = CaC_2 + CO$$
제품

① 유도 가열　　　　　　　　② 간접 저항가열
③ 유전 가열　　　　　　　　④ 직접 저항가열

 해설　화학반응식이 CaO(석회)+3C(탄소)+CaC₂(카바이트 제품)+CO의 화학변화로 카아바이트(CaC_2)를 만드는 노를 카아바이트 노라 하며 이는 **직접 저항가열방식**이다.

17 고주파 유도가열의 가열방식은?

① 리액턴스 손　　　　　　　② 와류손
③ 유전체 손　　　　　　　　④ 전류의 저항손

 해설　고주파 유도가열의 가열방식과 특성
- 와류손의 가열방식이며 주파수는 5~20[KHz]이다.
- 강철(금속)의 표면 열처리에 가장 적합하다.
- 강재의 표면 담금질에 보통 사용된다.
- 전자유도작용에 의한 유도전류를 이용한 것이다.

18 다음 중 고주파 유전가열에 부적당한 것은?

① 비닐막의 접착　　　　　　② 목재의 접착
③ 목재의 건조　　　　　　　④ 금속표면처리

해설　고주파 유전가열의 가열방식과 특성
- 유전체 손실에 의한 가열방식으로 직접식 뿐이다.
- 유도가열과 유전가열은 다같이 직류를 사용할 수 없다.
- $\tan\delta = \dfrac{I_d(\text{변위전류})}{I_c(\text{전도전류})}$ 에서 $\therefore I_d = I_c\tan\delta = \dfrac{V}{X_c}\tan\delta = wCV\times\tan\delta[\text{A/m}^2]$이다.
- $\therefore P(\text{유전체 손}) = VI_d = V\times I_c\tan\delta = wCV^2\tan\delta = 2\pi f\times\dfrac{\varepsilon s}{d}\times V^2\tan\delta \doteq \varepsilon V^2\tan\delta[\text{w}]$이다.
- 목재의 건조, 목재의 접착 비닐 막의 접착 등의 가열방식으로서 표면의 소손 균열이 없다. 효율은 50~60%로서 나쁘다.

19 다음 가열방식에서 핀치효과는 어느 것과 관계가 있는가?

① 열전대와 기전력　　　　　② 반도체와 전압
③ 용융체와 강전류　　　　　④ 압전기와 전압

 핀치효과(Pinch effect) : 용융체에 강한 전류를 통하면 전자력에 의하여 용융체가 끊어져 전류가 흐르지 못하는 현상을 말한다.

20 다음 금속 발열체 중에서 사용온도가 제일 높은 것은?

① 철-Cr 제2종　　　　　② Ni-Cr 제1종
③ 철-Cr 제1종　　　　　④ Ni-Cr 제2종

 발열체의 사용 온도
① Ni-Cr(니크롬) 제1종=1100℃　② Ni-Cr(니크롬) 제2종=900℃
③ Fe-Cr(철-크롬) 제1종=1200℃　④ Fe-Cr(철-크롬) 제2종=1100℃

21 다음 발열체 중에서 최고 사용온도가 제일 높은 것은?

① 니크롬 제1종　　　　　② 철 크롬 제1종
③ 니크롬 제2종　　　　　④ 탄화규소 발열체

 비금속 발열체는 SiC(탄화 규소)를 주성분으로 한 탄화규소 발열체이다. 이는 1400℃로 장시간 사용되며 최고 사용온도는 1500℃이다.

22 전기로에 사용하는 전극 중 주로 제강, 제선용 전기로에 사용되며 고유저항이 가장 작은 전극은?

① 인조 흑연 전극　　　　　② 무 정현 탄소전극
③ 천연 흑연전극　　　　　④ 고급천연 흑연전극

 인조 흑연 전극(흑연 전극)의 특성
• 가열방식이 아크가열이다.
• 제강 제선용 전기로에 사용된다.
• 고유저항이 제일 작다.

23 어떤 트랜지스트의 접합부 온도 T_j의 최대 정격값을 75℃, T_a(주위온도)=25℃일 때의 콜렉터 손실 P_c의 최대값을 5[W]라고 할 때의 열저항(열Ω)은 얼마인가?

① 50　　　　　② 30
③ 10　　　　　④ 5

정답　19 ③　20 ③　21 ④　22 ①　23 ③

해설 T_r(트랜지스트)에서 P_c(콜렉터 손실)$=\dfrac{T_j(접합부의 온도)-T_a(주위온도)}{R_c}$ [W]에서

R_c(열저항)$=\dfrac{T_j-T_a}{P_c}=\dfrac{75-25}{5}=10$[열$\Omega=℃$/W]

24 어떤 트랜지스터의 접합부 온도 T_j의 최대 정격값을 70℃, T_a(주위온도)=25℃일 때의 P_c(콜렉터 손실)의 최대 정격값이 5[W]이라고 할 경우 접합부의 열저항(℃/W)은?

① 2 ② 4
③ 9 ④ 15

 해설 T_r(트랜지스터)에서의 R_c(열저항)$=\dfrac{T_j-T_a}{P_c}=\dfrac{70-25}{5}=9$[열$\Omega=℃$/W]

25 저항 온도계의 저항요소는?

① Pb ② Mn
③ Sn ④ Pt

 해설 저항 온도계의 저항요소(측온 저항체)는 백금(Pt), 니켈(Ni), 구리(Cu), 더미스트 등이 쓰인다.

26 열전 온도계의 원리는?

① 호올 효과 ② 톰손의 효과
③ 제어벡 효과 ④ 핀치 효과

 해설 제어벡 효과 : 2개 금속을 조합하면 온도차에 의해서 열류가 흘러 열기전력이 생기는 효과를 말한다. ∴ 열전 온도계의 원리는 제어벡 효과에 의한 열기전력을 이용한 것이다.

27 보통 사용되는 열전대의 조합은?

① 구리 - 콘스탄탄 ② 백금 - 스테인레스강
③ 비스무트 - 백금 ④ 크롬 - 동

 해설 보통 쓰이는 열전대의 조합은 다음과 같고 열기전력(mV)의 대략 값이다.
- 구리-콘스탄탄=100℃ 온도차에서 열기전력이 약 4.5[mV]이다.
- 철-콘스탄탄=100℃ 온도차에서 열기전력이 약 5.5[mV]이다.
- 크로멜-알루멜=100℃ 온도차에서 열기전력이 약 4[mV]이다.
- 백금-백금로듐=100℃ 온도차에서 열기전력이 약 0.8~1.0[mV]이다.

28 반도체 x 방향에 전류를 흘리고 직각인 y 방향에 자속밀도 B인 자계를 작용시키면 z 방향 시료 양 끝에 전위차 V_H가 나타나는 효과는?

① Hall 효과
② See back 효과
③ 자기저항 효과
④ 압전기 효과

 Hall(홀)전압 $V_H = K_H \dfrac{IB}{t}$ [V]로 표시되는 Hall(홀) 효과이다.
단, K_H(홀계수), t (철판의 두께)이다.

29 복사 고온계의 온도를 측정하는 계기는?

① 전력계
② 밀리 볼트미터
③ 수은 온도계
④ 밀리 암미터

 복사 고온계의 온도를 측정하는 계기는 온도복사에 관한 스테판-볼츠만의 법칙을 이용한 밀리 볼트미터계이다.

30 전기로에서 얻어지지 않는 것은?

① 카아바이트
② 초산
③ 카아보런덤
④ 구리

 전기로에서 얻어지는[이루어지는] 제조재료
• 직접 저항로에서 얻어지는 제조재료 : 카아보런덤 등
• 저압 아크로에서 얻어지는 제조재료 : 알루미늄, 황동, 제강, 합금 등의 제조이다.
• 고압 아크로에서 얻어지는 제조재료 : 초산은, 초산 석회, 공중질소 고정에 의한 질산(카아바이트) 제조 등이다.

31 흑연화 전기로의 가열방식은?

① 유전가열
② 유도가열
③ 아크 가열
④ 저항가열

 흑연화 전기로의 가열방식
• 저항가열 방식이며 직접 저항로에 속한다.
• 상용 주파 단상 교류전원이 사용된다.

32 5[kg]의 강재를 20℃에서 85℃까지 35초 사이에 가열하면 몇 [kW]의 전력이 필요한가? (단, 강재의 평균 비열은 0.15[Kcal/℃kg]이고 강재에서의 온도방사는 생각하지 않는다.)

① 5.5
② 3.5
③ 7.5
④ 10.5

1[kWh]=860[Kcal]이다.
Joul 열량과 물리적인 양과의 관계에서 $860Pt\eta = cm(T-t)$[Kcal]

∴ $P(전력) = \dfrac{cm(T-t)}{860 t \eta} = \dfrac{0.15 \times 5(85-20)}{860 \times \dfrac{35}{3600} \times 1} \fallingdotseq 5.5$[kW]

33 용접 발전기의 특성은 부하가 급히 증가하였을 때는?

① 급히 전압을 상승한다.
② 서서히 전압을 강하한다.
③ 급히 전압을 강하한다.
④ 전압을 불변하게 한다.

• 용접 변압기의 특성은 수하특성으로 무부하시 2차 전압은 100[V] 이상이어야 한다.
• 용접 발전기의 특성도 수하특성이어야 하며 급히 부하증가(전류증가)하면 급히 전압이 강하되어야 한다.

34 반도체의 발달로 2종의 금속이나 반도체를 이용하여 열전대를 만들고 이때 생기는 열의 흡수 발생을 이용한 전자냉동이 실용화되고 있다. 이는 어떤 효과를 이용한 것인가?

① 톰슨 효과
② 펠티에 효과
③ 핀치 효과
④ 제어백 효과

펠티에 효과
전자냉동의 원리로서 서로 다른 금속 또는 반도체를 접속하여 전압을 가하면 한쪽이 열을 흡수하고 다른쪽은 열을 방산하는 효과를 말한다.

35 전열기에서 발열선의 지름이 1% 감소하면 저항 및 발열량은 몇 % 증감되는가?

① 저항 2% 증가 발열량 2% 감소
② 저항 3% 증가 발열량 5% 증가
③ 저항 5% 증가 발열량 3% 증가
④ 저항 2% 감소 발열량 3% 감소

㉠ 전기저항에서

$$R_1 = \rho\frac{l}{S_1} = \rho\frac{l}{\pi\left(\frac{d_1}{2}\right)^2} \fallingdotseq \frac{1}{d_1^2}\,[\Omega]$$

지름이 1% 감소시 $d_2 = (1-0.01)d_1 = 0.99d_1$ 이다.

$$\therefore R_2 \fallingdotseq \frac{1}{d_2^2} \fallingdotseq \frac{1}{(d_2)^2} \fallingdotseq \frac{1}{(0.99d_1)^2} \fallingdotseq 1.02 \times \frac{1}{d_1^2} \fallingdotseq 1.02R_1 \text{(약 2% 증가된다.)}$$

㉡ 발열량은 소비전력에 비례한다.

$$P_1(\text{발열량}) = \frac{V^2}{R_1} = \frac{V^2}{\rho\frac{l}{S_1}} = \frac{V^2}{\rho\frac{l}{\pi\left(\frac{d_1}{2}\right)^2}} \fallingdotseq d_1^2\,[\text{W}]$$

지름 1% 감소시 $d_2 = (1-0.01)\times d_1 = 0.99d_1$ 이다.

$$\therefore P_2 = (d_2)^2 \fallingdotseq (0.99d_1)^2 \fallingdotseq 0.981d_1^2 \fallingdotseq 0.981P_1\,[\text{W}]\text{(약 2% 감소한다.)}$$

36 용량 600[W]의 전기풍로의 전열선 길이를 5% 짧게 하면 소비전력(W)은 약 얼마가 되겠는가?

① 330
② 530
③ 630
④ 730

 $P_1(\text{소비전력}) = \dfrac{V^2}{R_1} = \dfrac{V^2}{\rho\dfrac{l_1}{S}} \fallingdotseq \dfrac{1}{l_1}\,[\text{W}]$

∴ 전열선의 길이를 5% 짧게 하면 전열선에 길이 $l_2 = (1-0.05)\times l_1 = 0.95l_1$ 일 때의 소비전력

$P_2 \fallingdotseq \dfrac{1}{l_2} \fallingdotseq \dfrac{1}{0.95l_1} = 1.05 \times P_1 = 1.05 \times 600 = 630[\text{W}]$ 이다.

37 형태가 복잡하게 생긴 금속제품을 균일하게 가열하는데 가장 적합한 가열방식은?

① 유도가열
② 염 욕로
③ 적외선 가열
④ 직접 저항가열

 염 욕로의 용도 : 형태가 복잡하게 생긴 금속제품을 균일하게 가열하는데 적합하며 강경합금 등은 균열, 항온, 급열, 급냉 등의 열처리에 사용된다.

38 전구의 필라멘트 용접 열전대의 접점용접에 적합한 용접방법은?

① 산소용접
② 점용접
③ 아크 용접
④ 아르곤용접

 점용접의 용도 : 전구의 필라멘트 용접, 열전대의 접점용접, 선이나 막대기 용접, 철판용접 등에 널리 사용되는 용접법이다.

정답 36 ③ 37 ② 38 ②

Chapter 03 전동기 응용

1부 전기응용 및 공사재료

❶ 전동기의 안전운전 조건

1) 안전 운전(속도상승)

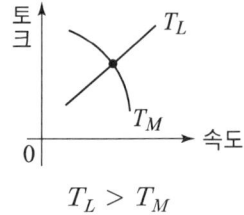

$T_L > T_M$

2) 불안전 운전(정지상태)

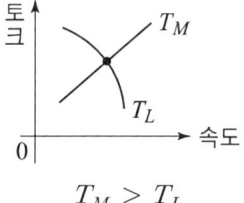

$T_M > T_L$

3) T_L=부하 Torque, T_M=전동기 Torque, T_B=마찰 등 기타 Torque

① $T_M - (T_L + T_B + J\dfrac{dw}{dt}) > 0 \Rightarrow$ 전동기 가속상태

② $T_M - (T_L + T_B + J\dfrac{dw}{dt}) < 0 \Rightarrow$ 감속상태

③ $T_M - (T_L + T_B + J\dfrac{dw}{dt}) = 0 \Rightarrow$ 정지상태

❷ 전동기의 속도 특성

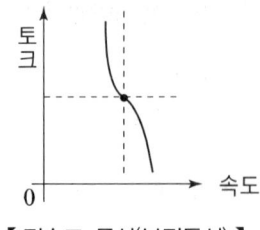

【 정속도 특성(분권특성) 】

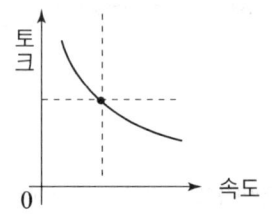

【 변속도 특성(직권특성) 】

① 정속도 특성(분권 특성) : 직류 분권전동기, 교류분권 정류자전동기, 유도전동기, 동기전동기 등의 특성이다. 이는 펌프용 콤프레서 등의 구동용이나 방적, 제철, 제지 등의 생산기계용으로 이용된다.
② 변속도 특성(직권 특성) : 직류 직권전동기, 교류직권 정류자전동기 특성으로 전차나 하역용 크레인 등에 이용되며 정출력 특성을 가진 전동기이다.

❸ 전동기의 Torque(토크) 특성

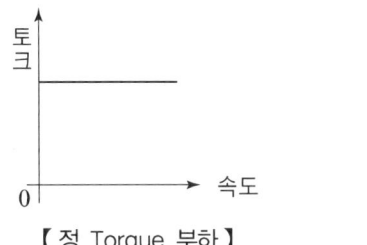
【 정 Torque 부하 】

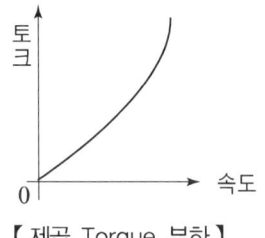
【 제곱 Torque 부하 】

① 정 Torque 부하 : 권상기, 크레인, 압연기, 콤프레서 등의 부하 특성이다.
② 제곱 Torque 부하 : 펌프, 배의 스크류 등의 부하 특성이다.

❹ 전동기의 기동

1) 직류 전동기의 기동
직류 직권전동기=1.5[kW] 이하와 직류 분권전동기=0.5[kW] 이하는 전전압 기동으로 하고 그 이상은 기동저항을 삽입 기동한다.

2) 유도전동기의 기동
① 농형 유도전동기의 기동법
　㉠ 전전압 기동법=5[kW] 이하 ⇒ 소형
　㉡ Y-△ 기동법=5~10[kW]

$$\frac{I_Y}{I_\triangle} = \frac{\frac{V}{\sqrt{3}} \times \frac{1}{R}}{\sqrt{3} \times \frac{V}{R}} = \frac{1}{3} \qquad \therefore I_Y(기동전류) = \frac{1}{3} I_\triangle [A]$$

$$\frac{T_Y}{T_\triangle} = \frac{\left(\frac{V}{\sqrt{3}}\right)^2}{V^2} = \frac{1}{3} \ [단, \ T(\text{Torque}) \fallingdotseq V^2(공급전압)]$$

$$\therefore T_Y(기동\ \text{Torque}) = \frac{1}{3} T_\triangle [N \cdot m]이다.$$

ⓒ 기동 보상기법 = 15[kW] 이상에 사용한다.
② 권선형 유도전동기의 기동
ㄱ 2차 저항법 : 비례쥬이를 이용 기동
ⓛ 게르게스 법

❺ 단상유도전동기의 기동 Torque 큰 순서 및 용도

종 류	기동 Torque	용 도
반발 기동형	300%	펌 프
콘덴서 기동형	250%	냉장고
콘덴서형	140~160%	세탁기, 선풍기
분상 기동형	125%	복사기, 계산기
세이딩 코일형	40~100%	플레이어, 테이프 레코드

※ S(슬립)의 범위
- $0 < S < 1$ ⇒ 유도전동기
- $S < 0$ ⇒ 유도발전기
- $S > 0$ ⇒ 유도제동기

❻ 동기 전동기의 기동법

1) 자기 기동법
① 기동 Torque를 이용하여 기동하는 법
② 기동보상기를 이용하여 전전압의 1/2~1/3로 내려 기동하는 법
③ 제동권선을 이용 기동하는 법이 있다.

2) 기동전동기법
동기발전 축에 직결한 기동전동기로 기동하는 법이다.

❼ 동기 전동기의 Torque

① 기동 Torque : 기동 Torque는 거의 0이며 제동권선을 이용하여 기동한다.
② 인입 Torque : 동기속도 40%일 때의 Torque를 말한다.
③ 탈출 Torque : 정상상태에서 1분간 계속 운전하여 얻을 수 있는 최대 Torque를 말한다.

❽ 동기 전동기의 장단점

1) 단 점
① 기동 Torque가 거의 0이다.
② 난조를 일으킬 염려가 있다.

2) 장 점
① 속도가 일정 불변이다.
② 항상 역률 1로 운전할 수 있다.
③ 필요에 따라 앞선 전류를 흘릴 수 있다.
④ 효율이 좋다.

❾ 전동기의 제동법

1) 전기 제동법
① 발전제동 : 1차를 직류로 여자하고 2차에 저항을 넣어 열로서 소비 제동하는 법
② 회생제동 : 전동기를 동기속도 이상으로 회전시키면 유도발전 전기가 되어 발생전력을 전원에 반환하면서 제동하는 법
③ 역상제동 : 3선 중 2선을 바꾸면 회전자장과 Torque가 반대가 되어 제동하는 법
④ 단상제동 : 단상교류로 제동하고 2차에 저항을 넣어 회전방향과 반대방향의 Torque를 발생시켜 제동하는 법

2) 기계 제동법(마찰제동법)이 있다.

❿ 전동기의 속도제어

1) 직류 전동기의 속도제어

$$T(\text{Torque}) = \frac{PZ}{2\pi a}\Phi I_a = K_1 \Phi I_a \,[\text{N} \cdot \text{m}]$$

$$N(\text{직류 전동기의 속도}) = \frac{V - I_a r_a}{K\Phi} \,[\text{rpm}] \quad (단, \ K = \frac{PZ}{a} \text{이다.})$$

① 저항제어 : 전기자에 직렬저항을 삽입 변화하여 속도를 제어한다.
② 계자제어 : 자속(ϕ)를 변화 속도를 제어한다.
③ 전압제어 : 전압 $V[\text{V}]$를 변화 속도를 제어한다.

이외에는 워어드레오나드방식과 일그너방식이 있다.

2) 유도전동기의 속도제어

$N(\text{회전자의 속도}) = (1-S)N_S = (1-S)\dfrac{120f}{P}[\text{rpm}]$

$P_2(\text{2차 입력}) = w_s T = 2\pi \dfrac{N_S}{60} \times T = \dfrac{4\pi f}{P} \times T[\text{W}]$

① 슬립제어 : 슬립(S)의 변화속도를 제어한다.
② 주파수 변환법 : 주파수(f)를 변화 속도를 제어하는 법이다.
③ 극수 변환법 : 극수(P)를 변화 속도를 제어하는 법이다.
④ 2차 여자법 : 주파수변환기를 사용 2차 유기기전력(SE_2)와 동상 또는 반대위상의 E_c(외부전압=여자전압)[V]를 2차 회로에 가하여 전동기속도를 증가, 감소 조정하는 법이다. ∴ 이는 고효율, 고역률, 속도제어법이다.
⑤ 종속 접속법

    ㉠ 직렬 종속법 : $N(\text{무구속 속도}) = \dfrac{120f}{P_1+P_2}[\text{rpm}]$

    ∴ 이는 회전자와 상회전의 방향이 동일하다.

    ㉡ 차동 종속법 : $N(\text{무구속 속도}) = \dfrac{120f}{P_1-P_2}[\text{rpm}]$

    ∴ 이는 회전자와 상회전의 방향이 반대이다.

    ㉢ 병렬 종속법 : $N(\text{무구속 속도}) = \dfrac{2 \times 120f}{P_1 \pm P_2}[\text{rpm}]$이다.

    ∴ 이는 역률이 나쁘고 효율이 낮다.

⑪ 용도에 따른 전동기

① 포토 모터 : 6,000~10,000[rpm] 섬유 인견공장에 사용된다.
② 펌프용 전동기
③ 직권 전동기 : $N = \dfrac{V-I_a r_a}{K\phi} \div \dfrac{1}{\phi} = \dfrac{1}{I}[\text{rpm}]$

$T = \dfrac{PZ}{2\pi a} \times \phi I_a = K\phi I_a \doteqdot I^2 [\text{N}\cdot\text{m}]$

    ∴ 이는 전기철도용, 전차용, 기중기, 견인전동기 등에 이용된다.
④ 엘리베이터용 전동기
⑤ 압축기용 전동기
⑥ 압연 전동기
⑦ 크레인 전동기
⑧ 권상기용 전동기

⑨ 팬용 전동기
⑩ 초지기용 전동기
　　㉠ 내산형 : 조풍, 염분이 많은 장소
　　㉡ 방부형 : 산·알카리 등 유해가스가 있는 장소
　　㉢ 방폭형 : 화학 공장, 부식성 가스가 많은 장소
　　㉣ 방수(적)형 : 습기나 수분이 많은 장소 등에 사용된다.

⑫ 전동기의 소요동력(출력) 계산

1) 권상기용 전동기

기중기용 전동기, 엘리베이터용 전동기 등의

$$P(\text{소요동력}) = \frac{WvC}{6.1\eta}[\text{kW}]$$

W(하중)[ton]
v[m/min]
C(평형율)
η(효율)

2) 양수 펌프용 전동기의 출력

$$P = \frac{9.8\,Q_A H}{\eta}[\text{kW}]$$

η(효율)
Q_A(양수량)[m³/min] $= \frac{Q}{60}$[m³/sec]
H(총양정)[m]

3) 수조를 만수시키는데 필요한 전력량

$$P_t = \frac{9.8\,Q_A H \times K}{\eta_t}[\text{kWh}]$$

Q_A(수조의 용량)[m³/h] $= \frac{Q}{3600}$[m³/sec]
K(여유계수)
H(총양정)=수조의 높이+손실 수두[m]
η_t(종합 효율) $= \eta_m$(전동기의 효율)+η_P(펌프의 효율)

4) 지하수를 양수

배수할 때 필요한 전동기의 축 출력

$$P = \frac{9.8\,Q_A HK}{\eta}[\text{kW}]$$

K(관로의 여유계수)
Q_A(양수량)[m³/min] $= \frac{Q}{60t}$[m³/sec]
H(양정)[m]
η(펌프의 효율)

5) 축류용 팬(주 배기용팬)를 구동하는데 필요한 전동기의 소요출력

$$P = \frac{9.8\,Q_A HK}{\eta} \times 10^{-3}[\text{kW}]$$

K(여유계수)
Q_A(송풍기의 토기량=풍량)[m³/min] $= \frac{Q}{60}$[m/sec]
H(분출풍압=전풍압)[kg/cm²]=10^4[kg/m²]

단, 압력의 단위 : 760[mmHg]=1.033[kg/cm²]
　　1[Hp]=746[W]=0.746[kW]
　　∴ 1[kW]=$\frac{1}{0.746}$[Hp]이다.

Chapter 03 적중예상문제

01 질량 m[kg]의 질점이 한 회전축에서 r[m] 떨어져서 각속도 w[rad/s]로 이 축 둘레를 회전할 때 갖는 운동에너지 W[J]는?

① $2mw^2$
② $\dfrac{1}{2}mr^2w^2$

③ $\dfrac{1}{2}m^2r^2w$
④ $\dfrac{1}{2}mrw$

 G : 플라이 휘일의 전질량[kg], D : 플라이 휘일의 지름[m], GD^2 [kg·m2] = 원심분리기 혹은 플라이 효과라 한다.

∴ J(플라이 휘일의 관성 Moment) $= mr^2 = G\left(\dfrac{D}{2}\right)^2 = \dfrac{GD^2}{4}$ [kg·m^2]

v(속도) $= \dfrac{l}{t} = \dfrac{rwt}{t} = rw$ [m/sec]이다.

∴ W(회전체가 갖는 운동에너지) $= \dfrac{1}{2}mv^2 = \dfrac{1}{2}m[rw]^2 = \dfrac{1}{2}mr^2w^2 = \dfrac{1}{2}Jw^2$

$= \dfrac{1}{2}\left(\dfrac{GD^2}{4}\right)\times\left(2\pi\dfrac{N}{60}\right)^2$ [J]이다.

02 $GD^2 = 150$[kg·m^2]의 플라이 휘일이 1,200[rpm]으로 회전하고 있을 때 축적되는 에너지는 약 몇 [J]인가?

① 296,000
② 496,000

③ 96,000
④ 26,000

 W(축적 에너지) $= \dfrac{1}{2}mv^2 = \dfrac{1}{2}m[rw]^2 = \dfrac{1}{2}mr^2w^2 = \dfrac{1}{2}Jw^2 = \dfrac{1}{2}\times\left(\dfrac{GD^2}{4}\right)\times\left(2\pi\dfrac{N}{60}\right)^2$

$= \dfrac{1}{2}\times\left(\dfrac{150}{4}\right)\times\left(2\pi\times\dfrac{1,200}{60}\right)^2 = 296,000$ [J]이다.

03 1.5[kW]의 전동기를 정격상태에서 30분간 사용했을 경우의 전력량을 열량(Kcal)으로 환산하면 약 얼마가 되는가?

① 약 430
② 약 535

③ 약 645
④ 약 1245

1[kWh]=860[Kcal]

∴ Joul의 열량 $H = 860Pt = 860 \times 1.5 \times \frac{30}{60} = 645$[Kcal]

04 극수 P의 3상 유도전동기가 주파수 f[Hz], 슬립 S, 토크 T[N · m]로 회전하고 있을 때의 기계적인 출력(W)은?

① $T\dfrac{2\pi f}{P}S$
② $T\dfrac{4\pi f}{p}(1-S)$
③ $T\dfrac{2\pi f}{P}(1-S)$
④ $T\dfrac{4\pi f}{P}S$

 P_0(기계적인 출력) $= wT = 2\pi \dfrac{N}{60} \times T = 2\pi \times \dfrac{(1-S)N_S}{60} \times T = 2\pi \times \dfrac{(1-S)}{60} \times \dfrac{120f}{P} \times T$

$= T\dfrac{4\pi f}{P}(1-S)$ [W]

05 전동기의 출력 P[kW], 속도 N[rpm]인 전동기의 토크 T[kg · m]는?

① $980\dfrac{N}{P}$
② $975\dfrac{P}{N}$
③ $9.8\dfrac{N}{P}$
④ $9.75\dfrac{P}{N}$

 1[kg · m]=9.8[N · m]

P_0(전동기의 출력)$=wT$[W]에서

$T(\text{Torque}) = \dfrac{P_0}{w} = \dfrac{P_0}{2\pi\dfrac{N}{60}}$ [N · m] $= \dfrac{P_0}{2\pi\dfrac{N}{60}} \times \dfrac{1}{9.8}$ [kg · m] $= 975\dfrac{P}{N}$ [kg · m]

06 3상 유도전동기에서 출력의 변환식으로 맞는 것은?

① $P_0 = P_2 - P_{2c} = P_2 - P_{2c} = \dfrac{N}{N_S}P_2 = (1-S)P_2$

② $(1-S)P_2 = \dfrac{N}{N_S}P_2 = P_0 - P_{2c} = P_0 - SP_2$

③ $P_0 = P_2 + P_{2c} = P_2 + SP_2 = \dfrac{N_S}{N}P_2 = (1+S)P_2$

④ $P_0 = P_2 + P_{2c} = \dfrac{N}{N_S}P_2 = (1+S)P_2$

η(3상 유도전동기의 2차측 효율)$= \dfrac{P_0(\text{2차 출력}=\text{기계적인 출력})}{P_2(\text{2차 입력}=\text{동기와트})} = \dfrac{P_0}{P_2} = \dfrac{wT}{w_s T} = \dfrac{w}{w_s}$

$= \dfrac{2\pi \dfrac{N}{60}}{2\pi \dfrac{Ns}{60}} = \dfrac{N}{Ns} = \dfrac{(1-S)Ns}{Ns} = (1-S)$

∴ P_0(기계적인 출력)$= P_2 - P_{2c} = P_2 - SP_2 = \dfrac{w}{w_s} \times P_2 = \dfrac{N}{Ns} \times P_2 = (1-S) \times P_2$ [W]이다.

07 전동기 축의 벨트 풀리의 지름이 28[cm] 매분 1140 회전하여 20[kW]를 전달하고 있다. 이 벨트에 작용하는 힘(kg)은?

① 약 312   ② 약 122
③ 약 22   ④ 약 62

 P_0(전동기의 출력=기계적인 출력)$= wT$ [W]에서

$T(\text{Torque}) = F(\text{힘}) \times r(\text{거리}) = \dfrac{P_0}{w} = \dfrac{P_0}{2\pi \dfrac{N}{60}}$ [N·m] $= \dfrac{P_0}{2\pi \dfrac{N}{60}} \times \dfrac{1}{9.8}$ [kg·m]

$= 0.975 \times \dfrac{P_0}{N} = 0.975 \times \dfrac{20,000}{1140} = 17.105$ [kg·m]이다.

∴ F(벨트에 작용하는 힘)$= \dfrac{T}{r} = \dfrac{17.105}{0.14} \fallingdotseq 122$ [kg]

08 다음 중 정 Torque 부하에 해당되지 않는 것은?

① 송풍기   ② 펌프
③ 기중기   ④ 인쇄기

 정 Torque 부하
① 속도에 관계없이 일정한 Torque의 부하를 말하며 이에는 송풍기, 회전기, 펌프, 인쇄기 등등과 같은 기계들이다.
② 전동기의 안전운전 조건은 부하 Torque 〉 전동기 Torque일 때이다.

09 직류 전동기의 직·병렬 기동방법은?

① 전압을 조정하기 위하여   ② 회전력을 크게 하기 위하여
③ 속도를 변경하기 위하여   ④ 전류를 제한하기 위하여

직류 전동기에서 직·병렬 기동이나 저항 기동을 하는 이유는 전류를 제한하여 기동하기 위해서다.

10 유도전동기에 기동보상기법을 사용하는데 적당한 전동기의 용량(kW)은?

① 10 ② 5
③ 7.5 ④ 15

 농형 유도전동기의 기동법과 그 용량에는
- 전 전압기동(직입기동) = 5.5[kW] 이하
- Y-△기동법 = 5.5~15[kW]
- 기동 보상기법 = 15[kW] 이상이다.

11 기동 토크(Torque)가 큰 특성을 가지는 전동기는?

① 3상 농형 유도전동기 ② 직류 직권 전동기
③ 3상 동기전동기 ④ 직류 분권 전동기

 직류 직권 전동기에서는 $\phi \fallingdotseq I_a \fallingdotseq I$[A]이다.
∴ $T(\text{Torque}) = \frac{PZ}{2\pi a}\phi I_a \fallingdotseq K\phi I_a \fallingdotseq I^2$[N·m]이므로 부하에 대해서 Torque의 증가율이 가장 크다. 즉 기동 Torque가 제일 크다.

12 다음 단상 유도전동기에서 기동 Torque가 가장 큰 것은?

① 콘덴서 기동전동기 ② 콘덴서 전동기
③ 분상 기동전동기 ④ 반발 기동전동기

 단상 유도전동기에서 기동 Torque가 큰 순서로 나열하면 반발 기동형(300% 이상) > 콘덴서 기동형(250% 이상) > 콘덴서 형(140~160%) > 분상 기동형(125% 이상) > 세이딩 코일형(40~100%)이다.

13 3상 유도전동기를 급속히 정지 또는 감속시킬 경우 가장 손쉽고 효과적인 제동법은 어느 것인가?

① 회생제동 ② 발전 제동
③ 와전류 제동 ④ 역상 제동

 역상 제동(플러킹)
3상 유도전동기 운전 중 2단자의 접속을 바꾸면 역 방향의 Torque가 발생 전동기를 급속히 정지 혹은 감속 역전시키는 제동방법을 말한다.

14 전동기를 발전기로 운전시키고 유도전압을 전원전압보다 높게 하여 발생전력을 전원에 반환하는 방식의 제동은?

① 역상 제동
② 발전 제동
③ 와전류 제동
④ 회생 제동

 회생 제동 : 전동기를 발전기로 운전시키고 유도전압을 전원전압보다 높게 하여 발생전력을 전원에 반환하는 방식의 제동을 말한다.

15 직류 전동기의 속도제어에서 가장 효율이 낮은 것은?

① 계자제어
② 전압제어
③ 저항제어
④ 워어드 레오너드 제어

 직류 전동기의 저항제어 : 전기자 회로에 저항을 삽입하는 방법으로 부하가 커지면 저항손(I^2R)이 커져서 전 효율이 저하된다.

16 전원으로 일그너 방식을 사용하는 것은?

① 시멘트 공장용 분쇄기
② 제철용 압연기
③ 냉동용 가스 압축기
④ 제지용 초지기

 일그너 방식은 대용량 부하에서 가변속도의 경우에 사용된다. 즉 제철용 압연기나 제철, 제관작업과 같이 Torque가 크게 변동하는 부하에 적당하다.

17 선박의 전기추진에 많이 사용되는 속도 제어방식은?

① 2차 여자 제어방식
② 전원 주파수 제어방식
③ 극수 변환 제어방식
④ 1차 저항 제어방식

 인견 공장에 사용되는 전동기나 선박의 전기추진에 많이 사용되는 전동기의 속도제어 방식은 전원주파수 제어방식이다.

18 교류, 직류를 모두 사용할 수 있는 전동기는?

① 히스테리시스 전동기
② 직권 전동기
③ 콘덴서 기동형 전동기
④ 동기 전동기

 직권 전동기의 용도
- 직류, 교류 겸용 전동기이다.
- 기동 Torque가 커야 하는 전차용, 전기철도용, 견인 전동기로 사용된다.

19 산·알카리 또는 유해가스가 존재하는 장소에 사용되는 전동기는?

① 방폭형 전동기 ② 방적형 전동기
③ 방부형 전동기 ④ 방수형 전동기

 전동기의 형식
- 내산형 전동기 : 염분이 많은 바다 바람(조풍)에 사용하는 전동기이다.
- 방수(적)형 전동기 : 습기나 수분이 많은 장소에 사용되는 전동기이다.
- 방부형 전동기 : 산·알카리 또는 유해가스가 존재하는 장소에 사용하는 전동기이다.
- 방폭형 전동기 : 화학 공장등 부식성가스가 많은 장소에 사용되는 전동기이다.

20 전기기기에서 E종 절연물을 사용한 전동기의 허용 최고온도[℃]는?

① 180 ② 130
③ 120 ④ 90

 전기기기의 절연물의 허용온도는 ℃이다.

절연물의 종류	Y종	A종	E종	B종	F종	H종	C종
최고허용온도	90	105	120	130	155	180	180 초과

∴ E종 절연물의 허용 최고 온도=120℃이다.

21 중량 2톤의 물체를 매초 0.5[m]의 속도로 감아 올리려하는 권상기용 전동기의 용량은 약 몇 [kW]인가? (단, 권상기의 효율은 60%이다.)

① 21.4 ② 6.4
③ 16.4 ④ 12.4

 W(하중=중량) [t], v(속도=권상속도)=$0.5 \times 60 = 30$[m/min]이다.

∴ P(권상기용 전동기의 용량)=$\dfrac{Wv}{6.1\eta} = \dfrac{2 \times 30}{6.1 \times 0.6} ≒ 16.39$[kW]

22 5[ton]의 하중을 매분 30[m]의 속도로 권상할 때 권상전동기의 용량(kW)을 구하면? (단 장치의 효율은 70%, 전동기출력의 여유를 20%로 계산한다.)

① 62 ② 42
③ 22 ④ 12

 P_1(권상용 전동기의 용량)=$\dfrac{Wv}{6.1\eta} = \dfrac{5 \times 30}{6.1 \times 0.7} = 35.1$[kW]이다.

∴ 전동기의 출력 여유 20%를 가산할 때의 전동기의 출력을 P_2라면
$P_2 = [1+0.2] \times P_1 = 1.2 \times 35.1 = 42.12$[kW]이다.

23 권상하중 10[ton], 권상속도 8[m/min]의 천장 권상기의 권상용 전동기에 소요동력 [kW]은 약 얼마인가? (단, 권상장치의 효율은 70%이다.)

① 6　　　　　　　　　　② 13
③ 19　　　　　　　　　　④ 29

 P(권상용 전동기의 소요동력)$=\dfrac{Wv}{6.1\eta}=\dfrac{10\times 8}{6.1\times 0.7}\fallingdotseq 18.7 \fallingdotseq 19[\text{kW}]$

24 기중기로 150[ton]의 하중을 2[m/min]의 속도로 권상시킬 때 필요한 전동기의 용량은 약 몇 [kW]인가? (단, 기계효율은 70%이다.)

① 25　　　　　　　　　　② 50
③ 70　　　　　　　　　　④ 90

 P(권상용 전동기의 용량)$=\dfrac{Wv}{6.1\eta}=\dfrac{150\times 2}{6.1\times 0.7}\fallingdotseq 70[\text{kW}]$이다.

25 6층 빌딩에 설치된 적재 중량 1,000[kg]의 엘리베이터를 승강속도 50[m/min]으로 운전하기 위한 전동기의 출력은 약 몇 [kW]인가? (단, 평형율은 0.50이다.)

① 4　　　　　　　　　　② 14
③ 0.2　　　　　　　　　　④ 8

 엘리베이터용 전동기는 관성 Moment가 작아야 한다.
∴ P(엘리베이터 전동기의 출력)$=\dfrac{WvC}{6.1\eta}=\dfrac{1\times 50\times 0.5}{6.1\times 1}\fallingdotseq 4[\text{kW}]$이다.

26 양수량 $Q[\text{m}^2/\text{min}]$, 총양정 $H[\text{m}]$, 펌프 효율 η의 경우 양수 펌프용 전동기의 출력은 몇 [kW]인가? (단, K는 비례상수이다.)

① $K\dfrac{Q^2H^2}{\eta}$　　　　　　　② $K\dfrac{QH}{\eta}$
③ $K\dfrac{Q^2H}{\eta}$　　　　　　　④ $K\dfrac{QH^2}{\eta}$

 펌프 운전용 전동기는 기동전력이 작은 특수전동기를 사용한다.
∴ P(양수 펌프용 전동기의 출력)$=\dfrac{9.8Q_AH}{\eta}=\dfrac{9.8\times\dfrac{Q}{60}\times H}{\eta}=K\dfrac{QH}{\eta}[\text{kW}]$
단, $K=\dfrac{9.8}{60}$, $Q_A=\dfrac{Q}{60}[\text{m}^2/\text{sec}]$이다.

정답 23 ③ 24 ③ 25 ① 26 ②

27 양수량 5[m²/min], 전양정 10[m]인 양수용 펌프 전동기의 용량은 약 몇 [kW]인가? (단, 펌프의 효율은 85%, 설계상의 여유계수 $K=1.1$이다.)

① 15.56   ② 4.56
③ 7.56   ④ 10.56

P(양수용 펌프 전동기의 용량) $= \dfrac{9.8 Q_A HK}{\eta} = \dfrac{9.8 \times \dfrac{Q}{60} \times HK}{\eta} = \dfrac{9.8 \times \dfrac{5}{60} \times 10 \times 1.1}{0.85}$
$\doteqdot 10.56[\text{kW}]$

28 높이 10[m]인 곳에 있는 용량 100[m³]의 수조를 만수시키는 데 필요한 전력량은 몇 [kWh]인가? (단, 전동기 및 펌프의 종합효율은 80% 전 손실수두는 2[m]이다.)

① 9.1   ② 6.1
③ 1.1   ④ 4.1

Q_A (양수량) $= Q[\text{m}^3/\text{h}] = \dfrac{Q}{3600}[\text{m}^3/\text{sec}] = \dfrac{100}{3600}[\text{m}^3/\text{sec}]$이다.
H(총양정) = 높이 + 손실수두 = 10 + 2 = 12[m]
η_t(종합효율) $= \eta_p + \eta_m = 0.8$이다.
$\therefore P$(전력량) $= \dfrac{9.8 Q_A H}{\eta_t} = \dfrac{9.8 \times \dfrac{100}{3600} \times 12}{0.8} \doteqdot 4.1[\text{kWh}]$

29 높이 10[m]인 곳에 있는 용량 100[m³]의 수조를 1시간에 가득 채우려면 약 몇 [kW]의 전동기를 사용한 펌프를 이용해야 하는가? (단, 펌프의 종합효율은 80%이고 전 손실수두는 2[m], 여유계수는 1.1이다.)

① 12   ② 5
③ 2   ④ 9

Q_A (양수량) $= Q(\text{m}^3/\text{h}) = \dfrac{100}{3600}[\text{m}^3/\text{sec}]$
H(총양정) = 높이 + 전 손실수두 = 10 + 2 = 12[m]이다.
$\therefore P$(펌프의 용량) $= \dfrac{9.8 Q_A HK}{\eta_t} = \dfrac{9.8 \times \dfrac{100}{3600} \times 12 \times 1.1}{0.8} \doteqdot 5[\text{kW}]$

30 1시간에 30[m³]의 물을 지하수에서 5[m]의 높이에 배수하는 경우 10[kW]의 전동기를 사용한다면 매 시간당 약 몇 [min]씩 운전하여야 하는가? (단, 펌프의 효율은 70%이고 여유계수는 1.2이다.)

① 34.2   ② 4.2
③ 1.2   ④ 14.2

정답 27 ④ 28 ④ 29 ② 30 ②

매 시간 $t\,[\min]$씩 운전한다면 강수량 $Q_A = \dfrac{Q}{60t} = \dfrac{30}{60t}\,[\mathrm{m^3/min}]$이다.

$$P(\text{전동기의 출력}) = \dfrac{9.8\,Q_A HK}{\eta_t} = \dfrac{9.8 \times \dfrac{30}{60t} \times HK}{\eta_t}\,[\mathrm{kW}]$$에서

$$\therefore\ t = \dfrac{9.8 \times Q \times HK}{60\,P\eta_t} = \dfrac{9.8 \times 30 \times 5 \times 1.2}{60 \times 10 \times 0.7} \fallingdotseq 4.2\,[\min]$$이다.

31 1시간에 $18\,[\mathrm{m^3}]$ 솟아나는 지하수를 $5\,[\mathrm{m}]$의 높이로 양수하고자 한다. 여기에 $5\,[\mathrm{kW}]$의 전동기를 사용한다면 매 시간당 약 몇 분씩 운전하면 되겠는가? (단, 펌프의 효율은 70%이고 관로 손실계수는 1.1이다.)

① 약 5분 ② 약 10분
③ 약 15분 ④ 약 25분

 매 시간 $t\,[\min]$씩 운전한다면 Q_A (양수량) $= \dfrac{Q}{60t} = \dfrac{18}{60t}\,[\mathrm{m^3/min}]$이다.

$$P(\text{전동기의 출력}) = \dfrac{9.8\,Q_A HK}{\eta_t} = \dfrac{9.8 \times \dfrac{Q}{60t} \times HK}{\eta_t}\,[\mathrm{kW}]$$

$$\therefore\ t = \dfrac{9.8 \times Q \times HK}{60 \times P\eta_t} = \dfrac{9.8 \times 18 \times 5 \times 1.1}{60 \times 5 \times 0.7} \fallingdotseq 5\,[\min]$$이다.

32 직류 직권전동기는 다음 어느부하에 적당한가?

① 변 출력부하 ② 정 토크 부하
③ 정 출력부하 ④ 정 속도부하

 직류 직권전동기의 특성
• 정 출력부하에 적당하다.
• 전차용 전동기에 적당하다.
• 부하 전류가 증가하면 급격이 속도가 감소하는 전동기이다.
• 기동 Torque가 제일 크다.

33 전동기에서 두 단자를 바꾸면 회전이 역전하는 전동기는?

① 3상 유도전동기 ② 단상 교류 유도전동기
③ 단상 유도전동기 ④ 직류 분권전동기

3상 유도전동기는 3단자 중에서 2단자를 서로 바꾸어 전원에 연결하면 회전방향이 반대로 되어 역전하게 된다.

Chapter 04 전기철도

1부 전기응용 및 공사재료

❶ 전원방식에 의한 전기철도

① **직류식** : 직류직권전동기를 사용하는 방식이다. 저압식은 500~600[V], 고압식은 1,200~3,000[V]를 사용한다.
② **단상식** : 단상교류정류자 전동기를 사용하는 방식이다. 단상교류를 차내 변압기에서 직접 11,000[V], 20,000[V], 25,000[V]를 내려 사용한다.
③ **3상식** : 3상 유도전동기를 사용하는 방식이다. 3,000[V], 3,600[V]의 전압을 사용한다.

❷ 부설지역에 의한 전기철도

① 시가지 노변철도
② 도시 고속철도
③ 교외 철도
④ 시간 철도

❸ 궤도

1) **침목** : 목제침목, PS 콘크리트 침목을 사용한다.

2) **궤간** : 궤조의 두부 내측사이의 거리를 말한다.
  ① 협궤 : 1,067[mm], 1,000[mm]
  ② 광궤 : 1,675[mm], 1,600[mm], 1,523[mm]

③ 표준궤간 : 1435[mm]

3) **유간** : 이음 사이의 간격을 말한다.

4) **고도(Cant)** : 내·외 궤조의 높이차를 말한다.

$$h(고도) = \frac{Gv^2}{127R} [mm]$$

- R : 곡선반경[m]
- G : 궤간[mm]
- v : 열차의 평균속도[Km/h]

5) **확도(Slack)**

$$S(확도) = \frac{l^2}{8R} [mm]$$

- l : 고정자 축거리[m]
- R : 곡선의 반지름[m]

이는 마찰을 피하기 위해서 궤간을 넓이는 정도를 말한다.

6) **구배(경사)** : 1,000분율[‰]로 나타낸다.
   ① 중요선로 : 10[‰]
   ② 보통선로 : 25[‰]
   ③ 간이선로, 전차용 선로 : 35[‰] 정도이다.

7) **곡선로의 표시법** : 반지름 R[m]으로 표시하는 법과 각도(θ°)로 표시하는 방식이 있다.

8) **선로의 분기**
   ① 전철기 : 차륜을 하나의 궤도에서 다른 궤도로 유도하는 장치로서 도입궤조, 철차, 호륜궤조가 있다.
   ② 철차각(분기각) : θ(철차각)은 기준선과 분기선이 교차하는 각도를 말한다.
   ③ N(철차 번호) : $\frac{1}{2}\cot\frac{\theta}{2} \div \cot\theta$ 작으면 교차분기각도가 커진다.

9) **견인력**
   ① 전차가 구배(경사)로 올라갈 경우의 견인력
   $$F(견인력) = W(F_r + F_g) [kg] \text{ 또는 } F(견인력) = W\tan\theta [kg]$$
   - F_r : 주행저항[kg/t]
   - F_g : 경사저항[kg/t]
   - W : 전차의 중량[kg]
   - $\tan\theta$: 구배

   ② 기관차가 구배(경사)로 내려갈 때의 가속력
   $$F_a(가속력) = m\alpha [kg]$$
   - m : 기관차의 중량[kg]
   - α : 경사=구배[‰]

③ 최대 구배(경사)

$$1000c\,W_a = (F_R + g_{max})(W_g + m\,W_c)$$

- $c = \mu$: 부착계수
- W_a : 동륜상의 중량[ton]
- F_R : 열차의 주행저항[kg/ton]
- g_{max} : 최대구배
- W_g : 전기기관차의 중량[ton]
- m : 부수차 대수
- W_c : 부수차 각 중량[ton]

❹ 차량

1) 차량의 종류
① 전기기관차 : 전동기를 구비하며 부수차를 견인한다.
② 전동차 : 차체에 전동기를 구비하며 화물과 승객을 실을 수 있다.
③ 제어차 : 제어기와 운전실이 있다.
④ 부수차 : 객차와 하차를 말한다.

2) 차량의 구성
① 차륜
② 차체(대틀)
③ 대차 : 차체를 떠받고 있다.
④ 집전 장치 : 전기를 집전자에 가해주는 장치이다.
  ㉠ 팬터 그래프 : 집전자 습동판의 압력은 50~10[kg]
  ㉡ 트롤리 봉 : 트롤리 봉의 압력은
    - 시가지철도 : 10~20[kg]
    - 노면철도 : 5~10[kg]
  ㉢ 궁상 집전자 등의 집전장치가 있다.

❺ 견인 자동차

1) 견인전동기
① 직류 : 직류 직권전동기를 사용한다.
② 교류 : 단상교류 정류자전동기를 사용한다.

2) 차량 답면에 나타나는 견인력

$$F(\text{견인력}) = Tr\acute{\eta}\frac{2}{D} \, [\text{kg}]$$

- r : 기어비
- D : 차륜의 지름[m]
- T : 전동기의 회전력[kg·m]
- $\acute{\eta}$: 전달 효율

3) 기관차의 최대 견인력

$$F_{\max} = 1000\mu W_a \, [\text{kg}]$$

- μ : 부착계수
- W_a : 동륜상의 중량[kg]

4) 정지상태(힘의 평형)

$$F_a \geqq F_m$$

- F_a : 최대 마찰력[kg]
- F_m : 최대 견인력[kg]

❻ 전기기관차의 속도제어

1) 직류 전기기관차의 속도제어

① 저항제어 : 직열저항을 삽입, 단자전압 V[V]를 변화 속도를 제어하는 법이다.
② 직·병렬 제어 : 전동기를 직·병렬로 접속 단자전압 V[V]를 변화 속도를 제어하는 법이다.
③ 계자제어 : 자속 ϕ[Wb]를 변화 속도를 제어하는 법이다.
④ 다이리스트(PNPN 접합)에 의한 초퍼제어 : gat 신호에 따른 위상제어법이다.
⑤ 메타다인 제어 등에 속도제어법이 있다.

2) 교류 전기기관차의 속도제어

① 극수 제어법 : $N(\text{회전수}) = \dfrac{120f}{P}[\text{rpm}]$

※ P(극수)는 변화 속도를 제어하는 법이다.

② 주변압기 탭전환법 : 주변압기 탭의 전환으로 주전동기 단자전압을 제어함으로서 속도를 제어하는 법이다.

❼ 전동차의 제동법

① 수동제동 : 30[kg] 정도의 힘으로 핸들을 수동으로 제동하는 법이다.
② 공기 제동 : 압력 5[kg/cm²]의 압축공기로 제동하는 법이다.
③ 전기 제동에는 발전제동과 회생제동이 있다.
　㉠ 발전 제동 : 운전 중인 주전동기에 접속을 바꾸면 발전기가 되어 제동하는 법이다.
　㉡ 회생 제동 : 위치에너지를 이용 전동기를 발전기로 동작 전원에 전력을 반환하면서 제동하는 법으로 산악지대 전기철도에 유리하다.

❽ 열차의 운전

1) 열차의 곡선저항(R_c)

$$R_c = \frac{1000\mu(G+L)}{R} \div \frac{1}{R} [\Omega]$$

- G : 궤간[m]
- R : 곡선의 반지름[m]
- μ : 마찰계수
- L : 고정축 간의 거리[m]

2) 전동차에 가속도을 주는데 필요한 힘

$$F = 31\,Wa\,[kg]$$

- W : 전동기의 중량[ton]
- a(가속도) $= \dfrac{v}{t}$ [km/sec²]

3) 전동차의 주행거리

$$S = \frac{1}{2}vt\,[m]$$

4) 전차의 표정속

$$\frac{\text{시발역과 종착역의 거리}}{\text{주행시간} + \text{정차시간}} = \frac{(n-1)L}{(n-2)t + L}$$

- n : 정거장 수
- L : 정거장 사이의 거리[m]
- t : 정차시간
- T : 전 주행시간

∴ 표정속도를 크게 하려면 가속도와 감속도를 크게 해야 한다.

❾ 기타 여러 설비

① 단식 커티너리 조가식 : 고속의 전기철도에 적당한 전동차선의 조가법이다.
② 전식이 발생하는 장소
    ㉠ 전극이나 전위가 높은 곳에 발생된다.
    ㉡ 누설전류가 흐르는 귀선에 전식이 발생된다.
③ 회전변류기
    ㉠ 직·교류 변환장치에 적당하다.
    ㉡ 지하철, 전철 등에 이용된다.
④ 전기철도에서 변전소에 간격을 짧게하는 이유 : 선로에 전압강하를 작게 하기 위해서이다.
⑤ 스코트 결선(T결선) : 단상교류식 전기철도에서 전압에 불평형을 경감시킨다.
⑥ 흡상변압기의 사용 용도 : 통신선에 전자유도 장해를 경감시킨다.
⑦ 크로스 본드(힝본드) : 궤도저항을 줄이기 위해서 양궤도간을 연결하는 본드이다.
⑧ 금속 이격판 : 고압과 저압, 혼촉을 방지하는 장치이다.

Chapter 04 적중예상문제

01 표준 궤간의 넓이(mm)는?

① 1,675
② 1,523
③ 1,000
④ 1,435

 궤조와 궤간
① 궤조의 성질
  ㉠ 높은 경도를 필요로 하므로 고탄소강을 사용하며 탄소함유량은 1.3~3.0%이다.
  ㉡ 궤조 중에서 파상마모를 일으키기 쉬운 곳은 비탄성 도상부분(콘크리트부분)이다.
② 궤간의 성질
  ㉠ 표준 궤간은 1,435[mm]이다.
  ㉡ 광 궤간은 1,675[mm], 1,600[mm], 1,523[mm]이다.
  ㉢ 협 궤간은 1,067[mm], 1,000[mm]이다.
③ 고도(cant) $h = \dfrac{Gv^2}{127R}$ [mm]이며 궤도의 곡선부분에서는 외측궤조를 내측궤조보다 높게 한 것을 말한다. 단, R : 반지름[m], G : 궤간[mm], v : 속도[Km/h]이다.

02 시속 40[km/h]의 열차가 반지름 1,000[m]의 곡선 궤도를 주행할 때 고도(mm)는? (단, 궤간은 1,067[mm]이다.)

① 23.4
② 13.4
③ 3.4
④ 6.4

 $h\,(\text{cant}=\text{고도}) = \dfrac{Gv^2}{127R} = \dfrac{1,067 \times (40)^2}{127 \times 1,000} = 13.44[\text{mm}]$

03 고도가 10[mm]이고 반지름이 1,000[m]인 곡선 궤도를 주행할 때 열차가 낼 수 있는 최대속도는? (단, 궤간은 1,435[mm]이다.)

① 약 29.75
② 약 197.5
③ 약 1.975
④ 약 59.75

해설 h (고도)$=\dfrac{Gv^2}{127R}$ [mm]에서

v (최대속도)$=\sqrt{\dfrac{127Rh}{G}}=\sqrt{\dfrac{127\times1,000\times10}{1,435}}\fallingdotseq 29.75$ [km/h]이다.

04 궤도의 확도(Slack)는? (단, 곡선 반지름 R[m], 고정 차축거리 l[m]이다.)

① $\dfrac{l^2}{12R}$ ② $\dfrac{l^2}{2.5R}$
③ $\dfrac{l^2}{8R}$ ④ $\dfrac{l^2}{R}$

해설 S(Slack=확도)$=\dfrac{l^2}{8R}$ [mm]의 값이다. (단, R : 곡선의 반지름[m], l : 고정 차축거리[m]이다.)
∴ 확도 : 내측궤조의 궤간을 넓히는 정도를 말함

05 직선 궤도에서 호륜 궤조를 설치하지 않으면 안 되는 곳은?

① 고속도 운전구간   ② 병용 궤도
③ 교량의 위   ④ 분기 개소

해설   직선 궤도에서는 차체를 분기선로 개소로 유도하기 위해서는 반대 궤조측에 호륜 궤조(guid rail)를 설치하여야 한다.

06 차륜의 답면에 안지름과 바깥지름의 차이가 있는 이유는?

① 곡선 부분은 양 궤조의 길이에 차이가 있으므로
② 곡선 부분은 확도가 있으므로
③ 곡선 부분은 고도가 있으므로
④ 궤간이 일정하지 않으므로

해설   차륜 답면에 안지름과 바깥지름의 차이가 있는 이유는 궤도의 곡선부분에서는 고도[cant]가 있기 때문이다.

07 트롤리 봉(trolly pole)이 전차선을 떠받아 압력(kg)은?

① 150   ② 10
③ 3   ④ 30

해설   팬터 그래프 집전자 습동판의 압력은 5~10[kg] 정도이다. 트롤리 봉(trolly pole)이 전차선을 떠받아 압력(kg)은 시가지 노면 전차는 5~10[kg], 시가지 철도는 10~20[kg]이다.

08 전철 전동기에 감속 기어를 사용하는 이유는?

① 가격에 저하을 위해서 ② 전동기의 소형화
③ 동력 전달을 잘 하기 위해서 ④ 역률 개선을 위해서

 전동기의 소형화를 하기 위해서이다.

09 전차용 전동기에 보극을 설치하는 이유는?

① 역회전 방지 ② 불꽃 방지
③ 정류 개선 ④ 섬락 방지

 역회전을 방지하기 위해서이다.

10 열차의 자중이 100[ton]이고 동륜상이 70[ton]인 기관차의 최대견인력(kg)은? (단, 궤조의 점착계수는 0.2이다.)

① 14,000 ② 9,000
③ 18,000 ④ 5,000

 μ[궤조(rail)의 점착계수=궤조(rail)의 부착계수]=0.2이다.
W_a[차륜이 궤조(rail)에 수직으로 누르는 중력=동륜상의 중량]=70[ton]
∴ F_m(최대 견인력)=$1,000\mu W_a$=$1,000 \times 0.2 \times 700$=14,000[kg]

11 열차의 자중이 100[ton]이고 동륜상의 중량이 90[ton]인 기관차의 최대 견인력(kg)은? (단, 레일의 부착계수는 0.2이다.)

① 8,000 ② 22,000
③ 18,000 ④ 13,000

 F_m(최대 견인력)=$1,000\mu W_a$=$1,000 \times 0.2 \times 90$=18,000[kg]

12 전차용 전동기의 사용대수를 배수로 하는 이유 중 가장 중요한 것은?

① 부착 중량의 증가 ② 제어 효율 개선
③ 균일한 중량의 증가 ④ 고장에 대비해서

 전차용 전동기의 사용대수를 배수로 하면
① 속도가 증가된다.
② 직·병렬 제어로 다단제어가 되어 제어효율이 개선된다.

정답 08 ② 09 ① 10 ① 11 ③ 12 ②

13 다음 중 전기기관차의 속도제어법으로 사용되지 않는 것은?

① 다이리스트에 의한 초퍼 제어법
② 극수 조정법
③ 계자제어법
④ 저항제어법

 전기기관차의 속도제어법
① 직류 직권 전동기의 속도제어법에는 저항제어, 계자제어, 직·병렬 제어, 다이리스트에 의한 초퍼 제어, 메타인 제어 등이 있다.
② 교류 전기기관차에서의 속도 제어는 3상유도전동기를 사용하는 경우에는 극수 제어를 한다.

14 전기철도에서 전력의 회생 제동법을 채용하는 것이 가장 유리한 것은?

① 평지의 간선 전기철도 ② 시가지의 노면철도
③ 지하철이나 전차 ④ 산악 지대의 전기철도

 회생 제동법은 산악지대의 전기철도에 가장 유리하다.

15 35[ton]의 전차가 20[‰]의 경사 궤도를 45[km/h]의 속도로 올라갈 때 필요한 견인력은 몇 [kg]인가? (단, 주행저항은 5[kg/ton]이다.)

① 675 ② 875
③ 975 ④ 1075

 열차의 주행저항 $R_r = 5[\text{kg/t}]$
경사 저항 $R_g \fallingdotseq 1,000 \times \tan\alpha \fallingdotseq 1,000 \times 구배 = 1,000 \times \frac{20}{1,000} = 20[\text{kg/t}]$이다.
∴ $F(경사를 올라가는데 필요한 견인력) = (R_r + R_g) \times W = (5 + 20) \times 35 = 875[\text{kg}]$

16 30[ton]의 전차가 30/1,000의 구배를 올라가는데 필요한 견인력(kg)은? (단, 열차 저항은 무시한다.)

① 9,000 ② 1,500
③ 900 ④ 590

 $F(경사를 올라가는 데 필요한 견인력) = W \times \tan\alpha \fallingdotseq 30 \times 10^3 \times \frac{30}{1,000} = 900[\text{kg}]$

17 40[ton]의 전차가 20[‰]의 경사를 올라가는데 필요한 견인력(kg)? (단, 열차의 저항은 무시한다.)

① 1800　　　② 900
③ 800　　　④ 280

 F(경사를 올라가는 데 필요한 견인력) $= W\tan\alpha \fallingdotseq 40 \times 10^3 \times \dfrac{20}{1000} = 800[\text{kg}]$

18 중량 100[ton]의 전기기관차가 1/100의 경사를 내려갈 때의 경사에 대한 가속력(Kg)은?

① 1,200　　　② 120
③ 1,000　　　④ 100

 α(경사) $= \dfrac{1}{100}$ 이다.

F(경사를 내려갈 때 경사에 대한 가속력) $= m\alpha = 100 \times 10^3 \times \dfrac{1}{100} = 1,000[\text{kg}]$

19 전기 열차에서 전기기관차의 중량 150[ton], 부수차 중량 550[ton] 기관차 동륜상의 중량 100[ton]이다. 우천시 올라갈 수 있는 최대구배(‰)는? (단, 열차의 저항은 무시한다.)

① 50　　　② 2.5
③ 0.5　　　④ 1.25

 우천시의 부착계수 $\mu = 0.18$이다.
$g_{\max} = \dfrac{1,000\mu W_a}{W_g + W_c} = \dfrac{1,000 \times 0.18 \times 100}{150 + 550} = 25.5\% = 2.55‰$ 이다.

20 열차의 곡선 저항은?

① 열차의 중량에 비례한다.
② 궤조 곡선의 곡선 반지름에 반비례한다.
③ 열차의 속도에 비례한다.
④ 차륜과 궤조간의 마찰계수에 반례한다.

 열차의 곡선 저항 $R_c = \dfrac{1000\mu(G+L)}{2R}$ [kg/ton]으로서 곡선 반지름에 반비례한다.
(단, μ : 마찰계수, G : 궤간[m], L : 차륜 고정축간의 거리이다.)

21 중량 80[ton]의 전동차에 2.5[km/h/sec]의 가속도를 주는데 필요한 힘(kg)은? (단, 1[ton]에 필요한 힘 f_a는 $31 \times a$[kg/h]이다.)

① 3200　　　　　　　　　② 8200
③ 6200　　　　　　　　　④ 10200

　a(가속도)=2.5[km/h/sec]이다.
　　　　F(가속도를 주는데 필요한 힘)=$31 \times Wa = 31 \times 80 \times 2.5 = 6200$[kg]

22 전차의 표정속도를 높이기 위한 수단은?

① 제동도를 높인다.　　　　② 정차 시간을 짧게 한다.
③ 최대 속도를 높게 한다.　　④ 가속도를 작게 한다.

　전차의 표정속도=$\dfrac{\text{시발역과 종착역 사이의 거리}}{\text{주행시간 + 정차시간}}$ 이다.
　　∴ 정차시간을 짧게 하거나 가속도와 감속도를 크게 하면 표정속도는 높게 된다.

23 회생 제동 구간에 적당한 변전소의 직류 변환장치는?

① 회전 변류기　　　　　　② 인버어터
③ 수은 정류기　　　　　　④ 전동 발전기

　전차선
　　① 전차선에 직류 변환장치인 회전변류기는 회생 제동으로 전력을 절약한다.
　　② 전차선 변전소의 간격을 짧게 하면 전압 강하가 작게 된다.
　　③ 전차선 지중관로에 전위가 높은 곳은 귀선의 누설전류로 인하여 전식이 일어나기가 쉽다.

24 단상 교류식 전기철도에서 전압 불평형률을 경감시키는 데 쓰이는 것은?

① 단권 변압기　　　　　　② 흡상 변압기
③ 크로스 결선　　　　　　④ 스코트 결선

　단상 교류 전기철도에서 3상 전원의 전압 불평형률을 감소시키는 결선은 3상 2상 변환인 스코트 결선(T결선)이다.

25 단상 교류식 전기철도에서 통신선에 미치는 유도장애를 경감하기 위하여 쓰이는 것은?

① 흡상 변압기　　　　　　② 크로스 본드
③ 3상변압기　　　　　　　④ 스코트 결선

흡상 변압기 : 단상 교류식 전기철도에서 통신선에 미치는 유도장애를 경감시키기 위한 변압기로서 전자유도 경감용 변압기이다.

26 직류 가공 단선식 전철의 자동신호 설비에 불필요한 것은?

① 궤조 변압기
② 임피턴스 본드
③ 크로스 본드
④ 용접 본드

용어해설
- 궤조변압기 : 자동 신호 발생 전원이다.
- 임피턴스 본드 : 자동 폐색식에서 전차를 원활하게 운전하기 위해서 사용하는 본드이다.
- 크로스 본드(횡 본드) : 궤도회로의 궤도저항을 줄이기 위해서 양궤도 간을 연결하는 본드를 말한다. 크로스 본드가 있으면 신호 계전기가 동작할수 없다.
- 용접 본드 : 간선 철도궤도의 이음에 사용되는 본드이다.
- 금속성 이격판 : 궤조 변압기에 고·저압 혼촉방지 장치(판)이다.

Chapter 05 전기화학

1부 전기응용 및 공사재료

❶ 1차 전지(건전지)

1) 전지의 국부작용
아연 음극 또는 전해액중에 불순물이 섞이면 아연이 부분적으로 용해되어 국부방전이 생겨 수명이 짧아지는 현상을 말한다.

> **참고**
> ▶ 방지책
> 아연음극에 수은도금을 하거나 순도가 높은 전극재료를 사용해서 방지한다.

2) 망간 건전지(르클랑세 건전지)
① 양극 : 탄소봉, 음극 : 아연판
② 감극제 : MnO_2(이산화망간)
③ 전해액 : NH_4Cl (염화암모늄)
④ 용도 : 전등용, 전화용, 라디오용 등이다.

3) 공기건전지
① 양극 : 활성탄소, 음극 : 아말감화된 흑연
② 감극제 : 공기중의 산소(O_2)
③ 전해액 : 가성소오다(NaOH), 염화암모늄(NH_4Cl)
④ 장점
   ㉠ 사용중 방전이 되지 않아 오래 보존된다.
   ㉡ 용량이 크고 내열, 내한, 내습성이 있다.
   ㉢ 온도차에 의한 전압변동이 작다.
⑤ 단점 : 습식은 이동이 불편하다.

4) 수은건전지
① 양극 : 산화은, 음극 : 아연분말
② 감극제 : 산화은과 흑연의 혼합
③ 전해액 : 가성 칼륨(KOH)
④ 용도 : 보청기, 휴대용 라디오, 측정용 기기 등

5) 마그네슘 건전지
① 양극 : Ag판의 양면에 Agcl을 전해적으로 합성한 것임, 음극 : Mg판
② 감극제 : AgCl, $CuCl_2$
③ 용도 : -50℃에서까지 사용 가능하다.

❷ 2차 전지(축전지)

1) 납(연) 축전지
① 양극 : 이산화 납(PbO_2), 음극 : 납(Pb)
② 격리판 : 나무, 수지, 플라스틱, 페놀수지, 함침섬유 등을 사용
③ 전해액 : 묽은 황산(H_2SO), 비중 : 1.20~1.30
④ 가역반응(충·방전)이 일어난다.
   공칭전압 : 1셀당 2.0[V], 공칭용량 : 10[Ah]
   즉, 공칭용량 : $I^n T$ = 일정
   (단, I : 방전전류[A], n : 1.3~1.7, T(방전지속 시간) ≒ 10[Ah]을 말한다.)
⑤ 충·방전시의 극판 색깔
   ㉠ 충전시 : 양극판은 이산화 납으로 변해서 적갈색, 음극판은 납으로 변해서 회백색이 된다.
   ㉡ 방전시 : 양극판, 음극판 모두 황산납($PbSO_4$)로 변해서 회백색에 가까워진다.

2) 알칼리 축전지
① Edison형과 융그넬형이 있다.
② 전해액 : KOH(수산화칼륨), 비중 : 1.20~1.245
③ 공칭전압 : 1셀당 1.2[V], 공칭용량 : 5[Ah]
④ 특징
   ㉠ 운반진동에 강하고 다소용량이 감소되어도 사용불능은 되지 않는다.
   ㉡ 급격한 충·방전과 높은 고율방전에 견딘다.
   ㉢ 수명은 납축전지보다 3~4배 길다.

3) 표준전지

① 클라아크(Clark)전지나 위스톤(Westen)전지를 말한다.
② 양극 : 수은, 음극 : Cd(카드뮴)
③ 전해액 : $CdSO_4$(황산 카드뮴) 용액
④ 20℃에서 1.01827[V]의 전압을 갖는다.

4) 물리전지

반도체의 PN접합면에 태양광선이나 방사선을 조사해서 기전력을 얻는 전지를 물리전지(태양 전지 또는 원자력 전지)라 한다.

5) 연료전지

기전반응을 하는 화학에너지를 전지 밖에서 연속적으로 공급하면 연속방전을 계속할 수 있는 전지를 말한다.

6) 전기분해

- Faraday법칙 : 전기분해에 의해 석출되는 물질의 량 W는 그 물질의 화학당량 ($K = \dfrac{원자력}{원자가}$)과 전기량($Q = It(c)$)에 비례한다.

  ∴ $W = KQ = KIt$(g)이다.

7) 전기영동

액체 속에 미립자를 넣고 전압을 가하면 많은 입자가 양극을 향해서 이동하는 현상을 말한다.

8) 전기집진

미립자들을 전극으로 흡수하는 장치를 말한다.

① 공기 정화용 집진기
  ㉠ 회전자의 전압 : 10[KV] 전후이다.
  ㉡ 집진부의 전압 : 5[KV] 정도이다.
② 공업용 집진기
  - 집진부의 전압 : 40~60[KV] 정도이다.

Chapter 05 적중예상문제

01 전지에서 분극작용에 의한 전압강하를 방지하기 위하여 사용되는 감극제?

① H_2SO_4 ② H_2O
③ $CdSO_4$ ④ MnO_2

 보통 건전지를 르클랑세(망간) 건전지라 하며 전지의 분극작용에 의한 전압강하를 방지하기 위한 감극제는 MnO_2, O_2, Hg_2SO_4 등이다.

02 전지에서 자체방전이 일어나는 것은 다음 중 어느 것과 가장 관련이 있는가?

① 이온화 경향 ② 전해액 농도
③ 전해액 온도 ④ 불순물

 전지의 국부작용이란 아연음극 또는 전해액중에 불순물이 섞이면 아연이 부분적으로 용해되어 국부방전이 생기며 수명이 짧아진다.
∴ 전지는 불순물에 의한 자체방전으로 수명이 짧아진다.

03 전지가 충분이 방전했을 때의 양극판의 빛깔은 어느 색인가?

① 적갈색 ② 청색
③ 황녹색 ④ 회백색

 전지가 충분히 충전되었을 때 양극판은 과산화납으로 적갈색을 띠고 음극은 납으로 변해서 회백색이 된다. 또 전지가 충분이 방전했을 때 양극판은 황산납으로 변해서 양극, 음극 다같이 회백색에 가까워진다.

04 전해액에서 도전율은 다음 어느 것에 의하여 증가되는가?

① 전해액의 유효 단면적 ② 전해액의 빛깔
③ 전해액의 농도 ④ 전해액의 고유저항

정답 01 ④ 02 ④ 03 ④ 04 ③

르클랑세(망간) 전지의 전해액은 NH_4Cl(염화암모니아)이다.
K(도전율=전기를 통하는 율)$=\dfrac{1}{\rho}$ [℧/m]로서 이는 전해액의 농도에 따라서 증감된다.

05 자체 방전이 작고 오래 저장할 수 있으며 사용 중에 전압변동률이 비교적 작은 것은 다음 중 어느 것인가?

① 내한 건전지
② 공기 건전지
③ 적층 건전지
④ 보통 건전지

공기 건전지
① 감극제 : O_2(공기 중의 산소)
② 전해액 : NaOH(가성소오다), NH_4Cl(염화암모니아)이다.
③ 특성
　㉠ 자체 방전이 작다.
　㉡ 오래 저장할 수 있다.
　㉢ 사용 중 전압변동률이 작다.

06 납 축전지의 양극 재료는?

① $PbSO_4$
② $Pb(OH)_2$
③ Pb
④ PbO_2

납 축전지
① 양극 재료 : PbO_2(이산화 납)이다.
② 전해액 : 농도 20~30%인 순수한 묽은 황산(H_2SO_4)이다.
③ I : 방전전류[A], T : 방전시간[h]의 관계식은 $I^{1.3 \sim 1.7} \times T$=일정이다.

07 알칼리 축전지가 납 축전지보다 나쁜 점은?

① 내 고방전율
② 효율
③ 수명
④ 내 진동성

알칼리 축전지의 특징
① 다소 용량이 감소되어도 사용불능이 되지 않는다.
② 급격한 충방전 높은 방전율과 운반진동에도 잘 견딘다.
③ 전지 수명이 길다.(납 축전지의 3~4배이다.)
④ 납 축전지보다 효율이 나쁘다.

08 표준전지로서 현제에 사용되고 있는 것은?

① 태양열 전지　　　　　　　② 웨스텐 전지
③ 다니엘 전지　　　　　　　④ 카드뮴 전지

 표준전지에는 클라아크(Clark)전지와 웨스텐(WeSten) 전지가 있으나 현재 주로 사용되는 것은 웨스텐 전지이다.

09 전기분해에서 패러데이(Faraday)의 법칙은 어느 것이 적합한가? [단, Q : 통과한 전기량(C), W : 석출된 물질의 량(g), E : 전압(V)이다.]

① $W = KEt$　　　　　　　② $W = \dfrac{1}{R}Q$
③ $W = KQ = KIt$　　　　　④ $W = K\dfrac{Q}{It}$

 전기분해로 제조되는 것은 알루미늄이며 전기분해에 의한 Faraday의 법칙은 전기분해에 의해 석출되는 물질의 량(W)은 통과한 전기량(화학당량)에 비례한다.

∴ Faraday의 법칙은 $W = KQ = KIt$ [g]이다. 단, K(화학당량) $= \dfrac{\text{원자량}}{\text{원자가}}$ 이다.

10 황산 용액에 양극으로 구리막대, 음극으로 은막대를 두고 전기를 통하면 은막대는 구리색이 나타난다. 이를 무엇이라 하는가?

① 전기 도금　　　　　　　② 전기분해
③ 분극 작용　　　　　　　④ 이온화 현상

 전기 도금 : 황산용액에 양극으로 구리막대를 음극으로 은 막대를 두고 전기를 통하면 은막대가 구리색으로 변화되는 것을 말한다.

11 액체속에 미립자를 넣고 전압을 가하면 많은 입자가 양극를 양해서 이동하는 현상이 있다. 이를 무엇이라 하는가?

① 비산 현상　　　　　　　② 전기 영동
③ 정전 현상　　　　　　　④ 전기분해

 전기 영동 : 액체속에 미립자를 넣고 전압을 가하면 많은 입자가 양극을 향해서 이동하는 현상을 말한다.

12 전지와 감극제가 서로 옳게 표현된 것은?

① 공기 건전지 - NaOH
② 보통 건전지 - MnO_3
③ 표준 웨스텐 건전지 - CuO
④ 수은 건전지 - HgO

 건전지(1차 전지)에 사용되는 감극제
① 르클랑세(망간) 건전지 - MnO_2(이산화 망간)
② 공기 건전지 - O_2(공기 중의 산소)
③ 표준 웨스턴 건전지 - Hg_2SO_4(황산화 제2수은)
④ 수은 건전지 - HgO(산화 수은)

13 전지의 국부작용을 방지하는 방법은?

① 니켈 도금
② 감극제
③ 완전 밀폐
④ 수은 도금

 전지의 국부 작용과 방지법 : 아연 음극 또는 전해액 중에 불순물이 섞이면 국부전류에 의해서 전극이 용해되어 자체방전이 생기고 수명이 단축되는 작용을 말하며 이것을 방지하기 위해서는 아연전극에 수은 도금을 하거나 순도가 높은 전극재료를 사용한다.

14 전기 집진기란?

① 교류 고전압에 의한 부성 코로나를 이용한 것이다.
② 교류 고전압 방전에 의해 충격 이온을 얻어 집진한다.
③ 직류 고전압 방전에 따르며 부극성 집진전극에 의해 양이온를 흡수한다.
④ 직류 고전압에 의해 방전전극의 부성코로나 방전에 의한 공기전리이다.

 전기 집진기 : 직류 고전압 방전에 따르며 부극성 집진전극에 의해서 양이온을 흡수한다. 이는 대전체간의 정전력(정전기력)을 이용한 것으로 정전 선별기, 정전 도장장치 등에 이용된다.

15 공기 정화용 2단식 집진부의 전압은 대략 몇 [kV]인가?

① 80
② 5
③ 2
④ 20

 공기 정화용 하전부의 전압은 10[kV] 전후이고 집진부의 전압은 5[kV] 정도이다. 그리고 공업용 집진기의 전압은 40~60[kV] 정도이다.

Chapter 06 전기공사 재료

1부 전기응용 및 공사재료

❶ 전선의 종류

1) 비닐절연전선 : 600[V] 이하, 60℃ 이하의 전선
  ① IV 전선(옥내용 전선) : 600[V] 비닐절연전선
  ② OW 전선 : 옥외용 비닐절연전선
  ③ DV 전선 : 인입용 비닐절연전선
  ④ 비닐 코드 : 300[V] 이하의 코드선
  ⑤ HIV 전선 : 내열 비닐절연전선
  ⑥ GV 전선 : 접지용 비닐절연전선

2) 케이블 : 소선의 총수

$N = 3n(1+n) + 1$ (단, n = 층수)

  ① VV : 비닐 외장케이블
  ② EE : 폴리에틸렌, 절연 폴리에틸렌 외장케이블
  ③ ACL : 플렉시블 외장케이블
  ④ CVV : 제어용 비닐절연 비닐시이드 케이블

3) 고무 고분자 절연케이블
  ① BN 케이블 : 부틸고무 절연 전력케이블
  ② CV 케이블 : 가교 폴리에틸렌 절연비닐 케이블
  ③ EV 케이블 : 폴리에틸렌 절연케이블

4) 송배전용으로 사용되는 케이블

① 벨트 케이블 : 10[kV] 이하에서 사용

② H 케이블 : 10~20[kV]에 사용

③ SL 케이블 : 20~30[kV]에 사용

④ OF 케이블 : 60[kV] 이상에서 사용

❷ 애자

1) η(애자의 연효율) $= \dfrac{V_n}{nV_1}$

V_n : 애자련의 섬락전압[kV]
V_1 : 현수애자 1개의 섬락전압[kV]
n : 1 련의 사용애자수

2) 600[V]의 고무절연전선 단면적에 알맞는 사용애자

전선의 단면적	사용 애자
100[mm]	대노브 애자
50[mm]	중노브 애자
8[mm]	소노브 애자
5[mm]	2선용 클리이트 등이 사용된다.

3) 250[mm] 현수애자의 섬락전압(kV) : 대한민국 표준애자

① 건조 섬락 전압 : 80[kV]

② 주수 섬락 전압 : 50[kV]

③ 충격 섬락 전압 : 125[kV]

④ 유중 파괴 전압 : 140[kV] 이상

4) 사용장소에 따른 애자

① 옥 애자(구슬 애자) : 지선 중간부분에 취부하는 애자이다.

② 지선용 구형 애자 : 가공전선로의 지선에 사용되는 애자이다.

③ 고압가지 애자 : 전선을 다른 방향으로 돌리는 부분에 사용되는 애자다.

④ 191[mm] 현수애자 2개 : 내장형 철답에 사용되는 애자이다. 즉, 22.9(KV-Y)의 내장주에 사용되는 애자이다.

5) 저압핀 애자의 종류

① 저압 소형핀 애자

② 저압 중형핀 애자

③ 저압 대형핀 애자

❸ 절연내력(KV/mm)

1) 합성고무의 절연내력(kV/mm)
① 부타 티엔계 : 20~25[kV/mm]
② 부틸고무 : 16~25[kV/mm]
③ 실리콘 고무 : 15~25[kV/mm]
④ 클로로 프렌계 고무 : 10~20[kV/mm]

2) 절연물의 허용온도

절연물 종류	Y 종	A 종	E 종	B 종	F 종	H 종	C종
최고 허용온도	90(℃)	105(℃)	120(℃)	130(℃)	155(℃)	180(℃)	180초과

❹ 축전지

1) 납 (Pb) 축전지
① 양극기판에 납(Pb)를 입히고 이산화 납(PbO_2)을 부착시킨 것이다.
② 전해액 : 비중이 1.20~1.30인 순수한 묽은 황산(H_2SO_4)
③ 격리판 : 양극, 음극의 혼촉방지와 활성물질을 보호하기 위한 것으로 나무, 고무, 플라스틱, 페놀수지, 함침섬유 등을 사용한다.
④ 1셀당의 전압 : 2.0[V], 공칭용량 : 10[Ah]이다.

2) 알카리 축전지
① 양극 : 수산화 닉켈($Ni(OH)_3$)
② 전해액 : 비중이 1.20~1.245인 수산화 칼륨(KOH)
③ 소결식 알카리 축전지의 특성
　㉠ 고율방전 특성이 우수하다.
　㉡ 수명이 길다.
　㉢ 소형이다.
④ 1셀당의 전압 : 1.2[V], 공칭용량 : 5[Ah]이다.
　∴ 최근에는 알카리 축전지가 개발되어 많이 사용된다.

3) 표준전지
클라아크(Clark)전지나 위스톤(Westen) 전지를 말한다.

❺ 피뢰기

① 피뢰기는 제1종 접지공사를 하여야하며 접지저항값은 10[Ω] 이하이고 접지선의 최소굵기는 2.6[mm]이다.
② **접지극** : 동봉, 철봉, 철관 등으로 90[cm] 이상이어야 한다.
③ **피뢰기** : 동봉의 ϕ(직경), 14[mm], 구리 피복강의 ϕ(직경) 19[mm]
④ 피뢰기의 도선
  ㉠ 동선인 경우 : 단면적이 30[mm^2] 이상이어야 한다.
  ㉡ 알미늄선인 경우 : 단면적이 50[mm^2] 이상이어야 한다.
   • 퓨즈의 금속재료 : 납과 주석, 알미늄, 아연 등이다.

❻ 가공전선로 장주에 사용되는 완금(크로스 아암)의 표준길이

(단위 : mm)

전선의 갯수	특고압	고압	저압
2	1800 [mm]	1400 [mm]	900 [mm]
3	2400 [mm]	1800 [mm]	1400 [mm]

❼ 전선재료의 구비조건

① 도전율이 클 것
② 전선에 접속이 쉬울 것
③ 가요성이 풍부할 것
④ 인장강도가 클 것

❽ 전기기기 자심재료의 구비조건

① 전기저항율이 높을 것
② 투자율이 클 것
③ 포화 자속밀도가 높을 것
④ 보자력과 히스테리시스손이 작을 것

Chapter 06 적중예상문제

01 110[V] 저압 옥내배선을 합성 수지관 공사로서 시설하는 경우 사용할 수 없는 전선은?

① 600[V] 고무 절연전선　　② 600[V] 부틸 고무 절연전선
③ 600[V] 옥외용 비닐절연전선　　④ 600[V] 비닐절연전선

 합성수지관공사에 사용할 수 없는 전선은 600[V] 옥외용 비닐절연전선이다.

02 50[mm²], 600[V] 고무절연전선에 알맞은 애자는 어느 것인가?

① 2선용 클리이트　　② 중노브 애자
③ 대노브 애자　　④ 소노브 애자

 600[V] 고무절연전선의 단면적(mm²)에 알맞은 애자는
① 대노브 애자는 100[mm²]로 최대이다. 중노브 애자는 50[mm²] 소노브 애자는 8[mm²]이다.
② 2선용 클리이트는 5.5[mm²]이다.

03 분전함에 내장되는 부품은?

① 나이프 S.W 또는 N.F.B　　② O.C.R 또는 U.V.R류의 보호계전기
③ MG, S.W 또는 V.C.B류의 차단기　　④ N.F.B 또는 V.C.B류의 차단기

 분전함에 내장되는 부품에는 나이프 스위치 N.F.B(노 퓨즈 브래카)이다.

04 피뢰기의 접지선에 사용하는 경동선 굵기의 최솟값(mm)은?

① 3.2　　② 5.6
③ 2.6　　④ 1.6

 피뢰기 접지선에는 경동선을 사용하며 경동선의 최소굵기는 2.6[mm]이다.

정답　01 ③　02 ②　03 ①　04 ③

05 앵글 베이스(U좌금)의 용도는?

① 큐비클에 부착되는 각종계기를 고정시키는 데 사용되는 아연도금된 앵글이다.
② 옥외에 설치되는 변압기를 고정시키기 위한 부속자재이다.
③ 완금 또는 앵글류의 지지물에 C.O.S 또는 핀애자를 고정시키는 부속자재이다.
④ 앵글을 절단 또는 가공할 때 필요한 앵글 가공용 공구이다.

 앵글 베이스의 용도
완금 또는 앵글류의 지지물에 COS 또는 핀애자를 고정시키는 부속자재이다. 또, 특고압 2조, 3조를 직선주에 설치시 사용되는 크로스암(완금)의 표준길이(mm)는 다음과 같다.

전선의 갯수	특고압	고 압	저 압
2조	1,800	1,400	900
3조	2,400	1,800	1,400

06 전동기의 절연종별에서 일반적으로 저압전동기는 E종, 고압 전동기는 B종을 채택하는 데 B종의 절연 허용 최고 온도(℃)는 얼마인가?

① 180
② 130
③ 90
④ 105

 절연물의 허용온도(℃)

절연물의 종류	Y종	A종	E종	B종	F종	H종	C종
최고 허용온도	90	105	120	130	155	180	180 초과

∴ 전동기의 절연종별에서와 같이 저압 전동기는 E종(120℃)이고 고압 전동기는 B종(130℃)이다.

07 600[V]의 고무절연 연피 케이블에서 3심케이블의 색 중 틀린 것은?

① 빨강색
② 노랑색
③ 흰 색
④ 검정색

 600[V] 고무절연 연피케이블인 3심케이블의 색깔은 빨강색, 흰색, 검정색이다.

08 H종 건식 변압기는 최고 허용온도가 섭씨 몇 [℃]에서 견딜 수 있는 절연재료로 구성된 변압기인가?

① 200
② 90
③ 180
④ 155

 절연물의 허용온도 규정에서 H종 건식 변압기의 최고 허용온도는 180℃이다.

09 효율이 우수하고 특히 안개가 많이 끼는 지역에서 많이 사용되고 있는 등은 어느 것인가?

① 고압 수은등 ② 나트륨 등
③ 백열 등 ④ 수은 등

 나트륨 등의 특성
① 효율이 80~110[lm/W]이다. ∴ 효율이 대단히 좋고 수명이 길다.
② 도로조명, 공장, 항만, 채석장, 압연공장 등의 작업장의 조명으로 특히 안개가 많이 끼는 장소의 조명에 적합하다.

10 22.9[KVY] 가공선로의 내장주에 사용하는 애자는?

① 191[mm] 현수애자 1개 ② 고압 인류애자
③ 고압 대노브 애자 ④ 191[mm] 현수애자 2개

 191[mm] 현수애자 2개를 내장주에 사용한다.

11 고압 전류 제한 퓨즈 6.6[kV]용에서 정격전류(A)가 아닌 것은?

① 5 ② 20
③ 15 ④ 10

 6.6[kV]용 고압 전류 제한 퓨즈에서의 정격전류는 10[A], 15[A], 20[A]이다.

12 접지극으로 사용하는 동봉, 철관, 철봉, 탄소피복, 강봉, 등의 길이는 몇 [cm] 이상이어야 하는가?

① 25 ② 50
③ 75 ④ 90

 접지극으로 사용되는 동봉, 철관, 철봉, 탄소피복, 강봉의 길이는 90[cm] 이상이어야 한다.

13 캡타이어 케이블의 외피 절연재료로 많이 사용되고 있는 것은?

① P.V.C ② GR-M
③ 폴리에틸렌 ④ 천연고무

 캡타이어 케이블의 외피 절연재료는 순고무 30% 이상을 고무혼합물인 P.V.C로 피복한 재료이다.

14 22.9 [kV]의 배전선을 시가지에 시설하는 경우에 철근 콘크리트주의 최소 길이는 몇 [m]가 되는가?

① 5
② 8
③ 10
④ 12

 보통은 10[m] 이상이다. 기기를 장치하는 경우는 12[m] 이상이어야 한다.

15 전원을 넣자마자 곧바로 점등되는 형광등용의 안정기는?

① 필라멘트 단락식
② 점등 관식
③ 래피드 스타아트식
④ 글로우 스타아트식

 래피드 스타아트식 안정기로서 이는 전원을 넣자마자 곧바로 형광등이 점등된다.

16 내열성 및 내수성이 우수하고 난연성인 관계로 연소성이 없어 열에 대하여 강한 장점이 있는 대신에 기름이나 알카리 등에 의하여 경화를 일으키는 점이 결점인 전력 케이블은?

① V.V 케이블(비닐 외장케이블)
② E.V 케이블(폴리에틸렌 절연케이블)
③ C.V 케이블(가교폴리 에틸렌 절연케이블)
④ B.N 케이블(부틸고무 절연케이블)

 B.N케이블(부틸 고무절연 케이블)은 연소성이 없어 열에 강한 대신에 기름이나 알칼리 등에 경화를 일으키는 결점의 전력케이블이다.

① HDCC(경동연선)
② ACSR(강심 알미늄연선)
③ RB전선(고무절연전선)
④ OW전선(옥외용 비닐절연전선)
⑤ IV전선(600[V] 비닐절연전선)
⑥ CVV(제어용 비닐절연 비닐시이드 케이블) 등이다.

17 실리콘 고무의 절연내력(kV/mm)은 얼마인가?

① 5~10
② 2~8
③ 30~35
④ 15~25

 합성고무의 절연내력(kV/mm)은
① 부타 티엔계 고무 : 20~25
② 클로로 프렌계 고무 : 10~25
③ 부틸 고무 : 16~25
④ 실리콘 고무 : 15~25
∴ 합성고무의 절연내력 15~25[kV/mm]이다.

18 권선을 다른 방향으로 돌리는 부분에 사용되는 애자는?

① 옥 애자(구슬 애자)　　② 지선용 구형 애자
③ 장간애자　　　　　　　④ 고압 가지애자

 애자의 종류와 용도
① 고압 가지애자 : 전선을 다른 방향으로 돌리는 부분에 사용되는 애자이다.
② 옥 애자(구슬 애자) : 지선 중간 부분에 취하는 애자이다.
③ 지선용 구형 애자 : 가공전선로의 지선에 사용되는 애자이다.
④ 현수애자 : 가공 전선로에 주로 사용되는 애자이다.
⑤ 나무애자 : 해안 지방이나 공장 지대를 통과하는 송전선로에 사용되는 애자이다.
⑥ 장간애자 : 염진해 대책용으로 사용되는 애자이다.
⑦ 핀 애자 : 22[kV]에 주로 사용되며 66[kV] 이하 선로에 사용되는 애자이다.

19 후강 전선관의 규격(mm)이 아닌 것은?

① 104　　　　　② 82
③ 72　　　　　　④ 22

 후강 전선관의 규격에는 16, 22, 28, 36, 42, 54, 70, 82, 94, 104[mm] 등의 10종류이다.

20 P.V.C PiPE의 부속자재 중 콘넥터(또는 PiPE 콘넥터)의 사용용도는?

① 관과 관 또는 관과 BOX와의 접속에 사용된다.
② 관과 관 접속에 사용된다.
③ 관과 BOX와의 접속에 사용된다.
④ 관과 노말벨트의 접속에 사용된다.

21 도전 재료로서 구비해야 할 조건은?

① 도전율이 클 것　　　　② 내식성이 작을 것
③ 인장강도가 적을 것　　④ 가요성이 적을 것

 도전(전기) 재료의 구비조건
① 도전율(전기를 통하는 율) $K = \dfrac{1}{\rho}$ [℧/m]이 큰 재료일 것
② 가요성이 풍부할 것
③ 접속이 쉬울 것
④ 인장강도가 클 것 등이다.

22 접촉자의 합금재료에 속하지 않는 것은?

① Cu ② Ag
③ W   ④ Ni

해설 접촉자의 합금재료로서는 W(텅스텐)-Ag(은), W(텅스텐)-Cu(구리) 등이 많이 사용되고 있다.

23 배전용 6[kV] 유입 변압기(절연유가 직접 바깥공기와 접속하는 경우)의 절연유 허용온도 상승값은 몇 ℃인가?

① 65 ② 50
③ 45 ④ 60

해설 변압기 절연유의 허용온도 상승값
① 권선 : 온도 상승한도 55℃이다.
② 기름
③ 절연유가 직접 외부공기와 접속하는 경우는 50℃이다.
④ 절연유가 직접 외부공기와 접속하지 않는 경우는 55℃이다.

24 알칼리 축전지의 공칭용량은 몇 [Ah]인가?

① 10 ② 7
③ 5   ④ 3

해설
• 납(연)축전지 충전후의 비중 : 1.2~1.3
• 납(연)축전지의 공칭용량 : 10[Ah]
  즉, 알칼리 축전지의 공칭용량는 5[Ah]이다.

25 피뢰침을 시설하고 이것을 접지하기 위한 피뢰도선에 동선재료를 사용할 경우의 단면적은 몇 [mm²] 이상으로 하여야 하는가?

① 50 ② 14
③ 30 ④ 22

해설 피뢰침에 피뢰도선의 단면적
① 동선인 경우는 단면적 $S=30[mm^2]$ 이상
② 알루미늄선인 경우는 단면적 $S=50[mm^2]$ 이상

정답 22 ④ 23 ② 24 ③ 25 ③

제2부 전력공학

1. 송배전 공학	제 1 장	선로정수 및 코로나
	제 2 장	송전특성 및 송전용량
	제 3 장	고장계산
	제 4 장	유도장애 및 안정도
	제 5 장	중성점 접지방식
	제 6 장	이상전압 및 개폐기
	제 7 장	전선로
	제 8 장	배전선로의 구성과 전기방식
	제 9 장	배전선로의 전기적인 특성
	제10장	송배전선로의 운용과 보호
2. 수화력 및 원자력 공학	제11장	수력 공학
	제12장	화력 공학
	제13장	원자력 공학

Chapter 01 선로정수 및 코로나

2부 전력공학 ▶ 1. 송배전 공학

❶ R(전기저항)[Ω]

① $R(\text{전기저항}) = \rho \dfrac{l}{s}\,[\Omega]$

② Y결선 ↔ △결선(평형)

$$\begin{bmatrix} Y_r = \dfrac{1}{3}\triangle_R \\ \triangle_R = 3Y_r \end{bmatrix} \qquad \begin{bmatrix} P_y = \dfrac{1}{3}P_\triangle \\ P_\triangle = 3P_y \end{bmatrix}$$

❷ L(인덕턴스)[H]

① $L(\text{인덕턴스}) = \dfrac{N\phi}{I}\,[\text{H}]$

② 원주도체 자기인덕턴스

$L = \dfrac{\mu l}{8\pi}\,[\text{H/m}] = 0.05\,[\text{mH/km}]$

③ 1가닥 전선과 대지 사이의 자기인덕턴스(단도체)

$L = 0.05 + 0.4605 \log_{10} \dfrac{D}{r}\,[\text{mH/km}]$ (단, $D = 2h\,[\text{m}]$)

(전기 영상법에 의한 거리)

❸ C(Condenser)[F]

① 평행판 Condenser의 정전용량

$$C = \frac{\varepsilon s}{d} [\text{F}]$$

② 평행전선 사이의 정전용량

$$C = \frac{\pi \varepsilon_o}{\ln_e \frac{D}{r}} [\text{F/m}]$$

③ 단도체의 작용 정전용량

$$C' = 2C = 2 \times \frac{\pi \varepsilon_o}{\ln_e \frac{D}{r}} = \frac{0.02413}{\log_{10} \frac{D}{r}} [\mu\text{F/km}]$$

❹ 코로나 손실

$$P_c = \frac{241}{\delta}(f+25)\sqrt{\frac{d}{2D}}(E-E_o)^2 [\text{kw/km/1선}]$$

(단, δ(상대공기 밀도), D(선간거리), d(지름), E(대지 상전압)$=\frac{V}{\sqrt{3}}$[V], E_o(코로나 임계전압)[kV/cm]는 직류 30[kV/cm], 교류 21[kV/cm])

Chapter 01 적중예상문제

01 선간거리가 D 이고, 반지름이 r 인 선로의 인덕턴스 L [mH/km]은?

① $L = 0.4 \log_{10} \dfrac{D}{r} + 0.5$
② $L = 0.4605 \log_{10} \dfrac{D}{r} + 0.05$
③ $L = 0.4605 \log_{10} \dfrac{r}{2D} + 0.05$
④ $L = 0.4605 \log_{10} \dfrac{r}{2D} + 5$

 1선 1[km] 당의 가공전선에 작용(선로)의 인덕턴스
$L = 0.05 + 0.4605 \log_{10} \dfrac{D}{r}$ [mH/km]

02 3상 3선식 송전선의 선간거리가 각각 D_1, D_2 및 D_3일 때, 그 등가 선간거리는?

① $\sqrt[3]{D_1^2 + 2D_2^2 + 3D_3^2}$
② $\dfrac{D_1 D_2 + D_2 D_3 + D_3 D_1}{D_1 + D_2 + D_3}$
③ $\sqrt{D_1^2 + D_2^2 + D_3^2}$
④ $\sqrt[3]{D_1 \cdot D_2 \cdot D_3}$

 선간거리가 D_1, D_2, D_3인 3상 3선식 선로에 등가 선간거리(기하학적 평균거리)
$GMD = \sqrt[3]{D_1 D_2 D_3}$ 이다.

03 아래와 같은 전선 배치에서 등가 선간거리(m)를 구하면?

| a ← 10[m] → b ← 10[m] → c |

① 5
② $\sqrt{10}$
③ $3\sqrt{5}$
④ $10\sqrt[3]{2}$

 등가 선간거리(기하학적 평균거리) $= \sqrt[3]{D_{ab} \ D_{bc} \ D_{ac}} = \sqrt[3]{10 \times 10 \times 2 \times 10}$
$= 10\sqrt[3]{2}$ [m]

정답 01 ② 02 ④ 03 ④

04 그림과 같이 송전선이 4도체인 경우 소선 상호간의 등가 평균거리는 얼마인가?

① $\sqrt{2}\,D$
② $\sqrt[4]{2}\,D$
③ $\sqrt[6]{2}\,D$
④ $\sqrt[7]{2}\,D$

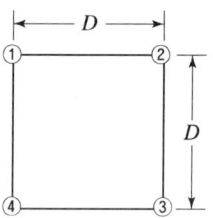

 등가 선간거리(기하학적 평균거리)
$GMD = \sqrt[6]{D_{12}\,D_{23}\,D_{34}\,D_{41}\,D_{13}\,D_{24}} = \sqrt[6]{D\,D\,D\,D\,\sqrt{2}\,D\,\sqrt{2}\,D} = D\sqrt[6]{2}$ 이다.

05 반지름 r [m]인 전선 A, B, C가 그림과 같이 수평으로 D [m] 간격으로 배치되고 3선이 완전 연가된 경우 각 선의 인덕턴스는?

① $L = 0.04 + 0.4605 \log_{10} \dfrac{2D}{r}$
② $L = 0.05 + 0.4605 \log_{10} \dfrac{\sqrt{3}}{r}$
③ $L = 0.05 + 0.4605 \log_{10} \dfrac{\sqrt{4}\,D}{2r}$
④ $L = 0.05 + 0.4605 \log_{10} \dfrac{\sqrt[3]{2}\,D}{r}$

 등가 선간거리(기하학적 평균거리)
$GMD = \sqrt[3]{D\,D\,2D} = \sqrt[3]{2}\,D$
∴ $L = 0.05 + 0.4605 \log_{10} \dfrac{\sqrt[3]{2}\,D}{r}$ 이다.

06 송전선로의 인덕턴스는 등가 선간거리(그림 참조) D가 증가하면 어떻게 하는가?

① 증가한다.
② 감소한다.
③ 변하지 않는다.
④ D에 비례하여 감소한다.

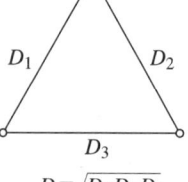

 D(등가 선간거리)= $\sqrt[3]{D_1\,D_2\,D_3}$ 가 증가할 경우
$L = 0.05 + 0.4605 \log_{10} \dfrac{D}{r}$ [mH/km]로 증가한다.

07 3상 3선식 송전선을 연가할 경우 전 긍장의 몇 배수로 등분해서 연가하는가?

① 2   ② 3
③ 5   ④ 6

 선로정수를 평형시키기 위한 연가는 3상 3선식은 전 긍장을 3등분 단상 2선식은 전 긍장을 2등분한다.

08 3상 3선식 송전선로를 연가하는 목적은?

① 전압 강하를 방지하기 위함이다.
② 송전선을 절약하기 위함이다.
③ 미관상
④ 선로정수를 평형시키기 위함이다.

 3상 3선식 선로의 연가목적
- 선로정수를 평형시키기 위하여
- 통신선의 유도장애를 감소시킨다.
- 직렬 공진의 방지이다.

09 연가해도 효과가 없는 것은?

① 통신선의 유도장애의 감소   ② 직렬 공진의 방지
③ 대지 정전용량의 감소   ④ 선로정수의 평형

 연가의 목적은 선로정수의 평형, 통신선의 유도장애의 방지, 직렬 공진의 방지 등이다.

10 선간거리가 D이고, 반지름이 r인 선로의 정전용량 $C\,[\mu\text{F/km}]$은?

① $\dfrac{0.02413}{\log_{10}\dfrac{D}{r}}$ ② $\dfrac{0.02413}{\log_{10}\dfrac{r}{2D}}$

③ $\dfrac{0.2413}{\log_{10}\dfrac{D}{r}}$ ④ $\dfrac{0.2413}{\log_{10} D}$

 선간거리 $D[\text{m}]$, 반지름 $r\,[\text{m}]$인 선로의 정전용량
$$C = 2 \times \frac{\pi \varepsilon_o}{\ln_e \dfrac{D}{r}} = \frac{2 \times 3.14 \times 8.855 \times 10^{-12}}{2.3026 \log_{10} \dfrac{D}{r}} = \frac{0.02413}{\log_{10} \dfrac{D}{r}}\,[\mu\text{F/km}]$$

정답 07 ② 08 ④ 09 ③ 10 ①

11 3상 3선식 1회선의 가공전선에 있어서 D를 선간거리(m), r을 전선의 반지름(m)이라 하면 전선 1선당의 정전용량은 다음의 어느 것에 관계되는가?

① $\log_{10}\dfrac{D}{2r}$ 에 비례
② $\log_{10}\dfrac{D}{r}$ 에 반비례
③ $\log_{10}\dfrac{2r}{D}$ 에 비례
④ $\log_{10}\dfrac{r}{D}$ 에 반비례

 3상 3선식 1회선의 가공전선에서 1선당의 정전용량
$$C = 2 \times \dfrac{\pi\varepsilon_0}{\ln_e \dfrac{D}{r}} = \dfrac{2 \times 3.14 \times 8.855 \times 10^{-12}}{2.3026 \log_{10}\dfrac{D}{r}} = \dfrac{0.02413}{\log_{10}\dfrac{D}{r}} [\mu F/km]$$
로서 $\log_{10}\dfrac{D}{r}$ 에 반비례한다.

12 가공 송전선로에서 선간거리를 도체 반지름으로 나눈 값($D \div r$)이 클수록 어떠한가?

① 인덕턴스 L과 정전용량 C는 둘 다 커진다.
② 인덕턴스는 커지나 정전용량은 작아진다.
③ 인덕턴스와 정전용량은 둘 다 작아진다.
④ 변화없다.

 가공 송전선로에서의 인덕턴스
$L = 0.05 + 0.4605 \log_{10}\dfrac{D}{r}$ [mH/km]로서 $\dfrac{D}{r}$ 가 클수록 인덕턴스는 커진다.
정전용량 $C = \dfrac{0.02413}{\log_{10}\dfrac{D}{r}}$ [μF/km]로서 $\dfrac{D}{r}$ 가 클수록 정전용량은 작아진다.

13 단상 2선식의 송전선에 있어서 대지 정전용량을 C, 선간 정전용량을 C'라 할 때 작용 정전용량은?

① $C + C'$
② $2C' + C$
③ $C' + 2C$
④ $C + 4C'$

 단상 2선식에서의 1선당의 작용 정전용량 C_w는 선간 정전용량 $2C'$와 대지 정전용량 C의 병렬접속이 된다.
∴ 1선당의 작용 정전용량 $C_w = 2C' + C$ [F]

14 단상 2선식 배전 선로에 있어서 대지 정전용량을 C_s, 선간 정전용량을 C_m이라 할 때 작용 정전용량 C_w은?

① $C_s + C_m$
② $C_s + 2C_m$
③ $2C_s + C_m$
④ $C_s + 3C_m$

정답 11 ② 12 ② 13 ② 14 ②

해설 단상 2선식 배전선의 작용 정전용량=단상 2선식 1선당의 작용 정전용량
$C_w = C_s + 2C_m$ [F]가 된다.

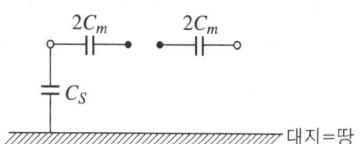

15 3상 1회선 전선로의 작용 정전용량을 C_w, 선간 정전용량을 C_1, 대지 정전용량을 C_2라 할 때 C_w, C_1, C_2의 관계는?

① $C = C_1 + 3C_2$
② $C = 3C_1 + C_2$
③ $C = 2C_1 + 3C_2$
④ $C = 2(C_1 + C_2)$

 해설 3상 3선식 선로에 있어서 1선의 작용 정전용량=3상 1회선 선로의 작용 정전용량
$C_w = 3C_1 + C_2$ [F]이다.

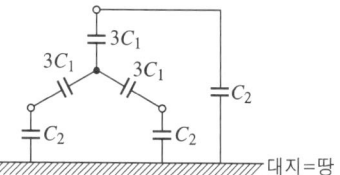

16 3상 3선식 배전 선로에서 대지 정전용량을 C [F/m], 선간 정전용량을 C' [F/m], 작용 정전용량을 C_w [F/m]라 할 때 C_n [F/m]는?

① $2C + 3C'$
② $C + 2C'$
③ $C + 3C'$
④ $C' + 3C$

 해설 3상 3선식 선로의 작용 정전용량 $C_w = C + 3C'$ [F]

17 복도체에 있어서 소도체의 반지름을 r [m], 소도체 사이의 간격을 s [m]라고 할 때 2개의 소도체를 사용한 복도체의 등가 반지름은?

① $\sqrt{rs}$
② $\sqrt{r^2 s}$
③ $\sqrt{2rs^2}$
④ $2rs$

 해설 다도체의 등가 반지름 $r_e = \sqrt[n]{rs^{n-1}}$ [m], $n = 2$(복도체)
∴ 복도체의 등가 반지름 $r_e = \sqrt[2]{rs^{2-1}} = \sqrt{rs}$ [m]

복도체의 인덕턴스 $L_n = \dfrac{0.05}{2} + 0.4605 \log_{10} \dfrac{D}{\sqrt{rs}}$ [mH/km]

복도체의 정전용량 $C_n = \dfrac{0.02413}{\log_{10} \dfrac{D}{\sqrt{rs}}}$ [μF/km]

18 소도체 2개로 된 복도체 방식 3상 3선식 송전선로가 있다. 소도체의 지름 2[cm], 소도체 간격 36[cm], 등가 선간거리 120[cm]인 경우에 복도체 1[km]의 인덕턴스(mH)는? (단, $\log_{10} 2 = 0.3010$ 이다.)

① 1.436
② 6.24
③ 0.624
④ 0.669

 복도체의 인덕턴스
$L_n = \dfrac{0.05}{2} + 0.4605 \log_{10} \dfrac{120}{\sqrt{1 \times 36}} = 0.025 + 0.4605 \log_{10}(2 \times 10) = 0.624 [\mathrm{mH/km}]$

19 복도체 선로가 있다. 소도체의 지름 8[mm], 소도체 사이의 간격 40[cm]일 때 등가 반지름(cm)은?

① 2.0
② 3.6
③ 4.0
④ 5.6

 등가 반지름 $r_e = \sqrt{rs} = \sqrt{0.4 \times 40} = \sqrt{16} = 4[\mathrm{cm}]$

20 복도체 방식이 가장 적당한 송전선로는?

① 고압 송전선로
② 저전압 송전선로
③ 특별 고압 송전선로
④ 초고압 송전선로

 복도체의 사용목적
- 코로나 임계전압을 증가시킨다.
- 초고압 송전선로에 적당하다.
- 코로나 발생의 감소, 인덕턴스의 감소, 정전용량이 증가된다.

21 송전선로에 복도체를 사용하는 이유는?

① 코로나를 방지하고 인덕턴스를 감소시킨다.
② 철탑의 하중을 평형화한다.
③ 선로를 뇌격으로부터 보호한다.
④ 선로의 진동을 못느끼게 한다.

 송전선로에 복도체를 사용하는 이유
- 코로나 발생의 감소
- 코로나를 방지하고 인덕턴스를 감소시킨다.
- 코로나손, 코로나 잡음 등의 장애가 저감된다.

22 다음 중 복도체의 특성이 아닌 것은?

① 코로나 임계전압이 낮아진다. ② 안전 전류가 증가한다.
③ 정전용량이 증가한다. ④ 송전 전력이 증가한다.

 복도체의 특성
- 코로나 임계전압이 증가된다.
- 정전용량이 증가한다.
- 송전 전력이 증가한다.
- 안전 전류가 증가한다.

23 복도체는 같은 단면적의 단도체에 비해서 어떠한가?

① 인덕턴스는 증가하고 정전용량은 감소한다.
② 인덕턴스는 감소하고 정전용량은 증가한다.
③ 인덕턴스와 정전용량 모두 감소한다.
④ 인덕턴스와 정전용량 모두 증가한다.

 복도체는 단도체에 비해서 등가반지름 $r_e = \sqrt{rs}$ [m]로 증가되며 $\log_{10}\dfrac{D}{\sqrt{rs}}$의 감소로,

인덕턴스 $L_n = \dfrac{0.05}{2} + 0.4605 \log_{10}\dfrac{D}{\sqrt{rs}}$는 감소되고, 정전용량 $C_n = \dfrac{0.02413}{\log_{10}\dfrac{D}{\sqrt{rs}}}$은 증가된다.

24 지중선 계통은 가공선 계통에 비하여 인덕턴스와 정전용량은 어떠한가?

① 인덕턴스, 정전용량은 작다.
② 인덕턴스, 정전용량은 크다.
③ 인덕턴스는 크고 정전용량은 작다.
④ 인덕턴스는 작고, 정전용량은 크다.

 지중선로의 전력 케이블은 D(선간거리)[m]가 매우 가까워 $\log_{10}\dfrac{D}{r}$가 작다.

∴ 지중선로의 인덕턴스 $L = 0.05 + 0.4605 \log_{10}\dfrac{D}{r}$[mH/km]=0.2~0.45[mH/km]로

가공선로의 $\dfrac{1}{3}$ 정도로 작다. 정전용량 $C = \dfrac{0.02413 \times \varepsilon_s}{\log_{10}\dfrac{D}{r}}$[μF/km]=0.3~1.7[μF/km]로서

가공선로의 20~25배로 크다.

25 가공선 계통은 지중선 계통보다 어떠한가?

① 인덕턴스는 작고, 정전용량은 크다. ② 인덕턴스, 정전용량이 모두 크다.
③ 인덕턴스는 크고, 정전용량은 작다. ④ 인덕턴스, 정전용량 모두 작다.

해설 가공선 계통의 D(선간거리)[m]는 지중선 계통에 비해서 매우 크므로 $\log_{10}\dfrac{D}{r}$는 크다.
∴ 가공선 계통의 인덕턴스는 크고, 정전용량은 작다.

26 3상 3선식 3각형 배치의 송전선로가 있다. 선로가 연가되어 각 선간의 정전용량은 0.009[μF/km], 각 선의 대지 정전용량은 0.003[μF/km]라고 하면 1선의 작용 정전용량(μF/km)은?

① 0.03
② 0.011
③ 0.013
④ 0.06

해설 3상 3선식에서 1선의 작용 정전용량
$C_w = C_s + 3C_m = 0.003 + 3 \times 0.009 = 0.03[\mu F/km]$로서 이는 정상 운전시에 선로의 충전전류계산에 사용된다.

27 대지 정전용량 0.007[μF/km], 상호 정전용량 0.001[μF/km], 선로의 길이 100[km]인 3상 송전선이 있다. 여기에 154[kV] 60[Hz]를 가했을 때 1선에 흐르는 충전 전류(A)는?

① 33.5
② 42.65
③ 0.335
④ 0.4265

해설 3상 송전선로의 1선 작용 정전용량
$C = C_s + 3C_m = (0.007 + 3 \times 0.001) \times 10^{-6}[F]$는 정상운전 시 선로의 충전 전류계산에 이용된다.
∴ 1선의 충전전류 $I_c = wCEl = 2\pi f(C_s + 3C_m) \times \dfrac{V}{\sqrt{3}} \times l$
$= 2 \times 3.14 \times 60 \times 0.01 \times 10^{-6} \times \dfrac{154 \times 10^3}{\sqrt{3}} \times 100 = 33.5[A]$

28 22,000[V] 60[Hz] 1회선의 3상 지중 송전선의 무부하 충전 용량(kvar)은? (단, 송전선의 길이는 20[km], 1선 1[km]당의 정전용량은 0.5[μF]이다.)

① 1750
② 1825
③ 1800
④ 1900

해설 무부하 충전용량
$P_r = 3EI_c = 3 \times wCE^2l = 3 \times 2\pi fC \times \left(\dfrac{V}{\sqrt{3}}\right)^2 \times l$
$= 3 \times 2\pi \times 60 \times 0.5 \times 10^{-6} \times 20 \times \left(\dfrac{22 \times 10^3}{\sqrt{3}}\right)^2 \times 10^{-3} = 1825[kVar]$

29 154[kV] 송전선로 1[km]당의 애자련 정전용량(pF)을 구하면? (단, 철탑의 경간은 250[m]이고, 애자련 1개의 정전용량은 9[pF]이다.)

① 45
② 36
③ 2.35
④ 1.85

 경간이 250[m]이다.
∴ 1[km]에는 4개의 애자련이 병렬로 연결되어 있으므로 합성용량은 $4 \times 9 = 36[pF]$이다.

30 현수애자 4개를 1련으로 한 66[kV] 송전선로가 있다. 현수애자 1개의 절연저항이 1500[MΩ]이라면 표준 경간을 200[m]로 할 때 1[km]당의 누설 콘덕턴스(℧)는?

① 0.83×10^{-9}
② 0.83×10^{-6}
③ 0.83×10^{-3}
④ 0.83×10^{-8}

 현수애자 1개의 절연저항 1500[MΩ]이다.
현수애자 1련의 저항 $r = 1500 \times 10^6 \times 4 = 6 \times 10^9 [\Omega]$
∴ 경간 200[m]일 때 1[km]당의 합성저항은 각각의 경간 저항이 병렬이므로
$$R = \frac{r}{n} = \frac{6 \times 10^9}{5}[\Omega]$$
∴ 누설 콘덕턴스 $G = \frac{1}{R} = \frac{5}{6} \times 10^{-9} = 0.83 \times 10^{-9}[℧]$

31 송전선로의 코로나 임계전압이 높아지는 것은?

① 기압이 낮아지는 경우
② 전선의 지름이 큰 경우
③ 상대 공기 밀도가 작은 경우
④ 온도가 높아지는 경우

 d(전선의 지름), r (반지름), D(선간거리)[m]일 때
(코로나 임계전압) $E_0 = 24.3\, m_0\, m_1\, \delta d\, \log_{10} \frac{D}{r}$[kV]에서 코로나 임계전압이 높아지는 경우는 전선의 지름(d)가 큰 경우로서 코로나 현상이 잘 발생되지 않으므로 좋다.

32 표준 상태의 기온, 기압하에서 공기의 절연이 파괴되는 전위 경도는 정현파 교류의 실횻값(kV/cm)으로 얼마인가?

① 42
② 31
③ 21
④ 12

 절연이 파괴되는 전압(내압=최대전압)은 직류 30[kV/cm], 교류의 실횻값은 21[kV/cm]이다.

정답 29 ② 30 ① 31 ② 32 ③

33 송전선에 코로나가 발생하면 전선이 부식된다. 다음의 무엇에 의하여 부식되는가?

① 산소　　　　　　　　② 물
③ 수소　　　　　　　　④ 오존

 코로나 방전에 의한 전선의 부식은 오존(ozon)과 산화질소(질산)가 전선과 부속 금구를 부식시킨다.

34 송전선로에 복도체나 다도체를 사용하는 주된 목적은 다음 중 어느 것인가?

① 낙뢰의 방지　　　　② 건설비의 절감
③ 부식 방지　　　　　④ 코로나 방지

 전선의 바깥지름을 크게 하면 코로나(corona)가 방지된다.
∴ 복도체나 다도체를 사용하는 주된 목적은 코로나 방지이다.

Chapter 02 송전특성 및 송전용량

2부 전력공학 ▶ 1. 송배전 공학

1 단거리 송전선로 50[km] 이하(집중선로)

1) 단상식인 경우

$$V_s \fallingdotseq V_R + I(R\cos\theta + X\sin\theta)[\text{V}]$$
$$V_s - V_R = I(R\cos\theta + X\sin\theta)[\text{V}]$$

2) 3상식인 경우

$$V_s = V_R + \sqrt{3}\,I(R\cos\theta + X\sin\theta)[\text{V}]$$
$$V_s - V_R = \sqrt{3}\,I(R\cos\theta + X\sin\theta)[\text{V}]$$

V_s : 송전단 전압[V]
V_R : 수전단 전압[V]

3) 4단자망

4단자 기초방정식 $\begin{cases} V_1 = AV_2 + BI_2 \\ I_1 = CV_2 + DI_2 \end{cases}$

① 직렬형 4단자망

4단자 정수 $\begin{vmatrix} A & B \\ C & D \end{vmatrix} = \begin{vmatrix} 1 & Z \\ 0 & 1 \end{vmatrix}$

② 병렬형 4단자망

4단자 정수 $\begin{vmatrix} A & B \\ C & D \end{vmatrix} = \begin{vmatrix} 1 & 0 \\ \dfrac{1}{Z} & 1 \end{vmatrix}$

③ 4단자망의 종속접속

4단자 정수 $\begin{vmatrix} A & B \\ C & D \end{vmatrix} = \begin{vmatrix} A_1 & B_1 \\ C_1 & D_1 \end{vmatrix}\begin{vmatrix} A_2 & B_2 \\ C_2 & D_2 \end{vmatrix} = \begin{vmatrix} A_1A_2 + B_1C_2 & A_1B_2 + B_1D_2 \\ C_1A_2 + D_1C_2 & C_1B_2 + D_1D_2 \end{vmatrix}$

④ L형 4단자망, 역L형 4단자망

❷ 중거리 송전선로 50[km]~100[km] 사이(집중선로)

① T형 4단자 회로망
② π형 4단자 회로망

❸ 장거리 송전선로 100[km] 이상(분포정수 선로)

선로의 특성 impedance $Z_o = \sqrt{Z_{1s} \times Z_{1f}}$ [Ω]

❹ 역률개선

① 전력용 콘덴서(병렬 콘덴서) : 진상만을 보상
② 분로 리액터(병렬 리액터) : 지상만을 보상으로 초고압 장거리 송전선로에 페란티 현상을 방지한다.
③ 동기 조상기 : 진상이나 지상 전류나 전력을 연속적으로 보상 등으로 역률을 개선한다. 또, 제3고조파는 변압기 △결선에서 제거되고, 제5고조파는 전력용 콘덴서 용량에 5% 가량의 직렬 리액터로 제5고조파를 제거시킨다.

❺ 스틸식(still식)

경제적인 송전전압 $kV = 5.5\sqrt{0.6l + \dfrac{P}{100}}$

(l : 송전거리[km], P : 송전용량[kw])

Chapter 02 적중예상문제

01 늦은 역률 부하를 갖는 단거리 송전선로의 전압 강하의 근사식은? (단, P는 3상 부하전력(kW), E는 선간전압(kV), R은 선로 저항(Ω), X는 리액턴스(Ω), θ는 부하의 늦은 역률각이다.)

① $\dfrac{\sqrt{3}\,P}{E}(R+X\cdot\tan\theta)$
② $\dfrac{2P}{\sqrt{3}\,E}(R+X\cdot\tan\theta)$
③ $\dfrac{P}{E}(R+X\cdot\tan\theta)$
④ $\dfrac{P}{\sqrt{3}\,E}(\cos\theta+X\cdot\sin\theta)$

해설 $P=\sqrt{3}\,EI\cos\theta\,[\text{kW}]$

$I=\dfrac{P}{\sqrt{3}\,E\cos\theta}\,[\text{A}]$

∴ 3상의 전압 강하

$V_s - V_R = \sqrt{3}\,I(R\cos\theta + X\sin\theta) = \sqrt{3}\times\dfrac{P}{\sqrt{3}\,E\cos\theta}(R\cos\theta + X\sin\theta) = \dfrac{P}{E}(R+X\tan\theta)\,[\text{V}]$

02 부하역률이 $\cos\theta$, 부하전류 I 선로의 저항을 r, 리액턴스를 X라 할 때, 최대 전압 강하가 발생할 조건은?

① $\cos\theta = rX$
② $\sin\theta = \dfrac{2X}{r}$
③ $\tan\theta = \dfrac{X}{r}$
④ $\cot\theta = \dfrac{X}{r}$

해설 단상 전압 강하 $e = I(r\cos\theta + X\sin\theta)\,[\text{V}]$

최대 전압 강하 발생조건은 bridge의 평형조건이므로 $\dfrac{de}{d\theta}=0$이다.

∴ $\dfrac{d}{d\theta}I(r\cos\theta + X\sin\theta) = I(r(-\sin\theta) + X\cos\theta) = 0$

$r\sin\theta = X\cos\theta$

∴ $\dfrac{\sin\theta}{\cos\theta} = \tan\theta = \dfrac{X}{r}$ 이다.

정답 01 ③ 02 ③

03 송전단 전압이 6600[V], 수전단 전압은 6100[V]였다. 수전단의 부하를 끊은 경우 수전단 전압이 6300[V]라면 이 회로의 전압 강하율과 전압 변동률은 각각 몇 %인가?

① 3.28, 8.2
② 8.2, 3.28
③ 5.14, 6.5
④ 6.5, 5.14

전압 강하율 $\varepsilon = \dfrac{V_s - V_R}{V_R} \times 100 = \dfrac{6600 - 6100}{6100} \times 100 = 8.2\%$

전압 변동률 $\delta = \dfrac{V_0 - V_R}{V_R} \times 100 = \dfrac{6300 - 6100}{6100} \times 100 = 3.28\%$

04 3상 3선식 송전선에서 한 선의 저항이 15[Ω], 리액턴스 20[Ω]이고, 수전단의 선간 전압은 30[kV], 부하역률이 0.8인 경우 전압 강하율을 10%라 하면 이 송전선로는 몇 [kW]까지 수전할 수 있는가?

① 27,500
② 2800
③ 3000
④ 3200

전압 강하율 $\varepsilon = \dfrac{V_s - V_R}{V_R} = \dfrac{V_s}{V_R} - 1$ ∴ $\dfrac{V_s}{V_R} = 1 + \varepsilon$

∴ $V_s = (1 + 0.1) \times 30 \times 10^3 = 33{,}000[\mathrm{V}]$

∴ $V_s = V_R + \sqrt{3}\,I(R\cos\theta + X\sin\theta)[\mathrm{V}]$

$33{,}000 = 30{,}000 + \sqrt{3}\,I(15 \times 0.8 + 20 \times 0.6)$ ∴ $I = \dfrac{125}{\sqrt{3}}[\mathrm{A}]$

∴ 수전 전력 $P = \sqrt{3}\,V_R I \cos\theta = \sqrt{3} \times 30{,}000 \times \dfrac{125}{\sqrt{3}} \times 0.8 \times 10^{-3} = 3000[\mathrm{kW}]$

05 송전거리, 전력, 손실률 및 역률이 일정하다면 전선의 굵기는?

① 전력에 비례한다.
② 전압 제곱에 비례한다.
③ 전력에 역비례한다.
④ 전압의 제곱에 역비례한다.

구 분	송전전력	선로손실	전선량
단상2선식	$VI_1\cos\theta$	$2I_1^2 R_1$	$w_1 = 2\sigma s_1 l$
단상3선식	$2VI_2\cos\theta$	$2I_2^2 R_2$	$w_2 = 3\sigma s_2 l$
3상3선식	$\sqrt{3}\,VI_3\cos\theta$	$3I_3^2 R_3$	$w_3 = 3\sigma s_3 l$
3상4선식	$3VI_4\cos\theta$	$3I_4^2 R_4$	$w_4 = 4\sigma s_4 l$

선로 손실 $P_l = 3I^2 R = 3 \times \left(\dfrac{P}{\sqrt{3}\,V\cos\theta}\right)^2 R = \dfrac{P^2 \times \rho \dfrac{l}{s}}{V^2 \cos^2\theta} = \dfrac{P^2 \times \rho \times l}{V^2 \cos^2\theta \times s}[\mathrm{W}]$

∴ s(전선의 굵기(단면적)) $= \dfrac{P^2 \rho l}{P_l V^2 \cos^2\theta} \fallingdotseq \dfrac{1}{V^2}$

06 일정 거리를 동일 전선으로 송전할 때 송전 전력은 송전 전압의 대략 몇 승에 비례하는가?

① 1/2
② 1.5
③ $\sqrt{2}$
④ 2

 선로 손실 $P_l = 3I^2R = 3 \times \left(\dfrac{P}{\sqrt{3}\,V\cos\theta}\right)^2 R = \dfrac{P^2R}{V^2\cos^2\theta}$ [W]

전력 손실율 $K = \dfrac{P_l}{P} = \dfrac{PR}{V^2\cos^2\theta}$

∴ P(송전 전력) $= \dfrac{KV^2\cos^2\theta}{R} \fallingdotseq V^2$ ∴ $P \fallingdotseq V^2$ [W]

07 전압과 역률이 일정할 때 전력 손실을 2배로 하면 전력은 몇 % 증가시킬 수 있는가?

① 약 41
② 약 51
③ 약 71
④ 약 81

 $P_l = 3I^2R = 3 \times \left(\dfrac{P}{\sqrt{3}\,V\cos\theta}\right)^2 R = \dfrac{P^2R}{V^2\cos^2\theta} = KP^2$ [W] … ㉠

∴ $P \fallingdotseq \sqrt{P_l}$ [W] … ㉡

전력 손실(P_l)을 2배로 하면 즉, $2P_l$일 때의 송전 전력은 ㉠식에서 $2P_l = K(P')^2$
∴ P'(전력 손실을 2배로 한 후의 송전 전력)$= \sqrt{2P_l} = \sqrt{2} \times \sqrt{P_l} = \sqrt{2}\,P$이다.
∴ 증가시킬 수 있는 전력 증가율은 $\dfrac{P'-P}{P} \times 100 = \dfrac{\sqrt{2}\,P - P}{P} \times 100 \fallingdotseq 41\%$이다.

08 154[kV]의 송전선로의 전압을 345[kV]로 승압하고 같은 손실률로 송전한다고 가정하면 송전 전력은 승압 전의 몇 배인가?

① 2.5
② 3
③ 4.5
④ 5

 송전 전력이 송전 전압의 제곱에 비례하므로 $P \fallingdotseq V^2 \fallingdotseq (154)^2$이다.
$P' \fallingdotseq (V')^2 \fallingdotseq (345)^2$일 때의 송전 전력 $P' = \left(\dfrac{345}{154}\right)^2 \times P = 5P$이다(즉, 처음 송전 전력의 5배).

09 선로의 단위길이의 분포 인덕턴스, 저항, 정전용량 및 누설 콘덕턴스를 각각 L, r, C 및 g로 표시할 때의 전파 정수는?

① $\sqrt{(r+jwL)(g+jwC)}$
② $(r+jwL)(g+jwC)$
③ $\sqrt{\dfrac{r+2jwL}{g+jwL}}$
④ $\sqrt{\dfrac{g+jwL}{r+2jwL}}$

분포 선로에서 $\begin{cases} \dot{Z}(\text{직렬 impedance})=r+jwL[\Omega] \\ \dot{Y}(\text{병렬 admittance})=g+jwC[\mho] \end{cases}$

∴ Z_0(선로의 특성 impedance)$=\sqrt{\dfrac{Z}{Y}}=\sqrt{\dfrac{r+jwL}{g+jwC}}\,[\Omega]$이고,

∴ $\dot{Y}$(병렬 admittance)$=\sqrt{YZ}=\sqrt{(g+jwC)(r+jwL)}\,[\mho]$이다.

10 송전선로에서 수전단을 단락한 경우 송전단에서 본 임피던스는 300[Ω]이고, 수전단을 개방한 경우에는 1200[Ω]일 때, 이 선로의 특성 임피던스(Ω)는?

① 600
② 750
③ 900
④ 1050

 송전선로에서 수전단 개방시 송전단에서 본 impedance $Z_f=1200[\Omega]$이고, 수전단 단락시 송전단에서 본 impedance $Z_s=300[\Omega]$일 때 선로의 특성 impedance

$Z_0=\sqrt{\dfrac{Z}{Y}}=\sqrt{Z_f Z_s}=\sqrt{1200\times 300}=600[\Omega]$

11 선로의 특성 임피던스에 대한 설명으로 옳은 것은?

① 선로의 길이가 길어질수록 값이 작아진다.
② 선로의 길이가 길어질수록 값이 커진다.
③ 선로의 길이보다는 부하전력에 따라 값이 변한다.
④ 선로의 길이에 관계 없이 일정하다.

 선로의 특성 impedance $Z_0=\sqrt{\dfrac{Z}{Y}}=\sqrt{\dfrac{AB}{CD}}=\sqrt{Z_f Z_s}\,[\Omega]$로서 선로의 길이에 관계없이 일정하다.

12 송전선로의 특성 임피던스와 전파 정수는 무슨 시험에 의해서 구할 수 있는가?

① 무부하 시험과 단락 시험
② 부하 시험과 단락 시험
③ 부하 시험과 충격 시험
④ 충격 시험과 단락 시험

 단락 시험에서 $\dot{Z}$(직렬 impedance)를 구하고 무부하 시험에서 $\dot{Y}$(병렬 admittance)[$\mho$]를 구한다.

13 장거리 송전선로의 특성은 무슨 회로로 다루어야 하는가?

① 선로의 특성 임피던스 회로
② 집중 정수 회로
③ 분포 정수 회로
④ 분산 부하 회로

단거리와 중거리의 선로특성은 집중 정수 회로로 장거리(송전, 전송)선로의 특성은 분포정수 회로로 해석한다.

14 송전선의 파동 임피던스를 Z_0, 전자파의 전파 속도를 V라 할 때 송전선의 단위 길이에 대한 인덕턴스 L은?

① $L = 2\sqrt{VZ_0}$
② $L = \dfrac{V}{Z_0^2}$
③ $L = \dfrac{Z_0}{V}$
④ $L = \dfrac{Z_0^2}{V}$

 무손실 선로인 경우 $R=0$, $G=0$, $\varepsilon_s = \mu_s = 1$인 경우 선로의 특성 impedance

$Z_0 = \sqrt{\dfrac{Z}{Y}} = \sqrt{\dfrac{L}{C}}$ … ㉠

전파속도 $V = \dfrac{w}{\beta} = \dfrac{w}{w\sqrt{LC}} = \dfrac{1}{\sqrt{LC}}$ … ㉡

∴ $\dfrac{Z_0}{V} = \dfrac{\sqrt{\dfrac{L}{C}}}{\dfrac{1}{\sqrt{LC}}} = \sqrt{L^2} = L$(인덕턴스)[H]이다.

15 154[kV], 300[km]의 3상 송전선에서 일반 회로 정수는 다음과 같다. $A = 0.900$, $B = 150$, $C = j\,0.901 \times 10^{-3}$, $D = 0.930$이 송전선에서 무부하시 송전단에 154[kV]를 가했을 때 수전단 전압은 몇 [kV]인가?

① 133
② 154
③ 167
④ 171

 무부하시(수전단 개방시) $I_R = 0$

∴ 송전선로에 4단자 기초 방정식 $\begin{cases} V_s = AV_R + BI_R = AV_R \\ I_s = CV_R + DI_R = CV_R \end{cases}$

∴ V_R(수전단 전압) $= \dfrac{V_s}{A} = \dfrac{154}{0.9} = 171$[kV]이다.

16 일반 회로 정수가 A, B, C, D이고, 송전단 상전압이 E_s인 경우 무부하시의 충전전류(송전단 전류)는?

① $\dfrac{C}{A}E_s$
② $\dfrac{A}{C}E_s$
③ AE_s
④ CE_s

정답 14 ③ 15 ④ 16 ①

무부하시(수전단 개방시)에 $I_R = 0$
∴ 송전선로의 4단자 기초 방정식

$$E_s = AE_R + BI_R = AE_R \text{에서 } E_R = \frac{E_s}{A} \cdots \text{㉠}$$

$$I_s = CE_R + DI_R = CE_R = C \times \frac{1}{A} E_s = \frac{C}{A} E_s [A]$$

17 페란티 현상이 생기는 원인은?

① 선로의 리액턴스   ② 선로의 정전용량
③ 선로의 누설 콘덕턴스   ④ 선로의 저항

 페란티 현상이란 선로의 정전용량으로 인하여 무부하시나 경부하시에 수전단 전압이 송전단 전압보다 높아지는 현상을 말한다.

18 송전선로의 페란티(Ferranti)효과를 방지하는 데 효과적인 것은?

① 분로 리액터   ② 복도체 사용
③ 직렬 콘덴서   ④ 병렬 콘덴서

 분로 리액터(병렬 리액터)는 지상만의 보상으로 초고압 장거리 송전선로의 페란티 효과를 방지한다.

19 초고압 장거리 송전선로에 접속되는 1차 변전소에 병렬 리액터를 설치하는 목적은?

① 정전용량의 증가   ② 페란티 효과의 방지
③ 안정도의 증대   ④ 전력 손실의 경감

 초고압 장거리 송전선로의 1차 변전소에 병렬 리액터(분로 리액터)를 설치하는 주 목적은 지상만의 보상으로 페란티 현상을 방지하기 위해서이다.

20 전력용 콘덴서에 직렬로 콘덴서 용량의 5% 정도의 유도 리액턴스를 삽입하는 목적은?

① 제2고조파 전류의 억제   ② 제5고조파 전류의 억제
③ 정전용량의 조절   ④ 이상전압 발생 방지

전력용 콘덴서(병렬 콘덴서)는 지상만의 보상으로 역률이 개선되고 전력용 콘덴서 용량의 약 5%정도의 직렬 리액턴스는 제5고조파 전류를 제거(억제)시킨다.

21 1상당의 용량 150[kVA]의 콘덴서에 제5고조파를 억제시키기 위하여 필요한 직렬 리액터의 기본파에 대한 용량(kVA)은?

① 3.5 ② 4.5
③ 6.5 ④ 7.5

 제5고조파에 대한 기본파의 리액턴스는 $2\pi5fL = \dfrac{1}{2\pi5fC}$

∴ $2\pi fL = \dfrac{1}{2\pi(5)^2 fC} = \dfrac{1}{2\pi fC} \times 0.04$이다.

실제는 기본파에 대한 직렬 리액턴스 용량($2\pi fL$) = 1상당의 콘덴서 용량$\left(\dfrac{1}{2\pi fC} = 150[\text{kVA}]\right)$의 5%정도가 제5고조파를 상쇄시킨다. ∴ $2\pi fL = 150 \times 0.05 = 7.5[\text{kVA}]$이다.

22 송전 계통의 전력 콘덴서와 직렬로 연결하는 리액터로 제거되는 고조파는?

① 제1고조파 ② 제2고조파
③ 제4고조파 ④ 제5고조파

 전력 콘덴서와 직렬로 연결된 리액턴스는 제5고조파를 제거한다.

23 전력용 콘덴서 회로에 직렬 리액터를 접속시키는 목적은 무엇인가?

① 콘덴서 단선시의 방전 촉진 ② 콘덴서에 걸리는 전압의 저하
③ 제2고조파의 침입 방지 ④ 제5고조파 이상의 고조파의 침입 방지

 전력용 콘덴서(병렬 콘덴서) 용량의 4~6[%]정도의 직렬 리액턴스는 제5고조파 이상의 고조파 침입을 방지한다.

24 전력용 콘덴서의 방전 코일의 역할은?

① 잔류 전하의 방전 ② 고조파의 억제
③ 역률의 개선 ④ 수명 연장

 전력용 콘덴서의 방전 코일은 전원 개방시 잔류전하를 방전시켜 인체의 위험을 방지한다. 즉, 잔류전하의 방전이다.

25 조상설비가 있는 1차 변전소에서 주변압기로 주로 사용되는 변압기는?

① 승압용 변압기 ② 파권 변압기
③ 3권선 변압기 ④ 단상 변압기

조상설비가 있는 1차 변전소의 주상 변압기로는 제3고조파가 제거되는 3권선 변압기가 주로 사용된다.

26 변압기 결선에 있어서 1차에 제3고조파가 있을 때 2차 전압에 제3고조파가 나타나는 결선은?

① $\triangle - \triangle$ 　② $Y - \triangle$
③ $Y - Y$ 　④ $\triangle - Y$

 제3고조파는 변압기 $\triangle$결선에서는 순환전류가 되어 소멸하나, Y결선에서는 2차측에도 제3고조파가 나타나는 $Y-Y$ 결선이다.

27 최근 초고압 송전 계통에 단권 변압기가 사용되고 있는데 그 특성이 아닌 것은?

① 전압 변동률이 작다. 　② 중량이 가볍다.
③ 효율이 높다. 　④ 단락 전류가 작다.

단권 변압기 특징
① 중량이 가볍다.
② 전압 변동률이 작다.
③ 효율이 높다.
④ 단락 전류가 증가된다.

28 다음 식은 무엇을 결정할 때 쓰이는 식인가? [단, l은 송전 거리(km), P는 송전 전력(kW)이다.]

$$? = 5.5\sqrt{0.6l + \frac{P}{100}}$$

① 송전 전압을 결정할 때
② 송전선의 굵기를 결정할 때
③ 무효율 개선시 콘덴서의 용량을 결정할 때
④ 발전소의 발전 전압을 결정할 때

 스틸(still)의 식 : 경제적인 송전전압의 결정식으로서 $KV = 5.5\sqrt{0.6l + \frac{P}{100}}$ 이다.

29 송전 거리 50[km], 송전 전력 5000[kW]일 때의 송전 전압은 대략 몇 [kV]정도가 적당한가? (단, 스틸의 식에 의해 구하시오.)

① 28　　　　　　　　　　② 38
③ 49　　　　　　　　　　④ 59

 still의 식 : 경제적인 송전 전압
$$KV = 5.5\sqrt{0.6l + \frac{P}{100}} = 5.5\sqrt{0.6 \times 50 + \frac{5000}{100}} = 49[\text{kV}]$$

30 송전 전압 V_s가 160[kV], 수전 전압 V_R이 154[kV], 두 전압 사이의 위상차 δ가 30°, 전체 리액턴스 X가 50[Ω]일 때, 선로 손실이 없다고 하면 송전단에서 수전단으로 공급되는 전송 전력은 몇 [MW]인가?

① 3.834　　　　　　　　② 13.2
③ 246.4　　　　　　　　④ 346.4

 송전단에서 수전단으로 공급되는 전송 전력(송전 전력)
$$P = \frac{V_s \times V_R}{X}\sin\delta = \frac{154 \times 160}{50} \times \sin 30° = \frac{154 \times 160}{50} \times \frac{1}{2} = 246.4[\text{MW}]$$

31 송전단 전압이 161[kV], 수전단 전압이 155[kV], 상차각이 40°, 리액턴스 50[Ω]일 때, 선로 손실을 무시하면 송전 전력(MW)은? (단, cos40°=0.766, cos50°=0.643이다.)

① 약 107　　　　　　　　② 약 321
③ 약 421　　　　　　　　④ 약 521

 $\cos^2\theta + \sin^2\theta = 1$　　∴　$\sin\theta = \sqrt{1-\cos^2\theta}$
전송 전력(송전 전력)
$$P = \frac{V_s V_R}{X}\sin\theta = \frac{161 \times 155}{50}\sin 40° = \frac{161 \times 155}{50} \times \sqrt{1-(0.766)^2} \fallingdotseq 321[\text{MW}]$$

32 교류 송전에서 송전 거리가 멀어질수록 동일 전압에서의 송전 가능 전력이 적어진다. 그 이유는?

① 선로의 어드미턴스가 커지기 때문
② 선로의 유도성 리액턴스가 커지기 때문
③ 저항 손실이 커지기 때문
④ 코로나 손실이 증가하기 때문

해설 송전거리가 멀어지면 선로정수는 모두 증가한다. 또, 초고압, 장거리 송전선로에서는 저항(R)과 정전용량이 유도성 리액턴스(X)에 비해서 매우 작다.
∴ 송전거리가 길면 길수록 유도성 리액턴스(X)가 증가하므로
송전전력 $P = \dfrac{V_s V_R \sin\theta}{X}$ [W]는 작아진다.

33 전력 계통의 전압을 조정하는 가장 주요 수단은?

① 발전기의 유효전력 조정
② 부하의 유효전력 조정
③ 계통의 f(주파수) 조정
④ 계통의 무효 전력 조정

해설 전력 계통의 전압 조정은 조상설비에 의한 무효 전력 조정이다.
동기 조상기(동기 전동기)는 진상과 지상(전류나 용량)의 연속적인 보상으로 역률을 개선하고 변압기의 △결선은 제3고조파를 제거한다.

Chapter 03 고장계산

2부 전력공학 ▶ 1. 송배전 공학

❶ 3상 단락 전류계산

1) "옴" 법(ohm method)
- 단락전류(차단전류)

$$I_s = \frac{E}{Z} = \frac{E}{Z_g + Z_T + Z_l} \, [\text{A}]$$

2) 백분율법(%법)

① %(퍼센트)임피던스

$$\%Z = \frac{IZ}{E} \times 100 = \frac{PZ}{10\,V^2} \, [\%]$$

② 단락전류(차단전류)

$$I_s = \frac{100}{\%Z} I_n \, [\text{A}]$$

③ 단락용량(차단용량)

$$P_s = \frac{100}{\%Z} P_n \, [\text{kVA}]$$

❷ 대칭 좌표법

1) 대칭분 각상전압

V_o(영상전압) $= \dfrac{1}{3}(V_a + V_b + V_c)$ [V]

V_1(정상전압) $= \dfrac{1}{3}(V_a + aV_b + a^2V_c)$ [V]

V_2(역상전압) $= \dfrac{1}{3}(V_a + a^2V_b + aV_c)$ [V]

2) 비대칭 각상전압

V_a(비대칭 a상전압) $= V_o + V_1 + V_2$ [V]

V_b(비대칭 b상전압) $= V_o + a^2V_1 + aV_2$ [V]

V_c(비대칭 c상전압) $= V_o + aV_1 + a^2V_2$ [V]

(단, $1 + a + a^2 = 0$ ∴ $a + a^2 = -1$)

3) 3상 교류발전기 기본식

$V_o = -Z_oI_o$ [V]

$V_1 = E_a - Z_1I_1$ [V]

$V_2 = -Z_2I_2$ [V]

Chapter 03 적중예상문제

01 3상 변압기 임피던스 $Z[\Omega]$, 선간전압이 $V[\text{kV}]$, 변압기의 용량 $P[\text{kVA}]$일 때 이 변압기의 %임피던스는?

① $\dfrac{PZ}{10V^2}$ ② $\dfrac{5PZ}{V}$

③ $\dfrac{5VZ}{ZP}$ ④ $\dfrac{VZ}{P}$

해설 $P = \sqrt{3}\,VI \times 10^3\,[\text{kVA}]$

$\%Z = \dfrac{IZ}{E} \times 100 = \dfrac{\dfrac{P}{\sqrt{3}\,V \times 10^3} \times Z}{\dfrac{V}{\sqrt{3}}} \times 100 = \dfrac{PZ}{10V^2}\,[\%]$

02 66[kV], 3상 1회선 송전선로 1선의 리액턴스가 20[Ω], 전류가 350[A]일 때 %리액턴스는?

① 18.3 ② 19.7
③ 25.2 ④ 28.7

해설 $\%Z = \dfrac{IZ}{E} \times 100 = \dfrac{IX}{\dfrac{V}{\sqrt{3}}} \times 100 = \dfrac{350 \times 20}{\dfrac{66000}{\sqrt{3}}} \times 100 = 18.37\%$

03 3상 송전선로의 선간전압을 100[kV], 3상 기준 용량을 10000[kVA]로 할 때 선로 리액턴스(1선당) 100[Ω]을 %임피던스로 환산하면 얼마인가?

① 1.3 ② 10
③ 0.33 ④ 20

해설 $\%Z = \dfrac{IZ}{E} \times 100 = \dfrac{PZ}{10V^2} = \dfrac{10000 \times 100}{10 \times 100^2} = 10\%$

정답 01 ① 02 ① 03 ②

04 어느 발전소의 발전기는 그 정격이 13.2[kV], 93000[kVA], 95% Z라고 명판에 씌어 있다. 이것은 몇 [Ω]인가?

① 1.2　　　　　　　　　② 1.8
③ 1200　　　　　　　　 ④ 1800

$\%Z = \dfrac{IZ}{E} \times 100 = \dfrac{PZ}{10\,V^2}\,[\%]$

∴ $Z(\text{impedance}) = \dfrac{\%Z \times 10\,V^2}{P} = \dfrac{95 \times 10 \times (13.2)^2}{93,000} \fallingdotseq 1.8\,[\Omega]$

05 66/22[kV], 2000[kVA] 단상 변압기 3대를 1뱅크로 한 변전소로부터 공급받는 어떤 수전점에서의 3상 단락 전류[A]는 약 얼마인가? (단, 변압기의 %리액턴스는 7이며 선로의 %임피던스는 0으로 본다.)

① 750　　　　　　　　　② 850
③ 1750　　　　　　　　 ④ 1850

P_n (정격 용량) = $\sqrt{3}\,VI_n$ [kVA]

P_s (단락 용량) = $\dfrac{100}{\%Z}P_n$ [kVA]

I_n (정격 전류) = $\dfrac{P_n}{\sqrt{3}\,V} = \dfrac{2000}{\sqrt{3} \times 22}$ [A]

I_s (단락 전류) = $\dfrac{100}{\%Z} \times I_n = \dfrac{100}{7} \times \dfrac{2000}{\sqrt{3} \times 22} = 750$ [A]

06 어느 변전소 모선에서의 계통 전체의 합성 임피던스가 2.5%(100[MVA] 기준)일 때, 이 모선측에 설치하여야 할 차단기의 차단 소요 용량(MVA)은?

① 1000　　　　　　　　② 1500
③ 3500　　　　　　　　④ 4000

P_n (정격 용량) = 100[MVA]

P_s (단락 용량 = 차단 용량) = $\dfrac{100}{\%Z} \times P_n = \dfrac{100}{2.5} \times 100 = 4000$ [MVA]

07 그림과 같은 3상 송전 계통에서 송전 전압은 22[kV]이다. 지금 1점 P에서 3상 단락 하였을 때의 발전기에 흐르는 단락 전류(A)는 약 얼마인가?

① 733　　　　　　　　　② 1270
③ 3270　　　　　　　　 ④ 3810

해설 $Z = R + jX = 1 + j10$

∴ I_s (단락 전류) $= \dfrac{E}{|Z|} = \dfrac{\frac{22,000}{\sqrt{3}}}{\sqrt{1^2 + 10^2}} ≒ \dfrac{22,000}{10\sqrt{3}} ≒ 1270$ [A]

08 그림의 F점에서 3상 단락 고장이 생겼다. 발전기 쪽에서 본 3상 단락 전류는? (단, 154[kV] 송전선의 리액턴스는 1000[MVA]를 기준으로 하여 2[%/km]이다.)

① 43.740
② 42.740
③ 41.740
④ 40.740

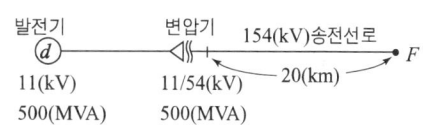

발전기   변압기   154(kV)송전선로
 ⓓ   ─── 20(km) ─── F
11(kV)   11/54(kV)
500(MVA)   500(MVA)
25(%)   15(%)

해설 기준 용량을 환산할 분자 용량으로 설정 계산한다.

즉, 기준용량=1000[MVA]인 경우 발전기의 $\%Z_G = \dfrac{1000}{500} \times 25 = 50$

변압기의 $\%Z_T = \dfrac{1000}{500} \times 15 = 30$, 선로의 $\%Z_l = 20 \times 2 = 40$

∴ 총 $\%Z = \%Z_G + \%Z_T + \%Z_l = 50 + 30 + 40 = 120$

발전기 쪽에서 본 3상 단락전류 $I_s = \dfrac{100}{\%Z} \times I_n = \dfrac{100}{120} \times \dfrac{1000 \times 10^3}{\sqrt{3} \times 11} ≒ 43.740$ [A]

09 그림에 표시하는 무부하 송전선의 S점에 있어서 3상 단락이 일어났을 때의 단락 전류[A]는? (단, G_1 : 15[MVA], 11[kV], $\%Z = 30\%$, G_2 : 15[MVA], 11[kV], $\%Z = 30\%$, T : 30[MVA], 11[kV]/154[kV], $\%Z = 8\%$, 송전선 TS 사이 50[km], $Z = 0.5[\Omega/\text{km}]$)

① 12.7
② 173
③ 273
④ 38.3

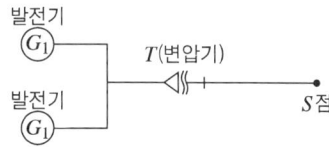

해설 기준용량 30[MVA]인 경우, 발전기의 $\%Z_{G1} = \dfrac{30}{15} \times 30 = 60$

발전기의 $\%Z_{G2} = \dfrac{30}{15} \times 30 = 60$

∴ 병렬 발전기의 $\%Z_G = \dfrac{60 \times 60}{60 + 60} = \dfrac{60}{2} = 30$ … ㉠

변압기의 $\%Z_T = 8$ … ㉡

선로(TS간)의 $\%Z_l = \dfrac{IZ}{E} \times 100 = \dfrac{P \times Z_l}{10 V^2} = \dfrac{30 \times (50 \times 0.5)}{10 \times (154)^2} ≒ 3.16$ … ㉢

∴ ㉠, ㉡, ㉢식에서 총 $\%Z = 30 + 8 + 3.16 = 41.16\%$이다.

단락전류 $I_s = \dfrac{100}{\%Z} I_n = \dfrac{100}{41.16} \times \dfrac{30 \times 10^3}{\sqrt{3} \times 154} ≒ 273$ [A]

10 그림과 같이 전압 11[kV], 용량 15[MVA]의 3상 교류 발전기 2대와 용량 33[MVA]의 변압기 1대로 된 계통이 있다. 발전기 1대 및 변압기의 %리액턴스가 20%, 10%일 때 차단기 ②의 차단 용량(MVA)은?

① 80
② 905
③ 103
④ 13

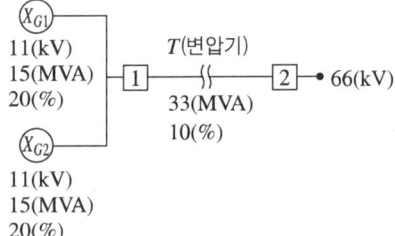

 $P_n = 30$[MVA]기준

발전기의 %$Z_G = \dfrac{40 \times 40}{40+40} = \dfrac{40}{2} = 20\%$

변압기의 %$Z_T = \dfrac{30}{33} \times 10 \fallingdotseq 9.1\%$

∴ 총 %$Z = 20 + 9.1 = 29.1\%$

∴ P_s(차단 용량)$= \dfrac{100}{\%Z} \times P_n = \dfrac{100}{29.1} \times 30 = 103$[MVA]

11 그림과 같은 3상 교류 회로에서 유입 차단기 3의 차단 용량(MVA)은? (단, % 리액턴스 발전기는 각각 10%, 변압기는 5%, 용량은 G_1=15,000[kVA], G_2=30,000[kVA], T_r=45,000[kVA]이다.)

① 100
② 300
③ 450
④ 850

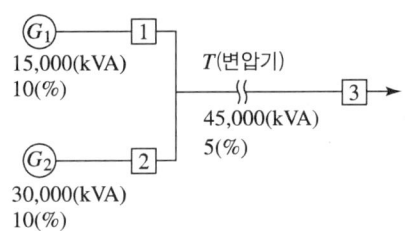

 기준용량 $P_n = 45$[MVA]일 때

발전기의 %$Z_G = \dfrac{\%Z_{G1} \times \%Z_{G2}}{\%Z_{G1} + \%Z_{G2}} = \dfrac{30 \times 15}{30+15} = 10\%$

%$Z_T = 5\%$이므로, 총 %$Z = 10 + 5 = 15\%$

∴ 차단용량 $P_s = \dfrac{100}{\%Z} \times P_n = \dfrac{100}{15} \times 45 = 300$[MVA]

12 변전소의 1차측 합성 선로 임피던스를 3%(10,000[kVA] 기준)라 하고, 3000[kVA] 변압기 2대를 병렬로 하여 그 임피던스를 5%라 하면 A지점의 단락 용량은 얼마인가?

① 76,20[kVA]
② 88,260[kVA]
③ 90,910[kVA]
④ 15,000[kVA]

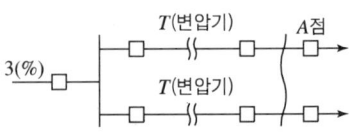

해설 $P_n = 10,000\,[\text{kVA}]$기준, 1차측 선로의 $\%Z_l = 3\%$

변압기의 $\%Z_T = \dfrac{10,000}{3000} \times 5 = 16.66\%$가 2대 병렬이므로

총 %임피던스 $\%Z = 3 + \dfrac{16.66 \times 16.66}{16.66 + 16.66} = 11.33\%$이다.

$\therefore$ 차단용량 $P_s = \dfrac{100}{\%Z} \times P_n = \dfrac{100}{11.33} \times 10,000 = 88,260\,[\text{kVA}]$

13 그림의 154[kV], 길이 150[km]인 선로에 1선 지락이 생겼다면 지락전류(A)는 약 얼마인가? (단, 송·수전단 변압기의 중성점에 저항을 설치하여 접지하였다 하고, 그 값은 900[Ω], 600[Ω]으로 하며, 1선의 대지 정전용량은 0.005[μF/km], 기타 정수는 무시한다.)

① 99
② 158
③ 258
④ 326

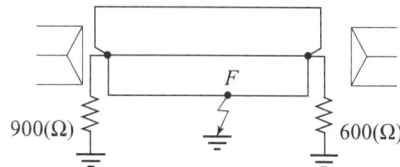

해설 송·수전단 변압기의 중성점에 접지전류

$I_A = \dfrac{\frac{154,000}{\sqrt{3}}}{900} = 99\,[\text{A}], \quad I_B = \dfrac{\frac{154,000}{\sqrt{3}}}{600} = 148.2\,[\text{A}]$

대지 정전용량에 의한 충전전류

$I_c = j3\omega CE = j3 \times 2\pi f \times \dfrac{V}{\sqrt{3}} = j3 \times 2\pi \times 60 \times 0.005 \times \dfrac{154,000}{\sqrt{3}} = j75.5\,[\text{A}]$

$\therefore$ 지락전류 $|I_g| = \sqrt{(I_A + I_B)^2 + I_c^2} = \sqrt{(99 + 148.2)^2 + (75.5)^2} = 258\,[\text{A}]$

14 A, B 및 C상 전류를 각각 I_a, I_b 및 I_c라 할 때

$I_x = \dfrac{1}{3}(I_a + a^2 I_b + a I_c)$, $a = -\dfrac{1}{2} + j\dfrac{\sqrt{3}}{2}$으로 표시되는 I_x는 어떤 전류인가?

① 영상전류
② 역상전류
③ 정상전류
④ 역상전류와 영상전류의 합계

해설 대칭분의 영상전류 $I_0 = \dfrac{1}{3}(I_a + I_b + I_c)\,[\text{A}]$

정상전류 $I_1 = \dfrac{1}{3}(I_a + a I_b + a^2 I_c)\,[\text{A}]$

역상전류 $I_2 = \dfrac{1}{3}(I_a + a^2 I_b + a I_c)\,[\text{A}]$

15 그림과 같은 3상 발전기가 있다. a상이 지락한 경우 지락전류는 얼마인가? (단, Z_0 : 영상 임피던스, Z_1 : 정상 임피던스, Z_2 : 역상 임피던스)

① $\dfrac{E_a}{Z_0 + Z_1 + Z_2}$

② $\dfrac{3E_a}{Z_0 + Z_1 + Z_2}$

③ $\dfrac{3Z_0 E_a}{Z_0 + Z_1 + Z_2}$

④ $\dfrac{3Z_2 E_a}{Z_1 + Z_2}$

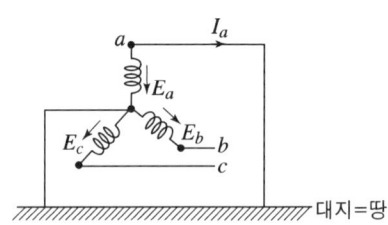

 a상 지락인 경우이다.

초기조건 $\begin{cases} V_a = 0 \\ I_b = I_c = 0 \end{cases}$ ∴ $I_0 = I_1 = I_2$ 이다.

∴ 발전기 기본식에서 $V_a = 0 = V_0 + V_1 + V_2$에 발전기 기본식을 대입하면,

$0 = -Z_0 I_0 + E_a - Z_1 I_1 - Z_2 I_2$

∴ $E_a = I_0 (Z_0 + Z_1 + Z_2)$

∴ $I_0 = I_1 = I_2 = \dfrac{E_a}{Z_0 + Z_1 + Z_2}$ [A]

∴ 지락전류 $I_a = I_0 + I_1 + I_2 = 3I_0 = \dfrac{3E_a}{Z_0 + Z_1 + Z_2}$ [A]

16 다음 중 옳은 것은 어느 것인가?

① 송전선로의 정상 임피던스는 역상 임피던스의 배이다.
② 송전선로의 정상 임피던스는 역상 임피던스의 2배이다.
③ 송전선로의 정상 임피던스는 역상 임피던스와 같다.
④ 송전선로의 정상 임피던스는 역상 임피던스의 3배 이다.

 송전선로나 변압기의 impedance는 정지 기계이므로 정상 impedance는 역상 impedance와 서로 같다.

17 송전선로의 정상, 역상 및 영상 임피던스를 각각 Z_1, Z_2 및 Z_0라 하면 다음 어떤 관계가 성립하는가?

① $Z_1 \neq Z_2 \neq Z_0$ ② $Z_1 = Z_2 > Z_0$
③ $Z_1 > Z_2 = Z_0$ ④ $Z_1 = Z_2 < Z_0$

송전선로나 변압기는 정지 기계이며 정상 임피던스=역상 임피던스이다.
영상 임피던스는 1회선인 경우 정상 임피던스의 4배, 2회선인 경우는 7배이다.
∴ $Z_0 > Z_1 = Z_2$ 이다.

18 그림과 같은 회로의 영상, 정상 및 역상 임피던스 Z_0, Z_1, Z_2는?

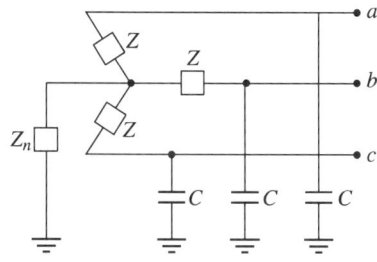

① $Z_0 = \dfrac{Z+3Z_n}{1+jwC(Z+3Z_n)}$, $Z_1 = Z_2 = \dfrac{Z}{1+jwCZ}$

② $Z_0 = \dfrac{3Z_n}{1+jwC(3Z+Z_n)}$, $Z_1 = Z_2 = \dfrac{3Z_n}{1+jwCZ}$

③ $Z_0 = \dfrac{Z+Z_n}{1+jwC(Z+Z_n)}$, $Z_1 = Z_2 = \dfrac{Z}{1+j3wZ_n}$

④ $Z_0 = \dfrac{3Z}{1+jwC(Z+3Z_n)}$, $Z_1 = Z_2 = \dfrac{3Z_n}{1+j3wCZ}$

 변압기와 선로는 정지기이다.
① 영상 임피던스 등가회로는

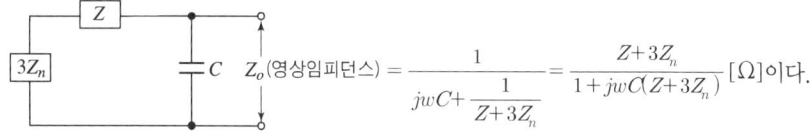

Z_o(영상임피던스) $= \dfrac{1}{jwC+\dfrac{1}{Z+3Z_n}} = \dfrac{Z+3Z_n}{1+jwC(Z+3Z_n)}$ [Ω]이다.

② 정지 기계는 정상 impedance=역상 impedance이다.

$Z_1 = Z_2 = \dfrac{1}{jwC+\dfrac{1}{Z}} = \dfrac{Z}{1+jwCZ}$ [Ω]이다.

이때, 영상 임피던스는 1회선인 경우 정상 임피던스의 4배 정도, 2회선인 경우 7배 정도이다.

19 송전 계통의 한 부분이 그림에서와 같이 $Y-Y$로 3상 변압기가 결선이 되고 1차측은 비접지로 그리고 2차측은 접지로 되어 있을 경우 영상전류는?

① 2차측 선로에서만 흐를 수 있다.
② 1차측 선로에서만 흐를 수 있다.
③ 1, 2차측 선로에서 다 흐를 수 있다.
④ 1차 및 2차측 선로에서 다 흐를 수 없다.

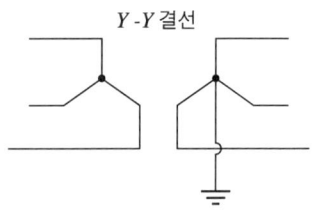

 1차 Y결선은 비접지로 영상전류=0
2차측 Y결선 접지는 임피던스가 대단히 크므로 영상전류가 흐르지 못한다.
∴ 1차 및 2차측 선로에 다 흐를 수 없다.

Chapter 04 유도장애 및 안정도

2부 전력공학 ▶ 1. 송배전 공학

❶ 유도장애

전력선에 의한 통신선의 장애를 말한다.

1) 정전유도전압(장애)

전력선에 의해 통신선에 유도된 전압이다.
정전용량(C_o)에 의한 통신선과 대지사이의 전압(장애)이다.

$$E_S(정전유도전압) = \frac{C_{ab}}{C_o + C_{ab}} \times E[\text{V}]$$

2) 전자유도전압(장애)

M에 의해(영상전류(I_o)에 의해) 통신선에 발생된 전압이다.

∴ E_n(전자유도전압) : $jwMl(I_a + I_b + I_c) = jwMl \times 3I_o[\text{V}]$이다.

❷ 유도장애 방지대책

① 충분히 연가한다.
② 고장 구간을 신속히 차단한다.
③ 통신선으로는 케이블을 사용한다.
④ 통신선에 피뢰기나 차폐선을 설치하면 유도전압을 30~50% 줄일 수 있다.

❸ 안정도

① 정태 안정도가 있다.
② 동태 안정도가 있다.
③ 과도 안정도가 있다.

❹ 안정도 향상 대책

① 직렬 리액턴스(X)를 작게 한다.
② 전압 변동률을 작게 한다.
  ㉠ 속응여자 방식을 채용한다.
  ㉡ 계통을 연계한다.
  ㉢ 중간조상 방식을 채용한다.
③ 고속도 차단기를 채용한다.
④ 고속도 재폐로 방식을 채용한다.

Chapter 04 적중예상문제

01 전력선 a의 충전 전압을 E, 통신선 b의 대지 정전용량을 C_b, ab 사이의 상호 정전용량을 C_{ab}라고 하면 통신선 b의 정전유도전압 E_S는?

① $\dfrac{C_{ab} + C_b}{C_b}$

② $\dfrac{C_{ab} + C_a}{C_{ab}} E$

③ $\dfrac{2C_b}{C_{ab} + C_b} E$

④ $\dfrac{C_{ab}}{C_{ab} + C_b} E$

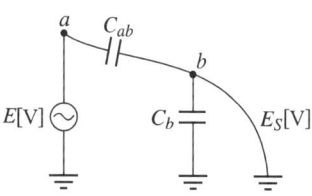

 전원전압 $E[V]$
통신선의 정전유도전압
$$E_S = \dfrac{C_{ab}}{C_{ab} + C_b} \times E[V]\text{이다}.$$

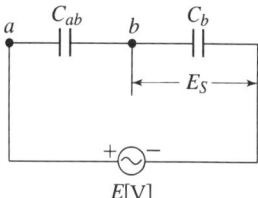

02 통신선과 평행인 주파수 60[Hz]의 3상 1회선 송전선에서 1선 지락으로(영상전류가 100[A] 흐르고) 있을 때 통신선에 유기되는 전자유도전압(V)은? (단, 영상전류는 송전선 전체에 걸쳐 같으며 통신선과 송전선의 상호인덕턴스는 0.05[mH/km]이고, 그 평행 길이는 50[km]이다.)

① 172 ② 182
③ 242 ④ 283

 통신선에 유기되는 전자유도전압
$$E_m = jwMl(I_a + I_b + I_c) = jwMl\,3I_0 = 2\pi \times 60 \times 0.05 \times 10^{-3} \times 50 \times 3 \times 100 = 283[V]$$

정답 01 ④ 02 ④

제 04장 유도장애 및 안정도

03 그림에서 통신선 n에 유도되는 정전유도전압은? (단, 전력선의 대칭은 전압을 V_0, V_1, V_2라 하고 상순은 $a-b-c$라 한다.)

① $\dfrac{3CV_0}{3C+C_0}$

② $\dfrac{3C_0V_1}{C+3C_0}$

③ $\dfrac{2\sqrt{3}\,CV_2}{C+C_0}$

④ $\dfrac{2\sqrt{3}\,C_0V_0}{C+3C_0}$

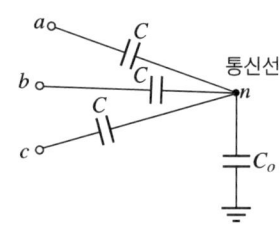

 a, b, c 각 상의 대지전압 $V_0[\text{V}]$
통신선의 정전유도전압 $E_n[\text{V}]$일 때,
각 상전류 $I_a+I_b+I_c+I_n=0$
$jwC(V_0-E_n)+jwC(V_0-E_n)+jwC(V_0-E_n)$
$\quad+jwC_0(0-E_n)=0$
$3jwCV_0-3jwCE_n-jwC_0E_n=0$
$\therefore\ 3CV_0=(3C+C_0)E_n$
E_n(통신선의 정전유도전압)$=\dfrac{3C}{3C+C_0}\times V_0[\text{V}]$

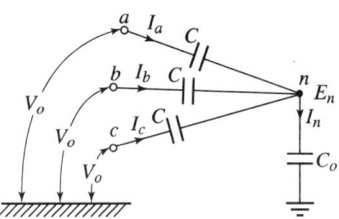

04 송전선로에 근접한 통신선에 유도장애가 발생하였다. 전자유도의 원인은?

① 정상전류(I_1)　　② 정상전압(V_1)
③ 역상전압(V_2)　　④ 영상전류(I_0)

 송전선로에 근접한 통신선에 유도전압 $E_m=jwM3I_0[\text{V}]$로서 전자유도의 원인은 영상전류 ($I_0[\text{A}]$)이다. $\therefore$ 유도장애 방지용 피뢰기는 통신선측에 설치한다.

05 전력선에 의한 통신선로의 전자유도장애의 발생 요인은 주로 어느 것인가?

① 영상전류가 흘러서
② 전력선의 전압이 통신 선로보다 높기 때문에
③ 전력선과 통신 선로 사이의 차폐 효과가 충분할 때
④ 전력선의 연가가 충분하여

 전력선에 대한 통신선의 전자유도전압 $E_m=jwM3I_0[\text{V}]$로 방지책은 전력선과 통신선을 직각으로 하여야 한다.

06 통신선에 대한 유도장애의 방지법으로 가장 적당하지 않은 것은?

① 전력선과 통신선의 교차 부분을 비스듬히 한다.
② 소호 리액터 접지 방법을 채용한다.
③ 통신선에 절연 변압기를 채용한다.
④ 통신선에 배류 코일을 채용한다.

 통신선의 전자유도장애방지법
- 전력선과 통신선을 직각으로 하여야 한다.
- 소호리액터 접지방식을 채용한다.
- 통신선에 절연 변압기나 배류 코일을 채용한다.

07 유도장애의 방지책으로 차폐선을 사용하면 유도전압은 얼마 정도 줄일 수 있는가?

① 10~20%   ② 30~50%
③ 60~70%   ④ 80~90%

 통신선에 전자유도장애방지책으로 차폐선을 사용하면 전자유도전압을 30~50% 줄일 수 있다.

08 송전선로의 안정도 향상 대책이 아닌 것은?

① 속응 여자 방식을 채용
② 병행 2회선이나 복도체 방식을 채용
③ 계통의 직렬 리액턴스를 증가
④ 고속도 차단기의 이용

 송전선로의 안정도 향상(증진)대책
- 전동 변동율과 직열 리액턴스를 적게 한다.
- 재폐로 방식과 복도체 방식이나 속응 여자방식을 채용한다.
- 단락비가 큰 발전기를 사용한다.
- 고속차단기를 사용한다.

09 송전 계통에서의 안정도 증진과 관계 없는 것은?

① 재폐로 방식의 채용   ② 리액턴스 감소
③ 속응 여자 방식의 채용 ④ 차폐선의 채용

 송전 계통의 안정도 증진 대책
- 리액턴스를 감소한다.
- 재폐로 방식을 채용한다.
- 속응 여자 방식을 채용한다.

10 송전 계통의 안정도 향상책으로 옳지 않은 것은?

① 계통을 연계한다.
② 발전기의 단락비를 작게 한다.
③ 직렬 콘덴서로 선로의 리액턴스를 보상한다.
④ 발전기, 변압기의 리액턴스를 작게 한다.

 송전 계통 안정도 향상 대책
- 발전기 단락비를 크게 한다.
- 계통을 연계한다.
- 직·병렬 콘덴서를 설치한다.

Chapter 05 중성점 접지방식

2부 전력공학 ▶ 1. 송배전 공학

❶ 중성점 접지방식의 목적

① 이상전압의 발생을 방지한다.
② 보호계전기의 확실한 동작이다.
③ 전선로 및 기기의 절연을 절감시킨다.

❷ 중성점 접지방식

구분	비접지방식	직접 접지방식	저항 접지방식	소호 리액터 접지방식
용도	3.3[kV] 6.6[kV] 22.9[kV]	154[kV] 345[kV]	—	66[kV]
지락전류	$I_g = j3wCE$[A] (小)	$I_g = \dfrac{E}{Z_l}$[A] (최대)	$I_g = (\dfrac{1}{R} + jw3C)$ $E \fallingdotseq 100 \sim 150$[A]	$I_g = (jwL + \dfrac{1}{j3wC})E$ $= j(wL - \dfrac{1}{3wC})E$[A] (최소)
1선 지락시 건전상의 대지전압	$\sqrt{3}$ 배 이상	큰 변화 없다	$\sqrt{3}$ 배 이상	$\sqrt{3}$ 배 이상

1) 소호리액터의 I_c(충전전류)$= 3wCE$[A]

P_c(충전용량)$= EI_c = 3wCE^2$[VA]

2) 소호리액터의 합조도

$$P = \frac{I - I_c}{I_c} \times 100$$

I : 소호리액터의 탭전류
I_c : 소호리액터 충전전류

- $I_c > I$ 부족보상 $wL > \dfrac{1}{3wC}$

- $I > I_c$ 과보상 $\dfrac{1}{3wC} > wL$

- $I = I_c$ 공진 $wL = \dfrac{1}{3wC}$

Chapter 05 적중예상문제

01 송전선로의 중성점을 접지하는 목적은?

① 송전 용량이 증가 ② 동량의 절약
③ 전압 강하 감소 ④ 이상전압의 방지

 중성점 접지방식의 목적
- 이상전압의 발생을 방지한다.
- 보호계전기의 확실한 동작이다.
- 건전상의 대지 전위 상승을 억제하고 선로나 기기의 절연을 절감시킨다.

02 중성점 비접지방식을 이용하는 것이 적당한 것은?

① 전압과 거리에 부관하다. ② 저전압 장거리
③ 고전압 단거리 ④ 저전압 단거리

 중성점 비접지방식
- 저전압, 단거리 송전선로에 사용된다.
- 3.3[kV], 6.6[kV], 22[kV], 20~30[kV] 정도의 단거리 송전선로에 이용된다.

03 1선 지락 사고시 지락전류가 가장 적은 중성점 접지방식은?

① 직접 접지식 ② 비접지식
③ 저항 접지식 ④ 소호 리액터 접지식

 소호 리액턴스 접지방식
- 1선 지락 사고시 지락전류가 제일 작다.
- 1선 지락시 아크를 빨리 소멸시킨다.
- 사용전압은 66[kV]이다.

04 △ 결선의 3상 3선식 배전선로가 있다. 1선이 지락하는 경우 건전상의 전위 상승은 지락 전의 몇 배가 되는가?

① $\dfrac{\sqrt{3}}{2}$ ② 1

③ $\dfrac{2}{\sqrt{3}}$ ④ $\sqrt{3}$

 해설 직접 접지방식을 제외하고는 1선 지락시 건전상의 대지 전위 상승은 $\sqrt{3}$ 배가 된다.

05 송전선로에서 1선 지락시에 건전상의 전압상승이 가장 적은 방식은?

① 비접지방식 ② 직접 접지방식
③ 소호 리액터 접지방식 ④ 저항 접지방식

 해설 직접 접지방식
- 1선 지락시 건전상의 대지전압 상승이 거의 없다.
- 통신선에 전자유도장애가 제일 크다.
- 지락전류가 가장 많이 흐르므로 과도 안정도가 나쁘다.
- 보호계전기 동작이 가장 확실하다.

06 직접 접지와 관계 없는 것은?

① 과도 안정도 증진 ② 단절연 변압기 사용 가능
③ 계전기 동작 확실 ④ 기기의 절연 수준 저감

 해설 직접 접지방식
- 지락전류가 가장 많이 흐르므로 과도 안정도가 나쁘다.
- 단절연 변압기 사용이 가능하다.
- 154[kV], 345[kV], 675[kV] 등의 접지방식이다.

07 우리나라 154[kV] 송전선로의 중성점 접지방식은?

① 비접지방식 ② 직접 접지방식
③ 고저항 접지방식 ④ 소호 리액터 접지방식

 해설 직접 접지방식
- 계통의 절연을 낮게 할 수 있으므로 초고압 송전선에 채용된다.
- 154[kV], 345[kV], 675[kV]의 접지방식이다.

정답 04 ④ 05 ② 06 ① 07 ②

08 다음 중 1선 지락전류가 큰 순서대로 배열된 것은?

> 가. 직접 접지 3상 3선 방식 나. 저항 접지 3상 3선 방식
> 다. 리액터 접지 3상 3선 방식 라. 다중 접지 3상 4선 방식

① 라, 가, 나, 다 ② 나, 가, 다, 라
③ 가, 라, 나, 다 ④ 라, 나, 가, 다

 1선 지락전류가 큰 순서대로 배열된 접지방식 : 다중 접지 3상 4선 방식 > 직접 접지 3상 3선 방식 > 저항 접지 3상 3선 방식 > 리액턴스 접지 3상 3선 방식 순서이다.

09 다음 중성점 접지방식 중에서 단선 고장일 때 선로의 전압 상승이 최대이고, 또한 통신 장애가 최소인 것은?

① 직접 접지 ② 비접지
③ 저항 접지 ④ 소호 리액터 접지

 소호 리액턴스의 접지방식
- 단선 고장일 경우 선로의 전압 상승이 최대이다.
- 통신선의 전자유도장애가 최소이다.
- 병렬 공진 시에는 지락전류가 소멸한다.

10 소호 리액터를 송전 계통에 쓰면 리액터의 인덕턴스와 선로의 정전용량이 다음의 어느 상태가 되어 지락전류를 소멸시키는가?

① 병렬 공진 ② 직렬 공진
③ 저 임피던스 ④ 고 임피던스

 병렬 공진시에는 지락전류가 소멸된다.

11 소호 리액턴스의 인덕턴스 값이 3상 1회선 송전선에서 1선의 대지 정전용량을 C_0 [F], 주파수를 f [Hz]라 한다면? (단, $w=2\pi f$ 이다.)

① $3w^2 C_0$ ② $\dfrac{1}{3w^2 C_0}$

③ $3w^3 C_0$ ④ $\dfrac{1}{3w C_0}$

 소호 리액터 접지시의 리액턴스 $wL = \dfrac{1}{3wC_0}[\Omega]$

∴ 소호 리액턴스의 인덕턴스 $L = \dfrac{1}{3w^2 C_0} = \dfrac{1}{3 \times (2\pi f)^2 C_0}$ [H]

12 1상의 대지 정전용량 0.53[μF], 주파수 60[Hz]의 3상 송전선의 소호 리액터의 공진 탭(Ω)은 얼마인가? (단, 소호 리액터를 접속시키는 변압기의 1상단의 리액턴스는 9[Ω]이다.)

① 1665　　② 1768
③ 1571　　④ 1674

해설 소호 리액터 접지시의 리액턴스(공진 탭)
$$wL = \frac{1}{3wC} - \frac{x}{3} = \frac{1}{3 \times 2\pi fC} - \frac{x}{3} = \frac{10^6}{3 \times 6\pi \times 60 \times 0.53} - \frac{9}{3} = 1665[\Omega]$$

13 154[kV], 60[Hz], 길이 200[km]인 평형 2회선 송전선에 설치한 소호 리액터의 공진 용량[kVA]은? (단, 1선의 대지 정전용량을 0.0043[μF/km]이라 한다.)

① 15,380　　② 16,380
③ 17,380　　④ 18,380

해설 3상 2회선의 소호 리액턴스 용량
$$P = 2 \times EI_c = 2 \times 3wCE^2 = 2 \times 3 \times 2\pi fC \times \left(\frac{V}{\sqrt{3}}\right)^2$$
$$= 2 \times 3 \times 2\pi \times 60 \times 0.0043 \times 10^{-6} \times 200 \times \left(\frac{154,000}{\sqrt{3}}\right)^2 \times 10^{-3} = 15,380[\text{kVA}]$$

14 3상 3선식 단일 소호 리액터 접지방식에서 1선 지락 고장시에 영상전류의 분포는?

① 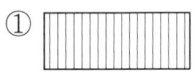　　②
③ 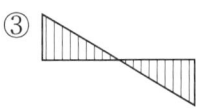　　④

해설 ① 직접 접지방식의 영상전류분포이다.
② 단일 소호 리액터 접지방식의 영상전류분포이다.
③ 양단 소호 리액턴스 접지방식의 영상전류분포이다.
④ 저항 접지방식의 영상전류분포이다.

15 가공 지선의 접지저항 최댓값(Ω)은?

① 10　　② 75
③ 100　　④ 500

해설 가공 지선의 접지는 제1종 접지공사이다. ∴ 접지저항은 10[Ω] 이하이다.

Chapter 06 이상전압 및 개폐기

2부 전력공학 ▶ 1. 송배전 공학

❶ 이상전압의 종류

1) 내부 이상전압
   ① 선로개폐 이상전압
   ② 사고시나 고장 시 이상전압

2) 외부 이상전압
   ① 직격뢰
   ② 유도뢰
   ③ 타선과의 혼촉

❷ 이상전압의 보호

1) 가공지선
   ① 직격뢰를 90% 이상 차폐하며 가공지선의 차폐각은 작으면 작을수록 좋다(설비비가 많이 든다). 보통은 30~40°, 최대는 45°이다.
   ② 철탑의 접지저항을 작게 하여 역섬락을 방지한다.

2) 매설지선
   역섬락을 방지하기 위해서 경동선 또는 철연선을 탑각에 접속하고 다른 쪽을 지하 50[cm] 정도로 매설 피뢰효과를 높인 것이다.
   ∴ 가공지선과 매설지선은 뇌해방지이고 댐퍼는 선로의 진동방지이다.

3) 피뢰기

뇌 또는 서지(surge)전압을 억제하여 기기의 절연파괴를 방지하는 장치이다(피뢰기는 제1종 접지공사를 한다).

① 직렬캡과 특성요소를 자기애관에 넣어 밀봉시킨 것이다.
② 피뢰기의 역할 : 속류를 차단하고 이상전압을 방전시킨다.
③ 피뢰기의 정격전압 : 속류가 차단되는 교류의 최고전압을 말한다.
④ 피뢰기의 제한전압 : 충격파 전류가 흐르는 피뢰기의 단자전압을 말한다(절연협조의 기본이다).

❸ 차단기(CB)와 개폐기(DS)

1) 차단시간은 개극시간 + 아크 시간(소호시간)으로 3~8 Cycle이다.

초고압 차단기에 개폐저항을 사용하는 이유는 개폐 서지 이상전압(SOV)을 억제하기 위해서이다.

※ 차단기 : 고장전류, 대전류를 차단한다.

2) 차단용량

① 단상 정격 차단용량 : 정격전압×정격 차단전류(MVA)

재점호는 진상전류에서 가장 일어나기 쉽고 아크 전류와 전압 위상차가 90°에 가까울수록 크다.

② 3상 정격 차단용량 : $\sqrt{3}$×정격전압×정격 차단전류(MV)

3) 차단기 종류

① OCB(유입 차단기) : 소호능력이 크다. 고전압, 대전류의 옥외용 유입 차단기이다(절연유 유입).
② MBB(자기 차단기) : 자속(ϕ)을 이용한 차단기로 3~9[kV]급의 전력용 차단기이다.
③ 기중 차단기(ACB) : 주상변압기 1차측 보호용 차단기이다.
  ∴ 주상변압기의 1차측 보호는 기중차단기(ACB)와 COS(캇-아웃 스위치)이고, 2차측 보호는 캣치홀다이다.
④ 공기차단기(ABB)는 10~20[kg/cm^2]의 압축공기를 사용한 차단기이다.
⑤ 가스차단기(GCB)는 SF$_6$가스차단기
  ㉠ 저소음 차단기로 무색, 무해, 유독가스 발생이 없다.
  ㉡ 가스는 절연내력이 공기의 2~3배, 소호능력은 100~200배이다.
⑥ 진공차단기(VCB)는 진공으로 전극을 개폐하는 차단기를 말한다.
⑦ 배선용 차단기(NFB)
⑧ 재폐로 차단기는 송전선로의 고장구간을 고속차단 재전송하는 자동차단기이다.

❹ 개폐기(DS)

① 단로기(DS) : 선로변경 개폐기(스위치)이다.
   ㉠ 부하전류 차단능력이 없다.
   ㉡ 이상 전류가 흐를 때 투입, 차단할 수 없다.
② 정전구간 축소 가능한 개폐기
   ㉠ AS(전류 절환 스위치)
   ㉡ VS(전압 절환 스위치)
   ㉢ OS(유입 스위치)
③ COS(캇-아웃 스위치) : 주상변압기 1차 보호용이다.

❺ 보호기

1) 인터록(inter lack)
① 자가 발전시 선로 변경 장치로서 차단기(CB)가 열려 있어야만 DS(단로기)를 닫을 수 있다.
② 부하 급전시, 정전시, CB, DS 조작법

급전선 ─⊗─[o o]─→ 부하
         DS   CB

- 급전시 : DS → CB 순서
- 정전시 : CB → DS 순으로 조작한다.

2) 계기용 변압, 변류기(MOF) : 계기 보호용이다.
① PT(변압기)
   ㉠ 부하와 병렬 연결
   ㉡ 선로 점검시 개방 상태이다.
   ㉢ 차동 계전기(DFR)는 변압기 보호용이다.
② CT(변류기)
   ㉠ 선로와 직렬연결
   ㉡ 선로 점검시 단락 상태이다.
   ㉢ 변류기 2차측을 단락하는 이유는 2차측의 절연보호이다.

3) ZCT(영상 변류기)
① 지락전류 검출에 이용된다.
② 지락사고 차단에 사용, 방향성이 없다.
③ GR(지락 계전기), SGR(선택접지 계전기)로 사용된다.

❻ 보호계전기

- 전력계통 이상 현상을 검출, 고장구간을 자동적으로 차단하는 역할을 한다.
- 특성 : 고장 개소 정확히 선별할 것
  오동작 하지 말 것

1) 동작시한에 의한 분류
① 순한시 계전기 : 동작전류가 흐르는 시간에만 동작하는 계전기이다.
② 정한시 계전기 : 정해진 시간에만 동작하는 계전기이다.
③ 반한시 계전기 : 동작전류 값이 크면 동작시간이 짧고, 작으면 길어지는 계전기이다.
④ 반한시, 정한시 계전기 : 어느 한도까지는 반한시성이고, 그 이상은 정한시성 특성의 계전기이다.
⑤ 노칭한시 계전기 : 동작완료를 확인하는 계전기이다.
⑥ 계단형 한시계전기 : 복합시한 계전기이다.

2) 용도에 의한 분류
① 차동 계전기(DFR) : 발전기나 주변압기 내부고장 검출용이다.
  ㉠ 전류차동 계전기 : 전류차로 동작하는 계전기이다.
  ㉡ 전압차동 계전기 : 전압차로 동작하는 계전기이다.
② 비율차동 계전기(RDFR) : 발전기나 주변압기 내부고장 보호용이다.
③ 선택단락 계전기(SSR) : 평행 2회선에서 단락(고장)회선 선택용 계전기이다.
④ 거리 계전기(DR) : 고장점까지의 거리에 비례하도록 동작시킨 계전기이다.
⑤ 방향 단락 계전기(DSR) : 일정 방향으로 일정값 이상의 전류가 흐를 때 동작하는 계전기이다.
⑥ 접지 계전기(GR) : 접지 사고 보호용 계전기이다.
⑦ 선택 접지 계전기(SGR) : 다회선 접지 고장시 회선 선택용 계전기이다.
⑧ 과전류 계전기(OCR) : 과부하시 동작하는 계전기이다.
⑨ 과전압 계전기(OVR) : 과전압에서 동작하는 계전기이다.

❼ 계전방식

1) 표시선 계전방식
고속도 차단 재폐로 방식(고장 구간을 고속차단 재전송하는 자동계전방식)을 확실하게, 쉽게 적용하는 계전방식이다.
① 전압 반향 방식

② 방향 비교 방식
③ 전류 순환 방식

2) 파일렛 와이어(pilot wir)계전 방식
① 고장점 위치에 관계없이 양단 고속 차단할 수 있다.
② 송전선에 평행되도록 양단을 연락하게 한다.
③ 연피 케이블을 사용한다.

3) 방향 단락 계전방식(DSR) : 환상선로 단락 보호에 사용되는 계전방식이다.

4) 모선보호 계전방식
① 전류 차동 계전방식
② 전압 차동 계전압식
③ 위상 비교방식
④ 환상모선 보호방식
⑤ 방향거리 계전방식

5) 위상 비교 반송방식 : 유입 전류와 유출 전류의 위상각을 비교하는 계전방식이다.

6) 한류 리액터의 사용목적 : 단락전류 제한이다.

7) 서지 흡수기
① 기기 보호용으로 기기와 대지 사이에 접속되는 콘덴서를 말한다.
② 발전기 단자 부근에 접속하여 발전기 권선의 절연을 보호한다.

8) 발전소의 옥외 변전소 모선방식
① 단모선 방식 : 저압과 고압이 단모선이다.
② 복모선 방식 : 1차(고압) ⇒ 단모선, 2차(저압) ⇒ 복모선 방식이다.
③ 절환 모선방식 : 주모선, 절환모선 방식이다.
④ 환상모선 방식 : 1모선 고장이면 타모선으로 절체하는 2중 모선방식이다.

Chapter 06 적중예상문제

01 차단기의 개폐에 의한 이상전압은 송전선의 Y 전압의 몇 배 정도가 최고인가?

① 1배 ② 3배
③ 6배 ④ 9배

 차단기 개폐시 이상전압은 송전선 Y 전압의 4~6배이다.

02 송전선로 매설 지선의 설치 목적은?

① 뇌해 방지 ② 코로나 전압 저감
③ 절연 강도의 증가 ④ 기계적 강도의 증가

 가공 지선과 매설 지선의 설치는 송전선의 뇌해 방지가 주목적이다.

03 뇌 서지와 개폐 서지의 다른 점으로 다음 중 옳은 것은?

① 파두장만 다르다.
② 파두장이 같고 파미장이 다르다.
③ 파두장과 파미장이 모두 다르다.
④ 파두장과 파미장이 같다.

 뇌 서지와 개폐 서지가 다른 점은 파두장과 파미장이 모두 다르다.

04 송전선로에서 역섬락을 방지하기 위하여 가장 필요한 것은?

① 초호각을 설치한다. ② 피뢰기를 설치한다.
③ 가공 지선을 설치한다. ④ 탑각 접지저항을 적게 한다.

 철탑의 탑각 접지저항이 크면 직격뢰를 대지로 흘릴 수 없어, 철탑에 역섬락을 일으킨다.
∴ 철탑의 탑각 접지저항은 작아야만이 직격뢰를 대지로 잘 흘려 역섬락을 방지한다. 또한, 철탑의 차폐각은 기설 송전선의 45° 정도로서 뇌의 보호효율은 97%이다.

정답 01 ③ 02 ① 03 ③ 04 ④

05 철탑의 탑각 접지저항이 커지면 우려되는 것으로 옳은 것은?

① 뇌의 직격 ② 역섬락
③ 차폐각의 증가 ④ 코로나의 증가

 철탑의 탑각 접지저항이 크면 역섬락을 일으킨다.

06 철탑에서의 차폐각에 대한 설명 중 옳은 것은?

① 클수록 보호효율이 크다.
② 클수록 건설비가 적다.
③ 기존의 대부분인 45°의 경우 보호효율은 70% 정도이다.
④ 보통 90° 이상이다.

 철탑의 차폐각은 기설의 송전선은 45° 정도로서 뢰의 보호효율은 97%이다. 또, 차폐각이 작으면 작을수록 보호효율이 크지만 건설비가 많이 든다.

07 피뢰기의 구조는?

① 특성 요소와 콘덴서 ② 특성 요소와 소호 리액터
③ 소호 리액터와 콘덴서 ④ 특성 요소와 직렬 갭

 피뢰기의 구조 : 특성 요소와 직렬 캡을 자기 애관에 넣어 밀봉시킨 구조이다.

08 피뢰기의 직렬 갭의 작용은?

① 상용 주파수의 전류를 방전시킨다.
② 이상전압의 파고값을 저감시킨다.
③ 이상전압이 내습하면 뇌전류를 방전하고, 속류를 차단하는 역할을 한다.
④ 이상전압의 진행파를 증가시킨다.

 피뢰기의 직렬 갭 역할 : 이상전압이 내습하면 뇌전류를 방전하고 속류를 차단하는 역할을 한다.

09 피뢰기의 제한 전압이란?

① 충격파 침입시 피뢰기의 충격 방전 개시 전압
② 상용 주파 전압에 대한 피뢰기의 충격 방전 개시 전압
③ 피뢰기가 충격파 방전 종료 후 언제나 속류를 확실히 차단할 수 있는 상용 주파 허용 단자 전압
④ 충격파 전류가 흐르고 있을 때의 피뢰기의 단자 전압

정답 05 ② 06 ② 07 ④ 08 ③ 09 ④

피뢰기의 제한 전압 : 충격파 전류가 흐르고 있을 때의 피뢰기의 단자 전압을 말한다.

10 피뢰기의 정격 전압이란?

① 충격파의 방전 개시 전압
② 충격 방전 전류를 통하고 있을 때의 단자 전압
③ 속류의 차단이 되는 최고의 교류 전압
④ 상용 주파수의 방전 개시 전압

 피뢰기의 정격 전압 : 속류가 차단되는 최고의 교류 전압이다.

11 KSC에서 피뢰기의 공칭 방전 전류는 얼마로 되어 있는가?

① 250[A] 또는 500[A]
② 1250[A] 또는 1500[A]
③ 2500[A] 또는 5000[A]
④ 7000[A] 또는 10,000[A]

 KSC에서의 피뢰기 공칭 방전 전류는 2500~5000[A]이다.

12 송전 계통에서 절연 협조의 기본이 되는 것은?

① 피뢰기의 제한 전압
② 애자의 섬락 전압
③ 권선의 절연 내력
④ 변압기 부싱의 섬락 전압

송전 계통의 절연 협조
각 기기, 기구, 선로, 애자 상호간에 균형 있는 적당한 절연 강도를 가지는 것으로 절연협조의 기준은 피로기의 제한 전압으로 제일 낮다.

13 송전선의 아크 지락시 재점호의 발생률은 아크 전류와 전압의 위상차와 어떤 관계가 있는가?

① 90°에 가까울수록 크다.
② 180°에 가까울수록 크다.
③ 45°에 가까울수록 크다.
④ 관계 없다.

 재점호는 진상 전류에서 가장 일어나기 쉽고, 재점호 발생률은 아크 전류와 전압의 위상차가 90°에 가까울수록 크다.

14 3상용 차단기의 정격 용량은 그 차단기의 정격 전압과 정격 차단 전류와의 곱을 몇 배한 것인가?

① $\dfrac{1}{\sqrt{2}}$ ② $\dfrac{1}{\sqrt{3}}$
③ $\sqrt{2}$ ④ $\sqrt{3}$

 3상용 차단기의 정격차단 용량
$P_s = \sqrt{3} \times$ 정격 전압 $\times$ 정격 차단 전류 $\sqrt{3}\, V_n I_s$ [kVA]이다.

15 차단기의 차단 시간은?

① 개극 시간을 말하며 대개 3~8 사이클이다.
② 개극 시간과 아크 시간을 합친 것을 말하며 3~8 사이클이다.
③ 아크 시간을 말하며 3 사이클 이하이다.
④ 개극과 아크 시간에 따라 8 사이클 이하이다.

 차단기의 차단시간 : 개극 시간과 아크 시간을 합친 것을 말하며 3~8[cycle/sec]이다.

16 다음 차단기 중 투입과 차단을 다 같이 압축공기의 힘으로 하는 것은?

① 팽창 차단기 ② 유입 차단기
③ 제호 차단기 ④ 임펄스 차단기

 임펄스 차단기 : 투입과 차단을 다 같이 압축 공기의 힘으로 하는 차단기이다.

17 자기 차단기의 특징 중 옳지 않은 것은?

① 보수, 점검이 비교적 쉽다.
② 화재의 위험이 적다.
③ 전류 전달에 의한 와전류가 발생되지 않는다.
④ 회로의 고유 주파수에 차단 성능이 좌우된다.

 자기차단기의 특징
• 화재 위험이 적다.
• 보수, 점검이 비교적 쉽다.
• 전류 절단 현상이 잘 발생된다.

정답 14 ④ 15 ② 16 ④ 17 ④

18 현재 널리 쓰이고 있는 GCB(Gas Circuit Breaker)용 가스는?

① SF_6 가스   ② 아르곤 가스
③ 네온 가스   ④ H_2SO_4 가스

 GCB(접지 차단기용)가스 : SF_6가스로서 절연내력이 공기의 2~3배, 소호 응력이 공기의 100~200배이다. 무해가스로서 불활성 기체이다.

19 다음 차단기들의 소호 매질이 적합하지 않게 결합된 것은?

① 가스 차단기 - SF_6 가스   ② 공기 차단기 - 압축공기
③ 자기 차단기 - 진공   ④ 유입 차단기 - 절연유

 차단기와 소호매질
 • 공기 차단기 → 압축공기
 • 가스 차단기 → SF_6 가스
 • 유입 차단기 → 절연유

20 초고압 차단기에서 개폐 저항기를 사용하는 이유는?

① 개폐 서지 이상전압(SOV) 억제   ② 차단 전류 감소
③ 차단 전류의 역률 개선   ④ 차단 속도 증진

 차단기 개폐시에는 개폐 서지 이상전압이 발생된다.
∴ 그러므로 초고압용 차단기 접촉자 간에는 병렬 임피던스로서의 개폐 저항기를 사용하여 개폐 서지 이상전압(SOV)을 억제한다.

21 재폐로 차단기에 대한 다음 설명 중 옳은 것은?

① 이 차단기는 재폐로 계전기와 같이 설치하여 계전기가 고장을 검출하여 이를 차단기에 통보, 차단하도록 된 것이다.
② 배전 선로용은 고장 구간을 고속 차단하여 제거한 후 다시 수동 조작에 의해 배전이 되도록 설계된 것이다.
③ 이 차단기는 송전선로의 고장 구간을 고속 차단하고 재송전하는 조작을 자동적으로 시행하는 재폐로 차단기를 장비한 자동 차단기이다.
④ 3상 재폐로 차단기는 1상의 차단이 가능하고 무전압 시간을 약 20~30[s]로 정하여 재폐로 하도록 되어 있다.

재폐로 차단기는 송전선로의 고장 구간을 고속 차단하고, 재송전하는 조작을 자동적으로 시행하는 자동 차단기이다.

22 과부하 전류는 물론 사고 때의 대전류도 개폐할 수 있는 것은?

① 나이프 스위치 ② 단로기
③ 차단기 ④ 부하 개폐기

 차단기(CB) : 과부하 전류, 단락 전류, 고장 전류와 같은 대전류를 차단(개폐)한다.

23 이상 전류가 흐르는 경우 투입과 차단을 모두 할 수 없는 개폐기는?

① 차단기 ② 단로기
③ 나이프 스위치 ④ 접지 스위치

 단로기(DS)
• 부하전류 차단 또는 개폐 능력 없다.
• 이상 전류가 흐를 때 투입, 차단할 수 없다.

24 고압 배전선로의 고장 또는 보수 점검시 정전 구간을 축소하기 위하여 사용되는 기기는?

① 유입 개폐기(OS) 또는 기중 개폐기(AS)
② 컷아웃 스위치(COS)
③ 단로기(DS)
④ 캐치 호울더(catch holder)

 구분 개폐기
고압 배전선로의 고장 또는 보수 점검시 정전구간 축소용 기기이다. 이에는 OS(유입 개폐기), AS(기중 개폐기), VS(진공 개폐기) 등이 있다.

25 인터록(interlock)의 설명으로 옳게 된 것은?

① 차단기가 열려 있어야만 단로기를 닫을 수 있다.
② 차단기가 닫혀 있어야만 단로기를 닫을 수 있다.
③ 차단기의 접점과 단로기의 접점이 기계적으로 연결되어 있다.
④ 차단기와 단로기는 제각기 열리고 닫힌다.

 인터록(interlock)
• 자가 발전시 선로 변경 장치이다.
• 부하 급전시나 정전시 ⇒ 차단기(CB)가 열려 있어야만 단로기(DS)를 닫을 수 있다.

정답 22 ③ 23 ② 24 ① 25 ①

26
그림과 같은 배전선이 있다. 부하에 급전 및 정전할 때 조작방법 중 옳은 것은?

① 급전 및 정전할 때는 반드시 DS, CB 순으로 한다.
② 급전 및 정전할 때는 반드시 CB, DS 순으로 한다.
③ 급전시는 DS, CB 순이고 정전시는 CB, DS 순이다.
④ 급전시는 CB, DS 순이고 정전시는 DS, CB 순이다.

 인터록(interlock)에서 급전시나 정전시 DS, CB의 조작법
• 급전시는 DS → CB 순서
• 정전시는 CB → DS 순서로 조작해야 한다.

27
계기용 변성기의 위상각이란?

① 1차 전류 또는 전압 벡터를 180° 회전시킨 2차 전류 또는 2차 전압과의 상차
② 2차 전압과 1차 전압의 위상차
③ 2차 전압 벡터와 전류 벡터의 상차
④ 2차 전류 전압을 180° 회전시킨 1차 전류 전압과의 상차각

 계기용 변성기의 위상각이란
1차 전류 또는 전압의 vector를 180° 회전시킨 2차 전류 또는 전압과의 상차를 말한다. 즉, $\dot{I_1} - \dot{I_2}$나 $\dot{V_1} - \dot{V_2}$의 상차를 위상각이라 한다.

28
3상으로 표준전압 3[kV], 600[kW]를 역률 0.85로 수전하는 공장의 수전회로에 시설하는 계기용 변류기의 변류비는 다음 중 어느 것이 적당한가?

① 50   ② 40
③ 10   ④ 20

 계기용 변류기의 2차 전류 $I_2 = 5$[A]이다.
∴ $P = \sqrt{3}\, V_1 I_1 \cos\theta$ ∴ 1차 전류 $I_1 = \dfrac{P}{\sqrt{3}\, V_1 \cos\theta} = \dfrac{600 \times 10^3}{\sqrt{3} \times 3000 \times 0.85} = 136$[A]
∴ 변류기의 변류비 $N = \dfrac{I_1}{I_2} = \dfrac{136}{5} \fallingdotseq 27$이며, 해답에서 27이 없으므로 27보다 크고 제일 가까운 40을 변류비로 한다.

29 MOF(metering out fit)에 대한 설명으로 옳은 것은?

① 계기용 변류기의 별명이다.
② 계기용 변성기의 별명이다.
③ 한 탱크 내에 계기용 변성기, 변류기를 장치한 것이다.
④ 변전소 내의 계기류의 총칭이다.

 MOF(metering out fit) : 계기용 변압. 변류기로서 계기용 변성기라고도 한다.

30 배전반에 연결되어 운전 중인 PT와 CT를 점검할 때는?

① CT는 단락
② CT와 PT 모두 단락
③ PT는 단락
④ CT와 PT 모두 개방

 PT는 전원과 병렬로 연결됨으로 점검시는 개방 상태로 하고 CT는 선로와 직렬로 연결됨으로 점검시는 반드시 2차측을 단락시켜야 한다. 만약 CT가 개방되면 부하전류에 의해서 소손된다.

31 변류기 개방시 2차측을 단락하는 이유는?

① 2차측 절연 보호
② 2차측 과전류 보호
③ 1차측 과전류 방지
④ 측정 오차 방지

 CT 2차측을 단락하는 이유는 2차측의 절연보호 때문이다.

32 영상 변류기와 가장 관계가 깊은 계전기는?

① 과전압 계전기
② 과전류 계전기
③ 선택 접지계전기
④ 차동 계전기

 선로중의 정상 및 역상 전류는 철심내에 자속을 만들지 못하고 영상전류만이 철심 내에 자속을 만들므로 영상 변류기는 SRG(선택 접지계전기)나 GR(접지계전기)로 배전선로나 지중 케이블 등에 지락전류 검출용으로 쓰인다.

33 ZCT의 사용 목적은?

① 과전류 검출
② 부하전류 검출
③ 지락전류 검출
④ 과전압 검출

 ZCT(영상 변류기)는 영상전류의 공급으로 지락전류를 검출한다.

34 변전소에서 비접지 선로의 접지 보호용으로 사용되는 계전기에 영상전류를 공급하는 계기는?

① C. T
② P. T
③ Z. C. T
④ G. C. T

해설 영상전류를 공급하는 계전기는 ZCT(영상 변류기)이다. ∴ 이는 지락전류를 검출한다.

35 동작 전류의 크기에 관계없이 일정한 시간에 동작하는 한시 특성을 갖는 계전기는?

① 순한시 계전기
② 정한시 계전기
③ 반한시성 정한시 계전기
④ 반한시 계전기

해설 정한시 계전기 : 정해진 시간에만 동작하는 한시 특성의 계전기를 말한다.

36 영상 변류기로 사용하는 계전기는?

① 과전류 계전기
② 접지 계전기
③ 과전압 계전기
④ 차동 계전기

해설 지락전류 검출용의 영상 변류기로 사용되는 계전기는 접지 계전기(GR)이다.

37 차동 계전기는 무엇에 의하여 동작하는가?

① 양쪽 전압의 차로 동작한다.
② 양쪽 전류의 차로 동작한다.
③ 정상 전류와 역상 전류의 차로 동작한다.
④ 전압과 전류의 배수의 차로 동작한다.

해설 차동 계전기 : 기기에 유입하고 유출하는 양쪽 전류의 차로 동작하는 계전기이다.

38 다음은 어떤 계전기의 동작 특성을 나타낸다. 계전기의 종류는? (단, 전압 및 전류를 압력량으로 하여, 전압과 전류의 비의 함수가 예정값 이하로 되었을 때 동작한다.)

① 거리 계전기
② 변화폭 계전기
③ 차동 계전기
④ 방향 계전기

해설 차동 계전기(DRF) : 발전기나 주변압기 내부고장 검출용이다. 이에는 전압 차동 계전기와 전류 차동계전기가 있으며 동작은 입력 전압, 전류와 출력 전압, 전류의 차가 예정값 이하일 때 동작된다.

39 방향성을 가지지 않는 계전기는?

① 비율 차동 계전기 ② 전력 계전기
③ mho 계전기 ④ 지락 계전기

 지락 계전기(GR)
- 영상전류를 공급한다.
- 지락전류를 검출한다.
- 방향성이 없는 계전기이다.

40 발전기나 변압기의 내부 고장 검출에 사용되는 계전기는?

① 역상 계전기 ② 차동 계전기
③ 과전류 계전기 ④ 과전압 계전기

 차동 계전기(DFR) : 발전기나 주변압기 내부 고장 검출용에 사용된다.

41 발전기 또는 주변압기의 내부 고장 보호용으로 가장 널리 쓰이는 계전기는?

① 과전류 계전기 ② 비율 차동 계전기
③ 거리 계전기 ④ 방향 단락 계전기

 비율 차동 계전기(R. DFR) : 발전기나 주변압기 내부 고장 보호용에 사용된다.

42 변압기 보호에 사용되지 않는 계전기는?

① 차동 전류 계전기 ② 비율 차동 계전기
③ 부흐홀츠 계전기 ④ 임피던스 계전기

 변압기 보호에 사용되는 계전기는 비율 차동 계전기, 차동 전류 계전기, 부흐홀츠 계전기 등이다.

43 중성점 저항 접지방식의 병행 2회선 송전선로의 지락 사고 차단에 사용되는 계전기는?

① 거리 계전기 ② 선택 접지 계전기
③ 역상 계전기 ④ 과전류 계전기

 선택 접지 계전기(SGR)
- 중성점 저항 접지방식에서는 병행 2회선 지락사고 차단에 이용된다(배전선에 지락사고를 검출하여 사고 회로만 선택 차단하는 계전기이다).
- 다회선 접지 고장 시에는 회선 선택용 계전기이다.

정답 39 ④ 40 ② 41 ② 42 ④ 43 ②

44 모선 보호에 사용되는 방식은?

① 방향 단락 계전 방식
② 표시선 계전 방식
③ 전력 평형 보호 방식
④ 전압 차동 보호 방식

 모선 보호 계전 방식
- 전류 차동 보호 방식
- 전압 차동 보호 방식
- 위상 비교 방식
- 환상 모선 보호 방식
- 방향 거리 계전 방식

45 환상 선로의 단락 보호에 사용하는 계전 방식은?

① 과전류 계전 방식
② 선택 접지 계전 방식
③ 방향 단락 계전 방식
④ 비율 차동 계전 방식

 방향 단락 계전기(DSR)
일정 방향으로 일정 값 이상의 전류가 흐를 때 동작하는 계전기로 환상선로 단락보호에 이용된다.

46 아래의 송전선 보호 방식 중 가장 뛰어난 방식으로 고속도 차단 재폐로 방식을 쉽고 확실하게 적용할 수 있는 것은?

① 표시선 계전 방식
② 과전류 계전 방식
③ 회로 선택 계전 방식
④ 방향 거리 계전 방식

 표시선 계전 방식
고속도 차단 재폐로 방식을 쉽고 확실하게 적용할 수 있는 계전방식으로 고장 구간을 고속 차단 재송전 할 수 있다.

47 비접지 3상 3선식 배전 선로에 방향 지락 계전기를 사용하여 선택 지락 보호를 하려고 한다. 필요한 것은?

① CT와 PT
② CT와 OCR
③ 접지 변압기와 ZCT
④ 접지 변압기와 OCR

 선택 지락(단락) 계전기(SSR)
지락 사고를 검출하여 사고 회로만을 선택 차단하는 방향성 계전기로써 선택 지락 보호에는 접지 변압기와 ZCT가 필요하다.

48 파일럿 와이어(pilot wire) 계전 방식에 해당되지 않는 것은?

① 송전선에 평행되도록 양단을 연락하게 한다.
② 고장점 위치에 관계없이 양단을 동시에 고속 차단할 수 있다.
③ 고장점 위치에 관계없이 부하측 고장을 고속도 차단한다.
④ 고장시 장애를 받지 않게 하기 위하여 연피 케이블을 사용한다.

 파일럿 와이어(pilot wire) 계전 방식
• 고장점 위치에 관계없이 양단을 고속 차단할 수 있다.
• 송전선에 평행되도록 양단을 연락하게 한다.
• 연피 케이블을 사용한다.

49 표시선 계전 방식이 아닌 것은?

① 방향 비교 방식(directional comparison)
② 전압 반향 방식(opposed voltage system)
③ 전류 순환 방식(circulating current system)
④ 반송 계전 방식(carrier-pilot relaying)

 표시선 계전 방식 : 고장 구간을 고속 차단 재송전하는 계전방식이다.
• 전압 반향 방식
• 방향 비교식
• 전류 순환 방식이 있다.

50 변전소 옥외 변전소의 모선 방식 중 환상 모선 방식은?

① 1모선 사고시 타모선으로 절체할 수 있는 2중 모선 방식이다.
② 1발전기마다 1모선으로 구분하여 모선 사고시 타발전기의 동시 탈락을 방지한다.
③ 단모선 방식을 말한다.
④ 다른 방식보다 차단기의 수가 적어도 된다.

 발전소의 옥외 변전소 모선방식 중에서 환상 모선 방식이란 2중 모선 방식으로서 1모선 고장시 타모선으로 절체하는 방식이다.

51 서지 흡수기를 설치하는 장소는?

① 변전소 인출구   ② 변전소 인입구
③ 발전기 부근   ④ 변압기 부근

서지 흡수기 : 발전기 단자 부근에 접속해서 발전기 권선의 절연을 보호한다. 이는 기기와 대지 사이에 접속하는 콘덴서를 말한다.

52 한류 리액터의 사용 목적은?

① 접지 전류의 제한   ② 이상전압 발생의 저지
③ 단락 전류의 제한   ④ 코로나 방지

 한류 리액터의 사용 목적은 단락 전류의 제한이다.

53 가스 절연 개폐장치(GIS)의 특징이 아닌 것은?

① 밀폐형이므로 배기 및 소음이 없다.   ② 감전사고 위험 감소
③ 신뢰도가 높음   ④ 변성기와 변류기는 따로 설치

해설 가스 절연 개폐장치(GIS)의 특징
- 감전사고 위험 감소
- 밀폐형이므로 배기 및 소음이 적다.
- 신뢰도가 높다.

54 어느 변전소에서 합성 임피던스 0.4%(10,000[kVA] 기준)인 곳에 시설한 차단기에 필요한 차단 용량(MVA)은?

① 500   ② 1500
③ 2500   ④ 3500

 차단기의 차단용량

$$P_{(s)} = \frac{100}{\%Z} \times P_n = \frac{100}{0.4} \times 10,000 \times 10^{-3} = 2500 [\text{MVA}]$$

55 차단하기는 쉬우나 재점호를 여러 번 발생하기 쉬운 차단은 다음 중 어느 것인가?

① 단락 전류의 차단   ② $R-L$회로의 차단
③ C회로의 차단   ④ L회로의 차단

 C회로의 차단 : 차단하기도 쉽고 또 재점호를 여러 번 발생하기도 쉬운 차단이 C회로의 차단이다.

Chapter 07 전선로

2부 전력공학 ▶ 1. 송배전 공학

❶ 전선의 종류

① 단선
② 연선
③ 케이블
　㉠ 단층권 : 7가닥이다.
　㉡ 2층권 : 19가닥이다.
　㉢ N(소선의 총수)은 $3n(1+n)+1$이다.
　㉣ n(총수)이다.

❷ 전선의 이도(Dip)

h'(전선의 평균 높이)$= h - \dfrac{2}{3}D$[m], h(지지점 높이)[m]

① D(이도)$= \dfrac{Ws^2}{8T}$[m], T(수평장력)$= \dfrac{\text{인장하중}}{\text{안전율}}$[kg]

② L(전선의 실제 길이)$= s + \dfrac{8D^2}{3s}$[m], $L - s = \dfrac{8D^2}{3s}$[m]

③ 온도상승 후의 D_2(이도), L_2(실제 길이)

　$L_2 = L_1 \pm \alpha t s$[m] … ㉠ (α : 선팽창계수)

　$s + \dfrac{8D_2^2}{3s} = s + \dfrac{8D_1^2}{3s} \pm \alpha t s$

　$8D_2^2 = 8D_1^2 \pm 3\alpha t s^2$　　∴ $D_2 = \sqrt{D_1^2 \pm \dfrac{3}{8}\alpha t s^2}$ [m] … ㉡

③ 전선의 하중

1) 합성하중

$W = \sqrt{(W_c + W_i)^2 + W_w^2}$ [kg/m]

- W_c : 자중
- W_i : 빙설하중
- W_w : 풍압하중

2) 전선의 진동방지

① 댐퍼(Damper)를 설치한다.
② 전선의 도약(고·저압 혼촉방지) ⇒ off-set(오프-셋)을 한다.

④ 지선

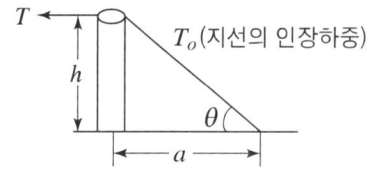

$T = T_o \cos\theta$ [kg]

$T_o = \dfrac{T}{\cos\theta} = \dfrac{\text{지선 1가닥 인장하중}}{\text{안전율}} \times n$ [kg]

단, T(전선의 수평장력) $= \dfrac{\text{인장하중}}{\text{안전율}}$

T_o(지선의 인장하중) $= \dfrac{\text{지선 1가닥 인장하중}}{\text{안전율}} \times n$

n(지선의 소선 가닥 수)

⑤ 애자

1) 애자 종류

현수애자, 나무애자, 핀애자, 장간애자 등

2) 애자의 전압분담

① 전선측 애자의 전압분담은 최대
② 철탑에 가까운 곳(중간애자)는 최소이다.
③ 접지측 애자는 다시 증가(커진다.)

3) 송전선로의 역섬락 방지

탑각 접지저항을 적게 하여 접지전류를 많이 흘린다.

6 지중선로

• 선로정수

① 저항 : 직류 저항값이다.

② inductance(인덕턴스)

$$L = 0.05 + 0.4605 \log_{10} \frac{D}{r} \fallingdotseq 0.2 \sim 0.45 [\text{mH/km}]$$로 가공전선에 $\frac{1}{3}$ 정도로 작다.

③ Condenser(정전용량)

$$C = \frac{0.02413\varepsilon}{\log_{10} \frac{D}{r}} = 0.3 \sim 1.7 [\mu\text{F/km}]$$ 가공전선로에 $20 \sim 25$배 정도로 크다.

④ 전력손실에는 연피손과 유전체손이 있다.

Chapter 07 적중예상문제

01 전선의 표피효과에 관한 기술 중 옳은 것은?

① 전선이 굵을수록, 주파수가 낮을수록 커진다.
② 전선이 굵을수록, 주파수가 높을수록 커진다.
③ 전선이 가늘수록, 주파수가 높을수록 커진다.
④ 전선이 가늘수록, 주파수가 낮을수록 커진다.

 표피효과 : 전선에서 전류 밀도가 도선의 중심으로 들어갈수록 작아지는 현상으로 전선이 굵을수록 주파수가 높을수록 커진다.

02 3상 수직 배치인 선로에서 오프세트(off-set)를 주는 이유는?

① 전선의 진동 억제
② 단락 방지
③ 전선의 풍압 감소
④ 철탑 중량 감소

 3상 수직 배치에서 오프세트(off-set)(잔류편차)를 주는 이유는 단락방지이다.

03 켈빈(Kelvin)의 법칙이 적용되는 경우는?

① 전압 강하를 감소시키고자 하는 경우
② 전력 손실량을 축소시키고자 하는 경우
③ 부하 배분의 균형을 얻고자 하는 경우
④ 경제적인 송전선의 굵기를 선정하고자 하는 경우

 켈빈(Kelvin)의 법칙 : 경제적인 송전선의 전선 굵기를 결정하는 식을 말한다.

04 전선의 지지점의 높이가 12[m], 이도(dip)가 3[m], 전주 사이의 간격이 200[m]일 때 전선의 평균 높이(m)는?

① 12
② 10
③ 8
④ 6

전선의 평균높이
$$h = h' - \frac{2}{3}D = 12 - \frac{2}{3} \times 3 = 10[m] \quad (h'[m] : \text{지지점의 높이})$$

05 두 지점이 수평한 두 전선의 이도는? (단, S는 경간, W는 전선 1[m]의 중량, T는 허용 최대 장력이다.)

① $\dfrac{WS^2}{8T}$ ② $\dfrac{TS^2}{8W}$

③ $\dfrac{TS}{8W}$ ④ $\dfrac{W^2S}{8T}$

 $T(\text{수평장력}) = \dfrac{\text{인장하중}}{\text{안전율}}[kg], \quad D(\text{이도}) = \dfrac{WS^2}{8T}[m]$

06 가공 선로에서 이도를 D라 하면 전선의 길이는 경간 S보다 얼마나 긴가?

① $\dfrac{8D^2}{3S}$ ② $\dfrac{5D}{8S}$

③ $\dfrac{3D}{8S^2}$ ④ $\dfrac{3D^2}{8S}$

 $L = S + \dfrac{8D^2}{3S}[m] \quad (L : \text{전선길이}[m], \ S : \text{경간}[m])$

$\therefore L - S = \dfrac{8D^2}{3S}$ 만큼 전선이 길다.

07 경간이 200[m]인 가공 선로가 있다. 사용 전선의 길이(m)가 경간보다 얼마나 크면 되는가? (단, 전선의 1[m]당 하중은 2.0[kg], 인장하중은 4000[kg]이며 풍압하중은 무시하고 전선의 안전율을 2라 한다.)

① $\dfrac{1}{3}$ ② $\dfrac{1}{2}$

③ $\sqrt{3}$ ④ $\sqrt{2}$

 $T(\text{수평장력}) = \dfrac{\text{인장 하중}}{\text{안전율}} = \dfrac{4000}{2} = 2000[kg]$

$\therefore L = S + \dfrac{8D^2}{3S}[m]$

$\therefore L - S = \dfrac{8D^2}{3S} = \dfrac{8 \times \dfrac{WS^2}{8T}}{3 \times 200} = \dfrac{8 \times \left(\dfrac{2 \times (200)^2}{3 \times 2000}\right)^2}{3 \times 200} = \dfrac{8 \times (5)^2}{3 \times 200} = \dfrac{1}{3}[m]$

08 고저차가 없는 가공전선로에서 이도 및 전선 중량을 일정하게 하고 경간을 2배로 했을 때 전선의 수평 장력은 몇 배가 되는가?

① 2배 ② 4배
③ 8배 ④ 16배

$D = \dfrac{WS^2}{8T}$ [m]

∴ T(수평장력) $= \dfrac{WS^2}{8 \times D} \doteqdot S^2$

∴ $S' = 2S$인 경우 T'(수평장력) $= (S')^2 = (2S)^2 = 4S^2 = 4T$. 즉, 4배가 된다.

09 온도가 t [°C] 상승했을 때의 이도[m]는? (단, 온도 변화 전의 이도를 D_1 [m], 경간을 S [m], 전선의 온도계수를 α라 한다.)

① $\sqrt{D_1^2 - \dfrac{3}{8}\alpha^2 tS}$ ② $\sqrt{D_1 + \dfrac{3}{8}\alpha tS}$

③ $\sqrt{D_1^2 + \dfrac{3}{8}\alpha tS^2}$ ④ $\sqrt{D_1^2 + \dfrac{3}{8}\alpha t^2 S}$

온도 변화 전 $L_1 = S + \dfrac{8D_1^2}{3S}$ [m], 온도 변화 후 $L_2 = S + \dfrac{8D_2^2}{3S}$ [m]

$L_2 \doteqdot L_1 + \alpha t S$ … ㉠식에 상식 대입하면 $S + \dfrac{8D_2^2}{3S} = S + \dfrac{8D_1^2}{3S} + \alpha t S$

∴ $D_2 = \sqrt{D_1^2 + \dfrac{3}{8}\alpha t S^2}$ [m]

10 가공전선로에서 전선의 단위길이당 중량과 경간이 일정할 때 이도는 어떻게 되는가?

① 전선의 장력에 비례한다. ② 전선의 장력에 반비례한다.
③ 전선의 장력의 제곱에 반비례한다. ④ 전선의 장력의 제곱에 비례한다.

D(이도) $= \dfrac{WS^2}{8T} \doteqdot \dfrac{1}{T}$로서 수평장력($T$)에 반비례한다.

11 소호각(arcing horn)과 소호환(arcing ring)의 설치 목적은?

① 섬락사고에 대한 애자련의 보호 ② 전선의 진동 방지
③ 이상전압의 소멸 ④ 코로나 손실의 방지

소호각(arcing horn) : 소호환(arcing ring)은 애자가 파손되는 것을 방지하는 효과가 있다.
∴ 애자련의 보호이다. 즉, 섬락사고에 대한 애자련의 보호가 설치목적이다.

12 현수애자의 연효율 η는? (단, V_1은 현수애자 1개의 섬락 전압, n은 1련의 사용 애자 수이고, V_n은 애자련의 섬락 전압이다.)

① $\eta = \dfrac{V_n}{nV_1} \times 100 [\%]$ ② $\eta = \dfrac{nV_1}{V_n} \times 100 [\%]$

③ $\eta = \dfrac{V_1}{nV_n} \times 100 [\%]$ ④ $\eta = \dfrac{nV_n}{V_1} \times 100 [\%]$

 현수애자의 연효율 $\eta = \dfrac{V_n}{nV_1} \times 100$ 이다.

13 그림과 같이 지선을 가설하여 전주에 가해진 수평 장력 800[kg]을 지지하고자 한다. 지선으로서 4[mm]철선을 사용한다고 하면 몇 가닥 사용해야 하는가? (단, 4[mm] 철선 1가닥의 인장하중은 440[kg]으로 하고 안전율은 2.5이다.)

① 7
② 8
③ 10
④ 11

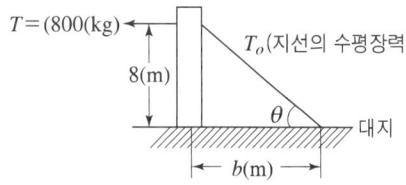

 T_o(지선의 수평장력) $= \dfrac{\text{지선 인장하중}}{\text{지선 안전율}}$ [kg] (n : 지선의 소선 가닥수)

∴ T(전선의 수평장력) $= T_o \cos\theta$ [kg]

$T_o = \dfrac{T}{\cos\theta} = \dfrac{800}{\dfrac{6}{\sqrt{6^2 + 8^2}}} = \dfrac{8000}{6} = T_o \times n = \dfrac{440}{2.5} \times n$ 에서

n(지선의 소선 가닥수) $= \dfrac{2.5 \times 8000}{6 \times 440} = 7.6$개 $\fallingdotseq$ 8개

14 유전체손이 가장 많은 전선은?

① 고무절연전선   ② 석도금 절연전선
③ 케이블   ④ 나전선

 유전체손이 가장 많은 전선은 케이블이다.

∴ P_d(유전체손) $= EI_c \tan\delta = wCE^2 \tan\delta = 2\pi fc \left(\dfrac{V}{\sqrt{2}}\right)^2 \tan\delta$ [w/km]

$\tan\delta = 0.01 \sim 0.005$ 로서 전압의 제곱에 비례하므로 사용전압 10[kV] 이하에서는 무시된다.

15 선로를 개로한 후에도 잔류 전하에 의한 안전상 위험성이 있어 방전을 요하는 것은?

① 개로한 전로가 전력 케이블인 것
② 나선의 가공 송전 전로
③ 전철 회로
④ 전동기에 연결된 전로

해설 전로가 전력케이블인 경우는 선로를 개로한 후에도 잔류전하에 의한 안전상에 위험이 있으므로 방전을 꼭 시켜야 한다.

16 그림과 같이 각 도체와 연피간의 정전용량이 C_o, 각 도체간의 정전용량이 C_m인 3심 케이블의 도체 1조당의 작용 정전용량은?

① $C_o + C_m$
② $2(C_o + C_m)$
③ $2C_o + C_m$
④ $C_o + 3C_m$

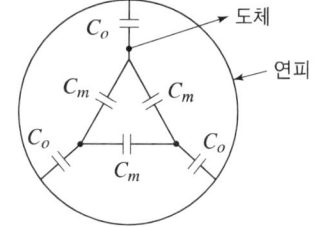

해설 도체간의 정전용량 C_m이 △결선이므로 Y결선으로 고치면 $3C_m$이다.
∴ 3심 케이블 1선당의 작용 정전용량= $C_o + 3C_m$ [F]이다.

17 다음의 고무 플라스틱 절연 전력 케이블 중에서 154[kV]급 송전선에 사용되는 케이블은?

① EP형　　　　　　　　② EV형
③ CV형　　　　　　　　④ BN형

해설 154[kV] 송전선의 최소 절연 간격은 900[mm] 이상이며 사용 전력케이블은 CV형(가교 폴리에틸렌 절연 비닐외장) 케이블이다. 선택배류기는 지하 전력케이블에 설치한다.

18 가공 송전선에 사용하는 애자련 중 전압 부담이 최대인 것은?

① 전선에 가장 가까운 것　　② 중앙에 있는 것
③ 모두 같다.　　　　　　　④ 철탑에 가까운 것

해설 가공 송전선에 사용되는 애자련 중 전압 부담이 최대인 것은 전선에 가장 가까운 것이다.

Chapter 08 배전선로의 구성과 전기방식

2부 전력공학 ▶ 1. 송배전 공학

❶ 배전계통의 구분

- 주상변압기 중심
    ① 고압 배전선로(발전소 쪽)
    ② 저압 배전선로(부하 쪽)

1) 고압 배전선로
① 망상식(network system) : 이상적이다.
② 환상식(loop system) : 부하밀집지역, 전압변동이 작다.
③ 나뭇가지식(tree system) : 정전범위 넓다.

2) 저압 배전선로
① 저압 가지식
② 저압 Banking방식
  ㉠ 캐스케이팅 발생우려가 크다.
  ㉡ 부하가 밀집된 시가지에 적당하다.
③ 저압 Net work방식
  ㉠ 공급 신뢰도가 가장 우수하다.
  ㉡ 전압 변동이 작다.

❷ 배전용 변압기

① 고압측 : 3300[V]~5700[V] (5개 단자)
② 저압측 : 110[V]~380[V] (3개 단자)

❸ 배전선로 전기방식

$w(\text{전선량}) \risingdotseq s(\text{단면적}) \risingdotseq \dfrac{1}{R}$

전기방식 구분	단상 2선식	단상 3선식	3상 3선식	3상 4선식
전력(P)	$VI_1\cos\theta$	$2VI_2\cos\theta$	$\sqrt{3}\,VI_3\cos\theta$	$3VI_4\cos\theta$
손실 전력(P_l)	$2I_1^2 R$	$2I_2^2 R$	$3I_3^2 R$	$3I_4^2 R$
중량(w)	$w_1 = 2\sigma s_1 l$ $w_1 = 100[\%](기준)$	$w_2 = 3\sigma s_2 l$ $\dfrac{3}{8}w_1 = 37.5[\%]$	$w_3 = 3\sigma s_3 \rho$ $\dfrac{3}{4}w_1 = 75[\%]$	$w_4 = 4\sigma s_4 l$ $\dfrac{1}{3}w_1 = 33.3[\%]$

Chapter 08 적중예상문제

01 저압 뱅킹(banking) 배전 방식이 적당한 지역은?

① 대용량 화학 공장
② 바람이 많은 어촌
③ 부하가 밀집된 시가지
④ 농어촌

 저압 뱅킹(banking) 배전 방식
- 부하가 밀집된 시가지에 적당
- 캐스케이팅(cascading) 현상이 발생. 고장이 광범위하게 파급될 우려가 있다.
- 부하증가에 대한 탄력성(융통성)이 좋다.

02 저압 뱅킹 배전 방식에서 캐스캐이딩(cascading)현상이란?

① 변압기의 부하 배분이 불균일한 현상
② 전압 동요가 적은 현상
③ 저압선이나 변압기에 고장이 생기면 자동적으로 고장이 제거되는 현상
④ 저압선의 고장에 의하여 건전한 변압기의 일부 또는 전부가 차단되는 현상

 캐스케이팅(cascading)현상 : 저압선의 고장에 의해서 건전한 변압기의 일부 또는 전부가 차단되는 현상을 말한다.

03 저압 네트워크 배전 방식의 장점이 아닌 것은?

① 무정전 공급이 가능하다.
② 인축의 접지사고가 작아진다.
③ 부하증가에 적응성이 크다.
④ 전압 변동이 작다.

 저압 net-work(망상식) 방식
① 공급 신뢰도가 가장 우수하다.
② 전압 변동이 작다.
③ 부하증가에 대한 탄력성(융통성=적응성)이 좋다.
④ 무정전 공급이 가능하다.

04 다음 배전 방식 중 공급 신뢰도가 가장 우수한 계통 구성 방식은?

① 저압 뱅킹 방식　　② 수지상 방식
③ 고압 네트워크 방식　　④ 저압 네트워크 방식

 저압 네트워크방식은 공급 신뢰도가 가장 우수하다. 무정전 공급이 가능하다.

05 루프 배전의 이점은?

① 농촌에 적당하다.　　② 전선비가 적게 든다.
③ 증설이 용이하다.　　④ 전압 변동이 적다.

 환상식(루프) 배전 방식
- 부하 밀집지역에 적당하다.
- 전압 변동이 적다.

06 저압 밸런서를 필요로 하는 방식은?

① 3상 4선식　　② 3상 3선식
③ 단상 2선식　　④ 단상 3선식

 저압 밸런서는 단상 3선식에서 부하 불평형으로 인한, 전압 불평형을 방지하기 위해서이다.
※ 밸런서의 특징
- 권수비가 1 : 1이다.
- 누설 임피던스가 적다.
- 여자 임피던스가 크다.

07 전선량 및 송전 전력이 같은 조건하에서 6.6[kV] 3상 3선식 배전선과 22.9[kV] 3상 4선식 배전선의 전력 손실비는 6.6[kV] 배전선을 100으로 하면 대략 얼마인가? (단, 3상 4선식 배전선의 중성선은 전압선의 굵기와 같으며 중성선에는 전류가 흐르지 않는다고 가정한다.)

① 4　　② 8
③ 14　　④ 18

 송전 전력 $P = \sqrt{3}\,VI\cos\theta$ [W]

손실 전력 $P_l = 3I^2R = 3 \times \left(\dfrac{P}{\sqrt{3}\,V\cos\theta}\right)^2 R = \dfrac{P^2 R}{V^2 \cos^2\theta} \fallingdotseq \dfrac{1}{V^2}$ [W]

∴ $100 \fallingdotseq \dfrac{1}{V^2} = \dfrac{1}{(6.6)^2}$, $P_l = \dfrac{1}{(22.9)^2}$ 에서 $P_l = \left(\dfrac{6.6}{22.9}\right)^2 \times 100 \fallingdotseq 8$ [W]

08 선간전압, 배전 거리, 선로 손실 및 전력 공급을 같게 할 경우 단상 2선식과 3상 3선식에서 전선 한 가닥의 저항비(단상/3상)는?

① $\dfrac{1}{\sqrt{3}}$ ② $\dfrac{1}{\sqrt{2}}$

③ $\dfrac{1}{3}$ ④ $\dfrac{1}{2}$

 공급 전력 $VI_1\cos\theta = \sqrt{3}\,VI_3\cos\theta$ ∴ $I_1 = \sqrt{3}\,I_3$ … ㉠
선로 손실 $2I_1^2 R_1 = 3I_3^2 R_3$ ∴ $2\times(\sqrt{3}\,I_3)^2 R_1 = 3I_3^2 R_3$
∴ $R_3 = 2R_1$ ∴ $\dfrac{R_1}{R_3} = \dfrac{1}{2}$

09 단상 2선식과 3상 3선식에 있어서 선간전압, 송전 거리, 수전 전력, 역률은 같게 하고 선로 손실을 동일하게 할 때 3상에 필요한 전선의 무게는 단상의 전선 무게의 얼마인가?

① $\dfrac{1}{4}$ ② $\dfrac{2}{4}$

③ $\dfrac{3}{4}$ ④ $\dfrac{2}{3}$

 수전 전력 $VI_1\cos\theta = \sqrt{3}\,VI_3\cos\theta$
∴ $I_1 = \sqrt{3}\,I_3$ … ㉠
선로 손실 $2I_1^2 R_1 = 3I_3^2 R_3$
$2\times(\sqrt{3}\,I_3)^2 \times \rho\dfrac{l}{s_1} = 3I_3^2 \times \rho\dfrac{l}{s_3}$
∴ $\dfrac{2}{s_1} = \dfrac{1}{s_3}$ ∴ $s_1 = 2s_3$ … ㉡
∴ $\dfrac{3\text{상 3선식}}{\text{단상 2선식}} = \dfrac{3w_3}{2w_2} = \dfrac{3\times\sigma s_3 l}{2\times\sigma s_1 l} = \dfrac{3s_3}{2\times s_1} = \dfrac{3s_3}{2\times 2s_3} = \dfrac{3}{4}$

10 3상 4선식의 배전 선로에서 3상 3선식과 같은 종류의 전선을 사용하여 같은 부하에 같은 전력 손실로 송전할 경우, 그 소요 전선 중량은 3상 3선식의 몇 배인가? (단, 4선식의 외선은 중성선과 굵기가 같고 외선과 중성선과의 전압은 3선식의 선간전압과 같다고 한다.)

① $\dfrac{4}{9}$ ② $\dfrac{6}{9}$

③ $\dfrac{8}{9}$ ④ $\dfrac{12}{9}$

정답 08 ④ 09 ③ 10 ①

배전 전력 $\sqrt{3}\,VI_3\cos\theta = 3VI_4\cos\theta$

$\therefore I_3 = \sqrt{3}\,I_4 \cdots$ ㉠

전력 손실 $3I_3^2 R_3 = 3I_4^2 R_4 \quad 3\times(\sqrt{3}\,I_4)^2 \times \rho\dfrac{l}{s_3} = 3I_4^2 \times \rho\dfrac{l}{s_4}$

$\therefore \dfrac{3}{s_3} = \dfrac{1}{s_4} \quad \therefore s_3 = 3s_4 \cdots$ ㉡

$\therefore \dfrac{3\text{상 4선식 전선 중량}}{3\text{상 3선식 전선 중량}} = \dfrac{4w_4}{3w_3} = \dfrac{4\times\sigma s_4 l}{3\times\sigma s_3 l} = \dfrac{4s_4}{3s_3} = \dfrac{4s_4}{3\times 3s_4} = \dfrac{4}{9}$

11 단상 2선식 배전선의 소요 전선 총량은 100%라 할 때 3상 3선식과 단상 3선식(중성선의 굵기는 외선과 같다)의 소요 전선의 총량은 각각 몇 %인가? (단, 선간전압, 공급 전력, 전력 손실 및 배전 거리는 같다.)

① 75, 37.5
② 50, 75
③ 175, 37.5
④ 37, 5.75

 $w_2 = 100\%$일 때

① $VI_2\cos\theta = \sqrt{3}\,VI_3\cos\theta \quad \therefore I_2 = \sqrt{3}\,I_3$

손실 전력 $2I_2^2 R_2 = 3I_3^2 R_3$

$\therefore 2\times(\sqrt{3}\,I_3)^2 \times \rho\dfrac{l}{s_2} = 3I_3^2 \times \rho\dfrac{l}{s_3}. \quad \dfrac{2}{s_2} = \dfrac{1}{s_3}$

$\therefore s_2 = 2s_3 \cdots$ ㉠

$\therefore \dfrac{3\text{상 3선식 중량}}{\text{단상 2선식 중량}} = \dfrac{3w_3}{2w_2} = \dfrac{3\sigma s_3 l}{2\sigma s_2 l} = \dfrac{3s_3}{2\times 2s_3} = \dfrac{3}{4} = 0.75 \fallingdotseq 75\%$

② $VI_2\cos\theta = 2V_3 I_3\cos\theta. \quad I_2 = 2I_3.$

손실 전력 $2I_2^2 R_2 = 2I_3^2 R_3$

$\therefore 2\times(2I_3)^2 \times \rho\dfrac{l}{s_2} = 2I_3^2 \times \rho\dfrac{l}{s_3}. \quad \dfrac{4}{s_2} = \dfrac{1}{s_3}$

$\therefore s_2 = 4s_3 \cdots$ ㉡

$\therefore \dfrac{\text{단상 3선식 중량}}{\text{단상 2선식 중량}} = \dfrac{3w_3}{2w_2} = \dfrac{3\sigma s_3 l}{2\sigma s_2 l} = \dfrac{3s_3}{2s_2} = \dfrac{3s_3}{2\times 4s_3} = \dfrac{3}{8} = 0.375 \fallingdotseq 37.5\%$

12 배전 선로의 전기방식 중 전선의 중량(전선 비용)이 가장 적게 소요되는 방식은? (단, 배전 전압, 거리, 전력 및 선로 손실 등은 같다.)

① 단상 3선식
② 단상 2선식
③ 3상 3선식
④ 3상 4선식

해설 단상 3선식은 37.5%, 3상 3선식은 75%, 3상 4선식은 33.3%이다.

13 동일 전력을 동일 선간전압, 동일 역률로 동일 거리에 보낼 때 사용하는 전선의 총 중량이 같으면, 3상 3선식일 때와 단상 2선식일 때의 전력 손실비는?

① 1
② $\dfrac{3}{4}$
③ $\dfrac{1}{\sqrt{3}}$
④ $\dfrac{2}{3}$

 송전 전력 $VI_2\cos\theta = \sqrt{3}\,VI_3\cos\theta$ ∴ $I_2 = \sqrt{3}\,I_3$ ··· ㉠

전선 중량 $2w_2 = 3w_3$ ∴ $2\sigma s_2 l = 3\sigma s_3 l$ $s_2 = \dfrac{3}{2}s_3$ ··· ㉡

∴ ㉠, ㉡ 전력 손실식에 대입하면 전력손실은

$$\dfrac{3 상\ 3 선식}{단상\ 2 선식} = \dfrac{3I_3^2 R_3}{2I_2^2 R_2} = \dfrac{3I_3^2 \times \rho\dfrac{l}{s_3}}{2\times(\sqrt{3}\,I_3)^2 \times \rho\dfrac{l}{s_2}} = \dfrac{s_2}{2s_3} = \dfrac{\dfrac{3}{2}s_3}{2s_3} = \dfrac{3}{4}$$

14 단상 2선식(110[V]) 배전 선로를 단상 3선식(110/220[V])으로 변경하는 경우, 부하의 크기 및 공급 전압을 불변하게 하고 부하를 평형시키면 전선로의 전력 손실은 변경 전에 비교해서 몇 %인가?

① 57%
② 0.5%
③ 33%
④ 25%

 배전 전력 $VI_2\cos\theta = 2VI_3\cos\theta$ ∴ $I_2 = 2I_3$ ··· ㉠

전력 손실은 $\dfrac{단상\ 3선식\ 손실\ 전력}{단상\ 2선식\ 손실\ 전력} = \dfrac{2I_3^2 R}{2I_2^2 R} = \dfrac{2I_3^2}{2\times(2I_3)^2} = \dfrac{1}{4} = 0.25 = 25\%$

15 그림과 같은 단상 3선식 선로의 중성선의 점 P에서 단선 사고가 발생하였을 때 부하 A 및 B에 걸리는 전압 V_A[V] 및 V_B[V]는? (단, 부하 A는 100[W] 전구 2개, 부하 B는 60[W] 전구 2개이다.)

① $\begin{cases} V_A = 108 \\ V_B = 92 \end{cases}$

② $\begin{cases} V_A = 125 \\ V_B = 75 \end{cases}$

③ $\begin{cases} V_A = 92 \\ V_B = 108 \end{cases}$

④ $\begin{cases} V_A = 75 \\ V_B = 125 \end{cases}$

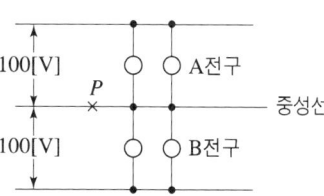

A부하전력 $P_A = \dfrac{V_A^2}{R_A}$

$\therefore R_A = \dfrac{V_A^2}{P_A} = \dfrac{(100)^2}{100} = 100[\Omega]$ 2개가 병렬이다.

$\therefore$ 합성저항 $R_A' = \dfrac{100}{2} = 50[\Omega]$ … ㉠

B부하전력 $P_B = \dfrac{V_B^2}{R_B}$

$\therefore R_B = \dfrac{V_B^2}{P_B} = \dfrac{(100)^2}{60}[\Omega]$ 2개가 병렬이다.

$\therefore$ 합성저항 $R_B' = \dfrac{(100)^2}{60} \times \dfrac{1}{2} \fallingdotseq 83[\Omega]$ … ㉡

사고 시 R_A'과 R_B'가 2개 직렬. 공급 전압 200[V]일 때 각 저항에 걸리는 전압은

$V_A = IR_A' = \dfrac{200}{50+83} \times 50 = 75[V]$

$V_B = IR_B = \dfrac{200}{50+83} \times 83 = 125[V]$

16 500[kVA]의 단상 변압기 상용 3대(결선 △-△), 예비 1대를 갖는 변전소가 있다. 지금 부하의 증가에 응하기 위하여 예비 변압기까지 동원해서 사용한다면 어느 정도까지 최대부하(kVA)에 응할 수 있게 되겠는가?

① 약 2000 ② 약 1730
③ 약 1000 ④ 약 1830

 $VI = 500[kVA]$
단상 변압기 4대 V 결선 시 최대부하 $= 2 \times \sqrt{3}\, VI = 2 \times \sqrt{3} \times 500 \fallingdotseq 1730[kVA]$

17 동일한 2대의 단상 변압기를 V 결선하여 3상 전력을 100[kVA]까지 배전할 수 있다면 똑같은 단상 변압기 1대를 더 추가하여 △ 결선하면 3상 전력을 어느 정도까지 배전할 수 있겠는가?

① 약 70.5 ② 약 57.7
③ 약 141.4 ④ 약 173.2

 V결선 전력. $P_V = \sqrt{3}\, VI[kVA]$

$\therefore$ 단상 변압기 1대 용량 $VI = \dfrac{P_V}{\sqrt{3}} = \dfrac{100}{\sqrt{3}}[kVA]$

$\therefore$ △결선의 전력 $P_\triangle = 3VI = 3 \times \dfrac{P_V}{\sqrt{3}} = 3 \times \dfrac{100}{\sqrt{3}} = \sqrt{3} \times 100 = 173.2[kVA]$

18 100[kVA] 단상 변압기 3대를 사용해서 △ 결선에 의하여 급전하고 있는 경우 1대의 변압기가 소손되었기 때문에 이것을 제거시켰다고 한다. 이때의 부하가 230[kVA]라고 하면 나머지 2대의 변압기는 몇 %의 과부하가 되는가?

① 100
② 125
③ 133
④ 170

 과부하 = $\dfrac{\text{부하 용량}}{V\text{결선 용량}} \times 100 = \dfrac{\text{부하 용량}}{\sqrt{3}\,VI} \times 100 = \dfrac{230}{\sqrt{3} \times 100} \times 100 ≒ 133\%$

19 200[kVA] 단상 변압기 3대를 사용해서 △ 결선에 의하여 급전하고 있는 경우 1대의 변압기가 소손했기 때문에 이것을 제거시켜 V 결선으로 사용하였다고 한다. 이때의 부하가 516[kVA]라고 하면 나머지 2대의 변압기는 몇 %의 과부하가 되는가?

① 109
② 119
③ 139
④ 149

해설 과부하 = $\dfrac{\text{부하 용량}}{V\text{결선 용량}} \times 100 = \dfrac{\text{부하 용량}}{\sqrt{3}\,VI} \times 100 = \dfrac{516}{\sqrt{3} \times 200} \times 100 = 149\%$

20 공통 중성선 다중 접지 3상 4선식 배전 선로에서 고압측(1차측) 중성선과 저압측(2차측) 중성선을 전기적으로 연결하는 목적은?

① 저압측의 접지 사고를 검출하기 위함
② 저압측의 단락 사고를 검출하기 위함
③ 주상 변압기의 중성선 측 부싱(bushing)을 생략하기 위함
④ 고저압 혼촉시 수용가에 침입하는 상승 전압을 억제하기 위함

해설 3상 4선식 다중 접지 선로에서 고압(1차측)과 저압(2차측)의 중성선을 전기적으로 연결하는 이유는 고압과 저압 혼촉시 수용가에 침입하는 전압 상승을 억제하기 위함이다.

21 주상 변압기의 2차측 접지공사는 다음의 어느 것에 의한 보호를 목적으로 하는가?

① 1차측 접지
② 2차측 단락
③ 2차측 접지
④ 1차측과 2차측의 혼촉

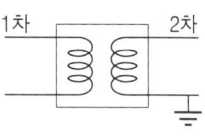

 주상 변압기 2차측 접지공사는 1차측과 2차측 혼촉시 주상변압기 보호가 목적이다.

22 주상 변압기의 1차측 전압이 일정할 경우, 2차측 부하가 변동하면 주상 변압기의 동손과 철손은 어떻게 되는가?

① 동손은 일정하고 철손은 변동한다.
② 동손과 철손이 다 변동한다.
③ 동손은 변동하고 철손은 일정하다.
④ 동손과 철손이 다 일정하다.

변압기 손실에는 철손(히스테리시스손+와류손)과 동손이 있다.
철손은 1차 전압만 걸리면 손실이 되고, 동손은 2차 전류가 흘러야만이 손실된다.
∴ 2차 부하가 변동하면 동손은 변동하고 철손은 일정하다.

23 1대의 주상 변압기에 역률(뒤짐) $\cos\theta_1$, 유효전력 P_1[kW]의 부하와 역률(뒤짐) $\cos\theta_2$, 유효전력 P_2[kW]의 부하가 병렬로 접속되어 있을 경우, 주상 변압기 2차측에서 본 부하의 종합 역률은?

① $\dfrac{P_1 + P_2}{\dfrac{P_1}{\cos\theta_1} + \dfrac{P_2}{\cos\theta_2}}$

② $\dfrac{\cos\theta_1 \cos\theta_2}{\cos\theta_1 + \cos\theta_2}$

③ $\dfrac{P_1 + P_2}{\dfrac{P_1}{\sin\theta_1} + \dfrac{P_2}{\sin\theta_2}}$

④ $\dfrac{P_1 + P_2}{\sqrt{(P_1+P_2)^2 + (P_1\tan\theta_1 + P_2\tan\theta_2)^2}}$

$P_1 = P_{a1}\cos\theta_1$
∴ $P_{r1} = P_{a1}\sin\theta_1 = \dfrac{P_1}{\cos\theta_1}\sin\theta_1$
$= P_1\tan\theta_1$ … ㉠
$P_2 = P_{a2}\cos\theta_2$
∴ $P_{r2} = P_{a2}\sin\theta_2 = \dfrac{P_2}{\cos\theta_2}\sin\theta_2$
$= P_2\tan\theta_2$ … ㉡

합성 유효전력 $P = P_1 + P_2$[W]
합성 피상전력 $P_a = \sqrt{(\text{유효 전력})^2 + (\text{무효 전력})^2} = \sqrt{(P_1+P_2)^2 + (P_1\tan\theta_1 + P_2\tan\theta_2)^2}$
∴ 역률 $\cos\theta = \dfrac{P}{P_a} = \dfrac{P_1 + P_2}{\sqrt{(P_1+P_2)^2 + (P_1\tan\theta_1 + P_2\tan\theta_2)^2}}$

24 그림과 같은 3상 4선식 배전선에 역률 1인 부하 A, B, C가 각 상과 중성선 간에 접속되어 있다. 상 a, b, c에 흐르는 전류가 각각 220[A], 180[A], 180[A]일 때 중성선에 흐르는 전류[A]는? (단, 대칭 3상 전압(a상 기준)이고 a→b→c의 순이라 한다.)

① 40∠0°
② 60∠30°
③ 90∠60°
④ 120∠90°

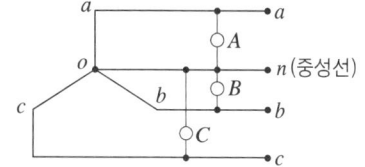

 3상 4선식에서 a상 기준
3상 교류 전류의 합이 중성선에 흐르는 전류이다.

∴ 중성선에 흐르는 전류 $= I_a + a^2 I_b + a I_c = 220 + \left(-\frac{1}{2} - j\frac{\sqrt{3}}{2}\right) \times 180 + \left(-\frac{1}{2} + j\frac{\sqrt{3}}{2}\right) \times 180$
$= 220 - 180 = 40 \angle 0°$ [A]

25 동일 굵기의 전선으로 된 3상 3선식 2회선의 송전선이 있다. A회선의 전류는 100[A], B회선의 전류는 50[A]이고 선로 손실은 합계 50[kW]이다. 개폐기를 닫아서 양 회선을 병렬로 사용하여 합계 150[A]의 전류를 통하도록 하려면 선로 손실(kW)은?

① 40
② 45
③ 60
④ 65

 선로 손실의 합이 50[kW]이다.

∴ $I_A^2 R + I_B^2 R = 50$[kW]

∴ $R = \frac{50 \times 10^3}{I_A^2 + I_B^2} = \frac{50 \times 10^3}{100^2 + 50^2} = 4$[Ω]

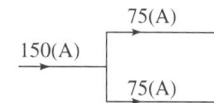

양회선 병렬 접속시, 각 회선 동일전류 $= \frac{150}{2} = 75$[A]가 흐를 경우의 선로 손실은
2회선×$(75)^2 R = 2 \times (75)^2 \times 4 = 45$[kW]

26 절연 내력을 시험하기 위해 시험용 변압기를 사용하였다. 이때 전압 조정을 하기 위해 제일 많이 사용하는 기기는?

① 다단식 저항 전압 조정기
② 수저항 전압 조정기
③ 소형 발전기를 사용하여 변속장치에 의해 전압 조정
④ 유도전압 조정기

 유도전압 조정기
• 부하 변화에 따라 전압 변동이 심한 배전 변전소의 전압조정장치이다.
• 절연 내력을 시험하기 위한 시험용 변압기의 전압 조정장치 등에 제일 많이 사용된다.

Chapter 09 배전선로의 전기적인 특성

2부 전력공학 ▶ 1. 송배전 공학

1 배전선로의 전압강하

1) 단일 급전점인 직류 2선식

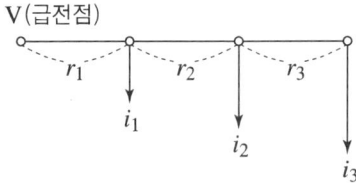

$$V(\text{전압강하}) = r_1(i_1 + i_2 + i_3) + r_2(i_2 + i_3) + r_3 i_3$$
$$= i_1 r_1 + i_2(r_1 + r_2) + i_3(r_1 + r_2 + r_3) [\text{V}]$$

2) 양단 급전점인 직류 2선식

$$I_A = \frac{E_A - E_B}{r_1 + r_2} + \frac{r_2}{r_1 + r_2} \times i [\text{A}]$$

$$I_B = \frac{E_B - E_A}{r_1 + r_2} + \frac{r_1}{r_1 + r_2} \times i [\text{A}]$$

❷ 전력손실과 손실률

$$P_l(\text{손실전력}) = 3I^2R = 3 \times \left(\frac{P}{\sqrt{3}\,V\cos\theta}\right)^2 R = \frac{P^2 R}{V^2 \cos^2\theta} \fallingdotseq \frac{1}{V^2}\,[\text{w}]$$

$$K(\text{손실률}) = \frac{P_l}{P} = \frac{PR}{V^2 \cos^2\theta}$$

H(손실계수)와 F(부하률)과의 관계 : $1 \geq F \geq H \geq F^2 \geq 0$

❸ 부하특성

$$\text{수용률} = \frac{\text{최대 수용전력}}{\text{수용 설비 용량}} \times 100\,[\%]$$

$$\text{부등률} = \frac{\text{개개의 최대 수용전력의 합}}{\text{합성 최대 수용전력}} \geq 1$$

$$\text{부하율} = \frac{\text{평균 수용전력}}{\text{최대 수용전력}} \times 100 = \frac{\text{총전력} \div \text{총시간}}{\text{최대 전력}} \times 100\,[\%]$$

$$\text{변압기 용량} = \text{수전설비 용량} = \text{변전시설 용량} = \frac{\text{개개 최대 수용전력의 합}}{\cos\theta}$$

$$= \frac{\text{수용률} \times \text{설비 용량}}{\cos\theta}\,[\text{kVA}]$$

Chapter 09 적중예상문제

01 선로의 부하가 균일하게 분포되어 있을 때 배전 선로의 전력 손실은 이들의 전 부하가 선로의 말단에 집중되어 있을 때에 비하여 어떠한가?

① $\dfrac{1}{6}$ ② $\dfrac{1}{5}$
③ $\dfrac{1}{3}$ ④ $\dfrac{1}{2}$

해설 말단 집중 부하=말단 단일 부하의 전압강하 $=IR[\text{V}]$
전력 손실 $=I^2R[\text{W}]$
균등 분포(분산) 부하=균등(분포) 부하시 $i=I(1-x)[\text{A}]$
전압 강하 $=\displaystyle\int_0^1 iRdx=\int_0^1 I(1-x)Rdx=IR\left(x-\dfrac{x^2}{2}\right)\Big|_0^1=\dfrac{IR}{2}[\text{V}]$
전력 손실 $=\displaystyle\int_0^1 i^2Rdx=\int_0^1 i^2(1-x)^2Rdx=I^2R\int_0^1(1-2x+x^2)dx=\dfrac{1}{3}I^2R[\text{W}]$
∴ $\dfrac{\text{균등 분포 부하 전력}}{\text{말단 집중 부하 전력}}=\dfrac{\dfrac{1}{3}I^2R}{I^2R}=\dfrac{1}{3}$

02 고압 배전 선로의 중간에 승압기를 설치하는 주목적은?

① 전압 변동률의 감소 ② 말단의 전압 강하의 방지
③ 역률 개선 ④ 전력 손실의 감소

해설 고압 배전 선로의 중간에 승압기를 설치하는 목적은 말단의 전압 강하를 방지하기 위해서이다.

03 100[V]에서 전력 손실률 0.1인 배전 선로에서 전압을 200[V]로 승압하고 그 전력 손실률을 0.05로 하면 전력은 몇 배 증가시킬 수 있는가?

① $\sqrt{1}$ ② $\sqrt{2}$
③ 2 ④ 3

정답 01 ③ 02 ② 03 ③

해설   전력 $P = \sqrt{3}\,VI\cos\theta\,[\mathrm{W}]$

$\therefore\ P_l\,(\text{선로 손실}) = 3I^2 R = 3 \times \left(\dfrac{P}{\sqrt{3}\,V\cos\theta}\right)^2 R = \dfrac{P^2 R}{V^2 \cos^2\theta} \fallingdotseq \dfrac{1}{V^2}\,[\mathrm{W}]$

전력 손실률 $K = \dfrac{P_l}{P} = \dfrac{PR}{V^2 \cos^2\theta} \fallingdotseq \dfrac{P}{V^2}$

전력 = 송전(수송) 전력 $P = \dfrac{KV^2 \cos^2\theta}{R} \fallingdotseq KV^2\,[\mathrm{W}]$

$\therefore\ \begin{cases} P = KV^2 = 0.1 \times (100)^2 \\ P' = K'(V')^2 = 0.05 \times (200)^2 \end{cases} \qquad \therefore\ P' = \dfrac{0.05 \times (200)^2}{0.1 \times (100)^2} \times P = 2P$

04 배전 전압을 3000[V]에서 5200[V]로 높일 때 전선이 같고, 배전 손실률도 같다고 하면 수송 전력은 몇 배로 증가시킬 수 있는가?

① 약 $\sqrt{3}$ 배
② 약 $\sqrt{2}$ 배
③ 약 2배
④ 약 3배

 해설   전력 = 송전(수송) 전력 $P = \dfrac{KV^2\cos^2\theta}{R} = KV^2 \fallingdotseq V^2\,[\mathrm{W}]$

$\therefore\ \begin{cases} P = V^2 = (3000)^2 \\ P' = (V')^2 = (5200)^2 \end{cases} \qquad \therefore\ P' = \dfrac{(5200)^2}{(3000)^2} \times P = 3P$

05 배전 전압을 3000[V]에서 5200[V]로 높일 때 수송전력이 같다고 하면 손실전력은 몇 배로 줄일 수 있는가?

① $\dfrac{1}{2}$ 배
② 1배
③ $\dfrac{1}{3}$ 배
④ $\dfrac{1}{4}$ 배

 해설   손실전력 $P_l = 3I^2 R = 3 \times \left(\dfrac{P}{\sqrt{3}\,V\cos\theta}\right)^2 R = \dfrac{P^2 R}{V^2 \cos^2\theta} \fallingdotseq \dfrac{1}{V^2}\,[\mathrm{W}]$

$\therefore\ \begin{cases} P_l = \dfrac{1}{V^2} = \dfrac{1}{(3000)^2} \\ P_l' = \dfrac{1}{(V')^2} = \dfrac{1}{(5200)^2} \end{cases} \qquad \therefore\ P_l' = \left(\dfrac{3000}{5200}\right)^2 \times P = \dfrac{1}{3}P$

06 전선에 흐르는 전류가 $\dfrac{1}{2}$ 배로 되면 전력 손실은?

① $\dfrac{1}{2}$ 배
② $\dfrac{1}{4}$ 배
③ 4배
④ 5배

전력 손실 = 선로 손실 $P_l = 3I^2R = I^2$[W]

∴ $I' = \frac{1}{2}I$[A]일 때의 전력 손실

$$P_l' = (I')^2 = \left(\frac{1}{2}I\right)^2 = \frac{1}{4}I^2 = \frac{1}{4}P_l\,[\text{W}]$$

07 부하가 말단에만 집중되어 있는 배전 선로의 선간전압 강하가 866[V], 1선당의 저항 10[Ω], 리액턴스 20[Ω], 부하역률 80%(지상)인 경우 부하전류(또는 선로 전류)의 근사값(A)는?

① 25　　　　　　　　② 50
③ 85　　　　　　　　④ 135

$e = V_s - V_r = \sqrt{3}\,I(R\cos\theta + X\sin\theta)\,[\text{V}]$

$I = \dfrac{e}{\sqrt{3}(R\cos\theta + X\sin\theta)} = \dfrac{866}{\sqrt{3}(10\times0.8 + 20\times0.6)} = 25\,[\text{A}]$

08 단상 2선식 교류 배전선이 있다. 전선의 1가닥 저항이 0.15[Ω], 리액턴스는 0.25[Ω]이다. 부하는 무유도성이고 100[V], 3[kW]이다. 급전점의 전압(V)은?

① 105　　　　　　　② 110
③ 115　　　　　　　④ 134

부하는 무유도성 = 순저항이다.

∴ $\cos\theta = 1$, $\sin\theta = 0$일 때, 단상 2선식 배전선로

$V_s = V_r + 2I(R\cos\theta + X\sin\theta) = V_r + 2IR = 100 + 2\times\dfrac{P}{V}\times R$

$= 100 + 2\times\dfrac{3000}{100}\times 0.15 = 109\,[\text{V}]$

09 20개의 가로등이 500[m] 거리에 균등하게 배치되어 있다. 한 등의 소요전류 4[A], 전선의 단면적 38[mm²], 도전율 56[℧/mm²]라면 한쪽 끝에서 110[V]로 급전할 때 최종 전등에 가해지는 전압(V)은?

① 91　　　　　　　　② 96
③ 106　　　　　　　④ 126

최종 전등에 가해지는 전압(분포부하)

$e = 110 - IR\times 20\text{등} = 110 - I\dfrac{l}{K\cdot s}\times 20\text{등} = 110 - 4\times\dfrac{500}{38\times 56}\times 20 = 91\,[\text{V}]$

10 380[m]의 거리에 55개의 가로등을 같은 간격으로 배치하였다. 전등 하나의 소요 전류 1[A], 전선의 단면적 38[mm²], 도전율 55[℧/mm²]라 한다. 한쪽 끝에서 110[V]로 급전할 때 최종 전등에 걸리는 전압(V)는?

① 50 ② 60
③ 90 ④ 100

해설 최종 전등에 가해지는 전압
$$e = 110 - IR \times 55등 = 110 - I\frac{l}{K \times s} \times 55등 = 110 - 1 \times \frac{380}{55 \times 38} \times 55 = 100[V]$$

11 그림과 같은 단상 2선식 배선에서 인입구 A점의 전압이 100[V]라면, C점의 전압(V)은? (단, 저항값은 1선의 값으로 AB간 0.05[Ω], BC간 0.1[Ω]이다.)

① 90
② 94
③ 100
④ 104

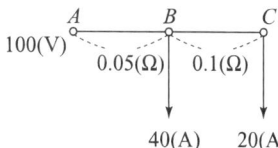

해설 단상 2선식의 전압강하는 1선 전압강하의 2배이다.
$V_B = 110 - 2IR = 110 - 2 \times (40+20) \times 0.05 = 94[V]$
∴ $V_C = V_B - 2IR = 94 - 2 \times 20 \times 0.1 = 90[V]$

12 그림과 같은 저압 배전선이 있다. FA, AB, BC간의 저항은 각각 0.1[Ω], 0.1[Ω], 0.2[Ω]이고, A, B, C점에 전등(역률 100%)부하가 각각 5[A], 15[A], 10[A]가 걸려 있다. 지금 급전점 F의 전압을 105[V]라 하면 C점의 전압은 몇 [V]인가? (단, 선로의 리액턴스는 무시한다.)

① 103.5
② 102.5
③ 97.5
④ 95.5

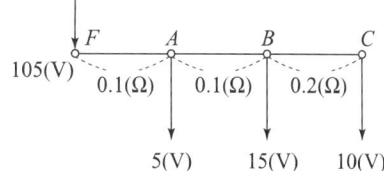

해설 저압 배전선에서 F(급전점)의 전압은 105[V]이다.
$V_A = V_F - R_{FA}(I_A + I_B + I_C) = 105 - 0.1(5+15+10) = 102[V]$
$V_B = V_A - R_{AB}(I_B + I_C) = 102 - 0.1(15+10) = 99.5[V]$
$V_C = V_B - R_{BC} \times I_C = 99.5 - 0.2 \times 10 = 97.5[V]$

13 그림에서 단상 2선식 저압 배전선의 A, C점에서 전압을 같게 하기 위한 공급점 D의 위치를 구하면? (단, 전선의 굵기는 AB간 5[mm], BC간 4[mm], 부하역률은 1이고 선로의 리액턴스는 무시한다.)

① B에서 A쪽으로 58.9[m]
② B에서 A쪽으로 57.4[m]
③ B에서 A쪽으로 56.9[m]
④ B에서 A쪽으로 55.4[m]

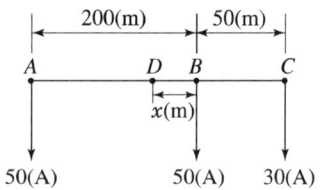

 전압 강하 $IR = I \times \rho \dfrac{l}{s} = I \times \rho \dfrac{l}{\pi\left(\dfrac{D}{2}\right)^2}$ [V]

$DB = x$ [m]라면, 급전점 D(기준), 양쪽 전압 강하가 같아야 한다.

$\therefore 50 \times \rho \dfrac{200-x}{\pi\left(\dfrac{5}{2}\right)^2} = 80 \times \rho \dfrac{x}{\pi\left(\dfrac{5}{2}\right)^2} + 30 \times \rho \dfrac{50}{\pi\left(\dfrac{4}{2}\right)^2}$ 에서의

x값은 $\dfrac{10,000 - 50x}{5^2} = \dfrac{80x}{5^2} + \dfrac{1500}{4^2}$

$\therefore 10,000 - 50x = 80x + \dfrac{25 \times 1500}{16}$

$\therefore 80x + 50x = 10,000 - \dfrac{37500}{16}$

$\therefore 130x = \dfrac{160,000 - 37,500}{16}$

$\therefore x ≒ 58.89$ [m]점이다.

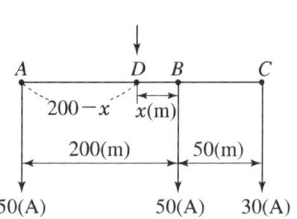

14 다음 중 그 값이 1 이상인 것은?

① 전압 강하율
② 수용률
③ 부하율
④ 부등률

 부등률은 그 값이 1 이상으로 부등률이 높다(크다)란 수용가 가동율이 낮다. 수용률과 부하율이 높다(크다)란 수용가 가동율이 높다라고 볼 수 있다.

$\therefore$ 부등률 $= \dfrac{\text{개개의 최대 수용 전력의 합계}}{\text{합성 최대 전력}} \geqq 1$ 이다.

15 전등 설비 250[W], 전열 설비 800[W], 전동기 설비 200[W], 기타 150[W]인 수용가가 있다. 이 수용가의 최대 수용 전력이 910[W]이면 수용률은?

① 65
② 70
③ 80
④ 95

수용률 $= \dfrac{\text{최대 수용 전력}}{\text{설비 용량}} = \dfrac{910}{250 + 800 + 200 + 150} = \dfrac{910}{1400} = 0.65 = 65\%$

정답 13 ① 14 ④ 15 ①

- 최대 수용 전력=수용률×설비 용량
- $\dfrac{\text{최대 수용 전력}}{\cos\theta} = \dfrac{\text{수용률}\times\text{설비 용량}}{\cos\theta}$ =수전 설비=변압기 용량=변전 시설 용량[kVA]

16 수용가군 총합의 부하율은 각 수용가의 수용률 및 수용가 사이의 부등률이 변화할 때 다음 중 옳은 것은?

① 수용률에 비례하고 부등률에 반비례한다.
② 부등률에 비례하고 수용률에 반비례한다.
③ 부등률에 반비례하고 수용률에도 반비례한다.
④ 부등률에 비례하고 수용률에도 비례한다.

부등률 = $\dfrac{\text{개개의 최대 수용 전력의 합}}{\text{합성 최대 전력}} = \dfrac{\text{수용률}\times\text{설비 용량의 합}}{\text{합성 최대 전력}}$

∴ 부하율 = $\dfrac{\text{평균 전력}}{\text{최대 전력}} = \dfrac{\text{평균 전력}}{\text{최대 전력}\times\text{시간}} = \dfrac{\text{평균 전력}}{\text{합성 최대 전력}}$

$= \dfrac{\text{평균 전력}}{\dfrac{\text{개개의 최대 수용 전력의 합}}{\text{부등률}}} = \dfrac{\text{평균 전력}\times\text{부등률}}{\text{수용률}\times\text{설비 용량의 합}}$ 이다.

17 최대 수용전력이 80[kW]인 수용가에서 1일의 소비 전력량이 1200[kWh]라면 일부하율(%)은?

① 약 42
② 약 53
③ 약 63
④ 약 71

부하율 = $\dfrac{\text{평균 전력}}{\text{최대 전력}}\times 100 = \dfrac{\frac{1200}{24}}{80}\times 100 = \dfrac{1200}{80\times 24}\times 100 = 62.5\%$

18 30일 간의 최대 수용 전력이 200[kW], 소비 전력량이 72,000[kWh]일 때 월부하율(%)은?

① 10
② 20
③ 50
④ 60

부하율 = $\dfrac{\text{평균 전력}}{\text{최대 전력}}\times 100 = \dfrac{\frac{72,000}{30\times 24}}{200}\times 100 = \dfrac{72,000}{200\times 24\times 30}\times 100 = 50\%$

정답 16 ② 17 ③ 18 ③

19 어떤 수용가의 1년간 소비 전력량은 100만[kWh]이고, 1년 중 최대 전력은 130[kW]라면 수용가의 부하율은 약 몇 %인가?

① 64 ② 68
③ 82 ④ 88

 부하율 = $\dfrac{\text{평균 전력}}{\text{최대 전력}} \times 100 = \dfrac{\frac{1,000,000}{365 \times 24}}{130} \times 100 = \dfrac{1,000,000}{8760 \times 130} \times 100 = 87.7\%$

20 수용률 80%, 부하율 60%일 때 설비 용량이 320[kW]인 최대 수용 전력(kW)은?

① 333 ② 400
③ 256 ④ 656

 수용률 = $\dfrac{\text{최대 수용 전력}}{\text{설비 용량}}$

∴ 최대 수용 전력 = 수용률 × 설비 용량 = $0.8 \times 320 = 256$[kW]

21 어떤 고층 건물의 부하의 총설비 전력이 1505.6[kW], 수용률이 0.5일 때 이 건물의 변전시설 용량의 최저값(kVA)은? (단, 부하역률은 0.8이다.)

① 160 ② 941
③ 640 ④ 1000

 수용률 = $\dfrac{\text{최대 수용 전력}}{\text{총 설비 용량}}$

최대 수용 전력 = 수용률 × 총 설비 용량 = $0.5 \times 1505.6 = 752.8$[kW]

그러므로 건물의 변전시설 용량의 최저값은 $\dfrac{\text{최대 수용 전력}}{\cos\theta} = \dfrac{752.8}{0.8} = 941$[kVA]

22 총 설비부하가 120[kW], 수용률이 65%, 부하역률이 80%인 수용가에 공급하기 위한 변압기의 용량(kVA)은?

① 45 ② 60
③ 85 ④ 100

 변전 시설 용량 = 수전 설비 = 공급 설비 용량 = 변압기 용량

$= \dfrac{\text{최대 수용 전력}}{\cos\theta} = \dfrac{\text{수용률} \times \text{설비 용량}}{\cos\theta} = \dfrac{0.65 \times 120}{0.8} = 97.5$[kVA]

23 설비 A가 130[kW], B가 250[kW], 수용률이 각각 0.5 및 0.8일 때 합성 최대 전력이 235[kW]이면 부등률은?

① 1.11 ② 1.13
③ 2.21 ④ 2.23

 부등률 = $\dfrac{\text{개개의 최대 수용 전력의 합}}{\text{합성 최대 전력}}$ = $\dfrac{\text{개개의 수용률} \times \text{설비 용량의 합}}{\text{합성 최대 전력}}$

= $\dfrac{0.5 \times 130 + 0.8 \times 250}{235}$ = 1.13

24 설비 용량 800[kW], 부등률 1.2, 수용률 60%일 때 변전 시설 용량의 최저값(kVA)은 얼마인가? (단, 부하의 역률은 0.8로 본다.)

① 450 ② 500
③ 600 ④ 750

 합성 최대 전력 = $\dfrac{\text{개개의 최대 수용 전력의 합}}{\text{부등률}}$ = $\dfrac{\text{수용률} \times \text{설비 용량의 합}}{\text{부등률}}$

= $\dfrac{0.6 \times 800}{1.2}$ = 400[kW]

∴ 변전 시설 용량 = 공급 설비량 = 수전 설비 = 변압기 용량

= $\dfrac{\text{합성 최대 전력}}{\cos\theta}$ = $\dfrac{400}{0.8}$ = 500[kVA]

25 고압 배전선 간선에 역률 100%의 수용가가 두 군으로 나누어 각 군에 변압기 1대씩 설치되어 있다. 각 군의 수용가 총 설비 용량은 각각 30[kW], 20[kW]라 한다. 각 수용가의 수용률 0.5, 수용가 상호간의 부등률 1.2, 변압기 상호간의 부등률은 1.3이라 한다. 고압 간선의 최대부하(kW)는?

① 12 ② 16
③ 35 ④ 60

 A군 합성 최대전력 = $\dfrac{\text{수용률} \times \text{설비용량}}{\text{부등률}}$ = $\dfrac{0.5 \times 30}{1.2}$ = $\dfrac{15}{1.2}$

B군 합성 최대전력 = $\dfrac{\text{수용률} \times \text{설비용량}}{\text{부등률}}$ = $\dfrac{0.5 \times 20}{1.2}$ = $\dfrac{10}{1.2}$

∴ 고압간선의 최대부하 = $\dfrac{\text{개개의 최대 수용 전력의 합}}{\text{변압기 상호 부등률}}$ = $\dfrac{\dfrac{15}{1.2} + \dfrac{10}{1.2}}{1.3}$ = 16[kW]

26 전등만의 수용가를 두 군으로 나누어 각 군에 변압기 1개씩을 설치하며 각 군의 수용가의 총 설비 용량을 각각 30[kW], 40[kW]라 한다. 각 수용가의 수용률을 0.6, 수용가간 부등률을 1.2, 변압기군의 부등률을 1.4라고 하면 고압 간선에 대한 최대부하(kW)는?

① 25　　　　　　　　② 20
③ 10　　　　　　　　④ 5

해설　A군 변압기 합성 최대전력 = $\dfrac{\text{수용률} \times \text{설비 용량}}{\text{부등률}} = \dfrac{30 \times 0.6}{1.2} = \dfrac{18}{1.2} = 15[\text{kW}]$

B군 변압기 합성 최대전력 = $\dfrac{\text{수용률} \times \text{설비 용량}}{\text{부등률}} = \dfrac{40 \times 0.6}{1.2} = \dfrac{24}{1.2} = 20[\text{kW}]$

∴ 고압 간선에 대한 최대부하 = 고압 간선에 최대부하 = $\dfrac{\text{개개의 최대 수용 전력의 합}}{\text{부등률(변압 기준)}}$

$= \dfrac{15+20}{1.4} = 25[\text{kW}]$

27 그림과 같은 수용 설비 용량과 수용률을 갖는 부하의 부등률이 1.5이다. 평균 부하 역률을 75%라 하면 변압기 용량(kVA)은 얼마로 하면 되는가?

① 15
② 20
③ 40
④ 55

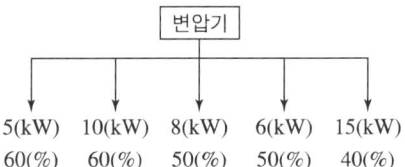

| 5(kW) | 10(kW) | 8(kW) | 6(kW) | 15(kW) |
| 60(%) | 60(%) | 50(%) | 50(%) | 40(%) |

해설　합성 최대 전력 = $\dfrac{\text{개개의 최대 수용 전력의 합}}{\text{부등률}} = \dfrac{\text{수용률} \times \text{설비 용량의 합}}{\text{부등률}}$

$= \dfrac{0.6 \times 5 + 0.6 \times 10 + 0.5 \times 8 + 0.5 \times 6 + 0.4 \times 15}{1.5} = 15[\text{kW}]$

∴ 변압기 용량 = 수전 설비 = 공급 시설 용량 = $\dfrac{\text{합성 최대 전력}}{\cos\theta} = \dfrac{15}{0.75} = 20[\text{kVA}]$

28 A, B, C의 수용가에 수전하고 있는 배전선이 있다. 그 합성 최대 전력은 1000[kW], 수용가의 상호 부등률은 1.18이고 A, B, C의 설비 용량은 각각 400[kW], 500[kW], 750[kW]라 한다. A, B의 수용률은 각각 70%, 60%라 하면 C의 수용률은 몇 %인가?

① 50　　　　　　　　② 60
③ 80　　　　　　　　④ 90

해설　부등률 = $\dfrac{\text{개개의 최대 수용 전력의 합}}{\text{합성 최대 전력}} = \dfrac{\text{수용률} \times \text{설비 용량의 합}}{\text{합성 최대 전력}}$

∴ 수용률 × 설비 용량의 합 = 부등률 × 합성 최대 전력에서

$0.7 \times 400 + 0.6 \times 500 + C\text{의 수용률} \times 750 = 1.18 \times 1000$

∴ C의 수용률 = $\dfrac{1180 - (280 + 300)}{750} \times 100 = \dfrac{600}{750} \times 100 = 80\%$

29 배전선의 손실계수 H와 부하율 F와의 관계는?

① $1 \geq F \geq H \geq F^2 \geq 0$
② $1 \geq H \geq F \geq H^2 \geq 0$
③ $1 \geq H \geq H^2 \geq F \geq 0$
④ $1 \geq F \geq F^2 \geq H \geq 0$

해설 H(손실계수)$=\dfrac{\text{평균 전력 손실}}{\text{최대 전력 손실}}\times 100$, F(부하율)$=\dfrac{\text{평균 전력}}{\text{최대 전력}}\times 100$

∴ H와 F의 관계는 $1 \geq F \geq H \geq F^2 \geq 0$이다.

30 배전선로의 부하율이 F일 때 손실계수 H는?

① $H = F$
② $H = \dfrac{1}{F}$
③ $F^2 \leq H \leq F$
④ $H = F^2$

해설 부하율(F)일 때 손실계수(H)는 $F \geq H \geq F^2$이다.

31 250[kW]의 동력설비를 가진 수용가의 수용률이 90%라면 최대 수용전력(kW)은?

① 215
② 225
③ 335
④ 345

해설 수용률$=\dfrac{\text{최대 수용 전력}}{\text{설비 용량}}$

∴ 최대 수용 전력=수용률×설비 용량$=0.9 \times 250 = 225$[kW]

32 3300[V]의 배전선로의 전압을 6600[V]로 승압하고 같은 손실률로 송전하는 경우 송전 전력은 승압전의 몇 배인가?

① $\sqrt{3}$
② $\sqrt{4}$
③ 3
④ 4

해설 $P = \sqrt{3}\, VI\cos\theta$[W]

∴ 선로 손실 $P_l = 3I^2R = 3 \times \left(\dfrac{P}{\sqrt{3}\, V\cos\theta}\right)^2 R = \dfrac{P^2 R}{V^2 \cos^2\theta} \fallingdotseq \dfrac{1}{V^2}$[kW]

전력 손실률 $K = \dfrac{P_l}{P} = \dfrac{PR}{V^2\cos^2\theta} = \dfrac{1}{V^2}$[kW]

송전 전력 $P = \dfrac{KV^2\cos^2\theta}{R} \fallingdotseq KV^2 \fallingdotseq V^2$[kW]에서

$\begin{cases} P = V^2 = (3300)^2 \\ P' = (V')^2 = (6600)^2 \end{cases}$ 에서 $P' = \left(\dfrac{6600}{3300}\right)^2 \times P = 4P$

33 선로의 전압을 6,600[V]에서 22,900[V]로 높이면 송전 전력이 같을 때, 전력손실은 처음의 몇 배로 줄일 수 있는가?

① 약 $\frac{1}{3}$ 배 ② 약 $\frac{1}{4}$ 배

③ 약 $\frac{1}{11}$ 배 ④ 약 $\frac{1}{12}$ 배

해설 $P = \sqrt{3}\, VI\cos\theta\,[\text{W}]$
선로 손실 = 전력 손실
$\therefore P_l = 3I^2R = 3 \times \left(\dfrac{P}{\sqrt{3}\, V\cos\theta}\right)^2 R = \dfrac{P^2 R}{V^2 \cos^2\theta} \fallingdotseq \dfrac{1}{V^2}\,[\text{kW}]$

$\therefore \begin{cases} P_l = \dfrac{1}{V^2} = \dfrac{1}{(6{,}600)^2} \\ P_l' = \dfrac{1}{(V')^2} = \dfrac{1}{(22{,}900)^2} \end{cases}$ 에서 $P_l' = \left(\dfrac{6{,}600}{22{,}900}\right)^2 \times P_l \fallingdotseq \dfrac{1}{12} P_l$

Chapter 10 송배전선로의 운용과 보호

2부 전력공학 ▶ 1. 송배전 공학

① 단상 승압기

$$V_2 = e_1 + e_2 = V_1\left(1 + \frac{e_2}{e_1}\right) = V_1\left(1 + \frac{1}{a}\right)$$

$$\therefore e_2 = V_2 - e_1 = V_2 - V_1 [V] \quad \left(단, a = \frac{N_1}{N_2} = \frac{V_1}{V_2} = \frac{e_1}{e_2}\right)$$

- 승압기 용량(변압기 용량)=자기용량 $w = e_2 I_2 [kVA]$
- 선로용량=부하용량 $P = V_2 I_2 [kVA]$
- $\dfrac{부하 용량(P)}{자기 용량(w)} = \dfrac{V_2 I_2}{e_2 I_2}$ $\therefore P = w \times \dfrac{V_2}{e_2} [kVA]$

② 역률개선에 의한 배전계통의 효과

① 전력손실 감소
② 전압강하 감소
③ 변압기, 개폐기 용량감소

❸ 역률개선

① 분로 리액터(병렬 리액터) : 장거리 초고압 송전선 또는 지중계통 충전용량 보상용으로 주요 발·변전소에 설치, 지상만을 보상, 계통에 페란티 효과(현상)를 방지한다.
② 전력용 콘덴서(병렬 콘덴서) : 진상만을 보상
   역률 개선용 콘덴서 용량 $Q_c = P(\tan\theta_1 = \tan\theta_2)[kVA]$
③ 동기 조상기(동기 전동기) : 진상과 지상을 연속적으로 보상함으로서 역률을 개선한다.
④ 송전선로의 제3고조파는 변압기 △결선에서 제거되고 전력용 콘덴서(용량)에 약 5% 정도의 직렬 리액터가 제5고조파를 제거한다.

❹ 3상 단락전류

I_s(단락전류=차단전류)$= \dfrac{E}{Z} = \dfrac{E}{Z_g + Z_T + Z_l}$[A]

$\%Z = \dfrac{IZ}{E} \times 100$이다.

∴ I_s(단락전류=차단전류)$= \dfrac{100}{\%Z} I_n$[A]

∴ P_s(단락용량=차단용량)$= \dfrac{100}{\%Z} P_n$[kVA]

❺ 전력손실(P_l)과 전력손실률(K)

$P_l = 3I^2R = 3 \times (\dfrac{P}{\sqrt{3}\,V\cos\theta})^2 \times R ≒ \dfrac{1}{V^2} ≒ \dfrac{1}{\cos^2\theta}$[w]

$K = \dfrac{P_l}{P} = \dfrac{\dfrac{P^2R}{V^2\cos^2\theta}}{P} = \dfrac{PR}{V^2\cos^2\theta}$

P(송전전력)$= \dfrac{KV^2\cos^2\theta}{R}$[w]이다.

Chapter 10 적중예상문제

01 다음 그림에서 기기의 A점에 완전 지락 사고가 발생하였을 때, 기기 외함에 인체가 접촉되었다면 인체를 통하여 흐르는 전류를 구하여라. (단, 인체의 저항은 3000[Ω] 이라 한다.)

① 8[A]
② 2.8[A]
③ 0.028[A]
④ 0[A]

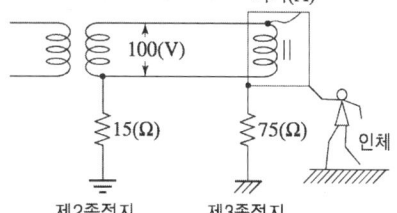

해설 제3종 접지저항과 인체의 저항은 병렬이다.

∴ 합성저항 $R_t = 15 + \dfrac{75 \times 300}{75 + 300}$ [Ω]이다. 등가회로는

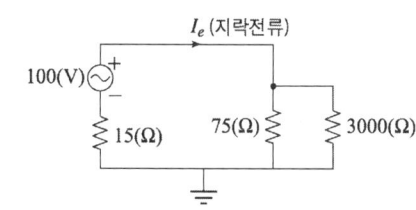

I_e(지락전류) $= \dfrac{V}{R_t} = \dfrac{100}{15 + \dfrac{75 \times 3000}{75 + 3000}} ≒ 1.134$[A]

∴ I_e'(인체에 흐르는 전류) $= \dfrac{75}{75+300} \times I_e = \dfrac{75}{375} \times 1.134 = 0.028$[A]

02 단상 승압기 1대를 사용하여 승압할 경우 1차 전압을 E_1이라 하면 2차 전압 V_2는 얼마나 되는가?

① $V_2 = V_1 + \left(\dfrac{e_1}{e_2}\right)V_1$
② $V_2 = V_1 + e_2$
③ $V_2 = V_1 + \left(\dfrac{e_2}{e_1}\right)V_1$
④ $V_2 = V_1 + e_1$

해설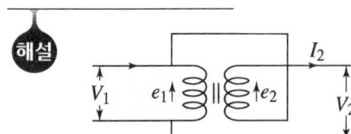

$e_1 \fallingdotseq V_1$, $a = \dfrac{e_1}{e_2}$

$V_2 = e_1 + e_2 = V_1 + \dfrac{1}{a}V_1 = V_1 + \left(\dfrac{e_2}{e_1}\right)V_1 \,[\text{V}]$

03 정격 전압 1차 6600[V], 2차 210[V]의 단상 변압기 2대를 승압기로 V결선하여 6300[V]의 3상 전원에 접속한다면 승압된 전압(V)은?

① 6600　　　　　　　　　　② 6500
③ 6200　　　　　　　　　　④ 6300

해설　$a = \dfrac{e_1}{e_2} = \dfrac{6600}{210}$

승압된 전압　$V_2 = e_1 + e_2 = V_1 + \dfrac{1}{a}V_1 = V_1\left(1 + \dfrac{1}{a}\right) = 6300\left(1 + \dfrac{1}{\dfrac{6600}{210}}\right) = 6500\,[\text{V}]$

04 단상 교류 회로에 3150/210[V]의 승압기를 80[kW], 역률 0.8인 부하에 접속하여 전압을 상승시키는 경우에 다음 중 몇 [kVA]의 승압기를 사용하여야 적당한가? (단, 전원 전압은 2900[V]이다.)

① 3　　　　　　　　　　② 5
③ 6.8　　　　　　　　　④ 10

해설　$a = \dfrac{e_1}{e_2} = \dfrac{3150}{210}$

$V_2 = e_1 + e_2 = V_1 + \dfrac{1}{a}V_1 = V_1\left(1 + \dfrac{1}{a}\right) = 2900\left(1 + \dfrac{210}{3150}\right) = 3093\,[\text{V}]$

∴ $P = V_2 I_2 \cos\theta\,[\text{W}]$에서 $I_2 = \dfrac{P}{V_2 \cos\theta}\,[\text{A}]$

∴ 자기용량(변압기 용량=승압기 용량)

$W = e_2 I_2 = e_2 \times \dfrac{P}{V_2 \cos\theta} = 210 \times \dfrac{80 \times 10^3}{3093 \times 0.8} \times 10^{-3} = 6.8\,[\text{kVA}]$

05 단권 변압기로 2400[V]의 전압을 3300[V]로 승압하여 용량 100[kW], 역률 85%(뒤짐)의 단상 부하에 전력을 공급하는 경우 자기 용량(kVA)은?

① 27　　　　　　　　　　② 32
③ 39　　　　　　　　　　④ 52

$V_2 = e_1 + e_2 [V]$
$\therefore e_2 = V_2 - e_1 = V_2 - V_1 = 3300 - 2400 = 900[V]$
부하 용량 $P = V_2 I_2 \cos\theta [W]$, $I_2 = \dfrac{P}{V_2 \cos\theta}[A]$
$\therefore W$(자기 용량 = 승압기 용량)$= e_2 I_2 = e_2 \times \dfrac{P}{V_2 \cos\theta} = 900 \times \dfrac{100 \times 10^3}{3300 \times 0.85} \times 10^{-3} = 32[kVA]$

06 1차 전압 6300[V]의 6%를 승압하는 승압기의 2차 직렬 권선의 유도전압(V)은?

① 178　　　　　　　　　② 268
③ 378　　　　　　　　　④ 578

1차 전압 6300[V]의 6%를 승압한 2차 직렬 권선의 유도전압 $e_2 = 6300 \times 0.06 = 378[V]$이다.

07 배전 계통에서 콘덴서를 설치하는 것은 여러 가지 목적이 있으나 그 중에서 가장 주된 목적은?

① 전압 강하 보상　　　　② 전력 손실 감소
③ 기기의 보호　　　　　④ 송전 용량 증가

배전 계통에서 콘덴서를 설치하는 주된 목적
• 역률 개선으로 인한 전력손실 감소
• 전압 보상으로 인한 전압강하 감소

08 어떤 콘덴서 3개를 선간전압 3300[V], 주파수 60[Hz]의 선로에 △로 접속하여 60[kVA]가 되도록 하려면 콘덴서 1개의 정전용량(μF)은 약 얼마로 하여야 하는가?

① 5　　　　　　　　　　② 50
③ 7　　　　　　　　　　④ 70

△결선에서는 $V_l = V_P \angle 0°[V]$이다.
$\therefore$ 용량 $P_c = 3EI_c = 3wCE^2 = 3 \times 2\pi f C E^2 [kVA]$
C(정전용량)$= \dfrac{P_c}{3 \times 2\pi f E^2} = \dfrac{60 \times 10^3}{3 \times 2\pi \times 60 \times (3300)^2} = 4.8 \times 10^{-6} = 4.8[\mu F]$

정답　05 ②　06 ③　07 ②　08 ①

09 3상의 전원에 접속된 3각형 콘덴서를 성형 결선으로 바꾸면 진상 용량은 몇 배가 되는가?

① 2
② $\sqrt{2}$
③ $\dfrac{1}{\sqrt{3}}$
④ $\dfrac{1}{3}$

해설 3상 Y성형(상)결선 $V_l = \sqrt{3}\,V_P\angle+30°[V]$
$V_P = \dfrac{V_l}{\sqrt{3}}[V]$
3상 △(환상)결선 $V_l = V_P\angle 0°\,[V]$이다.
진상 무효 전력량(용량)의 비에서 P_Y(진상 용량)은
$$\dfrac{P_Y}{P_\triangle} = \dfrac{3EI_c}{3EI_c} = \dfrac{3wCE^2}{3wCE^2} = \dfrac{3\times 2\pi fC\times \left(\dfrac{V}{\sqrt{3}}\right)^2}{3\times 2\pi fCV^2} = \dfrac{1}{3}$$
∴ P_Y(진상 용량)$= \dfrac{1}{3}P_\triangle$

 10 정격 용량 300[kVA]의 변압기에서 늦은 역률 70%의 부하에 300[kVA]를 공급하고 있다. 지금 합성 역률을 90%로 개선하여 이 변압기의 전용량의 것에 공급하려고 한다. 이때 증가할 수 있는 부하(kW)는?

① 60
② 86
③ 126
④ 144

해설 $P_1 = P_{a1}\cos\theta_1 = 300\times 0.7 = 210[\text{kW}]$
$P_2 = P_{a2}\cos\theta_2 = 300\times 0.9 = 270[\text{kW}]$
증가할 수 있는 부하
$W = P_2 - P_1 = 270 - 210 = 60[\text{kW}]$이다.

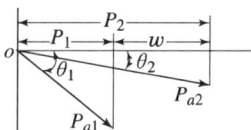

 11 어떤 공장의 소모 전력이 100[kW]이며 이 부하의 역률이 0.6일 때 역률을 0.9로 개선하기 위하여 필요한 전력 콘덴서의 용량은 몇 [kVA]인가?

① 약 40
② 약 65
③ 약 85
④ 약 90

해설 $\cos\theta_1 = 0.6$을 $\cos\theta_2 = 0.9$로 개선하기 위한 콘덴서의 용량
$$P_c = P(\tan\theta_1 - \tan\theta_2) = P\left(\dfrac{\sin\theta_1}{\cos\theta_1} - \dfrac{\sin\theta_2}{\cos\theta_2}\right) = 100\left(\dfrac{0.8}{0.6} - \dfrac{\sqrt{1-(0.9)^2}}{0.9}\right) \fallingdotseq 85[\text{kVA}]$$

12 당초 역률(지상) 80%로 60[kW]의 부하를 사용하고 있었는데 새로이 역률(지상) 60%로 40[kW]의 부하를 증가해서 사용하게 되었다. 이때 콘덴서로 합성 역률을 90%로 개선하려고 할 경우 콘덴서의 소요 용량(kVA)은 대략 얼마인가?

① 45
② 42
③ 50
④ 58

  2개 부하역률을 각각 90%로 개선하는데 필요한 각각의 콘덴서 용량

$$P_{r1} = P_1(\tan\theta_1 - \tan\theta_2) = P_1\left(\frac{\sin\theta_1}{\cos\theta_1} - \frac{\sqrt{1-(\cos\theta_2)^2}}{\cos\theta_2}\right) = 60\left(\frac{0.6}{0.8} - \frac{\sqrt{1-(0.9)^2}}{0.9}\right) = 16[\text{kVA}]$$

콘덴서 용량 $P_{r2} = P_2(\tan\theta_1 - \tan\theta_2) = P_2\left(\frac{\sin\theta_1}{\cos\theta_1} - \frac{\sqrt{1-(\cos\theta_2)^2}}{\cos\theta_2}\right)$

$$= 40\left(\frac{0.6}{0.8} - \frac{\sqrt{1-(0.9)^2}}{0.9}\right) = 34[\text{kVA}]$$

∴ 합성 역률을 90%로 개선하는데 필요한 콘덴서의 용량 $P_{rc} = P_{r1} + P_{r2} = 16 + 34 = 50[\text{kVA}]$ 이다.

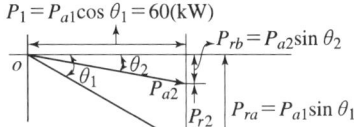

$P_{r1} = P_{ra} - P_{rb} = P_1(\tan\theta_1 - \tan\theta_2) \cdots ㉠$

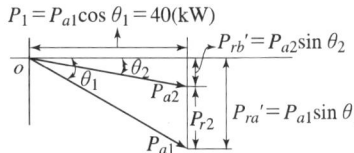

$P_{r2} = \dot{P}_{ra} - \dot{P}_{rb} = P_2(\tan\theta_1 - \tan\theta_2) \cdots ㉡$

∴ 콘덴서의 소요 용량 $P_{rc} = P_{r1} + P_{r2}$ 이다.

13 부하의 역률이 $\cos\theta$일 때 배전 선로의 저항 손실은 동일 부하전력에서 역률이 1일 때의 몇 배인가?

① 1
② $\dfrac{1}{\cos\theta}$
③ $\cos^2\theta$
④ $\dfrac{1}{\cos^2\theta}$

 부하에 역률이 $\cos\theta$일 때 선로 손실

$$P_{l\cos\theta} = 3I^2R = 3\times\left(\frac{P}{\sqrt{3}\,V\cos\theta}\right)^2 R = \frac{P^2R}{V^2\cos^2\theta} \fallingdotseq \frac{1}{\cos^2\theta} \cdots ㉠$$

부하역률 $\cos\theta = 1$일 때 선로 손실

$$P_{l1} = \frac{P^2R}{V^2\cos^2\theta} \fallingdotseq \frac{1}{\cos^2\theta} = \frac{1}{1} = 1 \cdots ㉡ \qquad \therefore \frac{P_{l\cos\theta}}{P_{l1}} = \frac{\frac{1}{\cos^2\theta}}{1} = \frac{1}{\cos^2\theta}$$

14 역률 개선으로 역률이 0.6에서 0.93으로 되면 전력 손실은 처음의 약 몇 %인가?

① 약 25
② 약 35
③ 약 42
④ 약 68

 선로 손실 $P_l = \dfrac{1}{\cos^2\theta}$ 이다.

$\therefore \dfrac{P_{l0.93}}{P_{l0.6}} = \dfrac{\dfrac{1}{(0.93)^2}}{\dfrac{1}{(0.6)^2}} \times 100 = \dfrac{(0.6)^2}{(0.93)^2} \times 100 = 42\%$ 이다.

15 동일한 전압에서 동일한 전력을 송전할 때 역률을 0.6에서 0.93으로 개선하면 전력 손실은 몇 % 감소되는가?

① 65
② 58
③ 32
④ 25

 선로 손실 $P_l = \dfrac{1}{\cos^2\theta}$ 이다.

$\dfrac{P_{l0.93}}{P_{l0.6}} = \dfrac{\dfrac{1}{(0.93)^2}}{\dfrac{1}{(0.6)^2}} = \dfrac{(0.6)^2}{(0.93)^2} \fallingdotseq 0.42$

∴ 전력 손실의 감소는 $1 - 0.42 = 0.58 = 58\%$ 감소된다.

16 100[V]에서 전력 손실률 0.1인 배전 선로에서 전압을 200[V]로 승압하고 그 전력 손실률을 0.05로 하면 전력은 몇 배 증가시킬 수 있는가?

① $\dfrac{1}{2}$
② $\sqrt{2}$
③ 2
④ 1

 전력 손실률 $K = \dfrac{P_l}{P} = \dfrac{PR}{V^2 \cos^2\theta}$

∴ 송전력(전력) $P = \dfrac{KV^2 \cos^2\theta}{R} \fallingdotseq KV^2$ [W]

$\therefore \begin{array}{l} P \fallingdotseq KV^2 \\ P' \fallingdotseq K'(V')^2 \end{array}$ 에서 $P' = \dfrac{K'(V')^2}{KV^2} \times P = \dfrac{0.05 \times (200)^2}{0.1 \times (100)^2} \times P = 2P$

∴ 송전 전력은 2배가 된다.

17 주상 변압기에서 시설하는 캐치 호울더는 다음 어느 부분에 직렬로 삽입하는가?

① 1차측 1선 ② 1차측 양선
③ 2차측 비접지측선 ④ 2차측 접지된 선

해설 주상 변압기의 1차측 보호는 컷아웃-스위치(C.O.S), 2차측의 보호는 캐치 호울더(catch holder)를 2차측 비접지측선과 직렬로 삽입해서 주상 변압기를 보호한다.

18 배전용 변압기의 과전류에 대한 보호장치로서 고압측에 설치하는 데 적합하지 않은 것은?

① 애자형 개폐기 ② 고압 컷아웃 스위치
③ CF 차단기 ④ 캐치 호울더

해설 캐치 호울더는 주상 변압기 2차측 보호용이다.

19 자가 변전소의 1차측 용량 결정에 관계되는 것은?

① 부하 설비 용량 ② 공급측의 전기설비 용량
③ 수전 계약 용량 ④ 부하 부하율

해설 자가 변전소의 1차측 차단기의 용량 결정은 차단기로부터 공급원(전원)까지의 % impedance 와 공급측의 전기설비 용량(P_n)에 의해 결정된다.

∴ P_s(1차 차단 용량) $= \dfrac{100}{\%Z} \times P_n$ 이다.

20 옥내 배선의 지름을 결정하는 가장 중요한 요소는?

① 허용 전류 ② 전압 강하
③ 옥내 구조 ④ 기계적 강도

해설 옥내 배선의 지름은 허용 전류의 값에 의해 결정된다.

21 일반적으로 행해지고 있는 저압 옥내 배선의 준공검사 종류의 조합이 적절한 것은?

① 절연저항 측정, 온도 상승 시험, 접지저항 측정
② 절연저항 측정, 접지저항 측정, 절연 내력 측정
③ 온도 상승 시험, 도통시험, 접지저항 측정
④ 절연저항 측정, 접지저항 측정, 도통 시험

저압 옥내 배선의 준공검사는 일반적인 경우는 절연저항 측정, 접지저항 측정, 도통 시험을 한다. 공장인 경우는 절연 내력 시험과 온도 상승 시험을 제작시 행한다.

22 100[V]의 수용가를 220[V]로 승압했을 때 특별히 교체하지 않아도 되는 것은?

① 백열 전등의 기구
② 옥내 배선의 전선
③ 형광등의 안정기
④ 콘센트와 플러그

 100[V]의 수용가를 220[V]로 승압시
- 콘센트와 플러그는 220[V]용으로 교체한다.
- 전구와 안정기도 교체해야 한다.

23 가공 배전 선로에 있어 고압선과 저압선과의 혼촉에 의한 위험을 방지하는데 필요한 시설은 무엇인가?

① 제1종 접지공사
② 제2종 접지공사
③ 특별 제3종 접지공사
④ 제3종 접지공사

 제2종 접지공사는 고압선과 저압선의 혼촉에 의한 위험을 방지하는 시설공사이다.

Chapter 11 수력 공학

2부 전력공학 ▶ 2. 수화력 및 원자력 공학

❶ 수두

① 위치수두 : $H[\text{m}]$

② 압력수두 : $\dfrac{P}{w} = \dfrac{P}{1000}[\text{m}]$

③ 속도수두 : $\dfrac{V^2}{2g}[\text{m}]$

- w : 물 단위 부피의 무게 $= 1000[\text{kg/m}^3]$
- P : 수압의 세기 $[\text{kg/m}^2]$
- V : 유속 $[\text{m/sec}]$
- g : 중력 가속도 $\fallingdotseq 9.8[\text{m/sec}^2]$

❷ 베르누이의 정리(손실이 무시될 경우)

$$H + \dfrac{P}{w} + \dfrac{V^2}{2g} = k(\text{일정})$$

물의 이론 분출속도 $V = \sqrt{2gH}\,[\text{m/sec}]$

❸ 수력발전소의 이론 출력

$P = 9.8QH[\text{kW}]$

- Q : 유량 $[\text{m}^3/\text{sec}]$
- H : 유효낙차 $[\text{m}]$

④ 양수 펌프용 전동기의 출력

$$P = \frac{9.8\,QH}{\eta} = \frac{9.8 \times \frac{Q}{60} H}{\eta}\,[\text{kW}]$$

- η : 펌프 효율
- H : 총양정[m]
- Q : 양수량[m³/sec]

조정지의 필요 저수 용량 $= (Q_2 - Q_1) \times T \times 3600\,[\text{m}^3]$

- Q_2 : 첨두부하일 때의 사용유량[m³]
- Q_1 : 1일 평균 사용유량[m³]
- T : 첨두부하 계속시간[h]

⑤ 유량도표

① 유출계수 $= \dfrac{\text{하천유량}}{\text{강우량}} \times 100 = 60\%$ 이다.

② 유량도 : 횡축(365일 역일순), 종축(매일의 유량, 수위, 기후)을 연결한 곡선

③ 유량 곡선 : 유량도를 기초로 하여 횡축(365일), 종축(유량)을 취하여 유량이 큰 것부터 순차적으로 연결하여 배선한 곡선

④ 적산 유량곡선 : 유량도를 기초로 하여 횡축(1년 365일 역일순), 종축(유량의 누계)으로 만든 곡선

⑤ 수위 유량곡선 : 횡축(유량), 종축(수위)와의 관계곡선

⑥ 상수조 및 조압수조

1) 상수조
수로식 발전소의 수로 말단에 설치하는 수조로 수압관을 연결 사용한다.

2) 조압수조
수로가 압력 터널에 연결되어
① 부하 변동에 대해 수격압을 흡수한다.
② 수량 변동에 대해 서지 작용을 흡수하는 수조이다.

3) 조압 수조의 종류
단동조합 수조, 차동조합 수조, 수질조합 수조, 재수공, 조합 수조가 있다.

❼ 수압관과 수차

1) 수압관의 지름

$$D = \sqrt{\frac{4Q}{\pi V}} \, [\text{m}]$$

- Q : 유량[m³/sec]
- V : 수압관 내의 유속은 2~4[m/sec]

2) 수차의 종류

① 펠턴수차
  ㉠ 350[m] 이상
  ㉡ 고낙차에 이용
  ㉢ 경부하시 효율이 좋다.

② 프란시스 수차
  ㉠ 45~350[m]
  ㉡ 중낙차에 용이하다.
  ㉢ 경부하시 낙차가 변화하면 효율이 크게 저하한다.

③ 프로펠러 수차
  ㉠ 45[m] 이하
  ㉡ 저낙차에 용이하다.
  ㉢ 낙차나 부하변화에 효율 변화가 크다.

④ 카플란 수차
  ㉠ 프로펠러 수차의 버너 각도를 변화시키는 복잡한 구조이다.
  ㉡ 낙차나 부하 변화에 효율저하는 작고 흡출관이 꼭 필요하다.

3) 수차의 특유속도

$$N_s = N \frac{\sqrt{P}}{H^{\frac{5}{4}}} \, [\text{rpm}]$$

- N : 정격 회전수
- H : 유효낙차
- P : 유효낙차에서의 최대출력

① 펠톤수차 : $12 \leq N_s \leq 21$ 전부하까지 효율변화가 작으며, 경부하시 효율이 좋다.

② 프란시스 수차 : $N_s \leq \frac{13.000}{H+20} + 50 \, (45 \sim 350[\text{rpm}])$

  ㉠ 저속도형 : 65~250[rpm]
  ㉡ 중속도형 : 150~250[rpm]
  ㉢ 고속도형 : 250~350[rpm]

③ 카플란 수차 : $N_s \leq \frac{20.000}{H+20}$ (350~800[rpm]) 부분변화에 대한 효율변화가 작다.

4) 낙차변화에 대한 특성변화

① 회전수 : $\dfrac{N_2}{N_1} = \left(\dfrac{H_2}{H_1}\right)^{\frac{1}{2}}$

② 유량 : $\dfrac{Q_2}{Q_1} = \left(\dfrac{H_2}{H_1}\right)^{\frac{1}{2}}$

③ 출력 : $\dfrac{P_2}{P_1} = \left(\dfrac{H_2}{H_1}\right)^{\frac{3}{2}}$

$\begin{bmatrix} N[\text{rpm}] \\ Q[\text{m}^3/\text{sec}] \\ P[\text{kW}] \\ H[\text{m}] \end{bmatrix}$

5) 흡출관

① 수차의 출구에서부터 방수로 수면까지를 연결하는 관이다.

② 흡출고의 최대 한도는 7.5[m]이다.

③ 흡출관에 이상이 생기면 캐비테이션을 일으킨다.

6) 수차

① 버너에 물을 분사하여 힘을 작용시키는 장치이다.

② 조속기 : 수차의 속도를 조정, 출력을 가감하는 장치이다.

∴ 조속기가 너무 예민하면 탈조를 일으킨다.

Chapter 11 적중예상문제

01 1[kg/cm²]의 수압의 압력수두(m)는?

① 1
② 10
③ 5
④ 50

 W(단위 부피당의 물의 무게)$=1000[\text{kg/m}^3]$
P(압력의 세기)$=1[\text{kg/cm}^2]=10^4[\text{kg/m}^2]$
∴ 압력 수두 $H=\dfrac{P}{W}=\dfrac{10,000}{1,000}=10[\text{m}]$

02 v[m/s]인 등속 정류의 물의 속도 수두(m)는? [단, g는 중력 가속도(m/s²)이다.]

① $\dfrac{v}{2g}$
② $\dfrac{v^2}{2g}$
③ $2vg^2$
④ $2gv$

 h[m]의 높이에 있는 물 m[kg]의 위치 Energy$=mgh$[J]와
물의 운동 Energy$=\dfrac{1}{2}mv^2$[H]는 서로 같다(에너지 보존 법칙에서).
∴ $mgh=\dfrac{1}{2}mv^2$에서 h(물의 속도 수두)$=\dfrac{v^2}{2g}$[m]이다.

03 유효 낙차 H[m]인 펠톤 수차의 노즐로부터 분출하는 물의 속도(m/sec)는? (단, g는 중력 가속도라 한다.)

① $\sqrt{gH}$
② $\sqrt{2gH}$
③ $\sqrt{\dfrac{H}{2g}}$
④ $\dfrac{H}{2g}$

 물의 분출 속도 $V=\sqrt{2gH}$[m/sec]

정답 01 ② 02 ② 03 ②

04 유효 낙차 H[m], 유량 Q[m³/s]로 얻을 수 있는 이론 수력(kW)은?

① $13.33HQ$　　　② HQ
③ $9.8HQ$　　　　④ $98HQ$

 수력 발전소의 이론 출력(수력) $P = 9.8QH$[kW]이다.

05 양수량 Q[m³/s], 총양정 H[m], 펌프 효율 η인 경우 양수 펌프용 전동기의 출력(kW)은? (단, k는 비례상수라 한다.)

① $k\dfrac{Q^2H^2}{\eta}$　　　② $k\dfrac{Q^2H}{\eta}$
③ $k\dfrac{QH}{\eta}$　　　　④ $\dfrac{kQH^2}{\eta}$

 양수 펌프용 전동기의 출력

$P = \dfrac{9.8QH}{\eta} = \dfrac{9.8 \times \dfrac{Q}{60} \times H}{\eta} = \dfrac{kQH}{\eta}$ [kW]

(단, $k = \dfrac{9.8}{60}$ 이다.)

06 유효 낙차 50[m], 이론 최대 출력 4900[kW]일 때 유량 Q[m²/s]는?

① 10　　　② 15
③ 30　　　④ 45

 수력 발전소의 이론 출력 $P = 9.8QH$[kW]

유량 $Q = \dfrac{P}{9.8H} = \dfrac{4900}{9.8 \times 50} = 10$ [m/sec]이다.

07 양수량 40[m³/min], 총양정 13[m]의 양수 펌프용 전동기의 소요 출력(kW)은?

① 100　　② 300
③ 190　　④ 50

 양수 펌프용 전동기의 효율은 0.8 이상이어야 한다.
∴ 양수 펌프용 전동기의 출력

$P = \dfrac{9.8QH}{\eta} = \dfrac{9.8 \times \dfrac{40}{60} \times 13}{0.8} = 106$ [kW]

08 조정지 용량 100,000[m³], 유효 낙차 100[m]인 수력 발전소가 있다. 조정지의 전용량을 사용하여 발생시킬 수 있는 전력량(kWh)은 대략 얼마인가? (단, 수차 및 발전기의 종합 효율을 75%로 하고, 유효 낙차는 거의 일정하다고 본다.)

① 26,000
② 25,000
③ 36,000
④ 45,000

 수력 발전소에서의 발전 출력 $P = 9.8QH\eta_g\eta_t$ [kW]
∴ 발전소 발전 전력량
$W = P \times h = 9.8QH\eta_t\eta_g \times \dfrac{1}{60 \times 60} = 9.8 \times 100,000 \times 100 \times 0.75 \times \dfrac{1}{60 \times 60} = 26416.7$ [kWh]

09 양수 발전의 목적은?

① 연간 평균 발전 출력(kW)의 증가
② 연간 발전량(kWh)의 증가
③ 연간 발전 비용(원)의 감소
④ 연간 발전 발전량(kWh)의 증가

 양수 발전기의 목적 : 잉여 전력을 이용, 물을 양수하여 발전함으로 인하여 연간 발전비용(원)을 감소시킨다.

10 연간 최대 전력이 P[kW], 소비 전력량이 A[kWh]일 때, 연부하율(%)은? (단, 1년은 365일이다.)

① $\dfrac{8760 \times P}{A} \times 100$
② $\dfrac{A}{365 \times P} \times 100$
③ $\dfrac{A}{8760 \times P} \times 100$
④ $\dfrac{365P}{A} \times 100$

 연부하율 = $\dfrac{\text{연 평균 전력}}{\text{최대 전력}} \times 100 = \dfrac{\frac{\text{평균 전력}}{365 \times 24}}{\text{최대 전력}} \times 100 = \dfrac{\text{평균 전력}}{365 \times 24 \times \text{최대 전력}} \times 100 = \dfrac{A}{8760 \times P} \times 100$

11 발전소에 있어서 어느 기간 내의 평균 발전 전력을 발전소의 인가 최대 전력으로 나눈 값을 무엇이라 하는가?

① 발전율
② 부하율
③ 용량률
④ 설비 이용률

부하율= $\dfrac{평균\ 전력}{최대\ 전력} \times 100$ 으로서 부하율이 크다는 것은 가동률이 높다는 것이다.

12 유출계수란?

① $\dfrac{하천\ 유량}{강우량}$ ② $\dfrac{전\ 유출량}{유역\ 면적}$

③ $\dfrac{전\ 강우량}{전\ 유출량}$ ④ $\dfrac{증발량}{전\ 유출량}$

 유출계수= $\dfrac{하천\ 유량}{강우량} \times 100 = 60\%$ 이다.

13 유역 면적 365[km²]인 발전 지점에서 연 강수량이 2400[mm]일 때 강수량의 1/3이 이용된다면 연평균 수량(m³/s)은?

① 5.26 ② 6.26
③ 9.26 ④ 10.26

 유량 Q의 단위(m³/sec)로 환산한다.

유역 면적= $365[\mathrm{km}^2] = 365 \times 1000^2 [\mathrm{m}^2]$

강우량= $2400[\mathrm{mm}] = \dfrac{2400}{1000}[\mathrm{m}]$

1년 동안의 평균 유량 $Q_t = \dfrac{유역\ 면적 \times 강수량 \times 1년[\mathrm{m}^3]}{365 \times 24 \times 3600[\sec]} = \dfrac{365 \times 1000^2 \times \dfrac{2400}{1000} \times 1}{365 \times 24 \times 3600}$

$= 27.78[\mathrm{m}^3/\sec]$ 에서 1/3이 이용되므로 유효 평균 유량

$= 27.78 \times \dfrac{1}{3} = 9.26[\mathrm{m}^3/\sec]$

14 1년 중 365일 이상 매일 일정 시간만 발생할 수 있는 출력은?

① 예비 출력 ② 보급 출력
③ 상시 첨두 출력 ④ 특수 출력

 조정지 또는 저수지에서 하천의 유량을 조절하여 첨두부하로 매일 일정 시간만 출력을 발생할 수 있는 상시 첨두 출력을 말한다.

15 유속계로 하천의 유속을 측정할 때 2점법으로 재지는 것은 수심의 몇 % 점인가?

① 40%와 60% ② 5%와 35%
③ 20%와 80% ④ 30%와 80%

- 유속은 수심에 따라 다르다.
- 수심의 60%가 평균 유속이다.
- 1점법은 수심의 60%가 평균 유속이고, 2점법은 수심의 20%와 80%의 유속을 평균 유속으로 한다.

16 취수구에 제수문을 설치하는 목적은?

① 낙차를 높인다. ② 모래를 걸러낸다.
③ 홍수위를 낮춘다. ④ 유량을 조절한다.

취수구에 제수문을 설치하는 목적은 유량(취수량)을 조절하며, 수로나 수압관을 수리할 때 물 유입을 단절시키는 역할도 한다.

17 무압 수로의 일반적인 설계 유속(m/s)은?

① 1 ② 3
③ 5 ④ 7

무압 수로의 일반적인 설계 유속은 2~3[m/sec]이다.

18 조압 수조의 목적은?

① 압력 터널의 보호 ② 수압 철관의 보호
③ 여수의 관리 ④ 수차의 보호

조압 수조의 설치 목적 : 발전소에서 부하급변 또는 차단시에는 수격압 작용과 서지 작용이 일어난다. 이 수격압 작용과 서지 작용을 조압 수조가 흡수(완화)하여 수압 철관을 보호한다.

19 수력 발전소 서지 탱크(surge tank)의 설치 목적으로 옳지 않은 것은?

① 흡출관의 보호를 취한다.
② 부하의 변동시 생기는 수격압을 경감시킨다.
③ 유량 조절을 한다.
④ 수격압이 압력 수로에 미치는 것을 방지한다.

서지 탱크(surge tank)의 설치 목적
- 유량을 조절한다.
- 부하 급변 또는 차단시 생기는 수격압을 경감시킨다.
- 수격압이 압력 수로에 미치는 것을 방지한다.

20 고낙차 소수량 발전에 쓰이는 수차의 입구 밸브로서 적당한 것은?
① 슬로우스 밸브　　　　　　② 존슨 밸브
③ 로터리 밸브　　　　　　　④ 버터플라이 밸브

- 슬로우스 밸브 : 고낙차 소수량용
- 존슨 밸브(니들 밸브) : 고낙차 대수량용
- 버터플라이 밸브 : 중낙차용
- 로터리 밸브 : 어떤 낙차에도 사용 가능(일반 수력 발전소에는 잘 사용하지 않는다.)

21 유효 낙차 400[m]의 펠톤 수차의 노즐에서 분사되는 물의 속도(m/sec)는?
① 10　　　　　　　　　　　② 20
③ 90　　　　　　　　　　　④ 100

 물의 속도 $v = \sqrt{2gH} = \sqrt{2 \times 9.8 \times 400} \fallingdotseq 88.54 \fallingdotseq 90 [\text{m/sec}]$

22 수차의 특유 속도(specific speed) 공식은? (단, 유효 낙차를 H, 출력을 P, 회전수를 N, 특유 속도를 N_s라 한다.)
① $N_s = N\dfrac{P^{1/2}}{H^{5/4}}$　　　　② $N_s = \dfrac{H^{5/4}}{NP}$
③ $N_s = \dfrac{NP^2}{H^{5/4}}$　　　　　④ $N_s = \dfrac{NP^{1/4}}{N^{5/4}}$

 수차의 특유 속도
$N_s = N \times \dfrac{P^{1/2}}{H^{5/4}} [\text{rpm}]$

23 낙차 290[m], 회전수 500[rpm]인 수차를 225[m]의 낙차에서 사용할 때의 회전수(rpm)는 얼마로 하면 적당한가?
① 400　　　　　　　　　　② 440
③ 520　　　　　　　　　　④ 580

낙차 변화에 대한 회전수의 변화에서 $\dfrac{N_2}{N_1} = \left(\dfrac{H_2}{H_1}\right)^{1/2}$

∴ $\dfrac{N_2}{500} = \left(\dfrac{225}{290}\right)^{1/2}$ 에서 $N_2 = 500 \times \sqrt{\dfrac{225}{290}} = 500 \times 0.88 = 440 [\text{rpm}]$

24 특유속도가 가장 작은 수차는?

① 펠톤 수차 ② 프란시스 수차
③ 카플란 수차 ④ 프로펠러 수차

 특유속도가 크면, 회전 날개 매수는 감소하고, 경부하시 효율 저하가 더욱 심하다.
∴ 일반적으로 특유속도는 펠톤 수차=12~21, 프란시스 수차=45~350, 프로펠러 수차=350~800으로서 펠톤 수차의 특유 속도가 제일 작다.

25 수차의 무구속시 속도의 상승률이 최대인 것은?

① 카플란 수차 ② 프란시스형 가역 펌프 수차
③ 프란시스 수차 ④ 펠톤 수차

 카플란 수차의 특성
- 흡출관이 꼭 필요하다(흡출관 출구에서의 경제적인 유수 속도는 1~2[m/sec]이다).
- 모든 출력에서 효율이 제일 좋다.
- 특유속도(N_s)가 가장 크므로 무구속 속도의 상승률도 최대로 크다.
- 카플란 수차의 러너 날개 매수는 유효 낙차 5~20[m] 범위에서는 4~5개, 유효낙차 35[m] 범위에서는 6개, 40[m]를 넘는 경우는 7~8개이다.

26 프로펠러 수차에서는 특유속도가 높아지면 회전 날개의 매수는?

① 변하지 않는다. ② 낙차에 따라 증가한다.
③ 감소한다. ④ 증가한다.

 프로펠러 수차에서 특유속도가 높아지면 회전 날개의 매수를 감소시켜 손실을 적게 한다.

27 캐비테이션(cavitation) 현상에 의한 결과로 적당하지 않은 것은?

① 수차 레버 부분의 진동 ② 수차 러너의 부식
③ 흡출관의 진동 ④ 수차 효율의 증가

수차의 캐비테이션 현상의 결과와 방지책
- 캐비테이션 현상의 결과 : 수차 러너의 부식, 수차 레버 부분의 진동, 흡출관의 진동 등으로 효율이 감소된다.
- 캐비테이션 현상의 방지책 : 흡출구를 작게 한다. 경부하 및 과부하 운전을 피한다. 수차의 특유속도 및 회전속도를 적게 한다. 흡출관 상부에 적당량의 공기를 도입한다.

28 수력 발전소의 수차 발전기를 정지시키도록 다음과 같은 동작을 하였다. 동작 순서가 옳은 것은?

> 가. 주밸브(main valve)를 닫음과 동시에 모든 수문을 닫는다.
> 나. 여자기의 여자 전압을 내려 발전기의 전압을 내린다.
> 다. 주개폐기를 열어 무부하로 한다.
> 라. 조속기의 유압조정장치를 핸들에 옮겨 니이들 밸브 또는 가이드 밸브를 닫아 수차를 정지시키고 곧 주밸브를 닫는다.

① 라 → 다 → 나 → 가
② 가 → 나 → 다 → 라
③ 나 → 라 → 가 → 다
④ 다 → 나 → 라 → 가

 수력 발전소에서 수차 발전기를 정지시키는 순서이다.

29 부하변동에 있을 경우 수차(또는 증기 터빈) 입구의 밸브를 조작하는 기계식 조속기 각 부의 동작순서는?

① 압 밸브 → 평속기 → 서보 전동기 → 복원 기구
② 배평속기 → 복원 기구 → 배압 밸브 → 서보 전동기
③ 평속기 → 배압 밸브 → 서보 전동기 → 복원 기구
④ 평속기 → 배압 밸브 → 복원 기구 → 서보 전동기

 부하 변동시 기계식 조속기의 동작 순서이다.

30 수차의 조속기 시험을 할 때 폐쇄시간이 길게 되도록 조속기의 기구를 조정하여 부하를 차단하면 수차는 어떻게 되는가?

① 회전 속도의 상승률이 늘고, 수추작용이 감소한다.
② 회전 속도의 상승률이 증가하고 수추작용도 커진다.
③ 회전 속도의 상승률이 줄고, 수추작용은 커진다.
④ 회전 속도의 상승률이 줄고 수추작용은 커진다.

수차의 조속기 시험
- 조속기 폐쇄시간이 길면, 수차의 회전수가 증가되며, 수추작용은 감소된다.
- 조속기 폐쇄시간이 짧으면, 수차의 속도 변동율이 작아진다.
- 수차의 조속기가 너무 예민하면 난조를 일으킨다.
  ※ 방지책 : 자극 표면에 제동권선을 설치한다. 또는 발전기에 관성 모멘트를 크게 한다.

31 평균 유효 낙차 46[m], 평균 사용 수량 5.5[m³/s]이고, 유효 저수량 43000[m³]의 조정지를 가진 수력 발전소가 그림과 같은 부하 곡선으로 운전할 때 첨두 출력 발전량은 얼마인가? (단, 수차 및 발전기의 종합 효율은 80%이다.)

① 4523[kW]
② 4137[kW]
③ 5120[kW]
④ 5225[kW]

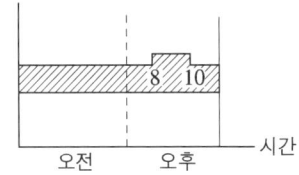

 평균 유량 $Q_1 = 5.5$[m³/sec]에 의한 출력
$P_1 = 9.8 Q_1 H \eta = 9.8 \times 5.5 \times 46 \times 0.8 = 1983.5$[kW] ⋯ ㉠

조정지의 유효저수량 4300[m³]을 8시~10시까지 사용 시,

평균 유량 $Q_2 = \dfrac{4300}{2 \times 60 \times 60} = 5.972$[m³/sec]에 의한 출력

$P_2 = 9.8 Q_2 H \eta = 9.8 \times 5.972 \times 46 \times 0.8 = 2153.7$[kW] ⋯ ㉡

∴ ㉠+㉡가 첨두 출력 발전량 $P = P_1 + P_2 = 1983.5 + 2153.7 = 4137.2$[kW]이다.

Chapter 12 화력 공학

2부 전력공학 ▶ 2. 수화력 및 원자력 공학

❶ 단위: 1[kwh]=860[kcal]

$$1[BTU] = 252[cal]$$

1기압, 1[kg]의 건조 포화증기의 엔탈피는 639[kcal/kg]이다. 수증기의 임계압력은 225.6[kg/cm^2]이다.

❷ 용어해설

① **엔탈피** : 각 온도에 있어서의 물 또는 증기의 보유열량
② **액화열** : 증기 1[kg]의 잠열
③ **증기 엔탈피** : 증기 1[kg]의 보유열량
④ **기화열(증발열)** : 증기 1[kg]의 기화열량
⑤ **과열도** : 과열증기의 온도와 포화증기 온도와의 차를 말한다.

❸ 열 사이클 방식

① **재생 사이클 방식** : 열효율을 역학적으로 증진시키는 방식이다.
② **재열 사이클 방식** : 열효율 향상과 증기내부 손실을 경감시키는 방식이다.
③ **재생·재열 사이클 방식** : 재생 사이클 방식과 재열 사이클 방식을 겸비한 방식으로 고온, 고압의 기력발전소에 채용된다.

④ 화력발전소의 열효율

$$\eta = \frac{860\,E}{wC} \times 100$$

$\begin{bmatrix} w : 석탄량[kg] \\ C : 발열량[kcal/kg] \end{bmatrix}$

① 입력(석탄 발열량)= wC[kcal]이다.
② 출력(발전 전력량)= $860\,E$[kcal]이다.
※ 화력발전소에 가장 큰 손실은 복수기, 냉각 후에 빼앗기는 손실이다.

Chapter 12 적중예상문제

01 증기의 엔탈피란?

① 증기 1[kg]의 잠열
② 증기 1[kg]의 보유 열량
③ 증기 1[kg]의 증발열을 그 온도로 나눈 것
④ 증기 1[kg]의 기화 열량

 증기의 엔탈피란 1[kg]의 보유 열량을 말한다.

02 1기압, 1[kg]의 건조 포화 증기의 엔탈피(kcal/kg)는?

① 100
② 339
③ 639
④ 939

 1기압, 1[kg]의 건조 포화 증기의 엔탈피 ⇒ 639[kcal/kg]이다.

03 과열도란 무엇인가?

① 과열 증기의 온도
② 포화수가 과열수에서 상승한 온도
③ 과열 증기의 온도와 그 압력에 상당한 포화 증기의 온도와의 비율
④ 과열 증기의 온도와 그 압력에 상당한 포화 증기의 온도와의 차

 과열도란 과열 증기의 온도와 그 압력에 상당한 포화 증기의 온도와의 차를 말한다.

04 기력발전소의 열효율을 올리는 데 가장 효과적인 것은?

① 연소용 공기의 예열
② 포화 증기 가열
③ 재생·재열 사이클 채용
④ 절탄기의 사용

 기력발전소의 열효율을 올리는 데는 재생·재열 사이클이 채용된다.

정답 01 ② 02 ③ 03 ④ 04 ③

05 종축에 절대 온도 T, 횡축에 엔트로피 s를 취할 때 $T-s$선도에 있어서 단열 변화를 나타내는 것은?

①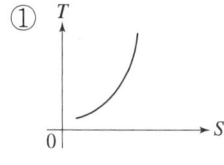
②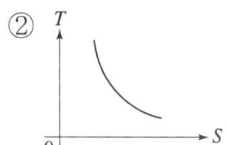
③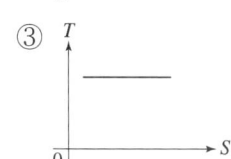
④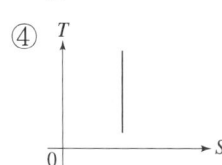

 엔트로피(entropy) $\triangle s = \dfrac{\triangle Q}{T}$ 이다.

∴ 단열 변화에 있어서는 열량의 변화가 없으므로 엔트로피의 변화도 없다(즉, $\triangle Q = 0$, $\triangle s = 0$이다).

∴ s(엔트로피)는 T(온도)에 관계없이 일정하다.

06 아래 표시한 것은 기력발전소의 기본 사이클이다. 순서가 맞는 것은?

① 급수 펌프 → 보일러 → 터빈 → 과열기 → 복수기 → 다시 급수 펌프로
② 급수 펌프 → 보일러 → 과열기 → 터빈 → 복수기 → 다시 급수 펌프로
③ 보일러 → 급수 펌프 → 과열기 → 복수기 → 급수 펌프 → 다시 보일러로
④ 과열기 → 보일러 → 복수기 → 터빈 → 급수 펌프 → 축열기 → 다시 과열기로

 기력발전소의 기본 사이클이다.

07 가장 열효율이 좋은 사이클은?

① 우드 사이클
② 랭킨 사이클
③ 카르노 사이클
④ 재생·재열 사이클

 재생·재열 사이클은 열효율을 역학적으로 증진시키는 재생방식과 열효율 향상과 증기 내부 손실을 경감시키는 재열방식의 특징을 겸비한 사이클로서 열효율 향상을 위해 고온, 고압 기력발전소에 채용된다.

08 탄소 1[kg]을 완전 연소시키는데 요하는 공기의 양(kg)은?

① $\dfrac{8}{3}$
② 11.6
③ 14.2
④ 17.5

석탄 연소시 화학변화는 $C + O_2 = CO_2$ 이다.

탄소 12[kg]과 산소 32[kg]에서 탄산가스 44[kg]이 만들어진다.

∴ 탄소 1[kg]을 완전 연소시키는데 필요한 산소중량은 $\frac{32}{12} = \frac{8}{3}$[kg]이다.

또, 공기중의 산소 함유량은 23%이다.

∴ 탄소 1[kg]을 완전연소 시키는데 소요되는 공기중량은 $\frac{8}{3} \times \frac{1}{0.23} ≒ 11.6$[kg]

09 50℃의 급수로부터 엔탈피 750[kcal/kg]의 증기를 발생하는 보일러의 증발계수는 약 얼마인가?

① 1.0　　　　　　　　② 1.1
③ 1.3　　　　　　　　④ 1.4

 50℃인 급수의 엔탈피는 50[kcal/kg]이다.

∴ 증발계수 = $\frac{\text{실제 증기 1[kg]이 흡수한 열량}}{539} = \frac{750-50}{539} = \frac{700}{539} ≒ 1.3$

10 과열도 110℃에서 얻을 수 있는 증기 소비량의 절약(%)은?

① 8~11　　　　　　　② 11~16
③ 16~20　　　　　　 ④ 20~25

 복수식 터빈에서는 6℃의 과열로 약 0.8~1.0%의 증기가 절약된다.

∴ 과열도 110℃에서는 $\frac{110}{6} ≒ 18\%$ 정도의 증기가 절약된다.

11 기력발전소의 연소 효율을 높이는 다음 방법 중 미분탄 연소 발전소에서 하지 않아도 되는 방법은?

① 수냉벽을 사용한다.
② 공기 예열기로 2차 연소용 공기의 온도를 올린다.
③ 재생・재열 사이클을 채용한다.
④ 절탄기로 급수를 가열한다.

 미분탄 연소발전소에서 열효율을 높이는 방법
• 절탄기로 급수를 가열한다.
• 공기 예열기로 2차 연소용 공기온도를 올린다.
• 수냉벽을 사용한다.

12 절탄기로 급수를 6℃ 상승시켜 얻은 연료 절약은 대략 몇 %인가?

① 1
② 2
③ 4
④ 4.5

 절탄기로 급수의 온도를 6℃ 높일 때마다 연료는 약 1% 정도 절약된다.

13 터빈 각 부의 침식을 방지할 목적으로 사용되는 장치는?

① 공기 예열기
② 수위 경보기
③ 증기 분리기
④ 스팀 제트

 화력발전소에서 탈기기와 디엑티베이터(deactivator)의 역할은 산소 분리가 주목적이고, 터빈 각부의 침식을 방지할 목적으로 사용되는 장치는 증기 분리기(=기수 분리기)이다.

14 냉각수를 복수기에 보내주는 펌프의 명칭은?

① 복수 펌프
② 배수 펌프
③ 급수 펌프
④ 순환 펌프

 순환 펌프 : 냉각수를 복수기에 보내주는 펌프이다.

15 발전 전력량 E[kWh], 연료 소비량 W[kg], 연료의 발열량 C[kcal/kg]일 때 화력 발전의 열효율(%)은?

① $\dfrac{860E}{WC} \times 100$
② $\dfrac{860\,WC}{E} \times 100$
③ $\dfrac{980E}{WC} \times 100$
④ $\dfrac{WC}{860E} \times 100$

 1[kWh]=860[kcal], 발전 전력량(출력) E[kWh]=860E[kcal]

W : 석탄량[kg], C : 발열량[kcal/kg], WC : 석탄 발열량(입력)[kcal]

∴ 화력발전소의 열효율 $\eta = \dfrac{출력}{입력} \times 100 = \dfrac{860E}{WC} \times 100$[%]이다.

16 5700[kcal/kg]의 석탄을 150[t] 소비하여 200,000[kWh]를 발전할 때 발전소의 효율(%)은?

① 21
② 25
③ 20
④ 30

정답 12 ① 13 ③ 14 ④ 15 ① 16 ③

발전소의 효율

$$\eta = \frac{출력}{입력} \times 100 = \frac{860E}{WC} \times 100 = \frac{860 \times 200{,}000}{150 \times 10^3 \times 5700} \times 100 = 20\%$$

17 종합효율 40%의 화력발전소에서 열량 5000[kcal]의 석탄 1[kg]이 발생하는 전력량(kWh)은?

① 5.8 ② 12.33
③ 17.5 ④ 0.3

 E : 전력량[kWh], $860E$: 발전 전력량[kcal]

화력발전소의 종합효율 $\eta = \dfrac{출력}{입력} = \dfrac{발전\ 전력량}{석탄\ 발열량} = \dfrac{860E}{WC}$

∴ 전력량 $E = \dfrac{WC \times \eta}{860} = \dfrac{1 \times 5000 \times 0.4}{860} = 12.33[\text{kWh}]$

18 발열량 5500[kcal/kg]의 석탄 10[ton]을 연소하여 24,000[kWh]의 전력을 발생하는 화력발전소의 열효율(%)는 약 얼마인가?

① 26.5 ② 33.5
③ 35.5 ④ 37.5

 E : 전력량[kWh], $860E$: 발전 전력량[kcal]
W : 석탄량[kg], C : 발열량[kcal/kg], WC : 석탄 발열량[kcal]

∴ 화력발전소의 열효율

$$\eta = \frac{출력}{입력} \times 100 = \frac{발전\ 전력량}{석탄\ 발열량} \times 100 = \frac{860E}{WC} \times 100 = \frac{860 \times 24{,}000}{10 \times 10^3 \times 5500} \times 100 = 37.5[\%]$$

19 증기압, 증기 온도 및 진공도가 일정할 때에 추기할 때는 추기하지 않을 때 보다 단위 발전량당 증기 소비량과 연료 소비량은 어떻게 변하는가?

① 증기 소비량, 연료 소비량은 다 감소한다.
② 증기 소비량은 증가하고 연료 소비량은 감소한다.
③ 증기 소비량, 연료 소비량은 다 증가한다.
④ 증기 소비량은 감소하고 연료 소비량은 증가한다.

 추기 급수 가열을 하면 추기량만큼 연료 소비량은 감소하고, 회수되는 증기 소비량의 증가로 열효율이 향상된다.

20 화력발전소에서 가장 큰 손실은?

① 연돌 배출 가스 손실　　② 복수기 냉각 후에 빼앗기는 손실
③ 터빈 및 발전기 손실　　④ 소내용 동력

 복수식 발전소에서는 복수기 냉각 후에 빼앗기는 손실이 가장 크고, 석탄 열량의 50~60%에 달한다. 연돌 배출 가스 손실로 10% 정도이다.

21 복수기 냉각수 관의 재료로 가장 중요한 성질은?

① 열전도　　　　② 내부식성
③ 기계적 강도　　④ 마찰저항

- 복수기 냉각수관의 재료는 내부식성이며 침식에 강할 것
- 유수의 마찰이 작을 것
- 열의 양도체일 것

22 가스 터빈의 장점이 아닌 것은?

① 기동시간이 짧고 부하의 급변에도 잘 견딘다.
② 소형 경량으로 건설비가 싸고 유지비가 적다.
③ 냉각수를 다량으로 필요로 하지 않는다.
④ 열효율이 높다.

 가스 터빈 발전의 장점
- 기동시간이 짧아 첨두 부하용으로 사용한다.
- 운전 조작이 쉽고, 부하 급변에도 잘 견딘다.
- 소형 경량으로 건설비가 싸고 유지비가 적다.
- 냉각수를 다량으로 필요로 하지 않는다.

23 다음 발전소 중에서 첨두 부하용으로 가장 적합한 것은?

① 기력발전소　　② 가스 터빈 발전소
③ 펌프식 발전소　④ 유입식 발전소

 첨두 부하용의 발전소는 가스 터빈 발전소이다.

Chapter 13 원자력 공학

2부 전력공학 ▶ 2. 수화력 및 원자력 공학

❶ 원자로의 종류

1) 고속 중성자로
핵분열에 의해 생긴 중성자의 에너지는 0.1[Mev] 이상이다. ∴ 운전제어가 곤란하고, 위험도도 크며, 고농축 핵연료를 필요로 하므로 연료비가 대단히 많이 든다.

2) 열중성자로
핵분열에 의해 생긴 중성자의 에너지를 2[Mev]에서 0.025[Mev]의 열중성자로 저하시키면서 핵반응을 지속하는 원자로를 말한다.

3) 중속 중성자로
에너지가 1[kev] 이하의 중성자에 의해서 핵반응을 하는 로이다. 이는 열중성자로에 비해서 연료량과 감속량이 적다. 그러나 설비면적이 작아지는 특징이 있다.

❷ 원자로의 구성

1) 노심 : 핵 분열을 하는 부분

2) 핵연료
$_{92}U^{235}$를 0.714% 포함하고 있는 천연우라늄 및 고농축 우라늄이 핵연료이다.
$_{94}PU^{239}$를 사용하는 증식로도 있다.

3) 감속재
중성자 흡수가 적고, 탄성 산란에 의해 감속도가 큰 것이 좋으며, 중수, 경수, 산화베릴륨, 흑연 등이 사용된다.

4) 냉각재

① 탄산가스, 헬륨 등의 기체
② 경수, 중수 등과 같은 물 또는 나트륨액체, 금속유체를 말한다.

5) 제어봉

핵분열의 연쇄 반응을 제어한다. 이는 B(붕소), cd(카드뮴), Hf(하프늄)과 같은 중성자 흡수 단면적이 큰 재료로 만든다.

6) 반사체

중성자의 누설을 방지하기 위해서 베릴륨 혹은 흑연과 같이 중성자로 잘 산란 시키는 재료로 반사체를 설치한다. 재료로 반사체를 설치한다.

7) 차폐재

원자로 내의 방사선이 외부로 빠져나가는 것을 방지하는 것으로 열차폐(철판이 좋다)와 생체차폐(콘크리트가 널리 사용된다)가 있다.

❸ 원자력발전소

대부분이 열중성자로 이며 $_{92}U^{235}$, $_{94}PU^{239}$ 등에 열중성자를 충돌시켜 핵분열 반응을 일으켜서 방출되는 에너지에 의해서 증기를 발생하게 하여, 증기터빈을 구동시켜서 전력을 얻는 형식이다.

Chapter 13 적중예상문제

01 다음 사항은 일반적으로 원자력발전소와 화력발전소의 특성을 비교한 것이다. 틀리게 기술된 것은?

① 원자력발전소는 화력발전소의 보일러 대신 원자로와 열교환기를 사용한다.
② 원자력발전소의 단위 출력당 건설비가 화력발전소에 비하여 싸다.
③ 동일 출력일 경우 원자력발전소의 터빈이나 복수기가 화력발전소에 비하여 대형이다.
④ 원자력발전소는 방사능에 대한 차례 시설물에 대한 투자가 필요하다.

 일반적인 원자력발전소와 화력발전소의 특성 비교
- 원자력발전소는 화력발전소의 보일러 대신 원자로와 열교환기를 사용한다.
- 동일 출력일 경우 원자력발전소의 터빈과 복수기는 화력발전소에 비하여 대형이다.
- 원자력발전소는 방사능의 시설물 등 단위 출력당 건설비가 화력발전소에 비하여 비싸다.

02 원자력 발전의 특징에 해당되지 않는 것은?

① 연료를 소비하는 동시에 새로운 연료를 생성시킨다.
② 소비 연료량이 적어 연료의 수송 및 저장이 용이하다.
③ 방사선 장애를 막아야 한다.
④ 기력 발전보다 총 기관의 지름이 작아진다.

 원자력 발전의 특징
- 연료 소비량이 적어 수송 및 저장이 용이하다.
- 핵분열로 새로운 연료를 생성시킨다.
- 방사선 장애를 막아야 한다.

03 다음 원소 중 열중성자 흡수 단면적이 가장 큰 것은?

① $_{94}PU^{239}$
② $_{92}U^{235}$
③ $_{92}U^{233}$
④ $_{92}U^{239}$

• $_{94}PU^{239}$의 흡수 단면적 1029(barn)　　• $_{92}U^{239}$의 흡수 단면적 2.75(barn)
• $_{92}U^{235}$의 흡수 단면적 687(barn)　　• $_{92}U^{233}$의 흡수 단면적 583(barn)

04 중성자의 수명이란?

① 감속 시간
② 핵분열시 생긴 중성자가 열중성자까지 감속되는 시간
③ 감속 시간과 확산 시간의 합계
④ 반감기

 중성자의 수명시간 = 감속시간+확산시간이다.

05 원자로에서 열중성자를 U^{235}핵에 흡수시켜 연쇄 반응을 일으키게 함으로서 열에너지를 발생시키는데, 그 방아쇠 역할을 하는 것이 중성자원이다. 다음 중 중성자를 발생시키는 방법이 아닌 것은?

① α입자에 의한 방법　　② β입자에 의한 방법
③ 양자에 의한 방법　　④ γ선에 의한 방법

 중성자를 발생시키는 방법
• α 입자에 의한 방법
• γ 선에 의한 방법
• 양자 또는 중성자에 의한 방법

06 원자로에서 고속 중성자를 열중성자로 만들기 위하여 사용되는 재료는?

① 제어재　　② 감속재
③ 반사재　　④ 냉각재

 • 원자로에서 고속 중성자를 열중성자로 만들기 위하여 사용되는 재료가 감속재이다.
• 감속 재료는 감속능(slowing down power)과 감속비가 큰 경수, 중수, 흑연, 산화베릴륨 등이 사용된다.

07 원자로의 중성자 감속재(moderator)가 갖추어야 할 조건이 아닌 것은?

① 원자의 질량이 클 것
② 충돌 후에 갖는 에너지의 평균차가 클 것
③ 감속비가 클 것
④ 감속 능력이 클 것

감소재(moderator)가 갖추어야 할 조건
- 감속능과 감속비가 클 것
- 중성자 흡수 단면적이 작을 것
- 중성자 충돌 확률이 높을 것

08 감속재에 관한 설명 중 옳지 않은 것은?

① 중성자 흡수 면적이 클 것이다.
② 원자량이 적은 원소이어야 한다.
③ 감속능력과, 감속비가 클 것이다.
④ 감속재료는 경수, 중수, 흑연 등이 사용된다.

 감속재의 성질
- 중성자 흡수 단면적이 작을 것이다.
- 감속능과 감속비가 클 것이다.
- 감속 재료는 경수, 중수, 흑연, 산화베릴륨 등이 사용된다.

09 다음 중 감속재로 가장 적당하지 않은 것은?

① 중수
② 경수
③ 산화 베릴륨
④ 무기 화합물

 감속재는 감속능과 감속비가 클수록 우수하며 경수, 중수, 산화베릴륨, 흑연 등이 사용된다.

10 감속재의 온도계수란?

① 감속재의 시간에 대한 온도 하강률
② 반응에 아무런 영향을 주지 않는 계수
③ 감속재의 온도 1℃ 변화에 대한 반응도의 변화
④ 열중성자로에서 양(+)의 값을 갖는 계수

 감속재의 온도계수 $\alpha = \dfrac{d\rho}{dT}$ 로서 ρ(반응도), T(온도)이다.
즉, 감속재의 온도 1℃ 변화(dT)에 대한 반응도의 변화($d\rho$)를 감속재 온도계수라 한다.

11 원자로의 냉각제가 갖추어야 할 조건 중 옳지 않은 것은?

① 열용량이 작을 것
② 중성자의 흡수 단면적이 작을 것
③ 중성자의 흡수 단면적이 큰 불순물을 포함하지 않을 것
④ 냉각재와 접촉하는 재료를 부식하지 않을 것

 원자로의 냉각재가 갖추어야 할 조건
- 중성자의 흡수 단면적이 작을 것
- 냉각제와 접촉하는 재료를 부식하지 않을 것
- 열 용량이 클 것
- 냉각 재료는 기체(탄산가스, 헬륨), 물(중수, 경수), 액체(나트륨), 금속유체 등이다.

12 원자로의 중성자 수를 적당히 유지하고 노의 출력을 제어하기 위한 제어재로서 적합하지 않은 것은?

① 하프늄   ② 카드뮴
③ 붕소   ④ 플루토늄

 원자로에서 중성자의 수를 적당히 유지하고(줄인다.) 노의 출력을 제어하기 위한 제어재에는 B(붕소), Cd(카드뮴), Hf(하프늄), 은합금 등이 있다.

13 다음 물질 중 제어 재료로 사용되는 것은?

① 하프늄   ② 스테인레스강
③ 경수   ④ 나트륨

 원자로 내의 중성자수를 적당히 유지하고 노의 출력을 제어하기 위한 재료로 중성자 흡수 단면적이 큰 재료인 B(붕소), Hf(하프늄), Cd(카드뮴), 은합금 등이 사용된다.

14 다음에서 가압 수형 원자력발전소에서 사용하는 연료, 감속재 및 냉각재로 적당한 것은?

① 농축 우라늄, 중수 감속, 경수 냉각
② 천연 우라늄, 흑연 감속, 이산화탄소 냉각
③ 저농축 우라늄, 경수 감속, 경수 냉각
④ 저농축 우라늄, 흑연 감속, 경수 냉각

 가압 수형 원자력발전소에 사용되는 연료 ⇒ 저농축 우라늄, 감속재 ⇒ 경수, 냉각재 ⇒ 경수 등등이다.

15 γ선 또는 중성자 등의 방사선을 차폐하기 위하여 가장 좋은 물질은?

① 중성자 흡수 단면적이 작은 물질　② 비열이 높은 물질
③ 밀도가 높은 물질　　　　　　　　④ 밀도가 낮은 물질

 γ선 또는 중성자 등의 방사선을 차폐하기 위한 물질은 납, 철, 콘크리트가 널리 사용되며 원자번호가 크고, 밀도가 높은(큰) 금속 물질이 적당하다.

16 방사선 방호의 기본 원칙에 들지 않는 것은?

① 차폐　　　　② 거리
③ 장비　　　　④ 시간

 방사선 보호(방호)의 기본 3원칙 : 거리, 차폐, 시간이다.

17 증식비가 1보다 큰 원자로는?

① 경수로　　　　② 고속 중성자로
③ 흑연로　　　　④ 중수로

 고속 중성자로의 증식비는 1.1~1.4 정도이다.

18 P.W.R(Pressurized water reactor)형 발전용 원자로의 감속재 및 냉각재는?

① 경수(H_2O)　　　　② 중수(D_2O)
③ 아연　　　　　　　　④ 액체 금속(Na)

- P.W.R(가압수형)형 원자로의 연료는 저농축 우라늄, 감속재와 냉각재는 경수(H_2O)이다.
- B.W.R(비등수형)형 원자로의 연료는 농축 우라늄이다. 냉각재로 경수를 사용하며 물을 로 내에서 직접 비등시킨다.

19 다음 경수로의 특징 중 옳지 않은 것은?

① 경수는 입수가 용이하고 취급하는 기술 경험이 풍부하다.
② 경수는 중성자의 흡수 단면적이 작으므로 연료로 농축 우라늄을 사용할 수가 없다.
③ 경수는 감속 능력이 크고, 열 전달성이 좋은 까닭에 노를 소형으로 할 수 있다.
④ 부(-)의 온도 계수를 가지고, 또 고유의 자기 제어성이 있다.

 경수는 중성자의 흡수 단면적이 적고, 탄성 산란에 의해서 감속되는 정도가 크고, 감속능과 감속비가 크므로 감속재로서 우수하다. ∴ 연료로는 농축 우라늄을 사용한다.

20 핵연료가 가져야 할 특성이 아닌 것은?

① 강도가 높아야 한다.
② 낮은 열전도율을 가져야 한다.
③ 방사선에 안정하여야 한다.
④ 부식에 강해야 한다.

 핵연료가 가져야 할 성질
• 방사선에 안정
• 낮은 열 전도율
• 융점이 높을 것

21 원자로에서 독작용이란 것을 설명한 것 중 옳은 것은?

① 열중성자가 독성을 받는 현상을 말한다.
② $_{54}X^{135}$와 $_{62}S^{149}$가 인체에 독성을 주는 작용이다.
③ 열중성자 이용률이 저하되고 반응도가 감소되는 작용을 말한다.
④ 방사성 물질이 생체에 유해한 작용을 하는 것을 말한다.

 원자로에서 독작용이란
원자로의 연료 내에 축적된 핵분열 생성물질이 열중성자의 이용률을 저하시키고 반응도를 감소시키는 작용을 말한다.

22 원자로에서 카드뮴(Cd) 막대기가 하는 일을 옳게 설명한 것은?

① 원자로 내의 중성자를 공급한다.
② 원자로 내의 중성자의 운동을 느리게 한다.
③ 원자로 내의 중성자의 수를 감소시켜 핵분열의 연쇄 반응을 한다.
④ 원자로 내의 핵분열을 일으킨다.

 원자로에서 Cd(카드뮴) 막대기는 원자로 내의 중성자를 공급한다.

제3부 전기기기

제 1 장 직류기
제 2 장 변압기
제 3 장 유도기
제 4 장 동기기
제 5 장 교류 정류자기 및 정류기

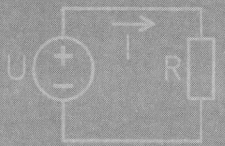

Chapter 01 직류기

3부 전기기기

1 직류기

1) 직류기의 구조

① **전기자** : 0.35~0.5[mm]의 규소강판을 성층사용 규소함유량은 1~3.5%이다.
② **계자** : 0.8~1.6[mm]의 연강판을 성층사용 공극은 3~8[mm], 공극부분의 자기저항이 제일 크다.
③ **정류자** : 정류자 지름은 전기자 지름에 70~75%이며 경동의 정류자편은 운모로 절연, 정류자 편간의 최고전압은 20[V]이다.
④ brush 종류 및 특성
  ㉠ 탄소 brush : 고전압. 저전류용이다(제일 많이 사용).
  ㉡ 금속흑연 brush : 저전압. 대전류용이다.
  ㉢ 전기흑연 brush
  ㉣ brush의 성질
    ⓐ 접속저항이 크다.
    ⓑ 전기저항이 작다.
    ⓒ 기계적 강도가 크다.
  ㉤ brush의 기울기
    ⓐ 일정방향의 기계 : 회전방향으로 30°~35°, 역방향으로 10°~15°이다.
    ⓑ 회전방향이 바뀌어지는 기계는 수직이다.
  ㉥ brush 압력 : 보통은 0.15~0.25[kg/cm^2], 전철용은 0.35~0.4[kg/cm^2]이다.

2) 전기자 권선법
① 환상권
② 고상권 : 개로권
　　　　　　폐로권 ─ 단층권
　　　　　　　　　　2층권 ─ ① 중권
　　　　　　　　　　　　　　　② 파권

- 중권
  ㉠ 병렬권이다.
  ㉡ 저전압 대전류용이다.
  ㉢ 균압선이 필요하다.
  ㉣ 병렬 회로수(a) = 극수(p) = brush수($a = p$)

③ 파권
  ㉠ 직렬권이다.
  ㉡ 고전압, 저전류용이다.
  ㉢ 균압선이 필요없다.
  ㉣ 병렬 회로수(a) = 극수(p) = brush수($a = 2$)

3) 전기자 반작용
① 전기적인 중성축이 이동한다.
② 주자속이 감소한다.
③ flash over 현상이 생긴다.
④ 전기자의 기자력
  ㉠ AT_d(전기자 감자기자력) = $\dfrac{Z}{2p} \times \dfrac{I_a}{a} \times \dfrac{2\alpha}{180}$ [AT/극]
  　[$\alpha = 18° \sim 20°$정도, 2α(감자작용) 내의 전기자 반작용 : 보극설치 방지]
  ㉡ AT_c(전기자 교차기자력) = $\dfrac{Z}{2p} \times \dfrac{I_a}{a} \times \dfrac{\beta}{180}$ [AT/극]
  　[2α 외(전기자 전반)에 반작용으로 보상권선을 설치 방지한다.]
⑤ 보극과 보상권선
  ㉠ 보극 : 주자극 사이에 보극을 설치, 전기자 권선과 직렬연결 2α 내 전기자 반작용을 방지한다.
  ㉡ 보상권선 : 주자극편의 slot에 전기자 권선과 동일한 권선으로 전기자와 직렬로 연결 전기자 전반의 반작용을 방지한다.

4) 정류작용
① 이상정류(직선정류) : brush와 정류자편 사이의 접속저항만에 의한 정류이다.

② 과정류 : brush 전단 부분에 불꽃 발생, 정류가 빠르다.
③ 부족정류 : brush 후단 부분에 불꽃 발생, 정류가 늦다.
④ 코일의 평균 리액턴스전압 : $e = -L\dfrac{di_{(t)}}{dt} = -L\dfrac{2I_c}{T_c}[V]$

T_c(정류주기) $= \dfrac{b-\delta}{V_c} = 0.002 \sim 0.0008[\text{sec}]$

V_c(주변속도) $= \dfrac{l}{t} = \dfrac{2\pi r}{t} = \pi D n[\text{m/sec}]$

δ(마이카 두께)

❷ 직류 발전기

1) 직류 발전기의 종류
① 자석 발전기
② 타여자 발전기
③ 자여자 발전기
  ㉠ 직권 발전기
  ㉡ 분권발전기
  ㉢ 복권 발전기
    ⓐ 차동복권 발전기(내분권발전기)
    ⓑ 가동복권 발전기(외분권발전기)

2) $V = E - I_a r_a [V]$

$E = V + I_a r_a = \dfrac{P}{a} Z n \phi [V]$

3) 무부하 포화곡선($E \rightarrow I_f$의 관계곡선)
외부 특성곡선($V \rightarrow I$의 관계곡선)

❸ 직류 전동기

1) 직류 전동기의 종류
① 타여자 전동기
② 직권 전동기
③ 분권 정동기

④ 복권 전동기
　㉠ 가동복권 전동기
　㉡ 차동복권 전동기

2) $V = E + I_a r_a [\text{V}]$

$$E = V - I_a r_a = \frac{P}{a} Zn\phi = kn\phi [\text{V}]$$

$$N(\text{전동기속도}) = \frac{V - I_a r_a}{K\phi} [\text{rpm}]$$

$$T(\text{Torque}) = \frac{PZ}{2\pi a}\phi I_a = K_1 \phi I_a [\text{N} \cdot \text{m}] = \frac{1}{9.8} K_1 \phi I_a [\text{kg} \cdot \text{m}]$$

3) 직류 전동기속도제어
① 계자제어법 = ϕ를 변화속도로 제어하는 법
② 저항제어법 = 전기자에 직렬저항 접속, 속도를 제어하는 법
③ 전압제어법 = V 변환 속도 제어법
　• 종류 : 워어드레오나드 방식, 일그너 방식

4) 직류 전동기 제동법
① 발전제동
② 회생제동 = 위치에너지로 전동기를 발전기로 동작·제동하는 법
③ 역전제동 = 전기자전류와 Torque를 반대로 하여 제동하는 법

5) 직류 발전기와 직류 전동기의 효율

$$\text{발전기 효율}(\eta) = \frac{\text{출력}}{\text{입력}} \times 100 = \frac{\text{출력}}{\text{출력} + \text{손실}} \times 100$$

$$\text{전동기 효율}(\eta) = \frac{\text{출력}}{\text{입력}} \times 100 = \frac{\text{입력} - \text{손실}}{\text{입력}} \times 100$$

Chapter 01 적중예상문제

01 전기기계에 있어서 히스테리시스손을 감소시키기 위하여 어떻게 하는 것이 좋은가?

① 성층철심 사용
② 규소강판 사용
③ 보극 설치
④ 보상권선 설치

- 철손=히스테리시스손(P_h)+와류손(P_e)이다.
- P_h(히스테리시스손)=$\eta f B_m^{1.6}$[w/kg]로서 철손의 70~80%를 차지한다.
- 방지책 : 규소함유량 1~3.5%에 규소강판을 사용, 감소시키고 P_e(와류손)=$\eta(ftK_fB_m)^2$[w/kg]로서 철손에 20~30%를 차지한다.
- 방지책 : 0.35~0.5[mm]의 규소강판을 성층하여 와류손을 적게 한다.

02 정류자면에 대한 브러쉬의 압력은 몇 [kg/cm²]인가?

① 5
② 0.5~1.0
③ 1~3
④ 0.15~0.25

- 직류기에서 정류자면에 대한 brush의 압력은 보통 0.15~0.25[kg/cm²]이다.
- 전철용 : 0.35~0.4[kg/cm²]이다.

03 다음의 권선법 중에서 직류기에 주로 사용되는 것은?

① 폐로권, 고상권, 이층권
② 폐로권, 환상권, 이층권
③ 개로권, 환상권, 단층권
④ 개로권, 고상권, 이층권

직류기의 전기자권선은 고상권(폐회로권) → 이층권 → 중권과 파권을 사용한다.

04 직류기의 권선을 단중 파권으로 감으면?

① 내부 병렬 회로수가 극수만큼 생긴다.
② 저전압 대전류용 권선이다.
③ 내부 병렬 회로수는 극수에 관계없이 언제나 2이다.
④ 균압환을 반드시 연결해야 한다.

정답 01 ② 02 ④ 03 ① 04 ③

- 단중파권은 직렬권으로서 병렬 회로수=극수($a=p=2$)이다.
- 고전압, 저전류용으로서 균압선이 필요하지 않다.

05 직류기의 다중 중권 권선법에서 전기자 병렬 회로수 a와 극수 p사이에는 어떤 관계가 있는가? (단, 다중도는 m이다.)

① $a = 2$
② $a = mp$
③ $a = p$
④ $a = 2m$

직류기에서 단중 중권인 경우, 병렬 회로수(a)와 극수(p)사이에는 $a=p$이고, 다중 중권인 경우는 $a=mp$이다.

06 정현 파형의 회전자계 중에 정류자가 있는 회전자를 놓으면 각 정류자편 사이에 연결되어 있는 회전자 권선에는 크기가 같고 위상이 다른 전압이 유기된다. 정류자 편수를 K라 하면 정류자편 사이의 위상차는?

① π/K
② $2\pi/K$
③ K/π
④ $K/2\pi$

- 정류자는 $2\pi(360°)$이다.
- 정류자 편수를 K라면 정류자편 사이에 위상각은 $\dfrac{2\pi}{K}$이다.

07 매극 유효자속 0.035[wb], 전기자 총도체수 152인 4극 중권 발전기를 매분 1200회의 속도로 회전할 때의 기전력(V)을 구하면?

① 약 106
② 약 86
③ 약 66
④ 약 53

중권 발전기이므로 $a=p=4$이다.
$$E = \frac{p}{a}Zn\phi = \frac{4}{4} \times 152 \times \frac{1200}{60} \times 0.035 \fallingdotseq 106.4[V]$$

08 직류 발전기의 극수가 10이고, 전기자 도체수가 500이며, 단중 파권일 때 매극의 자속수가 0.01[wb]이면 600[rpm]때의 기전력(V)은?

① 150
② 250
③ 211
④ 300.9

해설 파권 발전기이므로 $a = 2$(일정)이다.
$$E = \frac{p}{a}Zn\phi = \frac{10}{2} \times 500 \times \frac{600}{60} \times 0.01 = 250[\text{V}]$$

09 전기자 도체의 총수 400, 10극 단중 파권으로 매극의 자속수가 0.02[wb]인 직류 발전기가 1200[rpm]의 속도로 회전할 때, 그 유도기전력(V)은?

① 125
② 750
③ 800
④ 700

 해설 단중 파권의 직류 발전기이므로 $a = 2$이다.
$$E = \frac{p}{a}Zn\phi = \frac{10}{2} \times 400 \times \frac{1200}{60} \times 0.02 = 800[\text{V}]$$

10 직류 발전기에서 기하학적 중성축과 α[rad]만큼 브러쉬의 위치가 이동되었을 때 극당 감자기자력은 몇 [AT]인가? (단, 극수 p, 전기자전류 I_a, 전기자 도체수 Z, 병렬 회로수 a이다.)

① $\dfrac{I_a Z}{2pa} \cdot \dfrac{\alpha}{180}$
② $\dfrac{2pa}{I_a Z} \cdot \dfrac{\alpha}{180}$
③ $\dfrac{2pa}{I_a Z} \cdot \dfrac{2\alpha}{180}$
④ $\dfrac{I_a Z}{2pa} \cdot \dfrac{2\alpha}{180}$

 해설 전기자 감자기자력
$$AT_a = \frac{Z}{2p} \times \frac{I_a}{a} \times \frac{2\alpha}{180}\,[\text{AT}/극]$$

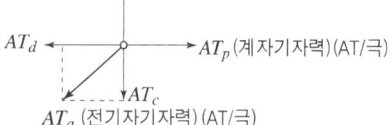

11 직류기의 전기자기자력 중에서 감자기자력 및 교차기자력이 있다. 여기서, 자극단에 작용하는 교차기자력(AT/극)을 표시한 것 중에서 맞는 것은? [단, 여기 ϕ는 $\dfrac{극호}{자극절}$, Z는 전도체수, a는 병렬 회로수, p는 극수, α는 브러쉬의 이동각(rad), β는 $\pi - 2\alpha$, I_a는 전기자전류(A)이다.]

① $\dfrac{ZI_a}{2ap} \cdot \dfrac{2\alpha}{\pi}$
② $\dfrac{ZI_a}{2ap}\phi$
③ $\dfrac{ZI_a}{2ap}\phi \cdot \dfrac{\beta}{\pi}$
④ $\dfrac{ZI_a}{2ap}$

전기자 교차 기자력

$$AT_c = \frac{Z}{2p} \times \frac{I_a}{a} \times \phi \times \frac{\beta}{\pi} [\text{AT}/극]$$

12 직류 발전기의 전기자 반작용을 설명함에 있어서 그 영향을 없애는 데 가장 유효한 것은?

① 보상권선　　　　　　　　② 탄소 브러쉬
③ 균압환　　　　　　　　　④ 보극

 보극은 중성축 부근의 전기자 반작용을 없애는데 유효하나 전기자 전반의 전기자 반작용을 없애는 데는 보상권선이 더 유효하다.

13 보극이 없는 직류 발전기는 부하의 증가에 따라서 브러쉬의 위치는?

① 그대로 둔다.　　　　　　② 회전방향과 반대로 이동
③ 회전방향으로 이동　　　　④ 극의 하단에 놓는다.

 보극이 없는 발전기에 부하가 걸리면 전기자 반작용 때문에 중성축의 위치가 회전방향으로 이동하므로 그 위치에 brush를 옮겨 놓아야 한다.

14 직류 분권발전기를 서서히 단락상태로 하면 다음 중 어떠한 상태로 되는가?

① 과전류로 손실된다.　　　② 소전류가 흐른다.
③ 과전압이 된다.　　　　　④ 운전이 멎는다.

 직류 분권발전기가 서서히 단락상태가 되면 단자전압이 감소되어 소전류가 흐른다.

15 포화하고 있지 않은 직류 발전기의 회전수가 1/2로 감소되었을 때 기전력을 전과 같은 값으로 하자면 여자를 속도변화 전에 비해 얼마로 해야 하는가?

① 1/2배　　　　　　　　　② 0.5배
③ 2배　　　　　　　　　　④ 4배

직류 발전기에서 $E = \frac{p}{a}Zn\phi = Kn\phi[\text{V}]$에서 $N' = \frac{1}{2}n$으로 할 때 $\phi' = 2\phi$가 되어야만 변화 전후 $E[\text{V}]$가 서로 같다.

16 타여자 발전기가 있다. 여자전류 2[A]로 매분 600회전할 때 120[v]의 기전력을 유기한다. 여자전류 2[A]는 그대로 두고 매분 500회전할 때의 유기기전력은 얼마인가?

① 100
② 111
③ 120
④ 149.9

 타여자 발전기 $I_f \rightleftharpoons \phi$[A]

$E = \dfrac{p}{a} Zn\phi = KN\phi \rightleftharpoons N$ [600 rpm] … ㉠

$E' = \dfrac{p}{a} Zn'\phi = KN'\phi \rightleftharpoons N'$ [500 rpm] … ㉡에서

500[rpm]일 때의 유기기전력 $E' = \dfrac{N'}{N} \times E = \dfrac{500}{600} \times 120 = 100$[V]

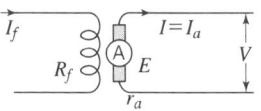

17 직류 분권발전기의 무부하 포화 곡선이 $V = \dfrac{940 i_f}{33 + i_f}$이고, i_f는 계자전류[A], V는 무부하전압(V)으로 주어질 때 계자회로의 저항이 20[Ω]이면 몇 [V]의 전압이 유기되는가?

① 140
② 280
③ 169
④ 333

 직류 분권발전기의 무부하 포화곡선에서 계자저항 20[Ω]에 전압 $V = 20 i_f$

∴ $i_f = \dfrac{V}{20}$[A]를 포화곡선식에 대입하면

$V = \dfrac{940 i_f}{33 + i_f} = \dfrac{940 \times \dfrac{V}{20}}{33 + \dfrac{V}{20}} = \dfrac{940 V}{33 \times 20 + V}$

∴ $660 V + V^2 = 940 V$
∴ $V^2 = 280 V$
∴ $V = 280$[V]

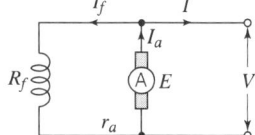

18 정격속도로 회전하고 있는 무부하의 분권발전기가 있다. 계자권선의 저항이 50[Ω], 계자전류 2[A], 전기자저항 1.5[Ω]일 때, 유기기전력(V)은?

① 90
② 188
③ 103
④ 106

 무부하시 분권발전기에서는 $I_a = I_f$[A]이다.
단자전압 $V = I_f R_f = 2 \times 50 = 100$[V]
∴ $E = V + I_a r_a = I_f R_f + I_f r_a = 2 \times 50 + 2 \times 1.5 = 103$[V]

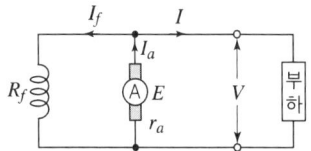

19 유기기전력 210[V], 단자전압 200[V], 5[kw]인 분권발전기의 계자저항이 500[Ω]이면, 그 전기자저항(Ω)은?

① 0.2   ② 0.8
③ 1.4   ④ 0.4

 분권발전기의 전기자전류
$I_a = I + I_f = \dfrac{P}{V} + \dfrac{V}{R_f} = \dfrac{5000}{200} + \dfrac{200}{500} = 25.4[A]$
$\therefore V = E - I_a r_a [V] \quad \therefore I_a r_a = E - V[V]$
$\therefore r_a = \dfrac{E-V}{I_a} = \dfrac{210-200}{25.4} \fallingdotseq 0.4[\Omega]$

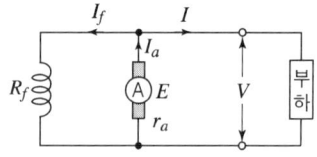

20 무부하에서 119[V] 되는 분권발전기의 전압변동률이 6%이다. 정격 전부하전압(V)은?

① 11   ② 12.9
③ 112.3   ④ 125.3

 무부하 전압(V_o)=유기기전력(E)=119[V]
$\varepsilon = \dfrac{V_o - V_n}{V_n} = \dfrac{V_o}{V_n} - 1 \quad \therefore \dfrac{V_o}{V_n} = 1 + \varepsilon$
$\therefore V_n(\text{정격 전압}) = \dfrac{V_o}{1+\varepsilon} = \dfrac{119}{1+0.06} = 112.3[V]$

21 직류 복권발전기를 병렬 운전할 때 반드시 필요한 것은?

① 과부하 계전기   ② 균압선
③ 용량이 다를 것   ④ 외부 특성 곡선이 일치할 것

 균압선의 목적은 안전한 병렬운전을 위한 것으로 직류 직권발전기, 복권발전기에는 반드시 필요하다.

22 2대의 직류 발전기를 병렬 운전하여 부하에 100[A]를 공급하고 있다. 각 발전기의 유기기전력과 내부저항이 각각 110[V], 0.04[Ω] 및 112[V], 0.06[Ω]이다. 각 발전기에 흐르는 전류(A)는?

① 10, 40   ② 20, 80
③ 70, 70   ④ 40, 60

병렬 운전 부하전류 $100 = I_1 + I_2$

∴ $I_1 = 100 - I_2$ ⋯ ㉠

병렬 회로전압 $V_1 = V_2$, $E_1 - I_1 R_1 = E_2 - I_2 R_2$에 상식을 대입

∴ $E_1 - (100 - I_2)R_1 = E_2 - I_2 R_2$

$110 - (100 - I_2)0.04 = 112 - 0.06 I_2$

∴ $I_2 = 60[\text{A}]$를 ㉠에 대입 $I_1 = 100 - 60 = 40[\text{A}]$

23 직류 전동기에 전기자 전도체수 Z, 극수 p, 전기자 병렬 회로수 a, 1극당의 자속 ϕ[wb], 전기자전류가 I_a[A]일 경우, 토크(N·m)를 나타내는 것은?

① $\dfrac{aZ\phi I_a}{\pi}$ ② $\dfrac{pZ\phi I_a}{2\pi a}$

③ $\dfrac{apZI_a}{2\pi\phi}$ ④ $\dfrac{4apZ\phi}{2\pi I_a}$

 단중 중권 병렬 회로수 $a=p$이고, 단중파권인 경우 병렬 회로수 $a=2$이다.

$1[\text{kg}\cdot\text{m}] = 9.8[\text{N}\cdot\text{m}]$

$p = EI_a = wT[\text{w}]$

∴ $T(\text{Torque}) = \dfrac{EI_a}{w} = \dfrac{\dfrac{p}{a}Zn\phi I_a}{2\pi n} = \dfrac{pZ}{2\pi a}\phi I_a[\text{N}\cdot\text{m}]$

24 직류 분권전동기가 있다. 총도체수 100, 단중 파권으로 자극수는 4, 자속수 3.14[wb], 부하를 가하여 전기자에 5[A]가 흐르고 있으면 이 전동기의 토크(N·m)는?

① 455   ② 450
③ 500   ④ 650

 단중 파권이므로 병렬 회로수 $a=2$

∴ $T = \dfrac{pZ}{2\pi a}\phi I_a = \dfrac{4\times 100}{2\pi \times 2}\times 3.14 \times 5 = 500[\text{N}\cdot\text{m}]$

25 직류 분권전동기가 있다. 단자전압 215[v], 전기자전류 150[A], 1500[rpm]으로 운전되고 있을 때 발생토크(N·m)는 얼마인가? (단, 전기자저항은 0.1[Ω]이다.)

① 약 20.5   ② 약 22.4
③ 약 191   ④ 약 291

직류 분권전동기에 $E = V - I_a r_a = 215 - 150 \times 0.1 = 200[V]$

∴ $P = EI_a = wT[w]$

∴ $T = \dfrac{EI_a}{w} = \dfrac{200 \times 150}{2\pi \times \dfrac{1500}{60}} = 191[N \cdot m]$

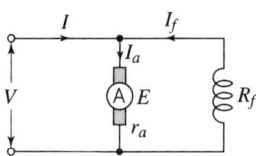

26 직류 분권전동기가 있다. 단자전압 215[v], 전기자전류 50[A], 1500[rpm]으로 운전되고 있을 때 발생 토크(N·m)는 얼마인가? (단, 전기자저항은 0.1이다.)

① 6.6
② 77.9
③ 6.9
④ 66.9

 $1[kg \cdot m] = 9.8[N \cdot m]$, 직류 분권전동기에서

$E = V - I_a r_a = 215 - 50 \times 0.1 = 210[v]$

$P = EI_a = wT[w]$

∴ $T = \dfrac{p}{w} = \dfrac{EI_a}{2\pi n} = \dfrac{210 \times 50}{2 \times 3.14 \times \dfrac{1500}{60}} = 66.9[N \cdot m]$

27 출력 3[kw], 1500[rpm]인 전동기의 토크(kg·m)는?

① 1.5
② 2
③ 3.9
④ 10

 $1[kg \cdot m] = 9.8[N \cdot m]$, $P = EI_a = wT[w]$

∴ $T = \dfrac{p}{w}[N \cdot m] = \dfrac{1}{9.8} \times \dfrac{p}{w}[kg \cdot m] = \dfrac{1}{9.8} \times \dfrac{p \times 10^3}{2\pi \dfrac{N}{60}} = 975 \dfrac{p}{N} = 975 \times \dfrac{3}{1500} = 1.95[kg \cdot m]$

28 직류 전동기의 역기전력이 200[v], 매분 1200 회전으로 토크 16.2[kg·m]를 발생하고 있을 때의 전기자전류는 몇 [A]인가?

① 122
② 100
③ 200
④ 60

 $1[kg \cdot m] = 9.8[N \cdot m]$, $P = EI_a = wT[w]$

∴ $I_a = \dfrac{wT}{E} = \dfrac{9.8 \times 2\pi \times \dfrac{N}{60} T}{E} = \dfrac{1.026NT}{E} = \dfrac{1.026 \times 1200 \times 16.2}{200} = 99.7 \fallingdotseq 100[A]$

29 정격부하를 걸고 16.3[kg·m]의 토크를 발생하여 600[rpm]으로 회전하는 어떤 직류 분권전동기의 역기전력이 50[v]라고 한다. 그 전류(A)는 얼마인가?

① 약 1.1   ② 약 211.5
③ 약 125.3   ④ 약 200

 $1[kg\cdot m]=9.8[N\cdot m]$, $P=EI_a=wT[w]$

$$\therefore I_a=\frac{wT}{E}=\frac{9.8\times 2\pi\frac{N}{60}\times T}{E}=\frac{1.026NT}{E}=\frac{1.026\times 600\times 16.3}{50}=200.88\fallingdotseq 200[A]$$

30 직류 분권전동기에서 전기자 회로의 전저항을 $r[\Omega]$, 전압 $V[v]$에서 $I_a[A]$의 부하전류가 흐르고 있을 때 회전수 $n[rpm]$이었다. 무부하일 때의 속도는 몇 [rpm]인가? (단, 포화현상은 무시한다.)

① $\dfrac{nV}{V-r_aI_a}$ ② $\dfrac{n(V-rI_a)}{V-1}$

③ $n(V-rI_a)$ ④ $\dfrac{1}{V-rI_a}$

 정격부하 시 직류 분권전동기의 단자전압 $V=E+I_ar_a[v]$

$\therefore E=V-I_ar_a=\dfrac{p}{a}Zn\phi=Kn\phi[v]$

$\therefore K\phi=\dfrac{V-I_ar_a}{n}$ … ㉠

무부하 시 $E\fallingdotseq V=\dfrac{p}{a}Zn'\phi=Kn'\phi[v]$

$\therefore n'$(무부하 시 속도)$=\dfrac{E}{K\phi}=\dfrac{V}{\dfrac{V-I_ar_a}{n}}=\dfrac{nV}{V-I_ar_a}[rpm]$

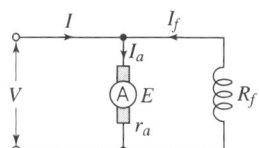

31 회전수 $N[rpm]$으로 단자전압이 $E_t[v]$일 때, 정격부하에서 $I_a[A]$의 전기자전류가 흐르는 직류 분권전동기의 전기자저항이 $R_a[\Omega]$이라고 한다. 이 전동기를 같은 전압으로 무부하 운전할 때 그 속도 $N'[rpm]$는? (단, 그 전기자 반작용 및 자기포화 현상 등은 일체 무시한다.)

① $\dfrac{N}{E_t+I_aR_a}$ ② $\left(\dfrac{E_t}{E_t-I_aR_a}\right)N$

③ $\left(\dfrac{E_t-I_a}{E_t}\right)N$ ④ $\left(\dfrac{E_t+I_aR_a}{E_t}\right)N-1$

정답 29 ④　30 ①　31 ②

해설 정격부하 시 직류 분권전동기의 단자전압 $V = E_t = E + I_a r_a [\text{v}]$

$\therefore E = E_t - I_a r_a = \dfrac{p}{a} Zn\phi = Kn\phi [\text{v}]$

$\therefore K\phi = \dfrac{E_t - I_a r_a}{n}$ ··· ㉠

무부하 시 $E \fallingdotseq V = E_t = \dfrac{p}{a} Zn'\phi = Kn'\phi [\text{v}]$

$\therefore n'(\text{무부하 시 속도}) = \dfrac{E}{K\phi} = \dfrac{E_t}{\dfrac{E_t - I_a r_a}{n}} = \dfrac{n E_t}{E_t - I_a r_a} [\text{rpm}]$

32 직류 전동기의 속도제어방법 중 광범위한 속도제어가 가능하며 운전효율이 좋은 방법은?

① 계자제어
② 병렬 저항제어
③ 직렬 저항제어
④ 전압제어

해설 직류 전동기의 속도제어방식에는 계자제어, 저항제어, 전압제어방식이 있다.
이 중 전압제어는 광범위한 속도제어와 운전 효율이 제일 좋은 속도제어방식으로 일그너방식과 워어드 레오나드 방식이 있다.

33 직류 전동기의 속도제어법에서 정출력 제어에 속하는 것은?

① 워어드 레오너드 제어법
② 전압제어법
③ 계자제어법
④ 저항제어법

해설 전동기 출력(P)와 Torque(T)
회전수(N)에는 P ≒ TN 이고, ϕ 변화시 T ≒ ϕ 이다.
$N \fallingdotseq \dfrac{1}{\phi}$ 이므로 계자제어법은 정출력 Torque가 된다.

34 직류 직권전동기에서 토크 T와 회전수 N과의 관계는?

① $T \propto N^2$
② $T \propto N$
③ $T \propto 1$
④ $T \propto \dfrac{1}{N^2}$

해설 직류 직권전동기에서는 $\phi \fallingdotseq I_a$ 이다.

$\therefore N = \dfrac{V - I_a r_a}{K\phi} \fallingdotseq \dfrac{1}{\phi} \fallingdotseq \dfrac{1}{I_a} [\text{rpm}]$

$\therefore I_a \fallingdotseq \dfrac{1}{N}$ ··· ㉠

$T = \dfrac{pZ}{2\pi a} \phi I_a = K\phi I_a \fallingdotseq I_a^2 \fallingdotseq \dfrac{1}{N^2} [\text{N·m}]$

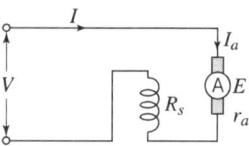

35 직류 직권 전동기의 전원 극성을 반대로 하면?

① 회전방향이 변하지 않는다.   ② 회전방향이 변한다.
③ 속도가 증가된다.   ④ 발전기로 된다.

 직류 직권 전동기는 전기자 권선과 계자권선이 직렬로 연결되어 있으므로 전원극성을 반대로 하면 전기자전류와 계자전류의 방향이 모두 반대가 되어 회전방향은 변하지 않는다.

36 직권 전동기에서 위험속도가 되는 경우는?

① 전기자에 저저항   ② 정격전압, 무부하
③ 정격 저전압, 과부하   ④ 접속저전압, 과여자

 직류 직권전동기는 부하 변화 속도가 급히 상승하는 직권 특성으로 정격전압, 무부하시는 위험속도가 된다. 직권 전동기로 다른 기계를 운전하려면 반드시 직결하거나 기어(gear)를 사용하여야 한다.

37 직류 직권전동기에서 벨트(belt)를 걸고 운전하면 안 되는 이유는?

① 벨트가 마모하여 보수가 곤란하다.
② 직결하지 않으면 속도 제어가 어려워 진다.
③ 벨트가 벗겨지면 위험속도에 도달한다.
④ 손실이 많아진다.

 직류 직권전동기에서 벨트(belt)를 걸고 운전시 벨트가 벗겨지면 순간 무부하로 되어 위험속도가 된다. 즉, 벨트운전을 하여서는 안 된다.

38 부하전류 100[A] 발생 토크 40[kg·m], 1500[rpm]으로 운전하고 있는 직류 직권 전동기의 부하전류가 50%로 감소하였을 때 발생 토크(kg·m)는 얼마인가? (단, 자기포화, 전기자 반작용은 무시한다.)

① 50   ② 10
③ 5   ④ 20

 직류 직권전동기 $I_a \risingdotseq \phi$이다.

$T = \dfrac{pZ}{2\pi a}\phi I_a = K\phi I_a \risingdotseq I_a^2 [\text{kg}\cdot\text{m}]$에서 $\therefore\ 40 \risingdotseq (100)^2$

부하전류 50% 감소시 $T = (50)^2$ $\therefore\ T = \dfrac{(50)^2 \times 40}{(100)^2} = 10[\text{kg}\cdot\text{m}]$이다.

39 부하전류가 100[A]일 때 1000[rpm]으로 15[kg·m]의 토크를 발생하는 직류 직권전동기가 80[A]의 부하전류로 감소되었을 때의 토크는 몇 [kg·m]인가?

① 12.2　　　　　　　　　② 11.6
③ 1.4　　　　　　　　　　④ 9.6

 직류 직권전동기 $I_a \risingdotseq \phi$ 이다.
$T \risingdotseq K\phi I_a \risingdotseq I_a^2 [kg \cdot m]$ 에서

$\therefore \begin{cases} 15 = (100)^2 \\ T = (80)^2 \end{cases}$

$\therefore T = \dfrac{(80)^2 \times 15}{(100)^2} = 9.6 [kg \cdot m]$

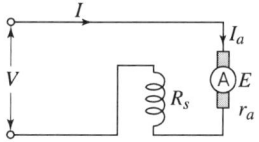

40 직류 분권전동기의 공급 전압의 극성을 반대로 하면 회전방향은?

① 변하지 않는다.　　　　② 반대로 된다.
③ 전동기로 않는다.　　　④ 발전기로 된다.

 직류 분권전동기에서 공급전압의 극성을 반대로 하면 전기자전류와 계자전류의 극성이 동시에 반대가 되기 때문에 회전방향은 변하지 않는다.

41 무부하로 운전하고 있는 분권전동기의 계자회로가 갑자기 끊어졌을 때의 전동기의 속도는?

① 속도가 약간 낮아진다.
② 전동기가 갑자기 정지한다.
③ 속도가 약간 빨라진다.
④ 전동기가 갑자기 가속하여 고속이 된다.

 분권전동기에서 계자회로가 끊어지면 무부하전류가 계자전류로 되어 전동기가 갑자기 가속되어 고속이 된다.

42 분권전동기가 120[v]의 전원에 접속되어 운전되고 있다. 부하시에는 53[A]가 유입되고 무부하로 하면 4.25[A]가 유입된다. 분권 계자회로의 저항은 40[Ω], 전기자 회로 저항은 0.1[Ω]일 때 부하운전시의 출력은 몇 [kw]인가? (단, 브러쉬의 전압 강하는 2[v]이다.)

① 약 6　　　　　　　　　② 약 1.51
③ 약 5.51　　　　　　　　④ 약 5.0

해설 직류 분권전동기

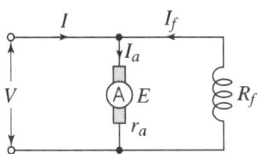

$E = V - I_a r_a - e_b = 120 \times 50 \times 0.1 - 2 = 113[\text{V}]$

① 전부하 시 전기자전류

$I_a = I(\text{전부하전류}) - I_f(\text{계자전류}) = 53 - \dfrac{V}{R_f} = 53 - \dfrac{120}{40} = 50[\text{A}]$

② 무부하 시 전기자전류

$I_{ao} = I_o(\text{무부하전류}) - I_f(\text{계자전류}) = 4.25 - \dfrac{V}{R_f} = 4.25 - \dfrac{120}{40} = 1.25[\text{A}]$

③ 분권전동기의 출력

$p = E(I_a - I_{ao}) = 113(50 - 1.25) = 5.51[\text{kw}]$

43 공급 전압 525[v], 전기자전류 50[A]일 때, 1000[rpm]의 회전속도로 운전하고 있는 직류 직권 전동기의 공급 전압을 400[v]로 낮추면 같은 부하 토크에 대하여 회전속도는 얼마인가? (단, 전기자 반작용은 무시하고 전기자 권선 저항과 직권 계자저항의 합은 0.5[Ω]이다.)

① 5000[rpm]
② 750[rpm]
③ 10[rpm]
④ 150[rpm]

 해설 직류 직권전동기

$E = V - I_a r_a = \dfrac{pZ}{a} n\phi = N[\text{rpm}]$

$\therefore E = V - I_a r_a = 525 - 50 \times 0.5 = 500 \risingdotseq N = 1000[\text{rpm}]$

$E' = V' - I_a r_a = 400 - 50 \times 0.5 = 375 = N'[\text{rpm}]$

$\therefore$ 공급전압 400[V]로 할 때의 속도 $N' = \dfrac{375}{500} \times 1000 = 750[\text{rpm}]$

44 정격 전압 100[v], 전기자전류 50[A]일 때, 1500[rpm]인 직류 분권전동기의 무부하 속도는 몇 [rpm]인가? (단, 전기자저항은 0.1[Ω]이고, 전기자 반작용은 무시한다.)

① 약 1300
② 약 2421
③ 약 1579
④ 약 1625

직류 분권전동기

$E = V - I_a r_a = \dfrac{pZ}{a} n\phi = Kn\phi \fallingdotseq n [\text{rpm}]$

$\therefore\ E = 100 - 50 \times 0.1 = 95 = n = 1500[\text{rpm}]$

무 부하시에는 $E_o \fallingdotseq V = 100 = n'[\text{rpm}]$

$\therefore$ 무 부하시 속도 $n' = \dfrac{E_o}{E} \times n = \dfrac{100}{95} \times 1500 = 1579[\text{rpm}]$

45 2.2[kw]의 분권전동기가 있다. 전압 110[v], 전기자전류 42[A], 속도 1800[rpm]으로 운전 중에 계자전류 및 부하전류를 일정하게 두고 단자전압을 120[v]로 올리면 회전수(rpm)는? (단, 전기자 회로의 저항은 0.1[Ω]으로 하고 전기자 반작용은 무시한다.)

① 1450
② 2870
③ 1970
④ 20

 직류 분권전동기

$E = V - I_a r_a = \dfrac{pZ}{a} n\phi = Kn\phi \fallingdotseq n[\text{rpm}]$

$\therefore\ E_1 = V_1 - I_a r_a = 110 - 42 \times 0.1 = 105.8 = n_1 = 1800[\text{rpm}]$

$E_2 = V_2 - I_a r_a = 120 - 42 \times 0.1 = 115.8 = n_2[\text{rpm}]$

$\therefore\ n_2 = \dfrac{E_2}{E_1} \times n_1 = \dfrac{115.8}{105.8} \times 1800 = 1970[\text{rpm}]$

46 계자권선 및 전기자 권선의 저항이 각각 0.1[Ω] 및 0.12[Ω]인 직류 직권 전동기가 있다. 이 전동기를 230[v]의 전원에 접속한 경우 부하전류가 80[A]일 때의 회전수가 750[rpm]이라고 하면, 부하전류가 20[A]일 때의 회전수(rpm)는 얼마인가? (여기서, 부하전류 20[A]일 때의 계자속은 80[A]일 때의 45%라고 한다.)

① 1670
② 1770
③ 1800
④ 2000

 직류 직권전동기

$N = \dfrac{V - I_a(r_a + R_s)}{K\phi}[\text{rpm}]$

$\therefore\ K\phi = \dfrac{V - I_a(r_a + R_s)}{N} = \dfrac{230 - 80(0.1 + 0.12)}{750} = \dfrac{212.4}{750}\ \cdots\ \text{㉠}$

부하전류 20[A]일 때의 $K\phi'$는 80[A]일 때의 45%이므로

$K\phi' = K\phi \times 0.45 = \dfrac{212.4}{750} \times 0.45 = 0.1274$일 때의 속도

$N' = \dfrac{V - I_a'(r_a + R_s)}{K\phi'} = \dfrac{230 - 20(0.1 + 0.12)}{0.1274} = 1770[\text{rpm}]$

47 대형 직류 전동기의 토크를 측정하는 데 가장 적당한 방법은?

① 와전류 제동기 ② 반환 부하법
③ 전기 동력계 ④ 프로니 브레이크법

 반환 부하법은 온도시험방법이고, 소형 전동기 Torque측정법에는 와전류 제동기와 프로니 브레이크법이 적당하다. 대형 직류 전동기 Torque 측정법에는 전기 동력계가 가장 적당하다.

48 일정 전압으로 운전하고 있는 직류 발전기의 손실이 $\alpha + \beta I^2$으로 표시될 때 효율이 최대가 되는 전류는? (단, α, β는 정수이다.)

① $\dfrac{1}{\beta}$ ② $\dfrac{\beta}{\alpha}$
③ $\sqrt{\dfrac{\alpha}{\beta}}$ ④ $\sqrt{\beta}$

 직류 발전기 손실 $\alpha + \beta I^2$이다. α(고정손), βI^2(가변손)이므로 최대 효율조건은 고정손=가변손이다. ∴ $\alpha = \beta I^2$. $I = \sqrt{\dfrac{\alpha}{\beta}}$ [A]일 때 최대 효율이 된다.

49 효율 80%, 출력 10[kw] 직류 발전기의 전손실(kw)은?

① 1.25 ② 5.5
③ 4.5 ④ 2.5

 직류 발전기의 전손실 P=(고정손+가변손)[kw]

∴ 직류 발전기의 효율 $\eta = \dfrac{\text{출력}}{\text{출력}+\text{손실}} \times 100$이다.

∴ $0.8 = \dfrac{10}{10+P}$ $8+0.8P=10$ $0.8P=10-8$

∴ P(전손실)$=\dfrac{2}{0.8}=2.5$[kw]

50 전부하 효율이 88% 되는 분권 직류 전동기가 있다. 80% 부하에서 최대 효율이 된다면 이 전동기의 전부하에 있어서의 고정손과 부하손의 비는?

① 1.5 ② 1
③ 0.15 ④ 0.64

 직류 분권전동기의 최대 효율조건은 P_i(고정손)$=m^2 P_c$(부하손)이다.

∴ $\dfrac{\text{고정손}}{\text{부하손}} = \dfrac{P_i}{P_c} = m^2 = (0.8)^2 = 0.64$

Chapter 02 변압기

3부 전기기기

❶ 이상변압기

$$a = \frac{V_1}{V_2} = \frac{I_2}{I_1'} = \frac{N_1}{N_2}$$

$$a^2 = \frac{Z_1}{Z_2}$$

1) 1차로 환산한 파라메트(환산)

$V_1 = aV_2 [\text{v}]$

$I_1' = \dfrac{I_2}{a} [\text{A}]$

(1차 임피던스) $Z_{12} = Z_1 + a^2 Z_2 [\Omega]$

$\begin{cases} r_{12} = r_1 + a^2 r_2 \\ x_{12} = x_1 + a^2 x_2 \\ I_o = I_i - jI_\phi [\text{A}] \\ Y_o = g_o - jb_o [\mho] \end{cases}$

2) 2차로 환산한 파라메트

$V_2 = \dfrac{V_1}{a} [\text{v}]$

$I_2 = aI_1 [\text{A}]$

(2차 임피던스) $Z_{21} = Z_2 + \dfrac{Z_1}{a^2} [\Omega]$

$\begin{cases} r_{21} = r_2 + \dfrac{r_1}{a^2} \\ x_{21} = x_2 + \dfrac{x_1}{a^2} [\Omega] \\ I_2 = aI_1 = aI_o + aI_1' \fallingdotseq aI_1' \\ a^2 Y_o = a^2 g_o - ja^2 b_o [\mho] \; 2\text{차 환산값} \end{cases}$

❷ 변압기 손실

1) 무부하시험으로 철손을 측정한다.

$P_h = \eta f B_m^{1.6} [\text{w/kg}]$

$$P_e = \eta \, (f \, t \, K_f \, B_m)^2 [\text{w/kg}]$$

$$\therefore \; P_i = P_h + P_e [\text{w/kg}]$$

2) 단락시험으로 부하손을 측정한다.

P_s(임피던스 와트)$= I_{2n}^2 R_{21}[\text{w}]$이다.

V_s(임피던스 전압)$= I_{2n} Z_{21}[\text{v}]$이다.

❸ 전압 변동률

1) 지상일 때

$$\varepsilon = \frac{V_{20} - V_{2n}}{V_{2n}} \times 100 \fallingdotseq P\cos\theta + q\sin\theta$$

$$\left(P = \frac{I_{2n} r_{21}}{V_{2n}} \times 100, \; q = \frac{I_{2n} x_{21}}{V_{2n}} \times 100\right)$$

2) 진상일 때

$$\varepsilon = \frac{V_{20} - V_{2n}}{V_{2n}} \times 100 \fallingdotseq P\cos\theta - q\sin\theta$$

$$\%Z = \sqrt{P^2 + q^2} \times 100 = \frac{I_{2n} Z_{21}}{V_{2n}} \times 100$$

단락전류 $I_s = \dfrac{100}{\%Z} I_n [\text{A}]$

단락용량 $P_s = \dfrac{100}{\%Z} P_n [\text{VA}]$

❹ 변압기 효율

1) 전부하 효율

$$\eta = \frac{\text{출력}}{\text{출력} + \text{손실}} \times 100 = \frac{V_2 I_2 \cos\theta}{V_2 I_2 \cos\theta + P_i + P_c} \times 100$$

2) 최대 효율조건

$$P_i = \left(\frac{1}{m}\right)^2 P_c \qquad \therefore \; \frac{1}{m} \text{부하} = \sqrt{\frac{P_i}{P_c}}$$

3) $\dfrac{1}{m}$부하 효율

$$\eta = \frac{\dfrac{1}{m} V_2 I_2 \cos\theta}{\dfrac{1}{m} V_2 I_2 \cos\theta + P_i + \left(\dfrac{1}{m}\right)^2 P_c} \times 100$$

❺ V결선 변압기

① V결선 변압기 출력비 $\dfrac{V결선용량}{3대용량} = \dfrac{\sqrt{3}\,VI}{3\,VI} = 0.577$

② V결선 변압기 이용률 $\dfrac{V결선용량}{2대용량} = \dfrac{\sqrt{3}\,VI}{2\,VI} = 0.866$

③ 과부하 $= \dfrac{부하\,용량}{V결선\,변압기\,용량} \times 100$

❻ 단상변압기 병렬 운전조건

① 1, 2차 정격전압 및 극성이 같을 것
② 각 변압기 권수비와 %임피던스 강하가 같을 것

$$P_a = mP_b[\text{KVA}] \qquad \therefore\ m(부하) = \dfrac{P_a}{P_b}$$

%Z가 작은 부하에 큰 전류가 흐르므로 병렬 운전시 분담부하

$$P_a(I_a) = \dfrac{m\,\%Z_b}{\%Z_a + m\,\%Z_b} \times P(I)$$

❼ 3상 변압기

① 3상 → 2상 변환 결선
② 스코트 결선(T결선), Meyer's, wood bridge결선이 있다.

❽ 단권 변압기

• 체승용 단권 변압기(승압기)

$\dfrac{자기\,용량}{부하\,용량} = \dfrac{e_2 I_2}{V_2 I_2} = \dfrac{V_2 - V_1}{V_2}$

단, $V_2 = e_1 + e_2 = V_1 + \dfrac{1}{a} V_1 = \left(1 + \dfrac{1}{a}\right) V_1 [\text{V}]$

$e_2 = V_2 - e_1 = V_2 - V_1 [\text{V}]$

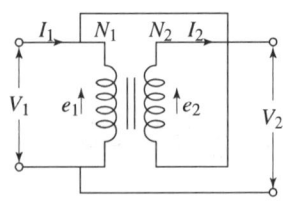

Chapter 02 적중예상문제

01 변압기 코일의 인덕턴스는? (여기서 N은 권수이다.)

① $N-1$에 비례한다.　　② N^2에 비례한다.
③ N에 무관하다.　　④ N에 반비례한다.

 자기회로의 "ohm"법칙 $\phi = \dfrac{NI}{R}$ [wb]

$R = \dfrac{l}{\mu S}$ [AT/wb] : 자기저항＝철심저항＝손실이 없다.

$\therefore L = \dfrac{N\phi}{I} = \dfrac{N \times \dfrac{NI}{R}}{I} = \dfrac{N^2}{R} = \dfrac{N^2}{\dfrac{l}{\mu S}} = \dfrac{\mu S N^2}{l} \fallingdotseq N^2$

02 50[Hz]용 변압기에 60[Hz]의 동일 전압을 인가하면 자속밀도(A), 손실(B)은 어떻게 변화하는가?

① A : 감소, B : 증가　　② A : 감소, B : 감소
③ A : 감소, B : 일정　　④ A : 증가, B : 증가

 $E = 4.44 f N \phi_m$ [V]

$\therefore \phi_m = B_m = \dfrac{E}{4.44 f N} = \dfrac{1}{f} = P(손실) = \dfrac{1}{X_L}$ 의 관계식에서 $\dfrac{\phi_{60}}{\phi_{50}} = \dfrac{\dfrac{1}{60}}{\dfrac{1}{50}} = \dfrac{50}{60} = \dfrac{5}{6}$

$\therefore \phi_{60} = \dfrac{5}{6}\phi_{50}$ (감소)[wb]

$\dfrac{P_{60}}{P_{50}} = \dfrac{\dfrac{1}{60}}{\dfrac{1}{50}} = \dfrac{5}{6}$

$\therefore P_{60} = \dfrac{5}{6} P_{50}$ (감소)[w]

정답　01 ②　02 ②

03 1차 공급 전압이 일정할 때 변압기의 1차 코일의 권수를 2배로 하면 여자전류와 최대 자속은 어떻게 변화하는가? (단, 자로는 포화상태가 되지 않는다.)

① 여자전류 1/4감소, 최대자속 1/2감소
② 여자전류 1/4감소, 최대자속 1/2증가
③ 여자전류 4증가, 최대자속 2감소
④ 여자전류 1/4증가, 최대자속 1/2증가

 해설

$V = E = 4.44fN\phi_m [V]$ $\phi_m = B_m = \dfrac{V}{4.44fN} \fallingdotseq \dfrac{1}{N}$ … ㉠

$F = NI_o = R\phi_m [AT]$ $I_o = \dfrac{R\phi_m}{N} \fallingdotseq \dfrac{1}{N}\phi_m = \dfrac{1}{N} \times \dfrac{1}{N} = \dfrac{1}{N^2}$ … ㉡

㉠에서 $N_1 = 2N$일 때 $\phi_m' \fallingdotseq \dfrac{1}{N_1} = \dfrac{1}{2N} = \dfrac{1}{2}\phi_m = \dfrac{1}{2}$ (감소)

㉡에서 $N_1 = 2N$일 때 $I_o' \fallingdotseq \dfrac{1}{N_1^2} = \dfrac{1}{(2N)^2} = \dfrac{1}{4}\dfrac{1}{N^2} = \dfrac{1}{4}I_o = \dfrac{1}{4}$ 감소된다.

04 1차 전압 3300[V], 권수비 30인 단상 변압기가 전등부하에 20[A]를 공급할 때의 입력(kw)은?

① 6.6   ② 5.9
③ 3.3   ④ 2.2

 해설

전등부하 $\cos\theta = 1$

$a = \dfrac{V_1}{V_2} = \dfrac{N_1}{N_2} = \dfrac{I_2}{I_1}$ $\therefore I_1 = \dfrac{I_2}{a} = \dfrac{20}{30} = \dfrac{2}{3}[A]$

$P_1(입력) = V_1 I_1 \cos\theta = 3300 \times \dfrac{2}{3} \times 1 = 2200 = 2.2 [kw]$

05 변압기 여자전류에 많이 포함된 고조파는?

① 제1고조파   ② 제3고조파
③ 제2고조파   ④ 제5고조파

 해설 변압기 1차측 철심의 여자전류 $I_o = I_i - jI_\phi [A]$에는 자기포화 및 히스테리 현상이 있으므로 제3고조파가 제일 많이 포함된다.

06 1차 전압이 2200[V], 무부하전류가 0.088[A], 철손이 110[w]인 단상 변압기의 자화전류(A)는?

① 0.55   ② 0.039
③ 0.072   ④ 0.088

$P_i = V_1 I_1 \text{[w]}$

$\therefore I_i = \dfrac{P_i}{V_1} = \dfrac{110}{2200} = 0.05 \text{[A]}$

$\therefore I_o = I_i - jI_\phi = \sqrt{I_o^2 + I_\phi^2} \text{[A]}$

$\therefore I_\phi = \sqrt{I_o^2 - I_i^2} = \sqrt{(0.088)^2 - (0.05)^2} = 0.072 \text{[A]}$

07 그림과 같은 변압기 회로에서 부하 R_2에 공급되는 전력이 최대로 되는 변압기의 권수비 a는?

① 8
② $\sqrt{8}$
③ 10
④ $\sqrt{10}$

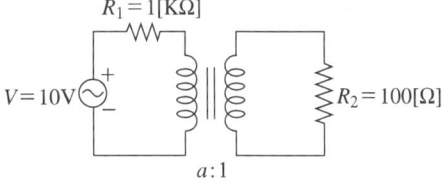

 $a^2 = \dfrac{V_1}{V_2} \times \dfrac{I_2}{I_1} = \dfrac{I_2}{V_2} \times \dfrac{V_1}{I_1} = \dfrac{Z_1}{Z_2} = \dfrac{R_1}{R_2}$

$\therefore a = \sqrt{\dfrac{R_1}{R_2}} = \sqrt{\dfrac{1000}{100}} = \sqrt{10} = 3.16$

08 변압기의 2차측 부하 임피던스 Z가 20[Ω]일 때 1차측에서 보아 18[kΩ]이 되었다면 이 변압기의 권수비는 얼마인가? (단, 변압기의 임피던스는 무시)

① 9
② 30
③ $\dfrac{1}{9}$
④ $\dfrac{1}{30}$

 $a^2 = \dfrac{V_1}{V_2} \times \dfrac{I_2}{I_1} = \dfrac{I_2}{V_2} \times \dfrac{V_1}{I_1} = \dfrac{Z_1}{Z_2} = \dfrac{R_i}{R_L}$

$\therefore a = \sqrt{\dfrac{Z_1}{Z_2}} = \sqrt{\dfrac{18,000}{20}} = 30$

09 주상변압기의 고압측에는 몇 개의 탭을 내놓았다. 그 이유는 무엇인가?

① 예비 단자용
② 수전점의 전압을 조정하기 위하여
③ 부하전류를 조정하기 위하여
④ 변압기의 여자전류를 조정하기 위하여

 주상변압기 1차측이 몇 개의 tap(탭)을 갖는 이유는 전원 전압이나 부하 변화에 대한 수전점의 전압을 조정하기 위해서이다.

10 변압기에 콘서베이터를 설치하는 목적은 무엇인가?

① 열화 방지 ② 강제 순환
③ 코로나 방지 ④ 통풍 장치

 변압기 상부에 설치된 콘서베이트는 변압기 기름의 열화를 방지하기 위해서이다.

11 변압기 임피던스 전압이란?

① 정격 전류가 흐를 때의 변압기 내의 전압 강하
② 여자전류가 흐를 때의 1차측 단자전압
③ 정격 전류가 흐를 때의 2차측 단자전압
④ 2차 단락 전류가 흐를 때의 변압기 내의 전류 강하

 변압기의 임피던스 전압이란 정격전류가 흐를 때의 변압기 내부 전압강하를 말한다.

12 임피던스 강하가 5%인 변압기가 운전 중 단락되었을 때 그 단락 전류는 정격 전류의 몇 배인가?

① 15배 ② 20배
③ 45배 ④ 65배

 단락전류 $I_s = \dfrac{100}{\%Z} \times I_n = \dfrac{100}{5} \times I_n = 20 I_n$

13 5[kVA], 3000/200[V]의 변압기의 단락 시험에서 임피던스 전압은 120[V], 동손은 150[w]라 하면, %저항 강하는 몇 %인가?

① 1 ② 3
③ 0 ④ 5

 $P(\%저항\ 강하) = \dfrac{I_{1n} r_{12}}{V_{1n}} \times 100 = \dfrac{I_{1n}^2 r_{12}}{V_{1n} I_{1n}} \times 100 = \dfrac{P_c}{P_a} \times 100 = \dfrac{150}{5000} \times 100 = 3\%$

14 2000/100[V], 10[kVA] 변압기의 1차 환산 등가임피던스가 $6.2+j7[\Omega]$이라면 %임피던스 강하는 약 몇 %인가?

① 2.35 ② 2.55
③ 7.25 ④ 7.35

$P_{a1} = V_1 I_{1n} [\text{kVA}]$ ∴ $I_{1n} = \dfrac{P_{a1}}{V_1} = \dfrac{10 \times 10^3}{2000} = 5[\text{A}]$

$Z(\%\text{임피던스 강하}) = \dfrac{I_{1n} Z_{12}}{V_{1n}} \times 100 = \dfrac{5 \times \sqrt{(6.2)^2 + (7)^2}}{2000} \times 100 = 2.35\%$

15 10[kVA], 2000/100[V] 변압기에서 1차에 환산한 등가임피던스는 $6.2 + j7[\Omega]$이다. 이 변압기의 %리액턴스 강하는?

① 3.75
② 1.75
③ 1.35
④ 0.175

 $P_{a1} = V_1 I_{1n} [\text{kVA}]$ ∴ $I_{1n} = \dfrac{P_{a1}}{V_1} = \dfrac{10 \times 10^3}{2000} = 5[\text{A}]$

$q(\%\text{리액턴스 강하}) = \dfrac{I_{1n} x_{12}}{V_{1n}} \times 100 = \dfrac{5 \times 7}{2000} \times 100 = 1.75\%$

16 3300/200[V], 10[kVA]인 단상 변압기의 2차를 단락하여 1차측에 300[V]를 가하니 2차에 120[A]가 흘렀다. 이 변압기의 임피던스 전압(V)과 백분율 임피던스 강하(%)는?

① 125, 3.8
② 211, 5
③ 125, 3.5
④ 200, 5.2

해설 $P_{a1} = V_1 I_{1n}[\text{kVA}]$ ∴ $I_{1n} = \dfrac{P_{a1}}{V_1} = \dfrac{10 \times 10^3}{3300} = 3.03[\text{A}]$

$I_{1s}(\text{1차 단락 전류}) = \dfrac{I_{2s}}{a} = \dfrac{V_s}{Z_{1s}}[\text{A}]$

∴ $Z_{12}(\text{1차 임피던스}) = \dfrac{aV_s}{I_{2s}} = \dfrac{\dfrac{3300}{200} \times 300}{120} = 41.26[\Omega]$

∴ $Z(\%\text{임피던스 강하}) = \dfrac{I_{1n} Z_{12}}{V_{1n}} \times 100 = \dfrac{3.03 \times 41.26}{3300} \times 100 ≒ 3.8\%$

17 3300/200[V], 50[kVA]인 단상 변압기의 퍼센트%저항, 퍼센트%리액턴스를 각각 2.4%, 1.6%라 하면 이때의 임피던스 전압은 몇 %인가?

① 95
② 185
③ 195
④ 120

 $Z(\%\text{임피던스 강하}) = \sqrt{P^2 + q^2} = \sqrt{(2.4)^2 + (1.6)^2} = 2.88\% = \dfrac{I_{1n} Z_{12}}{V_{1n}} \times 100 = \dfrac{V_s}{V_{1n}} \times 100$

∴ $V_s(\text{임피던스 전압}) = \dfrac{Z \times V_{1n}}{100} = \dfrac{2.88 \times 3300}{100} = 95[\text{V}]$

18 전압비가 무부하에서 15 : 1, 정격부하에서는 15.5 : 1인 변압기의 전압 변동률(%)은?

① 2.2
② 2.9
③ 3.3
④ 5.5

 무부하에서의 전압비 $\dfrac{V_1}{V_{20}}=15$ ∴ $V_{20}=\dfrac{V_1}{15}$

정격부하에서의 전압비 $\dfrac{V_1}{V_{2n}}=15.5$ ∴ $V_{2n}=\dfrac{V_1}{15.5}$

∴ $\varepsilon=\dfrac{V_{20}-V_{2n}}{V_{2n}}\times 100=\left(\dfrac{V_{20}}{V_{2n}}-1\right)\times 100=\left(\dfrac{\frac{V_1}{15}}{\frac{V_1}{15.5}}-1\right)\times 100=\left(\dfrac{15.5}{15}-1\right)\times 100 \fallingdotseq 3.3\%$

19 어느 변압기의 변압비가 무부하시에는 14.5 : 1이고 정격부하의 어느 역률에서는 15 : 1이다. 이 변압기의 동일 역률에서의 전압 변동률을 구하면?

① 3.5
② 2.5
③ 4.5
④ 5.5

 무부하시 전압비 $\dfrac{V_1}{V_{20}}=14.5$ ∴ $V_{20}=\dfrac{V_1}{14.5}$

정격부하시 전압비 $\dfrac{V_1}{V_{2n}}=15$ ∴ $V_{2n}=\dfrac{V_1}{15}$

∴ $\varepsilon=\dfrac{V_{20}-V_{2n}}{V_{2n}}\times 100=\left(\dfrac{V_{20}}{V_{2n}}-1\right)\times 100=\left(\dfrac{15}{14.5}-1\right)\times 100 \fallingdotseq 3.53\%$

20 단상 변압기가 있다. 전부하에서 2차 전압은 115[V]이고, 전압 변동률은 2%이다. 1차 단자전압을 구하면? (단, 1차, 2차 권선비는 20 : 1이다.)

① 2356[V]
② 2346[V]
③ 2336[V]
④ 2366[V]

 $\varepsilon=\dfrac{V_{20}-V_{2n}}{V_{2n}}=\dfrac{aV_{20}-aV_{2n}}{aV_{2n}}=\dfrac{V_{10}-V_{1n}}{V_{1n}}=\dfrac{V_{10}}{V_{1n}}-1$

∴ $\dfrac{V_{10}}{V_{1n}}=1+\varepsilon$

∴ $V_{10}=V_{1n}(1+\varepsilon)=aV_{2n}(1+\varepsilon)=20\times 115\times(1+0.02)=2346[V]$

21 어떤 변압기의 단락 시험에서 %저항 강하 1.5%와 %리액턴스 강하 3%를 얻었다. 부하역률이 80% 앞선 경우의 전압 변동률(%)은?

① -0.6
② 0.6
③ -3.0
④ 3.0

앞선 역률에서의 전압변동률
$\varepsilon \risingdotseq P\cos\theta - q\sin\theta \risingdotseq 1.5\times 0.8 - 3\times 0.6 \risingdotseq -0.6\%$

22 어느 변압기의 백분율 저항 강하가 2%, 백분율 리액턴스 강하가 3%일 때 역률(지역률) 80%인 경우의 전압 변동률(%)은?

① -0.9
② 3.4
③ 1.2
④ -3.4

 지역율에서의 전압변동률
$\varepsilon \risingdotseq P\cos\theta + q\sin\theta = 2\times 0.8 + 3\times 0.6 \risingdotseq 3.4\%$

23 60[Hz], 6300/210[V], 15[kVA]의 단상 변압기에 있어서 임피던스 전압은 185[V], 임피던스 와트는 250[w]이다. 이 변압기를 5[kVA], 지역률 0.8의 부하를 건 상태에서의 전압 변동률(%)은?

① 약 0.83
② 약 0.93
③ 약 0.99
④ 약 0.88

$Z(\%임피던스\ 강하) = \dfrac{I_{1n}Z_{12}}{V_{1n}}\times 100 = \dfrac{V_s}{V_{1n}}\times 100 = \dfrac{185}{6300}\times 100 = 2.94\%$

$P(\%저항\ 강하) = \dfrac{(r_1+a^2r_2)I_{1n}}{V_{1n}}\times 100 = \dfrac{r_{12}I_{1n}}{V_{1n}}\times 100 = \dfrac{r_{12}I_{1n}^2}{V_{1n}I_{1n}}\times 100$

$\qquad\qquad\qquad = \dfrac{P_s}{V_{1n}I_{1n}}\times 100 = \dfrac{250}{15\times 10^3}\times 100 = 1.67\%$

$q(\%리액턴스\ 강하) = \sqrt{Z^2-P^2} = \sqrt{(2.94)^2-(1.67)^2} = 2.42\%$

∴ 출력 5[kVA]일 때의 전압 변동률
$\varepsilon = \dfrac{5}{15}(P\cos\theta + q\sin\theta) = \dfrac{1}{3}(1.67\times 0.8 + 2.42\times 0.6) \risingdotseq 0.93\%$

24 변압기의 정격 전류에 대한 백분율 저항 강하 1.5%, 백분율 리액턴스 강하가 4%이다. 이 변압기에 정격 전류를 통하여 전압변동률이 최대로 되는 부하역률은 얼마인가?

① 0.154
② 0.288
③ 0.351
④ 1.683

 최대 전압변동률
$\varepsilon_{\max} = \sqrt{P^2+q^2} = \sqrt{(1.5)^2+(4)^2} = 4.27\%$

∴ $\cos\theta(부하역률) = \dfrac{P}{\sqrt{P^2+q^2}} = \dfrac{1.5}{4.27} = 0.351$

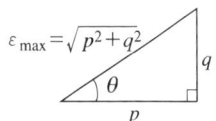

25 변압기 리액턴스 강하가 저항 강하의 3배이고 정격 전류에서 전압변동률이 0이 되는 앞선 역률의 크기(%)는?

① 88　　　　　　　　　　② 85
③ 90　　　　　　　　　　④ 95

해설　앞선 역률일 때 $q=3P$이다. 즉
$$\therefore \cos\theta(\text{앞선 역률})=\frac{q}{\sqrt{P^2+q^2}}=\frac{3P}{\sqrt{P^2+(3P)^2}}=\frac{3}{\sqrt{10}}$$
$$=0.95=95\%$$

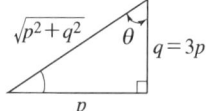

26 어떤 변압기에 있어서 그 전압 변동률은 부하역률 100%에 있어서 2%, 부하역률 80%에서 3%라고 한다. 이 변압기의 최대 전압 변동률% 및 그 때의 부하역률(%)은?

① 2.33, 85　　　　　　　② 3.07, 65
③ 3.61, 55　　　　　　　④ 3.61, 85

해설　① 부하역률 $\cos\theta=100\%$일 때 $\varepsilon=P\cos0+q\sin0=P=2\%$
② 부하역률 $\cos\theta=80\%$일 때 $\varepsilon=P\cos\theta+q\sin\theta=2\times0.8+q\times0.6=3$　　$\therefore q=2.3\%$
$\therefore$ 최대 전압변동률 $\varepsilon_{\max}=\sqrt{P^2+q^2}=\sqrt{(2)^2+(2.3)^2}=3.048\%$
부하시 역률 $\cos\theta=\dfrac{P}{\sqrt{P^2+q^2}}=\dfrac{2}{3.048}=65.6\%$

27 역률 80%(지상)로 전부하 운전 중인 3상 100[kVA], 3000/200[V] 변압기의 저압측 선전류의 무효분은 대략 몇 [A]인가?

① 90　　　　　　　　　　② 125
③ 173　　　　　　　　　 ④ 273

해설　변압기의 출력 $P_2=\sqrt{3}\,V_2I_2$[kVA]
$$\therefore I_2=\frac{P_2}{\sqrt{3}\,V_2}=\frac{100\times10^3}{\sqrt{3}\times200}=\frac{1000}{2\sqrt{3}}[\text{A}]$$
$\therefore$ 변압기 저압측(2차측) 선전류의 무효분 $I_X=I_2\sin\theta=\dfrac{1000}{2\sqrt{3}}\times0.6=173[\text{A}]$

28 1차 Y, 2차 △로 결선한 권수비 20 : 1로 되는 서로 같은 단상 변압기 3대가 있다. 이 변압기군에 2차 단자전압 200[V], 30[kVA]의 평형 부하를 걸었을 때 각 변압기의 1차 전류(A)는?

① 50　　　　　　　　　　② 20
③ 3.5　　　　　　　　　 ④ 2.5

2차 △결선의 단상변압기 용량

$P_{a2} = \dfrac{30}{3} = 10 = V_{2P}I_{2P}[\text{kVA}]$

$I_{2P} = \dfrac{P_{a2}}{V_{2P}} = \dfrac{10 \times 10^3}{200} = 50[\text{A}]$

$\therefore \ a = \dfrac{V_{1P}}{V_{2P}} = \dfrac{I_{2P}}{I_{1P}} = 20$ 에서

1차 Y결선의 $I_{1l} = I_{1P} = \dfrac{I_{2P}}{a} = \dfrac{50}{20} = 2.5[\text{A}]$

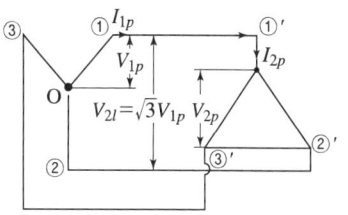

29 단상 15[kVA] 변압기 3대를 1차 Y, 2차를 △로 접속하여 사용하고 있다. 야간 전등용으로서 한 상에 부하를 걸 때 야간 전등은 몇 [kw]까지 걸 수 있는가?

① 19.9
② 10.9
③ 22.5
④ 25.9

 2차 △결선(전등용)에서 1상은 $\dfrac{2}{3}$ 부하전류로, 정격용량 15[kVA]까지 전등부하를 걸 수 있고 나머지 2상은 직렬로, $\dfrac{1}{3}$ 부하전류이므로 정격용량 15[kVA]의 $\dfrac{1}{2}$ 까지 전등부하를 걸 수 있다.

$\therefore$ 야간 전등용 전부하는 $15 + 15 \times \dfrac{1}{2} = 22.5[\text{kW}]$

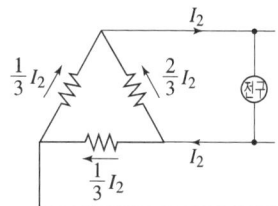

30 용량 P [kVA]인 동일 정격의 단상 변압기 4대로 낼 수 있는 3상 최대 출력 용량은?

① $2\sqrt{3}\,P$
② $\sqrt{4}\,P$
③ $4P$
④ $10P$

 P[kVA]인 단상변압기 4대는 2대씩 V결선 병렬로 하면 3상 최대 출력용량은
$\sqrt{3}\,P + \sqrt{3}\,P = 2\sqrt{3}\,P$[kVA]이다.

31 △결선 변압기의 한 대가 고장으로 제거되어 V 결선으로 공급할 때 공급할 수 있는 전력은 고장 전 전력에 대하여 몇 %인가?

① 0
② 77.7
③ 66.7
④ 57.7

 V결선 변압기의 출력비는

$\dfrac{V결선 \ 용량}{3대 \ 용량} \times 100 = \dfrac{\sqrt{3}\,VI}{3VI} \times 100 = \dfrac{1}{\sqrt{3}} \times 100 = 57.7\%$ 이다.

32 2대의 변압기로 V결선하여 3상 변압하는 경우 변압기 이용률(%)은?

① 57.8
② 76.6
③ 86.6
④ 101

 V결선 변압기의 이용률은
$\dfrac{V결선\ 용량}{2대\ 용량} \times 100 = \dfrac{\sqrt{3}\ VI}{2VI} \times 100 = \dfrac{\sqrt{3}}{2} \times 100 = 86.6\%$이다.

33 정격출력 P[kw], 역률 0.8, 효율 0.82로 운전하는 3상 유도전동기에 V결선의 변압기로 전원을 공급할 때 변압기 1대의 최소 용량(kVA)은?

① $\dfrac{2P}{0.8 \times 0.82 \times 2}$
② $\dfrac{\sqrt{3}\,P}{0.8 \times 0.82 \times 2}$
③ $\dfrac{P}{0.8 \times 0.82 \times \sqrt{3}}$
④ $\dfrac{2P}{0.8 \times 0.82 \times \sqrt{3}}$

 V결선 변압기 → 3상 유도전동기
$\left(\eta_M = \dfrac{출력}{입력} = \dfrac{P}{\sqrt{3}\ VI \cos\theta} \right)$

∴ 변압기 출력=3상 유도전동기 입력= $\sqrt{3}\ VI \cos\theta = \dfrac{P}{\eta_M}$ [kW]

∴ 변압기 1대의 최소 용량= $VI = \dfrac{P}{\sqrt{3}\ \cos\theta \times \eta_M} = \dfrac{P}{\sqrt{3} \times 0.8 \times 0.82}$ [kVA]

34 2[kVA]의 단상 변압기 3대를 써서 △결선하여 급전하고 있는 경우 1대가 소손되어 나머지 2대로 급전하게 되었다. 이 2대의 변압기는 과부하를 20%까지 견딜 수 있다고 하면 2대가 부담할 수 있는 최대 부하(kVA)는?

① 약 3.46
② 약 4.15
③ 약 5.15
④ 약 6.15

 과부하= $\dfrac{(최대)부하\ 용량}{V결선\ 변압기\ 용량}$

∴ 최대 부하 용량=과부하×V결선 변압기 용량=$(1+0.2) \times \sqrt{3} \times P = 1.2 \times \sqrt{3} \times 2 = 4.15$[kVA]

35 2[kVA]의 단상 변압기 3대를 △결선으로 해서 급전하고 있을 때, 한 대의 변압기가 소손되었기 때문에 남은 변압기로서 5.16[kVA]의 부하에 사용했을 때 몇 %의 과부하가 되는가?

① 49
② 52
③ 26
④ 14

과부하 = $\dfrac{\text{부하 용량}}{V\text{결선 변압기 용량}} = \dfrac{5.16}{\sqrt{3}\times P} = \dfrac{5.16}{\sqrt{3}\times 2} = 1.49$

∴ 49%의 과부하이다.

36 3상 배전선에 접속된 V결선의 변압기에서 전부하시의 출력을 P[kVA]라 하면 같은 변압기 한 대를 증설하여 △ 결선하였을 때의 정격출력(kVA)은?

① $\dfrac{1}{2}P$
② $\dfrac{2}{\sqrt{3}}P$
③ $\sqrt{3}\,P$
④ $10P$

 V결선 변압기의 출력 $P = \sqrt{3}\,VI$[kVA]   ∴ $VI = \dfrac{P}{\sqrt{3}}$ … ㉠

단상변압기 1대 추가 △결선시의 정격출력 $= 3VI = 3\times \dfrac{P}{\sqrt{3}} = \sqrt{3}\,P$[kVA]

37 3상 전원에서 2상 전원을 얻기 위한 변압기의 결선 방법은?

① △ 결선
② T결선
③ Y결선
④ V결선

 3상 전원에서 2상 전원을 얻기 위한 변압기 결선 방법에는 스코트 결선(T결선), Wood bridge결선, Meyer결선이 있다.

38 단상 변압기를 병렬 운전하는 경우 부하전류의 분담은 무엇에 관계되는가?

① 누설 임피던스에 비례한다.
② 누설 리액턴스 제곱에 반비례한다.
③ 누설 리액턴스에 비례한다.
④ 누설 임피던스에 반비례한다.

 단상변압기 병렬운전시는 내부 전압강하가 서로 같다.

∴ $Z_a I_a = Z_b I_b$, $\dfrac{I_a}{I_b} = \dfrac{Z_b}{Z_a}$ 로서 부하전류 분담은 누설 임피던스에 반비례한다.

39 60[Hz], 1328/230[V]의 단상 변압기가 있다. 무부하전류 $i = 3\sin wt + 1.1\sin(3wt + \alpha_3)$이다. 지금 위와 똑같은 변압기 3대로 $Y-\triangle$ 결선하여 1차에 2300[V]의 평형 전압을 걸고 2차를 무부하로 하면 △ 회로를 순환하는 전류(실횻값)[A]는 약 얼마인가?

① 0.77
② 2.10
③ 4.48
④ 5.38

$Y-\triangle$결선 이므로 무부하전류는 1차 Y결선의 전류로서 제3고조파 전류는 흐를 수 없고, 2차 $\triangle$결선 회로에서는 제3고조파 전류가 순환전류가 되어 흐르게 된다. 이때,

$$I_c(\text{2차 순환전류 실효치}) = aI_3 = a \times \frac{I_{m3}}{\sqrt{2}} = \frac{1328}{230} \times \frac{1.1}{\sqrt{2}} = 4.48[\text{A}]$$

40
3150/210[V]인 변압기의 용량을 각각 250[kVA], 200[kVA]이고, %임피던스 강하가 각각 2.5%와 3%일 때 그 병렬 합성용량(kVA)은?

① 389 ② 417
③ 517 ④ 455

 단상 변압기 병렬운전시 $P_a = mP_b$, $I_aZ_a = I_bZ_b$

$$\therefore \frac{P_a}{P_b} = \frac{I_a}{I_b} = \frac{Z_b}{Z_a} = \frac{m\,\%Z_b}{\%Z_a}$$

에서 P_a(용량)과 I_a(전류)는 병렬운전시 %Z와 누설임피던스에 반비례하므로 분배법칙에서 $P_a(I_a) = \frac{m\,\%Z_b}{\%Z_a + m\,\%Z_b} \times P(I)$이며 %$Z$가 작은 것에 큰 전류가 흐름으로 ⇒ 기준한 분배법칙이다.

$$\therefore P_a = mP_b \quad \therefore m = \frac{P_a}{P_b} = \frac{250}{200} = \frac{5}{4} \cdots \textcircled{\scriptsize{\raisebox{0.5pt}{$\ominus$}}}$$

%Z_a = 2.5%가 작은 것이다. ∴ 큰 전류가 흐름으로 기준

$$P_a = \frac{m\,\%Z_b}{\%Z_a + m\,\%Z_b} \times P[\text{kVA}]$$

$$\therefore P(\text{합성용량}) = \frac{\%Z_a + m\,\%Z_b}{m\,\%Z_b} \times P_a = \frac{2.5 + \frac{5}{4} \times 3}{\frac{5}{4} \times 3} \times 250 = \frac{10+15}{15} \times 250 \fallingdotseq 417[\text{kVA}]$$

41
500[kVA], 73.5/22[kV]의 단상 변압기 2대가 있다. 임피던스 볼트(백분율 임피던스)가 각각 8.414%, 6.91%이다. 이 두 변압기를 병렬로 운전할 때 최대 허용 출력은 [kVA]은? (단, 변압기 저항과 리액턴스의 비는 2대가 같다.)

① 711 ② 410
③ 910 ④ 1000

 병렬운전 %Z = 6.91%가 작다. ⇒ 기준

$$\therefore P_b = \frac{\%Z_a}{\%Z_a + m\,\%Z_b} \times P \text{에서 } P_b = 500[\text{kVA}]일 때의$$

최대 허용 출력 $P = \frac{\%Z_a + m\,\%Z_b}{\%Z_a} \times P_b = \frac{8.414 + 1 \times 6.91}{8.414} \times 500 = 910.63[\text{kVA}]$

(단, 변압기 임피던스 비는 2대가 같다. ∴ $m = 1$)

42 3상 변압기의 결선에서 병렬 운전이 불가능한 것은?

① $\triangle-\triangle$ 와 $Y-Y$　　② $Y-\triangle$ 와 $Y-\triangle$
③ $\triangle-Y$ 와 $Y-\triangle$　　④ $\triangle-Y$ 와 $Y-Y$

 3상 변압기 병렬운전이 불가능한 결선은 $\triangle-\triangle$ 와 $\triangle-Y$, $\triangle-Y$ 와 $Y-Y$이다.

43 1차 전압 100[V], 2차 전압 200[V], 선로 출력 50[kVA]인 단권 변압기의 자기 용량은 몇 [kVA]인가?

① 25　　② 55
③ 250　　④ 550

 단권 변압기=1차, 2차 권선의 일부를 공통으로 갖고 있는 변압기를 말한다.

∴ 자기 용량=부하용량 $\times \dfrac{V_2 - V_1}{V_2}$

$= 50 \times 10^3 \times \dfrac{200 - 100}{200}$

$= 25 [\text{kVA}]$

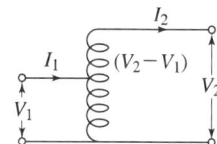

44 자기용량 1[kVA], 3000/200[V]의 단상 변압기를 단권 변압기로 결선해서 3000/3200[V]의 승압기로 사용할 때 그 부하용량(kVA)은?

① 16　　② 25
③ 2　　④ 1/16

 단권 변압기에서 $\dfrac{\text{자기 용량}}{\text{부하 용량}} = \dfrac{V_2 - V_1}{V_2}$

∴ 부하용량=자기용량 $\times \dfrac{V_2}{V_2 - V_1} = 1 \times \dfrac{3200}{3200 - 3000} = 16 [\text{kVA}]$

45 변류기 개방시 2차측을 단락하는 이유는?

① 2차측 절연 보호　　② 1차측 과전류 방지
③ 측정 오차 방지　　④ 2차측 과전류 보호

 변류기 2차측을 개방하면 2차측에 고전압이 유기되어 권선의 절연이 파괴된다.
∴ 변류기 2차측을 단락, 2차측의 권선절연을 보호한다.

46 변압기 철심의 와류손은 다음 중 어느 것에 비례하는가? (단, f 는 주파수, B_m은 최대 자속 밀도, t를 철판의 두께로 한다.)

① $fB_m t$
② $2fB_m^2 t$
③ $f^2 B_m^2 t^2$
④ $fB_m^{1.6} t$

 변압기의 철손에는 히스테리시스손(P_h)과 와류손(P_e)이 있다.
$P_h = \eta f B_m^{1.6}$ [w/kg]. 철손의 70~80%차지, 방지책으로는 규소강판을 사용한다.
$P_e = \eta(ftK_f B_m)^2 \fallingdotseq f^2 t^2 B_m^2$ [w/kg]에 비례하고 철손의 20~30%차지, 방지책으로는 성층철심으로 한다.

47 3300[V], 60[Hz]용 변압기의 와류손이 360[W]이다. 이 변압기를 2750[V], 50[Hz]에서 사용할 때 와류손(W)은?

① 50
② 150
③ 220
④ 250

 $V \fallingdotseq E = 4.44 f N \phi_m = 4.44 f N B_m s \fallingdotseq f B_m$ [V] ∴ $B_m \fallingdotseq \dfrac{V}{f}$ … ㉠

∴ P_e(와류손)$= \eta(ftK_f B_m)^2 \fallingdotseq f^2 B_m^2 \fallingdotseq f^2 \times \left(\dfrac{V}{f}\right)^2 \fallingdotseq V^2$ [w/kg]

$\dfrac{P_e'}{P_e} = \left(\dfrac{V'}{V}\right)^2$

∴ $P_e' = P_e \times \left(\dfrac{V'}{V}\right)^2 = 360 \times \left(\dfrac{2750}{3300}\right)^2 = 250$ [W]

48 변압기의 부하전류 및 전압은 일정하고, 주파수가 낮아지면?

① 철손이 증가
② 철손이 감소
③ 동손이 증가
④ 변화없다.

 $B_m = \phi_m =$ 철손$(P_i) = \dfrac{1}{f} = \dfrac{1}{X_L} = \dfrac{1}{V}$ ∴ 철손$(P_i) = \dfrac{1}{f(감소)} =$ 증가한다.

49 변압기의 철손이 P_i[kW], 전 부하동손이 P_c[kW]일 때 정격 출력의 $\dfrac{1}{m}$의 부하를 걸었을 때 전손실(kW)은 얼마인가?

① $(P_i + P_c)\left(\dfrac{1}{m}\right)^2$
② $P_i\left(\dfrac{1}{m}\right)^2 + 2P_c$
③ $P_i + P_c\left(\dfrac{1}{m}\right)^2$
④ $P_i + P_c\left(\dfrac{1}{m}\right)$

해설 $\frac{1}{m}$ 부하의 효율$(\eta) = \frac{출력}{출력+손실} = \frac{\frac{1}{m}V_2 I_2 \cos\theta}{\frac{1}{m}V_2 I_2 \cos\theta + P_i + \left(\frac{1}{m}\right)^2 P_c}$

∴ 전손실 $= P_i + \left(\frac{1}{m}\right)^2 P_c$

50 150[kVA] 단상 변압기의 철손이 1[kW], 전 부하 동손이 4[kW]이다. 이 변압기의 최대 효율은 몇 [kVA]의 부하에서 나타나는가?

① 25
② 75
③ 101
④ 175

해설 변압기 최대효율의 조건 : 철손=동손

∴ $P_i = \left(\frac{1}{m}\right)^2 P_c$

∴ $\frac{1}{m} = \sqrt{\frac{P_i}{P_c}} = \sqrt{\frac{1}{4}} = \frac{1}{2}$

$\frac{1}{m}$ 부하시 용량 $= 150 \times \frac{1}{2} = 75[\text{kVA}]$

51 어떤 변압기의 전 부하 동손이 270[W], 철손이 120[W]일 때 이 변압기를 최고 효율로 운전하는 출력은 정격 출력의 몇 %가 되는가?

① 22.5
② 33.3
③ 55.7
④ 66.7

해설 변압기 최대효율 조건 : 철손=동손

$P_i = \left(\frac{1}{m}\right)^2 P_c$

∴ $\frac{1}{m} = \sqrt{\frac{P_i}{P_c}} = \sqrt{\frac{120}{270}} ≒ 0.677 ≒ 66.7\%$이다.

52 50[Hz], 6.3[kV]/210[V], 50[kVA], 정격 역률 0.8(지상)의 단상 변압기에 무부하손은 0.65%, %저항 강하는 1.4%라 하면 이 변압기의 전 부하 효율(%)은?

① 약 96.5
② 약 97.7
③ 약 87.7
④ 약 99.4

해설 정격출력 P_n(기준) $= V_n I_n \cos\theta$ [W]

P_o(무부하손) $= P_n \times \dfrac{0.65}{100}$ ⋯ ㉠

P(%저항강하) $= \dfrac{I_n R}{V_n} = \dfrac{I_n^2 R}{V_n I_n} = \dfrac{P_c}{V_n I_n} = \dfrac{1.4}{100}$

$\therefore P_c$(동손) $= I_n^2 R = \dfrac{1.4}{100} \times V_n I_n = \dfrac{1.4}{100} \times \dfrac{P_n}{\cos\theta}$ ⋯ ㉡

$\therefore$ 전부하 효율 $\eta = \dfrac{\text{정격 출력}(P_n)}{\text{정격 출력}(P_n) + \text{무부하손}(P_o) + \text{동손}(P_c)} = \dfrac{P_n}{P_n + P_n \times \dfrac{0.65}{100} + \dfrac{1.4}{100} \times \dfrac{P_n}{\cos\theta}}$

$= \dfrac{1}{1 + \dfrac{0.65}{100} + \dfrac{1.4}{100} \times \dfrac{1}{0.8}} = 0.977 ≒ 97.7\%$

 53 변압기 보호방식 중 비율 차동 계전기를 사용하는 경우는?

① 변압기의 포화 억제　　② 여자 돌입 전류 보호
③ 고조파 발생 억제　　　④ 변압기의 상간 단락 보호

해설 비율차동계전기(RDFR) : 전류차로 동작하는 계전기로 발전기나 변압기의 상간 단락 보호용에 이용된다.

 54 변압기의 내부 고장 보호에 쓰이는 계전기로서 가장 적당한 것은?

① 과전류 차단기　　② 비율 차동 계전기
③ 역상 계전기　　　④ 접지 계전기

해설 차동계전기 : 발전기나 주변압기 내부고장 검출용에 이용된다.

 55 3300/210[V], 5[kVA] 단상 변압기가 퍼센트 저항 강하 2.4%, 리액턴스 강하 1.8% 이다. 임피던스 전압[V]은?

① 99　　② 66
③ 11　　④ 21

해설 Z(%임피던스 강하) $= \sqrt{P^2 + q^2} = \sqrt{(2.4)^2 + (1.8)^2} = 3\%$

$\therefore Z$(%임피던스 강하) $= \dfrac{I_{1n} Z_{12}}{V_{1n}} \times 100 = \dfrac{V_s}{V_{1n}} \times 100$ 에서

V_s(임피던스 전압) $= \dfrac{Z \times V_{1n}}{100} = \dfrac{3 \times 3300}{100} = 99$[V]

56 정격이 같은 2대의 변압기 단상 1000[kVA]의 임피던스 전압은 각각 8%와 7%이다. 이것을 병렬로 하면 몇 [kVA]의 부하를 걸 수가 있는가?

① 1800
② 1877
③ 1875
④ 1880

 %$Z_b = 7\%$ 작은것에 큰 전류가 흐르며(기준)

분배법칙에서 $P_b = \dfrac{\%Z_a}{\%Z_a + m\,\%Z_b} \times P$에서 $m = 1$

∴ P(부하용량) $= \dfrac{\%Z_a + m\,\%Z_b}{\%Z_a} \times P_b = \dfrac{8 + 1 \times 7}{8} \times 1000 = 1875[\mathrm{kVA}]$

Chapter 03 유도기

❶ 단상 유도전동기의 종류

① 분상 기동형
② 반발 기동형
③ 반발 유도형
④ 콘덴서 기동형
⑤ 세이딩 코일형
⑥ 모노 사이클릭 기동형

❷ 3상 유도전동기

1) $S(슬립) = \dfrac{N_s - N}{N_s}$

   $N(회전자 속도) = (1-S)N_s [\text{rpm}]$

   $N_s(회전자장의 속도 = 동기속도) = \dfrac{120f}{P}[\text{rpm}]$

2) $S = 1$ (정지시)

3) $S = 0$ (운전시)

   $f_{2s} = sf_1[\text{Hz}]$
   $E_{2s} = sE_2[\text{V}]$
   $x_{2s} = sx_2[\Omega]$

4) 유도전동기의 간이 등가회로(운전시) : 1차로 환산된 변압기 회로

① I_2(2차 전류)$= \dfrac{sE_2}{\sqrt{r_2^2+(sx_2)^2}} = \dfrac{E_2}{\sqrt{\left(\dfrac{r_2}{s}\right)^2+x_2^2}}$ [A]

② I_1(1차 전류)$= I_o + I_1' = I_o + \dfrac{1}{a}I_2$

③ 부하 저항(R_L)$= \dfrac{r_2'}{s} - r_2'$

④ 유도전동기의 간이등가 회로도

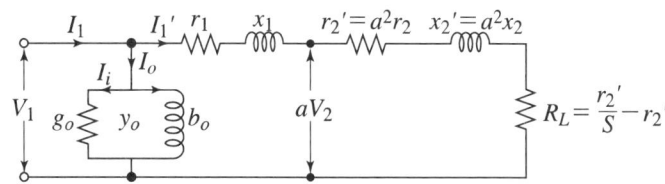

I_o는 I_1'의 2~3%이다.

P_2(2차 입력=1차 출력=동기 와트)$= (I_1')^2 \dfrac{r_2'}{s}$ [w]

P_{c2}(2차 동손)$= (I_1')^2 r_2' = sP_2$

P_o(기계적 출력)$= (I_1')^2 \left(\dfrac{r_2'}{s} - r_2'\right) = (I_1')^2 \dfrac{r_2'}{s} - (I_1')^2 r_2'$

$\qquad = P_2 - P_{c2} = P_2(1-s)$ [w]

전동기 2차 효율 $\eta_2 = \dfrac{P_o}{P_2} = \dfrac{(1-s)P_2}{P_2} = (1-s) = \dfrac{wT}{w_sT} = \dfrac{w}{w_s} = \dfrac{N}{N_s}$

5) 3상 유도전동기의 특성

① 속도 특성

N(회전자 속도)$= (1-s)N_s = (1-s)\dfrac{120f}{P}$ [rpm]

② 1차 전류 특성

1차 부하전류 $I_1' = I_s$(기동 전류)

$I_{(s)} = \dfrac{V_1}{\sqrt{(r_1+\dfrac{r_2'}{s})^2+(x_1+x_2')^2}}$ [A]를 정격전류 2~3배 정도로 제한 기동한다.

③ Torque 특성

P_o(기계적인 출력)$= wT$ [w]

$$T_s(\text{기동 Torque}) = \frac{P_o}{w} = \frac{(I_1')^2 r_2'}{\frac{4\pi f}{P}} = \frac{r_2'}{\frac{4\pi f}{P}} \times \frac{V_1^2}{(r_1+r_2')^2+(x_1+x_2')^2} \fallingdotseq V_1^2 [\text{N·m}]$$

∴ 기동 Torque > 전부하 Torque ≒ V_1^2 [N·m]

④ 최대 Torque의 조건

$$s(r_1^2 + (x_1+x_2')^2) = \frac{(r_2')^2}{s}$$

최대 슬립 $s_{\max} = \dfrac{r_2'}{\sqrt{r_1^2+(x_1+x_2')^2}} \fallingdotseq \dfrac{r_2'}{x_2'}$

⑤ 비례추이

$T(\text{Torque}) \fallingdotseq \dfrac{r_2'}{s}$ 에 비례하여 변화하는 것을 말한다.

T(일정인 조건), $r_2' = s$ 이어야 한다. 즉, r_2' 증가, s도 증가한다.

∴ $\dfrac{r_2'}{s_t} = \dfrac{r_2'+R}{s}$

(s_t : 최대 Torque발생 슬립, s : 기동 Torque발생시 슬립

r_2' 증가시 $I_{(s)}$(기동전류)는 감소, T_s(기동 Torque)증가된다.

R(외부 삽입저항)은 $\sqrt{r_1^2+(x_1+x_2')^2} - r_2'$ [Ω]이다.

6) 3상 유도전동기의 기동법(농형)

① 농형 유도전동기 기동법
  ㉠ 전전압 기동법 : 5[kw] 이하 소형
  ㉡ $Y-\triangle$ 기동법 : 5~15[kw] 이하 ∴ $\dfrac{I_y}{I_\triangle} = \dfrac{T_y}{T_\triangle} = \dfrac{1}{3}$
  ㉢ 기동 보상기법 : 15[kw] 이상

② 권선형 유도전동기 기동법
  ㉠ 2차 저항법(비례추이 이용법)
  ㉡ 게르게스법

7) 3상 유도전동기 원선도 작성에 필요한 시험

① 1차 저항 측정

② 무부하시험

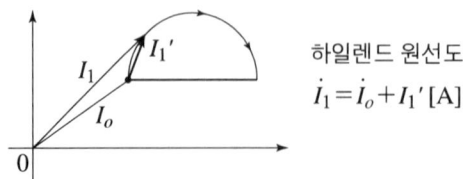

하일렌드 원선도
$\dot{I}_1 = \dot{I}_o + \dot{I}_1'$ [A]

③ 구속 시험(단락 시험)

8) 3상 유도전동기의 속도제어 및 제동법

① 속도제어
- ㉠ 저항 제어(슬립 제어)
- ㉡ 전원 주파수 변환법(농형)
- ㉢ 극수 변환법(농형)
- ㉣ 2차 여자법(권선형)
- ㉤ 전원 전압제어법
- ㉥ 종속 접속법

  ⓐ 직렬 종속법 $N = \dfrac{120f}{P_1 + P_2}$ [rpm]

  ⓑ 차동 종속법 $N = \dfrac{120f}{P_1 - P_2}$ [rpm]

  ⓒ 병렬 접속법 $N = \dfrac{2 \times 120f}{P_1 \pm P_2}$ [rpm]

  같은 극수 2개를 종속접속 하면 속도는 $\dfrac{1}{2}$ 이고 Torque는 2배가 된다.

② 제동법=발전제동, 회생제동, 역상제동, 단상제동이 있다.

❸ 특수 유도기

1) 단상 유도 전압 조정기

1차 권선(고정자)= V_1(전원 전압)

2차 권선(회전자)= $E_2 \cos \alpha$(변화)일 때 부하측 전압 $V_2 = V_1 \pm E_2 \cos \alpha$ [V]

(단, w(자기 용량)= $V_2 I_2$ [KVA])

단상 유도 전압 조정기의 조정 정격 용량 $P = E_2 I_2$ [KVA]이다.

2) 3상 유도 전압 조정기

선로 용량 $P_a = V_2 I_2$ [KVA], $V_2 = V_1 \pm E_2$ [V]

∴ 3상 유도 전압 조정기의 조정 정격 용량

$$P = \sqrt{3} E_2 I_2 = \sqrt{3} \times E_2 \times \dfrac{P_a}{V_2} [\text{KVA}]$$

(E_2(조정전압)[V]이다.)

Chapter 03 적중예상문제

01 유도전동기로 동기전동기를 기동하는 경우, 유도전동기의 극수는 동기기의 그것보다 2극 적은 것을 사용한다. 옳은 이유는? (단, s: 슬립이다.)

① 같은 극수로는 유도기는 동기속도보다 sN_s 만큼 늦으므로
② 같은 극수로는 유도기는 동기속도보다 $(1-s)$ 만큼 빠르므로
③ 같은 극수로는 유도기는 동기속도보다 s 만큼 빠르므로
④ 같은 극수로는 유도기는 동기속도보다 $(1-s)$ 만큼 늦으므로

 $S = \dfrac{N_s - N}{N_s}$ ∴ $N_s - N$(상대속도)$= SN_s$
∴ N(유도전동기 회전수=회전자 속도)
$= N_s$(동기전동기 회전수=동기속도)$- SN_s$(약 2극만큼 늦다.)
∴ 같은 극수로는 유도기는 동기속도보다 SN_s(약 2극)만큼 늦다.

02 4극, 60[Hz]인 3상 유도기가 1750[rpm]으로 회전하고 있을 때 전원의 b상, c상과 바꾸면 이때의 슬립은?

① 2.03
② 1.97
③ 0.099
④ 0.197

 전원의 b상과 c상의 접속을 바꾸면 회전자는 역전$(-N)$하므로
$S = \dfrac{N_s - (-N)}{N_s} = \dfrac{1800 + 1750}{1800} \fallingdotseq 1.97$

03 유도전동기에서 인가 전압이 일정하고 주파수가 정격값에서 수% 감소할 때 다음 현상 중 해당되지 않는 것은?

① 철손이 증가한다.
② 동기속도가 감소한다.
③ 누설 리액턴스가 증가한다.
④ 효율이 나빠진다.

정답 01 ① 02 ② 03 ③

해설 B(자속밀도)=ϕ(자속)=I_o(여자전류)=손실(철손)=온도상승=Torque=$\dfrac{1}{f(\text{주파수})}$
=$\dfrac{1}{\eta(\text{효율})}$=$\dfrac{1}{X_L(\text{리액턴스})}$=$\dfrac{1}{\cos\theta(\text{역률})}$=$\dfrac{1}{N_s(\text{동기 속도})}$=$\dfrac{1}{N(\text{회전자 속도})}$=$\dfrac{1}{\text{냉각 효과}}$의 관계에서 주파수가 감소하면 누설리액턴스도 감소된다.

04 6극, 3상 유도전동기가 있다. 회전자도 3상이며 회전자 정지시의 1상의 전압은 200[V]이다. 전부하시의 속도가 1152[rpm]이면 1상의 전압은 몇 [V]인가? (단, 1차 주파수는 60[Hz]이다.)

① 8.0　　② 8.3
③ 9.3　　④ 10.0

해설 $N_s=\dfrac{120f}{P}=\dfrac{120\times60}{6}=1200[\text{rpm}]$

∴ $S=\dfrac{N_s-N}{N_s}=\dfrac{1200-1152}{1200}=0.04$

∴ $E_{2s}=SE_2=0.04\times200=8[\text{V}]$

05 그림에서 고정자가 매초 50회전하고, 회전자가 45회전하고 있을 때 회전자의 도체에 유기되는 기전력의 주파수(Hz)는?

① $f=50$
② $f=95$
③ $f=5$
④ $f=45$

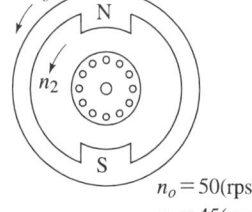

$n_o=50(\text{rps})$
$n_2=45(\text{rps})$

해설 N_s(고정자 회전수)=50(1차 주파수)=45(2차 주파수)

$S=\dfrac{N_s-N}{N_s}=\dfrac{50-45}{50}=0.1$

∴ 회전자 도체에 유기되는 기전력에 주파수 $f_{2s}=sf_1=0.1\times50=5[\text{Hz}]$

참고 1극 1상의 slot(홈)수 $q=\dfrac{Z}{3P}$

각 slot(홈)간의 전기각 $\alpha=\pi\times\dfrac{P}{Z}$로 계산된다.

06 200[V], 3상 유도전동기의 전부하 슬립이 4%이다. 공급 전압이 10% 저하된 경우의 전부하 슬립은 어떻게 되는가?

① 약 0.03%　　② 약 0.09%
③ 약 0.05%　　④ 약 0.6%

해설 슬립(s)은 공급전압(V)의 자승에 반비례한다.

$$\therefore \begin{cases} S = \dfrac{1}{V^2} = \dfrac{1}{(200)^2} \\ S' = \dfrac{1}{(V')^2} = \dfrac{1}{(200 \times 0.9)^2} \end{cases} \text{에서 } S' = S \times \left(\dfrac{V}{V'}\right)^2 = 0.04 \times \left(\dfrac{200}{180}\right)^2 = 0.05 = 5\% \text{이다.}$$

07 권선형 유도전동기의 슬립 s에 있어서의 2차 전류는? (단, E_2, X_2는 전동기 정지시의 2차 유기 전압과 2차 리액턴스로 하고 R_2는 2차 저항으로 한다.)

① $\dfrac{E_2}{\sqrt{(R_2/s)^2 + X_2^2}}$　　② $2sE_2 / \sqrt{R_2^2 + \dfrac{X_2^2}{s}}$

③ $E_2 / (\dfrac{R_2}{1-s})^2 + X_2$　　④ $E_2 / \sqrt{(sR_2)^2 + X_2}$

해설

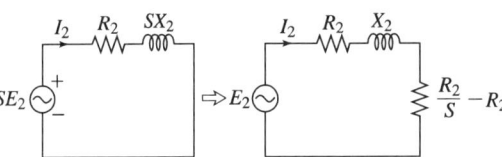

권선형 유도전동기가 슬립 s로 운전시의 2차 전류

$I_2 = \dfrac{sE_2}{\sqrt{R_2^2 + (sX_2)^2}} = \dfrac{E_2}{\sqrt{\left(\dfrac{R_2}{s}\right)^2 + X_2^2}}$ [A]이다.

08 3상 유도전동기의 전압이 10% 낮아졌을 때 기동 토크는 약 몇 % 감소하는가?

① 15　　② 10
③ 20　　④ 35

해설 3상 유도전동기에서 T(Torque)는 V_1^2(공급전압의 자승)에 비례한다.

∴ $T \fallingdotseq (1-0.1)^2 = (0.9)^2 = 0.81$

∴ $1 - 0.81 \fallingdotseq 0.2$로서 20% 감소된다.

09 극수 p인 3상 유도전동기가 주파수 f[Hz], 슬립 s, 토크 T[N·m]로 회전하고 있을 때 기계적 출력(W)은?

① $T \cdot \dfrac{4\pi f}{p}(1-s)$　　② $T \cdot \dfrac{5pf}{\pi}(1-s)$

③ $T \cdot \dfrac{4\pi f}{3p} \cdot s$　　④ $T \cdot \dfrac{\pi f}{2p}(1-s)$

$N=(1-s)N_s=(1-s)\times\dfrac{120f}{p}$ [rpm]

P_2(1차 출력＝2차 입력＝동기 와트)＝$w_s T=2\pi\dfrac{N_s}{60}\times T$ [w]

P_o(2차 출력＝기계적인 출력)＝$wT=2\pi\dfrac{N}{60}\times T=2\pi\dfrac{(1-s)N_s}{60}\times T$

$=2\pi\times\dfrac{(1-s)}{60}\times\dfrac{120f}{p}\times T=T\times\dfrac{4\pi f}{p}(1-s)$ [w]

10 다상 유도전동기의 등가회로에서 기계적 출력을 나타내는 정수는?

① $\dfrac{s-1}{s}r_2'$ ② $(1-s)r_2'$

③ $\dfrac{r_2'}{s}$ ④ $\left(\dfrac{1}{s}-1\right)r_2'$

 유도전동기의 등가회로에서의 출력

P_2(1차 출력＝2차 입력＝동기 왓트)＝$(I_1')^2\left(\dfrac{r_2'}{s}\right)$ [w]

P_o(2차 출력＝기계적 출력)＝$P_2-P_{c2}=P_2-sP_2=P_2(1-s)$

$=(I_1')^2\times\left(\dfrac{r_2'}{s}\right)(1-s)=(I_1')^2\times r_2'\left(\dfrac{1}{s}-1\right)=(I_1')^2\times\left(\dfrac{r_2'}{s}-r_2'\right)$ [w]

11 2차 저항 0.02[Ω], $s=1$에서 2차 리액턴스 0.05[Ω]인 3상 유도전동기가 있다. 이 전동기의 슬립이 5%일 때, 1차 부하전류가 12[A]라면, 그 기계적 출력 [kW]은? (단, 권수비 $a=10$, 상수비 $m=1$이다.)

① 12.5 ② 17
③ 15.4 ④ 16.4

해설 $r_2'=a^2 r_2=10^2\times 0.02=2$ [Ω]

∴ P_o(기계적 출력)＝$3(I_1')^2\times\left(\dfrac{r_2'}{s}-r_2'\right)=3(I_1')^2\times a^2\left(\dfrac{r_2}{s}-r_2\right)$

$=3\times(12)^2\times(10)^2\times 0.02\left(\dfrac{1}{0.05}-1\right)\fallingdotseq 16.4$ [kW]

12 3300[V], 60[Hz]인 Y결선의 3상 유도전동기가 있다. 철손을 1020[W]라 하면 1상의 여자 콘덕턴스 [℧]는?

① 56.1×10^{-5} ② 28.7×10^{-5}
③ 9.37×10^{-5} ④ 6.22×10^{-5}

해설 P_i(철손)$=3g_oV_1^2$[W]

g_o(여자 콘덕턴스)$=\dfrac{P_i}{3V_1^2}=\dfrac{1020}{3\times\left(\dfrac{3300}{\sqrt{3}}\right)^2}\fallingdotseq 9.37\times10^{-5}$[℧]

13 3상 유도전동기의 원선도를 구하는 데 필요하지 않은 것은?

① 단락 시험　　　　　　　　② 저항 측정
③ 슬립 측정　　　　　　　　④ 무부하 시험

해설 원선도 작성시 필요한 시험은 무부하 시험(철손 측정), 구속시험(단락시험), 1차 저항 측정으로 원선도를 작성한다.

14 유도전동기에 있어서 2차 입력 P_2, 출력 P_o, 슬립(slip) s 및 2차 동손 P_{c2}와의 관계를 선정하면?

① $P_2:P_o:P_{c2}=1:s:1-s$　　　② $P_2:P_o:P_{c2}=1:1:1$
③ $P_2:P_o:P_{c2}=1:\dfrac{1}{s}:1-s$　　④ $P_2:P_o:P_{c2}=1:1-s:s$

해설 유도전동기에서 $P_2:P_o:P_{c2}=P_2:P_2(1-s):sP_2=1:(1-s):s$이다.

15 60[Hz], 220[V], 7.5[kW]인 3상 유도전동기의 전부하시 회전자 동손이 0.485[kW], 기계손이 0.404[kW]일 때 슬립은 몇 %인가?

① 6.2　　　　　　　　　　② 5.8
③ 6.8　　　　　　　　　　④ 4.4

해설 P_2(1차 출력=2차 입력)$=P_o+P_M+P_{c2}=7.5+0.404+0.485=8.389$[kW]
∴ $P_{c2}=sP_2$에서 $S=\dfrac{P_{c2}}{P_2}=\dfrac{0.485}{8.389}=0.058=5.8$%이다.

16 3상 유도전동기의 출력이 10[kW], 슬립이 4.8%일 때의 2차 동손(kW)은?

① 0.49　　　　　　　　　　② 0.44
③ 0.5　　　　　　　　　　④ 0.55

P_o(기계적 출력)$=(1-s)P_2$[kW]

$\therefore P_2$(2차 입력)$=\dfrac{P_o}{1-s}=\dfrac{10\times 10^3}{1-0.048}=10.5$[kW]

$\therefore P_{c2}=sP_2=0.048\times 10.5=0.5$[kW]

17 15[kW] 3상 유도전동기의 기계손이 350[W], 전부하시의 슬립이 3%이다. 전부하시의 2차 동손(W)은?

① 395　　　　　　　　　　② 575
③ 475　　　　　　　　　　④ 675

$(P_M+P_o)=(1-s)P_2$[w]

$\therefore P_2$(2차 입력)$=\dfrac{1}{1-s}(P_M+P_0)$[w] … ㉠

P_{c2}(2차 동손)$=sP_2=\dfrac{s}{1-s}(P_M+P_o)=\dfrac{0.03}{1-0.03}(15{,}000+350)=475$[w]

18 동기 각속도 w_s, 회전자 각속도 w인 유도전동기의 2차 효율은?

① $\dfrac{w_s-w}{w}$　　　　　　　　② $\dfrac{w_s-2w}{w_s}$

③ $\dfrac{1}{w}$　　　　　　　　　　④ $\dfrac{w}{w_s}$

η_2(유도전동기의 2차 효율)$=\dfrac{P_o}{P_2}=\dfrac{(1-s)P_2}{P_2}=1-s=\dfrac{wT}{w_sT}=\dfrac{w}{w_s}$

$=\dfrac{2\pi\dfrac{N}{60}}{2\pi\dfrac{N_s}{60}}=\dfrac{N}{N_s}$

19 4극, 7.5[kW], 200[V], 60[Hz]인 3상 유도전동기가 있다. 전부하에서의 2차 입력이 7950[W]이다. 이 경우의 슬립을 구하면? (단, 기계손은 130[W]이다.)

① 0.04　　　　　　　　　② 0.09
③ 0.06　　　　　　　　　④ 1.04

P_2(1차 출력=2차 입력)$=P_o+P_M+P_{c2}$[w]

$\therefore P_{c2}=P_2-(P_o+P_M)=7950-(7500+130)=320$[w]

$\therefore P_{c2}=sP_2$에서 $S=\dfrac{P_{c2}}{P_2}=\dfrac{320}{7950}=0.04=4\%$

20 P[kW], N[rpm]인 전동기의 토크(kg·m)는?

① $0.01625\dfrac{P}{N}$ ② $675\dfrac{P}{N}$

③ $\dfrac{P}{N}$ ④ $975\dfrac{P}{N}$

 $1[\text{kg}\cdot\text{m}] = 9.8[\text{N}\cdot\text{m}]$ ∴ $P(\text{출력}) = wT = 2\pi\dfrac{N}{60}T[\text{w}]$

$T(\text{Torque}) = \dfrac{P}{2\pi\dfrac{N}{60}}[\text{N}\cdot\text{m}] = \dfrac{1}{9.8}\times\dfrac{P}{2\pi\times\dfrac{N}{60}} = 0.975\dfrac{P}{N}[\text{kg}\cdot\text{m}]$

$= 0.975\times\dfrac{P\times 1000}{N} = 975\dfrac{P}{N}[\text{kg}\cdot\text{m}]$

21 4극, 60[Hz]인 3상 유도전동기를 입력 100[kW], 효율 90%로 정격 운전할 때의 토크(kg·m)는?

① 46.75 ② 48.75
③ 1 ④ 146.25

 $N_s(\text{동기속도}) = \dfrac{120f}{P} = \dfrac{120\times 60}{4} = 1800[\text{rpm}]$

$P_2(\text{2차 입력}) = w_sT[\text{w}]$

∴ $T(\text{Torque}) = \dfrac{P_2}{w_s}\times\dfrac{1}{9.8} = \dfrac{1}{9.8}\times\dfrac{P_2}{2\pi\dfrac{N_s}{60}} = 0.975\dfrac{P_2}{N_s} = 0.975\times\dfrac{100\times 10^3}{1800} = 54.166[\text{kg}\cdot\text{m}]$

∴ $\eta = 90\%$일 때의 Torque를 T'이라면 $\eta = \dfrac{T'}{T}$에서

$T' = \eta T = 0.9\times 54.166 = 48.75[\text{kg}\cdot\text{m}]$

22 60[Hz] 4극 유도전동기의 슬립이 5%이고, 2차 손실이 100[W]이다. 이때의 토크(N·m)는?

① 약 1.082 ② 약 10.61
③ 약 1.14 ④ 약 1.17

 $P_{c2} = sP_2[\text{w}]$ $P_2(\text{2차 입력}) = \dfrac{P_{c2}}{s} = \dfrac{100}{0.05} = 2000[\text{w}]$ … ㉠

∴ $P_2 = w_sT[\text{w}]$

∴ $T(\text{Torque}) = \dfrac{P_2}{w_s} = \dfrac{P_2}{2\pi\dfrac{N_s}{60}} = \dfrac{P_2}{2\pi\dfrac{1}{60}\times\dfrac{120f}{P}} = \dfrac{P_2}{\dfrac{4\pi f}{P}} = \dfrac{2000}{\dfrac{4\times 3.14\times 60}{4}} = 10.61[\text{N}\cdot\text{m}]$

정답 20 ④ 21 ② 22 ②

23 8극 60[Hz], 3상 권선형 유도전동기의 전부하시의 2차 주파수가 3[Hz], 2차 동손이 500[W]라면 발생 토크는 약 몇 [kg·m]인가? (단, 기계손은 무시한다.)

① 10.4
② 10.8
③ 11.833
④ 2.5

$N_s = \dfrac{120f}{P} = \dfrac{120 \times 60}{8} = 900[\text{rpm}] \cdots \text{㉠}$

$f_{2s} = sf_1[\text{Hz}] \quad \therefore \ s = \dfrac{f_{2s}}{f_1} = \dfrac{3}{60} = 0.05 \cdots \text{㉡}$

$P_{c2} = sP_2[\text{w}] \quad \therefore \ P_2(\text{2차 입력}) = \dfrac{P_{c2}}{s} = \dfrac{500}{0.05} = 10 \times 10^3[\text{w}] \cdots \text{㉢}$

$\therefore P_2(\text{2차 입력}) = w_s T[\text{w}]$

$T(\text{Torque}) = \dfrac{P_2}{w_s} \times \dfrac{1}{9.8} = 0.975\dfrac{P_2}{N_s} = 0.975 \times \dfrac{10 \times 10^3}{900} = 10.833[\text{kg} \cdot \text{m}]$

24 전동기 축의 벨트 축 지름이 28[cm], 1140[rpm]에서 20[kW]를 전달하고 있다. 벨트에 작용하는 힘(kg)은?

① 약 134
② 약 212
③ 약 160
④ 약 122

$P_o(\text{기계적 출력}) = wT[\text{w}]$

$T(\text{Torque}) = \dfrac{P_o}{w} \times \dfrac{1}{9.8} = 0.975\dfrac{P_o}{N} = 0.975 \times \dfrac{20 \times 10^3}{1140} = 17.14[\text{kg} \cdot \text{m}]$

$T(\text{Torque}) = Fr[\text{kg} \cdot \text{m}]$

$\therefore F(\text{벨트에 작용하는 힘}) = \dfrac{T}{r} = \dfrac{17.14}{0.14} \fallingdotseq 122.4[\text{kg}]$

25 3상 유도전동기의 특성 중 비례추이 할 수 없는 것은?

① 토크
② 출력
③ 2차 전류
④ 1차 입력

3상 유도전동기의 특성 중에서 비례추이를 할 수 없는 것은 출력, 2차 동손, 효율 등이다.

26 3상 유도전동기에서 2차측 저항을 2배로 하면 그 최대 토크는 몇 배로 되는가?

① 1/4배
② 1/2배
③ $\sqrt{2}$ 배
④ 변하지 않는다.

비례추이는 $T = \dfrac{r_2'}{s}$ 이다. T=일정일 때는 2차 저항을 2배로 하면 슬립도 2배가 된다.
(단, 최대 Torque는 2차 저항과 슬립의 변화와는 무관하다.)

27 1차(고정자측) 1상당 저항이 $r_1[\Omega]$, 리액턴스 $x_1[\Omega]$이고, 1차에 환산한 2차측(회전자측) 1상당 저항은 $r_2'[\Omega]$, 리액턴스 $x_2'[\Omega]$이 되는 권선형 유도전동기가 있다. 2차 회로는 Y로 접속되어 있으며, 비례추이를 이용하여 최대 토크로 기동시키려고 하면 2차에 1상당 얼마의 외부 저항(1차에 환산한 값)을 연결하면 되는가?

① $\dfrac{r_2'}{\sqrt{r_1^2+(2x_1+x_2')^2}}$ ② $\sqrt{r_1^2+(x_1+x_2')^2}-r_2'$

③ $\sqrt{(r_1+r_2')^2+(x_1+x_2')^2}$ ④ $\sqrt{r_1^2+(x_1+x_2')^2}+2r_2'$

 비례추이에서 최대 Torque로 기동하기 위한 2차 1상당의 외부저항을 R_s' 라면
$\dfrac{r_2'}{s_t} = \dfrac{r_2'+R_s'}{s}$ 에서 s_t(최대 슬립)$=\dfrac{r_2'}{\sqrt{r_1^2+(x_1+x_2')^2}}$
기동시 $s=1$
$\therefore \dfrac{r_2'}{\dfrac{r_2'}{\sqrt{r_1^2+(x_1+x_2')^2}}} = \dfrac{r_2'+R_s'}{1}$
$\therefore r_2'+R_s' = \sqrt{r_1^2+(x_1+x_2')^2}$
$\therefore R_s$(외부삽입 저항)$= \sqrt{r_1^2+(x_1+x_2')^2}-r_2'$

28 권선형 3상 유도전동기가 있다. 1차 및 2차 합성 리액턴스는 1.5[Ω]이고, 2차 회전자는 Y결선이며, 매상의 저항은 0.3[Ω]이다. 기동시에 있어서의 최대 토크 발생을 위하여 삽입해야 하는 매상당 외부 저항[Ω]은 얼마인가? (단, 1차 저항은 무시한다.)

① 2 ② 1.2
③ 1 ④ 0.9

 비례추이에서 최대 Torque를 발생하기 위한 2차 매상당의 삽입저항
$R_s' = \sqrt{r_1^2+(x_1'+x_2')^2}-r_2' = \sqrt{(x_1+x_2')^2}-r_2' = \sqrt{(1.5)^2}-0.3 = 1.2[\Omega]$

29 60[Hz], 6극, 권선형 3상 유도전동기의 전부하시의 회전수는 1152[rpm]이다. 지금 회전수 900[rpm]에서 전 부하 토크를 발생하려면 회전자에 투입해야 할 외부 저항[Ω]은 얼마인가? (단, 회전자는 Y결선이고, 각 상 저항 $r_2'=0.03[\Omega]$이다.)

① 0.15 ② 0.1375
③ 0.2575 ④ 0.1575

해설 $N_s = \dfrac{120f}{P} = \dfrac{120 \times 60}{6} = 1200[\text{rpm}]$

① $N_1 = 1152[\text{rpm}]$일 때 $s_1 = \dfrac{N_s - N_1}{N_s} = \dfrac{1200 - 1152}{1200} = 0.04$

② $N_2 = 900[\text{rpm}]$일 때 $s_2 = \dfrac{N_s - N_2}{N_s} = \dfrac{1200 - 900}{1200} = 0.25$

비례추이에서 $\dfrac{r_2'}{s_1} = \dfrac{r_2' + R_s}{s_2}$ ∴ $\dfrac{0.03}{0.04} = \dfrac{0.03 + R_s}{0.25}$ ∴ $R_s = 0.1575[\Omega]$

30 3상 권선인 유도전동기의 전 부하 슬립이 5%, 2차 1상의 저항 0.5[Ω]이다. 이 전동기의 기동 토크를 전 부하 토크와 같도록 하려면 외부에서 2차에 삽입할 저항은 몇 [Ω]인가?

① 10
② 9.5
③ 9.9
④ 1.0

해설 비례추이에서 $\dfrac{r_2'}{s_1(\text{전부하시})} = \dfrac{r_2' + R_s}{s(\text{기동시})}$

∴ $R_s = \dfrac{r_2'}{s_1} - r_2' = \dfrac{0.5}{0.05} - 0.5 = 10 - 0.5 = 9.5[\Omega]$

31 슬립 s_t에서 최대 토크를 발생하는 3상 유도전동기에서 2차 1상의 저항을 r_2라 하면 최대 토크로 기동하기 위한 2차 1상의 외부로부터 가해 주어야 할 저항은?

① $\dfrac{1 - s_t}{s_t} r_2$
② $\dfrac{1 + s_t}{s_t} 2r_2$
③ $\dfrac{r_2}{1 - s_t}$
④ $\dfrac{1}{s_t}$

해설 비례추이에서 $\dfrac{r_2}{s_t} = \dfrac{r_2 + R}{1}$

∴ $R = \dfrac{r_2}{s_t} - r_2 = \dfrac{r_2(1 - s_t)}{s_t}[\Omega]$

32 출력 22[kW], 8극, 60[Hz]인 권선형 3상 유도전동기의 전 부하 회전수가 855[rpm]이라고 한다. 같은 부하 토크로 2차 저항 r_2를 4배로 하면 회전속도(rpm)는?

① 720
② 730
③ 620
④ 630

정답 30 ② 31 ① 32 ①

해설

$N_s = \dfrac{120f}{P} = \dfrac{120 \times 60}{8} = 900[\text{rpm}]$

∴ 전부하 회전수 $N_1 = 855[\text{rpm}]$일 때의 슬립 $s_1 = \dfrac{N_s - N_1}{N_s} = \dfrac{900 - 855}{900} = 0.05 \cdots$ ㉠

∴ 비례추이에서 부하저항을 4배로 하면 슬립도 4배가 된다.

∴ $s_2 = 4s_1 = 4 \times 0.05 = 0.2$일 때의 회전속도 $N_2 = (1 - s_2)N_s = (1 - 0.2) \times 900 = 720[\text{rpm}]$이다.

33 6극, 60[Hz]인 3상 권선형 유도전동기가 1140[rpm]의 정격 속도로 회전할 때, 1차 측 단자를 전환해서 상회전방향을 반대로 바꾸어 역전 제동을 하는 경우, 그 제동 토크를 전부하 토크와 같게 하기 위한 2차 삽입 저항은 몇 $R[\Omega]$인가? (단, 회전자 1상의 저항은 0.005[Ω], Y결선이다.)

① 0.19 ② 0.27
③ 0.99 ④ 0.29

해설

$N_s = \dfrac{120f}{P} = \dfrac{120 \times 60}{6} = 1200[\text{rpm}]$

전부하일 때의 슬립 $s_1 = \dfrac{N_s - N}{N_s} = \dfrac{1200 - 1140}{1200} = 0.05 \cdots$ ㉠

역전제동일 때의 슬립 $s_2 = \dfrac{N_s - (-N)}{N_s} = \dfrac{1200 + (1140)}{1200} = 1.95 \cdots$ ㉡

비례추이에서 외부 삽입저항 R은 $\dfrac{r_2'}{s_1} = \dfrac{r_2' + R}{s_2}$ ∴ $\dfrac{0.005}{0.05} = \dfrac{0.005 + R}{1.95}$

∴ $R = 0.1 \times 1.95 - 0.005 ≒ 0.19[\Omega]$

34 10[kW], 3상, 200[V] 유도전동기(효율 및 역률 각각 85%)의 전 부하전류(A)는?

① 29 ② 40
③ 50 ④ 80

해설

$\eta(\text{효율}) = \dfrac{\text{출력}(P)}{\text{입력}}$ ∴ 입력 $= \sqrt{3}\,VI\cos\theta = \dfrac{P}{\eta}$

전부하전류 $I = \dfrac{P}{\sqrt{3}\,V\cos\theta \times \eta} = \dfrac{10 \times 10^3}{\sqrt{3} \times 200 \times 0.85 \times 0.85} = 40[\text{A}]$

35 3상 유도전동기에 직결된 직류 발전기가 있다. 이 발전기에 100[kW]의 부하를 걸었을 때 발전기 효율은 80%, 전동기의 효율과 역률은 95%와 90%라고 하면, 전동기의 입력(kVA)은?

① 146.2 ② 188.5
③ 10.5   ④ 118.2

정답 33 ① 34 ② 35 ①

3상 유도전동기(η_M) $\Rightarrow$ 직류 발전기($\eta_g = \dfrac{\text{발전기 출력}(P_o)}{\text{발전기 입력}}$)에서

발전기 입력=유도전동기 출력=$\dfrac{P_o}{\eta_g}$ … ㉠

$\therefore \eta_M = \dfrac{\text{유도 전동기 출력}}{\text{유도 전동기 입력}}$ 에서 3상 유도전동기 입력= $\sqrt{3}\,VI\cos\theta = \dfrac{\text{유도 전동기 출력}}{\eta_M}$ 이다.

$\therefore \sqrt{3}\,VI = \dfrac{\dfrac{P_o}{\eta_g}}{\cos\theta\,\eta_M} = \dfrac{P_o}{\cos\theta\,\eta_M\,\eta_g} = \dfrac{100}{0.95 \times 0.9 \times 0.8} = 146.2[\text{kVA}]$

36 10[kW] 정도의 농형 유도전동기 기동에 가장 적당한 방법은?

① 직접 기동 ② $Y-\triangle$ 기동
③ 저항 기동 ④ 기동 보상기에 의한 기동

 농형 유도전동기 기동법
① 전전압 기동법 → 5[kW] 이하
② $Y-\triangle$ 기동법 → 5~15[kW] 사이
③ 기동 보상기법 → 15[kW] 이상

37 3상 유도전동기에서 제5고조파에 의한 기자력의 회전방향 및 속도는 기본파의 몇 배인가?

① 기본파와 같은 방향이고 5배의 속도
② 기본파와 역방향이고 2배의 속도
③ 기본파와 같은 방향이고 1/2배의 속도
④ 기본파와 역방향이고 1/5배의 속도

 h(회전자계 고조파 차수), m(상수), $n=0,\ 1,\ 2,\ 3$(정수)

$h=2nm+1 \Rightarrow$ 제7, 제13 등은 기본파와 동일 방향이고, $\dfrac{1}{7}$배의 속도, $\dfrac{1}{13}$배의 속도이다.

$h=2nm-1 \Rightarrow$ 제5, 제11 등은 기본파와 반대 방향이고, $\dfrac{1}{5}$배의 속도, $\dfrac{1}{11}$배의 속도이다.

38 3상 유도전동기를 불평형 전압으로 운전하면 토크와 입력과의 관계는?

① 토크는 증가하고 입력은 감소 ② 토크는 감소하고 입력도 감소
③ 토크는 감소하고 입력은 증가 ④ 토크는 증가하고 입력도 증가

 3상 유도전동기를 불평형 전압으로 운전시는 비례추이에서

$T(\text{기동 Torque증가}) \risingdotseq R(\text{2차 저항증가}) \risingdotseq \dfrac{1}{I(\text{기동 전류 감소})} \risingdotseq \dfrac{1}{P(\text{입력 감소})}$

혹은 $P \risingdotseq I \risingdotseq \dfrac{1}{T} \risingdotseq \dfrac{1}{R}$ 의 관계가 성립된다.

39 유도전동기를 기동하기 위하여 △를 Y로 전환했을 때 토크는 몇 배가 되는가?

① $\frac{1}{3}$ 배   ② $\frac{1}{\sqrt{3}}$ 배
③ $\sqrt{4}$ 배   ④ 4배

해설 $T \doteq V^2$ ∴ △결선인 경우 $T_\triangle \doteq V^2$

Y결선인 경우 $T_y \doteq \left(\frac{V}{\sqrt{3}}\right)^2$ ∴ $\frac{T_y}{T_\triangle} = \frac{\left(\frac{V}{\sqrt{3}}\right)^2}{V^2} \doteq \frac{1}{3}$

참고 △결선인 경우 $I_\triangle \doteq \sqrt{3} I_P = \sqrt{3} \times \frac{V}{Z}$ … ㉠

Y결선인 경우 $I_y = \frac{\frac{V}{\sqrt{3}}}{Z} = \frac{V}{\sqrt{3} Z}$ … ㉡

∴ $\frac{I_y}{I_\triangle} = \frac{\frac{V}{\sqrt{3} Z}}{\frac{\sqrt{3} V}{Z}} \doteq \frac{1}{3}$

40 10[HP], 4극, 60[Hz] 3상 유도전동기의 전전압 기동 토크가 전 부하 토크의 1/3일 때, 탭 전압이 1/√3인 기동 보상기로 기동하면 그 기동 토크는 전 부하 토크의 몇 배가 되겠는가?

① $3\sqrt{3}$ 배   ② $1/3\sqrt{9}$ 배
③ $1/9$ 배   ④ $2/\sqrt{3}$ 배

해설 T(전부하 Torque) $\doteq V^2$ (전전압)

∴ $\frac{1}{3} T \doteq V^2$

$T' \doteq \left(\frac{1}{\sqrt{3}} V\right)^2$ ⇒ 탭 전압일 때

T'(기동 보상기의 기동 Torque)$= \frac{\frac{1}{3} V^2}{V^2} \times \frac{1}{3} T \doteq \frac{1}{9} T$

41 전압 220[V]에서의 기동 토크가 전 부하 토크의 210%인 3상 유도전동기가 있다. 기동 토크가 100%되는 부하에 대하여는 기동 보상기로 전압(V)을 얼마 공급하면 되는가?

① 약 105   ② 약 152
③ 약 339   ④ 약 46

해설 $T \propto V^2$ $210\,T \propto (220)^2$ $100\,T \propto (V_x)^2$

∴ $V_x^2 = \dfrac{100\,T}{210\,T} \times (220)^2$

∴ $V_x = \sqrt{\dfrac{100}{210}} \times 220 = 151.8 ≒ 152[\text{V}]$

42 200[V], 7.5[kW], 6극 3상 농형 유도전동기를 정격 전압으로 기동하면 기동 전류는 500% 흐르고, 기동 토크는 220%이다. 기동 전류를 300%로 제한하려면 기동 토크(%)는?

① 79
② 69
③ 179
④ 279

해설 $I_s \propto V$ $T_s \propto V^2 \propto I_s^2$ ∴ $220 \propto (500)^2$

$T' \propto (300)^2$ ∴ $T' = \left(\dfrac{300}{500}\right)^2 \times 220 = 79.2\%$이다.

43 220[V], 7.5[kW], 6극, 3상 유도전동기가 있다. 정격 전압으로 기동할 때 기동 전류는 정격 전류의 6배, 기동 토크는 전 부하 토크의 2.5배이다. 지금 기동 토크를 전 부하 토크의 1.5배로 하기 위해서는 기동 전압을 얼마로 하면 되는가? 또, 이때의 기동 전류[V]는 정격 전류의 몇 배인가?

① 150, 1.62배
② 140, 3.63배
③ 170, 4.63배
④ 180, 5.63배

해설 $T \propto V^2$에서 $\begin{cases} 2.5\,T \propto (220)^2 \\ 1.5\,T \propto V^2 \end{cases}$ ∴ $V = \sqrt{\dfrac{1.5}{2.5}} \times 220 = 170[\text{V}]$ … ㉠

$I \propto V$에서 $\begin{cases} 6I \propto 220 \\ I_s \propto V = 170 \end{cases}$ ∴ $I_s = \dfrac{170}{220} \times 6I = 4.64I$

44 횡축에 속도 n을, 종축에 토크 T를 취하여 전동기 및 부하의 속도 토크 특성 곡선을 그릴 때 그 교점이 안정 운전점인 경우에 성립하는 관계식은? (단, 전동기의 발생 토크를 T_M, 부하의 반항 토크를 T_L이라 한다.)

① $\dfrac{dT_M}{dT_L} < \dfrac{dT_L}{d}$
② $\dfrac{dT_M}{dn} = \dfrac{dT_L}{dn} = 1$
③ $\dfrac{dT_M}{d_n} = \dfrac{dT_L}{dn}$
④ $\dfrac{dT_M}{dn} < \dfrac{dT_L}{dn}$

n(전동기 회전속도).
T_M(전동기의 발생 Torque).
T_L(부하의 반항 Torque)로서
전동기의 안전 운전 조건은 $\dfrac{dT_L}{dn} > \dfrac{dT_M}{dn}$ 일 때이다.

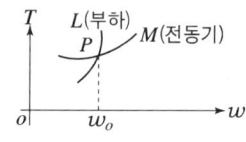

45 유도전동기의 회전자에 슬립 주파수의 전압을 공급하여 속도제어를 하는 방법은?

① 2차 저항법
② 주파수 변환법
③ 직류 여자법
④ 2차 여자법

2차 여자법 : 권선형 유도전동기의 회전자에 슬립 주파수 전압을 공급하여 속도를 제어하는 방법

46 sE_2는 권선형 3상 유도전동기의 2차 유기 전압이고 E_c는 2차 여자법에 의한 속도 제어를 하기 위하여 외부에서 회전자 슬립에 가한 슬립 주파수의 전압이다. 여기서 E_c의 작용 중 옳은 것은?

① 속도를 강하게 한다.
② 역률을 향상시킨다.
③ 속도를 상승하게 한다.
④ 역률과 속도를 떨어뜨린다.

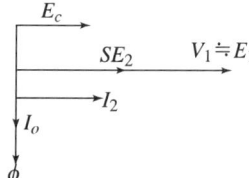

2차 여자법에 의한 권선형 유도전동기 회전자의 속도 조정은 외부 슬립 주파수 전압(E_c)를 전동기 2차 유기기전력(sE_2)와 같은 방향으로 가하면 전동기속도는 상승하고, 반대 방향으로 가하면 전동기속도는 감소된다.

47 60[Hz]인 3상 8극 및 2극의 유도전동기를 차동 종속으로 접속하여 운전할 때의 무부하속도(rpm)는?

① 3200
② 1200
③ 4200
④ 720

유도전동기의 종속법에 따른 무부하속도(N)은

차동 종속법 $N = \dfrac{120f}{P_1 - P_2} = \dfrac{120 \times 60}{8-2} = 1200[\text{rpm}]$

직렬 종속법 $N = \dfrac{120f}{P_1 + P_2} = \dfrac{120 \times 60}{8+2} = 720[\text{rpm}]$

48 유도전동기의 동작 특성에서 제동기로 쓰이는 슬립의 영역은?

① 1~2
② 0~1
③ 0~-1
④ -3~-1

 유도전동기의 동작특성에 대한 슬립의 영역
- 유도전동기의 동작 범위 : 1 > S > 0
- 유도 제동기의 동작 범위 : S > 1
- 유도 발전기의 동작 범위 : S < 0

49 220±100[V], 5[kVA]의 3상 유도 전압 조정기의 정격 2차 전류는 몇 [A]인가?

① 13.9
② 38.8
③ 28.8
④ 50

 3상(단상) 유도 전압 조정기

$$\frac{\text{자기용량}}{\text{부하용량}} = \frac{\sqrt{3}\,E_2 I_2}{\sqrt{3}\,V_2 I_2} = \frac{E_2(\text{승압조정기})}{V_2(\text{고압측 전압})} = \frac{E_2(\text{조정 전압})}{V_1 + E_2(\text{부하 전압})}$$

∴ 부하 용량=선로 용량=최대 출력 $= \sqrt{3}\,V_2 I_2$[kVA]
V_2(부하 전압=2차 전압)$= V_1 + E_2$[V]이다.
∴ 자기용량=유도 전압 조정기의 정격 용량 $P_a = \sqrt{3}\,E_2 I_2$[kVA]
∴ I_2(2차 전류)$= \dfrac{P_a}{\sqrt{3}\,E_2} = \dfrac{5 \times 10^3}{\sqrt{3} \times 100} = 28.8$[A]

50 선로 용량 6600[kVA]의 회로에 사용하는 3300±330[V] 3상 유도 전압 조정기의 정격용량은 몇 [kVA]인가?

① 6000
② 3000
③ 4000
④ 600

 3상 유도 전압 조정기의 정격용량

$$P_a = \sqrt{3}\,E_2 I_2 = \sqrt{3}\,E_2 \times \frac{P}{\sqrt{3}\,V_2} = \sqrt{3}\,E_2 \times \frac{P}{\sqrt{3}\,(V_1 + E_2)}$$

$$= \sqrt{3} \times 330 \times \frac{6600 \times 10^3}{\sqrt{3}\,(3300 + 330)} = 600[\text{kVA}]$$

51 단상 유도 전압 조정기에서 1차 전원 전압을 V_1이라 하고 2차의 유도 전압을 E_2라고 할때 부하 단자전압을 연속적으로 가변할 수 있는 조정 범위는?

① 0~V_1까지
② $V_1 - E_2$까지
③ $V_1 + E_2$까지
④ $V_1 + E_2$에서 $V_1 - E_2$까지

유도전압 조정기에서 부하단자전압의 연속적인 조정범위 $V_2 = V_1 \pm E_2$ 까지이다.

52 단상 유도 전압 조정기의 1차 전압 100[V], 2차 100±30[V], 2차 전류는 50[A]이다. 이 조정 정격은 몇 [kVA]인가?

① 1.5
② 3.5
③ 15
④ 5.1

 단상유도 전압 조정기의 정격용량
$P_a = E_2 I_2 = 30 \times 50 = 1500 \text{[VA]} = 1.5 \text{[kVA]}$

53 200±200[V], 자기용량 3[kVA]인 단상 유도 전압 조정기가 있다. 최대 출력(kVA)은?

① 4
② 5
③ 6
④ 7

 자기용량 $P_a = E_2 I_2 = 3 \text{[kVA]} \cdots \bigcirc$

최대 출력=부하용량 $P = V_2 I_2 = (V_1 + E_2) \times \dfrac{P_a}{E_2} = (200 + 200) \times \dfrac{3 \times 10^3}{200} = 6 \text{[kVA]}$

54 단상 유도 전압 조정기와 3상 유도 전압조정기의 비교 설명으로 옳지 않은 것은?

① 모두 회전자와 고정자가 있으며 한편에 1차 권선을, 다른 편에 2차 권선을 둔다.
② 모두 입력 전압과 이에 대응한 출력 전압 사이에 위상차가 있다.
③ 모두 회전자의 회전각에 따라 조정된다.
④ 단상 유도 전압 조정기에는 단락 코일이 필요하나 3상에서는 필요 없다.

 단상과 3상 유도전동기는 입력 전압과 출력 전압에 위상차가 없다. 즉, 동위상이다.

55 단상 유도전동기를 기동 토크가 큰 순서로 배열한 것은?

① ⓐ 반발 유도형 ⓑ 반발 기동형 ⓒ 콘덴서 기동형 ⓓ 분상 기동형
② ⓐ 반발 기동형 ⓑ 반발 유도형 ⓒ 콘덴서 기동형 ⓓ 셰이딩 코일형
③ ⓐ 반발 기동형 ⓑ 콘덴서 기동형 ⓒ 셰이딩 코일형 ⓓ 분상 기동형
④ ⓐ 반발 유도형 ⓑ 모노사이클릭형 ⓒ 셰이딩 코일형 ⓓ 콘덴서 전동기

 단상 유도전동기에서 기동 Torque가 큰 순서로 배열하면 반발 기동형 > 반발 유도형 > 콘덴서 기동형 > 분상 기동형 > 셰이딩 코일형 > 모노 사이클릭형 순서이다.

56 6극 3상 권선형 유도전동기를 동일 토크로 운정할 때 60[Hz]의 전원에서 2차측에 0.3[Ω]의 저항을 Y로 삽입하면 500[rpm]으로 회전하고, 0.2[Ω]을 삽입하면 700[rpm]이 된다. 회전수를 550[rpm]으로 하려면 외부 저항을 매상 몇 [Ω]으로 하면 되는가?

① 약 0.34   ② 약 0.75
③ 약 0.275   ④ 약 0.043

$N_s = \dfrac{120f}{P} = \dfrac{120 \times 60}{6} = 1200[\text{rpm}]$

㉠ 외부 삽입 저항 $R_1 = 0.3[\Omega]$일 때 $s_1 = \dfrac{N_s - N_1}{N_s} = \dfrac{1200 - 500}{1200} = \dfrac{12}{7}$ … ⓐ

㉡ 외부 삽입 저항 $R_2 = 0.2[\Omega]$일 때 $s_2 = \dfrac{N_s - N_2}{N_s} = \dfrac{1200 - 700}{1200} = \dfrac{5}{12}$ … ⓑ

비례추이에서 $\dfrac{0.3 + r_2}{s_1} = \dfrac{0.2 + r_2}{s_2}$ 에서 $r_2 = 0.05[\Omega]$

㉢ $N_3 = 550[\text{rpm}]$일 때 $s_3 = \dfrac{1200 - 550}{1200} = \dfrac{13}{24}$ 일 때 외부저항 R_3는 비례추이에서

$\dfrac{0.3 + 0.05}{s_1} = \dfrac{0.05 + R_3}{s_3}$ 에서 $R_3 = 0.275[\Omega]$

Chapter 04 동기기

3부 전기기기

❶ 동기발전기의 종류

① 회전자에 의한 분류 : 회전 계자형, 회전 전기자형, 유도자형
② 원동기에 의한 분류 : 수차 발전기, 터빈 발전기, 기관 발전기
③ 상수에 의한 분류 : 단상 발전기, 3상 발전기

❷ 전기자 권선법

1) 권선계수

① 집중권(매극 매상의 홈수가 1개인 경우)과 분포권(매극 매상의 홈수가 2개 이상인 경우)

> **참고**
> ▶ 분포권의 장점
> • 기전력의 파형이 좋아진다.
> • 기전력의 고조파가 감소된다.
>
> $$K_d(\text{분포 계수}) = \frac{\sin\dfrac{\pi}{2m}}{q\sin\dfrac{\pi}{2mq}}$$

② 전절권(코일피치와 자극피치가 같은 경우)과 단절권(자극피치가 코일피치보다 큰 경우)

> **참고**
> ▶ 단절권의 장점
> - 기전력의 파형이 좋다.
> - 고조파가 제거된다.
>
> 단절계수 $(K_P) = \sin\dfrac{\beta\pi}{2}$ (단, $\beta = \dfrac{코일\ 피치}{자극\ 피치}$)

③ 권선계수 $K = K_P K_d$

2) 3상 동기발전기의 특성

① 전기자 반작용

I_a(전기자전류)

- I_G(발전기) = 증자작용 ┐ 직축반작용
- I_M(전동기) = 감자작용 ┘
- E(기준), V(기준) → 횡축 반작용(교차자화작용)이다.
- I_G(발전기) = 감자작용 ┐ 직축반작용
- I_M(전동기) = 증자작용 ┘

(단, E(기준) = 발전기, V(기준) = 전동기)

② 동기 임피던스

$$Z_s = \dfrac{E_n}{I_s} = \dfrac{V_n}{\sqrt{3}\,I_s} \fallingdotseq X_s(동기\ 리액턴스) \fallingdotseq X_a + X_l\,[\Omega]$$

I_s(3상 단락 전류)[A]

③ 단락비

$$K_s = \dfrac{I_s}{I_n} \times 100 = \dfrac{1}{Z_s'} = \dfrac{1}{전압\ 변동율}$$

K_s(단락비) $= \dfrac{1}{Z_s'}$ (단락비가 큰 기계는 철 기계이다.)

3) 3상 동기발전기의 병렬 운전조건

① 기전력의 크기가 같을 것(무효 순환 전류)
② 기전력의 위상이 같을 것(동기화 전류)
③ 기전력 파형이 같을 것(고조파 무효 순환 전류)
④ 기전력 주파수가 같을 것(난조의 원인)
⑤ 상회전방향이 같을 것
※ 단, ( )는 같지 않을 경우 일어나는 현상이다.

4) 동기발전기 병렬 운전시 원동기에 필요한 조건
① 균일 각속도를 가질 것
② 적당한 속도 조정률을 가질 것

$$s(속도\ 조정률) = \frac{N_o - N}{N} \times 100 \qquad \begin{bmatrix} N_o : 무부하\ 회전수 \\ N : 정격\ 회전수 \end{bmatrix}$$

5) 난조의 발생 원인
① 조속기 감도가 너무 예민할때
② 원동기 Torque에 고조파 Torque가 포함된 경우
③ 전기자 회로의 저항이 큰 경우
④ 부하가 맥동할 때, 기전력 주파수가 같지 않을 때

> **참고**
> ▶ 방지법
> 자극 표면에 제동권선을 설치한다.

❸ 동기전동기

1) 동기전동기의 종류
철극형, 원통형, 고정자 회전기 동형

2) 위상특성 곡선(V곡선)
계자전류 I_f를 가감해서 전기자전류의 크기와 위상을 조정하는 곡선

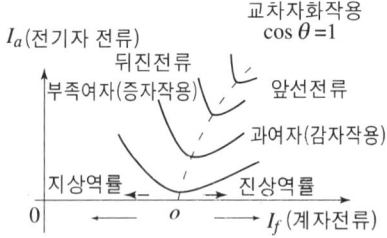

부하가 클수록 V곡선은 위로 이동한다.

3) 동기전동기의 기동법
① 자기 기동법
  ㉠ 기동 Torque를 이용, 기동하는 법
  ㉡ 기동 보상기를 이용, 전전압 1/2~1/3로 내려 기동하는 법
  ㉢ 제동권선을 이용 기동하는 법
② 기동 전동기법 : 동기발전기 축에 직결한 기동 전동기로 기동하는 법이다.

4) 동기전동기의 특징

① 장점
- ㉠ 속도가 일정 불변이다.
- ㉡ 항상 역률 1로 운전할 수 있다.
- ㉢ 필요시 앞선 전류를 흘릴 수 있다.
- ㉣ 전압조정과 역률 개선용 동기조상기로 이용된다.

② 단점
- ㉠ 속도 조정을 할 수 없다.
- ㉡ 난조를 일으킬 염려가 있다.

Chapter 04 적중예상문제

01 극수 6, 회전수 1200[rpm]의 교류 발전기와 병행 운전하는 극수 8의 교류 발전기의 회전수는 몇 [rpm]이라야 되는가?

① 880　　　　　　　　　② 900
③ 1055　　　　　　　　　④ 2200

 N_s(동기속도＝회전자장의 속도)＝$\dfrac{120f}{p}$[rpm]

$f=\dfrac{N_s \times p}{120}=\dfrac{1200 \times 6}{120}=60$[Hz]

N(회전자 속도)＝$\dfrac{120f}{p}=\dfrac{120 \times 60}{8}=900$[rpm]

02 20극, 360[rpm]의 3상 동기발전기가 있다. 전 슬롯수 180, 2층권 각 코일의 권수 4, 전기자 권선은 성형으로, 단자전압 6600[V]인 경우 1극의 자속(wb)은 얼마인가? (단, 권선계수는 0.9라 한다.)

① 0.08　　　　　　　　　② 0.5314
③ 0.0662　　　　　　　　④ 0.6620

 3상 동기발전기에서 E(상전압)＝$\dfrac{6600}{\sqrt{3}}=3810.6$[V]

slot(홈)당 권수는 4.

∴ n(1상의 권수)＝$\dfrac{180 \times 4}{3}=240$, $N_s=\dfrac{120f}{p}$[rpm]

∴ $f=\dfrac{N_s \times p}{120}=\dfrac{360 \times 20}{120}=60$[Hz]

∴ $E=4.44 k_w fn\phi$[V]

∴ $\phi=\dfrac{E}{4.44 k_w fn}=\dfrac{3810.6}{4.44 \times 0.9 \times 60 \times 240}=0.0662$[wb]

정답　01 ②　02 ③

03 60[Hz], 12극의 동기전동기 회전 자계의 주변속도(m/s)는? (단, 회전 자계의 극 간격은 1[m]이다.)

① 120
② 102
③ 1200
④ 52

 $N_s = \dfrac{120f}{P} = \dfrac{120 \times 60}{12} = 600[\text{rpm}]$

극 간격이 1[m]이므로 회전자 둘레는 $2\pi r = \pi D = 12$극이므로 12[m]이다.

∴ 동기전동기, 회전자계의 주변속도

$$V = \dfrac{l}{t} = \dfrac{2\pi r}{t} = \pi D n = \pi D \times \dfrac{N_s}{60} = 12 \times \dfrac{600}{60} = 120[\text{m/sec}]$$

04 보통 회전 계자형으로 하는 전기기계는?

① 직류 변류기
② 회전 전동기
③ 동기발전기
④ 유도 발전기

 동기발전기는 보통 회전 계자형으로 사용한다. 절연이 용이하며 기계적으로 튼튼하다.

05 동기발전기의 권선을 분포권으로 하면?

① 권선의 리액턴스가 커짐
② 집중권에 비하여 합성 유도 기전력이 높아짐
③ 파형이 좋아짐
④ 난조를 방지할 수 있음

 동기발전기 권선을 분포권으로 하면 기전력의 고조파가 감소되어 파형이 좋아지며 권선의 리액턴스가 감소된다.

06 3상 동기발전기의 매극, 매상의 slot수를 3이라 할 때 분포권 계수를 구하면?

① $6\sin\dfrac{\pi}{18}$
② $3\sin$
③ $\dfrac{1}{6\sin\dfrac{\pi}{18}}$
④ $\dfrac{2}{9\sin\dfrac{\pi}{18}}$

 q(매극 매상의 slot(홈)수)=3, n(고조파 차수)

분포권 계수 $K_d = \dfrac{\sin\dfrac{n\pi}{2m}}{q\sin\dfrac{n\pi}{2mq}} = \dfrac{\sin\dfrac{\pi}{2\times 3}}{3\sin\dfrac{\pi}{2\times 3\times 3}} = \dfrac{\dfrac{1}{2}}{3\sin\dfrac{\pi}{18}} = \dfrac{1}{6\sin\dfrac{\pi}{18}}$

07 동기발전기의 전기자 권선을 단절권으로 하면?

① 고조파를 제거한다.
② 절연이 비교적 잘 되는 편이다.
③ 기전력을 높일 수 있다.
④ 역률이 좋아진다.

 동기발전기의 전기자 권선을 단절권으로 하면 기전력 파형이 좋아지며 고조파가 제거된다.

08 동기발전기에서 제5고조파를 제거하려면 어떤 단절권으로 하는 것이 가장 좋을지 코일 피치 β를 구하면?

① 8.0
② 0.8
③ 0.65
④ 0.4

 제5고조파를 제거하기 위한 단절계수 $K_p = \sin\dfrac{n\beta\pi}{2} = \sin\dfrac{5\beta\pi}{2} = 0$가 되기 위한

$\beta = \dfrac{\text{코일 간격}}{\text{극 간격}} = \angle 1$에 조건은 $\dfrac{5\beta\pi}{2} = n\pi$이다.

$\therefore \beta = \dfrac{2}{5}n \cdots$ ㉠ n(고조파 차수)

㉠에서

$n=1$, $\beta = \dfrac{2}{5}n = \dfrac{2}{5}\times 1 = 0.4$

$n=2$, $\beta = \dfrac{2}{5}n = \dfrac{2}{5}\times 2 = 0.8$

$n=3$, $\beta = \dfrac{2}{5}n = \dfrac{2}{5}\times 3 = 1.2$로서 $\beta\angle 1$보다 작고 1에 가까운 $\beta = 0.8$이어야 한다.

09 6극, 슬롯수 54의 동기기가 있다. 전기자 코일은 제1슬롯과 제9슬롯에 연결된다고 한다. 기본파에 대한 단절계수를 구하면?

① 약 0.589
② 약 0.981
③ 약 0.985
④ 약 3.0

 극 간격 : $\dfrac{\text{slot수}}{\text{극수}} = \dfrac{54}{6} = 9$, 코일 간격 : $9-1=8$

$\therefore \beta = \dfrac{\text{코일 간격}}{\text{극 간격}} = \dfrac{8}{9}$

$\therefore$ 기본파에 대한 단절계수

$K_p = \sin\dfrac{\beta\pi}{2} = \sin\dfrac{\frac{8}{9}\pi}{2} = \sin 80 = 0.985$

10 동기발전기에 앞선 전류가 흐를 때 다음 중 어느 것이 옳은가?

① 효율이 좋아진다. ② 증자 작용을 받는다.
③ 속도가 상승한다. ④ 감자 작용을 받는다.

 유기기전력(E)기준
① 동위상인 전기자전류(교차 자화 작용) → 횡축 반작용이라 한다.
② 앞선 전기자전류(증자 작용) → 직축 반작용
③ 뒤진 전기자전류(감자 작용) → 직축 반작용

11 동기발전기에서 전기자전류를 I, 유기기전력과 전기자전류와의 위상각을 θ라 하면 횡축 반작용을 하는 성분은?

① $I\cot\theta$ ② $I\tan\theta$
③ $I\sin\theta$ ④ $I\cos\theta$

 동기발전기에서 유기기전력(E)와 전기자전류(I)와의 위상각을 θ라 할 때 $I\cos\theta$를 횡축 반작용, $I\sin\theta$를 직축 반작용이라 한다.

12 동기발전기의 시험, 단락 시험, 무부하 시험으로부터 구할 수 없는 것은?

① 철손 ② 동기 임피던스
③ 전기자 반작용 ④ 단락비

 무부하 시험에서는 철손과 기계손, 단락시험에서는 동기 임피던스, 동기 리액턴스 등을 단락비 계산에는 3상 단락시험과 무부하 포화 시험이 필요하다.

13 동기발전기의 단락비를 계산하는 데 필요한 시험의 종류는?

① 전기자 반작용 시험, 3상 단락 시험
② 부하 포화 시험, 동기화 시험
③ 무부하 포화 시험, 3상 단락 시험
④ 동기화 시험, 3상 단락 시험

 동기발전기 단락비를 계산하는 데는 무부하 포화시험과 3상 단락시험이 필요하다.

정답 10 ② 11 ④ 12 ③ 13 ③

14 3상 동기발전기가 있다. 이 발전기의 여자전류 5[A]에 대한 1상의 유기기전력이 600[V]이고, 그 3상 단락 전류는 30[A]이다. 이 발전기의 동기 임피던스(Ω)는 얼마인가?

① 2   ② 3
③ 20 ④ 30

 I_s(단락 전류)$= \dfrac{E_n}{Z_s} = \dfrac{V_n}{\sqrt{3}\,Z_s}$ [A]

Z_s(동기 impedance)$= \dfrac{E_n}{I_s} = \dfrac{600}{30} = 20$ [Ω]

참고 P(정격 용량)$= \sqrt{3}\,V_n I_n$ [kVA]

$Z_s{'}$(%동기 impedance)$= \dfrac{I_n}{I_s} \times 100 = \dfrac{1}{K_s}$

K_s(단락비)$= \dfrac{1}{Z_s{'}} = \dfrac{I_s}{I_n} \times 100$

15 정격이 6000[V], 9000[kVA]인 3상 동기발전기의 % 임피던스가 90%라면 동기 임피던스는 몇 [Ω]인가?

① 3.0   ② 3.9
③ 4.0   ④ 3.6

 $Z_s{'} = \dfrac{I_n}{I_s} \times 100 = \dfrac{I_n}{\frac{E_n}{Z_s}} \times 100 = \dfrac{I_n Z_s}{E_n} \times 100$

$\therefore Z_s = \dfrac{E_n Z_s{'}}{I_n} = \dfrac{\frac{V_n}{\sqrt{3}} \times Z_s{'}}{\frac{P}{\sqrt{3}\,V_n}} = \dfrac{\frac{6000}{\sqrt{3}} \times 0.9}{\frac{9000 \times 10^3}{\sqrt{3} \times 6000}} = 3.6$ [Ω]

16 정격 용량 10,000[kVA], 정격 전압 6000[V], 극수 24, 주파수 60[Hz], 단락비 1.2 되는 3상 동기발전기 1상의 동기 임피던스(Ω)는?

① 3.0   ② 4.0
③ 4.12   ④ 9.2

 $Z_s{'} = \dfrac{1}{K_s} = \dfrac{1}{1.2}$

$\therefore Z_s = \dfrac{E_n Z_s{'}}{I_n} = \dfrac{\frac{V_n}{\sqrt{3}} \times \frac{1}{K_s}}{\frac{P}{\sqrt{3}\,V_n}} = \dfrac{\frac{6000}{\sqrt{3}} \times \frac{1}{1.2}}{\frac{10,000 \times 10^3}{\sqrt{3} \times 6000}} = 3$ [Ω]

17 단락비가 큰 동기기의 설명에서 옳지 않은 것은?

① 전기자 기자력이 작다. ② 계자 자속이 비교적 크다.
③ 공극이 크다. ④ 송전선의 충전 용량이 작다.

 단락비가 큰 동기기(철기계)는 송전선의 충전용량이 크다, 전기자 반작용이 작다, 전압 변동률이 작아 양호하다.

18 2대의 3상 동기발전기를 무부하로 병렬 운전할 때 대응하는 기전력 사이에 30°의 위상차가 있다면 한 쪽 발전기에서 다른 쪽 발전기에 공급되는 전력은 1상당 몇 [kw]인가? (단, 발전기 1상 기전력은 2000[V], 동기 리액턴스는 10[Ω], 전기자저항은 무시한다.)

① 50 ② 100
③ 250 ④ 400

 수수전력의 크기 $P = \dfrac{E^2}{2X_s} \sin \delta_s = \dfrac{(2000)^2}{2 \times 10} \sin 30 = 100 [\text{kw}]$

19 3상 동기발전기를 병렬 운전시키는 경우 고려하지 않아도 되는 조건은?

① 발생 전압이 같을 것 ② 상회전이 같을 것
③ 회전수가 같을 것 ④ 전압 파형이 같을 것

 동기발전기 병렬 운전조건
- 기전력 크기가 같을 것
- 기전력 위상이 같을 것
- 기전력 파형이 같을 것
- 기전력 주파수가 같을 것
- 상회전방향이 같을 것

20 발전기의 단자 부근에서 단락이 일어났다고 하면 단락 전류는?

① 일정한 큰 전류가 흐른다.
② 처음은 큰 전류이나 점차로 감소한다.
③ 계속 증가한다.
④ 발전기가 즉시 정지한다.

 단락 초기에는 큰 과도전류가 흐르고, 수 초 후에는 영구 단락 전류값으로 되어 점차 감소된다.

21 동기발전기가 운전 중 갑자기 3상 단락을 일으켰을 때 그 순간 단락 전류를 제한하는 것은?

① 전기자 누설 리액턴스와 계자 누설 리액턴스
② 전기자 작용
③ 동기 리액턴스
④ 전기자 반작용

 3상 동기발전기가 돌발 단락시 단락전류를 주로 제한하는 것은 제동권선이 있는 3상 동기발전기는 전기자 누설리액턴스와 제동권선의 누설 리액턴스와의 합인 직축 초기 과도 리액턴스가 제한하고 제동권선이 없는 발전기는 전기자 누설 리액턴스와 계자권선의 누설리액턴스와의 합인 직축과도 리액턴스가 제한한다.

22 발전기 권선의 층간 단락보호에 가장 적합한 계전기는?

① 과부하 계전기 ② 습도 계전기
③ 접지 계전기 ④ 차동 계전기

 차동 계전기(DFR) : 발전기 및 변압기의 층간 단락 보호 및 내부고장 검출용에 이용된다.

23 3상 교류 발전기의 손실은 단자전압 및 역률이 일정하면 $P = P_o + \alpha I + \beta I^2$으로 된다. 부하전류 I가 어떤 값일 때 발전기 효율이 최대가 되는가? (단, P_o : 무부하손, α, β : 계수)

① $I = \sqrt{\dfrac{P_o}{\beta}}$ ② $I = \alpha\beta$

③ $I = \dfrac{P_o}{2\alpha}$ ④ $I = \dfrac{P_o}{5\beta}$

 3상 교류 발전기 손실(P) = P_o(무부하손) + αI(와류손) + βI^2(동손)일 때 최대효율 조건은 무부하손=동손이다.

∴ $P_o = I^2\beta$ ∴ $I = \sqrt{\dfrac{P_o}{\beta}}$ [A]일 때 발전기 효율이 최대가 된다.

24 450[kVA], 역률 0.85, 효율 0.9되는 동기발전기 운전용 원동기의 입력(kw)은? (단, 원동기의 효율은 0.85)

① 450 ② 500
③ 155 ④ 611

원동기 → 발전기 = $\dfrac{\text{발전기 출력}}{\eta_g \eta_M} = \dfrac{450 \times 0.85}{0.85 \times 0.9} = 500[\text{kw}]$

25 동기전동기의 진상 전류는 어떤 작용을 하는가?

① 교차 증자 작용 ② 감자 작용
③ 교차 자화 작용 ④ 무 작용

 동기전동기인 경우 V(공급전압)=기준
① 동상인 전기자전류=횡축 반작용(교차 자화 작용)
② $\dfrac{\pi}{2}$ 앞선 전기자전류(I_a)=직축 반작용(감자 작용)
③ $\dfrac{\pi}{2}$ 뒤진 전기자전류(I_a)=직축 반작용(증자 작용)이 된다.

26 전압이 일정한 도선에 접속되어 역률 1로 운전하고 있는 동기전동기의 여자전류를 증가시키면 어떤 현상이 발생하는가?

① 역률은 앞서고 전기자전류는 증가 ② 역률은 뒤지고 전기자전류는 감소
③ 역률은 뒤지고 전기자전류는 증가 ④ 역률은 앞서고 전기자전류는 감소

해설 동기전동기의 위상 특성 곡선(V곡선)에서
① 여자전류(I_f) → 증가(과여자),
　전기자전류(I_a) → 증가,
　앞선 역률, 감자 작용을 한다.
② 여자전류(I_f) → 감소(부족여자),
　전기자전류(I_a) → 감소,
　뒤진 역률, 증자작용을 한다.

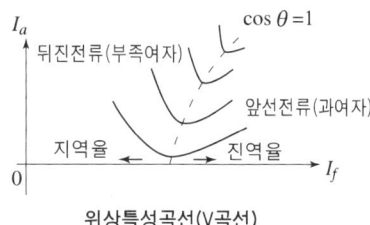

위상특성곡선(V곡선)

27 동기전동기의 공급전압, 주파수 및 부하가 일정할 때 여자전류를 변화시키면 어떤 현상이 생기는가?

① 회전력이 변한다. ② 속도가 변한다.
③ 변화가 없다. ④ 전기자전류와 역률이 변한다.

 동기전동기의 위상특성곡선(V곡선)에서 공급전압, 주파수 및 부하가 일정할 때 여자전류를 변화시키면 전기자전류와 역률이 변화된다.
여자전류(I_f) → 증가(과여자), 전기자전류 증가, 앞선 역률
여자전류(I_f) → 감소(부족여자), 전기자전류 감소, 뒤진 역률

정답 25 ② 26 ① 27 ④

28 유도전동기로 동기전동기를 기동하는 경우, 유도전동기의 극수를 동기전동기의 극수보다 2극 적게 하는 이유는? (단, N_s는 동기속도, s는 슬립)

① 같은 극수로는 유도기가 동기속도보다 sN_s만큼 늦으므로
② 같은 극수로는 유도기가 동기속도보다 $(1-s)N_s$만큼 빠르므로
③ 같은 극수로는 유도기가 동기속도보다 sN_s만큼 빠르므로
④ 같은 극수로는 유도기가 동기속도보다 $(1-s)N_s$만큼 늦으므로

 $S = \dfrac{N_s - N}{N_s}$ $SN_s = N_s - N$

∴ N(회전자 속도(유도기)) $= N_s$(동기속도(동기기)) $- SN_s$(2극)이다.
∴ 같은 극수로는 유도기 속도가 동기기 속도보다 SN_s(2극)만큼 늦기 때문이다.

29 60[Hz], 600[rpm]인 동기전동기를 기동하기 위한 직결 유도전동기의 극수로서 적당한 것은?

① 15
② 10
③ 12
④ 1

 $N_s = \dfrac{120f}{P}$[rpm]

∴ P(동기기의 극수) $= \dfrac{120f}{N_s} = \dfrac{120 \times 60}{600} = 12$극 … ㉠
∴ 기동용 유도전동기의 극수는 동기전동기의 극수보다 SN_s(2극)이 적으므로 유도전동기의 극수는 12-2=10극이 된다.

30 3상 동기기의 제동권선의 효용은?

① 효율 증가
② 출력 증가
③ 역률 감소
④ 난조 방지

 자극 표면에 Slot(홈)을 파고 전기자 권선과 동일 권선으로 제동권선을 설치, 난조를 방지한다.

31 동기기의 안정도 향상에 유효하지 못한 것은?

① 속응 여자 방식으로 할 것
② 단락비를 크게 할 것
③ 관성 모우먼트를 크게 할 것
④ 동기 임피던스를 크게 할 것

해설 동기기의 안정도 증진법
속응 여자 방식으로 할 것, 회전자의 플라이 휘일 효과를 크게 할 것(관성 moment를 크게 할 것), 동기화 리액턴스를 작게 할 것($Z_s \fallingdotseq \dfrac{1}{K_s}$로서 단락비를 크게 할 것)

32 1상의 유기 전압 E[V], 1상의 누설 리액턴스 X[Ω], 1상의 동기 리액턴스 X_s[Ω]인 동기발전기의 지속 단락 전류는?

① $\dfrac{4}{X}$ ② $\dfrac{E}{X_s}$

③ $\dfrac{1}{X+X_s}$ ④ $\dfrac{E}{X-X_s}$

 해설 $Z_{(s)} = r + jX_{(s)} \fallingdotseq X_{(s)}[\Omega]$
∴ 발전기의 지속 단락 전류=영구 단락 전류
$$I_{(s)} = \dfrac{E}{Z_{(s)}} \fallingdotseq \dfrac{E}{X_{(s)}}[A]$$

Chapter 05 교류 정류자기 및 정류기

3부 전기기기

❶ 교류 정류자기

① 교류 정류자 전동기
② 단상 직권 정류자 전동기
③ 3상 직권 정류자 전동기

❷ 회전 변류기

1) 전압비

$$\frac{E_a}{E_d} = \frac{1}{\sqrt{2}} \sin\frac{\pi}{m}$$

2) 전류비

$$\frac{I_a}{I_d} = \frac{2\sqrt{2}}{m \cos\theta}$$

3) 회전 변류기의 기동

① 교류측 기동
② 직류측 기동
③ 기동 전동기에 의한 기동법

4) 회전 변류기의 전압 조정법

① 유도 전압 조정기를 사용하는 방법
② 부하 시, 전압 조정 변압기를 사용하는 방법
③ 직렬 리액턴스에 의한 방법

❸ 수은 정류기

1) 이상 현상
① 역호＝수은 정류기의 밸브 작용이 상실되는 현상
② 동호＝격자 전압이 임계치 전압보다 낮을 경우 아크를 실패하는 현상을 말한다.
③ 실호＝격자 전압이 임계치 전압보다 높을 경우 점호를 실패하는 현상을 말한다.

2) 전호강하(e_a)

e_a＝음극 강하(10[V])＋양극 강하(5[V])＋양광주 강하
(약 $0.05 \sim 0.3$[V/cm]×아크 길이) ≒ $16 \sim 30$[V]정도이다.

3) 수은 정류기의 직류측, 교류측 전압비(E_d)

$$E_d = \frac{\sqrt{2}\,E\sin\frac{\pi}{m}}{\frac{\pi}{m}}\,[\text{V}] \qquad \therefore\ \frac{E_d}{E} = \frac{\sqrt{2}\sin\frac{\pi}{m}}{\frac{\pi}{m}}$$

❹ 단상 정류회로

1) 단상 반파 정류회로

$$E_{dc} = \frac{E_m}{\pi} = \frac{\sqrt{2}\,E}{\pi} = 0.45E[\text{V}] \ \text{또는}\ E_{dc} = \left(\frac{E_m}{\pi} - e_a\right)$$

$$I_{dc} = \frac{E_{dc}}{R} = \frac{\sqrt{2}}{\pi} \times \left(\frac{E}{R}\right) = 0.45\frac{E}{R}[\text{A}]$$

$$P_{dc} = E_{dc}\,I_{dc}[\text{w}]$$

$$\eta(\text{효율}) = \frac{P_{dc}}{P} \times 100 = \frac{E_{dc}I_{dc}}{VI} \times 100 = \frac{(I_{dc})^2 R_L}{I^2(r_d + R_L)} \times 100 = \frac{40.6}{1 + \frac{r_d}{R_L}}\%$$

2) 단상전파 정류회로

$$E_{dc} = \frac{2E_m}{\pi} = \frac{2\sqrt{2}\,E}{\pi} = 0.90E[\text{V}] \ \text{또는}\ E_{dc} = \frac{2E_m}{\pi} - e_a[\text{V}]$$

$$I_{dc} = \frac{E_{dc}}{R} = \frac{2\sqrt{2}}{\pi} \times \frac{E}{R} = 0.90\frac{E}{R}[\text{A}]$$

$$P_{dc} = E_{dc}\,I_{dc}[\text{w}]$$

$$\eta(\text{효율}) = \frac{P_{dc}}{P} \times 100 = \frac{E_{dc}I_{dc}}{VI} \times 100 = \frac{(I_{dc})^2 R_L}{I^2(r_d + R_L)} \times 100 = \frac{81.2}{1 + \frac{r_d}{R_L}}\%$$

3) r(맥동율)

직류에 교류가 포함된 율 $= \dfrac{\text{교류 실효치}}{\text{직류 평균치}} \times 100 = \sqrt{\dfrac{I_{ac}^2 - I_{dc}^2}{I_{dc}^2}} \times 100$

① 단상 반파 맥동율 $r = 1.21$
② 단상 전파 맥동율 $r = 0.482$
③ 3상 반파 맥동율 $r = 0.183$
④ 3상 전파 맥동율 $r = 0.042$

전원주파수가 60[Hz]일 때 맥동주파수는
① 단상 반파 = 60[Hz]
② 단상 전파 = 120[Hz]
③ 3상 반파 = 180[Hz]
④ 3상 전파 = 360[Hz]

> **참고**
> ▶ PIV(첨두역내 전압)
> ① 단상 반파 정류회로 PIV $= E_m = \sqrt{2}\,E$[V]
> ② 단상 전파 정류회로 PIV $= 2E_m = 2\sqrt{2}\,E$[V]
> ③ 단상 전파 bridge형 정류회로 PIV $= E_m = \sqrt{2}\,E$[V]

Chapter 05 적중예상문제

01 다음은 단상 정류자 전동기에서 보상 권선과 저항 도선의 작용을 설명한 것이다. 옳지 않은 것은?

① 전기자 반작용을 제거해 준다.
② 변압기 기전력을 크게 한다.
③ 역률을 좋게 한다.
④ 저항 도선은 변압기 기전력에 의한 단락 전류를 작게 한다.

 단상교류 정류자 전동기의 보상권선과 저항 도선의 작용
① 전기자 반작용을 제거해 준다.
② 역률을 개선한다.
③ 저항 도선은 변압기 기전력에 의한 단락 전류를 작게 한다.

02 단상 정류자 전동기에 보상권선을 사용하는 가장 큰 이유는?

① 기동 토크 조절　　　　② 정류 개선
③ 속도 제어　　　　　　④ 역률 개선

 단상 교류 정류자 전동기의 보상권선에 가장 큰 역할은 전기자 반작용의 제거로 역률을 개선한다.

03 교류 분권 정류자 전동기는 다음 중 어느 때에 가장 적당한 특성을 가지고 있는가?

① 속도의 연속 가감과 정속도 운전을 아울러 요하는 경우
② 부하 토크에 관계없이 완전 일정 속도를 요하는 경우
③ 속도를 여러 단으로 변화시킬 수 있고 각 단에서 정속도 운전을 요하는 경우
④ 무부하와 전부하의 속도 변화가 적고 거의 일정 속도를 요하는 경우

 교류 분권 정류자 전동기의 특성은 정속도 전동기나 가변속도 전동기의 특성으로 널리 사용된다.

정답 01 ② 02 ④ 03 ①

04 단상 정류자 전동기의 일종인 단상 반발 전동기에 해당되지 않는 것은 어느 것인가?

① 톰슨 전동기 ② 시라게 전동기
③ 데리 전동기 ④ 애트킨스 전동기

 시라게 전동기(3상 분권 정류자 전동기)는 brush 이동으로 간단히 속도제어를 할 수 있는 전동기로서 단상 정류자 전동기(단상 반발 전동기)는 아니다.

05 만능 전동기는?

① 차동 복권 전동기 ② 리니어 전동기
③ 3상 유도전동기 ④ 단상 직권 전동기

 만능 전동기(universal motor)는 직류, 교류 양용 전동기인 단상 직권 전동기를 말하며 여러 장소의 용도로 사용되는 전동기를 말한다.

06 2상 서보 모터의 특성 중 옳지 않은 것은?

① 회전자의 관성 모멘트가 작을 것
② 기동 토크가 클 것
③ 제어권선전압 V_c가 0일 때 기동할 것
④ 제어권선전압 V_c가 0일 때 속히 정지할 것

 2상 서보 모터(servo motor)의 특성
- 기동 Torque가 클 것
- 회전자 중 관성 모멘트가 작을 것
- V_c(제어권선전압)=0일 때 기동해서는 안 되고 곧 정지해야 한다.

07 교류 정류자기의 전기자 기전력은 회전으로 발생하는 기전력으로서 속도 기전력이라고도 하는데 그 식은 다음 것 중 어느 것인가?

① $E = \dfrac{a}{2p} Z \dfrac{N}{60} \phi$ ② $E = \dfrac{1}{a} Z \phi$

③ $E = \dfrac{p}{a} Z \dfrac{N}{60} \phi$ ④ $E = \dfrac{p}{a} \times \dfrac{N}{60Z} \phi$

 교류 정류자기의 속도 기전력
$$E = \dfrac{1}{\sqrt{2}} \dfrac{p}{a} Zn\phi_m = \dfrac{1}{\sqrt{2}} \times \dfrac{p}{a} Z \dfrac{N}{60} \times \sqrt{2}\phi = \dfrac{p}{a} Z \dfrac{N}{60} \phi [\text{V}]$$

08 6상 회전 변류기에서 직류 600[V]를 얻으려면 슬립 링 사이의 교류 전압을 몇 [V]로 하여야 하는가?

① 약 212 ② 약 303
③ 약 313 ④ 약 848

 회전 변류기

① 전압비 $\dfrac{E_a}{E_d} = \dfrac{1}{\sqrt{2}} \sin \dfrac{\pi}{m}$

② 전류비 $\dfrac{I_a}{I_d} = \dfrac{2\sqrt{2}}{m \cos \theta}$ (단, m = 상수이다.)

∴ 전압비 $\dfrac{E_a}{E_d} = \dfrac{1}{\sqrt{2}} \sin \dfrac{\pi}{m}$

교류전압 $E_a = \dfrac{1}{\sqrt{2}} \sin \dfrac{\pi}{m} \times E_d = \dfrac{1}{\sqrt{2}} \sin \dfrac{\pi}{6} \times 600 = \dfrac{1}{\sqrt{2}} \times \dfrac{1}{2} \times 600 = 212.16 [V]$

09 회전 변류기의 직류 측 선로 전류와 교류측 선로 전류의 실횻값과의 비는 다음 중 어느 것인가? (단, m은 상수이다.)

① $\dfrac{2\sqrt{2}}{m \sin \theta}$ ② $\dfrac{m \cos \theta}{2}$
③ $\dfrac{2\sqrt{2} \sin \theta}{m}$ ④ $\dfrac{2\sqrt{2}}{m \cos \theta}$

 $\dfrac{I_a}{I_d} = \dfrac{2\sqrt{2}}{m \cos \theta}$

∴ I_a(교류 측 선로전류) $= \dfrac{2\sqrt{2}}{m \cos \theta} \times I_d [A]$

10 6상 회전 변류기의 정격 출력이 1000[kW], 직류측 정격 전압이 600[V]인 경우 교류측의 입력 전류 [A]를 구하면? (단, 역률은 100%로 한다.)

① 약 686 ② 1
③ 약 786 ④ 약 872.5

 I_d(직류측 선로전류) $= \dfrac{P}{V_d} = \dfrac{1000 \times 10^3}{600} ≒ 1667 [A]$

∴ $\dfrac{I_a}{I_d} = \dfrac{2\sqrt{2}}{m \cos \theta}$

∴ I_a(교류측 입력 전류) $= \dfrac{2\sqrt{2}}{m \cos \theta} \times I_d = \dfrac{2\sqrt{2} \times 1667}{6 \times 1} ≒ 785.8 [A]$

11 회전 변류기의 직류측 전압을 조정하려는 방법이 아닌 것은?

① 유도 전압 조정기를 사용하는 방법 ② 직렬 리액턴스에 의한 방법
③ 여자전류를 조정하는 방법 ④ 동기 승압기에 의한 방법

해설 회전 변류기의 직류측 전압조정방법은 부하측에 전압조정 변압기를 사용하는 방법, 동기 승압기에 의한 방법, 유도전압 조정기를 사용하는 방법, 직렬 리액턴스에 의한 방법

12 6상식 수은 정류기의 무부하시에 있어서의 직류측 전압은 얼마인가? (단, 교류측 전압은 E[V], 격자 제어 위상각 및 아크 전압 강하를 무시한다.)

① $\dfrac{3\sqrt{2}\,E}{\pi}$ ② $\dfrac{6(\sqrt{3}-1)E}{\pi}$

③ $\dfrac{2\sqrt{2}\,\pi E}{3}$ ④ $\dfrac{3\sqrt{6}\,E}{\pi}$

해설 수은 정류기에서 전류 무제어의 경우 직류측 전압을 E_{do}[V]라면

$$\dfrac{E_{do}}{E} = \dfrac{\sqrt{2}\sin\dfrac{\pi}{m}}{\dfrac{\pi}{m}}$$

$$\therefore E_{do} = \dfrac{\sqrt{2}\,E\sin\dfrac{\pi}{m}}{\dfrac{\pi}{m}} = \dfrac{\sqrt{2}\,E\sin\dfrac{\pi}{6}}{\dfrac{\pi}{6}} = \sqrt{2}\,E \times \dfrac{1}{2} \times \dfrac{6}{\pi} = \dfrac{3\sqrt{2}\,E}{\pi}\,[\text{V}]$$

13 수은 정류기에 있어서 정류기의 밸브 작용이 상실되는 현상을 무엇이라고 하는가?

① 점호 ② 역호
③ 통호 ④ 실호

해설 역호 : 수은 정류기에서 정류기의 밸브 작용이 상실되는 현상으로 역호 발생에 큰 원인은 과부하전류이다.

14 다음과 같은 반도체 정류기 중에서 역방향 내전압이 가장 큰 것은?

① 실리콘 정류기 ② 게르마늄 정류기
③ 셀렌 정류기 ④ 아산화동 정류기

해설 실리콘 정류기의 역방향 내전압은 500~1000[V]로서 반도체 정류기 중에서 가장 크고, 최고 허용온도는 140°~200℃이다.

15 SCR(실리콘 정류 소자)의 특징이 아닌 것은 다음 중 무엇인가?

① 과전압에 약하다.
② 아크가 생기지 않으므로 열의 발생이 적다.
③ 게이트에 신호를 인가할 때부터 도통할 때까지의 시간이 짧다.
④ 전류가 흐르고 있을 때의 양극 전압 강하가 크다.

 실리콘 정류소자(SCR)의 특징은 다음과 같다.
 • 열발생이 적다.
 • gate신호에 따른 turn-on과 turn-off시간이 짧다.
 • 과전압에 약하다.
 ※ Diode를 과대전류로 부터 보호하기 위해서는 Diode를 직렬로 추가한다.

16 다이리스터를 이용한 교류 전압제어방식은?

① 위상제어방식　　② 상관없다.
③ 초퍼 방식　　　　④ TRC방식

 다이리스터(thyristor)를 이용한 교류전압 제어방식은 위상제어방식이다.

17 그림은 일반적인 반파 정류 회로이다. 변압기 2차 전압의 실횻값을 E[V]라 할 때 직류 전류 평균값은? (단, 정류기의 전압 강하는 무시한다.)

① $\dfrac{E}{2R}$

② 1

③ $\dfrac{2\sqrt{2}\,E}{\pi R}$

④ $\dfrac{\sqrt{2}\,E}{\pi R}$

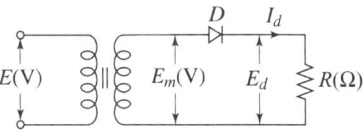

 단상반파 정류회로

E_d(직류전압=평균치 전압)$= \dfrac{E_m}{\pi} - e_a$[V]

(단, e_a(정류기의 전압강하)[V])

∴ I_d(직류 전류=평균치 전류)$= \dfrac{E_d - e_a}{R} = \dfrac{\dfrac{E_m}{\pi} - e_a}{R}$

$= \dfrac{\dfrac{\sqrt{2}}{\pi}E - e_a}{R} = \dfrac{\dfrac{\sqrt{2}}{\pi}E - 0}{R} = \dfrac{\sqrt{2}\,E}{R\pi}$ [A]

18 단상 반파 정류 회로에서 변압기 2차 전압의 실횻값을 E[V]라 할 때 직류 평균값(A)은 얼마인가? (단, 정류기의 전압강하는 e[V]이다.)

① $(\frac{\sqrt{2}}{\pi}E - e)/R$ ② $\frac{1}{2}$

③ $\frac{2\sqrt{2}}{\pi} \cdot \frac{E}{R}$ ④ $\frac{\sqrt{2}}{\pi} \cdot \frac{E-e}{R-1}$

 단상반파 정류회로

$$E_d = \frac{E_m}{\pi} - e_a [V]$$

$$I_d = \frac{E_d - e_a}{R} = \frac{\frac{\sqrt{2}}{\pi}E - e_a}{R} [A]$$

19 단상 반파 정류회로인 경우 정류효율은 몇 %인가?

① 50.6 ② 40.6
③ 60.6 ④ 11.6

 단상반파 정류회로의 정류효율

$$\eta = \frac{\text{출력 직류 전력}(P_{dc})}{\text{입력 교류 전력}(P_{ac})} \times 100 = \frac{V_{dc}I_{dc}}{VI} \times 100 = \frac{I_{dc}^2 R_L}{I^2(r_d + R_L)} \times 100 = \frac{I_{dc}^2}{I^2} \times \frac{1}{\frac{r_d}{R_L} + 1} \times 100$$

$$= \frac{\left(\frac{I_m}{\pi}\right)^2}{\left(\frac{I_m}{2}\right)^2} \times 100 = \frac{4}{\pi^2} \times 100 = 40.6\% \text{이다.} \quad (\text{단, } R_L \text{ 부하저항이 크다. } \frac{r_d}{R_L} \fallingdotseq 0 \text{이다.})$$

20 반파 정류 회로에서 직류 전압 200[V]를 얻는 데 필요한 변압기 2차 상전압을 구하면? (단, 부하는 순저항, 변압기 내 전압강하를 무시하면 정류기 내의 전압강하는 50[V]로 한다.)

① 648 ② 444
③ 333 ④ 555

 단상반파 정류회로

$$E_d = \frac{E_m}{\pi} - e_a = \frac{\sqrt{2}E}{\pi} - e_a [V]$$

$$\therefore \frac{\sqrt{2}E}{\pi} = E_d + e_a$$

$$\therefore E(2\text{차 상전압}) = \frac{\pi}{\sqrt{2}}(E_d + e_a) = \frac{\pi}{\sqrt{2}}(200 + 50) = 555[V]$$

21 반파 정류회로에서 직류 전압 100[V]를 얻는 데 필요한 변압기의 역전압 첨두값(V)은? (단, 부하는 순저항으로 하고 변압기 내의 전압강하는 무시하며 정류기 내의 전압강하를 15[V]로 한다.)

① 약 191
② 약 361
③ 약 722
④ 약 512

 단상반파 정류회로에서
$E_d = \dfrac{E_m}{\pi} - e_a [\text{V}] \quad \dfrac{E_m}{\pi} = E_d + e_a$
∴ PIV(첨두역내 전압) $= E_m = \pi(E_d + e_a) = 3.14(100+15) = 361.6[\text{V}]$

22 $e = \sqrt{2}\,V\sin\theta[\text{V}]$의 단상 전압을 SCR 한 개로 반파 정류하여 부하에 전력을 공급하는 경우 $\alpha = 60°$에서 점호하면 직류분 전압(V)은?

① 0.338
② 0.395
③ 0.998
④ 0.7

 점호각 $\alpha = 60°$인 SCR이 단상반파 정류할 때의 직류전압(평균치 전압)
$E_{d\alpha} = \dfrac{1}{2\pi}\int_\alpha^\pi e\,d\theta = \dfrac{1}{2\pi}\int_{60}^\pi \sqrt{2}\,V\sin\theta\,d\theta = \dfrac{\sqrt{2}\,V}{2\pi}(-\cos\theta)_{60}^\pi = \dfrac{\sqrt{2}\,V}{2\pi}(1+\cos 60°)$
$= \dfrac{\sqrt{2}\,V}{2\pi}\left(1+\dfrac{1}{2}\right) \fallingdotseq 0.338\,V[\text{V}]$

23 단상 bridge형 회로에서 $E[\text{V}]$를 교류전압 v의 실횻값이라고 할 때 단상 전파 정류에서 얻을 수 있는 직류 전압 e_d의 평균값(V)은?

① 2.9
② 5
③ 1
④ 0.9

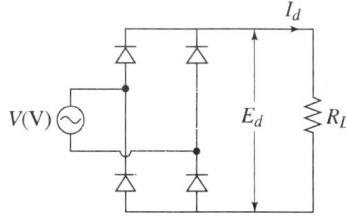

 단상전파 bridge형 정류회로이다.
직류 전압의 평균값
$E_d = \dfrac{2E_m}{\pi} = \dfrac{2\times\sqrt{2}\,E}{\pi} \fallingdotseq 0.912\,E[\text{V}]$

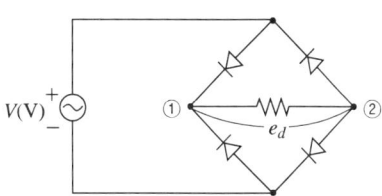

24 권수비가 1 : 2인 변압기(이상 변압기로 한다)를 사용하여 교류 100[V]의 입력을 가했을때 전파 정류하면 출력 전압의 평균값은?

① $400\sqrt{2}/\pi$ ② $300\sqrt{2}/\pi$
③ $500\sqrt{2}/\pi$ ④ $200\sqrt{2}/\pi$

 단상전파 정류회로에서

$a(권수비) = \dfrac{E(입력교류전압)}{E_d(출력직류전압)} = \dfrac{N_1}{N_2} = \dfrac{1}{2}$

$E_d(출력직류 전압) = 2 \times \dfrac{2E_m}{\pi} = 2 \times \dfrac{2\sqrt{2}E}{\pi} = 2 \times \dfrac{2\sqrt{2} \times 100}{\pi} = \dfrac{400\sqrt{2}}{\pi}$ [V]

25 정류기의 단상 전파정류에 있어서 직류 전압 100[V]를 얻는 데 필요한 2차 상전압(V)을 구하면? (단, 부하는 순저항으로 하고 변압기 내의 전압강하는 무시하며 전압강하를 15[V]로 한다.)

① 약 94.4   ② 약 128
③ 약 18   ④ 약 328

 단상전파 정류회로에서

$E_d = \dfrac{2E_m}{\pi} - V_a = \dfrac{2 \times \sqrt{2}E}{\pi} - V_a$ [V]

$\therefore \dfrac{2\sqrt{2}E}{\pi} = E_d + V_a$

$\therefore E(2차 상전압) = \dfrac{\pi}{2\sqrt{2}}(E_d + V_a) = \dfrac{\pi}{2\sqrt{2}}(100+15)$
$\fallingdotseq 128$ [V]

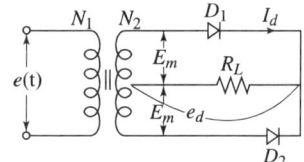

26 단상 전파 정류에 있어서 직류 전압 100[V]를 얻는 데 필요한 변압기 2차 상전압(V)은? (단, 부하는 순저항으로 하고 변압기 내의 전압강하는 무시하고 정류기의 전압강하는 20[V]로 한다.)

① 약 115   ② 약 233
③ 약 121   ④ 약 133

 단상 전파 정류회로의 직류전압

$E_d = \dfrac{2E_m}{\pi} - e_a = \dfrac{2\sqrt{2}E}{\pi} - e_a$ [V] $\therefore \dfrac{2\sqrt{2}E}{\pi} = E_d + e_a$ [V]

$E(2차 상전압) = \dfrac{\pi}{2\sqrt{2}}(E_d + e_a) = \dfrac{\pi}{2\sqrt{2}}(100+20) \fallingdotseq 133$ [V]

27 2개의 SCR로 단상 전파정류를 하여 $\sqrt{2}\times100$[V]의 직류 전압을 얻는 데 필요한 1차측 교류전압은 몇 [V]인가?

① 11
② 257
③ 157
④ 314

 단상 전파 정류회로에 직류전압

$$E_d = \sqrt{2}\times100 = \frac{2E_m}{\pi}\,[\text{V}]$$

$$\therefore \frac{2\sqrt{2}\,E}{\pi} = \sqrt{2}\times100$$

$$\therefore E(\text{1차 교류 전압}) = \frac{\pi}{2\sqrt{2}}\times\sqrt{2}\times100 = 50\pi \fallingdotseq 157\,[\text{V}]$$

28 단상 전파 정류회로에서 첨두역 전압(V)은 얼마인가? (단, 변압기 2차측 전압은 100[V]이고 정류기의 전압강하는 20[V]이다.)

① 26
② 200
③ 262
④ 382

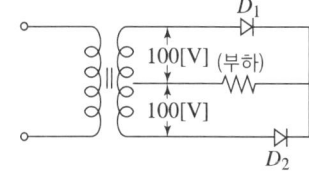

 단상 전파 정류회로에서의 첨두역내 전압

$$\text{PIV} = 2E_m - e_a = 2\sqrt{2}\,E - e_a = 2\sqrt{2}\times100 - 20 \fallingdotseq 262\,[\text{V}]$$

29 2개의 다이리스터를 이용한 단상 전파 정류회로에서 직류 전압 150[V]를 얻는 데 필요한 1차측 교류 전압(V)과 이 회로에 사용되는 다이오드의 첨두역 전압(PIV)은 얼마인가?

① 166.5, 200.5
② 166.5, 471
③ 235.5, 312.2
④ 235.5, 471

 단상 전파 정류회로의 직류전압

$$E_d = \frac{2E_m}{\pi}\,[\text{V}]$$

∴ 첨두역내 전압 $\text{PIV} = 2E_m = \pi\times E_d = 3.14\times150 = 471\,[\text{V}]$

$$E_d = \frac{2E_m}{\pi} = \frac{2\times\sqrt{2}\,E}{\pi}\,[\text{V}]$$

$$\therefore E(\text{1차 교류전압}) = \frac{\pi\times E_d}{2\sqrt{2}} = \frac{3.14\times150}{2\sqrt{2}} \fallingdotseq 166.5\,[\text{V}]$$

30 단상 50[Hz], 전파 정류회로에서 변압기의 2차 상전압 100[V], 수은 정류기의 전호 강하 15[V]에서 회로 중의 인덕턴스는 무시한다. 외부 부하로서 기전력 60[V], 내부 저항 0.2[Ω]의 축전지를 연결할 때 평균 출력을 구하면?

① 5625
② 7525
③ 83
④ 9205

 단상 전파 정류회로의 직류전압

$$E_d = \frac{2E_m}{\pi} - e_a = \frac{2 \times \sqrt{2}\,E}{\pi} - e_a = \frac{2 \times \sqrt{2} \times 100}{\pi} - 15 = 75[V]$$

전위차에 따른 부하전류 $I_d = \dfrac{E_d - 60}{0.2} = \dfrac{75-60}{0.2} = 75[A]$

∴ 축전지의 평균 출력 $P_o = E_d I_d = 75 \times 75 = 5625[W]$

31 단상 전파 제어회로에서 점호각이 α일 때 출력 전압의 평균값을 나타내는 식은?

① $\dfrac{\sqrt{2}\,V_1}{\pi}(2-\cos\alpha)$

② $\dfrac{\sqrt{2}\,V_1}{\pi}(1+\cos\alpha)$

③ $\dfrac{2\pi}{\sqrt{2}\,V_1}(1+\cos\alpha)$

④ $\dfrac{\pi}{\sqrt{2}\,V_1}(2+\cos\alpha)$

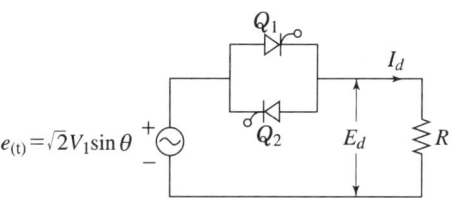

 입력전압 $e = \sqrt{2}\,V_1\sin\theta[V]$일 때의 단상 반파의 직류전압

$$E_d = \frac{1}{2\pi}\int_\alpha^\pi e\,d\theta = \frac{1}{2\pi}\int_\alpha^\pi \sqrt{2}\,V_1\sin\theta\,d\theta = \frac{\sqrt{2}\,V_1}{2\pi}(-\cos\theta)_\alpha^\pi = \frac{\sqrt{2}\,V_1}{2\pi}(-\cos\pi + \cos\alpha)$$
$$= \frac{\sqrt{2}\,V_1}{2\pi}(1+\cos\alpha)[V]\ \cdots\ \bigcirc$$

단상 전파의 직류전압

$$E_d = \frac{1}{\pi}\int_\alpha^\pi e\,d\theta = \frac{1}{\pi}\int_\alpha^\pi \sqrt{2}\,V_1\sin\theta\,d\theta = \frac{\sqrt{2}\,V_1}{\pi}(-\cos\theta)_\alpha^\pi = \frac{\sqrt{2}\,V_1}{\pi}(1+\cos\alpha)[V]$$

32 그림과 같은 단상 전파 제어회로에서 부하의 역률각 ψ가 60°의 유도부하일 때 제어각 α를 0°에서 180°까지 제어하는 경우에 전압 제어가 불가능한 범위는?

① $\alpha \leq 20°$
② $\alpha \leq 60°$
③ $\alpha \leq 120°$
④ $\alpha \leq 90°$

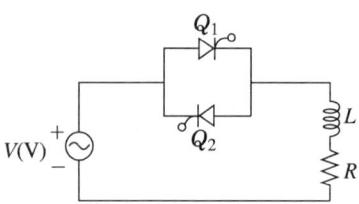

정답 30 ① 31 ② 32 ①

제어범위는 부하의 역률각 이상이다.

즉, 부하역률각 $\theta = \tan^{-1}\dfrac{wL}{R} = 60°$ 이상이다.

제어 범위는 제어각 $\alpha \leq 60°$ 이상이다.

33 오른쪽 그림과 같은 단상 전파 제어 회로의 전원 전압의 최대값이 2300[V]이다. 저항 2.3[Ω], 유도 리액턴스가 2.3[Ω]인 부하에 전력을 공급하고자 한다. 제어범위는?

① $\dfrac{\pi}{4} \leq \alpha \leq \pi$

② $\dfrac{\pi}{2} \leq \alpha \leq \pi$

③ $1 \leq \alpha \leq 2\pi$

④ $0 \leq \alpha \leq \dfrac{\pi}{2}$

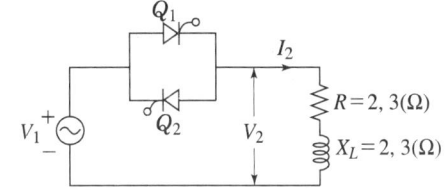

 제어 범위는 부하의 역률각 이상이다.

∴ 부하의 역률각 $\theta = \tan^{-1}\dfrac{X_L}{R} = \tan^{-1}\dfrac{2.3}{2.3} = \dfrac{\pi}{4}$ 이다.

∴ 제어범위는 $\dfrac{\pi}{4} \leq \alpha \leq \pi$ 이다.

34 4개의 소자를 전부 다이리스터를 사용한 대칭 단상 브리지 회로에서 다이리스터의 점호각을 α라 하고 부하의 인덕턴스 $L=0$일 때의 평균값을 나타낸 식은 다음 중 어느 것인가?

① $E_{do} \cos\alpha \dfrac{1}{\pi}$

② $2E_{do} \sin\alpha$

③ $E_{do} \dfrac{1+\cos\alpha}{2}$

④ $E_{do} \dfrac{1-\cos\alpha}{2}$

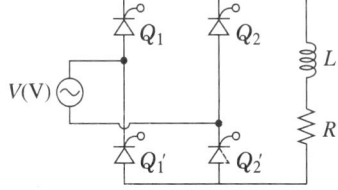

 다이리스트를 사용한 단상 전파 bridge형 회로에 $e = \sqrt{2}E\sin\theta$[V]를 가할 경우 점호각 $\alpha = 0$일 때의 직류전압

$$E_{do} = \dfrac{1}{\pi}\int_0^\pi e\,d\theta = \dfrac{1}{\pi}\int_0^\pi \sqrt{2}E\sin\theta\,d\theta = \dfrac{\sqrt{2}E}{\pi}(-\cos\theta)_0^\pi = \dfrac{\sqrt{2}E}{\pi}(1+1) = \dfrac{2\sqrt{2}E}{\pi}[V] \cdots ㉠$$

∴ 점호각이 α이고 $L=0$일 때의 직류전압

$$E_{d\alpha} = \dfrac{1}{\pi}\int_\alpha^\pi e\,d\theta = \dfrac{1}{\pi}\int_\alpha^\pi \sqrt{2}E\sin\theta\,d\theta = \dfrac{\sqrt{2}E}{\pi}(-\cos\theta)_\alpha^\pi = \dfrac{\sqrt{2}E}{\pi}(1+\cos\alpha)$$

$$= \dfrac{2\sqrt{2}E}{\pi}\left(\dfrac{1+\cos\alpha}{2}\right) = E_{do}\left(\dfrac{1+\cos\alpha}{2}\right)[V]$$

35 어떤 정류기의 부하전압이 2000[V]이고 맥동률이 3%이면 교류분은 몇 [V] 포함되어 있는가?

① 50
② 39
③ 49
④ 60

해설 맥동률(r)= 직류(DC)에 교류(AC)가 포함된 율 = $\dfrac{\text{교류(AC)의 실효치}}{\text{직류(DC)의 평균치}} \times 100$

∴ 교류(AC)의 실효치=맥동률(r)×직류(DC)의 평균치=$0.03 \times 2000 = 60[\text{V}]$

36 단상 전파 제어회로에서 전원 전압은 2300[V]이고, 부하저항은 2.3[Ω], 출력부하는 2300[kW]이다. 다이리스터의 최대 전류값은?

① 540[A]
② 707[A]
③ 1000[A]
④ 2001[A]

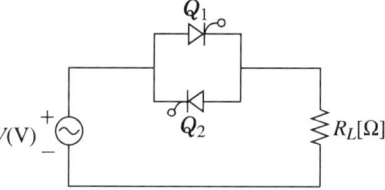

해설 부하출력 $P_L = I^2 R_L [\text{W}]$

∴ $I(\text{다이리스트의 최대전류}) = \sqrt{\dfrac{P_L}{R_L}} = \sqrt{\dfrac{2.3 \times 10^6}{2.3}} = \sqrt{10^6} = 1000[\text{A}]$

제 4 부
회로이론

제 1 장　기본 법칙
제 2 장　정현파 교류
제 3 장　기본 교류회로
제 4 장　교류전력
제 5 장　대칭좌표법
제 6 장　비정현파 교류
제 7 장　2단자 회로망
제 8 장　4단자 회로망
제 9 장　분포정수회로
제10 장　과도현상
제11 장　라플라스 변환
제12 장　전달함수

Chapter 01 기본 법칙

4부 회로이론

1 옴 법칙

$$I = \frac{V}{R}[A]$$

- I(전류)[A]
- V(전압)[V]
- R(저항)[Ω]

1) 전류

단위시간에 이동되는 전기량을 말한다.

I(전류) $= \frac{Q}{t}$[c/sec] = [A]

Q(전기량) $= It$[C]

N(자유전자수) $= \frac{Q}{e}$[개]

- e(전자전하) $= 1.062 \times 10^{-19}$[C]
- m(전자질량) $= 9.1 \times 10^{-31}$[kg]

$\therefore 1[C] = \dfrac{1}{1.602 \times 10^{-19}} ≒ 6.25 \times 10^{18}$개의 전자이다.

2) 전류밀도

$$i\,(전류밀도) = i_C + i_d = KE + \frac{\partial D}{\partial t}[A/m^2]$$

(1) 전도전류(i_c)

① 도체 내에 흐르는 전류
② 자유전자 이동에 의한 전류
③ 옴법칙 미분형

$$i_c = \frac{I}{S} = \frac{E}{\rho} = KE = enV = en\mu E[A/m^2]$$

- n(자유전자수) $= \dfrac{Q}{e}$[개]
- μ(전자의 이동도) $= \dfrac{V}{E}$

(2) 변위전류(i_d)

① 도체외에 흐르는 전류
② 구속전자 변위에 의한 전류
③ 전속밀도($D = \varepsilon E$)의 시간적인 변화에 의한 전류

$$i_d = \frac{\partial D}{\partial t} = \varepsilon \frac{\partial E}{\partial t} [\text{A/m}^2]$$

3) 전압

$Q[\text{C}]$에 전하를 이동해서 $W[\text{J}]$의 일을 할 경우 두 점간에 전위차를 전압이라 한다.

$$V(\text{전압}) = V_1 - V_2(\text{전위차}) = \frac{W}{Q} (\text{J/C} = \text{Volt})$$

$$W(\text{일}=\text{에너지}) = QV = Q(V_1 - V_2)[\text{J}]$$

$$W(\text{전자전하가 한 일}) = eV = \frac{1}{2}mv^2[\text{J}]$$

$$v(\text{속도}) = \sqrt{\frac{2eV}{m}} = 5.931 \times 10^5 \sqrt{V} [\text{m/sec}]$$

단, $\sqrt{V}$ (전압)

4) 전기저항

$$R(\text{전기저항}) = \rho \frac{l}{S}[\Omega] \text{ 손실이 있다.}$$

(1) 역수단위

$$\frac{1}{R} \left[\frac{1}{\Omega} = \mho (\text{콘닥턴스}) = \text{지멘스} \right]$$

$$K(\text{도전율}) = \frac{1}{\rho} \left(\frac{1}{\Omega\text{m}} = \mho/\text{m} \right)$$

$$\%K = \frac{\text{도체의 도전도}}{\text{표준연동 도전도}} \times 100$$

┌ 연동 $\%K = 100$
├ 경동 $\%K = 97$
└ 경알미늄선 $\%K = 61$

(2) 온도변화(도체)

온도상승 저항 증가

① 0℃일 때 저항 R_0 온도계수 $\alpha_0 = \frac{1}{234.5}$

② t ℃일 때 저항 $R_t = R_0(1 + \alpha_0 t)[\Omega]$

③ t ℃일 때 온도계수 $\alpha_t = \frac{\alpha_0}{1 - \alpha_0 t}$

(3) 저항연결

① 직렬 연결 → 합성저항 증가한다.
② 병렬 연결 → 합성저항 감소한다.

> **참고**
> ▸ △결선과 Y결선의 관계
>
> $$\begin{bmatrix} Y_r = \frac{1}{3}\triangle_R \\ \triangle_R = 3Y_r \end{bmatrix} \begin{bmatrix} P_Y = \frac{1}{3}P_\triangle \\ P_\triangle = 3P_Y \end{bmatrix} \begin{bmatrix} Y_r\,(Y\,①상에\ 저항) \\ \triangle_R\,(\triangle\,①상에\ 저항) \end{bmatrix} \begin{bmatrix} P_Y\,(Y\,①상\ 전력) \\ P_\triangle\,(\triangle\,①상\ 전력) \end{bmatrix}$$

(4) 저항역할

전력을 소모한다.

$$P(\text{전력}) = VI = I^2R = \frac{V^2}{R}\,[\text{W}]$$

$$W(\text{전력량, 에너지}) = Pt = VIt = I^2Rt = \frac{V^2}{R}t\,[\text{J}]$$

$$H(\text{주울열량}) = 0.24Pt = 0.24VIt = 0.24I^2Rt = 0.24\frac{V^2}{R}\,[\text{cal}]$$

> **참고**
> ▸ 주울열량과 물리적인 양과의 관계
> $$0.24Pt\eta = Cm(T-t)\,[\text{cal}]$$
>
> $$\left.\begin{array}{l} 1[\text{Kwh}] = 860[\text{kcal}] \\ 860Pt\eta = Cm(T-t)[\text{kcal}] \end{array}\right] \therefore W = Pt = \frac{QT}{860\eta}[\text{Kwh}]$$

❷ 키르히호프의 법칙

1) 키르히호프 제1법칙(전류법칙)

① 연속성이다.

② 마디전압을 구하는 식이다.

③ 마디중심에 들어가는 전류는 밖으로 나가는 전류와 서로 같다.

즉 $\sum_{k=1}^{n} i_k = 0$

2) 키르히호프 제2법칙(전압법칙)

① 폐회로 전류(망전류)를 구하는 식이다.

② 폐회로에서 기전력의 합은 전압강하의 합과 서로 같다.

즉 $\sum_{K=1}^{n} E_K - IR_K = 0$

❸ 전지

1차 전지 → 건전지
2차 전지 → 축전지

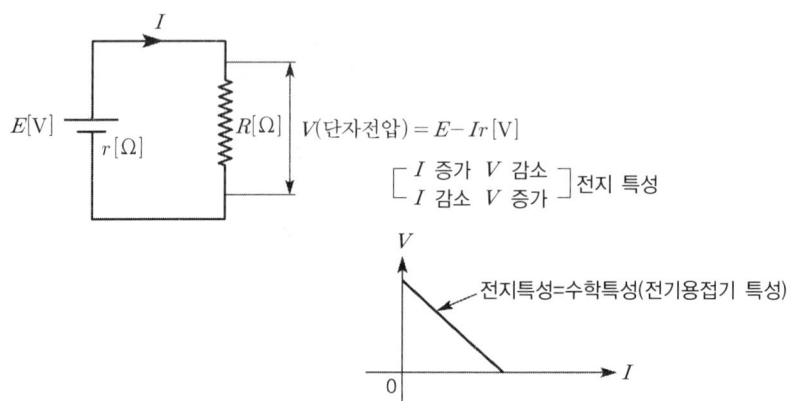

❹ 분배법칙

1) 직렬 회로(I=일정)

$V_1 = IR_1 [\text{V}]$

$\begin{bmatrix} I=\text{일정} \\ V_1 \text{은 } R_1 \text{에 비례} \end{bmatrix}$

$\therefore V_1 = \dfrac{R_1}{R_1+R_2} \times V_0 [\text{V}]$

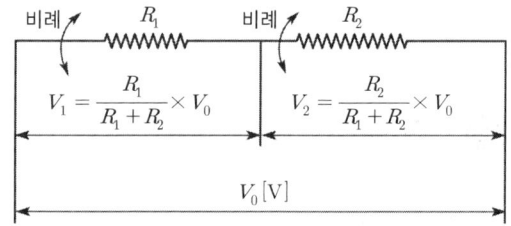

2) 병렬 회로(V=일정)

$I_1 = \dfrac{V}{R_1} [\text{A}]$

$\therefore I_1 = \dfrac{R_2}{R_1+R_2} \times I_0 [\text{A}]$

$I_2 = \dfrac{V}{R_2} [\text{A}]$

$\therefore I_2 = \dfrac{R_1}{R_1+R_2} \times I_0 [\text{A}]$

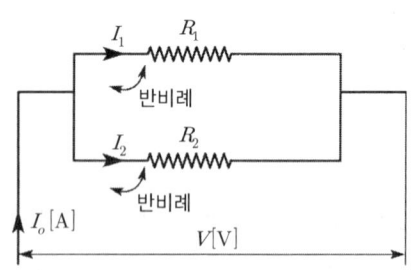

❺ 접지저항과 정전용량의 관계

$RC = \rho\varepsilon$ $\therefore R(접지저항) = \dfrac{\rho\varepsilon}{C}[\Omega]$

$\dfrac{C}{G} = \dfrac{\varepsilon}{K}$ $\therefore i(누설전류) = \dfrac{V}{R} = \dfrac{V}{\dfrac{\rho\varepsilon}{C}} = \dfrac{CV}{\rho\varepsilon}[\mathrm{A}]$

❻ 근이법(근사법)

$\alpha, \beta \leq 0$일 때 $\left[\begin{array}{c} \dfrac{1}{1-\alpha} \doteqdot 1+\alpha \\ \dfrac{1}{1+\beta} \doteqdot 1-\beta \end{array}\right]$ 이며

$(1+\alpha)(1-\beta) = \underbrace{1}_{1항} + \underbrace{(\alpha-\beta)}_{2항} - \alpha\beta \doteqdot 1 + (\alpha-\beta)$

① 1항과 2항만 계산하고 나머지는 생략하는 법이다.
② 2항이 폐회로일 때는 그대로 계산한다.
③ 2항이 개회로일 때는 근의 공식을 이용계산한다.

Chapter 01 적중예상문제

01 다른 두 종류의 금속선으로 된 폐회로의 두 접합점의 온도를 달리하였을 때 열기전력이 발생하는 효과는?

① peltier효과 ② Seebeck효과
③ Pinch효과   ④ Thomson효과

 제벡 효과 : 2개의 금속을 조합하면 온도차에 의해서 전류가 흘러 열기전력이 생기는 효과를 말한다.

열기전력 $E_{12} = \int_{t1}^{t2}(a+bt)dt = a(t)_{t1}^{t2} + \frac{b}{2}(t^2)_{t1}^{t2}$
$= a(t_2 - t_1) + \frac{b}{2}(t_2^2 - t_1^2)[\text{V}]$ 이다.

(단, a, b는 열전상수라 한다.)

02 어떤 콘덴서의 회로에 커패시턴스를 2배, 주파수를 1/5배로 하면 흐르는 전류는 몇 배인가? (단, 커패시턴스 양단 전압은 일정하다.)

① 1/5   ② 2/5
③ 2   ④ 5/2

 콘덴서에 흐르는 전류
$I_C = \dfrac{V}{X_C} = \dfrac{V}{\dfrac{1}{\omega C}} = \omega CV = 2\pi fCV \fallingdotseq fC[\text{A}] \cdots \text{㉠}$

$f' = \dfrac{1}{5}f$, $C' = 2C$ 일 때에 $I_C' = f'C' = \dfrac{1}{5}f \times 2C = \dfrac{2}{5}fC = \dfrac{2}{5}I_C$ 배가 된다.

03 $I_1 = 2+j3$, $I_2 = 1+j[\text{A}]$일 때 합성전류의 크기 1[A]는?

① 5   ② 4
③ 3   ④ 2

 합성전류 $I = \dot{I_1} + \dot{I_2} = (2+j3) + (1+j1) = 3+j4$
∴ $|I| = \sqrt{3^2 + 4^2} = 5[\text{A}]$

04 "회로망 중의 임의의 폐회로에 있어서 그 각지로의 전압강하의 총합은 그 폐회로 중 기전력의 총합과 같다." 이와 관계되는 법칙은?

① 플레밍의 법칙 ② 렌츠의 법칙
③ 테브란의 법칙 ④ 키르히호프의 법칙

 키르히호프의 제2법칙(전압법칙) : 폐회로에서 기전력의 총합은 전압강하의 총합과 서로 같다.

05 그림과 같이 정육면체 한변의 저항이 $r[\Omega]$일 때, 그림 회로도 단자 a, b에서 본 합성저항 $R_{ab}[\Omega]$는?

① $\dfrac{5}{6}r$

② $\dfrac{2}{3}r$

③ $\dfrac{3}{2}r$

④ $\dfrac{3}{5}r$

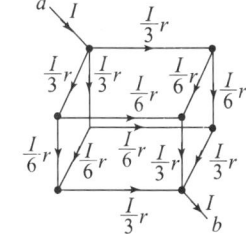

 키르히호프의 제2법칙에서 a, b 사이의 전압
$V_{ab} = V_1 + V_2 + V_3$ 그림의 회로도에서
$= \dfrac{1}{3}Ir + \dfrac{1}{6}Ir + \dfrac{1}{3}Ir$
$= \dfrac{2}{3}Ir + \dfrac{1}{6}Ir$
$= \dfrac{5}{6}Ir\,[\text{V}]$
$\therefore R_{ab} = \dfrac{V_{ab}}{I} = \dfrac{5}{6}r\,[\Omega]$

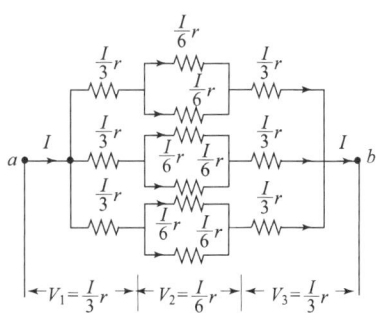

06 단위길이당 저항이 같은 도선을 사용하여 그림의 회로도 그림과 같은 무한이 긴 사다리꼴 회로를 만든다. 각 지로의 저항을 $r[\Omega]$라 할때, ab 간의 합성저항 $R_{ab}[\Omega]$의 근사값을 구하라?

① $[\sqrt{3}+2]r$
② $[\sqrt{3}+1]r$
③ $[\sqrt{3}-1]r$
④ $[\sqrt{3}-2]r$

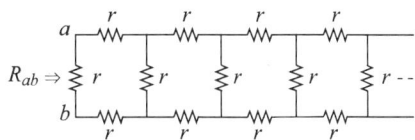

정답 04 ④ 05 ① 06 ③

해설 근이법(근사법)에서는 회로의 1항과 2항만 존재하고 나머지항은 생략하는 법으로서 그림에서 다음과 같다.

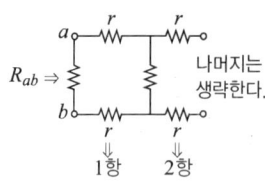

∴ R_{ab}(합성저항)$= \dfrac{r(2r+R_{ab})}{r+2r+R_{ab}} = \dfrac{2r^2+rR_{ab}}{3r+R_{ab}}$ [Ω]에서 $3rR_{ab}+R_{ab}^2 = 2r^2+rR_{ab}$

∴ $R_{ab}^2 + 2rR_{ab} - 2r^2 = 0$

단, $|R|\cdot|L|\cdot|C| \rightarrow$ 항상 양(+) 값이다. 근의 공식에서의

$R_{ab} = \dfrac{-b+\sqrt{b^2-4ac}}{2a} = \dfrac{-2r+\sqrt{(2r)^2-4\times 1\times(-2r^2)}}{2\times 1} = \dfrac{-2r+\sqrt{12r^2}}{2} = -r+\sqrt{3}\,r$

$= [\sqrt{3}-1]r$ [Ω]이다.

07 2[A]의 전류가 흐를 때, 단자전압이 1.4[V], 3[A]의 전류가 흐를 때, 단자 전압이 1.1[V]라고 한다. 이 전지의 기전력(V)과 내부저항(Ω)은?

① 5[V], 3[Ω]   ② 3[V], 1.5[Ω]
③ 2[V], 0.3[Ω]   ④ 1[V], 0.8[Ω]

해설 그림의 회로도에서
$V_1 = 1.4 = E - 2r$ … ㉠
$V_2 = 1.1 = E - 3r$ … ㉡
∴ ㉠ - ㉡에서 $1.4 - 1.1 = 0.3 = -2r + 3r = r$
∴ r(내부저항) $= 0.3$ [Ω]이다.
또한, r(내부저항) $= 0.3$ [Ω]를
㉠식에 대입하면 $1.4 = E - 2r = E - 2\times 0.3$ [V]
∴ E[기전력] $= 1.4 + 0.6 = 2$[V]가 된다.

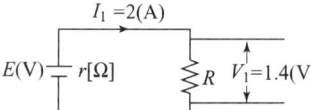

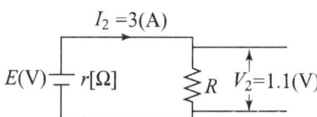

08 구리선에 $i_{(t)} = 3t^2 + 2t$ [A]의 전류가 1분간 흐를 경우 구리선을 이동하는 전체 전기량은 대략 몇 θ[Ah]가 되는가?

① 41   ② 51
③ 81   ④ 61

해설 $i_{(t)} = \dfrac{dQ}{dt}$ [C/sec], $dQ = i_{(t)} dt$ [C]이다.

$$\therefore Q = \int_0^{60} i_{(t)} dt = \int_0^{60} [3t^2 + 2t] dt = \left[3\left(\dfrac{t^3}{3}\right) + 2\left(\dfrac{t^2}{2}\right)\right]_0^{60}$$

$$= [60^3 - 0^3 + 60^2 - 0^2] \times \dfrac{1}{3600} \fallingdotseq 61 \text{[Ah]}$$이다.

09 전구에 걸리는 전압이 15% 낮아진 경우 소비전력은 약 몇 % 감소되는가?

① 27.75% 감소된다.   ② 81% 감소된다.
③ 75% 증가된다.   ④ 72.25% 감소된다.

 해설 $P(\text{소비전력}) = \dfrac{V^2}{R} \fallingdotseq V^2$이다.

$\therefore V' = (1 - 0.15)V = 0.85V$[V]이다.

$\therefore \dot{P} \fallingdotseq (V')^2 \fallingdotseq (0.85V)^2 \fallingdotseq 0.7225V^2 \fallingdotseq 0.7225P$[W]이다.

$\therefore$ 소비전력의 감소량 $= 1 - 0.7225 = 0.2775$이다. 즉, 27.75% 감소된다.

10 백열 전구 ㉠, ㉡를 E[V]의 전원에 접속할 때 각각 W_1[W], W_2[W]의 전력을 소비한다. 이를 직렬로 V[V]의 전원에 연결할 때 어느 전구가 더 밝은가? (단, $W_1 > W_2$이고, 밝기는 소비전력의 크기에 비례한다고 가정한다.)

① ㉡ 전구가 더 밝다.   ② ㉠ 전구가 더 밝다.
③ 두 전구 밝기는 같다.   ④ 수시로 변동된다.

 해설 $W_1 > W_2$일 때의 전구의 내부저항을 각각 r_1[Ω], r_2[Ω]이라면

㉠ $W_1 = \dfrac{E^2}{r_1}$[W]에서 $r_1 = \dfrac{E^2}{W_1}$[Ω] → 작다.

㉡ $W_2 = \dfrac{E^2}{r_2}$[W]에서 $r_2 = \dfrac{E^2}{W_2}$[Ω] → 크다.

r_1[Ω]와 r_2[Ω]를 직렬로 연결하면 I[A]가 일정일 때의
각 전구의 소비전력을 P_1[W], P_2[W]이라면
$P_1 = I^2 r_1$[W] → 작다.
$P_2 = I^2 r_2$[W] → 크다.
$\therefore$ 전구의 밝기는 소비전력에 비례하므로 ㉡ 전구가 더 밝다.

11 내부저항 $r_1 = 20[\Omega]$, $r_2 = 25[\Omega]$ 그림의 위치가 최대 지시눈금이 다같이 1[A]인 전류계 A_1과 A_2를 그림과 같이 연결하였을 때 측정할 수 있는 최대 전류의 값은 몇 [A]인가?

① 3.8[A]
② 1.8[A]
③ 0.8[A]
④ 5.8[A]

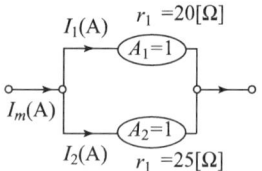

 전류의 분배 법칙에서

A_1(전류계)에 흐르는 전류 $I_1 = 1 = \dfrac{r_2}{r_1 + r_2} \times I_m [A]$

I_m (최대 전류) $= \dfrac{r_1 + r_2}{r_2} \times I_1 = \dfrac{20 + 25}{25} \times 1 \dfrac{45}{25} = 1.8[A]$ … ㉠

A_2(전류계)에 흐르는 전류 $I_2 = 1 = \dfrac{r_1}{r_1 + r_2} \times I_m [A]$

I_m (최대 전류) $= \dfrac{r_1 + r_2}{r_1} \times I_2 = \dfrac{20 + 25}{20} \times 1 = \dfrac{45}{20} = 2.25[A]$ 이다. … ㉡

∴ ㉠, ㉡에서 최대 지시눈금이 $A_1 = A_2 = 1[A]$인 전류계가 안정하게 흘릴 수 있는 최대 전류 $I_m = 1.8[A]$이어야 한다.

Chapter 02 정현파 교류

4부 회로이론

❶ 실효치 전류(열선형 계기, 가동철편형 계기)

한 주기에 대한 순시전류 자승의 합에 평방근을 말한다.

$$|I| = \sqrt{\frac{1}{T}\int_0^T i_{(t)}^2 dt}\,[\mathrm{A}]$$

❷ 평균치 전류(가동코일형 계기, 가동자침형 계기)

1) +반파와 −반파가 일치할 경우
   ⇒ 반주기에 대한 순시전류의 합을 말한다.
   $$I_{av} = \frac{1}{\pi}\int_0^\pi i_{(t)}dt\,[\mathrm{A}]$$

2) +반파와 −반파가 일치하지 않을 경우, +반파만이거나 −반파만일 경우
   ⇒ 한 주기에 대한 순시전류의 합을 말한다.
   $$I_{av} = \frac{1}{2\pi}\int_0^{2\pi} i_{(t)}dt\,[\mathrm{A}]$$

❸ 순시전류

$$i_{(t)} = I_m \sin\omega t\,[\mathrm{A}]$$

- $i_{(t)}$: 순시전류, 교류전류
- I_m : 최대치전류 = $\sqrt{2}\,|I|\,[\mathrm{A}]$
- ω : 전기각속도
- t : 시간

① ω(전기각속도)$= 2\pi f = 2\pi \dfrac{1}{T}$[rad/sec] ·· ㉠

T(주기)$= \dfrac{1}{f} = \dfrac{2\pi}{\omega}$[sec]

② ω(기하각속도)$= 2\pi \dfrac{N}{60}$[rad/sec] ·· ㉡

③ 전기각속도 = 기하각속도 $\times \dfrac{P}{2}$

$2\pi f = 2\pi \dfrac{N}{60} \times \dfrac{P}{2}$

f(발생주파수)$= \dfrac{NP}{120}$[Hz], N(회전수)$= \dfrac{120f}{P}$[rpm]

④ $\omega t = \theta$(위상)

t(시간)$= \dfrac{\theta}{\omega} = \dfrac{\theta}{2\pi f}$[sec]

❹ 실효치, 평균치, 최대치

구분		실효치	평균치	최대치
전 파	정현파	$\dfrac{I_m}{\sqrt{2}} = 0.707 I_m$	$\dfrac{2}{\pi} I_m = 0.637 I_m$	I_m
	구형파	I_m	I_m	I_m
	3각파	$\dfrac{I_m}{\sqrt{3}} = 0.577 I_m$	$\dfrac{I_m}{2} = 0.5 I_m$	I_m
반 파	정현파	$\dfrac{I_m}{\sqrt{2}} \times \dfrac{1}{\sqrt{2}}$	$\dfrac{2I_m}{\pi} \times \dfrac{1}{2}$	I_m
	구형파	$I_m \times \dfrac{1}{\sqrt{2}}$	$I_m \times \dfrac{1}{2}$	I_m
	3각파	$\dfrac{I_m}{\sqrt{3}} \times \dfrac{1}{\sqrt{2}}$	$\dfrac{I_m}{2} \times \dfrac{1}{2}$	I_m

파형율 $= \dfrac{실효치}{평균치}$, 파고율 $= \dfrac{최대치}{실효치}$

Chapter 02 적중예상문제

01 그림의 정현파에서 $v(t) = V\sin(\omega t + \phi)$의 주기 T를 바르게 표시한 것은?

① $2\pi\omega$
② $2\pi f$
③ $\dfrac{\omega}{2\pi}$
④ $\dfrac{2\pi}{\omega}$

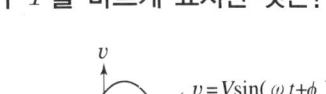

해설 전기각속도 $\omega = 2\pi f = 2\pi \dfrac{1}{T}$ [radim/sec]

∴ 주기 $T = \dfrac{1}{f} = \dfrac{2\pi}{\omega}$ [sec]

02 그림은 반파정류에서 얻은 파형이다. 이 전류의 실효치(rms)는?

① $\dfrac{I_m}{2}$
② $\dfrac{I_m}{\sqrt{2}}$
③ $2I_m$
④ $\sqrt{2}\,I_m$

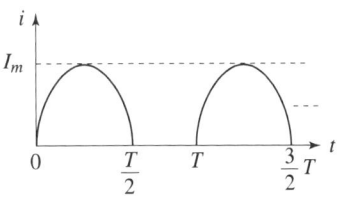

해설 그림에서 전류의 실효치

$|I| = \sqrt{\dfrac{1}{T}\int_0^T (i_t)^2 dt} = \sqrt{\dfrac{1}{2\pi}\left(\int_0^\pi (I_m^2 \sin^2\omega t)\right)dt} = \sqrt{\dfrac{1}{2\pi}\int_0^\pi \dfrac{I_m^2}{2}(1-\cos 2\omega t)dt}$

$= \sqrt{\dfrac{1}{2\pi} \times \dfrac{I_m^2}{2}((t)_0^\pi - 0)} = \sqrt{\dfrac{I_m^2}{4}} = \dfrac{I_m}{2}$ [A]

정답 01 ④ 02 ①

03 $e = 100\sqrt{2}\sin(100\pi t - \frac{\pi}{3})$ [V]인 정현파 교류 전압의 주파수(Hz)는?

① 314
② 100
③ 60
④ 50

해설 정현파 교류전압의 주파수 $\omega = 100\pi = 2\pi f$[radim/sec]
∴ 주파수 $f = \frac{100\pi}{2\pi} = 50$[Hz]

04 $e_1 = 20\sqrt{2}\sin\omega t$, $e_2 = 50\sqrt{2}\cos(\omega t - \frac{\pi}{6})$일 때 $e_1 + e_2$의 실효치는?

① $\sqrt{2900}$
② $\sqrt{3400}$
③ $\sqrt{3900}$
④ $\sqrt{4400}$

해설 실효치 전압
$E_1 = \frac{20\sqrt{2}}{\sqrt{2}} \angle 0° = 20(\cos 0° + j\sin 0°) = 20$ … ㉠
$E_2 = \frac{50\sqrt{2}}{\sqrt{2}}(\angle 90° - \angle 30°) = 50\angle 60° = 50(\cos 60° + j\sin 60°) = 25 + j25\sqrt{3}$ … ㉡
$E_1 + E_2 = (20 + 25) + j25\sqrt{3} = 45 + j25\sqrt{3}$
$|E_1 + E_2| = \sqrt{(45)^2 + (25\sqrt{3})^2} = \sqrt{2025 + 625 \times 3} = \sqrt{3900}$

05 정현파 전압의 진폭이 Vm이라면 이를 반파 정류했을 때의 평균값은?

① $\frac{Vm}{2}$
② $\frac{Vm}{\sqrt{2}}$
③ $\frac{Vm}{\pi}$
④ $\frac{2Vm}{\pi}$

해설 반파정류파 전압의 평균치
$Vav = \frac{1}{2\pi}\int_0^\pi V_m \sin\omega t\, dt = \frac{V_m}{2\pi}(-\cos\omega t)_0^\pi = \frac{V_m}{\pi}$[V]

06 $e(t) = 100\sqrt{2}\sin(\omega t + \frac{\pi}{6})$와 $i(t) = 5\sqrt{2}\cos(\omega t - \frac{2}{3}\pi)$와의 위상차는?

① 0°
② 40°
③ 60°
④ 150°

위상차 = (기준)전압위상 − 전류위상이다.

∴ $\psi = 30 - (-30°) = 60°$

(단, $\cos(\omega t - \frac{2\pi}{3}) = \sin(\omega t + 90 - 120) = \sin(\omega t - 30)$로서 위상은 $-30°$이다.

07 파고율(crest factor)을 나타낸 것은?

① 최댓값 ÷ 평균값 ② 실횻값 ÷ 평균값
③ 실횻값 ÷ 최댓값 ④ 최댓값 ÷ 실횻값

 파형률 = $\frac{실효치}{평효치}$, 파고율 = $\frac{최대치}{실효치}$

왜형률 = $\frac{전고조파\ 실효치}{기본파\ 실효치} \times 100 = \sqrt{\frac{V_2^2 + V_3^2 + V_4^2 + \cdots}{V_1^2}} \times 100$

08 $V = 311\sin\left(377t - \frac{\pi}{2}\right)$[V]인 파형의 주파수는 약 얼마인가?

① 377[Hz] ② 311[Hz]
③ 60[Hz]   ④ 120[Hz]

 전기각속도 $\omega = 2\pi f = 377$[rad/sec]

∴ 주파수 $f = \frac{377}{2\pi} = \frac{377}{2 \times 3.14} = 60$[Hz]이다.

09 두 전류가 $i_1(t) = \sqrt{2}\sin(\omega t + \frac{\pi}{4})$, $i_2(t) = -\frac{2}{\sqrt{3}}\cos(\omega t + \frac{\pi}{6})$로 주어질 때, 이 전류의 합은?

① $\left(1 - \frac{1}{\sqrt{3}}\right)\sin\omega t$ ② $\left(1 + \frac{1}{\sqrt{3}}\right)\cos\omega t$
③ $\left(1 + \frac{1}{\sqrt{3}}\right)\sin\omega t$ ④ $\left(1 - \frac{1}{\sqrt{3}}\right)\cos\omega t$

 $I_{m1} = \sqrt{2} \angle \frac{\pi}{4} = \sqrt{2}(\cos 45° + j\sin 45°) = 1 + j1$ … ㉠

$I_{m2} = -\frac{2}{\sqrt{3}} \angle 120° = -\frac{2}{\sqrt{3}}(\cos 120° + j\sin 120°) = +\frac{1}{\sqrt{3}} - j1$ … ㉡

∴ $I_m = I_{m1} + I_{m2} = (1 + j1) + \left(+\frac{1}{\sqrt{3}} - j1\right) = \left(1 + \frac{1}{\sqrt{3}}\right)$

∴ $i_{(t)} = I_m \sin\omega t = \left(1 + \frac{1}{\sqrt{3}}\right)\sin\omega t$[A]

10 순서값이 $i_{(t)} = I_m \sin(\omega t - \theta)$인 정현파 전류의 실횻값은?

① $\dfrac{2}{\pi} I_m$

② $\dfrac{I_m}{\sqrt{2}}$

③ $\dfrac{\pi}{2} I_m$

④ $\sqrt{2}\, I_m$

$|I| = \sqrt{\dfrac{1}{T} \int_0^T i_{(t)}^2 dt} = \sqrt{\dfrac{1}{T} \int_0^T I_m^2 \sin^2(\omega t - \theta) dt} = \sqrt{\dfrac{I_m^2}{2T} \int_0^T (1 - \cos 2(\omega t - \theta)) dt}$
$= \sqrt{\dfrac{I_m^2}{2T}((t)_0^T - 0)} = \sqrt{\dfrac{I_m^2}{2}} = \dfrac{I_m}{\sqrt{2}}$ [A]

11 정현파 교류 전압의 파형률은?

① $\dfrac{\pi}{2\sqrt{2}}$

② $\dfrac{2}{\pi}$

③ $\dfrac{\pi}{2}$

④ $\sqrt{2}$

정현파 교류 파고율 $= \dfrac{\text{최대치}}{\text{실효치}} = \dfrac{I_m}{\dfrac{I_m}{\sqrt{2}}} = \sqrt{2}$ $\left(\text{단, 전파 정현파 전류 실효치 } I = \dfrac{I_m}{\sqrt{2}}\right)$

정현파 교류 파형률 $= \dfrac{\text{실효치}}{\text{평균치}} = \dfrac{\dfrac{I_m}{\sqrt{2}}}{\dfrac{2}{\pi} I_m} = \dfrac{\pi}{2\sqrt{2}}$ $\left(\text{단, 전파 정현파 전류 평균치 } I_{av} = \dfrac{2I_m}{\pi}\right)$

Chapter 03 기본 교류회로

4부 회로이론

1 직 · 병렬 회로

- 직렬 회로는 I(일정), Z(impedance)$[\Omega]$인 조건이다.
- 병렬 회로는 V(일정), Y(admittance)$[\mho]$인 조건이다.

1) R만의 회로

θ(위상)$= 0$

동위상 $= V$와 I가 같은 위상

P(전력)$= VI = I^2 R = \dfrac{V^2}{R}$[W]

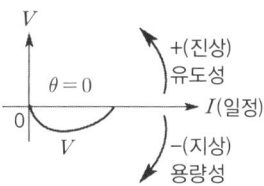

2) L만의 회로

$\underline{L[\text{H}]} \longrightarrow \underline{X_L \angle 90° = jwL[\Omega]}$
$\Downarrow \qquad\qquad\qquad \Downarrow$
inductance[H] \qquad 유도성 Reactance$[\Omega]$

θ(위상)$= 90°$

유도성 : V가 앞선 경우

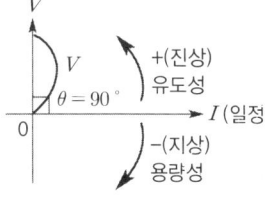

> **참고**
>
> ▶ Faraday 전자유도법칙
>
> 전압, 기전력 크기 $V = L\dfrac{di_{(t)}}{dt}$[V]
>
> ※ 전류가 급격히 변화하는 것을 코일이 막는다.
>
> P_r(무효전력)$= VI = I^2 X_L = \dfrac{V^2}{X_L}$[var]

3) C만의 회로

$$C\begin{pmatrix} F \\ \mu F \\ PF \end{pmatrix} \xrightarrow{\text{교류}} X_c \angle -90° = -jX_c = \frac{1}{jwc} [\Omega]$$

$\Downarrow \qquad\qquad \Downarrow$

Condenser   용량성 Reactance

θ(위상)$=90°$

용량성 : I가 앞선 경우

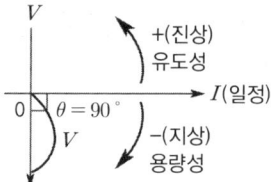

> **참고**
>
> ▶ Faraday 전자유도법칙
>
> 전압, 기전력 크기는 $V_{(t)} = \frac{1}{C}\int i_{(t)} dt [V]$
>
> $\therefore i_t = C\frac{dV_{(t)}}{dt}[A]$
>
> ※ 전압이 급격이 변화하는 것을 콘덴서가 막는다.
>
> P_r(무효전력)$= VI = I^2 X_c = \frac{V^2}{X_c}[\text{var}]$

❷ R-L-C의 직렬 회로(Vector도)

직렬 회로는 I(일정), Z(impedance)$[\Omega]$인 조건이다.

유도성 — $\begin{cases} V_L > V_C \\ X_L > X_C \\ f > f_0 = \frac{1}{2\pi\sqrt{LC}}[Hz] \end{cases}$

공진 — $\begin{cases} V_L = V_C \\ X_L = X_C \\ f = f_0 = \frac{1}{2\pi\sqrt{LC}}[Hz] \end{cases}$

용량성 — $\begin{cases} V_C > V_L \\ X_C > X_L \\ f < f_0 = \frac{1}{2\pi\sqrt{LC}}[Hz] \end{cases}$

$Z = R + j(X_L - X_C)[\Omega]$

$|Z| = \sqrt{R^2 + \left(\omega L - \frac{1}{\omega C}\right)^2}$

$\theta = \tan^{-1}\frac{\pm\left(\omega L - \frac{1}{\omega C}\right)}{R}$

① $P(전력) = \dfrac{V_m I_m}{2}\cos\theta = VI\cos\theta = I^2 R[\text{W}]$

$P_r(무효전력) = \dfrac{V_m I_m}{2}\sin\theta = VI\sin\theta = I^2 X[\text{var}]$

$P_a(피상전력) = \dot{V}\,\overline{I} = \dfrac{V_m I_m}{2} = VI[\text{VA}]$

② $\cos\theta(역률) = \dfrac{V_R}{V} = \dfrac{R}{|Z|} = \dfrac{P}{P_a}$, $\sin\theta(무효율) = \dfrac{V_x}{V} = \dfrac{X}{|Z|} = \dfrac{P_r}{P_a}$

③ 직렬공진 V와 I가 같은 위상인 경우
   허수부 = 0

$V_L = I_0 X_L = \dfrac{V}{R}\omega_0 L = \dfrac{V}{\omega_0 CR}[\text{V}]$

$V_c = I_0 X_c = \dfrac{V}{R}\dfrac{1}{\omega_0 c} = \dfrac{V}{R}\omega_0 L[\text{V}]$

$I_0(직렬공진전류) = \dfrac{V}{R}\angle 0[\text{A}]$ 최대이다(크다).

④ $Q_0(선택도)$ = 첨예도 = 전압확대비

$Q_0 = \dfrac{V_L}{V} = \dfrac{V_c}{V} = \dfrac{\omega_0 L}{R} = \dfrac{1}{\omega_0 CR} = \dfrac{f_0}{f_2 - f_1} = \dfrac{f_0}{B(\triangle f)}$

∴ $B(\triangle f)$ = 대역폭 = $f_2 - f_1 = \dfrac{f_0}{Q_0}$

❸ R-L-C 병렬 회로

병렬 회로는 V(일정), Y(admiture)[℧]인 조건이다.

용량성 — $\begin{cases} I_C > I_L \\ X_L > X_C \\ f > f_0 = \dfrac{1}{2\pi\sqrt{Lc}}[\text{Hz}] \end{cases}$

공진 — $\begin{cases} I_L = I_C \\ X_C = X_L \\ f = f_0 = \dfrac{1}{2\pi\sqrt{Lc}}[\text{Hz}] \end{cases}$

유도성 — $\begin{cases} I_L > I_C \\ X_C > X_L \\ f_0 > f[\text{Hz}] \end{cases}$

① $P(\text{전력}) = \dfrac{V_m I_m}{2}\cos\theta = VI\cos\theta = \dfrac{V^2}{R}[\text{W}]$

$P_r(\text{무효전력}) = \dfrac{V_m I_m}{2}\sin\theta = VI\sin\theta = \dfrac{V^2}{X}[\text{var}]$

$P_a(\text{복소전력}) = \overline{V}\dot{I} = \dfrac{V_m I_m}{2} = VI[\text{VA}]$

② $\cos\theta(\text{역률}) = \dfrac{I_R}{I} = \dfrac{g}{|Y|} = \dfrac{P}{P_a}$

$\sin\theta(\text{무효율}) = \dfrac{I_x}{I} = \dfrac{b}{|Y|} = \dfrac{P_r}{P_a}$

③ $\dot{Y} = \dfrac{1}{R} - j\dfrac{1}{X_L} + j\dfrac{1}{X_c} = \dfrac{1}{R} - j\left(\dfrac{1}{X_L} - \dfrac{1}{X_C}\right)[\mho]$

④ 병렬공진

V와 I가 같은 위상인 경우

허부수＝0

$I_0(\text{병렬공진전류}) = \dfrac{V}{R}\angle 0[\text{A}]$ 최소이다(적다).

⑤ $Q_0(\text{선택도＝첨예도＝전류확대비})$

$Q_0 = \dfrac{I_L}{I} = \dfrac{I_c}{I} = \dfrac{R}{\omega_0 L} = \omega_0 CR = \dfrac{f_0}{f_2 - f_1} = \dfrac{f_0}{B(\triangle f)}$

$B(\triangle f)(\text{대역독}) = f_2 - f_1 = \dfrac{f_0}{Q_0}$

❹ 일반적인 공진회로(허수부＝0)

$\omega_0(\text{공진각속도}) = \sqrt{\dfrac{1}{LC} - \dfrac{R^2}{L^2}}\,[\text{rad/sec}]$

$f_0(\text{공진주파수}) = \dfrac{1}{2\pi}\sqrt{\dfrac{1}{LC} - \dfrac{R^2}{L^2}}\,[\text{Hz}]$

$Y_0(\text{공진시 admittance}) = \dfrac{CR}{L}[\mho]$

$I_0(\text{공진전류}) = Y_0 E = \dfrac{CR}{L}E[\text{A}]$

Chapter 03 적중예상문제

01 저항 3[Ω]과 리액턴스 4[Ω]을 병렬 연결한 회로의 역률은?

① 0.2
② 0.4
③ 0.6
④ 0.8

 직렬 회로 $\cos\theta = \dfrac{V_R}{V} = \dfrac{R}{|Z|} = \dfrac{P}{P_a}$, $\sin\theta = \dfrac{V_X}{V} = \dfrac{X}{|Z|} = \dfrac{P_r}{P_a}$ (단, $|Z| = \sqrt{R^2 + X^2}$)

병렬 회로 $\cos\theta = \dfrac{I_R}{I} = \dfrac{g}{|Y|} = \dfrac{P}{P_a}$, $\sin\theta = \dfrac{I_X}{I} = \dfrac{b}{|Y|} = \dfrac{P_r}{P_a}$ (단, $Y = \sqrt{\left(\dfrac{1}{R}\right)^2 + \left(\dfrac{1}{X}\right)^2}$)

∴ 병렬 회로 $\cos\theta = \dfrac{g}{|Y|} = \dfrac{\dfrac{1}{R}}{\sqrt{\left(\dfrac{1}{R}\right)^2 + \left(\dfrac{1}{X}\right)^2}} = \dfrac{X}{\sqrt{R^2+X^2}} = \dfrac{4}{\sqrt{3^2+4^2}} = \dfrac{4}{5} = 0.8$

02 R-L-C 직렬공진회로에서 공진 주파수가 f_r이고, 반전력 대역폭이 $\triangle f_r$일 때 공진도 Q_r은?

① $Q_r = \dfrac{\triangle f}{f_r}$
② $Q_r = \dfrac{\triangle f}{2\pi f_r}$
③ $Q_r = \dfrac{f_r}{\triangle f}$
④ $Q_r = \dfrac{2\pi f_r}{\triangle f}$

 직렬 공진회로의 선택도(공진도)

$Q_r = \dfrac{V_L}{V} = \dfrac{V_C}{V} = \dfrac{\omega_o L}{R} = \dfrac{1}{\omega_o CR} = \dfrac{f_r}{f_2 - f_1} = \dfrac{f_r}{\triangle f(B)}$ 이며, 이를 첨예도=전압확비라고도 한다.

03 어떤 회로에서 콘덴서의 캐패시턴스가 2.12[μF]일 때, 주파수가 100[Hz], 전압 100[V]를 인가했다면, 이때 콘덴서의 용량성 리액턴스 X_C의 값은?

① 320
② 750
③ 830
④ 910

정답 01 ④ 02 ③ 03 ②

해설 용량성 리액턴스

$$X_C = \frac{1}{\omega C} = \frac{1}{2\pi f C} = \frac{10^6}{2 \times 3.14 \times 100 \times 2.12} \fallingdotseq 750[\Omega]$$

04 그림과 같은 저항회로에서 합성저항이 $R_{ab} = 12[\Omega]$일 때 병렬저항 R_x의 값은 몇 $[\Omega]$인가?

① 3
② 4
③ 5
④ 6

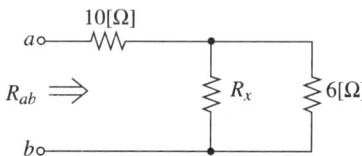

해설 합성저항 $R_{ab} = 10 + \dfrac{6R_x}{6+R_x} = 12$

∴ $12 = \dfrac{60 + 16R_X}{6 + R_X}$

$72 + 12R_x = 60 + 16R_x$, $12 = 4R_x$

∴ $R_x = 3[\Omega]$

05 공진회로에 있어서 선택도 Q를 표시하는 옳은 식은? (단, RLC 직렬 공진회로임)

① $\dfrac{R}{\omega_0 L}$
② $\dfrac{\omega_0}{RL}$
③ $\dfrac{\omega_0 L}{R}$
④ $\dfrac{RL}{\omega_0}$

해설 직렬 공진회로 선택도 $Q = \dfrac{V_L}{V} = \dfrac{I_0 X_L}{I_0 R} = \dfrac{X_L}{R} = \dfrac{\omega L}{R}$ 이다.

06 R-L-C 직렬 회로에서 자유진동 주파수는?

① $\dfrac{1}{2\pi\sqrt{LC}}$
② $\dfrac{2\pi}{\sqrt{LC}}$
③ $2\pi\sqrt{\dfrac{1}{LC} - \left(\dfrac{R}{2L}\right)^2}$
④ $\dfrac{1}{2\pi}\sqrt{\dfrac{1}{LC} - \left(\dfrac{R}{2L}\right)^2}$

해설 R-L-C 직렬 회로의 자유 진동 주파수는 공진조건에서

$\omega_o L = \dfrac{1}{\omega_o C}$ $\omega_o^2 = \dfrac{1}{LC}[\text{radin/sec}]$ $\omega_o = 2\pi f_o = \dfrac{1}{\sqrt{LC}}[\text{rad/sec}]$

∴ f_o(자유 진동 주파수) $= \dfrac{1}{2\pi\sqrt{LC}}[\text{Hz}]$

07 $Z = 2 - j2[\Omega]$의 회로에서 $V = 1 - j1[V]$의 전압을 가했을 때 흐르는 전류는 몇 [A]인가?

① 0.5
② 1
③ 2
④ 2.5

 $\dot{I} = \dfrac{V}{Z} = \dfrac{1-j1}{2-j2} = \dfrac{(1-j1)(2+j2)}{(2-j2)(2+j2)} = \dfrac{2+2}{2^2+2^2} = \dfrac{4}{8} = \dfrac{1}{2} = 0.5[A]$

08 $R = 100[\Omega]$, $L = 25.3[mH]$, $C = 100[\mu F]$인 R-L-C 회로에 $V = 100\sqrt{2}\sin\omega t$인 전압을 인가할 때 위상각은? (단, $f = 100[Hz]$)

① -30°
② 0°
③ 30°
④ 60°

 위상각

$\theta = \tan^{-1}\dfrac{\omega L - \dfrac{1}{\omega C}}{R} = \tan^{-1}\dfrac{2\pi f L - \dfrac{1}{2\pi f C}}{R} = \tan^{-1}\dfrac{15.884 - 15.93}{100} \fallingdotseq 0$

09 다음 설명 중 옳지 않은 것은?

① 캐패시턴스만의 회로에서는 전류가 기전력보다 위상이 $\dfrac{\pi}{2}$[rad]만큼 앞선다.
② 인덕턴스만의 회로에서는 기전력은 전류보다 위상이 $\dfrac{\pi}{2}$[rad]만큼 앞선다.
③ 저항만의 회로에서는 전류와 기전력은 동상이다.
④ 저항 R과 인덕턴스 L이 직렬로 연결된 회로에서 전류는 기전력보다 앞선다.

 R-L 직렬 회로에서 전류기준 기전력에 위상이 $\theta = \tan^{-1}\dfrac{\omega L}{R}$ 만큼 앞선다.

10 $2[\mu F]$의 콘덴서에 100[V]로 어떤 전하를 충전시킨 뒤 콘덴서의 양단을 200[Ω]의 저항으로 연결하면 저항에서 소모되는 총 에너지는 몇 [J]인가?

① 0.01
② 0.1
③ 1
④ 10

$W(\text{에너지}) = \dfrac{1}{2}CV^2 = \dfrac{1}{2} \times 2 \times 10^{-6} \times (100)^2 = 10^{-2} = 0.01[J]$

정답 07 ① 08 ② 09 ④ 10 ①

11 R-L-C 직렬 공진회로에서 공급전압을 E라 하고, 인덕터 L 및 콘덴서 C에 걸리는 전압을 각 각 E_L, E_C라 할 때 선택도 Q는?

① $\dfrac{E_L}{E}$ ② $\dfrac{E}{E_c}$

③ $\dfrac{E_c}{E_L}$ ④ $\dfrac{E_L}{E_c}$

 R-L-C 직렬공진 회로의 선택도＝첨예도＝전압확대비
$$Q = \frac{E_L}{E} = \frac{E_C}{E} = \frac{\omega_o L}{R} = \frac{1}{\omega_o CR} = \frac{f_o}{f_2 - f_1} = \frac{f_o}{B}$$

12 다음 변압기 결선에서 제3고주파를 발생하는 것은?

① $\Delta - Y$ ② $Y - \Delta$
③ $\Delta - \Delta$ ④ $Y - Y$

 제3고주파를 발생하는 변압기 결선은 Y-Y 결선이다.

13 어떤 콘덴서가 누설이 없다면 이 콘덴서의 소모전력은 어떻게 되겠는가?

① 무한대가 된다.
② 인가전압의 제곱에 반비례한다.
③ 콘덴서 용량에 비례한다.
④ 항상 0이 된다.

 콘덴서의 소모전력 $P_r = \dfrac{V^2}{X_c} = \dfrac{V^2}{\dfrac{1}{\omega C}} = \omega CV^2 ≒ C[\text{Var}]$로서 콘덴서 용량에 비례한다.

14 실횻값 220[V]인 정현파 교류 전압을 인가했을 때 실횻값 5[A] 전류가 흐르는 회로가 있을 때 피상전력은?

① 1100[VA] ② 550[VA]
③ 1100[W] ④ 550[W]

 P_a(피상전력) $= VI = 220 \times 5 = 1100[\text{VA}]$

15 단자회로에 인가되는 전압과 유입되는 전류의 크기만을 생각하는 겉보기 전력은?

① 유효전력 ② 무효전력
③ 평균전력 ④ 피상전력

 피상전력 $P_a = V \times I [\text{VA}]$

16 어떤 회로에서 유효전력이 300[W]이고, 무효전력이 400[Var]이다. 이 회로에 100[V]의 전압원을 접속하면 회로에 흐르는 전류(A)는?

① 7 ② 6
③ 5 ④ 4

 단상회로에서 $P = VI\cos\theta = 300[\text{W}]$, $P_r = VI\sin\theta = 400[\text{Var}]$

∴ 피상전력 $P_a = P + jP_r = \sqrt{P^2 + P_r^2} = VI[\text{VA}]$

∴ $\sqrt{(300)^2 + (400)^2} = 500 = 100 \times I$ ∴ $I = 5[\text{A}]$

17 저항 R과 L의 직렬 회로에서 전원 주파수 f가 변할 때 전류궤적은?

① 1 상한내의 직선 ② 원점을 지나는 원
③ 원점을 지나는 반원 ④ 4 상한내의 직선

 $R-L$ 직렬 회로의 전류에서 $I = \dfrac{V}{R + j\omega L}[\text{A}]$일 때 $\omega \to 0$일 때 $I = \dfrac{V}{R}[\text{A}]$

$\omega \to$ 증가일 때 $I = \dfrac{V}{\sqrt{R^2 + (\omega L)^2}}[\text{A}]$ 감소

$\omega \to \infty$일 때 $I = \dfrac{V}{\sqrt{R^2 + \infty^2}} \fallingdotseq 0$이다.

∴ 원점을 지나는 반원이 된다.

Chapter 04 교류전력

4부 회로이론

❶ 단상 교류전력

$$P(\text{전력}) = \frac{V_m I_m}{2}\cos\theta = VI\cos\theta = I^2 R = \frac{V^2}{R}[\text{W}]$$

$$P_r(\text{무효전력}) = \frac{V_m I_m}{2}\sin\theta = VI\sin\theta = I^2 X = \frac{V^2}{X}[\text{var}]$$

$$P_a(\text{피상전력}) = \frac{V_m I_m}{2} = VI = P \pm jP_r[\text{VA}]$$

유효전력량 $= Pt = VI\cos\theta \times t[\text{wh}]$

무효전력량 $= P_r \times t = VI\sin\theta \times t[\text{Varh}]$

❷ 3상 교류회로

1) △ 결선(환상결선)

$V_l = V_p \angle 0°[\text{V}]$

$I_l = \sqrt{3}\,I_p \angle -30°[\text{A}]$

2) Y 결선(성형(상)결선)

$V_l = \sqrt{3}\,V_p \angle 30°[\text{V}]$ $\begin{bmatrix} V_l : \text{선간전압} \\ V_p : \text{상전압} \end{bmatrix}$

$I_l = I_p \angle 0°[\text{A}]$ $\begin{bmatrix} I_l : \text{선전류} \\ I_p : \text{상전류} \end{bmatrix}$

3) △결선과 Y결선의 관계

$V_l = \sqrt{3}\, V_p \angle 30°[\text{V}]$
　　　　V_l : 환상전압(△전압)=선간전압
　　　　V_p : 성형(상) 전압(Y전압)=상전압

$I_l = \sqrt{3}\, I_p \angle -30°[\text{A}]$
　　　　I_l : 성형(상)전류(Y전류)=선전류
　　　　I_p : 환상전류(△전류)=상전류

4) 저항과 전력의 관계

$Y_r = \dfrac{1}{3}\triangle_R$ 　　　 $P_Y = \dfrac{1}{3}P_\triangle$

$\triangle_R = 3Y_r$ 　　　　　 $P_\triangle = 3P_Y$

　Y_r (Y ①상저항)　　　　　P_Y (Y ①상전력)
　$\triangle_R$ (△①상저항)　　　　$P_\triangle$ (△①상전력)

5) 3상 교류전력

$P(\text{전력}) = 3VI\cos\theta = \sqrt{3}\, VI\cos\theta = 3I^2R[\text{W}]$

$P_r(\text{무효전력}) = 3VI\sin\theta = \sqrt{3}\, VI\sin\theta = 3I^2X[\text{var}]$

$P_a(\text{피상전력}) = 3VI = \sqrt{3}\, VI = P\,{}^+_-\, jP_r[\text{VA}]$

❸ 단상변압기(V결선)

1) V결선 변압기

$\text{이용률} = \dfrac{V\text{결선의 용량}}{2\text{대 용량}} = \dfrac{\sqrt{3}\, VI}{2VI} = \dfrac{\sqrt{3}}{2} = 0.866$

∴ 86.6%

2) V결선 변압기

$\text{출력비} = \dfrac{V\text{결선의 용량}}{3\text{대 용량}} = \dfrac{\sqrt{3}\, VI}{3VI} = \dfrac{1}{\sqrt{3}} = 0.577$

　　$V_l = V_p = V$
　　선간전압=상전압
　　$I_l = I_p = I$
　　선전류=상전류

∴ 57.7%

3) V결선 교류전력

$P(\text{전력}) = \sqrt{3}\, VI\cos\theta[\text{W}]$

$P_r(\text{무효전력}) = \sqrt{3}\, VI\sin\theta[\text{var}]$

$P_a(\text{피상전력}) = \sqrt{3}\, VI = P\,{}^+_-\, jP_r[\text{VA}]$

❹ n상 교류회로 결선

1) 성형(상)결선(Y결선)

$$I_l = I_p \angle 0 [\text{A}]$$

$$V_l = V_p 2\sin\frac{\pi}{n}\varepsilon^{j\frac{\pi}{2}\left(1-\frac{2}{n}\right)}[\text{V}]$$

2) 환상결선($\triangle$ 결선)

$$I_l = I_p 2\sin\frac{\pi}{n}\varepsilon^{-j\frac{\pi}{2}\left(1-\frac{2}{n}\right)}[\text{A}]$$

$$V_l = V_p \angle 0 [\text{V}]$$

$\begin{bmatrix} V_l : \text{선간전압} \\ V_p : \text{상전압} \\ I_l : \text{선전류} \\ I_p : \text{상전류} \end{bmatrix}$

3) 성형(상)결선과 환상결선의 관계

$$V_l = V_p 2\sin\frac{\pi}{n}\varepsilon^{j\frac{\pi}{2}\left(1-\frac{2}{n}\right)}[\text{V}]$$

$\begin{bmatrix} V_l : \text{환상전압}(\triangle \text{전압}) \\ V_p : \text{성형(상)전압}(Y \text{전압}) \\ 2\sin\frac{\pi}{n} : \text{환상전압}(\triangle \text{전압}) \\ \frac{\pi}{2}\left(1-\frac{2}{n}\right) : \text{위상차} \end{bmatrix}$

$$I_l = I_p 2\sin\frac{\pi}{n}\varepsilon^{-j\frac{\pi}{2}\left(1-\frac{2}{n}\right)}$$

$\begin{bmatrix} I_l : \text{성형(상)전류}(Y\text{전류}) \\ I_p : \text{환상전류}(\triangle \text{전류}) \\ 2\sin\frac{\pi}{n} : \text{환상전류}(\triangle \text{전류}) \\ \frac{\pi}{2}\left(1-\frac{2}{n}\right) : \text{위상차} \end{bmatrix}$

4) n상 교류 전력

$$P(\text{전력}) = nVI\cos\theta = \frac{nVI\cos\theta}{2\sin\frac{\pi}{n}}[\text{W}]$$

$$P_r(\text{무효전력}) = nVI\sin\theta = \frac{nVI\sin\theta}{2\sin\frac{\pi}{n}}[\text{var}]$$

$$P_a(\text{피상전력}) = nVI = \frac{nVI}{2\sin\frac{\pi}{n}} = P \pm jP_r[\text{VA}]$$

❺ 역률개선용 무효전력

① 진상 → 지상(모선, 병렬 Reactunce 접속한다.)
② 지상 → 진상(모선, 병렬 Condenser 접속한다.)
③ 진상 → 지상
　 지상 → 진상 ┘ 동기조상기(동기전동기)를 설치

∴ P_r(역률개선용 무효전력) $= P(\tan\theta_1 - \tan\theta_2)$[KVA]

❻ 최대전력 전송조건과 최대전력

최대정리 $\begin{bmatrix} A+B=일정 \\ A \times B=최대인\ 조건 \end{bmatrix}$ 은 $A = B$ 일 때이다.

①
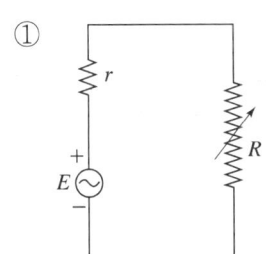

최대전력 전송조건 $\begin{bmatrix} 내부저항크기=외부저항크기 \\ |r|=|R|[\Omega] \end{bmatrix}$

최대전력 $P_{\max} = \dfrac{E^2}{4r}$[W]

②
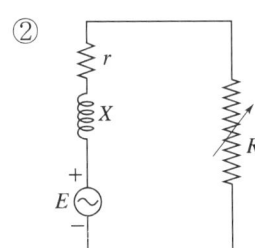

최대전력 전송조건 $\begin{bmatrix} 내부임피던스\ 크기=외부저항\ 크기 \\ \sqrt{r^2+X^2}=|Z|=|R|[\Omega] \end{bmatrix}$

최대전력 $P_{\max} = \dfrac{E^2}{4|Z|}$[W]

Chapter 04 적중예상문제

01 $v(t) = 150\sin\omega t$ [V]이고, $i(t) = 6\sin\omega t$ [A]일 때 평균전력 [W]은 얼마인가?

① 400 [W] ② 450 [W]
③ 500 [W] ④ 550 [W]

해설 $P(전력) = \dfrac{v_m I_m}{2}\cos\theta = \dfrac{150 \times 6}{2}\cos 0° = 450[\text{W}]$

02 그림과 같이 주파수 f[Hz], 단상교류전압 V[V]의 전원에 저항 $R[\Omega]$ 및 인덕턴스 L[H]의 코일을 접속한 회로가 있다. L을 가감해서 R의 전력손실을 $L = 0$일 때의 1/2로 하면, L의 크기는 얼마인가?

① $L = \dfrac{R}{4\pi f}$

② $L = \dfrac{R}{\pi^2 f}$

③ $L = \dfrac{R}{2\pi f}$

④ $L = 2\pi f R$

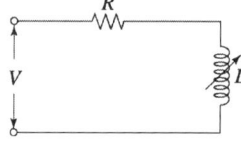

해설 $L[\text{H}] = 0$일 때 $P = \dfrac{V^2}{R} \times \dfrac{1}{2}$ … ㉠

$L[\text{H}]$ 증가 시 $P = I^2 R = \left(\dfrac{V}{\sqrt{R^2 + (\omega L)^2}}\right)^2 R = \dfrac{V^2 R}{R^2 + (\omega L)^2}$ … ㉡

㉠ = ㉡ 일 때

$\dfrac{V^2}{2R} = \dfrac{V^2 R}{R^2 + (\omega L)^2}$

$2R^2 = R^2 + (\omega L)^2 \qquad \therefore R^2 = (\omega L)^2$

$R = \omega L = 2\pi f L \qquad \therefore L = \dfrac{R}{2\pi f}[\text{H}]$

정답 01 ② 02 ③

03 그림과 같은 회로에서 Ω을 변화시킬 때, 저항에서 소비되는 전력이 최대가 되는 R [Ω]의 값은 대략 얼마인가? (단, $V=200$[V], $C=15[\mu F]$, $f=50$[Hz]이다.)

① 10.6[Ω]
② 106[Ω]
③ 21.2[Ω]
④ 212[Ω]

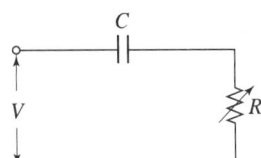

해설 최대전력 전송조건

$R(\text{외부저항 크기}) = \frac{1}{\omega C}(\text{내부저항 크기}) = \frac{1}{2\pi fc} = \frac{1}{2 \times 3.14 \times 50 \times 15 \times 10^{-6}} ≒ 212[\Omega]$

04 그림과 같은 일정 저항 r[Ω]을 통해서 전기로에 전력을 공급하는 회로가 있다. 전원 전압 V[V]로 내부저항을 생각하지 않을 경우 전기로의 최대 소비전력은 몇 [W]인가?

① $\frac{V}{4r^3}$[W]

② $\frac{V^2}{4r}$[W]

③ $\frac{V^2}{4r^3}$[W]

④ $\frac{V}{4r}$[W]

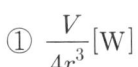

해설 최대전력 전송조건 $|r|=|R|$[Ω]이다.

∴ $P_{\max} = I^2 R = \left(\frac{V}{r+R}\right)^2 R = \frac{V^2}{4r}$[W]

05 정현파 교류의 전압과 전류의 최대치가 V_m 및 I_m일 때 피상전력은 얼마인가?

① $2V_m I_m$
② $V_m I_m$
③ $\frac{V_m I_m}{\sqrt{2}}$
④ $\frac{V_m I_m}{2}$

해설 $P_a(\text{피상전력}) = \frac{V_m I_m}{2} = VI$[VA]

06 역률 80%, 용량 P[kW]의 부하역률 100%로 하기 위한 콘덴서의 용량 Q[kVA]는?

① $0.65P$ 　　② $0.75P$
③ $0.8P$ 　　　④ $0.87P$

 $\begin{bmatrix} \cos\theta_1 = 0.8, & \cos\theta_2 = 1 \\ \sin\theta_1 = 0.6, & \sin\theta_2 = 0 \end{bmatrix}$ 로 될 때

$$P_r = P(\tan\theta_1 - \tan\theta_2) = P\left(\frac{\sin\theta_1}{\cos\theta_1} - \frac{\sin\theta_2}{\cos\theta_2}\right) = P\left(\frac{0.6}{0.8} - \frac{0}{1}\right) = \frac{3}{4} = 0.75P[\text{kVA}]$$

07 1개의 코일에 직류 100[V]를 가하면 500[W]의 전력을 소비하고 교류 150[V]를 가하면 720[W]가 소모된다. 이 코일의 저항(Ω)과 리액턴스(Ω)를 구하면?

① $R = 20$, $X = 15$　　② $R = 15$, $X = 15$
③ $R = 15$, $X = 10$　　④ $R = 20$, $X = 10$

 $P_1(직류) = \frac{V_1^2}{R}$ [W]　　$\therefore R = \frac{V_1^2}{P_1} = \frac{(100)^2}{500} = 20[\Omega]$

$P_2(교류) = 720 = I^2 R = \left(\frac{V_2}{\sqrt{R^2 + X^2}}\right)^2 R = \frac{V_2^2 R}{R^2 + X^2}$ [W]

$X = \sqrt{\frac{V_2^2 R}{P_2} - R^2} = \sqrt{\frac{(150)^2 \times 20}{720} - (20)^2} = 15[\Omega]$

08 그림과 같은 회로에서 I_1과 I_2의 위상차는? (단, $R = X$)

① $90°$
② $45°$
③ $30°$
④ $0°$

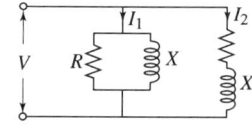

 병렬 회로 $\cos\theta_1$(역률) $= \frac{g}{Y} = \dfrac{\frac{1}{R}}{\sqrt{\left(\frac{1}{R}\right)^2 + \left(\frac{1}{X}\right)^2}} = \frac{X}{\sqrt{R^2 + X^2}}$ ⋯ ㉠

직렬 회로 $\sin\theta_2$(역률) $= \frac{R}{|Z|} = \frac{R}{\sqrt{R^2 + X^2}}$ ⋯ ㉡

$R = X$ 이므로 $\cos\theta_1 = \cos\theta_2$

$\theta_1 = \theta_2$ 이다.

$\therefore \phi$(위상차) $= \theta_1 - \theta_2 = 0$(동위상)이다.

09 $R-L$ 병렬 회로에서 $V_{(t)} = V_m \sin(\omega t - \theta)$[V]의 전압이 가해졌을 때, 소비되는 유효전력(W)은?

① $\dfrac{V^2}{2R}$ ② $\dfrac{V^2}{\sqrt{2}\,R}$

③ $\dfrac{V_m^2}{2R}$ ④ $\dfrac{V_m^2}{\sqrt{2}\,R}$

 $P = \dfrac{V_m I_m}{2}\cos\theta = \dfrac{YV_m^{\,2}}{2}\times\dfrac{g}{Y} = \dfrac{V_m^2}{2R}$ [W]

10 그림과 같은 교류회로에서 저항 R을 변화시킬 때, 저항에서 소비되는 최대전력(W)을 구하면? (단, $V = 200$[V], $C = 15[\mu\text{F}]$, $f = 60[\text{Hz}]$)

① 90
② 100
③ 134
④ 113

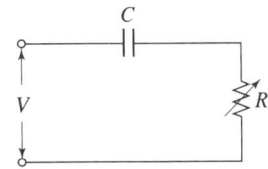

 최대전력 전송조건 $|R| = \left|\dfrac{1}{\omega C}\right|[\Omega]$이다.

$P_{\max} = I^2 R = \left(\dfrac{V}{\sqrt{R^2 + \left(\dfrac{1}{\omega C}\right)^2}}\right)^2 R = \dfrac{V^2}{2R} = \dfrac{V^2}{2\times\dfrac{1}{\omega C}} = \dfrac{\omega CV^2}{2} = \dfrac{2\pi f CV^2}{2}$

$= \pi f CV^2 = 3.14 \times 60 \times 15 \times 10^{-6} \times (200)^2 = 113$[W]

11 대칭 6상식의 성형전압 200[V], 성형전류 10[A]일 때, 선간전압과 선전류는 얼마인가?

① 30[V], 150[A] ② 150[V], 30[A]
③ 100[V], 20[A] ④ 200[V], 10[A]

 성형(상)과 함상 관계

$V_l = V_P \cdot 2\sin\dfrac{\pi}{n}\varepsilon^{j\frac{\pi}{2}\left(1-\frac{2}{n}\right)}$[V]

$I_l = I_P \cdot 2\sin\dfrac{\pi}{n}\varepsilon^{-j\frac{\pi}{2}\left(1-\frac{2}{n}\right)}$[A]

∴ V_l(선간전압) $= 200 \times 2 \times \sin\dfrac{\pi}{6} = 200$[V]

I_l(선전류) = 성형(상)전류 = 10[A]

12 서로 같은 저항 6개를 그림과 같이 접속하여 평형 3상 전압 $E[V]$를 가할 때의 전류 $I_1[A]$, $I_2[A]$를 구하면?

① $I_1 = \dfrac{\sqrt{3}E}{4r}$, $I_2 = \dfrac{E}{4r}$

② $I_1 = \dfrac{E}{4r}$, $I_2 = \dfrac{\sqrt{3}E}{4r}$

③ $I_1 = \dfrac{E}{r}$, $I_2 = \dfrac{E}{4r}$

④ $I_1 = \dfrac{E}{4r}$, $I_2 = \dfrac{E}{r}$

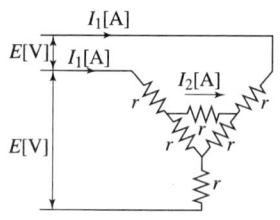

해설 $Y_r = \dfrac{1}{3}\Delta_R = \dfrac{r}{3}\,\Omega$이다.

Δ결선 $\begin{cases} V_l = V_P \angle 0° \\ I_l = \sqrt{3}\,I_P \angle -30° \end{cases}$

Y결선 $\begin{cases} I_l = I_P \angle 0° \\ V_l = \sqrt{3}\,V_P \angle 30° \end{cases}$

I_1(Y결선 선전류)$= \dfrac{\dfrac{E}{\sqrt{3}}}{r + \dfrac{r}{3}} = \dfrac{\sqrt{3}E}{4r}[A]$ … ㉠

I_2(Δ결선 상전류)$= \dfrac{I_l(\text{선전류})}{\sqrt{3}} = \dfrac{1}{\sqrt{3}} \times \dfrac{\sqrt{3}E}{4r} = \dfrac{E}{4r}[A]$ … ㉡

13 전압 200[V]의 3상 회로에 그림과 같은 평형부하를 접속했을 때, 선전류와 부하에 역률을 구하면? (단, $r = 9[\Omega]$, $X_c = 4[\Omega]$)

① 0.6 [A], 48.2
② 48.2 [A], 0.6
③ 0.8 [A], 48.2
④ 48.2 [A], 0.8

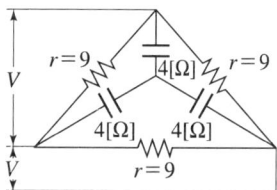

해설 $Y_r = \dfrac{1}{3}\Delta_R = 3[\Omega]$

$Y = \dfrac{1}{3} - j\dfrac{1}{4}[\mho]$

$\cos\theta = \dfrac{g}{|Y|} = \dfrac{\dfrac{1}{3}}{\sqrt{\left(\dfrac{1}{3}\right)^2 + \left(\dfrac{1}{4}\right)^2}} = \dfrac{4}{\sqrt{3^2 + 4^2}} = \dfrac{4}{5} = 0.8$

I_l(선전류)$= |Y|V_P = \sqrt{\left(\dfrac{1}{3}\right)^2 + \left(\dfrac{1}{4}\right)^2} \times \dfrac{200}{\sqrt{3}} = 48.2[A]$

14 5[kW], 200[V]의 3상 유도전동기가 있다. 전동기의 효율 80%, 역률 85%일 때, 전동기에 유입되는 전류는 몇 [A]인가?

① 10.28
② 11.28
③ 21.28
④ 31.28

 해설

$\eta(효율) = \dfrac{P_o}{P_i}$

$P_i(입력) = \dfrac{P_o}{\eta} = \sqrt{3}\,VI\cos\theta$

$\therefore I(선전류) = \dfrac{1}{\sqrt{3}\,V\cos\theta} \times \dfrac{P_o}{\eta} = \dfrac{5 \times 10^3}{\sqrt{3} \times 200 \times 0.85 \times 0.8} = 21.28[A]$

15 3상 유도전동기의 출력이 3[HP], 전압이 200[V], 효율 85%, 역률 80%일 때, 전동기에 유입되는 선전류는 몇 [A]인가?

① 20.5
② 9.5
③ 19.5
④ 29.5

 해설

$\eta = \dfrac{P_0}{P_i}$

$P_i = \dfrac{P_0}{\eta} = \sqrt{3}\,VI\cos\theta[W]$

$I = \dfrac{1}{\sqrt{3}\,V\cos\theta} \times \dfrac{P_0}{\eta} = \dfrac{3 \times 746}{\sqrt{3} \times 200 \times 0.8 \times 0.85} \fallingdotseq 9.5[A]$

16 $R[\Omega]$의 저항 3개를 Y로 접속하고 이것을 전압 200[V]의 3상 교류전원에 연결할 때, 선전류 10[A]를 흘린다면, 3개 저항을 △로 접속하고 동일전원에 연결할 때의 선전류는 몇 [A]인가?

① 40
② 10
③ 30
④ 20

 해설

- Y연결 : I_y (선전류) $= 10[A] = \dfrac{\dfrac{V}{\sqrt{3}}}{R} = \dfrac{V}{\sqrt{3}\,R}$ ⋯ ㉠

- △연결 : $I_\triangle$ (선전류) $= \sqrt{3}\,I_p = \sqrt{3}\,\dfrac{V}{R}[A]$ ⋯ ㉡

$\dfrac{I_\triangle}{I_y} = \dfrac{I_\triangle}{10} = \dfrac{\sqrt{3}\,\dfrac{V}{R}}{\dfrac{V}{\sqrt{3}\,R}} = 3$

$\therefore I_\triangle = 3I_y = 3 \times 10 = 30[A]$

17 대칭 n 상에서 선전류와 환상전류 사이의 위상차는?

① $\dfrac{\pi}{2}\left(1-\dfrac{2}{n}\right)$ ② $2\pi\left(1-\dfrac{2}{n}\right)$

③ $\pi\left(1-\dfrac{2}{n}\right)$ ④ $\dfrac{\pi}{2}\left(1-\dfrac{n}{2}\right)$

 $I_l = I_p 2\sin\dfrac{\pi}{n}\varepsilon^{-j\frac{\pi}{2}\left(1-\frac{2}{n}\right)}$

∴ ψ (위상차) $= \dfrac{\pi}{2}\left(1-\dfrac{2}{n}\right)$

18 $I_a = I_b = I_c = I[A]$가 3상 평형전류이면, $I_a - I_b$의 크기와 위상은?

① $\dfrac{I}{\sqrt{3}} \angle 60°$ ② $\dfrac{I}{\sqrt{3}} \angle 30°$

③ $\sqrt{3}\,I \angle 60°$ ④ $\sqrt{3}\,I \angle 30°$

 $I_a - I_b = 2I\cos 30 = \sqrt{3}\,I \angle 30°$

19 △ 결선된 변압기 1대가 고장으로 제거되어 V 결선으로 할 경우 공급할 수 있는 전력과 고장 전 전력과의 비율은 몇 %인가?

① 80   ② 90

③ 86.6   ④ 57.7

 V결선 출력비 $= \dfrac{V결선\ 용량}{3대\ 용량} = \dfrac{\sqrt{3}\,VI}{3\,VI} = \dfrac{1}{\sqrt{3}} = 0.577$

∴ 57.7%

20 단상변압기 3대 100[KVA]×3를 △ 결선 운전 중 단상변압기 1대 고장으로 V 결선 한 경우의 출력은 몇 [KVA]인가?

① 173.2   ② 273.2

③ 73.2   ④ 200

 V결선 출력 $= \sqrt{3}\,VI = \sqrt{3}\times 100 = 173.21\,[KVA]$

정답 17 ① 18 ④ 19 ④ 20 ①

21 그림과 같은 회로에 대칭인 상전압 200[V]를 가했을 때, 이 회로에 소비되는 전력은 몇 [kW]인가? (단, $R_1 = 30[\Omega]$, $R_2 = 10[\Omega]$이다.)

① 34
② 4
③ 24
④ 14

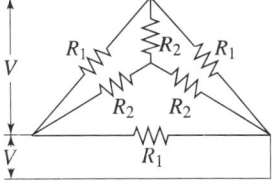

 $Y_r = \frac{1}{3}\triangle_R = \frac{30}{3} = 10[\Omega]$, R_t (합성저항) $= \frac{10}{2} = 5[\Omega]$

$\therefore P = 3I_P^2 R = 3 \times \left(\frac{V_P}{R_t}\right)^2 \times R_t = 3 \times \left(\frac{200}{5}\right)^2 \times 5 = 3 \times \frac{40000}{5} = \frac{120000}{5} = 24000 = 24[kW]$

22 △ 결선된 부하를 Y 결선으로 바꾸면, 소비전력은 어떻게 되겠는가? (단, 선간전압은 일정하다.)

① 3배
② $\frac{1}{3}$배
③ 9배
④ $\frac{1}{9}$배

 $\begin{bmatrix} Y_r = \frac{1}{3}\triangle_R \\ \triangle_R = 3Y_r \end{bmatrix}$ $\begin{bmatrix} P_Y = \frac{1}{3}P_\triangle \\ P_\triangle = 3P_Y \end{bmatrix}$

23 12상 성형상 전압이 100[V]일 때, 단자전압은 몇 [V]인가? (단, $\sin 15° = 0.2588$)

① 51.76
② 25.76
③ 10.76
④ 20.76

 단자전압 = 선간전압$(V_l) = V_P \cdot 2\sin\frac{\pi}{n} = 100 \times 2\sin\frac{\pi}{12} = 100 \times 2 \times 0.2588 = 51.76[V]$

24 3상 4선식 중에서 중성선이 필요하지 않아서 중성선을 제거하여 3상 3선식을 만들기 위한 중선선에서의 조건은?

① 평형 3상회로 $I_1 + I_2 + I_3 = 0$
② 평형 3상회로 $I_1 + I_2 + I_3 = 3$
③ 불평형 3상회로 $I_1 + I_2 + I_3 = 0$
④ 불평형 3상회로 $I_1 + I_2 + I_3 = 1$

 평형 3상 교류 전류합은 0이다.

25 변압비 30 : 1의 단상변압기 3대를 1차는 3각 결선 2차는 성형 결선하고 1차 선간에 3000[V]를 가했을 때의 무부하 2차 선간전압은 몇 [V]인가?

① 200
② 100
③ 173.2
④ 220

해설 변압비 $a = \dfrac{30}{1} = \dfrac{V_1 P}{V_2 P} = \dfrac{3000}{V_2 P}$

∴ $V_2 P = \dfrac{3000}{30} = 100[\text{V}]$

V_{2l} (2차 성형결선 선간전압) $= \sqrt{3}\, V_{2p} = \sqrt{3} \times 100 = 173.21[\text{V}]$

26 평형 3상회로 임피던스를 Y 결선에서 Δ 결선으로 하면 소비전력은 몇 배가 되는가?

① $\dfrac{1}{\sqrt{3}}$ 배
② 3배
③ $\sqrt{3}$ 배
④ $\dfrac{1}{3}$ 배

해설 $\begin{bmatrix} Z_Y = \dfrac{1}{3} Z_\Delta \\ Z_\Delta = 3 Z_Y \end{bmatrix}$ $\begin{bmatrix} P_Y = \dfrac{1}{3} P_\Delta \\ P_\Delta = 3 P_Y \end{bmatrix}$

27 그림과 같은 회로에서 부하 R_L에서 소비되는 최대전력(W)은?

① 11.25
② 9.25
③ 10.25
④ 8.25

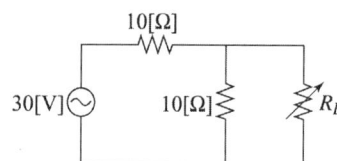

해설 최대정리에서 최대전력 전송조건 $|R_L| = |R_S| = 5[\Omega]$이다.

$I = \dfrac{30}{20} = 1.5[\text{A}]$

$V_s = I \times 10 = 15[\text{V}]$

$R_{(s)} = \dfrac{10 \times 10}{10 + 10} = 5[\Omega]$

테브난 등가회로 : 부하 R_L에 소비되는 최대전력

$P_{\max} = I^2 R = \left(\dfrac{15}{10}\right)^2 \times 5 = 11.25[\text{W}]$

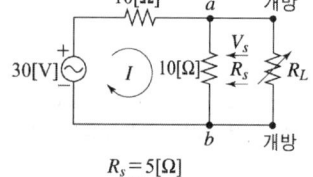

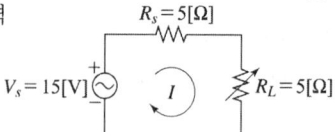

Chapter 05 대칭좌표법

4부 회로이론

❶ 연산자 계산

$$a = \angle 120° = \cos\frac{2\pi}{3} + j\sin\frac{2\pi}{3} = -\frac{1}{2} + j\frac{\sqrt{3}}{2} = a^{-2}$$

$$a^2 = \angle 240° = \cos\frac{4\pi}{3} + j\sin\frac{4\pi}{3} - \frac{1}{2} - j\frac{\sqrt{3}}{2} = a^{-1}$$

$$a^3 = \angle 360° = \angle 0° = \cos 0° + j\sin 0° = 1 = a^{-3}$$

$$a + a^2 = -1$$

∴ 3상 교류, 전류 혹은 전압의 합은 0이다.

❷ 대칭과 비대칭의 관계

단, 전압(V), 전류(I), 기전력(E), 임피던스(Z), 어드미턴스(Y) 등에 대칭 3상과 비대칭 3상과의 환산 관계식에서 연산자의 차수는 모두 동일하게 환산된다.

비대칭 3상 | 대칭분 3상

$$V_a = V_0 + V_1 + V_2 \qquad\qquad V_0(영상) = \frac{1}{3}(V_a + V_b + V_c)$$

$$V_b = V_0 + a^2 V_1 + a V_2 \qquad\qquad V_1(정상) = \frac{1}{3}(V_a + a V_b + a^2 V_c)$$

$$V_c = V_0 + a V_1 + a^2 V_2 \qquad\qquad V_2(역상) = \frac{1}{3}(V_a + a^2 V_b + a V_c)$$

3상에 공통인 성분은 영상분이다.

$$불평형률 = \frac{역상분}{정상분} \times 100\%$$

❸ 3상 교류 발전기 기본식

V_0 (영상분 단자전압) $= E_0 - Z_0 I_0 = -Z_0 I_0$ [V]

V_1 (정상분 단자전압) $= E_1 - Z_1 I_1 = E_a - Z_1 I_1$ [V]

V_2 (역상분 단자전압) $= E_2 - Z_2 I_2 = -Z_2 I_2$ [V]

❹ 3상 교류 발전기 기본식 응용

1) 선간단락

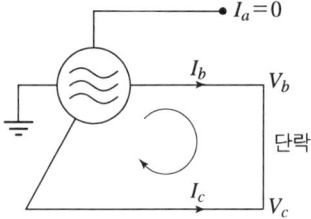

초기조건 $\begin{bmatrix} I_a = 0 \\ I_b = -I_c \\ V_b = V_c \end{bmatrix} \Rightarrow \begin{bmatrix} I_0 = 0 \\ I_1 = -I_2 \\ V_1 = V_2 \end{bmatrix}$ 인 고장 종류를 선간단락이라 한다.

2) 1선지락(접지)

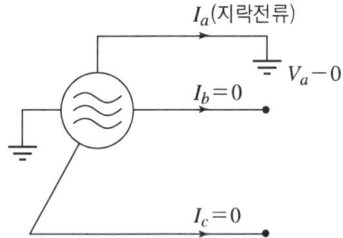

초기조건 $\begin{bmatrix} V_a = 0, \ I_0 = I_1 = I_2 [A] \\ I_b = I_c = 0 \end{bmatrix}$ 이다.

∴ $I_0 = I_1 = I_2$ 인 고장 종류를 1선지락이라 한다.

I_a (지락전류) $= 3I_0 = \dfrac{3E_a}{Z_0 + Z_1 + A_2}$ [A]

3) 2선지락(접지)

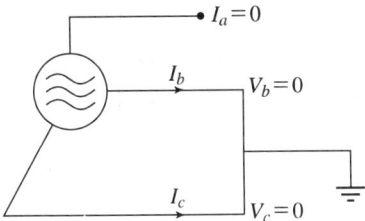

초기조건 $\begin{bmatrix} I_a = 0, & V_0 = V_1 = V_2 [\text{V}] \\ V_b = V_c = 0 \end{bmatrix}$ 이다.

∴ $V_0 = V_1 = V_2$ 인 고장 종류를 2선지락이라 한다.

4) 대칭분 3상전력

대칭분 3상전력 $= 3\overline{V}_0 I_0 + 3\overline{V}_1 I_1 + 3\overline{V}_2 I_2 [\text{W}]$ 이다.

Chapter 05 적중예상문제

01 비접지 3상 Y 부하에서 각 선전류를 I_a, I_b, I_c라 할 때, 전류의 영상분 I_0의 값은 얼마인가?

① 0
② I_a
③ I_b
④ I_c

해설
$\begin{cases} I_a = I_b = I_c = I \\ 1 + a + a^2 = 0 \end{cases}$

$\therefore I_0 = \dfrac{1}{3}(I_a + I_b + I_c) = \dfrac{1}{3}(Ia + a^2 I_a + aI_a)$
$= \dfrac{1}{3}Ia(1 + a^2 + a) = 0$

02 어느 3상 회로의 선간전압을 측정하였다. 이 전압의 불평형률을 구하는 관계식은?

① $\dfrac{정상전압}{역상전압} \times 100\%$
② $\dfrac{역상전압}{정상전압} \times 100\%$
③ $\dfrac{영상전압}{역상전압} \times 100\%$
④ $\dfrac{영상전압}{정상전압} \times 100\%$

해설 불평형율 $= \dfrac{역상전압(V_2)}{정상전압(V_1)} \times 100\%$

03 3상 불평형 전압에서 역상전압이 50[V], 정상전압 200[V], 영상전압 10[V]라고 할 때, 전압의 불평형률을 구하면?

① 10
② 30
③ 20
④ 25

해설 불평형율 $= \dfrac{V_2}{V_1} \times 100 = \dfrac{50}{200} \times 100 = 25\%$

정답 01 ① 02 ② 03 ④

04 3상 회로의 선간전압을 측정한 결과 120, 100, 100[V]였다고 한다. 이 전압의 불평형률을 구하면?

① 29% ② 23%
③ 13% ④ 39%

 불평형률 $= \dfrac{V_2}{V_1} \times 100 \Rightarrow \dfrac{\frac{1}{3}(V_a + a^2 V_b + a V_c)}{\frac{1}{3}(V_a + a V_b + a^2 V_c)} \times 100$

$\dfrac{V_a + \left(\frac{1}{2} - j\frac{\sqrt{3}}{2}\right) V_b + \left(-\frac{1}{2} + j\frac{\sqrt{3}}{2}\right) V_c}{V_a + \left(-\frac{1}{2} + j\frac{\sqrt{3}}{2}\right) V_b + \left(-\frac{1}{2} - j\frac{\sqrt{3}}{2}\right) V_c} \times 100 = 13\%$

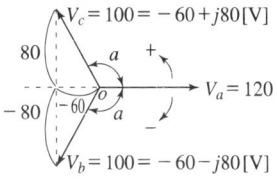

05 비대칭 3상 전압 V_a, V_b, V_c를 a상을 기준으로 할 경우의 대칭분의 각 성분은?

① $V_0 = 0$, $V_1 = V_a$, $V_2 = 0$
② $V_0 = V_a$, $V_1 = 0$, $V_2 = V_c$
③ $V_0 = 0$, $V_1 = 0$, $V_2 = V_c$
④ $V_0 = 0$, $V_1 = 0$, $V_2 = 0$

 $\begin{cases} V_a = V_b = V_c = V \\ 1 + a + a^2 = 0 \end{cases}$

∴ 대칭분의 3상 전압

$V_0 = \dfrac{1}{3}(V_a + V_b + V_c) = \dfrac{V_a}{3}(1 + a^2 + a) = 0$

$V_1 = \dfrac{1}{3} V_a + a V_b + a^2 V_c = \dfrac{V_a}{3}(1 + a^3 + a^3) = V_a$

$V_2 = \dfrac{1}{3} V_a + a^2 V_b + a V_c = \dfrac{V_a}{3}(1 + a^4 + a^2) = 0$

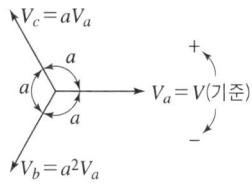

06 불평형 회로에서 영상분이 존재하는 3상 회로의 구성은?

① $Y-\triangle$ 결선의 3상 3선식
② $\triangle-\triangle$ 결선의 3상 3선식
③ $Y-Y$ 결선의 3상 3선식
④ $Y-\dot{Y}$ 결선의 3상 4선식

 $Y-Y$ 결선의 3상 4선식이다.

07 대칭 좌표법에서 사용되는 용어 중 3상에 공통인 성분을 표시하는 것은?

① 영상분 ② 정상분
③ 역상분 ④ 공통분

 3상에 공통인 성분은 영상분이다.

08 각 상의 다음과 같을 때 영상 대칭분 전류(A)는 얼마인가?

$$I_a = 30\sin\omega t \text{ [A]}$$
$$I_b = 30\sin(\omega t - 90°) \text{[A]}$$
$$I_c = 30\sin(\omega t + 90°) \text{[A]}$$

① $I_o = 20\sin\omega t$
② $I_0 = 30\sin\omega t$
③ $I_o = 10\sin\omega t$
④ $I_0 = 5\sin\omega t$

 I_o(영상전류)$= \dfrac{1}{3} = \dfrac{1}{3}(I_a + I_b + I_c) = \dfrac{1}{3}(30\sin wt + 30\sin(wt - 90°) + 30\sin(wt + 90°))$ [A]
$= 10\sin wt$

09 단자전압의 각 대칭분 V_0, V_1, V_2가 같게 되는 고장의 종류는?

① 1선 지락
② 2선 지락
③ 선간단락
④ 3상 단락

 $V_0 = V_1 = V_3$ 인 고장 종류를 2선 지락이라 한다.

10 그림과 같이 중성점을 접지한 3상 교류발전기의 ⓐ상을 지락했을 때, 흐르는 전류 I_a[A]를 구하여라?

① $\dfrac{E_a}{Z_o + Z_1 + Z_2}$

② $\dfrac{Z_1 E_a}{Z_0 + Z_2}$

③ $\dfrac{3E_a}{Z_0 + Z_1 + Z_2}$

④ 0

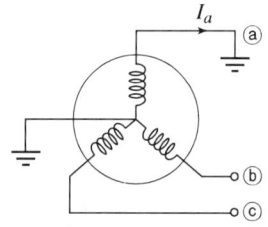

 초기조건 $\begin{bmatrix} V_a = 0 \\ I_b = I_c = 0 \end{bmatrix}$ ∴ $I_0 = I_1 = I_2$에서 $V_a = 0$(대칭분)

$V_a = 0 = V_0 + V_1 + V_2$ (발전기 기본식 대입)

$0 = -Z_0 I_0 + E_a - Z_1 I_1 - Z_2 I_2$ ∴ $E_a = I_0(Z_0 + Z_1 + Z_2)$

∴ $I_0 = \dfrac{E_a}{Z_0 + Z_1 + Z_2}$ [A]

∴ $I_a = I_0 + I_1 + I_2 = 3I_0 = \dfrac{3E_a}{Z_0 + Z_1 + Z_2}$ [A]

11 3상 $\dot{Y}$결선이 있어서 상전압은 150[V], 선간전압은 220[V]이고 기본파와 제3고조파만이 포함되어 있다면, 제 3고조파의 전압(V)은?

① 109.9　　　　　　　　② 49.9
③ 59.9　　　　　　　　 ④ 79.9

 V_l(선간전압) $= 220 = \sqrt{3}\, V_1$ [V]

∴ $V_1 = \dfrac{220}{\sqrt{3}}$ [V]

V_P(상전압) $= 150 = \sqrt{V_1^2 + V_3^2}$ [V]

∴ $V_3 = \sqrt{V_P^2 - V_1^2} = \sqrt{(150)^2 - \left(\dfrac{220}{\sqrt{3}}\right)^2} = 79.9$ [V]

Chapter 06 비정현파 교류

4부 회로이론

① 푸리에 급수

푸리에 급수란 비정현파를 여러 가지파로 분류하는 법

$$왜율(D) = \frac{전고조파\ 실효치}{기본파\ 실효치} \times 100 = \sqrt{\frac{V_2^2 + V_3^2 + V_4^2 + \cdots}{V_1^2}} \times 100$$

1) x의 함수 $y(x)$가 2π에 주기인 경우 푸리에 급수

$$y(x) = a_0 + \sum_{n=1}^{\infty} a_n \cos nx + \sum_{n=1}^{\infty} b_n \sin nx \quad \cdots\cdots\cdots ㉠$$

$$a_0 = \frac{1}{2\pi} \int_0^{2\pi} y(x) dx$$

$$a_n = \frac{1}{\pi} \int_0^{2\pi} y(x) \cos nx\, dx$$

$$b_n = \frac{1}{\pi} \int_0^{2\pi} y(x) \sin nx\, dx$$

∴ 이는 일반적인 파형에 이용한다.

2) x의 함수 $y(x)$가 π에 주기인 경우 푸리에 급수

$$y(x) = a_0 + \sum_{n=1}^{\infty} a_n \cos nx + \sum_{n=1}^{\infty} b_n \sin nx \quad \cdots\cdots\cdots ㉡$$

$$a_0 = \frac{1}{\pi} \int_0^{\pi} y(x) dx$$

$$a_n = \frac{2}{\pi} \int_0^{\pi} y(x) \cos nx\, dx$$

$$b_n = \frac{2}{\pi}\int_0^\pi y(x)\sin nx\,dx$$

특수파형 중 반파대칭, 정현대칭, 여현대칭에 이용된다.

3) x의 함수 $y(x)$가 $\frac{\pi}{2}$에 주기인 경우 푸리에 급수

$$y(x) = a_0 + \sum_{n=1}^{\infty} a_n \cos nx + \sum_{n=1}^{\infty} b_n \sin nx \quad \cdots\cdots\cdots ㉢$$

$$a_0 = \frac{2}{\pi}\int_0^{\frac{\pi}{2}} y(x)\,dx$$

$$a_n = \frac{4}{\pi}\int_0^{\frac{\pi}{2}} y(x)\cos nx\,dx$$

$$b_n = \frac{4}{\pi}\int_0^{\frac{\pi}{2}} y(x)\sin nx\,dx$$

특수파형 중 반파정현대칭, 반파여현대칭에 이용된다.

4) t의 함수 $f(t)$가 T에 주기인 경우 푸리에 급수

$$f(t) = a_0 + \sum_{n=1}^{\infty} a_n \cos nwt + \sum_{n=1}^{\infty} b_n \sin nwt \quad \cdots\cdots\cdots ㉣$$

$$a_0 = \frac{1}{T}\int_0^T f(t)\,dt$$

$$a_n = \frac{2}{T}\int_0^T f(t)\cos nwt\,dt$$

$$b_n = \frac{2}{T}\int_0^T f(t)\sin nwt\,dt \text{로서 일반적인 파형에 이용된다.}$$

$A_n = \sqrt{a_n^2 + b_n^2}$, $\theta_n(\text{위상}) = \tan^{-1}\frac{a_n}{b_n}$ 라면

$$f(t) = a_0 + \sum_{n=1}^{\infty} A_n \sin(nwt + \theta_n)$$

비정현파=직류파+기본파+고조파의 합성이다.

∴ 무수이 많은 주파수의 합성이다.

② 특수파형

1) 반파대칭

양(+)반파를 π만큼 이동, 반전하면
음(-)반파와 일치하는 파형

$$y(x) = -y(x+\pi)$$

기함수 $n = 1, 3, 5, 7 \cdots$

$a_0 = 0$ · $\left.\begin{array}{c} a_n \\ b_n \end{array}\right)$만 존재한다.

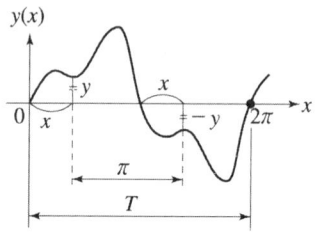

2) 정현대칭

어떤 파형을 수직축에 대해서 반전하고
수평축에 대해서 반전할 때 일치하는 파형

$$y(-x) = -y(x)$$

기함수 $n = 1, 3, 5, 7, 9$

$\left.\begin{array}{c} a_0 = 0 \\ a_n = 0 \end{array}\right)$ · b_n만 존재한다.

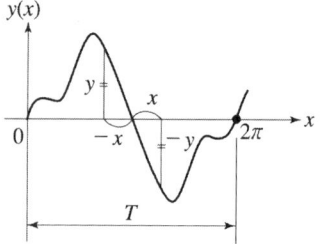

3) 여현대칭

어떤 파형을 수직축에 대해 반전할 때
좌우가 일치하는 파형

$$y(x) = y(-x)$$

우함수 $n = 2, 4, 6, 8$

$b_n = 0$ · $\left.\begin{array}{c} a_o \\ a_n \end{array}\right)$만 존재한다.

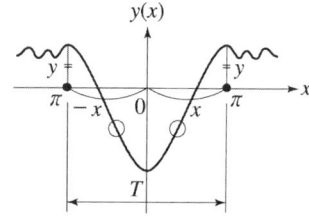

4) 반파정현대칭

반파대칭 + 정현대칭

$y(x) = -y(x+\pi)$ → 반파대칭
$y(-x) = -y(x)$ → 정현대칭

기함수 $n = 1, 3, 5, 7, 9$

$\left.\begin{array}{c} a_0 \\ a_n \end{array}\right)$ · b_n만 존재한다.

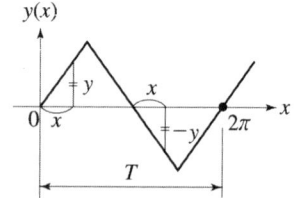

5) 반파여현대칭

반파대칭+여현대칭

$$y(x) = -y(x+\pi)$$
$$y(x) = y(-x)$$

기함수 $n = 1, 3, 5, 7, 9$

$\left.\begin{array}{l} a_0 = 0 \\ b_n = 0 \end{array}\right\} \cdot a_n$ 만 존재한다.

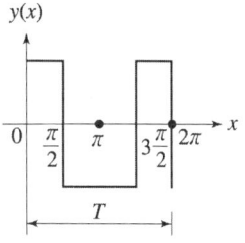

③ 비정현파 전압, 전류의 실효치

$$|E|(전압) = \sqrt{\frac{1}{T}\int_0^T e_{(t)}^2 dt} = \sqrt{E_0^2 + E_1^2 + E_2^2 + \cdots}\ [V]$$

$$|I|(전류) = \sqrt{\frac{1}{T}\int_0^T i_{(t)}^2 dt} = \sqrt{I_0^2 + I_1^2 + I_2^2 + I_3^2 + \cdots}\ [A]$$

④ 비정현파 전압, 전류에 의한 전력

$$P(전력) = \frac{1}{T}\int_0^T e_{(t)} i_{(t)} dt = E_0 I_0 + \sum_{n=1}^{\infty} E_n I_n \cos\theta_n$$
$$= E_0 I_0 + E_1 I_1 \cos\theta_1 + E_2 I_2 \cos\theta_2 + E_3 I_3 \cos\theta_3 + \cdots\ [W]$$

같은 주파수 사이에만 전력이 존재한다.
단, θ (위상차) = 전압위상(기준) − 전류위상이다.

Chapter 06 적중예상문제

01 정현대칭에서는 어떤 함수식이 성립하는가?

① $f(t) = f(t)$
② $f(t) = -f(t)$
③ $f(t) = f(-t)$
④ $f(t) = -f(-t)$

 정현대칭 $\begin{cases} -y(x) = y(-x) \\ y(x) = -y(-x) \end{cases}$

02 왜형율이란 무엇인가?

① $\dfrac{\text{전 고조파의 실효치}}{\text{기본파의 실효치}}$
② $\dfrac{\text{전 고조파의 평균치}}{\text{기본파의 평균치}}$
③ $\dfrac{\text{제3고조파의 실효치}}{\text{기본파의 실효치}}$
④ $\dfrac{\text{우수 고조파의 실효치}}{\text{기수 고조파의 실효치}}$

 $D(\text{왜형율}) = \dfrac{\text{전고조파실효치}}{\text{기본파실효치}} \times 100$

03 반파 대칭의 왜형파의 푸리에 급수에서 옳게 표현된 것은?

(단, $f(t) = a_0 + \sum_{n=1}^{\infty} a_n \cos nwt + \sum_{n=1}^{\infty} b_n \sin nwt$ 라 한다.)

① $a_0 = 0$, $b_n = 0$이고, 기수항의 a_n만이 남는다.
② $a_n = 0$이고, b_0 및 기수항의 b_n만이 남는다.
③ $a_0 = 0$이고, 기수항의 a_n, b_n만이 남는다.
④ $a_0 = 0$이고, 모든 고조파분의 a_n, b_n만이 남는다.

 반파대칭 기함수 $a_0 = 0$, $\begin{pmatrix} a_n \\ b_n \end{pmatrix}$만 존재한다.

04 다음 우함수의 주기 구형파의 푸리에 전개에서 맞는 것은?

① 직류 성분, 코사인 성분만 존재 ② 사인 성분만 존재
③ 직류, 사인 성분만 존재 ④ 사인, 코사인 다같이 존재

 우함수는 여현대칭 $b_n = 0$, $\dbinom{a_0}{a_n}$만 존재

05 주기적인 구형파의 신호는 그 성분이 어떻게 되는가?

① 성분 분석이 불가능하다. ② 무수히 많은 주파수의 합성이다.
③ 직류분만으로 합성된다. ④ 교류 합성을 갖지 않는다.

 비정현파=직류+기본파+고조파의 합성으로 무수히 많은 주파수의 합성이다.

06 반파 대칭의 왜형파에 포함되는 고조파는?

① 제2고조파 ② 제4고조파
③ 제5고조파 ④ 제6고조파

 반대칭은 기함수이다.

07 $i = 2 + 5\sin(100t + 10°) + 10\sin(20t - 10°) - 5\cos(400t - 10°)$와 파형이 동일하나 기본파의 위상이 20° 늦은 비정형 전류파의 순서치 표시식은?

① $i = 2 + 5\sin(100t + 10°) + 10\sin(200t - 30°) - 5\cos(400t - 10°)$
② $i = 2 + 5\sin(100t + 10°) + 10\sin(200t - 10°) - 5\cos(400t - 10°)$
③ $i = 2 + 5\sin(100t - 10°) + 10\sin(200t - 50°) - 5\cos(400t - 90°)$
④ $i = 2 + 5\sin(100t + 10°) + 10\sin(200t - 50°) - 5\cos(400t - 50°)$

 $i = 2 + 5\sin(100t + 10° - 20) + 10\sin(200t - 10° - 2 \times 20) - 5\cos(400t - 10 - 4 \times 20)$ [A]

08 $V_{(t)} = 3 + 10\sqrt{2}\sin wt + 5\sqrt{2}\sin\left(3wt - \dfrac{\pi}{3}\right)$일 때 실효치는?

① 11.6[V] ② 21.5[V]
③ 31[V] ④ 42.5[V]

 $|V| = \sqrt{\dfrac{1}{T}\displaystyle\int_0^T V_{(1)}^2 \, dt} = \sqrt{V_0^2 + V_1^2 + V_3^2} = \sqrt{3^2 + 10^2 + 5^2} = 11.6$ [V]

09 $V_{(1)} = 50\sin wt + 70\sin(3wt + 60°)$의 실효치는?

① $\dfrac{50+70}{2}$ ② $\dfrac{\sqrt{50^2+70^2}}{2}$

③ $\sqrt{\dfrac{50^2+70^2}{2}}$ ④ $\sqrt{\dfrac{50+70}{2}}$

 $|V| = \sqrt{\dfrac{1}{T}\int_0^T V_{(t)}^2 dt} = \sqrt{V_1^2 + V_3^2} = \sqrt{\left(\dfrac{50}{\sqrt{2}}\right)^2 + \left(\dfrac{70}{\sqrt{2}}\right)^2} = \sqrt{\dfrac{50^2+70^2}{2}}$ [V]

10 그림과 같은 파형의 파고율은 얼마인가?

① 1.0
② 1.414
③ 1.732
④ 2.0

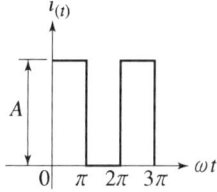

- 반파 구형파 ┌ 실효치 $|I| = A \times \dfrac{1}{\sqrt{2}}$ [A] ┐
              └ 평균치 $I_m = A \times \dfrac{1}{2}$ [A]   ┘ 이다.

파고율 = $\dfrac{\text{최대치}}{\text{실효치}} = \dfrac{A}{A \times \dfrac{1}{\sqrt{2}}} = \sqrt{2} = 1.414$

11 전압 $V_{(t)} = V\sin wt$, 전류 $i = I(\sin wt - \sin 3wt)$의 교류의 평균 전력(W)은?

① $\dfrac{1}{2}VI\sin wt$ ② $\int_0^2 VI dt$

③ $\dfrac{1}{2}VI$ ④ $\dfrac{2}{\sqrt{3}}VI$

 비정파는 같은 주파수 사이에만 전력 존재
$P(\text{전력}) = \dfrac{1}{T}\int_0^T V_{(t)} i_{(t)} dt = V_1 I_1 \cos\varphi_1 = \dfrac{V}{\sqrt{2}} \times \dfrac{I}{\sqrt{2}} \cos(0-0) = \dfrac{VI}{2}$ [W]

12 전압이 $V_{(t)} = 20\sin 20t + 30\sin 30t$ 이고 전류가 $i = 30\sin 20t$이면 소비전력(W)은?

① 300[W] ② 400[W]
③ 600[W] ④ 1200[W]

해설 $P(\text{전력}) = \frac{1}{T}\int_0^T V_{(t)}i_{(t)}dt = V_2 I_2 \cos\varphi_2 + V_3 I_3 \cos\varphi_3$
$= \frac{20}{\sqrt{2}} \times \frac{30}{\sqrt{2}} \cos(0-0) + \frac{30}{\sqrt{2}} \times \frac{20}{\sqrt{2}} \cos(0-0) = 300[\text{W}]$

13 다음 중 맞는 것은?

① 비정현파=직류분+기본파+고조파
② 비정현파=교류분+고조파+기본파
③ 비정현파=직류분+고조파+기본파
④ 비정현파=기본분+고조파+직류분

해설 비정현파=직류+기본파+고조파 합성

14 $R-L$ 직렬 회로에 $V_{(t)} = 10 + 100\sqrt{2}\sin wt + 100\sqrt{2}\sin(3wt+60°) + 100\sqrt{2}\sin(5wt+30°)$[V]인 전압을 가할 때 제3고조파 전류의 실효치는 몇 [A]인가? (단, $R=8$[Ω], $wL=2$[Ω])

① 1[A] ② 3[A]
③ 5[A] ④ 10[A]

해설 제3고조파 전압실효치 $V_3 = 100$[V]
실효치 전류 $I_3 = \frac{V_3}{\sqrt{R^2+(3wL)^2}} = \frac{100}{\sqrt{8^2+(3\times 2)^2}}$
$= \frac{100}{10} = 10$[A]

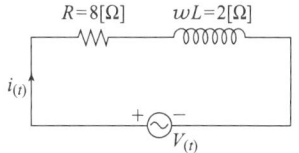

15 그림과 같은 파형의 맥동 전류를 열선형 계기로 측정할 때 20[A]였다면, 이를 가동 코일형 계기로 측정하면, 전류는 몇 [A]인가?

① 7.07
② 10
③ 14.14
④ 20

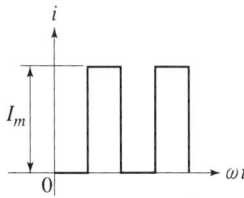

해설 반파구형이다.
① 열선형 계기 실효치전류 $I = 20 = I_m \times \frac{1}{\sqrt{2}}$[A] ∴ $I_m = 20\sqrt{2}$[A]
② 가동코일형 계기 평균치전류 $I_{av} = I_m \times \frac{1}{2} = 20\sqrt{2} \times \frac{1}{2} = 10\sqrt{2} = 14.14$[A]

정답 13 ① 14 ④ 15 ③

16 그림과 같이 wt가 0에서 π까지 $i=10[A]$, π에서 2π까지는 $i=0[A]$인 파형을 푸리에 급수로 전개하면 a_0는 얼마인가?

① 14.14
② 10
③ 7.07
④ 5

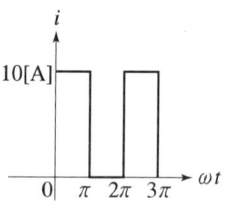

 일반적인 파형이다. 푸리에 급수식에서
$$a_0 = \frac{1}{2\pi}\int_0^\pi i_{(t)}dwt = \frac{1}{2\pi}\int_0^\pi 10 dwt = \frac{10}{2\pi}(wt)_0^\pi = \frac{10}{2} = 5$$

17 그림과 같은 직4각형파를 푸리에 급수로 전개할 때, b_n의 값은?

① $\dfrac{4A}{n\pi}$
② $\dfrac{A}{\pi}$
③ $\dfrac{2A}{n\pi}$
④ 0

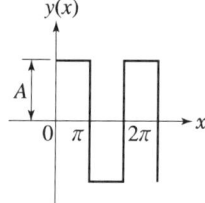

 반파정현대칭, 기함수. $y(x) = A$
$$b_n = \frac{4}{\pi}\int_0^{\frac{\pi}{2}} y(x)\sin nx dx = \frac{4A}{n\pi}(-\cos nx)_0^{\frac{\pi}{2}} = \frac{4A}{n\pi}\left(-\cos\frac{\pi}{2} + \cos 0°\right) = \frac{4A}{n\pi}$$

18 반파 여현대칭의 푸리에 급수식에서 여현파의 진폭 a_n의 값은?

(단, $y(x) = a_0 + \sum_{n=1}^{\infty} a_n\cos nx + \sum_{n=1}^{\infty} b_n\sin nx$)

① $a_n = \dfrac{2}{\pi}\int_0^{\frac{\pi}{2}} y(x)\cos nx dx$
② $a_n = \dfrac{4}{\pi}\int_0^{\frac{\pi}{2}} y(x)\cos nx dx$
③ $a_n = \dfrac{1}{\pi}\int_0^{\frac{\pi}{2}} y(x)\sin nx dx$
④ $a_n = \dfrac{1}{\pi}\int_0^{\pi} y(x)\sin nx dx$

 반파여현대칭 $\begin{matrix} a_0 = 0 \\ b_n = 0 \end{matrix}$) a_n만 존재
$$a_n = \frac{4}{\pi}\int_0^{\frac{\pi}{2}} y(x)\cos nx dx$$

정답 16 ④ 17 ① 18 ②

19 다음과 같은 비정현파 기전력 및 전류에 의한 전력(W)은?

$$e_{(t)} = 100\sin(wt+30°) - 50\sin(3wt+60°) + 25\sin 5wt \,[V]$$
$$i_{(t)} = 20\sin(wt-30°) + 15\sin(3wt+30°) + 10\cos(5wt-60°) \,[A]$$

① 283.5
② 183.5
③ 83.5
④ 383.5

 같은 주파수 사이에만 전력존재

$$P = \frac{1}{T}\int_0^T e_{(t)}i_{(t)}dt = E_1 I_1 \cos\not\!\phi_1 + E_3 I_3 \cos\not\!\phi_3 + E_5 I_5 \cos\not\!\phi_5$$
$$= \frac{100}{\sqrt{2}} \times \frac{20}{\sqrt{2}} \cos(30+30) + \frac{-50}{\sqrt{2}} \times \frac{15}{\sqrt{2}} \cos(60-30) + \frac{25}{\sqrt{2}} \times \frac{10}{\sqrt{2}} \cos(0-30)$$
$$= 283.5 \,[W]$$

20 $V_{(t)} = 100\sin wt + 40\sin 2wt + 30\sin(3wt+60°)\,[V]$ 에 대한 전압파의 왜형율을 구하면?

① 60[%]
② 40[%]
③ 30[%]
④ 50[%]

 $D(\text{왜율}) = \sqrt{\frac{V_2^2}{V_1^2} + \frac{V_3^2}{V_1^2}} \times 100 = \sqrt{\left(\frac{40}{100}\right)^2 + \left(\frac{30}{100}\right)^2} \times 100 = 50\,[\%]$

21 다음과 같이 교류전압 $V_{(t)}$와 전류 $i_{(t)}$가 있을 때, 역률을 구하면?

$$V_{(t)} = V\sin wt\,[V], \quad i_{(t)} = I\left(\sin wt - \frac{1}{\sqrt{3}}\sin 3wt\right)[A]$$

① 0.577
② 0.866
③ 0.5
④ 0.6

 $P(\text{전력}) = V_1 I_1 \cos\not\!\phi_1 = \frac{V}{\sqrt{2}} \times \frac{I}{\sqrt{2}} \cos(0-0) = \frac{VI}{2}\,[W]$

$P_a(\text{피상전력}) | V \| I | = \frac{V}{\sqrt{2}} \times \sqrt{\left(\frac{I}{\sqrt{2}}\right)^2 + \left(\frac{I}{\sqrt{2}} \times \frac{I}{\sqrt{3}}\right)^2} = \frac{V}{\sqrt{2}} \times \frac{\sqrt{2}I}{\sqrt{3}} = \frac{VI}{\sqrt{3}}\,[VA]$

$\therefore \cos\theta = \frac{P}{P_a} = \frac{\frac{VI}{2}}{\frac{VI}{\sqrt{3}}} = \frac{\sqrt{3}}{2} = 0.866$

Chapter 07 2단자 회로망

4부 회로이론

❶ 리액턴스 2단자망에 구동점 임피던스

$$Z(s) = jwH\frac{(w^2-w_1^2)(w^2-w_3^2)\cdots(w^2-w_{2n-1}^2)}{w^2(w^2-w_2^2)(w^2-w_4^2)\cdots(w^2-w_{2n-2}^2)}\,[\Omega]$$

① $Z(s)=0$, 분자$=0$, 영점(0), 공진 ·························· 단락회로
② $Z(s)=\infty$, 분모$=0$, 극점($\times$), 반공진 ·························· 개방회로
③ 영점(0)과 극점($\times$), 공진과 반공진점은 교대로 존재한다.
④ 무수히 많은 주파수의 합성이다.
⑤ $\dfrac{dX(w)}{dw}>0$이다.
⑥ 영점(0)과 극점($\times$)는 허수축 좌반부에 존재한다(단, 수동회로다).

❷ 카워형(사다리형) 방정식

$$Z_{(S)} = \frac{1}{Y_{(S)}} = Z_1 + \cfrac{1}{Y_2 + \cfrac{1}{Z_3 + \cfrac{1}{Y_4 + \cfrac{1}{Z_5 + \cfrac{1}{Y_6 + \cfrac{1}{Z_7}}}}}}\,[\Omega]$$

단, $\left[\begin{array}{l}\dfrac{d}{dt}=jw=S\,(\text{교류})\\ \displaystyle\int dt=\dfrac{1}{jw}=\dfrac{1}{S}\,(\text{교류})\end{array}\right]$ $S=0\,(\text{직류})$

$$\begin{bmatrix} L[\text{H}] \xrightarrow{\text{교류}} SL[\Omega] (\text{유도성 리액턴스}) \\ C[\text{F}] \xrightarrow{\text{교류}} \dfrac{1}{SC}[\Omega] (\text{용량성 리액턴스}) \end{bmatrix}$$

③ 역회로

회로요소가 서로 상대관계에 있고, 그 impedance 및 admittance의 비나 2개 impedance의 곱이 주파수에 관계없이 일정한 회로를 말한다.

$$\frac{Z_1}{Y_2} = Z_1 Z_2 = K^2 \text{ (공칭 impedance)}$$

상대회로 요소 $\begin{bmatrix} L \leftrightarrow C,\ Z \leftrightarrow Y \\ X \leftrightarrow B,\ \text{직렬} \leftrightarrow \text{병렬} \end{bmatrix}$

예제 1

그림에서 $K=100$일 때의 역회로는?

해설

$Z_1 Z_2 = j\omega L_1 \times \dfrac{1}{j\omega C_1} = \dfrac{L_1}{C_1} = K^2$

$\therefore C_1 = \dfrac{L_1}{K^2} = \dfrac{10 \times 10^{-3}}{(100)^2} = 10^{-6} = 1[\mu\text{F}]$

$Z_1' \times Z_2' = \dfrac{1}{j\omega C_2} \times j\omega L_2 = \dfrac{L_2}{C_2} = K^2$

$\therefore L_2 = C_2 K^2 = 20 \times 10^{-6} \times (100)^2 = 200[\text{mH}]$

④ 정저항회로

두 단자의 impedance가 주파수에 관계없이 일정한 저항과 같은 회로를 말한다.

① 근사치계산 : $\dfrac{Z_1}{Y_2} = Z_1 Z_2 = R^2$

② 정밀치계산 : 허수부=0일 때이다.

예제 2

그림의 회로가 정저항회로가 되기 위한 L 값은?

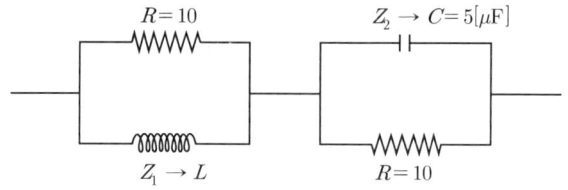

해설

$Z_1 \times Z_2 = j\omega L \times \dfrac{1}{j\omega C} = \dfrac{L}{C} = R^2$

$\therefore L = CR^2 = 5 \times 10^{-6} \times 10^2 = 5 \times 10^{-4} = 0.5 [\text{mH}]$

Chapter 07 적·중·예·상·문·제

01 다음의 회로망 방정식에 대하여 S평면에 존재하는 극은?

$$F(S) = \frac{S^2 + 3S + 2}{S^2 + 3S}$$

① 3, 0
② -3, 0
③ 1, -3
④ -1, -3

 해설 $F(s) = 0$, 영점(○), 분자=0, 단락회로이고, $F(s) = \infty$, 극점(×), 분모=0, 개방회로이다.

$F(s) = \dfrac{S^2 + 3S + 2}{S^2 + 3S} = \dfrac{(S+1)(S+2)}{S(S+3)}$ 이다.

∴ 극점은 분모=0에서 $S=0$, $S=-3$이다.

02 다음은 리액턴스 곡선에 관한 사항이다. 옳지 않은 것은?

① 곡선의 기울기는 어디서나 (+)이다.
② 주파수가 증가함에 따라 극점과 영점이 교대로 나타난다.
③ $\omega = 0$, $\omega = \infty$에서의 영점과 극점이 존재한다.
④ 내부영점과 내부극점의 총수는 회로 내의 리액턴스 소자의 총수보다 하나 더 많다.

 해설 리액턴스 2단망의 구동점 임피던스의 해설이다.

$$Z_{(j\omega)} = X(\omega) = j\omega H \frac{(\omega^2 - \omega_1^2)(\omega^2 - \omega_3^2)\cdots(\omega^2 - \omega_{2n-1}^2)}{\omega^2(\omega^2 - \omega_2^2)(\omega^2 - \omega_2^2)\cdots(\omega^2 - \omega_2^2)}[\Omega]$$

$Z_{(j\omega)} = 0$, 영점(○), 분자=0, 분자의 S차수가 영점수, 단락회로이고,

$Z_{(j\omega)} = \infty$, 극점(×), 분모=0, 분모의 S차수가 극점수, 개방회로이며 본문에서 리액턴스 2단자망 해설이 아닌 것이다.

03 구동점 임피던스(driving-point impedance)함수에 있어서 극(pole)은?

① 아무런 상태도 아니다. ② 개방회로 상태를 의미한다.
③ 단락회로 상태를 의미한다. ④ 전류가 많이 흐르는 상태를 의미한다.

 리액턴스 2단자망의 구동점 impedance는 $Z(s)=0$, 영점(○), 분자=0, 단락회로이고, $Z(s)=\infty$, 극점(×), 분모=0, 개방회로 상태이다.

04 임피던스 $Z(S)$가 $Z(S)=\dfrac{S+20}{S^2+2RLS+1}$인 2단자 회로에 직류 전류원 20[A]를 인가할 때 이 회로의 단자전압(V)은?

① 20 ② 40
③ 200 ④ 400

 직류인 경우 $\dfrac{d}{dt}=j\omega=S$(교류), $S=0$(직류)

$Z(S)=\dfrac{S+20}{S^2+2RLS+1}=\dfrac{20}{1}=20[\Omega]$

∴ 단자전압 $V=IZ(s)=20\times20=400[V]$

05 S평면상에서 전달함수의 극점(pole)이 그림과 같은 위치에 있으면 이 회로망의 상태는?

① 발진하지 않는다.
② 점점 더 크게 발진한다.
③ 지속 발진한다.
④ 감쇠진동한다.

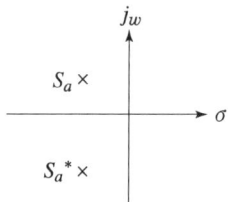

 S평면 좌반부에 있는 공액극점은 감쇠진동한다.
그러므로 안정근이다.

06 2단자 임피던스가 $\dfrac{S+3}{S^2+3S+2}$일 때 극점(pole)은?

① -3 ② 0
③ $-1, -2, -3$ ④ $-1, -2$

 2단자 impedance $Z(s)=\dfrac{S+3}{S^2+3S+2}=\dfrac{S+3}{(S+2)(S+1)}[\Omega]$

$Z(s)=0$, 영점(○), 분자=0, 영점인 $S=-3$, 단락회로

$Z(s)=\infty$, 극점(×), 분모=0, 극점인 $\begin{cases}S=-2\\S=-1\end{cases}$ 개방회로

07 어떤 회로망 함수가 $Z(s)$로 표시될 때, 영점은 다음 중 무엇을 결정하여 주는가?

① 응답 성분의 크기　　　　② 전압의 크기
③ 시간 축 상의 파형　　　　④ 주파수

 영점(O)은 각 응답 성분의 크기를 결정하여 주고, 극점(×)은 응답(시간 축 상의 파형)을 결정하여 준다.

08 다음 회로망에서 극점(pole)의 수는?

① 3
② 1
③ 2
④ 5

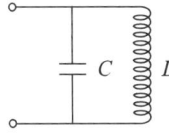

 2단자 회로망은 교류이다.
$\dfrac{d}{dt}=jw=S$(교류), $\int dt=\dfrac{1}{jw}=\dfrac{1}{S}$(교류)를 표시한다.

구동점 임피던스 $Z(s)=\dfrac{SL \times \dfrac{1}{SC}}{SL+\dfrac{1}{SC}}=\dfrac{SL}{S^2LC+1}$ [Ω]이다.

㉠ 분자=0, 영점(O), $SL=0$, $S=0$이다.
∴ S(영점 수)=1개, 단락회로이다.
㉡ 분모=0, 극점(×), $S^2LC+1=0$, $S^2=\dfrac{-1}{LC}$, $S=\pm j\dfrac{1}{\sqrt{LC}}$이다.
∴ S(극점의 수)=2개, 개방회로이다.

09 다음과 같은 회로망 함수에 있어서 극점(×)에 해당되지 않는 것은? (단, 회로망 함수 $F(s)=\dfrac{S^2+3S+2}{S^3-2S-4}$ 이다.)

① +1　　　　　　　　　　② +2
③ -1+j　　　　　　　　　④ -1-j

 회로망 함수 $F(s)$에서
㉠ 분자=0, 영점(O), $S^2+3S+2=0$, 인수분해하면 $(S+1)(S+2)=0$에서 영점인 S의 값은 $S=-1$, $S=-2$, 영점의 수=2개이다.
㉡ 분모=0, 극점(×), $S^3-2S-4=0$, 인수분해하면 $(S-2)(S^2+2S+2)=0$, $(S-2)(S+1\pm j)=0$에서 극점인 S의 값은 $S=2$, $S=-1\pm j$, 극점의 수=3개이다.

10 그림과 같은 a, b 회로가 역회로의 관계가 그림위치에 있으려면 L_2의 값은 몇 [mH]인가?

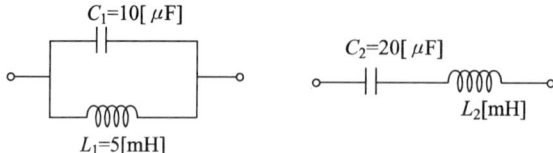

① 1.2　　　　　　　　　② 2
③ 2.5　　　　　　　　　④ 3.5

 $Z_1 Z_2 = K^2$ (단, K=공칭 임피던스)인 역회로의 조건에서

㉠ $Z_1 Z_2 = jwL_1 \times \dfrac{1}{jwC_2} = \dfrac{L_1}{C_2} = \dfrac{5 \times 10^{-3}}{20 \times 10^{-6}} = \dfrac{500}{2} = 250 = K^2$

㉡ $Z_1 Z_2 = jwL_2 \times \dfrac{1}{jwC_1} = \dfrac{L_2}{C_1} = K^2$

∴ $L_2 = C_1 K^2 = 10 \times 10^{-6} \times 250 = 2500 \times 10^{-6} = 2.5 \times 10^{-3} = 2.5$ [mH]

11 그림과 같은 2단자 회로망에서의 그림의 위치 구동점 임피던스 함수 $Z(s)[\Omega]$는 얼마가 되는가?

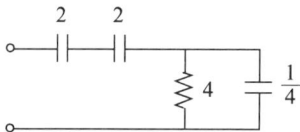

① $\dfrac{3+19S}{4S[S+1]}$　　　　　② $\dfrac{4S[S+2]}{3+18S}$

③ $\dfrac{5+8S}{6S[3S+7]}$　　　　　④ $\dfrac{10+5S}{S^2+4S+6}$

 2단자 회로망은 교류이다. $\int dt = \dfrac{1}{jw} = \dfrac{1}{S}$ (교류)이다.

∴ 구동점 임피던스

$Z(s) = \dfrac{1}{2S} + \dfrac{1}{4S} + \dfrac{4 \times \dfrac{4}{S}}{4 + \dfrac{4}{S}} = \dfrac{3}{4S} + \dfrac{16}{4S+4} = \dfrac{3}{4S} + \dfrac{4}{S+1}$

$= \dfrac{3S + 3 + 16S}{4S[S+1]} = \dfrac{3+19S}{4S[S+1]}$

12 그림과 같은 회로에서 정저항 회로가 되기 위한 $wL[\Omega]$의 값은?

① 1.2
② 0.2
③ 0.8
④ 0.4

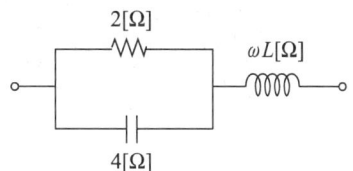

 정저항 회로의 조건

㉠ 근사값의 계산 : $Z_1 Z_2 = \dfrac{L}{C} = K^2$일 때이다(단, K=공칭 임피던스이다).

㉡ 정밀값 계산 : $Z(s) = Z(jw)$ 구동점 임피던스의 허수부=0일 때이다. 여기서는 정밀값 계산이어야 한다.

$$Z(s) = jwL + \dfrac{2 \times (-j4)}{2 - j4} = jwL + \dfrac{-j8}{2-j4} = jwL + \dfrac{-j8(2+j4)}{2^2 + 4^2} = \dfrac{32}{20} + j\left(wL - \dfrac{16}{20}\right)$$

∴ 허수부=0에서 $wL = \dfrac{16}{20} = 0.8[\Omega]$

Chapter 08 4단자 회로망

4부 회로이론

❶ 4단자 기초방정식

4단자 기초방정식

$V_1 = AV_2 + BI_2$

$I_1 = CV_2 + DI_2$

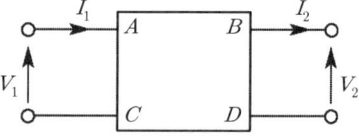

4단자 회로망은 역방향을 기준한 것이다.

❷ 4단자 정수의 정의

4단자 기초방정식 $\begin{cases} V_1 = AV_2 + BI_2 \\ I_1 = CV_2 + DI_2 \end{cases}$

1) $V_2 = 0$(2차측 단락)

$B = \left. \dfrac{V_1}{I_2} \right|_{V_2=0}$ ⇒ 단락전달 임피던스[Ω] ⇒ 임피던스의 차원식

$D = \left. \dfrac{I_1}{I_2} \right|_{V_2=0}$ ⇒ 전류궤환율

Z_{1S}(구동점임피던스)$= \left. \dfrac{V_1}{I_1} \right|_{V_2=0} = \dfrac{B}{D}$[Ω]

2) $I_2 = 0$(2차측 개방)

$A = \dfrac{V_1}{V_2}\bigg)_{I_2=0}$ ⇒ 전압궤환율

$C = \dfrac{I_1}{V_2}\bigg)_{I_2=0}$ ⇒ 개방전달어드미턴스[℧] ⇒ 어드미턴스 차원식

Z_{1f} (구동점임피던스)$= \dfrac{V_1}{I_1}\bigg)_{I_2=0} = \dfrac{A}{C}$ [Ω]

3) 선로특성임피던스

$Z_0 = \sqrt{Z_{1s}Z_{1f}} = \sqrt{\dfrac{AB}{CD}}$ [Ω]

4) 임피던스 파라미터

$Z_{11} = \dfrac{A}{C}$ [Ω] (자기 impedance)

$Z_{12} = Z_{21} = -\dfrac{1}{C}$ (역방향) (상호 impedance)

$Z_{22} = \dfrac{D}{C}$ [Ω] (자기 impedance)

5) 어드미턴스 파라미터

$Y_{11} = \dfrac{D}{B}$ [℧] (자기 admittance)

$Y_{12} = Y_{21} = \dfrac{1}{B}$ (역방향) (상호 admittance)

$Y_{22} = \dfrac{A}{B}$ (자기 admittance)

4단자 정수사이에 관계 : $AD - BC = 1$

❸ 4단자망의 접속(종속접속)

최대전력 전송접속이다.

1) 직렬형

4단자 정수
$\begin{vmatrix} A & B \\ C & D \end{vmatrix} = \begin{vmatrix} 1 & Z \\ 0 & 1 \end{vmatrix}$

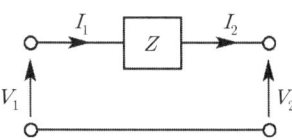

2) 병렬형

4단자 정수

$$\begin{vmatrix} A & B \\ C & D \end{vmatrix} = \begin{vmatrix} 1 & 0 \\ \dfrac{1}{Z} & 1 \end{vmatrix}$$

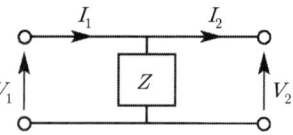

3) 종속접속(메트릭스 곱의 접속)

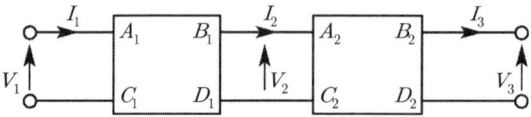

4단자 정수

$$\begin{vmatrix} A & B \\ C & D \end{vmatrix} = \begin{vmatrix} A_1 & B_1 \\ C_1 & D_1 \end{vmatrix} \begin{vmatrix} A_2 & B_2 \\ C_2 & D_2 \end{vmatrix} = \begin{vmatrix} A_1A_2 + B_1C_2 & A_1B_2 + B_1D_2 \\ C_1A_2 + D_1C_2 & C_1B_2 + D_1D_2 \end{vmatrix}$$

4) 단거리 송전·전송 선로(L형 4단자망, 50[km] 이하)

4단자 정수

$$\begin{vmatrix} A & B \\ C & D \end{vmatrix} = \begin{vmatrix} 1 & Z_1 \\ 0 & 1 \end{vmatrix} \begin{vmatrix} 1 & 0 \\ \dfrac{1}{Z_2} & 1 \end{vmatrix} = \begin{vmatrix} 1 + \dfrac{Z_1}{Z_2} & Z_1 \\ \dfrac{1}{Z_2} & 1 \end{vmatrix}$$

5) 중거리 송전·전송 선로(T형 4단자망, 50~100[km])

4단자 정수

$$\begin{vmatrix} A & B \\ C & D \end{vmatrix} = \begin{vmatrix} 1 & Z_1 \\ 0 & 1 \end{vmatrix} \begin{vmatrix} 1 & 0 \\ \dfrac{1}{Z_2} & 1 \end{vmatrix} \begin{vmatrix} 1 & Z_3 \\ 0 & 1 \end{vmatrix} = \begin{vmatrix} 1 + \dfrac{Z_1}{Z_2} & Z_1 \\ \dfrac{1}{Z_2} & 1 \end{vmatrix} \begin{vmatrix} 1 & Z_3 \\ 0 & 1 \end{vmatrix} = \begin{vmatrix} 1 + \dfrac{Z_1}{Z_2} & Z_3\left(1 + \dfrac{Z_1}{Z_2}\right) + Z_1 \\ \dfrac{1}{Z_2} & 1 + \dfrac{Z_3}{Z_2} \end{vmatrix}$$

6) 중거리 송전전송 선로, π형 4단자망(50~100[km])

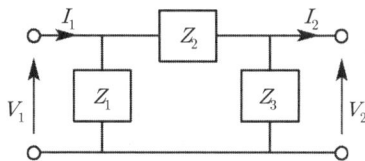

4단자 정수

$$\begin{vmatrix} A & B \\ C & D \end{vmatrix} = \begin{vmatrix} 1 & 0 \\ \frac{1}{Z_1} & 1 \end{vmatrix}\begin{vmatrix} 1 & Z_2 \\ 0 & 1 \end{vmatrix}\begin{vmatrix} 1 & 0 \\ \frac{1}{Z_3} & 1 \end{vmatrix} = \begin{vmatrix} 1 & Z_2 \\ \frac{1}{Z_1} & 1+\frac{Z_2}{Z_1} \end{vmatrix}\begin{vmatrix} 1 & 0 \\ \frac{1}{Z_3} & 1 \end{vmatrix} = \begin{vmatrix} 1+\frac{Z_2}{Z_3} & Z_2 \\ \frac{1}{Z_1}+\frac{1}{Z_3}\left(1+\frac{Z_2}{Z_1}\right) & 1+\frac{Z_2}{Z_1} \end{vmatrix}$$

❹ 영상파라미터(임피던스)

부하측에 Z_{01}, Z_{02} 인 영상임피던스를 접속하고 aa' 나 bb' 에서 4단자측으로 impedance 가 Z_{01}, Z_{02} 가 되는 회로를 영상파라미터 회로라 한다.

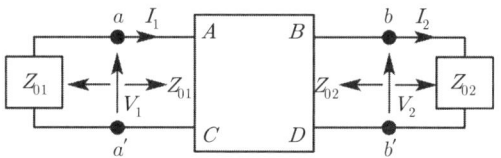

1) 영상임피던스

$$Z_{01} = \sqrt{\frac{AB}{CD}}\,[\Omega],\ Z_{02} = \sqrt{\frac{BD}{CA}}\,[\Omega]$$

$$\frac{Z_{01}}{Z_{02}} = \frac{A}{D},\ Z_{01}Z_{02} = \frac{B}{C}$$

$A = D$ (대칭회로)

$$\therefore Z_{01} = Z_{02} = \sqrt{\frac{B}{C}}\,[\Omega]$$

2) 전달정수(θ)

전력의 전달정수를 말한다.

$$\left(\frac{V_1 I_1}{V_2 I_2}\right)^{\frac{1}{2}} = \left(\frac{P_1}{P_2}\right)^{\frac{1}{2}} = \varepsilon^\theta = \sqrt{AD} + \sqrt{BC}$$

$$\theta(전달정수) = \ln_e(\sqrt{AD} + \sqrt{BC}) = \frac{1}{2}\ln_e \frac{P_1}{P_2}$$

3) 전달정수 쌍곡선함수 표시

$\sinh\theta = \sqrt{BC}$ $\therefore \theta(\text{전달정수}) = \sinh^{-1}\sqrt{BC}$

$\cosh\theta = \sqrt{AD}$ $\therefore \theta(\text{전달정수}) = \cosh^{-1}\sqrt{AD}$

❺ 반복파라미터(임피던스)

1차측에서 Z_{K_1}, Z_{K_2}(반복임피던스)를 접속하고 2차측에서 4단자쪽으로 본 impedance 가 Z_{K_1}, Z_{K_2}이 되는 회로를 반복파라미터 회로라 한다.

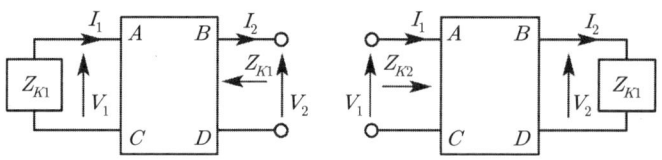

$$Z_{K1} = \frac{1}{2C}\left((A-D) \pm \sqrt{(A-D)^2 + 4BC}\right)[\Omega]$$

$$Z_{K2} = \frac{1}{2C}\left((D-A) \pm \sqrt{(D-A)^2 + 4BC}\right)[\Omega]$$

$r(\text{전파정수}) = \cosh^{-1}\dfrac{A+D}{2}$

❻ h 파라미터

Tr(트렌지스터)의 내부회로

- NPN접합 T_r

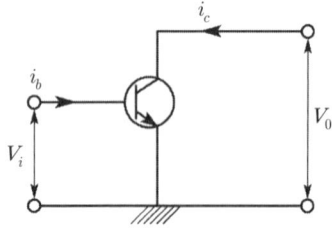

- 내부회로

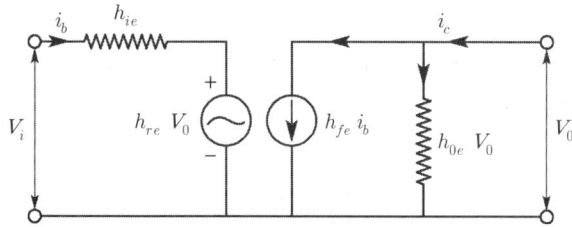

$V_i = h_{ie} i_b + h_{re} V_0$

$i_c = h_{fe} i_b + h_{0e} V_0$

$h_{ie} = \left. \dfrac{V_i}{i_b} \right)_{V_0 = 0}$ ⇒ 입력 임피던스[Ω]

$h_{re} = \left. \dfrac{V_i}{V_0} \right)_{i_b = 0}$ ⇒ 전압제환율(2.5×10^{-4})

$h_{fe} = \left. \dfrac{i_c}{i_b} \right)_{V_0 = 0}$ 전류등폭율($\beta = 49 \sim 50$정도), 크면 좋다. 270[Hz] 기준

$h_{0e} = \left. \dfrac{i_c}{V_0} \right)_{i_b = 0}$ ⇒ 출력 어드미턴스[℧] ⇒ 작다.

$\dfrac{1}{h_{0e}} \doteq 40[\mathrm{k\Omega}]$ (출력 임피던스) 정도 ⇒ 크다.

❼ g 파라미터

$I_1 = g_{11} V_1 + g_{12} I_2$

$V_2 = g_{21} V_1 + g_{22} I_2$

$g_{11} = \left. \dfrac{I_1}{V_1} \right)_{I_2 = 0}$ 입력 어드미턴스(℧)

$g_{12} = \left. \dfrac{I_1}{I_2} \right)_{V_1 = 0}$ 전류궤환율

$g_{21} = \left. \dfrac{V_2}{V_1} \right)_{I_2 = 0}$ 전압증폭율(이득)

$g_{22} = \left. \dfrac{V_2}{I_2} \right)_{V_1 = 0}$ 출력 임피던스(Ω)

❽ 정K형 filter회로(L-C만 회로)

회로요소가 서로 쌍대관계에 있고, 그 임피던스 및 어드미턴스의 비나 2개 임피던스의 곱이 주파수에 관계없이 일정한 회로를 말한다.

$$\frac{Z_1}{Y_2} = Z_1 Z_2 = K^2, \quad \text{차단주파수범위} \quad \frac{X_1(w)}{2K} = \pm 1$$

1) 정K형 저역 filter회로

$$L = \frac{K}{\pi f_1}[\text{H}]$$

$$C = \frac{1}{\pi f_1 K}[\text{F}]$$

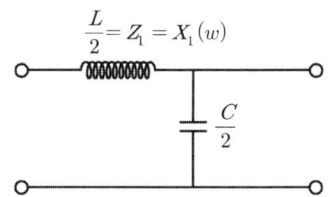

2) 정K형 고역 filter회로

$$L = \frac{K}{4\pi f_1}[\text{H}]$$

$$C = \frac{1}{4\pi f_1 K}[\text{F}]$$

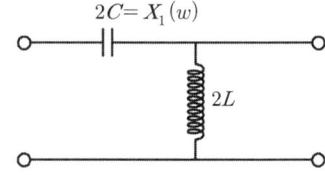

3) 정K형 대역 filter회로

$$\frac{X_1(w)}{2K} = \pm 1$$

$$\frac{L_1}{2K} = \frac{1}{w_2 - w_1}$$

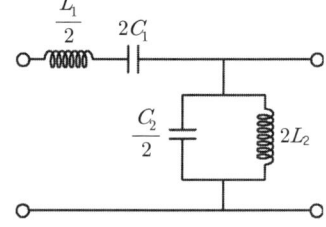

Chapter 08 적중예상문제

01 그림과 같은 4단자 회로망의 임피던스 파라미터 Z_{11}은?

① $Z_{11} = R_1 + R_3$
② $Z_{11} = R_2 + R_3$
③ $Z_{11} = R_3$
④ $Z_{11} = R_1 + \dfrac{R_3}{R_2 + R_3}$

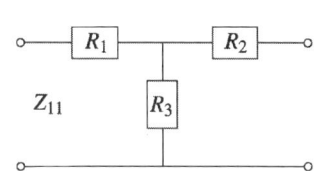

해설 자기 임피던스 $Z_{11} = \dfrac{A}{C} = R_1 + R_3 [\Omega]$이다.

02 그림의 전달 어드미턴스 $\dfrac{I_o}{V_i}$에서 옳은 설명은?

① 저역필터이며, 차단주파수는 $\dfrac{R}{L}$이다.
② 고역필터이며, 차단주파수는 $\dfrac{R}{2L}$이다.
③ 저역필터이며, 차단주파수는 $\dfrac{R}{2L}$이다.
④ 고역필터이며, 차단주파수는 $\dfrac{R}{L}$이다.

해설 고역 필터 회로이며, 공진조건은 $w \times 2L = R$이다.
∴ 차단주파수= $\dfrac{R}{2L}$이다.

03 그림과 같은 정K형 필터에 대한 기술 중 옳은 것은? (단, K는 공칭 임피던스이다.)

① 고역필터이며, $K = 40[\Omega]$이다.
② 저역필터이며, $K = 40[\Omega]$이다.
③ 고역필터이며, $K = 16[\Omega]$이다.
④ 저역필터이며, $K = 16[\Omega]$이다.

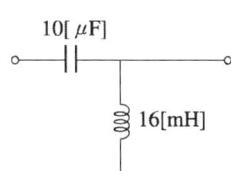

정답 01 ① 02 ② 03 ①

> **해설** 필터회로에서 $Z_1 \to C$, $Z_2 \to L$이면 고역필터이다. 이때 정K형 고역필터회로가 되기 위한 조건은 $Z_1 Z_2 = \frac{1}{j\omega C} \times j\omega L = \frac{L}{C} = K^2$ 이다.
>
> ∴ 공칭 임피던스 $K = \sqrt{\frac{L}{C}} = \sqrt{\frac{16 \times 10^{-3}}{10 \times 10^{-6}}} = \sqrt{16 \times 10^2} = 40[\Omega]$ 이다.

04 4단자 회로망에 있어서 4단자 정수(또는 $ABCD$ 파라미터) 중 정수 A와 C의 정의가 옳은 것은?

① $A = \left.\frac{V_1}{V_2}\right|_{I_2=0}$, $C = \left.\frac{I_1}{V_2}\right|_{I_2=0}$

② $A = \left.\frac{V_1}{V_2}\right|_{I_2=0}$, $C = \left.\frac{V_1}{V_2}\right|_{I_2=0}$

③ $A = \left.\frac{V_1}{I_2}\right|_{I_2=0}$, $C = \left.\frac{V_1}{I_2}\right|_{I_2=0}$

④ $A = \left.\frac{I_1}{I_2}\right|_{I_2=0}$, $C = \left.\frac{V_1}{I_2}\right|_{I_2=0}$

> **해설** 4단자 기초 방정식 $V_1 = AV_2 + BI_2$, $I_1 = CV_2 + DI_2$ 이다.
>
> ∴ 4단자 정수 $A = \left.\frac{V_1}{V_2}\right|_{I_2=0}$ = 전압궤환률이다.
>
> $C = \left.\frac{I_1}{V_2}\right|_{I_2=0}$ = 단락전달 어드미턴스(어드미턴스 차원식)이라 한다.
>
> $B = \left.\frac{V_1}{I_2}\right|_{V_2=0}$ = 단락전달 impedance(임피던스 차원식)이라 한다.
>
> $D = \left.\frac{I_1}{I_2}\right|_{V_2=0}$ = 전류궤환률이다.

05 2개의 4단자망을 직렬로 접속했을 때 성립하는 식은?

① $Z = Z_1 + Z_2$
② $Z = Z_1 \cdot Z_2$
③ $Y = Y_1 + Y_2$
④ $Z = Y_1 + Y_2$

> **해설** 4단자망에 직렬접속은 행렬에 직렬접속이 된다.
> ∴ $Z = Z_1 + Z_2$ 이다.

06 어떤 4단자망의 입력 단자 1, 1' 사이의 영상 임피던스 Z_{01}과 출력 단자 2, 2' 사이의 영상임피던스 Z_{02}가 같게 되려면 4단자 정수 사이에 어떠한 관계가 있어야 하는가?

① $A = D$
② $B = C$
③ $AB = CD$
④ $AD = BC$

 영상파라미터 회로에서 영상임피던스 $Z_{01} = \sqrt{\dfrac{AB}{CD}}[\Omega]$, $Z_{02} = \sqrt{\dfrac{BD}{CA}}[\Omega]$, $Z_{01}Z_{02} = \dfrac{B}{C}$, $\dfrac{Z_{01}}{Z_{02}} = \dfrac{A}{D}$ 이다. 만약 $A = D$이면 $Z_{01} = Z_{02}$이며, 이때를 대칭회로라 한다.

07 정K형 여파기에 있어서 임피던스 Z_1, Z_2와 공칭 임피던스 K와의 관계는?

① $Z_1 Z_2 = K^2$
② $\sqrt{Z_1 Z_2} = K^2$
③ $\sqrt{\dfrac{Z_2}{Z_1}} = K$
④ $\sqrt{\dfrac{Z_1}{Z_2}} = K$

 $Z_1 Z_2 = K^2$은 정K형 필터회로의 조건이다.

08 다음 회로에서 입·출력간의 $ABCD$ parameter 중 옳지 않은 것은?

① $A = nA_1$
② $B = nB_1$
③ $C = \dfrac{C_1}{n}$
④ $D = \dfrac{1}{n}D_1$

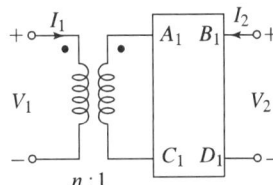

 이상변압기 $a = \dfrac{V_1}{V_2} = \dfrac{N_1}{N_2} = \dfrac{I_2}{I_1}$ 에서

㉠ $\dfrac{V_1}{V_2} = \dfrac{N_1}{N_2} = \dfrac{n}{1}$ 에서 $V_1 = AV_2 + BI_2 = nV_2 + OI_2$

㉡ $\dfrac{I_2}{I_1} = \dfrac{N_1}{N_2} = \dfrac{n}{1}$ 에서 $I_1 = CV_2 + DI_2 = OV_2 + \dfrac{1}{n}I_2$와 4단자망의 종속접속

회로 전체의 4단자정수 $\begin{vmatrix} A & B \\ C & D \end{vmatrix} = \begin{vmatrix} n & 0 \\ 0 & \dfrac{1}{n} \end{vmatrix} \begin{vmatrix} A_1 & B_1 \\ C_1 & D_1 \end{vmatrix} = \begin{vmatrix} nA_1 & nB_1 \\ \dfrac{1}{n}C_1 & \dfrac{1}{n}D_1 \end{vmatrix}$

∴ 4단자정수 $D = \dfrac{1}{n}D_1$ 이다.

09 다음 그림과 같은 4단자 회로의 어드미턴스 파라미터 Y_{22}는?

① $Y_1 + Y_2$
② $Y_2 + Y_3$
③ $Y_3 Y_3$
④ Y_2

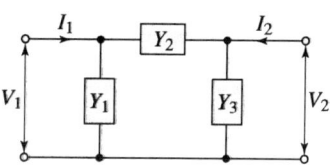

 T형 4단자망 4단자 정수

$$\begin{vmatrix} A & B \\ C & D \end{vmatrix} = \begin{vmatrix} 1 & 0 \\ Y_1 & 1 \end{vmatrix} \begin{vmatrix} 1 & \frac{1}{Y_2} \\ 0 & 1 \end{vmatrix} \begin{vmatrix} 1 & 0 \\ Y_3 & 1 \end{vmatrix} = \begin{vmatrix} 1 & \frac{1}{Y_2} \\ Y_1 & 1+\frac{Y_1}{Y_2} \end{vmatrix} \begin{vmatrix} 1 & 0 \\ Y_3 & 1 \end{vmatrix} = \begin{vmatrix} 1+\frac{Y_3}{Y_2} & \frac{1}{Y_2} \\ Y_1+Y_3\left(1+\frac{Y_1}{Y_2}\right) & 1+\frac{Y_1}{Y_2} \end{vmatrix}$$

∴ 어드미턴스 파라미터 $Y_{11} = \frac{D}{B}$, $Y_{12} = Y_{21} = -\frac{1}{B}$ (순)

$$Y_{22} = \frac{A}{B} = \frac{\frac{Y_2+Y_3}{Y_2}}{\frac{1}{Y_2}} = Y_2 + Y_3 \text{ 이다.}$$

10 ABCD 파라미터에서 B에 대한 정의로서 옳은 것은?

① 개방 역방향 전압이득
② 단락 역방향 전류이득
③ 단락 역방향 전달 임피던스
④ 개방 순방향 전달 어드미턴스

 4단자 기초방정식에서 $\begin{cases} V_1 = AV_2 + BI_2 \\ I_1 = CV_2 + DI_2 \end{cases}$ 에서 $B = \left.\frac{V_1}{I_2}\right)_{V_2=0}$ = 단락 역방향 전달 임피던스(임피던스 차원식)이다.

11 그림의 회로망에서 Y parameter 중 옳지 않은 것은?

① $Y_{11} = \frac{1}{2} + \frac{7}{10}s$
② $Y_{22} = 1 + \frac{S^2+2}{4S}$
③ $Y_{12} = -\frac{S}{4}$
④ $Y_{21} = -\frac{S}{4}$

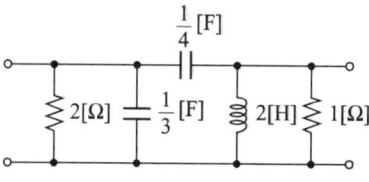

정답 09 ② 10 ③ 11 ①

파라미터가 종속접속됨으로 4단자정수를 정의한다.

$\begin{vmatrix} A & B \\ C & D \end{vmatrix} = \begin{vmatrix} 1 & 0 \\ \frac{1}{2} & 1 \end{vmatrix} \begin{vmatrix} 1 & 0 \\ \frac{1}{S} & 1 \end{vmatrix} \begin{vmatrix} 1 & \frac{4}{S} \\ 0 & 1 \end{vmatrix} \begin{vmatrix} 1 & 0 \\ \frac{1}{2S} & 1 \end{vmatrix} \begin{vmatrix} 1 & 0 \\ 1 & 1 \end{vmatrix}$ 에서 어드미턴스의 파라미터는 $\begin{cases} Y_{11} = \dfrac{D}{B} \\ Y_{12} = Y_{21} = -\dfrac{1}{B}(\text{순}) \\ Y_{22} = \dfrac{A}{B} \end{cases}$

12 다음 $ABCD$와 h-parameter 중 차원이 아닌 것은?

① A
② D
③ h_{12}
④ h_{22}

 NPN 접합 T_r에서 h파라미터는

$\begin{cases} V_i = h_{ie}i_b + h_{re}V_o = h_{11}i_b + h_{12}V_o = Ai_b + BV_o \\ i_c = h_{fe}i_b + h_{oe}V_o = h_{21}i_b + h_{22}V_o = Ci_b + DV_o \end{cases}$ 이다. 차원이 있는 파라미터는

$h_{ie} = h_{11} = A = \left.\dfrac{V_i}{i_b}\right)_{V_o=0}$ = 입력 임피던스(Ω) → 임피던스의 차원식이다.

$h_{oe} = h_{22} = D = \left.\dfrac{i_c}{V_o}\right)_{i_b=0}$ = 출력 어드미턴스(℧) → 어드미턴스의 차원식이다.

∴ 차원식이 아닌 것은 h_{12}이다.

13 정K형 저역통과 필터의 공칭 임피던스는?

① $\sqrt{\dfrac{L}{R}}$
② $\sqrt{\dfrac{L}{C}}$
③ $\sqrt{\dfrac{C}{L}}$
④ $\dfrac{1}{R}\sqrt{\dfrac{L}{C}}$

 정K형 저역필터회로의 조건은 $Z_1Z_2 = j\omega L \times \dfrac{1}{j\omega C} = \dfrac{L}{C} = K^2$이다.

∴ 공칭 임피던스 $K = \sqrt{\dfrac{L}{C}}$ 이다.

14 2개의 4단자 회로망을 직렬 접속할 경우 각 회로의 Z파라미터를 각각 $[Z']$ 및 $[Z'']$라 하면 합성한 후의 전체 Z파라미터(Z)는?

① $[Z] = [Z'] + [Z'']$
② $[Z] = [Z'][Z'']$
③ $[Z] = [Z'] - [Z'']$
④ $[Z] = [Z']/[Z'']$

2개의 4단자망을 직렬 접속시 전체의 Z파라미터 $Z = [Z'] + [Z'']$이다.

15 그림과 같은 T형 4단자 회로의 임피던스 파라미터 Z_{21}은?

① $Z_1 + Z_2$
② $-Z_3$
③ Z_2
④ $Z_2 + Z_3$

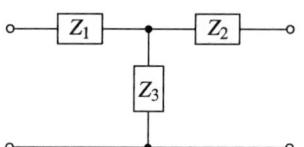

해설 4단자망의 접속은 역방향이 기준이다. 그러므로 1망과 2망 사이의 임피던스는 2망과 1망 사이의 임피던스와 서로 같다.

즉 $Z_{11} = \dfrac{A}{C} = Z_1 + Z_3$, $Z_{12} = Z_{21} = -\dfrac{1}{C} = -Z_3[\Omega]$, $Z_{22} = \dfrac{D}{C} = Z_2 + Z_3$이다.

16 어떤 4단자망의 입력단자 1, 1′ 사이의 영상 임피던스 Z_{01}과 출력 단자 2, 2′ 사이의 영상임피던스 Z_{02}가 같게 되려면 4단자 정수 사이에 어떠한 관계가 있어야 하는가?

① $A = D$
② $B = C$
③ $AB = CD$
④ $AD = BC$

해설 영상회로에서 $Z_{01} = \sqrt{\dfrac{AB}{CD}}[\Omega]$, $Z_{02} = \sqrt{\dfrac{BD}{CA}}[\Omega]$, $Z_{01}Z_{02} = \dfrac{B}{C}$, $\dfrac{Z_{01}}{Z_{02}} = \dfrac{A}{D}$ 이며

$A = D$(대칭회로)에서는 $Z_{01} = Z_{02} = \sqrt{\dfrac{B}{C}}$ 이다.

17 그림과 같은 회로의 임피던스 행렬에서 그림의 위치 임피던스 파라미터 Z_{11}는 얼마인가?

① SL_2
② $L_1 L_2$
③ SM
④ SL_1

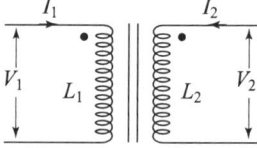

해설 전류와 자속이 동일하다 = $M(+)$이다.
∴ 키르히호프 제2법칙에서
$\dot{V}_1 = jwL_1 I_1 + jwMI_2 = SL_1 I_1 + SMI_2 = Z_{11} I_1 + Z_{12} I_2$
$\dot{V}_2 = jwMI_1 + jwL_2 I_2 = SMI_1 + SL_2 I_2 = Z_{21} I_1 + Z_{22} I_2$ 에서
$Z_{11} = SL_1$, $Z_{12} = SM$, $Z_{21} = SM$, $Z_{22} = SL_2$ 이다.

정답 15 ② 16 ① 17 ④

18 그림과 같은 회로망이 임피던스 파라미터로 표시되어 있다. V_2 단자가 개방되었을 때 G 파라미터 중 G_{21} 은 얼마인가?

① $\dfrac{Z_{21}}{Z_{11}}$

② $\dfrac{Z_{22}}{Z_{11}}$

③ $\dfrac{Z_{12}}{Z_{22}}$

④ $\dfrac{Z_{11} Z_{22}}{Z_{21}}$

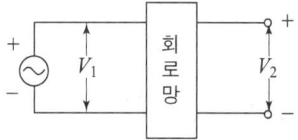

 V_2 단자가 개방되었을 때, 즉 $I_2 = 0$ 일 때의 키르히호프 제2법칙은
$\dot{V}_1 = Z_{11} I_1 [\mathrm{V}], \ \dot{V}_2 = Z_{21} I_1 [\mathrm{V}] \cdots$ ㉠식이다.
∴ G 파라미터는 $I_1 = G_{11} V_1 + G_{12} I_2, \ V_2 = G_{21} V_1 + G_{22} I_2$ 에서 G 파라미터
$G_{21} = \left(\dfrac{V_2}{V_1}\right)_{I_2=0}$ 식에 ㉠식을 대입하면 $G_{21} = \left(\dfrac{V_2}{V_1}\right)_{I_2=0} = \left(\dfrac{Z_{21} I_1}{Z_{11} I_1}\right)_{I_2=0} = \dfrac{Z_{21}}{Z_{11}}$ 이다.

19 그림과 같은 결합회로의 4단자 정수 A, B, C, D 는 어느 것인가?

① $\begin{vmatrix} A & B \\ C & D \end{vmatrix} = \begin{vmatrix} n & 0 \\ 0 & \dfrac{1}{n} \end{vmatrix}$

② $\begin{vmatrix} A & B \\ C & D \end{vmatrix} = \begin{vmatrix} 0 & n \\ \dfrac{1}{n} & 0 \end{vmatrix}$

③ $\begin{vmatrix} A & B \\ C & D \end{vmatrix} = \begin{vmatrix} 1 & n \\ \dfrac{1}{n} & 1 \end{vmatrix}$

④ $\begin{vmatrix} A & B \\ C & D \end{vmatrix} = \begin{vmatrix} \dfrac{1}{n} & 1 \\ n & 1 \end{vmatrix}$

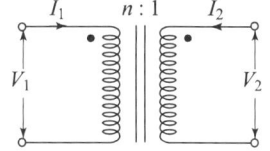

 $K \fallingdotseq 1$ 인 이상변압기이다. $V_1 I_1$ (입력) $= V_2 I_2$ (출력)이다.
$a = \dfrac{V_1}{V_2} = \dfrac{N_1}{N_2} = \dfrac{n}{1} = n$ 에서의 4단자 기초방정식 $V_1 = n V_2 + 0 I_2 \cdots$ ㉠
$a = \dfrac{I_2}{I_1} = \dfrac{N_1}{N_2} = \dfrac{n}{1} = n$ 에서의 4단자 기초방정식 $I_1 = 0 V_2 + \dfrac{1}{n} I_2 \cdots$ ㉡
∴ ㉠, ㉡식에서 4단자 기초방정식을 행렬식으로 표시하면
$\begin{vmatrix} V_1 \\ I_1 \end{vmatrix} = \begin{vmatrix} A & B \\ C & D \end{vmatrix} \begin{vmatrix} V_2 \\ I_2 \end{vmatrix} = \begin{vmatrix} n & 0 \\ 0 & \dfrac{1}{n} \end{vmatrix} \begin{vmatrix} V_2 \\ I_2 \end{vmatrix}$ 이므로 4단자 정수 $\begin{vmatrix} A & B \\ C & D \end{vmatrix} = \begin{vmatrix} n & 0 \\ 0 & \dfrac{1}{n} \end{vmatrix}$ 가 된다.

20 하이브리드 파라미터에서 개방 출력 어드미턴스와 같은 것은 다음 중 어느 것인가?

① $h_{11} = \left(\dfrac{V_1}{I_1}\right)_{V_2=0}$ ② $h_{22} = \left(\dfrac{I_2}{V_2}\right)_{I_1=0}$

③ $h_{12} = \left(\dfrac{V_1}{V_2}\right)_{I_1=0}$ ④ $h_{21} = \left(\dfrac{I_2}{I_1}\right)_{V_2=0}$

 h 파라미터에서 $V_1 = h_{11}I_1 + h_{12}V_2$, $I_2 = h_{21}I_1 + h_{22}V_2$에서

$h_{11} = \left(\dfrac{V_1}{I_1}\right)_{V_2=0}$ =단락 입력 임피던스[Ω]

$h_{22} = \left(\dfrac{I_2}{V_2}\right)_{I_1=0}$ =개방 출력 어드미턴스[℧]이다.

21 그림과 같은 회로에서 차단 주파수 f_c[Hz]는?

① $\dfrac{2\pi}{\sqrt{LC}}$

② $\dfrac{1}{2\pi\sqrt{LC}}$

③ $\dfrac{1}{4\pi\sqrt{LC}}$

④ $\dfrac{4\pi}{\sqrt{\dfrac{1}{LC} - \dfrac{R^2}{L^2}}}$

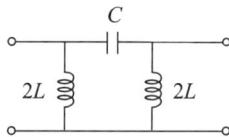

 정K형 고역 여파기이다.

∴ 정K형 고역 여파기의 회로조건 $Z_1 Z_2 = \dfrac{L}{C} = K^2$ … ㉠

단, K=공칭 임피던스이다.

차단 주파수의 범위는 $\dfrac{X_1(w)}{2K} = \dfrac{-\dfrac{1}{wC}}{2K} = -1$인 조건에서 $\dfrac{1}{2KwC} = 1$

$w = 2\pi f_c = \dfrac{1}{2KC}$ [rad/sec]이다.

∴ f_c(차단 주파수)$= \dfrac{1}{4\pi KC} = \dfrac{1}{4\pi\sqrt{\dfrac{L}{C}} \times C} = \dfrac{1}{4\pi\sqrt{LC}}$[Hz]이다.

22 그림과 같은 L형 감쇠기를 $100[\Omega]$의 그림의 위치 전원과 부하사이에 연결하여 $20[dB]$의 감쇠를 얻고자 한다. R_1, R_2는 몇 $[\Omega]$로 하면 되겠는가?

① $R_1 = 50[\Omega]$, $R_2 = \dfrac{70}{3}[\Omega]$

② $R_1 = 130[\Omega]$, $R_2 = \dfrac{20}{9}[\Omega]$

③ $R_1 = 70[\Omega]$, $R_2 = 90[\Omega]$

④ $R_1 = 90[\Omega]$, $R_2 = \dfrac{100}{9}[\Omega]$

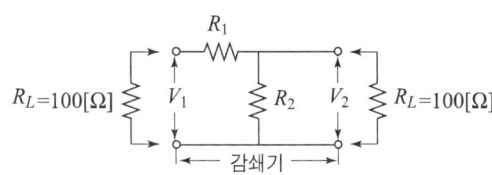

해설

2차측 단락시 $R_L = 100 = R_1 + \dfrac{R_2 \times R_L}{R_2 + R_L}[\Omega]$ … ㉠

$\alpha(\text{감쇠량}) = \dfrac{V_1}{V_2} = \dfrac{I_1 R_L}{I_2 R_L} = \dfrac{I_1}{I_2} = \dfrac{I_1}{\dfrac{R_2}{R_2+R_L} \times I_1} = \dfrac{R_2+R_L}{R_2} = 1 + \dfrac{R_L}{R_2}$ 에서 $\dfrac{R_L}{R_2} = \alpha - 1$

$\therefore R_2 = \dfrac{R_L}{\alpha - 1} = \dfrac{100}{10-1} = \dfrac{100}{9}[\Omega]$ 이다(단, $dB = 20 = 20\log_{10}\dfrac{V_1}{V_2} = 20\log_{10}10$ 이다).

$\therefore \dfrac{V_1}{V_2} = \alpha = 10[\Omega]$

$R_2 = \dfrac{100}{9}[\Omega]$를 ㉠식에 대입하면

$R_L = 100 = R_1 + \dfrac{R_2 \times R_L}{R_2 + R_L} = R_1 + \dfrac{\dfrac{100}{9} \times 100}{\dfrac{100}{9} + 100} = R_1 + \dfrac{10000}{100 + 900} = R_1 + 10$

$\therefore R_1 = 100 - 10 = 90[\Omega]$

정답 22 ④

Chapter 09 분포정수회로

4부 회로이론

❶ 일반선로

① Z_0(선로특성임피던스) $=\sqrt{\dfrac{Z}{Y}}=\sqrt{Z_{1f}Z_{1s}}=\sqrt{\dfrac{AB}{CD}}\,[\Omega]$

② r(전파정수) $=\alpha+j\beta=\sqrt{YZ}$

α(감쇠정수) $=\sqrt{\dfrac{1}{2}(|YZ|+RG-XB)}$

[단위] $\begin{bmatrix} \text{neper} = \ln\dfrac{V_1}{V_2}=\dfrac{1}{2}\ln_e\dfrac{P_1}{P_2} \\ \text{dB} = 20\log_{10}\dfrac{V_1}{V_2}=10\log_{10}\dfrac{P_1}{P_2} \end{bmatrix}$ $\dfrac{\text{dB}}{\text{neper}}=8.686$

β(위상정수) $=\sqrt{\dfrac{1}{2}(|YZ|-RG+XB)}$

[단위] $\begin{bmatrix} \text{radian} & \pi & \dfrac{\pi}{2} \\ & \Downarrow & \Downarrow \\ \text{degree} & 180° & 90° \end{bmatrix}$ $2\pi : 360 = x(\text{radian}) : y°$

③ v(위상속도, 전파속도) $=\dfrac{w}{\beta}=\dfrac{1}{\sqrt{LC}}=\dfrac{1}{\sqrt{\varepsilon\mu}}\,[\text{m/sec}]$

❷ 무손실선로 (송전전송선로)

$\left. \begin{array}{l} R = 0 \\ G = 0 \end{array} \right] \varepsilon_s = \mu_s = 1$

① Z_0(선로특성임피던스) $= \sqrt{\dfrac{Z}{Y}} = \sqrt{\dfrac{L}{C}} = \sqrt{\dfrac{\mu_0}{\varepsilon_0}}\,[\Omega]$

② r(전파정수) $= \alpha + j\beta = j\beta = jw\sqrt{LC}$

r(전파정수) $= \sqrt{YZ} = jw\sqrt{LC}$

α(감쇠정수) $= 0$

β(위상정수) $= w\sqrt{LC}$

③ v(위상속도) $= \dfrac{w}{\beta} = \dfrac{1}{\sqrt{LC}} = \dfrac{1}{\sqrt{\varepsilon_0 \mu_0}} = C_0 = f\lambda\,[\text{m/sec}]$

λ(파장) $= \dfrac{2\pi}{\beta} = \dfrac{C_0}{f} = \dfrac{v}{f}\,[\text{m}]$

단, $L = \dfrac{N^2}{R} = \dfrac{N^2}{\dfrac{l}{\mu S}} = \dfrac{\mu S N^2}{l}\,[\text{H}]$ $\quad\therefore \left[\begin{array}{l} L \fallingdotseq N^2 \\ L \fallingdotseq \mu = \mu_0 \mu_s\,[\text{H/m}] \end{array} \right.$

$C = \dfrac{\varepsilon S}{d} \fallingdotseq \varepsilon = \varepsilon_0 \varepsilon_s\,[\text{F/m}]$

❸ 송·수전단, 전압, 전류 관계 [장거리(송전, 전송)선로]

100[km] 이상으로 분포정수회로이다.

$V_s = V_R \cosh rl + Z_0 I_R \sinh rl = AV_R + BI_R\,[\text{V}]$

$I_s = \dfrac{1}{Z_0} V_R \sinh rl + I_R \cosh rl = CV_R + DI_R\,[\text{A}]$

Z_{1s}(구동점 임피던스) $= \left. \dfrac{V_S}{I_S} \right)_{V_R = 0} = Z_0 \tanh rl$ ·································· ①

Z_{1f}(구동점 임피던스) $= \left. \dfrac{V_S}{I_S} \right)_{I_R = 0} = Z_0 \coth rl$ ·································· ②

$\therefore Z_0$(선로특성임피던스) $= \sqrt{Z_{1s} Z_{1f}} = \sqrt{\dfrac{AB}{CD}}\,[\Omega]$

❹ 무왜조건(일그러짐이 없는 조건)

$\dfrac{R}{L} = \dfrac{G}{C}$, $RC = LG$, $r = \sqrt{RG} + jw\sqrt{LC}$

단, 일반적인 전송선로인 경우는 $RC \geqq LG$

❺ 반사계수

$\rho = \dfrac{Z_L - Z_0}{Z_L + Z_0}$

무한이 긴 선로(무한장선로) $Z_L = Z_0$ 이다.

∴ ρ(반사계수) $= \dfrac{Z_L - Z_0}{Z_L + Z_0} = 0$ 이다.

S(정재파비) $= \dfrac{1 + |\rho|}{1 - |\rho|} = \dfrac{V_1 + V_2}{V_1 - V_2}$

$\begin{bmatrix} V_1 \text{(입사전압)} \\ V_2 \text{(반사전압)} \end{bmatrix}$

Chapter 09 적중예상문제

01 분포정수회로에서 수전단의 끝을 개방하면 반사계수는?

① 0 　　　　　　　　　② −1
③ 1 　　　　　　　　　④ ∞

 수전단 끝단 개방시에는 $I_R = 0$이며, $Z_L = 0$이다.
※ 반사계수 $\rho = \dfrac{Z_L - Z_O}{Z_L + Z_O} = \left|\dfrac{-Z_O}{Z_O}\right| = 1$ (절대치이다)

02 1[km] 당의 인덕턴스 25[mH], 정전용량 0.005[μF]의 선로가 있다. 무손실선로라고 가정한 경우 위상속도는?

① 6.95×10^4[km/s]
② 6.95×10^{-4}[km/s]
③ 8.95×10^{-4}[km/s]
④ 8.95×10^4[km/s]

 위상속도(무손실인 경우)
$$v = \dfrac{\omega}{\beta} = \dfrac{\omega}{\omega\sqrt{LC}} = \dfrac{1}{\sqrt{LC}} = \dfrac{1}{\sqrt{25 \times 10^{-3} \times 0.005 \times 10^{-6}}} = 8.95 \times 10^4 [\text{km/sec}]$$

03 30을 데시벨(dB)로 표시하면? (단, $\log_{10} 3 = 0.477$)

① 25.4 　　　　　　　② 29.5
③ 30.1 　　　　　　　④ 35.3

해설 $20\log_{10} 30 = 20\log_{10} 10 + 20\log_{10} 3 = 20 + 20 \times 0.477 = 29.5$

정답 01 ③　02 ④　03 ②

04 전송선로의 특성임피던스가 50[Ω]이고, 부하저항이 150[Ω]이면 부하에서의 반사계수는?

① 0
② 0.5
③ 0.3
④ 1

 반사계수 $\rho = \dfrac{Z_L - Z_o}{Z_L + Z_o} = \dfrac{150-50}{150+50} = \dfrac{100}{200} = \dfrac{1}{2} = 0.5$

05 그림과 같은 회로에서 특성임피던스 Z_0는 약 얼마인가?

① 3.25
② 4.25
③ 5.25
④ 6.25

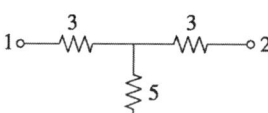

 $Z_{1f} = 3+5 = 8[\Omega]$, $Z_{1s} = 3 + \dfrac{3 \times 5}{3+5} = \dfrac{39}{8}[\Omega]$

※ 선로의 특성 impedance $Z_o = \sqrt{Z_{1f} \cdot Z_{1s}} = \sqrt{8 \times \dfrac{39}{8}} = \sqrt{39} \fallingdotseq 6.25[\Omega]$

06 무손실 유한장 선로의 길이가 1/3 파장일 때 수전단을 단락하였을 때 송전단에서 본 임피던스는?

① 유도성 리액턴스
② 용량성 리액턴스
③ 저항 리액턴스
④ 무유도성 리액턴스

송·수전단 전압, 전류의 관계

$V_s = V_R \cos h\gamma l + Z_0 I_R \sin h\gamma l$, $I_s = \dfrac{1}{Z_0} V_R \sin h\gamma l + I_R \cos h\gamma l$이다.

무손실선로인 경우는 $R=0$, $G=0$, $\varepsilon_s = \mu_s = 1$이다.

Z_0(선로의 특성임피던스)$= \sqrt{\dfrac{Z}{Y}} = \sqrt{\dfrac{L}{C}}$ [Ω]이다.

α(감쇠정수)$= 0$, β(위상정수)$= w\sqrt{LC}$ 이다.

γ(전파정수)$= \alpha + j\beta = j\beta = j\dfrac{2\pi}{\lambda}$ 이다.

∴ 수전단 단락이란 $V_R = 0$일 때

Z_{1s}(송전단에서 본 임피던스)$= \dfrac{Z_0 I_R \sin h\gamma l}{I_R \cos h\gamma l} = Z_0 \tan h\gamma l = jZ_0 \tan \beta l = jZ_0 \tan \dfrac{2\pi}{\lambda} \times \dfrac{\lambda}{3}$

$= jZ_0 \tan \dfrac{2\pi}{3} = jZ_0 \times \dfrac{\sin \dfrac{2\pi}{3}}{\cos \dfrac{2\pi}{3}} = jZ_0 \times \dfrac{\dfrac{\sqrt{3}}{2}}{-\dfrac{1}{2}} = -j\sqrt{3} Z_0 [\Omega]$로서 용량성 리액턴스가 된다.

07 통신 선로의 종단을 개방했을 때의 입력 임피던스 Z_f 종단을 단락했을 때의 입력 임피던스를 Z_s라고 할 때 Z_0(특성임피던스)[Ω]의 식은?

① $Z_0 = \sqrt{\dfrac{Z_f}{Z_0}}$
② $Z_0 = \sqrt{\dfrac{Z_0}{Z_f}}$
③ $Z_0 = Z_f Z_s$
④ $Z_0 = \sqrt{Z_s Z_f}$

 송·수전단 전압, 전류의 관계

$V_s = V_R \cosh\gamma l + Z_0 I_R \sinh\gamma l$, $I_s = \dfrac{1}{Z_0} V_R \sinh\gamma l + I_R \cosh\gamma l$ 통신 선로는 무손실선로이며, $R=0$, $G=0$, $\varepsilon_s = \mu_s = 1$인 선로이다.

㉠ 수전단 단락($V_R = 0$), 송전단에서 본 임피던스

Z_s (입력 임피던스) $= \dfrac{Z_0 I_R \sinh\gamma l}{I_R \cosh\gamma l} = Z_0 \tanh\gamma l$ …… ㉠

㉡ 수전단 개방($I_R = 0$), 송전단에서 본 임피던스

Z_f (입력 임피던스) $= \dfrac{V_R \cosh\gamma l}{\dfrac{1}{Z_0} V_R \sinh\gamma l} = Z_0 \coth\gamma l$ … ㉡

㉠×㉡에서 $Z_s \times Z_f = Z_0 \tanh\gamma l \times Z_0 \coth\gamma l = Z_0^2$

∴ Z_0(통신 선로의 특성임피던스) $= \sqrt{Z_s Z_f}$ 이다.

08 수전단 개방의 무손실선로에 있어서 입력 임피던스의 절대값을 특성임피던스와 같게 하려면 선로의 길이를 파장의 몇 배로 하면 되겠는가?

① $\dfrac{\lambda}{2}$
② $\dfrac{\lambda}{4}$
③ $\dfrac{\lambda}{6}$
④ $\dfrac{\lambda}{8}$

 송·수전단 전압, 전류의 관계식

수전단 개방($I_R = 0$), 무손실선로 $R=0$, $G=0$, $\varepsilon_s = \mu_s = 1$이며,

Z_0(특성임피던스) $= \sqrt{\dfrac{L}{C}}$ [Ω], γ(전파정수) $= \alpha + j\beta = j\beta = \dfrac{2\pi}{\lambda}$ 이다.

Z_f(수전단 개방시 입력 임피던스) $= \dfrac{V_R \cosh\gamma l}{\dfrac{1}{Z_0} V_R \sinh\gamma l} = Z_0 \coth\gamma l = -jZ_0 \cot\beta l$

$= -j\sqrt{\dfrac{L}{C}} \cot\beta l = \left| -j\sqrt{\dfrac{L}{C}} \cot\beta l \right| = |Z_0| = \left| \sqrt{\dfrac{L}{C}} \right|$의 관계식에서

$\cot\beta l = 1$, $\beta l = \cot^{-1} 1 = \dfrac{\pi}{4}$이다.

∴ l(선로의 길이) $= \dfrac{\pi}{4\beta} = \dfrac{\pi}{4 \times \dfrac{2\pi}{\lambda}} = \dfrac{\lambda}{8}$ [m]이다.

09 동축 케이블 선로에서의 단위길이당 특성임피던스 $Z_0[\Omega]$의 값은?

① $276\sqrt{\dfrac{\mu_s}{\varepsilon_s}}\log_{10}\dfrac{b}{a}$

② $356\sqrt{\dfrac{\varepsilon_s}{\mu_s}}\log_{10}\dfrac{b}{a}$

③ $138\sqrt{\dfrac{\mu_s}{\varepsilon_s}}\log_{10}\dfrac{b}{a}$

④ $425\sqrt{\dfrac{\varepsilon_s}{\mu_s}}\log_{10}\dfrac{a}{b}$

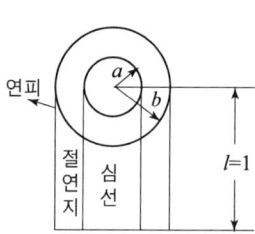

해설 ㉠ 자계에서 B(자속밀도)$=\dfrac{d\phi}{ds}=\mu H [\text{wb/m}^2]$

∴ $\phi=\int_a^b B ds [\text{wb}]$

Amper의 주회적분 법칙에서 동축 케이블 중심으로부터 임의거리 $r[\text{m}]$ 떨어진 점에 자계세기 $H=\dfrac{I}{2\pi r}[\text{AT/m}]$이다.

∴ Faraday 전자유도법칙에서

$L=\dfrac{\phi}{I}=\dfrac{\int_a^b B ds}{I}=\dfrac{\int_a^b \mu H \times 1\, dr}{I}=\dfrac{\int_a^b \mu \times \dfrac{I}{2\pi r}\, dr}{I}=\dfrac{\mu}{2\pi}\ln_e\dfrac{b}{a}[\text{H}]\cdots$ ㉠

㉡ 전계에서 λ(선전하밀도)$=\dfrac{Q}{l}=\dfrac{Q}{1}=Q[\text{C/m}]$이다.

V(전압)$=-\int_b^a E dr=-\int_b^a \dfrac{\lambda}{2\pi\varepsilon r}\, dr=\dfrac{\lambda}{2\pi\varepsilon}\ln_e\dfrac{b}{a}[\text{V}]$이다.

C(정전용량)$=\dfrac{Q}{V}=\dfrac{\lambda}{V}=\dfrac{\lambda}{-\int_b^a E dr}=\dfrac{\lambda}{\dfrac{\lambda}{2\pi\varepsilon}\ln_e\dfrac{b}{a}}=\dfrac{2\pi\varepsilon}{\ln_e\dfrac{b}{a}}[\text{F}]\cdots$ ㉡

㉠, ㉡식에서 Z_0(동축 케이블 선로의 특성임피던스)는

$\sqrt{\dfrac{L}{C}}=\sqrt{\dfrac{\dfrac{\mu}{2\pi}\ln_e\dfrac{b}{a}}{\dfrac{2\pi\varepsilon}{\ln_e\dfrac{b}{a}}}}=\sqrt{\dfrac{\mu_o\mu_s\left(\ln_e\dfrac{b}{a}\right)^2}{(2\pi)^2\varepsilon_o\varepsilon_s}}=\sqrt{\dfrac{4\pi\times10^{-7}\mu_s[2.3026\log_{10}\dfrac{b}{a}]^2}{4\pi^2\times8.855\times10^{-12}\varepsilon_s}}$

$\fallingdotseq 138\sqrt{\dfrac{\mu_s}{\varepsilon_s}}\log_{10}\dfrac{b}{a}[\Omega]$이다.

10 2선식 선로에서의 단위길이당 선로의 Z_0(특성임피던스)$[\Omega]$는?

① $276\sqrt{\dfrac{\mu_s}{\varepsilon_s}}\log_{10}\dfrac{d}{a}$

② $138\sqrt{\dfrac{\mu_s}{\varepsilon_s}}\log_{10}\dfrac{d}{a}$

③ $328\sqrt{\dfrac{\varepsilon_s}{\mu_s}}\log_{10}\dfrac{d}{a}$

④ $369\sqrt{\dfrac{\varepsilon_s}{\mu_s}}\log_{10}\dfrac{d}{a}$

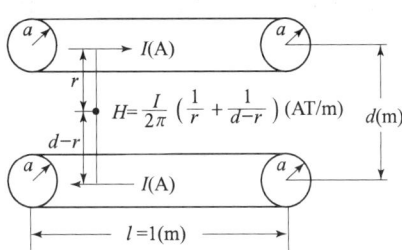

㉠ 자계에서 B(자속밀도)$=\dfrac{d\phi}{ds}=\mu H$ [wb/m²], ϕ[자속]$=\int_a^{d-a} Bds$ [wb], Ampere주 회적분의 법칙에서 무한직선 도체로부터 임의거리 r[m] 떨어진 점에 자계세기 $H_1=\dfrac{I}{2\pi r}$ [AT/m]이다. 또한, 무한직선 도체로부터 $d-r$[m] 떨어진 점에 자계세기 $H_2=\dfrac{I}{2\pi(d-r)}$ [AT/m]이다.

∴ 2선식 선로 임의점에 자계 H(평등 자계)$=H_1+H_2=\dfrac{I}{2\pi}\left(\dfrac{1}{r}+\dfrac{1}{d-r}\right)$[AT/m]이다.

Faraday 전자유도법칙에서

$$L=\dfrac{\phi}{I}=\dfrac{\int_a^{d-a}\mu H dr}{I}=\dfrac{\int_a^{d-a}\mu\times\dfrac{I}{2\pi}\left(\dfrac{1}{r}+\dfrac{1}{d-r}\right)dr}{I}\fallingdotseq\dfrac{\mu}{2\pi}\times 2\ln_e\dfrac{d}{a}\fallingdotseq\dfrac{\mu}{\pi}\ln_e\dfrac{d}{a}\;[\text{H}]\cdots ㉠$$

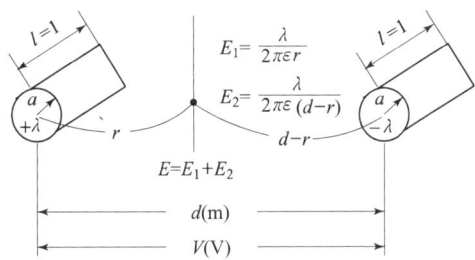

㉡ 전계에서 λ(선전하밀도)$=\dfrac{Q}{l}=\dfrac{Q}{1}=Q$[c/m]이다. 가우스의 정리적분형에서 $+\lambda$[C/m]로부터 임의거리 r[m] 떨어진 점에 전계세기 $E_1=\dfrac{\lambda}{2\pi\varepsilon r}$ [V/m], $-\lambda$[C/m]로부터 $d-r$[m] 떨어진 점에 전계세기 $E_2=\dfrac{\lambda}{2\pi\varepsilon(d-r)}$ [V/m]이다.

∴ 2선식 선로 임의점에 전계세기 E(평등 전계)$=E_1+E_2=\dfrac{\lambda}{2\pi\varepsilon}\left(\dfrac{1}{r}+\dfrac{1}{d-r}\right)$[V/m]이다.

$$C(\text{정전용량})=\dfrac{Q}{V}=\dfrac{\lambda}{V}=\dfrac{\lambda}{-\int_{d-a}^{a} Edr}=\dfrac{\lambda}{-\int_{d-a}^{a}\dfrac{\lambda}{2\pi\varepsilon}\left(\dfrac{1}{r}+\dfrac{1}{d-r}\right)dr}$$

$$=\dfrac{\lambda}{\dfrac{\lambda}{2\pi\varepsilon}\times 2\ln_e\dfrac{d}{a}}\fallingdotseq\dfrac{\pi\varepsilon}{\ln_e\dfrac{d}{a}}\;[\text{F}]\cdots ㉡$$

∴ ㉠, ㉡식에서 Z_0(2선식 선로의 특성임피던스)는

$$\sqrt{\dfrac{L}{C}}=\sqrt{\dfrac{\dfrac{\mu}{\pi}\ln_e\dfrac{d}{a}}{\dfrac{\pi\varepsilon}{\ln_e\dfrac{d}{a}}}}=\sqrt{\dfrac{\mu_0\mu_s\left(\ln_e\dfrac{d}{a}\right)^2}{\pi^2\varepsilon_0\varepsilon_s}}=\sqrt{\dfrac{4\pi\times 10^{-7}\mu_s\left(2.3026\log_{10}\dfrac{d}{a}\right)^2}{\pi^2\times 8.855\times 10^{-12}\varepsilon_s}}\fallingdotseq 276\sqrt{\dfrac{\mu_s}{\varepsilon_s}}\log_{10}\dfrac{d}{a}\;[\Omega]$$

11 특성임피던스 50[Ω] 길이 10[m]의 무손실선로에서 수전단을 단락하는 경우 100[MHz] 주파수에서의 입력 임피던스 $Z_s[\Omega]$는 얼마인가?

① $j20\sqrt{3}$
② $-j50\sqrt{3}$
③ $j10\sqrt{3}$
④ $40\sqrt{2}$

 수전단 단락($V_R=0$), 무손실 선로 $R=0$, $G=0$, $\varepsilon_s=\mu_s=1$이며,
γ(전파정수)$=\alpha+j\beta=j\beta=j\dfrac{2\pi}{\lambda}=j\dfrac{2\pi}{\dfrac{C_0}{f}}$ 이다.

∴ Z_s(수전단 단락 입력 임피던스)$=\dfrac{Z_0 I_R \sinh\gamma l}{I_R \cosh\gamma l}=Z_0\tan h\gamma l=jZ_0\tan\beta l=jZ_0\tan\dfrac{2\pi}{\lambda}l$

$=j50\tan\dfrac{2\pi}{\dfrac{C_0}{f}}=j50\tan\dfrac{2\pi}{\dfrac{3\times10^8}{100\times10^6}}=j50\tan\dfrac{2\pi}{3}=j50\times(-\sqrt{3})$

$=-j50\sqrt{3}\,[\Omega]$ 이는 용량성 리액턴스의 값이다.

Chapter 10 과도현상

4부 회로이론

① R-L 직렬 회로 과도현상

1초 이내에 일어나는 현상

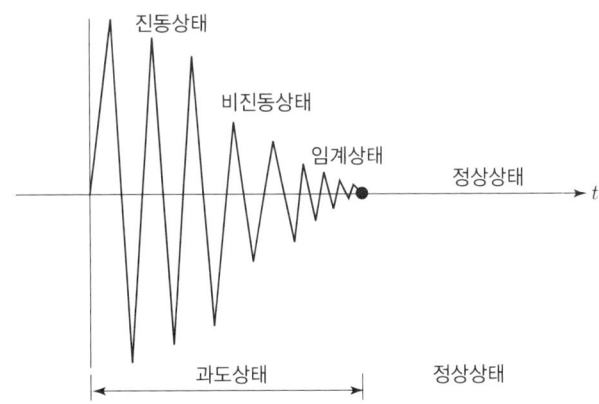

과도상태 $\xleftrightarrow{\quad L \quad}_{L^{-1}}$ 정상상태 $\begin{bmatrix} L(\text{라플라스 변환}) \\ L^{-1}(\text{역변환}) \end{bmatrix}$

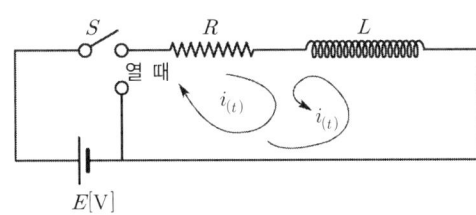

① S를 닫는 순간의 과도전류 $i_{(t)} = \dfrac{E}{R}\left(1 - e^{-\frac{R}{L}t}\right)$[A]이다.

② S를 열때 과도전류 $i_{(t)} = \dfrac{E}{R} e^{-\frac{R}{L}t}$ [A]이다.

③ 시정수 $\tau = \dfrac{L}{R}$[sec]이다.

④ 시정수가 크면 클수록 과도현상은
  ㉠ 길어진다.
  ㉡ 오래 지속된다.
  ㉢ 천천히 사라진다.

⑤ $\tan\theta$(기울기)$= \dfrac{I}{\tau}$이다.

⑥ 과도현상이 안생길 전압위상 $\theta = \tan^{-1}\dfrac{\omega L}{R}$ 이다.

❷ R-C 직렬 회로 과도현상

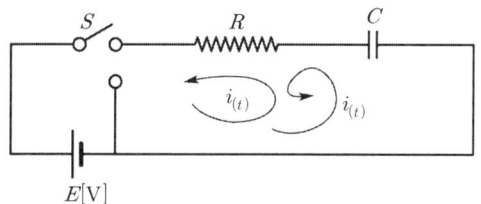

① S를 닫는 순간 과도전류 $i_{(t)} = \dfrac{E}{R} e^{-\frac{1}{CR}t}$ [A]이다.

② S를 열 때의 과도전류 $i_{(t)} = -\dfrac{Q_0}{CR} e^{-\frac{1}{CR}t} = -\dfrac{V}{R} e^{-\frac{1}{CR}t}$ [A]이다.

③ 시정수 $\tau = CR$[sec]이다.

④ 시정수가 크면 클수록 과도현상은
  ㉠ 길어진다.
  ㉡ 천천히 사라진다.
  ㉢ 오래 지속된다.

⑤ 과도현상이 안 생길 전압위상 $\theta = \dfrac{\pi}{2} - \tan^{-1}\dfrac{1}{\omega cR}$ 이다.

⑥ $\tan\theta$(기울기)$= \dfrac{I}{\tau}$이다.

⑦ 미분회로, 적분회로
　㉠ $T > CR$ → 미분회로

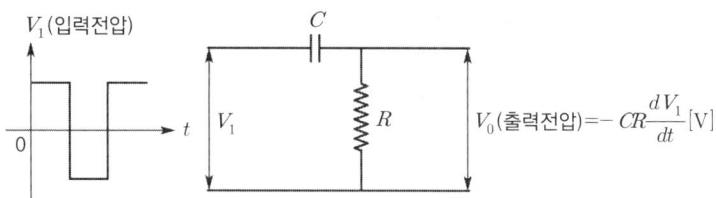

처음에는 입력과 같이 변하다가 서서히 감소하는 양이다.

　㉡ $T < CR$ → 적분회로

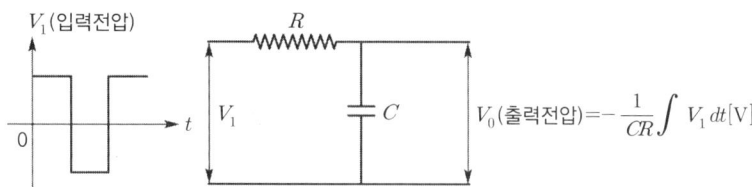

0으로부터 지수적으로 증가하는 양이다.

❸ L-C 직렬 회로 과도현상

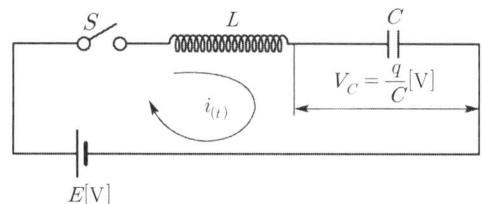

① S를 닫는 순간의 과도전류 $i_{(t)} = \dfrac{E}{\sqrt{\dfrac{L}{C}}} \sin \dfrac{1}{\sqrt{LC}} t \,[\text{A}]$

② $q = CE\left(1 - \cos \dfrac{1}{\sqrt{LC}} t\right)[\text{C}]$

③ $V_{C\max} = \dfrac{q}{C} = E\left(1 - \cos \dfrac{1}{\sqrt{LC}} t\right) = 2E\,[\text{V}]$

④ R-L-C 직렬 회로 과도현상

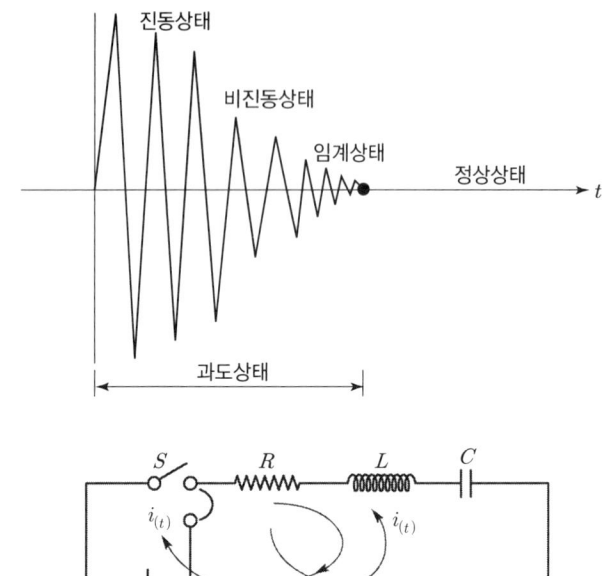

① $P(\text{특이해}) = -\dfrac{R}{2L} \overset{\oplus}{\underset{\ominus}{}} \sqrt{\left(\dfrac{R}{2L}\right)^2 - \dfrac{1}{LC}}$

- $-\dfrac{R}{2L}$: 실수 = 정상상태
- $\oplus$: 비진동
- $\ominus$: 진동
- $\pm\sqrt{\left(\dfrac{R}{2L}\right)^2 - \dfrac{1}{LC}}$: 허수(ω) = 과도상태

②

비진동상(+)	진동상태(−)	임계상태(0)
$\left(\dfrac{R}{2L}\right)^2 - \dfrac{1}{LC} > 0$	$\left(\dfrac{R}{2L}\right)^2 - \dfrac{1}{LC} < 0$	$\left(\dfrac{R}{2L}\right)^2 - \dfrac{1}{LC} = 0$
$R^2 > 4\dfrac{L}{C}$	$R^2 < 4\dfrac{L}{C}$	$R^2 = 4\dfrac{L}{C}$
$R^2 - 4\dfrac{L}{C} > 0$	$R^2 - 4\dfrac{L}{C} < 0$	$R^2 - 4\dfrac{L}{C} = 0$
$R > 2\sqrt{\dfrac{L}{C}}$	$R < 2\sqrt{\dfrac{L}{C}}$	$R = 2\sqrt{\dfrac{L}{C}}$
$R - 2\sqrt{\dfrac{L}{C}} > 0$	$R - 2\sqrt{\dfrac{L}{C}} < 0$	$R - 2\sqrt{\dfrac{L}{C}} = 0$
$\left(\dfrac{R}{L} - \dfrac{G}{C}\right)^2 > 4\dfrac{L}{C}$	$\left(\dfrac{R}{L} - \dfrac{G}{C}\right)^2 < 4\dfrac{L}{C}$	$\left(\dfrac{R}{L} - \dfrac{G}{C}\right)^2 = 4\dfrac{L}{C}$

❺ 직병렬 회로 과도현상

①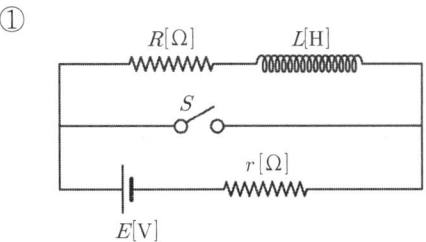

㉠ S를 닫았다. 열 때의 과도전류 $i_{(t)} = \dfrac{E}{r+R} e^{-\frac{R}{L}t}$ [A]이다.

㉡ 시정수 $\tau = \dfrac{L}{R}$ [sec]이다.

②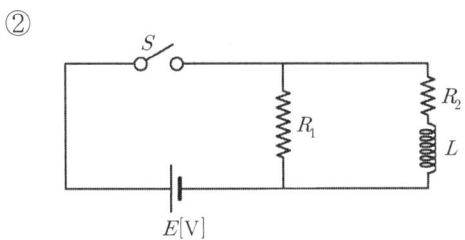

㉠ S를 닫았다. 열 때의 과도전류 $i_{(t)} = \dfrac{E}{R_2} e^{-\frac{(R_1+R_2)t}{L}}$ [A]이다.

㉡ 시정수 $\tau = \dfrac{L}{R_1+R_2}$ [sec]이다.

❻ 교류 회로 과도현상

1) R-L 교류 직렬 회로 과도현상

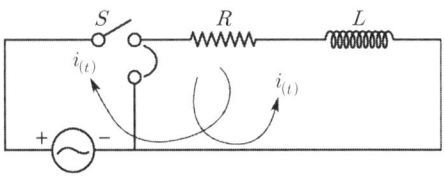

$$V_{(t)} = V\sin(wt+\phi)\,[\text{V}]$$

① S를 닫는 순간의 과도전류(특이해)

$$i_{(t)} = \frac{V_{(t)}}{|Z|\angle\theta} = \frac{V}{\sqrt{R^2+(wL)^2}}\sin(wt+\phi-\theta) \cdots\cdots ㉠$$

② S를 열 때의 과도전류(일반해)

$$Ri_{(t)} + L\frac{di_{(t)}}{dt} = 0 \text{에서 } i_{(t)} = Ke^{-\frac{R}{L}t}[A] \cdots\cdots ㉡$$

∴ (1)+(2)식에서 과도전류 $i_{(t)} = \frac{V}{\sqrt{R^2+(wL)^2}}\sin(wt+\phi-\theta) + Ke^{-\frac{R}{L}t}[A]$

∴ 과도현상이 안 생길 조건은 $\theta = \phi = \tan^{-1}\frac{wL}{R}$, $t=0$, $i_{(t)}=0$에서 $K=0$일 때이다.

2) R-C 교류 직렬 회로 과도현상

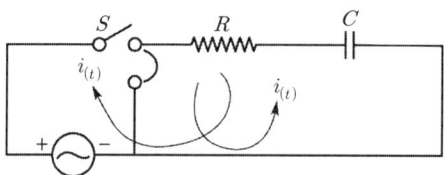

$$V_{(t)} = V\sin(wt+\phi)[V]$$

① S를 닫는 순간의 과도전류(특이해)

$$i_{(t)} = \frac{V_{(t)}}{|Z|\angle -\theta} = \frac{V}{\sqrt{R^2+\left(\frac{1}{wC}\right)^2}}\sin(wt+\phi+\theta) \cdots\cdots ㉠$$

② S를 열 때의 과도전류(일반해)

$$Ri_{(t)} + \frac{1}{C}\int i_{(t)}dt = 0 \text{에서 } i_{(t)} = Ke^{-\frac{1}{CR}t}[A] \cdots\cdots ㉡$$

∴ (1)+(2)식에서 과도전류 $i_{(t)} = \frac{wCV}{\sqrt{1+(wCR)^2}}\sin(wt+\phi+\theta) + Ke^{-\frac{1}{CR}t}[A]$

∴ 과도현상이 안 생길 조건은 $\theta = \phi = \tan^{-1}\frac{1}{wCR} = 0$이어야 하며 $t=0$, $i_{(t)}=0$, $K=0$일 때이다.

Chapter 10 적중예상문제

01 저항 10[Ω], 인덕턴스 50[H]의 R-L 직렬 회로에 100[V]의 전압을 인가하였을 때 시정수(sec)는?

① 0.2
② 0.8
③ 1.25
④ 5

해설 R-L 직렬 회로의 과도현상에서 시정수 $\tau = \dfrac{L}{R}[\sec]$ … ㉠
R-C 직렬 회로의 과도현상에서 시정수 $\tau = CR[\sec]$ … ㉡
∴ R-L 직렬 회로 시정수 $\tau = \dfrac{L}{R} = \dfrac{50}{10} = 5[\sec]$ 이다.

02 R-L-C 직렬 회로에서 과도현상의 진동이 일어나지 않을 조건은?

① $\left(\dfrac{R}{2L}\right)^2 - \dfrac{1}{LC} > 0$
② $\left(\dfrac{R}{2L}\right)^2 - \dfrac{1}{LC} < 0$
③ $\left(\dfrac{R}{2L}\right)^2 = \dfrac{1}{LC}$
④ $\dfrac{R}{2L} = \dfrac{1}{LC}$

해설 R-L-C 직렬 회로의 과도현상에서 S(스위치)를 닫았을 때 키르히호프 제2법칙에서
$Ri_{(t)} + L\dfrac{di_{(t)}}{dt} + \dfrac{1}{C}\int i_{(t)}dt = 0 \; (i_{(t)} = \dfrac{dq}{dt}[A], \; P(특이해) = \dfrac{d}{dt})$
$R\dfrac{dq}{dt} + L\dfrac{d}{dt}\dfrac{dq}{dt} + \dfrac{1}{C}\int \dfrac{dq}{dt}dt = 0$
$P(특이해) = \dfrac{d}{dt}$ 를 대입하면 $\left(RP + LP^2 + \dfrac{1}{C}\right)q = 0$
∴ $LP^2 + RP + \dfrac{1}{C} = 0$ 에 근의 공식 대입

$P(특이해) = -\dfrac{R}{2L} \pm \dfrac{\sqrt{R^2 - 4L \times \dfrac{1}{C}}}{2L} = -\dfrac{R}{2L} \pm \sqrt{\left(\dfrac{R}{2L}\right)^2 - \dfrac{1}{LC}}$

실수=정상상태 $\left(-\dfrac{R}{2L}\right)$, 허수=과도상태($\omega$), 비진동상태(+), 진동상태(-), 임계상태(0)
∴ 진동이 일어나지 않을 조건은 허수(-)일 때이다.
즉 $\left(\dfrac{R}{2L}\right)^2 - \dfrac{1}{LC} > 0$ 일 때를 말한다(비진동인 상태를 말한다).

03 R-L 직렬 회로에서 $t=0$일 때, 직류 전압 100[V]를 인가하면 흐르는 전류 $i(t)$는?
(단, $R=50[\Omega]$, $L=10[H]$이다.)

① $2(1-e^{5t})$
② $2(1-e^{-5t})$
③ $1.96(1-e^{\frac{t}{5}})$
④ $1.96(1+e^{-\frac{t}{5}})$

해설 R-L 직렬 회로의 과도현상에서 S(스위치)를 닫는 순간의 과도전류
$i_{(t)} = \frac{E}{R}\left(1-e^{-\frac{R}{L}t}\right) = \frac{100}{50}\left(1-e^{-\frac{50}{10}t}\right) = 2(1-e^{-5t})[A]$이다.

04 다음 그림과 같은 R-L 직렬 회로에서 $t=0$에서 스위치 S를 닫았다. 다음 설명 중 옳지 않은 것은?

① $t=0$때 전류 $I=0$이다.
② $t=0$때 R에 걸리는 전압은 0이다.
③ $t=\infty$ 때 L에 걸리는 전압은 0이다.
④ $t=\infty$ 때 R에 걸리는 전압은 0이다.

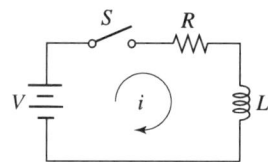

해설 S를 닫으면 직류전원에서 $t=\infty$일 때 $L \to$ 단락이 된다.
※ $t \to \infty$일 때 $I=\frac{V}{R}[A]$, R에 걸리는 전압 $V_R = IR[A]$이다.

05 그림과 같은 회로에서 $t=0$일 때 스위치 K를 닫았다. 시간 $t=\infty$일 때의 전류 $i(\infty)$ 값은 몇 [A]인가?

① 2.5
② 1.7
③ 1.545
④ 1

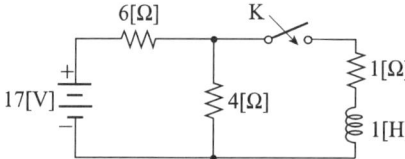

해설 직류전원을 가하므로 $t=\infty$일 때 $L=$단락, $t=\infty$일 때
전류 $I(\infty) = \frac{V}{R_t} = \frac{17}{6+\frac{4\times 1}{4+1}} = \frac{17}{6.8} = 2.5[A]$이다.

06 시정수 T인 R-L 직렬 회로에 $t=0$에서 직류전압을 가하였을 때 $t=4T$에서의 회로 전류는 정상치의 몇 %인가? (단, 초기치는 0으로 한다.)

① 63
② 86
③ 95
④ 98

R-L 직렬 회로에 직류전압을 가하는 순간의 과도전류

$$i_{(t)} = \frac{E}{R}\left(1-e^{-\frac{R}{L}t}\right) = \frac{E}{R}\left(1-e^{-\frac{R}{L}\times 4T}\right) = \frac{E}{R}\left(1-e^{-\frac{R}{L}\times 4\frac{L}{R}}\right)$$
$$= \frac{E}{R}(1-e^{-4}) = \frac{E}{R}(1-0.02) \fallingdotseq 0.98\frac{E}{R}[\text{A}] \; (단, \; T=\frac{L}{R}[\sec]) \quad \therefore \; 정상치 \; 전류의 \; 98\%이다.$$

07 R-L-C 직렬 회로에 $t=0$인 순간, 직류전압을 인가한다면 2계 선형 미분방정식은?

① $\dfrac{d^2i}{dt^2} + \dfrac{R}{L}\dfrac{di}{dt} + i = 0$
② $\dfrac{d^2i}{dt^2} + \dfrac{R}{L}\dfrac{di}{dt} + \dfrac{1}{LC}i = 0$
③ $CR\dfrac{d^2i}{dt^2} + \dfrac{R}{L}\dfrac{di}{dt} + i = 0$
④ $\dfrac{L}{R}\dfrac{d^2i}{dt^2} + \dfrac{R}{L}\dfrac{di}{dt} + CRi = 0$

 R-L-C 직렬 회로에 직류전압을 $t=0$에서 S(스위치)를 닫았 열 때의 키르히호프 제2법칙은
$Ri + L\dfrac{di}{dt} + \dfrac{1}{C}\int i\,dt = 0 \cdots \unicode{9312}$을 t에 관해 $\unicode{9312}$번 미분하면 $R\dfrac{di}{dt} + L\dfrac{d^2i}{dt^2} + \dfrac{i}{C} = 0$이다.
$L\dfrac{d^2i}{dt^2} + R\dfrac{di}{dt} + \dfrac{1}{C}i = 0$이다. $\therefore \dfrac{d^2i}{dt^2} + \dfrac{R}{L}\dfrac{di}{dt} + \dfrac{1}{LC}i = 0$이다.

08 R-L 직렬 회로에서 시정수는?

① $\dfrac{R}{L}$
② RL
③ $\dfrac{L}{R}$
④ $\dfrac{1}{RL}$

 R-L 직렬 회로의 시정수 $\tau = \dfrac{L}{R}[\sec]$이다.

09 계자코일이 있다. 그 권수 $N=5$회 저항 $R=10[\Omega]$으로 전류 $I=5[\text{A}]$를 흘릴 때 자속 $\phi = 30[\text{wb}]$였다. 이 회로의 시정수는 몇 초가 되는가?

① 0.2
② 0.6
③ 2
④ 3

Faraday 전자유도법칙에서 $LI = N\phi$이다.
$L = \dfrac{N\phi}{I} = \dfrac{5\times 30}{5} = 30[\text{H}]$이다.
$\therefore$ R-L 직렬 회로의 시정수 $\tau = \dfrac{L}{R} = \dfrac{30}{10} = 3[\sec]$이다.

10 저항 2[Ω] 자기인덕턴스 10[H]의 직렬 회로에 100[V]의 직류 전압을 인가할 때 스위치를 닫고서 약 몇 초 후에 전류는 최종값의 90%에 도달하는가?

① 0.015　　　　　　　　② 15
③ 1.15　　　　　　　　　④ 11.5

R-L 직렬 회로에서 S를 닫는 순간의 과도전류
$i_{(t)} = \dfrac{E}{R}\left(1 - e^{-\frac{R}{L}t}\right) = I\left(1 - e^{-\frac{R}{L}t}\right)$[A]에서 $\dfrac{i_{(t)}}{I} = 0.9 = \left(1 - e^{-\frac{R}{L}t}\right)$이다.

∴ $e^{-\frac{R}{L}t} = 1 - 0.9 = 0.1 = \dfrac{1}{10}$ 양변에 대수를 취하면

$-\dfrac{R}{L}t \ln_e e = \ln_e 1 - \ln_e 10 = 0 - 2.3026 \log_{10} 10$, $\dfrac{R}{L}t = 2.3026$이다.

∴ $t = \dfrac{L}{R} \times 2.3026 = \dfrac{10}{2} \times 2.3026 \fallingdotseq 11.5$[sec]이다.

11 R-C 직렬 회로망에서 스위치 S가 $t=0$일 때 닫혔다고 하면 전류 $i(t)$는 어느 식으로 표시되는가? [단, 콘덴서에는 초기 전하가 없었다.]

① $\dfrac{V}{R}e^{-RCt}$

② $\dfrac{V}{RC}e^{-\frac{t}{RC}}$

③ $\dfrac{V}{R}e^{\frac{t}{RC}}$

④ $\dfrac{V}{R}e^{-\frac{t}{RC}}$

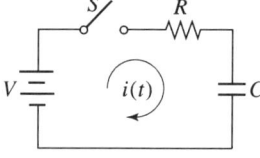

R-C 직렬 회로의 과도현상에서 S(스위치)를 닫는 순간의 과도전류(충전전류)
$i_{(t)} = \dfrac{V}{R}e^{-\frac{1}{CR}t}$[A]이다.

12 R-L 직렬 회로에서 시정수의 값이 클수록 과도현상의 소멸 시간은 어떻게 되는가?

① 천천히 사라진다.　　　　② 빨리 사라진다.
③ 관계가 없다.　　　　　　④ 과도현상 자체가 없다.

R-L 직렬 회로의 시정수 $\tau = \dfrac{L}{R}$[sec]로서 L[H]가 크면 클수록 τ(시정수)가 크다.
시정수가 크면 클수록 과도현상은 ① 길어진다. ② 천천히 사라진다. ③ 오래 지속된다.

13 그림의 직병렬 회로가 정상 상태로 그림위치에 있을 때 S를 닫은 후의 인덕턴스 L[H]의 전위차 V_L[V]의 식은?

① $-\dfrac{E}{R}e^{-\frac{R}{L}t}$

② $-\dfrac{RE}{R+r}e^{-\frac{R}{L}t}$

③ $\dfrac{R\times L}{R+L}e^{-\frac{R}{L}t}$

④ $\dfrac{R\times r}{R}e^{-\frac{L}{R}t}$

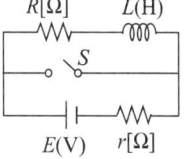

해설 S를 닫기 전의 초기치 값(적분상수) $I=\dfrac{E}{R+r}$[A]이다.

S를 닫는 순간의 과도전류 $i_{(t)}=\dfrac{E}{R+r}e^{-\frac{R}{L}t}$[A]이다.

∴ L(인덕턴스)에 걸리는 전압

$V_L = L\dfrac{di_{(t)}}{dt} = L\dfrac{d}{dt}\left(\dfrac{E}{R+r}e^{-\frac{R}{L}t}\right) = \dfrac{L\cdot E}{R+r}\left(-\dfrac{R}{L}\right)e^{-\frac{R}{L}t} = -\dfrac{R\cdot E}{R+r}e^{-\frac{R}{L}t}$ [V]이다.

14 L-C 직렬 회로에 직류 전압 E[V]를 갑자기 인가할 때 C[F]에 걸리는 최대치 전압 $V_{c\max}$[V]는 얼마인가?

① E
② $1.5E$
③ $2E$
④ $3E$

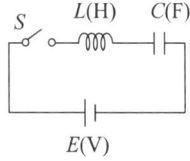

해설 $t=0$에서 직류 전압 E[V]를 급히 가할 때 C[F]에 저장된 전하

$q = CE\left(1-\cos\dfrac{1}{\sqrt{LC}}t\right)$[C]이다.

C[F]에 걸리는 전압 $V_c = \dfrac{q}{C} = \dfrac{CE\left(1-\cos\dfrac{1}{\sqrt{LC}}t\right)}{C} = E\left(1-\cos\dfrac{1}{\sqrt{LC}}t\right)$[V]이다.

∴ C[F]에 걸리는 최대 전압은 $\dfrac{1}{\sqrt{LC}}t$가 π일 때이다.

따라서 $V_{c\max} = E(1-\cos\pi) = E(1-(-1)) = 2E$[V]이다.

15 그림의 회로에서 인덕턴스 L[H]에 흐르는 전류 i_1[A]가 S를 닫는 순간부터 계속 일정하려면 R_1[Ω]와 R_2[Ω]는 각각 얼마가 되어야 하는가?

① $R_1 = R_2 = \dfrac{1}{\sqrt{LC}}$

② $R_1 = R_2 = \sqrt{\dfrac{L}{C}}$

③ $R_1 = R_2 = \dfrac{1}{2\pi\sqrt{LC}}$

④ $R_1 = R_2 = \sqrt{\dfrac{1}{LC} - \dfrac{R^2}{L^2}}$

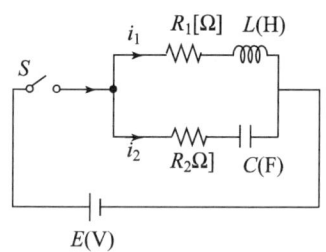

 S를 닫는 순간부터 인덕턴스 L[H]에 흐르는 전류 i_1[A]가 계속 일정하기 위한 조건은 정저항회로의 조건이므로 정저항회로의 조건에서 $Z_1 Z_2 = jwL \times \dfrac{1}{jwC} = \dfrac{L}{C} = R_1^2 = R_2^2$이다.

∴ $R_1 = R_2 = \sqrt{\dfrac{L}{C}}$ [Ω]이어야 한다.

Chapter 11 라플라스 변환

4부 회로이론

❶ 기준 입력요소의 라플라스 변환

1) 임펄스 입력

$r(t) = \delta(t)$

$$\begin{array}{l} L(\delta(t)) = 1 \\ L^{-1}(1) = \delta(t) \end{array}$$

2) 인디셜 입력

단위계단 입력 $r(t) = u(t)$

$$\begin{array}{l} L(u(t)) = \dfrac{1}{s} \\ L^{-1}\left(\dfrac{1}{s}\right) = u(t) \end{array}$$

3) 램프입력

경사입력 $r(t) = t$

$$\begin{array}{l} L(t) = \dfrac{1}{s^2} \\ L^{-1}\left(\dfrac{1}{s^2}\right) = t \end{array} \qquad \begin{array}{l} L(t^2) = \dfrac{2}{s^3} \\ L^{-1}\left(\dfrac{2}{s^3}\right) = t^2 \end{array}$$

$$\therefore \begin{array}{l} L(t^n) = \dfrac{n}{s^{n+1}} \\ L^{-1}\left(\dfrac{n}{s^{n+1}}\right) = t^n \end{array}$$

4) 파라볼라 입력

포물선 입력　　　$r(t) = \dfrac{1}{2} t^2$

$$\begin{bmatrix} L\left(\dfrac{1}{2}t^2\right) = \dfrac{1}{s^3} \\ L^{-1}\left(\dfrac{1}{s^3}\right) = \dfrac{1}{2}t^2 \end{bmatrix}$$

❷ 미분된 함수의 라플라스 변환

$$L\left(\dfrac{d}{dt}f(t)\right) = sF(s) - f(0)$$

$$L\left(\dfrac{d^2}{dt^2}f(t)\right) = s^2 F(s) - sf(0) - f'(0)$$

$$L\left(\dfrac{d^3}{dt^3}f(t)\right) = s^3 F(s) - s^2 f(0) - sf'(0) - f''(0)$$

❸ 적분된 함수의 라플라스 변환

$$L\left(\int f(t)dt\right) = \dfrac{1}{s}F(s) + \dfrac{1}{s}f^{-1}(0) = \dfrac{1}{s}(F(s) + f^{-1}(0))$$

$$L\left(\iint f(t)dt\right) = \dfrac{1}{s^2}F(s) + \dfrac{1}{s^2}f^{-1}(0) + \dfrac{1}{s^2}f^{-2}(0) = \dfrac{1}{s^2}(F(s) + f^{-1}(0) + f^{-2}(0))$$

❹ 자연대수의 라플라스 변환

$$\begin{bmatrix} L(e^{\alpha t}) = \dfrac{1}{s-\alpha} \\ L^{-1}\left(\dfrac{1}{s-\alpha}\right) = e^{\alpha t} \end{bmatrix} \qquad \begin{bmatrix} L(e^{-\alpha t}) = \dfrac{1}{s+\alpha} \\ L^{-1}\left(\dfrac{1}{s+\alpha}\right) = e^{-\alpha t} \end{bmatrix}$$

❺ 복소미분 정리

$$L(t^n f(t)) = (-1)^n \dfrac{d^n}{ds^n} F(s)$$

$$\begin{bmatrix} L(te^{\alpha t}) = \dfrac{1}{(s-\alpha)^2} \\ L^{-1}\left(\dfrac{1}{(s-\alpha)^2}\right) = te^{\alpha t} \end{bmatrix} \qquad \begin{bmatrix} L(te^{-\alpha t}) = \dfrac{1}{(s+\alpha)^2} \\ L^{-1}\left(\dfrac{1}{(s+\alpha)^2}\right) = te^{-\alpha t} \end{bmatrix}$$

❻ 3각 함수의 라플라스 변환

1) 3각 함수와 쌍곡선 함수의 자연대수 표기법

$$\sin wt = \frac{e^{jwt} - e^{-jwt}}{2j} \qquad \sin\theta = \frac{e^{j\theta} - e^{-j\theta}}{2j}$$

$$\cos wt = \frac{e^{jwt} + e^{-jwt}}{2} \qquad \cos\theta = \frac{e^{j\theta} + e^{-j\theta}}{2}$$

$$\sinh \alpha t = \frac{e^{\alpha t} - e^{-\alpha t}}{2} \qquad \cosh \alpha t = \frac{e^{\alpha t} + e^{-\alpha t}}{2}$$

$$L(\cos wt) = \frac{s}{s^2 + w^2} \qquad L(\sin wt) = \frac{w}{s^2 + w^2}$$

$$L^{-1}\left(\frac{s}{s^2 + w^2}\right) = \cos wt \qquad L^{-1}\left(\frac{w}{s^2 + w^2}\right) = \sin wt$$

$$L(\cosh \alpha t) = \frac{s}{s^2 - \alpha^2} \qquad L(\sinh \alpha t) = \frac{\alpha}{s^2 - \alpha^2}$$

$$L^{-1}\left(\frac{s}{s^2 - \alpha^2}\right) = \cosh \alpha t \qquad L^{-1}\left(\frac{\alpha}{s^2 - \alpha^2}\right) = \sinh \alpha t$$

2) 초기치 정리 : $\lim_{t \to 0} f(t) = \lim_{s \to \infty} sF(s)$

3) 최종치 정리 : $\lim_{t \to \infty} f(t) = \lim_{s \to 0} sF(s)$

❼ 라플라스 역변환

1) 단일 복소근일 때, 부분분수 전개

$$F(s) = \frac{(s-z_1)(s-z_2)\cdots(s-z_n)}{(s-p_1)(s-p_2)\cdots(s-p_n)} = \frac{k_1}{s-p_1} + \frac{k_2}{s-p_2} + \frac{k_3}{s-p_3} + \cdots$$

$$k_1 = \lim_{s \to p_1}(s-p_1)F(s) \qquad k_2 = \lim_{s \to p_2}(s-p_2)F(s)$$

$$k_3 = \lim_{s \to p_3}(s-p_3)F(s) \qquad k_4 = \lim_{s \to p_4}(s-p_4)F(s)$$

2) 복소근일 때, 부분분수 전개

$$F(s) = \frac{A(s)}{(s-p_1)^n(s-p_2)(s-p_3)\cdots(s-p_n)}$$

$$= \frac{k_{11}}{(s-p_1)^n} + \frac{k_{12}}{(s-p_1)^{n-1}} + \frac{k_{13}}{(s-p_1)^{n-2}} + \cdots$$

$$+ \frac{k_{1n}}{s-p_1} + \frac{k_2}{s-p_2} + \frac{k_3}{s-p_3} + \cdots$$

$$k_{11} = \lim_{s \to p_1}(s-p_1)^n F(s) \qquad k_2 = \lim_{s \to p_2}(s-p_2)F(s)$$

$$k_{12} = \lim_{s \to p_1}\frac{d}{ds}(s-p_1)^n F(s) \qquad k_3 = \lim_{s \to p_3}(s-p_3)F(s)$$

$$k_{13} = \lim_{s \to p_1}\frac{1}{2!}\frac{d^2}{ds^2}(s-p_1)^n F(s) \qquad k_4 = \lim_{s \to p_4}(s-p_4)F(s)$$

Chapter 11 적중예상문제

01 다음 파형의 라플라스 변환은?

① $\dfrac{E}{2s^2}$
② $\dfrac{E}{Ts^2}$
③ $\dfrac{E}{s}$
④ $\dfrac{E}{Ts}$

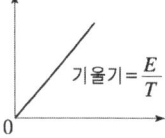

해설 $L(t^n) = \dfrac{n}{s^{n+1}}$ ∴ $f(t) = \dfrac{E}{T}t$ 의 라플라스 변환

$F(s) = L(f(t)) = L\left(\dfrac{E}{T}t\right) = \dfrac{E}{T} \times \dfrac{1}{s^{1+1}} = \dfrac{E}{Ts^2}$

02 $u(t-a)$의 라플라스 변환을 구하면?

① $\dfrac{e^{as}}{s^2}$
② $\dfrac{e^{-as}}{4s^2}$
③ $\dfrac{e^{as}}{s}$
④ $\dfrac{e^{-as}}{s}$

해설 $F(s) = L(u(t-a)) = \int_a^\infty 1 \cdot e^{-st} dt$

$= \left(\dfrac{e^{-st}}{-s}\right)_a^\infty = \dfrac{e^{-\infty} - e^{-as}}{-s} = \dfrac{e^{-as}}{s}$

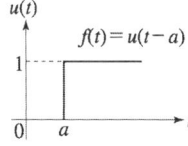

03 $t > 0$일 때 그림과 같이 높이 h, 폭 w인 구형파의 라플라스 변환은?

① $\dfrac{h}{s}(1 - e^{-sw})$
② $\dfrac{h}{s}(1 + e^{-sw})$
③ $5sh(1 - e^{-sw})$
④ $sh(1 + e^{-sw})$

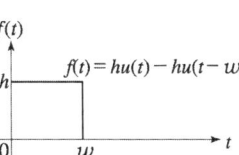

정답 01 ② 02 ④ 03 ①

해설 $f(t) = hu(t) - hu(t-w)$

$$F(s) = L(f(t)) = \int_0^\infty h\,e^{-st}dt - \int_w^\infty h\,e^{-st}dt = h\left(\frac{e^{-st}}{-s}\right)\Big|_0^\infty - h\left(\frac{e^{-st}}{-s}\right)$$

$$= \frac{h}{s} - \frac{h}{s}e^{-sw} = \frac{h}{s}(1 - e^{-sw})$$

04 $f(t) = 3t^2$의 라플라스 변환은?

① $\dfrac{3}{s^2}$ 　　　　② $\dfrac{1}{s^3}$

③ $\dfrac{6}{s^2}$ 　　　　④ $\dfrac{6}{s^3}$

해설 $L(t^n) = \dfrac{n}{s^{n+1}}$ 공식에서 $f(t) = 3t^2$의 라플라스 변환

$$F(s) = L(f(t)) = L(3t^2) = 3 \times \frac{2}{s^{2+1}} = \frac{6}{s^3}$$

05 $f(t) = \sin wt$를 라플라스 변환하면?

① $\dfrac{w}{s^2 + w^2}$ 　　　　② $\dfrac{s}{s^2 + w^2}$

③ $\dfrac{3w}{s^2 - w}$ 　　　　④ $\dfrac{s}{s^2 - w^2}$

해설 $f(t) = \sin wt = \dfrac{1}{2j}(e^{jwt} - e^{-jwt})$

$$\therefore F(s) = L(f(t)) = \int_0^\infty \frac{1}{2j}(e^{+jwt} - e^{-jwt})e^{-st}dt = \frac{1}{2j}\int_0^\infty (e^{-(s-jw)t} - e^{-(s+jw)t})dt$$

$$= \frac{1}{2j}\left(\frac{1}{s-jw} - \frac{1}{s+jw}\right) = \frac{1}{2j} \times \frac{s+jw-s+jw}{s^2+w^2} = \frac{w}{s^2+w^2}$$

06 $\mathcal{L}\left[\dfrac{d}{dt}\cos wt\right]$의 값은?

① $\dfrac{s^2}{s^2 + w^2}$ 　　　　② $\dfrac{-s^2}{s^2 + w^2}$

③ 1 　　　　④ $\dfrac{-2w^2}{s^2 + w^2}$

해설 $f(t) = \dfrac{d}{dt}\cos wt$ $F(s) = L(f(t)) = L\left(\dfrac{d}{dt}\cos wt\right) = s \times \left(\dfrac{s}{s^2+w^2}\right) = \dfrac{s^2}{s^2+w^2}$

07 $f(t) = \sin(wt+\theta)$를 라플라스 변환하면?

① $\dfrac{w\sin\theta}{s^2+w^2}$ ② $\dfrac{w\cos\theta}{s+w}$

③ $\dfrac{\cos\theta+\sin\theta}{s^2+w^2}$ ④ $\dfrac{w\cos\theta+s\sin\theta}{s^2+w^2}$

 해설 $f(t)=\sin(wt+\theta)$ 일 때
$F(s)=L(f(t))=L(\sin(wt+\theta))=L(\sin wt\cos\theta+\cos wt\sin\theta)$
$=\dfrac{w\cos\theta}{s^2+w^2}+\dfrac{s\sin\theta}{s^2+w^2}=\dfrac{w\cos\theta+s\sin\theta}{s^2+w^2}$

08 $f(t)=t\sin wt$를 라플라스 변환하면?

① $\dfrac{w}{s^2+w^2}$ ② $\dfrac{2ws}{(s^2+w^2)^2}$

③ $\dfrac{5s}{(s^2+w^2)^2}$ ④ $\dfrac{2w}{(s^2-w^2)^2}$

 해설 $f(t)=t\sin wt$ 일 때
$F(s)=L(f(t))=L(t\sin wt)=(-1)\dfrac{d}{ds}\left(\dfrac{w}{s^2+w^2}\right)=(-1)\left(\dfrac{0-2s\times w}{(s^2+w^2)^2}\right)=\dfrac{2ws}{(s^2+w^2)^2}$

09 $f(t)=e^{-at}\sin wt$를 라플라스 변환하면?

① $\dfrac{w}{(s+a)^2+w^2}$ ② $\dfrac{s}{(s+a)^2+w^2}$

③ $\dfrac{ws}{(s+a)^2-w}$ ④ $\dfrac{2ws}{(s-a)^2+w^2}$

해설 $f(t)=e^{-at}\sin wt$ 일 때
$F(s)=L(f(t))=L(e^{-at}\sin wt)=\left(\dfrac{w}{s^2+w^2}\right)_{s=s+a}=\dfrac{w}{(s+a)^2+w^2}$

10 $f(t)=\sin t\cos t$를 라플라스 변환하면?

① $\dfrac{1}{s^2+3}$ ② $\dfrac{1}{s^2+2^2}$

③ $\dfrac{1}{(s+2)^2}$ ④ $\dfrac{1}{(s+5)^2}$

$f(t) = \sin t \cos t = \frac{1}{2}\sin 2t$ 일 때

$$F(s) = L(f(t)) = L\left(\frac{1}{2}\sin 2t\right) = \frac{1}{2} \times \left(\frac{2}{s^2 + (2)^2}\right) = \frac{1}{s^2 + (2)^2}$$

11 감쇠 여현파 함수 $e^{-at}\cos wt$의 라플라스 변환은?

① $\dfrac{3w}{s^2 + w^2}$ ② $\dfrac{w}{(s+a)^2 + w}$

③ $\dfrac{s+a}{(s+a)+w}$ ④ $\dfrac{s+a}{(s+a)^2 + w^2}$

 $f(t) = e^{-at}\cos wt$ 일 때

$$F(s) = L(f(t)) = L(e^{-at}\cos wt) = \left(\frac{s}{s^2 + w^2}\right)_{s = s+a} = \frac{s+a}{(s+a)^2 + w^2}$$

12 $e^{-2t}\cos 3t$의 라플라스 변환을 구하면?

① $\dfrac{s+2}{(s+2)^2 + 3^2}$ ② $\dfrac{s-2}{(s-2)^2 + 3^2}$

③ $\dfrac{s}{(s+2)^2 + 3^2}$ ④ $\dfrac{s}{(s-2)^2 + 3^2}$

 $f(t) = e^{-2t}\cos 3t$ 일 때

$$F(s) = L(f(t)) = L(e^{-2t}\cos 3t) = \left(\frac{s}{s^2 + (3)^2}\right)_{s = s+2} = \frac{s+2}{(s+2)^2 + (3)^2}$$

13 $f = t\cos wt$를 라플라스 변환하면?

① $\dfrac{2ws}{(s^2 + w^2)^2}$ ② $\dfrac{s+w}{(s^2 + w^2)^2}$

③ $\dfrac{s^2 - w^2}{(s^2 + w^2)^2}$ ④ $\dfrac{3ws}{(s^2 - w^2)^2}$

해설 $f(t) = t\cos wt$ 일 때

$$F(s) = L(f(t)) = L(t\cos wt) = (-1)\frac{d}{ds}\left(\frac{s}{s^2 + w^2}\right)$$

$$= (-1)\left(\frac{1(s^2 + w^2) - (2s + 0) \times s}{(s^2 + w^2)^2}\right) = \frac{s^2 - w^2}{(s^2 + w^2)^2}$$

14 다음 그림과 같이 높이가 1인 펄스의 라플라스 변환은?

① $\frac{3}{s}(e^{-as}+e^{-bs})$

② $\frac{1}{s}(e^{-as}-e^{-bs})$

③ $\frac{1}{a-b}\left(\frac{e^{-as}+e^{-bs}}{s}\right)$

④ $\frac{1}{a-b}\left(\frac{e^{-as}+e^{bs}}{s}\right)$

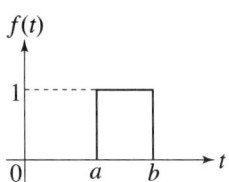

 $f(t)=u(t-a)-u(t-b)$일 때

$$F(s)=L(f(t))=\int_a^\infty 1\cdot e^{-st}dt - \int_b^\infty 1\cdot e^{-st}dt = \left(\frac{e^{-st}}{-s}\right)_a^\infty - \left(\frac{e^{-st}}{-s}\right)_b^\infty$$

$$=\frac{e^{-as}}{s}-\frac{e^{-bs}}{s}=\frac{1}{s}(e^{-as}-e^{-bs})$$

15 $F(s)=\dfrac{3s+10}{s^2+2s^2+5s}$일 때 $f(t)$의 최종치는?

① 0　　　　　　　　　　　② 0.5
③ 2　　　　　　　　　　　④ 6

 최종치 정리에서

$$\lim_{t\to\infty}f(t)=\lim_{s\to 0}sF(s)=\lim_{s\to 0}s\times\frac{3s+10}{s(s^2+2s+5)}=\lim_{s\to 0}\frac{3s+10}{s^2+2s+5}=\frac{10}{5}=2$$

16 $\dfrac{3}{s(s+2)}$의 라플라스 역변환은?

① $\frac{3}{2}(1-e^{-2t})$　　　　　　　② $4(1+e^{-2t})$

③ $\frac{2}{3}(1-e^{-3t})$　　　　　　　④ $\frac{2}{3}(1+e^{-2t})$

 라플라스 역변환은 부분 분수 전개 후 역변환 한다.

복소함수 $F(s)=\dfrac{3}{s(s+2)}$일 때의 라플라스 역변환은

$$f(t)=L^{-1}(F(s))=L^{-1}\left(\frac{3}{s(s+2)}\right)=L^{-1}\left(\frac{k_1}{s}+\frac{k_2}{s+2}\right)=L^{-1}\left(\frac{\frac{3}{2}}{s}+\frac{-\frac{3}{2}}{s+2}\right)=\frac{3}{2}(1-e^{-2t})$$

단, $k_1=\lim_{s\to 0}sF(s)=\lim_{s\to 0}s\times\dfrac{3}{s(s+2)}=\lim_{s\to 0}\dfrac{3}{s+2}=\dfrac{3}{2}$

$k_2=\lim_{s\to -2}(s+2)\times\dfrac{3}{s(s+2)}=\lim_{s\to -2}\dfrac{3}{s}=-\dfrac{3}{2}$ 을 상식에 대입한 것이다.

17 $L^{-1}\left(\dfrac{1}{s^2+2s+5}\right)$의 값은?

① $2e^{-t}\sin 2t$
② $\dfrac{1}{2}e^{-t}\sin t$
③ $\dfrac{1}{2}e^{-t}\sin 2t$
④ $e^{-2t}\sin t$

 해설 $L^{-1}\left(\dfrac{1}{s^2+2s+5}\right)=L^{-1}\left(\dfrac{1}{(s+1)^2+(2)^2}\right)=\dfrac{1}{2}L^{-1}\left(\dfrac{2}{(s+1)^2+(2)^2}\right)=\dfrac{1}{2}e^{-t}\sin 2t$

18 $L^{-1}\left(\dfrac{s+7}{s^2+2s+5}\right)$의 값은?

① $e^{-t}\cos t+3e^{-t}\sin t$
② $e^{-t}\cos 2t+3e^{-t}\sin 2t$
③ $e^{-t}2\cos t+3e^{-t}\sin t$
④ $e^{-t}\cos t+3e^{-t}$

 해설 $L^{-1}\left(\dfrac{s+7}{s^2+2s+5}\right)=L^{-1}\left(\dfrac{(s+1)+6}{(s+1)^2+(2)^2}\right)=L^{-1}\left(\dfrac{s+1}{(s+1)^2+(2)^2}+3\times\dfrac{2}{(s+1)^2+(2)^2}\right)$
$=e^{-t}\cos 2t+3e^{-t}\sin 2t$

19 $\dfrac{1}{s(s-1)}$의 라플라스 역변환은?

① $(1-2e^t)$
② $(-1+e^t)$
③ (e^t-2)
④ $(e^{-t}-1)$

 해설 $L^{-1}\left(\dfrac{1}{s(s-1)}\right)=L^{-1}\left(\dfrac{k_1}{s}+\dfrac{k_2}{s-1}\right)=L^{-1}\left(\dfrac{-1}{s}+\dfrac{1}{s-1}\right)=-1+e^t$
단, $k_1=\lim\limits_{s\to 0}sF(s)=\lim\limits_{s\to 0}s\times\dfrac{1}{s(s-1)}=\lim\limits_{s\to 0}\dfrac{1}{s-1}=-1$
$k_2=\lim\limits_{s\to 1}sF(s)=\lim\limits_{s\to 1}(s-1)\times\dfrac{1}{s(s-1)}=\lim\limits_{s\to 1}\dfrac{1}{s}=1$을 상식에 대입한 것이다.

20 $\dfrac{1}{s(s+a)}$의 라플라스 역변환을 구하면?

① $a(1-e^{-at})$
② $1-e^{-at}$
③ $\dfrac{1}{a}(1-e^{-at})$
④ e^{-at}

$L^{-1}\left(\dfrac{1}{s(s+a)}\right) = L^{-1}\left(\dfrac{k_1}{s} + \dfrac{k_2}{s+a}\right) = L^{-1}\left(\dfrac{\frac{1}{a}}{s} + \dfrac{-\frac{1}{a}}{s+a}\right) = \dfrac{1}{a}(1 - e^{-at})$

단, $k_1 = \lim\limits_{s \to 0} \dfrac{1}{s+a} = \dfrac{1}{a}$

$k_2 = \lim\limits_{s \to -a} \dfrac{1}{s} = -\dfrac{1}{a}$ 을 상식에 대입, 역변환 한다.

21 $\dfrac{1}{s(s+1)}$ 의 라플라스 역변환을 구하면?

① $e^{-t}\sin t$
② $2 + e^{-t}$
③ $1 - e^{-t}$
④ $e^{-t}\cos t$

  $L^{-1}\left(\dfrac{1}{s(s+1)}\right) = L^{-1}\left(\dfrac{k_1}{s} + \dfrac{k_2}{s+1}\right) = L^{-1}\left(\dfrac{1}{s} + \dfrac{-1}{s+1}\right) = 1 - e^{-t}$

단, $k_1 = \lim\limits_{s \to 0} sF(s) = \lim\limits_{s \to 0} s \times \dfrac{1}{s(s+1)} = \lim\limits_{s \to 0} \dfrac{1}{s+1} = 1$

$k_2 = \lim\limits_{s \to -1} sF(s) = \lim\limits_{s \to -1} (s+1) \times \dfrac{1}{s(s+1)} = \lim\limits_{s \to -1} \dfrac{1}{s} = -1$

22 $F(s) = \dfrac{2s+3}{s^2+3s+2}$ 의 시간함수 $f(t)$는?

① $e^{-t} - e^{-2t}$
② $e^{-t} + e^{-2t}$
③ $e^{-t} + 2e^{-2t}$
④ $e^{-t} - 4e^{-2t}$

해설 $f(t) = L^{-1}(F(s)) = L^{-1}\left(\dfrac{2s+3}{s^2+3s+2}\right) = L^{-1}\left(\dfrac{2s+3}{(s+1)(s+2)}\right)$

$= L^{-1}\left(\dfrac{k_1}{s+1} + \dfrac{k_2}{s+2}\right) = L^{-1}\left(\dfrac{1}{s+1} + \dfrac{1}{s+2}\right) = e^{-t} + e^{-2t}$

단, $k_1 = \lim\limits_{s \to -1} sF(s) = \lim\limits_{s \to -1}(s+1) \times \dfrac{2s+3}{(s+1)(s+2)} = \lim\limits_{s \to -1}\dfrac{2s+3}{s+2} = \dfrac{2(-1)+3}{-1+2} = 1$

$k_2 = \lim\limits_{s \to -2}(s+2) \times \dfrac{2s+3}{(s+1)(s+2)} = \lim\limits_{s \to -2}\dfrac{2s+3}{s+1} = \dfrac{2(-2)+3}{-2+1} = 1$ 을 상식에 대입한 것이다.

23 $F(s) = \dfrac{s+1}{s^2+2s}$ 일 때 라플라스 역변환은?

① $\dfrac{1}{2}(1 + e^t)$
② $\dfrac{1}{2}(1 + e^{-2t})$
③ $\dfrac{1}{4}(1 - e^{-2t})$
④ $\dfrac{1}{2}(1 - e^{-3t})$

$$f(t) = L^{-1}(F(s)) = L^{-1}\left(\frac{s+1}{s^2+2s}\right) = L^{-1}\left(\frac{s+1}{s(s+2)}\right) = L^{-1}\left(\frac{k_1}{s} + \frac{k_2}{s+2}\right)$$
$$= L^{-1}\left(\frac{\frac{1}{2}}{s} + \frac{\frac{1}{2}}{s+2}\right) = \frac{1}{2} + \frac{1}{2}e^{-2t} = \frac{1}{2}(1 + e^{-2t})$$

단, $k_1 = \lim_{s \to 0} sF(s) = \lim_{s \to 0} s \times \frac{s+1}{s(s+2)} = \lim_{s \to 0} \frac{s+1}{s+2} = \frac{1}{2}$

$k_2 = \lim_{s \to -2} (s+2) \times \frac{s+1}{s(s+2)} = \lim_{s \to -2} \frac{s+1}{s} = \frac{-2+1}{-2} = \frac{1}{2}$ 를 상식에 대입한 것이다.

24 $F(s) = \dfrac{3}{s^3 + s^2}$ 의 라플라스 역변환은?

① $3t - 3 + 3e^{-t}$
② $t + 1 - e^{-t}$
③ $3t - 3 - e^{-t}$
④ $3t + 3 + 3e^{-t}$

$$f(t) = L^{-1}(F(s)) = L^{-1}\left(\frac{3}{s^3+s^2}\right) = L^{-1}\left(\frac{3}{s^2(s+1)}\right)$$
$$= L^{-1}\left(\frac{k_{11}}{s^2} + \frac{k_{12}}{s} + \frac{k_2}{s+1}\right) = L^{-1}\left(\frac{3}{s^2} + \frac{-3}{s} + \frac{3}{s+1}\right) = 3t - 3 + 3e^{-t}$$

단, $k_{11} = \lim_{s \to 0} s^2 F(s) = \lim_{s \to 0} \frac{3}{s+1} = \frac{3}{0+1} = 3$

$k_{12} = \lim_{s \to 0} \frac{d}{ds}(s^2 F(s)) = \lim_{s \to 0} \frac{d}{ds}\left(\frac{3}{s+1}\right) = \lim_{s \to 0}\left(\frac{0 - 1 \times 3}{(s+1)^2}\right) = -3$

$k_2 = \lim_{s \to -1} (s+1) \times F(s) = \lim_{s \to -1} \frac{3}{s^2} = \frac{3}{(-1)^2} = 3$을 상식에 대입한 것이다.

25 다음 방정식을 라플라스 변환에 의해 $x(t)$를 구하면? (단, $x(0_+) = -1$, $x'(0_+) = 2$ 이다.)

$$\frac{d^2}{dt^2}x(t) + 3\frac{d}{dt}x(t) + 2x(t) = 5$$

① $\dfrac{5}{2} - 5e^{-t} + \dfrac{3}{2}e^{-2t}$
② $\dfrac{3}{2} - 5e^{-t} + \dfrac{5}{2}e^{-t}$
③ $\dfrac{5}{2} - 3e^{-t} + \dfrac{2}{3}e^{-2t}$
④ $\dfrac{5}{2} - 5e^{-t} + \dfrac{5}{2}e^{-2t}$

해설 양변 라플라스 변환하면
$$s^2 X(s) - sx(0_+) - x'(0_+) + 3sX(s) - 3x(0_+) + 2X(s) = \frac{5}{s}$$

초기치 값을 대입하면
$$s^2 X(s) - s(-1) - 2 + 3sX(s) - 3(-1) + 2X(s) = \frac{5}{s}$$

$$X(s)(s(s^2+3s+2)) = -s^2 - s + 5$$

$$\therefore X(s) = \frac{-s^2-s+5}{s(s^2+3s+2)}$$

$$\therefore x(t) = L^{-1}(x(s)) = L^{-1}\left(\frac{-s^2-s+5}{s(s+1)(s+2)}\right) = L^{-1}\left(\frac{k_1}{s} + \frac{k_2}{s+1} + \frac{k_3}{s+2}\right)$$

$$= L^{-1}\left(\frac{\frac{5}{2}}{s} + \frac{-5}{s+1} + \frac{\frac{3}{2}}{s+2}\right) = \frac{5}{2} - 5e^{-t} + \frac{3}{2}e^{-2t}$$

단, $k_1 = \lim_{s \to 0} sF(s) = \lim_{s \to 0} \frac{-s^2-s+5}{(s+1)(s+2)} = \frac{5}{2}$

$k_2 = \lim_{s \to -1} (s+1)F(s) = \lim_{s \to -1} \left(\frac{-s^2-s+5}{s(s+2)}\right) = -5$

$k_3 = \lim_{s \to -2} (s+2)F(s) = \lim_{s \to -2} \left(\frac{-s^2-s+5}{s(s+1)}\right) = \frac{3}{2}$ 상식에 대입

26
$Ri(t) + \frac{1}{C}\int i(t)dt = E$의 관계식에서 $i(t)$의 초기값과 최종값은?

① $0, \ \frac{E}{2R}$
② $0, \ \frac{E}{RC}$
③ $\frac{E}{R}, \ 0$
④ $\frac{E}{RC}, \ 0$

 양변 라플라스 변환을 하면

$RI(s) + \frac{1}{sc}I(s) + \frac{1}{sc}i^{-1}(0_+) = \frac{E}{s}$ $\therefore I(s)\left(R + \frac{1}{sc}\right) = \frac{E}{s}$ $\therefore I(s) = \frac{E}{s\left(R + \frac{1}{sc}\right)}$ [A]

초기값 : $\lim_{t \to 0} i(t) = \lim_{s \to \infty} sI(s) = \lim_{s \to \infty} \left(\frac{E}{R + \frac{1}{sc}}\right) = \frac{E}{R}$

최종값 : $\lim_{t \to \infty} i(t) = \lim_{s \to 0} sI(s) = \lim_{s \to 0} \left(\frac{E}{R + \frac{1}{sc}}\right) = \frac{E}{R + \infty} = 0$

27
라플라스 변환을 이용하여 미분 방정식을 풀이하면? (단, $y(0) = 3$, $y'(0) = 4$)

$$\frac{d^2y}{dt^2} + 3y = 0$$

① $3\cos\sqrt{3}t + \frac{4\sqrt{3}}{3}\sin\sqrt{3}t$
② $3\cos\sqrt{3}t + \frac{4}{3}\sin\sqrt{3}t$
③ $3\cos\sqrt{3}t + 3\sin\sqrt{3}t$
④ $3\cos 3t + \frac{4}{\sqrt{3}}\sin t$

해설 양변 라플라스 변환을 하고, 초기값을 대입하면
$$s^2 Y(s) - sy(0) - y'(0) + 3Y(s) = 0$$
$$\therefore Y(s)(s^2+3) = 3s+4$$
$$\therefore Y(s) = \frac{3s+4}{s^2+3} \text{의 역변환}$$
$$y(t) = L^{-1}(Y(s)) = L^{-1}\left(\frac{3s}{s^2+3} + \frac{4\sqrt{3}}{3} \times \frac{\sqrt{3}}{s^2+3}\right) = 3\cos\sqrt{3}t + \frac{4\sqrt{3}}{3}\sin\sqrt{3}t$$

28 $\dfrac{dx}{dt} + x = 1$의 라플라스 변환 $X(s)$의 값은?

① $s(s+2)$
② $s+1$
③ $\dfrac{1}{2s}(s+1)$
④ $\dfrac{1}{s(s+1)}$

해설 초기값=0, 양변 라플라스 변환을 하면 $sX(s) - x(0) + X(s) = \dfrac{1}{s}$
$$\therefore X(s)(s+1) = \frac{1}{s}$$
$$\therefore X(s) = \frac{1}{s(s+1)}$$

29 $F(s) = \dfrac{s+5}{(s+3)(s^2+2s+2)}$의 극점과 영점을 나타낸 것은?

①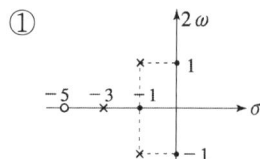
②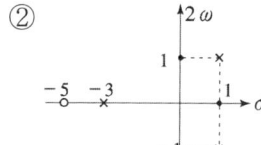
③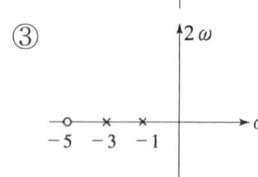
④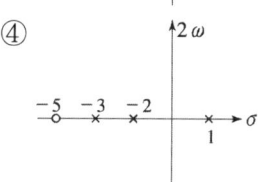

해설 $F(s)$의 복소함수는
㉠ 영점(0) : 공진점(직렬 공진점)은 $F(s)=0$, 단락회로, 분자=0이다.
 $\therefore s+5=0$, s(영점의 값)$=-5$ ··············
㉡ 극점(X) : 반공진점(병렬 공진점)은 $F(s)=\infty$, 개방회로, 분모=0에서
 $(s+3)(s^2+2s+2) = (s+3)((s+1)^2+1) = 0$
 $\therefore s$(극점의 값)$=-3$, s(극점의 값)$=-1 \pm j$이다. ········ ⓑ
ⓐ의 좌표 표시이다.

Chapter 12 전달함수

4부 회로이론

- 초기 값 0일 때 입력과 출력 비를 말한다.
- 전달함수 분모 차수 s가 1차식일 때 → 1차 지연요소, 2차식일 때 → 2차 지연요소라 한다.

❶ 비례요소

$$G(s) = \frac{Y(s)}{X(s)} = K \text{(비례요소)}$$

❷ 미분요소

$$G(s) = \frac{V(s)}{I(s)} = sL = Ks \text{(미분요소)}$$

❸ 적분요소

$$G(s) = \frac{E(s)}{I(s)} = \frac{1}{sc} = \frac{K}{s} \text{(적분요소)}$$

❹ 1차 지연요소

$$G(s) = \frac{E(s)}{I(s)} = \frac{K}{1+Ts}$$

❺ 2차 지연요소

$$G(s) = \frac{E_{2s}}{E_{1s}} = \frac{1}{s^2LC + sCR + 1}$$

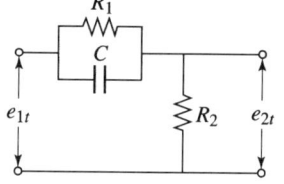

❻ 진상 보상기

$$G(s) = \frac{E_o(s)}{E_1(s)} = \frac{s+a}{s+b}$$

$$\begin{cases} a = \dfrac{1}{CR_1} \\ b = \dfrac{1}{CR_1} + \dfrac{1}{CR_2} \\ b > a \end{cases}$$

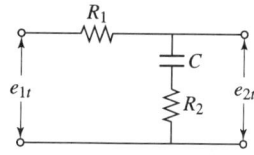

❼ 지상 보상기

$$G(s) = \frac{E_o(s)}{E_1(s)} = \frac{s+b}{s+a}$$

$$\begin{cases} a = \dfrac{1}{C(R_1+R_2)} \\ b = \dfrac{1}{CR_2} \\ b > a \end{cases}$$

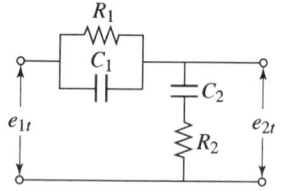

❽ 지상, 진상 보상기

$$G(s) = \frac{E_2(s)}{E_1(s)} = \frac{(s+a_1)(s+b_1)}{(s+b_2)(s+a_2)}$$

$$\begin{cases} b_1 > a_1 \\ b_2 > a_2 \end{cases}$$

❾ 부동작 요소

$t=0$에서 입력 변화가 있어도 $t=L$에 출력변화가 없는 요소로 $G(s) = \dfrac{Y(s)}{X(s)} = Ke^{-Ls}$이다.

Chapter 12 적중예상문제

01 다음 전달함수 설명 중 옳은 것은?

① 2계 회로의 분모와 분자의 차수의 차는 s의 1차식이 된다.
② 2계 회로에서는 전달함수의 분모는 s의 2차식이다.
③ 전달함수 분모의 차수는 초기값에 따라 결정된다.
④ 전달함수 분자의 차수에 따라 분모의 차수가 결정된다.

 전달함수 분모의 s차수가 1차식일 때는 1차 진상(지상)요소, 2차식일 때는 2차 진상(지상)전달요소라 한다.

02 그림과 같은 회로에서 e_i를 입력, e_o를 출력으로 할 경우 전달함수는?

① $\dfrac{RLs}{R+Ls}$ ② $\dfrac{Ls}{R+Ls}$

③ $\dfrac{Rs}{R+Ls}$ ④ $\dfrac{L}{R+Ls}$

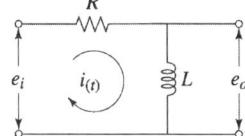

해설 $e_i = Ri(t) + L\dfrac{di(t)}{dt}[\text{V}], \quad e_o = L\dfrac{di(t)}{dt}[\text{V}]$

양변 라플라스 변환. 단, 초기치값 = 0

$E_i = RI(s) + sLI(s)[\text{V}], \quad E_o = sLI(s)[\text{V}]$

∴ 전달함수 $G(s) = \dfrac{E_o}{E_i} = \dfrac{I(s)\,sL}{I(s)(R+sL)} = \dfrac{sL}{R+sL}$

03 다음과 같은 회로에서 e_i를 입력, e_o를 출력으로 할 경우 전달함수는?

① $\dfrac{1}{Ts+1}$ ② $\dfrac{1}{Ts^2+1}$

③ $\dfrac{s}{Ts+2}$ ④ $\dfrac{s}{Ts^2+1}$

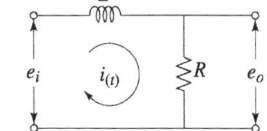

정답 01 ② 02 ② 03 ①

해설 $e_i = L\dfrac{di(t)}{dt} + Ri(t)[\text{V}]$, $e_o = Ri(t)[\text{V}]$ 초기치값=0이다. 양변 라플라스 변환

시정수 $T = \dfrac{L}{R}[\sec]$일 때 $E_i = sLI(s) + RI(s)[\text{V}]$, $E_o = RI(s)[\text{V}]$

∴ 전달함수 $G(s) = \dfrac{E_o}{E_i} = \dfrac{I(s)R}{I(s)(sL+R)} = \dfrac{1}{\dfrac{L}{R}s+1} = \dfrac{1}{Ts+1}$

04 다음과 같은 회로의 전달함수는?

① $\dfrac{1}{Ts^2+1}$ ② $Ts+2$

③ $\dfrac{1}{Ts+1}$ ④ $\dfrac{1}{Ts}$

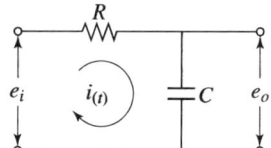

해설 초기값=0이라 하면 양변 라플라스 변환. 시정수 $T=CR[\sec]$일 때

전달함수 $G(s) = \dfrac{E_o}{E_i} = \dfrac{I(s)\dfrac{1}{sC}}{I(s)\left(R+\dfrac{1}{sC}\right)} = \dfrac{1}{sCR+1} = \dfrac{1}{Ts+1}$

05 다음과 같은 전기회로의 입력 전압 e_i와 출력 전압 e_o사이의 전달함수를 구하면?

① $\dfrac{CRs}{1+CRs}$ ② $\dfrac{CRs}{1-CRs}$

③ $\dfrac{CR}{2+CRs}$ ④ $\dfrac{CR}{2-CRs}$

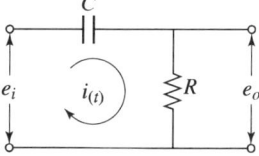

해설 그림에서 초기값=0일 때의 양변 라플라스 변환

전달함수 $G(s) = \dfrac{E_o}{E_i} = \dfrac{I(s)R}{I(s)\left(\dfrac{1}{sC}+R\right)} = \dfrac{sCR}{1+sCR}$

06 다음과 같은 회로의 전달함수는?

① $C_1 + 2C_2$ ② $\dfrac{C_2}{2C_1}$

③ $\dfrac{C_1}{C_1+C_2}$ ④ $\dfrac{C_2}{C_1+C_2}$

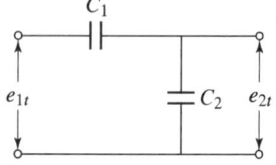

해설 입·출력 초기치 값=0 라플라스 변환에 의한 전달함수

$$G(s) = \frac{E_o}{E_i} = \frac{I(s) \times \frac{1}{sC_2}}{I(s)\left(\frac{1}{sC_1} + \frac{1}{sC_2}\right)} = \frac{\frac{1}{sC_2}}{\frac{1}{sC_1} + \frac{1}{sC_2}} = \frac{sC_1}{sC_1 + sC_2} = \frac{C_1}{C_1 + C_2}$$

07 그림과 같은 회로의 전압비 전달함수 $H(jw)$는 얼마인가? (단, 입력 $e(t)$는 정현파 교류 전압이며, 출력은 e_R이다.)

① $\dfrac{jw}{(5-w^2)+jw}$

② $\dfrac{jw}{(5+w^2)+jw}$

③ $\dfrac{jw}{(4-w)^2+jw}$

④ $\dfrac{jw}{(4+w)^2+jw}$

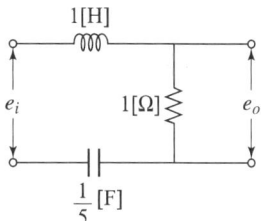

해설 입·출력 전압의 초기값=0일 때의 라플라스 변환에 의한 전달함수

$$G(s) = \frac{E_o}{E_i} = \frac{I(s) \times R}{I(s)\left(sL + R + \frac{1}{sC}\right)} = \frac{R}{s \times 1 + R + \frac{1}{s \times \frac{1}{5}}} = \frac{sR}{s^2 + sR + 5}$$

$$= \frac{jw \times 1}{(jw)^2 + jw \times 1 + 5} = \frac{jw}{-w^2 + jw + 5} = \frac{jw}{(5-w^2) + jw}$$

08 그림과 같은 회로의 전달함수 $\dfrac{Q(s)}{E(s)}$를 구하면?

① $\dfrac{L}{LCs^2+1}$

② $\dfrac{C}{LCs^2+1}$

③ $\dfrac{1}{LCs^2+1}$

④ $\dfrac{C}{Ls+1}$

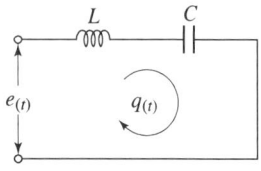

해설 $i(t) = \dfrac{dq(t)}{dt}$ [A]일 때 키르히호프 제2법칙에서 입력전압

$$e(t) = L\frac{di(t)}{dt} + \frac{1}{C}\int i(t)\,dt = L\frac{d}{dt} \times \frac{dq(t)}{dt} + \frac{1}{C}\int \frac{dq(t)}{dt} \times dt = L\frac{d^2q(t)}{dt^2} + \frac{q(t)}{C}\,[\text{V}]$$

초기값=0. 양변 라플라스 변환하면 $E(s) = \left(s^2L + \dfrac{1}{C}\right)Q(s)$

$\therefore$ 전달함수 $G(s) = \dfrac{Q(s)}{E(s)} = \dfrac{1}{s^2L + \dfrac{1}{C}} = \dfrac{C}{s^2LC+1}$

정답 07 ① 08 ②

09 그림과 같은 회로의 전달함수 $\dfrac{E_o(s)}{I(s)}$는?

① $\dfrac{1}{C_1 s + C_2 s}$

② $\dfrac{C_1}{C_1 s + C_2 s}$

③ $\dfrac{C_1 C_2}{C_1 s + C_2 s}$

④ $\dfrac{C_2}{C_1 s + C_2 s}$

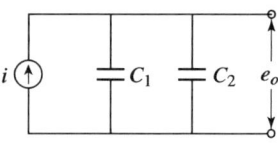

 키르히호프 제1법칙 $i = i_1 + i_2 = C_1 \dfrac{de_o}{dt} + C_2 \dfrac{de_o}{dt}$ [A]. 양변 라플라스 변환하면

$I(s) = (sC_1 + sC_2)E_o s$ ∴ 전달함수 $G(s) = \dfrac{E_o(s)}{I(s)} = \dfrac{1}{sC_1 + sC_2}$

10 그림과 같은 RC 병렬 회로의 전달함수 $\dfrac{E_o(s)}{I(s)}$는?

① $\dfrac{R}{RCs + 1}$

② $\dfrac{C}{RCs + 1}$

③ $\dfrac{RC}{RCs + 2}$

④ $\dfrac{RCs}{RCs + 2}$

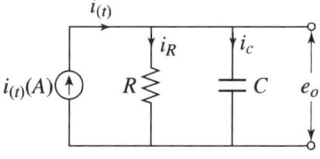

 키르히호프 제1법칙에서 $i = i_R + i_c = \dfrac{1}{R} e_o(t) + C \dfrac{de_o(t)}{dt}$ [A]

초기치 값= 0. 양변 라플라스 변환하면 $I(s) = \left(\dfrac{1}{R} + sC\right) E_o(s)$

∴ 전달함수 $G(s) = \dfrac{E_o(s)}{I(s)} = \dfrac{1}{\dfrac{1}{R} + sC} = \dfrac{R}{1 + sCR}$

11 적분요소의 전달함수는?

① K ② Ts

③ $\dfrac{1}{Ts}$ ④ $\dfrac{K}{1 + Ts}$

 K : 비례요소 전달함수, Ts : 미분요소 전달함수

$\dfrac{1}{Ts}$: 적분요소 전달함수, $\dfrac{K}{1+Ts}$: 1차 지연요소 전달함수

12 다음과 같은 요소는 다음의 어떤 요소인가?

① 미분요소
② 적분요소
③ 1차 지연요소
④ 1차 지연요소를 포함한 미분요소

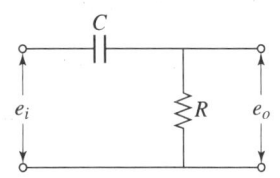

 입·출력 전압, 초기치 값=0으로 하고, 라플라스 변환하면 전달함수
$$G(s) = \frac{E_o}{E_i} = \frac{I(s) \times R}{I(s)(\frac{1}{sC} + R)} = \frac{sCR}{1+sCR} = \frac{Ts}{1+Ts}$$
단, T(시정수)=cR[sec]. 이는 1차 지연요소를 포함한 미분요소이다.

13 다음 회로에서 출력 전압의 위상은 입력 전압 위상보다 어떻게 되는가?

① 같다.
② 뒤진다.
③ 앞선다.
④ 앞설 수도, 뒤질 수도 있다.

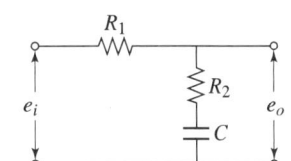

 R_1만의 입력전압 위상은 전류와 동위상이다. 또 R_2-c의 직렬 회로 출력전압 위상은 전류보다 지상이다. ∴ 출력전압 위상은 뒤진다.

14 다음과 같은 회로에서 입력 전압의 위상은 출력 전압보다 어떠한가?

① 같다.
② 뒤진다.
③ 앞선다.
④ 정수에 따라 앞서기도 뒤지기도 한다.

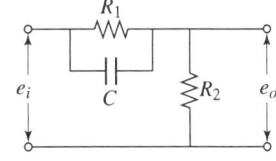

 R_1-c 병렬회로의 입력전압 위상은 전류보다 지상이다. 또, R_2만의 출력전압 위상은 전류와 동위상이다. ∴ 입력전압 위상은 뒤진다.

15 $G(s) = \dfrac{K}{s^2}$인 제어계는?

① 2차 진상요소
② 2차 적분요소
③ 2차 지연요소
④ 2차 미분요소

 전달함수 $G(s)$의 분모 차수가 1차식일 때는 1차 진상(지상)요소이고, 2차식일 때는 2차 진상(지상)요소이므로 $\dfrac{k}{s^2}$의 제어계는 2차 적분요소이다.

16 $G(s) = \dfrac{1}{(T_1 s + 1)(T_2 s + 1)}$ 인 제어계는?

① 2차 적분요소 ② 2차 미분요소
③ 2차 전달 진상요소 ④ 2차 전달 지연요소

해설 전달함수 $G(s)$의 분모차수가 2차식이므로 2차 전달 지연요소이다.

17 $G(s) = Ks^2$ 인 제어계는?

① 2차 미분요소 ② 2차 진상요소
③ 2차 지연요소 ④ 2차 적분요소

해설 $G(s) = Ks^2$ 은 2차 미분요소이다.

18 1차 지연요소의 전달함수는?

① $1 + Ts$ ② $\dfrac{K}{s}$
③ Ks ④ $\dfrac{K}{1 + Ts}$

해설 $G(s) = \dfrac{K}{1 + Ts}$ 는 1차 지연요소이다.

19 부동작 시간요소의 전달함수는?

① Ks ② K
③ $\dfrac{K}{s}$ ④ Ke^{-Ls}

해설 $G(s) = Ke^{-Ls}$ 는 부동작 시간요소이다.

20 전달함수의 값이 $G(s) = 1 + Ts$ 로 표시되는 요소는?

① 1차 지연요소 ② 미분요소
③ 2차 전달 지상요소 ④ 1차 전달 진상요소

해설 $G(s) = 1 + Ts$ 는 1차 전달 진상요소이다.

정답 16 ④ 17 ① 18 ④ 19 ④ 20 ④

21 다음 브릿지 회로에서 입력전압 e_i에 대한 출력 전압 e_o의 전달함수를 구하면?

① $\dfrac{1}{LCs^2+1}$ ② $\dfrac{LCs^2+1}{LCs^2-1}$

③ $\dfrac{1}{LCs^2-1}$ ④ $\dfrac{LCs^2-1}{LCs^2+1}$

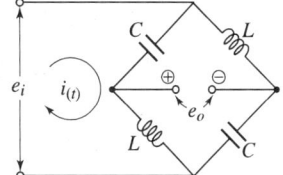

 초기치 값=0. 입·출력 전압의 라플라스 변환
$E_i = \left(\dfrac{1}{sC}+sL\right)I(s)[V]$, $E_o = \left(sL-\dfrac{1}{sC}\right)I(s)[V]$

∴ 전달함수 $G(s) = \dfrac{E_o}{E_i} = \dfrac{\left(sL-\dfrac{1}{sC}\right)I(s)}{\left(\dfrac{1}{sC}+sL\right)I(s)} = \dfrac{s^2LC-1}{s^2LC+1}$

22 그림과 같은 RC 브릿지 회로의 전달함수 $\dfrac{E_o(s)}{E_i(s)}$는?

① $\dfrac{1}{2+RCs}$ ② $\dfrac{RCs}{2+RCs}$

③ $\dfrac{1+RCs}{1-RCs}$ ④ $\dfrac{1-RCs}{1+RCs}$

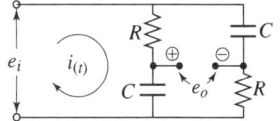

 초기치 값=0. 입·출력 전압의 라플라스 변환
$E_i = \left(R+\dfrac{1}{sC}\right)I(s)[V]$, $E_o = \left(\dfrac{1}{sC}-R\right)I(s)[V]$

∴ 전달함수 $G(s) = \dfrac{E_o}{E_i} = \dfrac{I(s)\left(\dfrac{1}{sC}-R\right)}{I(s)\left(R+\dfrac{1}{sC}\right)} = \dfrac{1-sCR}{sCR+1}$

23 회전 운동 물리계의 관성 모멘트, 비틀림 강도, 회전 점성저항을 전기계로 유추하는 경우 옳은 것은?

① 전기저항, 정전 용량, 인덕턴스
② 인덕턴스, 정전 용량, 전기저항
③ 정전 용량, 전기저항, 인덕턴스
④ 정전 용량, 인덕턴스, 전기저항

• 회전계의 관성 모멘트=인덕턴스
• 비틀림 강도=정전 용량
• 회전 점성 저항=전기저항으로 유추된다.

24 질량, 속도, 힘을 전기계로 유추하는 경우 옳은 것은?

① 질량＝임피던스, 속도＝전류, 힘＝전압
② 질량＝인덕턴스, 속도＝전류, 힘＝전압
③ 질량＝용량, 속도＝전류, 힘＝전압
④ 질량＝저항, 속도＝전류, 힘＝전압

- 질량＝인덕턴스
- 속도＝전류
- 힘＝전압으로 유추된다.

25 어떤 제어계의 관계식이 다음과 같을 때 전달함수는? (단, $\dfrac{d^2y}{dt^2}+5\dfrac{dy}{dt}+6y=e^{-t}x$ 이다.)

① $\dfrac{2}{(s+2)(s+3)}$
② $\dfrac{(s+2)(s+3)}{s+1}$
③ $\dfrac{s+5}{(s+2)(s+3)}$
④ $\dfrac{1}{(s+1)(s+2)(s+3)}$

초기값＝0. 양변 라플라스 변환하면
$s^2Y(s)+5sY(s)+6Y(s)=\dfrac{1}{s+1}X(s)$
$\therefore\ Y(s)(s^2+5s+6)=\dfrac{1}{s+1}X(s)$
전달함수 $G(s)=\dfrac{Y(s)}{X(s)}=\dfrac{1}{(s+1)(s^2+5s+6)}=\dfrac{1}{(s+1)(s+2)(s+3)}$

26 전달함수가 $G(s)=\dfrac{Y(s)}{X(s)}=\dfrac{10}{(s+1)(s+2)}$인 계를 미분 방정식의 형으로 나타낸 것은?

① $\dfrac{d^2}{dt^2}x(t)+3\dfrac{d}{dt}x(t)+2x(t)=10g(t)$
② $\dfrac{d}{dt^2}x(t)+3\dfrac{d}{dt}x(t)+4x(t)=10$
③ $\dfrac{d}{dt^2}y(t)+3\dfrac{d}{dt}y(t)+2y(t)=10x(t)$
④ $\dfrac{d}{dt^2}y(t)+3\dfrac{d}{dt}y(t)+2y(t)=1$

전달함수 $G(s)=\dfrac{Y(s)}{X(s)}=\dfrac{10}{(s+1)(s+2)}=\dfrac{10}{s^2+3s+2}$ 맞보는 변의 곱에 시간함수 표현은
$\dfrac{d^2}{dt^2}y(t)+3\dfrac{d}{dt}y(t)+2y(t)=10x(t)$

정답 24 ② 25 ④ 26 ③

27 다음 제어계의 임펄스 응답이 $\sin t$일 때에 이 계의 전달함수를 구하면?

① $\dfrac{1}{s+1}$ ② $\dfrac{1}{s^2+1}$

③ $\dfrac{s}{s+4}$ ④ $\dfrac{2}{s^2+1}$

 과도 응답(시간 함수) $C(t) = L^{-1}(G(s)R(s))$
정상 응답(전달함수) $G(s) = L(C(t)) = L(\sin t) = \dfrac{1}{s^2+1}$

28 전달함수 $G(s) = \dfrac{1}{s+1}$인 제어계의 인디셜 응답은?

① $1 - e^{-t}$ ② e^{-t}

③ $2e^{-t}$ ④ $e^{-t} - 1$

 인디셜 입력 $R(s) = \dfrac{1}{s}$
인디셜 응답 $C(t) = L^{-1}(G(s)R(s)) = L^{-1}\left(\dfrac{1}{s+1} \times \dfrac{1}{s}\right) = L^{-1}\left(\dfrac{k_1}{s} + \dfrac{k_2}{s+1}\right)$
$= L^{-1}\left(\dfrac{1}{s} + \dfrac{-1}{s+1}\right) = 1 - e^{-t}$

29 전달함수 $G(s) = \dfrac{s+1}{s+2}$인 제어계의 경사 응답 $y(t)$를 나타낸 값은?

① $\dfrac{1}{4}(1 + e^{-2t} + 2t)$ ② $\dfrac{1}{4}(1 - e^{-2t} + 2t)$

③ $\dfrac{1}{2}(1 + e^{-2t} - 2t)$ ④ $\dfrac{1}{2}(1 - e^{-2t} - 2t)$

 경사 입력 $R(s) = \dfrac{1}{s^2}$
경사 응답 $y(t) = L^{-1}(G(s)R(s)) = L^{-1}\left(\dfrac{s+1}{s+2} \times \dfrac{1}{s^2}\right) = L^{-1}\left(\dfrac{k_{11}}{s^2} + \dfrac{k_{12}}{s} + \dfrac{k_2}{s+2}\right)$
$= L^{-1}\left(\dfrac{\frac{1}{2}}{s^2} + \dfrac{-\frac{1}{4}}{s+2} + \dfrac{\frac{1}{4}}{s}\right) = \dfrac{1}{4} - \dfrac{1}{4}e^{-2t} + \dfrac{1}{4} \times 2t = \dfrac{1}{4}(1 - e^{-2t} + 2t)$

단, $k_{11} = \lim\limits_{s \to 0}\left(s^2 \times \dfrac{s+1}{(s+2)} \times \dfrac{1}{s^2}\right) = \lim\limits_{s \to 0}\dfrac{s+1}{s+2} = \dfrac{1}{2}$

$k_{12} = \lim\limits_{s \to 0}\dfrac{d}{ds}\left(\dfrac{s+1}{s+2}\right) = \dfrac{1(s+2) - 1(s+1)}{(s+2)^2} = \dfrac{2-1}{4} = \dfrac{1}{4}$

$k_2 = \lim\limits_{s \to -2}\left(\dfrac{s+1}{s^2}\right) = \dfrac{-2+1}{(-2)^2} = -\dfrac{1}{4}$ 를 상식에 대입한다.

제 5 부
제어공학

제 1 장   자동제어계의 요소와 구성
제 2 장   라플라스 변환
제 3 장   전달함수
제 4 장   블록선도와 신호흐름 선도
제 5 장   과도응답
제 6 장   편차와 감도
제 7 장   주파수 응답
제 8 장   안정도 판별법
제 9 장   근궤적
제10 장   상태방정식
제11장   디지털 공학

Chapter 01 자동제어계의 요소와 구성

5부 제어공학

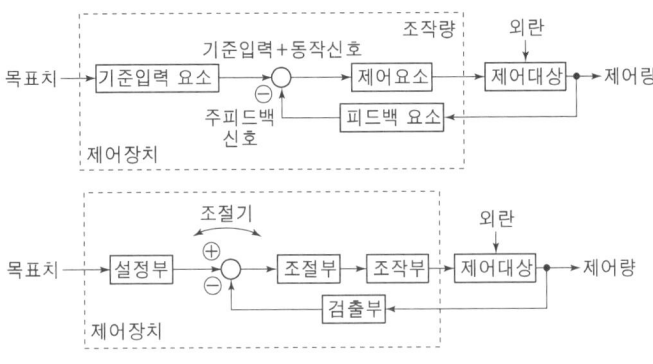

【 피드백 제어계의 일반적인 구성 】

① 제어계의 종류

① 개회로 제어계 : 신호의 흐름이 열려있는 제어계
② 폐회로 제어계 : 신호의 흐름이 닫혀있는 제어계로서 피드백 제어계 또는 자동 제어계라 한다.

② 자동제어의 분류

1) 제어량의 종류에 의한 분류
　① 서보 기구
　② 프로세스 제어
　③ 자동조정

2) 목표치에 의한 분류
① 정치제어
② 추치제어
- ㉠ 추종제어
- ㉡ 프로그램제어
- ㉢ 비율제어

3) 보조동력에 의한 분류
① 자력제어
② 타력제어

4) 제어동작에 의한 분류
① 연속제어
- ㉠ P동작(비례동작)
- ㉡ PD동작(비례미분 제어) : over-shoot(응답 초과량)를 감소시키고, 정전시간을 작게 한다.
- ㉢ PI동작(비례적분 제어) : 잔류편차(off-set)를 없이 할 수 있다.
- ㉣ PID동작 = 3항동작(비례 적분 미분 제어)=연속선형 제어이다.

② 불연속 제어 : 샘플치 제어, 2위치 제어(on-off제어)가 이에 속한다.

Chapter 01 적중예상문제

01 제어계를 동작시키는 기준으로서 직접 제어계에 가해지는 신호는?

① 기준입력 신호
② 주 피드백 신호
③ 조절 신호
④ 동작 신호

 기준입력 신호란 제어계를 동작시키는 기준입력 신호와 이에는 임펄스 입력신호, 인디셜 입력신호(단위계단 입력신호), 램프 입력신호(경사 입력신호), 파라볼라 입력신호(포물선 입력신호) 등이 있다.

02 피드백 제어계에서 제어요소에 대한 설명 중 옳은 것은?

① 목표치에 비례하는 신호를 감쇠하는 요소이다.
② 조절부와 검출부로 구성되어 있다.
③ 조작부와 검출부로 구성되어 있다.
④ 동작 신호를 조작량으로 변화시키는 요소이다.

 제어요소(control element)란 제어 동작 신호를 조작량으로 변환하는 요소로 조절부와 조작부가 있다.

03 제어장치가 제어 대상에 가하는 제어 신호를 제어장치의 출력인 동시에 제어 대상의 입력인 신호는?

① 목표치
② 조작량
③ 동작 신호
④ 제어량

 조작량이란 제어를 수행하기 위하여 제어 대상에 가해지는 신호로서 제어장치의 출력인 동시에 제어 대상의 입력인 신호이다.

04 프로세스 제어는 어디에 속하는가?

① 정치제어 ② 자동조정
③ 프로그램 제어 ④ 추종제어

 정치제어란 목표치가 시간에 관계없이 일정한 경우의 제어로서 프로세스 제어, 자동조정이 이에 속한다.

05 프로세스 제어의 제어량이 아닌 것은?

① 물체의 자세 ② 유량
③ 액위면 ④ 온도

 프로세스 제어의 제어량은 압력, 온도, 유량, 액위, 점도, 농도 등이다.

06 인공 위성을 추적하는 레이다(radar)의 제어방식은?

① 비율제어 ② 정치제어
③ 추종제어 ④ 프로그램제어

 추종제어란 목표치를 추종하는 경우로서 대공포 포신제어, 레이다 제어, 자동 아날로그 선반 등이다.

07 프로그램제어에 속하지 않는 것은?

① 열차의 무인 운전 ② 열처리로 온도 제어
③ 무조정사의 엘리베이터 제어 ④ 대공포 포신 제어

 프로그램제어란 목표치가 미리 정해진 프로그램에 따라 동작하는 제어로서 열차의 무인운전, 열처리로의 온도제어, 무조정사의 엘리베이터 운전 등이다.

08 잔류편차가 있는 제어계는 다음 중 어느 것인가?

① 비례 제어계(P제어계) ② 비례적분미분 제어계
③ 비례 적분 제어계(PI제어계) ④ 적분 제어계(I제어계)

 잔류편차(off-set) : 비례제어(P제어)에서 발생되며 이는 정상 상태에서의 오차를 말한다.

09 커피 자동판매기에 동전을 넣으면 일정량의 커피가 나온다. 이것은 무슨 제어인가?

① 폐회로 제어
② 피드백 제어
③ 시퀀스 제어
④ 프로세스 제어

 시퀀스 제어란 커피 자동판매기에 동전을 넣으면 일정량의 커피가 나오는 제어를 말한다.

10 off-set를 제거하기 위한 제어법은?

① 비례제어
② 적분제어
③ 미분제어
④ on-off제어

 미분제어(D제어)에서는 over shoot를 감소시키고 정전시간을 작게 할 수 있고, 적분제어(I제어)에서는 잔류편차(off-set)를 제거할 수 있다.

11 다음 중 불연속 제어에 속하는 것은?

① on-off제어
② 미분제어
③ 비례제어
④ 적분제어

 불연속 제어란 2위치 제어(on-off control), 샘플치 제어(sampled data control) 등과 같이 제어동작이 불연속적인 제어를 말한다.

12 비례미분적분(PID) 조절기에 있어서 미분시간을 0으로 하면 어떤 동작으로 되는가?

① 적분동작
② 미분동작
③ 비례미분동작
④ 비례적분동작

 비례적분미분제어(PID 동작=3항 동작)에서 미분시간을 0로 하면 비례적분동작(PI동작)으로 잔류편차(off-set)가 제거된다.

Chapter 02 라플라스 변환

5부 제어공학

❶ 기준입력 요소의 라플라스 변환

1) 임펄스 입력

$r(t) = \delta(t)$

$$\begin{cases} L(\delta(t)) = 1 \\ L^{-1}(1) = \delta(t) \end{cases}$$

2) 인디셜 입력

단위계단 입력 $r(t) = u(t)$

$$\begin{cases} L(u(t)) = \dfrac{1}{s} \\ L^{-1}\left(\dfrac{1}{s}\right) = u(t) \end{cases}$$

3) 램프 입력

경사 입력 $r(t) = t$

$$\begin{cases} L(t) = \dfrac{1}{s^2} \\ L^{-1}\left(\dfrac{1}{s^2}\right) = t \end{cases} \qquad \begin{cases} L(t^2) = \dfrac{2}{s^3} \\ L^{-1}\left(\dfrac{2}{s^3}\right) = t^2 \end{cases}$$

$$\therefore \begin{cases} L(t^n) = \dfrac{n}{s^{n+1}} \\ L^{-1}\left(\dfrac{n}{s^{n+1}}\right) = t^n \end{cases}$$

4) 파라볼라 입력

포물선 입력 $\quad r(t) = \frac{1}{2}t^2$

$\begin{bmatrix} L\left(\frac{1}{2}t^2\right) = \frac{1}{s^3} \\ L^{-1}\left(\frac{1}{s^3}\right) = \frac{1}{2}t^2 \end{bmatrix}$

❷ 미분된 함수의 라플라스 변환

$L\left(\frac{d}{dt}f(t)\right) = sF(s) - f(0)$

$L\left(\frac{d^2}{dt^2}f(t)\right) = s^2F(s) - sf(0) - f'(0)$

$L\left(\frac{d^3}{dt^3}f(t)\right) = s^3F(s) - s^2f(0) - sf'(0) - f''(0)$

❸ 적분된 함수의 라플라스 변환

$L\left(\int f(t)dt\right) = \frac{1}{s}F(s) + \frac{1}{s}f(0)^{-1} = \frac{1}{s}(F(s) + f(0)^{-1})$

$L\left(\int\int f(t)dt\right) = \frac{1}{s^2}F(s) + \frac{1}{s^2}f(0)^{-1} + \frac{1}{s^2}f(0)^{-2} = \frac{1}{s^2}(F(s) + f(0)^{-1} + f(0)^{-2})$

❹ 자연대수의 라플라스 변환

$\begin{bmatrix} L(e^{\alpha t}) = \frac{1}{s-\alpha} \\ L^{-1}\left(\frac{1}{s-\alpha}\right) = e^{\alpha t} \end{bmatrix}$
$\qquad$
$\begin{bmatrix} L(e^{-\alpha t}) = \frac{1}{s+\alpha} \\ L^{-1}\left(\frac{1}{s+\alpha}\right) = e^{-\alpha t} \end{bmatrix}$

❺ 복소미분 정리

$L(t^n f(t)) = (-1)^n \frac{d^n}{ds^n} F(s)$

$\begin{bmatrix} L(te^{\alpha t}) = \frac{1}{(s-\alpha)^2} \\ L^{-1}\left(\frac{1}{(s-\alpha)^2}\right) = te^{\alpha t} \end{bmatrix}$
$\qquad$
$\begin{bmatrix} L(te^{-\alpha t}) = \frac{1}{(s+\alpha)^2} \\ L^{-1}\left(\frac{1}{(s+\alpha)^2}\right) = te^{-\alpha t} \end{bmatrix}$

❻ 3각 함수의 라플라스 변환

1) 3각 함수와 쌍곡선 함수의 자연대수 표기법

$$\sin wt = \frac{e^{jwt} - e^{-jwt}}{2j} \qquad \sin\theta = \frac{e^{j\theta} - e^{-j\theta}}{2j}$$

$$\cos wt = \frac{e^{jwt} + e^{-jwt}}{2} \qquad \cos\theta = \frac{e^{j\theta} + e^{-j\theta}}{2}$$

$$\sinh\alpha t = \frac{e^{\alpha t} - e^{-\alpha t}}{2} \qquad \cosh\alpha t = \frac{e^{\alpha t} + e^{-\alpha t}}{2}$$

$$L(\cos wt) = \frac{s}{s^2 + w^2} \qquad L(\sin wt) = \frac{w}{s^2 + w^2}$$

$$L^{-1}\left(\frac{s}{s^2 + w^2}\right) = \cos wt \qquad L^{-1}\left(\frac{w}{s^2 + w^2}\right) = \sin wt$$

$$L(\cosh\alpha t) = \frac{s}{s^2 - \alpha^2} \qquad L(\sinh\alpha t) = \frac{\alpha}{s^2 - \alpha^2}$$

$$L^{-1}\left(\frac{s}{s^2 - \alpha^2}\right) = \cosh\alpha t \qquad L^{-1}\left(\frac{\alpha}{s^2 - \alpha^2}\right) = \sinh\alpha t$$

2) 초기치 정리 : $\lim_{t \to 0} f(t) = \lim_{s \to \infty} sF(s)$

3) 최종치 정리 : $\lim_{t \to \infty} f(t) = \lim_{s \to 0} sF(s)$

❼ 라플라스 역변환

1) 단일근일 때 부분분수 전개

$$F(s) = \frac{(s-z_1)(s-z_2)\ldots(s-z_n)}{(s-p_1)(s-p_2)\ldots(s-p_n)}$$

$$= \frac{k_1}{s-p_1} + \frac{k_2}{s-p_2} + \frac{k_3}{s-p_3} + \cdots$$

$$k_1 = \lim_{s \to p_1}(s-p_1)F(s) \qquad k_2 = \lim_{s \to p_2}(s-p_2)F(s)$$

$$k_3 = \lim_{s \to p_3}(s-p_3)F(s) \qquad k_4 = \lim_{s \to p_4}(s-p_4)F(s)$$

2) 복소근일 때 부분분수 전개

$$F(s) = \frac{A(s)}{(s-p_1)^n(s-p_2)(s-p_3)\ldots(s-p_n)}$$

$$= \frac{k_{11}}{(s-p_1)^n} + \frac{k_{12}}{(s-p_1)^{n-1}} + \frac{k_{13}}{(s-p_1)^{n-2}} + \cdots$$

$$+ \frac{k_{1n}}{(s-p_1)} + \frac{k_2}{s-p_2} + \frac{k_3}{s-p_3} + \cdots$$

$$k_{11} = \lim_{s \to p_1}(s-p_1)^n F(s) \qquad k_2 = \lim_{s \to p_2}(s-p_2)F(s)$$

$$k_{12} = \lim_{s \to p_1}\frac{d}{ds}(s-p_1)^n F(s) \qquad k_3 = \lim_{s \to p_3}(s-p_3)F(s)$$

$$k_{13} = \lim_{s \to p_1}\frac{1}{2!}\frac{d^2}{ds^2}(s-p_1)^n F(s) \qquad k_4 = \lim_{s \to p_4}(s-p_4)F(s)$$

Chapter 02 적·중·예·상·문·제

01 다음 파형의 라플라스 변환은?

① $\dfrac{E}{2s^2}$
② $\dfrac{E}{Ts^2}$
③ $\dfrac{E}{s}$
④ $\dfrac{E}{Ts}$

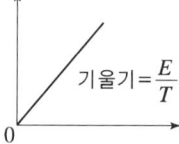

해설 $L(t^n) = \dfrac{n}{s^{n+1}}$ ∴ $f(t) = \dfrac{E}{T}t$의 라플라스 변환

$F(s) = L(f(t)) = L\left(\dfrac{E}{T}t\right) = \dfrac{E}{T} \times \dfrac{1}{s^{1+1}} = \dfrac{E}{Ts^2}$

02 $u(t-a)$의 라플라스 변환을 구하면?

① $\dfrac{e^{as}}{s^2}$
② $\dfrac{e^{-as}}{4s^2}$
③ $\dfrac{e^{as}}{s}$
④ $\dfrac{e^{-as}}{s}$

해설 $F(s) = L(u(t-a)) = \displaystyle\int_a^\infty 1 \cdot e^{-st} dt$

$= \left(\dfrac{e^{-st}}{-s}\right)_a^\infty = \dfrac{e^{-\infty} - e^{-as}}{-s} = \dfrac{e^{-as}}{s}$

03 $f(t) = 3t^2$의 라플라스 변환은?

① $\dfrac{3}{s^2}$
② $\dfrac{1}{s^3}$
③ $\dfrac{6}{s^2}$
④ $\dfrac{6}{s^3}$

해설 $L(t^n) = \dfrac{n}{s^{n+1}}$의 공식에서 $f(t) = 3t^2$의 라플라스 변환

$F(s) = L(f(t)) = L(3t^2) = 3 \times \dfrac{2}{s^{2+1}} = \dfrac{6}{s^3}$

정답 01 ② 02 ④ 03 ④

04 $t>0$일 때 그림과 같이 높이 h, 폭 w인 구형파의 라플라스 변환은?

① $\dfrac{h}{s}(1-e^{-sw})$

② $\dfrac{h}{s}(1+e^{-sw})$

③ $5sh(1-e^{-sw})]$

④ $sh(1+e^{-sw})$

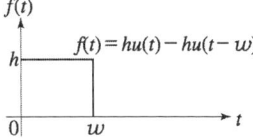

 $f(t)=hu(t)-hu(t-w)$

$F(s)=L(f(t))=\displaystyle\int_0^\infty he^{-st}dt-\int_w^\infty he^{-st}dt=h\left(\dfrac{e^{-st}}{-s}\right)_0^\infty-h\left(\dfrac{e^{-st}}{-s}\right)$

$=\dfrac{h}{s}-\dfrac{h}{s}e^{-sw}=\dfrac{h}{s}(1-e^{-sw})$

05 $f(t)=\sin wt$를 라플라스 변환하면?

① $\dfrac{w}{s^2+w^2}$ ② $\dfrac{s}{s^2+w^2}$

③ $\dfrac{3w}{s^2-w}$ ④ $\dfrac{s}{s^2-w^2}$

 $f(t)=\sin wt=\dfrac{1}{2j}(e^{jwt}-e^{-jwt})$

$\therefore F(s)=L(f(t))=\displaystyle\int_0^\infty \dfrac{1}{2j}(e^{+jwt}-e^{-jwt})e^{-st}dt=\dfrac{1}{2j}\int_0^\infty(e^{-(s-jw)t}-e^{-(s+jw)t})dt$

$=\dfrac{1}{2j}\left(\dfrac{1}{s-jw}-\dfrac{1}{s+jw}\right)=\dfrac{1}{2j}\times\dfrac{s+jw-s+jw}{s^2+w^2}=\dfrac{w}{s^2+w^2}$

06 $£\left[\dfrac{d}{dt}\cos wt\right]$의 값은?

① $\dfrac{s^2}{s^2+w^2}$ ② $\dfrac{-s^2}{s^2+w^2}$

③ 1 ④ $\dfrac{-2w^2}{s^2+w^2}$

 $f(t)=\dfrac{d}{dt}\cos wt$ 일 때

$F(s)=L(f(t))=L\left(\dfrac{d}{dt}\cos wt\right)=s\times\left(\dfrac{s}{s^2+w^2}\right)=\dfrac{s^2}{s^2+w^2}$

07 $f(t) = \sin(wt+\theta)$를 라플라스 변환하면?

① $\dfrac{w\sin\theta}{s^2+w^2}$ ② $\dfrac{w\cos\theta}{s+w}$

③ $\dfrac{\cos\theta+\sin\theta}{s^2+w^2}$ ④ $\dfrac{w\cos\theta+s\sin\theta}{s^2+w^2}$

 $f(t) = \sin(wt+\theta)$일 때
$F(s) = L(f(t)) = L(\sin(wt+\theta)) = L(\sin wt\cos\theta + \cos wt\sin\theta)$
$= \dfrac{w\cos\theta}{s^2+w^2} + \dfrac{s\sin\theta}{s^2+w^2} = \dfrac{w\cos\theta+s\sin\theta}{s^2+w^2}$

08 $f(t) = t\sin wt$를 라플라스 변환하면?

① $\dfrac{w}{s^2+w^2}$ ② $\dfrac{2ws}{(s^2+w^2)^2}$

③ $\dfrac{5s}{(s^2+w^2)^2}$ ④ $\dfrac{2w}{(s^2-w^2)^2}$

 $f(t) = t\sin wt$일 때
$F(s) = L(f(t)) = L(t\sin wt) = (-1)\dfrac{d}{ds}\left(\dfrac{w}{s^2+w^2}\right) = (-1)\left(\dfrac{0-2s\times w}{(s^2+w^2)^2}\right) = \dfrac{2ws}{(s^2+w^2)^2}$

09 $f(t) = e^{-at}\sin wt$를 라플라스 변환하면?

① $\dfrac{w}{(s+a)^2+w^2}$ ② $\dfrac{s}{(s+a)^2+w^2}$

③ $\dfrac{ws}{(s+a)^2-w}$ ④ $\dfrac{2ws}{(s-a)^2+w^2}$

 $f(t) = e^{-at}\sin wt$일 때
$F(s) = L(f(t)) = L(e^{-at}\sin wt) = \left(\dfrac{w}{s^2+w^2}\right)_{s=s+a} = \dfrac{w}{(s+a)^2+w^2}$

10 $f(t) = \sin t\cos t$를 라플라스 변환하면?

① $\dfrac{1}{s^2+3}$ ② $\dfrac{1}{s^2+2^2}$

③ $\dfrac{1}{(s+2)^2}$ ④ $\dfrac{1}{(s+5)^2}$

해설 $f(t) = \sin t \cos t = \dfrac{1}{2}\sin 2t$ 일 때

$$F(s) = L(f(t)) = L\left(\dfrac{1}{2}\sin 2t\right) = \dfrac{1}{2} \times \left(\dfrac{2}{s^2 + (2)^2}\right) = \dfrac{1}{s^2 + (2)^2}$$

11 감쇠 여현파 함수 $e^{-at}\cos wt$의 라플라스 변환은?

① $\dfrac{3w}{s^2 + w^2}$ ② $\dfrac{w}{(s+a)^2 + w}$

③ $\dfrac{s+a}{(s+a) + w}$ ④ $\dfrac{s+a}{(s+a)^2 + w^2}$

 해설 $f(t) = e^{-at}\cos wt$ 일 때

$$F(s) = L(f(t)) = L(e^{-at}\cos wt) = \left(\dfrac{s}{s^2 + w^2}\right)_{s = s+a} = \dfrac{s+a}{(s+a)^2 + w^2}$$

12 $e^{-2t}\cos 3t$의 라플라스 변환을 구하면?

① $\dfrac{s+2}{(s+2)^2 + 3^2}$ ② $\dfrac{s-2}{(s-2)^2 + 3^2}$

③ $\dfrac{s}{(s+2)^2 + 3^2}$ ④ $\dfrac{s}{(s-2)^2 + 3^2}$

 해설 $f(t) = e^{-2t}\cos 3t$ 일 때

$$F(s) = L(f(t)) = L(e^{-2t}\cos 3t) = \left(\dfrac{s}{s^2 + (3)^2}\right)_{s = s+2} = \dfrac{s+2}{(s+2)^2 + (3)^2}$$

13 $f = t\cos wt$를 라플라스 변환하면?

① $\dfrac{2ws}{(s^2 + w^2)^2}$ ② $\dfrac{s+w}{(s^2 + w^2)^2}$

③ $\dfrac{s^2 - w^2}{(s^2 + w^2)^2}$ ④ $\dfrac{3ws}{(s^2 - w^2)^2}$

 해설 $f(t) = t\cos ut$ 일 때

$$F(s) = L(f(t)) = L(t\cos ut) = (-1)\dfrac{d}{ds}\left(\dfrac{s}{s^2 + w^2}\right)$$

$$= (-1)\left(\dfrac{1(s^2 + w^2) - (2s + 0) \times s}{(s^2 + w^2)^2}\right) = \dfrac{s^2 - w^2}{(s^2 + w^2)^2}$$

정답 11 ④ 12 ① 13 ③

14 다음 그림과 같이 높이가 1인 펄스의 라플라스 변환은?

① $\frac{3}{s}(e^{-as}+e^{-bs})$

② $\frac{1}{s}(e^{-as}-e^{-bs})$

③ $\frac{1}{a-b}\left(\frac{e^{-as}+e^{-bs}}{s}\right)$

④ $\frac{1}{a-b}\left(\frac{e^{-as}+e^{-bs}}{s}\right)$

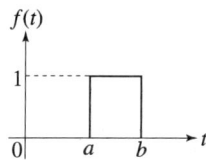

해설 $f(t)=u(t-a)-u(t-b)$일 때
$$F(s)=L(f(t))=\int_a^\infty 1\cdot e^{-st}dt-\int_b^\infty 1\cdot e^{-st}dt$$
$$=\left(\frac{e^{-st}}{-s}\right)_a^\infty - \left(\frac{e^{-st}}{-s}\right)_b^\infty = \frac{e^{-as}}{s}-\frac{e^{-bs}}{s}=\frac{1}{s}(e^{-as}-e^{-bs})$$

15 $F(s)=\dfrac{3s+10}{s^3+2s^2+5s}$일 때 $f(t)$의 최종치는?

① 0　　　　　　　　　② 0.5
③ 2　　　　　　　　　④ 6

해설 최종치 정리에서
$$\lim_{t\to\infty}f(t)=\lim_{s\to 0}sF(s)=\lim_{s\to 0}s\times\frac{3s+10}{s(s^2+2s+5)}=\lim_{s\to 0}\frac{3s+10}{s^2+2s+5}=\frac{10}{5}=2$$

16 $\dfrac{3}{s(s+2)}$의 라플라스 역변환은?

① $\dfrac{3}{2}(1-e^{-2t})$　　　　　② $4(1+e^{-2t})$

③ $\dfrac{2}{3}(1-e^{-3t})$　　　　　④ $\dfrac{2}{3}(1+e^{-2t})$

해설 라플라스 역변환은 부분 분수 전개 후 역변환 한다.
복소함수 $F(s)=\dfrac{3}{s(s+2)}$ 일 때의 라플라스 역변환은
$$f(t)=L^{-1}(F(s))=L^{-1}\left(\frac{3}{s(s+2)}\right)=L^{-1}\left(\frac{k_1}{s}+\frac{k_2}{s+2}\right)=L^{-1}\left(\frac{\frac{3}{2}}{s}+\frac{-\frac{3}{2}}{s+2}\right)=\frac{3}{2}(1-e^{-2t})$$
단, $k_1=\lim_{s\to 0}sF(s)=\lim_{s\to 0}s\times\dfrac{3}{s(s+2)}=\lim_{s\to 0}\dfrac{3}{s+2}=\dfrac{3}{2}$
$k_2=\lim_{s\to -2}(s+2)\times\dfrac{3}{s(s+2)}=\lim_{s\to -2}\dfrac{3}{s}=-\dfrac{3}{2}$ 을 상식에 대입한 것이다.

정답 14 ② 15 ③ 16 ①

17 $L^{-1}\left(\dfrac{1}{s^2+2s+5}\right)$의 값은?

① $2e^{-t}\sin 2t$
② $\dfrac{1}{2}e^{-t}\sin t$
③ $\dfrac{1}{2}e^{-t}\sin 2t$
④ $e^{-2t}\sin t$

해설 $L^{-1}\left(\dfrac{1}{s^2+2s+5}\right)=L^{-1}\left(\dfrac{1}{(s+1)^2+(2)^2}\right)=\dfrac{1}{2}L^{-1}\left(\dfrac{2}{(s+1)^2+(2)^2}\right)=\dfrac{1}{2}e^{-t}\sin 2t$

18 $L^{-1}\left(\dfrac{s+7}{s^2+2s+5}\right)$의 값은?

① $e^{-t}\cos t+3e^{-t}\sin t$
② $e^{-t}\cos 2t+3e^{-t}\sin 2t$
③ $e^{-t}2\cos t+3e^{-t}\sin t$
④ $e^{-t}\cos t+3e^{-t}$

해설 $L^{-1}\left(\dfrac{s+7}{s^2+2s+5}\right)=L^{-1}\left(\dfrac{(s+1)+6}{(s+1)^2+(2)^2}\right)=L^{-1}\left(\dfrac{s+1}{(s+1)^2+(2)^2}+3\times\dfrac{2}{(s+1)^2+(2)^2}\right)$
$=e^{-t}\cos 2t+3e^{-t}\sin 2t$

19 $\dfrac{1}{s(s-1)}$의 라플라스 역변환은?

① $(1-2e^t)$
② $(-1+e^t)$
③ (e^t-2)
④ $(e^{-t}-1)$

해설 $L^{-1}\left(\dfrac{1}{s(s-1)}\right)=L^{-1}\left(\dfrac{k_1}{s}+\dfrac{k_2}{s-1}\right)=L^{-1}\left(\dfrac{-1}{s}+\dfrac{1}{s-1}\right)=-1+e^t$

단, $k_1=\lim_{s\to 0}sF(s)=\lim_{s\to 0}s\times\dfrac{1}{s(s-1)}=\lim_{s\to 0}\dfrac{1}{s-1}=-1$

$k_2=\lim_{s\to 1}sF(s)=\lim_{s\to 1}(s-1)\times\dfrac{1}{s(s-1)}=\lim_{s\to 1}\dfrac{1}{s}=1$을 상식에 대입

20 $\dfrac{1}{s(s+a)}$의 라플라스 역변환을 구하면?

① $a(1-e^{-at})$
② $1-e^{-at}$
③ $\dfrac{1}{a}(1-e^{-at})$
④ e^{-at}

정답 17 ③ 18 ② 19 ② 20 ③

해설 $L^{-1}\left(\dfrac{1}{s(s+a)}\right) = L^{-1}\left(\dfrac{k_1}{s} + \dfrac{k_2}{s+a}\right) = L^{-1}\left(\dfrac{\frac{1}{a}}{s} + \dfrac{-\frac{1}{a}}{s+a}\right) = \dfrac{1}{a}(1 - e^{-at})$

단, $k_1 = \lim\limits_{s \to 0} \dfrac{1}{s+a} = \dfrac{1}{a}$

$k_2 = \lim\limits_{s \to -a} \dfrac{1}{s} = -\dfrac{1}{a}$ 을 상식에 대입, 역변환 한다.

21 $\dfrac{1}{s(s+1)}$ 의 라플라스 역변환을 구하면?

① $e^{-t}\sin t$
② $2 + e^{-t}$
③ $1 - e^{-t}$
④ $e^{-t}\cos t$

해설 $L^{-1}\left(\dfrac{1}{s(s+1)}\right) = L^{-1}\left(\dfrac{k_1}{s} + \dfrac{k_2}{s+1}\right) = L^{-1}\left(\dfrac{1}{s} + \dfrac{-1}{s+1}\right) = 1 - e^{-t}$

단, $k_1 = \lim\limits_{s \to 0} sF(s) = \lim\limits_{s \to 0} s \times \dfrac{1}{s(s+1)} = \lim\limits_{s \to 0} \dfrac{1}{s+1} = 1$

$k_2 = \lim\limits_{s \to -1} sF(s) = \lim\limits_{s \to -1}(s+1) \times \dfrac{1}{s(s+1)} = \lim\limits_{s \to -1} \dfrac{1}{s} = -1$

22 $F(s) = \dfrac{2s+3}{s^2+3s+2}$ 의 시간함수 $f(t)$는?

① $e^{-t} - e^{-2t}$
② $e^{-t} + e^{-2t}$
③ $e^{-t} + 2e^{-2t}$
④ $e^{-t} - 4e^{-2t}$

 해설 $f(t) = L^{-1}(F(s)) = L^{-1}\left(\dfrac{2s+3}{s^2+3s+2}\right) = L^{-1}\left(\dfrac{2s+3}{(s+1)(s+2)}\right)$

$= L^{-1}\left(\dfrac{k_1}{s+1} + \dfrac{k_2}{s+2}\right) = L^{-1}\left(\dfrac{1}{s+1} + \dfrac{1}{s+2}\right) = e^{-t} + e^{-2t}$

단, $k_1 = \lim\limits_{s \to -1} sF(s) = \lim\limits_{s \to -1}(s+1) \times \dfrac{2s+3}{(s+1)(s+2)} = \lim\limits_{s \to -1} \dfrac{2s+3}{s+2} = \dfrac{2(-1)+3}{-1+2} = 1$

$k_2 = \lim\limits_{s \to -2}(s+2) \times \dfrac{2s+3}{(s+1)(s+2)} = \lim\limits_{s \to -2} \dfrac{2s+3}{s+1} = \dfrac{2(-2)+3}{-2+1} = 1$ 을 상식에 대입

23 $F(s) = \dfrac{s+1}{s^2+2s}$ 일 때 라플라스 역변환은?

① $\dfrac{1}{2}(1 + e^t)$
② $\dfrac{1}{2}(1 + e^{-2t})$
③ $\dfrac{1}{4}(1 - e^{-2t})$
④ $\dfrac{1}{2}(1 - e^{-3t})$

해설 $f(t) = L^{-1}(F(s)) = L^{-1}\left(\dfrac{s+1}{s^2+2s}\right) = L^{-1}\left(\dfrac{s+1}{s(s+2)}\right) = L^{-1}\left(\dfrac{k_1}{s} + \dfrac{k_2}{s+2}\right)$

$= L^{-1}\left(\dfrac{\frac{1}{2}}{s} + \dfrac{\frac{1}{2}}{s+2}\right) = \dfrac{1}{2} + \dfrac{1}{2}e^{-2t} = \dfrac{1}{2}(1+e^{-2t})$

단, $k_1 = \lim_{s\to 0} sF(s) = \lim_{s\to 0} s \times \dfrac{s+1}{s(s+2)} = \lim_{s\to 0}\dfrac{s+1}{s+2} = \dfrac{1}{2}$

$k_2 = \lim_{s\to -2}(s+2) \times \dfrac{s+1}{s(s+2)} = \lim_{s\to -2}\dfrac{s+1}{s} = \dfrac{-2+1}{-2} = \dfrac{1}{2}$ 를 상식에 대입

24 $F(s) = \dfrac{3}{s^3+s^2}$ 의 라플라스 역변환은?

① $3t - 3 + 3e^{-t}$ ② $t + 1 - e^{-t}$
③ $3t - 3 - e^{-t}$ ④ $3t + 3 + 3e^{-t}$

해설 $f(t) = L^{-1}(F(s)) = L^{-1}\left(\dfrac{3}{s^3+s^2}\right) = L^{-1}\left(\dfrac{3}{s^2(s+1)}\right)$

$= L^{-1}\left(\dfrac{k_{11}}{s^2} + \dfrac{k_{12}}{s} + \dfrac{k_2}{s+1}\right) = L^{-1}\left(\dfrac{3}{s^2} + \dfrac{-3}{s} + \dfrac{3}{s+1}\right) = 3t - 3 + 3e^{-t}$

단, $k_{11} = \lim_{s\to 0} s^2 F(s) = \lim_{s\to 0}\dfrac{3}{s+1} = \dfrac{3}{0+1} = 3$

$k_{12} = \lim_{s\to 0}\dfrac{d}{ds}(s^2 F(s)) = \lim_{s\to 0}\dfrac{d}{ds}\left(\dfrac{3}{s+1}\right) = \lim_{s\to 0}\left(\dfrac{0-1\times 3}{(s+1)^2}\right) = -3$

$k_2 = \lim_{s\to -1}(s+1) \times F(s) = \lim_{s\to -1}\dfrac{3}{s^2} = \dfrac{3}{(-1)^2} = 3$을 상식에 대입

25 $Ri(t) + \dfrac{1}{C}\int i(t)dt = E$의 관계식에서 $i(t)$의 초깃값과 최종값은?

① $0,\ \dfrac{E}{2R}$ ② $0,\ \dfrac{E}{RC}$
③ $\dfrac{E}{R},\ 0$ ④ $\dfrac{E}{RC},\ 0$

해설 양변 라플라스 변환을 하면

$RI(s) + \dfrac{1}{sc}I(s) + \dfrac{1}{sc}i^{-1}(0_+) = \dfrac{E}{s}$

$\therefore I(s)\left(R + \dfrac{1}{sc}\right) = \dfrac{E}{s}$ $\therefore I(s) = \dfrac{E}{s\left(R + \dfrac{1}{sc}\right)}$ [A]

초깃값 : $\lim_{t\to 0} i(t) = \lim_{s\to \infty} sI(s) = \lim_{s\to \infty}\left(\dfrac{E}{R+\dfrac{1}{sc}}\right) = \dfrac{E}{R}$

최종값 : $\lim_{t\to \infty} i(t) = \lim_{s\to 0} sI(s) = \lim_{s\to 0}\left(\dfrac{E}{R+\dfrac{1}{sc}}\right) = \dfrac{E}{R+\infty} = 0$

26 다음 방정식을 라플라스 변환에 의해 $x(t)$를 구하면? (단, $x(0_+)=-1$, $x'(0_+)=2$ 이다.)

$$\frac{d^2}{dt^2}x(t)+3\frac{d}{dt}x(t)+2x(t)=5$$

① $\frac{5}{2}-5e^{-t}+\frac{3}{2}e^{-2t}$ ② $\frac{3}{2}-5e^{-t}+\frac{5}{2}e^{-t}$

③ $\frac{5}{2}-3e^{-t}+\frac{2}{3}e^{-2t}$ ④ $\frac{5}{2}-5e^{-t}+\frac{5}{2}e^{-2t}$

 양변 라플라스 변환하면 $s^2X(s)-sx(0_+)-x'(0_+)+3sX(s)-3x(0_+)+2X(s)=\frac{5}{s}$

초기치 값을 대입하면 $s^2X(s)-s(-1)-2+3sX(s)-3(-1)+2X(s)=\frac{5}{s}$

$X(s)(s(s^2+3s+2))=-s^2-s+5$

$\therefore X(s)=\frac{-s^2-s+5}{s(s^2+3s+2)}$

$\therefore x(t)=L^{-1}(x(s))=L^{-1}\left(\frac{-s^2-s+5}{s(s+1)(s+2)}\right)=L^{-1}\left(\frac{k_1}{s}+\frac{k_2}{s+1}+\frac{k_3}{s+2}\right)$

$=L^{-1}\left(\frac{\frac{5}{2}}{s}+\frac{-5}{s+1}+\frac{\frac{3}{2}}{s+2}\right)=\frac{5}{2}-5e^{-t}+\frac{3}{2}e^{-2t}$

단, $k_1=\lim_{s\to 0}sF(s)=\lim_{s\to 0}\frac{-s^2-s+5}{(s+1)(s+2)}=\frac{5}{2}$

$k_2=\lim_{s\to -1}(s+1)F(s)=\lim_{s\to -1}\left(\frac{-s^2-s+5}{s(s+2)}\right)=-5$

$k_3=\lim_{s\to -2}(s+2)F(s)=\lim_{s\to -2}\left(\frac{-s^2-s+5}{s(s+1)}\right)=\frac{3}{2}$ 상식에 대입

27 라플라스 변환을 이용하여 미분 방정식을 풀이하면? (단, $y(0)=3$, $y'(0)=4$)

$$\frac{d^2y}{dt^2}+3y=0$$

① $3\cos\sqrt{3}\,t+\frac{4\sqrt{3}}{3}\sin\sqrt{3}\,t$ ② $3\cos\sqrt{3}\,t+\frac{4}{3}\sin\sqrt{3}\,t$

③ $3\cos\sqrt{3}\,t+3\sin\sqrt{3}\,t$ ④ $3\cos 3t+\frac{4}{\sqrt{3}}\sin t$

 양변 라플라스 변환을 하고, 초깃값을 대입하면

$s^2Y(s)-sy(0)-y'(0)+3Y(s)=0$

$\therefore Y(s)(s^2+3)=3s+4$

$\therefore Y(s)=\frac{3s+4}{s^2+3}$ 의 역변환

$y(t)=L^{-1}(Y(s))=L^{-1}\left(\frac{3s}{s^2+3}+\frac{4\sqrt{3}}{3}\times\frac{\sqrt{3}}{s^2+3}\right)=3\cos\sqrt{3}\,t+\frac{4\sqrt{3}}{3}\sin\sqrt{3}\,t$

28 $\dfrac{dx}{dt}+x=1$의 라플라스 변환 $X(s)$의 값은?

① $s(s+2)$
② $s+1$
③ $\dfrac{1}{2s}(s+1)$
④ $\dfrac{1}{s(s+1)}$

 초깃값 $=0$, 양변 라플라스 변환을 하면

$$sX(s)-x(0)+X(s)=\dfrac{1}{s}$$

$\therefore\ X(s)(s+1)=\dfrac{1}{s}$

$\therefore\ X(s)=\dfrac{1}{s(s+1)}$

29 $F(s)=\dfrac{s+5}{(s+3)(s^2+2s+2)}$ 의 극점과 영점을 나타낸 것은?

①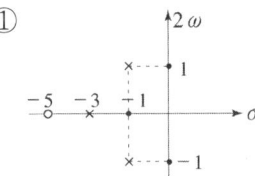

②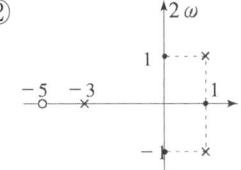

③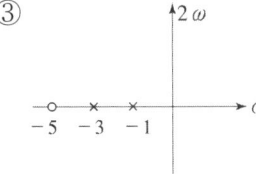

④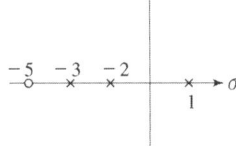

 $F(s)$의 복소함수는

㉠ 영점(O) : 공진점(직렬 공진점)은 $F(s)=0$, 단락회로, 분자 $=0$이다.

$\therefore\ s+5=0$, s(영점의 값) $=-5$ ⋯⋯⋯⋯⋯⋯⋯⋯⋯ ⓐ

㉡ 극점(X) : 반공진점(병렬 공진점)은 $F(s)=\infty$, 개방회로, 분모 $=0$에서

$(s+3)(s^2+2s+2)=(s+3)((s+1)^2+1)=0$

$\therefore\ s$(극점의 값) $=-3$, s(극점의 값) $=-1\pm j$이다. ⋯⋯⋯ ⓑ

ⓐ의 좌표 표시이다.

Chapter 03 전달함수

5부 제어공학

- 초기 값 0일 때 입력과 출력 비를 말한다.
- 전달함수 분모 차수 s가 1차식일 때 → 1차 지연 요소, 2차식일 때 → 2차 지연요소라 한다.

❶ 비례요소

$$G(s) = \frac{Y(s)}{X(s)} = K (비례요소)$$

❷ 미분요소

$$G(s) = \frac{V(s)}{I(s)} = sL = Ks (미분요소)$$

❸ 적분요소

$$G(s) = \frac{E(s)}{I(s)} = \frac{1}{sc} = \frac{K}{s} (적분요소)$$

❹ 1차 지연요소

$$G(s) = \frac{E(s)}{I(s)} = \frac{K}{1+Ts}$$

❺ 2차 지연요소

$$G(s) = \frac{E_{2s}}{E_{1s}} = \frac{1}{s^2 LC + s CR + 1}$$

❻ 진상 보상기

$$G(s) = \frac{E_o(s)}{E_1(s)} = \frac{s+a}{s+b}$$

$$\begin{cases} a = \dfrac{1}{CR_1} \\ b = \dfrac{1}{CR_1} + \dfrac{1}{CR_2} \\ b > a \end{cases}$$

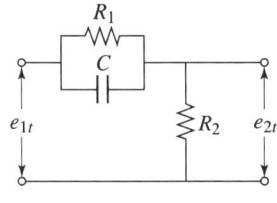

❼ 지상 보상기

$$G(s) = \frac{E_o(s)}{E_1(s)} = \frac{s+b}{s+a}$$

$$\begin{cases} a = \dfrac{1}{C(R_1 + R_2)} \\ b = \dfrac{1}{CR_2} \\ b > a \end{cases}$$

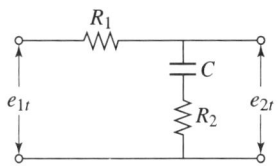

❽ 지상, 진상 보상기

$$G(s) = \frac{E_2(s)}{E_1(s)} = \frac{(s+a_1)(s+b_1)}{(s+b_2)(s+a_2)}$$

$$\begin{cases} b_1 > a_1 \\ b_2 > a_2 \end{cases}$$

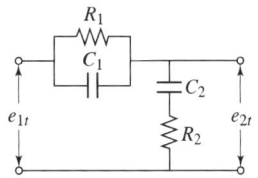

❾ 부동작 요소

$t = 0$에서 입력 변화가 있어도 $t = L$에 출력변화가 없는 요소로
$G(s) = \dfrac{Y(s)}{X(s)} = Ke^{-Ls}$ 이다.

Chapter 03 적·중·예·상·문·제

01 다음 전달함수 설명 중 옳은 것은?

① 2계 회로의 분모와 분자의 차수의 차는 s의 1차식이 된다.
② 2계 회로에서는 전달함수의 분모는 s의 2차식이다.
③ 전달함수 분모의 차수는 초깃값에 따라 결정된다.
④ 전달함수 분자의 차수에 따라 분모의 차수가 결정된다.

[해설] 전달함수 분모의 s차수가 1차식일 때는 1차 진상(지상)요소, 2차식일 때는 2차 진상(지상)전달요소라 한다.

02 그림과 같은 회로에서 e_i를 입력, e_o를 출력으로 할 경우 전달함수는?

① $\dfrac{RLs}{R+Ls}$
② $\dfrac{Ls}{R+Ls}$
③ $\dfrac{Rs}{R+Ls}$
④ $\dfrac{L}{R+Ls}$

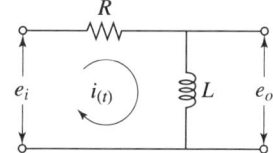

[해설] $e_i = Ri(t) + L\dfrac{di(t)}{dt}$[V], $e_o = L\dfrac{di(t)}{dt}$[V]

양변 라플라스 변환. 단, 초기치값 = 0

$E_i(s) = RI(s) + sLI(s)$[V] $E_o(s) = sLI(s)$[V]

∴ 전달함수 $G(s) = \dfrac{E_o(s)}{E_i(s)} = \dfrac{I(s)\,sL}{I(s)(R+sL)} = \dfrac{sL}{R+sL}$

03 다음과 같은 회로에서 e_i를 입력, e_o를 출력으로 할 경우 전달함수는?

① $\dfrac{1}{Ts+1}$
② $\dfrac{1}{Ts^2+1}$
③ $\dfrac{s}{Ts+2}$
④ $\dfrac{s}{Ts^2+1}$

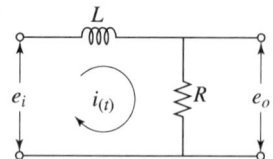

정답 01 ② 02 ② 03 ①

해설 $e_i = L\dfrac{di(t)}{dt} + Ri(t)\,[\text{V}]$, $e_o = Ri(t)\,[\text{V}]$

초기치값=0이다. 양변 라플라스 변환. 시정수 $T = \dfrac{L}{R}[\sec]$일 때

$E_i(s) = sLI(s) + RI(s)\,[\text{V}]$, $E_o(s) = RI(s)\,[\text{V}]$

∴ 전달함수 $G(s) = \dfrac{E_o(s)}{E_i(s)} = \dfrac{I(s)\,R}{I(s)(sL+R)} = \dfrac{1}{\dfrac{L}{R}s+1} = \dfrac{1}{Ts+1}$

04 다음과 같은 회로의 전달함수는?

① $\dfrac{1}{Ts^2+1}$ ② $Ts+2$

③ $\dfrac{1}{Ts+1}$ ④ $\dfrac{1}{Ts}$

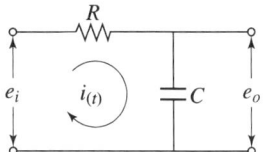

 초깃값=0 이라 하면 양변 라플라스 변환. 시정수 $T = CR[\sec]$일 때

전달함수 $G(s) = \dfrac{E_o(s)}{E_i(s)} = \dfrac{I(s)\dfrac{1}{sC}}{I(s)\left(R + \dfrac{1}{sC}\right)} = \dfrac{1}{sCR+1} = \dfrac{1}{Ts+1}$

05 다음과 같은 전기회로의 입력 전압 e_i와 출력 전압 e_o 사이의 전달함수를 구하면?

① $\dfrac{CRs}{1+CRs}$ ② $\dfrac{CRs}{1-CRs}$

③ $\dfrac{CR}{2+CRs}$ ④ $\dfrac{CR}{2-CRs}$

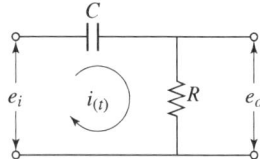

 그림에서 초깃값=0일 때의 양변 라플라스 변환

전달함수 $G(s) = \dfrac{E_o(s)}{E_i(s)} = \dfrac{I(s)\,R}{I(s)\left(\dfrac{1}{sC}+R\right)} = \dfrac{sCR}{1+sCR}$

06 다음과 같은 회로의 전달함수는?

① $C_1 + 2C_2$ ② $\dfrac{C_2}{2C_1}$

③ $\dfrac{C_1}{C_1+C_2}$ ④ $\dfrac{C_2}{C_1+C_2}$

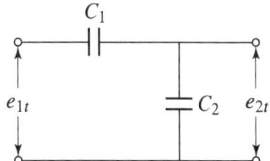

정답 04 ③ 05 ① 06 ③

해설 입·출력 초기치 값=0 라플라스 변환에 의한 전달함수

$$G(s) = \frac{E_o(s)}{E_i(s)} = \frac{I(s) \times \frac{1}{sC_2}}{I(s)\left(\frac{1}{sC_1} + \frac{1}{sC_2}\right)} = \frac{\frac{1}{sC_2}}{\frac{1}{sC_1} + \frac{1}{sC_2}} = \frac{sC_1}{sC_1 + sC_2} = \frac{C_1}{C_1 + C_2}$$

07 그림과 같은 회로의 전압비 전달함수 $H(jw)$는 얼마인가? (단, 입력 $e(t)$는 정현파 교류 전압이며, 출력은 e_R이다.)

① $\dfrac{jw}{(5-w^2)+jw}$

② $\dfrac{jw}{(5+w^2)+jw}$

③ $\dfrac{jw}{(4-w)^2+jw}$

④ $\dfrac{jw}{(4+w)^2+jw}$

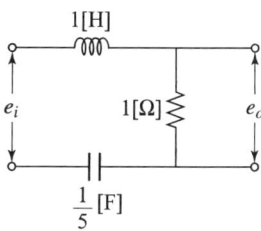

해설 입·출력 전압의 초깃값=0일 때의 라플라스 변환에 의한 전달함수

$$G(s) = \frac{E_o(s)}{E_i(s)} = \frac{I(s) \times R}{I(s)\left(sL + R + \frac{1}{sC}\right)} = \frac{R}{s \times 1 + R + \frac{1}{s \times \frac{1}{5}}} = \frac{sR}{s^2 + sR + 5}$$

$$= \frac{jw \times 1}{(jw)^2 + jw \times 1 + 5} = \frac{jw}{-w^2 + jw + 5} = \frac{jw}{(5-w^2) + jw}$$

08 그림과 같은 회로의 전달함수 $\dfrac{Q(s)}{E(s)}$를 구하면?

① $\dfrac{L}{LCs^2+1}$

② $\dfrac{C}{LCs^2+1}$

③ $\dfrac{1}{LCs^2+1}$

④ $\dfrac{C}{Ls+1}$

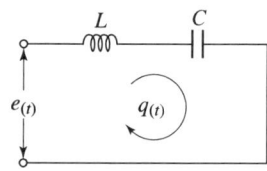

해설 $i(t) = \dfrac{dq(t)}{dt}$ [A]일 때 키르히호프 제2법칙에서 입력전압

$$e(t) = L\frac{di(t)}{dt} + \frac{1}{C}\int i(t)\,dt = L\frac{d}{dt} \times \frac{dq(t)}{dt} + \frac{1}{C}\int \frac{dq(t)}{dt} \times dt = L\frac{d^2q(t)}{dt^2} + \frac{q(t)}{C} \text{ [V]}$$

초깃값=0. 양변 라플라스 변환하면 $E(s) = \left(s^2L + \dfrac{1}{C}\right)Q(s)$

∴ 전달함수 $G(s) = \dfrac{Q(s)}{E(s)} = \dfrac{1}{s^2L + \dfrac{1}{C}} = \dfrac{C}{s^2LC + 1}$

09 그림과 같은 회로의 전달함수 $\dfrac{E_o(s)}{I(s)}$ 는?

① $\dfrac{1}{C_1 s + C_2 s}$
② $\dfrac{C_1}{C_1 s + C_2 s}$
③ $\dfrac{C_1 C_2}{C_1 s + C_2 s}$
④ $\dfrac{C_2}{C_1 s + C_2 s}$

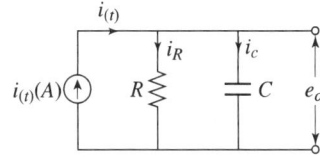

 키르히호프 제1법칙 $i = i_1 + i_2 = C_1 \dfrac{de_o}{dt} + C_2 \dfrac{de_o}{dt}$ [A]. 양변 라플라스 변환하면

$I(s) = (sC_1 + sC_2)E_o s$

∴ 전달함수 $G(s) = \dfrac{E_o(s)}{I(s)} = \dfrac{1}{sC_1 + sC_2}$

10 그림과 같은 RC 병렬 회로의 전달함수 $\dfrac{E_o(s)}{I(s)}$ 는?

① $\dfrac{R}{RCs + 1}$
② $\dfrac{C}{RCs + 1}$
③ $\dfrac{RC}{RCs + 2}$
④ $\dfrac{RCs}{RCs + 2}$

 키르히호프 제1법칙에서 $i = i_R + i_c = \dfrac{1}{R} e_o(t) + C \dfrac{de_o(t)}{dt}$ [A]

초기치 값=0. 양변 라플라스 변환하면 $I(s) = \left(\dfrac{1}{R} + sC\right) E_o(s)$

∴ 전달함수 $G(s) = \dfrac{E_o(s)}{I(s)} = \dfrac{1}{\dfrac{1}{R} + sC} = \dfrac{R}{1 + sCR}$

11 적분요소의 전달함수는?

① K
② Ts
③ $\dfrac{1}{Ts}$
④ $\dfrac{K}{1 + Ts}$

- K : 비례요소 전달함수
- Ts : 미분요소 전달함수
- $\dfrac{1}{Ts}$: 적분요소 전달함수
- $\dfrac{K}{1 + Ts}$: 1차 지연요소 전달함수

12 다음과 같은 요소는 다음의 어떤 요소인가?

① 미분요소
② 적분요소
③ 1차 지연요소
④ 1차 지연요소를 포함한 미분요소

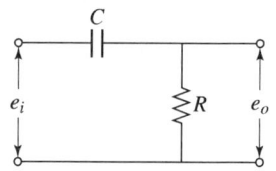

 입·출력 전압, 초기치 값=0으로 하고, 라플라스 변환하면 전달함수

$$G(s) = \frac{E_o(s)}{E_i(s)} = \frac{I(s) \times R}{I(s)\left(\frac{1}{sC} + R\right)} = \frac{sCR}{1+sCR} = \frac{Ts}{1+Ts}$$

단, T(시정수)$= cR$[sec]. 이는 1차 지연요소를 포함한 미분요소이다.

13 다음 회로에서 출력 전압의 위상은 입력 전압 위상보다 어떻게 되는가?

① 같다.
② 뒤진다.
③ 앞선다.
④ 앞설 수도, 뒤질 수도 있다.

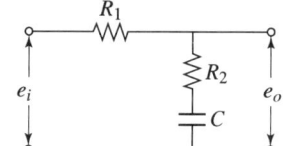

 R_1만의 입력 전압 위상은 전류와 동위상이다. 또 $R_2 - c$의 직렬 회로 출력 전압 위상은 전류보다 지상이다. ∴ 출력 전압 위상은 뒤진다.

14 다음과 같은 회로에서 입력 전압의 위상은 출력 전압보다 어떠한가?

① 같다.   ② 뒤진다.
③ 앞선다.   ④ 정수에 따라 앞서기도 뒤지기도 한다.

 $R_1 - c$ 병렬 회로의 입력 전압 위상은 전류보다 지상이다. 또, R_2만의 출력 전압 위상은 전류와 동위상이다. ∴ 입력 전압 위상은 뒤진다.

15 $G(s) = \dfrac{K}{s^2}$인 제어계는?

① 2차 진상요소   ② 2차 적분요소
③ 2차 지연요소   ④ 2차 미분요소

 전달함수 $G(s)$의 분모 차수가 1차식일 때는 1차 진상(지상)요소이고, 2차식일 때는 2차 진상(지상)요소이므로 $\dfrac{k}{s^2}$의 제어계는 2차 적분요소이다.

16 $G(s) = \dfrac{1}{(T_1 s + 1)(T_2 s + 1)}$ 인 제어계는?

① 2차 적분요소
② 2차 미분요소
③ 2차 전달진상요소
④ 2차 전달지연요소

 전달함수 $G(s)$의 분모차수가 2차식이므로 2차 전달지연요소이다.

17 $G(s) = Ks^2$인 제어계는?

① 2차 미분요소
② 2차 진상요소
③ 2차 지연요소
④ 2차 적분요소

 $G(s) = Ks^2$은 2차 미분요소이다.

18 1차 지연요소의 전달함수는?

① $1 + Ts$
② $\dfrac{K}{s}$
③ Ks
④ $\dfrac{K}{1 + Ts}$

 $G(s) = \dfrac{K}{1 + Ts}$는 1차 지연요소이다.

19 부동작 시간요소의 전달함수는?

① Ks
② K
③ $\dfrac{K}{s}$
④ Ke^{-Ls}

 $G(s) = Ke^{-Ls}$는 부동작 시간요소이다.

20 전달함수의 값이 $G(s) = 1 + Ts$로 표시되는 요소는?

① 1차 지연요소
② 미분요소
③ 2차 전달지상요소
④ 1차 전달진상요소

 $G(s) = 1 + Ts$는 1차 전달진상요소이다.

21 다음 브릿지 회로에서 입력전압 e_i에 대한 출력 전압 e_o의 전달함수를 구하면?

① $\dfrac{1}{LCs^2+1}$

② $\dfrac{LCs^2+1}{LCs^2-1}$

③ $\dfrac{1}{LCs^2-1}$

④ $\dfrac{LCs^2-1}{LCs^2+1}$

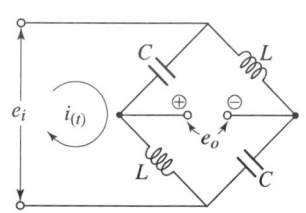

 초기치 값=0. 입·출력 전압의 라플라스 변환
$E_i(s) = \left(\dfrac{1}{sC}+sL\right)I(s)\,[\text{V}],\ E_o(s) = \left(sL-\dfrac{1}{sC}\right)I(s)\,[\text{V}]$

∴ 전달함수 $G(s) = \dfrac{E_o(s)}{E_i(s)} = \dfrac{\left(sL-\dfrac{1}{sC}\right)I(s)}{\left(\dfrac{1}{sC}+sL\right)I(s)} = \dfrac{s^2LC-1}{s^2LC+1}$

22 그림과 같은 RC 브릿지 회로의 전달함수 $\dfrac{E_o(s)}{E_i(s)}$는?

① $\dfrac{1}{2+RCs}$ ② $\dfrac{RCs}{2+RCs}$

③ $\dfrac{1+RCs}{1-RCs}$ ④ $\dfrac{1-RCs}{1+RCs}$

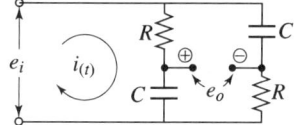

 초기치 값=0. 입·출력 전압의 라플라스 변환
$E_i(s) = \left(R+\dfrac{1}{sC}\right)I(s)\,[\text{V}],\ E_o(s) = \left(\dfrac{1}{sC}-R\right)I(s)\,[\text{V}]$

∴ 전달함수 $G(s) = \dfrac{E_o(s)}{E_i(s)} = \dfrac{I(s)\left(\dfrac{1}{sC}-R\right)}{I(s)\left(R+\dfrac{1}{sC}\right)} = \dfrac{1-sCR}{sCR+1}$

23 회전 운동 물리계의 관성 모멘트, 비틀림 강도, 회전 점성 저항을 전기계로 유추하는 경우 옳은 것은?

① 전기 저항, 정전 용량, 인덕턴스
② 인덕턴스, 정전 용량, 전기 저항
③ 정전 용량, 전기 저항, 인덕턴스
④ 정전 용량, 인덕턴스, 전기 저항

• 회전계의 관성 모멘트=인덕턴스
• 비틀림 강도=정전 용량
• 회전 점성 저항=전기저항으로 유추된다.

정답 21 ④ 22 ④ 23 ②

24 질량, 속도, 힘을 전기계로 유추하는 경우 옳은 것은?

① 질량=임피던스, 속도=전류, 힘=전압
② 질량=인덕턴스, 속도=전류, 힘=전압
③ 질량=용량, 속도=전류, 힘=전압
④ 질량=저항, 속도=전류, 힘=전압

- 질량=인덕턴스
- 속도=전류
- 힘=전압으로 유추된다.

25 어떤 제어계의 관계식이 다음과 같을 때 전달함수는? (단, $\dfrac{d^2y}{dt^2}+5\dfrac{dy}{dt}+6y=e^{-t}x$ 이다.)

① $\dfrac{2}{(s+2)(s+3)}$
② $\dfrac{(s+2)(s+3)}{s+1}$
③ $\dfrac{s+5}{(s+2)(s+3)}$
④ $\dfrac{1}{(s+1)(s+2)(s+3)}$

 초깃값=0. 양변 라플라스 변환하면
$$s^2Y(s)+5sY(s)+6Y(s)=\dfrac{1}{s+1}X(s)$$
∴ $Y(s)(s^2+5s+6)=\dfrac{1}{s+1}X(s)$

전달함수 $G(s)=\dfrac{Y(s)}{X(s)}=\dfrac{1}{(s+1)(s^2+5s+6)}=\dfrac{1}{(s+1)(s+2)(s+3)}$

26 전달함수가 $G(s)=\dfrac{Y(s)}{X(s)}=\dfrac{10}{(s+1)(s+2)}$ 인 계를 미분 방정식의 형으로 나타낸 것은?

① $\dfrac{d^2}{dt^2}x(t)+3\dfrac{d}{dt}x(t)+2x(t)=10\,g(t)$
② $\dfrac{d}{dt^2}x(t)+3\dfrac{d}{dt}x(t)+4x(t)=10$
③ $\dfrac{d}{dt^2}y(t)+3\dfrac{d}{dt}y(t)+2y(t)=10x(t)$
④ $\dfrac{d}{dt^2}y(t)+3\dfrac{d}{dt}y(t)+2y(t)=1$

 전달함수 $G(s)=\dfrac{Y(s)}{X(s)}=\dfrac{10}{(s+1)(s+2)}=\dfrac{10}{s^2+3s+2}$ 맞보는 변의 곱에 시간함수 표현은

$\dfrac{d^2}{dt^2}y(t)+3\dfrac{d}{dt}y(t)+2y(t)=10x(t)$

정답 24 ② 25 ④ 26 ③

27 다음 제어계의 임펄스 응답이 $\sin t$일 때에 이 계의 전달함수를 구하면?

① $\dfrac{1}{s+1}$ ② $\dfrac{1}{s^2+1}$

③ $\dfrac{s}{s+4}$ ④ $\dfrac{2}{s^2+1}$

- 과도 응답(시간 함수) $C(t) = L^{-1}(G(s)R(s))$
- 정상 응답(전달함수) $G(s) = L(C(t)) = L(\sin t) = \dfrac{1}{s^2+1}$

28 전달함수 $G(s) = \dfrac{1}{s+1}$인 제어계의 인디셜 응답은?

① $1 - e^{-t}$ ② e^{-t}
③ $2e^{-t}$ ④ $e^{-t} - 1$

- 인디셜 입력 $R(s) = \dfrac{1}{s}$
- 인디셜 응답 $C(t) = L^{-1}(G(s)R(s)) = L^{-1}\left(\dfrac{1}{s+1} \times \dfrac{1}{s}\right) = L^{-1}\left(\dfrac{k_1}{s} + \dfrac{k_2}{s+1}\right)$
$= L^{-1}\left(\dfrac{1}{s} + \dfrac{-1}{s+1}\right) = 1 - e^{-t}$

29 전달함수 $G(s) = \dfrac{s+1}{s+2}$인 제어계의 경사 응답 $y(t)$를 나타낸 값은?

① $\dfrac{1}{4}(1 + e^{-2t} + 2t)$ ② $\dfrac{1}{4}(1 - e^{-2t} + 2t)$

③ $\dfrac{1}{2}(1 + e^{-2t} - 2t)$ ④ $\dfrac{1}{2}(1 - e^{-2t} - 2t)$

- 경사 입력 $R(s) = \dfrac{1}{s^2}$
- 경사 응답 $y(t) = L^{-1}(G(s)R(s)) = L^{-1}\left(\dfrac{s+1}{s+2} \times \dfrac{1}{s^2}\right) = L^{-1}\left(\dfrac{k_{11}}{s^2} + \dfrac{k_{12}}{s} + \dfrac{k_2}{s+2}\right)$
$= L^{-1}\left(\dfrac{\frac{1}{2}}{s^2} + \dfrac{-\frac{1}{4}}{s+2} + \dfrac{\frac{1}{4}}{s}\right) = \dfrac{1}{4} - \dfrac{1}{4}e^{-2t} + \dfrac{1}{4} \times 2t = \dfrac{1}{4}(1 - e^{-2t} + 2t)$

단, $k_{11} = \lim_{s \to 0}\left(s^2 \times \dfrac{s+1}{(s+2)} \times \dfrac{1}{s^2}\right) = \lim_{s \to 0} \dfrac{s+1}{s+2} = \dfrac{1}{2}$

$k_{12} = \lim_{s \to 0} \dfrac{d}{ds}\left(\dfrac{s+1}{s+2}\right) = \dfrac{1(s+2) - 1(s+1)}{(s+2)^2} = \dfrac{2-1}{4} = \dfrac{1}{4}$

$k_2 = \lim_{s \to -2}\left(\dfrac{s+1}{s^2}\right) = \dfrac{-2+1}{(-2)^2} = -\dfrac{1}{4}$ 를 상식에 대입한다.

Chapter 04 블록선도와 신호흐름 선도

5부 제어공학

❶ 직렬연결

$C = G_1 G_2 R$

$\therefore\ T(\text{전달함수}) = \dfrac{C}{R} = G_1 G_2$

❷ 병렬연결

$C = (G_1 \pm G_2) R$

$\therefore\ T(\text{전달함수}) = \dfrac{C}{R} = G_1 \pm G_2$

❸ 피드백(feed back)연결

$C = (R \mp CH) G$

$T(\text{전달함수}) = \dfrac{C}{R} = \dfrac{G}{1 \pm GH}$

- G : 개루프 전달함수
- H : 폐루프 전달함수

$\therefore\ GH$(개루프, 폐루프 전달함수 = 일순 전달함수)

④ 메이슨(Mason)의 공식

$$T(\text{전달함수}) = \frac{\sum_{k=1}^{n} G_k \triangle_k}{\triangle} = \frac{G_1 \triangle_1 + G_2 \triangle_2 + \ldots}{1 - (G_1 H_1 + G_2 H_2 + \ldots)}$$

- G_k (k번째 전항경로의 이득 곱)
- $\triangle_k$ (k번째 전항경로와 접하지 않는 부분의 △값)
- $G_1 H_1$: 1번째 개루프, 폐루프 전달함수의 곱
- $G_2 H_2$: 2번째 개루프, 폐루프 전달함수의 곱

 예제 1

그림에서 전달함수 T는?

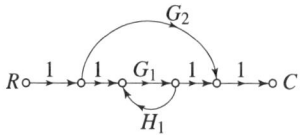

해설 메이슨의 공식에서 전달함수

$$T = \frac{C}{R} = \frac{\sum_{k=1}^{n} G_k \triangle_k}{\triangle} = \frac{G_1 \triangle_1 + G_2 \triangle_2}{1 - (G_1 H_1 + G_2 H_2)} = \frac{G_1 + G_2(1 - G_1 H_1)}{1 - G_1 H_1}$$

Chapter 04 적중예상문제

01 다음 블록선도에서 R를 입력, C를 출력으로 하는 전달함수를 구하면?

① $\dfrac{C}{R} = G_1 G_2 + G_2 + 1$

② $\dfrac{C}{R} = G_1 + G_2 + 1$

③ $\dfrac{R}{2C} = \dfrac{G_2}{G_1} + G_1 + 1$

④ $\dfrac{R}{2C} = G_1 G_2 + \dfrac{1}{G_2} + 1$

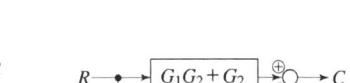

 $C(\text{출력=응답}) = (G_1 R + R)G_2 + R = (G_1 G_2 + G_2 + 1)R$

∴ 전달함수 : $\dfrac{C}{R} = G_1 G_2 + G_2 + 1$

02 다음 블록선도의 등가 합성전달함수는?

① $\dfrac{2}{1 \pm GH}$

② $\dfrac{G}{1 \pm GH}$

③ $\dfrac{G}{1 \pm H}$

④ $\dfrac{2}{1 \pm H}$

 $C(\text{출력}) = GR \mp CH$

$C(1 \pm H) = GR$

∴ 전달함수 : $\dfrac{C}{R} = \dfrac{G}{1 \pm H}$

정답 01 ① 02 ③

03 다음 블록선도로 표시되는 제어계의 전달함수를 구하면?

① $\dfrac{G_1}{2+G_1+G_1G_2}$

② $\dfrac{G_2}{2+G_1+G_1G_2}$

③ $\dfrac{G_2+G_1G_2}{1+G_2+G_1G_2}$

④ $\dfrac{G_1+G_1G_2}{1+G_2+G_1G_2}$

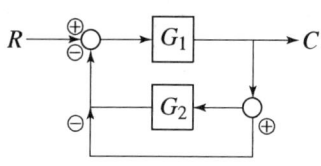

해설 G_2에 피드백 접속을 없애면 그림과 같다.

∴ 전달함수 $\dfrac{C}{R}=G(s)=\dfrac{G_1}{1+G_1\times\dfrac{G_2}{1+G_2}}=\dfrac{G_1(1+G_2)}{1+G_2+G_1G_2}=\dfrac{G_1+G_1G_2}{1+G_2+G_1G_2}$

04 다음과 같은 블록선도에서 등가 합성전달함수는?

① $\dfrac{G}{2-H_1-H_2}$

② $\dfrac{H_1-H_2}{1-G}$

③ $\dfrac{G}{1-H_1G-H_2G}$

④ $\dfrac{H_1}{2-H_1H_2G}$

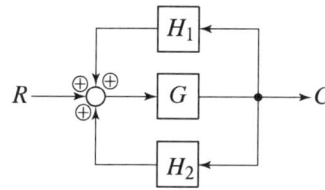

해설 $C(출력)=(R+H_1C+H_2C)G$

$C(1-GH_1-GH_2)=GR$

∴ 전달함수 $\dfrac{C}{R}=\dfrac{G}{1-GH_1-GH_2}$

05 그림의 블록선도에서 $\dfrac{C}{R}$는?

① $\dfrac{H_1}{1+G_1G_2}$

② $\dfrac{G_2(G_1+H_1)}{1+G_2}$

③ $\dfrac{G_1G_2}{2+G_1G_2H_1}$

④ $\dfrac{G_1G_2}{G_1+2H_1}$

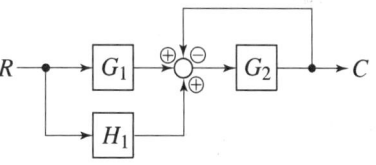

 $C(출력) = (G_1R + H_1R - C)G_2 \qquad C(1+G_2) = (G_1G_2 + H_1G_2)R$

∴ 전달함수 $\dfrac{C}{R} = \dfrac{G_1G_2 + H_1G_2}{1+G_2} = \dfrac{G_2(G_1+H_1)}{1+G_2}$

06 다음 블록선도에서 전달함수는?

① $\dfrac{G_1G_2}{1+G_2G_3+G_1G_2}$

② $\dfrac{G_1G_2}{G_1+G_2+G_3}$

③ $\dfrac{G_2G_3}{2+G_1G_2G_3}$

④ $\dfrac{G_1G_2}{2+G_1G_2G_3}$

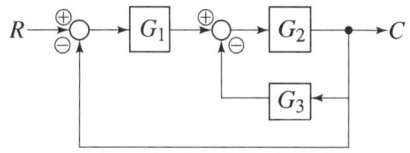

 $C(출력) = ((R-C)G_1 - G_3C)G_2 = G_1G_2R - G_1G_2C - G_2G_3C$

$C(1+G_1G_2+G_2G_3) = G_1G_2R$

∴ 전달함수 $\dfrac{C}{R} = \dfrac{G_1G_2}{1+G_1G_2+G_2G_3}$

07 다음 블록선도에서 전달함수로 표시한 식은?

① 1

② $\dfrac{16}{5}$

③ $\dfrac{20}{5}$

④ $\dfrac{28}{5}$

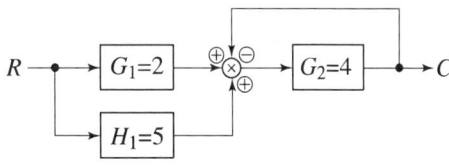

정답 05 ② 06 ① 07 ④

해설 $C(출력) = (2R + 5R - C)4 = 8R + 20R - 4C$

$C(1+4) = 28R$ ∴ 전달함수 $\dfrac{C}{R} = \dfrac{28}{5}$

08 그림에서 출력 y는?

① $4(\cos t - \sin 2t - t^2)$
② $\cos t + \sin 2t - 5t^2$
③ $5(\cos t - 2\sin 2t - t^2)$
④ $\cos 2t + \sin t - t^2$

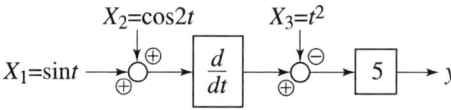

해설 $y(출력) = \left((\sin t + \cos 2t)\dfrac{d}{dt} - t^2\right)5 = ((\cos t - 2\sin 2t) - t^2)5 = 5(\cos t - 2\sin 2t - t^2)$

09 그림과 같이 2중 입력으로 된 블록선도에서 출력 C는?

① $\left(\dfrac{G_2}{2 - G_1G_2}\right)(G_1R + u)$
② $\left(\dfrac{G_2}{1 + G_1G_2}\right)(G_1R + u)$
③ $\left(\dfrac{G_2}{1 - G_1G_2}\right)(G_1R - u)$
④ $\left(\dfrac{G_2}{2 + G_1G_2}\right)(G_1R - u)$

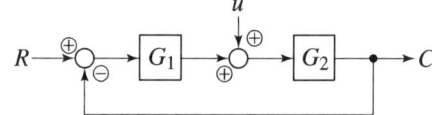

해설 $C(출력) = ((R - C)G_1 + u)G_2 = G_1G_2R - G_1G_2C + G_2u$

$C(1 + G_1G_2) = G_1G_2R + G_2u$

∴ $C(출력) = \dfrac{G_1G_2}{1 + G_1G_2} \times R + \dfrac{G_2}{1 + G_1G_2} \times u = \dfrac{G_2}{1 + G_1G_2}(G_1R + u)$

10 그림에서 A가 무한히 크다면 전체 주파수 전달함수는?

① $\dfrac{jwCR}{2 + jwCR}$
② $\dfrac{jwCR}{1 - jwCR}$
③ $\dfrac{1 + jwCR}{jwCR}$
④ $\dfrac{2 - jwCR}{jwCR}$

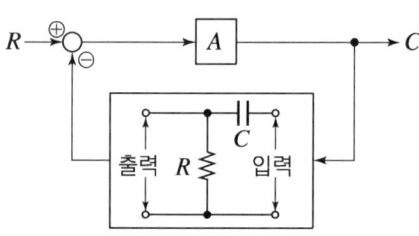

정답 08 ③ 09 ② 10 ③

해설 피드백 요소의 전달함수
$$\frac{R}{R+\frac{1}{jwC}} = \frac{jwCR}{1+jwCR}$$

전체 주파수의 전달함수
$$G_f = \frac{A}{1+A \cdot \frac{jwCR}{1+jwCR}} = \frac{1}{\frac{1}{A}+\frac{jwCR}{1+jwCR}}$$

$A \to \infty$ 이면 $\frac{1}{A} = 0$

∴ 전체 주파수 전달함수 $\frac{C}{R} = \frac{1}{0+\frac{jwCR}{1+jwCR}} = \frac{1+jwCR}{jwCR}$

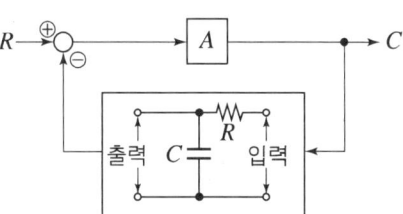

11 그림에서 A가 무한히 크다면 전체 주파수 전달함수는?

① $1+jwRC$
② $\dfrac{1}{1+jwRC}$
③ $\dfrac{jwRC}{2+jwRC}$
④ $\dfrac{2+jwRC}{jwRC}$

 피드백 요소의 전달함수
$$\frac{\frac{1}{jwC}}{R+\frac{1}{jwC}} = \frac{1}{1+jwCR}$$

$C(출력) = \left(R - \frac{1 \times C}{1+jwCR}\right)A = AR - \frac{C \times A}{1+jwCR}$

$C\left(1+\dfrac{A}{1+jwCR}\right) = AR$

∴ 전달함수 $\dfrac{C}{R} = \dfrac{A}{1+\frac{A}{1+jwCR}} = \dfrac{1}{\frac{1}{A}+\frac{1}{1+jwCR}} = \dfrac{1}{0+\frac{1}{1+jwCR}} = 1+jwCR$

12 그림과 같은 신호 흐름 선도에서 $\dfrac{C}{R}$ 의 값은?

① 1
② $-\dfrac{1}{a}$
③ $\dfrac{1}{1+a}$
④ $\dfrac{1}{1-a}$

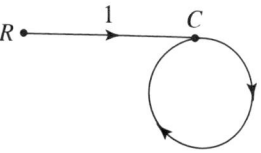

해설 메이슨(Mason)의 공식에서 전달함수

$$\frac{C}{R} = \frac{\sum_{k=1}^{n} G_k \Delta_k}{\Delta} = \frac{G_1 \Delta_1 + G_2 \Delta_2 + \cdots}{1-(G_1 H_1 + G_2 H_2 + \cdots)} = \frac{1 \times 1}{1-(-a)} = \frac{1}{1+a}$$

13 그림의 신호흐름 선도에서 $\dfrac{C}{R}$의 값은?

① $\dfrac{G_1 + G_2}{1 - G_1 H_1}$

② $\dfrac{G_1 G_2}{1 - G_1 H_1}$

③ $\dfrac{G_1 + G_2}{2 + G_1 H_1}$

④ $\dfrac{G_1 G_2}{2 + G_1 H_1}$

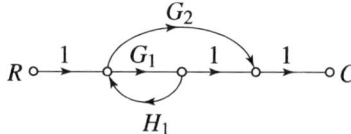

 메이슨 공식에서 전달함수

$$\frac{C}{R} = \frac{\sum_{k=1}^{n} G_k \Delta_k}{\Delta} = \frac{G_1 \Delta_1 + G_2 \Delta_2 + \cdots}{1-(G_1 H_1 + G_2 H_2 + \cdots)} = \frac{G_1 \times 1 + G_2 \times 1}{1-(G_1 H_1)} = \frac{G_1 + G_2}{1 - G_1 H_1}$$

14 그림과 같은 신호흐름 선도에서 $\dfrac{C}{R}$의 값은?

① $a+2$
② $a+3$
③ $a+5$
④ $a+6$

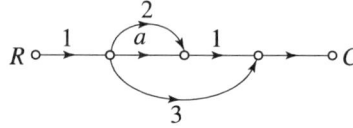

 메이슨 공식에서 전달함수

$$\frac{C}{R} = \frac{G_1 \Delta_1 + G_2 \Delta_2 + G_3 \Delta_3}{1-(G_1 H_1 + \cdots)} = \frac{a \times 1 + 2 \times 1 + 3 \times 1}{1} = a + 2 + 3 = a + 5$$

15 그림과 같은 신호흐름 선도에서 $\dfrac{C}{R}$ 의 값은?

① $-\dfrac{2}{9}$

② 105

③ $-\dfrac{105}{77}$

④ $-\dfrac{105}{78}$

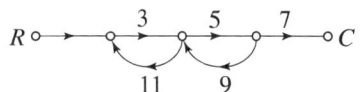

 메이슨 공식에서 전달함수

$$\dfrac{C}{R} = \dfrac{G_1\Delta_1 + G_2\Delta_2 + \cdots}{1-(G_1H_1 + G_2H_2 + \cdots)} = \dfrac{(1\times 3\times 5\times 7)\times 1}{1-(3\times 11 + 5\times 9)} = \dfrac{105}{1-(33+45)} = -\dfrac{105}{77}$$

16 그림과 같은 회로를 신호흐름 선도로 나타낸 것은?

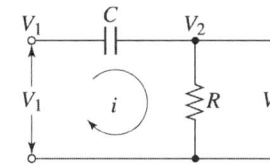

①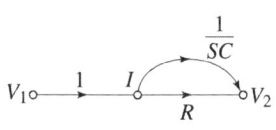

②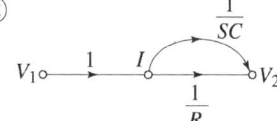

③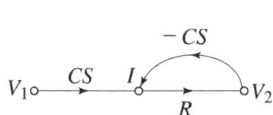

④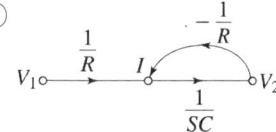

해설 $i = C\dfrac{d}{dt}(V_1 - V_2)$ [A]의 라플라스 변환

$I = Cs(V_1 - V_2) Cs V_1 - Cs V_2$ [A] … ㉠

$V_2 = Ri$ [V]의 라플라스 변환

$V_2 = IR$ [V] … ㉡

정답 15 ③ 16 ③

17 그림의 신호흐름 선도에서 $\dfrac{C}{R}$ 의 값은?

① $\dfrac{G_1 + G_2}{2 - G_1 H_1}$

② $\dfrac{G_1 + G_2}{1 - G_1 H_1 - G_2 H_2}$

③ $\dfrac{G_1 + G_2(1 - G_1 H_1)}{1 - G_1 H_1}$

④ $\dfrac{G_1 G_2}{2 - G_1 H_1}$

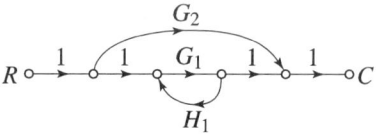

 메이슨 공식에서 전달함수

$\dfrac{C}{R} = \dfrac{G_1 \Delta_1 + G_2 \Delta_2 + \cdots}{1 - (G_1 H_1 + G_2 H_2 + \cdots)} = \dfrac{G_1 \times 1 + G_2(1 - G_1 H_1)}{1 - G_1 H_1}$

18 그림과 같은 회로를 신호흐름 선도로 나타낸 것은?

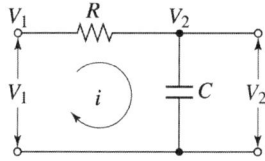

①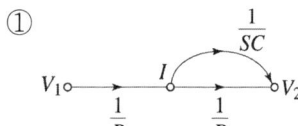

②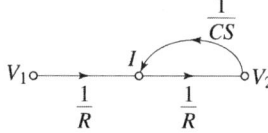

③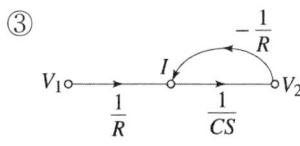

④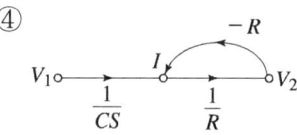

 $i = \dfrac{1}{R}(V_1 - V_2)$[A]의 라플라스 변환 $I = \dfrac{1}{R} V_1 - \dfrac{1}{R} V_2$[A]

$V_2 = \dfrac{1}{C}\int i\, dt$ 의 라플라스 변환 $V_2 = \dfrac{1}{sC} I$[A]

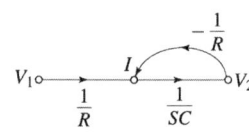

정답 17 ③ 18 ③

Chapter 05 과도응답

5부 제어공학

❶ 기준입력   과도응답

$r(t) = \delta(t)$ 임펄스 입력 $R(s) = 1$ $C(t) = L^{-1}G(s)R(s)$

$r(t) = u(t)$ 단위계단 입력
               인디셜 입력 $R(s) = \dfrac{1}{s}$ $C(t) = L^{-1}G(s)R(S)$

$r(t) = t$ 경사 입력
               램프 입력 $R(s) = \dfrac{1}{s^2}$ $C(t) = L^{-1}G(s)R(s)$

$r(t) = \dfrac{1}{2}t^2$ 파라볼라 입력
               포물선 입력 $R(s) = \dfrac{1}{s^3}$ $C(t) = L^{-1}G(s)R(s)$

❷ $T(\text{전달함수}) = \dfrac{G(s)}{1 + G(s) + H(s)}$ 에서 분모=0인 근을 특성방정식의 근이라 한다.

∴ 2차계의 특성방정식 근은 $1 + G(s)H(s) = s^2 + 2\delta w_n s + w_n^2 = 0$

단, $\delta\left(\text{감쇠비} = \text{제동비} = \dfrac{\text{제2 over shoot}}{\text{제1 over shoot}}\right)$

① $\delta > 1$ 과제동 : 비진동 상태가 된다.
② $\delta < 1$ 부족제동 : 감쇠진동 상태가 된다.
③ $\delta = 1$ 임계제동 : 임계상태가 된다.
④ $\delta = 0$ 무제동 : 무한진동상태가 된다.

Chapter 05 적중예상문제

01 백분율 오버슈트란?

① $\dfrac{\text{최대 오버슈트}}{\text{최종 희망값}} \times 100$
② $\dfrac{\text{최대 오버슈트}}{\text{출력}} \times 100$
③ $\dfrac{\text{제2 오버슈트}}{\text{최대 오버슈트}} \times 100$
④ $\dfrac{\text{목표값}}{\text{제어량}} \times 100$

 % over shoot 란
$\dfrac{\text{최대 오버슈트}}{\text{최종 희망값}} \times 100$

02 과도 응답값의 소멸되는 정도를 나타내는 양으로서 감쇠비는 어떻게 표시되는가?

① $\dfrac{\text{제2 오버슈트}}{\text{최대 오버슈트}}$
② $\dfrac{\text{제2 오버슈트}}{\text{최종 오버슈트}}$
③ $\dfrac{\text{최종 오버슈트}}{\text{제2 오버슈트}}$
④ $\dfrac{\text{오버슈트}}{\text{제2 오버슈트}}$

 감쇠비란
$\dfrac{\text{제2 오버슈트}}{\text{최대 오버슈트}} = \dfrac{\text{제2 오버슈트}}{\text{제1 오버슈트}}$

03 응답이 희망값의 10%에서 90%까지 도달하는데 요하는 시간을 무엇이라 하는가?

① 응답시간
② 지연시간
③ 입상시간
④ 정정시간

 펄스 입상시간(상승시간)은 응답이 목표량의 10%에서 90%까지 도달하는데 요하는 시간을 말한다.

04 어떤 제어계에 입력신호를 가하고 난 후 출력 신호가 정상 상태에 도달할 때까지의 응답을 무엇이라 하는가?

① 선형응답
② 정상응답
③ 과도응답
④ 시간응답

 과도응답이란 어떤 제어계에 입력신호를 가하고 난 후 출력신호가 정상 상태에 도달할 때까지의 응답을 말한다.

05 어떤 제어계에 단위계단 입력에 대한 출력 응답이 다음과 같이 주어질 경우, 지연시간 T_d[sec]는?

$$C(t) = 1 - e^{-t}$$

① 0.33
② 0.63
③ 0.693
④ 0.993

 지연시간이란 응답이 목표량의 0~50%에 도달하는데 소요되는 시간이다.
$0.5 = 1 - e^{-t}$에서 $e^{-t} = 1 - 0.5 = 0.5 = \dfrac{1}{2}$
양변 대수를 취하면 $-t \ln_e e = \ln_e 1 - \ln_e 2$
$-t = 0 - 2.3026 \log_{10} 2$
∴ $t = 2.3026 \times 0.3010 \fallingdotseq 0.693$[sec]이다.

06 어떤 계의 입력이 단위 임펄스일 때 출력이 e^{-2t}였다. 이 계의 전달함수는?

① $\dfrac{1}{s}$
② 1
③ $\dfrac{1}{s+2}$
④ $s+2$

• 과도응답(시간함수) $C(t) = L^{-1}(G(s)R(s))$
• 정상응답(전달함수) $G(s) = L(C(t)) = L(e^{-2t}) = \dfrac{1}{s+2}$

07 $G(s) = \dfrac{1}{s^2+1}$ 인 계의 단위 임펄스 응답은?

① e^{-2t}
② $1 + \cos t$
③ $1 + \sin t$
④ $\sin t$

• 임펄스 입력 $R(s) = 1$
• 임펄스 응답 $C(t) = L^{-1}(G(s)R(s)) = L^{-1}\left(\dfrac{1}{s^2+1} \times 1\right) = \sin t$

08 $G(s) = \dfrac{1}{s+1}$ 인 계의 단위계단응답은?

① $C(t) = 2e^{-t}$ 　　　　② $C(t) = 2e^{t}$
③ $C(t) = 1 - e^{t}$ 　　　　④ $C(t) = 1 - e^{-t}$

 인디셜(단위계단) 입력 $R(s) = \dfrac{1}{s}$

단위계단응답 $C(t) = L^{-1}(G(s)R(s)) = L^{-1}\left(\dfrac{1}{s+1} \times \dfrac{1}{s}\right) = L^{-1}\left(\dfrac{k_1}{s} + \dfrac{k_2}{s+1}\right)$
$= L^{-1}\left(\dfrac{1}{s} + \dfrac{-1}{s+1}\right) = 1 - e^{-t}$

09 $G(s) = \dfrac{5s}{s+2}$ 인 계의 단위램프응답은?

① $\dfrac{5}{2}e^{-2t}$ 　　　　② $2e^{-2t}$
③ $\dfrac{5}{2}(1 - e^{-2t})$ 　　　　④ $5(1 + e^{-2t})$

단위램프(경사) 입력 $R(s) = \dfrac{1}{s^2}$

단위램프응답 $C(t) = L^{-1}(G(s)R(s)) = L^{-1}\left(\dfrac{5s}{s+2} \times \dfrac{1}{s^2}\right) = L^{-1}\left(\dfrac{5}{s(s+2)}\right)$
$= L^{-1}\left(\dfrac{k_1}{s} + \dfrac{k_2}{s+2}\right) = L^{-1}\left(\dfrac{\frac{5}{2}}{s} + \dfrac{-\frac{5}{2}}{s+2}\right) = \dfrac{5}{2}(1 - e^{-2t})$

10 어떤 제어계에 단위계단 입력을 가하였더니 출력이 $1 - e^{-2t}$로 나타났다. 이 계의 전달함수는?

① $\dfrac{1}{s+4}$ 　　　　② $\dfrac{2}{s+2}$
③ $\dfrac{1}{s(s+2)}$ 　　　　④ $\dfrac{2}{s(s+4)}$

해설 단위계단(인디셜) 입력 $R(s) = \dfrac{1}{s}$

단위계단 응답 $C(t) = L^{-1}(G(s)R(s))$

∴ $G(s)R(s) = L(C(t))$

∴ 전달함수 $G(s) = \dfrac{L(C(t))}{R(s)} = \dfrac{L(1-e^{-2t})}{R(s)} = \dfrac{\dfrac{1}{s} - \dfrac{1}{s+2}}{\dfrac{1}{s}} = 1 - \dfrac{s}{s+2} = \dfrac{2}{s+2}$

11 어떤 제어계의 임펄스 응답이 $\sin wt$일 때 계의 전달함수는?

① $\dfrac{1}{s+w}$
② $\dfrac{s}{s^2+w^2}$
③ $\dfrac{w}{s^2+w^2}$
④ $\dfrac{w^2}{s+w}$

해설 임펄스 응답 $R(s) = 1$

전달함수 $G(s) = L(C(t)) = L(\sin wt) = \dfrac{w}{s^2+w^2}$

12 다음과 같은 RC 직렬 회로에 단위 임펄스 전압을 가하였을 때의 전류 파형은? (단, C에는 초기 충전전하가 없다.)

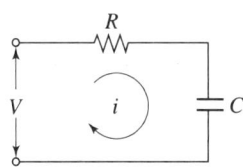

① $i_{(t)}$

② $i_{(t)}$

③ $i_{(t)}$

④ $i_{(t)}$

정답 11 ③ 12 ④

해설 키르히호프 제2법칙에서 $Ri(t) + \frac{1}{C}\int i(t)dt = V$. 양변 라플라스 변환하면
$RI(s) + \frac{1}{sC}I(s) = \frac{V}{s}$. 양변 s곱 정리하면 $R\left(s + \frac{1}{CR}\right)I(s) = V$

$\therefore I(s) = \dfrac{V}{R\left(s + \dfrac{1}{CR}\right)}$

$\therefore i(t) = L^{-1}(I(s)) = L^{-1}\left(\dfrac{V}{R} \times \dfrac{1}{s + \dfrac{1}{CR}}\right) = \dfrac{V}{R}e^{-\frac{1}{CR}t}$ [A]

13 전달함수 $G(s) = \dfrac{1}{1 + Ts}$ 인 계의 임펄스 응답을 구하면?

① $g(t) = \dfrac{1}{T}\varepsilon^{-(1/T)t}$ ② $g(t) = 2 - \varepsilon^{-(1/T)t}$

③ $g(t) = T\varepsilon^{-(1/T)t}$ ④ $g(t) = 2 + \varepsilon^{-(1/T)t}$

해설 • 임펄스 입력 $R(s) = 1$
• 임펄스 응답 $g(t) = L^{-1}(G(s)R(s)) = L^{-1}\left(\dfrac{1}{1+Ts} \times 1\right)$

$= L^{-1}\left(\dfrac{\frac{1}{T}}{s + \frac{1}{T}}\right) = \dfrac{1}{T}\varepsilon^{-\frac{1}{T}t}$

14 특성방정식 $s^2 + 2\delta w_n s + w_n^2 = 0$에서 δ를 제동비라 할 때 $\delta < 1$인 경우는?

① 부족 제동   ② 임계 제동
③ 무제동   ④ 과제동

해설 제동비(감쇠비) $\delta = \dfrac{\text{제2 over shoot}}{\text{최대 over shoot}}$ 로서
$\delta > 1$: 과제동, $\delta = 0$ 무제동, $\delta < 1$ 부족제동

15 특성방정식 $s^2 + s + 2 = 0$을 갖는 2차계의 제동비는?

① 1   ② $\dfrac{1}{\sqrt{5}}$

③ $\dfrac{1}{2}$ ④ $\dfrac{1}{2\sqrt{2}}$

특성방정식 $s^2 + 2\delta w_n s + w_n^2 = 0$에서
$2\delta w_n = 1$ … ㉠
$w_n^2 = 2$
∴ $w_n = \sqrt{2}$ … ㉡을 ㉠식에 대입하면
∴ δ(제동비)$= \dfrac{1}{2w_n} = \dfrac{1}{2\sqrt{2}}$

16 특성방정식 $s^2 + bs + c^2 = 0$이 감쇠 진동을 하는 경우 감쇠율은?

① $\dfrac{b}{c}$ ② 1

③ $\dfrac{b}{2c}$ ④ $\dfrac{c}{2b}$

 특성방정식 $s^2 + 2\delta w_n s + w_n^2 = s^2 + bs + c^2 = 0$에서
$2\delta w_n = b$ … ㉠
$w_n^2 = c^2$
∴ $w_n^2 = c^2$
∴ $w_n = c$ … ㉡를 ㉠식에 대입
δ(감쇠율)$= \dfrac{b}{2w_n} = \dfrac{b}{2c}$

17 전달함수 $G(s) = \dfrac{1}{s^2 + 2\delta w_n s + w_n^2}$ 인 제어계에서 $w_n = 2$, $\delta = 0$으로 할 때 단위 임펄스 함수의 입력신호에 대한 출력은?

① $\dfrac{1}{2}\sin 2t$ ② $\sin \dfrac{1}{2}t$

③ $\dfrac{1}{4}\cos 2t$ ④ $\cos \dfrac{1}{4}t$

전달함수 $G(s) = \dfrac{1}{s^2 + 0 + (2)^2} = \dfrac{1}{s^2 + 4}$ 임펄스 입력 $R(s) = 1$
∴ 입력신호에 대한 출력(응답)
$C(t) = L^{-1}(G(s)R(s)) = L^{-1}\left(\dfrac{1}{s^2+4} \times 1\right) = \dfrac{1}{2}L^{-1}\left(\dfrac{2}{s^2+(2)^2}\right) = \dfrac{1}{2}\sin 2t$

18 다음 미분 방정식으로 표시되는 2차계가 있다. 감쇠계수는?

$$\frac{d^2y}{dt^2} + 5\frac{dy}{dt} + 9y = 9x$$

① 5
② 1
③ $\frac{5}{6}$
④ $\frac{6}{5}$

  특성방정식 $s^2 + 2\delta w_n s + w_n^2 = 0$에서
$2\delta w_n = 5$ … ㉠
$w_n^2 = 9$
∴ $w_n = \sqrt{9} = 3$ … ㉡식을 ㉠에 대입
δ(감쇠계수) $= \frac{5}{2w_n} = \frac{5}{2 \times 3} = \frac{5}{6}$

19 s평면상에 영점(O)과 극(X)이 그림과 같이 표현되는 함수는?

① 단위계단함수
② $\sin t$
③ $e^{-at}\sin wt$
④ $e^{-at}\cos wt$

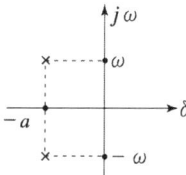

  그림에서 영점(O). $s = -a$ ∴ $s+a$
극점(X). $s = -a \pm jw$
∴ $(s+a-jw)(s+a+jw)$
∴ 복소함수 $F(s) = \frac{s+a}{(s+a+jw)(s+a-jw)} = \frac{s+a}{(s+a)^2 + w^2}$
∴ $f(t) = L^{-1}(F(s)) = L^{-1}\left(\frac{s+a}{(s+a)^2+w^2}\right) = e^{-at}\cos wt$

Chapter 06 편차와 감도

5부 제어공학

❶ 단위 피드백 계에서 $E(s)$ (편차)

$$E(s) = \frac{R(s)}{1+G(s)}$$

∴ 단위입력에 따른 정상편차는 최종치 정리에서

$$e_{ss} = \lim_{t \to \infty} e(t) = \lim_{s \to 0} sE(s) = \lim_{s \to 0} s \times \frac{R(s)}{1+G(s)}$$

1) 단위계단 입력 $r(t) = u(t)$, $R(s) = \frac{1}{s}$ 일 때의 편차

$$e_{sp}(\text{정상위치 편차}) = \lim_{s \to 0} sE(s) = \lim_{s \to 0} s \times \frac{1/s}{1+G(s)} = \frac{1}{1+\lim_{s \to 0} G(s)} = \frac{1}{1+k_p}$$

단, k_p(위치편차 상수) $= \lim_{s \to 0} G(s)$

2) 단위램프 입력 $r(t) = t$, $R(s) = \frac{1}{s^2}$ 일 때의 편차

$$e_{sv}(\text{정상속도 편차}) = \lim_{s \to 0} sE(s) = \lim_{s \to 0} s \times \frac{1/s^2}{1+G(s)} = \frac{1}{\lim_{s \to 0} sG(s)} = \frac{1}{k_v}$$

단, k_v(속도편차 상수) $= \lim_{s \to 0} sG(s)$

3) 단위포물선 입력 $r(t) = \frac{1}{2}t^2$, $R(s) = \frac{1}{s^3}$ 일 때의 편차

$$e_{sa}(\text{정상가속도 편차}) = \lim_{s \to 0} sE(s) = \lim_{s \to 0} s \times \frac{1/s^3}{1+G(s)} = \frac{1}{\lim_{s \to 0} s^2 G(s)} = \frac{1}{k_a}$$

단, k_a(가속도 편차상수) $= \lim_{s \to 0} s^2 G(s)$

❷ 제어계 형 = 분모의 차수 − 분자의 차수

▶ 제어계 형과 정상편차

편차 형	k_p 위치 편차 상수	k_v 속도 편차 상수	k_a 가속도 편차 상수	e_{sp} 위치 편차	e_{sv} 속도 편차	e_{sa} 가속도 편차	기준 입력
0형	유한값 k_p	0	0	$\dfrac{1}{1+k_p}$	∞	∞	$r(t)=u(t)$
1형	∞	유한값 k_v	0	0	$\dfrac{1}{k_v}$	∞	$r(t)=t$
2형	∞	∞	유한값 k_a	0	0	$\dfrac{1}{k_a}$	$r(t)=\dfrac{1}{2}t^2$

❸ 주어진 요소 K에 대한 전달함수 $T = C/R$의 감도

$S_K^T = \dfrac{K}{T}\dfrac{dT}{dK}$ 로 계산된다.

Chapter 06 적중예상문제

01 그림과 같은 계통에서 정상상태 편차는?

① $e_{ss} = \lim\limits_{s \to 0} \dfrac{s}{1+G(s)} R(s)$

② $e_{ss} = \lim\limits_{s \to 0} \dfrac{1}{1+G(s)} R(s)$

③ $e_{ss} = \lim\limits_{s \to \infty} \dfrac{s}{1+G(s)} R(s)$

④ $e_{ss} = \lim\limits_{s \to \infty} \dfrac{2}{1+G(s)} R(s)$

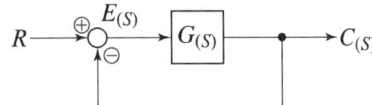

해설 단위 피드백 제어계에서
$$E(s) = R(s) - C(s) = R(s) - \dfrac{G(s)R(s)}{1+G(s)} = \dfrac{R(s)}{1+G(s)} \,[\text{V}]$$
∴ 최종치 정리에서 정상상태 편차
$$e_{ss} = \lim_{s \to 0} sE(s) = \lim_{s \to 0} \dfrac{s}{1+G(s)} \times R(s) \,[\text{V}]$$

02 정상편차(e_{ss})와 위상 편차상수(K_p)와의 관계는?

① $e_{ss} = \dfrac{2}{1+sK_p}$ ② $e_{ss} = \dfrac{s}{1+sK_p}$

③ $e_{ss} = \dfrac{2}{K_p}$ ④ $e_{ss} = \dfrac{1}{1+K_p}$

해설 단위계단 입력 $R(s) = \dfrac{1}{s}$

정상편차(정상위치 편차)=off-set(잔류편차)

$$e_{ss} = \lim_{s \to 0} sE(s) = \lim_{s \to 0} s \times \dfrac{R(s)}{1+G(s)} = \lim_{s \to 0} s \times \dfrac{\frac{1}{s}}{1+G(s)}$$
$$= \dfrac{1}{1+\lim\limits_{s \to 0} G(s)} = \dfrac{1}{1+K_p}$$

정답 01 ① 02 ④

03 개루프 전달함수가 다음과 같이 주어지는 계에서 단위계단 입력에 대한 정상편차는?

$$G(s) = \frac{10}{(s+1)(s+2)}$$

① $\frac{1}{6}$ ② $\frac{1}{5}$

③ 1   ④ $\frac{1}{2}$

 단위계단 입력 $R(s) = \frac{1}{s}$

정상편차(정상위치 편차)

$$e_{ss} = \lim_{s \to 0} sE(s) = \lim_{s \to 0} s \times \frac{R(s)}{1+G(s)} = \lim_{s \to 0} s \times \frac{\frac{1}{s}}{1+G(s)} = \lim_{s \to 0} \frac{1}{1+\lim_{s \to 0} G(s)}$$

$$= \frac{1}{1+\lim_{s \to 0} \frac{10}{(s+1)(s+2)}} = \frac{1}{1+\frac{10}{2}} = \frac{1}{1+5} = \frac{1}{6}$$

04 어떤 제어계의 출력이 $G(s) = \dfrac{5}{s(s^2+s+2)}$ 로 주어질 때 출력의 시간함수 $G(s)$의 정상치는?

① 5   ② 2

③ $\frac{2}{5}$ ④ $\frac{5}{2}$

 단위시간함수＝단위램프함수 $R(s) = \frac{1}{s^2}$

$$\therefore e_{ss} = \lim_{s \to 0} sE(s) = \lim_{s \to 0} s \times \frac{R(s)}{1+G(s)} = \lim_{s \to 0} \frac{s \times \frac{1}{s^2}}{1+G(s)} = \lim_{s \to 0} \frac{1}{s+sG(s)}$$

$$= \frac{1}{\lim_{s \to 0} sG(s)} = \frac{1}{\lim_{s \to 0} s \times \frac{5}{s(s^2+s+2)}} = \frac{1}{\frac{5}{2}} = \frac{2}{5}$$

05 그림에서 입력이 $r(t) = 5t$ 일 때 정상상태 편차는 얼마인가?

① $e_{ss} = 1$
② $e_{ss} = 4$
③ $e_{ss} = 6$
④ $e_{ss} = \infty$

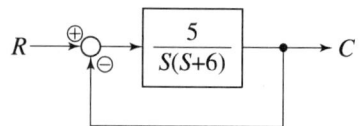

해설 단위시간함수＝단위램프함수 $R(s) = \dfrac{5}{s^2}$

정상편차 $e_{ss} = \lim\limits_{s \to 0} sE(s) = \lim\limits_{s \to 0} s \times \dfrac{R(s)}{1+G(s)} = \lim\limits_{s \to 0} s \times \dfrac{\dfrac{5}{s^2}}{1+G(s)}$

$= \lim\limits_{s \to 0} \dfrac{5}{s+sG(s)} = \dfrac{5}{\lim\limits_{s \to 0} s \times G(s)} = \dfrac{5}{\lim\limits_{s \to 0} s \times \dfrac{5}{s(s+6)}} = \dfrac{5}{\dfrac{5}{6}} = 6$

단, $G(s)$(전달함수)$= \dfrac{5}{s(s+6)}$이다.

06 그림과 같이 블록선도로 표시되는 제어계의 속도 편차상수 K_v의 값은?

① 0
② 1
③ $\dfrac{5}{3}$
④ $\dfrac{7}{4}$

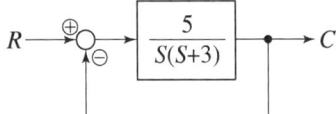

해설 단위시간함수＝단위램프함수

$R(s) = \dfrac{1}{s^2}$ $G(s) = \dfrac{5}{s(s+3)}$

정상편차 $e_{ss} = \lim\limits_{s \to 0} sE(s) = \lim\limits_{s \to 0} s \times \dfrac{R(s)}{1+G(s)} = \lim\limits_{s \to 0} s \times \dfrac{\dfrac{1}{s^2}}{1+G(s)}$

$= \lim\limits_{s \to 0} \dfrac{1}{s+sG(s)} = \dfrac{1}{\lim\limits_{s \to 0} sG(s)}$에서

K_v(속도 편차상수)$= \lim\limits_{s \to 0} sG(s) = \lim\limits_{s \to 0} s \times \dfrac{5}{s(s+3)} = \lim\limits_{s \to 0} \dfrac{5}{s+3} = \dfrac{5}{3}$

07 블록선도로 표시되는 제어계의 단위램프입력을 가할 경우 정상속도 편차가 0.01이 되기 위한 K의 값은?

① 10
② 20
③ 40
④ 50

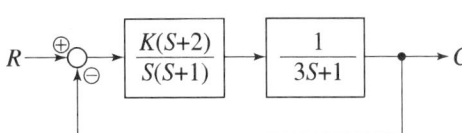

해설 단위램프입력 $R(s) = \dfrac{1}{s^2}$

$G(s)$(전달함수) $= \dfrac{K(s+2)}{s(s+1)} \times \dfrac{1}{3s+1}$

정상속도 편차 $e_{ssv} = \lim\limits_{s \to 0} sE(s) = \lim\limits_{s \to 0} s \times \dfrac{R(s)}{1+G(s)} = \lim\limits_{s \to 0} s \times \dfrac{\frac{1}{s^2}}{1+G(s)}$

$= \lim\limits_{s \to 0} \dfrac{1}{s + sG(s)} = \dfrac{1}{\lim\limits_{s \to 0} sG(s)} = \dfrac{1}{\lim\limits_{s \to 0} s \times \dfrac{K(s+2)}{s(s+1)(3s+1)}}$

$= \dfrac{1}{\lim\limits_{s \to 0} \dfrac{K(s+2)}{(s+1)(3s+1)}} = \dfrac{1}{2K}$

$\therefore e_{ssv} = 0.01 = \dfrac{1}{2K}$

$\therefore K = \dfrac{1}{0.02} = 50$

08 전향 전달함수 $G(s) = \dfrac{1}{s(s^2+3s+1)}$ 로 표시되는 단위 피드백 제어계에 단위계단 입력을 가할 경우 잔류편차(off-set)는?

① 0 ② 0.5
③ 0.6 ④ 0.7

해설 단위계단입력 $R(s) = \dfrac{1}{s}$ 정상편차(정상위치 편차)=잔류편차

$e_{ss} = \lim\limits_{s \to 0} sE(s) = \lim\limits_{s \to 0} s \times \dfrac{R(s)}{1+G(s)} = \lim\limits_{s \to 0} s \times \dfrac{\frac{1}{s}}{1+G(s)} = \dfrac{1}{1+\lim\limits_{s \to 0} G(s)}$

$= \dfrac{1}{1 + \lim\limits_{s \to 0} \dfrac{1}{s(s^2+3s+1)}} = \dfrac{1}{1+\infty} = \dfrac{1}{\infty} = 0$

09 다음과 같은 블록선도로 표시되는 계가 있다. 단위속도입력일 때 정상속도 편차가 0.05가 되기 위해서는 K의 값을 얼마로 하면 되는가?

① 2
② 4
③ 1
④ 9

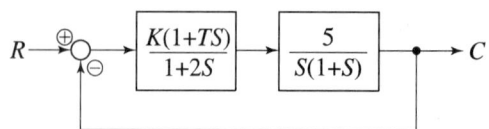

해설 단위속도입력 $R(s) = \dfrac{1}{s^2}$

전달함수 $G(s) = \dfrac{K(1+Ts)}{1+2s} \times \dfrac{5}{s(1+s)}$

정상속도 편차 $e_{ssv} = 0.05 = \lim\limits_{s \to 0} sE(s) = \lim\limits_{s \to 0} s \times \dfrac{R(s)}{1+G(s)}$

$= \lim\limits_{s \to 0} s \times \dfrac{\dfrac{1}{s^2}}{1+G(s)} = \lim\limits_{s \to 0} \dfrac{1}{s+sG(s)} = \dfrac{1}{\lim\limits_{s \to 0} sG(s)}$

$= \dfrac{1}{\lim\limits_{s \to 0} s \times \dfrac{K(1+Ts)}{(1+2s)} \dfrac{5}{s(1+s)}} = \dfrac{1}{5K}$ 에서

∴ $0.05 = \dfrac{1}{5K}$

∴ $K = \dfrac{1}{0.05 \times 5} = \dfrac{1}{0.25} = 4$

10 $G(s) = \dfrac{K(s+1)}{s^2(s+1)(s+2)}$ 은 어떤 형인가?

① 0형 ② 3형
③ 2형 ④ 4형

해설 전달함수 식에서 제어계의 형=분모차수(s^2)−분자차수(K=상수) = 2−0 = 2
∴ 2형의 제어계이다.

11 어떤 제어계에서 단위계단입력에 대한 정상편차가 유한값이면 이 계는 무슨 형인가?

① 0형 ② 1형
③ 2형 ④ 4형

해설 0형계는 정상편차(위치편차) = $\dfrac{1}{1+K_p}$ (유한 값)이고, 속도편차 및 가속도 편차는 ∞이다.

1형계는 속도편차 = $\dfrac{1}{K_v}$ (유한 값)이고, 위치편차 = 0, 가속도 편차는 ∞이다.

2형계는 위치편차 및 속도편차는 0이고 가속도 편차 = $\dfrac{1}{K_a}$ (유한 값)이다.

12 다음과 같은 블록선도의 제어계에서 K에 대한 폐루프 전달함수 $T = \dfrac{C}{R}$의 감도는?

① $S_K^T = 1$

② $S_K^T = \dfrac{1}{1+KG}$

③ $S_K^T = \dfrac{G}{1+KG}$

④ $S_K^T = \dfrac{KG}{2+KG}$

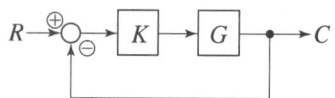

해설 전달함수 $T = \dfrac{C}{R} = \dfrac{KG}{1+KG}$의 감도

$S_K^T = \dfrac{K}{T} \times \dfrac{dT}{dK} = \dfrac{K}{\dfrac{KG}{1+KG}} \times \dfrac{d}{dK} \times \dfrac{KG}{1+KG}$

$= \dfrac{1+KG}{G} \times \dfrac{G(1+KG) - G \times KG}{(1+KG)^2}$

$= \dfrac{1+KG}{G} \times \dfrac{G}{(1+KG)^2} = \dfrac{1}{1+KG}$

정답 12 ②

Chapter 07 주파수 응답

5부 제어공학

❶ 주파수 응답

주파수 변화에 대한 $G(s)$나 $G(s)H(s)$의 크기와 위상(응답)을 말한다.

① $\lim_{s \to 0} G(s) = \lim_{s \to 0} \dfrac{k}{s(s+1)} = \lim_{s \to 0} \left(\dfrac{k}{s}\right) = \lim_{s \to 0} \left(\dfrac{k}{jw}\right) = \infty \angle -90°$

② $\lim_{s \to \infty} G(s)H(s) = \lim_{s \to \infty} \dfrac{k}{s(10+5s)} = \lim_{s \to \infty} \left(\dfrac{k}{s^2}\right) = \lim_{s \to \infty} \dfrac{k}{(jw)^2} = 0 \angle -180°$

❷ 이득

① g(이득)$= 20 \log_{10} G(s)$

단, $G(s)$(전달함수)

② g(절점주파수 이득)$= 20 \log_{10} G(s)$

단, $G(s)$(전달함수)$= \dfrac{C}{R}$의 분모가 실수=허수일 때의 $|G(s)|$의 크기로 계산된 이득이다.

③ G(정적 이득) : $w \to 0$일 때의 $G(s)H(s)$(일순 전달함수)의 크기로 계산된 이득이다.

④ G_M(이득여유) : $20 \log_{10} \dfrac{1}{|G(s)H(s)|}$

단, 허수부=0일 때 $|G(s)H(s)|$의 크기 역수로 계산된 이득을 말한다.

제 07장 주파수 응답 **507**

❸ Vector궤적

어떤 Phaser의 선단이 직선일 때 이에 역 Phaser는 원이 된다.

$w \to 0$일 때 $\lim_{w \to 0} G(s) =$ 크기 $\angle$ 위상

$w \to \infty$일 때 $\lim_{w \to \infty} G(s) =$ 크기 $\angle$ 위상으로 Vector 궤적을 그린다.

❹ 안정과 불안정 판별법

1) Nyquist(나이퀴스트)선도

D(감도)$= 1 + \beta A_v$에서 βA_v의 주파수 궤적이 시계방향으로 회전시 s평면 실축상 $(1, j0)$를 포위하면 불안정, 포위하지 않을 경우는 안정근이라 한다.

2) $1 + G(s)H(s) = 0$인 특성방정식의 근

영점(0)과 극점(X)이 s평면 우반부에서 실근(단조증가), 허근(무한증대)인 경우 불안정근. s평면의 좌반부 실근과 허근은 시간과 함께 감소, 소멸됨으로 안정근이라 한다.

3) Bode선도

이득여유 $GM = 20 \log_{10} \dfrac{1}{(G(s)H(s))} = 4 \sim 12 [\text{dB}]$이다.

위상여유 $PM = 180 + \theta = \tan^{-1} \dfrac{허수}{실수} = 30 \sim 60°$이다.

이득여유(+), 위상여유(+) 값이면 $\Rightarrow$ 안정근이다.

이득여유(-), 위상여유(-) 값이면 $\Rightarrow$ 불안정근이다.

❺ 차단주파수 정의

$G(s)$(전달함수)$= \dfrac{1}{\sqrt{2}}$ 에서의 주파수를 말한다.

❻ 이득곡선

1) $G(s) = \dfrac{10}{s(s+1)(s+2)}$인 경우

① $w \to 0$일 때 g(이득)$= 20 \log_{10} \left| \dfrac{10}{(jw)^3} \right|$에서 $w = 0.1$ 를 대입, 이득을 계산한다. $w = 0.01$

② $w \to \infty$ 일 때 g(이득)$= 20\log_{10}\dfrac{10}{s^3} = 20\log_{10}\left|\dfrac{10}{(jw)^3}\right|$ 에서 $\begin{matrix} w=10 \\ w=100 \end{matrix}$ 을 대입, 이득 계산해서 ①, ②로 이득곡선을 그린다.

2) 위상곡선

- $G(s) = \dfrac{1}{s(s+1)}$ 인 경우

① $w \to 0$ 일 때 $\lim\limits_{w \to 0}\dfrac{1}{s} = \lim\limits_{w \to 0}\left|\dfrac{1}{jw}\right| = \left|\dfrac{1}{w}\right| \angle -90°$ 에 $\begin{pmatrix} w=0.1 \\ w=0.01 \end{pmatrix}$ 대입해서 크기와 위상을 계산하고

② $w \to \infty$ 일 때 $\lim\limits_{w \to 0}\dfrac{1}{s^2} = \lim\limits_{w \to \infty}\dfrac{1}{(jw)^2} = \left|\dfrac{1}{w^2}\right| \angle -180°$ 에 $\begin{pmatrix} w=10 \\ w=100 \end{pmatrix}$ 을 대입, 크기와 위상을 계산 ①, ②에서 위상곡선을 그린다.

Chapter 07 적중예상문제

01 전달함수 $G(jw) = \dfrac{1}{jw(jw+1)}$ 에 있어서 $w \to 0$ 에서의 $|G(jw)|$와 $\angle G(jw)$의 값은?

① 0, 90°
② 0, 270°
③ ∞, −90°
④ ∞, −180°

 괄호 안의 $w \to$ 극한값 먼저 대입, 크기와 위상을 계산한다.

$\therefore \lim\limits_{w \to 0}|G(jw)| = \lim\limits_{w \to 0}\left|\dfrac{1}{jw(jw+1)}\right| = \lim\limits_{w \to 0}\left|\dfrac{1}{jw}\right| = \infty$

$\lim\limits_{w \to 0}\angle G(jw) = \lim\limits_{w \to 0}\angle \dfrac{1}{jw(jw+1)} = \lim\limits_{w \to 0}\angle \dfrac{1}{jw} = -90°$

02 전달함수 $G(jw) = \dfrac{10(jw+10)}{jw(jw+5)(jw+2)}$ 에 있어서 $w \to 0$ 에서의 $\angle G(jw)$의 값은?

① 180°
② 90°
③ −90°
④ −180°

 전달함수 $G(jw)$의 크기와 위상은

$\lim\limits_{w \to 0}\left|\dfrac{10(jw+10)}{jw(jw+5)(jw+2)}\right| = \lim\limits_{w \to 0}\left|\dfrac{10}{jw}\right| = \infty \angle -90°$

03 전달함수 $G(jw) = \dfrac{K}{jw(jw+1)}$ 에 있어서 $w \to \infty$ 에서의 $|G(jw)|$ 및 $\angle G(jw)$의 값을 구하면?

① 0, −270°
② 0, −180°
③ ∞, −180°
④ ∞, −270°

$\lim\limits_{w \to \infty}\dfrac{K}{jw(jw+1)} = \lim\limits_{w \to \infty}\dfrac{1}{(jw)^2} = 0 \angle -180°$

정답 01 ③ 02 ③ 03 ②

04 전달함수 $G(jw) = \dfrac{1}{1+jwT}$의 제어계에서 절점 주파수에서의 이득을 구하면?

① $-1[dB]$
② $-4[dB]$
③ $-3[dB]$
④ $-5[dB]$

 절점 주파수 이득이란 전달함수의 분모에 실수=허수일 때의 이득이다.

∴ $wT=1$일 때의 이득

$$g = 20\log_{10}\left|\dfrac{1}{1+jwT}\right| = 20\log_{10}\left|\dfrac{1}{1+j1}\right| = 20\log_{10}\left|\dfrac{1}{\sqrt{1^2+1^2}}\right| = 20\log_{10}1 - 20\log_{10}\sqrt{2}$$

$$= 0 - 20 \times \dfrac{1}{2}\log_{10}2 = -10 \times 0.3010 \fallingdotseq -3[dB]$$

05 $G(s)H(s) = \dfrac{2}{(s+1)(s+2)}$인 계의 이득여유(dB)를 구하면?

① 40
② -40
③ 0
④ ∞

 이득여유란 전달함수 $G(s)H(s)$의 분모를 계산시, 분모 허수부=0일 때의 이득을 말한다.

∴ $G(s)H(s) = \dfrac{2}{(s+1)(s+2)} = \dfrac{2}{s^2+3s+2}$에서 분모 허수부=0란 $3s=0$

∴ s=0인 $G(s)H(s) = \dfrac{2}{s^2+2} = \dfrac{2}{0+2} = 1$인 이득을 말한다.

GM(이득여유)$= 20\log_{10}|G(s)H(s)| = 20\log_{10}1 = 0[dB]$

06 $G(s)H(s) = \dfrac{20}{s(s-1)(s+2)}$인 계의 이득여유(dB)를 구하면?

① 10
② 30
③ -20
④ -10

 전달함수 $G(s)H(s)$의 분모, 허수부=0일 때의 $G(s)H(s)$값은 즉,

$G(s)H(s) = \dfrac{20}{s(s-1)(s+2)} = \dfrac{20}{s^3+s^2-2s}$에서 분모, 허수부=0란

$s^3-2s = s(s^2-2) = 0$

∴ $s=0$, $s^2=2$, 상식에 대입 $G(s)H(s) = \dfrac{20}{s^2} = \dfrac{20}{2} = 10$

∴ GM(이득여유)$= 20\log_{10}\left|\dfrac{20}{s(s-1)(s+2)}\right| = 20\log_{10}\left|\dfrac{20}{s^3+s^2-2s}\right|$

$= 20\log_{10}\dfrac{1}{\left|\dfrac{20}{s^2}\right|} = 20\log_{10}\dfrac{1}{10} = 20\log_{10}1 - 20\log_{10}10 = -20[dB]$

07 전달함수 $G(s) = \dfrac{1}{1+Ts}$ 에서 $wT = 10$일 때의 이득 $g[\text{dB}]$은?

① -10
② -20
③ 30
④ -30

해설 $wT = 10$일 때의

$g(\text{이득}) = 20\log_{10}\left|\dfrac{1}{1+jwT}\right| = 20\log_{10}\left|\dfrac{1}{1+j10}\right| = 20\log_{10}\left|\dfrac{1}{\sqrt{1^2+10^2}}\right|$

$\fallingdotseq 20\log_{10}\dfrac{1}{10} = 20\log_{10}1 - 20\log_{10}10 \fallingdotseq 0 - 20 \fallingdotseq -20[\text{dB}]$

08 $G(s) = \dfrac{K(s+1)}{s(1+0.2s)(1+0.5s)}$ 에서 $\lim\limits_{w\to 0}|G(jw)|$와 $\lim\limits_{w\to 0}\angle G(jw)$의 값을 구하면?

① K, $-270°$
② 0, $90°$
③ ∞, $270°$
④ ∞, $-90°$

해설 $\lim\limits_{w\to 0}\dfrac{K(jw+1)}{jw(1+0.2jw)(1+0.5jw)} = \lim\limits_{w\to 0}\left|\dfrac{K}{jw}\right| \fallingdotseq \infty\angle -90$

09 벡터 궤적이 그림과 같이 표시되는 요소는?

① 1차 지연요소
② 비례요소
③ 부동작 지연요소
④ 2차 지연요소

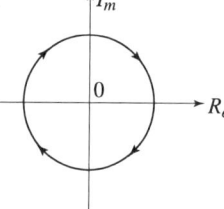

해설 부동작 지연요소 $G(s) = e^{-Ls}$에서 (단, $s = jw$)

$\therefore G(jw) = e^{-jwL} = \cos wL - j\sin wL$

$|G(jw)| = \sqrt{(\cos wL)^2 + (\sin wL)^2} \angle -\tan^{-1}\dfrac{\sin wL}{\cos wL} = 1\angle -wL$

크기는 1이고, vector궤적은 원주상 시계방향으로 회전한다.

10 $G(s) = \dfrac{K}{1+sT}$의 s 평면상에 그린 벡터 궤적은?

① 원
② 반원
③ 반직선
④ 삼각형

해설 분모 $1+Ts = 1+jwT$의 vector궤적은 직선이다.

$\therefore \dfrac{K}{1+Ts}$의 vector궤적은 분모의 직선궤적에 역의 vector궤적으로 4상안의 반원이 된다.

정답 07 ② 08 ④ 09 ③ 10 ②

11 다음 그림과 같은 회로의 극좌표 도시는?

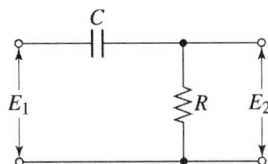

① 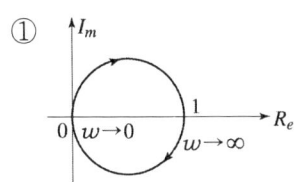   ②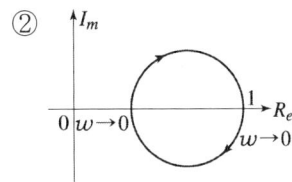

③ 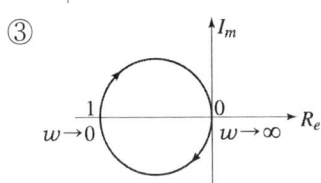   ④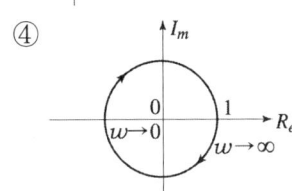

 $G(s)$(전달함수)$= \dfrac{E_{2s}}{E_{1s}} = \dfrac{R}{R - j\dfrac{1}{wc}}$ 에서

$G(s) = \lim\limits_{w \to 0} \dfrac{R}{R - j\dfrac{1}{wc}} = \lim\limits_{w \to 0} \dfrac{R}{R - j\infty} = \lim\limits_{w \to 0} \left| \dfrac{R}{-j\infty} \right| \risingdotseq 0 \angle +90°$

$G(s) = \lim\limits_{w \to \infty} \dfrac{R}{R - j\dfrac{1}{wc}} = \lim\limits_{w \to \infty} \left| \dfrac{R}{R - j0} \right| = \lim\limits_{w \to \infty} \left| \dfrac{R}{R} \right| \risingdotseq 1 \angle 0°$ 의 극좌표 도시는 ①이다.

12 그림과 같은 벡터 궤적의 전달함수는?

① $\dfrac{1}{1+Ts}$

② $\dfrac{1}{Ts}$

③ Ts

④ 1

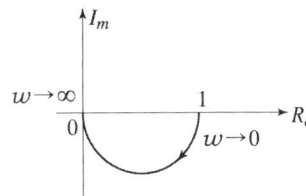

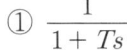 $w \to 0$일 때 $G(s) = \lim\limits_{w \to 0} G(s) = 1 \angle 0°$

$w \to \infty$일 때 $G(s) = \lim\limits_{w \to \infty} G(s) = 0 \angle -90°$

(단, $-90°$ 란 시계방향의 vector궤적이므로 4상안 반원이다.

∴ $G(s) = \dfrac{1}{1+Ts}$ 이다.

13 전달함수 $G(s) = \dfrac{K}{s(1+T_1s)(1+T_2s)}$ 의 벡터 궤적은?

①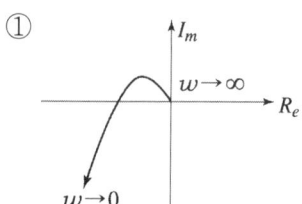
②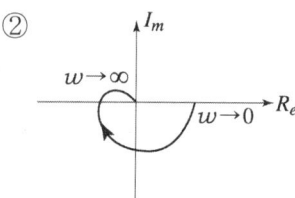
③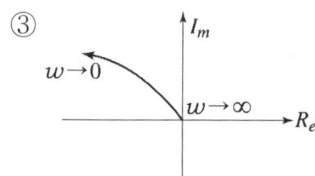
④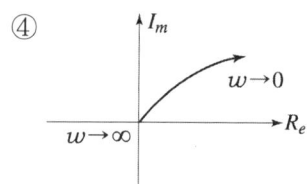

해설 $w \to 0$일 때 $G(s) = \lim\limits_{w \to 0} \dfrac{K}{jw(1+jwT_1)(1+jwT_2)} = \lim\limits_{w \to 0} \left|\dfrac{K}{jw}\right| = \infty \angle -90°$

$w \to \infty$일 때 $G(s) = \lim\limits_{w \to \infty} \dfrac{K}{jw(1+jwT_1)(1+jwT_2)} = \lim\limits_{w \to \infty} \dfrac{K}{(jw)^3 T_1 T_2} = 0 \angle -270°$

14 $G(jw) = \dfrac{K}{1+jwT}$ 의 보드 선도는? (단, $w \gg 1$ 이다.)

① +20[dB/dec]의 경사를 가지며 위상각 90°
② -20[dB/dec]의 경사를 가지며 위상각 -90°
③ +50[dB/dec]의 경사를 가지며 위상각 180°
④ -50[dB/dec]의 경사를 가지며 위상각 -180°

해설 ㉠ $wT \gg 1$일 때 $\begin{cases} wT = 10일 때 \\ wT = 100일 때 \\ wT = 1000일 때 \end{cases}$

∴ $g(\text{이득}) = 20\log_{10} \dfrac{K}{1+jwT} = 20\log_{10} \dfrac{K}{1+j10} = 20\log_{10} \dfrac{K}{j10} = 20\log_{10}K - 20\log_{10}10$
$= 20\log_{10}K - 20$[dB] ·················· ⓐ

㉡ $wT = 100$일 때
$g(\text{이득}) = 20\log_{10} \dfrac{K}{1+j100} = 20\log_{10} \dfrac{K}{j100} = 20\log_{10}K - 20\log_{10}100$
$= 20\log_{10}K - 20 \times 2 = 20\log_{10}K - 40$[dB] ··· ⓑ

∴ 경사는 -20[dB/dec]이며 위상각은 $-90°$이다.

15 $G(s) = \dfrac{1}{s^2}$ 의 보드 선도는?

① 50[dB/dec]의 경사를 가지며 위상각 90°
② -50[dB/dec]의 경사를 가지며 위상각 180°
③ 40[dB/dec]의 경사를 가지며 위상각 -90°
④ -40[dB/dec]의 경사를 가지며 위상각 -180°

 $g(\text{이득}) = 20\log_{10}\dfrac{1}{s^2} = 20\log_{10}\dfrac{1}{(jw)^2}$ 에 $w \to 0.1$ 일 때 $g = 40[\text{dB}]$

$w \to 1$ 일 때 $g = 0[\text{dB}]$, $w \to 10$ 일 때 $g = -40[\text{dB}]$ 이므로 경사는 $-40[\text{dB/dec}]$이다.

위상각은 $-180°$이다.

16 $G(s) = \dfrac{1}{s(1+Ts)}$ 로 표시되는 제어계에서 주파수 w가 아주 클 때 $|G(jw)|$의 경사는?

① +50[dB/dec] ② -50[dB/dec]
③ +40[dB/dec] ④ -40[dB/dec]

 $w \to \infty$(아주 클때) $G(jw) = \dfrac{1}{s(1+sT)} \fallingdotseq \dfrac{1}{s^2 T} \fallingdotseq \dfrac{1}{(jw)^2 T}$ 이다.

$g(\text{이득}) = 20\log_{10}\dfrac{1}{(jw)^2 T}$ 에서

$w \to 10$ 일 때 $g \fallingdotseq -40[\text{dB}]$
$w \to 100$ 일 때 $g \fallingdotseq -40 \times 2 = -80[\text{dB}]$
$w \to 1000$ 일 때 $g \fallingdotseq -40 \times 3 = 120[\text{dB}]$이다.

∴ 경사는 $-40[\text{dB/dec}]$이다. 위상각은 $-180°$이다.

17 $G(s) = \dfrac{1}{s(s+1)}$ 의 보드 곡선의 이득곡선은?

①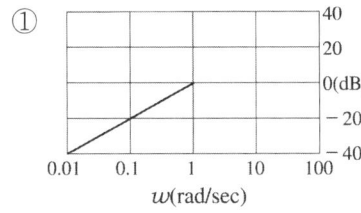
②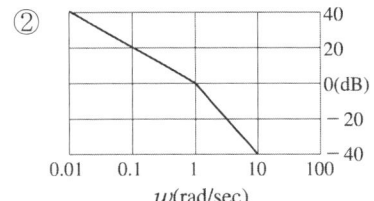
③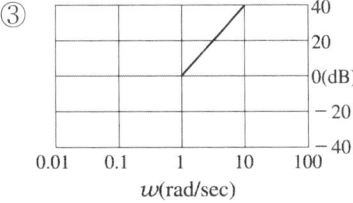
④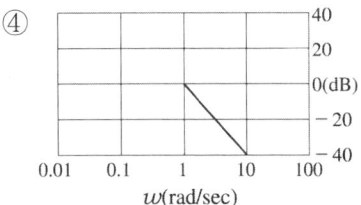

해설 $G(jw) = \dfrac{1}{jw(jw+1)}$ 에서 이득곡선은

㉠ $w < 1$일 때 $w \to 0$에서 $G(jw) = \dfrac{1}{jw}$ 이다.

∴ $w \to 0.1$일 때 $g(\text{이득}) = 20\log_{10}\dfrac{1}{jw} = 20\log_{10}\dfrac{1}{j0.1} = 20[\text{dB/dec}]$

㉡ $w > 1$일 때 $w \to \infty$에서 $G(jw) = \dfrac{1}{(jw)^2}$ 이다.

∴ $w \to 10$일 때 $g(\text{이득}) = 20\log_{10}\dfrac{1}{(jw)^2} = 20\log_{10}\dfrac{1}{(j10)^2} = -40[\text{dB/dec}]$이다.

∴ ㉠, ㉡의 선도이다.

18 전달함수 $G(s) = \dfrac{1}{1+5s}$ 일 때 절점 주파수(rad/sec)는?

① 0.2   ② 0.6
③ 2   ④ 6

해설 절점 주파수란 전달함수 분모의 실수부=허수부일 때의 주파수이다. $5w = 1$

∴ $w(\text{절점 주파수}) = \dfrac{1}{5} = 0.2[\text{rad/dec}]$이다.

19 $G(s) = \dfrac{10}{s(s+1)}$ 에서 위상 선도를 도시하면?

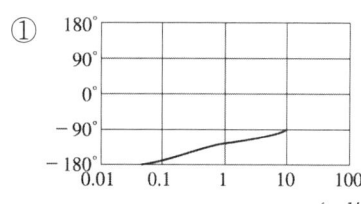

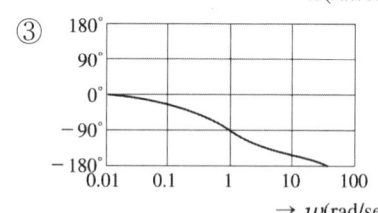 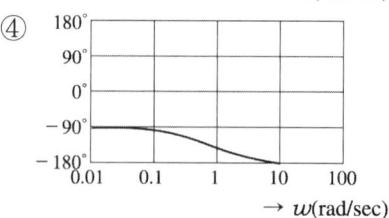

해설 $G(jw) = \dfrac{10}{jw(jw+1)}$ 에서

㉠ $w \to 0$ 일 때 $G(jw) = \dfrac{10}{jw}$ ∴ $G(jw) = \lim\limits_{w \to 0}\dfrac{10}{jw} = \infty \angle -90°$
  $w \to 0.1$

㉡ $w \to \infty$ 일 때 $G(jw) = \dfrac{10}{(jw)^2}$ ∴ $G(jw) = \lim\limits_{w \to \infty}\dfrac{10}{(jw)^2} = 0 \angle -180°$
  $w \to 10$

㉠, ㉡에서의 위상곡선이다.

20 분리도가 예리(sharp)해질수록 나타나는 현상은?

① 제어계가 불안정해진다. ② M_p의 값이 감소한다.
③ 응답 속도가 느려진다. ④ 정상 오차가 감소한다.

 분리도가 예리한 특성은 M_p(공진 정점)=1.1~1.5정도이다.
∴ 공진 정점이 이 값보다 더 크게 증가되면 제어계는 불안정해 진다.

21 폐루프 전달함수 $G(s) = \dfrac{1}{2s+1}$인 계의 대역폭은 몇 [rad]인가?

① 0.5 ② 2
③ 2.5 ④ 3

 폐루프 전달함수의 대역폭=차단 주파수의 범위=원래 이득의 $\dfrac{1}{\sqrt{2}}$배의 값이다.

∴ $|G(jw)| = \left|\dfrac{1}{2jw+1}\right| = \dfrac{1}{\sqrt{(2w)^2+1^2}} = \dfrac{1}{\sqrt{2}}$ 에서 $\sqrt{(2w)^2+1^2} = \sqrt{2}$

∴ $(2w)^2 + 1 = 2$

∴ $(2w)^2 = 1$

∴ $w = \dfrac{1}{2} = 0.5$[rad]이다.

22 이득 M의 최대값으로 정의되는 공진 정점(resonance peak) M_p는 제어계의 어떤 정보를 주는가?

① 속도 ② 시간 늦음
③ 안정도 ④ 오차

 이득 M의 최대값으로 정의되는 M_p(공진 정점)=1.1~1.5정도이다.
∴ M_p(공진 정점)은 제어계 안정의 척도인 정수로서 M_p가 크면 제어계가 불안정하게 된다.

23 공진 주파수가 증가하면 나타나는 현상은?

① 이득이 증가 ② 응답 속응성이 향상
③ 이득은 불변 ④ 응답 속응성이 늦어짐

 w_o(공진 각속도)$= 2\pi f_o$[rad/sec]이다.
f_o(공진 주파수)가 증가하면 응답에 속응성이 향상된다.

24 폐회로 전달함수 $M(s) = \dfrac{C(s)}{R(s)} = \dfrac{1}{s+1}$ 인 계에서 대역폭을 정하면?

① 0.25[rad]
② 1[rad]
③ 2.5[rad]
④ 2.25[rad]

 폐회로 전달함수의 대역폭=차단 주파수의 범위=원래 이득의 $\dfrac{1}{\sqrt{2}}$ 배이다.

∴ $|M(jw)| = \left|\dfrac{1}{jw+1}\right| = \dfrac{1}{\sqrt{w^2+1^2}} = \dfrac{1}{\sqrt{2}}$ 에서 $\sqrt{w^2+1^2} = \sqrt{2}$

∴ $w^2 + 1 = 2$

∴ w(대역폭이 되기 위한 차단 주파수) = 1[rad]

Chapter 08 안정도 판별법

5부 제어공학

❶ n차 특성방정식

$$F(s) = a_o s^n + a_1 s^{n-1} + a_2 s^{n-2} + a_3 s^{n-3} + \cdots$$

1) 안정조건
① 각 계수가 다 존재할 것
② 각 계수에 부호 변화가 없을 것

2) Routh 판별법

s^n	a_o	a_2	a_4
s^{n-1}	a_1	a_3	a_5
s^{n-2}	$b_1 = \dfrac{a_1 a_2 - a_o a_3}{a_1}$	$b_3 = \dfrac{a_1 a_4 - a_o a_5}{a_1}$	$b_5 = \dfrac{}{a_1}$
s^{n-3}	$C_1 = \dfrac{b_1 a_3 - a_1 b_3}{b_1}$	$C_3 = \dfrac{b_1 a_5 - a_1 b_5}{b_1}$	
$\vdots$	↓	↓	
s^o	1열	2열	

- 안정조건
  ① 1열에 부호 변화가 없을 것
  ② 1열의 계수 값 > 0일 때가 안정 범위이다.

② Hurwitz 판별법

$$n차\ 특성방정식\ F(s) = a_o s^n + a_1 s^{n-1} + a_2 s^{n-2} + \cdots$$

1) Hurwitz의 행렬식

$$H_1 = |a_1|$$

$$H_2 = \begin{vmatrix} a_1 & a_3 \\ a_o & a_2 \end{vmatrix}$$

$$H_3 = \begin{vmatrix} a_1 & a_3 & a_5 \\ a_0 & a_2 & a_4 \\ 0 & a_1 & a_3 \end{vmatrix}$$

2) 안정조건

Hurwitz 행렬식 값에서 부호변화가 없을 것

Chapter 08 적중예상문제

01 안정한 제어계는 특성방정식 $1+G(s)H(s)=0$의 근이 평면의 어느 곳에 있어야 하는가?

① s의 허수축상
② s평면의 우반 평면
③ s평면의 좌반 평면
④ s의 실수축상

 s좌반 평면에 특성근은 안정하며 시간과 함께 감소.
s우반 평면에 특성근은 불안정하며 무한 증대 한다.
허수 축상의 특성근은 임계 안정이다.

02 다음 임펄스 응답 중 안정한 계는?

① $c(t)=1$
② $c(t)=t$
③ $c(t)=e^{-t}\sin wt$
④ $c(t)=\sin wt$

 시간이 무한대($t=\infty$)로 될 때 응답($c(t)$)이 0으로 접근하면 그 계는 안정하다.

03 Routh 판별법에서 제1열의 전 요소가 어떤 경우일 때 불안정한가?

① 전 원소의 부호가 +이어야 한다.
② 전 원소의 부호가 -이어야 한다.
③ 전 원소의 부호가 변화가 있어야 한다.
④ 전 원소의 부호가 변화가 없어야 한다.

 Routh 판별법에서 제1열의 전 요소에 부호 변화가 있으면 불안정, 부호변화가 없으면 안정하다.

04 특성방정식이 다음과 같이 주어질 때, 불안정 근의 수는?

$$s^3 + 2s^2 + 2s + 40 = 0$$

① 1 　　　　　　　　　　② 2
③ 4 　　　　　　　　　　④ 5

 Routh 판별법

s^3	1	2
s^2	2	40
s^1	$\frac{4-40}{2} = -18$	0
s^0	$\frac{-18 \times 40 - 0}{-18} = 40$	0

∴ 1열의 부호변화가 2번이다. ∴ 불안정근 수 = 2이다.

05 $s^3 + s^2 - s + 1$에서 불안정 근은 몇 개인가?

① 0개 　　　　　　　　　② 3개
③ 2개 　　　　　　　　　④ 4개

 Routh 판별법

s^3	1	-1
s^2	1	1
s^1	$\frac{-1-1}{1} = -2$	0
s^0	1	0

∴ 1열의 부호변화가 2번이다. ∴ 불안정근 수 = 2이다.

06 특성방정식 $s^3 - 3s^2 - 5s + 3 = 0$로 주어지는 계는 안정한가? 또, 불안정한가? 또, 우반 평면에 근을 몇 개 가지는가?

① 안정하다. 0개 　　　　② 불안정하다. 3개
③ 불안정하다. 2개 　　　④ 임계 상태이다. 0개

 Routh 판별법

s^3	1	-5
s^2	-3	3
s^1	$\frac{15-3}{-3} = -4$	0
s^0	$\frac{-12-0}{-4} = 3$	0

∴ 1열의 부호변화가 2번이다. ∴ 우반 평면에 근이 2개로 불안정하다.

07 특성방정식 $s^4+7s^3+17s^2+17s+6=0$의 특성 근 중에는 +의 실수부를 갖는 근이 몇 개 있는가?

① 2
② 3
③ 4
④ 없다.

 Routh 판별법

s^4	1	17	6
s^3	7	17	0
s^2	$\dfrac{17\times 7-17}{7}=16$	$\dfrac{7\times 6-0}{7}=6$	0
s^1	$\dfrac{16\times 17-42}{16}=14.375$	0	0
s^0	$\dfrac{14.375\times 6-0}{14.375}=6$	0	0

∴ 1열의 부호변화가 없다.
∴ 안정근이다. -의 실수부(s평면 좌반부)의 근이다.
[참고] 만약, 1열의 부호 변화가 있으면 불안정근이다. 즉, +의 실수부(s평면 우반부)의 근이다.

08 특성방정식이 $s^3+s^2+s=0$일 때 이 계통은?

① 불안정하다.
② 안정하다.
③ 조건부 안정이다.
④ 임계 상태이다.

 Routh 판별법

s^3	1	1
s^2	1	0
s^1	$\dfrac{1\times 1-0}{1}=1$	0
s^0	0	

∴ $s^0=0$인 상태를 임계상태라 한다.

09 $1+G(s)H(s)$의 평면의 원점은, $G(s)H(s)$평면에서의 어디로 이동하는가?

① $(0, 2j)$점
② $(1, -2j)$점
③ $(0, -j)$점
④ $(-1, j0)$점

 특성방정식의 근 $1+G(s)H(s)=0$에서 $G(s)H(s)=-1$
∴ 원점은 $(-1, j0)$으로 이동한다.

10 $s^3 - 4s^2 + 5s - 2 = 0$ 로 주어진 계를 Routh 판별법으로 판정하면?

① 불안정하며, 우반 평면상에 근이 1개 있다.
② 안정하며, 우반 평면상에 근이 없다.
③ 불안정하며, 우반 평면상에 근이 2개 있다.
④ 불안정하며, 우반 평면상에 근이 3개 있다.

 Routh 판별법

s^3	1	5
s^2	-4	-2
s^1	$\dfrac{-20+2}{-4} = \dfrac{9}{2}$	0
s^0	$\dfrac{\dfrac{9}{2} \times (-2) - 0}{\dfrac{9}{2}} = -2$	

∴ 1열의 부호 변화가 3번 이므로 불안정근이다.
∴ s 우반평면상에는 근이 3개이다.

11 $s^3 + 2s^2 + 3s + 5K = 0$ 로 주어진 제어계가 안정하기 위한 K의 조건을 구하면?

① $K > 0$, $K < -5$ ② $K > \dfrac{6}{5}$

③ $K > \dfrac{6}{5}$, $K < 0$ ④ $\dfrac{6}{5} > K > 0$

 Routh 판별법

s^3	1	3
s^2	2	$5K$
s^1	$\dfrac{6-5K}{2}$	0
s^0	$5K$	

∴ 제어계가 안정하기 위해서는 제1열의 요소가 모두 (+) 값이어야 한다.

s^1 행에서 $\dfrac{6-5K}{2} > 0$, $6 - 5K > 0$, $6 > 5K$

∴ $\dfrac{6}{5} > K$ … ㉠

s^0 행에서 $5K > 0$ ∴ $K > 0$ … ㉡

∴ ㉠, ㉡식에서 $\dfrac{6}{5} > K > 0$ 이다.

12 특성방정식 $s^2 + Ks + 2K - 1 = 0$인 계가 안정될 K의 범위를 구하면?

① $K > 1$
② $K > \dfrac{1}{2}$
③ $K < \dfrac{1}{2}$
④ $0 < K < \dfrac{1}{4}$

 Routh 판별법

s^2	1	$2K-1$
s^1	K	0
s^0	$\dfrac{K \times (2K-1)}{K} = 2K-1$	

∴ 제어계가 안정하기 위해서는 1열의 요소가 모두 +값이어야 한다.
s^1행에서 $K > 0$ … ㉠ s^0행에서 $2K-1 > 0$
∴ $2K > 1$
∴ $K > \dfrac{1}{2}$ … ㉡
∴ ㉠, ㉡식에서 $K > \dfrac{1}{2}$

13 다음과 같은 궤환 제어계가 안정하기 위한 K의 범위를 구하면?

① $K > 1$
② $K > 2$
③ $0 < K < 1$
④ $0 < K < 2$

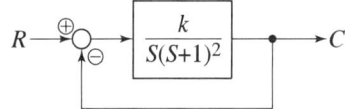

 개루프 폐루프 전달함수 $G(s)H(s) = \dfrac{K}{s(s+1)^2}$이다.

∴ 특성방정식의 근은 $1 + G(s)H(s) = 1 + \dfrac{K}{s(s+1)^2} = 0$이다.

∴ $s(s+1)^2 + K = s^3 + 2s^2 + s + K = 0$에서 Routh 판별법

s^3	1	1
s^2	2	K
s^1	$\dfrac{2-K}{2}$	0
s^0	K	

∴ 제어계가 안정하기 위해서는 1열의 요소가 모두 +값이어야 한다.
s^1행에서 $\dfrac{2-K}{2} > 0$, $2 - K > 0$
∴ $2 > K$ … ㉠
s^0행에서 $K > 0$ … ㉡
∴ ㉠, ㉡식에서 $0 < K < 2$이다.

14
특성방정식이 $s^3+3s^2+3s+1+K=0$일 때 제어계가 안정하기 위한 K의 범위는?

① $-1<K$
② $-1<K<8$
③ $1<K<9$
④ $-9<K<1$

 Routh 판별법

s^3	1	3
s^2	3	$1+K$
s^1	$\dfrac{9-(1+K)}{3}$	0
s^0	$1+K$	

제어계가 안정하기 위한 조건은 1열의 요소가 모두 +값이어야 한다.

∴ s^1행에서 $\dfrac{9-(1+K)}{3}>0$

∴ $9-(1+K)>0$, $9>1+K$

∴ $8>K$ … ① s^0행에서 $1+K>0$

∴ $K>-1$ … ②

∴ ①, ②식에서 $-1<K<8$이다.

15
개루프 전달함수가 $\dfrac{1}{(s+1)(s+2)}$인 제어계의 안정도는?

① 안정
② 불안정
③ 불능
④ 임계 안정

 $G(s)$(개루프 전달함수)$=\dfrac{1}{(s+1)(s+2)}$ 일 때의 특성방정식 근은

$1+G(s)=1+\dfrac{1}{(s+1)(s+2)}=0$이다.

∴ $(s+1)(s+2)+1=0$

∴ $s^2+3s+3=0$의 Routh 판별법

s^2	1	3
s^1	3	0
s^0	$\dfrac{3\times 3-0}{3}=3$	

∴ 1열의 부호변화가 없다. ∴ 안정근이다.

16
안정계에서 요구되는 이득여유와 위상여유는?

① $-5\sim 0$[dB], $10°\sim 30°$
② $1\sim 5$[dB], $60°\sim 90°$
③ $4\sim 12$[dB], $30°\sim 60°$
④ $12\sim 22$[dB], $90°\sim 120°$

 안정계에서 요구되는 이득여유는 $4\sim 12$[dB] 위상여유는 $30\sim 60°$이다.

17 Nyquist 선도의 임계점$(-1, j0)$이 보드 선도상에서 대응하는 이득(dB)과 위상(도)은?

① 10[dB], 0° ② 0[dB], 0°
③ 0[dB], 180° ④ 10[dB], 180°

 Nyquist선도의 임계점$(-1, j0)$는 Bode 선도상의 이득=0[dB], 위상(도)=180°이다.

18 Nyquist 선도에서 구한 이득여유가 ∞, 위상여유가 30°로 나타났을 때 이 계의 안정 여부는?

① 안정 상태 ② 임계 상태
③ 판정 불능 상태 ④ 불안정 상태

 Nyquist 선도에서 안정조건은 이득여유>0, 위상여유>0인 경우이다.

19 $G(s)H(s) = \dfrac{2}{(s+1)(s+2)}$ 의 이득여유는?

① 3[dB] ② 2[dB]
③ 0[dB] ④ 1[dB]

 $G(s)H(s)$의 분모에 허수부=0인 상태가 이득여유이다.
$\therefore (s+1)(s+2) = s^2 + 3s + 2 = -w^2 + j3w + 2$에서 허수부=0란 $j3w = 0$
$w = 0$를 원식에 대입하면
$G(s)H(s) = \dfrac{2}{-w^2+2} = \dfrac{2}{0^2+2} = \dfrac{2}{2} = 1$이다.
$\therefore$ 이득여유 $G.M = 20\log_{10}\dfrac{1}{|G(s)H(s)|} = 20\log_{10}\dfrac{1}{1} = 0$[dB]

20 $G(s)H(s) = \dfrac{20}{s(s-1)(s+2)}$ 인 계의 이득여유는?

① 5[dB] ② 25[dB]
③ −10[dB] ④ −20[dB]

 $G(s)H(s)$의 분모에 허수부=0인 상태가 이득여유이다.
$\therefore s(s-1)(s+2) = s^3 + s^2 - 2s$에서 허수부는 $s^3 - 2s = s(s^2-2) = 0$
$s = 0$, $s^2 = 2$를 원식에 대입하면
$G(s)H(s) = \dfrac{20}{s(s-2)(s+2)} = \dfrac{20}{s^3+s^2-2s} = \dfrac{20}{s^2} = \dfrac{20}{2} = 10$
$\therefore$ 이득여유$(G.M) = 20\log_{10}\dfrac{1}{|G(s)H(s)|} = 20\log_{10}\dfrac{1}{10} = 20\log_{10}^1 - 20\log_{10}10$
$= 0 - 20 = -20$[dB]이다.

21 $G(s)H(s) = \dfrac{K}{(s+1)(s-2)}$ 인 계의 이득여유가 40[dB]이면 이때 K의 값은?

① -20
② $\dfrac{1}{20}$
③ -50
④ $\dfrac{1}{50}$

 $G(s)H(s)$의 분모에 허수부=0인 상태가 이득여유이다.

∴ $(s+1)(s-2) = s^2 - s - 2$에서 허수부 $s=0$를 원식에 대입하면

$$G(s)H(s) = \dfrac{K}{(s+1)(s-2)} = \dfrac{K}{s^2-s-2} = \dfrac{K}{s^2-2} = \dfrac{K}{0-2} = -\dfrac{K}{2}$$

∴ $G.M$(이득여유) $= 20\log_{10}\dfrac{1}{|G(s)H(s)|} = 20\log_{10}\dfrac{1}{\left|\dfrac{K}{2}\right|}$ 에서 $\dfrac{1}{\left|\dfrac{K}{2}\right|} = 100$

∴ $K = \dfrac{1}{50}$ 일 때 $G.M$(이득여유) $= 20\log_{10}\dfrac{2}{K} = 20\log_{10}\dfrac{2}{\dfrac{1}{50}} = 20\log_{10}100 = 40$[dB]이 된다.

∴ $K = \dfrac{1}{50}$ 이 정답이다.

22 Nyquist 선도가 다음과 같은 제어계의 이득여유와 위상여유는?

① 3[dB], 60°
② 3[dB], $-60°$
③ -6[dB], 30°
④ 6[dB], 30°

 그림에서 $\sqrt{(0.5)^2 + (높이)^2} = 1$

∴ 높이 $= \sqrt{1-(0.5)^2} = \sqrt{0.75}$

∴ 이득교점(A)에서의 위상 $\theta = \tan^{-1}\dfrac{\sqrt{0.75}}{0.5} = 60°$

∴ $P.M$(위상여유) $= 180 - (90+60) = 30°$이다.

위상교점(B)에서의 이득여유

$G.M = 20\log_{10}(-0.5) = 20\log_{10}\left(-\dfrac{1}{2}\right)$
$= -20\log_{10}1 + 20\log_{10}2 ≒ 0 + 20 \times 0.3010 ≒ +6$[dB]

23 $\angle G(jw) = -180°$일 때의 $|G(jw)| = 0.1$이면 이득여유(dB)은?

① -10
② 10
③ 20
④ -20

정답 21 ④ 22 ④ 23 ③

$|G(jw)|=0.1$일 때 이득여유
G.M$=20\log_{10}\dfrac{1}{|G(jw)|}=20\log_{10}\dfrac{1}{|0.1|}=20\log_{10}10=20$[dB]이다.

24 다음 전달함수(개루프 전달함수)의 정적 이득(static gain)을 구하면?

$$G(s)H(s)=\dfrac{K(s+3)}{(s+4)(s+6)}$$

① $\dfrac{15}{K}$ ② $\dfrac{K}{15}$
③ $\dfrac{8}{K}$ ④ $\dfrac{K}{8}$

 정적인 상태란 s=0인 상태를 말한다. 이 때의 이득인 정적이득(static gain)
$GH(0)=\dfrac{K(s+3)}{(s+4)(s+6)}=\dfrac{K(0+3)}{(0+4)(0+6)}=\dfrac{3K}{24}=\dfrac{K}{8}$ 를 말한다.

25 $G(jw)H(jw)$의 크기를 $|GH|$라 할 때 $|GH|=1$이면 이득여유는 얼마인가?

① 0[dB] ② 10[dB]
③ -30[dB] ④ ∞[dB]

$|GH|=1$일 때의 이득여유 G.M$=20\log_{10}\dfrac{1}{|GH|}=20\log_{10}\dfrac{1}{1}=0$[dB]이다.

Chapter 09 근궤적

5부 제어공학

① 근궤적 : 개루프 전달함수에서 극점(p)에 이동 궤적을 말한다.
② 근궤적의 개수(가지 수) : 극점수(p)와 영점수(Z) 중 큰 것과 일치한다.
③ 근궤적은 극점(p)에서 출발 영점(Z)으로 끝난다.
④ 근궤적은 실수축과 대칭이다.
⑤ 근궤적의 점근선 수=극점수(p) – 영점수(Z)
⑥ 점근선의 각도 $\alpha = \dfrac{(2k+1)\pi}{p-Z}$
⑦ 근궤적 점근선이 실수축과의 교차점
　점근선의 중심=점근선의 교차점

$$\sigma = \frac{\sum p_i - \sum Z_i}{p - Z}$$

Chapter 09 적중예상문제

01 근궤적에 관하여 다음 중 옳지 않은 것은?

① 근궤적은 실수축에 관하여 대칭이다.
② 점근선은 실수축에서만 교차한다.
③ 근궤적의 개수는 극 또는 0의 수와 같다.
④ 근궤적이 허수축에 끊는 K의 값은 일정하지 않다.

 근궤적의 개수는 극(P)의 수와 영점(Z)수 중에서 큰 것과 일치한다.

02 $G(s)H(s)$가 다음과 같을 때 근궤적의 가지수는?

$$G(s)H(s) = \frac{K}{s^2(1+s)^2}$$

① 4　　　　　　　　　　② 5
③ 6　　　　　　　　　　④ 7

 근궤적의 가지수는 전달함수($G(s)H(s)$) 분모의 s 차수와 같다(즉, 극점의 수와 같다).

03 근궤적이란 s평면상 개루프 전달함수의 절댓값이 얼마인 점들의 집합인가?

① -2　　　　　　　　　② 0
③ 1　　　　　　　　　　④ ∞

 근궤적이란 s평면상에 개루프 전달함수의 절댓값이 1인 점들의 집합을 말한다.

04 근궤적은 $G(s)H(s)$의 어디에서 출발하여 어디에 종착하는가?

① 원점, 극점　　　　　　② 영점, 극점
③ 극점, 영점　　　　　　④ 극점, 원점

정답　01 ③　02 ①　03 ③　04 ③

해설 근궤적은 개루프 전달함수의 극점(P)에서 출발하여 영점(Z)에서 끝난다(종착한다.).

05 $G(s)H(s) = \dfrac{K(s+10)}{s(s+1)(s+4)}$ 에서 근궤적의 출발점은?

① 0, -1, -20 ② 0, -1, -4
③ 0, -20   ④ 0, 1, 4

해설 $G(s)H(s) = \dfrac{K(s+10)}{s(s+1)(s+4)}$ 에서
근궤적의 출발점은 극점(P)이다. ∴ 출발점은 $s=0$, $s=-1$, $s=-4$이다.
근궤적의 종착점은 영점(Z)이다. ∴ 종착점은 $s=-10$이다.

06 개루프 전달함수가 다음과 같이 주어지는 계에서 근궤적의 수는 얼마인가?

$$G(s)H(s) = \dfrac{K(s+1)}{s(s+2)(s+3)}$$

① 0개 ② 1개
③ 3개 ④ 4개

해설 전달함수의 분모의 s차수인 극점의 수 $P=3$개이다.
분자의 s차수인 영점의 수 $Z=1$이다.
∴ 근궤적의 수(개수)는 극점의 수와 영점의 수 중에서 큰 것과 일치 하므로 근궤적의 수(개수)는 3개이다.

07 $G(s)H(s) = \dfrac{K(s+3)}{s^2(s+1)(s+2)}$ 에서 근궤적의 수는?

① 0개 ② 1개
③ 3개 ④ 4개

해설 전달함수의 분모 s차수인 극점의 수 $P=4$, 분자 s차수인 영점의 수 $Z=1$이다.
∴ 근궤적의 수(개수)=4이다.

08 $G(s)H(s) = \dfrac{K(s+2)}{s^2(s+4)}$ 의 근궤적 점근선의 수는?

① 1 ② 2
③ 5 ④ 6

해설 근궤적 점근선의 수=극점의 s차수−영점의 s차수=$3-1=2$이다.

09 개루프 전달함수 $G(s)H(s)$가 다음과 같이 주어지는 계에서 근궤적 점근선의 중심은?

$$G(s)H(s) = \frac{K(s+2)}{s^2(s+4)}$$

① $\frac{1}{2}$
② 1
③ -1
④ $-\frac{1}{3}$

 해설 근궤적 점근선의 중심=근궤적 점근선의 교차점=근궤적 점근선의 실수축과의 교차점)

$$\sigma = \frac{\sum P_i(\text{극값의 합}) - \sum Z_i(\text{영점값의 합})}{P(\text{극의 }s\text{차수}) - Z(\text{영점의 }s\text{차수})} = \frac{0-4-(-2)}{3-1} = \frac{-4+2}{2} = -1$$

10 매우 큰 s값에 대하여 근궤적의 점근선이 실수축과 이루는 각은? [단, p는 $G(s)H(s)$의 극수, z는 $G(s)H(s)$의 영점 수이며, k는 (+)의 정수이다.]

① $\frac{(2k+1)\pi}{p-z}$
② $\frac{(k+1)\pi}{p-z}$
③ $\frac{(2k-1)\pi}{z-p}$
④ $\frac{\pi}{z-p}$

 해설 근궤적의 점근선이 실수축과 이루는 각=근궤적 점근선의 각(각도)

$$\alpha = \frac{(2k+1)\pi}{p-z} \quad (\text{단, } k=0, 1, 2 \cdots)$$

11 $G(s)H(s) = \frac{K(s+3)}{s(s+1)(s+2)}$에서 근궤적의 점근선의 각은?

① $60°, 120°$
② $45°, 90°$
③ $90°, 270°$
④ $120°, 240°$

해설 근궤적 점근선의 각 $\alpha = \frac{(2k+1)\pi}{p-z}$에서

$k=0$일 때 $\alpha = \frac{(0+1)\pi}{3-1} = \frac{\pi}{2} = 90°$

$k=1$일 때 $\alpha = \frac{(2\times 1+1)\pi}{3-1} = \frac{3\pi}{2} = 270°$이다.

12 개루프 전달함수 $G(s)H(s)$가 다음과 같이 주어지는 부궤환 계에서 근궤적 점근선의 실수축과의 교차점은?

$$G(s)H(s) = \frac{K}{s(s+4)(s+5)}$$

① 0 ② -4
③ -2 ④ -3

 근궤적 점근선의 실수축과의 교차점=점근선의 교차점(중심)
$$\sigma = \frac{\sum P_i(극값의\ 합) - \sum Z_i(영점값의\ 합)}{P(극의\ s차수) - Z(영점의\ s차수)} = \frac{((0)+(-4)+(-5))-0}{3-0} = \frac{-9}{3} = -3$$

13 개루프 전달함수 $G(s)H(s)$가 다음과 같이 주어지는 계에서 점근선의 교차점은?

$$G(s)H(s) = \frac{K(s-5)}{s(s-1)^2(s+2)^2}$$

① $-\dfrac{3}{2}$ ② $\dfrac{5}{3}$
③ $-\dfrac{7}{4}$ ④ $-\dfrac{3}{5}$

 점근선의 교차점(중심)
$$\sigma = \frac{\sum P_i - \sum Z_i}{P - Z} = \frac{((0)+(1+1)+(-2-2))-(5)}{5-1} = \frac{-2-5}{4} = -\frac{7}{4}\ 이다.$$

14 $G(s)H(s) = \dfrac{K(s+1)(s+2)}{s(s+1+j)(s+1-j)}$ 로 주어진 계의 근궤적 가지수는 얼마인가?

① 0 ② 1
③ 3 ④ 4

 근궤적의 가지수는 전달함수($G(s)H(s)$)의 분모 s차수와 같다(즉, 극점의 수와 서로 같다).
∴ 전달함수의 분모 극점의 수가 3개이므로 근궤적의 가지수는 3개이다.

15 시간 영역에서의 제어계 설계에 유용한 방법은?

① Nyquist 판별법 ② Bode 선도법
③ Nichols 선도법 ④ 근궤적법

시간 영역에서의 제어계 설계는 over-shoot, 제동비(감쇠비), 정정시간 등의 해설이다.
∴ 이는 근궤적으로 해석하면 더 편리하다.

16 $G(s)H(s) = \dfrac{K}{s(s+2)}$에서 $K = 1$이면?

① 부족제동　　　　　　　　　② 무제동
③ 임계제동　　　　　　　　　④ 과제동

 $G(s)H(s) = \dfrac{K}{s(s+2)}$에서 특성방정식 근은 $1 + G(s)H(s) = 0$이다.

① $K = 1$일 때 특성방정식은 $1 + \dfrac{1}{s(s+2)} = s^2 + 2s + 1 = (s+1)^2 = 0$

∴ $s = -1$의 중근으로 임계제동이다.

② $K = 0$일 때 특성방정식은
$1 + \dfrac{K}{s(s+2)} = s(s+2) + K = s(s+2) + 0 = s(s+2) = 0$에서
$s = 0$, $s = -2$로 서로 다른 실근으로 과제동이다.

17 $G(s)H(s) = \dfrac{K(s+2)}{(s+1+j)(s+1-j)}\ (K > 0)$인 계에서 복소수 $s = -1 + j$에서 시작되는 근궤적의 출발각은?

① $45°$　　　　　　　　　　　② $135°$
③ $180°$　　　　　　　　　　　④ $-360°$

 $s = -1 + j$일 때의 근궤적의 출발각

$\theta_A = 180° + \tan^{-1}(G(s)H(s)) = 180° + \tan^{-1}\left(\dfrac{K(-1+j+2)}{(-1+j+1+j)(-1+j+1-j)}\right)$

$= 180° + \tan^{-1}\left(\dfrac{K(1+j)}{2j}\right) = 180° + (-90° + 45°) = 135°$

18 $G(s)H(s) = \dfrac{K(s+j)(s-j)}{s(s+1)}\ (K > 0)$인 계에서 복소 영점 $s = j$에 대한 근궤적 도착각은?

① $15°$　　　　　　　　　　　② $225°$
③ $-15°$　　　　　　　　　　　④ $-225°$

 $s = j$일 때의 근궤적의 도착각

$\theta_B = 180° - \tan^{-1}(G(s)H(s)) = 180° - \tan^{-1}\left(\dfrac{K(j+j)(j-j)}{j(j+1)}\right) = 180° - \tan^{-1}\left(\dfrac{K(2j)}{j(j+1)}\right)$

$= 180° - \tan^{-1}\left(\dfrac{K \times 2}{(j+1)}\right) = 180° - (-45°) = 225°$

19 개루프 전달함수 $G(s)H(s)$가 다음과 같이 주어지는 계에서 근궤적 점근선이 실수축과 이루는 각은?

$$G(s)H(s) = \frac{K(s+2)}{s^2(s+4)}$$

① 0°
② 180°
③ 90°, 270°
④ 0°, 180°

 근궤적의 점근선이 실수축과 이루는 각=점근선의 각도

α(각도)$=\dfrac{(2k+1)\pi}{p-z}$ 에서

$k=0$일 때 $\alpha = \dfrac{(0+1)\pi}{3-1} = \dfrac{\pi}{2} = 90°$

$k=1$일 때 $\alpha = \dfrac{(2\times1+1)\pi}{3-1} = \dfrac{3\pi}{2} = 270°$

$k=2$일 때 $\alpha = \dfrac{(2\times2+1)\pi}{3-1} = \dfrac{5\pi}{2} = 450°$ 등이다.

Chapter 10 상태방정식

5부 제어공학

❶ 선형시스템에서의 상태방정식

$x(t) = Ax(t) + Bu(t)$ … ①

상태방정식의 해는 (①식 라플라스 변환과 역변환)에서 상태전이 방정식

$x(t) = \phi(t)x(0^+) + \int_0^t \phi(t-\tau)Bu(\tau)d\tau$ 또, $t \geq t_o$ 일 때의 상태전이 방정식

$x(t) = \phi(t-t_o)x(t_o) + \int_{t_o}^t \phi(t-\tau)Bu(\tau)d\tau$ 이다.

1) A=계수행렬일 때

특성방정식의 근 $= (sI-A) = \begin{vmatrix} s & 0 \\ 0 & s \end{vmatrix} - A$

2) 고유값 계산은

$D(s) = (A-sI) = A - \begin{vmatrix} s & 0 \\ 0 & s \end{vmatrix}$ 의 행렬식에서 s 값으로 정의된다.

3) $\phi(s)$ (역행렬) $= |sI-A|^{-1} = \dfrac{1}{\Delta}\begin{vmatrix} \Delta_{11} & \Delta_{21} \\ \Delta_{12} & \Delta_{22} \end{vmatrix}$

4) $\phi(t)$ (천이행렬) $= L^{-1}(sI-A)^{-1}$

즉, 역행렬의 라플라스 역변환이다.

다음 방정식에서 계수행렬 A값과 상태방정식은?

$$\frac{d^3C(t)}{dt^3}+5\frac{d^2C(t)}{dt^2}+\frac{dC(t)}{dt}+2C(t)=r(t)$$

해설
$C(t)=x_1(t)$

$\dfrac{dC(t)}{dt}=\dot{x}_1(t)=x_2(t)=|0.\ \ 1.\ \ 0|$

$\dfrac{d^2C(t)}{dt^2}=\dot{x}_2(t)=x_3(t)=|0.\ \ 0.\ \ 1|$

$\dfrac{d^3C(t)}{dt^3}=\dot{x}_3(t)=-2x_1(t)-x_2(t)-5x_3(t)+r(t)$

∴ 상태방정식 $x(t)=Ax(t)+Bu(t)$은

$$\begin{vmatrix}\dot{x}_1(t)\\ \dot{x}_2(t)\\ \dot{x}_3(t)\end{vmatrix}=\begin{vmatrix}0 & 1 & 0\\ 0 & 0 & 1\\ -2 & -1 & -5\end{vmatrix}\begin{vmatrix}x_1(t)\\ x_2(t)\\ x_3(t)\end{vmatrix}+\begin{vmatrix}0\\ 0\\ 1\end{vmatrix}r(t)$$

❷ S평면(좌반부, 우반부)와 Z평면(단위원)과의 대응관계

1) S평면 jw축은 Z평면에서는 $Z=e^{jwT}=e^{sT}$로서 단위원의 원주상으로 사상된다. 즉,

   ① S평면의 좌반평면(음·양)의 모든점은 단위원 내부에
   ② 우반 평면의 모든점은 단위원 외부에 사상된다.

2) Z변환함수 $\dfrac{Z}{Z-1}$에 대응하는 라플라스 변환함수는 $\dfrac{1}{s}$

   ① 단위계단함수 $u(t)$의 라플라스 변환함수는 $\dfrac{1}{s}$이다.

   ② 단위계단함수 $u(t)$의 Z변환함수(Z변환 쌍)은 $\dfrac{Z}{Z-1}$이다.

3) Z변환함수 $\dfrac{Z}{Z-e^{-aT}}$에 대응되는 라플라스 변환함수는 $\dfrac{1}{s+a}$

   Z변환함수 $\dfrac{Z}{Z-e^{-aT}}$에 대응되는 시간함수는 e^{-aT}이다.
   단, T(샘플치 주기)이다.

예제 3

다음 차분 방정식의 전달함수는?

$$C^2(k+2)+5C(k+1)+3C(k)=r(k+1)+2r(k)$$

해설 차분방정식 양변을 Z변환하면 (단, 상수=0이다.)

$$Z^2C(z)+5ZC(z)+3C(z)=ZR(z)+2R(z)$$

∴ 전달함수 $\dfrac{C(z)}{R(z)}=\dfrac{Z+2}{Z^2+5Z+3}$

예제 4

상태방정식 $\dot{x}(t)=\begin{vmatrix} 0 & 1 \\ 0 & 0 \end{vmatrix}x(t)+\begin{vmatrix} 0 \\ 1 \end{vmatrix}u(t)$에서 천이행렬 $\phi(t)$는?

해설 특성방정식 근 $=(sI-A)=\begin{vmatrix} s & 0 \\ 0 & s \end{vmatrix}-\begin{vmatrix} 0 & 1 \\ 0 & 0 \end{vmatrix}=\begin{vmatrix} s & -1 \\ 0 & s \end{vmatrix}$

역행렬 $=(sI-A)^{-1}=\begin{vmatrix} s & -1 \\ 0 & s \end{vmatrix}^{-1}=\dfrac{1}{\Delta}\begin{vmatrix} \Delta_{11} & \Delta_{21} \\ \Delta_{12} & \Delta_{22} \end{vmatrix}=\dfrac{1}{\begin{vmatrix} s & -1 \\ 0 & s \end{vmatrix}}\begin{vmatrix} s & 1 \\ 0 & s \end{vmatrix}=\begin{vmatrix} \dfrac{1}{s} & \dfrac{1}{s^2} \\ 0 & \dfrac{1}{s} \end{vmatrix}$

$\phi(t)$역행렬 $=L^{-1}(sI-A)^{-1}=L^{-1}\begin{vmatrix} \dfrac{1}{s} & \dfrac{1}{s^2} \\ 0 & \dfrac{1}{s} \end{vmatrix}=\begin{vmatrix} 1 & t \\ 0 & 1 \end{vmatrix}$

Chapter 10 적중예상문제

01 전이행렬에 관한 서술 중 옳지 않은 것은? (단, $\dot{x} = Ax + Bu$ 이다.)

① $\phi(t) = e^{At}$
② $\phi(t) = L^{-1}[sI - A]$
③ $\phi(s) = [sI - A]^{-1}$
④ 전이행렬은 기본 행렬이라고도 한다.

 $\phi(0) = I \begin{cases} I : \text{단위 행렬} \\ A : \text{계수 행렬} = \text{동반 행렬} \end{cases}$ 일 때 역행렬 $\phi(s) = (sI-A)^{-1} = \dfrac{1}{\Delta}\begin{vmatrix} \Delta_{11} & \Delta_{21} \\ \Delta_{12} & \Delta_{22} \end{vmatrix}$ 이다.

(단, $\begin{matrix} \Delta_{12} = -1 \\ \Delta_{21} = -1 \end{matrix}$ 부호이다.)

∴ 상태 천이행렬 $\phi(t) = L^{-1}(sI-A)^{-1}$ 이다.

02 $\begin{bmatrix} 2 & 2 \\ 0.5 & 2 \end{bmatrix}$ 의 고유값(eigen value)은?

① 0, 2   ② 3, 1
③ 1, 3   ④ 0, 1

 고유값(eigen value) : $D(s) = |A - sI| = 0$ 를 말한다.

∴ $D(s) = A - sI = \begin{vmatrix} 2 & 2 \\ 0.5 & 2 \end{vmatrix} - \begin{vmatrix} s & 0 \\ 0 & s \end{vmatrix} = \begin{vmatrix} 2-s & 2 \\ 0.5 & 2-s \end{vmatrix} = (2-s)(2-s) - 2 \times 0.5 = s^2 - 4s + 4 - 1$
$= s^2 - 4s + 3 = (s-1)(s-3) = 0$

∴ $s_1 = 1,\ s_2 = 3$ 이다.

03 상태방정식 $\dot{x}(t) = Ax(t) + Br(t)$ 인 제어계의 특성방정식은?

① $|sI - A| = 0$ ② $|sI - 2B| = 0$
③ $|sI - 2A| = I$ ④ $|sI - B| = I$

 제어계의 특성방정식은 $|sI - A| = 0$ 를 말한다. (단, A(계수행렬)이다.)

04 상태방정식 $\dot{x} = Ax(t) + Bu(t)$에서 $A = \begin{bmatrix} 0 & 1 \\ -2 & -3 \end{bmatrix}$일 때 특성방정식의 근은?

① -4, -5
② -1, -2
③ -1, -3
④ -1, 3

 제어계에서의 특성방정식의 근은
$|sI - A| = \begin{vmatrix} s & 0 \\ 0 & s \end{vmatrix} - \begin{vmatrix} 0 & 1 \\ -2 & -3 \end{vmatrix} = \begin{vmatrix} s & -1 \\ 2 & s+3 \end{vmatrix} = s(s+3) - (-1 \times 2) = s^2 + 3s + 2 = (s+1)(s+2) = 0$
∴ $s = -1$, $s = -2$이다.

05 $A = \begin{bmatrix} 0 & 1 \\ -3 & -2 \end{bmatrix}$, $B = \begin{bmatrix} 4 \\ 5 \end{bmatrix}$인 상태방정식 $\dfrac{dx}{dt} = Ax + Br$에서 제어계의 특성방정식은?

① $s^2 + 4s + 1 = 0$
② $s^2 + 3s + 2 = 0$
③ $s^2 + 3s + 5 = 0$
④ $s^2 + 2s + 3 = 0$

 상태방정식 $\dfrac{dx}{dt} = Ax + Br = \begin{vmatrix} 0 & 1 \\ -3 & -2 \end{vmatrix} \begin{vmatrix} x_1 \\ x_2 \end{vmatrix} + \begin{vmatrix} 4 \\ 5 \end{vmatrix} r$에서 제어계의 특성방정식은
$|sI - A| = \begin{vmatrix} s & 0 \\ 0 & s \end{vmatrix} - \begin{vmatrix} 0 & 1 \\ -3 & -2 \end{vmatrix} = \begin{vmatrix} s & -1 \\ 3 & s+2 \end{vmatrix} = s(s+2) + 3 = s^2 + 2s + 3 = 0$이다.

06 단위계단함수의 라플라스 변환과 z변환함수는?

① $\dfrac{1}{s}$, $\dfrac{2}{z}$
② s, $\dfrac{z}{1-z}$
③ $\dfrac{1}{s}$, $\dfrac{z}{z-1}$
④ s, $\dfrac{2}{z+1}$

 단위계단함수 $u(t)$에 라플라스 변환함수 $L(u(t)) = \dfrac{1}{s}$
z변환(쌍)함수 $z(u(t)) = \dfrac{z}{z-1}$ 이다.

07 z변환함수 $z/(z - e^{-aT})$에 대응되는 라플라스 변환함수는?

① $1/(s+a)^2$
② $1/(1 - 2e^{-Ts})$
③ $1/s(s+a)$
④ $1/(s+a)$

 신호(시간 함수) $x(t) = e^{-at}$의 자연대수의 라플라스 변환함수 $L(e^{-at}) = \dfrac{1}{s+a}$
z변환(쌍)함수 $z(e^{-at}) = \dfrac{z}{z - e^{-aT}}$ 이다. (단, T(이상 샘플러의 샘플주기)이다.)

08 계수행렬(또는 동반 행렬) A가 다음과 같이 주어지는 제어계가 있다. 천이행렬을 구하면?

$$A = \begin{bmatrix} 0 & 1 \\ -1 & -2 \end{bmatrix}$$

① $A = \begin{bmatrix} (t+1)e^{-t} & te^{-t} \\ -te^{-t} & (-t+1)e^{-t} \end{bmatrix}$
② $A = \begin{bmatrix} (t+1)e^{t} & te^{t} \\ -te^{t} & (t+1)e^{t} \end{bmatrix}$

③ $A = \begin{bmatrix} (t+1)e^{-t} & -te^{-t} \\ te^{-t} & (t+2)e^{-t} \end{bmatrix}$
④ $A = \begin{bmatrix} (t+1)e^{-t} & 1 \\ 0 & (-t+1)e^{-t} \end{bmatrix}$

  해설 특성방정식

$|sI-A| = \begin{vmatrix} s & 0 \\ 0 & s \end{vmatrix} - \begin{vmatrix} 0 & 1 \\ -1 & -2 \end{vmatrix} = \begin{vmatrix} s & -1 \\ 1 & s+2 \end{vmatrix} = s(s+2)+1 = s^2+2s+1 = (s+1)^2$

역행렬

$\phi(s) = |sI-A|^{-1} = \dfrac{1}{\begin{vmatrix} s & -1 \\ 1 & s+2 \end{vmatrix}} \begin{vmatrix} \Delta_{11} & \Delta_{21} \\ \Delta_{12} & \Delta_{22} \end{vmatrix} = \dfrac{1}{(s+1)^2} \begin{vmatrix} s+2 & +1 \\ -1 & s \end{vmatrix} = \begin{vmatrix} \dfrac{s+2}{(s+1)^2} & \dfrac{1}{(s+1)^2} \\ \dfrac{-1}{(s+1)^2} & \dfrac{s}{(s+1)^2} \end{vmatrix}$

∴ 상태 천이행렬

$\phi(t) = L^{-1}(\phi(s)) = L^{-1}|sI-A|^{-1} = L^{-1}\begin{vmatrix} \dfrac{s+2}{(s+1)^2} & \dfrac{1}{(s+1)^2} \\ \dfrac{-1}{(s+1)^2} & \dfrac{s}{(s+1)^2} \end{vmatrix} = \begin{vmatrix} (t+1)e^{-t} & te^{-t} \\ -te^{-t} & (-t+1)e^{-t} \end{vmatrix}$

단, $L^{-1}\left(\dfrac{s+2}{(s+1)^2}\right) = L^{-1}\left(\dfrac{k_{11}}{(s+1)^2} + \dfrac{k_{12}}{s+1}\right) = L^{-1}\left(\dfrac{1}{(s+1)^2} + \dfrac{1}{s+1}\right) = te^{-t} + e^{-t} = (t+1)e^{-t}$

단1), $k_{11} = \lim_{s \to -1}(s+1)^2 \times F(s) = \lim_{s \to -1}(s+1)^2 \times \dfrac{s+2}{(s+1)^2} = \lim_{s \to -1}(s+2) = -1+2 = 1$

단2), $k_{12} = \lim_{s \to -1}\dfrac{d}{ds}(s+2) = 1+0 = 1$등을 상식에 대입, 라플라스 역변환 한 값이다.

단, $L^{-1}\left(\dfrac{s}{(s+1)^2}\right) = L^{-1}\left(\dfrac{k_{13}}{(s+1)^2} + \dfrac{k_{14}}{(s+1)}\right) = L^{-1}\left(\dfrac{-1}{(s+1)^2} + \dfrac{1}{s+1}\right)$
$= -te^{-t} + e^{-t} = (-t+1)e^{-t}$

단1), $k_{13} = \lim_{s \to -1}(s+1)^2 \times F(s) = \lim_{s \to -1}(s+1)^2 \times \dfrac{s}{(s+1)^2} = \lim_{s \to -1}s = -1$

단2), $k_{14} = \lim_{s \to -1}\dfrac{d}{ds}(s) = 1$등을 상식에 대입, 라플라스 역변환 한 값이 상태 천이행렬이다.

09 z변환함수 $z/(z-e^{-aT})$에 대응되는 시간함수는? (단, T는 이상 샘플러의 샘플 주기)

① te^{-at}
② $\sum_{n=0}^{\infty} \delta(t-n)$
③ $1-e^{at}$
④ e^{-at}

정답 08 ① 09 ④

z변환함수 $z(e^{-at}) = \dfrac{z}{z-e^{-aT}}$에 대응하는 시간함수(역함수)$= e^{-at}$이다.

[단, T(이상 샘플러의 샘플주기이다.)]

10 다음 방정식으로 표시되는 제어계가 있다. 이 계를 상태방정식 $\dot{x} = Ax + Bu$로 나타내면 계수행렬 A는 어떻게 되는가?

$$\frac{d^3 c(t)}{dt^3} + 5\frac{d^2 c(t)}{dt^2} + \frac{dc(t)}{dt} + 2c(t) = r(t)$$

① $\begin{bmatrix} 0 & 1 & 0 \\ 0 & 0 & 1 \\ -2 & -1 & -5 \end{bmatrix}$
② $\begin{bmatrix} 0 & 0 & -1 \\ 1 & 0 & 0 \\ 5 & 1 & 2 \end{bmatrix}$
③ $\begin{bmatrix} 0 & 0 & 1 \\ 1 & 0 & 0 \\ 0 & 5 & 2 \end{bmatrix}$
④ $\begin{bmatrix} 0 & 1 & 0 \\ 1 & 0 & 0 \\ -2 & 1 & 0 \end{bmatrix}$

 $c(t) = x_1(t)$

$\dfrac{d}{dt}c(t) = \dot{x}_1(t) = (0.\ 1.\ 0)x_2(t) + 0r(t)$

$\dfrac{d^2}{dt^2}c(t) = \dot{x}_2(t) = (0.\ 0.\ 1)x_3(t) + 0r(t)$

$\dfrac{d^3}{dt^3}c(t) = \dot{x}_3(t)$는 원방정식에서

$\dfrac{d^3}{dt^3}c(t) = \dot{x}_3(t) = -2x_1(t) - x_2(t) - 5x_3(t) + r(t)$

∴ 이 제어계를 상태방정식 $\dot{x} = Ax + Bu$로 나타내면

$\begin{vmatrix} \dot{x}_1(t) \\ \dot{x}_2(t) \\ \dot{x}_3(t) \end{vmatrix} = \begin{vmatrix} 0 & 1 & 0 \\ 0 & 0 & 1 \\ -2 & -1 & -5 \end{vmatrix} \begin{vmatrix} x_1(t) \\ x_2(t) \\ x_3(t) \end{vmatrix} + \begin{vmatrix} 0 \\ 0 \\ 1 \end{vmatrix} r(t)$에서 계수행렬 A가 정의된다.

11 T를 샘플 주기라고 할 때 z-변환은 라플라스 변환함수의 s 대신 다음의 어느 것을 대입하여야 하는가?

① $\dfrac{1}{T}\ln\dfrac{1}{z}$
② $\dfrac{1}{T}\ln z$
③ $\ln z$
④ $T\ln\dfrac{1}{z}$

 샘플 주기를 T라고 할 때 z변환은 라플라스의 변환함수 s 대신에 $s = \dfrac{1}{T}\ln z$를 대입하여야 한다.

12 s평면의 우반면은 z평면의 어느 부분으로 영상되는가?

① z평면의 우반면
② z평면의 원점에 중심을 둔 단위원 내부
③ z평면의 원점에 중심을 둔 단위원 외부
④ z평면의 좌반면

 • Z-S 평면간의 대응성

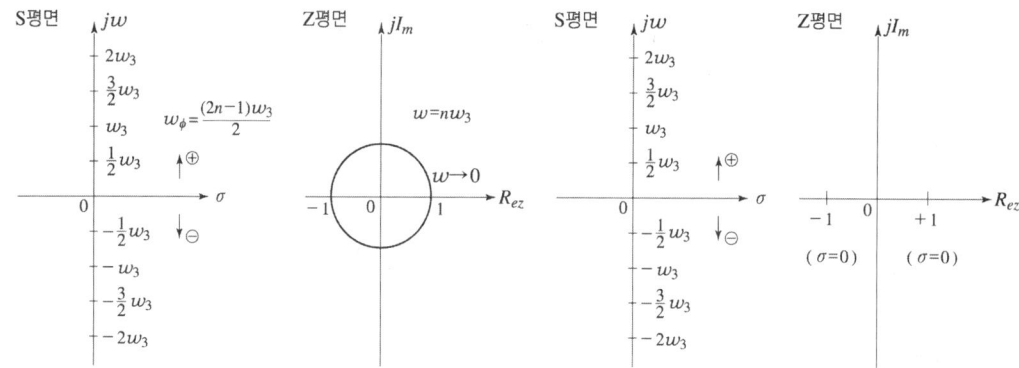

• s평면과 z평면의 관계
  s평면 우반면(음·양)은 z평면의 단위원 외부에 사상되고
  s평면 좌반면(음·양)은 z평면의 단위원 내부에 사상된다.

13 z평면상의 원점에 중심을 둔 단위 원주상에 사상되는 것은 s평면의 어느 성분인가?

① 양의 반평면
② 음의 반평면
③ 관계없다.
④ 허수축

 s평면과 z평면의 관계에서 s평면 허수축은 z평면의 원점에 중심을 둔 단위원 원주상에 사상된다.

14 s평면의 음의 좌평면상의 점은 z평면의 단위원의 어느 부분에 사상되는가?

① 내 점
② 외 점
③ 상관없다.
④ 내외점

 s평면 좌반면(음·양)의 점은 z평면 단위원 내점(내부점)에 사상된다.

15 $e(t)$의 초깃값은 $e(t)$의 z변환을 $E(z)$라 했을 때 다음 어느 방법으로 얻어지는가?

① $\lim_{z \to 0} zE(s)$
② $\lim_{z \to 0} E(2z)$
③ $\lim_{z \to \infty} zE(z)$
④ $\lim_{z \to \infty} E(z)$

 초기치 정리에서 $\lim_{t \to 0} e(t) = \lim_{z \to \infty} E(z)$를 z변환의 초기치 정리라 한다.

16 다음 차분 방정식으로 표시되는 불연속계가 있다. 이 계의 전달함수는?

$$C^2(K+2) + 5C(K+1) + 3(K) = r(K+1) + 2(K)$$

① $\dfrac{C(z)}{R(z)} = (z+2)(z^2+5z+3)$
② $\dfrac{C(z)}{R(z)} = \dfrac{z^2+5z+1}{z+2}$
③ $\dfrac{C(z)}{z(s)} = \dfrac{z+2}{z^2+5z+3}$
④ $\dfrac{C(z)}{R(z)} = \dfrac{z^2+9z+3}{z}$

 차분 방정식의 양변을 z변환하면 상수 $= 0$
$\therefore z^2C(z) + 5zC(z) + 3C(z) = zR(z) + 2R(z)$
$\therefore$ 전달함수 $= \dfrac{C(z)}{R(z)} = \dfrac{z+2}{z^2+5z+3}$ 이다.

17 다음 상태방정식으로 표시되는 제어계의 천이행렬 $\phi(t)$는?

$$X = \begin{bmatrix} 0 & +1 \\ 0 & 0 \end{bmatrix} X + \begin{bmatrix} 0 \\ 1 \end{bmatrix} u$$

① $\begin{bmatrix} 1 & t \\ 1 & 1 \end{bmatrix}$
② $\begin{bmatrix} 1 & 1 \\ 0 & t \end{bmatrix}$
③ $\begin{bmatrix} 1 & t \\ 0 & 1 \end{bmatrix}$
④ $\begin{bmatrix} 0 & t \\ 1 & 2 \end{bmatrix}$

 $|sI - A| = \begin{vmatrix} s & 0 \\ 0 & s \end{vmatrix} - \begin{vmatrix} 0 & 1 \\ 0 & 0 \end{vmatrix} = \begin{vmatrix} s & -1 \\ 0 & s \end{vmatrix}$

$\phi(s)$(역행렬)$= |sI-A|^{-1} = \dfrac{1}{\begin{vmatrix} s & -1 \\ 0 & s \end{vmatrix}} \begin{vmatrix} \Delta_{11} & \Delta_{21} \\ \Delta_{12} & \Delta_{22} \end{vmatrix} = \dfrac{1}{s^2}\begin{vmatrix} s & +1 \\ 0 & s \end{vmatrix} = \begin{vmatrix} \dfrac{1}{s} & \dfrac{1}{s^2} \\ 0 & \dfrac{1}{s} \end{vmatrix}$

$\therefore$ 상태 천이행렬 $\phi(t) = L^{-1}\phi(s) = L^{-1}(sI-A)^{-1} = L^{-1}\begin{vmatrix} \dfrac{1}{s} & \dfrac{1}{s^2} \\ 0 & \dfrac{1}{s} \end{vmatrix} = \begin{vmatrix} 1 & t \\ 0 & 1 \end{vmatrix}$ 이다.

18 다음 계통의 상태 천이행렬 $\phi(t)$를 구하면?

$$\begin{bmatrix} X_1 \\ X_2 \end{bmatrix} = \begin{bmatrix} 0 & 1 \\ -2 & -3 \end{bmatrix} \begin{bmatrix} X_1 \\ X_2 \end{bmatrix}$$

① $\begin{bmatrix} 2e^{-t} - e^{2t} & e^{-t} - e^{t} \\ -2e^{-t} + 2e^{2t} & -e^{t} + 2e^{t} \end{bmatrix}$

② $\begin{bmatrix} 2e^{t} + e^{2t} & -e^{-t} + e^{-2t} \\ 2e^{t} - 2e^{2t} & e^{-t} - 2e^{-2t} \end{bmatrix}$

③ $\begin{bmatrix} -2e^{-t} + e^{-2t} & -e^{-t} - 4e^{-2t} \\ -2e^{-t} - 2e^{-2t} & -e^{-t} - e^{-2t} \end{bmatrix}$

④ $\begin{bmatrix} 2e^{-t} - e^{-2t} & e^{-t} - e^{-2t} \\ -2e^{-t} + 2e^{-2t} & -e^{-t} + 2e^{-2t} \end{bmatrix}$

해설

$|sI - A| = \begin{vmatrix} s & 0 \\ 0 & s \end{vmatrix} - \begin{vmatrix} 0 & 1 \\ -2 & -3 \end{vmatrix} = \begin{vmatrix} s & -1 \\ 2 & s+3 \end{vmatrix}$

$\phi(s)(역행렬) = |sI - A|^{-1} = \dfrac{1}{\begin{vmatrix} s & -1 \\ 2 & s+3 \end{vmatrix}} \begin{vmatrix} \Delta_{11} & \Delta_{21} \\ \Delta_{12} & \Delta_{22} \end{vmatrix} = \dfrac{1}{s(s+3)+2} \begin{vmatrix} s+3 & 1 \\ -2 & s \end{vmatrix}$

$= \begin{vmatrix} \dfrac{s+3}{(s+1)(s+2)} & \dfrac{1}{(s+1)(s+2)} \\ \dfrac{-2}{(s+1)(s+2)} & \dfrac{s}{(s+1)(s+2)} \end{vmatrix}$

∴ 상태 천이행렬 $\phi(t) = L^{-1}(\phi(s)) = L^{-1} \begin{vmatrix} \dfrac{2}{s+1} + \dfrac{-1}{s+2} & \dfrac{1}{s+1} + \dfrac{-1}{s+2} \\ \dfrac{-2}{s+1} + \dfrac{2}{s+2} & \dfrac{-1}{s+1} + \dfrac{2}{s+2} \end{vmatrix}$

$= \begin{bmatrix} 2e^{-t} - e^{-2t} & e^{-t} - e^{-2t} \\ -2e^{-t} + 2e^{-2t} & -e^{-t} + 2e^{-2t} \end{bmatrix}$ 이다.

단1), $L^{-1}\left(\dfrac{s+3}{(s+1)(s+2)}\right) = L^{-1}\left(\dfrac{k_1}{s+1} + \dfrac{k_2}{s+2}\right) = L^{-1}\left(\dfrac{2}{s+1} + \dfrac{-1}{s+2}\right) = 2e^{-t} - e^{-2t}$

$k_1 = \lim_{s \to -1} (s+1) \times \dfrac{(s+3)}{(s+1)(s+2)} = \lim_{s \to -1} \left(\dfrac{s+3}{s+2}\right) = \dfrac{-1+3}{-1+2} = 2$

$k_2 = \lim_{s \to -2} (s+2) \times \dfrac{(s+3)}{(s+1)(s+2)} = \lim_{s \to -2} \left(\dfrac{s+3}{s+1}\right) = \dfrac{-2+3}{-2+1} = -1$

단2), $L^{-1}\left(\dfrac{1}{(s+1)(s+2)}\right) = L^{-1}\left(\dfrac{k_3}{s+1} + \dfrac{k_4}{s+2}\right) = L^{-1}\left(\dfrac{1}{s+1} + \dfrac{-1}{s+2}\right) = e^{-t} - e^{-2t}$

$k_3 = \lim_{s \to -1} (s+1) \times \dfrac{1}{(s+1)(s+2)} = \lim_{s \to -1} \left(\dfrac{1}{s+2}\right) = \dfrac{1}{-1+2} = 1$

$k_4 = \lim_{s \to -2} (s+2) \times \dfrac{1}{(s+1)(s+2)} = \lim_{s \to -2} \left(\dfrac{1}{s+1}\right) = \dfrac{1}{-2+1} = -1$

단3), $L^{-1}\left(\dfrac{-2}{(s+1)(s+2)}\right) = L^{-1}\left(\dfrac{k_5}{s+1} + \dfrac{k_6}{s+2}\right) = L^{-1}\left(\dfrac{-2}{s+1} + \dfrac{2}{s+2}\right) = -2e^{-t} + 2e^{-2t}$

$k_5 = \lim_{s \to -1} (s+1) \times \dfrac{-2}{(s+1)(s+2)} = \lim_{s \to -1} \left(\dfrac{-2}{s+2}\right) = \dfrac{-2}{-1+2} = -2$

$k_6 = \lim_{s \to -2} (s+2) \times \dfrac{-2}{(s+1)(s+2)} = \lim_{s \to -2} \left(\dfrac{-2}{s+1}\right) = \dfrac{-2}{-2+1} = 2$

단4), $L^{-1}\left(\dfrac{s}{(s+1)(s+2)}\right) = L^{-1}\left(\dfrac{k_7}{s+1} + \dfrac{k_8}{s+2}\right) = L^{-1}\left(\dfrac{-1}{s+1} + \dfrac{2}{s+2}\right) = -1e^{-t} + 2e^{-2t}$

$k_7 = \lim_{s \to -1} (s+1) \times \dfrac{s}{(s+1)(s+2)} = \lim_{s \to -1} \left(\dfrac{s}{s+2}\right) = \dfrac{-1}{-1+2} = -1$

$k_8 = \lim_{s \to -2} (s+2) \times \dfrac{s}{(s+1)(s+2)} = \lim_{s \to -2} \left(\dfrac{s}{s+1}\right) = \dfrac{-2}{-2+1} = 2$ 등을 상식에 대입해서 상태 천이행렬을 구한다.

정답 18 ④

Chapter 11 디지털 공학

5부 제어공학

❶ Boole 대수정리

① $A \cdot A \cdot A \cdot A \cdots = A$, $0 \cdot A = 0$, $A \cdot 0 = 0$, $A \cdot 1 = A$, $A\overline{A} = 0$

② $A + A + A + A + \cdots = A$, $B + 1 = 1$, $A + 1 = 1$, $A + 0 = A$, $0 + A = A$, $A + \overline{A} = 1$, $A + \overline{A}B = A + B$, $\overline{A} + AB = \overline{A} + B$, $A + AB = A$

③ $\overline{A + B} = \overline{A} \cdot \overline{B}$, $\overline{A \cdot B} = \overline{A} + \overline{B}$, $\overline{\overline{A + B}} = A + B$, $\overline{\overline{A \cdot B}} = A \cdot B$

④ gray 코드 : 0 또는 1을 비트라 하며, 비트 자리수에 따라 그 값이 변화되는 code를 말한다. "$0 \to 0 = 0$, $1 \to 1 = 0$, $1 \to 0 = 1$, $0 \to 1 = 1$

즉
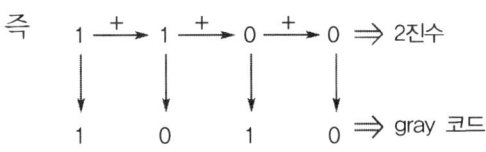

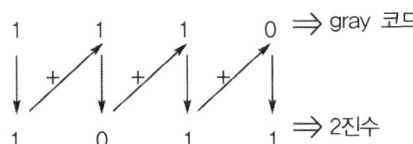

❷ 기본 gate

1) AND - gate(IC소자) → 직렬 회로

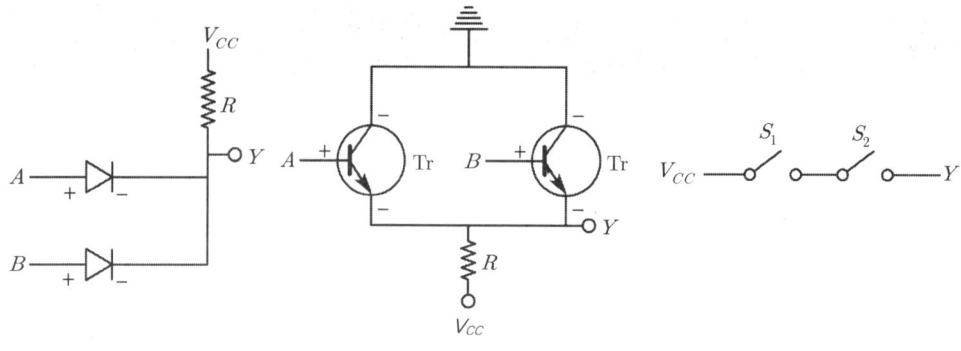

【디지털회로】　　　【Tr회로】　　　【Switch회로】

$$\begin{bmatrix} H(+) \to 5[V] \begin{bmatrix} D\,(개방) \\ \mathrm{Tr}\,(개방) \\ S_1,\ S_2\,(닫힘) \end{bmatrix} Y\,(출력) = V_{CC} \\ L(-) \to 0[V] \begin{bmatrix} D\,(단락) \\ \mathrm{Tr}\,(단락) \\ S_1,\ S_2\,(열림) \end{bmatrix} Y\,(출력) = 0 \end{bmatrix}$$

[Karnaugh 맵(간소화)]

칸과 칸 → OR
가로와 세로 → AND $\Big] 2^n$ 묶는다.

$\overline{A} + A = 1$

B\A	0	1
$\overline{B}$	0	0
B	1	0	1

$\overline{B} + B = 1$

$\overline{Y}\,(부논리출력) = \overline{A}\cdot 1 + \overline{B}\cdot 1 = \overline{A} + \overline{B}$
$Y\,(정논리출력) = \overline{\overline{A}+\overline{B}} = A\cdot B$

> **[참고]**
> ▶ 정논리와 부논리의 관계
> • 정논리 출력 $Y = \overline{부논리\ 출력}$
> • 부논리 출력 $\overline{Y} = \overline{정논리\ 출력}$

[진리표(동작표)]

A	B	Y(출력)
0	0	0
0	1	0
1	0	0
1	1	1

[기호]

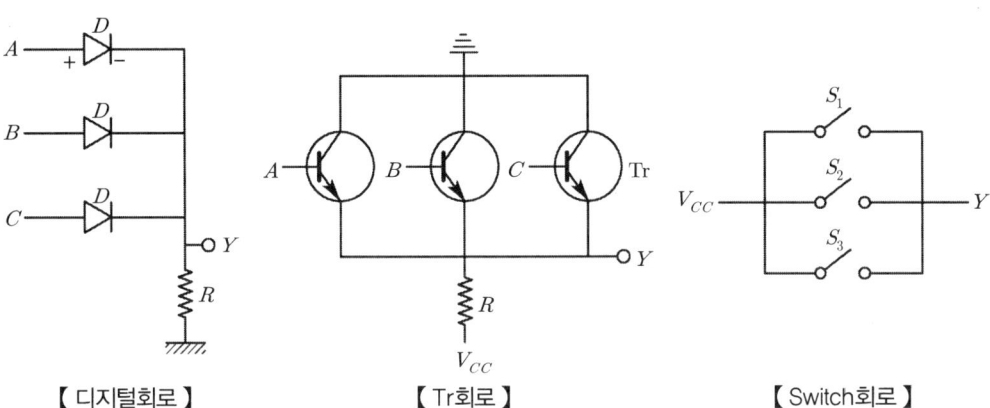

2) OR-gate(IC소자) 병렬 회로

【 디지털회로 】　　　【 Tr회로 】　　　【 Switch회로 】

$$\begin{bmatrix} H(+) \to 5[V] \begin{bmatrix} D\ (개방) \\ Tr(개방) \\ S_1,\ S_2,\ S_3\ (닫힘) \end{bmatrix} Y\ (출력) = V_{CC} \\ L(-) \to 0[V] \begin{bmatrix} D\ (단락) \\ Tr(단락) \\ S_1,\ S_2,\ S_3\ (열림) \end{bmatrix} Y\ (출력) = 0 \end{bmatrix}$$

[Karnaugh 맵(간소화)]

칸과 칸 → OR
가로와 세로 → AND $\Big]\ 2^n$ 묶는다.

AB\C	00	01	11	10
0	0	1	1	1
1	1	1	1	1

$\overline{Y}\ (부논리출력) = \overline{A}\,\overline{B}\,C$

$Y\ (정논리출력) = \overline{\overline{A}\ \overline{B}\ \overline{C}} = A + B + C$

[진리표(동작표)]

A	B	C	Y(출력)
0	0	0	0
0	0	1	1
0	1	0	1
0	1	1	1
1	1	0	1
1	1	1	1
1	0	0	1
1	0	1	1

[기호]

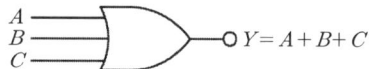

$Y = A + B + C$

$Y = \overline{\overline{A} \cdot \overline{B} \cdot \overline{C}} = A + B + C$

❸ NOT-gate(부정회로)

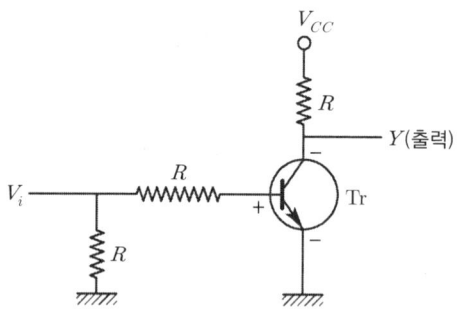

$H(+) \rightarrow 5[V] \quad \text{Tr(단락)} \quad Y = 0$

$L(-) \rightarrow 0[V] \quad \text{Tr(개방)} \quad Y = V_{CC}$

[진리표(동각표)]

V_i (입력)	Y(출력)
1	0
0	1

[기호]

 NOT-gate

④ NAND-gate(=AND-gate+NOT-gate)

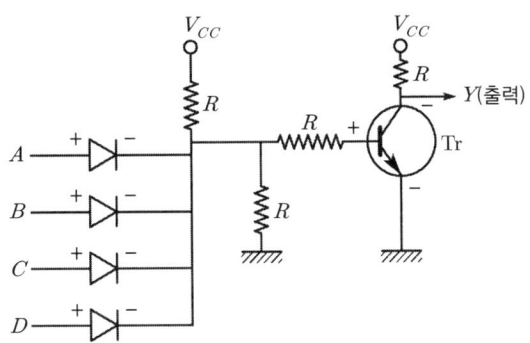

$$\begin{bmatrix} H(+) \to 5[V] \\ L(-) \to 0[V] \end{bmatrix} \begin{bmatrix} D\,(개방) \\ Tr(단락) \end{bmatrix} \begin{bmatrix} D\,(단락) \\ Tr(개방) \end{bmatrix} \begin{matrix} Y\,(출력) = 0 \\ \\ Y\,(출력) = V_{CC} \end{matrix}$$

[Karnaugh 맵(간소화)]

칸과 칸 → OR
가로와 세로 → AND $\Big]\ 2^n$ 묶는다.

AB\CD	00	01	11	10
00	1	1	1	1
01	1	1	1	1
11	1	1	0	1
10	1	1	1	1

$\overline{Y}\,(부논리출력) = A \cdot B \cdot C \cdot D$

$Y\,(정논리출력) = \overline{A \cdot B \cdot C \cdot D} = \overline{A} + \overline{B} + \overline{C} + \overline{D}$

[기호]

$Y = \overline{A \cdot B \cdot C \cdot D} = \overline{A} + \overline{B} + \overline{C} + \overline{D}$

$Y = \overline{A} + \overline{B} + \overline{C} + \overline{D}$

❺ NOR-gate(=OR-gate+NOT-gate)

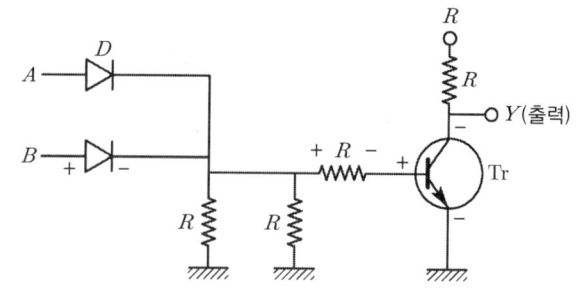

$$\begin{bmatrix} H(+) \to 5[V] \\ L(-) \to 0[V] \end{bmatrix} \begin{bmatrix} D\,(개방) \\ Tr(개방) \end{bmatrix} \Big] Y(출력)=0$$
$$\phantom{\begin{bmatrix} H(+) \to 5[V] \\ L(-) \to 0[V] \end{bmatrix}} \begin{bmatrix} D\,(단락) \\ Tr(단락) \end{bmatrix} \Big] Y(출력)=V_{CC}$$

[Karnaugh 맵(간소화)]

칸과 칸 → OR
가로와 세로 → AND] 2^n 으로 묶는다.

A\B	0	1
0	1	0
1	0	0

$\overline{Y}$(부논리출력)$= A+B$

Y(정논리출력)$= \overline{A+B} = \overline{A} \cdot \overline{B}$

[진리표(동작표)]

A	B	Y(출력)
0	0	1
0	1	0
1	0	0
1	1	0

[기호]

$Y = A+B$

$Y = \overline{A+B} = \overline{A} \cdot \overline{B}$

❻ exclusitiv-OR-gate(배타적 논리합)

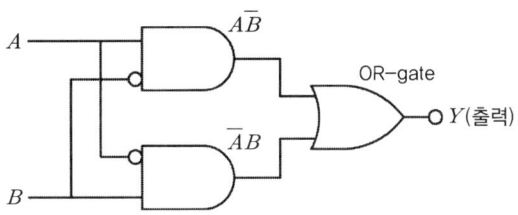

$$Y = A\overline{B} + \overline{A}B = (A+B)(\overline{A}+\overline{B}) = (A \oplus B)$$

[Karnaugh 맵(간소화)]

A / B	0	1
0	0	1
1	1	0

$\overline{Y}$ (부논리출력) $= \overline{A}\overline{B} + AB$

Y (정논리출력) $= \overline{\overline{A} \cdot \overline{B} + AB} = (A+B) \cdot (\overline{A}+\overline{B}) = (A \oplus B)$

[진리표(동작표)]

A	B	Y(출력)
0	0	0
0	1	1
1	0	1
1	1	0

[기호]

$Y = A\overline{B} + \overline{A}B = (A \oplus B)$

Chapter 11 적중예상문제

01 그림의 논리회로는?

① AND gate
② OR gate
③ NOR gate
④ NAND gate

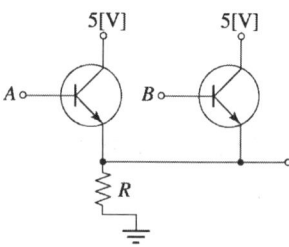

해설 2개 Tr가 병렬접속이므로 OR-gate이다.

02 반가산기(half adder)를 구성하는 방법 중의 하나는 (　)게이트 1개와 (　)게이트 1개로 구성할수도 있다. (　) 안에 알맞는 것은?

① OR, AND
② Exclusive OR, AND
③ NAND, AND
④ NOR, AND

해설 반가산기는 Exclusive-OR-gate와 AND-gate로 구성된다.
sum(합계)=$A\bar{B}+\bar{A}B$ Carry(자리올림수)=$A \cdot B$

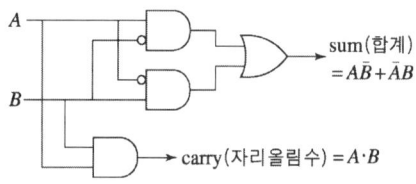

03 M/S 플립플롭은 어떠한 현상을 해결하기 위한 플립플롭인가? (단, M/S플립플롭)

① delay현상
② race현상
③ set현상
④ toggle현상

해설 Raceing 현상은 C_P폭 > $\bar{\theta_n}$ 일 때 다시 오동작을 하는 현상을 말한다. 이 경우 Raceing 현상을 방지하기 위해서는 M/S 플립플롭으로 동작시키면 된다.

정답 01 ② 02 ② 03 ②

04 다음 Karnaugh 도로된 함수를 최소화 하면?

① AB
② $\overline{A}D$
③ $\overline{A}B$
④ AC

AB\CD	00	01	11	10
00	0	0	0	0
01	0	0	0	0
11	0	0	1	1
10	0	0	1	1

 $B+\overline{B}=1$, $D+\overline{D}=1$이다.
$\therefore (AB+A\overline{B}) \cdot (CD+C\overline{D}) = A(B+\overline{B}) \cdot C(D+\overline{D}) = A \cdot C$가 된다.

05 그림과 같은 논리회로의 출력은?

① AB
② $\overline{A}\,\overline{B}$
③ $AB+\overline{A}\,\overline{B}$
④ $A\overline{B}+\overline{A}B$

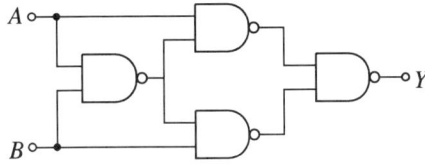

 논리회로에서
$Y = \overline{\overline{A \cdot B} \cdot A \cdot \overline{A \cdot B} \cdot B} = \overline{A \cdot B} + \overline{A} \cdot \overline{A \cdot B} + \overline{B} = (\overline{A}+\overline{B})A + (\overline{A}+\overline{B})B = A\overline{B}+\overline{A}B$

06 1001_2의 2진수를 10진수로 고치면?

① 310
② 910
③ 1010
④ 1210

 1001_2의 2진수를 10진수로 고치면 $2^0 + 0 + 0 + 2^3 = 9_{10}$

07 2진수 1010을 그레이 코드(gray code)로 변환한 것은?

① 0001
② 0011
③ 1000
④ 1111

 2진수를 gray 코드로 고치면
$0 \rightarrow 0 = 0 \quad 0 \rightarrow 1 = 1$
$1 \rightarrow 0 = 1 \quad 1 \rightarrow 1 = 0$
$\therefore 1 \rightarrow 0 \rightarrow 1 \rightarrow 0 \Rightarrow$ 2진수
$\quad \downarrow \quad \downarrow \quad \downarrow \quad \downarrow$
$\quad 1 \quad 1 \quad 1 \quad 1 \Rightarrow$ gray 코드

정답 04 ④ 05 ④ 06 ② 07 ④

08 불 대수의 법칙에 어긋나는 것은?

① $\overline{A}B + A\overline{B} = A + B$
② $A + AB = A$
③ $A + \overline{A}B = A + B$
④ $(A+B) \cdot (A+C) = A + B \cdot C$

해설 $\overline{A}B + A\overline{B} = (A \oplus B)$로서 exclusive OR-gate이다.

09 논리식 $Y = AB + A\overline{B} + \overline{A}B$를 최소화 하면?

① $A + B$
② AB
③ $A + \overline{B}$
④ $A \cdot \overline{B}$

해설 $Y = AB + A\overline{B} + \overline{A}B = A(B + \overline{B}) + \overline{A}B = A + \overline{A}B = A + B$

10 다음은 반가산기(half-adder)회로이다. 여기서 ⊠-gate는?

① NOR 게이트
② NAND 게이트
③ AND 게이트
④ OR 게이트

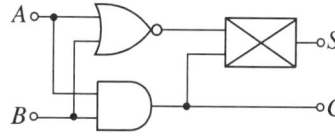

해설 반가산기에서의
$S(합계) = \overline{\overline{A+B} + AB} = \overline{(A+B)} \cdot \overline{(\overline{A}+\overline{B})} = A\overline{A} + A\overline{B} + \overline{A}B + B\overline{B} = A\overline{B} + \overline{A}B = (A \oplus B)$이어야
한다. ⊠-gate는 NOR-gate이어야 한다. 또 $C(자리올림수) = A \cdot B$

11 입력 주파수 192[Hz]를 T형 플립플롭 3개에 종속 접속하면 출력 주파수는?

① 586[Hz]
② 64[Hz]
③ 48[Hz]
④ 24[Hz]

해설 T형 플립플롭 3개 종속접속은 8진 카운트로서 $\frac{1}{8}$ 분주 회로이다.
이때 출력주파수 $= 192 \times \frac{1}{8} = 24$[kHz]이다.

12 불 대수의 정리 중 옳지 않은 것은?

① $A + B = B + A$
② $A + BC = (A+B)(A+C)$
③ $A + \overline{A} = 1$
④ $A \cdot B = \dfrac{1}{A+B}$

해설 $A \cdot B = \overline{\overline{A}+\overline{B}}$이다.

13 논리회로의 출력은?

① $X = A \cdot B \cdot C$
② $X = \overline{A} \cdot B \cdot C$
③ $X = A + B + C$
④ $X = \overline{A + B + C}$

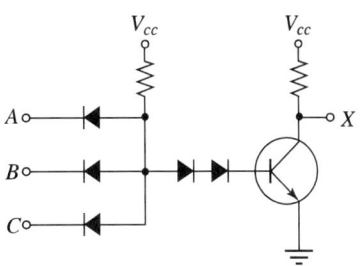

 그림의 DTL 회로의 Karnaughu 맵에서 출력 $X = \overline{A \cdot B \cdot C}$이다.

C \ AB	00	01	11	10
0	1	1	1	1
1	1	1	0	1

14 불 대수식 $(A+B) \cdot (A+C)$와 등가인 것은?

① $B \cdot C$
② $A \cdot B \cdot C$
③ $A + B + C$
④ $A + B \cdot C$

 $(A+B) \cdot (A+C) = AA + AC + BA + BC = A(1+C) + BA + BC = A(1+B) + BC = A + BC$

15 다음 논리회로의 명칭은?

① 디코더
② 계수기
③ 반가산기
④ 전가산기

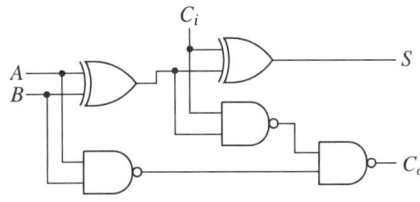

 입력 3개 단자와 sum(합계)와 Carry(자리올림수)는 반가산기 2개와 OR-gate의 합성이다. 이는 간이회로의 구성이며 실재회로도는 A, B, C_i(입력단자)에 exclusive OR-gate 2개의 sum과 NAND-gate 4개의 Carry 단자가 전가산기를 구성한다.

16 2진수 1110의 2의 보수는?

① 1010
② 0001
③ 1101
④ 0010

17 다음 논리식에서 옳지 않은 것은?

① $A + A = A$
② $A \cdot A = A$
③ $A + \overline{A} = 1$
④ $A \cdot \overline{A} = 1$

해설 논리식 $A+A+A=A$, $A \cdot A \cdot A = A$, $A+\overline{A}=1$, $A \cdot \overline{A}=0$

18 J-K 플립플롭을 사용하여 D 플립플롭을 만들려고 한다. 필요한 게이트(gate)는?

① AND
② NOT
③ OR
④ E-OR

해설 RST-FF에다 NOT-gate(inverter) 1개를 첨가하면 D-FF이 된다.

19 논리식(불 대수식) $A + AB$를 간단히 한 결과는?

① $A + B$
② A
③ B
④ 1

해설 논리식 $A+AB=A(1+B)=A$

20 십진수 13을 Excess-3 code로 변환하면?

① 0110 1001
② 1010 0101
③ 0100 0110
④ 0100 0010

해설 10진수 13을 Excess-3 code로 표시하면 0100.0110이다.

21 반가산기(half adder)를 구성하는 방법 중의 하나는 (   )게이트 1개와 (   )게이트 1개로 구성할 수도 있다. (   ) 안에 알맞는 것은?

① OR, AND
② Exclusive OR, AND
③ NAND, AND
④ NOR, AND

해설 반가산기는 Exclusive OR-gate 1개와 AND-gate 1개로 구성되어 sum(합계)와 Carry(자리올림수)를 갖는다.

22 2진수 1011.01101를 8진수로 고친 것 중 옳은 것은?

① 13.328　　　　　② 15.318
③ 13.318　　　　　④ 15.158

 소수점을 기준해서 1011 · 를 2진수 3자리수로 계산하면
011 → $2^1 + 2^0 = 3$
1 → $2^0 = 1$　　　　] 13
· 01101은 앞에서 2진수 3자리수
011 → $2^1 + 2^0 = 3$
01 → $2^0 = 1$　　　] 31
∴ $1011 \cdot 01101 = 13.31_{(8)}$ 이다.

23 RST-FF의 입력 양단간에 inverter 회로를 접속하면 어떤 Flip-Flop의 동작을 하는가?

① D Flip-Flop　　　　② T Flip-Flop
③ M/S Flip-Flop　　　④ RS Flip-Flop

 RST-FF에다 inverter(부정)회로를 접속한 회로를 D-FF이라 한다.
D(입력) = 0이면 θ(출력) = 0이고 D(입력) = 1이면 θ(출력) = 1이다.

24 불 대수의 정리 중 옳지 않은 것은?

① $A + B = B + A$
② $A + B \cdot C + (A + B)(A + C)$
③ $A + \overline{A} = 1$
④ $A \cdot B = \overline{\overline{A} + \overline{B}}$

 $A \cdot B = \overline{\overline{A} + \overline{B}}$이다.

25 논리식 $Y = AB + A\overline{B} + \overline{A}B$를 최소화하면?

① $A + B$　　　　② AB
③ $A + \overline{B}$　　　　④ $A\overline{B}$

 $Y = AB + A\overline{B} + \overline{A}B = A(B + \overline{B}) + \overline{A}B = A + \overline{A}B = A + B$

26 다음의 기호는 배타적 논리회로(Exclusive-OR)이다. 이와 같은 동작하지 않는 것은?

① 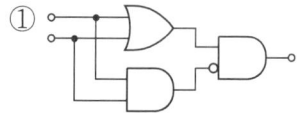   ②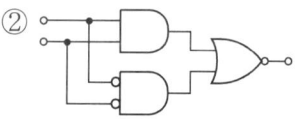

③ 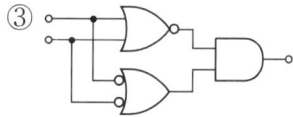   ④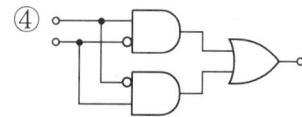

 Exclusive-OR-gate가 아닌 것은 Exclusive-OR-gate의 출력
$Y = A\overline{B} + \overline{A}B = (A+B) \cdot (\overline{A} + \overline{B}) = (A \oplus B)$이다. 아닌 것은 ③번이다.
즉, ③은 $Y = \overline{A+B} + (\overline{A}+\overline{B}) = (\overline{A} \cdot \overline{B}) + (\overline{A}+\overline{B})$이다.

27 배타적 OR게이트를 나타내는 식이 아닌 것은?

① $(A+B)\overline{(AB)}$ ② $A\overline{B} + \overline{A}B$
③ $(A+B)(\overline{A}+\overline{B})$ ④ $(A+\overline{B})(\overline{A}+B)$

 배타적 OR-gate = exclusive OR-gate
$= A\overline{B} + \overline{A}B = (A+B) \cdot (\overline{A}+\overline{B}) = (A+B) \cdot (\overline{AB}) = (A \oplus B)$이다.

28 그림의 회로와 등가인 것은?

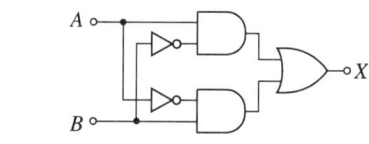

① 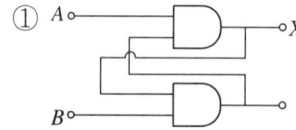   ②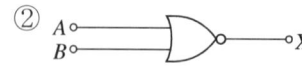

③ 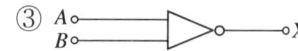   ④

 exclusiver OR-gate(배타적 논리합)
$X = A\overline{B} + \overline{A}B = (A+B) \cdot (\overline{A}+\overline{B}) = (A \oplus B)$이다.
∴ 기호는 $\begin{smallmatrix}A\\B\end{smallmatrix}$ ⟩⟩— X 이다.

29 다음과 같은 회로를 논리기호로 표시한 것 중 옳은 것은?

①
②
③ x y ─▷○─ z
④ x y ─▷○─ z

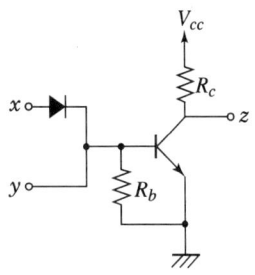

 OR-NOT-gate=NOR-gate로서 Karnaugh 맵(간소화)

Y \ X	0	1
0	1	0
1	0	0

출력 $Z = \overline{X} \cdot \overline{Y} = \overline{X+Y}$의 기호는 $\begin{matrix}x\\y\end{matrix}$ ─▷○─ $z=\overline{X+Y}$ 이다.

30 논리회로의 출력 X는?

① AB
② A
③ B
④ $\overline{A}B$

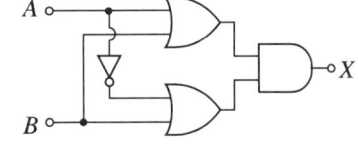

 출력 $X = (A+B) \cdot (\overline{A}+B) = A\overline{A} + AB + B\overline{A} + BB = AB + B\overline{A} + B = B(A+\overline{A}) + B = B + B = B$

31 다음 계수기의 명칭은?

① 동기식 5진 계수기
② 비동기식 6진 계수기
③ 동기식 7진 계수기
④ 동기식 8진 계수기

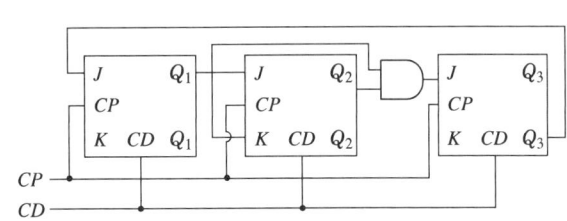

 동기식 5진 계수기

32 2진수 1000을 그레이 코드(Gray code)로 환산한 값은?

① 1100
② 1101
③ 1111
④ 1110

해설
$0 \to 0 = 0 \quad 1 \to 0 = 1$
$0 \to 1 = 1 \quad 1 \to 1 = 0$
∴ 1 → 0 → 0 → 0 ⇒ 2진수
  ↓   ↓   ↓   ↓
  1   1   0   0 ⇒ gray code

33 플립-플롭(Flip-Flop)으로 구성할 수 없는 회로는?

① 계수기(counter) ② 레지스터
③ RAM ④ LED

해설 표시등(LED)이다.

34 그림과 등가인 게이트는?

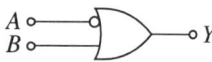

①   ②
③   ④

해설 $Y = \overline{A} + \overline{B} = \overline{A \cdot B}$ 이다.

그러므로 $Y = \overline{A \cdot B} = \overline{A} + \overline{B}$ 이다.

35 J-K 플립플롭에서 $J_n = 0$, $K_n = 1$일 때 클럭 펄스가 1이면 Q_{n+1}의 출력 상태는?

① 반전 ② 1
③ 0 ④ 부정

해설 JK-Flip-Flop의 진리표(동작표) $C_p = 1$

J_n	K_n	Q_{n+1}
0	0	Q_n (불변)
0	1	0
1	0	1
1	1	$\overline{Q_n}$ (반전)

36 다음 그림과 같은 논리회로의 출력은?

① A
② B
③ $A\overline{B}$
④ AB

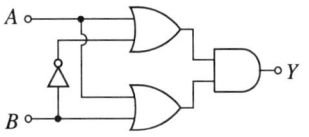

 출력 $Y=(A+\overline{B})\cdot(A+B)=AA+AB+A\overline{B}+B\overline{B}=A+AB+A\overline{B}=A+A(B+\overline{B})=A+A=A$

37 RS 플립플롭의 입력 양단에 인버터 하나를 연결한 플립플롭은?

① SR 플립플롭
② D 플립플롭
③ T 플립플롭
④ MS 플립플롭

 RST-FF에다 inverter 1개를 첨가한 회로를 D-FF라 한다.
D(입력)=0이면, Q(출력)=0, D(입력)=1이면 Q(출력)=1이다.

38 그림의 게이트(gate)는? (단, 정논리인 경우이다.)

① AND
② OR
③ NAND
④ NOR

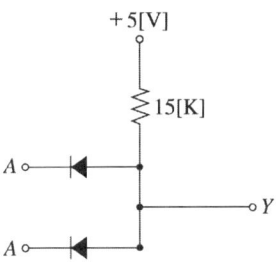

 AND-gate이다.

제6부
전기설비기술기준

제 1 장   공통사항
제 2 장   저압 전기설비
제 3 장   고압·특고압 전기설비
제 4 장   전기철도설비
제 5 장   분산형 전원설비

Chapter 01 공통사항

6부 전기설비기술기준

❶ 총칙(KEC 100)

1-1 목적

한국전기설비규정(KEC, Korea Electro-technical Code) 목적은 전기설비기술기준 고시(이하 "기술기준")에서 정하는 전기설비("발전·송전·변전·배전 또는 전기사용을 위하여 설치하는 기계·기구·댐·수로·저수지·전선로·보안통신선로 및 그 밖의 설비"를 말한다)의 안전성능과 기술적 요구사항을 구체적으로 정하는 것을 목적으로 한다.

❷ 일반사항(KEC 110)

2-1 전압의 구분

1. 저압 : 교류는 1[kV] 이하, 직류는 1.5[kV] 이하인 것
2. 고압 : 교류는 1[kV]를 직류는 1.5[kV]를 초과하고, 7[kV] 이하인 것
3. 특고압 : 7[kV]를 초과하는 것

2-2 용어정리(KEC 112)

1. 가공인입선 : 가공전선로의 지지물로부터 다른 지지물을 거치지 아니하고 수용장소의 붙임점에 이르는 가공전선
2. 계통연계 : 둘 이상의 전력계통 사이를 전력이 상호 융통될 수 있도록 선로를 통하여 연결하는 것으로 전력계통 상호간을 송전선, 변압기 또는 직류-교류 변환설비 등에 연결하는 것으로 계통연락이라고도 한다.

3. 계통외도전부(Extraneous Conductive Part) : 전기설비의 일부는 아니지만 지면에 전위 등을 전해줄 위험이 있는 도전성 부분
4. 계통접지(System Earthing) : 전력계통에서 돌발적으로 발생하는 이상현상에 대비하여 대지와 계통을 연결하는 것으로 중성점을 대지에 접속하는 것
5. 고장보호(간접 접촉에 대한 보호, Protection Against Indirect Contact) : 고장 시 기기의 노출도전부에 간접 접촉함으로써 발생할 수 있는 위험으로부터 인축을 보호하는 것
6. 관등회로 : 방전등용 안정기 또는 방전등용 변압기로부터 방전관까지의 전로
7. 기본보호(직접 접촉에 대한 보호, Protection Against Direct Contact) : 정상운전 시 기기의 충전부에 직접 접촉함으로써 발생할 수 있는 위험으로부터 인축을 보호
8. 내부 피뢰시스템(Internal Lightning Protection System) : 등전위본딩 및/또는 외부 피뢰시스템의 전기적 절연으로 구성된 피뢰시스템의 일부
9. 노출도전부(Exposed Conductive Part) : 충전부는 아니지만 고장 시에 충전될 위험이 있고, 사람이 쉽게 접촉할 수 있는 기기의 도전성 부분
10. 단독운전 : 전력계통의 일부가 전력계통의 전원과 전기적으로 분리된 상태에서 분산형 전원에 의해서만 운전되는 상태
11. 단순 병렬운전 : 자가용 발전설비 또는 저압 소용량 일반용 발전설비를 배전계통에 연계하여 운전하되, 생산한 전력의 전부를 자체적으로 소비하기 위한 것으로서 생산한 전력이 연계계통으로 송전되지 않는 병렬 형태
12. 동기기의 무구속속도 : 전력계통으로부터 떨어져 나가고, 조속기가 작동하지 않을 때 도달하는 최대회전속도
13. 등전위본딩(Equipotential Bonding) : 등전위를 형성하기 위해 도전부 상호간을 전기적으로 연결하는 것
14. 리플프리(Ripple-free)직류 : 교류를 직류로 변환할 때 리플성분의 실횻값이 10% 이하로 포함된 직류
15. 보호등전위본딩(Protective Equipotential Bonding) : 감전에 대한 보호 등과 같이 안전을 목적으로 하는 등전위본딩
16. 보호본딩도체(Protective Bonding Conductor) : 보호등전위본딩을 제공하는 보호도체를 말한다.
17. 보호접지(Protective Earthing) : 고장 시 감전에 대한 보호를 목적으로 기기의 한 점 또는 여러 점을 접지하는 것

18. 등전위본딩망(Equipotential Bonding Network) : 구조물의 모든 도전부와 충전도체를 제외한 내부설비를 접지극에 상호 접속하는 망
19. 분산형 전원 : 중앙급전 전원과 구분되는 것으로서 전력소비지역 부근에 분산하여 배치 가능한 전원을 말한다. 상용전원의 정전시에만 사용하는 비상용 예비전원은 제외하며, 신·재생에너지 발전설비, 전기저장장치 등을 포함
20. 서지보호장치(SPD, Surge Protective Device) : 과도 과전압을 제한하고 서지전류를 분류시키기 위한 장치
21. 수뢰부 시스템(Air-termination System) : 낙뢰를 포착할 목적으로 돌침, 수평도체, 메시도체 등과 같은 금속 물체를 이용한 외부 피뢰시스템의 일부
22. 스트레스전압(Stress Voltage) : 지락고장 중에 접지부분 또는 기기나 장치의 외함과 기기나 장치의 다른 부분 사이에 나타나는 전압
23. 옥내배선 : 건축물 내부의 전기사용장소에 고정시켜 시설하는 전선
24. 옥외배선 : 건축물 외부의 전기사용장소에서 그 전기사용장소에서의 전기사용을 목적으로 고정시켜 시설하는 전선
25. 옥측배선 : 건축물 외부의 전기사용장소에서 그 전기사용장소에서의 전기사용을 목적으로 조영물에 고정시켜 시설하는 전선
26. 외부 피뢰시스템(External Lightning Protection System) : 수뢰부시스템, 인하도선시스템, 접지극시스템으로 구성된 피뢰시스템의 일종
27. 인하도선시스템(Down-conductor System) : 뇌전류를 수뢰시스템에서 접지극으로 흘리기 위한 외부 피뢰시스템의 일부
28. 임펄스내전압(Impulse Withstand Voltage) : 지정된 조건하에서 절연파괴를 일으키지 않는 규정된 파형 및 극성의 임펄스전압의 최대 파고 값 또는 충격내전압
29. 접지시스템(Earthing System) : 기기나 계통을 개별적 또는 공통으로 접지하기 위하여 필요한 접속 및 장치로 구성된 설비
30. 접근상태 : 제1차 접근상태 및 제2차 접근상태
31. 제1차 접근상태 : 가공전선이 다른 시설물과 접근(병행하는 경우를 포함하며 교차하는 경우 및 동일 지지물에 시설하는 경우를 제외한다. 이하 같다)하는 경우에 가공전선이 다른 시설물의 위쪽 또는 옆쪽에서 수평거리로 가공전선로의 지지물의 지표상 높이에 상당하는 거리 안에 시설(수평거리로 3[m] 미만인 곳에 시설되는 것을 제외한다)됨으로써 가공전선로의 전선의 절단, 지지물의 도괴 등의 경우에 그 전선이 다른 시설물에 접촉할 우려가 있는 상태

32. 제2차 접근상태 : 가공전선이 다른 시설물과 접근하는 경우에 그 가공전선이 다른 시설물의 위쪽 또는 옆쪽에서 수평거리로 3[m] 미만인 곳에 시설되는 상태
33. 전기철도용 급전선 : 전기철도용 변전소로부터 다른 전기철도용 변전소 또는 전차선에 이르는 전선
34. 전기철도용 급전선로 : 전기철도용 급전선 및 이를 지지하거나 수용하는 시설물
35. 접속설비 : 공용 전력계통으로부터 특정 분산형 전원 전기설비에 이르기까지의 전선로와 이에 부속하는 개폐장치, 모선 및 기타 관련 설비
36. 대지 전위상승(EPR, Earth Potential Rise) : 접지계통과 기준대지 사이의 전위차
37. 접촉범위(Arm's Reach) : 사람이 통상적으로 서 있거나 움직일 수 있는 바닥면상의 어떤 점에서라도 보조장치의 도움 없이 손을 뻗어서 접촉이 가능한 접근구역
38. 지락전류(Earth Fault Current) : 충전부에서 대지 또는 고장점(지락점)의 접지된 부분으로 흐르는 전류를 말하며, 지락에 의하여 전로의 외부로 유출되어 화재, 사람이나 동물의 감전 또는 전로나 기기의 손상 등 사고를 일으킬 우려가 있는 전류
39. 지중 관로 : 지중전선로·지중 약전류 전선로·지중 광섬유 케이블 선로·지중에 시설하는 수관 및 가스관과 이와 유사한 것 및 이들에 부속하는 지중함 등
40. 충전부(Live Part) : 통상적인 운전 상태에서 전압이 걸리도록 되어 있는 도체 또는 도전부를 말한다. 중성선을 포함하나 PEN 도체, PEM 도체 및 PEL 도체는 포함하지 않는다.
41. 피뢰등전위본딩(Lightning Equipotential Bonding) : 뇌전류에 의한 전위차를 줄이기 위해 직접적인 도전접속 또는 서지보호장치를 통해 분리된 금속부를 피뢰시스템에 본딩하는 것
42. 피뢰레벨(LPL, Lightning Protection Level) : 자연적으로 발생하는 뇌방전을 초과하지 않는 최대 그리고 최소 설계 값에 대한 확률과 관련된 일련의 뇌격전류 매개변수(파라미터)로 정해지는 레벨
43. 피뢰시스템(LPS, Lightning Protection System) : 구조물 뇌격으로 인한 물리적 손상을 줄이기 위해 사용되는 전체시스템을 말하며, 외부피뢰시스템과 내부피뢰시스템으로 구성

44. PEN 도체(protective earthing conductor and neutral conductor) : 중성선 겸용 보호도체
45. PEM 도체(protective earthing conductor and a mid-point conductor) : 직류회로에서 중간도체 겸용 보호도체
46. 보일러 : 발전소에 속하는 기기 중 보일러, 독립과열기, 증기저장기 및 작동용 공기가열기
47. 압력용기 : 발전용 기기 중 내압 및 외압을 받는 용기
48. 배관 : 발전용 기기 중 증기, 물, 가스 및 공기를 이동시키는 장치
49. 액화가스 연료연소설비 : 액화가스를 연료로 하는 연소설비
50. 하중 : 구조물 또는 부재에 응력 및 변형을 발생시키는 일체의 작용
51. 지진력 : 지진이 발생될 경우 지진에 의해 구조물에 작용하는 힘
52. 활동 : 흙에서 전단파괴가 일어나서 어떤 연결된 면을 따라서 엇갈림이 생기는 현상
53. 수로 : 취수설비, 침사지, 도수로, 헤드탱크, 서지탱크, 수압관로 및 방수로
    ① 취수설비 : 발전용의 물을 하천 또는 저수지로부터 끌어들이는 설비
    ② 침사지 : 발전소의 도수설비의 하나로, 수로식 발전의 경우에 취수구에서 도수로에 토사가 유입하는 것을 막기 위하여 도수로의 도중에서 취수구에 가급적 가까운 위치에 설치하는 연못
    ③ 도수로 : 발전용의 물을 끌어오기 위한 공작물을 말하며, 취수구와 상수조(또는 상부 Surge Tank) 사이에 위치하고 무압도수로와 압력도수로가 있다.
    ④ 헤드탱크(Head Tank) : 도수로에서의 유입수량 또는 수차유량의 변동에 대하여 수조 내 수위를 거의 일정하게 유지하도록 도수로 종단에 설치한 공작물
    ⑤ 서지탱크(Surge Tank) : 수차의 유량급변의 경우에 탱크내의 수위가 자동적으로 상승하여 도수로, 수압관로 또는 방수로에서의 과대한 수압의 변화를 조절하기 위한 공작물을 말한다. Surge Tank 중에서 수압관로측에 있는 것은 상부 Surge Tank, 방수로측에 있는 것은 하부 Surge Tank이다.
    ⑥ 수압관로 : 상수조(또는 상부 Surge Tank) 또는 취수구로부터 압력상태하에서 직접 수차에 이르기까지의 도수관 및 그것을 지지하는 공작물을 일괄하여 말한다.
    ⑦ 방수로 : 수차를 거쳐 나온 물을 유도하기 위한 구조물을 말하며, 무압 방수로와 압력 방수로가 있다. 방수로의 시점은 흡출관의 출구로 한다.
    ⑧ 방수구 : 수차의 방수를 하천, 호소, 저수지 또는 바다로 방출하는 출구

54. **수차** : 물이 가지고 있는 에너지를 기계적 일로 변환하는 회전기계를 말하며 수차 본체와 부속장치로 구성된다. 수차 본체는 일반적으로 케이싱, 커버, 가이드베인, 노즐, 디플렉터, 러너, 주축, 베어링 등으로 구성되며 부속장치는 일반적으로 입구밸브, 조속기, 제압기, 압유장치, 윤활유장치, 급수장치, 배수장치, 수위조정기, 운전제어장치 등이 포함
55. **유량** : 단위시간에 수차를 통과하는 물의 체적(m^3/s)
56. **수차의 유효낙차** : 사용상태에서 수차의 운전에 이용되는 전 수두(m)
57. **무구속속도** : 어떤 유효낙차, 어떤 수구개도 및 어떤 흡출높이에서 수차가 무부하로 회전하는 속도(rpm)
    - 수구 : 가이드 베인, 노즐, 러너 베인 등 유량조정 장치의 총칭을 말한다.
58. **입구밸브** : 수차(펌프수차)에 통수 또는 단수할 목적으로 수차의 고압측 지정점 부근에 설치한 밸브를 말하며 주밸브, 바이패스밸브(Bypass Valve), 서보모터(Servomoter), 제어장치 등으로 구성
59. **제압기** : 케이싱 및 수압관로의 수압상승을 경감할 목적으로 가이드베인을 급속히 폐쇄할 때에 이와 연동하여 관로내의 물을 급속히 방출하고 가이드베인 폐쇄 후 서서히 방출을 중지하도록 케이싱 또는 그 부근의 수압관로에 설치한 자동배수장치
60. **유압장치** : 조속기, 입구밸브, 제압기, 운전제어장치 등의 조작에 필요한 압유를 공급하는 장치를 말하며 유압펌프, 유압탱크, 집유탱크 냉각장치, 유관 등을 포함
61. **운전제어장치** : 수차 및 발전기의 운전제어에 필요한 장치로써 전기적 및 기계적 응동기기, 기구, 밸브류, 표시장치 등을 조합한 것

❸ 전선(KEC 120)

3-1 전선의 식별(KEC 121.2)

상(문자)	L1	L2	L3	N	보호도체
색상	갈색	흑색	회색	청색	녹색-노란색

3-2 전선의 종류

3-2-1. 절연전선(KEC 122.1)

저압 절연전선은 450/750[V] 비닐절연전선, 450/750[V] 고무절연전선 사용

④ 전로의 절연(KEC 130)

4-1 전로의 절연저항 및 절연내력(KEC 132)

1. 사용전압이 저압인 전로에서 정전이 어려운 경우 등 절연저항 측정이 곤란한 경우에는 저항성분의 누설전류가 1[mA] 이하면 그 전로의 절연성능을 적합한 것으로 본다.
2. 고압 및 특고압의 전로(회전기, 정류기, 연료전지 및 태양전지 모듈의 전로, 변압기의 전로, 기구 등의 전로 및 직류식 전기철도용 전차선을 제외)는 시험전압을 전로와 대지 사이(다심케이블은 심선 상호 간 및 심선과 대지 사이)에 연속하여 10분간 가하여 절연내력을 시험하였을 때에 이에 견디어야 한다. 다만, 전선에 케이블을 사용하는 교류 전로로서 시험전압의 2배의 직류전압을 전로와 대지 사이(다심케이블은 심선 상호 간 및 심선과 대지 사이)에 연속하여 10분간 가하여 절연내력을 시험하였을 때에 이에 견디는 것에 대하여는 그러하지 아니하다.

▶ 전로의 종류 및 시험전압

전로의 종류	시 험 전 압
1. 최대 사용전압 7[kV] 이하인 전로	최대 사용전압의 1.5배의 전압
2. 최대 사용전압 7[kV] 초과 25[kV] 이하인 중성점 접지식 전로(중성선을 가지는 것으로서 그 중성선을 다중접지 하는 것에 한한다)	최대 사용전압의 0.92배의 전압
3. 최대 사용전압 7[kV] 초과 60[kV] 이하인 전로(2란의 것을 제외한다)	최대 사용전압의 1.25배의 전압(10.5[kV] 미만으로 되는 경우는 10.5[kV])
4. 최대 사용전압 60[kV] 초과 중성점 비접지식 전로(전위 변성기를 사용하여 접지하는 것을 포함한다)	최대 사용전압의 1.25배의 전압
5. 최대 사용전압 60[kV] 초과 중성점 접지식 전로(전위 변성기를 사용하여 접지하는 것 및 6.과 7.의 것을 제외한다)	최대 사용전압의 1.1배의 전압(75[kV] 미만으로 되는 경우에는 75[kV])
6. 최대 사용전압이 60[kV] 초과 중성점 직접접지식 전로(7.의 것을 제외한다)	최대 사용전압의 0.72배의 전압
7. 최대 사용전압이 170[kV] 초과 중성점 직접 접지식 전로로서 그 중성점이 직접 접지되어 있는 발전소 또는 변전소 혹은 이에 준하는 장소에 시설하는 것	최대 사용전압의 0.64배의 전압
8. 최대 사용전압이 60[kV]를 초과하는 정류기에 접속되고 있는 전로	교류측 및 직류 고전압측에 접속되고 있는 전로는 교류측의 최대 사용전압의 1.1배의 직류전압
	직류측 중성선 또는 귀선이 되는 전로(이하 "직류 저압측 전로")는 아래에 규정하는 계산식에 의하여 구한 값

직류 저압측 전로의 절연내력시험 전압의 계산방법 : $E = V \times \dfrac{1}{\sqrt{2}} \times 0.5 \times 1.2$

단, E : 교류 시험 전압(V를 단위로 한다)
　V : 역변환기의 전류 실패 시 중성선 또는 귀선이 되는 전로에 나타나는 교류성 이상전압의 파고 값 (V를 단위로 한다). 다만, 전선에 케이블을 사용하는 경우 시험전압은 E의 2배의 직류전압으로 한다.

4-2 회전기 및 정류기의 절연내력(KEC 133)

회전기 및 정류기는 절연내력을 시험하였을 때에 이에 견디어야 한다. 다만, 회전변류기 이외의 교류의 회전기로 전압의 1.6배의 직류전압으로 절연내력을 시험하였을 때 이에 견디는 것을 시설하는 경우에는 그러하지 아니하다.

▶ 회전기 및 정류기 시험전압

종류			시험전압	시험방법
회전기	발전기·전동기·조상기·기타회전기 (회전변류기를 제외한다)	최대 사용전압 7[kV] 이하	최대 사용전압의 1.5배의 전압(500[V] 미만으로 되는 경우에는 500[V])	권선과 대지 사이에 연속하여 10분간 가한다.
		최대 사용전압 7[kV] 초과	최대 사용전압의 1.25배의 전압(10.5[kV] 미만으로 되는 경우에는 10.5[kV])	
	회전변류기		직류측의 최대 사용전압의 1배의 교류전압 (500[V] 미만으로 되는 경우에는 500[V])	
정류기	최대 사용전압이 60[kV] 이하		직류측의 최대 사용전압의 1배의 교류전압 (500[V] 미만으로 되는 경우에는 500[V])	충전부분과 외함 간에 연속하여 10분간 가한다.
	최대 사용전압 60[kV] 초과		교류측의 최대 사용전압의 1.1배의 교류전압 또는 직류측의 최대 사용전압의 1.1배의 직류전압	교류측 및 직류고전압측단자와 대지 사이에 연속하여 10분간 가한다.

4-3 연료전지 및 태양전지 모듈의 절연내력(KEC 134)

연료전지 및 태양전지 모듈은 최대 사용전압의 1.5배의 직류전압 또는 1배의 교류전압(500[V] 미만으로 되는 경우에는 500[V])을 충전부분과 대지사이에 연속하여 10분간 가하여 절연내력을 시험하였을 때에 이에 견디는 것이어야 한다.

4-4 변압기 전로의 절연내력(KEC 135)

변압기(방전등용 변압기·엑스선관용 변압기·흡상 변압기·시험용 변압기·계기용 변성기와 전기집진 응용장치용의 변압기 기타 특수 용도에 사용되는 것을 제외한다. 이하 같다)의 전로는 시험전압 및 시험방법으로 절연내력을 시험하였을 때에 이에 견디어야 한다.

▶ **변압기 전로의 시험전압**

권선의 종류	시 험 전 압	시 험 방 법
1. 최대 사용전압 7[kV] 이하	최대 사용전압의 1.5배의 전압(500[V] 미만으로 되는 경우에는 500[V]) 다만, 중성점이 접지되고 다중접지된 중성선을 가지는 전로에 접속하는 것은 0.92배의 전압(500[V] 미만으로 되는 경우에는 500[V])	시험되는 권선과 다른 권선, 철심 및 외함 간에 시험전압을 연속하여 10분간 가한다.
2. 최대 사용전압 7[kV] 초과 25[kV] 이하의 권선으로서 중성점접지식 전로(중선선을 가지는 것으로서 그 중성선에 다중접지를 하는 것에 한한다)에 접속하는 것	최대 사용전압의 0.92배의 전압	
3. 최대 사용전압 7[kV] 초과 60[kV] 이하의 권선(2란의 것을 제외한다)	최대 사용전압의 1.25배의 전압(10.5[kV] 미만으로 되는 경우에는 10.5[kV])	
4. 최대 사용전압이 60[kV]를 초과하는 권선으로서 중성점 비접지식 전로(전위 변성기를 사용하여 접지하는 것을 포함한다. 8.의 것을 제외한다)에 접속하는 것	최대 사용전압의 1.25배의 전압	
5. 최대 사용전압이 60[kV]를 초과하는 권선(성형결선 또는 스콧결선의 것에 한한다)으로서 중성점 접지식 전로(전위 변성기를 사용하여 접지 하는 것, 6. 및 8.의 것을 제외한다)에 접속하고 또한 성형결선의 권선의 경우에는 그 중성점에, 스콧결선의 권선의 경우에는 T좌권선과 주좌권선의 접속점에 피뢰기를 시설하는 것	최대 사용전압의 1.1배의 전압(75[kV] 미만으로 되는 경우에는 75[kV])	시험되는 권선의 중성점단자(스콧결선의 경우에는 T좌권선과 주좌권선의 접속점 단자. 이하 이 표에서 같다) 이외의 임의의 1단자, 다른 권선(다른 권선이 2개 이상 있는 경우에는 각 권선)의 임의의 1단자, 철심 및 외함을 접지하고 시험되는 권선의 중성점 단자 이외의 각 단자에 3상교류의 시험 전압을 연속하여 10분간 가한다. 다만, 3상교류의 시험전압을 가하기 곤란할 경우에는 시험되는 권선의 중성점 단자 및 접지되는 단자 이외의 임의의 1단자와 대지 사이에 단상교류의 시험전압을 연속하여 10분간 가하고 다시 중성점 단자와 대지 사이에 최대 사용전압의 0.64배(스콧결선의 경우에는 0.96배)의 전압을 연속하여 10분간 가할 수 있다.
6. 최대 사용전압이 60[kV]를 초과하는 권선(성형결선의 것에 한한다. 8.의 것을 제외한다)으로서 중성점 직접 접지식 전로에 접속하는 것. 다만, 170[kV]를 초과하는 권선에는 그 중성점에 피뢰기를 시설하는 것에 한한다.	최대 사용전압의 0.72배의 전압	시험되는 권선의 중성점단자, 다른 권선(다른 권선이 2개 이상 있는 경우에는 각 권선)의 임의의 1단자, 철심 및 외함을 접지하고 시험되는 권선의 중성점 단자 이외의 임의의 1단자와 대지 사이에 시험전압을 연속하여 10분간 가한다. 이 경우에 중성점에 피뢰기를 시설하는 것에 있어서는 다시 중성점 단자와 대지 간에 최대 사용전압의 0.3배의 전압을 연속하여 10분간 가한다.

권선의 종류	시험전압	시험방법
7. 최대 사용전압이 170[kV]를 초과하는 권선(성형결선의 것에 한한다. 8.의 것을 제외한다)으로서 중성점 직접 접지식 전로에 접속하고 또한 그 중성점을 직접 접지하는 것	최대 사용전압의 0.64배의 전압	시험되는 권선의 중성점 단자, 다른 권선(다른 권선이 2개 이상 있는 경우에는 각 권선)의 임의의 1단자, 철심 및 외함을 접지하고 시험되는 권선의 중성점 단자 이외의 임의의 1단자와 대지 사이에 시험전압을 연속하여 10분간 가한다.
8. 최대 사용전압이 60[kV]를 초과하는 정류기에 접속하는 권선	정류기의 교류측의 최대 사용전압의 1.1배의 교류전압 또는 정류기의 직류측의 최대 사용전압의 1.1배의 직류전압	시험되는 권선과 다른 권선, 철심 및 외함 간에 시험전압을 연속하여 10분간 가한다.
9. 기타 권선	최대 사용전압의 1.1배의 전압(75[kV] 미만으로 되는 경우는 75[kV])	시험되는 권선과 다른 권선, 철심 및 외함 간에 시험전압을 연속하여 10분간 가한다.

4-5 기구 등의 전로의 절연내력(KEC 136)

개폐기·차단기·전력용 커패시터·유도전압조정기·계기용 변성기 기타의 기구의 전로 및 발전소·변전소·개폐소 또는 이에 준하는 곳에 시설하는 기계기구의 접속선 및 모선(전로를 구성하는 것에 한한다. 이하 "기구 등의 전로"라 한다)은 시험전압을 충전 부분과 대지 사이(다심케이블은 심선 상호 간 및 심선과 대지 사이)에 연속하여 10분간 가하여 절연내력을 시험하였을 때에 이에 견디어야 한다.

▶ 기구 등의 전로의 시험전압

종 류	시 험 전 압
1. 최대 사용전압이 7[kV] 이하인 기구 등의 전로	최대 사용전압이 1.5배의 전압(직류의 충전 부분에 대하여는 최대 사용전압의 1.5배의 직류전압 또는 1배의 교류전압) (500[V] 미만으로 되는 경우에는 500[V])
2. 최대 사용전압이 7[kV]를 초과하고 25[kV] 이하인 기구 등의 전로로서 중성점 접지식 전로(중성선을 가지는 것으로서 그 중성선에 다중접지하는 것에 한한다)에 접속하는 것	최대 사용전압의 0.92배의 전압
3. 최대 사용전압이 7[kV]를 초과하고 60[kV] 이하인 기구 등의 전로(2.의 것을 제외한다)	최대 사용전압의 1.25배의 전압(10.5[kV] 미만으로 되는 경우에는 10.5[kV])
4. 최대 사용전압이 60[kV]를 초과하는 기구 등의 전로로서 중성점 비접지식 전로(전위변성기를 사용하여 접지하는 것을 포함한다. 8.의 것을 제외한다)에 접속하는 것	최대 사용전압의 1.25배의 전압
5. 최대 사용전압이 60[kV]를 초과하는 기구 등의 전로로서 중성점 접지식 전로(전위변성기를 사용하여 접지하는 것을 제외한다)에 접속하는 것(7.과 8.의 것을 제외한다).	최대 사용전압의 1.1배의 전압(75[kV] 미만으로 되는 경우에는 75[kV])

종 류	시 험 전 압
6. 최대 사용전압이 170[kV]를 초과하는 기구 등의 전로로서 중성점 직접 접지식 전로에 접속하는 것(7란과 8란의 것을 제외한다)	최대 사용전압의 0.72배의 전압
7. 최대 사용전압이 170[kV]를 초과하는 기구 등의 전로로서 중성점 직접접지식 전로 중 중성점이 직접접지되어 있는 발전소 또는 변전소 혹은 이에 준하는 장소의 전로에 접속하는 것(8.의 것을 제외한다).	최대 사용전압의 0.64배의 전압
8. 최대 사용전압이 60[kV]를 초과하는 정류기의 교류측 및 직류측 전로에 접속하는 기구 등의 전로	교류측 및 직류 고전압측에 접속하는 기구 등의 전로는 교류측의 최대 사용전압의 1.1배의 교류전압 또는 직류측의 최대 사용전압의 1.1배의 직류전압
	직류 저압측전로에 접속하는 기구 등의 전로는 규정하는 계산식으로 구한 값

1. 뇌서지흡수용 커패시터·지락검출용 커패시터·재기전압억제용 커패시터의 표준
   ① 사용전압이 고압 또는 특고압일 것
   ② 고압단자 또는 특고압단자 및 접지된 외함 사이에 공칭전압의 구분 및 절연계급의 구분에 따라 각각 교류전압 및 직류전압을 일정시간 가하여 절연내력을 시험하였을 때에 이에 견디는 것일 것
      ㉠ 교류전압에서는 1분간
      ㉡ 직류전압에서는 10초간

▶ 뇌서지흡수용 · 지락검출용 · 재기전압억제용 커패시터의 시험전압

공칭전압의 구분(kV)	절연계급의 구분	시험전압	
		교류(kV)	직류(kV)
3.3	A	16	45
	B	10	30
6.6	A	22	60
	B	16	45
11	A	28	90
	B	28	75
22	A	50	150
	B	50	125
	C	50	180
33	A	70	200
	B	70	170
	C	70	240
66	A	140	350
	C	140	420

공칭전압의 구분(kV)	절연계급의 구분	시험전압	
		교류(kV)	직류(kV)
77	A	160	400
	C	160	480

- A : B 또는 C 이외의 경우
- B : 뇌서지전압의 침입이 적은 경우 또는 피뢰기 등의 보호장치에 의해서 이상전압이 충분히 낮게 억제되는 경우
- C : 피뢰기 등의 보호장치의 보호범위 외에 시설되는 경우

2. 직렬 갭이 있는 피뢰기의 표준은 건조 및 주수상태에서 2분 이내의 시간간격으로 10회 연속하여 상용주파 방전개시전압을 측정하였을 때 상용주파 방전개시전압의 값 이상일 것

▶ 직렬 갭이 있는 피뢰기의 상용주파 방전개시전압

피뢰기 정격전압 (실횻값) [kV]	상용주파 방전 개시전압 (실횻값) [kV]	상용주파 전압 (실횻값) [kV]	내전압[kV]		충격방전 개시전압 (파고값)[kV]		제한전압(파고값) [kV]		
			충격전압 (파고값)[kV]						
			1.2×50[μs]	250×2500[μs]	1.2×50[μs]	250×2500[μs]	10[kA]	5[kA]	2.5[kA]
7.5	11.25	21(20)	60	–	27	–	27	27	27
9	13.5	27(24)	75	–	32.5	–	–	–	32.5
12	18	50(45)	110	–	43	–	43	43	–
18	27	42(36)	125	–	65	–	–	–	65
21	31.5	70(60)	120	–	76	–	76	76	–
24	26	70(60)	150	–	87	–	87	87	–
72 75	112.5	175 (145)	350	–	270	–	270	270	–
138 144	207	325 (325)	750	–	460	–	460	–	–
288	432	450 (450)	1175	950	725	695	690	–	–

[비고] ( ) 안의 숫자는 주수시험 시 적용

3. 전력선 반송용 결합리액터의 표준
   ① 사용전압은 고압일 것
   ② 60[Hz]의 주파수에 대한 임피던스는 사용전압의 구분에 따라 전압을 가하였을 때에 정한 값 이상일 것
   ③ 권선과 철심 및 외함 간에 최대 사용전압이 1.5배의 교류전압을 연속하여 10분간 가하였을 때에 (이에) 견딜 것

▶ 전력선 반송용 결합리액터의 판정 임피던스

사용전압의 구분	전 압	임피던스
3.5[kV] 이하	2[kV]	500[kΩ]
3.5[kV] 초과	4[kV]	1,000[kΩ]

❺ 접지시스템(KEC 140)

5-1 접지극의 시설 및 접지저항(KEC 142.2)

1. 접지극은 다음의 방법 중 하나 또는 복합하여 시설하여야 한다.
   ① 콘크리트에 매입된 기초 접지극
   ② 토양에 매설된 기초 접지극
   ③ 토양에 수직 또는 수평으로 직접 매설된 금속전극(봉, 전선, 테이프, 배관, 판 등)
   ④ 케이블의 금속외장 및 그 밖에 금속피복
   ⑤ 지중 금속구조물(배관 등)
   ⑥ 대지에 매설된 철근콘크리트의 용접된 금속 보강재. 다만, 강화콘크리트는 제외

2. 접지극의 매설은
   ① 접지극은 지표면으로부터 지하 0.75[m] 이상으로 하되 동결 깊이를 감안하여 매설 깊이를 정해야 한다.
   ② 접지도체를 철주 기타의 금속체를 따라서 시설하는 경우에는 접지극을 철주의 밑면으로부터 0.3[m] 이상의 깊이에 매설하는 경우 이외에는 접지극을 지중에서 그 금속체로부터 1[m] 이상 떼어 매설하여야 한다.

3. 수도관 등을 접지극으로 사용하는 경우는
   ① 지중에 매설되어 있고 대지와의 전기저항 값이 3[Ω] 이하의 값을 유지하고 있는 금속제 수도관로가 다음에 따르는 경우 접지극으로 사용이 가능
      ㉠ 접지도체와 금속제 수도관로의 접속은 안지름 75[mm] 이상인 부분 또는 여기에서 분기한 안지름 75[mm] 미만인 분기점으로부터 5[m] 이내의 부분에서 하여야 한다. 다만, 금속제 수도관로와 대지 사이의 전기저항 값이 2[Ω] 이하인 경우에는 분기점으로부터의 거리는 5[m]를 넘을 수 있다.

② 건축물·구조물의 철골 기타의 금속제는 이를 비접지식 고압전로에 시설하는 기계기구의 철대 또는 금속제 외함의 접지공사 또는 비접지식 고압전로와 저압전로를 결합하는 변압기의 저압전로의 접지공사의 접지극으로 사용할 수 있다. 다만, 대지와의 사이에 전기저항 값이 2[Ω] 이하인 값을 유지하는 경우에 한한다.

❻ 피뢰시스템(KEC 150)

6-1 피뢰시스템의 적용범위 및 구성

6-1-1. 적용범위(KEC 151.1)

1. 전기전자설비가 설치된 건축물·구조물로서 낙뢰로부터 보호가 필요한 것 또는 지상으로부터 높이가 20[m] 이상인 것
2. 낙뢰로부터 보호가 필요한 설비

6-1-2. 피뢰시스템의 구성(KEC 151.2)

1. 직격뢰로 부터 대상물을 보호하기 위한 외부피뢰시스템
2. 간접뢰 및 유도뢰로부터 대상물을 보호하기 위한 내부피뢰시스템

6-2 외부피뢰시스템(KEC 152)

6-2-1. 수뢰부시스템(KEC 152.1.1)

1. 지상으로부터 높이 60m를 초과하는 건축물·구조물에 측뢰 보호가 필요한 경우에는 수뢰부시스템을 시설하여야 하며, 다음에 따른다.
    ① 전체 높이 60[m]를 초과하는 건축물·구조물의 최상부로부터 20% 부분에 한하며, 피뢰시스템 등급의 요구사항에 따른다.
    ② 자연적 구성부재가 측뢰보호용 수뢰부로 사용할 수 있다.
2. 건축물·구조물과 분리되지 않은 수뢰부시스템의 시설은
    ① 지붕 마감재가 불연성 재료로 된 경우 지붕표면에 시설할 수 있다.
    ② 지붕 마감재가 높은 가연성 재료로 된 경우 지붕재료와 다음과 같이 이격하여 시설한다.
        ㉠ 초가지붕 또는 이와 유사한 경우 0.15[m] 이상
        ㉡ 다른 재료의 가연성 재료인 경우 0.1[m] 이상

6-3 내부피뢰시스템(KEC 153)

6-3-1. 전기전자설비의 낙뢰에 대한 보호(KEC 153.1.1)

1. 뇌서지에 대한 보호는 다음 중 하나 이상에 의한다.
   ① 접지 · 본딩
   ② 자기차폐와 서지유입경로 차폐
   ③ 서지보호장치 설치
   ④ 절연인터페이스 구성

6-3-2. 금속제설비의 등전위본딩(KEC 153.2.2)

1. 건축물 · 구조물의 등전위본딩은
   ① 높이가 20[m] 이상인 경우, 지표면 및 높이 20[m] 부분에는 환상형 등전위본딩 바를 설치하거나 2개 이상의 등전위본딩 바를 충분히 이격하여 설치하고 서로 접속한다.
   ② 높이가 30[m] 이상인 경우 지표면 및 높이 20[m]의 지점과 그 이상 20[m] 높이마다 등전위본딩을 반복적으로 환상형 등전위본딩 바를 설치하거나 2개 이상의 등전위본딩 바를 충분히 이격하여 설치하고 서로 접속한다.
2. 등전위본딩 연결은 가능한 한 직선으로 하여야 한다.

Chapter 01 적중예상문제

01 다음 중 전압의 구분으로 올바른 것은?

① 저압 : 교류는 1[kV] 이하, 직류는 1.5[kV] 이하인 것
② 고압 : 교류는 1.5[kV]를, 직류는 1[kV]를 초과하고, 7[kV] 이하인 것
③ 저압 : 교류는 1.5[kV] 이하, 직류는 2[kV] 이하인 것
④ 고압 : 교류는 1[kV]를, 직류는 7[kV]를 초과하고, 9[kV] 이하인 것

 전압의 구분
① 저압 : 교류는 1[kV] 이하, 직류는 1.5[kV] 이하인 것
② 고압 : 교류는 1[kV]를, 직류는 1.5[kV]를 초과하고, 7[kV] 이하인 것
③ 특고압 : 7[kV]를 초과하는 것

02 계통외도전부(Extraneous Conductive Part)의 설명으로 올바른 것은?

① 전력계통에서 돌발적으로 발생하는 이상현상에 대비하여 대지와 계통을 연결하는 것으로, 중성점을 대지에 접속하는 것
② 방전등용 안정기 또는 방전등용 변압기로부터 방전관까지의 전로
③ 둘 이상의 전력계통 사이를 전력이 상호 융통될 수 있도록 선로를 통하여 연결하는 것
④ 전기설비의 일부는 아니지만 지면에 전위 등을 전해줄 위험이 있는 도전성 부분

 계통접지(System Earthing) : 전력계통에서 돌발적으로 발생하는 이상현상에 대비하여 대지와 계통을 연결하는 것으로, 중성점을 대지에 접속하는 것
• 관등회로 : 방전등용 안정기 또는 방전등용 변압기로부터 방전관까지의 전로
• 계통연계 : 둘 이상의 전력계통 사이를 전력이 상호 융통될 수 있도록 선로를 통하여 연결하는 것

03 전선의 상(문자) 중 흑색을 의미하는 것은?

① L_1
② L_2
③ L_3
④ N

정답 01 ① 02 ④ 03 ②

상(문자)	L1	L2	L3	N	보호도체
색상	갈색	흑색	회색	청색	녹색-노란색

04 보호등전위본딩(Protective Equipotential Bonding)의 설명으로 올바른 것은?

① 감전에 대한 보호 등과 같은 안전을 목적으로 하는 등전위본딩
② 등전위본딩을 확실하게하기 위한 보호도체를 말한다.
③ 고장 시 감전에 대한 보호를 목적으로 기기의 한 점 또는 여러 점을 접지하는 것
④ 고장 시 감전에 대한 보호를 목적으로 기기의 한 점 또는 여러 점을 접지하는 것

 보호본딩도체(Protective Bonding Conductor) : 등전위본딩을 확실하게하기 위한 보호도체를 말한다.
• 보호접지(Protective Earthing) : 고장 시 감전에 대한 보호를 목적으로 기기의 한 점 또는 여러 점을 접지하는 것
• 등전위본딩망(Equipotential Bonding Network) : 구조물의 모든 도전부와 충전도체를 제외한 내부설비를 접지극에 상호 접속하는 망

05 전로의 종류가 최대 사용전압 7[kV] 초과 25[kV] 이하인 중성점 접지식 전로(중성선을 가지는 것으로서 그 중성선을 다중접지 하는 것에 한한다)이다. 이때, 절연내력 시험전압은 최대 사용전압의 몇 배인가?

① 1.5배
② 0.92배
③ 1.25배
④ 1.1배

전로의 종류	시험 전압
1. 최대 사용전압 7[kV] 이하인 전로	최대 사용전압의 1.5배의 전압
2. 최대 사용전압 7[kV] 초과 25[kV] 이하인 중성점 접지식 전로(중성선을 가지는 것으로서 그 중성선을 다중접지 하는 것에 한한다.)	최대 사용전압의 0.92배의 전압
3. 최대 사용전압 7[kV] 초과 60[kV] 이하인 전로(2란의 것을 제외한다.)	최대 사용전압의 1.25배의 전압(10.5[kV] 미만으로 되는 경우는 10.5[kV])
4. 최대 사용전압 60[kV] 초과 중성점 비접지식전로(전위변성기를 사용하여 접지하는 것을 포함한다.)	최대 사용전압의 1.25배의 전압

06 사용전압이 저압인 전로에서 정전이 어려운 경우 등 절연저항 측정이 곤란한 경우에는 누설전류를 몇 [mA] 이하로 유지하여야 하는가?

① 0.5[mA]
② 1.0[mA]
③ 1.5[mA]
④ 2.0[mA]

(KEC 132) 사용전압이 저압인 전로에서 정전이 어려운 경우 등 절연저항 측정이 곤란한 경우에는 누설전류를 1[mA] 이하로 유지하여야 한다.

07 고압 및 특고압의 전로는 시험전압을 전로와 대지 사이에 연속하여 몇 분간 가하여 절연내력을 시험하였을 때에 이에 견디어야 하는가?

① 5분 ② 10분
③ 15분 ④ 20분

 본문 KEC 132 참조

08 최대 사용전압이 60[kV] 이하 정류기의 절연내력시험에서 시험전압은 직류측의 최대 사용전압의 몇 배인가?

① 0.5배 ② 1.0배
③ 1.5배 ④ 2.0배

 본문 KEC 133 참조

종류		시험 전압	시험 방법
정류기	최대 사용전압이 60[kV] 이하	직류측의 최대 사용전압의 1배의 교류전압(500[V] 미만으로 되는 경우에는 500[V])	충전부분과 외함 간에 연속하여 10분간 가한다.
	최대 사용전압 60[kV] 초과	교류측의 최대 사용전압의 1.1배의 교류전압 또는 직류측의 최대 사용전압의 1.1배의 직류전압	교류측 및 직류고전압측단자와 대지 사이에 연속하여 10분간 가한다.

09 연료전지 및 태양전지 모듈은 최대 사용전압의 (㉠)배의 직류전압 또는 (㉡)배의 교류전압을 충전부분과 대지사이에 연속하여 (㉢)분간 가하여 절연내력을 시험하였을 때에 이에 견디는 것이어야 한다. ( ) 안을 채우시오.

① ㉠ 1.0 ㉡ 1.5 ㉢ 5 ② ㉠ 1.5 ㉡ 1.0 ㉢ 5
③ ㉠ 1.0 ㉡ 1.5 ㉢ 10 ④ ㉠ 1.5 ㉡ 1.0 ㉢ 10

 본문 KEC 134 참조

10 내부피뢰시스템의 뇌서지에 대한 보호 형식이 아닌 것은?

① 정전차폐 ② 서지유입경로 차폐
③ 절연인터페이스 구성 ④ 접지·본딩

(KEC 153.1.1) 뇌서지에 대한 보호
① 접지·본딩
② 자기차폐와 서지유입경로 차폐
③ 서지보호장치 설치
④ 절연인터페이스 구성

11 변압기 전로의 절연내력 시험에서 권선의 종류가 "최대 사용전압 7[kV] 초과 25[kV] 이하의 권선으로서 중성점접지식 전로에 접속하는 것"일 때 시험전압은 최대 사용전압의 몇 배인가?

① 1.5배
② 1.25배
③ 1.0배
④ 0.92배

 본문 KEC 135 참조

12 접지극은 동결 깊이를 감안하여 매설 깊이를 정하되, 일반적으로 지표면으로부터 지하 몇 [m] 이상에 매설하는가?

① 0.5[m]
② 0.75[m]
③ 1.0[m]
④ 1.25[m]

 접지극의 매설
① 접지극은 지표면으로부터 지하 0.75[m] 이상으로 하되 동결 깊이를 감안하여 매설 깊이를 정해야 한다.
② 접지도체를 철주 기타의 금속체를 따라서 시설하는 경우에는 접지극을 철주의 밑면으로부터 0.3[m] 이상의 깊이에 매설하는 경우 이외에는 접지극을 지중에서 그 금속체로부터 1[m] 이상 떼어 매설하여야 한다.

13 접지도체의 단면적은 큰 고장전류가 접지도체를 통하여 흐르지 않을 경우, 구리와 철제의 접지도체의 최소 단면적은 각각 몇 [mm^2] 이상인가?

① 구리 : 3[mm^2] 이상, 철제 : 25[mm^2] 이상
② 구리 : 3[mm^2] 이상, 철제 : 50[mm^2] 이상
③ 구리 : 6[mm^2] 이상, 철제 : 25[mm^2] 이상
④ 구리 : 6[mm^2] 이상, 철제 : 50[mm^2] 이상

 KEC 142.3.1
① 구리는 6[mm^2] 이상
② 철제는 50[mm^2] 이상

14 피뢰시스템의 적용범위는 "전기전자설비가 설치된 건축물·구조물로서 낙뢰로부터 보호가 필요한 것 또는 지상으로부터 높이가 몇 [m] 이상인 것"인가?

① 10[m] ② 15[m]
③ 20[m] ④ 25[m]

(KEC 151.1) 피뢰시스템의 적용범위
1. 전기전자설비가 설치된 건축물·구조물로서 낙뢰로부터 보호가 필요한 것 또는 지상으로부터 높이가 20[m] 이상인 것
2. 낙뢰로부터 보호가 필요한 설비

15 피뢰시스템의 구성에 대한 설명으로 올바른 것은?

① 직격뢰로부터 대상물을 보호하기 위한 외부피뢰시스템
② 직격뢰로부터 대상물을 보호하기 위한 내부피뢰시스템
③ 간접뢰로부터 대상물을 보호하기 위한 외부피뢰시스템
④ 유도뢰로부터 대상물을 보호하기 위한 외부피뢰시스템

(KEC 151.2) 피뢰시스템의 구성
1. 직격뢰로 부터 대상물을 보호하기 위한 외부피뢰시스템
2. 간접뢰 및 유도뢰로부터 대상물을 보호하기 위한 내부피뢰시스템

Chapter 02 저압 전기설비

6부 전기설비기술기준

1 통칙(KEC 200)

1-1 적용범위(KEC 201)

교류 1[kV] 또는 직류 1.5[kV] 이하인 저압의 전기를 공급하거나 사용하는 전기설비에 적용하며 "① 전기설비를 구성하거나, 연결하는 선로와 전기기계 기구 등의 구성품 ② 저압 기기에서 유도된 1[kV] 초과 회로 및 기기(예 저압 전원에 의한 고압방전등, 전기집진기 등)"를 포함한다.

1-2 배전방식(KEC 202)

1-2-1. 교류 회로(KEC 202.1)

① 3상 4선식의 중성선 또는 PEN 도체는 충전도체는 아니지만 운전전류를 흘리는 도체
② 3상 4선식에서 파생되는 단상 2선식 배전방식의 경우 두 도체 모두가 선도체이거나 하나의 선도체와 중성선 또는 하나의 선도체와 PEN 도체
③ 모든 부하가 선간에 접속된 전기설비에서는 중성선의 설치가 필요하지 않을 수 있다.

1-2-2. 직류 회로(KEC 202.2)

PEL과 PEM 도체는 충전도체는 아니지만 운전전류를 흘리는 도체이다. 2선식 배전방식이나 3선식 배전방식 적용

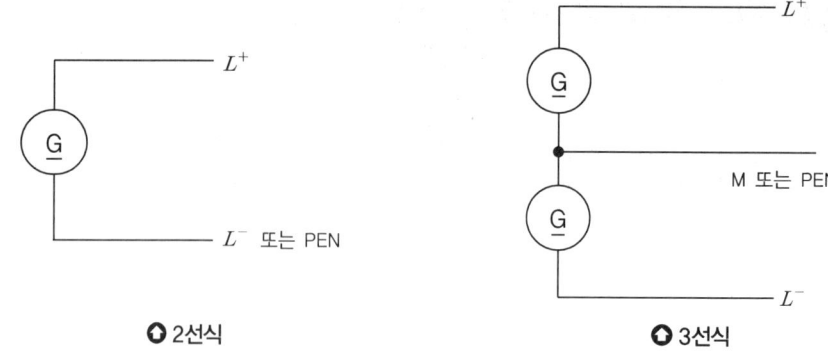

◐ 2선식　　　　　　　　　　　　◐ 3선식

1-3 계통접지의 방식(KEC 203)

1-3-1. 계통접지 구성(KEC 203.1)

1. 저압전로의 보호도체 및 중성선의 접속 방식에 따라 접지계통은 다음과 같이 분류
   ① TN 계통
   ② TT 계통
   ③ IT 계통
2. 계통접지에서 사용되는 문자 정의
   ① 제1문자−전원계통과 대지의 관계
      T : 한 점을 대지에 직접 접속
      I : 모든 충전부를 대지와 절연시키거나 높은 임피던스를 통하여 한 점을 대지에 직접 접속
   ② 제2문자−전기설비의 노출도전부와 대지의 관계
      T : 노출도전부를 대지로 직접 접속. 전원계통의 접지와는 무관
      N : 노출도전부를 전원계통의 접지점(교류 계통에서는 통상적으로 중성점, 중성점이 없을 경우는 선도체)에 직접 접속
   ③ 그 다음 문자(문자가 있을 경우)−중성선과 보호도체의 배치
      S : 중성선 또는 접지된 선도체 외에 별도의 도체에 의해 제공되는 보호 기능
      C : 중성선과 보호 기능을 한 개의 도체로 겸용(PEN 도체)

▶ 기호 설명

기호 설명	
─•╱─	중성선(N), 중간도체(M)
──╱──	보호도체(PE)
──╱──	중성선과 보호도체겸용(PEN)

❷ 안전을 위한 보호(KEC 210)

2-1 과전류에 대한 보호(KEC 212)

2-1-1. 저압전로 중의 과전류 차단기의 시설(KEC 212.6.3)

1. 과전류 차단기로 저압전로에 사용하는 범용의 퓨즈(「전기용품 및 생활용품 안전관리법」에서 규정하는 것을 제외한다)는 다음 표에 적합한 것이어야 한다.

▶ 퓨즈(gG)의 용단특성

정격전류의 구분	시 간	정격전류의 배수	
		불용단전류	용단전류
4[A] 이하	60분	1.5배	2.1배
4[A] 초과 16[A] 미만	60분	1.5배	1.9배
16[A] 이상 63[A] 이하	60분	1.25배	1.6배
63[A] 초과 160[A] 이하	120분	1.25배	1.6배
160[A] 초과 400[A] 이하	180분	1.25배	1.6배
400[A] 초과	240분	1.25배	1.6배

2. 과전류 차단기로 저압전로에 사용하는 산업용 배선차단기(「전기용품 및 생활용품 안전관리법」에서 규정하는 것을 제외한다)는 아래 표 "과전류 트립 동작시간 및 특성(산업용 배선차단기)"에 주택용 배선차단기는 표 "순시트립에 따른 구분(주택용 배선차단기)" 및 표 "과전류 트립 동작시간 및 특성(주택용 배선차단기)"에 적합한 것이어야 한다. 다만, 일반인이 접촉할 우려가 있는 장소(세대내 분전반 및 이와 유사한 장소)에는 주택용 배선차단기를 시설하여야 한다.

▶ 과전류 트립 동작시간 및 특성(산업용 배선차단기)

정격전류의 구분	시 간	정격전류의 배수(모든 극에 통전)	
		부동작 전류	동작 전류
63[A] 이하	60분	1.05배	1.3배
63[A] 초과	120분	1.05배	1.3배

▶ 순시트립에 따른 구분(주택용 배선차단기)

형	순시트립 범위
B	$3I_n$ 초과 ~ $5I_n$ 이하
C	$5I_n$ 초과 ~ $10I_n$ 이하
D	$10I_n$ 초과 ~ $20I_n$ 이하

[비고] 1. B, C, D : 순시트립전류에 따른 차단기 분류
2. I_n : 차단기 정격전류

▶ 과전류 트립 동작시간 및 특성(주택용 배선차단기)

정격전류의 구분	시 간	정격전류의 배수(모든 극에 통전)	
		부동작 전류	동작 전류
63[A] 이하	60분	1.13배	1.45배
63[A] 초과	120분	1.13배	1.45배

2-1-2. 저압전로 중의 전동기 보호용 과전류 보호장치의 시설(KEC 212.6.3)

① 과부하 보호장치로 전자접촉기를 사용할 경우에는 반드시 과부하계전기가 부착되어 있을 것
② 단락보호전용 차단기의 단락동작설정 전류 값은 전동기의 기동방식에 따른 기동돌입 전류를 고려할 것
③ 단락보호전용 퓨즈는 용단 특성에 적합한 것일 것

▶ 단락보호전용 퓨즈(aM)의 용단 특성

정격전류의 배수	불용단시간	용단시간
4배	60초 이내	–
6.3배	–	60초 이내
8배	0.5초 이내	–
10배	0.2초 이내	–
12.5배	–	0.5초 이내
19배	–	0.1초 이내

2-1-3. 분기회로의 시설(KEC 212.6.4)

① 분기 개폐기는 각 극에 시설할 것
② 분기회로의 과전류 차단기는 각 극(다선식 전로의 중성극 및 "가" 단서의 접지측 도체의 극을 제외한다)에 시설할 것
③ 정격전류가 50[A]를 초과하는 하나의 전기사용기계기구(전동기 등을 제외한다. 이하 같다)에 이르는 저압 전로는 "저압 옥내 전로에 시설하는 분기회로의 과전류 차단기는 그 정격전류가 그 전기사용기계기구의 정격전류를 1.3배 한 값을 넘지 아니하는 것"에 의하여 시설할 것

2-2 과전압에 대한 보호(KEC 213)

2-2-1. 고압계통의 지락고장 시 저압계통에서의 과전압(KEC 213.1.1)

변전소에서 고압측 지락고장의 경우, 다음 과전압의 유형들이 저압설비에 영향을 미칠 수 있다.
① 상용주파 고장전압(U_f)
② 상용주파 스트레스전압(U_1 및 U_2)

2-3 열 영향에 대한 보호(KEC 214)

▶ 접촉범위 내에 있는 기기에 접촉 가능성이 있는 부분에 대한 온도 제한

접촉할 가능성이 있는 부분	접촉할 가능성이 있는 표면의 재료	최고 표면 온도(℃)
손으로 잡고 조작시키는 것	금속 비금속	55 65
손으로 잡지 않지만 접촉하는 부분	금속 비금속	70 80
통상 조작 시 접촉할 필요가 없는 부분	금속 비금속	80 90

③ 전선로(KEC 220)

3-1 구내·옥측·옥상·옥내전선로의 시설(KEC 221)

3-1-1. (구내인입선) 저압 인입선의 시설(KEC 221.1.1)

▶ 저압 가공인입선 조영물의 구분에 따른 이격거리

시설물의 구분		이격거리
조영물의 상부 조영재	위 쪽	2[m] (전선이 옥외용 비닐절연전선 이외의 저압 절연전선인 경우는 1.0[m], 고압 절연전선, 특고압 절연전선 또는 케이블인 경우는 0.5[m])
	옆 쪽 또는 아래 쪽	0.3[m] (전선이 고압 절연전선, 특고압 절연전선 또는 케이블인 경우는 0.15[m])
조영물의 상부 조영재 이외의 부분 또는 조영물 이외의 시설물		0.3[m] (전선이 고압 절연전선, 특고압 절연전선 또는 케이블인 경우는 0.15[m])

3-1-2. 연접 인입선의 시설(KEC 221.1.2)

저압 연접인입선은 KEC 221.1.1의 규정에 준하여 시설하는 이외에는

① 인입선에서 분기하는 점으로부터 100[m]를 초과하는 지역에 미치지 아니할 것

② 폭 5[m]를 초과하는 도로를 횡단하지 아니할 것

③ 옥내를 통과하지 아니할 것

3-1-3. 옥측전선로(KEC 221.2)

1. 저압 옥측전선로 시설

▶ **시설장소별 조영재 사이의 이격거리**

시설 장소	전선 상호 간의 간격		전선과 조영재 사이의 이격거리	
	사용전압이 400[V] 이하인 경우	사용전압이 400[V] 초과인 경우	사용전압이 400[V] 이하인 경우	사용전압이 400[V] 초과인 경우
비나 이슬에 젖지 않는 장소	0.06[m]	0.06[m]	0.025[m]	0.025[m]
비나 이슬에 젖는 장소	0.06[m]	0.12[m]	0.025[m]	0.045[m]

① 전선의 지지점 간의 거리는 2[m] 이하일 것
② 전선에 인장강도 1.38[kN] 이상의 것 또는 지름 2[mm] 이상의 경동선을 사용하고 또한 전선 상호 간의 간격을 0.2[m] 이상, 전선과 저압 옥측전선로를 시설한 조영재 사이의 이격거리를 0.3[m] 이상으로 하여 시설하는 경우에 한하여 옥외용 비닐절연전선을 사용하거나 지지점 간의 거리를 2[m]를 초과하고 15[m] 이하로 할 수 있다.

2. 저압 옥측전선로의 전선과 다른 시설물 사이의 이격거리

▶ **저압 옥측전선로 조영물의 구분에 따른 이격거리**

다른 시설물의 구분	접근 형태	이격 거리
조영물의 상부 조영재	위 쪽	2[m] 이상 (전선이 고압 절연전선, 특고압 절연전선 또는 케이블인 경우는 1[m] 이상)
	옆 쪽 또는 아래 쪽	0.6[m] 이상 (전선이 고압 절연전선, 특고압 절연전선 또는 케이블인 경우는 0.3[m] 이상)
조영물의 상부 조영재 이외의 부분 또는 조영물 이외의 시설물		0.6[m] 이상 (전선이 고압 절연전선, 특고압 절연전선 또는 케이블인 경우는 0.3[m] 이상)

3-2 저압 가공전선로(KEC 222)

3-2-1. 저압 가공전선의 굵기 및 종류(KEC 222.5)

① 저압 가공전선 : 나전선(중성선 또는 다중접지된 접지측 전선으로 사용하는 전선에 한한다), 절연전선, 다심형 전선 또는 케이블 사용
② 사용전압이 400[V] 이하인 저압 가공전선 : 케이블인 경우를 제외하고는 인장강도 3.43[kN] 이상의 것 또는 지름 3.2[mm](절연전선인 경우는 인장강도 2.3[kN] 이상의 것 또는 지름 2.6[mm] 이상의 경동선) 이상의 것이어야 한다.

③ 사용전압이 400[V] 초과인 저압 가공전선 : 케이블인 경우 이외에는 시가지에 시설하는 것은 인장강도 8.01[kN] 이상의 것 또는 지름 5[mm] 이상의 경동선, 시가지 외에 시설하는 것은 인장강도 5.26[kN] 이상의 것 또는 지름 4[mm] 이상의 경동선
④ 사용전압이 400[V] 이상인 저압 가공전선 : 인입용 비닐절연전선을 사용하여서는 안 된다.

3-2-2. 저압 가공전선의 높이(KEC 222.7)

1. 저압 가공전선의 높이
   ① 도로[농로 기타 교통이 번잡하지 않은 도로 및 횡단보도교(도로·철도·궤도 등의 위를 횡단하여 시설하는 다리모양의 시설물로서 보행용으로만 사용되는 것을 말한다. 이하 같다)를 제외한다. 이하 같다]를 횡단하는 경우에는 지표상 6[m] 이상
   ② 철도 또는 궤도를 횡단하는 경우에는 레일면상 6.5[m] 이상
   ③ 횡단보도교의 위에 시설하는 경우에는 저압 가공전선은 그 노면상 3.5[m] [전선이 저압 절연전선(인입용 비닐절연전선·450/750[V] 비닐절연전선·450/750[V] 고무절연전선·옥외용 비닐절연전선을 말한다. 이하 같다)·다심형 전선 또는 케이블인 경우에는 3[m]] 이상

3-2-3. 저압 보안공사(KEC 222.10)

1. 전선은 케이블인 경우 이외에는 인장강도 8.01[kN] 이상의 것 또는 지름 5[mm](사용전압이 400[V] 이하인 경우에는 인장강도 5.26[kN] 이상의 것 또는 지름 4[mm] 이상의 경동선) 이상의 경동선이어야 하며, 또한 이를 KEC 222.6의 규정에 준하여 시설할 것
2. 목주는 ① 풍압하중에 대한 안전율은 1.5 이상일 것
   ② 목주의 굵기는 말구(末口)의 지름 0.12[m] 이상일 것
3. 경간은 아래 표에서 정한 값 이하일 것. 다만, 전선에 인장강도 8.71[kN] 이상의 것 또는 단면적 22[mm^2] 이상의 경동연선을 사용하는 경우에는 고압 옥측전선로 등에 인접하는 가공전선의 시설(KEC 332.20)의 규정에 준할 수 있다.

▶ **지지물 종류에 따른 경간**

지지물의 종류	경간
목주·A종 철주 또는 A종 철근 콘크리트주	100[m]
B종 철주 또는 B종 철근 콘크리트주	150[m]
철탑	400[m]

3-2-4. 저압 가공전선과 다른 시설물의 접근 또는 교차(KEC 222.18)

저압 가공전선이 건조물·도로·횡단보도교·철도·궤도·삭도·가공약전류 전선로 등·안테나·교류 전차선·저압 또는 고압 전차선·다른 저압 가공전선·고압 가공전선 및 특고압 가공전선 이외의 시설물(이하 "다른 시설물"이라 한다)과 접근상태로 시설되는 경우에는 저압 가공전선과 다른 시설물 사이의 이격거리는 다음에서 정한 값 이상이어야 한다.

▶ 저압 가공전선과 조영물의 구분에 따른 이격거리

다른 시설물의 구분		이격거리
조영물의 상부 조영재	위 쪽	2[m] (전선이 고압 절연전선, 특고압 절연전선 또는 케이블인 경우는 1.0[m])
	옆 쪽 또는 아래 쪽	0.6[m] (전선이 고압 절연전선, 특고압 절연전선 또는 케이블인 경우는 0.3[m])
조영물의 상부 조영재 이외의 부분 또는 조영물 이외의 시설물		0.6[m] (전선이 고압 절연전선, 특고압 절연전선 또는 케이블인 경우는 0.3[m])

3-2-5. 농사용 저압 가공전선로의 시설(KEC 222.22)

① 사용전압은 저압일 것
② 저압 가공전선은 인장강도 1.38[kN] 이상의 것 또는 지름 2[mm] 이상의 경동선일 것
③ 저압 가공전선의 지표상의 높이는 3.5[m] 이상일 것. 다만, 저압 가공전선을 사람이 쉽게 출입하지 못하는 곳에 시설하는 경우에는 3[m] 까지로 감할 수 있다.
④ 목주의 굵기는 말구 지름이 0.09[m] 이상일 것
⑤ 전선로의 지지점 간 거리는 30[m] 이하일 것
⑥ 다른 전선로에 접속하는 곳 가까이에 그 저압 가공전선로 전용의 개폐기 및 과전류 차단기를 각 극(과전류 차단기는 중성극을 제외한다)에 시설할 것

3-2-6. 구내에 시설하는 저압 가공전선로(KEC 222.23)

전선로의 경간은 30[m] 이하일 것

▶ 구내에 시설하는 저압 가공전선로 조영물의 구분에 따른 이격거리

다른 시설물의 구분		이격거리
조영물의 상부 조영재	위 쪽	1[m]
	옆 쪽 또는 아래 쪽	0.6[m] (전선이 고압 절연전선, 특고압 절연전선 또는 케이블인 경우는 0.3[m])
조영물의 상부 조영재 이외의 부분 또는 조영물 이외의 시설물		0.6[m] (전선이 고압 절연전선, 특고압 절연전선 또는 케이블인 경우는 0.3[m])

④ 배선 및 조명설비 등(KEC 230)

4-1 중성선의 단면적(KEC 231.3.2)

1. 다음의 경우는 중성선의 단면적은 최소한 선도체의 단면적 이상이어야 한다.
   ① 2선식 단상회로
   ② 선도체의 단면적이 구리선 16[mm^2], 알루미늄선 25[mm^2] 이하인 다상회로
   ③ 제3고조파 및 제3고조파의 홀수배수의 고조파 전류가 흐를 가능성이 높고 전류 종합고조파 왜형률이 15~33%인 3상회로

2. 제3고조파 및 제3고조파 홀수배수의 전류 종합고조파 왜형률이 33%를 초과하는 경우
   ① 다심케이블의 경우 선도체의 단면적은 중성선의 단면적과 같아야 하며, 이 단면적은 선도체의 $1.45 \times I_B$(회로 설계전류)를 흘릴 수 있는 중성선을 선정한다.
   ② 단심케이블은 선도체의 단면적이 중성선 단면적보다 작을 수도 있다. 계산은 다음과 같다.
      ㉠ 선: I_B(회로 설계전류)
      ㉡ 중성선: 선도체의 $1.45 I_B$와 동등 이상의 전류

3. 다상회로의 각 선도체 단면적이 구리선 16[mm^2] 또는 알루미늄선 25[mm^2]를 초과하는 경우 다음 조건을 모두 충족한다면 그 중성선의 단면적을 선도체 단면적보다 작게 해도 된다.
   ① 통상적인 사용시에 상(phase)과 제3고조파 전류 간에 회로 부하가 균형을 이루고 있고, 제3고조파 홀수배수 전류가 선도체 전류의 15%를 넘지 않는다.
   ② 중성선은 212.2.2에 따라 과전류 보호된다.
   ③ 중성선의 단면적은 구리선 16[mm^2], 알루미늄선 25[mm^2] 이상이다.

4-2 절연물의 허용온도(KEC 232.5.1)

1. 정상적인 사용상태에서 내용기간 중에 전선에 흘러야 할 전류는 통상적으로 다음 표에 따른 절연물의 허용온도 이하이어야 한다.

▶ **절연물의 종류에 대한 최고허용온도**

절연물의 종류	최고허용온도(℃)[a,d]
열가소성 물질[염화비닐(PVC)]	70(도체)
열경화성 물질[가교폴리에틸렌(XLPE) 또는 에틸렌프로필렌고무(EPR)혼합물]	90(도체)[b]
무기물(열가소성 물질 피복 또는 나도체로 사람이 접촉할 우려가 있는 것)	70(시스)
무기물(사람의 접촉에 노출되지 않고, 가연성 물질과 접촉할 우려가 없는 나도체)	105(시스)[b,c]

[a] 이 표에서 도체의 최고허용온도(최대연속운전온도)는 KS C IEC 60364-5-52(저압전기설비-제5-52부: 전기기기의 선정 및 설치-배선설비)의 부속서B(허용전류)에 나타낸 허용전류 값의 기초가 되는 것으로서 KS C IEC 60502(정격전압 1[kV] ~ 30[kV] 압출 성형 절연전력케이블 및 그 부속품) 및 IEC 60702(정격전압 750[V] 이하 무기물 절연케이블 및 단말부) 시리즈에서 인용하였다.

ᵇ 도체가 70℃를 초과하는 온도에서 사용될 경우, 도체에 접속되어 있는 기기가 접속 후에 나타나는 온도에 적합한지 확인하여야 한다.
ᶜ 무기절연(MI) 케이블은 케이블의 온도 정격, 단말 처리, 환경조건 및 그 밖의 외부영향에 따라 더 높은 허용온도로 할 수 있다.
ᵈ (공인)인증된 경우, 도체 또는 케이블 제조자의 규격에 따라 최대허용온도 한계(범위)를 가질 수 있다.

4-3 옥내에 시설하는 저압 접촉전선 배선(KEC 232.81)

1. 전선을 아래 표에서 정한 값 이하의 간격으로 지지하고 또한 동요하지 아니하도록 시설하는 이외에 전선 상호 간의 간격을 60[mm] 이상으로 하는 경우

▶ 전선 상호 간의 간격 판정을 위한 전선의 지지점 간격

단면적의 구분	지지점 간격
1[cm²] 미만	1.5[m](굴곡 반지름이 1[m] 이하인 곡선 부분에서는 1[m])
1[cm²] 이상	2.5[m](굴곡 반지름이 1[m] 이하인 곡선 부분에서는 1[m])

2. 버스덕트는
   ① 도체는 단면적 20[mm²] 이상의 띠 모양 또는 지름 5[mm] 이상의 관모양이나 둥글고 긴 막대 모양의 동 또는 황동을 사용한 것일 것
   ② 도체 지지물은 절연성·난연성 및 내수성이 있고 견고한 것일 것
   ③ 덕트는 건조한 장소에 시설할 것
   ④ 버스덕트에 전기를 공급하기 위해서 1차측 전로의 사용전압이 400[V] 이하인 절연변압기를 사용할 것

4-4 조명설비(KEC 234)

4-4-1. 열 영향에 대한 주변의 보호(KEC 234.1.3)

등기구의 주변에 발광과 대류 에너지의 열영향은 다음을 고려하여 선정 및 설치하여야 한다.

1. 램프의 최대 허용 소모전력
2. 인접 물질의 내열성
   ① 설치 지점
   ② 열 영향이 미치는 구역
3. 등기구 관련 표시
4. 가연성 재료로부터 적절한 간격을 유지하여야 하며, 제작자에 의해 다른 정보가 주어지지 않으면, 스포트라이트나 프로젝터는 모든 방향에서 가연성 재료로부터 다음의 최소 거리를 두고 설치하여야 한다.
   ① 정격용량 100[W] 이하 : 0.5[m]

② 정격용량 100[W] 초과 300[W] 이하 : 0.8[m]
③ 정격용량 300[W] 초과 500[W] 이하 : 1.0[m]
④ 정격용량 500[W] 초과 : 1.0[m] 초과

4-4-2. 코드 및 이동전선(KEC 234.3)

1. 조명용 전원코드 또는 이동전선은 단면적 $0.75[mm^2]$ 이상의 코드 또는 캡타이어케이블을 용도에 적합하게 다음 표에 따라 선정하여야 한다.
2. 조명용 전원코드를 비나 이슬에 맞지 않도록 시설하고(옥측에 시설하는 경우에 한한다) 사람이 쉽게 접촉되지 않도록 시설할 경우에는 단면적이 $0.75[mm^2]$ 이상인 450/750[V] 내열성 에틸렌 아세테이트 고무절연전선을 사용할 수 있다. 이 경우 전구수구의 리드인출부의 전선간격이 10[mm] 이상인 전구소켓을 사용하는 것은 $0.75[mm^2]$ 이상인 450/750[V] 일반용 단심 비닐절연전선을 사용할 수 있다.

▶ **코드 또는 캡타이어케이블의 선정**

종류	용도	옥내		옥외·옥측	
		조명용 전원코드	이동전선	조명용 전원코드	이동전선
코드	비닐	×	△○	×	×
	고무	○	○	×	×
	편조 고무			●	□
	금사	×	▲	×	×
	실내장식전등기구용		○	×	×
캡타이어 케이블	고무	◎	◎	◎	◎
	비닐	×	△◎	×	△◎

○, □, ● : 300/300[V] 이하에 사용한다.
◎ : 0.6/1[kV] 이하에 사용한다.
× : 사용될 수 없다.
△ : 다음 조건에 적합한 것에 한하여 사용할 수 있다.
  - 방전등, 라디오, 텔레비전, 선풍기, 전기이발기 등 전기를 열로 사용하지 않는 소형 기계기구에 사용할 경우
  - 전기모포, 전기온수기 등 고온부가 노출되지 않은 것으로 이에 전선이 접촉될 우려가 없는 구조의 가열장치(가열장치와 전선과의 접속부 온도가 80℃ 이하이고 또한 전열기 외면의 온도가 100℃를 초과할 우려가 없는 것)에 사용할 경우
▲ : 전기면도기, 전기이발기 등과 같은 소형 가정용 전기기계기구에 부속되고 또한 길이가 2.5[m] 이하이며 건조한 장소에서 사용될 경우에 한한다.
● : 사람이 쉽게 접촉할 우려가 없도록 시설하는 경우
□ : 옥측에 비나 이슬에 맞지 아니하도록 시공한 경우 사용할 수 있다.

4-4-3. 콘센트의 시설(KEC 234.5)

「전기용품 및 생활용품 안전관리법」의 적용을 받는 인체감전보호용 누전차단기(정격감도전류 15[mA] 이하, 동작시간 0.03초 이하의 전류동작형의 것에 한한다) 또는 절연변압기(정격용량 3[kVA] 이하인 것에 한한다)로 보호된 전로에 접속하거나, 인체감전보호용 누전차단기가 부착된 콘센트를 시설하여야 한다.

4-4-4. 점멸기의 시설(KEC 234.6)

1. 점멸기는 전로의 비접지측에 시설하고 분기개폐기에 배선차단기를 사용하는 경우는 이것을 점멸기로 대용할 수 있다.
2. 노출형의 점멸기는 기둥 등의 내구성이 있는 조영재에 견고하게 설치할 것
3. 여인숙을 제외한 객실 수가 30실 이상(「관광 진흥법」 또는 「공중위생법」에 의한 관광숙박업 또는 숙박업)인 호텔이나 여관의 각 객실의 조명용 전원에는 출입문 개폐용 기구 또는 집중제어방식을 이용한 자동 또는 반자동의 점멸이 가능한 장치를 할 것. 다만, 타임스위치를 설치한 입구등의 조명용 전원은 적용받지 않는다.
4. 다음의 경우에는 센서등(타임스위치 포함)를 시설하여야 한다.
    ① 관광숙박업 또는 숙박업(여인숙업을 제외한다)에 이용되는 객실의 입구등은 1분 이내에 소등되는 것
    ② 일반주택 및 아파트 각 호실의 현관등은 3분 이내에 소등되는 것
5. 가로등, 보안등 또는 옥외에 시설하는 공중전화기를 위한 조명등용 분기회로에는 주광센서를 설치하여 주광에 의하여 자동점멸 하도록 시설할 것. 다만, 타이머를 설치하거나 집중제어방식을 이용하여 점멸하는 경우는 적용하지 않는다.
6. 국부 조명설비는 그 조명대상에 따라 점멸할 수 있도록 시설할 것
7. 자동조명제어장치의 제어반은 쉽게 조작 및 점검이 가능한 장소에 시설하고, 자동조명제어장치에 내장된 전자회로는 다른 전기설비 기능에 전기적 또는 자기적인 장애를 주지 않도록 시설하여야 한다.

4-4-5. 옥외 사용전압(KEC 234.9.1)

옥외등에 전기를 공급하는 전로의 사용전압은 대지전압을 300[V] 이하로 하여야 한다.

4-4-6. 옥외등의 인하선(KEC 234.9.4)

옥외등 또는 그의 점멸기에 이르는 인하선은 사람의 접촉과 전선피복의 손상을 방지하기 위하여 다음 배선방법으로 시설하여야 한다.
① 애자공사(지표상 2[m] 이상의 높이에서 노출된 장소에 시설할 경우에 한한다)
② 금속관공사
③ 합성수지관공사
④ 케이블공사(알루미늄피 등 금속제 외피가 있는 것은 목조 이외의 조영물에 시설하는 경우에 한한다)

4-4-7. 전주외등(KEC 234.10)

대지전압 300[V] 이하의 형광등, 고압방전등, LED등 등을 배전선로의 지지물 등에 시설하는 경우에 적용한다.

4-4-8. 배선(KEC 234.10.3)

1. 배선은 단면적 2.5[mm^2] 이상의 절연전선 또는 이와 동등 이상의 절연성능이 있는

것을 사용하고 다음 공사방법 중에서 시설하여야 한다.
① 케이블공사
② 합성수지관공사
③ 금속관공사
2. 배선이 전주에 연한 부분은 1.5[m] 이내마다 새들(Saddle) 또는 밴드로 지지할 것

4-4-9. 방전등용 안정기(KEC 234.11.2)

1. 방전등용 안정기는 조명기구에 내장하여야 한다. 다만, 다음에 의할 경우는 조명기구의 외부에 시설할 수 있다.
   ① 안정기를 견고한 내화성의 외함 속에 넣을 때
   ② 노출장소에 시설할 경우는 외함을 가연성의 조영재에서 0.01[m] 이상 이격하여 견고하게 부착할 것
   ③ 간접조명을 위한 벽안 및 진열장 안의 은폐장소에는 외함을 가연성의 조영재에서 10[mm] 이상 이격하여 견고하게 부착하고 쉽게 점검할 수 있도록 시설할 것
   ④ 은폐장소에 시설("③"에서 규정한 것은 제외한다)할 경우는 외함을 또 다른 내화성 함속에 넣고 그 함은 가연성의 조영재로부터 10[mm] 이상 떼어서 부착하여야 한다.
2. 방전등용 안정기를 물기 등이 유입될 수 있는 곳에 시설할 경우는 방수형이나 이와 동등한 성능이 있는 것을 사용하여야 한다.

4-4-10. 방전등용 변압기(KEC 234.11.3)

방전등용 변압기는 KEC 234.11.2에 따르는 외에 다음에 의하여 시설하여야 한다.
1. 관등회로의 사용전압이 400[V] 초과인 경우는 방전등용 변압기를 사용할 것
2. 방전등용 변압기는 절연변압기를 사용할 것. 다만, 방전관을 떼어냈을 때 1차측 전로를 자동적으로 차단할 수 있도록 시설할 경우에는 그러하지 아니하다.

4-4-11. 관등회로의 배선(KEC 234.11.4)

전선은 코드 및 이동전선(KEC 234.3)의 규정에 따를 것. 다만, 전개된 장소에 관등회로의 사용전압이 600[V] 이하인 경우에는 단면적 2.5[mm^2] 이상의 연동선과 동등 이상의 세기 및 굵기의 절연전선(옥외용 비닐절연전선 및 인입용 비닐절연전선은 제외한다)을 사용할 수 있다.

▶ **관등회로의 공사방법**

시설장소의 구분		배선방법
전개된 장소	건조한 장소	애자공사·합성수지몰드공사 또는 금속몰드공사
	기타의 장소	애자공사
점검할 수 있는 은폐된 장소	건조한 장소	금속몰드배선

▶ 애자공사의 시설

배선방식	전선 상호간의 거리	전선과 조영재의 거리	전선 지지점간의 거리	
			관등회로의 전압이 400[V] 초과 600[V] 이하의 것	관등회로의 전압이 600[V] 초과 1[kV] 이하의 것
애자사용배선	60[mm] 이상	25[mm] 이상 (습기가 많은 장소는 45[mm] 이상)	2[m] 이하	1[m] 이하

4-4-12. 네온방전등 적용범위(KEC 234.12.1)

1. 이 규정은 네온방전등을 옥내, 옥측 또는 옥외에 시설할 경우에 적용한다.
2. 네온방전등에 공급하는 전로의 대지전압은 300[V] 이하로 하여야 하며, 다음에 의하여 시설하여야 한다. 다만, 네온방전등에 공급하는 전로의 대지전압이 150[V] 이하인 경우는 적용하지 않는다.
   ① 네온관은 사람이 접촉될 우려가 없도록 시설할 것
   ② 네온변압기는 옥내배선과 직접 접촉하여 시설할 것

4-4-13. 관등회로의 배선(KEC 234.12.3)

① 전선 상호간의 이격거리는 60[mm] 이상일 것
② 전선과 조영재 이격거리는 노출장소에서 다음 표에 따를 것
③ 전선지지점간의 거리는 1[m] 이하로 할 것
④ 애자는 절연성·난연성 및 내수성이 있는 것일 것

▶ 전선과 조영재의 이격거리

전압 구분	이격 거리
6[kV] 이하	20[mm] 이상
6[kV] 초과 9[kV] 이하	30[mm] 이상
9[kV] 초과	40[mm] 이상

4-4-14. 수중조명등(KEC 234.14)

1. 사용전압(KEC 234.14.1)
   수영장 기타 이와 유사한 장소에 사용하는 수중조명등(이하 "수중조명등"이라 한다)에 전기를 공급하기 위해서는 절연변압기를 사용하고, 그 사용전압은
   ① 절연변압기의 1차측 전로의 사용전압은 400[V] 이하일 것
   ② 절연변압기의 2차측 전로의 사용전압은 150[V] 이하일 것
2. 전원장치(KEC 234.14.2)
   ① 절연변압기의 2차 측 전로는 접지하지 말 것

② 절연변압기는 교류 5[kV]의 시험전압으로 하나의 권선과 다른 권선, 철심 및 외함 사이에 계속적으로 1분간 가하여 절연내력을 시험할 경우, 이에 견디는 것이어야 한다.

4-4-15. 교통신호등(KEC 234.15)

1. 사용전압(KEC 234.15.1) : 교통신호등 제어장치의 2차측 배선의 최대 사용전압은 300[V] 이하이어야 한다.
2. 교통신호등의 인하선(KEC 234.15.4)
   ① 교통신호등의 전구에 접속하는 인하선은 KEC 234.15.2의 2(전선은 케이블인 경우 이외에는 공칭단면적 2.5[mm^2] 연동선과 동등 이상의 세기 및 굵기의 450/750[V] 일반용 단심 비닐절연전선 또는 450/750[V] 내열성 에틸렌아세테이트 고무절연전선일 것) 및 222.19(저압 가공전선은 상시 부는 바람 등에 의하여 식물에 접촉하지 않도록 시설하여야 한다.)
   ② 다만, 저압 가공전선을 방호구에 넣어 시설하거나 절연내력 및 내마모성이 있는 케이블을 시설하는 경우는 그러하지 아니하다)의 규정에 준하는 이외에는 전선의 지표상의 높이는 2.5[m] 이상일 것

❺ 특수설비(KEC 240)

5-1 특수 시설(KEC 241)

5-1-1. 전기울타리의 시설(KEC 241.1.3)

1. 전기울타리는 사람이 쉽게 출입하지 아니하는 곳에 시설할 것
2. 전선은 인장강도 1.38[kN] 이상의 것 또는 지름 2[mm] 이상의 경동선일 것
3. 전선과 이를 지지하는 기둥 사이의 이격거리는 25[mm] 이상일 것
4. 전선과 다른 시설물(가공전선을 제외한다) 또는 수목과의 이격거리는 0.3[m] 이상일 것

5-1-2. 전기욕기 전원장치(KEC 241.2.1)

전기욕기에 전기를 공급하기 위한 전기욕기용 전원장치(내장되는 전원 변압기의 2차측 전로의 사용전압이 10[V] 이하의 것에 한한다)는 「전기용품 및 생활용품 안전관리법」에 의한 안전기준에 적합하여야 한다.

5-1-3. 유희용 전차(KEC 241.8)

1. 사용전압(KEC 241.8.1) : 유희용 전차(유원지·유회장 등의 구내에서 유희용으로 시설하는 것을 말한다)에 전기를 공급하기 위하여 사용하는 변압기의 1차 전압은 400[V] 이하이어야 한다.

2. 전원장치(KEC 241.8.2) : 유희용 전차에 전기를 공급하는 전원장치는
   ① 전원장치의 2차측 단자의 최대 사용전압은 직류의 경우 60[V] 이하, 교류의 경우 40[V] 이하일 것
   ② 전원장치의 변압기는 절연변압기일 것

5-1-4. 아크 용접기(KEC 241.10)

이동형의 용접 전극을 사용하는 아크 용접장치는
① 용접변압기는 절연변압기일 것
② 용접변압기의 1차측 전로의 대지전압은 300[V] 이하일 것
③ 용접변압기의 1차측 전로에는 용접 변압기에 가까운 곳에 쉽게 개폐할 수 있는 개폐기를 시설할 것
④ 용접기 외함 및 피용접재 또는 이와 전기적으로 접속되는 받침대·정반 등의 금속체는 KEC 140의 규정에 준하여 접지공사를 하여야 한다.

5-1-5. 표피전류 가열장치의 시설(KEC 241.12.4)

발열선은 다음에 정하는 표준에 적합한 것으로서 그 온도가 120℃를 넘지 아니하도록 시설할 것
① 완성품은 사용전압이 600[V]를 초과하는 것은 접지한 금속평판 위에 케이블을 2[m] 이상 밀착시켜 도체와 접지 판 사이에 다음 표에서 정한 시험전압까지 서서히 전압을 가하여 코로나 방전량을 측정하였을 때 방전량이 30 pC 이하일 것

▶ 표피전류 가열장치 발연선의 코로나 방전량 시험전압

사용전압의 구분	시험방법
600[V] 초과 1.5[kV] 이하	1.5[kV]
1.5[kV] 초과 3.5[kV] 이하	3.5[kV]

5-1-6. 소세력 회로(小勢力回路; KEC 241.14)

전자 개폐기의 조작회로 또는 초인벨·경보벨 등에 접속하는 전로로서 최대 사용전압이 60[V] 이하인 것(최대사용전류가, 최대 사용전압이 15[V]이하인 것은 5[A] 이하, 최대 사용전압이 15[V]를 초과하고 30[V] 이하인 것은 3[A] 이하, 최대 사용전압이 30[V]를 초과하는 것은 1.5[A] 이하인 것에 한한다. 이하 "소세력 회로"라 한다)은 다음에 따라 시설하여야 한다.
1. 사용전압(KEC 241.14.1) : 소세력 회로에 전기를 공급하기 위한 절연변압기의 사용전압은 대지전압 300[V] 이하로 하여야 한다.
2. 전원장치(KEC 241.14.2)
   ① 소세력 회로에 전기를 공급하기 위한 변압기는 절연변압기 이어야 한다.
   ② 제1의 절연변압기의 2차 단락전류는 소세력 회로의 최대 사용전압에 따라 다음에

서 정한 값 이하의 것일 것. 다만, 그 변압기의 2차측 전로에 다음에서 정한 값 이하의 과전류 차단기를 시설하는 경우에는 그러하지 아니하다.

▶ **절연변압기의 2차 단락전류 및 과전류 차단기의 정격전류**

소세력 회로의 최대 사용전압의 구분	2차 단락전류	과전류 차단기의 정격전류
15[V] 이하	8[A]	5[A]
15[V] 초과 30[V] 이하	5[A]	3[A]
30[V] 초과 60[V] 이하	3[A]	1.5[A]

5-1-7. 임시시설(KEC 241.15)

1. 옥내의 시설(KEC 241.15.1)
   ① 사용전압은 400[V] 이하일 것
   ② 건조하고 전개된 장소에 시설할 것
   ③ 전선은 절연전선(옥외용 비닐절연전선을 제외한다)일 것
2. 옥측의 시설(KEC 241.15.2)
   ① 사용전압은 400[V] 이하일 것
   ② 전선은 절연전선(옥외용 비닐절연전선을 제외한다)일 것

▶ **전선 상호간 및 전선과 조영재의 이격거리**

시설장소	전 선	전선 상호간의 거리	전선과 조영재의 거리
비 또는 이슬에 맞는 전개된 장소	절연전선 (옥외용 비닐절연전선 및 인입용 비닐절연전선은 제외)	0.03[m] 이상	6[mm] 이상
비 또는 이슬에 맞지 아니하는 전개된 장소	절연전선 (옥외용 비닐절연전선은 제외)	이격거리 없이 시설할 수 있다	이격거리 없이 시설할 수 있다

3. 옥외의 시설(KEC 241.15.3)
   ① 사용전압은 150[V] 이하일 것
   ② 전선은 절연전선(옥외용 비닐절연전선을 제외한다)일 것
   ③ 수목 등의 동요로 인하여 전선이 손상될 우려가 있는 곳에 설치하는 경우는 적당한 방호시설을 할 것
   ④ 전원측의 전선로 또는 다른 배선에 접속하는 곳의 가까운 장소에 지락 차단장치 · 전용 개폐기 및 과전류 차단기를 각 극(과전류 차단기는 다선식 전로의 중성극을 제외한다)에 시설할 것
4. 콘크리트 매입 시설(KEC 241.15.4) : 옥내에 시설하는 임시시설을 콘크리트에 직접 매설하여 시설하는 경우
   ① 사용전압은 400[V] 이하일 것

② 전선은 케이블 일 것
③ 그 배선은 분기회로에만 시설하는 것일 것
④ 전로의 전원측에는 전로에 지락이 생겼을 때에 자동적으로 전로를 차단하는 장치·전용 개폐기 및 과전류 차단기를 각 극(과전류 차단기는 다선식 전로의 중성극을 제외한다)에 시설할 것

5-1-8. 전기부식방지 시설(KEC 241.16)

1. 전원장치(KEC 241.16.2)
   ① 전원장치는 견고한 금속제의 외함에 넣을 것
   ② 변압기는 절연변압기이고, 또한 교류 1[kV]의 시험전압을 하나의 권선과 다른 권선·철심 및 외함과의 사이에 연속적으로 1분간 가하여 절연내력을 시험하였을 때 이에 견디는 것일 것
2. 전기부식방지 회로의 전압 등(KEC 241.16.3) : 전기부식방지 회로(전기부식방지용 전원장치로부터 양극 및 피방식체까지의 전로를 말한다. 이하 같다)의 사용전압은 직류 60[V] 이하일 것

5-2 특수 장소(KEC 242)

5-2-1. 의료장소 내의 접지 설비(KEC 242.10.4)

1. 의료장소마다 그 내부 또는 근처에 등전위본딩 바를 설치할 것. 다만, 인접하는 의료장소와의 바닥 면적 합계가 50[m^2] 이하인 경우에는 등전위본딩 바를 공용할 수 있다.
2. 그룹 2의 의료장소에서 환자환경(환자가 점유하는 장소로부터 수평방향 1.5[m], 의료장소의 바닥으로부터 2.5[m] 높이 이내의 범위) 내에 있는 계통외 도전부와 전기설비 및 의료용 전기기기의 노출도전부, 전자기장해(EMI) 차폐선, 도전성 바닥 등은 등전위본딩을 시행할 것
3. 접지도체는 다음과 같이 시설할 것
   ① 접지도체의 공칭단면적은 등전위본딩 바에 접속된 보호도체 중 가장 큰 것 이상으로 할 것
   ② 철골, 철근 콘크리트 건물에서는 철골 또는 2조 이상의 주철근을 접지도체의 일부분으로 활용할 수 있다.
4. 보호도체, 등전위 본딩도체 및 접지도체의 종류는 450/750[V] 일반용 단심 비닐절연전선으로서 절연체의 색이 녹/황의 줄무늬이거나 녹색인 것을 사용할 것

5-2-2. 의료장소 내의 비상전원(KEC 242.10.5)

1. 절환시간 0.5초 이내에 비상전원을 공급하는 장치 또는 기기
   ① 0.5초 이내에 전력공급이 필요한 생명유지장치
   ② 그룹 1 또는 그룹 2의 의료장소의 수술등, 내시경, 수술실 테이블, 기타 필수 조명

2. 절환시간 15초 이내에 비상전원을 공급하는 장치 또는 기기
   ① 15초 이내에 전력공급이 필요한 생명유지장치
   ② 그룹 2의 의료장소에 최소 50%의 조명, 그룹 1의 의료장소에 최소 1개의 조명
3. 절환시간 15초를 초과하여 비상전원을 공급하는 장치 또는 기기
   ① 병원기능을 유지하기 위한 기본 작업에 필요한 조명
   ② 그 밖의 병원 기능을 유지하기 위하여 중요한 기기 또는 설비

5-3 저압 옥내 직류 전기설비(KEC 243)

5-3-1. 축전지실 등의 시설(KEC 243.1.7)

1. 30[V]를 초과하는 축전지는 비접지측 도체에 쉽게 차단할 수 있는 곳에 개폐기를 시설하여야 한다.
2. 옥내전로에 연계되는 축전지는 비접지측 도체에 과전류 보호장치를 시설하여야 한다.
3. 축전지실 등은 폭발성의 가스가 축적되지 않도록 환기장치 등을 시설하여야 한다.

Chapter 02 적중예상문제

01 다음은 교류회로에 대한 설명이다. 틀린 것은?

① 3상 4선식의 중성선 또는 PEN 도체는 충전도체는 아니지만 운전전류를 흘리는 도체
② 3상 4선식에서 파생되는 단상 2선식 배전방식의 경우 두 도체 모두가 선도체이거나 하나의 선도체와 중성선 또는 하나의 선도체와 PEN 도체
③ 모든 부하가 선간에 접속된 전기설비에서는 중성선의 설치가 필요하지 않을 수 있다.
④ PEL과 PEM 도체는 충전도체는 아니지만 운전전류를 흘리는 도체이다. 2선식 배전방식이나 3선식 배전방식 적용

해설　직류 회로(KEC 202.2)
PEL과 PEM 도체는 충전도체는 아니지만 운전전류를 흘리는 도체이다. 2선식 배전방식이나 3선식 배전방식 적용

02 다음 그림은 계통접지의 기호 설명이다. 기호 설명으로 맞는 것은?

① 보호도체(PE)
② 중성선(N)
③ 중성선과 보호도체겸용(PEN)
④ 중간도체(M)

해설

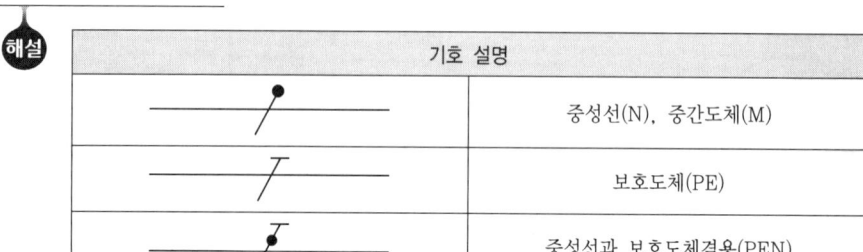

	기호 설명
	중성선(N), 중간도체(M)
	보호도체(PE)
	중성선과 보호도체겸용(PEN)

03 다음은 감전에 대한 보호 설명이다. 맞는 것은?

① 교류전압과 직류전압은 실횻값으로 한다.
② 교류전압과 직류전압은 리플프리로 한다.
③ 교류전압은 리플프리, 직류전압은 실횻값으로 한다.
④ 교류전압은 실횻값, 직류전압은 리플프리로 한다.

 감전에 대한 보호(KEC 211)
① 교류전압은 실횻값으로 한다.
② 직류전압은 리플프리로 한다.

04 고장보호를 위한 요구사항 중 분리된 회로는 최소한 단순 분리된 전원을 통하여 공급되어야 하며, 분리된 회로의 전압은 몇 [V] 이하이어야 하는가?

① 100[V]
② 250[V]
③ 500[V]
④ 750[V]

 고장보호를 위한 요구사항(KEC 211.4.3)
분리된 회로는 최소한 단순 분리된 전원을 통하여 공급되어야 하며, 분리된 회로의 전압은 500[V] 이하이어야 한다.

05 다음 분기회로의 시설에서 ( )에 적합한 값을 고르시오.

"정격전류가 (㉠ [A])"를 초과하는 하나의 전기사용기계기구에 이르는 저압 전로는 "저압 옥내 전로에 시설하는 분기회로의 과전류 차단기는 그 정격전류가 그 전기사용기계기구의 정격전류를 (㉡ [배]) 한 값을 넘지 아니하는 것"에 의하여 시설할 것"

① ㉠ 25[A], ㉡ 1.0[배]
② ㉠ 50[A], ㉡ 1.0[배]
③ ㉠ 25[A], ㉡ 1.3[배]
④ ㉠ 50[A], ㉡ 1.3[배]

 분기회로의 시설(KEC 212.6.5)
정격전류가 50[A]를 초과하는 하나의 전기사용기계기구에 이르는 저압 전로는 "저압 옥내 전로에 시설하는 분기회로의 과전류 차단기는 그 정격전류가 그 전기사용기계기구의 정격전류를 1.3배 한 값을 넘지 아니하는 것"에 의하여 시설할 것

06 시설물의 구분이 "조영물의 상부 조영재 위쪽"일 때 저압 가공인입선 조영물의 구분에 따른 이격거리는 몇 [m]인가?

① 1[m]
② 2[m]
③ 3[m]
④ 4[m]

정답 03 ④ 04 ③ 05 ④ 06 ②

저압 가공인입선 조영물의 구분에 따른 이격거리

시설물의 구분		이격거리
조영물의 상부 조영재	위 쪽	2[m] (전선이 옥외용 비닐절연전선 이외의 저압 절연전선인 경우는 1.0[m], 고압절연전선, 특고압 절연전선 또는 케이블인 경우는 0.5[m])
	옆 쪽 또는 아래 쪽	0.3[m] (전선이 고압절연전선, 특고압 절연전선 또는 케이블인 경우는 0.15[m])
조영물의 상부 조영재 이외의 부분 또는 조영물 이외의 시설물		0.3[m] (전선이 고압절연전선, 특고압 절연전선 또는 케이블인 경우는 0.15[m])

07 전기기기에 의한 화상 방지에 대한 설명이다. (㉠), (㉡), (㉢), (㉣)에 알맞은 값을 고르시오.

접촉할 가능성이 있는 부분	접촉할 가능성이 있는 표면의 재료	최고 표면 온도 (℃)
손으로 잡고 조작시키는 것	금속 비금속	(㉠) (㉡)
손으로 잡지 않지만 접촉하는 부분	금속 비금속	70 80
통상 조작 시 접촉할 필요가 없는 부분	금속 비금속	(㉢) (㉣)

① ㉠ 50, ㉡ 60, ㉢ 80, ㉣ 90 ② ㉠ 55, ㉡ 65, ㉢ 80, ㉣ 90
③ ㉠ 60, ㉡ 65, ㉢ 85, ㉣ 90 ④ ㉠ 65, ㉡ 70, ㉢ 85, ㉣ 90

 전기기기에 의한 화상 방지(KEC 214.2.2)

08 저압 옥측전선로 시설에서 전선의 지지점 간의 거리는 몇 [m]인가?

① 1[m] 이하   ② 2[m] 이하
③ 1[m] 이상   ④ 2[m] 이상

 전선의 지지점 간의 거리는 2[m] 이하일 것

09 저압 옥측전선로 시설에서 "비나 이슬에 젖지 않는 장소"에서 "사용전압이 400[V] 미만인 경우" 전선 상호 간의 간격은 몇 [m]인가?

① 0.02[m]   ② 0.04[m]
③ 0.06[m]   ④ 0.08[m]

시설장소별 조영재 사이의 이격거리

시설 장소	전선 상호 간의 간격		전선과 조영재 사이의 이격거리	
	사용전압이 400[V] 이하인 경우	사용전압이 400[V] 초과인 경우	사용전압이 400[V] 이하인 경우	사용전압이 400[V] 초과인 경우
비나 이슬에 젖지 않는 장소	0.06[m]	0.06[m]	0.025[m]	0.025[m]
비나 이슬에 젖는 장소	0.06[m]	0.12[m]	0.025[m]	0.045[m]

10 사용전압이 400[V] 이상인 저압 가공전선에서 케이블인 경우 이외에는 시가지에 시설하는 것은 인장강도는 몇 [kN] 이상이어야 하는가?

① 5.26[kN]
② 6.01[kN]
③ 7.26[kN]
④ 8.01[kN]

 저압 가공전선의 굵기 및 종류(KEC 222.5)
사용전압이 400[V] 이상인 저압 가공전선 : 케이블인 경우 이외에는 시가지에 시설하는 것은 인장강도 8.01[kN] 이상의 것 또는 지름 5[mm] 이상의 경동선, 시가지 외에 시설하는 것은 인장강도 5.26[kN] 이상의 것 또는 지름 4[mm] 이상의 경동선

11 철도 또는 궤도를 횡단하는 경우 저압 가공전선의 높이는 레일면상에서 몇 [m] 이상인가?

① 5.0[m]
② 5.5[m]
③ 6.0[m]
④ 6.5[m]

 저압 가공전선의 높이(KEC 222.7)
① 도로를 횡단하는 경우에는 지표상 6[m] 이상
② 철도 또는 궤도를 횡단하는 경우에는 레일면상 6.5[m] 이상
③ 횡단보도교의 위에 시설하는 경우에는 저압 가공전선은 그 노면상 3.5[m] 이상

12 저압 보안공사에서 목주는 풍압하중에 대한 안전율이 얼마 이상이어야 하는가?

① 1.0 이상
② 1.5 이상
③ 2.0 이상
④ 2.5 이상

 저압 보안공사(KEC 222.10) : 목주는
① 풍압하중에 대한 안전율은 1.5 이상일 것
② 목주의 굵기는 말구(末口)의 지름 0.12[m] 이상일 것

13 다음은 농사용 저압 가공전선로의 시설에 관한 것이다. 전선로 지점 간의 거리는 몇 [m] 이하로 시설하여야 하는가?

① 10[m]　　　② 20[m]
③ 30[m]　　　④ 40[m]

 농사용 저압 가공전선로의 시설(KEC 222.22)
① 저압 가공전선의 지표상의 높이는 3.5[m] 이상일 것. 다만, 저압 가공전선을 사람이 쉽게 출입하지 못하는 곳에 시설하는 경우에는 3[m]까지로 감할 수 있다.
② 목주의 굵기는 말구 지름이 0.09[m] 이상일 것
③ 전선로의 지지점 간 거리는 30[m] 이하일 것

14 애자공사 시설조건에서 전선 상호 간의 간격은 몇 [m] 이상인가?

① 0.02[m]　　　② 0.04[m]
③ 0.06[m]　　　④ 0.08[m]

 애자공사 시설조건(KEC 232.56.1) : 전선 상호 간의 간격은 0.06[m] 이상일 것

15 라이팅덕트공사 시설조건에 대한 설명 중 틀린 것은?

① 덕트 상호 간 및 전선 상호 간은 견고하게 또한 전기적으로 완전히 접속할 것
② 덕트는 조영재에 견고하게 붙일 것
③ 덕트의 지지점 간의 거리는 1[m] 이하로 할 것
④ 덕트의 끝부분은 막을 것

 라이팅덕트공사 시설조건(KEC 232.71.1) : 덕트의 지지점 간의 거리는 2[m] 이하로 할 것

16 출퇴표시등 회로에 전기를 공급하기 위한 절연변압기의 사용전압은 1차측 전로의 대지전압과 2차측 전로를 각각 몇 [V] 이하로 하여야 하는가?

① 1차측 전로의 대지전압 : 300[V], 2차측 전로 : 60[V]
② 1차측 전로의 대지전압 : 60[V], 2차측 전로 : 300[V]
③ 1차측 전로의 대지전압 : 300[V], 2차측 전로 : 300[V]
④ 1차측 전로의 대지전압 : 60[V], 2차측 전로 : 60[V]

 사용전압(KEC 241.14.1)
출퇴표시등 회로에 전기를 공급하기 위한 절연변압기의 사용전압은 1차측 전로의 대지전압을 300[V] 이하, 2차측 전로를 60[V] 이하로 하여야 한다.

17 스포트라이트나 프로젝터는 모든 방향에서 가연성 재료로부터의 최소 거리를 두고 설치하여야 한다. 다음 보기 중 맞는 것은?

① 정격용량 100[W] 이하 : 최소 거리 0.5[m]
② 정격용량 100[W] 초과 300[W] 이하 : 최소 거리 0.7[m]
③ 정격용량 300[W] 초과 500[W] 이하 : 최소 거리 1.2[m]
④ 정격용량 500[W] 초과 : 최소 거리 1.4[m] 초과

 열 영향에 대한 주변의 보호(KEC 234.1.3) : 스포트라이트나 프로젝터는 모든 방향에서 가연성 재료로부터의 최소 거리를 두고 설치하여야 한다.
① 정격용량 100[W] 이하 : 0.5[m]
② 정격용량 100[W] 초과 300[W] 이하 : 0.8[m]
③ 정격용량 300[W] 초과 500[W] 이하 : 1.0[m]
④ 정격용량 500[W] 초과 : 1.0[m] 초과

18 옥외등에 전기를 공급하는 전로의 사용전압은 대지전압을 몇 [V] 이하로 하여야 하는가?

① 100[V]   ② 200[V]
③ 300[V]   ④ 400[V]

 옥외 사용전압(KEC 234.9.1)
옥외등에 전기를 공급하는 전로의 사용전압은 대지전압을 300[V] 이하로 하여야 한다.

19 배선이 전주에 연한 부분은 몇 [m] 이내마다 새들(Saddle) 또는 밴드로 지지하여야 하는가?

① 1.0[m]   ② 1.5[m]
③ 2.0[m]   ④ 2.5[m]

 배선(KEC 234.10.3)
배선이 전주에 연한 부분은 1.5[m] 이내마다 새들(Saddle) 또는 밴드로 지지할 것

20 교통신호등 제어장치의 2차측 배선의 최대 사용전압은 몇 [V] 이하인가?

① 100[V]   ② 220[V]
③ 300[V]   ④ 380[V]

 사용전압(KEC 234.15.1)
교통신호등 제어장치의 2차측 배선의 최대 사용전압은 300[V] 이하이어야 한다.

21 관등회로의 배선에서 전선 상호간의 이격거리는 몇 [mm] 이상인가?

① 30[mm]
② 60[mm]
③ 80[mm]
④ 90[mm]

 관등회로의 배선(KEC 234.12.3)
① 전선 상호간의 이격거리는 60[mm] 이상일 것
② 전선지지점간의 거리는 1[m] 이하로 할 것
③ 애자는 절연성·난연성 및 내수성이 있는 것일 것

22 수영장 기타 이와 유사한 장소에 사용하는 수중조명등에 전기를 공급하기 위해서는 절연변압기를 사용한다. 이때 절연변압기의 1, 2차측 전로의 사용전압 설명으로 맞는 것은?

① 1차측 전로의 사용전압 : 200[V] 미만, 2차측 전로의 사용전압 : 100[V] 이하
② 1차측 전로의 사용전압 : 400[V] 미만, 2차측 전로의 사용전압 : 100[V] 이하
③ 1차측 전로의 사용전압 : 200[V] 미만, 2차측 전로의 사용전압 : 150[V] 이하
④ 1차측 전로의 사용전압 : 400[V] 미만, 2차측 전로의 사용전압 : 150[V] 이하

 사용전압(KEC 234.14.1)
수영장 기타 이와 유사한 장소에 사용하는 수중조명등에 전기를 공급하기 위해서는 절연변압기를 사용하고, 그 사용전압은
① 절연변압기의 1차측 전로의 사용전압은 400[V] 이하일 것
② 절연변압기의 2차측 전로의 사용전압은 150[V] 이하일 것

23 다음은 전기울타리의 시설에 대한 설명으로 틀린 것은?

① 전기울타리는 사람이 쉽게 출입하지 아니하는 곳에 시설할 것
② 전선은 인장강도 1.38[kN] 이상의 것 또는 지름 2[mm] 이상의 경동선일 것
③ 전선과 이를 지지하는 기둥 사이의 이격거리는 20[mm] 이상일 것
④ 전선과 다른 시설물(가공전선을 제외한다) 또는 수목과의 이격거리는 0.3[m] 이상일 것

 전기울타리의 시설(KEC 241.1.3)
전선과 이를 지지하는 기둥 사이의 이격거리는 25[mm] 이상일 것

24 유희용 전차에 전기를 공급하기 위하여 사용하는 변압기의 1차 전압은 몇 [V] 이하인가?

① 100[V]
② 200[V]
③ 300[V]
④ 400[V]

 사용전압(KEC 241.8.1)
유희용 전차(유원지 · 유회장 등의 구내에서 유희용으로 시설하는 것을 말한다)에 전기를 공급하기 위하여 사용하는 변압기의 1차 전압은 400[V] 이하이어야 한다.

25 유희용 전차에 전기를 공급하는 전원장치에 대한 설명으로 올바른 것은?

① 전원장치의 2차측 단자의 최대 사용전압은 교류의 경우 60[V] 이하
② 전원장치의 2차측 단자의 최대 사용전압은 직류의 경우 40[V] 이상
③ 전원장치의 2차측 단자의 최대 사용전압은 교류의 경우 40[V] 이상
④ 전원장치의 2차측 단자의 최대 사용전압은 직류의 경우 60[V] 이하

 전원장치(KEC 241.8.2) : 유희용 전차에 전기를 공급하는 전원장치는
① 전원장치의 2차측 단자의 최대 사용전압은 직류의 경우 60[V] 이하, 교류의 경우 40[V] 이하일 것
② 전원장치의 변압기는 절연변압기일 것

26 다음은 임시시설에 대한 설명이다. 틀린 것은?

① 옥내의 시설 : 사용전압은 400[V] 이하일 것
② 옥내의 시설 : 건조하고 전개된 장소에 시설할 것
③ 옥측의 시설 : 사용전압은 500[V] 이하일 것
④ 옥측의 시설 : 전선은 절연전선(옥외용 비닐절연전선을 제외한다)일 것

 옥측의 시설(KEC 241.15.2)
① 사용전압은 400[V] 이하일 것
② 전선은 절연전선(옥외용 비닐절연전선을 제외한다)일 것
③ 설치공사가 완료한 날로부터 4개월 이내에 한하여 사용하는 것일 것

Chapter 03 고압·특고압 전기설비

6부 전기설비기술기준

❶ 통칙(KEC 300)

1-1 적용범위(KEC 301)

교류 1[kV] 초과 또는 직류 1.5[kV]를 초과하는 고압 및 특고압 전기를 공급하거나 사용하는 전기설비에 적용한다. 고압·특고압 전기설비에서 적용하는 전압의 구분은 "(1) 저압 : 교류는 1[kV] 이하, 직류는 1.5[kV] 이하인 것 (2) 고압 : 교류는 1[kV]를, 직류는 1.5[kV]를 초과하고, 7[kV] 이하인 것 (3) 특고압 : 7[kV]를 초과하는 것"에 따른다.

❷ 안전을 위한 보호(KEC 310)

직접 접촉에 대한 보호(KEC 311.2), 간접 접촉에 대한 보호(KEC 311.3), 아크고장에 대한 보호(KEC 311.4), 직격뢰에 대한 보호(KEC 311.5), 화재에 대한 보호(KEC 311.6), 절연유 누설에 대한 보호(KEC 311.7), SF_6의 누설에 대한 보호(KEC 311.8)가 있다.

❸ 접지설비(KEC 320)

3-1 혼촉에 의한 위험방지시설(KEC 322)

3-1-1. 고압 또는 특고압과 저압의 혼촉에 의한 위험방지 시설(KEC 322.1)

1. 고압전로 또는 특고압전로와 저압전로를 결합하는 변압기에 위험방지 시설을 한다. 저압측의 중성점에는 KEC 142.5의 규정에 의하여 접지공사를 하여야 한다. 다만,

저압전로의 사용전압이 300[V] 이하인 경우에 그 접지공사를 변압기의 중성점에 하기 어려울 때에는 저압측의 1단자에 시행할 수 있다.
2. 제1의 접지공사는 변압기의 시설장소마다 시행하여야 한다.
3. 제1의 접지공사를 하는 경우에 토지의 상황에 의하여 제2의 규정에 의하기 어려울 때에는 다음에 따라 가공공동지선(架空共同地線)을 설치하여 2 이상의 시설장소에 KEC 142.5의 규정에 의하여 접지공사를 할 수 있다.

3-1-2. 혼촉방지판이 있는 변압기에 접속하는 저압 옥외전선의 시설 등(KEC 322.2)
1. 저압전선은 1구내에만 시설할 것
2. 저압 가공전선로 또는 저압 옥상전선로의 전선은 케이블일 것
3. 저압 가공전선과 고압 또는 특고압의 가공전선을 동일 지지물에 시설하지 아니할 것 다만, 고압 가공전선로 또는 특고압 가공전선로의 전선이 케이블인 경우에는 그러하지 아니하다.

3-1-3. 전로의 중성점의 접지(KEC 322.5)
1. 전로의 보호장치의 확실한 동작의 확보, 이상전압의 억제 및 대지전압의 저하를 위하여 특히 필요한 경우에 전로의 중성점에 접지공사를 할 경우에는 다음에 따라야 한다.
   ① 접지도체는 공칭단면적 16[mm^2] 이상의 연동선 또는 이와 동등 이상의 세기 및 굵기의 쉽게 부식하지 아니하는 금속선(저압 전로의 중성점에 시설하는 것은 공칭단면적 6[mm^2] 이상의 연동선 또는 이와 동등 이상의 세기 및 굵기의 쉽게 부식하지 않는 금속선)으로서 고장시 흐르는 전류가 안전하게 통할 수 있는 것을 사용하고 또한 손상을 받을 우려가 없도록 시설할 것
   ② 접지극 도체가 최초 개폐장치 또는 과전류장치에 접속될 때는 기기 본딩 점퍼의 굵기는 10[mm^2] 이상으로서 접지저항기의 최대전류 이상의 허용전류를 갖는 것일 것

▶ **기기 접지 점퍼의 굵기**

상전선 최대 굵기(mm^2)	접지극 전선(mm^2)
30 이하	10
38 또는 50	16
60 또는 80	25
80 초과 175까지	35
175 초과 300까지	50
300 초과 550까지	70
550 초과	95

4 전선로(KEC 330)

4-1 전선로 일반 및 구내·옥측·옥상전선로(KEC 331)

4-1-1. 가공전선로 지지물의 철탑오름 및 전주오름 방지(KEC 331.4)

가공전선로의 지지물에 취급자가 오르고 내리는데 사용하는 발판 볼트 등을 지표상 1.8[m] 미만에 시설하여서는 아니 된다. 다만, 다음의 어느 하나에 해당되는 경우에는 그러하지 아니하다.

① 발판 볼트 등을 내부에 넣을 수 있는 구조로 되어 있는 지지물에 시설하는 경우
② 지지물에 철탑오름 및 전주오름 방지장치를 시설하는 경우
③ 지지물 주위에 취급자 이외의 사람이 출입할 수 없도록 울타리·담 등의 시설을 하는 경우
④ 지지물이 산간(山間) 등에 있으며 사람이 쉽게 접근할 우려가 없는 곳에 시설하는 경우

4-1-2. 풍압하중의 종별과 적용(KEC 331.6)

1. 가공전선로에 사용하는 지지물의 강도 계산에 적용하는 풍압 하중은 다음의 3종으로 한다.

    ① 갑종 풍압하중 : 구성재의 수직 투영면적 1[m^2]에 대한 풍압을 기초로 하여 계산한 것

▶ **구성재의 수직 투영면적 1[m^2]에 대한 풍압**

풍압을 받는 구분				구성재의 수직 투영면적 1[m^2]에 대한 풍압
목주				588[Pa]
지지물	철주	원형의 것		588[Pa]
		삼각형 또는 마름모형의 것		1,412[Pa]
		강관에 의하여 구성되는 4각형의 것		1,117[Pa]
		기타의 것		복재(腹材)가 전·후면에 겹치는 경우에는 1627[Pa], 기타의 경우에는 1784[Pa]
	철근콘크리트주	원형의 것		588[Pa]
		기타의 것		882[Pa]
	철탑	단주(완철류는 제외함)	원형의 것	588[Pa]
			기타의 것	1,117[Pa]
		강관으로 구성되는 것 (단주는 제외함)		1,255[Pa]
		기타의 것		2,157[Pa]
전선 기타 가섭선	다도체(구성하는 전선이 2가닥마다 수평으로 배열되고 또한 그 전선 상호 간의 거리가 전선의 바깥지름의 20배 이하인 것에 한한다. 이하 같다)를 구성하는 전선			666[Pa]
	기타의 것			745[Pa]
애자장치(특고압 전선용의 것에 한한다)				1,039[Pa]
목주·철주(원형의 것에 한한다) 및 철근 콘크리트주의 완금류 (특고압 전선로용의 것에 한한다)				단일재로서 사용하는 경우에는 1,196[Pa], 기타의 경우에는 1,627[Pa]

② 을종 풍압하중 : 전선 기타의 가섭선(架涉線) 주위에 두께 6[mm], 비중 0.9의 빙설이 부착된 상태에서 수직 투영면적 372[Pa](다도체를 구성하는 전선은 333[Pa]), 그 이외의 것은 "①"풍압의 2분의 1을 기초로 하여 계산한 것
③ 병종 풍압하중 : "①"풍압의 2분의 1을 기초로 하여 계산한 것

4-1-3. 가공전선로 지지물의 기초의 안전율(KEC 331.7)

가공전선로의 지지물에 하중이 가하여지는 경우에 그 하중을 받는 지지물의 기초의 안전율은 2(KEC 333.14의 1에 규정하는 이상 시 상정하중이 가하여지는 철탑의 기초에 대하여는 1.33) 이상이어야 한다.

4-1-4. 철근 콘크리트주의 구성 등(KEC 331.9)

1. 가공전선로의 지지물로 사용되는 철근 콘크리트주는 콘크리트 및 다음 "①"에서 정하는 표준에 적합한 형강·평강 또는 봉강으로 구성하야야 한다.
2. 제1의 콘크리트와 형강·평강 및 봉강의 허용응력은 ① 콘크리트의 허용굽힘 압축응력 및 허용전단응력은 표 "콘크리트의 허용굽힘 압축응력 및 허용전단응력"에 규정한 값일 것 ② 콘크리트의 형강·평강 또는 봉강에 대한 허용부착응력은 표 "콘크리트의 형강·평강 또는 봉강에 대한 허용부착응력"에 규정한 값일 것 ③ 형강·평강 또는 봉강의 허용인장응력 및 허용압축응력은 표 "형강·평강 또는 봉강의 허용인장응력 및 허용압축응력"에 규정한 값일 것

▶ **콘크리트의 허용굽힘 압축응력 및 허용전단응력**

공시체의 압축강도(MPa)	허용굽힘 압축응력(MPa)	허용전단응력(MPa)
17.7 이상 20.6 미만	5.88	0.59
20.6 이상 23.5 미만	6.86	0.64
23.5 이상	7.84	0.69

[비고] 공시체의 압축강도는 재령 28일의 3개 이상의 공시체를 KS F 2405에 규정한 콘크리트의 압축강도 시험방법에 의하여 시험을 구한 압축강도의 평균값으로 한다.

▶ **콘크리트의 형강·평강 또는 봉강에 대한 허용부착응력**

콘크리트의 압축강도 (MPa)	부착응력(MPa)		
	형강 또는 평강의 경우	봉강의 경우	이형봉강의 경우
17.7 이상 20.6 미만	0.34	0.69	1.37
20.6 이상 23.5 미만	0.36	0.74	1.47
23.5 이상	0.39	0.78	1.57

[비고] 콘크리트의 압축강도는 재령 28일의 3개 이상의 공시체를 KS F 2405에 규정한 콘크리트의 압축강도 시험방법에 의하여 시험을 하여 구한 압축강도의 평균값으로 한다.

▶ 형강 · 평강 또는 봉강의 허용인장응력 및 허용압축응력

종류		기호	두께(mm)	허용인장응력(MPa)	허용압축응력(MPa)
일반구조용 압연강재 KS D 3503		SS 400	16 이하	161.8	161.8
			16 초과 40 이하	156.9	156.9
		SS 490	16 이하	186.3	186.3
			16 초과 40 이하	181.4	181.4
철근 콘크리트 용봉강 KS D 3504	열간압연 봉강	SR 24	-	156.9	156.9
		SR 30	-	196.1	196.1
	열간압연 이형봉강	SD 24	-	156.9	156.9
		SD 30	-	196.1	196.1
		SD 35	-	225.5	225.5

4-1-5. 지선의 시설(KEC 331.11)

1. 가공전선로의 지지물로 사용하는 철탑은 지선을 사용하여 그 강도를 분담시켜서는 안 된다.
2. 가공전선로의 지지물로 사용하는 철주 또는 철근 콘크리트주는 지선을 사용하지 않는 상태에서 2분의 1 이상의 풍압하중에 견디는 강도를 가지는 경우 이외에는 지선을 사용하여 그 강도를 분담시켜서는 안 된다.
3. 가공전선로의 지지물에 시설하는 지선은
    ① 지선의 안전율은 2.5(제6에 의하여 시설하는 지선은 1.5) 이상일 것. 이 경우에 허용인장하중의 최저는 4.31[kN]으로 한다.
    ② 지선에 연선을 사용할 경우에는
        ㉠ 소선(素線) 3가닥 이상의 연선일 것
        ㉡ 소선의 지름이 2.6[mm] 이상의 금속선을 사용한 것일 것. 다만, 소선의 지름이 2[mm] 이상인 아연도강연선(亞鉛鍍鋼然線)으로서 소선의 인장강도가 0.68[kN/mm^2] 이상인 것을 사용하는 경우에는 적용하지 않는다.
    ③ 지중부분 및 지표상 0.3[m]까지의 부분에는 내식성이 있는 것 또는 아연도금을 한 철봉을 사용하고 쉽게 부식되지 않는 근가에 견고하게 붙일 것. 다만, 목주에 시설하는 지선에 대해서는 적용하지 않는다.
    ④ 지선근가는 지선의 인장하중에 충분히 견디도록 시설할 것
4. 도로를 횡단하여 시설하는 지선의 높이는 지표상 5[m] 이상으로 하여야 한다. 다만, 기술상 부득이한 경우로서 교통에 지장을 초래할 우려가 없는 경우에는 지표상 4.5[m] 이상, 보도의 경우에는 2.5[m] 이상으로 할 수 있다.

4-1-6. 구내인입선(KEC 331.12)

1. 고압 가공인입선의 시설(KEC 331.12.1) : 고압 가공인입선 전선에는 인장강도 8.01[kN] 이상의 고압 절연전선, 특고압 절연전선 또는 지름 5[mm] 이상의 경동선의

고압 절연전선, 특고압 절연전선 또는 KEC 341.9의 1의 "②"에 규정하는 인하용 절연전선을 애자사용공사에 의하여 시설하거나 케이블을 KEC 332.2의 준하여 시설하여야 한다.

2. 특고압 가공인입선의 시설(KEC 331.12.2) : 변전소 또는 개폐소에 준하는 곳 이외의 곳에 인입하는 특고압 가공 인입선은 사용전압이 100[kV] 이하이며 또한 전선에 케이블을 사용하는 경우 이외에 KEC 333.7, 333.23~333.28까지 및 KEC 333.30의 규정에 준하여 시설하여야 한다.

4-1-7. 옥측전선로(KEC 331.13)

1. 고압 옥측전선로의 시설(KEC 331.13.1)
   ① 고압 옥측전선로는 전개된 장소에는 다음에 따라 시설하여야 한다.
      ㉠ 전선은 케이블일 것
      ㉡ 케이블은 견고한 관 또는 트라프에 넣거나 사람이 접촉할 우려가 없도록 시설할 것
      ㉢ 케이블을 조영재의 옆면 또는 아랫면에 따라 붙일 경우에는 케이블의 지지점 간의 거리를 2[m](수직으로 붙일 경우에는 6[m]) 이하로 하고 또한 피복을 손상하지 아니하도록 붙일 것
2. 특고압 옥측전선로의 시설(KEC 331.13.2) : 특고압 옥측전선로(특고압 인입선의 옥측부분을 제외한다. 이하 같다)는 시설하여서는 아니 된다. 다만, 사용전압이 100[kV] 이하이고 KEC 331.13.1의 규정에 준하여 시설하는 경우에는 그러하지 아니하다.

4-1-8. 옥상전선로(KEC 331.14)

1. 고압 옥상전선로의 시설(KEC 331.14.1) : 전선을 전개된 장소에서 KEC 332.2(3은 제외한다)의 규정에 준하여 시설하는 외에 조영재에 견고하게 붙인 지지주 또는 지지대에 의하여 지지하고 또한 조영재 사이의 이격거리를 1.2[m] 이상으로 하여 시설하는 경우
2. 특고압 옥상전선로의 시설(KEC 331.14.2) : 특고압 옥상전선로(특고압의 인입선의 옥상부분을 제외한다)는 시설하여서는 아니 된다.

4-2 가공전선로(KEC 332)

4-2-1. 가공약전류 전선로의 유도장해 방지(KEC 332.1)

저압 가공전선로(전기철도용 급전선로는 제외한다.) 또는 고압 가공전선로(전기철도용 급전선로는 제외한다)와 기설 가공약전류 전선로가 병행하는 경우에는 유도작용에 의하여 통신상의 장해가 생기지 않도록 전선과 기설 약전류 전선간의 이격거리는 2[m] 이상이어야 한다.

4-2-2. 가공케이블의 시설(KEC 332.2)

1. 저압 가공전선 또는 고압 가공전선에 케이블을 사용하는 경우에는 다음에 따라 시설하여야 한다.
    ① 케이블은 조가용선에 행거로 시설할 것. 이 경우에는 사용전압이 고압인 때에는 행거의 간격은 0.5[m] 이하로 하는 것이 좋다.
    ② 조가용선은 인장강도 5.93[kN] 이상의 것 또는 단면적 22[mm^2] 이상인 아연도강연선일 것
    ③ 조가용선 및 케이블의 피복에 사용하는 금속체에는 KEC 140의 규정에 준하여 접지공사를 할 것. 다만, 저압 가공전선에 케이블을 사용하고 조가용선에 절연전선 또는 이와 동등 이상의 절연내력이 있는 것을 사용할 때에 조가용선에 KEC 140의 규정에 준하여 접지공사를 하지 아니할 수 있다.
    ④ 고압 가공전선에 케이블을 사용하는 경우의 조가용선은 KEC 332.4에 준하여 시설할 것. 이 경우에 조가용선의 중량 및 조가용선에 대한 수평풍압에는 각각 케이블의 중량[KEC 332.4의 "②" 또는 "③"에 규정하는 빙설이 부착한 경우에는 그 피빙전선(被氷電線)의 중량] 및 케이블에 대한 수평풍압[KEC 332.4의 "②" 또는 "③"에 규정하는 빙설이 부착한 경우에는 그 피빙전선에 대한 수평풍압)을 가산한다.
2. 조가용선의 케이블에 접촉시켜 그 위에 쉽게 부식하지 아니하는 금속 테이프 등을 0.2[m] 이하의 간격을 유지하며 나선상으로 감는 경우, 조가용선을 케이블의 외장에 견고하게 붙이는 경우 또는 조가용선과 케이블을 꼬아 합쳐 조가하는 경우에 그 조가용선이 인장강도 5.93[kN] 이상의 금속선의 것 또는 단면적 22[mm^2] 이상인 아연도강연선의 경우에는 제1의 "①" 및 "②"의 규정에 의하지 아니할 수 있다.
3. 고압 가공전선에 반도전성 외장 조가용 고압케이블을 사용하는 경우는 제1의 "②"부터 "④"까지의 규정에 준하여 시설하는 이외에 조가용선을 반도전성 외장조가용 고압케이블에 접촉시켜 그 위에 쉽게 부식하지 아니하는 금속 테이프를 0.06[m] 이하의 간격을 유지하면서 나선상으로 감아 시설하여야 한다.
4. 제3에서 규정하는 반도전성 외장 조가용 고압케이블은 IEC 60502(정격전압 1[kV]~30[kV] 압출 성형 절연 전력케이블 및 그 부속품)에 적합한 것이어야 한다.

4-2-3. 고압 가공전선의 안전율(KEC 332.4)

고압 가공전선은 케이블인 경우 이외에는 다음에 규정하는 경우에 그 안전율이 경동선 또는 내열 동합금선은 2.2 이상, 그 밖의 전선은 2.5 이상이 되는 이도(弛度)로 시설하여야 한다.

4-2-4. 고압 가공전선의 높이(KEC 332.5)

고압 가공전선의 높이는 다음에 따라야 한다.
① 도로[농로 기타 교통이 번잡하지 않은 도로 및 횡단보도교(도로·철도·궤도 등의 위를 횡단하여 시설하는 다리모양의 시설물로서 보행용으로만 사용되는 것을 말한다.

이하 같다.)를 제외한다. 이하 같다.]를 횡단하는 경우에는 지표상 6[m] 이상
② 철도 또는 궤도를 횡단하는 경우에는 레일면상 6.5[m] 이상
③ 횡단보도교의 위에 시설하는 경우에는 그 노면상 3.5[m] 이상
④ "①"부터 "③"까지 이외의 경우에는 지표상 5[m] 이상

4-2-5. 고압 가공전선로의 가공지선(KEC 332.6)

고압 가공전선로에 사용하는 가공지선은 인장강도 5.26[kN] 이상의 것 또는 지름 4[mm] 이상의 나경동선을 사용하고 또한 이를 KEC 332.4의 규정에 준하여 시설하여야 한다.

4-2-6. 고압 가공전선로의 지지물의 강도(KEC 332.7)

① 풍압하중에 대한 안전율은 1.3 이상일 것
② 굵기는 말구(末口) 지름 0.12[m] 이상일 것

4-2-7. 고압 가공전선로 경간의 제한(KEC 332.9)

고압 가공전선로의 경간은 아래 표에서 정한 값 이하이어야 한다.

▶ **고압 가공전선로 경간 제한**

지지물의 종류	경간
목주 · A종 철주 또는 A종 철근 콘크리트주	150[m]
B종 철주 또는 B종 철근 콘크리트주	250[m]
철탑	600[m]

4-2-8. 고압 보안공사(KEC 332.10)

① 전선은 케이블인 경우 이외에는 인장강도 8.01[kN] 이상의 것 또는 지름 5[mm] 이상의 경동선일 것
② 목주의 풍압하중에 대한 안전율은 1.5 이상일 것
③ 경간은 아래 표에서 정한 값 이하일 것. 다만, 전선에 인장강도 14.51[kN] 이상의 것 또는 단면적 38[mm^2] 이상의 경동연선을 사용하는 경우로서 지지물에 B종 철주 · B종 철근 콘크리트주 또는 철탑을 사용하는 때에는 그러하지 아니하다.

▶ **고압 보안공사 경간 제한**

지지물의 종류	경간
목주 · A종 철주 또는 A종 철근 콘크리트주	100[m]
B종 철주 또는 B종 철근 콘크리트주	150[m]
철탑	400[m]

4-2-9. 고압 가공전선과 건조물의 접근(KEC 332.11)

1. 고압 가공전선과 건조물의 조영재 사이의 이격거리는 표 "고압 가공전선과 건조물의 조영재 사이의 이격거리"에서 정한 값 이상일 것

▶ 저압 가공전선과 건조물의 조영재 사이의 이격거리

건조물 조영재의 구분	접근형태	이 격 거 리
상부 조영재 [지붕·챙(차양:遮陽)·옷말리는 곳 기타 사람이 올라갈 우려가 있는 조영재를 말한다. 이하 같다]	위쪽	2[m] (전선이 고압 절연전선, 특고압 절연전선 또는 케이블인 경우는 1[m])
	옆쪽 또는 아래쪽	1.2[m] (전선에 사람이 쉽게 접촉할 우려가 없도록 시설한 경우에는 0.8[m], 고압 절연전선, 특고압 절연전선 또는 케이블인 경우에는 0.4[m])
기타의 조영재		1.2[m] (전선에 사람이 쉽게 접촉할 우려가 없도록 시설한 경우에는 0.8[m], 고압 절연전선, 특고압 절연전선 또는 케이블인 경우에는 0.4[m])

▶ 고압 가공전선과 건조물의 조영재 사이의 이격거리

건조물 조영재의 구분	접근형태	이 격 거 리
상부 조영재	위쪽	2[m] (전선이 케이블인 경우에는 1[m])
	옆쪽 또는 아래쪽	1.2[m] (전선에 사람이 쉽게 접촉할 우려가 없도록 시설한 경우에는 0.8[m], 케이블인 경우에는 0.4[m])
기타의 조영재		1.2[m] (전선에 사람이 쉽게 접촉할 우려가 없도록 시설한 경우에는 0.8[m], 케이블인 경우에는 0.4[m])

2. 저고압 가공전선이 건조물과 접근하는 경우에 저고압 가공전선이 건조물의 아래쪽에 시설될 때에는 저고압 가공전선과 건조물 사이의 이격거리는 아래 표에서 정한 값 이상으로 하고 또한 위험의 우려가 없도록 시설하여야 한다.

▶ 저고압 가공전선과 건조물 사이의 이격거리

가공전선의 종류	이 격 거 리
저압 가공전선	0.6[m] (전선이 고압 절연전선, 특고압 절연전선 또는 케이블인 경우에는 0.3[m])
고압 가공전선	0.8[m] (전선이 케이블인 경우에는 0.4[m])

4-2-10. 고압 가공전선과 도로 등의 접근 또는 교차(KEC 332.12)

1. ① 고압 가공전선로는 고압 보안공사에 의할 것

   ② 저압 가공전선과 도로 등의 이격거리(도로나 횡단보도교의 노면상 또는 철도나 궤도의 레일면상의 이격거리를 제외한다. 이하 같다)는 다음 표에서 정한 값 이상일 것. 다만, 저압 가공전선과 도로·횡단보도교·철도 또는 궤도와의 수평 이격거리가 1[m] 이상인 경우에는 그러하지 아니하다.

▶ **저압 가공전선과 도로 등의 이격거리**

도로 등의 구분	이격거리
도로·횡단보도교·철도 또는 궤도	3[m]
삭도나 그 지주 또는 저압 전차선	0.6[m] (전선이 고압 절연전선, 특고압 절연전선 또는 케이블인 경우에는 0.3[m])
저압 전차선로의 지지물	0.3[m]

2. 고압 가공전선과 도로 등의 이격거리는 다음 표에서 정한 값 이상일 것. 다만, 고압 가공전선과 도로·횡단보도교·철도 또는 궤도와의 수평 이격거리가 1.2[m] 이상인 경우에는 그러하지 아니하다.

▶ **고압 가공전선과 도로 등의 이격거리**

도로 등의 구분	이격거리
도로·횡단보도교·철도 또는 궤도	3[m]
삭도나 그 지주 또는 저압 전차선	0.8[m] (전선이 케이블인 경우에는 0.4[m])
저압 전차선로의 지지물	0.6[m] (고압 가공전선이 케이블인 경우에는 0.3[m])

4-2-11. 고압 가공전선과 가공약전류전선 등의 접근 또는 교차(KEC 332.13)

① 고압 가공전선은 고압 보안공사에 의할 것

② 저압 가공전선이 가공약전류전선등과 접근하는 경우에는 저압 가공전선과 가공약전류전선 등 사이의 이격거리는 0.6[m] [가공약전류전선로 또는 가공 광섬유 케이블 선로(이하 "가공약전류전선로 등"이라 한다)로서 가공약전류전선 등이 절연전선과 동등 이상의 절연성능이 있는 것 또는 통신용 케이블인 경우는 0.3[m]] 이상일 것

③ 고압 가공전선이 가공약전류전선 등과 접근하는 경우는 고압 가공전선과 가공약전류전선 등 사이의 이격거리는 0.8[m](전선이 케이블인 경우에는 0.4[m]) 이상일 것

④ 가공전선과 약전류전선로 등의 지지물 사이의 이격거리는 저압은 0.3[m] 이상, 고압은 0.6[m](전선이 케이블인 경우에는 0.3[m]) 이상일 것

4-2-12. 고압 가공전선과 안테나의 접근 또는 교차(KEC 332.14)

① 고압 가공전선로는 고압 보안공사에 의할 것
② 가공전선과 안테나 사이의 이격거리(가섭선에 의하여 시설하는 안테나에 있어서는 수평 이격거리)는 저압은 0.6[m](전선이 고압 절연전선, 특고압 절연전선 또는 케이블인 경우에는 0.3[m]) 이상, 고압은 0.8[m](전선이 케이블인 경우에는 0.4[m]) 이상일 것

4-2-13. 고압 가공전선 등과 저압 가공전선 등의 접근 또는 교차(KEC 332.16)

고압 가공전선이 저압 가공전선 또는 고압 전차선(이하 "저압 가공전선 등"이라 한다)과 접근상태로 시설되거나 고압 가공전선이 저압 가공전선 등과 교차하는 경우에 고압 가공전선 등의 위에 시설되는 때에는 다음에 따라야 한다.

① 고압 가공전선로는 고압 보안공사에 의할 것
② 고압 가공전선과 저압 가공전선 등 또는 그 지지물 사이의 이격거리는 아래 표에서 정한 값 이상일 것

▶ **고압 가공전선과 저압 가공전선 등 또는 그 지지물 사이의 이격거리**

저압 가공전선 등 또는 그 지지물의 구분	이격거리
저압 가공전선 등	0.8[m] (고압 가공전선이 케이블인 경우에는 0.4[m])
저압 가공전선 등의 지지물	0.6[m] (고압 가공전선이 케이블인 경우에는 0.3[m])

▶ **저압 가공전선과 고압 가공전선 등 또는 그 지지물 사이의 이격거리**

고압 가공전선 등 또는 그 지지물의 구분	이격거리
고압 가공전선	0.8[m] (고압 가공전선이 케이블인 경우에는 0.4[m])
고압 전차선	1.2[m]
고압 가공전선 등의 지지물	0.3[m]

4-2-14. 고압 가공전선 상호 간의 접근 또는 교차(KEC 332.17)

고압 가공전선이 다른 고압 가공전선과 접근상태로 시설되거나 교차하여 시설되는 경우에는 다음에 따라 시설하여야 한다.

① 위쪽 또는 옆쪽에 시설되는 고압 가공전선로는 고압 보안공사에 의할 것
② 고압 가공전선 상호 간의 이격거리는 0.8[m](어느 한쪽의 전선이 케이블인 경우에는 0.4[m]) 이상, 하나의 고압 가공전선과 다른 고압 가공전선로의 지지물 사이의 이격거리는 0.6[m](전선이 케이블인 경우에는 0.3[m]) 이상일 것

4-2-15. 고압 가공전선과 다른 시설물의 접근 또는 교차(KEC 332.18)

▶ **고압 가공전선과 다른 시설물의 이격거리**

다른 시설물의 구분	접근형태	이격거리
조영물의 상부 조영재	위쪽	2[m] (전선이 케이블인 경우에는 1[m])
	옆쪽 또는 아래쪽	0.8[m] (전선이 케이블인 경우에는 0.4[m])
조영물의 상부조영재 이외의 부분 또는 조영물 이외의 시설물		0.8[m] (전선이 케이블인 경우에는 0.4[m])

4-3 특고압 가공전선로(KEC 333)

4-3-1. 시가지 등에서 특고압 가공전선로의 시설(KEC 333.1)

특고압 가공전선로의 경간은 아래 표에서 정한 값 이하일 것

▶ **시가지 등에서 170[kV] 이하 특고압 가공전선로의 경간 제한**

지지물의 종류	경 간
A종 철주 또는 A종 철근 콘크리트주	75[m]
B종 철주 또는 B종 철근 콘크리트주	150[m]
철탑	400[m] (단주인 경우에는 300[m]) 다만, 전선이 수평으로 2 이상 있는 경우에 전선 상호 간의 간격이 4[m] 미만인 때에는 250[m]

1. 지지물에는 철주·철근 콘크리트주 또는 철탑을 사용할 것
2. 전선은 단면적이 아래 표에서 정한 값 이상일 것

▶ **시가지 등에서 170[kV] 이하 특고압 가공전선로 전선의 단면적**

사용전압의 구분	전선의 단면적
100[kV] 미만	인장강도 21.67[kN] 이상의 연선 또는 단면적 55[mm^2] 이상의 경동연선 또는 동등이상의 인장강도를 갖는 알루미늄 전선이나 절연전선
100[kV] 이상	인장강도 58.84[kN] 이상의 연선 또는 단면적 150[mm^2] 이상의 경동연선 또는 동등이상의 인장강도를 갖는 알루미늄 전선이나 절연전선

3. 전선의 지표상의 높이는 아래 표에서 정한 값 이상일 것. 다만, 발전소·변전소 또는 이에 준하는 곳의 구내와 구외를 연결하는 1경간 가공전선은 그러하지 아니하다.

▶ 시가지 등에서 170[kV] 이하 특고압 가공전선로 높이

사용전압의 구분	지표상의 높이
35[kV] 이하	10[m](전선이 특고압 절연전선인 경우에는 8[m])
35[kV] 초과	10[m]에 35[kV]를 초과하는 10[kV] 또는 그 단수마다 0.12[m]를 더한 값

4-3-2. 유도장해의 방지(KEC 333.2)

특고압 가공전선로는 다음 "①", "②"에 따르고 또한 기설 가공 전화선로에 대하여 상시 정전유도작용(常時靜電誘導作用)에 의한 통신상의 장해가 없도록 시설하여야 한다. 다만, 가공 전화선이 통신용 케이블인 때 가공 전화선로의 관리자로부터 승낙을 얻은 경우에는 그러하지 아니하다.

① 사용전압이 60[kV] 이하인 경우에는 전화선로의 길이 12[km]마다 유도전류가 2[μA]를 넘지 아니하도록 할 것
② 사용전압이 60[kV]를 초과하는 경우에는 전화선로의 길이 40[km]마다 유도전류가 3[μA]을 넘지 아니하도록 할 것
③ 다음 표에서 정한 거리이상 전화선로와 떨어져 있는 전선로의 부분은 "①"의 계산에서 생략할 것

▶ 전압에 따른 전선로와 전화선로 사이의 거리

사용전압	전선로와 전화선로 사이의 거리(m)
25[kV] 이하	60
25[kV] 초과 35[kV] 이하	100
35[kV] 초과 50[kV] 이하	150
50[kV] 초과 60[kV] 이하	180
60[kV] 초과 70[kV] 이하	200
70[kV] 초과 80[kV] 이하	250
80[kV] 초과 120[kV] 이하	350
120[kV] 초과 160[kV] 이하	450
160[kV] 초과	500

4-3-3. 특고압 가공전선의 굵기 및 종류(KEC 333.4)

특고압 가공전선(특고압 옥측전선로 또는 KEC 335.9의 2의 규정에 의하여 시설하는 특고압 전선로에 인접하는 1경간의 가공전선 및 특고압 가공인입선을 제외한다. 이하 같다)은 케이블인 경우 이외에는 인장강도 8.71[kN] 이상의 연선 또는 단면적이 22[mm^2] 이상의 경동연선 또는 동등이상의 인장강도를 갖는 알루미늄 전선이나 절연전선이어야 한다.

4-3-4. 특고압 가공전선과 지지물 등의 이격거리(KEC 333.5)

▶ 특고압 가공전선과 지지물 등의 이격거리

사 용 전 압	이격거리(m)
15[kV] 미만	0.15
15[kV] 이상 25[kV] 미만	0.2
25[kV] 이상 35[kV] 미만	0.25
35[kV] 이상 50[kV] 미만	0.3
50[kV] 이상 60[kV] 미만	0.35
60[kV] 이상 70[kV] 미만	0.4
70[kV] 이상 80[kV] 미만	0.45
80[kV] 이상 130[kV] 미만	0.65
130[kV] 이상 160[kV] 미만	0.9
160[kV] 이상 200[kV] 미만	1.1
200[kV] 이상 230[kV] 미만	1.3
230[kV] 이상	1.6

4-3-5. 특고압 가공전선의 안전율(KEC 333.6)

특고압 가공전선은 KEC 332.4의 규정에 준하여 시설하여야 한다.

4-3-6. 특고압 가공전선의 높이(KEC 333.7)

▶ 특고압 가공전선의 높이

사용전압의 구분	지표상의 높이
35[kV] 이하	5[m] (철도 또는 궤도를 횡단하는 경우에는 6.5[m], 도로를 횡단하는 경우에는 6[m], 횡단보도교의 위에 시설하는 경우로서 전선이 특고압 절연전선 또는 케이블인 경우에는 4[m])
35[kV] 초과 160[kV] 이하	6[m] (철도 또는 궤도를 횡단하는 경우에는 6.5[m], 산지(山地) 등에서 사람이 쉽게 들어갈 수 없는 장소에 시설하는 경우에는 5[m], 횡단보도교의 위에 시설하는 경우 전선이 케이블인 때는 5[m])
160[kV] 초과	6[m] (철도 또는 궤도를 횡단하는 경우에는 6.5[m] 산지 등에서 사람이 쉽게 들어갈 수 없는 장소를 시설하는 경우에는 5[m])에 160[kV]를 초과하는 10[kV] 또는 그 단수마다 0.12[m]를 더한 값

4-3-7. 특고압 가공전선로의 목주 시설(KEC 333.10)

특고압 가공전선로의 지지물로 사용하는 목주는 다음에 따르고 또한 견고하게 시설하여야 한다.

① 풍압하중에 대한 안전율은 1.5 이상일 것
② 굵기는 말구 지름 0.12[m] 이상일 것

4-3-8. 특고압 가공전선로의 철주·철근 콘크리트주 또는 철탑의 종류(KEC 333.11)

특고압 가공전선로의 지지물로 사용하는 B종 철근·B종 콘크리트주 또는 철탑의 종류
① 직선형 : 전선로의 직선부분(3도 이하인 수평각도를 이루는 곳을 포함한다. 이하 같다)에 사용하는 것. 다만, 내장형 및 보강형에 속하는 것을 제외한다.
② 각도형 : 전선로 중 3도를 초과하는 수평각도를 이루는 곳에 사용하는 것
③ 인류형 : 전가섭선을 인류하는 곳에 사용하는 것
④ 내장형 : 전선로의 지지물 양쪽의 경간의 차가 큰 곳에 사용하는 것
⑤ 보강형 : 전선로의 직선부분에 그 보강을 위하여 사용하는 것

4-3-9. 상시 상정하중(KEC 333.13)

인류형·내장형 또는 보강형·직선형·각도형의 철주·철근 콘크리트주 또는 철탑의 경우에는 ①의 하중에 다음에 따라 가섭선 불평균 장력에 의한 수평 종하중을 가산한다.
① 인류형의 경우에는 전가섭선에 관하여 각 가섭선의 상정 최대장력과 같은 불평균 장력의 수평 종분력에 의한 하중
② 내장형·보강형의 경우에는 전가섭선에 관하여 각 가섭선의 상정 최대장력의 33%와 같은 불평균 장력의 수평 종분력에 의한 하중
③ 직선형의 경우에는 전가섭선에 관하여 각 가섭선의 상정 최대장력의 3%와 같은 불평균 장력의 수평 종분력에 의한 하중(단 내장형은 제외한다)
④ 각도형의 경우에는 전가섭선에 관하여 각 가섭선의 상정 최대장력의 10%와 같은 불평균 장력의 수평 종분력에 의한 하중.

4-3-10. 특고압 가공전선로의 내장형 등의 지지물 시설(KEC 333.16)

1. 특고압 가공전선로[KEC 333.32의 1에 규정하는 특고압 가공전선로를 제외한다. 이하 같다] 중 지지물로 목주·A종 철주·A종 철근콘크리트주를 연속하여 5기 이상 사용하는 직선부분(5도 이하의 수평각도를 이루는 곳을 포함한다)에는 다음에 따라 목주·A종 철주 또는 A종 철근 콘크리트주를 시설하여야 한다.
   ① 5기 이하마다 지선을 전선로와 직각 방향으로 그 양쪽에 시설한 목주·A종 철주 또는 A종 철근 콘크리트주 1기
   ② 연속하여 15기 이상으로 사용하는 경우에는 15기 이하마다 지선을 전선로의 방향으로 그 양쪽에 시설한 목주·A종 철주 또는 A종 철근 콘크리트주 1기
2. 특고압 가공전선로 중 지지물로서 B종 철주 또는 B종 철근 콘크리트주를 연속하여 10기 이상 사용하는 부분에는 10기 이하마다 장력에 견디는 형태의 철주 또는 철근 콘크리트주 1기를 시설하거나 5기 이하마다 보강형의 철주 또는 철근 콘크리트주 1기를 시설하여야 한다.
3. 특고압 가공전선로 중 지지물로서 직선형의 철탑을 연속하여 10기 이상 사용하는 부분에는 10기 이하마다 장력에 견디는 애자장치가 되어 있는 철탑 또는 이와 동등 이상의 강도를 가지는 철탑 1기를 시설하여야 한다.

4-3-11. 특고압 가공전선과 저고압 가공전선 등의 병행설치(KEC 333.17)

특고압 가공전선과 특고압 가공전선로의 지지물에 시설하는 저압의 전기기계기구에 접속하는 저압 가공전선을 동일 지지물에 시설하는 경우에는 특고압 가공전선과 저압 가공전선 사이의 이격거리는 아래 표에서 정한 값 이상이어야 한다.

▶ 특고압 가공전선과 저고압 가공전선의 병가 시 이격거리

사용전압의 구분	이 격 거 리
35[kV] 이하	1.2[m] (특고압 가공전선이 케이블인 경우에는 0.5[m])
35[kV] 초과 60[kV] 이하	2[m] (특고압 가공전선이 케이블인 경우에는 1[m])
60[kV] 초과	2[m] (특고압 가공전선이 케이블인 경우에는 1[m])에 60[kV]을 초과하는 10[kV] 또는 그 단수마다 0.12[m]를 더한 값

4-3-12. 특고압 가공전선로의 경간 제한(KEC 333.21)

특고압 가공전선로의 경간은 다음 표에서 정한 값 이하이어야 한다.

▶ 특고압 가공전선로의 경간 제한

지지물의 종류	경 간
목주·A종 철주 또는 A종 철근 콘크리트주	150[m]
B종 철주 또는 B종 철근 콘크리트주	250[m]
철탑	600[m] (단주인 경우에는 400[m])

4-3-13. 특고압 보안공사(KEC 333.22)

1. 제1종 특고압 보안공사는
    ① 전선은 케이블인 경우 이외에는 단면적이 아래 표에서 정한 값 이상일 것

▶ 제1종 특고압 보안공사 시 전선의 단면적

사용전압	전 선
100[kV] 미만	인장강도 21.67[kN] 이상의 연선 또는 단면적 55[mm^2] 이상의 경동연선 또는 동등이상의 인장강도를 갖는 알루미늄 전선이나 절연전선
100[kV] 이상 300[kV] 미만	인장강도 58.84[kN] 이상의 연선 또는 단면적 150[mm^2] 이상의 경동연선 또는 동등이상의 인장강도를 갖는 알루미늄 전선이나 절연전선
300[kV] 이상	인장강도 77.47[kN] 이상의 연선 또는 단면적 200[mm^2] 이상의 경동연선 또는 동등이상의 인장강도를 갖는 알루미늄 전선이나 절연전선

② 경간은 아래 표에서 정한 값 이하일 것. 다만, 전선의 인장강도 58.84[kN] 이상의 연선 또는 단면적이 150[mm²] 이상인 경동연선을 사용하는 경우에는 그러하지 아니하다.

▶ **제1종 특고압 보안공사 시 경간 제한**

지지물의 종류	경 간
B종 철주 또는 B종 철근 콘크리트주	150[m]
철탑	400[m] (단주인 경우에는 300[m])

2. 제2종 특고압 보안공사는 다음에 따라야 한다.
   ① 특고압 가공전선은 연선일 것
   ② 지지물로 사용하는 목주의 풍압하중에 대한 안전율은 2 이상일 것
   ③ 경간은 다음 표에서 정한 값 이하일 것. 다만, 전선에 인장강도 38.05[kN] 이상의 연선 또는 단면적이 95[mm²] 이상인 경동연선을 사용하고 지지물에 B종 철주·B종 철근 콘크리트주 또는 철탑을 사용하는 경우에는 그러하지 아니하다.

▶ **제2종 특고압 보안공사 시 경간 제한**

지지물의 종류	경 간
목주·A종 철주 또는 A종 철근 콘크리트주	100[m]
B종 철주 또는 B종 철근 콘크리트주	200[m]
철탑	400[m] (단주인 경우에는 300[m])

3. 제3종 특고압 보안공사는 다음에 따라야 한다.
   ① 특고압 가공전선은 연선일 것
   ② 경간은 다음 표에서 정한 값 이하일 것. 다만, 전선의 인장강도 38.05[kN]이상의 연선 또는 단면적이 95[mm²] 이상인 경동연선을 사용하고 지지물에 B종 철주·B종 철근 콘크리트주 또는 철탑을 사용하는 경우에는 그러하지 아니하다.

▶ **제3종 특고압 보안공사 시 경간 제한**

지지물 종류	경 간
목주·A종 철주 또는 A종 철근 콘크리트주	100[m] (전선의 인장강도 14.51[kN] 이상의 연선 또는 단면적이 38[mm^2] 이상인 경동연선을 사용하는 경우에는 150[m])
B종 철주 또는 B종 철근 콘크리트주	200[m] (전선의 인장강도 21.67[kN] 이상의 연선 또는 단면적이 55[mm^2] 이상인 경동연선을 사용하는 경우에는 250[m])
철 탑	400[m] (전선의 인장강도 21.67[kN] 이상의 연선 또는 단면적이 55[mm^2] 이상인 경동연선을 사용하는 경우에는 600[m]) 다만, 단주의 경우에는 300[m] (전선의 인장강도 21.67[kN] 이상의 연선 또는 단면적이 55[mm^2] 이상인 경동연선을 사용하는 경우에는 400[m])

4-3-14. 특고압 가공전선과 건조물의 접근(KEC 333.23)

특고압 가공전선이 건조물과 제1차 접근상태로 시설되는 경우에는
① 특고압 가공전선로는 제3종 특고압 보안공사에 의할 것
② 사용전압이 35[kV] 이하인 특고압 가공전선과 건조물의 조영재 이격거리는 아래 표에서 정한 값 이상일 것

▶ **특고압 가공전선과 건조물의 이격거리(제1차 접근상태)**

건조물과 조영재의 구분	전선종류	접근형태	이격거리
상부 조영재	특고압 절연전선	위쪽	2.5[m]
		옆쪽 또는 아래쪽	1.5[m] (전선에 사람이 쉽게 접촉할 우려가 없도록 시설한 경우는 1[m])
	케이블	위쪽	1.2[m]
		옆쪽 또는 아래쪽	0.5[m]
	기타전선		3[m]
기타 조영재	특고압 절연전선		1.5[m] (전선에 사람이 쉽게 접촉할 우려가 없도록 시설한 경우는 1[m])
	케이블		0.5[m]
	기타 전선		3[m]

4-3-15. 특고압 가공전선과 삭도의 접근 또는 교차(KEC 333.25)

특고압 가공전선이 삭도와 제1차 접근상태로 시설되는 경우에는
① 특고압 가공전선로는 제3종 특고압 보안공사에 의할 것
② 특고압 가공전선과 삭도 또는 삭도용 지주 사이의 이격거리는 다음 표에서 정한 값 이상일 것

▶ 특고압 가공전선과 삭도의 접근 또는 교차 시 이격거리(제1차 접근상태)

사용전압의 구분	이격거리
35[kV] 이하	2[m] (전선이 특고압 절연전선인 경우는 1[m], 케이블인 경우는 0.5[m])
35[kV] 초과 60[kV] 이하	2[m]
60[kV] 초과	2[m]에 사용전압이 60[kV]를 초과하는 10[kV] 또는 그 단수마다 0.12[m] 더한 값

4-3-16. 특고압 가공전선과 저고압 가공전선 등의 접근 또는 교차(KEC 333.26)

▶ 특고압 가공전선과 저고압 가공전선 등의 접근 또는 교차 시 이격거리(제1차 접근상태)

사용전압의 구분	이 격 거 리
60[kV] 이하	2[m] 이상
60[kV] 초과	2[m]에 사용전압이 60[kV]를 초과하는 10[kV] 또는 그 단수마다 0.12[m]를 더한 값 이상

1. 특고압 절연전선 또는 케이블을 사용하는 사용전압이 35[kV] 이하인 특고압 가공전선과 저고압 가공전선 등 또는 이들의 지지물이나 지주 사이의 이격거리는 아래 표에서 정한 값까지로 감할 수 있다.

▶ 특고압 가공전선과 저고압 가공전선 등의 접근 또는 교차 시 이격거리(제1차 접근상태)의 예외조건

저고압 가공전선 등 또는 이들의 지지물이나 지주의 구분	전선의 종류	이격거리
저압 가공전선 또는 저압이나 고압의 전차선	특고압 절연전선	1.5[m] (저압 가공전선이 절연전선 또는 케이블인 경우는 1[m])
	케이블	1.2[m] (저압 가공전선이 절연전선 또는 케이블인 경우는 0.5[m])
고압 가공전선	특고압 절연전선	1[m]
	케이블	0.5[m]
가공 약전류 전선 등 또는 저고압 가공전선 등의 지지물이나 지주	특고압 절연전선	1[m]
	케이블	0.5[m]

4-3-17. 특고압 가공전선과 다른 시설물의 접근 또는 교차(KEC 333.28)

특고압 절연전선 또는 케이블을 사용하는 사용전압이 35[kV] 이하의 특고압 가공전선과 다른 시설물 사이의 이격거리는 제1의 규정에 불구하고 다음 표에서 정한 값까지 감할 수 있다.

▶ 35[kV] 이하 특고압 가공전선(절연전선 및 케이블 사용한 경우)과 다른 시설물 사이의 이격거리

다른 시설물의 구분	접근형태	이격거리
조영물의 상부조영재	위쪽	2[m] (전선이 케이블인 경우는 1.2[m])
	옆쪽 또는 아래쪽	1[m] (전선이 케이블인 경우는 0.5[m])
조영물의 상부조영재 이외의 부분 또는 조영물 이외의 시설물		1[m] (전선이 케이블인 경우는 0.5[m])

4-3-18. 25[kV] 이하인 특고압 가공전선로의 시설(KEC 333.32)

1. 사용전압이 15[kV] 이하인 특고압 가공전선로(중성선 다중접지식의 것으로서 전로에 지락이 생겼을 때 2초 이내에 자동적으로 이를 전로로부터 차단하는 장치가 되어 있는 것에 한한다.)

▶ 15[kV] 이하인 특고압 가공전선로의 전기저항 값

각 접지점의 대지 전기저항 값	1[km]마다의 합성 전기저항 값
300[Ω]	30[Ω]

2. 사용전압이 15[kV]를 초과하고 25[kV] 이하인 특고압 가공전선로(중성선 다중접지식의 것으로서 전로에 지락이 생겼을 때에 2초 이내에 자동적으로 이를 전로로부터 차단하는 장치가 되어 있는 것에 한한다.)

▶ 15[kV] 초과 25[kV] 이하인 특고압 가공전선로 경간 제한

지지물의 종류	경 간
목주·A종 철주 또는 A종 철근 콘크리트주	100[m]
B종 철주 또는 B종 철근 콘크리트주	150[m]
철탑	400[m]

① 특고압 가공전선(다중접지를 한 중성선을 제외한다. 이하 같다) 이 건조물과 접근하는 경우에 특고압 가공전선과 건조물의 조영재 사이의 이격거리는 다음 표에서 정한 값 이상일 것

▶ 15[kV] 초과 25[kV] 이하 특고압 가공전선로 이격거리(1)

건조물의 조영재	접근형태	전선의 종류	이격거리
상부 조영재	위쪽	나전선	3.0[m]
		특고압 절연전선	2.5[m]
		케이블	1.2[m]
	옆쪽 또는 아래쪽	나전선	1.5[m]
		특고압 절연전선	1.0[m]
		케이블	0.5[m]
기타의 조영재		나전선	1.5[m]
		특고압 절연전선	1.0[m]
		케이블	0.5[m]

② 특고압 가공전선이 도로 등의 아래쪽에서 접근하여 시설될 때에는 상호 간의 이격거리는 다음 표에서 정한 값 이상으로 하고 또한 위험의 우려가 없도록 시설할 것

▶ 15[kV] 초과 25[kV] 이하 특고압 가공전선로 이격거리(2)

전선의 종류	이격거리
나전선	1.5[m]
특고압 절연전선	1.0[m]
케이블	0.5[m]

③ 특고압 가공전선이 삭도와 접근 또는 교차하는 경우에는 다음에 의할 것
　㉠ 특고압 가공전선이 삭도와 접근상태로 시설되는 경우에 삭도 또는 그 지주 사이의 이격거리는 다음 표에서 정한 값 이상일 것

▶ 15[kV] 초과 25[kV] 이하 특고압 가공전선로 이격거리(3)

전선의 종류	이격거리
나전선	2.0[m]
특고압 절연전선	1.0[m]
케이블	0.5[m]

　㉡ 특고압 가공전선이 삭도와 수평거리로 3[m] 미만에 접근하는 경우에 특고압 가공전선과 삭도 또는 그 지주 사이의 이격거리를 1.5[m] 이상으로 하고 특고압 가공전선의 위쪽에 다음 표에서 정한 값 이상의 거리에 견고한 방호장치를 설치하고, 그 금속제 부분은 KEC 140의 규정에 준하여 접지공사를 하고 또한 위험의 우려가 없도록 시설하는 경우

▶ 15[kV] 초과 25[kV] 이하 특고압 가공전선로 이격거리(4)

전선의 종류	이격거리
나전선, 특고압 절연전선	0.75[m]
케이블	0.5[m]

④ ㉠ 특고압 가공전선과 가공약전류전선 등의 수직 이격거리가 6[m] 이상일 때
㉡ 가공약전류전선로 등의 관리자의 승낙을 얻은 경우에 특고압 가공전선과 가공약전류전선 등과의 이격거리가 2.0[m] 이상일 때

▶ 15[kV] 초과 25[kV] 이하 특고압 가공전선로 이격거리(5)

구분	가공전선의 종류	이격(수평이격)거리
가공약전류전선 등·저압 또는 고압의 가공전선·저압 또는 고압의 전차선·안테나	나전선	2.0[m]
	특고압 절연전선	1.5[m]
	케이블	0.5[m]
가공약전류전선로 등·저압 또는 고압의 가공전선로·저압 또는 고압의 전차선로의 지지물	나전선	1.0[m]
	특고압 절연전선	0.75[m]
	케이블	0.5[m]

㉢ 특고압 가공전선로의 경간은 다음 표에서 정한 값 이하일 것

▶ 교류 전차선 교차 시 특고압 가공전선로의 경간 제한

지지물의 종류	경 간
목주·A종 철주·A종 철근 콘크리트주	60[m]
B종 철주·B종 철근 콘크리트주	120[m]

⑤ 특고압 가공전선이 다른 특고압 가공전선과 접근 또는 교차하는 경우의 이격거리는 다음 표에서 정한 값 이상일 것

▶ 15[kV] 초과 25[kV] 이하 특고압 가공전선로 이격거리(6)

사용전선의 종류	이격거리
어느 한쪽 또는 양쪽이 나전선인 경우	1.5[m]
양쪽이 특고압 절연전선인 경우	1.0[m]
한쪽이 케이블이고 다른 한쪽이 케이블이거나 특고압 절연전선인 경우	0.5[m]

▶ 15[kV] 초과 25[kV] 이하 특고압 가공전선로 이격거리(7)

사용전의 종류	이격거리
나전선	2.0[m]
특고압 절연전선	1.0[m]
케이블	0.5[m]

⑥ 각 접지도체를 중성선으로부터 분리하였을 경우의 각 접지점의 대지 전기저항 값과 1[km]마다 중성선과 대지 사이의 합성전기저항 값은 다음 표에서 정한 값 이하일 것

▶ 15[kV] 초과 25[kV] 이하 특고압 가공전선로의 전기저항 값

각 접지점의 대지 전기저항 값	1[km]마다의 합성전기저항 값
300[Ω]	15[Ω]

4-4 지중전선로(KEC 334)

4-4-1. 지중전선로의 시설(KEC 334.1)

1. 지중전선로는 전선에 케이블을 사용하고 또한 관로식 · 암거식(暗渠式) 또는 직접 매설식에 의하여 시설하여야 한다.
2. 지중전선로를 직접 매설식에 의하여 시설하는 경우에는 매설 깊이를 차량 기타 중량물의 압력을 받을 우려가 있는 장소에는 1.0[m] 이상, 기타 장소에는 0.6[m] 이상으로 하고 또한 지중전선을 견고한 트라프 기타 방호물에 넣어 시설하여야 한다.
    ① 강대 또는 황동대는 다음 표에서 규정하는 값 이상의 두께의 것일 것

▶ 강대(鋼帶) 또는 황동대(黃銅帶) 두께

외층의 바깥지름(mm)	쥬트의 두께(mm)	강대 또는 황동대의 두께(mm)
12 이하	1.5	0.5(0.4)
12 초과 25 이하	1.5	0.6(0.4)
25 초과 40 이하	1.5	0.6
40 초과	2	0.8

[비고] 괄호 내의 수치는 절연물에 절연지를 사용한 케이블 이외의 것에 적용한다.

4-4-2. 지중함의 시설(KEC 334.2)

지중전선로에 사용하는 지중함은
① 지중함은 견고하고 차량 기타 중량물의 압력에 견디는 구조일 것
② 지중함은 그 안의 고인 물을 제거할 수 있는 구조로 되어 있을 것
③ 폭발성 또는 연소성의 가스가 침입할 우려가 있는 것에 시설하는 지중함으로서 그 크기가 1[m³] 이상인 것에는 통풍장치 기타 가스를 방산시키기 위한 적당한 장치를 시설할 것

4-4-3. 지중전선과 지중약전류전선 등 또는 관과의 접근 또는 교차(KEC 334.6)

지중전선이 지중약전류 전선 등과 접근하거나 교차하는 경우에 상호 간의 이격거리가 저압 또는 고압의 지중전선은 0.3[m] 이하, 특고압 지중전선은 0.6[m] 이하인 때에는 지중전선과 지중약전류 전선 등 사이에 견고한 내화성(콘크리트 등의 불연재료로 만들어진 것으로 케이블의 허용온도 이상으로 가열시킨 상태에서도 변형 또는 파괴되지 않는 재료를 말한다)의 격벽(隔壁)을 설치하는 경우 이외에는 지중전선을 견고한 불연성(不燃性) 또는 난연성(難燃性)의 관에 넣어 그 관이 지중약전류전선 등과 직접 접촉하지 아니하도록 하여야 한다.

4-4-4. 지중전선 상호 간의 접근 또는 교차(KEC 334.7)

지중전선이 다른 지중전선과 접근하거나 교차하는 경우에 지중함 내 이외의 곳에서 상호 간의 거리가 저압 지중전선과 고압 지중전선에 있어서는 0.15[m] 이하, 저압이나 고압의 지중전선과 특고압 지중전선에 있어서는 0.3[m] 이상이 되도록 시설하여야 한다. 다음의 어느 하나에 해당하는 경우에는 예외로 할 수 있다.

1. 각각의 지중전선이 다음 중 어느 하나에 해당하는 경우
    ① 다음의 시험에 합격한 난연성의 피복이 있는 것을 사용하는 경우
        ㉠ 사용전압 6.6[kV] 이하의 저압 및 고압케이블: KS C 3341(2002)의 "6.12" 또는 IEC 60332-3-24(2003)(화재조건에서의 전기케이블 난연성 시험 제3-24부:수직 배치된 케이블 또는 전선의 불꽃시험-카테고리 C)
        ㉡ 사용전압 66[kV] 이하의 특고압 케이블: KS C 3404(2000)의 부속서2
        ㉢ 사용전압 154[kV] 케이블: KS C 3405(2000)의 부속서2
        ㉣ 견고한 난연성의 관에 넣어 시설하는 경우
    ② 어느 한쪽의 지중전선에 불연성의 피복으로 되어 있는 것을 사용하는 경우
    ③ 어느 한쪽의 지중전선을 견고한 불연성의 관에 넣어 시설하는 경우
    ④ 지중전선 상호 간에 견고한 내화성의 격벽을 설치할 경우
    ⑤ 사용전압이 25[kV] 이하인 다중접지방식 지중전선로를 관로식 또는 직접매설식으로 시설하는 경우 이격거리가 0.1[m] 이상 되도록 시설하는 경우

4-5 특수장소의 전선로(KEC 335)

4-5-1. 물밑전선로의 시설(KEC 335.4)

특고압 물밑전선로는
① 전선은 케이블일 것
② 케이블은 견고한 관에 넣어 시설할 것. 다만, 전선에 지름 6[mm]의 아연도철선 이상의 기계적 강도가 있는 금속선으로 개장한 케이블을 사용하는 경우에는 그러하지 아니하다.
③ 절연체는 다음에 적합한 것일 것

▶ **물밑전선로 케이블 절연체의 두께**

사용전압구분 (kV)	도체의 공칭 단면적 (mm²)	절연체의 두께(mm)	
		폴리에틸렌혼합물 또는 에틸렌프로필렌 고무혼합물의 경우	부틸고무 혼합물의 경우
0.6[kV] 이하	8 이상 80 이하 80 초과 100 이하 100 초과 325 이하	2.0 2.5 2.5	2.5 2.5 2.5
0.6[kV] 초과 35[kV] 이하	8 이상 100 이하 100 초과 325 이하	3.5 3.5	4.5 4.5
35[kV] 초과	8 이상 325 이하	5.0	6.0

4-5-2. 지상에 시설하는 전선로(KEC 335.5)

1. 전선이 캡타이어 케이블인 경우에는 다음에 의할 것
   ① 전선의 도중에는 접속점을 만들지 아니할 것
   ② 전선은 손상을 받을 우려가 없도록 개거 등에 넣을 것
   ③ 전선로의 전원측 전로에는 전용의 개폐기 및 과전류 차단기를 각 극(과전류 차단기는 다선식 전로의 중성극을 제외한다)에 시설할 것
   ④ 사용전압이 0.4[kV] 초과하는 저압 또는 고압의 전로 중에는 전로에 지락이 생겼을 때에 자동적으로 전로를 차단하는 장치를 시설할 것. 다만, 전선로의 전원측의 접속점으로부터 1[km] 안의 전원측 전로에 전용 절연변압기를 시설하는 경우로서 전로에 지락이 생겼을 때에 기술원 주재소에 경보하는 장치를 설치한 때에는 그러하지 아니하다.
2. 지상에 시설하는 특고압 전선로는 제1의 어느 하나에 해당하고 또한 사용전압이 100[kV] 이하인 경우 이외에는 시설하여서는 아니 된다.

4-5-3. 급경사지에 시설하는 전선로의 시설(KEC 335.8)

전선의 지지점 간의 거리는 15[m] 이하일 것. 그리고 저압 전선로와 고압 전선로를 같은 벼랑에 시설하는 경우에는 고압 전선로를 저압 전선로의 위로 하고 또한 고압전선과 저압 전선 사이의 이격거리는 0.5[m] 이상일 것

4-5-4. 임시 전선로의 시설(KEC 335.10)

저압 방호구에 넣은 절연전선 등을 사용하는 저압 가공전선 또는 고압 방호구에 넣은 고압 절연전선 등을 사용하는 고압 가공전선과 조영물의 조영재 사이의 이격거리는 KEC 332.11, KEC 222.18 및 KEC 332.18의 규정에 불구하고 다음 표에서 정한 값까지 감할 수 있다.

▶ **임시 전선로 시설(저압 방호구)의 이격거리**

조영물 조영재의 구분		접근형태	이격거리
건조물	상부 조영재	위쪽	1[m]
		옆쪽 또는 아래쪽	0.4[m]
	상부이외의 조영재		0.4[m]
건조물 이외의 조영물	상부 조영재	위쪽	1[m]
		옆쪽 또는 아래쪽	0.4[m] (저압 가공전선은 0.3[m])
	상부 조영재 이외의 조영재		0.4[m] (저압 가공전선은 0.3[m])

❺ 기계·기구 시설 및 옥내배선(KEC 340)

5-1 기계 및 기구(KEC 341)

5-1-1. 특고압 배전용 변압기의 시설(KEC 341.2)

① 변압기의 1차 전압은 35[kV] 이하, 2차 전압은 저압 또는 고압일 것
② 변압기의 특고압측에 개폐기 및 과전류 차단기를 시설할 것
③ 변압기의 2차 전압이 고압인 경우에는 고압측에 개폐기를 시설하고 또한 쉽게 개폐할 수 있도록 할 것

5-1-2. 특고압용 기계기구의 시설(KEC 341.4)

기계기구를 지표상 5[m] 이상의 높이에 시설하고 충전부분의 지표상의 높이를 다음 표에서 정한 값 이상으로 하고 또한 사람이 접촉할 우려가 없도록 시설하는 경우

▶ **특고압용 기계기구 충전부분의 지표상 높이**

사용전압의 구분	울타리의 높이와 울타리로부터 충전부분까지의 거리의 합계 또는 지표상의 높이
35[kV] 이하	5[m]
35[kV] 초과 160[kV] 이하	6[m]
160[kV] 초과	6[m]에 160[kV]를 초과하는 10[kV] 또는 그 단수마다 0.12[m]를 더한 값

5-1-3. 고주파 이용 전기설비의 장해방지(KEC 341.5)

고주파 이용 전기설비에서 다른 고주파 이용 전기설비에 누설되는 고주파 전류의 허용한도는 그림의 측정 장치 또는 이에 준하는 측정 장치로 2회 이상 연속하여 10분간 측정하였을 때에 각각 측정값의 최댓값에 대한 평균값이 −30[dB] (1[mW]를 0[dB]로 한다)일 것

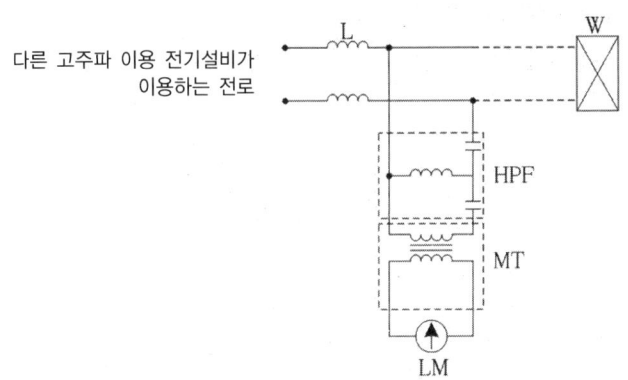

【 고주파 이용 전기설비의 장해 판정을 위한 측정장치 】
- LM : 선택 레벨계
- MT : 정합변성기
- L : 고주파대역의 하이임피던스장치(고주파 이용 전기설비가 이용하는 전로와 다른 고주파 이용 전기설비가 이용하는 전로와의 경계점에 시설할 것)
- HPF : 고역여파기
- W : 고주파 이용 전기설비

5-1-4. 기계기구의 철대 및 외함의 접지(KEC 142.7)

1. 전로에 시설하는 기계기구의 철대 및 금속제 외함(외함이 없는 변압기 또는 계기용 변성기는 철심)에는 KEC 140에 의한 접지공사를 하여야 한다.
2. 다음의 어느 하나에 해당하는 경우에는 제1의 규정에 따르지 않을 수 있다.
    ① 사용전압이 직류 300[V] 또는 교류 대지전압이 150[V] 이하인 기계기구를 건조한 곳에 시설하는 경우
    ② 물기 있는 장소 이외의 장소에 시설하는 저압용의 개별 기계기구에 전기를 공급하는 전로에 「전기용품 및 생활용품 안전관리법」의 적용을 받는 인체감전보호용 누전차단기(정격감도전류가 30[mA] 이하, 동작시간이 0.03초 이하의 전류동작형에 한한다)를 시설하는 경우

5-1-5. 아크를 발생하는 기구의 시설(KEC 341.7)

고압용 또는 특고압용의 개폐기·차단기·피뢰기 기타 이와 유사한 기구(이하 이 조에서 "기구 등"이라 한다)로서 동작 시에 아크가 생기는 것은 목재의 벽 또는 천장 기타의 가연성 물체로부터 다음 표에서 정한 값 이상 이격하여 시설하여야 한다.

▶ 아크를 발생하는 기구 시설 시 이격거리

기구 등의 구분	이격거리
고압용의 것	1[m] 이상
특고압용의 것	2[m] 이상 (사용전압이 35[kV] 이하의 특고압용의 기구 등으로서 동작할 때에 생기는 아크의 방향과 길이를 화재가 발생할 우려가 없도록 제한하는 경우에는 1[m] 이상)

5-1-6. 고압용 기계기구의 시설(KEC 341.8)

1. 고압용 기계기구(이에 부속하는 고압의 전기로 충전하는 전선으로서 케이블 이외의 것을 포장한다. 이하 같다)는 다음의 어느 하나에 해당하는 경우와 발전소·변전소·개폐소 또는 이에 준하는 곳에 시설하는 경우 이외에는 시설하여서는 아니 된다.
   ① 기계기구의 주위에 울타리·담 등을 시설하는 경우
   ② 기계기구(이에 부속하는 전선에 케이블 또는 고압 인하용 절연전선을 사용하는 것에 한한다)를 지표상 4.5[m](시가지 외에는 4[m]) 이상의 높이에 시설하고 또한 사람이 쉽게 접촉할 우려가 없도록 시설하는 경우
   ③ 공장 등의 구내에서 기계기구의 주위에 사람이 쉽게 접촉할 우려가 없도록 적당한 울타리를 설치하는 경우
   ④ 옥내에 설치한 기계기구를 취급자 이외의 사람이 출입할 수 없도록 설치한 곳에 시설하는 경우
   ⑤ 기계기구를 콘크리트제의 함 또는 KEC 140의 규정에 따른 접지공사를 한 금속제 함에 넣고 또한 충전부분이 노출하지 아니하도록 시설하는 경우
   ⑥ 충전부분이 노출하지 아니하는 기계기구를 사람이 쉽게 접촉할 우려가 없도록 시설하는 경우
   ⑦ 충전부분이 노출하지 아니하는 기계기구를 온도상승에 의하여 또는 고장시 그 근처의 대지와의 사이에 생기는 전위차에 의하여 사람이나 가축 또는 다른 시설물에 위험의 우려가 없도록 시설하는 경우
2. 제1에서 정하는 인하용 고압 절연전선은 KS C IEC 60502-2(정격전압 1[kV]~30[kV] 압출 절연 전력케이블 및 그 부속품−케이블(6[kV]~30[kV])에서 정하는 6/10[kV] 인하용 절연전선에 적합한 것이어야 한다.
3. 고압용의 기계기구는 노출된 충전부분에 취급자가 쉽게 접촉할 우려가 없도록 시설하여야 한다.

5-1-7. 고압 및 특고압 전로 중의 과전류 차단기의 시설(KEC 341.10)

1. 과전류 차단기로 시설하는 퓨즈 중 고압전로에 사용하는 포장 퓨즈(퓨즈 이외의 과전류 차단기와 조합하여 하나의 과전류 차단기로 사용하는 것을 제외한다)는 정격전류의 1.3배의 전류에 견디고 또한 2배의 전류로 120분 안에 용단되는 것 또는 다음에 적합한 고압전류제한퓨즈이어야 한다.
2. 과전류 차단기로 시설하는 퓨즈 중 고압전로에 사용하는 비포장 퓨즈는 정격전류의 1.25배의 전류에 견디고 또한 2배의 전류로 2분 안에 용단되는 것이어야 한다.
3. 고압 또는 특고압의 전로에 단락이 생긴 경우에 동작하는 과전류 차단기는 이것을 시설하는 곳을 통과하는 단락전류를 차단하는 능력을 가지는 것이어야 한다.
4. 고압 또는 특고압의 과전류 차단기는 그 동작에 따라 그 개폐상태를 표시하는 장치가 되어 있는 것이어야 한다. 다만, 그 개폐상태가 쉽게 확인될 수 있는 것은 적용하지 않는다.

5-1-8. 피뢰기의 시설(KEC 341.13)

고압 및 특고압의 전로 중 다음에 열거하는 곳 또는 이에 근접한 곳에는 피뢰기를 시설하여야 한다.
1. 발전소·변전소 또는 이에 준하는 장소의 가공전선 인입구 및 인출구
2. 특고압 가공전선로에 접속하는 KEC 341.2의 배전용 변압기의 고압측 및 특고압측
3. 고압 및 특고압 가공전선로로부터 공급을 받는 수용장소의 인입구
4. 가공전선로와 지중전선로가 접속되는 곳

5-1-9. 피뢰기의 접지(KEC 341.14)

고압 및 특고압의 전로에 시설하는 피뢰기 접지저항 값은 10[Ω] 이하로 하여야 한다.

5-1-10. 압축공기계통(KEC 341.15)

발전소 · 변전소 · 개폐소 또는 이에 준하는 곳에서 개폐기 또는 차단기에 사용하는 압축공기장치는 ① 공기압축기는 최고 사용압력의 1.5배의 수압(수압을 연속하여 10분간 가하여 시험을 하기 어려울 때에는 최고 사용압력의 1.25배의 기압)을 연속하여 10분간 가하여 시험을 하였을 때에 이에 견디고 또한 새지 아니할 것

5-2 고압 · 특고압 옥내 설비의 시설(KEC 342)

5-2-1. 고압 옥내배선 등의 시설(KEC 342.1)

1. 고압 옥내배선은 다음 중 하나에 의하여 시설할 것
   ① 애자사용공사(건조한 장소로서 전개된 장소에 한한다)
   ② 케이블공사
   ③ 케이블트레이공사
2. 애자사용공사에 의한 고압 옥내배선은 다음에 의하고, 또한 사람이 접촉할 우려가 없도록 시설할 것
   ① 전선은 공칭단면적 6[mm^2] 이상의 연동선 또는 이와 동등 이상의 세기 및 굵기의 고압 절연전선이나 특고압 절연전선 또는 KEC 341.8의 2에 규정하는 인하용 고압 절연전선일 것
   ② 전선의 지지점 간의 거리는 6[m] 이하일 것. 다만, 전선을 조영재의 면을 따라 붙이는 경우에는 2[m] 이하이어야 한다.
   ③ 전선 상호 간의 간격은 0.08[m] 이상, 전선과 조영재 사이의 이격거리는 0.05[m] 이상일 것

5-2-2. 옥내 고압용 이동전선의 시설(KEC 342.2)

옥내에 시설하는 고압의 이동전선은 다음에 따라 시설하여야 한다.
① 전선은 고압용의 캡타이어케이블일 것
② 이동전선과 전기사용기계기구와는 볼트 조임 기타의 방법에 의하여 견고하게 접속할 것

③ 이동전선에 전기를 공급하는 전로(유도전동기의 2차측 전로를 제외한다)에는 전용 개폐기 및 과전류 차단기를 각극(과전류 차단기는 다선식 전로의 중성극을 제외한다)에 시설하고, 또한 전로에 지락이 생겼을 때에 자동적으로 전로를 차단하는 장치를 시설할 것

5-2-3. 특고압 옥내 전기설비의 시설(KEC 342.4)

특고압 옥내배선은 KEC 241.9의 규정에 의하여 시설하는 경우 이외에는 다음에 따라 시설하여야 한다.

① 사용전압은 100[kV] 이하일 것. 다만, 케이블트레이공사에 의하여 시설하는 경우에는 35[kV] 이하일 것
② 전선은 케이블일 것
③ 케이블은 철재 또는 철근 콘크리트제의 관·덕트 기타의 견고한 방호장치에 넣어 시설할 것

6 발전소, 변전소, 개폐소 등의 전기설비(KEC 350)

6-1 발전소, 변전소, 개폐소 등의 전기설비(KEC 351)

6-1-1. 발전소 등의 울타리·담 등의 시설(KEC 351.1)

1. 울타리·담 등의 높이는 2[m] 이상으로 하고 지표면과 울타리·담 등의 하단사이의 간격은 0.15[m] 이하로 할 것
2. 울타리·담 등과 고압 및 특고압의 충전 부분이 접근하는 경우에는 울타리·담 등의 높이와 울타리·담 등으로부터 충전부분까지 거리의 합계는 다음 표에서 정한 값 이상으로 할 것

▶ **발전소 등의 울타리 · 담 등의 시설 시 이격거리**

사용전압의 구분	울타리·담 등의 높이와 울타리·담 등으로부터 충전부분까지의 거리의 합계
35[kV] 이하	5[m]
35[kV] 초과 160[kV] 이하	6[m]
160[kV] 초과	6[m]에 160[kV]를 초과하는 10[kV] 또는 그 단수마다 0.12[m]를 더한 값

6-1-2. 특고압용 변압기의 보호장치(KEC 351.4)

특고압용의 변압기에는 그 내부에 고장이 생겼을 경우에 보호하는 장치는 다음 표와 같이 시설하여야 한다.

▶ **특고압용 변압기의 보호장치**

뱅크용량의 구분	동작조건	장치의 종류
5,000[kVA] 이상 10,000[kVA] 미만	변압기내부고장	자동차단장치 또는 경보장치
10,000[kVA] 이상	변압기내부고장	자동차단장치
타냉식 변압기(변압기의 권선 및 철심을 직접 냉각시키기 위하여 봉입한 냉매를 강제 순환시키는 냉각 방식을 말한다)	냉각장치에 고장이 생긴 경우 또는 변압기의 온도가 현저히 상승한 경우	경보장치

6-1-3. 조상설비의 보호장치(KEC 351.5)

조상설비에는 그 내부에 고장이 생긴 경우에 보호하는 장치를 다음 표와 같이 시설하여야 한다.

▶ **조상설비의 보호장치**

설비종별	뱅크용량의 구분	자동적으로 전로로부터 차단하는 장치
전력용 커패시터 및 분로리액터	500[kVA] 초과 15,000[kVA] 미만	내부에 고장이 생긴 경우에 동작하는 장치 또는 과전류가 생긴 경우에 동작하는 장치
	15,000[kVA] 이상	내부에 고장이 생긴 경우에 동작하는 장치 및 과전류가 생긴 경우에 동작하는 장치 또는 과전압이 생긴 경우에 동작하는 장치
조상기(調相機)	15,000[kVA] 이상	내부에 고장이 생긴 경우에 동작하는 장치

6-1-4. 계측장치(KEC 351.6)

1. 발전소에서는 다음의 사항을 계측하는 장치를 시설하여야 한다. 다만, 태양전지 발전소는 연계하는 전력계통에 그 발전소 이외의 전원이 없는 것에 대하여는 그러하지 아니하다.
    ① 발전기·연료전지 또는 태양전지 모듈(복수의 태양전지 모듈을 설치하는 경우에는 그 집합체)의 전압 및 전류 또는 전력
    ② 발전기의 베어링(수중 메탈을 제외한다) 및 고정자(固定子)의 온도
    ③ 정격출력이 10,000[kW]를 초과하는 증기터빈에 접속하는 발전기의 진동의 진폭(정격출력이 400,000[kW] 이상의 증기터빈에 접속하는 발전기는 이를 자동적으로 기록하는 것에 한한다)
    ④ 주요 변압기의 전압 및 전류 또는 전력
    ⑤ 특고압용 변압기의 온도
2. 동기발전기(同期發電機)를 시설하는 경우에는 동기검정장치를 시설하여야 한다.
3. 변전소 또는 이에 준하는 곳에는 다음의 사항을 계측하는 장치를 시설하여야 한다. 다만, 전기철도용 변전소는 주요 변압기의 전압을 계측하는 장치를 시설하지 아니할 수 있다.

① 주요 변압기의 전압 및 전류 또는 전력
② 특고압용 변압기의 온도
4. 동기조상기를 시설하는 경우에는 다음의 사항을 계측하는 장치 및 동기검정장치를 시설하여야 한다. 다만, 동기조상기의 용량이 전력계통의 용량과 비교하여 현저히 적은 경우에는 동기검정장치를 시설하지 아니할 수 있다.
① 동기조상기의 전압 및 전류 또는 전력
② 동기조상기의 베어링 및 고정자의 온도

❼ 전력보안통신설비(KEC 360)

7-1 전력보안통신설비의 시설(KEC 362)

7-1-1. 전력보안통신설비의 시설 요구사항(KEC 362.1)
1. 전력보안통신설비의 시설 장소는 다음에 따른다.
    ① 송전선로
        ㉠ 66[kV], 154[kV], 345[kV], 765[kV] 계통 송전선로 구간(가공, 지중, 해저) 및 안전상 특히 필요한 경우에 전선로의 적당한 곳
        ㉡ 고압 및 특고압 지중전선로가 시설되어 있는 전력구내에서 안전상 특히 필요한 경우의 적당한 곳
        ㉢ 직류 계통 송전선로 구간 및 안전상 특히 필요한 경우의 적당한 곳
    ② 배전선로
        ㉠ 22.9[kV] 계통 배전선로 구간(가공, 지중, 해저)
        ㉡ 22.9[kV] 계통에 연결되는 분산전원형 발전소
        ㉢ 폐회로 배전 등 신 배전방식 도입 개소
        ㉣ 배전자동화, 원격검침, 부하감시 등 지능형 전력망 구현을 위해 필요한 구간

7-2 조가선 시설기준(KEC 362.3)

① 조가선은 단면적 38[mm^2] 이상의 아연도강연선을 사용할 것
② 조가선의 시설높이, 시설방향 및 시설기준
③ 조가선의 시설높이는 다음 표에 따를 것

▶ 조가선의 시설높이

구 분	통신선 지상고
도로(인도)에 시설시	5.0[m] 이상
도로 횡단 시	6.0[m] 이상

7-3 전력유도의 방지(KEC 362.4)

전력보안통신설비는 가공전선로로부터의 정전유도작용 또는 전자유도작용에 의하여 사람에게 위험을 줄 우려가 없도록 시설하여야 한다. 다음의 제한값을 초과하거나 초과할 우려가 있는 경우에는 이에 대한 방지조치를 하여야 한다.

① 이상시 유도위험전압 : 650[V](다만, 고장 시 전류제거시간이 0.1초 이상인 경우에는 430[V]로 한다)
② 상시 유도위험종전압 : 60[V]
③ 기기 오동작 유도종전압 : 15[V]
④ 잡음전압 : 0.5[mV]

7-4 통신기기류 시설(KEC 362.8)

1. 배전주에 시설되는 광전송장치, 동축장치(수동소자 포함) 등의 기기는 전주로부터 0.5[m] 이상(1.5[m] 이내) 이격하여 승주작업에 장애가 되지 않도록 조가선에 견고하게 고정하여야 한다.
2. 조가선에 시설되는 모든 기기는 케이블의 추가시설, 철거 및 이설 등에 장애가 되지 않도록 적당한 금구류를 사용하여 견고하게 시설하여야 한다.
3. 전주 1본에 시설할 수 있는 기기 수량은 조가선 1조당 좌우 각각 1대를(수동소자 제외)를 한도로 하되 불가피한 경우는 예외로 시설할 수 있다.

7-5 전원공급기의 시설(KEC 362.9)

① 지상에서 4[m] 이상 유지할 것
② 누전차단기를 내장할 것
③ 시설방향은 인도측으로 시설하며 외함은 접지를 시행할 것

7-6 전력선 반송 통신용 결합장치의 보안장치(KEC 362.11)

전력선 반송통신용 결합 커패시터(고장점 표점장치 기타 이와 유사한 보호장치에 병용하는 것을 제외한다)에 접속하는 회로에는 다음 그림의 보안장치 또는 이에 준하는 보안장치를 시설하여야 한다.

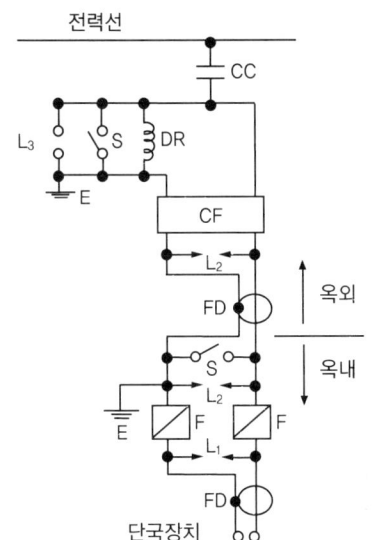

- FD : 동축케이블
- F : 정격전류 10[A] 이하의 포장 퓨즈
- DR : 전류 용량 2[A] 이상의 배류 선륜
- L_1 : 교류 300[V] 이하에서 동작하는 피뢰기
- L_2 : 동작 전압이 교류 1.3[kV]를 초과하고 1.6[kV] 이하로 조정된 방전갭
- L_3: 동작 전압이 교류 2[kV]를 초과하고 3[kV] 이하로 조정된 구상 방전갭
- S : 접지용 개폐기
- CF : 결합 필타
- CC : 결합 커패시터(결합 안테나를 포함한다.)
- E: 접지

【 전력선 반송 통신용 결합장치의 보안장치 】

7-7 통신설비의 식별표시(KEC 365.1)

1. 통신사업자의 설비표시명판은 플라스틱 및 금속판 등 견고하고 가벼운 재질로 하고 글씨는 각인하거나 지워지지 않도록 제작된 것을 사용하여야 한다.
2. 설비표시명판 시설기준
    ① 배전주에 시설하는 통신설비의 설비표시명판은
        ㉠ 직선주는 전주 5경간마다 시설할 것
        ㉡ 분기주, 인류주는 매 전주에 시설할 것
    ② 지중설비에 시설하는 통신설비의 설비표시명판은
        ㉠ 관로는 맨홀마다 시설할 것
        ㉡ 전력구내 행거는 50[m] 간격으로 시설할 것

Chapter 03 적중예상문제

01 전로의 중성점의 접지에 대한 설명이다. 맞는 것은?

① 접지도체는 공칭단면적 5[mm²] 이상의 연동선 또는 이와 동등 이상의 세기 및 굵기의 쉽게 부식하지 아니하는 금속선으로서 고장시 흐르는 전류가 안전하게 통할 수 있는 것을 사용
② 접지도체는 공칭단면적 16[mm²] 이상의 연동선 또는 이와 동등 이상의 세기 및 굵기의 쉽게 부식하지 아니하는 금속선으로서 고장시 흐르는 전류가 안전하게 통할 수 있는 것을 사용
③ 접지극 도체가 최초 개폐장치 또는 과전류장치에 접속될 때는 기기 본딩 점퍼의 굵기는 16[mm²] 이상으로서 접지저항기의 최대전류 이상의 허용전류를 갖는 것일 것
④ 접지극 도체가 최초 개폐장치 또는 과전류장치에 접속될 때는 기기 본딩 점퍼의 굵기는 5[mm²] 이상으로서 접지저항기의 최대전류 이상의 허용전류를 갖는 것일 것

 전로의 중성점의 접지(KEC 322.5)
전로의 보호 장치의 확실한 동작의 확보, 이상전압의 억제 및 대지전압의 저하를 위하여 특히 필요한 경우에 전로의 중성점에 접지공사를 할 경우에는
① 접지도체는 공칭단면적 16[mm²] 이상의 연동선 또는 이와 동등 이상의 세기 및 굵기의 쉽게 부식하지 아니하는 금속선으로서 고장시 흐르는 전류가 안전하게 통할 수 있는 것을 사용하고 또한 손상을 받을 우려가 없도록 시설할 것
② 접지극 도체가 최초 개폐장치 또는 과전류 장치에 접속될 때는 기기 본딩 점퍼의 굵기는 10[mm²] 이상으로서 접지저항기의 최대전류 이상의 허용전류를 갖는 것일 것

02 지선의 시설에 대한 설명이다. 가공전선로의 지지물에 시설하는 지선은 지선에 연선을 사용할 경우 소선은 몇 가닥 이상의 연선이어야 하는가?

① 2가닥 ② 3가닥
③ 4가닥 ④ 5가닥

 지선의 시설(KEC 331.11) : 지선에 연선을 사용할 경우에는
① 소선(素線) 3가닥 이상의 연선일 것
② 일잔적으로 소선의 지름이 2.6[mm] 이상의 금속선을 사용한 것일 것

정답 01 ② 02 ②

03 전로의 중성점의 접지에서 기기 접지 점퍼의 굵기에서 상전선 최대 굵기가 30[mm²] 이하일 경우 접지극 전선은 몇 [mm²]이 적합한가?

① 10[mm²]
② 16[mm²]
③ 25[mm²]
④ 35[mm²]

 기기 접지 점퍼의 굵기

상전선 최대 굵기(mm²)	접지극 전선(mm²)
30 이하	10
38 또는 50	16
60 또는 80	25
80 초과 175까지	35
175 초과 300까지	50
300 초과 550까지	70
550 초과	95

04 가공전선로에 사용하는 지지물의 강도 계산에 적용하는 병종 풍압하중의 설명으로 맞는 것은?

① "갑종 풍압하중" 풍압의 2분의 1을 기초로 하여 계산
② "을종 풍압하중" 풍압의 2분의 1을 기초로 하여 계산
③ "갑종 풍압하중" 풍압의 3분의 1을 기초로 하여 계산
④ "을종 풍압하중" 풍압의 3분의 1을 기초로 하여 계산

 풍압하중의 종별과 적용(KEC 331.6)
병종 풍압하중은 "갑종 풍압하중" 풍압의 2분의 1을 기초로 하여 계산한 것

05 가공케이블의 시설에 대한 설명으로 틀린 것은?

① 케이블은 조가용선에 행거로 시설할 것
② "보기 ①"의 경우 사용전압이 고압인 때에는 행거의 간격은 0.5[m] 이하로 하는 것이 좋다.
③ 조가용선은 인장강도 4.5[kN] 이상의 것
④ 조가용선은 단면적 22[mm²] 이상인 아연도강연선일 것

 가공케이블의 시설(KEC 332.2)
① 케이블은 조가용선에 행거로 시설할 것. 이 경우에는 사용전압이 고압인 때에는 행거의 간격은 0.5[m] 이하로 하는 것이 좋다.
② 조가용선은 인장강도 5.93[kN] 이상의 것 또는 단면적 22[mm²] 이상인 아연도강연선일 것

06 특고압 가공인입선의 시설에서 변전소 또는 개폐소에 준하는 곳 이외의 곳에 인입하는 특고압 가공 인입선은 사용전압이 [kV] 이하인가?

① 100[kV]
② 150[kV]
③ 200[kV]
④ 250[kV]

해설 특고압 가공인입선의 시설(KEC 331.12.2)
변전소 또는 개폐소에 준하는 곳 이외의 곳에 인입하는 특고압 가공인입선은 사용전압이 100[kV] 이하로 시설하여야 한다.

07 고압 옥측전선로는 전개된 장소에는 케이블을 조영재의 옆면 또는 아랫면에 따라 붙일 경우에는 케이블의 지지점 간의 거리를 2[m] 이하이다. 수직으로 붙일 경우에는 몇 [m] 이하인가?

① 2[m]
② 4[m]
③ 6[m]
④ 8[m]

해설 고압 옥측전선로의 시설(KEC 331.13.1) : 고압 옥측전선로는 전개된 장소에는
① 전선은 케이블일 것
② 케이블은 견고한 관 또는 트라프에 넣거나 사람이 접촉할 우려가 없도록 시설할 것
③ 케이블을 조영재의 옆면 또는 아랫면에 따라 붙일 경우에는 케이블의 지지점 간의 거리를 2[m](수직으로 붙일 경우에는 6[m]) 이하로 하고 또한 피복을 손상하지 아니하도록 붙일 것

08 고압 가공전선의 안전율에서 고압 가공전선은 케이블인 경우 이외에는 안전율이 경동선 또는 내열 동합금선은 얼마 이상으로 시설하여야 하는가?

① 1.8
② 2.0
③ 2.2
④ 2.4

해설 고압 가공전선의 안전율(KEC 332.4)
고압 가공전선은 케이블인 경우 이외에는 다음에 규정하는 경우에 그 안전율이 경동선 또는 내열 동합금선은 2.2 이상, 그 밖의 전선은 2.5 이상이 되는 이도(弛度)로 시설하여야 한다.

09 고압 가공전선의 높이는 철도 또는 궤도를 횡단하는 경우에는 레일면상 몇 [m] 이상이어야 하는가?

① 5.5[m]
② 6.0[m]
③ 6.5[m]
④ 7.0[m]

해설 고압 가공전선의 높이(KEC 332.5) : 철도 또는 궤도를 횡단하는 경우에는 레일면상 6.5[m] 이상

정답 06 ① 07 ③ 08 ③ 09 ③

10 고압 가공전선의 높이는 횡단보도교의 위에 시설하는 경우에는 그 노면상 [m] 이상이 적합한가?

① 3.5[m] ② 4.0[m]
③ 4.5[m] ④ 5.5[m]

 고압 가공전선의 높이(KEC 332.5)
고압 가공전선의 높이는 횡단보도교의 위에 시설하는 경우에는 그 노면상 3.5[m] 이상

11 고압 가공전선로에 사용하는 가공지선은 인장강도가 몇 [kN] 이상이어야 하는가?

① 4.26[kN] ② 5.26[kN]
③ 6.26[kN] ④ 7.26[kN]

 고압 가공전선로의 가공지선(KEC 332.6)
고압 가공전선로에 사용하는 가공지선은 인장강도 5.26[kN] 이상의 것 또는 지름 4[mm] 이상의 나경동선을 사용한다.

12 고압 가공전선로의 지지물로서 사용하는 목주는 풍압하중에 대한 안전율은 얼마 이상이어야 하는가?

① 1.1 이상 ② 1.2 이상
③ 1.3 이상 ④ 1.4 이상

 고압 가공전선로의 지지물의 강도(KEC 332.7) : 고압 가공전선로의 지지물로서 사용하는 목주는
① 풍압하중에 대한 안전율은 1.3 이상일 것
② 굵기는 말구(末口) 지름 0.12[m] 이상일 것

13 지지물의 종류가 "A종 철주 또는 A종 철근 콘크리트주"일 경우 시가지 등에서 170[kV] 이하 특고압 가공전선로의 경간 제한은 얼마인가?

① 75[m] ② 150[m]
③ 300[m] ④ 400[m]

 시가지 등에서 170[kV] 이하 특고압 가공전선로의 경간 제한

지지물의 종류	경 간
A종 철주 또는 A종 철근 콘크리트주	75[m]
B종 철주 또는 B종 철근 콘크리트주	150[m]
철탑	400[m] (단주인 경우에는 300[m]) 다만, 전선이 수평으로 2이상 있는 경우에 전선 상호 간의 간격이 4[m] 미만일 때에는 250[m]

14 고압 보안공사는 목주의 풍압하중에 대한 안전율은 얼마 이상이어야 하는가?

① 1.0 이상
② 1.5 이상
③ 2.0 이상
④ 2.5 이상

 고압 보안공사(KEC 332.10) : 고압 보안공사는
① 전선은 케이블인 경우 이외에는 인장강도 8.01[kN] 이상의 것 또는 지름 5[mm] 이상의 경동선일 것
② 목주의 풍압하중에 대한 안전율은 1.5 이상일 것

15 특고압 가공전선의 높이에서 사용전압 160[kV] 초과일 경우 일반적으로 지표상의 높이는 몇 [m]인가?

① 4[m]
② 5[m]
③ 6[m]
④ 7[m]

 특고압 가공전선의 높이(KEC 333.7)

사용전압의 구분	지표상의 높이
35[kV] 이하	5[m] (철도 또는 궤도를 횡단하는 경우에는 6.5[m], 도로를 횡단하는 경우에는 6[m], 횡단보도교의 위에 시설하는 경우로서 전선이 특고압 절연전선 또는 케이블인 경우에는 4[m])
35[kV] 초과 160[kV] 이하	6[m] (철도 또는 궤도를 횡단하는 경우에는 6.5[m], 산지(山地) 등에서 사람이 쉽게 들어갈 수 없는 장소에 시설하는 경우에는 5[m], 횡단보도교의 위에 시설하는 경우 전선이 케이블인 때는 5[m])
160[kV] 초과	6[m] (철도 또는 궤도를 횡단하는 경우에는 6.5[m] 산지 등에서 사람이 쉽게 들어갈 수 없는 장소를 시설하는 경우에는 5[m])에 160[kV]를 초과하는 10[kV] 또는 그 단수마다 0.12[m]를 더한 값

16 특고압 가공전선로의 지지물로 사용하는 목주 굵기는 말구 지름 몇 [m] 이상이어야 하는가?

① 0.11[m]
② 0.12[m]
③ 0.13[m]
④ 0.14[m]

 특고압 가공전선로의 목주 시설(KEC 333.10) : 특고압 가공전선로의 지지물로 사용하는 목주는
① 풍압하중에 대한 안전율은 1.5 이상일 것
② 굵기는 말구 지름 0.12[m] 이상일 것

17 특고압 가공전선로의 지지물로 사용하는 B종 철근·B종 콘크리트주 또는 철탑의 종류가 아닌 것은?

① 직선형
② 각도형
③ 보강형
④ 곡선형

 특고압 가공전선로의 철주·철근 콘크리트주 또는 철탑의 종류(KEC 333.11) : 특고압 가공전선로의 지지물로 사용하는 B종 철근·B종 콘크리트주 또는 철탑의 종류는 직선형, 각도형, 인류형, 내장형, 보강형이 있다.

18 특고압 가공전선로의 철주·철근 콘크리트주 또는 철탑의 종류 중 내장형에 대한 설명으로 적합한 것은?

① 전선로중 3도를 초과하는 수평각도를 이루는 곳에 사용하는 것
② 전선로의 지지물 양쪽의 경간의 차가 큰 곳에 사용하는 것
③ 전선로의 직선부분에 그 보강을 위하여 사용하는 것
④ 전가섭선을 인류하는 곳에 사용하는 것

 ① 직선형 : 전선로의 직선부분(3도 이하인 수평각도를 이루는 곳을 포함한다. 이하 같다)에 사용하는 것. 다만, 내장형 및 보강형에 속하는 것을 제외한다.
② 각도형 : 전선로중 3도를 초과하는 수평각도를 이루는 곳에 사용하는 것
③ 인류형 : 전가섭선을 인류하는 곳에 사용하는 것
④ 내장형 : 전선로의 지지물 양쪽의 경간의 차가 큰 곳에 사용하는 것
⑤ 보강형 : 전선로의 직선부분에 그 보강을 위하여 사용하는 것

19 특고압 가공전선로의 경간 제한에서 지지물의 종류가 B종 철주 또는 B종 철근 콘크리트주일 경우 경간은 몇 [m]인가?

① 150[m]
② 250[m]
③ 400[m]
④ 600[m]

 특고압 가공전선로의 경간 제한(KEC 333.21)

지지물의 종류	경 간
목주·A종 철주 또는 A종 철근 콘크리트주	150[m]
B종 철주 또는 B종 철근 콘크리트주	250[m]
철탑	600[m] (단주인 경우에는 400[m])

20 내장형 철주·철근 콘크리트주 또는 철탑의 상시 상정하중의 설명으로 맞는 것은?

① 전가섭선에 관하여 각 가섭선의 상정 최대장력과 같은 불평균 장력의 수평 종분력에 의한 하중
② 전가섭선에 관하여 각 가섭선의 상정 최대장력의 33%와 같은 불평균 장력의 수평 종분력에 의한 하중
③ 전가섭선에 관하여 각 가섭선의 상정 최대장력의 33%와 같은 불평균 장력의 수평 종분력에 의한 하중
④ 전가섭선에 관하여 각 가섭선의 상정 최대장력의 10%와 같은 불평균 장력의 수평 종분력에 의한 하중

 상시 상정하중(KEC 333.13) : 인류형·내장형 또는 보강형·직선형·각도형의 철주·철근 콘크리트주 또는 철탑의 경우에는 하중에 다음에 따라 가섭선 불평균 장력에 의한 수평 종하중을 가산한다.
① 인류형의 경우에는 전가섭선에 관하여 각 가섭선의 상정 최대장력과 같은 불평균 장력의 수평 종분력에 의한 하중
② 내장형·보강형의 경우에는 전가섭선에 관하여 각 가섭선의 상정 최대장력의 33%와 같은 불평균 장력의 수평 종분력에 의한 하중
③ 직선형의 경우에는 전가섭선에 관하여 각 가섭선의 상정 최대장력의 3%와 같은 불평균 장력의 수평 종분력에 의한 하중.(단 내장형은 제외한다)
④ 각도형의 경우에는 전가섭선에 관하여 각 가섭선의 상정 최대장력의 10%와 같은 불평균 장력의 수평 종분력에 의한 하중

21 제2종 특고압 보안공사에서 지지물로 사용하는 목주의 풍압하중에 대한 안전율은?

① 2.0 이상　　　　　② 2.0 이하
③ 1.5 이상　　　　　④ 1.5 이하

 특고압 보안공사(KEC 333.22)
① 제2종 특고압 보안공사는 지지물로 사용하는 목주의 풍압하중에 대한 안전율은 2 이상일 것
② 특고압 가공전선은 연선일 것

22 특고압 가공전선이 건조물과 제1차 접근상태로 시설되는 경우에는 특고압 가공전선로는 몇 종 특고압 보안공사에 적용되는가?

① 제1종 특고압 보안공사　　② 제2종 특고압 보안공사
③ 제3종 특고압 보안공사　　④ 제3종 특고압 보안공사

 특고압 가공전선과 건조물의 접근(KEC 333.23)
특고압 가공전선이 건조물과 제1차 접근상태로 시설되는 경우에는 특고압 가공전선로는 제3종 특고압 보안공사에 의할 것

23 특고압 가공전선이 삭도와 제1차 접근상태로 시설되는 경우에는 특고압 가공전선로는 몇 종 특고압 보안공사에 적용되는가?

① 제1종 특고압 보안공사
② 제2종 특고압 보안공사
③ 제3종 특고압 보안공사
④ 제3종 특고압 보안공사

 특고압 가공전선과 삭도의 접근 또는 교차(KEC 333.25)
특고압 가공전선이 삭도와 제1차 접근상태로 시설되는 경우에는 특고압 가공전선로는 제3종 특고압 보안공사에 의할 것

24 특고압 가공전선과 저고압 가공전선 등의 접근 또는 교차 시 사용전압이 60[kV] 이하일 경우 이격거리(제1차 접근상태)는 몇 [m] 이상인가?

① 1.5[m]
② 2.0[m]
③ 2.5[m]
④ 3.0[m]

 특고압 가공전선과 저고압 가공전선 등의 접근 또는 교차 시 이격거리(제1차 접근상태) KEC 333.26)

사용전압의 구분	이 격 거 리
60[kV] 이하	2[m] 이상
60[kV] 초과	2[m]에 사용전압이 60[kV]를 초과하는 10[kV] 또는 그 단수마다 0.12[m]를 더한 값 이상

25 지중전선로를 직접 매설식에 의하여 시설하는 경우에는 매설 깊이를 차량 기타 중량물의 압력을 받을 우려가 있는 장소에는 몇 [m] 이상으로 하고 지중 전선을 견고한 트라프 기타 방호물에 넣어 시설하여야 하는가?

① 0.6[m]
② 1.0[m]
③ 1.8[m]
④ 2.4[m]

 지중전선로의 시설(KEC 334.1)
지중전선로를 직접 매설식에 의하여 시설하는 경우에는 매설 깊이를 차량 기타 중량물의 압력을 받을 우려가 있는 장소에는 1.0[m] 이상, 기타 장소에는 0.6[m] 이상으로 하고 또한 지중 전선을 견고한 트라프 기타 방호물에 넣어 시설하여야 한다.

26 폭발성 또는 연소성의 가스가 침입할 우려가 있는 것에 시설하는 지중함에 통풍장치 기타 가스를 방산시키기 위한 적당한 장치를 시설해야 하는 지중함의 크기는 몇 [m³]인가?

① 0.5[m³]
② 1.0[m³]
③ 1.5[m³]
④ 2.0[m³]

지중함의 시설(KEC 334.2)
폭발성 또는 연소성의 가스가 침입할 우려가 있는 것에 시설하는 지중함으로서 그 크기가 1[m³] 이상인 것에는 통풍장치 기타 가스를 방산시키기 위한 적당한 장치를 시설할 것

27 지상에 시설하는 전선로에 대한 설명으로 틀린 것은?

① 전선이 캡타이어 케이블인 경우 선의 도중에는 접속점을 만들지 아니할 것
② 전선이 캡타이어 케이블인 경우 전선로의 전원측 전로에는 전용의 개폐기 및 과전류 차단기를 각 극에 시설할 것
③ 전선이 캡타이어 케이블인 경우 사용전압이 0.4[kV] 초과하는 저압 또는 고압의 전로 중에는 전로에 지락이 생겼을 때에 자동적으로 전로를 차단하는 장치를 시설할 것
④ 지상에 시설하는 특고압 전선로는 사용전압이 50[kV] 이하인 경우 이외에는 시설하여서는 아니 된다.

 지상에 시설하는 전선로(KEC 335.5)
1. 전선이 캡타이어 케이블인 경우에는 다음에 의할 것
   ① 전선의 도중에는 접속점을 만들지 아니할 것
   ② 전선로의 전원측 전로에는 전용의 개폐기 및 과전류 차단기를 각 극(과전류 차단기는 다선식 전로의 중성극을 제외한다)에 시설할 것
   ③ 사용전압이 0.4[kV] 초과하는 저압 또는 고압의 전로 중에는 전로에 지락이 생겼을 때에 자동적으로 전로를 차단하는 장치를 시설할 것. 다만, 전선로의 전원측의 접속점으로부터 1[km] 안의 전원측 전로에 전용 절연변압기를 시설하는 경우로서 전로에 지락이 생겼을 때에 기술원 주재소에 경보하는 장치를 설치한 때에는 그러하지 아니하다.
2. 지상에 시설하는 특고압 전선로는 제1의 어느 하나에 해당하고 또한 사용전압이 100[kV] 이하인 경우 이외에는 시설하여서는 아니 된다.

28 급경사지에 시설하는 전선로의 시설에서 전선의 지지점 간의 거리는 몇 [m] 이하이어야 하는가?

① 5[m] ② 10[m]
③ 15[m] ④ 20[m]

 급경사지에 시설하는 전선로의 시설(KEC 335.8)
전선의 지지점 간의 거리는 15[m] 이하일 것. 그리고 저압 전선로와 고압 전선로를 같은 벼랑에 시설하는 경우에는 고압 전선로를 저압 전선로의 위로하고 또한 고압전선과 저압전선 사이의 이격거리는 0.5[m] 이상일 것

29 특고압 배전용 변압기의 시설에서 변압기의 1차 전압은 몇 [kV] 이하가 적합한가?

① 15[kV]
② 25[kV]
③ 35[kV]
④ 45[kV]

 특고압 배전용 변압기의 시설(KEC 341.2)
① 변압기의 1차 전압은 35[kV] 이하, 2차 전압은 저압 또는 고압일 것
② 변압기의 특고압측에 개폐기 및 과전류 차단기를 시설할 것
③ 변압기의 2차 전압이 고압인 경우에는 고압측에 개폐기를 시설하고 또한 쉽게 개폐할 수 있도록 할 것

30 특고압용 기계기구의 시설에서 기계기구를 지표상 몇 [m] 이상의 높이에 시설하여야 하는가?

① 1[m]
② 3[m]
③ 5[m]
④ 7[m]

 특고압용 기계기구의 시설(KEC 341.4) : 기계기구를 지표상 5[m] 이상의 높이에 시설

31 과전류 차단기로 시설하는 퓨즈 중 고압전로에 사용하는 포장 퓨즈는 정격전류의 1.3배의 전류에 견디고 또한 2배의 전류로 몇 분 안에 용단되어야 하는가?

① 60분
② 120분
③ 180분
④ 240분

 고압 및 특고압 전로 중의 과전류 차단기의 시설(KEC 341.10)
과전류 차단기로 시설하는 퓨즈 중 고압전로에 사용하는 포장 퓨즈(퓨즈 이외의 과전류 차단기와 조합하여 하나의 과전류 차단기로 사용하는 것을 제외한다)는 정격전류의 1.3배의 전류에 견디고 또한 2배의 전류로 120분 안에 용단되는 것 또는 다음에 적합한 고압전류제한퓨즈이어야 한다.

32 고압 및 특고압의 전로에 시설하는 피뢰기 접지저항 값은 [Ω] 이하로 하여야 하는가?

① 5[Ω]
② 10[Ω]
③ 15[Ω]
④ 20[Ω]

 피뢰기의 접지(KEC 341.14) : 고압 및 특고압의 전로에 시설하는 피뢰기 접지저항 값은 10[Ω] 이하로 하여야 한다.

33 애자공사에 의한 고압 옥내배선에 대한 설명이다. 틀린 것을 고르시오.

① 전선과 조영재 사이의 이격거리는 0.05[m] 이상일 것
② 전선의 지지점 간의 거리는 6[m] 이하일 것
③ 전선의 지지점 간의 거리는 전선을 조영재의 면을 따라 붙이는 경우에는 2[m] 이하이어야 한다.
④ 전선 상호 간의 간격은 0.6[m] 이상

 고압 옥내배선 등의 시설(KEC 342.1) : 애자사용배선에 의한 고압 옥내배선은 다음에 의하고, 또한 사람이 접촉할 우려가 없도록 시설할 것
① 전선은 공칭단면적 6[mm²] 이상의 연동선 또는 이와 동등 이상의 세기 및 굵기의 고압 절연전선이나 특고압 절연전선 또는 KEC 341.9의 2에 규정하는 인하용 고압 절연전선일 것
② 전선의 지지점 간의 거리는 6[m] 이하일 것. 다만, 전선을 조영재의 면을 따라 붙이는 경우에는 2[m] 이하이어야 한다.
③ 전선 상호 간의 간격은 0.08[m] 이상, 전선과 조영재 사이의 이격거리는 0.05[m] 이상일 것

34 울타리·담 등의 높이는 2[m] 이상으로 하고, 지표면과 울타리·담 등의 하단사이의 간격은 몇 [m] 이하로 하여야 하는가?

① 0.15[m] ② 0.20[m]
③ 0.25[m] ④ 0.30[m]

 발전소 등의 울타리·담 등의 시설(KEC 351.1)
울타리·담 등의 높이는 2[m] 이상으로 하고 지표면과 울타리·담 등의 하단 사이의 간격은 0.15[m] 이하로 할 것

35 전력보안통신설비의 시설 장소에서 배전선로에 대한 설명으로 틀린 것은?

① 22.9[kV] 계통 배전선로 구간(가공, 지중, 해저)
② 22.9[kV] 계통에 연결되는 분산전원형 발전소
③ 배전자동화, 원격검침, 부하감시 등의 및 지능형 전력망 구현을 위해 필요한 구간
④ 직류 계통 송전선로 구간 및 안전상 특히 필요한 경우의 적당한 곳

 전력보안통신설비의 시설 요구사항(KEC 362.1) : 송전선로
① 66[kV], 154[kV], 345[kV], 765[kV] 계통 송전선로 구간(가공, 지중, 해저) 및 안전상 특히 필요한 경우에 전선로의 적당한 곳
② 고압 및 특고압 지중전선로가 시설되어 있는 전력구내에서 안전상 특히 필요한 경우의 적당한 곳
③ 직류 계통 송전선로 구간 및 안전상 특히 필요한 경우의 적당한 곳

36 전력유도의 방지 제한 값을 초과하거나 초과할 우려가 있는 경우에는 이에 대한 방지조치를 하여야 한다. 방지조치의 조건으로 틀린 것은?

① 이상 시 유도위험전압 : 650[V](다만, 고장 시 전류제거시간이 0.1초 이상인 경우에는 430[V]로 한다)
② 상시 유도위험종전압 : 60[V]
③ 기기 오동작 유도종전압 : 15[V]
④ 잡음전압 : 1.5[mV]

 전력유도의 방지(KEC 362.4) : 잡음전압 0.5[mV]

Chapter 04 전기철도설비

6부 전기설비기술기준

❶ 전기철도의 일반사항(KEC 401)

1-1 적용범위(KEC 401.2)

이 규정은 직류 및 교류 전기철도 설비의 설계, 시공, 감리, 운영, 유지보수, 안전관리에 대하여 적용하여야 한다.

1-2 전기철도의 용어 정의(KEC 402)

1. **전기철도** : 전기를 공급받아 열차를 운행하여 여객(승객)이나 화물을 운송하는 철도
2. **전기철도설비** : 전기철도설비는 전철 변전설비, 급전설비, 부하설비(전기철도차량설비 등)로 구성
3. **전기철도차량** : 전기적 에너지를 기계적 에너지로 바꾸어 열차를 견인하는 차량으로 전기방식에 따라 직류, 교류, 직·교류 겸용, 성능에 따라 전동차, 전기기관차로 분류
4. **궤도** : 레일·침목 및 도상과 이들의 부속품으로 구성된 시설
5. **차량** : 전동기가 있거나 또는 없는 모든 철도의 차량(객차, 화차 등)을 말한다.
6. **열차** : 동력차에 객차, 화차 등을 연결하고 본선을 운전할 목적으로 조성된 차량
7. **레일** : 철도에 있어서 차륜을 직접 지지하고 안내해서 차량을 안전하게 주행시키는 설비
8. **전차선** : 전기철도차량의 집전장치와 접촉하여 전력을 공급하기 위한 전선
9. **전차선로** : 전기철도차량에 전력을 공급하기 위하여 선로를 따라 설치한 시설물로서 전차선, 급전선, 귀선과 그 지지물 및 설비를 총괄한 것

10. **급전선** : 전기철도차량에 사용할 전기를 변전소로부터 전차선에 공급하는 전선
11. **급전선로** : 급전선 및 이를 지지하거나 수용하는 설비를 총괄한 것
12. **급전방식** : 변전소에서 전기철도차량에 전력을 공급하는 방식을 말하며, 급전방식에 따라 직류식, 교류식으로 분류한다.
13. **합성전차선** : 전기철도차량에 전력을 공급하기 위하여 설치하는 전차선, 조가선(강체포함), 행어이어, 드로퍼 등으로 구성된 가공전선
14. **조가선** : 전차선이 레일면상 일정한 높이를 유지하도록 행어이어, 드로퍼 등을 이용하여 전차선 상부에서 조가하여 주는 전선
15. **가선방식** : 전기철도차량에 전력을 공급하는 전차선의 가선방식으로 가공식, 강체식, 제3레일방식으로 분류
16. **전차선 기울기** : 연접하는 2개의 지지점에서, 레일면에서 측정한 전차선 높이의 차와 경간 길이와의 비율
17. **전차선 높이** : 지지점에서 레일면과 전차선 간의 수직거리
18. **전차선 편위** : 팬터그래프 집전판의 편마모를 방지하기 위하여 전차선을 레일면 중심수직선으로부터 한쪽으로 치우친 정도의 치수
19. **귀선회로** : 전기철도차량에 공급된 전력을 변전소로 되돌리기 위한 귀로
20. **누설전류** : 전기철도에 있어서 레일 등에서 대지로 흐르는 전류
21. **수전선로** : 전기사업자에서 전철변전소 또는 수전설비 간의 전선로와 이에 부속되는 설비
22. **전철변전소** : 외부로부터 공급된 전력을 구내에 시설한 변압기, 정류기 등 기타의 기계 기구를 통해 변성하여 전기철도차량 및 전기철도설비에 공급하는 장소
23. **지속성 최저전압** : 무한정 지속될 것으로 예상되는 전압의 최저값
24. **지속성 최고전압** : 무한정 지속될 것으로 예상되는 전압의 최고값
25. **장기 과전압** : 지속시간이 20[ms] 이상인 과전압

❷ 전기철도의 전기방식(KEC 410)

2-1 전기방식의 일반사항(KEC 411)

2-1-1. 전력수급조건(KEC 411.1)

수전선로의 전력수급조건은 부하의 크기 및 특성, 지리적 조건, 환경적 조건, 전력조류, 전압강하, 수전 안정도, 회로의 공진 및 운용의 합리성, 장래의 수송수요, 전기사업자 협의 등을 고려하여 다음 표의 공칭전압(수전전압)으로 선정하여야 한다.

▶ 공칭전압(수전전압)

공칭전압(수전전압) (kV)	교류 3상 22.9, 154, 345

2-1-2. 전차선로의 전압(KEC 411.2)

1. 직류방식: 사용전압과 각 전압별 최고, 최저전압은 다음 표에 따라 선정하여야 한다. 다만, 비지속성 최고전압은 지속시간이 5분 이하로 예상되는 전압의 최고값으로 하되, 기존 운행중인 전기철도차량과의 인터페이스를 고려

▶ 직류방식의 급전전압

구분	지속성 최저전압 [V]	공칭전압 [V]	지속성 최고전압 [V]	비지속성 최고전압 [V]	장기 과전압 [V]
DC (평균값)	500 900	750 1,500	900 1,800	950[1] 1,950	1,269 2,538

[1] 회생제동의 경우 1,000[V]의 비지속성 최고전압은 허용 가능하다.

2. 교류방식: 사용전압과 각 전압별 최고, 최저전압은 다음 표에 따라 선정하여야 한다. 다만, 비지속성 최저전압은 지속시간이 2분 이하로 예상되는 전압의 최저값으로 하되, 기존 운행중인 전기철도차량과의 인터페이스를 고려

▶ 교류방식의 급전전압

주파수 (실횻값)	비지속성 최저전압 [V]	지속성 최저전압 [V]	공칭전압 [V][2]	지속성 최고전압 [V]	비지속성 최고전압 [V]	장기 과전압 [V]
60 Hz	17,500 35,000	19,000 38,000	25,000 50,000	27,500 55,000	29,000 58,000	38,746 77,492

[2] 급전선과 전차선간의 공칭전압은 단상교류 50[kV](급전선과 레일 및 전차선과 레일사이의의 전압은 25[kV])를 표준으로 한다.

❸ 변전방식의 일반사항(KEC 421)

3-1 변전소의 용량(KEC 421.3)

1. 변전소의 용량은 급전구간별 정상적인 열차부하조건에서 1시간 최대출력 또는 순시 최대출력을 기준으로 결정하고, 연장급전 등 부하의 증가를 고려하여야 한다.
2. 변전소의 용량 산정 시 현재의 부하와 장래의 수송수요 및 고장 등을 고려하여 변압기 뱅크를 구성하여야 한다.

3-2 변전소의 설비(KEC 421.4)

1. 급전용 변압기는 직류 전기철도의 경우 3상 정류기용 변압기, 교류 전기철도의 경우 3상 스코트결선 변압기의 적용을 원칙으로 하고, 급전계통에 적합하게 선정하여야 한다.
2. 제어용 교류전원은 상용과 예비의 2계통으로 구성하여야 한다.
3. 제어반의 경우 디지털계전기방식을 원칙으로 하여야 한다.

④ 전기철도의 전차선로(KEC 430)

4-1 전차선로의 일반사항(KEC 431)

4-1-1. 전차선 가선방식(KEC 431.1)

전차선의 가선방식은 열차의 속도 및 노반의 형태, 부하전류 특성에 따라 적합한 방식을 채택하여야 하며, 가공방식, 강체가선방식, 제3레일방식을 표준으로 한다.

4-1-2. 전차선로의 충전부와 건조물 간의 절연이격(KEC 431.2)

▶ 전차선과 건조물 간의 최소 절연이격거리

시스템 종류	공칭전압(V)	동적(mm)		정적(mm)	
		비오염	오염	비오염	오염
직류	750	25	25	25	25
	1,500	100	110	150	160
단상교류	25,000	170	220	270	320

4-1-3. 전차선로의 충전부와 차량 간의 절연이격(KEC 431.3)

▶ 전차선과 차량 간의 최소 절연이격거리

시스템 종류	공칭전압(V)	동적(mm)	정적(mm)
직류	750	25	25
	1,500	100	150
단상교류	25,000	190	270

4-1-4. 급전선로(KEC 431.4)

1. 급전선은 나전선을 적용하여 가공식으로 가설을 원칙으로 한다. 다만, 전기적 이격거리가 충분하지 않거나 지락, 섬락 등의 우려가 있을 경우에는 급전선을 케이블로 하여 안전하게 시공하여야 한다.
2. 가공식은 전차선의 높이 이상으로 전차선로 지지물에 병가하며, 나전선의 접속은 직선접속을 원칙으로 한다.

4-1-5. 귀선로(KEC 431.5)

1. 귀선로는 비절연보호도체, 매설접지도체, 레일 등으로 구성하여 단권변압기 중성점과 공통접지에 접속한다.
2. 귀선로는 사고 및 지락 시에도 충분한 허용전류용량을 갖도록 하여야 한다.

4-1-6. 전차선 및 급전선의 높이(KEC 431.6)

▶ **전차선 및 급전선의 최소 높이**

시스템 종류	공칭전압(V)	동적(mm)	정적(mm)
직류	750	4,800	4,400
	1,500	4,800	4,400
단상교류	25,000	4,800	4,570

4-1-7. 전차선의 기울기(KEC 431.7)

▶ **전차선의 기울기**

설계속도[V](km/시간)	속도등급	기울기(천분율)
$300 < V \leq 350$	350킬로급	0
$250 < V \leq 300$	300킬로급	0
$200 < V \leq 250$	250킬로급	1
$150 < V \leq 200$	200킬로급	2
$120 < V \leq 150$	150킬로급	3
$70 < V \leq 120$	120킬로급	4
$V \leq 70$	70킬로급	10

4-1-8. 전차선의 편위(KEC 431.8)

1. 전차선의 편위는 오버랩이나 분기 구간 등 특수 구간을 제외하고 레일면에 수직인 궤도 중심선으로부터 좌우로 각각 200[mm]를 표준으로 하며, 팬터그래프 집전판의 고른 마모를 위하여 지그재그 편위를 준다.
2. 전차선의 편위는 선로의 곡선반경, 궤도조건, 열차속도, 차량의 편위량 등을 고려하여 최악의 운행환경에서도 전차선이 팬터그래프 집전판의 집전 범위를 벗어나지 않아야 한다.
3. 제3레일방식에서 전차선의 편위는 차량의 집전장치의 집전범위를 벗어나지 않아야 한다.

4-1-9. 전차선로 설비의 안전율(KEC 431.10)

하중을 지탱하는 전차선로 설비의 강도는 작용이 예상되는 하중의 최악 조건 조합에 대하여 다음의 최소 안전율이 곱해진 값을 견디어야 한다.

① 합금전차선의 경우 2.0 이상
② 경동선의 경우 2.2 이상
③ 조가선 및 조가선 장력을 지탱하는 부품에 대하여 2.5 이상
④ 복합체 자재(고분자 애자 포함)에 대하여 2.5 이상
⑤ 지지물 기초에 대하여 2.0 이상
⑥ 장력조정장치 2.0 이상
⑦ 빔 및 브래킷은 소재 허용응력에 대하여 1.0 이상
⑧ 철주는 소재 허용응력에 대하여 1.0 이상
⑨ 가동브래킷의 애자는 최대 만곡하중에 대하여 2.5 이상
⑩ 지선은 선형일 경우 2.5 이상, 강봉형은 소재 허용응력에 대하여 1.0 이상

4-2 전기철도의 원격감시제어설비(KEC 435)

4-2-1. 원격감시제어시스템(SCADA)(KEC 435.1)

원격감시제어시스템은 열차의 안전운행과 현장 전철전력설비의 유지보수를 위하여 제어, 감시대상, 수준, 범위 및 확인, 운용방법 등을 고려하여 구성

4-2-1. 중앙감시제어장치 및 소규모 감시제어장치(KEC 435.2)

1. 전철변전소 등의 제어 및 감시는 전기관제실에서 이루어지도록 한다.
2. 원격감시제어시스템(SCADA)은 열차집중제어장치(CTC), 통신집중제어장치와 호환되도록 하여야 한다.
3. 전기관제실과 전철변전소, 급전구분소 또는 그 밖의 관제 업무에 필요한 장소에는 상호 연락할 수 있는 통신설비를 시설하여야 한다.
4. 소규모 감시제어장치는 유사시 현지에서 중앙감시제어장치를 대체할 수 있도록 하고, 전원설비 운용에 용이하도록 구성한다.

❺ 전기철도의 전기철도차량 설비(KEC 440)

5-1 전기철도차량 설비의 일반사항(KEC 441)

5-1-1. 절연구간(KEC 441.1)

1. 교류 구간에서는 변전소 및 급전구분소 앞에서 서로 다른 위상 또는 공급점이 다른 전원이 인접하게 될 경우 전원이 혼촉되는 것을 방지하기 위한 절연구간을 설치
2. 전기철도차량의 교류-교류 절연구간을 통과하는 방식은 역행 운전방식, 타행 운전방식, 변압기 무부하 전류방식, 전력소비 없이 통과하는 방식이 있으며, 각 통과방식을 고려하여 가장 적합한 방식을 선택하여 시설
3. 교류-직류(직류-교류) 절연구간은 교류 구간과 직류 구간의 경계지점에 시설한다. 이 구간에서 전기철도차량은 노치 오프(notch off) 상태로 주행

4. 절연구간의 소요길이는 구간 진입 시의 아크 시간, 잔류전압의 감쇠시간, 팬터그래프 배치간격, 열차속도 등에 따라 결정

5-1-2. 전차선과 팬터그래프간 상호작용(KEC 441.3)

1. 전차선의 전류는 열차속도, 열차중량, 차량운행간격, 선로기울기, 전차선 가선방식 등에 따라 다르고, 팬터그래프와 전차선간에는 과열이 일어나지 않도록 하여야 한다.
2. 정지시 팬터그래프당 최대전류값은 전차선 재질 및 수량, 집전판 수량 및 재질, 접촉력, 열차속도, 환경조건에 따라 다르게 고려되어야 한다.

5-1-3. 회생제동(KEC 441.5)

1. 전기철도차량은 다음과 같은 경우에 회생제동의 사용을 중단해야 한다.
   ① 전차선로 지락이 발생한 경우
   ② 전차선로에서 전력을 받을 수 없는 경우
2. 회생전력을 다른 전기장치에서 흡수할 수 없는 경우에는 전기철도차량은 다른 제동시스템으로 전환되어야 한다.
3. 전기철도 전력공급시스템은 회생제동이 상용제동으로 사용이 가능하고 다른 전기철도차량과 전력을 지속적으로 주고받을 수 있도록 설계되어야 한다.

5-1-4. 전기철도차량 전기설비의 전기위험방지를 위한 보호대책(KEC 441.6)

차체와 주행 레일과 같은 고정설비의 보호용 도체간의 임피던스는 이들 사이에 위험 전압이 발생하지 않을 만큼 낮은 수준인 다음 표에 따른다. 이 값은 적용전압이 50[V]를 초과하지 않는 곳에서 50[A]의 일정 전류로 측정하여야 한다.

▶ **전기철도차량별 최대임피던스**

차량 종류	최대 임피던스(Ω)
기관차	0.05
객차	0.15

6 전기철도의 설비를 위한 보호(KEC 450)

6-1 설비보호의 일반사항(KEC 451)

6-1-1. 절연협조(KEC 451.2)

변전소 등의 입, 출력 측에서 유입되는 뇌해, 이상전압과 변전소 등의 계통 내에서 발생하는 개폐서지의 크기 및 지속성, 이상전압 등을 고려하고 각각의 변전설비에 대한 절연협조는 표 "직류 1.5[kV] 방식의 절연협조 대조표" 또는 표 "교류 25[kV] 방식의 절연협조 대조표"를 적용

▶ **직류 1.5[kV] 방식의 절연협조 대조표**

항목			변전소용	전차선로용
회로 전압	공칭(kV)		1.5	1.5
	최고(kV)		1.8	1.8
뇌 임펄스 내전압(kV)			12	50
피뢰기의 성능(ZnO)	정격 전압(kV)		2.1	2.1
	동작 개시 전압(kV)		2.6 이상	※ 9 이상
	제한 전압 (kV)	2[kV]	4.5 이하	–
		3[kV]	–	25 이하
		5[kV]	5 이하	28 이하
	임펄스 내전압(kV)		45	50
전차선 애자의 성능	현수애자(kV) 180mm 2개 연결		교류 주수 내전압	45
			뇌 임펄스 내전압	160
	장간애자(kV)		교류 주수 내전압	65
			뇌 임펄스내전압	180

주) 전차선로용 피뢰기는 ZnO형, 갭(Gap) 부착이며, ※는 방전 개시전압을 나타낸다.

▶ **교류 25[kV] 방식의 절연협조 대조표**

항목			변전소용	전차선로용
회로 전압	공칭(kV)		25	25
	최고(kV)		29	29
뇌 임펄스 내전압(kV)			200	200
피뢰기의 성능(ZnO)	정격 전압(kV)		42	42
	동작 개시 전압(kV)		60	60
	제한 전압 (kV)	5[kV]	128	128
		10[kV]	140	140
	내전압 (kV)	교류	70	70
		임펄스	200	200
전차선 애자의 성능	현수애자 250[mm] 4개 연결(kV)		교류 주수 내전압	160
			뇌 임펄스 내전압	445
	장간애자(kV)		교류 주수 내전압	135
			뇌 임펄스 내전압	320

6-1-2. 피뢰기 설치장소(KEC 451.3)

1. 다음의 장소에 피뢰기를 설치하여야 한다.
    ① 변전소 인입측 및 급전선 인출측
    ② 가공전선과 직접 접속하는 지중케이블에서 낙뢰에 의해 절연파괴의 우려가 있는 케이블 단말

2. 피뢰기는 가능한 한 보호하는 기기와 가깝게 시설하되 누설전류 측정이 용이하도록 지지대와 절연하여 설치한다.

❼ 전기철도의 안전을 위한 보호(KEC 460)

7-1 전기안전의 일반사항(KEC 461)

7-1-1. 감전에 대한 보호조치(KEC 461.1)

1. 공칭전압이 교류 1[kV] 또는 직류 1.5[kV] 이하인 경우 사람이 접근할 수 있는 보행표면의 경우 가공 전차선의 충전부뿐만 아니라 전기철도차량 외부의 충전부(집전장치, 지붕도체 등)와의 직접 접촉을 방지하기 위한 공간거리가 있어야 하며 그림에서 표시한 공간거리 이상을 확보하여야 한다. 단, 제3레일방식에는 적용되지 않는다.

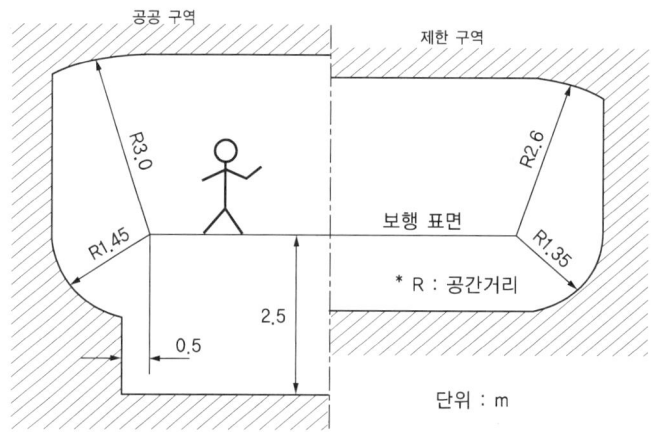

【 공칭전압이 교류 1[kV] 또는 직류 1.5[kV] 이하인 경우
사람이 접근할 수 있는 보행표면의 공간거리 】

2. 제1에 제시된 공간거리를 유지할 수 없는 경우 충전부와의 직접 접촉에 대한 보호를 위해 장애물을 설치하여야 한다. 충전부가 보행표면과 동일한 높이 또는 낮게 위치한 경우 장애물 높이는 장애물 상단으로부터 1.35[m]의 공간거리를 유지하여야 하며, 장애물과 충전부 사이의 공간거리는 최소한 0.3[m]로 하여야 한다.

3. 공칭전압이 교류 1[kV] 초과 25[kV] 이하인 경우 또는 직류 1.5[kV] 초과 25[kV] 이하인 경우 사람이 접근할 수 있는 보행표면의 경우 가공 전차선의 충전부뿐만 아니라 차량외부의 충전부(집전장치, 지붕도체 등)와의 직접접촉을 방지하기 위한 공간거리가 있어야 하며, 아래 그림에서 표시한 공간거리 이상을 유지하여야 한다.

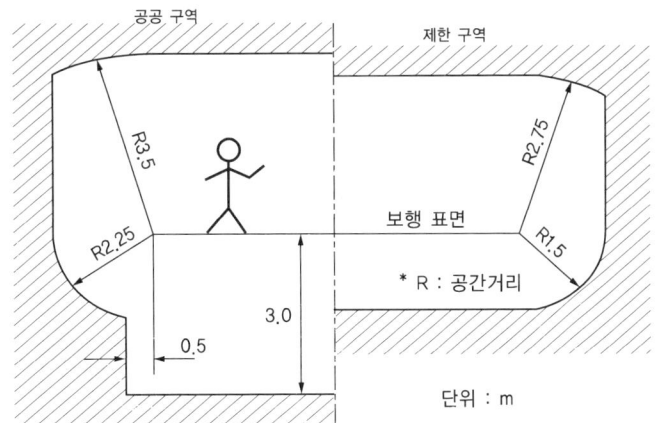

【 공칭전압이 교류 1[kV] 초과 25[kV] 이하인 경우 또는 직류 1.5[kV] 초과 25[kV] 이하인 경우 사람이 접근할 수 있는 보행표면의 공간거리 】

4. 제3에 제시된 공간거리를 유지할 수 없는 경우 충전부와의 직접 접촉에 대한 보호를 위해 장애물을 설치하여야 한다.
5. 충전부가 보행표면과 동일한 높이 또는 낮게 위치한 경우 장애물 높이는 장애물 상단으로부터 1.5[m]의 공간거리를 유지하여야 하며, 장애물과 충전부 사이의 공간거리는 최소한 0.6[m]로 하여야 한다.

7-1-2. 레일 전위의 위험에 대한 보호(KEC 461.2)

1. 레일 전위는 고장 조건에서의 접촉전압 또는 정상 운전조건에서의 접촉전압으로 구분하여야 한다.
2. 교류 전기철도 급전시스템에서의 레일 전위의 최대 허용 접촉전압은 다음 표의 값 이하여야 한다. 단, 작업장 및 이와 유사한 장소에서는 최대 허용 접촉전압을 25[V](실횻값)를 초과하지 않아야 한다.

▶ **교류 전기철도 급전시스템의 최대 허용 접촉전압**

시간 조건	최대 허용 접촉전압(실횻값)
순시조건(t ≤ 0.5초)	670[V]
일시적 조건(0.5초 < t ≤ 300초)	65[V]
영구적 조건(t >300)	60[V]

3. 직류 전기철도 급전시스템에서의 레일 전위의 최대 허용 접촉전압은 아래 표의 값 이하여야 한다. 단, 작업장 및 이와 유사한 장소에서 최대 허용 접촉전압은 60[V]를 초과하지 않아야 한다.

▶ 직류 전기철도 급전시스템의 최대 허용 접촉전압

시간 조건	최대 허용 접촉전압
순시조건(t ≤ 0.5초)	535[V]
일시적 조건(0.5초 < t ≤ 300초)	150[V]
영구적 조건(t >300)	120[V]

7-1-3. 누설전류 간섭에 대한 방지(KEC 461.5)

1. 직류 전기철도 시스템의 누설전류를 최소화하기 위해 귀선전류를 금속귀선로 내부로만 흐르도록 하여야 한다.
2. 심각한 누설전류의 영향이 예상되는 지역에서는 정상 운전 시 단위길이당 컨덕턴스 값은 다음 표의 값 이하로 유지될 수 있도록 하여야 한다.

▶ 단위길이당 컨덕턴스

견인시스템	옥외(S/km)	터널(S/km)
철도선로(레일)	0.5	0.5
개방 구성에서의 대량수송 시스템	0.5	0.1
폐쇄 구성에서의 대량수송 시스템	2.5	-

3. 직류 전기철도 시스템이 매설 배관 또는 케이블과 인접할 경우 누설전류를 피하기 위해 최대한 이격시켜야 하며, 주행레일과 최소 1[m] 이상의 거리를 유지하여야 한다.

Chapter 04 적중예상문제

01 다음 중 조가선에 대한 용어정의로 올바른 것은?

① 전차선이 레일면상 일정한 높이를 유지하도록 행어이어, 드로퍼 등을 이용하여 전차선 상부에서 조가하여 주는 전선
② 지지점에서 레일면과 전차선 간의 수직거리
③ 연접하는 2개의 지지점에서, 레일면에서 측정한 전차선 높이의 차와 경간 길이와의 비율
④ 전기철도차량에 공급된 전력을 변전소로 되돌리기 위한 귀로

 전기철도의 용어 정의(KEC 402)
① 전차선 높이 : 지지점에서 레일면과 전차선 간의 수직거리
② 전차선 기울기 : 연접하는 2개의 지지점에서, 레일면에서 측정한 전차선 높이의 차와 경간 길이와의 비율
③ 귀선회로 : 전기철도차량에 공급된 전력을 변전소로 되돌리기 위한 귀로

02 변전소의 용량에 대한 설명으로 적합한 것은?

① 급전구간별 정상적인 열차부하조건에서 2시간 최대출력 또는 순시 최대출력을 기준으로 결정
② 급전구간별 정상적인 열차부하조건에서 1시간 최대출력 또는 순시 최대출력을 기준으로 결정
③ 급전구간별 정상적인 열차부하조건에서 2시간 최대출력 또는 정시 최대출력을 기준으로 결정
④ 급전구간별 정상적인 열차부하조건에서 1시간 최대출력 또는 정시 최대출력을 기준으로 결정

 변전소의 용량(KEC 421.3)
변전소의 용량은 급전구간별 정상적인 열차부하조건에서 1시간 최대출력 또는 순시 최대출력을 기준으로 결정하고, 연장급전 등 부하의 증가를 고려하여야 한다.

03 다음 중 차량에 대한 용어정의로 올바른 것은?

① 레일·침목 및 도상과 이들의 부속품으로 구성된 시설
② 동력차에 객차, 화차 등을 연결하고 본선을 운전할 목적으로 조성된 차량
③ 철도에 있어서 차륜을 직접지지하고 안내해서 차량을 안전하게 주행시키는 설비
④ 전동기가 있거나 또는 없는 모든 철도의 차량(객차, 화차 등)을 말한다.

① 궤도 : 레일·침목 및 도상과 이들의 부속품으로 구성된 시설
② 열차 : 동력차에 객차, 화차 등을 연결하고 본선을 운전할 목적으로 조성된 차량
③ 레일 : 철도에 있어서 차륜을 직접지지하고 안내해서 차량을 안전하게 주행시키는 설비

04 다음은 "전차선과 차량 간의 최소 절연이격거리"이다. ( ) 안의 적합한 거리는?

시스템 종류	공칭전압(V)	동적(mm)	정적(mm)
직류	750	(㉠)	25
	1,500	100	(㉡)
단상교류	25,000	(㉢)	270

① ㉠ 25 ㉡ 150 ㉢ 190
② ㉠ 25 ㉡ 110 ㉢ 160
③ ㉠ 45 ㉡ 150 ㉢ 160
④ ㉠ 45 ㉡ 110 ㉢ 190

전차선로의 충전부와 차량 간의 절연이격(KEC 431.3) : 전차선과 차량 간의 최소 절연이격거리

시스템 종류	공칭전압(V)	동적(mm)	정적(mm)
직류	750	25	25
	1,500	100	150
단상교류	25,000	190	270

05 다음 급전선로에 대한 설명으로 틀린 것은?

① 급전선은 나전선을 적용하여 가공식으로 가설을 원칙으로 한다.
② 전기적 이격거리가 충분하지 않거나 지락, 섬락 등의 우려가 있을 경우에는 급전선을 케이블로 하여 안전하게 시공하여야 한다.
③ 가공식은 전차선의 높이 이상으로 전차선로 지지물에 병가한다.
④ 나전선의 접속은 병렬접속을 원칙으로 한다.

급전선로(KEC 431.4) : 나전선의 접속은 직선접속을 원칙으로 한다.

06 아래 표는 "전차선 및 급전선의 최소 높이"이다. ( ) 안의 적합한 거리는?

시스템 종류	공칭전압(V)	동적(mm)	정적(mm)
직류	750	4,800	(㉠)
	1,500	(㉡)	(㉢)

① ㉠ 4,800 ㉡ 4,400 ㉢ 4,800
② ㉠ 4,400 ㉡ 4,400 ㉢ 4,800
③ ㉠ 4,400 ㉡ 4,800 ㉢ 4,400
④ ㉠ 4,800 ㉡ 4,400 ㉢ 4,400

  전차선 및 급전선의 높이(KEC 431.6)

시스템 종류	공칭전압(V)	동적(mm)	정적(mm)
직류	750	4,800	4,400
	1,500	4,800	4,400
단상교류	25,000	4,800	4,570

07 전차선의 편위는 오버랩이나 분기 구간 등 특수 구간을 제외하고 레일면에 수직인 궤도 중심선으로부터 좌우로 각각 몇 [mm]를 표준으로 하는가?

① 100[mm]
② 200[mm]
③ 300[mm]
④ 400[mm]

  전차선의 편위(KEC 431.8)
전차선의 편위는 오버랩이나 분기 구간 등 특수 구간을 제외하고 레일면에 수직인 궤도 중심선으로부터 좌우로 각각 200[mm]를 표준으로 하며, 팬터그래프 집전판의 고른 마모를 위하여 지그재그 편위를 준다.

08 조가선 및 조가선 장력을 지탱하는 부품의 경우 하중을 지탱하는 전차선로 설비강도는 작용이 예상되는 하중에 대한 최소 안전율의 몇 배 이상 값을 견디어야 하는가?

① 2.0 이상
② 2.2 이상
③ 2.5 이상
④ 2.7 이상

  전차선로 설비의 안전율(KEC 431.10)
하중을 지탱하는 전차선로 설비의 강도는 작용이 예상되는 하중의 최악 조건 조합에 대하여 다음의 최소 안전율이 곱해진 값을 견디어야 한다.
① 합금전차선의 경우 2.0 이상
② 경동선의 경우 2.2 이상
③ 조가선 및 조가선 장력을 지탱하는 부품에 대하여 2.5 이상

09 복합체 자재(고분자 애자 포함)에 대해서는 하중을 지탱하는 전차선로 설비의 강도는 작용이 예상되는 하중에 대한 최소 안전율의 몇 배 이상 값을 견디어야 하는가?

① 2.5 이상
② 2.0 이상
③ 1.5 이상
④ 1.0 이상

① 복합체 자재(고분자 애자 포함)에 대하여 2.5 이상
② 지지물 기초에 대하여 2.0 이상
③ 장력조정장치 2.0 이상

10 철주는 소재 허용응력에 대하여 전차선로 설비의 예상되는 최소 안전율의 몇 배 이상 값을 견디어야 하는가?

① 1.0 이상
② 1.5 이상
③ 2.0 이상
④ 2.5 이상

① 빔 및 브래킷은 소재 허용응력에 대하여 1.0 이상
② 브래킷의 애자는 최대 만곡하중에 대하여 2.5 이상
③ 지선은 선형일 경우 2.5 이상, 강봉형은 소재 허용응력에 대하여 1.0 이상

11 전기철도의 전기철도차량 설비의 절연구간에 대한 설명으로 틀린 것은?

① 교류 구간에서는 변전소 및 급전구분소 앞에서 서로 다른 위상 또는 공급점이 다른 전원이 인접하게 될 경우 전원이 혼촉되는 것을 방지하기 위한 절연구간을 설치한다.
② 전기철도차량의 직류-직류 절연구간을 통과하는 방식은 역행 운전방식, 타행 운전방식, 변압기 무부하 전류방식, 전력소비 없이 통과하는 방식이 있다.
③ 교류-직류(직류-교류) 절연구간은 교류 구간과 직류 구간의 경계지점에 시설한다. 이 구간에서 전기철도차량은 노치 오프(notch off) 상태로 주행한다.
④ 절연구간의 소요길이는 구간 진입 시의 아크 시간, 잔류전압의 감쇠시간, 팬터그래프 배치간격, 열차속도 등에 따라 결정한다.

절연구간(KEC 441.1)
전기철도차량의 교류-교류 절연구간을 통과하는 방식은 역행 운전방식, 타행 운전방식, 변압기 무부하 전류방식, 전력소비 없이 통과하는 방식이 있으며, 각 통과방식을 고려하여 가장 적합한 방식을 선택하여 시설한다.

12 다음은 회생제동에 대한 설명이다. 틀린 것은?

① 전차선로 지락이 발생한 경우 전기철도차량은 회생제동의 사용을 중단해야 한다.
② 전차선로에서 전력을 받을 수 없는 경우 전기철도차량은 회생제동의 사용을 중단해야 한다.
③ 회생전력을 다른 전기장치에서 흡수할 수 없는 경우에는 전기철도차량은 다른 제동시스템으로 전환되어야 한다.
④ 전기철도 전력공급시스템은 회생제동이 상용제동으로 사용이 불가능하다.

 회생제동(KEC 441.5)
전기철도 전력공급시스템은 회생제동이 상용제동으로 사용이 가능하고 다른 전기철도차량과 전력을 지속적으로 주고받을 수 있도록 설계되어야 한다.

13 전기철도차량별 최대임피던스에서 차량이 객차인 경우 최대 임피던스(Ω)는 얼마가 적합한가?

① 0.05[Ω]
② 0.10[Ω]
③ 0.15[Ω]
④ 0.25[Ω]

 전기철도차량 전기설비의 전기위험방지를 위한 보호대책(KEC 441.6)

차량 종류	최대 임피던스(Ω)
기관차	0.05
객차	0.15

14 다음 피뢰기에 대한 설명으로 적합하지 않는 것은?

① 변전소 인입측 및 급전선 인출측 장소에 피뢰기를 설치하여야 한다.
② 피뢰기는 가능한 한 보호하는 기기와 가깝게 시설하되 누설전류 측정이 용이하도록 지지대와 절연하여 설치한다.
③ 피뢰기는 밀봉형을 사용하고 유효 보호거리를 증가시키기 위하여 방전개시전압 및 제한전압이 높은 것을 사용한다.
④ 유도뢰서지에 대하여 2선 또는 3선의 피뢰기 동시동작이 우려되는 변전소 근처의 단락 전류가 큰 장소에는 속류차단능력이 크고 또한 차단성능이 회로조건의 영향을 받을 우려가 적은 것을 사용한다.

 피뢰기의 선정(KEC 451.4)
피뢰기는 밀봉형을 사용하고 유효 보호거리를 증가시키기 위하여 방전개시전압 및 제한전압이 낮은 것을 사용한다.

15 충전부가 보행표면과 동일한 높이 또는 낮게 위치한 경우 장애물 높이는 장애물 상단으로부터 몇 [m]의 공간거리를 유지하여야 하는가?

① 0.6[m] ② 1.0[m]
③ 1.5[m] ④ 1.8[m]

 감전에 대한 보호조치(KEC 461.1)
충전부가 보행표면과 동일한 높이 또는 낮게 위치한 경우 장애물 높이는 장애물 상단으로부터 1.5[m]의 공간거리를 유지하여야 하며, 장애물과 충전부 사이의 공간거리는 최소한 0.6[m]로 하여야 한다.

16 교류 전기철도 급전시스템의 최대 허용 접촉전압에서 시간 조건이 순시조건(t≤0.5초)일 경우 최대 허용 접촉전압(실횻값)은?

① 60[V] ② 65[V]
③ 535[V] ④ 670[V]

 레일 전위의 위험에 대한 보호(KEC 461.2)

시간 조건	최대 허용 접촉전압(실횻값)
순시조건(t ≤ 0.5초)	670 V
일시적 조건(0.5초 < t ≤ 300초)	65 V
영구적 조건(t > 300)	60 V

17 직류 전기철도 급전시스템의 최대 허용 접촉전압에서 시간조건이 영구적 조건(t > 300)일 경우 최대 허용 접촉전압은?

① 110[V] ② 120[V]
③ 150[V] ④ 535[V]

 레일 전위의 위험에 대한 보호(KEC 461.2)

시간 조건	최대 허용 접촉전압
순시조건(t ≤ 0.5초)	535 V
일시적 조건(0.5초 < t ≤ 300초)	150 V
영구적 조건(t > 300)	120 V

18 교류 전기철도 급전시스템의 접촉전압을 감소시키는 방법으로 부적당한 것을 고르시오.

① 접지극 감소 사용
② 등전위 본딩
③ 전압제한소자 적용
④ 보행 표면의 절연

 레일 전위의 접촉전압 감소 방법(KEC 461.3) : 교류 전기철도 급전시스템의 촉전압을 감소 방법
① 접지극 추가 사용
② 등전위 본딩
③ 전자기적 커플링을 고려한 귀선로의 강화
④ 전압제한소자 적용
⑤ 보행 표면의 절연
⑥ 단락전류를 중단시키는데 필요한 트래핑 시간 감소

19 직류 전기철도 급전시스템의 접촉전압을 감소시키는 방법으로 부적당한 것을 고르시오.

① 고장조건에서 레일 전위를 감소시키기 위해 전도성 구조물 접지의 보강
② 전압제한소자 적용
③ 보행 표면의 절연
④ 단락전류를 중단시키는데 필요한 트래핑 시간의 증가

 레일 전위의 접촉전압 감소 방법(KEC 461.3) : 직류 전기철도 급전시스템의 접촉전압을 감소 방법
① 고장조건에서 레일 전위를 감소시키기 위해 전도성 구조물 접지의 보강
② 전압제한소자 적용
③ 귀선 도체의 보강
④ 보행 표면의 절연
⑤ 단락전류를 중단시키는데 필요한 트래핑 시간의 감소

20 전기철도측의 전식방식 또는 전식예방을 위한 고려방법으로 적합하지 않는 것은?

① 변전소 간 간격 확대
② 레일본드의 양호한 시공
③ 장대레일채택
④ 절연도상 및 레일과 침목사이에 절연층의 설치

 전식방지대책(KEC 461.4) : 변전소 간 간격 축소

21 매설금속체측의 누설전류에 의한 전식의 피해가 예상되는 곳의 고려사항이 아닌 것은?

① 절연코팅
② 매설금속체 접속부 절연
③ 고준위 금속체를 접속
④ 궤도와의 이격 거리 증대

 전식방지대책(KEC 461.4) : 매설금속체측의 누설전류에 의한 전식의 피해가 예상되는 곳은 다음 방법을 고려하여야 한다.
① 배류장치 설치
② 절연코팅
③ 매설금속체 접속부 절연
④ 저준위 금속체를 접속
⑤ 궤도와의 이격 거리 증대
⑥ 금속판 등의 도체로 차폐

22 누설전류 간섭에 대한 방지에 대한 설명으로 틀린 것은?

① 직류 전기철도 시스템의 누설전류를 최소화하기 위해 귀선전류를 금속귀선로 내부로만 흐르도록 하여야 한다.
② 심각한 누설전류의 영향이 예상되는 지역에서는 정상 운전 시 단위길이당 컨덕턴스 값은 견인시스템이 철도선로(레일)의 경우 옥외 0.5[S/km], 터널 0.5[S/km] 이하로 유지되어야 한다.
③ 심각한 누설전류의 영향이 예상되는 지역에서는 정상 운전 시 단위길이당 컨덕턴스 값은 견인시스템이 폐쇄 구성에서의 대량수송 시스템인 경우 옥외 2.5[S/km] 이하로 유지되어야 한다.
④ 직류 전기철도 시스템이 매설 배관 또는 케이블과 인접할 경우 누설전류를 피하기 위해 최대한 이격시켜야 하며, 주행레일과 최소 1.5[m] 이상의 거리를 유지하여야 한다.

 누설전류 간섭에 대한 방지(KEC 461.5)
직류 전기철도 시스템이 매설 배관 또는 케이블과 인접할 경우 누설전류를 피하기 위해 최대한 이격시켜야 하며, 주행레일과 최소 1[m] 이상의 거리를 유지하여야 한다.

23 귀선시스템의 종 방향 전기저항을 낮추기 위해서는 레일 사이에 저저항 레일본드를 접합 또는 접속하여 전체 종 방향 저항이 몇 % 이상 증가하지 않도록 하여야 하는가?

① 1%
② 3%
③ 5%
④ 7%

 누설전류 간섭에 대한 방지(KEC 461.5)
① 귀선시스템의 종 방향 전기저항을 낮추기 위해서는 레일 사이에 저저항 레일본드를 접합 또는 접속하여 전체 종 방향 저항이 5% 이상 증가하지 않도록 하여야 한다.
② 귀선시스템의 어떠한 부분도 대지와 절연되지 않은 설비, 부속물 또는 구조물과 접속되어서는 안 된다.

Chapter 05 분산형 전원설비

6부 전기설비기술기준

① 일반사항(KEC 501)

1-1 용어의 정의(KEC 502)

1. **풍력터빈** : 바람의 운동에너지를 기계적 에너지로 변환하는 장치(가동부 베어링, 나셀, 블레이드 등의 부속물을 포함)
2. **풍력터빈을 지지하는 구조물** : 타워와 기초로 구성된 풍력터빈의 일부분
3. **풍력발전소** : 단일 또는 복수의 풍력터빈(풍력터빈을 지지하는 구조물을 포함)을 원동기로 하는 발전기와 그 밖의 기계기구를 시설하여 전기를 발생시키는 곳
4. **자동정지** : 풍력터빈의 설비보호를 위한 보호 장치의 작동으로 인하여 자동적으로 풍력터빈을 정지시키는 것
5. **MPPT** : 태양광발전이나 풍력발전 등이 현재 조건에서 가능한 최대의 전력을 생산할 수 있도록 인버터 제어를 이용하여 해당 발전원의 전압이나 회전속도를 조정하는 최대출력추종(MPPT, Maximum Power Point Tracking) 기능
6. **전지관리시스템**(BMS, Battery Management System) : 이차전지의 전압, 전류, 온도 등의 값을 측정하여 이차전지를 효율적으로 사용할 수 있도록 상위 시스템과의 통신을 통해 현재의 상태를 전송하며, 이상징후 발생 시 내부 안전장치를 작동시키는 등 이차전지를 관리하는 시스템
7. **재사용 이차전지** : 이차전지를 해체 및 재조립하여 안전 및 성능평가를 통해 다시 사용하는 이차전지
8. 기타 용어는 KEC 112에 따른다.

1-2 분산형 전원 계통 연계설비의 시설(KEC 503)

1-2-1. 시설기준(KEC 503.2)

1. 전기 공급방식 등(KEC 503.2.1)

    분산형 전원설비의 전기 공급방식, 접지 또는 측정 장치 등은
    ① 분산형 전원설비의 전기 공급방식은 전력계통과 연계되는 전기 공급방식과 동일할 것
    ② 분산형 전원설비 사업자의 한 사업장의 설비 용량 합계가 250[kVA] 이상일 경우에는 송배전계통과 연계지점의 연결 상태를 감시 또는 유효전력, 무효전력 및 전압을 측정할 수 있는 장치를 시설할 것

2. 저압계통 연계 시 직류유출방지 변압기의 시설(KEC 503.2.2)

    분산형 전원설비를 인버터를 이용하여 전기판매사업자의 저압 전력계통에 연계하는 경우 인버터로부터 직류가 계통으로 유출되는 것을 방지하기 위하여 접속점(접속설비와 분산형 전원설비 설치자 측 전기설비의 접속점을 말한다)과 인버터 사이에 상용 주파수 변압기(단권변압기를 제외한다)를 시설하여야 한다. 다만, 다음을 모두 충족하는 경우에는 예외로 한다.
    ① 인버터의 직류 측 회로가 비접지인 경우 또는 고주파 변압기를 사용하는 경우
    ② 인버터의 교류출력 측에 직류 검출기를 구비하고, 직류 검출 시에 교류출력을 정지하는 기능을 갖춘 경우

3. 연계용 변압기 중성점의 접지(KEC 503.2.6)

    분산형 전원설비를 특고압 전력계통에 연계하는 경우 연계용 변압기 중성점의 접지는 전력계통에 연결되어 있는 다른 전기설비의 정격을 초과하는 과전압을 유발하거나 전력계통의 지락고장 보호협조를 방해하지 않도록 시설하여야 한다.

❷ 전기저장장치(KEC 510)

2-1 옥내전로의 대지전압 제한(KEC 511.3)

주택의 전기저장장치의 축전지에 접속하는 부하 측 옥내배선을 다음에 따라 시설하는 경우에 주택의 옥내전로의 대지전압은 직류 600[V]까지 적용할 수 있다.
① 전로에 지락이 생겼을 때 자동적으로 전로를 차단하는 장치를 시설할 것
② 사람이 접촉할 우려가 없는 은폐된 장소에 합성수지관배선, 금속관배선 및 케이블배선에 의하여 시설하거나, 사람이 접촉할 우려가 없도록 케이블배선에 의하여 시설하고 전선에 적당한 방호장치를 시설할 것

2-2 전기저장장치의 시설기준(KEC 512.1)

2-2-1. 전기배선(KEC 512.1.1)
전선은 공칭단면적 2.5[mm^2] 이상의 연동선 또는 이와 동등 이상의 세기 및 굵기의 것일 것

2-2-2. 충전 및 방전 기능(KEC 512.2.1)
1. 충전기능
   ① 전기저장장치는 배터리의 SOC특성(충전상태: State of Charge)에 따라 제조자가 제시한 정격으로 충전할 수 있어야 한다.
   ② 충전할 때에는 전기저장장치의 충전상태 또는 배터리 상태를 시각화하여 정보를 제공해야 한다.
2. 방전기능
   ① 전기저장장치는 배터리의 SOC특성에 따라 제조자가 제시한 정격으로 방전 할 수 있어야 한다.
   ② 방전할 때에는 전기저장장치의 방전상태 또는 배터리 상태를 시각화하여 정보를 제공해야 한다.

2-2-3. 계측장치(KEC 512.2.3)
전기저장장치를 시설하는 곳에는 다음의 사항을 계측하는 장치를 시설하여야 한다.
① 축전지 출력 단자의 전압, 전류, 전력 및 충방전 상태
② 주요변압기의 전압, 전류 및 전력

2-2-4. 접지 등의 시설(KEC 512.2.4)
금속제 외함 및 지지대 등은 KEC 140의 규정에 따라 접지공사를 하여야 한다.

❸ 태양광발전설비(KEC 520)

3-1 설비의 안전 요구사항(KEC 521.2)

1. 태양전지 모듈, 전선, 개폐기 및 기타 기구는 충전부분이 노출되지 않도록 시설하여야 한다.
2. 모든 접속함에는 내부의 충전부가 인버터로부터 분리된 후에도 여전히 충전상태일 수 있음을 나타내는 경고가 붙어 있어야 한다.
3. 태양광설비의 고장이나 외부 환경요인으로 인하여 계통연계에 문제가 있을 경우 회로분리를 위한 안전시스템이 있어야 한다.

3-2 태양광설비의 시설기준(KEC 522.2)

3-2-1. 전력변환장치의 시설(KEC 522.2.2)

인버터, 절연변압기 및 계통 연계 보호장치 등 전력변환장치의 시설은 다음에 따라 시설하여야 한다.

① 인버터는 실내·실외용을 구분할 것
② 각 직렬군의 태양전지 개방전압은 인버터 입력전압 범위 이내일 것
③ 옥외에 시설하는 경우 방수등급은 IPX4 이상일 것

3-2-2. 태양광설비의 계측장치(KEC 522.2.3)

태양광설비에는 전압, 전류 및 전력을 계측하는 장치를 시설하여야 한다.

3-2-3. 접지설비(KEC 522.3.4)

① 태양전지 모듈의 프레임은 지지물과 전기적으로 완전하게 접속하여야 한다.
② 수상에 시설하는 태양전지 모듈 등의 금속제는 접지를 해야 하고, 접지시 접지극을 수중에 띄우거나, 수중 바닥에 노출된 상태로 시설하여서는 아니 된다.
③ 기타 접지시설은 KEC 140의 규정에 따른다.

3-2-4. 피뢰설비(KEC 522.3.4)

태양광설비에는 외부피뢰시스템은 KEC 150의 규정에 따라 시설한다.

④ 풍력발전설비(KEC 530)

4-1 일반사항(KEC 531)

4-1-1. 나셀 등의 접근 시설(KEC 531.1)

나셀 등 풍력발전기 상부시설에 접근하기 위한 안전한 시설물을 강구하여야 한다.

4-1-2. 항공장애 표시등 시설(KEC 531.2)

발전용 풍력설비의 항공장애등 및 주간장애표지는 「항공법」 제83조(항공장애 표시등의 설치 등)의 규정에 따라 시설하여야 한다.

4-1-3. 화재방호설비 시설(KEC 531.3)

500[kW] 이상의 풍력터빈은 나셀 내부의 화재 발생 시, 이를 자동으로 소화할 수 있는 화재방호설비를 시설하여야 한다.

4-2 풍력설비의 시설기준(KEC 532.2)

4-2-1. 풍력터빈의 구조(KEC 532.2.1)

풍력터빈의 강도계산은 최대풍압하중 및 운전 중의 회전력 등에 의한 풍력터빈의 강도계산에는 다음의 조건을 고려하여야 한다.
① 사용조건 : ㉠ 최대풍속 ㉡ 최대회전수
② 강도조건 : ㉠ 하중조건 ㉡ 강도계산의 기준
③ 피로하중

4-2-2. 풍력터빈을 지지하는 구조물의 구조 등(KEC 532.2.2)

1. 풍력터빈을 지지하는 구조물의 강도계산은 다음을 따른다.
   - 제1에 의한 풍력터빈 및 지지물에 가해지는 풍하중의 계산방식

$$P = CqA$$

   단, P : 풍압력(N), C : 풍력계수, q : 속도압(N/m^2), A : 수풍면적(m^2)

   ① 풍력계수 C는 풍동실험 등에 의해 규정되는 경우를 제외하고, [건축구조설계기준]을 준용한다.
   ② 풍속압 q는 다음의 계산식 혹은 풍동실험 등에 의해 구하여야 한다.
      ㉠ 풍력터빈 및 지지물의 높이가 16[m] 이하인 부분

$$q = 60\left(\frac{V}{60}\right)^2 \sqrt{h}$$

      ㉡ 풍력터빈 및 지지물의 높이가 16[m] 초과하는 부분

$$q = 120\left(\frac{V}{60}\right)^2 \sqrt[4]{h}$$

      V는 지표면상의 높이 10[m]에서의 재현기간 50년에 상당하는 순간최대풍속(m/s)으로 하고 관측자료에서 산출한다. h는 풍력터빈 및 지지물의 지표에서의 높이(m)로 하고 풍력터빈을 기타 시설물 지표면에서 돌출한 것의 상부에 시설하는 경우에는 주변의 지표면에서의 높이로 한다.
   ③ 수풍면적 A는 수풍면의 수직투영면적으로 한다.

4-3 제어 및 보호장치 등(KEC 532.3)

4-3-1. 접지설비(KEC 532.3.4)

접지설비는 풍력발전설비 타워기초를 이용한 통합접지공사를 하여야 하며, 설비 사이의 전위차가 없도록 등전위본딩을 하여야 한다.

4-3-2. 피뢰설비(KEC 532.3.5)

▶ 풍력터빈 정지장치

이 상 상 태	자동정지장치	비 고
풍력터빈의 회전속도가 비정상적으로 상승	○	
풍력터빈의 컷 아웃 풍속	○	
풍력터빈의 베어링 온도가 과도하게 상승	○	정격 출력이 500[kW] 이상인 원동기(풍력터빈은 시가지 등 인가가 밀집해 있는 지역에 시설된 경우 100[kW] 이상)
풍력터빈 운전중 나셀진동이 과도하게 증가	○	시가지 등 인가가 밀집해 있는 지역에 시설된 것으로 정격출력 10[kW] 이상의 풍력 터빈
제어용 압유장치의 유압이 과도하게 저하된 경우	○	용량 100[kVA] 이상의 풍력발전소를 대상으로 함
압축공기장치의 공기압이 과도하게 저하된 경우	○	
전동식 제어장치의 전원전압이 과도하게 저하된 경우	○	

4-3-3. 계측장치의 시설(KEC 532.3.7)

① 회전속도계
② 나셀(nacelle) 내의 진동을 감시하기 위한 진동계
③ 풍속계
④ 압력계
⑤ 온도계

❺ 연료전지설비(KEC 540)

5-1 연료전지설비의 시설기준(KEC 542.1)

5-1-1. 전기배선(KEC 542.1.1)

① 전기배선은 열적 영향이 적은 방법으로 시설하여야 한다.
② 기타사항은 KEC 512.1.1(전기배선)에 따른다.
③ 단자와 접속은 KEC 512.1.2(단자와 접속)에 따른다.

5-1-2. 안전밸브(KEC 542.1.4)

1. 안전밸브의 분출압력은 아래와 같이 설정하여야 한다.
    ① 안전밸브가 1개인 경우는 그 배관의 최고사용압력 이하의 압력으로 한다. 다만, 배관의 최고사용압력 이하의 압력에서 자동적으로 가스의 유입을 정지하는 장치가 있는 경우에는 최고사용압력의 1.03배 이하의 압력으로 할 수 있다.

② 안전밸브가 2개 이상인 경우에는 1개는 상기 1.에 준하는 압력으로 하고 그 이외의 것은 그 배관의 최고사용압력의 1.03배 이하의 압력이어야 한다.

5-2 제어 및 보호장치 등(KEC 542.2)

5-2-1. 연료전지설비의 보호장치(KEC 542.2.1)

연료전지는 다음의 경우에 자동적으로 이를 전로에서 차단하고 연료전지에 연료가스 공급을 자동적으로 차단하며 연료전지내의 연료가스를 자동적으로 배제하는 장치를 시설하여야 한다.
① 연료전지에 과전류가 생긴 경우
② 발전요소(發電要素)의 발전전압에 이상이 생겼을 경우 또는 연료가스 출구에서의 산소농도 또는 공기 출구에서의 연료가스 농도가 현저히 상승한 경우
③ 연료전지의 온도가 현저하게 상승한 경우

5-2-2. 연료전지설비의 계측장치(KEC 542.2.2)

연료전지설비에는 전압과 전류 또는 전압과 전력, 온도계 및 연료가스 유량 또는 압력을 계측하는 장치를 시설하여야 한다.

5-2-3. 접지설비(KEC 542.2.5)

① 접지극은 고장 시 그 근처의 대지 사이에 생기는 전위차에 의하여 사람이나 가축 또는 다른 시설물에 위험을 줄 우려가 없도록 시설할 것
② 접지도체는 공칭단면적 $16[mm^2]$ 이상의 연동선 또는 이와 동등 이상의 세기 및 굵기의 쉽게 부식하지 아니하는 금속선(저압 전로의 중성점에 시설하는 것은 공칭단면적 $6[mm^2]$ 이상의 연동선 또는 이와 동등 이상의 세기 및 굵기의 쉽게 부식하지 않는 금속선)으로서 고장 시 흐르는 전류가 안전하게 통할 수 있는 것을 사용하고 또한 손상을 받을 우려가 없도록 시설할 것

5-2-4. 피뢰설비(KEC 542.2.6)

연료전지설비의 피뢰설비는 KEC 150의 규정을 적용한다.

Chapter 05 적중예상문제

01 BIPV(Building Integrated Photo Voltaic)에 대한 설명으로 올바른 것은?

① 태양광 모듈을 건축물에 설치하여 건축 부자재의 역할 및 기능과 전력생산을 동시에 할 수 있는 시스템으로 창호, 스팬드럴, 커튼월, 이중파사드, 외벽, 지붕재 등 건축물을 완전히 둘러싸는 벽·창·지붕 형태로 한정
② 태양광발전이나 풍력발전 등이 현재 조건에서 가능한 최대의 전력을 생산할 수 있도록 인버터 제어를 이용하여 해당 발전원의 전압이나 회전속도를 조정하는 최대출력추종 기능
③ 단일 또는 복수의 풍력터빈(풍력터빈을 지지하는 구조물을 포함)을 원동기로 하는 발전기와 그 밖의 기계기구를 시설하여 전기를 발생시키는 곳
④ 바람의 운동에너지를 기계적 에너지로 변환하는 장치(가동부 베어링, 나셀, 블레이드 등의 부속물을 포함)

 KEC 502
① MPPT : 태양광발전이나 풍력발전 등이 현재 조건에서 가능한 최대의 전력을 생산할 수 있도록 1인버터 제어를 이용하여 해당 발전원의 전압이나 회전속도를 조정하는 최대출력추종(MPPT, Maximum Power Point Tracking) 기능
② 풍력발전소 : 단일 또는 복수의 풍력터빈(풍력터빈을 지지하는 구조물을 포함)을 원동기로 하는 발전기와 그 밖의 기계기구를 시설하여 전기를 발생시키는 곳
③ 풍력터빈 : 바람의 운동에너지를 기계적 에너지로 변환하는 장치(가동부 베어링, 나셀, 블레이드 등의 부속물을 포함)

02 이차전지를 이용한 전기저장장치의 설비 안전 사항에 대한 설명으로 적합하지 않는 것은?

① 전기저장장치의 축전지, 제어반, 배전반의 시설은 기기 등을 조작 또는 보수점검할 수 있는 충분한 공간을 확보하고 조명설비를 시설하여야 한다.
② 폭발성 가스의 축적을 방지하기 위한 환기시설을 갖추고 적정한 온도와 습도를 유지하도록 시설하여야 한다.
③ 침수의 우려가 없도록 시설하여야 한다.
④ 충전부분은 노출되도록 시설하여야 한다.

설비의 안전 요구사항(KEC 511.2) : 충전부분은 노출되지 않도록 시설하여야 한다.

03 다음은 분산형 전원설비에 대한 설명이다. 적합하지 않은 것을 고르시오.

① 전기 공급방식은 전력계통과 연계되는 전기 공급방식과 동일할 것
② 접지는 전력계통과 연계되는 설비의 정격전압을 초과하는 과전압이 발생하거나, 전력계통의 보호협조를 방해하지 않도록 시설할 것
③ 사업자의 한 사업장의 설비 용량 합계가 250[kVA] 이상일 경우에는 송배전계통과 연계지점의 연결 상태를 감시 또는 유효전력, 무효전력 및 전압을 측정할 수 있는 장치를 시설할 것
④ 교류 구간에서는 변전소 및 급전구분소 앞에서 서로 다른 위상 또는 공급점이 다른 전원이 인접하게 될 경우 전원이 혼촉되는 것을 방지하기 위한 절연구간을 설치

 절연구간(KEC 441.1)
교류 구간에서는 변전소 및 급전구분소 앞에서 서로 다른 위상 또는 공급점이 다른 전원이 인접하게 될 경우 전원이 혼촉되는 것을 방지하기 위한 절연구간을 설치

04 주택의 전기저장장치의 축전지에 접속하는 부하 측 옥내배선을 다음과 같이 시설하는 경우 주택의 옥내전로의 대지전압은 몇 [V]이어야 하는가?

> ㉠ 전로에 지락이 생겼을 때 자동적으로 전로를 차단하는 장치를 시설할 것
> ㉡ 사람이 접촉할 우려가 없는 은폐된 장소에 합성수지관배선, 금속관배선 및 케이블배선에 의하여 시설하거나, 사람이 접촉할 우려가 없도록 케이블배선에 의하여 시설하고 전선에 적당한 방호장치를 시설할 것

① 직류 600[V] 이하
② 직류 600[V] 이상
③ 직류 300[V] 이하
④ 직류 300[V] 이상

 옥내전로의 대지전압 제한(KEC 511.3)
주택의 전기저장장치의 축전지에 접속하는 부하 측 옥내배선을 문제의 ㉠, ㉡에 따라 시설하는 경우에 주택의 옥내전로의 대지전압은 직류 600[V] 이하이어야 한다.

05 전기저장장치의 시설기준에 의하면 전선은 공칭단면적 몇 [mm^2] 이상의 연동선 또는 이와 동등 이상의 세기 및 굵기의 것이어야 하는가?

① 2.0[mm^2]
② 2.5[mm^2]
③ 3.0[mm^2]
④ 3.5[mm^2]

전기배선(KEC 512.1.1)
전선은 공칭단면적 2.5[mm²] 이상의 연동선 또는 이와 동등 이상의 세기 및 굵기의 것일 것

06 태양광설비 에서 모듈을 지지하는 구조물에 대한 설명으로 적합하지 않는 것은?

① 모듈 지지대와 그 연결부재의 경우 용융아연도금처리 또는 녹방지 처리를 하여야 한다.
② 절단가공 부위는 방식처리를 할 것
③ 적합한 재료로는 용융아연 또는 용융아연-알루미늄-마그네슘합금 도금된 형강이 있다.
④ 용접 부위는 방식처리가 필요하지 않다.

 부식환경에 의하여 부식되지 아니하도록 다음의 재질로 제작할 것(KEC 522.2.3) : 부식환경에 의하여 부식되지 아니하도록 다음의 재질로 제작할 것
① 용융아연 또는 용융아연-알루미늄-마그네슘합금 도금된 형강
② 스테인레스 스틸(STS)
③ 알루미늄합금
④ 상기와 동등이상의 성능(인장강도, 항복강도, 압축강도, 내구성 등)을 가지는 재질로서 KS제품 또는 동등이상의 성능의 제품일 것, 그리고 모듈 지지대와 그 연결부재의 경우 용융아연도금처리 또는 녹방지 처리를 하여야 하며, 절단가공 및 용접부위는 방식처리를 할 것

07 전기저장장치 제어 및 보호장치에 대한 설명으로 적합하지 않는 것은?

① 이차전지 모듈의 내부 온도가 급격히 하강할 경우 동으로 전로로부터 차단하는 장치를 시설하여야 한다.
② 직류 전로에 과전류 차단기를 설치하는 경우 직류 단락전류를 차단하는 능력을 가지는 것이어야 하고 "직류용" 표시를 하여야 한다.
③ 직류전로에는 지락이 생겼을 때에 자동적으로 전로를 차단하는 장치를 시설하여야 한다.
④ 방전할 때에는 전기저장장치의 방전상태 또는 배터리 상태를 시각화하여 정보를 제공해야 한다.

 제어 및 보호장치(KEC 512.2.2) : 전기저장장치의 이차전지는 다음에 따라 자동으로 전로로부터 차단하는 장치를 시설하여야 한다.
① 과전압 또는 과전류가 발생한 경우
② 제어장치에 이상이 발생한 경우
③ 이차전지 모듈의 내부 온도가 급격히 상승할 경우

08 태양광발전설비에 대한 설명으로 적합하지 않는 것은?

① 모든 접속함에는 내부의 충전부가 인버터로부터 분리된 후에도 여전히 충전상태일 수 있음을 나타내는 경고가 붙어 있어야 한다.
② 태양전지 모듈, 전선, 개폐기 및 기타 기구는 충전부분이 노출되지 않도록 시설하여야 한다.
③ 인버터는 실내·실외용을 구분할 것
④ 옥외에 시설하는 경우 방수등급은 IPX3 이상일 것

 전력변환장치의 시설(KEC 522.2.2) : 옥외에 시설하는 경우 방수등급은 IPX4 이상일 것

09 다음은 태양광설비의 시설기준이다. 틀린 것은?

① 태양광설비에는 전압, 전류 및 전력을 계측하는 장치를 시설하여야 한다.
② 태양전지 모듈의 프레임은 지지물과 전기적으로 완전하게 접속하여야 한다.
③ 태양광설비에는 외부피뢰시스템을 설치하여야 한다.
④ 인버터는 실내·실외용을 구분할 것

 피뢰설비(KEC 522.3.5) : 태양광설비에는 외부피뢰시스템을 설치하여야 한다.

10 몇 [kW] 이상의 풍력터빈은 나셀 내부의 화재 발생 시, 이를 자동으로 소화할 수 있는 화재방호설비를 시설하여야 하는가?

① 200[kW] ② 300[kW]
③ 400[kW] ④ 500[kW]

 화재방호설비 시설(KEC 531.3)
500[kW] 이상의 풍력터빈은 나셀 내부의 화재 발생 시, 이를 자동으로 소화할 수 있는 화재방호설비를 시설하여야 한다.

11 풍력터빈의 강도계산을 위한 강도 조건으로 알맞지 않는 것은?

① 하중조건 ② 강도계산의 기준
③ 피로하중 ④ 크리프 하중

 최대풍압하중 및 운전 중의 회전력 등에 의한 풍력터빈의 강도계산에는 다음의 조건을 고려하여야 한다.(KEC 532.2.1) : 강도조건
① 하중조건
② 강도계산의 기준
③ 피로하중

12 어레이 출력 개폐기 등의 시설에 대한 설명 중 적합하지 않는 것은?

① 1대의 인버터에 연결된 태양전지 직렬군이 2병렬 이상일 경우에는 각 직렬군에 역전류 방지기능이 있도록 설치할 것
② 모듈을 병렬로 접속하는 전로에는 그 주된 전로에 단락전류가 발생할 경우에 전로를 보호하는 과전류 차단기 또는 기타 기구를 시설할 것
③ 어레이 출력개폐기는 점검이나 조작이 가능한 곳에 시설할 것
④ 용량은 모듈단락전류의 3배 이상이어야 하며 현장에서 확인할 수 있도록 표시할 것

 어레이 출력 개폐기 등의 시설(KEC 522.3.1)
① 태양전지 모듈에 접속하는 부하측의 태양전지 어레이에서 전력변환장치에 이르는 전로(복수의 태양전지 모듈을 시설한 경우에는 그 집합체에 접속하는 부하측의 전로)에는 그 접속점에 근접하여 개폐기 기타 이와 유사한 기구(부하전류를 개폐할 수 있는 것에 한한다)를 시설할 것
② 용량은 모듈단락전류의 2배 이상이어야 하며 현장에서 확인할 수 있도록 표시할 것

13 풍력설비의 시설에 대한 설명으로 부적당한 것은?

① (간선의 시설기준)풍력발전기에서 출력배선에 쓰이는 전선은 CV선 또는 TFR-CV선을 사용
② 풍력터빈의 로터, 요 시스템 및 피치 시스템에는 각각 1개 이상의 잠금장치를 시설하여야 한다.
③ 잠금장치는 풍력터빈의 정지장치가 작동하지 않을 경우, 로터, 나셀, 블레이드의 회전을 막으면 않된다.
④ 풍력터빈의 선정에 있어서는 시설장소의 풍황(風況)과 환경, 적용규모 및 적용형태 등을 고려하여 선정

 풍력터빈의 구조(KEC 532.2.1)
풍력터빈의 유지, 보수 및 점검 시 작업자의 안전을 위해 잠금장치는 풍력터빈의 정지장치가 작동하지 않더라도 로터, 나셀, 블레이드의 회전을 막을 수 있어야 한다.

14 다음은 풍력설비의 시설기준이다. 틀린 것을 고르시오. (단, 보기에서 P : 풍압력(N), C : 풍력계수, q : 속도압(N/m²), A : 수풍면적(m²), V : 지표면상의 높이 10[m]에서의 재현기간 50년에 상당하는 순간최대풍속(m/s), h : 풍력터빈 및 지지물의 지표에서의 높이(m)이다.)

① 풍력터빈을 지지하는 구조물의 강도계산에서 풍력터빈 및 지지물에 가해지는 풍하중의 계산방식 $P = CqA$ 이다.
② 풍력터빈 및 지지물의 높이가 16[m] 이하인 부분 : $q = 60\left(\dfrac{V}{60}\right)^2 \sqrt{h}$

③ 풍력터빈 및 지지물의 높이가 16[m] 초과하는 부분 : $q = 120\left(\dfrac{V}{120}\right)^2 \sqrt[3]{h}$

④ 수풍면적 A는 수풍면의 수직투영면적으로 한다.

 풍력터빈을 지지하는 구조물의 구조 등(KEC 532.2.2)

풍력터빈 및 지지물의 높이가 16[m] 초과하는 부분 계산식은 $q = 120\left(\dfrac{V}{60}\right)^2 \sqrt[3]{h}$ 이다.

15 풍력설비의 시설기준 중 제어장치는 기능이 아닌 것은?

① 발전기의 과출력 또는 고장 ② 출력제한
③ 요잉에 의한 케이블 꼬임 제한 ④ 계통과의 연계

 제어 및 보호장치 시설의 일반 요구사항(KEC 532.3.1) : 제어장치는 다음과 같은 기능 등을 보유하여야 한다.
① 풍속에 따른 출력 조절
② 회전속도제어
③ 기동 및 정지
④ 계통 정전 또는 부하의 손실에 의한 정지

16 풍력설비의 시설기준 중 보호장치가 아닌 것은?

① 케이블의 꼬임 한계
② 계통 정전 또는 사고
③ 이상진동
④ 요잉에 의한 케이블 꼬임 제한

 제어 및 보호장치 시설의 일반 요구사항(KEC 532.3.1) : 보호장치는 다음의 조건에서 풍력발전기를 보호하여야 한다.
① 과풍속
② 발전기의 과출력 또는 고장

17 다음은 풍력발전설비 계측장치의 시설을 나타낸 것이다. 반드시 필요한 시설이 아닌 것은?

① 회전속도계
② 나셀(nacelle) 내의 진동을 감시하기 위한 진동계
③ 압력계
④ 습도계

계측장치의 시설(KEC 532.3.7)
① 회전속도계
② 나셀(nacelle) 내의 진동을 감시하기 위한 진동계
③ 풍속계
④ 압력계
⑤ 온도계

18 다음은 연료전지설비의 시설기준이다. 틀린 것을 고르시오.

① 전기배선은 열적 영향이 적은 방법으로 시설하여야 한다.
② 안전밸브가 1개인 경우는 그 배관의 최고사용압력 이하의 압력으로 한다.
③ 안전밸브가 1개인 경우라도 배관의 최고사용압력 이하의 압력에서 자동적으로 가스의 유입을 정지하는 장치가 있는 경우에는 최고사용압력의 1.3배 이하의 압력으로 할 수 있다.
④ "과압"이란 통상의 상태에서 최고사용압력을 초과하는 압력을 말한다.

 안전밸브(KEC 542.1.4)
안전밸브가 1개인 경우는 그 배관의 최고사용압력 이하의 압력으로 한다. 다만, 배관의 최고사용압력 이하의 압력에서 자동적으로 가스의 유입을 정지하는 장치가 있는 경우에는 최고사용압력의 1.03배 이하의 압력으로 할 수 있다.

19 다음은 연료전지에서 자동적으로 이를 전로에서 차단하고, 연료전지에 연료가스 공급을 자동적으로 차단하며, 연료전지 내의 연료가스를 자동적으로 배제하는 장치를 시설하여야 하는 경우를 나타낸 것이다. 적합하지 않는 것을 고르시오.

① 연료전지에 과전류가 생긴 경우
② 발전요소(發電要素)의 발전전압에 이상이 생겼을 경우
③ 연료가스 출구에서의 산소농도 또는 공기 출구에서의 연료가스 농도가 현저히 하강한 경우
④ 연료전지의 온도가 현저하게 상승한 경우

 연료전지설비의 보호장치(KEC 542.2.1)
연료가스 출구에서의 산소농도 또는 공기 출구에서의 연료가스 농도가 현저히 상승한 경우 연료전지에 연료가스 공급을 자동적으로 차단/배제하는 장치를 시설하여야 한다.

20 다음은 연료전지설비의 접지설비를 나타낸 것이다. 적합하지 않는 것을 고르시오.

① 접지극은 고장 시 그 근처의 대지 사이에 생기는 전위차에 의하여 사람이나 가축 또는 다른 시설물에 위험을 줄 우려가 없도록 시설할 것
② 접지도체는 공칭단면적 16[mm^2] 이상의 연동선 또는 이와 동등 이상의 세기 및 굵기의 쉽게 부식하지 아니하는 금속선으로 시설할 것
③ 저압 전로의 중성점에 시설하는 것은 공칭단면적 6[mm^2] 이상의 연동선 또는 이와 동등 이상의 세기 및 굵기의 쉽게 부식하지 않는 금속선으로 시설할 것
④ 고장 시 흐르는 전류가 안전하게 차단 수 있는 것을 사용하고 또한 손상을 받을 우려가 없도록 시설할 것

 접지설비(KEC 542.2.5)
고장 시 흐르는 전류가 안전하게 통할 수 있는 것을 사용하고 또한 손상을 받을 우려가 없도록 시설할 것

제7부
최근 기출문제

제01회	2019년	3월	3일
제02회	2019년	4월	27일
제03회	2019년	9월	21일
제04회	2020년	6월	6일
제05회	2020년	8월	22일
제06회	2021년	3월	7일
제07회	2021년	5월	16일
제08회	2021년	9월	12일
제09회	2022년	3월	5일
제10회	2022년	4월	24일

01 2019년 3월 3일 시행

제1과목 전기응용 및 공사재료

001 전동기의 전원 접속을 바꾸어 역 토크를 발생시켜 급정지시키는 방법은?

① 역전제동 ② 발전제동
③ 와전류식제동 ④ 회생제동

해설 역전제동이란 전동기의 전원 접속을 바꾸어 역 토크를 발생시켜 급정지시키는 방법이다.

002 지름 40[cm]인 완전 확산성 구형 글로브의 중심에 모든 방향의 광도가 균일하게 110[cd] 되는 전구를 넣고 탁상 2[m]의 높이에서 점등하였다. 탁상 위의 조도는 약 몇 [lx]인가? (단, 글로브 내면의 반사율은 40%, 투과율은 50%이다.)

① 23 ② 33
③ 49 ④ 53

해설 구형 글로브의 효율 $\eta = \dfrac{\tau}{1-\rho} = \dfrac{0.5}{1-0.4} = \dfrac{0.5}{0.6} ≒ 0.8333$

∴ 구하는 조도 $E = \eta \times \dfrac{I}{R^2} = 0.8333 \times \dfrac{110}{2^2} = 0.8333 \times \dfrac{110}{4} ≒ 23$[lx]이다.

003 반지름 a, 휘도 B인 완전 확산성 구면(구형) 광원의 중심에서 거리 h인 점의 조도는?

① πB ② $\pi B a^2 h$
③ $\dfrac{\pi B a}{h^2}$ ④ $\dfrac{\pi B a^2}{h^2}$

해설 그림에서 구면 광원의 중심에서 h[m] 되는 점 P에서 구면 광원의 중심으로 향하는 조도

$E_h = \pi B \sin^2\theta = \pi B \times \left(\dfrac{a}{h}\right)^2 = \pi B \dfrac{a^2}{h^2}$ [lx]이다.

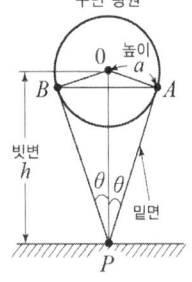

정답 001 ① 002 ① 003 ④

004 IGBT의 설명으로 틀린 것은?

① GTO 사이리스터처럼 역방향 전압저지 특성을 갖는다.
② 오프상태에서 SCR 사이리스터처럼 양방향 전압지지 능력을 갖는다.
③ 게이트와 애미터간 압력 임피던스가 매우 높아 BJT보다 구동하기 쉽다.
④ BJT처럼 온드롭(on drop)이 전류에 관계없이 낮고 거의 일정하여 MOSFET보다 큰 전류를 흘릴 수 있다.

해설 IGBT의 설명으로 옳은 것은
① GTO 사이리스터처럼 역방향 전압저지 특성을 갖는다.
② 게이트와 애미터간 압력 임피던스가 매우 높아 BJT보다 구동하기 쉽다.
③ BJT처럼 온드롭(on drop)이 전류에 관계없이 낮고 거의 일정하여 MOSFET보다 큰 전류를 흘릴 수 있다.

005 수은 전지의 특징이 아닌 것은?

① 소형이고 수명이 길다.
② 방전전압의 변화가 적다.
③ 전해액은 염화암모늄(NH_4Cl)용액을 사용한다.
④ 양극에 산화수은(HgO), 음극에 아연(Zn)을 사용한다.

해설 수은 전지의 특징으로 옳은 것은
① 소형이고 수명이 길다.
② 방전전압의 변화가 적다.
③ 양극에 산화수은(HgO), 음극에 아연(Zn)을 사용한다.

006 발열체의 구비조건 중 틀린 것은?

① 내열성이 클 것
② 내식성이 클 것
③ 가공이 용이할 것
④ 저항률이 비교적 작고 온도계수가 높을 것

해설 발열체의 구비조건 중 옳은 것은
① 내열성이 클 것
② 내식성이 클 것
③ 가공이 용이할 것

정답 004 ② 005 ③ 006 ④

007 SCR에 대한 설명으로 옳은 것은?

① 제어기능을 갖는 쌍방향성의 3단자 소자이다.
② 정류기능을 갖는 단일방향성의 3단자 소자이다.
③ 증폭기능을 갖는 단일방향성의 3단자 소자이다.
④ 스위칭 기능을 갖는 쌍방향성의 3단자 소자이다.

해설 SCR은 정류기능을 갖는 단일방향성의 3단자 소자이다.

008 자기부상식 철도에서 자석에 의해 부상하는 방법으로 틀린 것은?

① 영구자석간의 흡인력에 의한 자기부상방식
② 고온 초전도체와 영구자석의 조합에 의한 자기부상방식
③ 자석과 전기코일간의 유도전류를 이용하는 유도식 자기부상방식
④ 전자석은 흡인력을 제어하여 일정한 간격을 유지하는 흡인식 자기부상방식

해설 자기부상식 철도에서 자석에 의해 부상하는 방법으로 옳은 것은
① 고온 초전도체와 영구자석의 조합에 의한 자기부상방식
② 자석과 전기코일간의 유도전류를 이용하는 유도식 자기부상방식
③ 전자석은 흡인력을 제어하여 일정한 간격을 유지하는 흡인식 자기부상방식

009 전자빔으로 용해하는 고융점, 활성금속 재료는?

① 탄화규소
② 니크롬 제2종
③ 탄탈, 니오브
④ 철-크롬 제1종

해설 탄탈, 니오브는 전자빔으로 용해하는 고융점, 활성금속 재료이다.

010 적외선 가열의 특징이 아닌 것은?

① 표면가열이 가능하다.
② 신속하고 효율이 좋다.
③ 조작이 복잡하여 온도조절이 어렵다.
④ 구조가 간단하다.

해설 적외선 가열의 특징은
① 표면가열이 가능하다.
② 신속하고 효율이 좋다.
③ 구조가 간단하다.

정답 007 ② 008 ① 009 ③ 010 ③

011 단로기의 구조와 관계가 없는 것은?

① 핀치
② 베이스
③ 플레이트
④ 리클로저

> **해설** 단로기(DS)의 구조와 관계가 있는 것은 핀치, 베이스, 플레이트이다.

012 누전차단기의 동작시간에 따른 분류로 틀린 것은?

① 고속형
② 저감도형
③ 시연형
④ 반한시형

> **해설** 누전차단기의 동작시간에 따른 분류로 옳은 것은 고속형, 시연형, 반한시형이다.

013 옥외용 비닐절연전선의 약호 명칭은?

① DV
② CV
③ OW
④ OC

> **해설** OW전선은 옥외용 비닐절연전선의 약호이고 DV전선은 인입용 비닐절연전선의 약호이다.

014 금속관에 넣어 시설하면 안 되는 접지선은?

① 피뢰침용 접지선
② 저압기기용 접지선
③ 고압기기용 접지선
④ 특고압기기용 접지선

> **해설** 금속관에 넣어 시설하면 안 되는 접지선은 피뢰침용 접지선이다.

015 옥내배선의 애자사용 공사에 많이 사용하는 특대 놉 애자의 높이(mm)는?

① 75
② 65
③ 60
④ 50

> **해설** 옥내배선의 애자사용 공사에 많이 사용하는 특대 놉 애자의 높이는 65[mm]이다.

정답 011 ④ 012 ② 013 ③ 014 ① 015 ②

016 피뢰침을 접지하기 위한 피뢰도선을 동선으로 할 경우의 단면적은 최소 몇 [mm²] 이상으로 해야 하는가?

① 14　　　　　　　　　　② 22
③ 30　　　　　　　　　　④ 50

해설 피뢰침을 접지하기 위한 피뢰도선을 동선으로 할 경우의 단면적은 최소 50[mm²] 이상으로 해야 한다.

017 개폐기 중에서 부하전류의 차단능력이 없는 것은?

① OCB　　　　　　　　　② OS
③ DS　　　　　　　　　　④ ACB

해설 단로기(DS)는 개폐기 중에서 부하전류의 차단능력이 없는 것으로 이는 선로 변경 개폐기(스위치)이다.

018 가공전선로의 저압주에서 보안공사의 경우 목주 말구 굵기의 최소 지름(cm)은?

① 10　　　　　　　　　　② 12
③ 14　　　　　　　　　　④ 15

해설 가공전선로의 저압주에서 보안공사의 경우 목주 말구 굵기의 최소 지름은 12[cm]이어야 한다.

019 무거운 조명기구를 파이프로 매달 때 사용하는 것은?

① 노멀밴드　　　　　　　② 파이프행거
③ 엔트런스 캡　　　　　　④ 픽스쳐 스터드와 하키

해설 픽스쳐 스터드와 하키는 무거운 조명기구를 파이프로 매달 때 사용하는 것이다.

020 전원을 넣자마자 곧바로 점등되는 형광등용의 안정기는?

① 점등관식　　　　　　　② 래피드스타트식
③ 글로우스타트식　　　　④ 필라멘트 단락식

해설 래피드스타트식이란 전원을 넣자마자 곧바로 점등되는 형광등용의 안정기이다.

정답 016 ④　017 ③　018 ②　019 ④　020 ②

제2과목 전력공학

021 송배전 선로에서 도체의 굵기는 같게 하고 도체간의 간격을 크게 하면 도체의 인덕턴스는?

① 커진다.
② 작아진다.
③ 변함이 없다.
④ 도체의 굵기 및 도체간의 간격과는 무관하다.

해설 단상 2선식인 송전선로에서의 인덕턴스 $L = 0.1 + 0.4605 \log_{10} \dfrac{D}{r}$ [mH/km]이다.
도체의 굵기는 같고, 도체간의 간격(D)을 크게 하면 도체 인덕턴스는 커진다.

022 동일전력을 동일 선간전압, 동일역률로 동일거리에 보낼 때 사용하는 전선의 총중량이 같으면 3상 3선식인 때와 단상 2선식일 때의 전력손실비는?

① 1
② $\dfrac{3}{4}$
③ $\dfrac{2}{3}$
④ $\dfrac{1}{\sqrt{3}}$

해설
① $R_1 = \rho \dfrac{\ell}{S_1} ≒ \dfrac{1}{S_1}$, $R_3 = \rho \dfrac{\ell}{S_3} ≒ \dfrac{1}{S_3}$
② 동일 전력 $VI_1 \cos\theta = \sqrt{3} VI_3 \cos\theta$, $I_1 = \sqrt{3} I_3$
③ 전선 중량 $2\sigma S_1 \ell = 3\sigma S_3 \ell$, $2S_1 = 3S_3$, $S_1 = \dfrac{3}{2} S_3$
④ 전력손실비 $= \dfrac{3I_3^2 R_3}{2I_1^2 R_1} = \dfrac{3I_3^2 \times \dfrac{1}{S_3}}{2\times(\sqrt{3}I_3)^2 \times \dfrac{1}{S_1}} = \dfrac{S_1}{2S_3} = \dfrac{\dfrac{3}{2}S_3}{2S_3} = \dfrac{3}{4}$ 이 된다.

023 배전반에 접속되어 운전 중인 계기용 변압기(PT) 및 변류기(CT)의 2차측 회로를 점검할 때 조치사항으로 옳은 것은?

① CT만 단락시킨다.
② PT만 단락시킨다.
③ CT와 PT 모두를 단락시킨다.
④ CT와 PT 모두를 개방시킨다.

해설 배전반에 접속되어 운전 중인 계기용 변압기(PT) 및 변류기(CT)의 2차측 회로를 점검할 때는 CT만 단락시킨다.

정답 021 ① 022 ② 023 ①

024 배전선로의 역률 개선에 따른 효과로 적합하지 않은 것은?

① 선로의 전력손실 경감
② 선로의 전압강하의 감소
③ 전원측 설비의 이용률 향상
④ 선로 절연의 비용 절감

해설 배전선로의 역률 개선에 따른 효과로 적합한 것은
① 선로의 전력손실 경감
② 선로의 전압강하의 감소
③ 전원측 설비의 이용률 향상 등이다.

025 총 낙차 300[m], 사용수량 20[m³/s]인 수력발전소의 발전기출력은 약 몇 [kW]인가? (단, 수차 및 발전기효율은 각각 90%, 98%라 하고, 손실낙차는 총 낙차의 6%라고 한다.)

① 48750
② 51860
③ 54170
④ 54970

해설 총 낙차 $H=300$[m], 손실낙차는 총 낙차의 6%인 $300\times 0.06=18$[m]이다.
∴ 총 유효낙차 $H'=300-18=282$[m]
∴ 수력발전소의 발전기 출력
$P=9.8QH'\eta_t\eta_G=9.8\times 20\times 282\times 0.9\times 0.98=9.8\times 20\times 282\times 0.882$
$=55272\times 0.882 ≒ 48750$[kW] 이다.

026 수전단을 단락한 경우 송전단에서 본 임피던스가 330[Ω]이고, 수전단을 개방한 경우 송전단에서 본 어드미턴스가 1.875×10^{-3}[℧]일 때 송전단의 특성임피던스는 약 몇 [Ω]인가?

① 120
② 220
③ 320
④ 420

해설 Z_{1s}(수전단 단락시 송전단에서 본 임피던스)$=330$[Ω]
Z_{1f}(수전단 개방시 송전단에서 본 임피던스)$=\dfrac{1}{Y_{1f}(어드미턴스)}=\dfrac{1}{1.875\times 10^{-3}}$
$=\dfrac{1000}{1.875}=533.3$[Ω]이다.
∴ 송전단의 특성임피던스 $Z_0=\sqrt{Z_{1s}+Z_{1f}}=\sqrt{330\times\dfrac{1000}{1.875}}≒\sqrt{176000}≒420$[Ω]이다.

정답 024 ④ 025 ① 026 ④

027 다중접지 계통에 사용되는 재폐로 기능을 갖는 일종의 차단기로서 과부하 또는 고장전류가 흐르면 순시동작하고, 일정시간 후에는 자동적으로 재폐로 하는 보호기기는?

① 라인퓨즈
② 리클로저
③ 섹셔널라이저
④ 고장구간 자동개폐기

해설 리클로저는 다중접지 계통에 사용되는 재폐로 기능을 갖는 일종의 차단기로서 과부하 또는 고장전류가 흐르면 순시동작하고, 일정시간 후에는 자동적으로 재폐로 하는 보호기기이다.

028 송전선 중간에 전원이 없을 경우 송전단의 전압 $E_S = AE_R + BI_R$이 된다. 수전단의 전압 E_R의 식으로 옳은 것은? (단, I_S, I_R은 송전단 및 수전단의 전류이다.)

① $E_R = AE_S + CI_S$
② $E_R = BE_S + AI_S$
③ $E_R = DE_S - BI_S$
④ $E_R = CE_S - DI_S$

해설 송전선 중간에 전원이 없을 경우 4단자 기초 방정식은
$E_S = AE_R + BI_R$, $I_S = CE_R + DI_R$에서

수전단의 전압 $E_R = \dfrac{\begin{vmatrix} E_S & B \\ I_S & D \end{vmatrix}}{\begin{vmatrix} A & B \\ C & D \end{vmatrix}} = \dfrac{DE_S - BI_S}{AD - BC} = \dfrac{DE_S - BI_S}{1} = DE_S - BI_S$이다.

029 비접지식 3상 송배전계통에서 1선 지락고장 시 고장전류를 계산하는데 사용되는 정전용량은?

① 작용정전용량
② 대지정전용량
③ 합성정전용량
④ 선간정전용량

해설 대지정전용량은 비접지식 3상 송배전계통에서 1선 지락고장 시 고장전류를 계산에 이용된다.

030 비접지 계통의 지락사고 시 계전기에 영상전류를 공급하기 위하여 설치하는 기기는?

① PT
② CT
③ ZCT
④ GPT

해설 ZCT(영상변류기)는 비접지 계통의 지락사고 시 계전기에 영상전류를 공급하기 위하여 설치하는 기기이다.

031 이상전압의 파고값을 저감시켜 전력사용설비를 보호하기 위하여 설치하는 것은?

① 초호환 ② 피뢰기
③ 계전기 ④ 접지봉

해설 피뢰기는 이상전압의 파고값을 저감시켜 전력사용설비를 보호하기 위하여 설치하는 것이다.

032 임피던스 Z_1, Z_2 및 Z_3을 그림과 같이 접속한 선로의 A쪽에서 전압파 E가 진행해 왔을 때 접속점 B에서 무반사로 되기 위한 조건은?

① $Z_1 = Z_2 + Z_3$
② $\dfrac{1}{Z_3} = \dfrac{1}{Z_1} + \dfrac{1}{Z_2}$
③ $\dfrac{1}{Z_1} = \dfrac{1}{Z_2} + \dfrac{1}{Z_3}$
④ $\dfrac{1}{Z_2} = \dfrac{1}{Z_1} + \dfrac{1}{Z_3}$

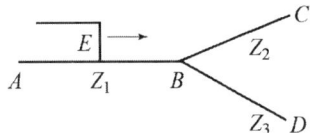

해설 그림과 같이 선로의 A쪽에서 전압파 E가 진행해 왔을 때 접속점 B에서 무반사로 되기 위한 조건은 선로임피던스가 병렬이므로 $\dfrac{1}{Z_1} = \dfrac{1}{Z_2} + \dfrac{1}{Z_3}$의 관계가 성립된다.

033 저압뱅킹방식에서 저전압의 고장에 의하여 건전한 변압기의 일부 또는 전부가 차단되는 현상은?

① 아킹(Arcing) ② 플리커(Flicker)
③ 밸런스(Balance) ④ 캐스케이딩(Cascading)

해설 캐스케이딩(Cascading)이란 저압뱅킹방식에서 저전압의 고장에 의하여 건전한 변압기의 일부 또는 전부가 차단되는 현상을 말한다.

034 변전소의 가스차단기에 대한 설명으로 틀린 것은?

① 근거리 차단에 유리하지 못하다.
② 불연성이므로 화재의 위험성이 적다.
③ 특고압 계통의 차단기로 많이 사용된다.
④ 이상전압의 발생이 적고, 절연회복이 우수하다.

정답 031 ② 032 ③ 033 ④ 034 ①

해설 변전소의 가스차단기에 대한 설명으로 옳은 것은
① 불연성이므로 화재의 위험성이 적다.
② 특고압 계통의 차단기로 많이 사용된다.
③ 이상전압의 발생이 적고, 절연회복이 우수하다.

035 켈빈(Kelvin)의 법칙이 적용되는 경우는?

① 전압 강하를 감소시키고자 하는 경우
② 부하 배분의 균형을 얻고자 하는 경우
③ 전력 손실량을 축소시키고자 하는 경우
④ 경제적인 전선의 굵기를 선정하고자 하는 경우

해설 켈빈(Kelvin)의 법칙은 경제적인 전선의 굵기를 선정하고자 하는 경우에 적용된다.

036 보호계전기의 반한시·정한시 특성은?

① 동작전류가 커질수록 동작시간이 짧게 되는 특성
② 최소 동작전류 이상의 전류가 흐르면 즉시 동작하는 특성
③ 동작전류의 크기에 관계없이 일정한 시간에 동작하는 특성
④ 동작전류가 커질수록 동작시간이 짧아지며, 어떤 전류 이상이 되면 동작전류의 크기에 관계없이 일정한 시간에서 동작하는 특성

해설 보호계전기의 반한시·정한시란 동작전류가 커질수록 동작시간이 짧아지며, 어떤 전류 이상이 되면 동작전류의 크기에 관계없이 일정한 시간에서 동작하는 특성이다.

037 단도체 방식과 비교할 때 복도체 방식의 특징이 아닌 것은?

① 안정도가 증가된다.
② 인덕턴스가 감소된다.
③ 송전용량이 증가된다.
④ 코로나 임계전압이 감소된다.

해설 단도체 방식과 비교할 때 복도체 방식의 특징은
① 안정도가 증가된다.
② 인덕턴스가 감소된다.
③ 송전용량이 증가된다.

정답 035 ④ 036 ④ 037 ④

038 1선 지락 시에 지락전류가 가장 작은 송전계통은?

① 비접지식 ② 직접접지식
③ 저항접지식 ④ 소호리액터접지식

 소호리액터접지식은 1선 지락 시에 지락전류가 가장 작은 송전계통이다.

039 수차의 캐비테이션 방지책으로 틀린 것은?

① 흡출수두를 증대시킨다.
② 과부하 운전을 가능한 한 피한다.
③ 수차의 비속도를 너무 크게 잡지 않는다.
④ 침식에 강한 금속재료로 러너를 제작한다.

수차의 캐비테이션 방지책으로 옳은 것은
① 과부하 운전을 가능한 한 피한다.
② 수차의 비속도를 너무 크게 잡지 않는다.
③ 침식에 강한 금속재료로 러너를 제작한다.

040 선간전압이 154[kV]이고, 1상당의 임피던스가 $j\,8[\Omega]$인 기기가 있을 때, 기준용량을 100[MVA]로 하면 % 임피던스는 약 몇 %인가?

① 2.75 ② 3.15
③ 3.37 ④ 4.25

 % 임피던스(%Z) $= \dfrac{IZ}{E} \times 100 = \dfrac{PZ}{10\,V^2} = \dfrac{100 \times 10^3 \times 8}{10 \times (154)^2} = \dfrac{8 \times 10^5}{10 \times 23716} \fallingdotseq 3.37\%$ 이다.

제3과목 전기기기

041 3상 비돌극형 동기발전기가 있다. 정격출력 5000[kVA], 정격전압 6000[V], 정격역률 0.8이다. 여자를 정격상태로 유지할 때 이 발전기의 최대출력은 약 몇 [kW]인가? (단, 1상의 동기리액턴스는 0.8P.U이며 저항은 무시한다.)

① 7500 ② 10000
③ 11500 ④ 12500

해설 단위법을 사용하면 동기발전기의 출력 $P = \dfrac{EV}{X_S}\sin\delta$ 이다.

단위 벡터도에서 $E = \sqrt{(0.8)^2 + (0.6+0.8)^2} = \sqrt{0.64 + 1.96} = \sqrt{2.6} \fallingdotseq 1.61$ 이다.

$\therefore P = \dfrac{EV}{X_S}\sin\delta = \dfrac{1.61 \times 1}{0.8}\sin\delta \, [\text{kW}]$

P 값은 $\delta = \dfrac{\pi}{2}$ 일 때 $\sin\delta = \sin\dfrac{\pi}{2} = 1$ 이다.

$P = \dfrac{EV}{X_S}\sin\delta = \dfrac{1.61 \times 1}{0.8}\sin\dfrac{\pi}{2} \fallingdotseq 20.125$

이때의 3상 비돌극형 동기발전기의 최대출력

$P_{\max} = P \times 3VI = 20.125 \times 5000 \fallingdotseq 100625 \fallingdotseq 10000 \, [\text{kW}]$ 이다.

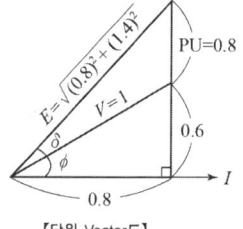

【단위 Vector도】

042 직류기의 손실 중에서 기계손으로 옳은 것은?

① 풍손
② 와류손
③ 표류 부하손
④ 브러시의 전기손

해설 풍손은 직류기의 손실 중에서 기계손을 말한다.

043 다음 ( )에 알맞은 것은?

> 직류발전기에서 계자권선이 전기자에 병렬로 연결된 직류기는 (ⓐ) 발전기라 하며, 전기자권선과 계자권선이 직렬로 접속된 직류기는 (ⓑ) 발전기라 한다.

① ⓐ 분권, ⓑ 직권
② ⓐ 직권, ⓑ 분권
③ ⓐ 복권, ⓑ 분권
④ ⓐ 자여자, ⓑ 타여자

해설 직류발전기에서 계자권선이 전기자에 병렬로 연결된 직류기는 (ⓐ 분권) 발전기라 하며, 전기자권선과 계자권선이 직렬로 접속된 직류기는 (ⓑ 직권) 발전기라 한다.

044 1차 전압 6600[V], 2차 전압 220[V], 주파수 60[Hz], 1차 권수 1200회인 경우 변압기의 최대 자속(Wb)은?

① 0.36
② 0.63
③ 0.012
④ 0.021

해설 변압기 1차 전압 $V_1 = 4.44fN\phi_m \, [\text{V}]$

변압기에 최대 자속 $\phi_m = \dfrac{V_1}{4.44fN} = \dfrac{6600}{4.44 \times 60 \times 1200} = \dfrac{660}{31968} \fallingdotseq 0.021 \, [\text{Wb}]$ 이다.

045 직류발전기의 정류 초기에 전류변화가 크며 이때 발생되는 불꽃정류로 옳은 것은?

① 과정류
② 직선정류
③ 부족정류
④ 정현파정류

> **해설** 과정류란 직류발전기의 정류 초기에 전류변화가 크며 이때 발생되는 불꽃정류를 말한다.

046 3상 유도전동기의 속도제어법으로 틀린 것은?

① 1차 저항법
② 극수 제어법
③ 전압 제어법
④ 주파수 제어법

> **해설** 3상 유도전동기의 속도제어법으로 옳은 것은 극수 제어법, 전압 제어법, 주파수 제어법 등이다.

047 60[Hz]의 변압기에 50[Hz]의 동일전압을 가했을 때의 자속밀도는 60[Hz]때와 비교하였을 경우 어떻게 되는가?

① $\frac{5}{6}$로 감소
② $\frac{6}{5}$으로 증가
③ $\left(\frac{5}{6}\right)^{1.6}$으로 감소
④ $\left(\frac{6}{5}\right)^{2}$으로 증가

> **해설** 변압기의 전압은 $E = 4.44fN\phi_m$ [V]
> $$\therefore \phi_m = \frac{E}{4.44fN} \fallingdotseq \frac{1}{f} \text{이다.}$$
> $$\therefore \frac{\phi_{m50}}{\phi_{m60}} = \frac{\frac{1}{f_{50}}}{\frac{1}{f_{60}}} = \frac{\frac{1}{50}}{\frac{1}{60}} = \frac{60}{50} = \frac{6}{5} \text{ 증가된다.}$$
> 즉 60[Hz]의 변압기에 50[Hz]의 동일한 전압을 가할 때의 자속밀도는 60[Hz]때와 비교하면 $\frac{6}{5}$으로 증가된다.

048 2대의 변압기로 V결선하여 3상 변압하는 경우 변압기 이용률은 약 몇 %인가?

① 57.8
② 66.6
③ 86.6
④ 100

> **해설** 2대의 변압기로 V결선하여 3상 변압하는 경우 변압기 이용률
> $= \frac{\text{V결선 용량}}{\text{2대 용량}} \times 100 = \frac{\sqrt{3}\,VI}{2VI} \times 100 = 86.6\%$ 이다.

049 3상 유도전동기의 기동법 중 전전압기동에 대한 설명으로 틀린 것은?

① 기동 시에 역률이 좋지 않다.
② 소용량으로 기동시간이 길다.
③ 소용량 농형 전동기의 기동법이다.
④ 전동기 단자에 직접 정격전압을 가한다.

해설 3상 유도전동기의 기동법 중 전전압기동에 대한 설명으로 옳은 것은
① 기동 시에 역률이 좋지 않다.
② 소용량 농형 전동기의 기동법이다.
③ 전동기 단자에 직접 정격전압을 가한다.

050 동기발전기의 전기자 권선법 중 집중권인 경우 매극 매상의 홈(slot) 수는?

① 1개
② 2개
③ 3개
④ 4개

해설 동기발전기의 전기자 권선법 중 집중권이란
매극 매상의 홈(slot) 수가 1개인 경우를 말한다. 또한 분포권이란 매극 매상의 홈(slot) 수가 2개 이상인 경우를 말한다.

051 유도전동기의 속도제어를 인버터방식으로 사용하는 경우 1차 주파수에 비례하여 1차 전압을 공급하는 이유는?

① 역률을 제어하기 위해
② 슬립을 증가시키기 위해
③ 자속을 일정하게 하기 위해
④ 발생토크를 증가시키기 위해

해설 유도전동기의 속도제어를 인버터방식으로 사용하는 경우 1차 주파수에 비례하여 1차 전압을 공급하는 이유는 자속을 일정하게 하기 위해서이다.

052 3상 유도전압조정기의 원리를 응용한 것은?

① 3상 변압기
② 3상 유도전동기
③ 3상 동기발전기
④ 3상 교류자전동기

해설 3상 유도전동기는 3상 유도전압조정기의 원리를 응용한 것이다.

정답 049 ② 050 ① 051 ③ 052 ②

053 정류회로에서 상의 수를 크게 했을 경우 옳은 것은?

① 맥동 주파수와 맥동률이 증가한다.
② 맥동률과 맥동 주파수가 감소한다.
③ 맥동 주파수는 증가하고 맥동률은 감소한다.
④ 맥동률과 주파수는 감소하나 출력이 증가한다.

해설 정류회로에서 상의 수를 크게 했을 경우는 맥동 주파수가 증가하고 맥동률은 감소한다.

054 동기전동기의 위상특성곡선(V곡선)에 대한 설명으로 옳은 것은?

① 출력을 일정하게 유지할 때 부하전류와 전기자전류의 관계를 나타낸 곡선
② 역률을 일정하게 유지할 때 계자전류와 전기자전류의 관계를 나타낸 곡선
③ 계자전류를 일정하게 유지할 때 전기자전류와 출력사이의 관계를 나타낸 곡선
④ 공급전압 V와 부하가 일정할 때 계자전류의 변화에 대한 전기자전류의 변화를 나타낸 곡선

해설 동기전동기의 위상특성곡선(V곡선)이란 공급전압 V와 부하가 일정할 때 계자전류(I_f)의 변화에 대한 전기자전류(I_a)의 변화를 나타낸 곡선이다.

055 유도전동기의 기동 시 공급하는 전압을 단권변압기에 의해서 일시 강하시켜서 기동전류를 제한하는 기동방법은?

① $Y-\triangle$ 기동
② 저항기동
③ 직접기동
④ 기동 보상기에 의한 기동

해설 유도전동기의 기동 보상기에 의한 기동이란 공급하는 전압을 단권변압기에 의해서 일시 강하시켜서 기동전류를 제한하는 기동방법을 말한다.

056 그림과 같은 회로에서 V(전원전압의 실효치)=100[V], 점호각 $\alpha = 30°$인 때의 부하 시의 직류전압 $E_{d\alpha}$[V]는 약 얼마인가? (단, 전류가 연속하는 경우이다.)

① 90
② 86
③ 77.9
④ 100

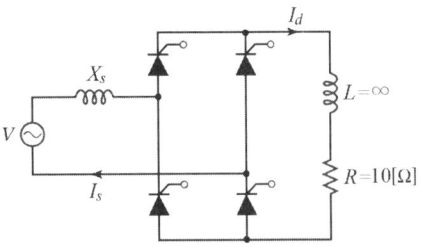

정답 053 ③ 054 ④ 055 ④ 056 ②

> **해설** 단상 전파에서 점호각 α=30°의 부하 시 직류전압
> $$E_{d\alpha} = \frac{1}{\pi}\int_\alpha^\pi \sqrt{2}\,V\sin\theta\,d\theta = \frac{\sqrt{2}\,V}{\pi}(-\cos\theta)_\alpha^\pi$$
> $$= \frac{\sqrt{2}}{\pi}V(-\cos\pi + \cos\alpha) = \frac{\sqrt{2}}{\pi}\times 100(1+\cos 30°)$$
> $$= \frac{141.4}{\pi}(1+0.866) ≒ 84.02 ≒ 86[V] 이다.$$

057 직류 분권전동기가 전기자 전류 100[A]일 때 50[kg·m]의 토크를 발생하고 있다. 부하가 증가하여 전기자 전류가 120[A]로 되었다면 발생 토크(kg·m)는 얼마인가?

① 60
② 67
③ 88
④ 160

> **해설** 그림의 직류 분권전동기의 $P = EI_a = \omega T[W]$
> $$T(토크) = \frac{EI_a}{\omega} = \frac{PZ}{2\pi a}\phi I_a ≒ I_a 이다.$$
> $T = 50[kg·m] ≒ 100,\ T' ≒ 120$이다.
> $$\therefore T'(토크) = \frac{50\times 120}{100} = 60[kg·m]이 된다.$$

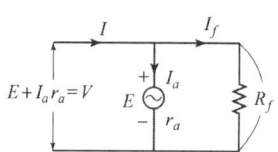

058 비례추이와 관계있는 전동기로 옳은 것은?

① 동기전동기
② 농형 유도전동기
③ 단상정류자전동기
④ 권선형 유도전동기

> **해설** 권선형 유도전동기는 비례추이와 관계있는 전동기이다.

059 동기발전기의 단락비가 적을 때의 설명으로 옳은 것은?

① 동기 임피던스가 크고 전기자 반작용이 작다.
② 동기 임피던스가 크고 전기자 반작용이 크다.
③ 동기 임피던스가 작고 전기자 반작용이 작다.
④ 동기 임피던스가 작고 전기자 반작용이 크다.

> **해설** 동기발전기에서 단락비(K_s)가 적으면 동기 임피던스(Z_s)가 크고 전기자 반작용도 크다.

060 3/4 부하에서 효율이 최대인 주상변압기의 전부하 시 철손과 동손의 비는?

① 8 : 4
② 4 : 4
③ 9 : 16
④ 16 : 9

해설 최대 효율인 부하에서의 철손과 동손의 비는 최대 효율 $P_i = m^2 P_c = \left(\frac{3}{4}\right)^2 P_c$.
$\frac{P_i}{P_c} = \left(\frac{3}{4}\right)^2 = \frac{9}{16}$ 이다. 그러므로 $P_i : P_c = 9 : 16$이어야 한다.

제4과목 회로이론 및 제어공학

061 다음의 신호흐름 선도를 메이슨의 공식을 이용하여 전달함수를 구하고자 한다. 이 신호흐름 선도에서 루프(Loop)는 몇 개인가?

① 0
② 1
③ 2
④ 3

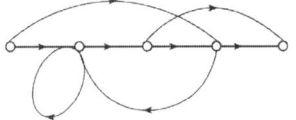

해설 메이슨의 공식 $T(\text{전달함수}) = \frac{\sum_{k=1}^{n} G_k \Delta_k}{\Delta} = \frac{G_1 \Delta_1 + G_2 \Delta_2 \cdots G_n \Delta_n}{1 - (L_{11} + L_{21} \cdots L_{n1})}$

신호흐름 선도에 메이슨의 공식 $T(\text{전달함수}) = \frac{\sum_{k=1}^{n} G_k \Delta_k}{\Delta} = \frac{G_1 \Delta_1 + G_2 \Delta_2}{1 - (L_{11} + L_{21})}$ 이다.

- G_1 = 첫 번째 전향 경로 이득
- Δ_1 = 첫 번째 전향 경로와 접하지 않은 부분의 △값
- G_2 = 두 번째 전향 경로 이득
- Δ_2 = 두 번째 전향 경로와 접하지 않은 부분의 △값
- L_{11} = 1개의 비접 폐루프의 개루프 이득의 곱
- L_{21} = 2개의 비접 폐루프의 개루프 이득의 곱

∴ 이 신호흐름 선도에서 루프(Loop)는 2개이다.

062 특성방정식 중에서 안정된 시스템인 것은?

① $2s^3 + 3s^2 + 4s + 5 = 0$
② $s^4 + 3s^3 - s^2 + s + 10 = 0$
③ $s^5 + s^3 + 2s^2 + 4s + 3 = 0$
④ $s^4 - 2s^3 - 3s^2 + 4s + 5 = 0$

해설 $2s^3+3s^2+4s+5=0$의 Routh 판별식은

s^3	2	·	4
s^2	3	·	5
s^1	$\frac{12-10}{3}=\frac{2}{3}$	·	0
s^0	5	·	

∴ 1열의 부호 변화가 없으므로 안정근이다.
 s평면에서 좌반 평면에 근을 갖기 위한 조건(안정조건)은
 ① 모든 계수(s의 차수)가 존재할 것
 ② 다항식의 모든 계수(s의 차수)가 같은 부호일 것
 ③ Routh 판별식에서 1열의 부호 변화가 없을 것

063 타이머에서 입력신호가 주어지면 바로 동작하고, 입력신호가 차단된 후에는 일정시간이 지난 후에 출력이 소멸되는 동작형태는?

① 한시동작 순시복귀
② 순시동작 순시복귀
③ 한시동작 한시복귀
④ 순시동작 한시복귀

해설 순시동작 한시복귀란 타이머에서 입력신호가 주어지면 바로 동작하고, 입력신호가 차단된 후에는 일정시간이 지난 후에 출력이 소멸되는 동작형태를 말한다.

064 단위궤환 제어시스템의 전향경로 전달함수가 $G(s)=\dfrac{K}{s(s^2+5s+4)}$일 때, 이 시스템이 안정하기 위한 K의 범위는?

① $K<-20$
② $-20<K<0$
③ $0<K<20$
④ $20<K$

해설 폐루프 전달함수 $\dfrac{C}{R}=\dfrac{G(s)}{1+G(s)}$에서 특성방정식의 근은 $1+G(s)=0$(분모가 0일때이다.)

∴ $1+G(s)=1+\dfrac{K}{s(s^2+5s+4)}=\dfrac{s^3+5s^2+4s+K}{s^3+5s^2+4s}=0$

s^3+5s^2+4s+K의 Routh 판별식

s^3	1	·	4
s^2	5	·	K
s^1	$\dfrac{20-K}{5}$	·	0
s^0	K	·	

이다.

∴ 이 시스템이 안정하기 위해서는 1열의 요소가 모두 (+)가 되어야 한다.
$\dfrac{20-K}{5}>0$, $20-K>0$, $20>K$, 또한 $K>0$이므로 K범위는 $0<K<20$이다.

정답 063 ④ 064 ③

065

$R(z) = \dfrac{(1-e^{-aT})z}{(z-1)(z-e^{-aT})}$ 의 역변환은?

① te^{aT}
② te^{-aT}
③ $1-e^{-aT}$
④ $1+e^{-aT}$

해설 z변환을 부분 분수로 전개하면

$$R(z) = \dfrac{(1-e^{-aT})z}{(z-1)(z-e^{-aT})} = \dfrac{K_1}{(z-1)} + \dfrac{K_2}{(z-e^{-aT})} = \dfrac{1}{z-1} + \dfrac{-e^{-aT}}{z-e^{-aT}}$$ 이다.

이를 역변환하면 $L^{-1}(R(z)) = L^{-1}\left(\dfrac{1}{z-1} + \dfrac{-e^{-aT}}{z-e^{-aT}}\right) = 1-e^{-aT}$ 가 된다.

단, $K_1 = \lim\limits_{z \to 1}(z-1) \times \dfrac{(1-e^{-aT})z}{(z-1)(z-e^{-aT})} = \dfrac{1-e^{-aT}}{1-e^{-aT}} = 1$

$K_2 = \lim\limits_{z \to e^{-aT}}(z-e^{-aT}) \times \dfrac{(1-e^{-aT})z}{(z-1)(z-e^{-aT})} = \dfrac{(1-e^{-aT})e^{-aT}}{e^{-aT}-1}$

$= \dfrac{(1-e^{-aT})e^{-aT}}{-1+e^{-aT}} = \dfrac{(1-e^{-aT}) \times e^{-aT}}{-(1-e^{-aT})} = -e^{-aT}$ 이다.

∴ K_1, K_2를 $R(z)$식에 대입한 것이 역변환한 것이다.

066

시간영역에서 자동제어계를 해석할 때 기본 시험입력에 보통 사용되지 않는 입력은?

① 정속도 입력
② 정현파 입력
③ 단위계단 입력
④ 정가속도 입력

해설 시간영역에서 자동제어계를 해석할 때 기본 시험입력에 보통 사용되는 입력은 정속도 입력, 단위계단 입력, 정가속도 입력 등이다.

067

$G(s)H(s) = \dfrac{K(s-1)}{s(s+1)(s-4)}$ 에서 점근선의 교차점을 구하면?

① -1
② 0
③ 1
④ 2

해설 점근선의 교차점

$$\sigma = \dfrac{\text{극값 합}\left(\sum\limits_{i=1}^{n}P_i\right) - \text{영점값 합}\left(\sum\limits_{i=1}^{n}Z_i\right)}{\text{극수}(P) - \text{영점 수}(Z)} = \dfrac{\sum\limits_{i=1}^{n}P_i - \sum\limits_{i=1}^{n}Z_i}{P-Z} = \dfrac{-1+4-1}{3-1} = \dfrac{2}{2} = 1$$

정답 065 ③ 066 ② 067 ③

068
n차 선형 시불변 시스템의 상태방정식을 $\frac{d}{dt}X(t) = AX(t) + Br(t)$로 표시할 때 상태천이행렬 $\Phi(t)$(n×n행렬)에 관하여 틀린 것은?

① $\Phi(t) = e^{At}$
② $\frac{d\Phi(t)}{dt} = A \cdot \Phi(t)$
③ $\Phi(t) = \mathcal{L}^{-1}[(sI-A)^{-1}]$
④ $\Phi(t)$는 시스템의 정상상태응답을 나타낸다.

해설 n차 선형 시불변 시스템의 상태방정식을 $\frac{dX(t)}{dt} = AX(t) + Br(t)$로 표시할 때 상태천이행렬 $\Phi(t)$(n×n행렬)에 관하여 옳은 것은
① $\Phi(t) = e^{At}$
② $\frac{d\Phi(t)}{dt} = A \cdot \Phi(t)$
③ $\Phi(t) = \mathcal{L}^{-1}[(sI-A)^{-1}]$ 등이다.

069
다음의 신호흐름 선도에서 C/R는?

① $\frac{G_1 + G_2}{1 - G_1H_1}$
② $\frac{G_1 G_2}{1 - G_1H_1}$
③ $\frac{G_1 + G_2}{1 + G_1H_1}$
④ $\frac{G_1 G_2}{1 + G_1H_1}$

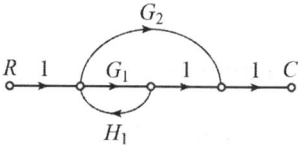

해설 메이슨의 공식를 이용하여 다음의 신호흐름 선도에서 전달함수는
$$\frac{C}{R} = \frac{\sum_{K=1}^{n} G_K \Delta_K}{\Delta} = \frac{G_1 \Delta_1 + G_2 \Delta_2}{1 - L_{11}} = \frac{G_1 \times 1 + G_2 \times 1}{1 - G_1H_1} = \frac{G_1 + G_2}{1 - G_1H_1}$$ 이다.

070
PD 조절기와 전달함수 $G(s) = 1.2 + 0.02s$의 영점은?

① -60
② -50
③ 50
④ 60

해설 전달함수 $G(s)$의 분자가 0인 상태가 영점(0)이다.
∴ 영점(0)인 s값은 $1.2 + 0.02s = 0$
$0.02s = -1.2$
$s = \frac{-1.2}{0.02} = -60$이다.

정답 068 ④ 069 ① 070 ①

071 $e = 100\sqrt{2}\sin\omega t + 75\sqrt{2}\sin 3\omega t + 20\sqrt{2}\sin 5\omega t$ [V]인 전압을 RL직렬회로에 가할 때 제3고조파 전류의 실횻값은 몇 [A]인가? (단, $R=4[\Omega]$, $\omega L=1[\Omega]$이다.)

① 15
② $15\sqrt{2}$
③ 20
④ $20\sqrt{2}$

해설 제3고조파 전류의 실횻값

$$I_3 = \frac{V_3}{\sqrt{R^2+(3\omega L)^2}} = \frac{75}{\sqrt{(4)^2+(3\times 1)^2}} = \frac{75}{5} = 15[A]이다.$$

072 전원과 부하가 △ 결선된 3상 평형회로가 있다. 전원전압이 200[V], 부하 1상의 임피던스가 $6+j8[\Omega]$일 때 선전류(A)는?

① 20
② $20\sqrt{3}$
③ $\dfrac{20}{\sqrt{3}}$
④ $\dfrac{\sqrt{3}}{20}$

해설 전원과 부하가 △결선된 3상 평형회로 선전류

$$I_\ell = \sqrt{3}\,I_P = \sqrt{3}\times\frac{V_P}{Z} = \sqrt{3}\times\frac{200}{6+j8} = \sqrt{3}\times\frac{200}{\sqrt{6^2+8^2}} = \sqrt{3}\times\frac{200}{10} = 20\sqrt{3}\,[A]이다.$$

073 분포정수 선로에서 무왜형 조건이 성립하면 어떻게 되는가?

① 감쇠량이 최소로 된다.
② 전파속도가 최대로 된다.
③ 감쇠량은 주파수에 비례한다.
④ 위상정수가 주파수에 관계없이 일정하다.

해설 분포정수 선로에서 무왜형 조건(일그러짐이 없는 조건)이 성립하면 감쇠량이 최소로 된다.

074 회로에서 $V=10[V]$, $R=10[\Omega]$, $L=1[H]$, $C=10[\mu F]$ 그리고 $V_C(0)=0$일 때 스위치 K를 닫은 직후 전류의 변화율 $\dfrac{di}{dt}(0^+)$의 값(A/sec)은?

① 0
② 1
③ 5
④ 10

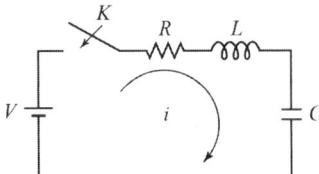

> **해설** 회로에서 $V_C(0)$일 때 스위치 K를 닫은 직후 $i = \dfrac{V}{r} = \dfrac{10}{1} = 10[\text{A}]$의
> 변화율 $\dfrac{di}{dt}(0^+) = 10[\text{A/sec}]$이다.

075 $F(s) = \dfrac{2s+15}{s^3+s^2+3s}$ 일 때 $f(t)$의 최종값은?

① 2
② 3
③ 5
④ 15

> **해설** 최종치 정리에서
> $$\lim_{t \to \infty} f(t) = \lim_{s \to 0} sF(s) = \lim_{s \to 0} s \times \dfrac{2s+15}{s^3+s^2+3s} = \lim_{s \to 0} s \times \dfrac{2s+15}{s(s^2+s+3)} = \dfrac{15}{3} = 5$$

076 대칭 5상 교류 성형결선에서 선간전압과 상전압 간의 위상차는 몇 도인가?

① 27°
② 36°
③ 54°
④ 72°

> **해설** 대칭 5상 교류 성형결선(Y결선)의 선간전압 $V_\ell = V_p 2\sin\dfrac{\pi}{n} \varepsilon^{j\frac{\pi}{2}\left(1-\frac{2}{n}\right)}$[V]이다.
> 선간전압과 상전압의 위상차 $\psi = \dfrac{\pi}{2}\left(1-\dfrac{2}{n}\right) = \dfrac{\pi}{2}\left(1-\dfrac{2}{5}\right) = \dfrac{\pi}{2} - \dfrac{2\pi}{10} = 90 - 36 = 54°$이다.

077 정현파 교류 $V = V_m \sin\omega t$의 전압을 반파정류하였을 때의 실횻값은 몇 [V]인가?

① $\dfrac{V_m}{\sqrt{2}}$

② $\dfrac{V_m}{2}$

③ $\dfrac{V_m}{2\sqrt{2}}$

④ $\sqrt{2}\,V_m$

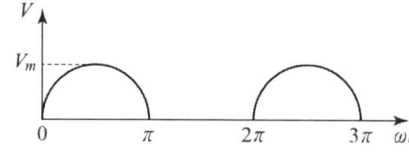

> **해설** 반파정류파의 실효치 전압
> $$V = \sqrt{\dfrac{1}{T}\int_0^T (V)^2 d\theta} = \sqrt{\dfrac{1}{2\pi}\int_0^\pi V_m^2 \sin^2\theta\, d\theta} = \sqrt{\dfrac{V_m^2}{2\pi}\int_0^\pi \dfrac{1}{2}(1-\cos 2\theta)\,d\theta}$$
> $$= \sqrt{\dfrac{V_m^2}{2\pi} \times \dfrac{1}{2}\left(\theta - \dfrac{1}{2}\sin 2\theta\right)_0^\pi} = \sqrt{\dfrac{V_m^2}{4\pi}\left(\pi - 0 - \dfrac{1}{2}(0-0)\right)} = \sqrt{\dfrac{V_m^2}{4}} = \dfrac{V_m}{2}$$ [V]이다.

078 회로망 출력단자 a-b에서 바라본 등가임피던스는? (단, $V_1=6[V]$, $V_2=3[V]$, $I_1=10[A]$, $R_1=15[\Omega]$, $R_2=10[\Omega]$, $L=2[H]$, $j\omega=s$ 이다.)

① $s+15$
② $2s+6$
③ $\dfrac{3}{s+2}$
④ $\dfrac{1}{s+3}$

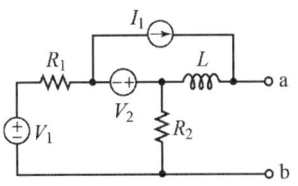

해설 회로망 출력단자 a-b에서 바라본 등가임피던스는 정전압원은 단락상태로 정전류원은 개방상태이다.
∴ a-b에서 바라본 등가임피던스는

$$Z_{ab}=2s+\dfrac{R_1R_2}{R_1+R_2}=2s+\dfrac{15\times 10}{15+10}=2s+\dfrac{150}{25}=2s+6[\Omega] 이다.$$

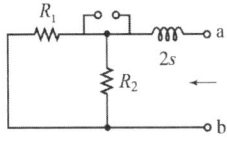

079 대칭 3상 전압이 a상 V_a, b상 $V_b=a^2V_a$, c상 $V_c=aV_a$일 때 a상을 기준으로 한 대칭분 전압 중 정상분 $V_1[V]$은 어떻게 표시되는가?

① $\dfrac{1}{3}V_a$
② V_a
③ aV_a
④ a^2V_a

해설 대칭분의 3상 전압

$V_0(영상\ 전압)=\dfrac{1}{3}(V_a+V_b+V_c)=\dfrac{1}{3}(V_a+a^2V_a+aV_a)=\dfrac{V_a}{3}(1+a^2+a)=0$

$V_1(정상\ 전압)=\dfrac{1}{3}(V_a+aV_b+a^2V_c)=\dfrac{1}{3}(V_a+a\times a^2V_a+a^2\times aV_a)$
$=\dfrac{V_a}{3}(1+a^3+a^3)=\dfrac{V_a}{3}\times 3=V_a\ [V]$

$V_2(역상\ 전압)=\dfrac{1}{3}(V_a+a^2V_b+aV_c)=\dfrac{1}{3}(V_a+a^2\times a^2V_a+a\times aV_a)$
$=\dfrac{V_a}{3}(1+a^4+a^2)=\dfrac{V_a}{3}(1+a+a^2)=\dfrac{V_a}{3}\times 0=0[V]$ 등이다.

∴ 정상분 전압 $V_1=V_a[V]$이다.

080 다음과 같은 비정현파 기전력 및 전류에 의한 평균전력을 구하면 몇 [W]인가?

$$e=100\sin\omega t-50\sin(3\omega t+30°)+20\sin(5\omega t+45°)[V]$$
$$I=20\sin\omega t+10\sin(3\omega t-30°)+5\sin(5\omega t-45°)[A]$$

① 825
② 875
③ 925
④ 1175

해설 비정현파 교류전력은 같은 주파수 사이에만 존재한다.

∴ 비정현파 교류전력

$$P = \sum_{n=1}^{\infty} E_n I_n \cos\psi_n = E_1 I_1 \cos\psi_1 + E_3 I_3 \cos\psi_3 + E_5 I_5 \cos\psi_5$$

$$= \frac{100}{\sqrt{2}} \times \frac{20}{\sqrt{2}} \cos(0-0) - \frac{50}{\sqrt{2}} \times \frac{10}{\sqrt{2}} \cos(30-(-30)) + \frac{20}{\sqrt{2}} \times \frac{5}{\sqrt{2}} \cos(45-(-45))$$

$$= \frac{2000}{2} \cos 0° - \frac{500}{2} \cos 60° + \frac{100}{2} \cos 90°$$

$$= \frac{2000}{2} \times 1 - \frac{500}{2} \times \frac{1}{2} + \frac{100}{2} \times 0 = 1000 - 125 = 875[W] \text{이다.}$$

제5과목 전기설비기술기준

081 지중 전선로의 매설방법이 아닌 것은?

① 관로식 ② 인입식
③ 암거식 ④ 직접 매설식

해설 지중 전선로의 매설방법에는 관로식, 암거식, 직접 매설식 등이 있다.

082 특고압용 변압기로서 그 내부에 고장이 생긴 경우에 반드시 자동 차단되어야 하는 변압기의 뱅크용량은 몇 [kVA] 이상인가?

① 5000 ② 10000
③ 50000 ④ 100000

해설 특고압용 변압기로서 그 내부에 고장이 생긴 경우에 반드시 자동 차단되어야 하는 변압기의 뱅크용량은 10000[kVA] 이상이어야 한다.

083 옥내에 시설하는 관등회로의 사용전압이 12000[V]인 방전등 공사 시의 네온변압기 외함에는 몇 종 접지공사를 해야 하는가?

① 제1종 접지공사 ② 제2종 접지공사
③ 제3종 접지공사 ④ 특별 제3종 접지공사

해설 옥내에 시설하는 관등회로의 사용전압이 12000[V]인 방전등 공사 시의 네온변압기 외함에는 제3종 접지공사를 하여야 한다.

정답 081 ② 082 ② 083 ③

084 전력보안 가공통신선(광섬유 케이블은 제외)을 조가 할 경우 조가용 선은?

① 금속으로 된 단선
② 강심 알루미늄 연선
③ 금속선으로 된 연선
④ 알루미늄으로 된 단선

해설 전력보안 가공통신선(광섬유 케이블은 제외)을 조가 할 경우 조가용 선은 금속선으로 된 연선이다.

085 특고압 전선로의 철탑의 가장 높은 곳에 220[V]용 항공 장애등을 설치하였다. 이 등기구의 급속제 외함은 몇 종 접지공사를 하여야 하는가?

한국전기설비규정으로 개정됨에 따라 출제되지 않는 문제입니다.

① 제1종 접지공사
② 제2종 접지공사
③ 제3종 접지공사
④ 특별 제3종 접지공사

해설 특고압 전선로의 철탑의 가장 높은 곳에 220[V]용 항공 장애등을 설치하였다. 이 등기구의 급속제 외함은 제1종 접지공사를 하여야 한다.

086 저고압 가공전선과 가공약전류 전선 등을 동일 지지물에 시설하는 기준으로 틀린 것은?

① 가공전선을 가공약전류전선 등의 위로하고 별개의 완금류에 시설할 것
② 전선로의 지지물로서 사용하는 목주의 풍압하중에 대한 안전율은 1.5 이상일 것
③ 가공전선과 가공약전류전선 등 사이의 이격거리는 저압과 고압 모두 75[cm] 이상일 것
④ 가공전선이 가공약전류전선에 대하여 유도작용에 의한 통신상의 장해를 줄 우려가 있는 경우에는 가공전선을 적당한 거리에서 연가할 것

해설 저고압 가공전선과 가공약전류 전선 등을 동일 지지물에 시설하는 기준으로 옳은 것은
① 가공전선을 가공약전류전선 등의 위로하고 별개의 완금류에 시설할 것
② 전선로의 지지물로서 사용하는 목주의 풍압하중에 대한 안전율은 1.5 이상일 것
③ 가공전선이 가공약전류전선에 대하여 유도작용에 의한 통신상의 장해를 줄 우려가 있는 경우에는 가공전선을 적당한 거리에서 연가할 것

087 풀용 수중조명등에 사용되는 절연 변압기의 2차측 전로의 사용전압이 몇 [V]를 초과하는 경우에는 그 전로에 지락이 생겼을 때에 자동적으로 전로를 차단하는 장치를 하여야 하는가?

한국전기설비규정으로 개정됨에 따라 출제되지 않는 문제입니다.

① 30
② 60
③ 150
④ 300

해설 풀용 수중조명등에 사용되는 절연 변압기의 2차측 전로의 사용전압이 30[V]를 초과하는 경우에는 그 전로에 지락이 생겼을 때에 자동적으로 전로를 차단하는 장치를 하여야 한다.

정답 084 ③ 085 ① 086 ③ 087 ①

088 석유류를 저장하는 장소의 전등배선에 사용하지 않는 공사방법은?

① 케이블 공사
② 금속관 공사
③ 애자사용 공사
④ 합성수지관 공사

해설 석유류를 저장하는 장소의 전등배선에 사용되는 공사방법에는 케이블 공사, 금속관 공사, 합성수지관 공사 등이 있다.

089 사용전압이 154[kV]인 가공 송전선의 시설에서 전선과 식물과의 이격거리는 일반적인 경우에 몇 [m] 이상으로 하여야 하는가?

① 2.8
② 3.2
③ 3.6
④ 4.2

해설 사용전압이 154[kV]인 가공 송전선의 시설에서 전선과 식물과의 이격거리는 일반적인 경우 3.2[m] 이상이어야 한다.

090 과전류차단기로 저압전로에 사용하는 퓨즈를 수평으로 붙인 경우 이 퓨즈는 정격전류의 몇 배의 전류에 견디어야 하는가? <한국전기설비규정으로 개정됨에 따라 출제되지 않는 문제입니다.>

① 1.1
② 1.25
③ 1.6
④ 2

해설 과전류차단기로 저압전로에 사용하는 퓨즈를 수평으로 붙인 경우 이 퓨즈는 정격전류의 1.1배의 전류에 견딜 수 있어야 한다.

091 농사용 저압 가공전선로의 시설기준으로 틀린 것은?

① 사용전압이 저압일 것
② 전선로의 경간은 40[m] 이하일 것
③ 저압 가공전선의 인장강도는 1.38[kN] 이상일 것
④ 저압 가공전선의 지표상 높이는 3.5[m] 이상일 것

해설 농사용 저압 가공전선로의 시설기준으로 옳은 것은
① 사용전압이 저압일 것
② 저압 가공전선의 인장강도는 1.38[kN] 이상일 것
③ 저압 가공전선의 지표상 높이는 3.5[m] 이상일 것

정답 088 ③ 089 ② 090 ① 091 ②

092 고압 가공전선로에 시설하는 피뢰기의 제1종 접지공사의 접지선이 그 제1종 접지공사 전용의 것인 경우에 접지저항 값은 몇 [Ω]까지 허용되는가?

① 20
② 30
③ 50
④ 75

해설 고압 가공전선로에 시설하는 피뢰기의 제1종 접지공사의 접지선이 그 제1종 접지공사 전용의 것인 경우에 접지저항 값은 30[Ω]까지 허용된다.

093 고압 옥측전선로에 사용할 수 있는 전선은?

① 케이블
② 나경동선
③ 절연전선
④ 다심형 전선

해설 고압 옥측전선로에 사용할 수 있는 전선은 케이블이다.

094 발전기를 전로로부터 자동적으로 차단하는 장치를 시설하여야 하는 경우에 해당되지 않는 것은?

① 발전기에 과전류가 생긴 경우
② 용량이 5000[kVA] 이상인 발전기의 내부에 고장이 생긴 경우
③ 용량이 500[kVA] 이상의 발전기를 구동하는 수차의 압유장치의 유압이 현저히 저하한 경우
④ 용량이 100[kVA] 이상의 발전기를 구동하는 풍차의 압유장치의 유압, 압축공기장치의 공기압이 현저히 저하한 경우

해설 발전기를 전로로부터 자동적으로 차단하는 장치를 시설하여야 하는 경우에 해당 되는 것은
① 발전기에 과전류가 생긴 경우
② 용량이 500[kVA] 이상의 발전기를 구동하는 수차의 압유장치의 유압이 현저히 저하한 경우
③ 용량이 100[kVA] 이상의 발전기를 구동하는 풍차의 압유장치의 유압, 압축공기장치의 공기압이 현저히 저하한 경우

095 고압 옥내배선이 수관과 접근하여 시설되는 경우에는 몇 [cm] 이상 이격시켜야 하는가?

① 15
② 30
③ 45
④ 60

해설 고압 옥내배선이 수관과 접근하여 시설되는 경우에는 15[cm] 이상 이격시켜야 한다.

096 최대사용전압이 22900[V]인 3상 4선식 중성선 다중접지식 전로와 대지 사이의 절연내력 시험전압은 몇 [V]인가?

① 32510
② 28752
③ 25229
④ 21068

해설 최대사용전압이 22900[V]인 3상 4선식 중성선 다중접지식 전로와 대지 사이의 절연내력 시험전압은 최대사용전압×0.92배=22900×0.92=21068[V]로 10분간 가하여 견디어야 한다.

097 라이팅 덕트 공사에 의한 저압 옥내배선 공사시설기준으로 틀린 것은?

① 덕트의 끝부분은 막을 것
② 덕트는 조영재에 견고하게 붙일 것
③ 덕트는 조영재를 관통하여 시설할 것
④ 덕트의 지지점 간의 거리는 2[m] 이하로 할 것

해설 라이팅 덕트 공사에 의한 저압 옥내배선 공사시설기준으로 옳은 것은
① 덕트의 끝부분은 막을 것
② 덕트는 조영재에 견고하게 붙일 것
③ 덕트의 지지점 간의 거리는 2[m] 이하로 할 것

098 금속덕트 공사에 의한 저압 옥내배선에서, 금속덕트에 넣은 전선의 단면적의 합계는 일반적으로 덕트 내부 단면적의 몇 % 이하이어야 하는가? (단, 전광표시 장치·출퇴표시등 기타 이와 유사한 장치 또는 제어회로 등의 배선만을 넣는 경우에는 50%)

① 20
② 30
③ 40
④ 50

해설 금속덕트 공사에 의한 저압 옥내배선에서, 금속덕트에 넣은 전선의 단면적의 합계는 일반적으로 덕트 내부 단면적의 20% 이하이어야 한다(단, 전광표시 장치·출퇴표시 등 기타 이와 유사한 장치 또는 제어회로 등의 배선만을 넣는 경우에는 50%이다).

099 지중 전선로에 사용하는 지중함의 시설기준으로 틀린 것은?

① 조명 및 세척이 가능한 적당한 장치를 시설할 것
② 견고하고 차량 기타 중량물의 압력에 견디는 구조일 것
③ 그 안의 고인 물을 제거할 수 있는 구조로 되어 있는 것
④ 뚜껑은 시설자 이외의 자가 쉽게 열 수 없도록 시설할 것

정답 096 ④ 097 ③ 098 ① 099 ①

해설 지중 전선로에 사용하는 지중함의 시설기준으로 옳은 것은
① 견고하고 차량 기타 중량물의 압력에 견디는 구조일 것
② 그 안의 고인 물을 제거할 수 있는 구조로 되어 있는 것
③ 뚜껑은 시설자 이외의 자가 쉽게 열 수 없도록 시설할 것

100 철탑의 강도계산에 사용하는 이상 시 상정하중을 계산하는데 사용되는 것은?

① 미진에 의한 요동과 철구조물의 인장하중
② 뇌가 철탑에 가하여졌을 경우의 충격하중
③ 이상전압이 전선로에 내습하였을 때 생기는 충격하중
④ 풍압이 전선로에 직각방향으로 가하여지는 경우의 하중

해설 철탑의 강도계산에 사용하는 이상 시 상정하중을 계산하는데 사용되는 것은 풍압이 전선로에 직각방향으로 가하여지는 경우의 하중이다.

정답 100 ④

02 2019년 4월 27일 시행

제1과목 전기응용 및 공사재료

001 단상 유도전동기의 기동방법이 아닌 것은?

① 분상기동법
② 전압제어법
③ 콘덴서기동형
④ 셰이딩코일형

해설 반발기동형 > 분상기동법 > 콘덴서기동형 > 콘덴서형 > 셰이딩코일형이 단상 유도전동기 기동방법이고 기동토크가 큰 순서이다.

002 교류 200[V], 정류기 전압강하 10[V]인 단상 반파정류회로의 직류전압(V)은?

① 70
② 80
③ 90
④ 100

해설 정류기 전압강하 $e_a = 10[V]$일 때의 단상 반파정류회로의 직류전압

$$V_{dc} = \frac{1}{2\pi}\int_0^\pi V_m \sin\theta\, d\theta - e_a = \frac{V_m}{2\pi}(-\cos\theta)\Big|_0^\pi - e_a = \frac{V_m}{2\pi}((-\cos\pi)+\cos 0) - e_a$$
$$= \frac{V_m}{2\pi}(-(-1)+1) - e_a = \frac{V_m}{\pi} - e_a = \frac{\sqrt{2}\,V}{\pi} - e_a = 0.45\times V - e_a$$
$$= 0.45\times 200 - 10 = 90 - 10 = 80[V]$$

003 형태가 복잡하게 생긴 금속제품을 균일한 온도로 가열하는 데 가장 적합한 전기로는?

① 염욕로
② 흑연화로
③ 요동식 아크로
④ 저주파 유도로

해설 염욕로는 탄소입 전기로라고 부른다. 염욕로는 NaCl, KCl 등의 용융염에 직접 통전하여 가열하고 피열물을 그 속에 넣어 가열한다.
∴ 형태가 복잡하게 생긴 금속제품을 균일한 온도로 가열하는 데 가장 적합한 전기로이다.

정답 001 ② 002 ② 003 ①

004 극수 P의 3상 유도전동기가 주파수 f[Hz], 슬립 s, 토크 T[N·m]로 회전하고 있을 때의 기계적 출력(W)은?

① $\dfrac{4\pi f T}{P}$ ② $T\dfrac{2\pi f}{P}(1-s)$

③ $T\dfrac{4\pi f}{P}(1-s)$ ④ $T\dfrac{\pi f}{P}(1-s)$

해설 3상 유도전동기의 슬립
$s = \dfrac{N_s - N}{N_s}$, $N_s - N = sN_s$, $N = (1-s)N_s$[rpm]이다.

이에 기계적 출력 $P = \omega T = 2\pi\dfrac{N}{60} \cdot T = 2\pi\dfrac{T}{60}(1-s)N_s = 2\pi\dfrac{T}{60}\times(1-s)\dfrac{120f}{P}$
$= T\dfrac{4\pi f}{P}(1-s)$[W]

---

005 필라멘트 재료가 갖추어야 할 조건 중 틀린 것은?

① 융해점이 높을 것   ② 고유저항이 작을 것
③ 선팽창 계수가 적을 것   ④ 높은 온도에서 증발이 적을 것

해설 필라멘트 재료가 갖추어야 할 조건은
① 융해점이 높을 것
② 선팽창 계수가 적을 것
③ 높은 온도에서 증발이 적을 것

---

006 전기철도에서 귀선의 누설전류에 의해 전식은 어디서 발생하는가?

① 궤도로 전류가 유입하는 곳   ② 궤도에서 전류가 유출하는 곳
③ 지중관로로 전류가 유입하는 곳   ④ 지중관로에서 전류가 유출하는 곳

해설 전기철도에서 귀선의 누설전류는 지중관로에서 전류가 유출하는 곳에 전식이 발생된다.

---

007 광도가 780[cd]인 균등 점광원으로부터 발산하는 전광속(lm)은 약 얼마인가?

① 1892   ② 2575
③ 4898   ④ 9801

해설 점광원으로부터 발산하는 전광속
$F = 4\pi I_0 = 4 \times 3.14 \times 780 ≒ 9801$[lm]이다.

정답 004 ③ 005 ② 006 ④ 007 ④

008 아크의 전압과 전류의 관계를 그래프로 나타낸 것으로 맞는 것은?

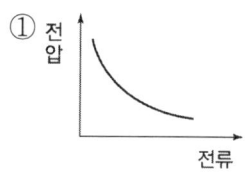 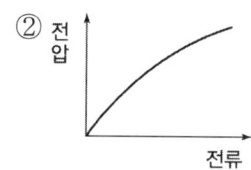

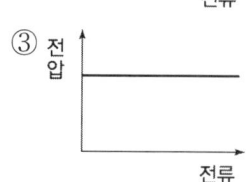 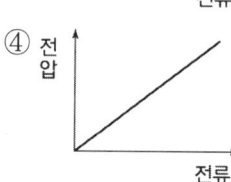

해설 아크 크기= $\frac{전압}{전류}$ 으로 작은 전류에는 큰 아크전압이 큰 전류에는 낮은 아크전압이 된다.

009 역 병렬로 된 2개의 SCR과 유사한 양 방향성 3단자 사이리스터로서 AC 전력의 제어에 사용하는 것은?

① SCS
② GTO
③ TRIAC
④ LASCR

해설 TRIAC는 역 병렬로 된 2개의 SCR과 유사한 양 방향성 3단자 사이리스터로서 AC(교류) 전력의 제어에 사용하는 소자이다.

010 순금속 발열체의 종류가 아닌 것은?

① 백금(Pt)
② 텅스텐(W)
③ 몰리브텐(Mo)
④ 탄화규소(SiC)

해설 순금속 발열체의 종류인 것은 백금(Pt), 텅스텐(W), 몰리브텐(Mo)이다.

011 3상 농형 유도전동기의 기동방법이 아닌 것은?

① Y-△ 기동
② 전전압 기동
③ 2차 저항 기동
④ 기동보상기 기동

해설 3상 농형 유도전동기의 기동방법
• Y-△ 기동
• 전전압 기동
• 기동보상기 기동이다.

012 옥내에서 전선을 병렬로 사용할 때의 시설방법으로 틀린 것은?

① 전선은 동일한 도체이어야 한다.
② 전선은 동일한 굵기, 동일한 길이이어야 한다.
③ 전선의 굵기는 동 40[mm^2] 이상 또는 알루미늄 90[mm^2] 이상이어야 한다.
④ 관내에 전류의 불평형이 생기지 아니하도록 시설하여야 한다.

> **해설** 옥내에서 전선을 병렬로 사용할 때의 시설방법은
> ① 전선은 동일한 도체이어야 한다.
> ② 전선은 동일한 굵기, 동일한 길이이어야 한다.
> ③ 관내에 전류의 불평형이 생기지 아니하도록 시설하여야 한다.

013 가교폴리에틸렌(XLPE) 절연물의 최대허용온도(℃)는?

① 70   ② 90
③ 105 ④ 120

> **해설** 가교폴리에틸렌(XLPE) 절연물의 최대허용온도는 90℃이다.

014 전선의 구비조건으로 틀린 것은?

① 비중이 클 것   ② 도전율이 클 것
③ 내구성이 클 것   ④ 기계적 강도가 클 것

> **해설** 전선의 구비조건은
> ① 도전율이 클 것
> ② 내구성이 클 것
> ③ 기계적 강도가 클 것

015 합성수지관 상호 간 및 관과 박스 접속 시에 삽입하는 최소 깊이는? (단, 접착제를 사용하는 경우는 제외한다.)

① 관 안지름의 1.2배   ② 관 안지름의 1.5배
③ 관 바깥지름의 1.2배   ④ 관 바깥지름의 1.5배

> **해설** 접착제를 사용하지 않는 경우 합성수지관 상호 간 및 관과 박스 접속 시에 삽입하는 최소 깊이는 관 바깥지름의 1.2배로 한다.

정답 012 ③ 013 ② 014 ① 015 ③

016 저압 배전반의 주 차단기로 주로 사용되는 보호기기는?

① GCB ② VCB
③ ACB ④ OCB

> **해설** ACB(air blast circuit breaker)는 저압 배전반의 주 차단기로 사용되는 보호기기이다.

017 피뢰설비 중 돌침 지지관의 재료로 적합하지 않은 것은?

① 스테인리스 강관 ② 황동관
③ 합성수지관 ④ 알루미늄관

> **해설** 피뢰설비 중 돌침 지지관의 재료로 적합한 것은 스테인리스 강관, 황동관, 알루미늄관이다.

018 변압기 철심용 강판의 두께는 대략 몇 [mm]인가?

① 0.1 ② 0.35
③ 2 ④ 3

> **해설** 변압기 철심용 강판은 규소강판으로 두께는 0.35~0.5[mm]이다.

019 조명용 광원 중에서 연색성이 가장 우수한 것은?

① 백열전구 ② 고압나트륨등
③ 고압수은등 ④ 메탈할라이드등

> **해설** 백열전구는 조명용 광원 중에서 연색성이 가장 우수한 것이다. 나트륨등은 인공 광원중에서 최대 발광효율로서 단색광이므로 연색성이 대단히 나쁘다.

020 방전등에 속하지 않는 것은?

① 할로겐등 ② 형광수은등
③ 고압나트륨등 ④ 메탈할라이드등

> **해설** 방전등에 속하는 것은 형광수은등, 고압나트륨등, 메탈할라이드등, 루우미네슨스이다.

정답 016 ③ 017 ③ 018 ② 019 ① 020 ①

제2과목 전력공학

021 단도체 방식과 비교하여 복도체 방식의 송전선로를 설명한 것으로 틀린 것은?

① 선로의 송전용량이 증가된다.
② 계통의 안정도를 증진시킨다.
③ 전선의 인덕턴스가 감소하고, 정전용량이 증가된다.
④ 전선 표면의 전위경도가 저감되어 코로나 임계전압을 낮출 수 있다.

해설 단도체 방식과 비교하여 복도체 방식의 송전선로를 설명한 것으로 옳은 것은
① 선로의 송전용량이 증가된다.
② 계통의 안정도를 증진시킨다.
③ 전선의 인덕턴스가 감소하고, 정전용량이 증가된다.

022 유효낙차 100[m], 최대사용수량 20[m³/s], 수차효율 70%인 수력발전소의 연간 발전전력량은 약 몇 [kWh]인가? (단, 발전기의 효율은 85%라고 한다.)

① 2.5×10^7
② 5×10^7
③ 10×10^7
④ 20×10^7

해설 H(유효낙차)=100[m], Q(최대사용수량)=20[m³/s], η_t(수차효율)=70%,
η_g(발전기 효율)=85%일 때 수력발전소의 연간 발전전력량
$P = 9.8 QH\eta_t \eta_g \times 365 \times 24 = 9.8 \times 20 \times 100 \times 0.7 \times 0.85 \times 365 \times 24 ≒ 10 \times 10^7$[kWh]

023 부하역률이 $\cos\theta$인 경우 배전선로의 전력손실은 같은 크기의 부하전력으로 역률이 1인 경우의 전력손실에 비하여 어떻게 되는가?

① $\dfrac{1}{\cos\theta}$
② $\dfrac{1}{\cos^2\theta}$
③ $\cos\theta$
④ $\cos^2\theta$

해설 P_ℓ(부하의 전력손실)$= I^2 R = \left(\dfrac{P}{V\cos\theta}\right)^2 \times R = \dfrac{P^2 R}{V^2 \cos^2\theta} ≒ \dfrac{1}{\cos^2\theta}$ 이다.

∴ 부하역률 $\cos\theta$인 경우 배전선로의 전력손실 $P_{\ell \cdot \cos\theta} ≒ \dfrac{1}{\cos^2\theta}$ 이다.

부하역률 1인 경우 배전선로의 전력손실 $P_{\ell \cdot 1} = 1$일 때에 비해

$\dfrac{P_{\ell \cdot \cos\theta}}{P_{\ell \cdot 1}} ≒ \dfrac{\frac{1}{\cos^2\theta}}{1} ≒ \dfrac{1}{\cos^2\theta}$ 이 된다.

정답 021 ④ 022 ③ 023 ②

024 선택 지락 계전기의 용도를 옳게 설명한 것은?

① 단일 회선에서 지락고장 회선의 선택 차단
② 단일 회선에서 지락전류의 방향 선택 차단
③ 병행 2회선에서 지락고장 회선의 선택 차단
④ 병행 2회선에서 지락고장의 지속시간 선택 차단

해설 선택 지락 계전기는 병행 2회선에서 지락고장 회선의 선택 차단의 용도로 사용된다.

025 직류 송전방식에 관한 설명으로 틀린 것은?

① 교류 송전방식보다 안정도가 낮다.
② 직류계통과 연계 운전 시 교류계통의 차단용량은 작아진다.
③ 교류 송전방식에 비해 절연계급을 낮출 수 있다.
④ 비동기 연계가 가능하다.

해설 직류 송전방식
 • 직류계통과 연계 운전 시 교류계통의 차단용량은 작아진다.
 • 교류 송전방식에 비해 절연계급을 낮출 수 있다.
 • 비동기 연계가 가능하다.

026 터빈(turbine)의 임계속도란?

① 비상조속기를 동작시키는 회전수
② 회전자의 고유 진동수와 일치하는 위험 회전수
③ 부하를 급히 차단하였을 때의 순간 최대 회전수
④ 부하 차단 후 자동적으로 정정된 회전수

해설 터빈(turbine)의 임계속도
회전자의 고유 진동수와 일치하는 위험 회전수를 말한다.

027 변전소, 발전소 등에 설치하는 피뢰기에 대한 설명 중 틀린 것은?

① 방전전류는 뇌충격전류의 파고값으로 표시한다.
② 피뢰기의 직렬갭은 속류를 차단 및 소호하는 역할을 한다.
③ 정격전압은 상용주파수 정현파 전압의 최고 한도를 규정한 순시값이다.
④ 속류란 방전현상이 실질적으로 끝난 후에도 전력계통에서 피뢰기에 공급되어 흐르는 전류를 말한다.

정답 024 ③ 025 ① 026 ② 027 ③

> **해설** 변전소, 발전소 등에 설치하는 피뢰기
> - 방전전류는 뇌충격전류의 파고값으로 표시한다.
> - 피뢰기의 직렬갭은 속류를 차단 및 소호하는 역할을 한다.
> - 속류란 방전현상이 실질적으로 끝난 후에도 전력계통에서 피뢰기에 공급되어 흐르는 전류를 말한다.

028 아킹혼(Arcing Horn)의 설치 목적은?

① 이상전압 소멸
② 전선의 진동방지
③ 코로나 손실방지
④ 섬락사고에 대한 애자보호

> **해설** 아킹혼(Arcing Horn)의 설치 목적은 섬락사고에 대한 애자보호이다.

029 일반 회로정수가 A, B, C, D이고 송전단 전압이 E_S인 경우 무부하시 수전단 전압은?

① $\dfrac{E_S}{A}$
② $\dfrac{E_S}{B}$
③ $\dfrac{A}{C}E_S$
④ $\dfrac{C}{A}E_S$

> **해설** 일반 회로정수가 4단자 기초방정식 $\begin{cases} E_s = AE_R + BI_R \\ I_s = CE_R + DI_R \end{cases}$ 에서 무부하시
> I_R(수전단 전류)=0이다. 송전단 전압 E_s[V]인 경우 무부하 수전단 전압은
> 기초방정식에서 $E_R = \dfrac{E_S}{A}$[V]가 된다.

030 10000[kVA] 기준으로 등가 임피던스가 0.4%인 발전소에 설치될 차단기의 차단용량은 몇 [MVA]인가?

① 1000
② 1500
③ 2000
④ 2500

> **해설** 10000[kVA]$= 10 \times 10^6$[VA]$= 10$[MVA]이다.
> ∴ 차단기의 차단용량
> $P_s = \dfrac{정격용량}{\%Z} \times 100 = \dfrac{P_n}{\%Z} \times 100 = \dfrac{10}{0.4} \times 100 = \dfrac{100}{4} \times 100 = 2500$[MVA]가 된다.

정답 028 ④ 029 ① 030 ④

031 변전소에서 접지를 하는 목적으로 적절하지 않은 것은?

① 기기의 보호
② 근무자의 안전
③ 차단 시 아크의 소호
④ 송전시스템의 중성점 접지

해설 변전소에서 접지를 하는 목적
- 기기의 보호
- 근무자의 안전
- 송전시스템의 중성점 접지이다.

032 중거리 송전선로의 T형 회로에서 송전단 전류 I_s는? (단, Z, Y는 선로의 직렬 임피던스와 병렬 어드미턴스이고, E_r은 수전단 전압, I_r은 수전단 전류이다.)

① $E_r(1+\dfrac{ZY}{2})+ZI_r$
② $I_r(1+\dfrac{ZY}{2})+E_rY$
③ $E_r(1+\dfrac{ZY}{2})+ZI_r(1+\dfrac{ZY}{4})$
④ $I_r(1+\dfrac{ZY}{2})+E_rY(1+\dfrac{ZY}{4})$

해설 중거리 송전선로의 T형 4단자망의 4단자 정수

$$\begin{vmatrix} A & B \\ C & D \end{vmatrix} = \begin{vmatrix} 1 & \dfrac{Z}{2} \\ 0 & 1 \end{vmatrix}\begin{vmatrix} 1 & 0 \\ Y & 1 \end{vmatrix}\begin{vmatrix} 1 & \dfrac{Z}{2} \\ 0 & 1 \end{vmatrix} = \begin{vmatrix} 1+\dfrac{YZ}{2} & \dfrac{Z}{2} \\ Y & 1 \end{vmatrix}\begin{vmatrix} 1 & \dfrac{Z}{2} \\ 0 & 1 \end{vmatrix}$$

$$= \begin{vmatrix} 1+\dfrac{YZ}{2} & \dfrac{Z}{2}(1+\dfrac{YZ}{2})+\dfrac{Z}{2} \\ Y & 1+\dfrac{YZ}{2} \end{vmatrix}$$ 이다.

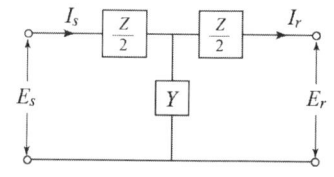

∴ 4단자 기초방정식 $\begin{cases} E_s = AE_r + BI_r = (1+\dfrac{YZ}{2})E_r + \left(\dfrac{Z}{2}(1+\dfrac{YZ}{2})+\dfrac{Z}{2}\right)I_r \\ I_s = CE_r + DI_r = YE_r + (1+\dfrac{YZ}{2})I_r \end{cases}$ 에서

송전단 전류 $I_s = I_r(1+\dfrac{YZ}{2})+E_rY$ [A]가 된다.

033 한 대의 주상변압기에 역률(뒤짐) $\cos\theta_1$, 유효전력 P_1[kW]의 부하와 역률(뒤짐) $\cos\theta_2$, 유효전력 P_2[kW]의 부하가 병렬로 접속되어 있을 때 주상변압기 2차 측에서 본 부하의 종합역률은 어떻게 되는가?

① $\dfrac{P_1+P_2}{\dfrac{P_1}{\cos\theta_1}+\dfrac{P_2}{\cos\theta_2}}$
② $\dfrac{P_1+P_2}{\dfrac{P_1}{\sin\theta_1}+\dfrac{P_2}{\sin\theta_2}}$
③ $\dfrac{P_1+P_2}{\sqrt{(P_1+P_2)^2+(P_1\tan\theta_1+P_2\tan\theta_2)^2}}$
④ $\dfrac{P_1+P_2}{\sqrt{(P_1+P_2)^2+(P_1\sin\theta_1+P_2\sin\theta_2)^2}}$

정답 031 ③ 032 ② 033 ③

해설

$P_1 = P_{a1}\cos\theta_1$ 에서 $P_{a1} = \dfrac{P_1}{\cos\theta_1}$ … ㉠

$P_{r1} = P_{a1}\sin\theta_1 = \dfrac{P_1}{\cos\theta_1} \times \sin\theta_1 = P_1\tan\theta_1$

$P_2 = P_{a2}\cos\theta_2$ 에서 $P_{a2} = \dfrac{P_2}{\cos\theta_2}$

$P_{r2} = P_{a2}\sin\theta_2 = \dfrac{P_2}{\cos\theta_2}\sin\theta_2 = P_2\tan\theta_2$ 이다.

∴ $P(유효전력) = P_1 + P_2$ [W]

$P_r(무효전력) = P_{r1} + P_{r2}$ [Var] 이고

$P_a(피상전력) = P + jP_r$
$= (P_1 + P_2) + j(P_{r1} + P_{r2})$ [VA] 이다.

∴ 부하의 종합역률 $\cos\theta = \dfrac{P}{P_a} = \dfrac{P_1 + P_2}{\sqrt{(P_1+P_2)^2 + (P_1\tan\theta_1 + P_2\tan\theta_2)^2}}$ 가 되고

또 종합무효율 $\sin\theta = \dfrac{P_r}{P_a} = \dfrac{P_{r1} + P_{r2}}{P + jP_r}$ 가 된다.

---

034 33[kV] 이하의 단거리 송배전선로에 적용되는 비접지 방식에서 지락전류는 다음 중 어느 것을 말하는가?

① 누설전류 ② 충전전류
③ 뒤진전류 ④ 단락전류

해설 충전전류란 33[kV] 이하의 단거리 송배전선로에 적용되는 비접지 방식에서 지락전류를 말한다.

---

035 옥내배선의 전선 굵기를 결정할 때 고려해야 할 사항으로 틀린 것은?

① 허용전류 ② 전압강하
③ 배선방식 ④ 기계적 강도

해설 옥내배선의 전선 굵기를 결정할 때 고려해야 할 사항은 허용전류, 전압강하, 기계적 강도이다.

---

036 고압 배전선로 구성방식 중, 고장 시 자동적으로 고장개소의 분리 및 건전선로에 폐로하여 전력을 공급하는 개폐기를 가지며, 수요 분포에 따라 임의의 분기선으로부터 전력을 공급하는 방식은?

① 환상식 ② 망상식
③ 뱅킹식 ④ 가지식(수지식)

정답 034 ② 035 ③ 036 ①

> **해설** 환상식은 고압 배전선로 구성방식 중, 고장 시 자동적으로 고장개소의 분리 및 건전선로에 폐로하여 전력을 공급하는 개폐기를 가지며, 수요 분포에 따라 임의의 분기선으로부터 전력을 공급하는 방식이다.

037 그림과 같은 2기 계통에 있어서 발전기에서 전동기로 전달되는 전력 P는? (단, $X = X_G + X_L + X_M$이고 E_G, E_M은 각각 발전기 및 전동기의 유기기전력, δ는 E_G와 E_M간의 상차각이다.)

① $P = \dfrac{E_G}{XE_M}\sin\delta$

② $P = \dfrac{E_G E_M}{X}\sin\delta$

③ $P = \dfrac{E_G E_M}{X}\cos\delta$

④ $P = X E_G E_M \cos\delta$

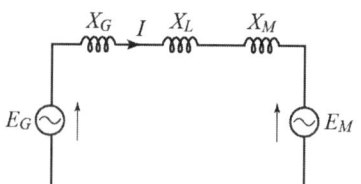

> **해설** X(리액턴스) $= (X_G(\text{발전기}) + X_L(\text{선로}) + X_M(\text{전동기}))$이고 E_G(발전기), E_M(전동기) 기전력일 때 발전기에서 전동기로 전달되는 전력 $P = \dfrac{E_G E_M}{X}\sin\delta$ [W]이다.

038 전력계통 연계 시의 특징으로 틀린 것은?

① 단락전류가 감소한다.
② 경제 급전이 용이하다.
③ 공급신뢰도가 향상된다.
④ 사고 시 다른 계통으로의 영향이 파급될 수 있다.

> **해설** 전력계통 연계 시의 특징
> • 경제 급전이 용이하다.
> • 공급신뢰도가 향상된다.
> • 사고 시 다른 계통으로의 영향이 파급될 수 있다.

039 공통 중성선 다중 접지방식의 배전선로에서 Recloser(R), Sectionalizer(S), Line fuse(F)의 보호협조가 가장 적합한 배열은? (단, 보호협조는 변전소를 기준으로 한다.)

① S – F – R
② S – R – F
③ F – S – R
④ R – S – F

> **해설** 공통 중성선 다중 접지방식의 배전선로에서 보호협조는 변전소를 기준으로 Recloser(R) – Sectionalizer(S) – Line fuse(F)로 배열해야 한다.

정답 037 ② 038 ① 039 ④

040 송전선의 특성임피던스와 전파정수는 어떤 시험으로 구할 수 있는가?

① 뇌파시험
② 정격부하시험
③ 절연강도 측정시험
④ 무부하시험과 단락시험

해설 무부하시험과 단락시험으로 송전선의 특성임피던스와 전파정수를 구할 수 있다.

제3과목 전기기기

041 단상 변압기의 병렬운전 시 요구사항으로 틀린 것은?

① 극성이 같을 것
② 정격출력이 같을 것
③ 정격전압과 권수비가 같을 것
④ 저항과 리액턴스의 비가 같을 것

해설 단상 변압기의 병렬운전 조건
- 극성이 같을 것
- 정격전압과 권수비가 같을 것
- 저항과 리액턴스의 비가 같을 것

042 유도전동기로 동기전동기를 기동하는 경우, 유도전동기의 극수는 동기전동기의 극수보다 2극 적은 것을 사용하는 이유로 옳은 것은? (단, s는 슬립이며 N_s는 동기속도이다.)

① 같은 극수의 유도전동기는 동기속도보다 sN_s 만큼 늦으므로
② 같은 극수의 유도전동기는 동기속도보다 sN_s 만큼 빠르므로
③ 같은 극수의 유도전동기는 동기속도보다 $(1-s)N_s$ 만큼 늦으므로
④ 같은 극수의 유도전동기는 동기속도보다 $(1-s)N_s$ 만큼 빠르므로

해설 유도전동기로 동기전동기를 기동하는 경우, 유도전동기의 극수는 동기전동기의 극수보다 2극 적은 것을 사용하는 이유는 s(슬립)=$\dfrac{N_s - N}{N_s}$

$N_s - N = sN_s$ 에서 $N = N_s - sN_s$ 이다.

∴ 같은 극수의 유도전동기의 속도(N)는 동기전동기의 동기속도(N_s)보다 sN_s만큼 늦기 때문이다.

043 동기발전기에 회전계자형을 사용하는 경우에 대한 이유로 틀린 것은?

① 기전력의 파형을 개선한다.
② 전기자가 고정자이므로 고압 대전류용에 좋고, 절연하기 쉽다.
③ 계자가 회전자지만 저압 소용량의 직류이므로 구조가 간단하다.
④ 전기자보다 계자극을 회전자로 하는 것이 기계적으로 튼튼하다.

> **해설** 동기발전기에 회전계자형을 사용하는 이유
> - 전기자가 고정자이므로 고압 대전류용에 좋고, 절연하기 쉽다.
> - 계자가 회전자지만 저압 소용량의 직류이므로 구조가 간단하다.
> - 전기자보다 계자극을 회전자로 하는 것이 기계적으로 튼튼하다.

044 3상 동기발전기의 매극 매상의 슬롯수를 3이라 할 때 분포권 계수는?

① $6\sin\dfrac{\pi}{18}$ ② $3\sin\dfrac{\pi}{36}$

③ $\dfrac{1}{6\sin\dfrac{\pi}{18}}$ ④ $\dfrac{1}{12\sin\dfrac{\pi}{36}}$

> **해설** q(매극 매상의 홈수)=3일 때
> K_d(분포권 계수)$=\dfrac{\text{분포권으로 할 때의 합성기전력}}{\text{집중권으로 할 때의 합성기전력}}=\dfrac{\sin\dfrac{\pi}{2m}}{q\sin\dfrac{\pi}{2mq}}=\dfrac{\sin\dfrac{\pi}{2\times3}}{3\sin\dfrac{\pi}{2\times3\times3}}$
> $=\dfrac{\sin\dfrac{\pi}{6}}{3\sin\dfrac{\pi}{18}}=\dfrac{1}{6\sin\dfrac{\pi}{18}}$ 이다.

045 변압기의 누설리액턴스를 나타낸 것은? (단, N은 권수이다.)

① N에 비례   ② N^2에 반비례
③ N^2에 비례   ④ N에 반비례

> **해설** 변압기 1차 철심의 리액턴스가 변압기의 누설리액턴스이다.
> ∴ N(변압기 권수비)$=\dfrac{V_1}{V_2}=\dfrac{I_2}{I_1}=\dfrac{N_1}{N_2}$ 이다.
> $N^2=\dfrac{V_1}{V_2}\times\dfrac{I_2}{I_1}=\dfrac{V_1}{I_1}\times\dfrac{I_2}{V_2}=\dfrac{Z_1}{Z_2}≒\dfrac{X_1}{X_2}$ 에서 X_1(변압기 누설리액턴스)$=N^2X_2$ 이다.
> ∴ 변압기 누설리액턴스는 N^2에 비례한다.

046 가정용 재봉틀, 소형공구, 영사기, 치과의료용, 엔진 등에 사용하고 있으며, 교류, 직류 양쪽 모두에 사용되는 만능전동기는?

① 전기 동력계   ② 3상 유도전동기
③ 차동 복권전동기   ④ 단상 직권정류자전동기

> **해설** 단상 직권정류자전동기는 가정용 재봉틀, 소형공구, 영사기, 치과의료용, 엔진 등에 사용하고 있으며, 교류, 직류 양쪽 모두에 사용되는 만능전동기이다.

047 정격전압 220[V], 무부하 단자전압 230[V], 정격출력이 40[kW]인 직류 분권발전기의 계자저항이 22[Ω], 전기자 반작용에 의한 전압강하가 5[V]라면 전기자회로의 저항(Ω)은 약 얼마인가?

① 0.026
② 0.028
③ 0.035
④ 0.042

해설 직류 분권발전기 회로 무부하시

$$I_a = I_f = \frac{230}{R_f} = \frac{230}{22} = 10.45[A] \cdots\cdots ㉠$$

정격출력 $P = VI$

$$I(부하전류) = \frac{P}{V} = \frac{40000}{220} ≒ 181.8[A] \cdots ㉡$$

∴ $I_a = I + I_f = 181.8 + 10.45 ≒ 192.26[A]$ 이다.

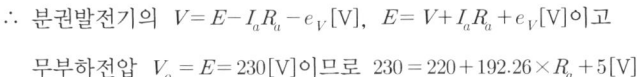

∴ 분권발전기의 $V = E - I_a R_a - e_V[V]$, $E = V + I_a R_a + e_V[V]$ 이고

무부하전압 $V_o = E = 230[V]$ 이므로 $230 = 220 + 192.26 \times R_a + 5[V]$

∴ $230 - 220 - 5 = 5 = 192.26 \times R_a$ 에서 전기자회로의 저항

$$R_a = \frac{5}{192.26} ≒ 0.026[Ω] 이다.$$

048 전력용 변압기에서 1차에 정현파 전압을 인가하였을 때, 2차에 정현파 전압이 유기되기 위해서는 1차에 흘러들어가는 여자전류는 기본파 전류 외에 주로 몇 고조파 전류가 포함되는가?

① 제2고조파
② 제3고조파
③ 제4고조파
④ 제5고조파

해설 전력용 변압기에서 1차에 정현파 전압을 인가하였을 때, 2차에 정현파 전압이 유기되기 위해서는 1차에 흘러들어가는 여자전류는 기본파 전류 외에 주로 제3고조파 전류가 포함된다.

049 스텝각이 2°, 스테핑주파수(pulse rate)가 1800[rps]인 스테핑모터의 축속도(rps)는?

① 8
② 10
③ 12
④ 14

해설 스테핑모터의 축속도 $= \dfrac{스테핑 주파수}{P(극수)} = \dfrac{1800}{\frac{360}{2}} = \dfrac{1800}{180} = 10[rps]$ 이다.

정답 047 ① 048 ② 049 ②

050 변압기에서 사용되는 변압기유의 구비조건으로 틀린 것은?

① 점도가 높을 것
② 응고점이 낮을 것
③ 인화점이 높을 것
④ 절연내력이 클 것

해설 변압기에서 사용되는 변압기유의 구비조건
- 응고점이 낮을 것
- 인화점이 높을 것
- 절연내력이 클 것

051 동기발전기의 병렬 운전 중 위상차가 생기면 어떤 현상이 발생하는가?

① 무효 횡류가 흐른다.
② 무효 전력이 생긴다.
③ 유효 횡류가 흐른다.
④ 출력이 요동하고 권선이 가열된다.

해설 동기발전기의 병렬 운전 중 위상차가 생기면
① 기전력 크기가 같을 것, 같지 않으면 무효 순환 전류가 흐른다.
② 기전력 주파수가 같을 것, 같지 않으면 난조의 원인이 된다.
③ 기전력 파형이 같을 것, 같지 않으면 고조파 무효 순환 전류가 흐른다.
④ 상회전 방향이 같을 것
⑤ 기전력 위상이 같을 것, 같지 않으면 앞선 위상인 G_1은 뒤진 위상인 G_2에
$P(동기화력) = \dfrac{E^2}{2Z_s} \sin \dfrac{\alpha}{2}$[W]을 공급하므로 E_1과 E_2를 동위상으로 하기 위한
동기화 전류(유효 횡류)가 흐른다.

052 단상 유도전동기의 토크에 대한 2차 저항을 어느 정도 이상으로 증가시킬 때 나타나는 현상으로 옳은 것은?

① 역회전 가능
② 최대토크 일정
③ 기동토크 증가
④ 토크는 항상 (+)

해설 단상 유도전동기의 토크에 대한 2차 저항을 어느 정도 이상으로 증가시키면 역회전 가능한 현상이 나타난다.

053 직류기에 관련된 사항으로 잘못 짝지어진 것은?

① 보극 - 리액턴스 전압 감소
② 보상권선 - 전기자 반작용 감소
③ 전기자 반작용 - 직류전동기 속도 감소
④ 정류기간 - 전기자 코일이 단락되는 기간

해설 직류기에 관련된 사항으로 바르게 짝지어진 것은
① 보극 – 리액턴스 전압 감소
② 보상권선 – 전기자 반작용 감소
③ 정류기간 – 전기자 코일이 단락되는 기간

054 그림은 전원전압 및 주파수가 일정할 때의 다상 유도전동기의 특성을 표시하는 곡선이다. 1차 전류를 나타내는 곡선은 몇 번 곡선인가?

① (1)
② (2)
③ (3)
④ (4)

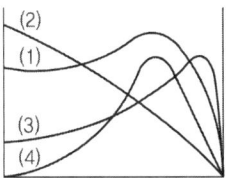

해설 전원전압과 주파수가 일정할 때의 다상 유도전동기의 1차 전류 특성은

$$I_1 = I_0 + I_1' = Y_0 V_1 + \frac{V_1}{(r_1 + \frac{r_2'}{s}) + j(x_1 + x_2')} [\text{A}]$$ 에서

㉠ $s = 0$(운전시), I_0(여자전류)는 무부하 전류이다.
㉡ $s = 1$(기동시), $I_1' = I_{s1}$(기동전류)$= \frac{V_1}{\sqrt{(r_1 + \frac{r_2'}{s})^2 + (x_1 + x_2')^2}} [\text{A}]$

정격전류의 5~10배이다.
∴ 기동법 사용 정격전류 2배 정도로 제한 기동된다.
∴ 1차 전류 특성곡선은 ②가 정답이다.

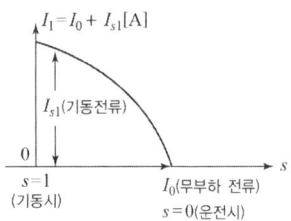

055 직류발전기의 외부 특성곡선에서 나타내는 관계로 옳은 것은?

① 계자전류와 단자전압
② 계자전류와 부하전류
③ 부하전류와 단자전압
④ 부하전류와 유기기전력

해설 직류발전기의 외부 특성곡선은 부하전류와 단자전압의 관계로 나타낸 것이다.

056 동기전동기가 무부하 운전 중에 부하가 걸리면 동기전동기의 속도는?

① 정지한다.
② 동기속도와 같다.
③ 동기속도보다 빨라진다.
④ 동기속도 이하로 떨어진다.

정답 054 ② 055 ③ 056 ②

해설 동기전동기가 무부하 운전 중에 부하가 걸리면 동기전동기의 속도는
동기속도 $N_s = \dfrac{120f}{P}$[rpm]와 같다.

057 100[V], 10[A], 1500[rpm]인 직류 분권발전기의 정격 시의 계자전류는 2[A]이다. 이때 계자회로에는 10[Ω]의 외부저항이 삽입되어 있다. 계자권선의 저항(Ω)은?

① 20　　　　　　　　　　　　　② 40
③ 80　　　　　　　　　　　　　④ 100

해설 직류 분권발전기의 정격 시의 계자전류

$$I_f = \dfrac{V}{R_f + R_o}[\text{A}]$$

$$R_f + R_o = \dfrac{V}{I_f}[\text{A}]$$

∴ 계자권선의 저항 $R_f = \dfrac{V}{I_f} - R_o = \dfrac{100}{2} - 10 = 50 - 10 = 40[\Omega]$이다.

058 50[Hz]로 설계된 3상 유도전동기를 60[Hz]에 사용하는 경우 단자전압을 110%로 높일 때 일어나는 현상으로 틀린 것은?

① 철손불변　　　　　　　　　　② 여자전류감소
③ 온도상승증가　　　　　　　　④ 출력이 일정하면 유효전류 감소

해설 3상 유도전동기에서

① 여자전류 $I_0 = YV \fallingdotseq \dfrac{V}{f}[\text{A}]$이다.

　단자전압 $V_1 = 1.1[\text{V}]$, 주파수 $f_1 = \dfrac{60}{50}f = 1.2f[\text{Hz}]$일 때의

　여자전류 $I_{01} = Y_1 V_1 \fallingdotseq \dfrac{V_1}{f_1} = \dfrac{1.1V}{1.2f} = 0.9\dfrac{V}{f} = 0.9I_0[\text{A}]$로 감소된다.

② 철손 $P_i = P_h + P_e = \eta f B_m^{1.6} + \eta(ftK_fB_m)^2 \fallingdotseq \left(f \times \dfrac{V^{1.6}}{f^{1.6}}\right) + \left(f \times \dfrac{V}{f}\right)^2 \fallingdotseq \dfrac{V^{1.6}}{f^{0.6}}[\text{W}]$이다.

　$f_1 = \dfrac{60}{50}f \fallingdotseq 1.2f$이고 $V_1 = 1.1V$일 때

　$P_{i1}(철손) = P_{h1} + P_{e1} = P_{h1} \fallingdotseq \dfrac{V_1^{1.6}}{f_1^{0.6}} = \dfrac{(1.1V)^{1.6}}{(1.2f)^{0.6}} \fallingdotseq 1 \times \dfrac{V^{1.6}}{f^{0.6}} \fallingdotseq P_i$ 불변이다.

③ $P_i(철손) = VI_i[\text{W}]$, $I_i(유효전류) = \dfrac{P_i}{V} \fallingdotseq \dfrac{1}{V}[\text{A}]$

　$V_1 = 1.1V$일 때 $I_{i1}(유효전류) = \dfrac{1}{V_1} = \dfrac{1}{1.1V} \fallingdotseq 0.90\dfrac{1}{V} = 0.90I_i[\text{A}]$로 감소된다.

∴ 3상 유도전동기에서 $I_{01}(감소) = I_{i1}(감소) = \dfrac{1}{f} = P_{i1}(불변) = 온도상승감소$ 등이다.

정답　057 ②　058 ③

059 직류기발전기에서 양호한 정류(整流)를 얻는 조건으로 틀린 것은?

① 정류주기를 크게 할 것
② 리액턴스 전압을 크게 할 것
③ 브러시의 접촉저항을 크게 할 것
④ 전기자 코일의 인덕턴스를 작게 할 것

해설 직류기발전기에서 양호한 정류를 얻는 조건
- 정류주기를 크게 할 것
- 브러시의 접촉저항을 크게 할 것
- 전기자 코일의 인덕턴스를 작게 할 것

060 상전압 200[V]의 3상 반파정류회로의 각 상에 SCR을 사용하여 정류제어 할 때 위상각을 $\pi/6$로 하면 순 저항부하에서 얻을 수 있는 직류전압(V)은?

① 90
② 180
③ 203
④ 234

해설 3상 반파정류회로의 직류전압

$$E_{dc} = \frac{1}{\frac{2\pi}{3}} \int_{30}^{150} V_m \sin\theta\,d\theta = \frac{3V_m}{2\pi}(-\cos\theta)_{30}^{150} = \frac{3\sqrt{2}\,V}{2\pi}(-\cos 150° + \cos 30°)$$

$$= \frac{4.42}{6.28} V(\sin 60° + \cos 30°) = 0.675 V(\frac{\sqrt{3}}{2} + \frac{\sqrt{3}}{2}) = 0.675 V \times \sqrt{3}$$

≒ $1.17 V = 1.17 \times 200$ ≒ 234[V]이다.

제4과목 회로이론 및 제어공학

061 폐루프 전달함수 $\dfrac{G(s)}{1+G(s)H(s)}$의 극의 위치를 개루프 전달함수 $G(s)H(s)$의 이득상수 K의 함수로 나타내는 기법은?

① 근궤적법
② 보드 선도법
③ 이득 선도법
④ Nyguist 판정법

해설 근궤적법이란 폐루프 전달함수 $\dfrac{G(s)}{1+G(s)H(s)}$의 극의 위치를 개루프 전달함수 $G(s)H(s)$의 이득상수 K의 함수로 나타내는 기법을 말한다.

정답 059 ② 060 ④ 061 ①

062 블록선도 변환이 틀린 것은?

① $X_1 \circ \to [G] \to X_3$, X_2 ⇒ $X_1 \to [G] \to X_3$, $[G] \leftarrow X_2$

② $X_1 \to [G] \to X_3$, $X_2 \leftarrow$ ⇒ X_1, $X_2 \leftarrow [G]$ $\to [G] \to X_3$

③ $X_1 \to [G] \to X_3$, X_2 ⇒ $X_1 \to [G]$, $X_2 \to [1/G]$ $\to X_3$

④ $X_1 \to [G] \to X_3$, X_2 ⇒ $X_1 \circ \to [G] \to X_3$, $[G] \leftarrow X_2$

해설 블록선도의 출력신호 X_3의 값으로 옳은 것은
① $X_3 = G(X_1 + X_2) = X_1G + X_2G$ 두 회로 동일 값
② $X_3 = X_1G$ 두 회로 동일 값
③ $X_3 = X_1G$ 두 회로 동일 값이다.
∴ 틀린 것은 ④이다.

063 다음 회로망에서 입력전압을 $V_1(t)$, 출력전압을 $V_2(t)$라 할 때, $\dfrac{V_2(s)}{V_1(s)}$에 대한 고유주파수 ω_n과 제동비 ζ의 값은? (단, $R=100[\Omega]$, $L=2[H]$, $C=200[\mu F]$이고, 모든 초기전하는 0이다.)

① $\omega_n = 50$, $\zeta = 0.5$
② $\omega_n = 50$, $\zeta = 0.7$
③ $\omega_n = 250$, $\zeta = 0.5$
④ $\omega_n = 250$, $\zeta = 0.7$

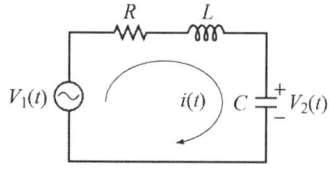

해설 회로망의 전달함수

$$\frac{V_2(s)}{V_1(s)} = \frac{I(s) \times \frac{1}{sC}}{I(s)(R + sL + \frac{1}{sC})} = \frac{\frac{1}{sC}}{(R + sL + \frac{1}{sC})} = \frac{1}{LCs^2 + RCs + 1}$$

$$= \frac{1}{2 \times 200 \times 10^{-6} \times s^2 + 100 \times 200 \times 10^{-6}s + 1} = \frac{1}{s^2 + \frac{100 \times 200 \times 10^{-6}}{2 \times 200 \times 10^{-6}} \times s + \frac{1}{2 \times 200 \times 10^{-6}}}$$

$$= \frac{\omega_n^2}{s^2 + 2\delta\omega_n s + \omega_n^2}$$ 과 비교하면 ω_n^2(고유주파수) $= \frac{1}{2 \times 200 \times 10^{-6}} = \frac{10000}{400} = 2500$

$\omega_n = \sqrt{2500} = 50$, $2\delta\omega_n = 2\delta \times 50 = \dfrac{100 \times 200 \times 10^{-6}}{2 \times 200 \times 10^{-6}} = 50$

제동비 $\delta = \dfrac{50}{2 \times 50} = \dfrac{50}{100} = 0.5$이다. ∴ $\omega_n = 50$, $\delta = 0.5$이다.

064 다음 신호흐름 선도의 일반식은?

① $G = \dfrac{1-bd}{abc}$
② $G = \dfrac{1+bd}{abc}$
③ $G = \dfrac{abc}{1+bd}$
④ $G = \dfrac{abc}{1-bd}$

해설 메이슨(Mason)의 정리에서 신호흐름 선도의 전달함수

$$G = \dfrac{\sum_{K=1}^{n} G_K \triangle_K}{1-(G_1H_1 + G_2H_2 + \cdots)} = \dfrac{G_1 \triangle_1}{1-G_1H_1} = \dfrac{abc}{1-bd} \text{이다.}$$

065 다음 중 이진 값 신호가 아닌 것은?

① 디지털 신호
② 아날로그 신호
③ 스위치의 On-Off 신호
④ 반도체 소자의 동작, 부동작 상태

해설 이진 값 신호
- 디지털 신호
- 스위치의 On-Off 신호
- 반도체 소자의 동작, 부동작 상태이다.

066 보드 선도에서 이득여유에 대한 정보를 얻을 수 있는 것은?

① 위상곡선 0°에서의 이득과 0[dB]과의 차이
② 위상곡선 180°에서의 이득과 0[dB]과의 차이
③ 위상곡선 −90°에서의 이득과 0[dB]과의 차이
④ 위상곡선 −180°에서의 이득과 0[dB]과의 차이

해설 보드 선도에서 이득여유에 대한 정보를 얻을 수 있는 것은 위상곡선 −180°에서의 이득과 0[dB]과의 차이이며 이득여유$(GM) = 20\log_{10}\dfrac{1}{|G(s)H(s)|} = 4 \sim 12[\text{dB}]$이다.

067 단위 궤환제어계의 개루프 전달함수가 $G(s) = \dfrac{K}{s(s+2)}$일 때, K가 $-\infty$로부터 $+\infty$까지 변하는 경우 특성방정식의 근에 대한 설명으로 틀린 것은?

① $-\infty < K < 0$에 대하여 근은 모두 실근이다.
② $0 < K < 1$에 대하여 2개의 근은 모두 음의 실근이다.
③ $K = 0$에 대하여 $s_1 = 0$, $s_2 = -2$의 근은 $G(s)$의 극점과 일치한다.
④ $1 < K < \infty$에 대하여 2개의 근은 음의 실수부 중근이다.

해설 단위 궤환제어계의 개루프 전달함수 $G(s) = \dfrac{K}{s(s+2)}$ 일 때, K가 $-\infty$로부터 $+\infty$까지 변하는 경우 특성방정식의 근에 대한 설명으로 옳은 것은
① $-\infty < K < 0$에 대하여 근은 모두 실근이다.
② $0 < K < 1$에 대하여 2개의 근은 모두 음의 실근이다.
③ $K = 0$에 대하여 $s_1 = 0$, $s_2 = -2$의 근은 $G(s)$의 극점과 일치한다.

068 2차계 과도응답에 대한 특성방정식의 근은 $s_1, s_2 = -\delta\omega_n \pm j\omega_n\sqrt{1-\delta^2}$ 이다. 감쇠비 δ가 $0 < \delta < 1$ 사이에 존재할 때 나타나는 현상은?

① 과제동 ② 무제동
③ 부족제동 ④ 임계제동

해설 2차계 과도응답에 대한 특성방정식의 근은 $s_1, s_2 = -\delta\omega_n \pm j\omega_n\sqrt{1-\delta^2}$ 이다.
감쇠비 δ가 $0 < \delta < 1$ 사이에 존재하면 부족제동으로 공액복소근을 가지며 감쇠진동을 한다.

069 그림의 시퀀스 회로에서 전자접촉기 X에 의한 A접점 (Normal open contact)의 사용 목적은?

① 자기유지회로
② 지연회로
③ 우선 선택회로
④ 인터록(interlock)회로

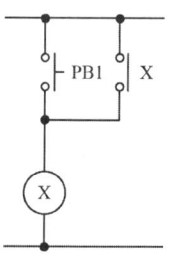

해설 시퀀스 회로는 자기유지회로이다. 즉 PB1을 누르면 전자접촉기(계전기) X가 여자된다. 또한 X 코일이 여자됨에 따라서 PB1에 관계없이 A접점이 닫혀 자기유지가 형성된다.

070 다음의 블록선도에서 특성방정식의 근은?

① $-2, -5$
② $2, 5$
③ $-3, -4$
④ $3, 4$

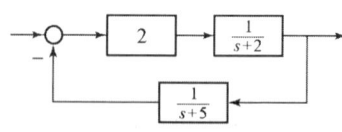

해설 블록선도에서 특성방정식은 $1 + G(s)H(s) = 0$이다.
$1 + G(s)H(s) = 1 + \dfrac{2}{s+2} \times \dfrac{1}{s+5} = \dfrac{(s+2)(s+5)+2}{(s+2)(s+5)} = 0$에서
$(s+2)(s+5) + 2 = s^2 + 7s + 12 = (s+3)(s+4) = 0$이다.
∴ 특성방정식의 근은 $s = -3$, $s = -4$이다.

071 평형 3상 3선식 회로에서 부하는 Y결선이고, 선간전압이 173.2∠0°[V]일 때 선전류는 20∠−120°[A]이었다면, Y결선된 부하 한상의 임피던스는 약 몇 [Ω]인가?

① $5∠60°$
② $5∠90°$
③ $5\sqrt{3}∠60°$
④ $5\sqrt{3}∠90°$

해설 3상 3선식 평형 Y부하의 선간전압 $V_\ell = \sqrt{3}\,V_P ∠30°$ [V]

∴ 상전압 $V_P = \dfrac{V_\ell}{\sqrt{3}∠30°} = \dfrac{173.2}{\sqrt{3}}∠−30° = 100∠−30°$ [V]일 때

Y부하 결선 한상의 임피던스 $\dot{Z} = \dfrac{V_P}{\dot{I}} = \dfrac{100∠−30°}{20∠−120°} = 5∠−30°+120° = 5∠90°$ [Ω]이다.

---

072 그림과 같은 RC 저역통과 필터회로에 단위 임펄스를 입력으로 가했을 때 응답 $h(t)$는?

① $h(t) = RCe^{-\frac{t}{RC}}$
② $h(t) = \dfrac{1}{RC}e^{-\frac{t}{RC}}$
③ $h(t) = \dfrac{R}{1+j\omega RC}$
④ $h(t) = \dfrac{1}{RC}e^{-\frac{C}{R}t}$

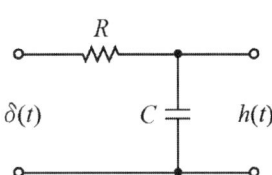

해설 임펄스 입력 $\delta(t) = 1$

저역통과 필터회로의 전달함수 $G(s) = \dfrac{I(s) \times \frac{1}{SC}}{I(s)(R + \frac{1}{SC})} = \dfrac{1}{RSC+1} = \dfrac{\frac{1}{RC}}{S + \frac{1}{RC}}$ 이다.

∴ 임펄스 응답 $h(t) = L^{-1}\,G(s) \cdot R(s) = L^{-1}\left(\dfrac{\frac{1}{RC}}{S + \frac{1}{RC}} \cdot 1\right) = \dfrac{1}{RC}e^{-\frac{1}{RC}t}$ 가 된다.

---

073 2전력계법으로 평형 3상 전력을 측정하였더니 한 쪽의 지시가 500[W], 다른 한 쪽의 지시가 1500[W]이었다. 피상전력은 약 몇 [VA]인가?

① 2000
② 2310
③ 2646
④ 2771

해설 2전력계법에서 $P_1 = 500$[W], $P_2 = 1500$[W]를 지시했다.

P(3상 전력) $= P_1 + P_2 = 500 + 1500 = 2000$[W]

P_r(3상 무효전력) $= \sqrt{3}\,(P_2 - P_1) = \sqrt{3}\,(1500 - 500) = \sqrt{3} \times 1000$[Var]이다.

3상 피상전력 $P_a = \sqrt{3}\,VI = P + jP_r = \sqrt{P^2 + P_r^2} = \sqrt{(2)^2 \times 10^6 + (\sqrt{3})^2 \times 10^6}$
$= \sqrt{7 \times 10^6} ≒ 2.646 \times 10^3 ≒ 2646$[VA]이다.

정답 071 ② 072 ② 073 ③

074 회로에서 4단자 정수 A, B, C, D의 값은?

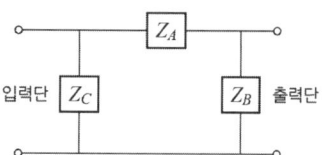

① $A = 1 + \dfrac{Z_A}{Z_B}$, $B = Z_A$, $C = \dfrac{1}{Z_A}$, $D = 1 + \dfrac{Z_B}{Z_A}$

② $A = 1 + \dfrac{Z_A}{Z_B}$, $B = Z_A$, $C = \dfrac{1}{Z_B}$, $D = 1 + \dfrac{Z_A}{Z_B}$

③ $A = 1 + \dfrac{Z_A}{Z_B}$, $B = Z_A$, $C = \dfrac{Z_A + Z_B + Z_C}{Z_B Z_C}$, $D = \dfrac{1}{Z_B Z_C}$

④ $A = 1 + \dfrac{Z_A}{Z_B}$, $B = Z_A$, $C = \dfrac{Z_A + Z_B + Z_C}{Z_B Z_C}$, $D = 1 + \dfrac{Z_A}{Z_C}$

해설 π형 4단자망의 4단자 정수

$$\begin{vmatrix} A & B \\ C & D \end{vmatrix} = \begin{vmatrix} 1 & 0 \\ \dfrac{1}{Z_C} & 1 \end{vmatrix} \begin{vmatrix} 1 & Z_A \\ 0 & 1 \end{vmatrix} \begin{vmatrix} 1 & 0 \\ \dfrac{1}{Z_B} & 1 \end{vmatrix} = \begin{vmatrix} 1 & Z_A \\ \dfrac{1}{Z_C} & 1 + \dfrac{Z_A}{Z_C} \end{vmatrix} \begin{vmatrix} 1 & 0 \\ \dfrac{1}{Z_B} & 1 \end{vmatrix}$$

$$= \begin{vmatrix} 1 + \dfrac{Z_A}{Z_B} & Z_A \\ \dfrac{1}{Z_C} + \dfrac{1}{Z_B}\left(1 + \dfrac{Z_A}{Z_C}\right) & 1 + \dfrac{Z_A}{Z_C} \end{vmatrix} \text{이다.}$$

∴ 4단자 정수 $A = 1 + \dfrac{Z_A}{Z_B}$, $B = Z_A$, $C = \dfrac{Z_A + Z_B + Z_C}{Z_B Z_C}$, $D = 1 + \dfrac{Z_A}{Z_C}$ 이다.

075 길이에 따라 비례하는 저항 값을 가진 어떤 전열선에 E_0[V]의 전압을 인가하면 P_0[W]의 전력이 소비된다. 이 전열선을 잘라 원래 길이의 $\dfrac{2}{3}$로 만들고 E[V]의 전압을 가한다면 소비전력 P[W]는?

① $P = \dfrac{P_0}{2}\left(\dfrac{E}{E_0}\right)^2$

② $P = \dfrac{3P_0}{2}\left(\dfrac{E}{E_0}\right)^2$

③ $P = \dfrac{2P_0}{3}\left(\dfrac{E}{E_0}\right)^2$

④ $P = \dfrac{\sqrt{3}\,P_0}{2}\left(\dfrac{E}{E_0}\right)^2$

해설 $P_0 = \dfrac{E_0^2}{R} = \dfrac{E_0^2}{\dfrac{\ell}{\mu S}} = \dfrac{\mu S E_0^2}{\ell} \fallingdotseq \dfrac{E_0^2}{\ell}$ [W]에서 $\ell = \dfrac{E_0^2}{P_0}$ … ㉠

또한 $\ell' = \dfrac{2}{3}\ell$일 때의 소비전력

$P = \dfrac{E^2}{\ell'} = \dfrac{E^2}{\dfrac{2}{3}\ell} = \dfrac{3E^2}{2\ell} = \dfrac{3E^2}{2 \times \dfrac{E_0^2}{P_0}} = \dfrac{3P_0}{2}\left(\dfrac{E}{E_0}\right)^2$ [W]이다.

정답 074 ④ 075 ②

076
$f(t) = e^{j\omega t}$ 의 라플라스 변환은?

① $\dfrac{1}{s - j\omega}$ 　　　　② $\dfrac{1}{s + j\omega}$

③ $\dfrac{1}{s^2 + \omega^2}$ 　　　　④ $\dfrac{\omega}{s^2 + \omega^2}$

해설 라플라스 변환
$$F(s) = \int_0^\infty f(t) e^{-st} dt = \int_0^\infty e^{j\omega t} e^{-st} dt = \int_0^\infty e^{-(s-j\omega)t} dt = \dfrac{0-1}{-(s-j\omega)} = \dfrac{1}{s-j\omega} \text{이다.}$$

077
1[km]당 인덕턴스 25[mH], 정전용량 0.005[μF]의 선로가 있다. 무손실 선로라고 가정한 경우 진행파의 위상(전파) 속도는 약 몇 [km/s]인가?

① 8.95×10^4 　　　　② 9.95×10^4

③ 89.5×10^4 　　　　④ 99.5×10^4

해설 위상 속도
$$v = \dfrac{\omega}{\beta} = \dfrac{\omega}{\omega\sqrt{LC}} = \dfrac{1}{\sqrt{LC}} = \dfrac{1}{\sqrt{25 \times 10^{-3} \times 0.005 \times 10^{-6}}} = \dfrac{1}{\sqrt{25 \times 5 \times 10^{-12}}}$$
$$= \dfrac{1}{5\sqrt{5} \times 10^{-6}} = \dfrac{10 \times 10^5}{5\sqrt{5}} \fallingdotseq 8.95 \times 10^4 \text{[km/s]이다.}$$

078
그림과 같은 순 저항회로에서 대칭 3상 전압을 가할 때 각 선에 흐르는 전류가 같으려면 R의 값은 몇 [Ω]인가?

① 8
② 12
③ 16
④ 20

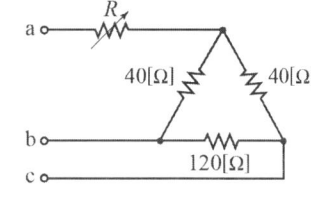

해설 △결선의 저항을 Y결선으로 환산할 때 각 선의 저항값이 같게 R값을 선정한다.
Y결선 각 선의 저항은 24[Ω]이다. ∴ 가변저항 $R = 16$[Ω]이어야 한다.

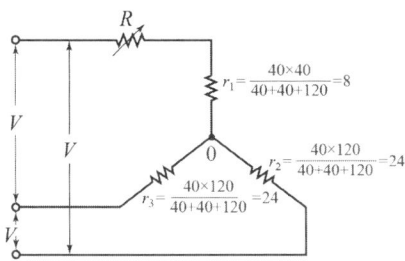

079 전류 $I = 30\sin\omega t + 40\sin(3\omega t + 45°)$[A]의 실횻값(A)은?

① 25
② $25\sqrt{2}$
③ 50
④ $50\sqrt{2}$

해설 고조파 전류의 실횻값

$$|I| = \sqrt{\frac{1}{T}\int_0^T i(t)^2 dt} = \sqrt{I_1^2 + I_3^2} = \sqrt{\left(\frac{30}{\sqrt{2}}\right)^2 + \left(\frac{40}{\sqrt{2}}\right)^2} = \sqrt{\frac{900}{2} + \frac{1600}{2}}$$
$$= \sqrt{\frac{2500}{2}} = \frac{50}{\sqrt{2}} = \frac{50\sqrt{2}}{2} = 25\sqrt{2}\,[A] \text{이다.}$$

080 어떤 콘덴서를 300[V]로 충전하는데 9[J]의 에너지가 필요하였다. 이 콘덴서의 정전용량은 몇 [μF]인가?

① 100
② 200
③ 300
④ 400

해설 W(에너지) $= \frac{1}{2}CV^2$[J]

C(콘덴서의 정전용량) $= \frac{2W}{V^2} = \frac{2\times 9}{(300)^2} = \frac{18}{90000} = 2\times 10^{-4} = 200\times 10^{-6} = 200[\mu F]$이다.

제5과목 전기설비기술기준

081 전기집진장치에 특고압을 공급하기 위한 전기설비로서 변압기로부터 정류기에 이르는 케이블을 넣는 방호장치의 금속제 부분에 사람이 접촉할 우려가 없도록 시설하는 경우 제 몇 종 접지공사로 할 수 있는가? _{한국전기설비규정으로 개정됨에 따라 출제되지 않는 문제입니다.}

① 제1종 접지공사
② 제2종 접지공사
③ 제3종 접지공사
④ 특별 제3종 접지공사

해설 전기집진장치에 특고압을 공급하기 위한 전기설비로서 변압기로부터 정류기에 이르는 케이블을 넣는 방호장치의 금속제 부분에 사람이 접촉할 우려가 없도록 시설하는 경우 제3종 접지공사로 할 수 있다.

정답 079 ② 080 ② 081 ③

082 고압용 기계기구를 시설하여서는 안 되는 경우는?

① 시가지 외로서 지표상 3[m]인 경우
② 발전소, 변전소, 개폐소 또는 이에 준하는 곳에 시설하는 경우
③ 옥내에 설치한 기계기구를 취급자 이외의 사람이 출입할 수 없도록 설치한 곳에 시설하는 경우
④ 공장 등의 구내에서 기계기구의 주위에 사람이 쉽게 접촉할 우려가 없도록 적당한 울타리를 설치하는 경우

해설 고압용 기계기구를 시설하여서도 되는 경우는
① 발전소, 변전소, 개폐소 또는 이에 준하는 곳에 시설하는 경우
② 옥내에 설치한 기계기구를 취급자 이외의 사람이 출입할 수 없도록 설치한 곳에 시설하는 경우
③ 공장 등의 구내에서 기계기구의 주위에 사람이 쉽게 접촉할 우려가 없도록 적당한 울타리를 설치하는 경우

083 440[V]용 전동기의 외함을 접지할 때 접지저항 값은 몇 [Ω] 이하로 유지하여야 하는가?

한국전기설비규정으로 개정됨에 따라 출제되지 않는 문제입니다.

① 10
② 20
③ 30
④ 100

해설 440[V]용 전동기의 외함을 접지할 때 접지저항 값은 10[Ω] 이하로 유지하여야 한다.

084 어떤 공장에서 케이블을 사용하는 사용전압이 22[kV]인 가공전선을 건물 옆쪽에서 1차 접근상태로 시설하는 경우, 케이블과 건물의 조영재 이격거리는 몇 [cm] 이상이어야 하는가?

① 50
② 80
③ 100
④ 120

해설 어떤 공장에서 케이블을 사용하는 사용전압이 22[kV]인 가공전선을 건물 옆쪽에서 1차 접근상태로 시설하는 경우, 케이블과 건물의 조영재 이격거리는 50[cm] 이상이어야 한다.

085 옥내에 시설하는 전동기가 소손되는 것을 방지하기 위한 과부하 보호장치를 하지 않아도 되는 것은?

① 정격 출력이 7.5[kW] 이상인 경우
② 정격 출력이 0.2[kW] 이하인 경우
③ 정격 출력이 2.5[kW]이며, 과전류 차단기가 없는 경우
④ 전동기 출력이 4[kW]이며, 취급자가 감시할 수 없는 경우

해설 옥내에 시설하는 전동기가 소손되는 것을 방지하기 위한 과부하 보호장치를 하지 않아도 되는 것은 정격 출력이 0.2[kW] 이하인 경우이다.

086 사용전압 66[kV]의 가공전선로를 시가지에 시설할 경우 전선의 지표상 최소 높이는 몇 [m]인가?

① 6.48　　　② 8.36
③ 10.48　　④ 12.36

해설 사용전압 66[kV]의 가공전선로를 시가지에 시설할 경우 35[kV]에 10[m]이고 35[kV]를 넘는 10[kV] 또는 그 단수마다 12[cm]을 더한 값이므로 전선의 지표상 최소 높이는 $10+(66-35)\times 0.12 = 10+40\times 0.12 = 10.48$[m]이어야 한다.

087 차량 기타 중량물의 압력을 받을 우려가 있는 장소에 지중 전선로를 직접 매설식으로 시설하는 경우 매설깊이는 몇 [m] 이상이어야 하는가?

① 0.8　　　② 1.0
③ 1.2　　　④ 1.5

해설 차량 기타 중량물의 압력을 받을 우려가 있는 장소에 지중 전선로를 직접 매설식으로 시설하는 경우 매설깊이는 1.2[m] 이상이어야 한다.

088 가공 직류 전차선의 레일면상의 높이는 일반적인 경우 몇 [m] 이상이어야 하는가?

한국전기설비규정으로 개정됨에 따라 출제되지 않는 문제입니다.

① 4.3　　　② 4.8
③ 5.2　　　④ 5.8

해설 가공 직류 전차선의 레일면상의 높이는 일반적인 경우 4.8[m] 이상이어야 한다.

089 전로에 시설하는 고압용 기계기구의 철대 및 금속제 외함에는 제 몇 종 접지공사를 하여야 하는가?

한국전기설비규정으로 개정됨에 따라 출제되지 않는 문제입니다.

① 제1종 접지공사　　② 제2종 접지공사
③ 제3종 접지공사　　④ 특별 제3종 접지공사

해설 전로에 시설하는 고압용 기계기구의 철대 및 금속제 외함에는 제1종 접지공사를 하여야 한다.

정답　086 ③　087 ③　088 ②　089 ①

090 저압 옥상전선로의 시설에 대한 설명으로 틀린 것은?

① 전선은 절연전선을 사용한다.
② 전선은 지름 2.6[mm] 이상의 경동선을 사용한다.
③ 전선은 상시 부는 바람 등에 의하여 식물에 접촉하지 않도록 시설한다.
④ 전선과 옥상 전선로를 시설하는 조영재와의 이격거리를 0.5[m]로 한다.

해설 저압 옥상전선로의 시설
- 전선은 절연전선을 사용한다.
- 전선은 지름 2.6[mm] 이상의 경동선을 사용한다.
- 전선은 상시 부는 바람 등에 의하여 식물에 접촉하지 않도록 시설한다.

091 가공전선로의 지지물에 취급자가 오르고 내리는데 사용하는 발판 볼트 등은 지표상 몇 [m] 미만에 시설하여서는 아니되는가?

① 1.2　　② 1.8
③ 2.2　　④ 2.5

해설 가공전선로의 지지물에 취급자가 오르고 내리는데 사용하는 발판 볼트 등은 지표상 몇 1.8[m] 미만에 시설하여서는 아니된다.

092 저압 옥내배선의 사용전압이 400[V] 미만인 경우 버스덕트 공사는 몇 종 접지공사를 하여야 하는가?

한국전기설비규정으로 개정됨에 따라 출제되지 않는 문제입니다.

① 제1종 접지공사　　② 제2종 접지공사
③ 제3종 접지공사　　④ 특별 제3종 접지공사

해설 저압 옥내배선의 사용전압이 400[V] 미만인 경우 버스덕트 공사는 제3종 접지공사를 하여야 한다.

093 저압전로에서 그 전로에 지락이 생겼을 경우에 0.5초 이내에 자동적으로 전로를 차단하는 장치를 시설 시 자동차단기의 정격감도전류가 100[mA]이면 제3종 접지공사의 접지저항 값은 몇 [Ω] 이하로 하여야 하는가? (단, 전기적 위험도가 높은 장소인 경우이다.)

한국전기설비규정으로 개정됨에 따라 출제되지 않는 문제입니다.

① 50　　② 100
③ 150　　④ 200

해설 저압전로에서 그 전로에 지락이 생겼을 경우에 0.5초 이내에 자동적으로 전로를 차단하는 장치를 시설 시 자동차단기의 정격감도전류가 100[mA]이면 제3종 접지공사의 접지저항 값은 150[Ω] 이하로 하여야 한다.

정답 090 ④　091 ②　092 ③　093 ③

094 고압 가공전선로에 사용하는 가공지선으로 나경동선을 사용할 때의 최소 굵기(mm)는?

① 3.2　　　　　　　　　　② 3.5
③ 4.0　　　　　　　　　　④ 5.0

해설 고압 가공전선로에 사용하는 가공지선으로 나경동선을 사용할 때의 최소 굵기는 4.0[mm]이어야 한다.

095 특고압용 변압기의 보호장치인 냉각장치에 고장이 생긴 경우 변압기의 온도가 현저하게 상승한 경우에 이를 경보하는 장치를 반드시 하지 않아도 되는 경우는?

① 유입 풍냉식　　　　　　② 유입 자냉식
③ 송유 풍냉식　　　　　　④ 송유 수냉식

해설 특고압용 변압기의 보호장치인 냉각장치에 고장이 생긴 경우 변압기의 온도가 현저하게 상승한 경우에 이를 경보하는 장치를 반드시 하지 않아도 되는 것은 유입 자냉식 냉각장치인 경우다.

096 빙설의 정도에 따라 풍압하중을 적용하도록 규정하고 있는 내용 중 옳은 것은? (단, 빙설이 많은 지방 중 해안지방 기타 저온계절에 최대풍압이 생기는 지방은 제외한다.)

① 빙설이 많은 지방에서는 고온계절에는 갑종 풍압하중, 저온계절에는 을종 풍압하중을 적용한다.
② 빙설이 많은 지방에서는 고온계절에는 을종 풍압하중, 저온계절에는 갑종 풍압하중을 적용한다.
③ 빙설이 적은 지방에서는 고온계절에는 갑종 풍압하중, 저온계절에는 을종 풍압하중을 적용한다.
④ 빙설이 적은 지방에서는 고온계절에는 을종 풍압하중, 저온계절에는 갑종 풍압하중을 적용한다.

해설 빙설의 정도에 따라 풍압하중을 적용하도록 규정하고 있는 내용은 빙설이 많은 지방에서는 고온계절에는 갑종 풍압하중, 저온계절에는 을종 풍압하중을 적용한다. 단, 빙설이 많은 지방 중 해안지방 기타 저온계절에 최대풍압이 생기는 지방은 제외한다.

097 가공전선로의 지지물에 시설하는 지선의 시설 기준으로 옳은 것은?

① 지선의 안전율은 2.2 이상이어야 한다.
② 연선을 사용할 경우에는 소선(素線) 3가닥 이상이어야 한다.
③ 도로를 횡단하여 시설하는 지선의 높이는 지표상 4[m] 이상으로 하여야 한다.
④ 지중부분 및 지표상 20[cm]까지의 부분에는 내식성이 있는 것 또는 아연도금을 한다.

정답 094 ③　095 ②　096 ①　097 ②

> **해설** 가공전선로의 지지물에 시설하는 지선의 시설 기준은 연선을 사용할 경우에는 소선 3가닥 이상이어야 한다.

098 무선용 안테나 등을 지지하는 철탑의 기초 안전율은 얼마 이상이어야 하는가?

① 1.0
② 1.5
③ 2.0
④ 2.5

> **해설** 무선용 안테나 등을 지지하는 철탑의 기초 안전율은 1.5 이상이어야 하는가

099 조상설비의 조상기(調相機) 내부에 고장이 생긴 경우에 자동적으로 전로로부터 차단하는 장치를 시설해야 하는 뱅크용량(kVA)으로 옳은 것은?

① 1000
② 1500
③ 10000
④ 15000

> **해설** 조상설비의 조상기 내부에 고장이 생긴 경우에 자동적으로 전로로부터 차단하는 장치를 시설해야 하는 뱅크용량은 15000[kVA]이어야 한다.

100 특고압 가공전선로의 지지물로 사용하는 B종 철주에서 각도형은 전선로 중 몇 도를 넘는 수평 각도를 이루는 곳에 사용되는가?

① 1
② 2
③ 3
④ 5

> **해설** 특고압 가공전선로의 지지물로 사용하는 B종 철주에서 각도형은 전선로 중 3도를 넘는 수평 각도를 이루는 곳에 사용된다.

정답 098 ② 099 ④ 100 ③

2019년 9월 21일 시행

제1과목 전기응용 및 공사재료

001 전기철도에서 흡상변압기의 용도는?

① 궤도용 신호변압기
② 전자유도 경감용 변압기
③ 전기기관차의 보조 변압기
④ 전원의 불평형을 조정하는 변압기

해설 전기철도에서 흡상변압기의 용도는 전자유도 경감용 변압기이다.

002 권상하중이 100[t]이고 권상속도가 3[m/min]인 권상기용 전동기를 설치하였다. 전동기의 출력(kW)은 약 얼마인가? (단, 전동기의 효율은 70%이다.)

① 40
② 50
③ 60
④ 70

해설 권상기용 전동기의 출력
$P = \dfrac{Wv}{6.1\eta} = \dfrac{100 \times 3}{6.1 \times 0.7} = \dfrac{300}{4.27} ≒ 70[\text{kW}]$ 이다.

003 동일한 교류전압(E)을 다이오드 3상 정류회로로 3상 전파 정류할 경우 직류전압(E_d)은? (단, 필터는 없는 것으로 하고 순저항부하이다.)

① $E_d = 0.45E$
② $E_d = 0.9E$
③ $E_d = 1.17E$
④ $E_d = 2.34E$

해설 3상 반파 정류할 때 직류전압 $E_d = \dfrac{3\sqrt{6}\,E}{2\pi}\cos\alpha[\text{V}]$

∴ 3상 전파 정류할 때 직류전압
$E_d = \dfrac{3\sqrt{6}\,E}{\pi}\cos\alpha = \dfrac{3\sqrt{6}\,E}{\pi}\cos 0 = \dfrac{3\sqrt{6}\,E}{3.14} \times 1 = \dfrac{7.348}{3.14} ≒ 2.34E[\text{V}]$ 이다.

정답 001 ② 002 ④ 003 ④

004 FET에서 핀치 오프(pinch off) 전압이란?

① 채널 폭이 막힐 때의 게이트의 역방향 전압
② FET에서 애벌런치 전압
③ 드레인과 소스 사이의 최대 전압
④ 채널 폭이 최대로 되는 게이트의 역방향 전압

해설 FET에서 핀치 오프(Pinch off) 전압
$$V_p = \frac{qN_D a^2}{2\varepsilon}[\text{V}]$$
(단, q(전하량), N_D(n형 불순물 농도), a(채널폭의 1/2), ε(유전율 1)이다. 즉 채널 폭이 막힐 때의 게이트 역방향의 전압를 말한다.

005 다음 광원 중 발광효율이 가장 좋은 것은?

① 형광등
② 크세논등
③ 저압나트륨등
④ 메탈할라이드등

해설 저압 나트륨 등의 발광효율 $= 0.765 \times 0.76 \times 680 = 395[\text{lm/W}]$가 되어 인공광원 중에서 최대 발광효율을 나타낸다. 고압 나트륨 등의 경우 400[W]에서 효율은 100[lm/W] 이상이고 연색성이 비교적 좋은 온백색이 된다.

006 연료는 수소 H_2와 메탄올 CH_3OH가 사용되며 전해액은 KOH가 사용되는 연료전지는?

① 산성 전해액 연료전지
② 고체 전해액 연료전지
③ 알칼리 전해액 연료전지
④ 용융염 전해액 연료전지

해설 알칼리 전해액 연료전지의 연료는 H_2(수소)와 메탄올(CH_3OH)가 사용되며 전해액은 KOH가 사용되는 연료전지이다.

007 전동기의 출력이 15[kW], 속도 1800[rpm]으로 회전하고 있을 때 발생되는 토크(kg·m)는 약 얼마인가?

① 6.2
② 7.4
③ 8.1
④ 9.8

해설 전동기의 출력 $P_0 = EI = \omega T[\text{W}]$
$$T(\text{토크}) = \frac{P_0}{\omega} \times \frac{1}{9.8} = \frac{P_0}{2\pi\frac{N}{60}} \times \frac{1}{9.8} = \frac{15{,}000}{2\pi\frac{1800}{60} \times 9.8} = \frac{15{,}000}{60\pi \times 9.8} = \frac{15{,}000}{1846.32} ≒ 8.1[\text{kg}\cdot\text{m}]$$
(단, $1[\text{kg}\cdot\text{m}] = 9.8[\text{N}\cdot\text{m}]$, $\text{N}\cdot\text{m} = \frac{1}{9.8}[\text{kg}\cdot\text{m}]$)이다.

정답 004 ① 005 ③ 006 ③ 007 ③

008 알루미늄 및 마그네슘이 용접에 가장 적합한 용접방법은?

① 탄소 아크용접
② 원자수소 용접
③ 유니온멜트 용접
④ 불활성가스 아크용접

해설 불활성가스 용접은 용접용 전극의 주위에서 아르곤이나 헬륨을 분출시켜 아크 부분을 공기로부터 차단하고 용제(f[lux])를 사용하지 않고 용접하는 방법으로 알루미늄이나 마그네슘의 용접, 스텐인리스강, 동, 동합금, 기타 이종금속의 용접에도 적당한 용접 방법이다.

009 시감도가 최대인 파장 555[mm]의 온도 T(°K)는 약 얼마인가? (단, 빈의 법칙의 상수는 2896[μm·K]이다.)

① 5218
② 5318
③ 5418
④ 5518

해설 빈(wien)의 변위칙에서 $\lambda_m \cdot T = 2896$[mm·K]

$\therefore T = \dfrac{2896}{\lambda_m} = \dfrac{2896 \times 10^{-6}}{555 \times 10^{-9}} = \dfrac{2896000}{555} ≒ 5218$[°K] 이다.

010 어떤 전구의 상반구 광속은 2000[lm], 하반구 광속은 3000[lm]이다. 평균 구면 광도는 약 몇 [cd]인가?

① 200
② 400
③ 600
④ 800

해설 F(구광속) = 상반구 광속 + 하반구 광속 = 2000 + 3000 = 5000 = $4\pi I$ [lm]에서

I(평균 구면 광도) = $\dfrac{F}{4\pi} = \dfrac{5000}{4 \times 3.14} ≒ 400$[cd] 이다.

011 전선과 접속재가 아닌 것은?

① 유니버셜 엘보
② 콤비네이션 커플링
③ 새들
④ 유니온 커플링

해설 전선과 접속재인 것은
① 유니버셜 엘보
② 유니온 커플링
③ 콤비네이션 커플링이다.

정답 008 ④ 009 ① 010 ② 011 ③

012 단면적 500[mm²] 이상의 절연 트롤리선을 시설할 경우 굴곡 반지름이 3[m] 이하의 곡선 부분에서 지지점간 거리(m)는?

① 1
② 1.2
③ 2
④ 3

해설 단면적 500[mm²] 이상의 절연 트롤리선을 시설할 경우 굴곡 반지름이 3[m] 이하의 곡선부분에서 지지점간 거리는 시설규정에서 1[m]이다.

013 다음 중 절연의 종류가 아닌 것은?

① A종
② B종
③ D종
④ H종

해설 전동기의 절연 종별에는 ① Y종(90℃), ② A종(105℃), ③ E종(120℃), ④ B종(130℃), ⑤ F종(155℃), ⑥ H종(180℃) 등이다.

014 COS(컷아웃 스위치)를 설치할 때 사용되는 부속재료가 아닌 것은?

① 내장크램프
② 브라켓
③ 내오손용 결합애자
④ 퓨즈링크

해설 COS(컷아웃 스위치)를 설치할 때 사용되는 부속 재료는 ① 브라켓, ② 내오손용 결합애자, ③ 퓨즈링크이다.

015 터널 내의 배기가스 및 안개 등에 대한 투과력이 우수하여 터널조명, 교량조명, 고속도로 인터체인지 등에 많이 사용되는 방전등은?

① 수은등
② 나트륨등
③ 크세논등
④ 메탈할라이드등

해설 나트륨등은 터널 내의 배기가스 및 안개 등에 대한 투과력이 우수하여 터널조명, 교량조명, 고속도로 인터체인지 등에 많이 사용되는 방전등이다.

016 피뢰를 목적으로 피보호물 전체를 덮은 연속적인 망상도체(금속판도 포함)는?

① 수직도체
② 인하도체
③ 케이지
④ 용마루 가설도체

해설 케이지는 피뢰를 목적으로 피보호물 전체를 덮은 연속적인 망상도체이다.

정답 012 ① 013 ③ 014 ① 015 ② 016 ③

017 연속열 등기구를 천장에 매입하거나 들보에 설치하는 조명방식으로 일반적으로 사무실에 설치되는 건축화 조명 방식은?

① 밸런스 조명
② 광량 조명
③ 코브 조명
④ 코퍼 조명

해설 광량 조명은 연속열 등기구를 천장에 매입하거나 들보에 설치하는 조명 방식으로 일반적으로 사무실에 설치되는 건축화 조명 방식이다.

018 그림은 애자 취부용 금구를 나타낸 것이다. 앵커쇄클은 어느 것인가?

①
②
③
④

해설 문제 그림은 애자 취부용 금구를 나타낸 것이다. 앵커 쇄클은 ①이다.

019 배전반 및 분전반에 대한 설명으로 틀린 것은?

① 개폐기를 쉽게 개폐할 수 있는 장소에 시설하여야 한다.
② 옥측 또는 옥외 시설하는 경우는 방수형을 사용하여야 한다.
③ 노출하여 시설되는 분전반 및 배전반의 재료는 불연성의 것이어야 한다.
④ 난연성 합성수지로 된 것은 두께가 최소 2[mm] 이상으로 내아크성인 것이어야 한다.

해설 배전반 및 분전반에 대한 설명으로 옳은 것은
① 개폐기를 쉽게 개폐할 수 있는 장소에 시설하여야 한다.
② 옥측 또는 옥외 시설하는 경우는 방수형을 사용하여야 한다.
③ 노출하여 시설되는 분전반 및 배전반의 재료는 불연성의 것이어야 한다.

020 강판으로 된 금속 버스덕트 재료의 최소 두께(mm)는? (단, 버스덕트의 최대 폭은 150[mm] 이하이다.)

① 0.8
② 1.0
③ 1.2
④ 1.4

해설 강판으로 된 금속 버스덕트 재료의 최소 두께는 1[mm]이어야 한다.(단, 버스덕트의 최대 폭은 150[mm] 이하이다.)

제2과목 전력공학

021 전력손실이 없는 송전선로에서 서지파(진행파)가 진행하는 속도는? (단, L : 단위 선로길이당 인덕턴스, C : 단위 선로길이당 커패시턴스이다.)

① $\sqrt{\dfrac{L}{C}}$ ② $\sqrt{\dfrac{C}{L}}$
③ $\dfrac{1}{\sqrt{LC}}$ ④ $\sqrt{LC}$

해설 송전선로에서 서지파(진행파)가 진행하는 속도 $v = \dfrac{\omega}{\beta} = \dfrac{\omega}{\omega\sqrt{LC}} = \dfrac{1}{\sqrt{LC}}\,[\text{m/sec}]$이다.

022 가공전선과 전력선간의 역섬락이 생기기 쉬운 경우는?

① 선로손실이 큰 경우   ② 철탑의 접지저항이 큰 경우
③ 선로정수가 균일하지 않은 경우   ④ 코로나 현상이 발생하는 경우

해설 탑각접지저항 = $\dfrac{\text{애자의 섬락전압}}{\text{뇌전류}}$ 으로 철탑의 접지저항이 큰 경우는 가공전선과 전력선간의 역섬락이 생기기 쉽다. ∴ 철탑의 접지저항은 작아야만 역섬락이 생기지 않는다.

023 전력계통 설비인 차단기와 단로기는 전기적 및 기계적으로 인터록(interlock)을 설치 및 연계하여 운전하고 있다. 인터록의 설명으로 옳은 것은?

① 부하 통전 시 단로기를 열 수 있다.
② 차단기가 열려 있어야 단로기를 닫을 수 있다.
③ 차단기가 닫혀 있어야 단로기를 열 수 있다.
④ 부하 투입 시에는 차단기를 우선 투입한 후 단로기를 투입한다.

해설 인터록(inter lock)은 자가 발전 시 선로변경장치로서 차단기(CB)가 열려있어야 단로기(DS)를 닫을 수 있다.

024 수력발전소에서 사용되고, 횡축에 1년 365일을 종축에 유량을 표시하는 유황곡선이란?

① 유량이 적은 것부터 순차적으로 배열하여 이들 점을 연결한 것이다.
② 유량이 큰 것부터 순차적으로 배열하여 이들 점을 연결한 것이다.
③ 유량의 월별 평균값을 구하여 선으로 연결한 것이다.
④ 각 월에 가장 큰 유량만을 선으로 연결한 것이다.

> **해설** 수력발전소에서 사용되고 횡축에 1년 365일을 종축에 유량을 표시하는 유황곡선이란 유량이 큰 것부터 순차적으로 배열하여 이들 점을 연결한 것이다.

025 선로로부터 기기를 분리 구분할 때 사용되며, 단순히 충전된 선로를 개폐하는 장치는?

① 단로기 ② 차단기
③ 변성기 ④ 피뢰기

> **해설** 단로기(DS)는 선로로부터 기기를 분리 구분할 때 사용되며 단순히 충전된 선로를 개폐하는 장치이다. ∴ 부하전류 차단능력이 없다.

026 송전선로의 수전단을 단락한 경우 송전단에서 본 임피던스가 300[Ω]이고 수전단을 개방한 경우에는 900[Ω]일 때 이 선로의 특성임피던스 $Z_0[\Omega]$는 약 얼마인가?

① 490 ② 500
③ 510 ④ 520

> **해설** 송전선로에서 $\begin{cases} V_R = 0(\text{수전단 단락}), \text{송전단에서 본 임피던스 } Z_{1s} = 300[\Omega] \\ I_R = 0(\text{수전단 개방}), \text{송전단에서 본 임피던스 } Z_{2s} = 900[\Omega] \end{cases}$ 일 때
> 선로의 특성임피던스 $Z_0 = \sqrt{Z_{1s} \times Z_{2s}} = \sqrt{300 \times 900} = \sqrt{270000} ≒ 520[\Omega]$이다.

027 단상 변압기 3대를 △결선으로 운전하던 중 1대의 고장으로 V결선된 경우, △결선에 대한 V결선의 출력비는 약 몇 %인가?

① 52.2 ② 57.7
③ 66.7 ④ 86.6

> **해설** △결선에 대한 V결선의 출력비
> $= \dfrac{V\text{결선 용량}}{3\text{대 용량}} \times 100 = \dfrac{\sqrt{3}\,VI}{3\,VI} \times 100 = \dfrac{1}{\sqrt{3}} \times 100 ≒ 57.7\%$이다.

028 송전단 전압이 345[kV], 수전단 전압이 330[kV], 송수전 양단의 변압기 리액턴스는 각각 10[Ω]과 15[Ω]이고, 선로의 리액턴스는 85[Ω]인 계통이 있다. 이 선로에서 전달할 수 있는 최대 유효전력(MW)은?

① 1035.0 ② 1138.5
③ 1198.4 ④ 1463.7

정답 025 ① 026 ④ 027 ② 028 ①

해설 송전단에서 수전단으로 전달할 수 있는 최대전력

$$P_{\max} = \frac{E_S E_R}{X_S + X_R + X_L}\sin 90° = \frac{345 \times 330}{10 + 15 + 85} \times 10^6 = \frac{113850}{110} \times 10^6$$

$$= 1035 \times 10^6 = 1035[\text{MW}] \text{ 이다.}$$

029 전력계통에서 지락전류의 특성으로 옳은 것은?

① 충전전류(진상) ② 충전전류(지상)
③ 유도전류(진상) ④ 유도전류(지상)

해설 충전전류(진상)는 전력계통에서 페란티 효과를 유발시킨다. 페란티 효과란 무부하시나 경부하시 수전단전압이 송전단전압보다 높아지는 현상이다.

030 송전선로의 건설비와 전압과의 관계를 나타낸 것은?

①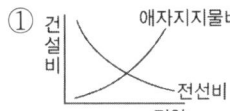
②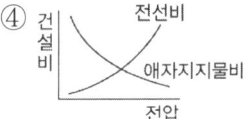
③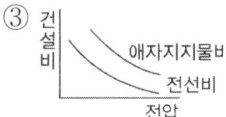
④ (전선비/애자지지물비 그래프)

해설 송전선로의 건설비와 전압과의 관계는 아래 그림과 같다.

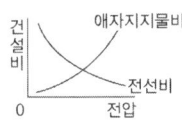

031 배전계통에서 전력용 콘덴서를 설치하는 목적으로 옳은 것은?

① 배전선의 전력손실 감소 ② 전압강하 증대
③ 고장 시 영상전류 감소 ④ 변압기 여유율 감소

해설 배전계통에서 전력용 콘덴스를 설치하는 목적은 배전선의 전력손실 감소이다.

정답 029 ① 030 ① 031 ①

032 4단자 정수가 A, B, C, D인 송전선로의 등가 π회로를 그림과 같이 표현하였을 때 Z_1에 해당하는 것은?

① B
② $\dfrac{A}{B}$
③ $\dfrac{D}{B}$
④ $\dfrac{1}{B}$

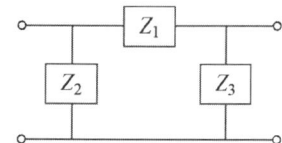

해설 π형 4단자망 4단자 정수

$$\begin{vmatrix} A & B \\ C & D \end{vmatrix} = \begin{vmatrix} 1 & 0 \\ \dfrac{1}{Z_2} & 1 \end{vmatrix} \begin{vmatrix} 1 & Z_1 \\ 0 & 1 \end{vmatrix} \begin{vmatrix} 1 & 0 \\ \dfrac{1}{Z_3} & 1 \end{vmatrix} = \begin{vmatrix} 1 & Z_1 \\ \dfrac{1}{Z_2} & 1+\dfrac{Z_1}{Z_2} \end{vmatrix} \begin{vmatrix} 1 & 0 \\ \dfrac{1}{Z_3} & 1 \end{vmatrix}$$

$$= \begin{vmatrix} 1+\dfrac{Z_1}{Z_3} & Z_1 \\ \dfrac{1}{Z_2}+\dfrac{1}{Z_3}(1+\dfrac{Z_1}{Z_2}) & 1+\dfrac{Z_1}{Z_2} \end{vmatrix}$$ 이다. ∴ 4단자 정수 $B=Z_1$이다.

033 직류 송전방식이 교류 송전방식에 비하여 유리한 점을 설명한 것으로 틀린 것은?
① 절연계급을 낮출 수 있다.
② 계통 간 비동기 연계가 가능하다.
③ 표피효과에 의한 송전손실이 없다.
④ 정류가 필요 없고 승압 및 강압이 쉽다.

해설 직류 송전방식이 교류 송전방식에 비하여 유리한 점을 설명한 것은
① 절연계급을 낮출 수 있다.
② 계통 간 비동기 연계가 가능하다.
③ 표피효과에 의한 송전손실이 없다.

034 송전계통에서 자동재폐로 방식의 장점이 아닌 것은?
① 신뢰도 향상
② 공급 시간의 단축
③ 보호계전 방식의 단순화
④ 고장상의 고속도 차단, 고속도 재투입

해설 송전계통에서 자동재폐로 방식의 장점은
① 신뢰도 향상
② 안정도 증진
③ 고장상의 고속도 차단, 고속도 재투입
④ 공급 시간의 단축

035 수력발전소에서 사용되는 다음의 수차 중 특유속도가 가장 높은 수차는?
① 펠턴 수차
② 프로펠러 수차
③ 프란시스 수차
④ 사류 수차

정답 032 ① 033 ④ 034 ③ 035 ②

해설 수력발전소에서 사용되는 다음의 수차 중 특유속도가 가장 높은 수차는 프로펠러 수차(350~800[rpm]) > 프란시스 수차(450~350[rpm]) > 펠턴 수차(12~21[rpm]) > 사류 수차이다.

036 3상 배전선로의 말단에 지상역률 80%, 160[kW]인 평형 3상 부하가 있다. 부하점에 전력용 콘덴서를 접속하여 선로 손실을 최소가 되게 하려면 전력용 콘덴서의 필요한 용량 (kVA)은? (단, 부하단 전압은 변하지 않는 것으로 한다.)

① 100
② 120
③ 160
④ 200

해설 부하점에 전력용 콘덴서를 접속 선로손실을 최소로 하기 위한 역률 $\cos\theta_2 = 1$을 하기 위한 전력용 콘덴서의 필요 용량 $P_r = P(\tan\theta_1 - \tan\theta_2) = P(\frac{\sin\theta_1}{\cos\theta_1} - \frac{\sin\theta_2}{\cos\theta_2}) = 160(\frac{0.6}{0.8} - \frac{0}{1})$
$= 160 \times \frac{0.6}{0.8} = 160 \times \frac{3}{4} = 120[kVA]$이어야 한다.

037 연가를 하는 주된 목적은?

① 혼촉 방지
② 유도뢰 방지
③ 단락사고 방지
④ 선로정수 평형

해설 연가를 하는 주된 목적은 선로 정수의 평형이다.

038 다중접지 3상 4선식 배전선로에서 고압측(1차측) 중성선과 저압측(2차측) 중성선을 전기적으로 연결하는 목적은?

① 저압측의 단락 사고를 검출하기 위함
② 저압측의 접지 사고를 검출하기 위함
③ 주상 변압기의 중선선측 부싱을 생략하기 위함
④ 고저압 혼촉 시 수용가에 침입하는 상승전압을 억제하기 위함

해설 다중접지 3상 4선식 배전선로에서 고압측(1차측) 중성선과 저압측(2차측) 중성선을 전기적으로 연결하는 목적은 고압, 저압 혼촉 시 수용가에 침입하는 상승전압을 억제하기 위함이다.

039 제5고조파 전류의 억제를 위해 전력용 커패시터에 직렬로 삽입하는 유도 리액턴스의 값으로 적당한 것은?

① 전력용 콘덴서 용량의 약 6% 정도
② 전력용 콘덴서 용량의 약 12% 정도
③ 전력용 콘덴서 용량의 약 18% 정도
④ 전력용 콘덴서 용량의 약 24% 정도

정답 036 ② 037 ④ 038 ④ 039 ①

> **해설** 제5고조파 전류의 억제를 위해 전력용 커패시터에 직렬로 삽입하는 유도리액턴스의 값은 전력용 콘덴서 용량의 약 5~6% 정도로 삽입 제거한다.

040 화력발전소의 랭킨 사이클(Rankine cycle)로 옳은 것은?

① 보일러 → 급수펌프 → 터빈 → 복수기 → 과열기 → 다시 보일러로
② 보일러 → 터빈 → 급수펌프 → 과열기 → 복수기 → 다시 보일러로
③ 급수펌프 → 보일러 → 과열기 → 터빈 → 복수기 → 다시 급수펌프로
④ 급수펌프 → 보일러 → 터빈 → 과열기 → 복수기 → 다시 급수펌프로

> **해설** 화력발전소의 랭킨 사이클(Rankine cycle)은 급수펌프 → 보일러 → 과열기 → 터빈 → 복수기 → 다시 급수펌프순이다.

제3과목 전기기기

041 동기전동기의 토크와 공급전압과의 관계로 옳은 것은?

① 무관
② 정비례
③ 반비례
④ 2승에 비례

> **해설** 동기전동기의 공급전압으로 토크(Torque)를 얻어 기동한다.
> ∴ 토크는 공급전압에 정비례한다.

042 SCR이 턴오프(turn-off)되는 조건은?

① 게이트에 역방향 전류를 흘린다.
② 게이트에 역방향의 전압을 인가한다.
③ 게이트의 순방향 전류를 0으로 한다.
④ 애노드 전류를 유지전류 이하로 한다.

> **해설** SCR의 턴오프(turn-off)되는 조건은 애노드 전류를 유지전류 이하로 한다.

043 무부하에서 자기여자로 전압을 확립하지 못하는 직류발전기는?

① 분권발전기
② 직권발전기
③ 타여자발전기
④ 차동복권발전기

> **해설** 직권발전기는 무부하에서 자기여자로 전압을 확립하지 못하는 직류발전기이다.

정답 040 ③ 041 ② 042 ④ 043 ②

044 권선형 유도전동기의 2차측 저항을 2배로 하면 최대토크 값은 어떻게 되는가?

① 3배로 된다. ② 2배로 된다.
③ 1/2로 된다. ④ 변하지 않는다.

해설 권선형 유도전동기의 비례추이에서 $T(토크) ≒ \dfrac{r_2'}{s}$ 이다.
T(일정=변하지 않는다)일 때 권선형 유도전동기의 2차 저항 $r_2' = s$(슬립)에 비례한다.
∴ 2차 저항을 2배로 하면 슬립도 2배가 되나 $T_{\max}$(최대 토크)는 변하지 않는다.(일정이다.)

045 동기발전기에서 기전력의 파형을 좋게 하고 누설 리액턴스를 감소시키기 위하여 채택한 권선법은?

① 집중권 ② 분포권
③ 단절권 ④ 전절권

해설 동기발전기의 분포권은 매극 매상의 홈 수가 2개 이상인 경우이다.
∴ 집중권에 비하여 분포권으로 하면
① 기전력 파형을 좋게 한다.
② 누설리액턴스를 감소시킨다.

046 200[V] 3상 유도전동기의 전부하 슬립이 3%이다. 공급전압이 20% 떨어졌을 때의 전부하 슬립(%)은 약 얼마인가?

① 2.3 ② 3.3
③ 3.7 ④ 4.7

해설 3상 유도 전동기의 s(전부하 슬립)$= \dfrac{1}{V^2(공급전압)}$ … ㉠

$V' = (1-0.2)V = 0.8$일 때의 전부하 슬립 $S' = \dfrac{1}{(V')^2}$ … ㉡일 때,

㉠, ㉡식에서 $S' = S \times (\dfrac{V}{V'})^2 = 3 \times (\dfrac{200}{0.8 \times 200})^2 = 3 \times (\dfrac{200}{160})^2 = 3 \times (1.25)^2 ≒ 4.7\%$이다.

047 직류 분권전동기의 정격전압이 300[V], 전부하 전기자 전류 50[A], 전기자 저항 0.3[Ω]이다. 이 전동기의 기동전류를 전부하 전류의 130%로 제한시키기 위한 기동저항 값은 약 몇 [Ω]인가?

① 4.3 ② 4.8
③ 5.0 ④ 5.5

해설 직류 분권전동기 회로
$V = E + I_a r_a$
$E = V - I_a r_a = 300 - 50 \times 0.3$
$\quad = 300 - 15 = 285[V]$
$\therefore I_f = 1.3I = 1.3 \times I_a = 1.3 \times 50 = 65$
$\quad = \dfrac{E}{R_f + R_F} = \dfrac{2.85}{0 + R_F}[A]$에서
$R_F(\text{기동저항}) = \dfrac{E}{I_f} = \dfrac{285}{65} ≒ 4.3[\Omega]$이어야 한다.

048 변압기의 동손은 부하전류의 몇 제곱에 비례하는가?

① 0.5
② 1
③ 2
④ 4

해설 I_2(부하전류)[A], R(부하저항)[Ω]일 때 변압기 동손 $P_c = I_2^2 R$[W]로서 부하전류 제곱에 비례한다.

049 평형 3상 교류가 대칭 3상 권선에 인가된 경우 회전자계에 대한 설명으로 틀린 것은?

① 발생 회전자계 방향 변경 가능
② 발생 회전자계는 전류와 같은 주기
③ 발생 회전자계 속도는 동기속도보다 늦음
④ 발생 회전자계 세기는 각 코일 최대 자계의 1.5배

해설 평형 3상 교류가 대칭 3상 권선에 인가된 경우 회전자계에 대한 설명으로 옳은 것은
① 발생 회전자계 방향 변경 가능
② 발생 회전자계는 전류와 같은 주기
③ 발생 회전자계 세기는 각 코일 최대 자계의 1.5배이다.

050 3권선 변압기에 대한 설명으로 틀린 것은?

① 3차 권선에서 발전소 내부의 전력을 다른 계통으로 공급할 수 있다.
② Y-Y-△ 결선을 하여 제3고조파 전압에 의한 파형의 변형을 방지한다.
③ 3차 권선에 조상기를 접속하여 송전선의 전압조정과 역률을 개선한다.
④ 3차 권선에 2차 권선의 주파수와 다른 주파수를 얻을 수 있으므로 유도기의 속도제어에 사용된다.

해설 3권선 변압기에 대한 설명으로 옳은 것은
① 3차 권선에서 발전소 내부의 전력을 다른 계통으로 공급할 수 있다.
② Y-Y-△ 결선을 하여 제3고조파 전압에 의한 파형의 변형을 방지한다.
③ 3차 권선에 조상기를 접속하여 송전선의 전압조정과 역률을 개선한다.

정답 048 ③ 049 ③ 050 ④

051 분상 기동형 단상 유도전동기의 전원 측에 연결할 수 있는 가장 적합한 변압기의 결선은?

① 환상 결선
② 대각 결선
③ 포크 결선
④ 스콧트 결선

해설 스콧트 결선은 분상 기동형 단상 유도전동기의 전원 측에 연결할 수 있는 가장 적합한 변압기의 결선이다.

052 3상 직권 정류자 전동기의 특성에 관한 설명으로 틀린 것은?

① 펌프, 공작기계 등 기동토크가 크고 속도 제어범위가 크게 요구되는 곳에 사용된다.
② 직권특성의 변속도 전동기이며, 토크는 전류의 제곱에 비례하기 때문에 기동토크가 대단히 크다.
③ 역률은 저속도에서는 좋지 않으나 동기속도 근처나 그 이상에서는 대단히 양호하며 거의 100%이다.
④ 효율은 저속도에서도 좋지만, 고속도에서는 거의 일정하며, 동기속도 근처에서는 가장 좋지 못한 동일한 정격의 3상 유도 전동기에 비해 앞선다.

해설 3상 직권 정류자 전동기의 특성에 관한 설명으로 옳은 것은
① 펌프, 공작기계 등 기동토크가 크고 속도제어 범위가 크게 요구되는 곳에 사용된다.
② 직권특성의 변속도 전동기이며, 토크는 전류의 제곱에 비례하기 때문에 기동토크가 대단히 크다.
③ 역률은 저속도에서는 좋지 않으나 동기속도 근처나 그 이상에서는 대단히 양호하며 거의 100%이다.

053 3상 변압기 2대를 병렬운전하고자 할 때 병렬운전이 불가능한 결선방식은?

① △-Y와 Y-△
② △-Y와 Y-Y
③ △-Y와 △-Y
④ △-△와 Y-Y

해설 3상 변압기 2대를 병렬운전하고자 할 때 병렬운전이 가능한 결선 방법은
① △-Y와 Y-△, ② △-Y와 △-Y, ③ △-△와 Y-Y결선이다.

054 유도전동기의 제동법으로 틀린 것은?

① 3상 제동
② 희생제동
③ 발전제동
④ 역상제동

해설 유도전동기의 제동법에는 발전제동, 회생제동, 역상제동이 있다.

정답 051 ④ 052 ④ 053 ② 054 ①

055 철손 1.6[kV], 전부하동손 2.4[kW]인 변압기에는 약 몇 % 부하에서 효율이 최대로 되는가?

① 82
② 95
③ 97
④ 100

해설 변압기 효율이 최대로 되는 부하는 $P_i = m^2 P_c$ 에서
m(최대 효율이 되는 부하) $= \sqrt{\dfrac{P_i}{P_c}} \times 100 = \sqrt{\dfrac{1.6}{2.4}} \times 100 ≒ 82\%$ 이다.

056 스테핑 모터에 대한 설명으로 틀린 것은?

① 위치제어를 하는 분야에 주로 사용된다.
② 입력된 펄스 신호에 따라 특정 각도만큼 회전하도록 설계된 전동기이다.
③ 스텝각이 클수록 1회전당 스텝수가 많아지고 축 위치의 정밀도는 높아진다.
④ 양방향 회전이 가능하고 설정된 여러 위치에 정지하거나 해당 위치로부터 기동할 수 있다.

해설 스테핑 모터에 대한 설명으로 옳은 것은
① 위치제어를 하는 분야에 주로 사용된다.
② 입력된 펄스 신호에 따라 특정 각도만큼 회전하도록 설계된 전동기이다.
③ 양방향 회전이 가능하고 설정된 여러 위치에 정지하거나 해당 위치로부터 기동할 수 있다.

057 동기전동기의 위상특성곡선으로 옳은 것은? (단, P를 출력, I_f를 계자전류, I_a를 전기자전류, $\cos\theta$를 역률로 한다.)

① $P-I_a$ 곡선, I_f는 일정
② I_f-I_a 곡선, P는 일정
③ $P-I_f$ 곡선, I_a는 일정
④ I_f-I_a 곡선, $\cos\theta$는 일정

해설 동기전동기의 위상특성곡선(V곡선)이란 전압, 주파수, 출력이 일정할 때 I_f(계자전류) $-I_a$(전기자전류)의 관계를 나타낸 곡선이다.

058 직류발전기에서 전기자반작용에 대한 설명으로 틀린 것은?

① 전기자 중성축이 이동하여 주자속이 증가하고 기전력을 상승시킨다.
② 직류발전기에 미치는 영향으로 중성축이 이동되고 정류자 편간의 불꽃 섬락이 일어난다.
③ 전기자 전류에 의한 자속이 계자 자속에 영향을 미치게 하여 자속 분포를 변화시키는 것이다.
④ 전기자권선에 정류가 흘러서 생긴 기자력은 계자 기자력에 영향을 주어서 자속의 분포가 기울어진다.

정답 055 ① 056 ③ 057 ② 058 ①

해설 직류발전기에서 전기자 반작용에 대한 설명으로 옳은 것은
① 직류발전기에 미치는 영향으로 중성축이 이동되고 정류자 편간의 불꽃 섬락이 일어난다.
② 전기자 전류에 의한 자속이 계자 자속에 영향을 미치게 하여 자속 분포를 변화시키는 것이다.
③ 전기자권선에 정류가 흘러서 생긴 기자력은 계자 기자력에 영향을 주어서 자속의 분포가 기울어진다.

059 직류 분권발전기의 정격전압 200[V], 정격출력 10[kW], 이때의 계자전류는 2[A], 전압변동률을 4%라고 한다. 발전기의 무부하전압(V)은?

① 208
② 210
③ 220
④ 228

해설 직류 분권발전기의 전압변동률 $\varepsilon = \dfrac{E_o - V_n}{V_n} = \dfrac{E_o}{V_n} - 1$, $\dfrac{E_o}{V_n} = 1 + \varepsilon$.
∴ E_o(발전기 무부하전압) $= V_n(1+\varepsilon) = 200(1+0.04) = 208[V]$이다.

060 3상 동기기에서 단자전압 V, 내부 유기전압 E, 부하각이 δ일 때, 한 상의 출력은? (단, 전기자 저항은 무시하며, 누설 리액턴스는 x_s이다.)

① $\dfrac{EV}{x_s^2}\sin\delta$
② $\dfrac{EV}{x_s}\cos\delta$
③ $\dfrac{EV}{x_s}\sin\delta$
④ $\dfrac{EV^2}{x_s}\cos\delta$

해설 3상 동기발전기에서 한 상의 출력 $P = \dfrac{EV}{x_s}\sin\delta[W]$가 된다.

제4과목 회로이론 및 제어공학

061 2개의 전력계를 사용하여 3상 평형부하의 역률을 측정하고자 한다. 전력계의 지시값이 각각 P_1, P_2일 때 이 회로의 역률은?

① $P_1 + P_2$
② $\sqrt{3}(P_1 - P_2)$
③ $\dfrac{2\sqrt{P_1^2 + P_2^2 - P_1 P_2}}{P_1 + P_2}$
④ $\dfrac{P_1 + P_2}{2\sqrt{P_1^2 + P_2^2 - P_1 P_2}}$

정답 059 ① 060 ③ 061 ④

해설 평형 3상 2전력계법에서의 역률 $= (\frac{3상 무효전력}{3상 유효전력})^2 = (\frac{\sqrt{3}(P_2-P_1)}{P_1+P_2})^2$

$= (\frac{\sqrt{3}\,VI\sin\theta}{\sqrt{3}\,VI\cos\theta})^2 = \frac{\sin^2\theta}{\cos^2\theta} = \frac{1-\cos^2\theta}{\cos^2\theta} = \frac{1}{\cos^2\theta}-1$ 에서 $\frac{1}{\cos^2\theta} = 1 + \frac{3(P_2-P_1)^2}{(P_1+P_2)^2}$

$= \frac{(P_1+P_2)^2 + 3(P_2-P_1)^2}{(P_1+P_2)^2} = \frac{P_1^2+2P_1P_2+P_2^2+3P_2^2-6P_1P_2+3P_1^2}{(P_1+P_2)^2} = \frac{4P_1^2+4P_2^2-4P_1P_2}{(P_1+P_2)^2}$

$\therefore \cos\theta(역률) = \sqrt{\frac{(P_1+P_2)^2}{4(P_1^2+P_2^2-P_1P_2)}} = \frac{P_1+P_2}{2\sqrt{P_1^2+P_2^2-P_1P_2}}$ 가 된다.

062 기본파의 40%인 제3고조파와 20%인 제5고조파를 포함하는 전압의 왜형률은?

① $\frac{1}{\sqrt{2}}$
② $\frac{1}{\sqrt{3}}$
③ $\frac{2}{\sqrt{3}}$
④ $\frac{1}{\sqrt{5}}$

해설 왜형률 $= \frac{전 고조파의 실효치}{기본파의 실효치} \times 100 = \sqrt{\frac{V_3^2+V_5^2}{V_1^2}} \times 100 = \sqrt{(\frac{V_3}{V_1})^2 + (\frac{V_5}{V_1})^2}$

$= \sqrt{(\frac{40}{100})^2 + (\frac{20}{100})^2} = \sqrt{(0.4)^2+(0.2)^2} = \sqrt{0.2} = \sqrt{\frac{2}{10}} = \sqrt{\frac{1}{5}} = \frac{1}{\sqrt{5}}$

063 $R=50[\Omega]$, $L=200[mH]$의 직렬회로에서 주파수 $50[Hz]$의 교류전원에 의한 역률은 약 몇 %인가?

① 62.3
② 72.3
③ 82.3
④ 92.3

해설 X_L(유도성 리액턴스) $= wL = 2\pi fL = 2 \times 3.14 \times 50 \times 200 \times 10^{-3} = 314 \times 200 \times 10^{-3} = 62.8[\Omega]$

$\therefore$ RL직렬회로의 역률 $\cos\theta = \frac{R}{Z} = \frac{R}{\sqrt{R^2+X_L^2}} = \frac{50}{\sqrt{(50)^2+(62.8)^2}}$

$= \frac{50}{\sqrt{6443.84}} = \frac{50}{80.274} ≒ 62.3\%$ 이다.

064 무한장 평행 2선 선로에 주파스 $4[MHz]$의 전압을 가하였을 때 전압의 위상정수는 약 몇 $[rad/m]$인가? (단, 전파속도는 $3 \times 10^8[m/s]$이다.)

① 0.0634
② 0.0734
③ 0.0838
④ 0.0934

정답 062 ④ 063 ① 064 ③

해설 $v(\text{전파속도}) = 3 \times 10^8 = \frac{\omega}{\beta}[\text{m/sec}]$에서

$\beta(\text{위상정수}) = \frac{\omega}{v} = \frac{2\pi 5}{v} = \frac{2 \times 3.14 \times 4 \times 10^6}{3 \times 10^8} = \frac{25.12}{300} \fallingdotseq 0.0838[\text{rad/m}]$이다.

065 그림과 같은 회로의 임피던스 파라미터 Z_{22}는?

① Z_1
② Z_2
③ $Z_1 + Z_2$
④ $\frac{Z_1 Z_2}{Z_1 + Z_2}$

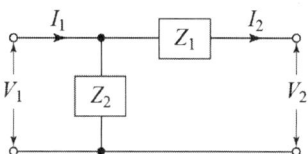

해설 문제 그림의 회로 임피던스 파라미터는 $Z_{11} = \frac{A}{C} = Z_2$(1망 내의 임피던스).

$Z_{12} = Z_{21} = -\frac{1}{C} = -Z_2$(1망과 2망 사이의 임피던스로서 전류방향은 반대이다.

$Z_{22} = \frac{D}{C} = Z_1 + Z_2$(2망 내에 있는 임피던스이다.)

066 RC 직렬회로에 $t=0$일 때 직류전압 100[V]를 인가하면, 0.2초에 흐르는 전류[mA]는? (단, $R=1000[\Omega]$, $C=50[\mu F]$이고, 커패시터의 초기충전 전하는 없다.)

① 1.83
② 1.37
③ 2.98
④ 3.25

해설 RC직렬회로 과도현상에서 $t=0$에서 스위치를 닫는 순간의 과도전류

$i(t) = \frac{E}{R} e^{-\frac{1}{CR}t} = \frac{100}{1000} e^{-\frac{1 \times 0.2}{50 \times 10^{-6} \times 1000}} = 0.1 e^{-\frac{20}{5}} = 0.1 \times e^{-4} = 0.1 \times \frac{1}{e^4}$

$= 0.1 \times \frac{1}{(2.718)^4} = 0.1 \times \frac{1}{54.58} = 0.1 \times 0.01832 = 0.001832[\text{A}] = 1.83[\text{mA}]$이다.

067 전원과 부하가 모두 △결선된 3상 평형회로에서 선간전압이 400[V], 부하 임피던스가 $4+j3[\Omega]$인 경우 선전류의 크기는 몇 [A]인가?

① 80
② $\frac{80}{3}$
③ $\frac{80}{\sqrt{3}}$
④ $80\sqrt{3}$

정답 065 ③ 066 ① 067 ④

해설 △결선된 3상 평형회로는 I_ℓ(선전류) $= \sqrt{3} I_p$(상전류)[A], V_ℓ(선간전압) $= V_p$(상전압) $= I_p \times Z$[V]

에서 I_p(상전류) $= \dfrac{V_\ell}{Z} = \dfrac{400}{\sqrt{4^2+3^2}} = \dfrac{400}{5} = 80$[A]

∴ I_ℓ(선전류) $= \sqrt{3} I_p = \sqrt{3} \times 80$[A]이다.

068 2차 선형 시불변 시스템의 전달함수 $G(s) = \dfrac{w_n^2}{s^2 + 2\delta w_n s + w_n^2}$ 에서 w_n이 의미하는 것은?

① 감쇠계수
② 비례계수
③ 고유 진동 주파수
④ 공진 주파수

해설 2차 선형 시불변 시스템의 전달함수 $G(s) = \dfrac{w_n^2}{s^2 + 2\delta w_n s + w_n^2}$ 에서 $s^2 + 2\delta w_n s + w_n^2$은 특성방정식이고 w_n은 고유진동 주파수이다.

069 불평형 3상 전압(V_a, V_b, V_c)에 대한 영상분(V_0), 정상분(V_1), 역상분(V_2)을 모두 더하면?

① 0
② 1
③ V_a
④ $V_a + 1$

해설 $V_a = V_a$(기준)
$V_b = a^2 V_a = a^{-1} V_a$
$V_c = a V_a = a^{-2} V_a$ 이다.
$a^3 = \angle 360° = \cos 360° + j\sin 360° = 1$
$a = \angle 120° = \cos 120° + j\sin 120° = -\dfrac{1}{2} + j\dfrac{\sqrt{3}}{2}$
$a^2 = \angle 240° = \cos 240° + j\sin 240° = -\dfrac{1}{2} - j\dfrac{\sqrt{3}}{2}$
∴ $1 + a + a^2 = 0$(3상 교류전압, 전류합은 0이다.)

V_0(대칭분 영상전압) $= \dfrac{1}{3}(V_a + V_b + V_c) = \dfrac{1}{3}(V_a + a^2 V_a + a V_a)$
$= \dfrac{V_a}{3}(1 + a^2 + a) = \dfrac{V_a}{3} \times 0 = 0$ … ㉠

V_1(대칭분 정상전압) $= \dfrac{1}{3}(V_a + a V_b + a^2 V_c) = \dfrac{1}{3}(V_a + a \times a^2 V_a + a^2 \times a V_a)$
$= \dfrac{V_a}{3}(1 + a^3 + a^3) = \dfrac{V_a}{3} \times 3 = V_a$ … ㉡

V_2(대칭분 역상전압) $= \dfrac{1}{3}(V_a + a^2 V_b + a V_c) = \dfrac{1}{3}(V_a + a^4 V_a + a^2 V_a) = \dfrac{V_a}{3}(1 + a^4 + a^2)$
$= \dfrac{V_a}{3}(1 + a + a^2) = \dfrac{V_a}{3} \times 0 = 0$ … ㉢

∴ $V_0 + V_1 + V_2 = 0 + V_a + 0 = V_a$[V]가 된다.

070 그림과 같은 직류회로에서 저항 $R[\Omega]$의 값은?

① 10
② 20
③ 30
④ 40

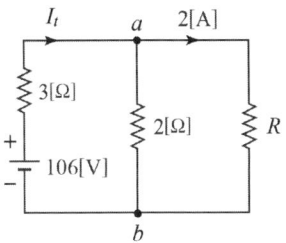

해설 $R[\Omega]$에 흐르는 전류 2[A]는 분배법칙에서
$$2 = \frac{2}{2+R} \times I_t = \frac{2}{2+R} \times \frac{106}{3 + \frac{2 \times R}{2+R}} = \frac{2}{2+R} \times \frac{106(2+R)}{6+3R+2R} = \frac{2 \times 106}{6+5R} [A]$$이다.

∴ $6 + 5R = \frac{2 \times 106}{2} = 106$, $5R = 106 - 6 = 100$

직렬회로 저항 $R = \frac{100}{5} = 20[\Omega]$가 된다.

071 2차 제어시스템의 특정방정식이 $s^2 + 2\zeta w_n s + w_n^2 = 0$인 경우, s가 서로 다른 2개의 실근을 가졌을 때의 제동 특성은?

① 과제동
② 무제동
③ 부족제동
④ 임계제동

해설 과제동
2차 제어시스템의 특성방정식 $s^2 + 2\zeta w_n s + w_n^2 = 0$에서 $\delta > 1$인 경우로서 $s_1, s_2 = \delta w_n \pm w_n \sqrt{\delta^2 - 1}$이므로 s가 서로 다른 2개의 실근을 가지는 제동 특성으로 비진동이다.

072 논리식 $L = \overline{X}\overline{Y}Z + \overline{X}YZ + X\overline{Y}Z + XYZ$를 간소화한 식은?

① Z
② XZ
③ YZ
④ $X\overline{Z}$

해설 논리식 $L = \overline{X}\overline{Y}Z + \overline{X}YZ + X\overline{Y}Z + XYZ = \overline{X}Z(\overline{Y}+Y) + XZ(\overline{Y}+Y) = \overline{X}Z + XZ = Z(\overline{X}+X) = Z$이다.

073 자동제어계 구성 중 제어요소에 해당되는 것은?

① 검출부
② 조절부
③ 기준입력
④ 제어대상

해설 자동제어계 구성 중 제어요소에 해당되는 것은 조절부이다. 즉, 이는 기준입력신호와 검출부 출력과의 차가 되는 동작신호를 받아서 제어계가 정해진 행동을 하는 데 필요한 제어요소를 만들어 조작부에 보내는 부분이다.
∴ 제어요소에 해당되는 것은 조절부이다.

074
$\frac{d}{dt}x(t) = Ax(t) + Bu(t)$, $A = \begin{bmatrix} -3 & 1 \\ 0 & -1 \end{bmatrix}$ 인 시스템에서 상태 천이행렬(state transition matrix)을 구하면?

① $\begin{bmatrix} e^{-3t} & 0.5e^{-t} + 0.5e^{-3t} \\ 0 & e^{-t} \end{bmatrix}$

② $\begin{bmatrix} e^{-3t} & 0.5e^{-t} - 0.5e^{-3t} \\ 0 & 2e^{-t} \end{bmatrix}$

③ $\begin{bmatrix} e^{-3t} & 0.5e^{-t} - 0.5e^{-3t} \\ 0 & e^{-t} \end{bmatrix}$

④ $\begin{bmatrix} e^{-3t} & 0.5e^{-t} + 0.5e^{-3t} \\ 0 & 2e^{-t} \end{bmatrix}$

해설

$sI - A = \begin{vmatrix} s & 0 \\ 0 & s \end{vmatrix} - \begin{vmatrix} -3 & 1 \\ 0 & -1 \end{vmatrix} = \begin{vmatrix} s+3 & -1 \\ 0 & s+1 \end{vmatrix}$

$\phi(s) = |sI - A|^{-1} = \frac{\begin{vmatrix} \Delta_{11} & \Delta_{21} \\ \Delta_{12} & \Delta_{22} \end{vmatrix}}{\begin{vmatrix} s+3 & -1 \\ 0 & s+1 \end{vmatrix}} = \frac{\begin{vmatrix} s+1 & 1 \\ 0 & s+3 \end{vmatrix}}{(s+1)(s+3)} = \begin{vmatrix} \frac{s+1}{(s+1)(s+3)} & \frac{1}{(s+1)(s+3)} \\ 0 & \frac{s+1}{(s+1)(s+3)} \end{vmatrix}$

$= \begin{vmatrix} \frac{1}{s+3} & \frac{0.5}{s+1} - \frac{0.5}{s+3} \\ 0 & \frac{1}{s+1} \end{vmatrix}$

∴ 상태 천이행렬 $\phi(t) = L(\phi(s)) = \begin{vmatrix} e^{-3t} & 0.5e^{-t} - 0.5e^{-3t} \\ 0 & e^{-t} \end{vmatrix}$ 가 된다.

075
그림과 같은 블록선도의 등가 전달함수는?

① $\frac{G_1(s)G_2(s)}{1 + G_2(s) + G_1(s)G_2(s)G_3(s)}$

② $\frac{G_1(s)G_2(s)}{1 - G_2(s) + G_1(s)G_2(s)G_3(s)}$

③ $\frac{G_1(s)G_3(s)}{1 - G_2(s) + G_1(s)G_2(s)G_3(s)}$

④ $\frac{G_1(s)G_3(s)}{1 + G_2(s) + G_1(s)G_2(s)G_3(s)}$

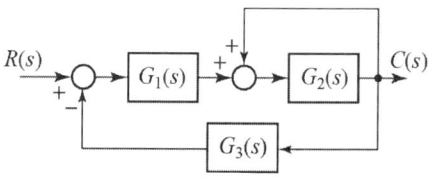

해설 블록선도에서

$C(s) = ((R(s) - C(s)G_3(s))G_1(s) + C(s))G_2(s)$

$= R(s)G_1(s)G_2(s) - C(s)G_1(s)G_2(s)G_3(s) + C(s)G_2(s)$ 에서

$C(s)(1 - G_2(s) + G_1(s)G_2(s)G_3(s)) = R(s)G_1(s)G_2(s)$ 이다.

∴ 전달함수 $\frac{C(s)}{R(s)} = \frac{G_1(s)G_2(s)}{1 - G_2(s) + G_1(s)G_2(s)G_3(s)}$ 가 된다.

076 주파수 전달함수가 $G(jw) = \dfrac{1}{j100w}$ 인 계에서 $w = 0.1$[rad/s]일 때의 이득(dB)과 위상각 θ[deg]는 각각 얼마인가?

① 20[dB], 90°
② 40[dB], 90°
③ −20[dB], −90°
④ −40[dB], −90°

해설 $w=0.1$[rad/s]일 때 전달함수 $G(jw) = \dfrac{1}{j100w} = \dfrac{1}{j100 \times 0.1} = \dfrac{1}{j10}$ 이다.

이득 $g = 20\log_{10}|G(jw)| = 20\log_{10}\dfrac{1}{10} = 20\log_{10}1 - 20\log_{10}10 = 0 - 20 \times 1 = -20$[dB]

θ(위상각) $= \dfrac{1}{j10} = \dfrac{1}{10} \angle -90°$ 이다. ∴ 이득 −20[dB], 위상각 −90°이다.

---

077 특성방정식이 $s^3 + Ks^2 + 2s + K + 1 = 0$으로 주어진 제어계가 안정하기 위한 K의 범위는?

① $K > 0$
② $K > 1$
③ $-1 < K < 1$
④ $K > -1$

해설 특성방정식 $s^3 + Ks^2 + 2s + K + 1 = 0$가 안정하기 위한 K의 범위는 Routh 판별식에서

$$\begin{array}{c|cc} s^3 & 1 & 2 \\ s^2 & K & K+1 \\ s^1 & \dfrac{2K-(K+1)}{K} & 0 \\ s^0 & K+1 & \end{array}$$

$K > 0$, $\dfrac{2K-K-1}{K} = \dfrac{K-1}{K} > 0$에서 $K-1 > 0$

∴ $K > 1$일 때가 안정하기 위한 K의 범위이다.

---

078 z 변환을 이용한 샘플 값은 제어계가 안정하려면 특성방정식의 근의 위치가 있어야할 위치는?

① z평면의 좌반면
② z평면의 우반면
③ z평면의 단위원 내부
④ z평면의 단위원 외부

해설 z 변환을 이용한 샘플 값은 제어계가 안정하려면 특성방정식의 근의 위치가 z평면의 단위원 내부에 있어야 한다.

---

079 정상상태 응답특성과 응답의 속응성을 동시에 개선시키는 제어는?

① P제어
② PI제어
③ PD제어
④ PID제어

해설 PID(비례적분미분)제어는 3항 동작으로 정상상태 응답특성과 응답의 속응성을 동시에 개선시키는 제어이다.

정답 076 ③ 077 ② 078 ③ 079 ④

080 $G(s)H(s) = \dfrac{K(s+1)}{s(s+2)(s+3)}$ 에서 근궤적의 수는?

① 1
② 2
③ 3
④ 4

해설 $G(s)H(s) = \dfrac{K(s+1)}{s(s+2)(s+3)}$ 에서 근궤적의 수는 특성방정식의 차수(s^3)와 같으므로 3개이다.

제5과목 전기설비기술기준

081 최대사용전압이 360[kV]인 가공전선이 교량과 제1차 접근상태로 시설되는 경우에 전선과 교량과의 이격거리는 최소 몇 [m] 이상이어야 하는가?

① 5.96
② 6.96
③ 7.95
④ 8.95

해설 최대사용전압이 360[kV]인 가공전선이 교량과 제1차 접근상태로 시설되는 경우에 전선과 교량과의 이격거리는 최소 7.95[m] 이상이어야 한다.

082 옥내에 시설하는 저압용 배선기구의 시설에 관한 설명으로 틀린 것은?

① 옥내에 시설하는 저압용 배선기구의 충전 부분은 노출되지 않도록 시설한다.
② 옥내에 시설하는 저압용 비포장 퓨즈는 불연성으로 제작한 함 내부에 시설하여야 한다.
③ 옥내에 시설하는 저압용의 배선기구에 전선을 접속하는 경우에는 나사로 고정해서는 안 된다.
④ 욕실 등 인체가 물에 젖어있는 상태에서 전기를 사용하는 장소에서는 인체감전보호용 누전차단기가 부착된 콘센트를 시설하여야 한다.

해설 옥내에 시설하는 저압용 배선기구의 시설에 관한 설명으로 옳은 것은
① 옥내에 시설하는 저압용 배선기구의 충전 부분은 노출되지 않도록 시설한다.
② 옥내에 시설하는 저압용 비포장 퓨즈는 불연성으로 제작한 함 내부에 시설하여야 한다.
③ 욕실 등 인체가 물에 젖어있는 상태에서 전기를 사용하는 장소에서는 인체 감전보호용 누전차단기가 부착된 콘센트를 시설하여야 한다.

083 154[kV] 가공전선과 가공약전류 전선이 교차하는 경우에 시설하는 보호망을 구성하는 금속선 중 가공전선의 바로 아래에 시설되는 것 이외의 가공약전류 전선을 아연도 철선으로 조가하여 시설하는 경우 지름 몇 [mm] 이상인가?

① 2.6
② 3.2
③ 3.6
④ 4.0

해설 154[kV] 가공전선과 가공약전류 전선이 교차하는 경우에 시설하는 보호망을 구성하는 금속선 중 가공전선의 바로 아래에 시설되는 것 이외의 가공약전류 전선을 아연도 철선으로 조가하여 시설하는 경우 지름 4[mm] 이상이어야 한다.

084 가공 직류 전차선을 전용의 부지 위에 시설 시 레일면상의 높이는 몇 [m] 이상인가?

<한국전기설비규정으로 개정됨에 따라 출제되지 않는 문제입니다.>

① 4.0　　② 4.2
③ 4.4　　④ 4.8

해설 가공 직류 전차선을 전용부지 위에 시설 시 레일면상의 높이는 4.4[m] 이상이어야 한다.

085 사용전압 22.9[V]의 가공전선이 철도를 횡단하는 경우, 전선의 레일면상의 높이는 몇 [m] 이상인가?

① 5　　② 5.5
③ 6　　④ 6.5

해설 사용전압이 22.9[kV]의 가공전선이 철도를 횡단하는 경우 전선의 레일면상 높이는 6.5[m] 이상이어야 한다.

086 다심 코드 및 다심 캡타이어케이블의 일심 이외의 가요성이 있는 연동연선으로 제3종 접지공사 시 접지선의 단면적은 몇 [mm^2] 이상이어야 하는가?

<한국전기설비규정으로 개정됨에 따라 출제되지 않는 문제입니다.>

① 0.75　　② 1.5
③ 6　　④ 10

해설 다심코드 및 다심 캡타이어케이블의 일심 이외의 가요성이 있는 연동연선으로 제3종 접지공사 시 접지선의 단면적은 1.5[mm^2] 이상이어야 한다.

087 발전기 등의 보호장치의 기준과 관련하여 발전기를 자동적으로 전로로부터 차단하는 장치를 시설하여야 하는 경우로 옳은 것은?

① 발전기에 과전류가 생긴 경우　　② 발전기에 역상전류가 생긴 경우
③ 발전기의 전류에 고조파가 포함된 경우　　④ 발전기의 부하에 누설전류가 포함된 경우

해설 발전기 등의 보호장치의 기준과 관련하여 발전기를 자동적으로 전로로부터 차단하는 장치를 시설하여야 하는 경우는 발전기에 과부하가 생긴 경우이다.

정답　084 ③　085 ④　086 ②　087 ①

088 그림은 전력선 반송통신용 결합장치의 보안장치이다. 여기에서 FD는 무엇인가?

① 절연전선
② 결합필터
③ 동축케이블
④ 배류중계선륜

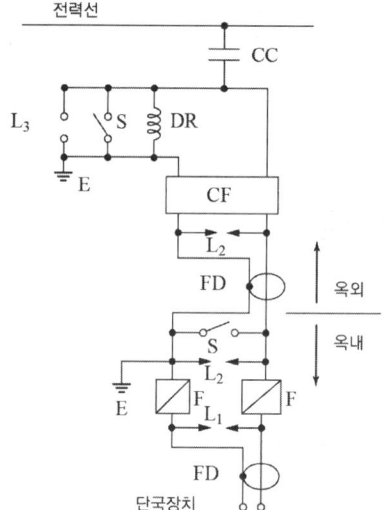

해설 전력선 반송통신용 결합장치의 보안장치의 FD는 동축케이블이다.

089 저압전로에 사용하는 과전류차단기로 정격전류 30[A]의 배선용 차단기에 60[A]의 전류를 통했을 경우 몇 분 내에 자동적으로 동작하여야 하는가?

[한국전기설비규정으로 개정됨에 따라 출제되지 않는 문제입니다.]

① 2
② 6
③ 10
④ 15

해설 저압전로에 사용하는 과전류차단기로 정격전류 30[A]의 배선용 차단기에 60[A]의 전류를 통했을 경우 2분 이내에 자동적으로 동작하여야 한다.

090 22000[V]의 특고압 가공전선으로 경동연선을 시가지에 시설할 경우 전선의 지표상 높이는 몇 [m] 이상이어야 하는가?

① 4
② 6
③ 8
④ 10

해설 22000[V]의 특고압 가공전선으로 경동연선을 시가지에 시설할 경우 전선의 지표상 높이는 10[m] 이상이어야 한다.

091 변압기 전로의 절연내력시험에서 최대사용전압이 22.9[kV]인 경우 시험전압은 최대사용전압의 몇 배인가? [단, 권선은 중성점 접지식 전로(중성선을 가지는 것으로서 그 중성선에 다중 접지를 하는 것에 한한다)에 접속하였다.]

① 0.92
② 1.1
③ 1.25
④ 1.5

정답 088 ③ 089 ① 090 ④ 091 ①

해설 변압기 전로의 절연내력시험에서 최대사용전압이 22.9[kV]인 경우 시험전압은 최대사용전압의 0.92배의 전압이어야 한다.(단, 권선은 중성점 접지식 전로(중성선을 가지는 것으로서 그 중성선에 다중 접지를 하는 것에 한한다)에 접속하였다.)

092 고압 가공전선과 건조물의 상부 조영재와의 옆쪽 이격거리는 몇 [m] 이상인가? (단, 전선에 사람이 쉽게 접촉할 우려가 있고 케이블이 아닌 경우다.)

① 1.0
② 1.2
③ 1.5
④ 2.0

해설 고압 가공전선과 건조물의 상부 조영재와의 옆쪽 이격거리는 1.2[m] 이상이어야 한다.(단, 전선에 사람이 쉽게 접촉할 우려가 있고 케이블이 아닌 경우다.)

093 전로의 중성점 접지의 접지선을 연동선으로 할 경우 공칭단면적은 몇 [mm^2] 이상인가? (단, 저압 전로의 중성점에 시설하는 것은 제외한다.)

① 6
② 10
③ 16
④ 25

해설 전로의 중성점 접지의 접지선을 연동선으로 할 경우 공칭단면적은 16[mm^2] 이상이어야 한다. (단, 저압전로의 중성점에 시설하는 것은 제외한다.)

094 사용전압이 35000[V] 이하이고 또한 전선에 케이블을 사용하는 경우에 특고압 가공인입선의 높이는 그 특고압 가공 인입선이 도로·횡단보도교·철도 및 궤도를 횡단하는 이외의 경우에 한하여 지표상 몇 [m]까지로 감할 수 있는가?

① 3
② 4
③ 5
④ 6

해설 사용전압이 35000[V] 이하이고 또한 전선에 케이블을 사용하는 경우에 특고압 가공인입선의 높이는 그 특고압 가공인입선이 도로, 횡단보도교, 철도 및 궤도를 횡단하는 이외의 경우에 한하여 지표상 4[m]까지로 감할 수 있다.

095 사용전압이 22.9[kV]의 특고압 가공전선로에는 전화선로의 길이 12[km]마다 유도전류가 몇 [μA]를 넘지 않아야 하는가?

① 1.5
② 2
③ 2.5
④ 3

🔹 **해설** 사용전압이 22.9[kV]의 특고압 가공전선로에는 전화선로의 길이 12[km]마다 유도전류가 2[μA]를 넘지 않아야 한다.

096 다음 ⓐ, ⓑ에 들어갈 내용으로 옳은 것은?

> 한국전기설비규정으로 개정됨에 따라 출제되지 않는 문제입니다.

> 출퇴표시등 회로에 전기를 공급하기 위한 변압기는 1차측 전로의 대지전압이 (ⓐ)[V] 이하, 2차측 전로의 사용전압이 (ⓑ)[V] 이하인 절연변압기를 사용한다.

① ⓐ 150 ⓑ 30
② ⓐ 150 ⓑ 60
③ ⓐ 300 ⓑ 30
④ ⓐ 300 ⓑ 60

🔹 **해설** 출퇴표시등 회로에 전기를 공급하기 위한 변압기는 1차측 전로의 대지전압이 (ⓐ 300)[V] 이하, 2차측 전로의 사용전압이(ⓑ 60)[V] 이하인 절연 변압기를 사용한다.

097 지중 전선로의 시설에 관한 기준으로 옳은 것은?

① 전선은 케이블을 사용하고 관로식, 암거식 또는 직접 매설식에 의하여 시설한다.
② 전선은 절연전선을 사용하고 관로식, 암거식 또는 직접 매설식에 의하여 시설한다.
③ 전선은 나전선을 사용하고 내화성능이 있는 비닐관에 인입하여 시설한다.
④ 전선은 절연전선을 사용하고 내화성능이 있는 비닐관에 인입하여 시설한다.

🔹 **해설** 지중 전선로의 시설 기준 중 전선은 케이블을 사용하고 관로식, 암거식 또는 직접 매설식에 의하여 시설한다.

098 3300[V] 고압 가공전선을 교통이 번잡한 도로를 횡단하여 시설하는 경우 지표상 높이를 몇 [m] 이상으로 하여야 하는가?

① 5.0
② 5.5
③ 6.0
④ 6.5

🔹 **해설** 3300[V] 고압 가공전선을 교통이 번잡한 도로를 횡단하여 시설하는 경우 지표상 높이를 6[m] 이상으로 하여야 한다.

정답 096 ④ 097 ① 098 ③

099 발전소의 압축공기장치의 사용압력이 10[kg/cm²]이다. 주 공기탱크 압력계의 눈금은 최대 몇 [kg/cm²]까지 사용할 수 있는가?

① 15
② 20
③ 25
④ 30

해설 발전소의 압축공기장치의 사용압력이 10[kg/cm²]이다. 주 공기탱크 압력계의 눈금은 최대 30[kg/cm²]까지 사용할 수 있다.

100 동일 지지물에 고압 가공전선과 저압 가공전선(다중접지된 중성선은 제외한다.)을 병가할 때 저압 가공전선의 위치는?

① 동일 완금류에 평행되게 시설
② 별도의 규정이 없으므로 임의로 시설
③ 저압 가공전선을 고압 가공전선의 위에 시설
④ 저압 가공선선을 고압 가공전선의 아래에 시설

해설 동일 지지물에 고압 가공전선과 저압 가공전선(다중접지된 중성선은 제외한다)을 병가할 때 저압 가공전선의 위치는 저압 가공전선을 고압 가공전선의 아래에 시설한다.

정답 099 ④ 100 ④

제1과목 전기응용 및 공사재료

001 전기 화학 반응을 실제로 일으키기 위해 필요한 전극 전위에서 그 반응의 평형 전위를 뺀 값을 과전압이라고 한다. 과전압의 원인으로 틀린 것은?

① 농도 분극
② 화학 분극
③ 전류 분극
④ 활성화 분극

해설 과전압이란 전기 화학 반응을 실제로 일으키기 위해 필요한 전극 전위에서 그 반응의 평형 전위를 뺀 값을 말한다. 과전압의 원인으로는 농도 분극, 화학 분극, 활성화 분극이다.

002 플라이휠 효과 1[kg·m²]인 플라이휠 회전속도가 1500[rpm]에서 1200[rpm]으로 떨어졌다. 방출에너지는 약 몇 [J]인가?

① 1.11×10^3
② 1.11×10^4
③ 2.11×10^3
④ 2.11×10^4

해설 플라이휠의 관성 Moment $J = \dfrac{GD^2}{4} = 1[\text{kg} \cdot \text{m}^2]$ 일 때

운동에너지 $W = \dfrac{1}{2} J \cdot \omega^2 = \dfrac{1}{2}\left(\dfrac{GD^2}{4}\right)\left(2\pi \dfrac{N}{60}\right)^2 [\text{J}]$ 이다.

∴ $N_1 = 1500[\text{rpm}]$ 일 때의 운동에너지

$W_1 = \dfrac{1}{2}\left(\dfrac{GD^2}{4}\right)\left(2\pi \dfrac{N_1}{60}\right)^2 = \dfrac{1}{2} \times \dfrac{1}{4} \times \left(2\pi \dfrac{1500}{60}\right)^2 = \dfrac{1}{8}(6.28 \times 25)^2$

$= \dfrac{1}{8}(157)^2 = \dfrac{24649}{8} = 3081.125[\text{J}]$ … ㉠

$N_2 = 1200[\text{rpm}]$ 일 때의 운동에너지

$W_2 = \dfrac{1}{2}\left(\dfrac{GD^2}{4}\right)\left(2\pi \dfrac{N_2}{60}\right)^2 = \dfrac{1}{2} \times \dfrac{1}{4} \times \left(6.28 \times \dfrac{1200}{60}\right)^2 = \dfrac{1}{8}(125.6)^2$

$= \dfrac{15775.36}{8} = 1971.92[\text{rpm}]$ ………… ㉡

∴ ㉠-㉡에서 방출에너지

$W = W_1 - W_2 = 3081.125 - 1971.92 ≒ 1110 = 1.11 \times 10^3[\text{J}]$ 이다.

003 자기소호 기능이 가장 좋은 소자는?

① GTO
② SCR
③ DIAC
④ TRIAC

해설 GTO는 +반 cycle에서만 turn-on과 turn-off로 출력을 제어하는 소자로서 자기소호 기능이 가장 좋은 소자이다.

004 30[W]의 백열전구가 1800[h]에서 단선되었다. 이 기간 중에 평균 100[lm]의 광속을 방사하였다면 전광량(lm·h)은?

① 5.4×10^4
② 18×10^4
③ 60
④ 18

해설 전광량 Q=광속×시간=$F \times t = 100 \times 1800 = 18 \times 10^4$[lm·h]이다.

005 평균구면 광도 100[cd]의 전구 5개를 지름 10[m]인 원형의 방에 점등할 때 조명률을 0.5, 감광보상률을 1.5로 하면 방의 평균 조도(lx)는 약 얼마인가?

① 18
② 23
③ 27
④ 32

해설 반구 광원에서의 광속 $F = 4\pi I_{90°} = 4 \times 3.14 \times 100 = 1256$[lm]

조명설계에서 $FUN = AED$

E(방의 평균 조도)$= \dfrac{FUN}{AD} = \dfrac{1256 \times 0.5 \times 5}{\pi \left(\dfrac{10}{2}\right)^2 \times 1.5} = \dfrac{3140}{117.75} ≒ 26.66 ≒ 27$[lx]이다.

006 전자빔 가열의 특징이 아닌 것은?

① 용접, 용해 및 천공작업 등에 응용된다.
② 에너지의 밀도나 분포를 자유로이 조절할 수 있다.
③ 진공 중에서 가열이 불가능하다.
④ 고융점 재료 및 금속박 재료의 용접이 쉽다.

해설 전자빔 가열의 특징
① 용접, 용해 및 천공작업 등에 응용된다.
② 에너지의 밀도나 분포를 자유로이 조절할 수 있다.
③ 고융점 재료 및 금속박 재료의 용접이 쉽다.

정답 003 ① 004 ② 005 ③ 006 ③

007 서미스터(Thermistor)의 주된 용도는?

① 온도 보상용 ② 잡음 제거용
③ 전압 증폭용 ④ 출력 전류 조절용

> **해설** 서미스터(Thermistor)
> 부(−)의 온도계수로 온도가 상승하면 저항이 감소되는 소자이다. 주된 용도는 전력계, 유량계, 온도 보상용 회로, 온도 제어계 회로 등의 용도로 사용된다.

008 직류 전동기 중 공급전원의 극성이 바뀌면 회전방향이 바뀌는 것은?

① 분권기 ② 평복권기
③ 직권기 ④ 타여자기

> **해설** 타여자기는 직류 전동기 중 공급전원의 극성이 바뀌면 회전방향이 바뀌는 전동기이다.

009 철도차량이 운행하는 곡선부의 종류가 아닌 것은?

① 단곡선 ② 복곡선
③ 방향곡선 ④ 완화곡선

> **해설** 철도차량이 운행하는 곡선부의 종류에는 단곡선, 방향곡선, 완화곡선이 있다.

010 유전가열의 용도로 틀린 것은?

① 목재의 건조 ② 목재의 접착
③ 염화비닐막의 접착 ④ 금속 표면처리

> **해설** 유전가열
> 교번 전계 중에서 절연성 피열물에 생기는 유전체 손실에 의한 가열이다. 용도는 목재의 건조, 목재의 접착, 염화비닐막의 접착 등이다.

011 후강전선관에 대한 설명으로 틀린 것은?

① 관의 호칭은 바깥지름의 크기에 가깝다.
② 후강전선관의 두께는 박강전선관의 두께보다 두껍다.
③ 콘크리트에 매입할 경우 관의 두께는 1.2[mm] 이상으로 해야 한다.
④ 관의 호칭은 16[mm]에서 104[mm]까지 10종이다.

정답 007 ① 008 ④ 009 ② 010 ④ 011 ①

> **해설** 후강전선관에 대한 설명으로 옳은 것은
> ① 후강전선관의 두께는 박강전선관의 두께보다 두껍다.
> ② 콘크리트에 매입할 경우 관의 두께는 1.2[mm] 이상으로 해야 한다.
> ③ 관의 호칭은 16[mm]에서 104[mm]까지 10종이다.

012 백열전구에 사용되는 필라멘트 재료의 구비조건으로 틀린 것은?

① 용융점이 높을 것　　　　　　② 고유저항이 클 것
③ 선팽창계수가 높을 것　　　　④ 높은 온도에서 증발이 적을 것

> **해설** 백열전구에 사용되는 필라멘트 재료의 구비조건
> • 용융점이 높을 것
> • 고유저항이 클 것
> • 높은 온도에서 증발이 적을 것

013 내선규정에서 정하는 용어의 정의로 틀린 것은?

① 케이블이란 통신용케이블 이외의 케이블 및 캡타이어케이블을 말한다.
② 애자란 놉애자, 인류애자, 핀애자와 같이 전선을 부착하여 이것을 다른 것과 절연하는 것을 말한다.
③ 전기용품이란 전기설비의 부분이 되거나 또는 여기에 접속하여 사용되는 기계기구 및 재료 등을 말한다.
④ 불연성이란 불꽃, 아크 또는 고열에 의하여 착화하기 어렵거나 착화하여도 쉽게 연소하지 않는 성질을 말한다.

> **해설** 내선규정에서 정하는 용어의 정의로 옳은 것은
> ① 케이블이란 통신용케이블 이외의 케이블 및 캡타이어케이블을 말한다.
> ② 애자란 놉애자, 인류애자, 핀애자와 같이 전선을 부착하여 이것을 다른 것과 절연하는 것을 말한다.
> ③ 전기용품이란 전기설비의 부분이 되거나 또는 여기에 접속하여 사용되는 기계기구 및 재료 등을 말한다.

014 배전반 및 분전반을 넣는 함을 강판제로 만들 경우 함의 최소 두께(mm)는? (단, 가로 또는 세로의 길이가 30[cm]를 초과하는 경우이다.)

① 1.0　　　　　　　　　　　② 1.2
③ 1.4　　　　　　　　　　　④ 1.6

> **해설** 배전반 및 분전반을 넣는 함을 강판제로 만들 때 가로 또는 세로의 길이가 30[cm]를 초과하는 경우는 함의 최소 두께 1.2[mm]이다.

정답 012 ③　013 ④　014 ②

015 피뢰설비 설치에 관한 사항으로 옳은 것은?

① 수뢰부는 동선을 기준으로 35[mm^2] 이상
② 접지극은 동선을 기준으로 50[mm^2] 이상
③ 인하도선은 동선을 기준으로 16[mm^2] 이상
④ 돌침은 건축물의 맨 윗부분으로부터 20[cm] 이상 돌출

> **해설** 피뢰설비 설치에 있어서 접지극은 동선을 기준으로 50[mm^2] 이상이어야 한다.

016 저압 전선로 등의 중성선 또는 접지측 전선의 식별에서 애자의 빛깔에 의하여 식별하는 경우에는 어떤 색의 애자를 접지측으로 사용하는가?

① 청색 애자
② 백색 애자
③ 황색 애자
④ 흑색 애자

> **해설** 저압 전선로 등의 중성선 또는 접지측 전선의 식별에서 애자의 빛깔에 의하여 식별하는 경우에는 청색의 애자를 접지측으로 사용한다.

017 지선으로 사용되는 전선의 종류는?

① 경동연선
② 중공연선
③ 아연도철연선
④ 강심알루미늄연선

> **해설** 지선으로 사용되는 전선은 아연도철연선이다.

018 자심재료의 구비조건으로 틀린 것은?

① 저항률이 클 것
② 투자율이 작을 것
③ 히스테리시스 면적이 작을 것
④ 잔류자기가 크고 보자력이 작을 것

> **해설** 자심재료의 구비조건
> • 저항률이 클 것
> • 히스테리시스 면적이 작을 것
> • 잔류자기가 크고 보자력이 작을 것

정답 015 ② 016 ① 017 ③ 018 ②

019 철근 콘크리트주로서 전장 16[m]이고, 설계하중이 8[kN]이라 하면 땅에 묻는 최소 깊이 (m)는? (단, 지반이 연약한 곳 이외에 시설한다.)

① 2.0 ② 2.4
③ 2.5 ④ 2.8

 해설) 철근 콘크리트주로서 전장 16[m]이고, 설계하중이 8[kN]이라 하면 땅에 묻는 최소 깊이는 2.8[m]이다.(단, 지반이 연약한 곳 이외에 시설한다.)

020 형광판, 야광도료 및 형광방전등에 이용되는 루미네선스는?

① 열 루미네선스 ② 전기 루미네선스
③ 복사 루미네선스 ④ 파이로 루미네선스

해설) 복사 루미네선스는 형광판, 야광도료 및 형광방전등에 이용되는 루미네선스이다.

제2과목 전력공학

021 중성점 직접접지방식의 발전기가 있다. 1선지락 사고 시 지락전류는? (단, Z_1, Z_2, Z_0는 각각 정상, 역상, 영상 임피던스이며, E_a는 지락된 상의 무부하 기전력이다.)

① $\dfrac{E_a}{Z_0 + Z_1 + Z_2}$ ② $\dfrac{Z_1 E_a}{Z_0 + Z_1 + Z_2}$

③ $\dfrac{3E_a}{Z_0 + Z_1 + Z_2}$ ④ $\dfrac{Z_0 E_a}{Z_0 + Z_1 + Z_2}$

해설) a상 지락인 경우 초기 조건 $\begin{cases} V_a = 0 \\ I_b = I_c = 0 \end{cases}$ 에서

$I_0 = I_1 = I_2$인 고장전류를 1선 지락이라 한다.

발전기 기본식에서

$V_a = 0 = V_0 + V_1 + V_2 = -Z_0 I_0 + E_a - Z_1 I_1 - Z_2 I_2$

$E_a = I_0 (Z_0 + Z_1 + Z_2)$

$I_0 = I_1 = I_2 = \dfrac{E_a}{Z_0 + Z_1 + Z_2}$ [A]이다.

∴ 1선 지락 사고 시 지락전류 $I_a = I_0 + I_1 + I_2 = 3I_0 = \dfrac{3E_a}{Z_0 + Z_1 + Z_2}$ [A]가 된다.

022 다음 중 송전계통의 절연협조에 있어서 절연레벨이 가장 낮은 기기는?

① 피뢰기　　　　　　　　　② 단로기
③ 변압기　　　　　　　　　④ 차단기

해설 송전계통의 절연협조에 있어서 절연레벨이 가장 낮은 기기는 피뢰기이다.

023 화력발전소에서 절탄기의 용도는?

① 보일러에 공급되는 급수를 예열한다.　② 포화증기를 과열한다.
③ 연소용 공기를 예열한다.　　　　　　　④ 석탄을 건조한다.

해설 화력발전소에서 절탄기의 용도는 보일러에 공급되는 급수를 예열한다.

024 3상 배전선로의 말단에 역률 60%(늦음), 60[kW]의 평형 3상 부하가 있다. 부하점에 부하와 병렬로 전력용 콘덴서를 접속하여 선로손실을 최소로 하고자 할 때 콘덴서 용량(kVA)은? (단, 부하단의 전압은 일정하다.)

① 40　　　　　　　　　② 60
③ 80　　　　　　　　　④ 100

해설 $P=60[\text{kW}]$, $\cos\theta_1=0.6$(늦음), $\cos\theta_2=1$, 즉 선로 손실을 최소로 하고자 할 때의 콘덴서 용량
$P_a = P\left(\dfrac{\sin\theta_1}{\cos\theta_1} - \dfrac{\sin\theta_2}{\cos\theta_2}\right) = 60\left(\dfrac{0.8}{0.6} - \dfrac{0}{1}\right) = 60 \times \dfrac{4}{3} = 80[\text{kVA}]$이다.

025 송배전 선로에서 선택지락계전기(SGR)의 용도는?

① 다회선에서 접지 고장 회선의 선택
② 단일 회선에서 접지 전류의 대소 선택
③ 단일 회선에서 접지 전류의 방향 선택
④ 단일 회선에서 접지 사고의 지속 시간 선택

해설 송배전 선로에서 선택지락계전기(SGR)의 용도는 다회선에서 접지 고장 회선의 선택이다.

026 정격전압 7.2[kV], 정격차단용량 100[MVA]인 3상 차단기의 정격차단전류는 약 몇 [kA] 인가?

① 4　　　　　　　　　② 6
③ 7　　　　　　　　　④ 8

정답　022 ①　023 ①　024 ③　025 ①　026 ④

해설 정격차단용량 $P_a = \sqrt{3}\,VI_s\,[\text{kVA}]$

정격차단전류 $I_s = \dfrac{P_a}{\sqrt{3}\,V} = \dfrac{100}{\sqrt{3}\times 7.2} = \dfrac{100}{12.4} ≒ 8\,[\text{kA}]$이다.

027 고장 즉시 동작하는 특성을 갖는 계전기는?

① 순시 계전기   ② 정한시 계전기
③ 반한시 계전기   ④ 반한시성 정한시 계전기

해설 순시 계전기는 고장 즉시 동작하는 특성을 갖는 계전기이다.

028 30000[kW]의 전력을 51[km] 떨어진 지점에 송전하는 데 필요한 전압은 약 몇 [kV]인가? (단, Still의 식에 의하여 산정한다.)

① 22   ② 33
③ 66   ④ 100

해설 Still의 식(경제적인 송전 전압)

$kV = 5.5\sqrt{0.6\ell + \dfrac{P}{100}} = 5.5\sqrt{0.6\times 51 + \dfrac{30000}{100}} = 5.5\sqrt{30.6+300} = 5.5\sqrt{330.6} ≒ 5.5\times 18.18 ≒ 100\,[\text{kV}]$

029 댐의 부속설비가 아닌 것은?

① 수로   ② 수조
③ 취수구   ④ 흡출관

해설 댐의 부속설비에는 수로, 수조, 취수구 등이다.

030 3상 3선식에서 전선 한 가닥에 흐르는 전류는 단상 2선식의 경우의 몇 배가 되는가? (단, 송전전력, 부하역률, 송전거리, 전력손실 및 선간전압이 같다.)

① $\dfrac{1}{\sqrt{3}}$ ② $\dfrac{2}{3}$
③ $\dfrac{3}{4}$ ④ $\dfrac{4}{9}$

해설 단상 2선식 $P = VI_1\cos\theta$, $I_1 = \dfrac{P}{V\cos\theta}\,[\text{A}]$이다.

3상 3선식 $P = \sqrt{3}\,VI_3\cos\theta$, $I_3 = \dfrac{P}{\sqrt{3}\,V\cos\theta} = \dfrac{I_1}{\sqrt{3}}\,[\text{A}]$이다.

즉, 3상 3선식 전선 한 가닥에 흐르는 전류 $I_3\,[\text{A}]$는 단상 2선식의 $\dfrac{1}{\sqrt{3}}$배가 된다.

정답 027 ①   028 ④   029 ④   030 ①

031 사고, 정전 등의 중대한 영향을 받는 지역에서 정전과 동시에 자동적으로 예비전원용 배전선로로 전환하는 장치는?

① 차단기
② 리클로저(Recloser)
③ 섹셔널라이저(Sectionalizer)
④ 자동 부하 전환개폐기(Auto Load Transfer Switch)

해설 자동 부하 전환개폐기(Auto Load Transfer Switch)란 사고, 정전 등의 중대한 영향을 받는 지역에서 정전과 동시에 자동적으로 예비전원용 배전선로로 전환하는 장치를 말한다.

032 전선의 표피 효과에 대한 설명으로 알맞은 것은?

① 전선이 굵을수록, 주파수가 높을수록 커진다.
② 전선이 굵을수록, 주파수가 낮을수록 커진다.
③ 전선이 가늘수록, 주파수가 높을수록 커진다.
④ 전선이 가늘수록, 주파수가 낮을수록 커진다.

해설 전선의 표피 효과의 두께 $\delta = \sqrt{\dfrac{2}{\omega k\mu}} = \sqrt{\dfrac{2}{2\pi fk\mu}} = \dfrac{1}{\sqrt{\pi fk\mu}}$ [mm]는 전선 표면에 전류가 흐르는 두께이다. 표피 효과는 표피 효과 두께에 반비례한다.
∴ 전선이 굵을수록, 주파수가 높을수록 커진다.

033 일반회로정수가 같은 평행 2회선에서 A_0, B_0, C_0, D_0는 각각 1회선의 경우의 몇 배로 되는가?

① A : 2배, B : 2배, C : $\dfrac{1}{2}$배, D : 1배
② A : 1배, B : 2배, C : $\dfrac{1}{2}$배, D : 1배
③ A : 1배, B : $\dfrac{1}{2}$배, C : 2배, D : 1배
④ A : 1배, B : $\dfrac{1}{2}$배, C : 2배, D : 2배

해설 일반회로정수가 같은 평행 2회선은 4단자 병렬접속의 4단자 기초방정식은

$$E_s = A_0 E_R + B_0 I_R = \left(\dfrac{A_1 B_2 + B_1 A_2}{B_1 + B_2}\right) E_R + \left(\dfrac{B_1 B_2}{B_1 + B_2}\right) I_R$$

$$I_s = C_0 E_R + D_0 I_R = \left(C_1 + C_2 + \dfrac{(D_2 - D_1)(A_1 - A_2)}{B_1 + B_2}\right) E_R + \left(\dfrac{D_1 B_2 + D_2 B_1}{B_1 + B_2}\right) I_R \text{이다.}$$

∴ 문제에서 $A_1 = A_2 = A$, $B_1 = B_2 = B$, $C_1 = C_2 = C$, $D_1 = D_2 = D$인 4단자 정수

$$A_0 = \dfrac{A_1 B_2 + B_1 A_2}{B_1 + B_2} = \dfrac{AB + AB}{B + B} = \dfrac{2AB}{2B} = A$$

$$B_0 = \dfrac{B_1 B_2}{B_1 + B_2} = \dfrac{B^2}{B + B} = \dfrac{B^2}{2B} = \dfrac{1}{2}B$$

정답 031 ④ 032 ① 033 ③

$$C_0 = C_1 + C_2 + \frac{(D_2 - D_1)(A_1 - A_2)}{B_1 + B_2} = C + C + \frac{(D-D)(A-A)}{B+B} = 2C$$

$$D_0 = \frac{D_1 B_2 + D_2 B_1}{B_1 + B_2} = \frac{DB + DB}{B + B} = \frac{2DB}{2B} = D \text{ 등이다.}$$

034 변전소에서 비접지 선로의 접지보호용으로 사용되는 계전기에 영상전류를 공급하는 것은?

① CT
② GPT
③ ZCT
④ PT

해설 ZCT(영상변류기)란 변전소에서 비접지 선로의 접지보호용으로 사용되는 계전기에 영상전류를 공급하는 것이다.

035 단로기에 대한 설명으로 틀린 것은?

① 소호장치가 있어 아크를 소멸시킨다.
② 무부하 및 여자전류의 개폐에 사용된다.
③ 사용회로수에 의해 분류하면 단투형과 쌍투형이 있다.
④ 회로의 분리 또는 계통의 접속 변경 시 사용한다.

해설 단로기
- 무부하 및 여자전류의 개폐에 사용된다.
- 사용회로수에 의해 분류하면 단투형과 쌍투형이 있다.
- 회로의 분리 또는 계통의 접속 변경 시 사용한다.

036 4단자 정수 $A = 0.9918 + j0.0042$, $B = 34.17 + j50.38$, $C = (-0.006 + j3247) \times 10^{-4}$인 송전 선로의 송전단에 66[kV]를 인가하고 수전단을 개방하였을 때 수전단 선간전압은 약 몇 [kV]인가?

① $\frac{66.55}{\sqrt{3}}$
② 62.5
③ $\frac{62.5}{\sqrt{3}}$
④ 66.55

해설 송·수전단의 4단자 기초방정식 $\begin{cases} E_S = AE_R + BI_R \\ I_S = CE_R + DI_R \end{cases}$ 에서

수전단 개방($I_R = 0$) 시 수전단 선간전압

$$E_R = \frac{E_S}{A} = \frac{66}{A} = \frac{66}{\sqrt{(0.9918)^2 + (0.0042)^2}} \fallingdotseq \frac{66}{\sqrt{0.98366 + 0.01764}} = \frac{66}{\sqrt{1.0013}} \fallingdotseq \frac{66}{1} \fallingdotseq 66.55[\text{kV}] \text{ 이다.}$$

037 증기터빈 출력을 P[kW], 증기량을 W[t/h], 초압 및 배기의 증기 엔탈피를 각각 i_0, i_1 [kcal/kg]이라 하면 터빈의 효율 $\eta_T[\%]$는?

① $\dfrac{860P \times 10^3}{W(i_0 - i_1)} \times 100$　　② $\dfrac{860P \times 10^3}{W(i_1 - i_0)} \times 100$

③ $\dfrac{860P}{W(i_0 - i_1) \times 10^3} \times 100$　　④ $\dfrac{860P}{W(i_1 - i_0) \times 10^3} \times 100$

해설 터빈의 효율 $\eta_T = \dfrac{860P}{W(i_0 - i_1) \times 10^3} \times 100[\%]$ 이다.

038 송전선로에서 가공지선을 설치하는 목적이 아닌 것은?

① 뇌(雷)의 직격을 받을 경우 송전선 보호
② 유도뢰에 의한 송전선의 고전위 방지
③ 통신선에 대한 전자유도장해 경감
④ 철탑의 접지저항 경감

해설 송전선로에서 가공지선을 설치하는 목적
- 뇌(雷)의 직격을 받을 경우 송전선 보호
- 유도뢰에 의한 송전선의 고전위 방지
- 통신선에 대한 전자유도장해 경감

039 수전단의 전력원 방정식이 $P_r^2 + (Q_r + 400)^2 = 250000$으로 표현되는 전력계통에서 조상설비 없이 전압을 일정하게 유지하면서 공급할 수 있는 부하전력은? (단, 부하는 무유도성이다.)

① 200　　② 250
③ 300　　④ 350

해설 전력계통에서 조상설비는 Q_r (무효전력)을 공급한다.
수전단 전력원 방적식 $P_r^2 + (Q_r + 400)^2 = 250000$에 조상설비에서 $Q_r = 0$이다.
∴ $P_r^2 + (0 + 400)^2 = 250000$
$P_r^2 = 250000 - 160000 = 90000$
P_r(부하전력) $= \sqrt{90000} = 300$[W]가 된다.

040 전력설비의 수용률을 나타낸 것은?

① 수용률 $= \dfrac{\text{평균전력(kW)}}{\text{부하설비용량(kW)}} \times 100\%$

② 수용률 = $\frac{부하설비용량(kW)}{평균전력(kW)} \times 100\%$

③ 수용률 = $\frac{최대수용전력(kW)}{부하설비용량(kW)} \times 100\%$

④ 수용률 = $\frac{부하설비용량(kW)}{최대수용전력(kW)} \times 100\%$

해설 전력설비에서 수용률 = $\frac{최대수용전력(kW)}{부하설비용량(kW)} \times 100\%$ 이다.

제3과목 전기기기

041 전원전압이 100[V]인 단상 전파정류제어에서 점호각이 30°일 때 직류 평균전압은 약 몇 [V]인가?

① 54　　② 64
③ 84　　④ 94

해설 단상 전파정류제어 회로에서 점호각 $\alpha = 30°$ 일 때의 직류 평균전압

$E_{dc} = \frac{1}{\pi} \int_{\alpha}^{\pi} \sqrt{2} E \sin\theta \, d\theta = \frac{\sqrt{2}E}{\pi}(-\cos\theta)_{\alpha}^{\pi} = \frac{\sqrt{2}E}{\pi}(-\cos\pi + \cos\alpha)$

$= \frac{\sqrt{2}E}{\pi}(1+\cos\alpha) = 0.45 \times E(1+\cos 30°) = 0.45 \times 100(1+\frac{\sqrt{3}}{2})$

$= 45 \times 1.866 ≒ 84[V]$ 가 된다.

042 단상 유도전동기의 기동 시 브러시를 필요로 하는 것은?

① 분상 기동형　　② 반발 기동형
③ 콘덴서 분상 기동형　　④ 셰이딩 코일 기동형

해설 반발 기동형 단상 유도전동기는 기동 시 브러시를 필요로 하는 유도전동기이다.

043 3선 중 2선의 전원 단자를 서로 바꾸어서 결선하면 회전방향이 바뀌는 기기가 아닌 것은?

① 회전변류기　　② 유도전동기
③ 동기전동기　　④ 정류자형 주파수 변환기

해설 3선 중 2선의 전원 단자를 서로 바꾸어서 결선하면 회전방향이 바뀌는 기기는 회전변류기, 유도전동기, 동기전동기이다.

044 단상 유도전동기의 분상 기동형에 대한 설명으로 틀린 것은?

① 보조권선은 높은 저항과 낮은 리액턴스를 갖는다.
② 주권선은 비교적 낮은 저항과 높은 리액턴스를 갖는다.
③ 높은 토크를 발생시키려면 보조권선에 병렬로 저항을 삽입한다.
④ 전동기가 기동하여 속도가 어느 정도 상승하면 보조권선을 전원에서 분리해야 한다.

해설 단상 유도전동기의 분상 기동형
- 보조권선은 높은 저항과 낮은 리액턴스를 갖는다.
- 주선권은 비교적 낮은 저항과 높은 리액턴스를 갖는다.
- 전동기가 기동하여 속도가 어느 정도 상승하면 보조권선을 전원에서 분리해야 한다.

045 변압기의 %Z가 커지면 단락전류는 어떻게 변화하는가?

① 커진다. ② 변동 없다.
③ 작아진다. ④ 무한대로 커진다.

해설 단락전류 $I_s = \dfrac{100}{\%Z} \times I_n [\text{A}]$ 이므로 변압기 $\%Z$가 커지면 단락전류는 작아진다.

046 정격전압 6600[V]인 3상 동기발전기가 정격출력(역률=1)으로 운전할 때 전압 변동률이 12%이었다. 여자전류와 회전수를 조정하지 않은 상태로 무부하 운전하는 경우 단자전압 (V)은?

① 6433 ② 6943
③ 7392 ④ 7842

해설 3상 동기발전기의 전압변동률 $\varepsilon = \dfrac{V_o - V_n}{V_n} \times 100$, $V_o - V_n = \varepsilon \times V_n$

∴ V_o(무부하 운전 시 단자전압) $= \varepsilon V_n + V_n = 0.12 \times 6600 + 6600 = 792 + 6600 = 7392[\text{V}]$ 이다.

047 계자권선이 전기자에 병렬로만 연결된 직류기는?

① 분권기 ② 직권기
③ 복권기 ④ 타여자기

해설 분권기는 계자권선이 전기자에 병렬로만 연결된 직류기이다.

정답 044 ③ 045 ③ 046 ③ 047 ①

048 3상 20000[kVA]인 동기발전기가 있다. 이 발전기는 60[Hz]일 때는 200[rpm], 50[Hz]일 때는 약 167[rpm]으로 회전한다. 이 동기발전기의 극수는?

① 18극
② 36극
③ 54극
④ 72극

해설 3상 동기발전기가 있다.

N_{s1}(동기속도) $= 200 = \dfrac{120f_1}{P_1}$ [rpm]

P_1(동기발전기 극수) $= \dfrac{120f_1}{N_{s1}} = \dfrac{120 \times 60}{200} = \dfrac{7200}{200} = 36$극 ············ ㉠

N_{s2}(동기속도) $= 167 = \dfrac{120f_2}{P_2}$ [rpm]

P_2(동기발전기 극수) $= \dfrac{120f_2}{N_{s2}} = \dfrac{120 \times 50}{167} = \dfrac{6000}{167} ≒ 35.93 ≒ 36$극 ··· ㉡

∴ P(동기발전기 극수) $= P_1 = P_2 ≒ 36$극이다.

049 1차 전압 6600[V], 권수비 30인 단상변압기로 전등부하에 30[A]를 공급할 때의 입력(kW)은? (단, 변압기의 손실은 무시한다.)

① 4.4
② 5.5
③ 6.6
④ 7.7

해설 a(권수비) $= \dfrac{V_1}{V_2}$, V_2(전등부하 전압) $= \dfrac{V_1}{a} = \dfrac{6600}{30} = 220$[V],

P_2(전등부하 입력) $= V_2 I_2 \cos\theta = 220 \times 30 \times 1 = 6600 = 6.6$[kW]이다.

050 스텝 모터에 대한 설명으로 틀린 것은?

① 가속과 감속이 용이하다.
② 정·역 및 변속이 용이하다.
③ 위치제어 시 각도 오차가 작다.
④ 브러시 등 부품 수가 많아 유지보수 필요성이 크다.

해설 스텝 모터
- 가속과 감속이 용이하다.
- 정·역 및 변속이 용이하다.
- 위치제어 시 각도 오차가 작다.

051
출력이 20[kW]인 직류발전기의 효율이 80%이면 전 손실은 약 몇 [kW]인가?

① 0.8
② 1.25
③ 5
④ 45

해설

$\eta(\text{직류발전기의 효율}) = \dfrac{\text{출력}(P)}{P(\text{출력}) + \text{전 손실}} \times 100$

$\eta(P + \text{전 손실}) = P$

$\therefore \text{전 손실} = \dfrac{P - \eta P}{\eta} = \dfrac{20 - 0.8 \times 20}{0.8} = \dfrac{4}{0.8} = 5[\text{kW}]$ 이다.

052
동기전동기의 공급 전압과 부하를 일정하게 유지하면서 역률을 1로 운전하고 있는 상태에서 여자전류를 증가시키면 전기자 전류는?

① 앞선 무효전류가 증가
② 앞선 무효전류가 감소
③ 뒤진 무효전류가 증가
④ 뒤진 무효전류가 감소

해설

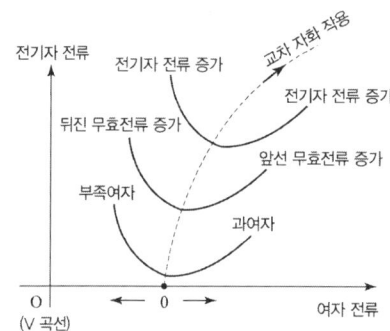

동기전동기의 공급 전압과 부하를 일정하게 유지하면서 역률을 1로 운전하고 있는 상태에서 여자전류를 증가시키면 위상특성곡선(V 곡선)에서 전기자 전류는 앞선 무효전류가 증가한다.

053
전압변동률이 작은 동기발전기의 특성으로 옳은 것은?

① 단락비가 크다.
② 속도변동률이 크다.
③ 동기 리액턴스가 크다.
④ 전기자 반작용이 크다.

해설

$Z_s'(\%\text{동기 임피던스}) = \dfrac{I_n}{I_s} \times 100 = \dfrac{1}{K_s(\text{단락비})} \times 100$

단락비(K_s)가 큰 기계=철 기계이고, 단락비(K_s)가 작은 기계=동기계이며,

$K_s(\text{단락비}) = \dfrac{I_s}{I_n} = \dfrac{1}{\varepsilon(\text{전압변동률})}$ 이다.

$\therefore$ 전압변동률(ε)이 작은 동기발전기는 단락비(K_s)가 크다.

정답 051 ③ 052 ① 053 ①

054 직류발전기에 $P[\text{N}\cdot\text{m/s}]$의 기계적 동력을 주면 전력은 몇 [W]로 변환되는가? (단, 손실은 없으며, i_a는 전기자 도체의 전류, e는 전기자 도체의 유도기전력, Z는 총 도체수이다.)

① $P = i_a e Z$
② $P = \dfrac{i_a e}{Z}$
③ $P = \dfrac{i_a Z}{e}$
④ $P = \dfrac{eZ}{i_a}$

해설 직류발전기에 $P[\text{N}\cdot\text{m/s}]$의 기계적 동력을 주면 손실은 없다.
Z(총 도체수), 전기자 도체에 흐르는 전류 $i_a[\text{A}]$, 전기자 도체의 유도기전력 $e[\text{V}]$일 때의
P(전력) $= Z e i_a[\text{W}]$로 변환된다.

055 도통(on)상태에 있는 SCR을 차단(off)상태로 만들기 위해서는 어떻게 하여야 하는가?

① 게이트 펄스전압을 가한다.
② 게이트 전류를 증가시킨다.
③ 게이트 전압이 부(-)가 되도록 한다.
④ 전원전압의 극성이 반대가 되도록 한다.

해설 도통(on)상태에 있는 SCR을 차단(off)상태로 만들기 위해서는 전원전압의 극성이 반대가 되도록 한다.

056 직류전동기의 워드레오나드 속도제어 방식으로 옳은 것은?

① 전압제어
② 저항제어
③ 계자제어
④ 직병렬제어

해설 직류전동기에서 워드레오나드 속도제어 방식은 전압제어 방식이다.

057 단권변압기의 설명으로 틀린 것은?

① 분로권선과 직렬권선으로 구분된다.
② 1차 권선과 2차 권선의 일부가 공통으로 사용된다.
③ 3상에는 사용할 수 없고 단상으로만 사용한다.
④ 분로권선에서 누설자속이 없기 때문에 전압변동률이 작다.

해설 단권변압기
• 분로권선과 직렬권선으로 구분된다.
• 1차 권선과 2차 권선의 일부가 공통으로 사용된다.
• 분로권선에서 누설자속이 없기 때문에 전압변동률이 작다.

정답 054 ① 055 ④ 056 ① 057 ③

058 유도전동기를 정격상태로 사용 중 전압이 10% 상승할 때 특성변화로 틀린 것은? (단, 부하는 일정 토크라고 가정한다.)

① 슬립이 작아진다.
② 역률이 떨어진다.
③ 속도가 감소한다.
④ 히스테리시스손과 와류손이 증가한다.

해설 유도전동기를 정격상태로 사용 중, 전압이 10% 상승할 때 특성변화
- 슬립이 작아진다.
- 역률이 떨어진다.
- 히스테리시스손과 와류손이 증가한다.

059 단자전압 110[V], 전기자 전류 15[A], 전기자 회로의 저항 2[Ω], 정격속도 1800[rpm]으로 전부하에서 운전하고 있는 직류 분권전동기의 토크는 약 몇 [N·m]인가?

① 6.0
② 6.4
③ 10.08
④ 11.14

해설 $P(직류 분권 전동기 출력) = EI_a = \omega T[\text{W}]$

$$\therefore T(직류 분권 전동기 토크) = \frac{P}{\omega} = \frac{EI_a}{2\pi\frac{N}{60}} = \frac{(V-I_a r_a) \times I_a}{2\pi\frac{1800}{60}} = \frac{(110-15\times2)\times15}{2\pi\times30}$$

$$= \frac{80\times15}{188.4} = \frac{1200}{188.4} \fallingdotseq 6.4[\text{N}\cdot\text{m}]$$

060 용량 1[kVA], 3000/200[V]의 단상변압기를 단권변압기로 결선해서 3000/3200[V]의 승압기로 사용할 때 그 부하용량(kVA)은?

① $\frac{1}{16}$
② 1
③ 15
④ 16

해설 단권변압기란 1, 2차 권선의 일부를 공통으로 갖는 변압기로 $\frac{자기용량}{부하용량} = \frac{V_2 - V_1}{V_2}$

$\therefore 부하용량 = 자기용량 \times \frac{V_2}{V_2 - V_1} = 1 \times \frac{3200}{3200 - 3000} = \frac{3200}{200} = 16[\text{kVA}]$ 이다.

정답 058 ③ 059 ② 060 ④

제4과목 회로이론 및 제어공학

061 특성방정식이 $s^3 + 2s^2 + Ks + 10 = 0$로 주어지는 제어시스템이 안정하기 위한 K의 범위는?

① $K > 0$
② $K > 5$
③ $K < 0$
④ $0 < K < 5$

해설 특성방정식 $s^3 + 2s^2 + Ks + 10 = 0$
루드(Routh) 판별법

S^3	1	K
S^2	2	10
S^1	$\dfrac{2K-10}{2}$	0
S^0	10	

에서 1열의 부호 변화가 없으므로 안정하다.

∴ 안정하기 위한 K의 범위는 $\dfrac{2K-10}{2} > 0$, $2K - 10 > 0$, $2K > 10$, $K > 5$이다.

062 제어시스템의 개루프 전달함수가 $G(s)H(s) = \dfrac{K(s+30)}{s^4 + s^3 + 2s^2 + s + 7}$로 주어질 때, 다음 중 $K > 0$인 경우 근궤적의 점근선이 실수축과 이루는 각(°)은?

① 20°
② 60°
③ 90°
④ 120°

해설 제어시스템의 개루프 전달함수 $G(s)H(s) = \dfrac{K(s+30)}{s^4 + s^3 + 2s^2 + s + 7}$로 주어질 때

근궤적의 접근선이 실수축과 이루는 각도(근궤적의 점근선 각도)

$K = 0$일 때 $a_0 = \dfrac{(2K+1)\pi}{P-Z} = \dfrac{(0+1)\pi}{4-1} = \dfrac{\pi}{3} = 60°$

$K = 1$일 때 $a_1 = \dfrac{(2K+1)\pi}{P-Z} = \dfrac{(2 \times 1 + 1)\pi}{4-1} = \dfrac{3\pi}{3} = \pi = 180°$ 등이다.

063 z 변환된 함수 $F(z) = \dfrac{3z}{(z - e^{-3T})}$에 대응되는 라플라스 변환 함수는?

① $\dfrac{1}{(s+3)}$
② $\dfrac{3}{(s-3)}$
③ $\dfrac{1}{(s-3)}$
④ $\dfrac{3}{(s+3)}$

해설 z 변환된 함수 $F(z) = \dfrac{3z}{z - e^{-3T}}$에 대응되는 라플라스 변환 함수 $F(s) = \dfrac{3}{s+3}$이 된다.

정답 061 ② 062 ② 063 ④

064 그림과 같은 제어시스템의 전달함수 $\dfrac{C(s)}{R(s)}$ 는?

① $\dfrac{1}{15}$
② $\dfrac{2}{15}$
③ $\dfrac{3}{15}$
④ $\dfrac{4}{15}$

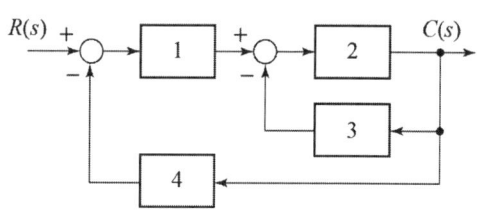

해설 문제와 같은 제어시스템의 전달함수 $\dfrac{C(s)}{R(s)}$ 의 값은
$((R(s)-4C(s))\times 1-3C(s))\times 2 = C(s)$, $2R(s)-8C(s)-6C(s)=C(s)$,
$2R(s) = C(s)(1+8+6)$
∴ 전달함수 $\dfrac{C(s)}{R(s)} = \dfrac{2}{1+8+6} = \dfrac{2}{15}$ 가 된다.

065 전달함수가 $G_C(s) = \dfrac{2s+5}{7s}$ 인 제어기가 있다. 이 제어기는 어떤 제어기인가?

① 비례 미분 제어기
② 적분 제어기
③ 비례 적분 제어기
④ 비례 적분 미분 제어기

해설 K(비례감도), $Z(t)$(동작신호), T_i(적분시간), T_D(미분시간)
∴ $y_{(t)}$(조작량) $= KZ(t)$(비례 동작 제어기),
$y_{(t)} = K(Z(t) + \dfrac{1}{T_i}\int Z(t)\,dt)$(비례 적분 제어기),
$y_{(t)} = K(Z(t) + \dfrac{1}{T_i}\int Z(t)\,dt + T_D \dfrac{d}{dt}Z(t)$(비례 적분 미분 제어기)에서
K(비례요소), $\dfrac{1}{T_i \cdot s}$(적분요소), $T_D \cdot s$(미분요소)이므로
전달함수 $G_C(s) = \dfrac{2s+5}{7s}$ 는 비례 적분 제어기를 말한다.

066 단위 피드백제어계에서 개루프 전달함수 $G(s)$가 다음과 같이 주어졌을 때 단위계단 입력에 대한 정상 상태 편차는?

$$G(s) = \dfrac{5}{s(s+1)(s+2)}$$

① 0
② 1
③ 2
④ 3

해설 정상 상태 편차는 단위계단 입력 $r_{(t)}=1$, $R_{(s)}=\dfrac{1}{s}$ 이다.

∴ 최종치 정리에서 essp(정상 상태 편차)$=\lim\limits_{s\to 0}sG(s)$

$$=\lim_{s\to 0}s\times\dfrac{\dfrac{1}{s}}{1+G(s)}=\dfrac{1}{1+\lim\limits_{s\to 0}G(s)}=\dfrac{1}{1+K_p(\text{위치 편차 상수})}$$

$$=\dfrac{1}{1+\lim\limits_{s\to 0}\dfrac{5}{s(s+1)(s+2)}}=\dfrac{1}{1+\dfrac{5}{0.0000001}}=\dfrac{1}{1+\infty}\fallingdotseq\dfrac{1}{\infty}\fallingdotseq 0\text{이다.}$$

067 그림과 같은 논리회로의 출력 Y는?

① $ABCDE+\overline{F}$
② $\overline{A}\,\overline{B}\,\overline{C}\,\overline{D}\,\overline{E}+F$
③ $\overline{A}+\overline{B}+\overline{C}+\overline{D}+\overline{E}+F$
④ $A+B+C+D+E+\overline{F}$

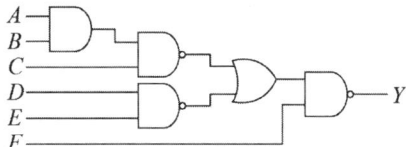

해설 논리회로의 출력
$Y=\overline{\overline{A\cdot B\cdot C}+\overline{DE}\cdot F}=A\cdot B\cdot C\cdot D\cdot E+\overline{F}$ 이다.

068 그림의 신호흐름 선도에서 전달함수 $\dfrac{C(s)}{R(s)}$는?

① $\dfrac{a^3}{(1-ab^3)}$
② $\dfrac{a^3}{1-(3ab+a^2b^2)}$
③ $\dfrac{a^3}{1-3ab}$
④ $\dfrac{a^3}{1-3ab+2a^2b^2}$

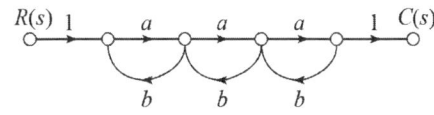

해설 문제 그림의 신호흐름 선도에서 전달함수 $\dfrac{C(s)}{R(s)}$는 메이슨(Mason)의 정리에서

$$\dfrac{C(s)}{R(s)}=\dfrac{\sum\limits_{k=1}^{n}G_k\Delta_k}{\Delta}=\dfrac{G_1\Delta_1}{1-(G_1H_1+G_2H_2+\cdots)}=\dfrac{a\times a\times a\times 1}{1-(3ab+a^2b^2)}=\dfrac{a^3}{1-(3ab+a^2b^2)}$$

069 다음과 같은 미분방정식으로 표현되는 제어시스템의 시스템 행렬 A 는?

$$\frac{d^2c(t)}{dt^2}+5\frac{dc(t)}{dt}+3c(t)=r(t)$$

① $\begin{bmatrix} -5 & -3 \\ 0 & 1 \end{bmatrix}$
② $\begin{bmatrix} -3 & -5 \\ 0 & 1 \end{bmatrix}$
③ $\begin{bmatrix} 0 & 1 \\ -3 & -5 \end{bmatrix}$
④ $\begin{bmatrix} 0 & 1 \\ -5 & -3 \end{bmatrix}$

해설 $c(t)=x(t)$, $\dfrac{dc(t)}{dt}=\dot{x}_1(t)=(0\ \ 1)x_1(t)$

$\dfrac{d^2c(t)}{dt^2}=\dot{x}_2(t)=-3x(t)-5x_1(t)$

∴ 제어시스템의 시스템 행렬 $A = \begin{vmatrix} 0 & 1 \\ -3 & -5 \end{vmatrix}$ 이 된다.

보충 특성방정식 $=|sI-A|=\begin{vmatrix} s & 0 \\ 0 & s \end{vmatrix}-\begin{vmatrix} 0 & 1 \\ -3 & -5 \end{vmatrix}$ 이 된다.

---

070 안정한 제어시스템의 보드 선도에서 이득 여유는?

① $-20\sim20[\text{dB}]$ 사이에 있는 크기(dB) 값이다.
② $0\sim20[\text{dB}]$ 사이에 있는 크기 선도의 길이이다.
③ 위상이 0°가 되는 주파수에서 이득의 크기(dB)이다.
④ 위상이 $-180°$가 되는 주파수에서 이득의 크기(dB)이다.

해설 안정한 제어시스템의 보드 선도에서 이득 여유란 위상이 $-180°$가 되는 주파수에서의 이득 크기(dB)이다.

---

071 3상 전류가 $I_a=10+j3[\text{A}]$, $I_b=-5-j2[\text{A}]$, $I_c=-3+j4[\text{A}]$일 때 정상분 전류의 크기는 약 몇 [A]인가?

① 5
② 6.4
③ 10.5
④ 13.34

해설 3상 대칭회로에서
$\begin{cases} I_0(\text{영상분 전류})=\dfrac{1}{3}(I_a+I_b+I_c)[\text{A}] \\ I_1(\text{정상분 전류})=\dfrac{1}{3}(I_a+aI_b+a^2I_c)[\text{A}] \\ I_2(\text{역상분 전류})=\dfrac{1}{3}(I_a+a^2I_b+aI_2)[\text{A}] \end{cases}$

(단, 연산자 $a=-\dfrac{1}{2}+j\dfrac{\sqrt{3}}{2}$, $a^2=-\dfrac{1}{2}-j\dfrac{\sqrt{3}}{2}$, $a^3=1$)

정답 069 ③ 070 ④ 071 ②

$$\therefore I_1(\text{정상분 전류}) = \frac{1}{3}(I_a + aI_b + a^2 I_c)$$
$$= \frac{1}{3}((10+j3) + (-\frac{1}{2} + j\frac{\sqrt{3}}{2})(-5-j2) + (-\frac{1}{2} - j\frac{\sqrt{3}}{2})(-3+j4))$$
$$= \frac{1}{3}((10+j3) + (2.5+\sqrt{3}) + j(-2.5\sqrt{3}+1) + (1.5+2\sqrt{3}) + j(-2+1.5\sqrt{3}))$$
$$= \frac{1}{3}(10+j3+4.2321+j3.3302+4.9642+j0.59815)$$
$$= \frac{1}{3}(19.1963+j6.9283) \fallingdotseq \frac{1}{3}(19+j6.9) \fallingdotseq \frac{1}{3}\sqrt{(19)^2 + (6.9)^2}$$
$$\fallingdotseq \frac{1}{3} \times \sqrt{408.6} \fallingdotseq \frac{1}{3} \times 20.21 \fallingdotseq 6.74 \fallingdotseq 6.4 [A] \text{이다.}$$

072 그림의 회로에서 영상 임피던스 Z_{01}이 6[Ω]일 때, 저항 R의 값은 몇 [Ω]인가?

① 2
② 4
③ 6
④ 9

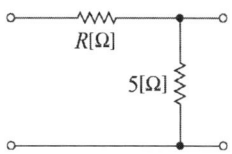

해설

L형 4단자망의 4단자 정수 $\begin{vmatrix} A & B \\ C & D \end{vmatrix} = \begin{vmatrix} 1 & R \\ 0 & 1 \end{vmatrix} \begin{vmatrix} 1 & 0 \\ \frac{1}{5} & 1 \end{vmatrix} = \begin{vmatrix} 1+\frac{R}{5} & R \\ \frac{1}{5} & 1 \end{vmatrix}$ 에서

Z_{01}(영상 임피던스) $= \sqrt{\frac{AB}{CD}} = \sqrt{\frac{\frac{5+R}{5} \times R}{\frac{1}{5} \times 1}} = \sqrt{(5+R) \times R} = \sqrt{R^2 + 5R}$ [Ω]

양변 자승하면 $(Z_{01})^2 = (6)^2 = 36 = R^2 + 5R$

$\therefore R^2 + 5R - 36 = 0$에서 $R > 0$인 저항값은 근의 공식에서

$$R = \frac{-b \pm \sqrt{b^2 - 4ac}}{2a} = \frac{-5}{2 \times 1} + \sqrt{\frac{b^2 - 4ac}{4a^2}} = -\frac{5}{2} + \sqrt{\frac{(5)^2 - 4 \times (-36)}{4 \times 1^2}} = -\frac{5}{2} + \sqrt{\frac{169}{4}}$$
$$= -2.5 + \frac{13}{2} = -2.5 + 6.5 = 4 [\Omega] \text{이다.}$$

073 Y결선의 평형 3상 회로에서 선간전압 V_{ab}와 상전압 V_{an}의 관계로 옳은 것은?
(단, $V_{bn} = V_{an} e^{-j(2\pi/3)}$, $V_{cn} = V_{bn} e^{-j(2\pi/3)}$)

① $V_{ab} = \frac{1}{\sqrt{3}} e^{j(\pi/6)} V_{an}$
② $V_{ab} = \sqrt{3} e^{j(\pi/6)} V_{an}$

③ $V_{ab} = \frac{1}{\sqrt{3}} e^{-j(\pi/6)} V_{an}$
④ $V_{ab} = \sqrt{3} e^{-j(\pi/6)} V_{an}$

> **해설** Y결선의 평형 3상 회로에서 선간전압(V_{ab})와 상전류(V_{an})의 관계와 전류 관계는
> I_{ab}(선전류) $= I_{an}$(상전류)$\angle 0°$[A], $V_{ab} = \sqrt{3}\, V_{an} \angle 30° = \sqrt{3}\, V_{an} \varepsilon^{j\frac{\pi}{6}}$[V]이다.

074 $f(t) = t^2 e^{-\alpha t}$를 라플라스 변환하면?

① $\dfrac{2}{(s+\alpha)^2}$ ② $\dfrac{3}{(s+\alpha)^2}$

③ $\dfrac{2}{(s+\alpha)^3}$ ④ $\dfrac{3}{(s+\alpha)^3}$

> **해설** 라플라스 변환 $\displaystyle\int_0^\infty t^n e^{-st}dt = \dfrac{n!}{s^{n+1}}$
> $\therefore \displaystyle\int_0^\infty t^2 e^{-st}dt = \dfrac{2!}{s^{2+1}} = \dfrac{2\times 1}{s^3} = \dfrac{2}{s^3}$
> $\displaystyle\int_0^\infty e^{-\alpha t} e^{-st}dt = \dfrac{1}{s+\alpha}$ 이 된다.
> $\therefore f(t) = t^2 e^{-\alpha t}$를 라플라스 변환하면
> $F(s) = \displaystyle\int_0^\infty f(t) e^{-st}dt = \int_0^\infty t^2 e^{-\alpha t} e^{-st}dt = \dfrac{2!}{(s+\alpha)^{2+1}} = \dfrac{2\times 1}{(s+\alpha)^3} = \dfrac{2}{(s+\alpha)^3}$가 된다.

075 선로의 단위길이당 인덕턴스, 저항, 정전용량, 누설 컨덕턴스를 각각 L, R, C, G라 하면 전파정수는?

① $\dfrac{\sqrt{(R+j\omega L)}}{(G+j\omega C)}$ ② $\sqrt{(R+j\omega L)(G+j\omega C)}$

③ $\sqrt{\dfrac{(R+j\omega L)}{(G+j\omega C)}}$ ④ $\sqrt{\dfrac{(G+j\omega C)}{(R+j\omega L)}}$

> **해설** γ(전파정수) $= \sqrt{ZY} = \sqrt{(R+j\omega L)(G+j\omega C)}$ 이다. 또한 무손실 선로에서는 $R=0$, $G=0$이므로
> γ(전파정수) $= \alpha + j\beta = j\beta = \sqrt{j\omega L \times j\omega C} = j\omega \sqrt{LC}$가 된다.

076 회로에서 양단 전압(V)은 약 몇 [V]인가?

① 0.6
② 0.93
③ 1.47
④ 1.5

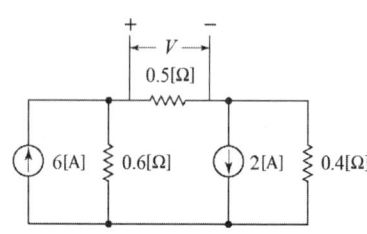

해설 마디 중심 병렬 합성 저항 $R_1 = \dfrac{0.4 \times 0.5}{0.4 + 0.5} = \dfrac{0.2}{0.9}[\Omega]$

전 전류 $I_t = 6 - 2 = 4[A]$, $R_1[\Omega]$에 흐르는 전류 $I_1[A]$는 분배법칙에서

$I_1 = \dfrac{0.6}{0.6 + R_1} \times I_t = \dfrac{0.6}{0.6 + \dfrac{0.2}{0.9}} \times 4 = \dfrac{0.6}{\dfrac{0.54 + 0.2}{0.9}} \times 4 = \dfrac{0.54 \times 4}{0.74} = \dfrac{2.16}{0.74} ≒ 2.92[A]$이다.

∴ $0.5[\Omega]$ 양단의 전압 $V = I_1 \times 0.5 = 2.92 \times 0.5 ≒ 1.46 ≒ 1.47[V]$이다.

077 RLC 직렬회로의 파라미터가 $R^2 = \dfrac{4L}{C}$의 관계를 가진다면, 이 회로에 직류전압을 인가하는 경우 과도응답 특성은?

① 무제동
② 과제동
③ 부족제동
④ 임계제동

해설 RLC 직렬회로에 직류전압 인가 시 과도응답 특성은 (단, δ는 제동비이다.)

∴ $\delta = 0$이면 일정 진폭으로 무한 진동한다. 과도응답 특성은 무제동(공액허근)이다.

$\delta > 1$이면 $R^2 < 4\dfrac{L}{C}$이고 과도응답 특성은 과제동(진동 상태)이다.

$\delta < 1$이면 $R^2 > 4\dfrac{L}{C}$이고 과도응답 특성은 부족제동(비진동 상태)이다.

$\delta = 0$이면 $R^2 = 4\dfrac{L}{C}$이고 과도응답 특성은 임계제동(임계 상태)이다.

078 $v(t) = 3 + 5\sqrt{2} \sin \omega t + 10\sqrt{2} \sin(3\omega t - \dfrac{\pi}{3})[V]$의 실횻값 크기는 약 몇 [V]인가?

① 9.6
② 10.6
③ 11.6
④ 12.6

해설 비정현파 교류 전압의 실효치

$|V| = \sqrt{\dfrac{1}{T} \int_0^T V_{(t)}^2 dt} = \sqrt{V_0^2 + V_1^2 + V_3^2} = \sqrt{V_0^2 + \left(\dfrac{V_{m1}}{\sqrt{2}}\right)^2 + \left(\dfrac{V_{m3}}{\sqrt{2}}\right)^2}$

$= \sqrt{3^2 + \left(\dfrac{5\sqrt{2}}{\sqrt{2}}\right)^2 + \left(\dfrac{10\sqrt{2}}{\sqrt{2}}\right)^2} = \sqrt{3^2 + 5^2 + 10^2} = \sqrt{134} ≒ 11.57 ≒ 11.6[V]$가 된다.

079 $8 + j6[\Omega]$인 임피던스에 $13 + j20[V]$의 전압을 인가할 때 복소전력은 약 몇 [VA]인가?

① $12.7 + j34.1$
② $12.7 + j55.5$
③ $45.5 + j34.1$
④ $45.5 + j55.5$

정답 077 ④ 078 ③ 079 ③

$$I = \frac{V}{Z} = \frac{13+j20}{8+j6} = \frac{(13+j20)(8-j6)}{8^2+6^2} = \frac{(104+120)+j(160-78)}{100} = \frac{224+j82}{100} = 2.24+j0.82[A]$$
$$\therefore Pa(복소전력) = \dot{V}\overline{I} = (13+j20)(2.24-j0.82) = (29.12+16.4)+j(44.8-10.66)$$
$$= 45.5+j34.1[VA]$$ 가 된다.

080 그림과 같이 결선된 회로의 단자(a, b, c)에 선간전압이 $V[V]$인 평형 3상 전압을 인가할 때 상전류 $I[A]$의 크기는?

① $\dfrac{V}{4R}$

② $\dfrac{3V}{4R}$

③ $\dfrac{\sqrt{3}\,V}{4R}$

④ $\dfrac{V}{4\sqrt{3}\,R}$

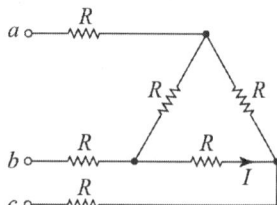

해설 △결선을 Y결선으로 고치면
$$I_\ell(선전류) = \frac{\frac{V}{\sqrt{3}}}{R+\frac{R}{3}} = \frac{\frac{V}{\sqrt{3}}}{\frac{4R}{3}} = \frac{\sqrt{3}\,V}{4R}[A] \cdots \text{㉠}$$

문제에서 3상 전압 인가 시 선전류 $I_\ell = \sqrt{3}\,I[A]$에서
$$I(상전류) = \frac{1}{\sqrt{3}}I_\ell = \frac{1}{\sqrt{3}} \times \frac{\sqrt{3}\,V}{4R} = \frac{V}{4R}[A]$$ 가 된다.

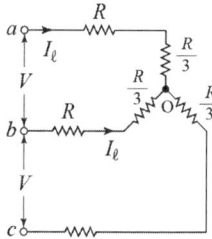

제5과목 전기설비기술기준

081 지중 전선로를 직접 매설식에 의하여 시설할 때, 중량물의 압력을 받을 우려가 있는 장소에 저압 또는 고압의 지중전선을 견고한 트라프 기타 방호물에 넣지 않고도 부설할 수 있는 케이블은?

① PVC 외장 케이블
② 콤바인덕트 케이블
③ 염화비닐 절연 케이블
④ 폴리에틸렌 외장 케이블

해설 콤바인덕트 케이블은 지중 전선로를 직접 매설식에 의하여 시설할 때, 중량물의 압력을 받을 우려가 있는 장소에 저압 또는 고압의 지중전선을 견고한 트라프 기타 방호물에 넣지 않고도 부설할 수 있는 케이블이다.

082 수소냉각식 발전기 등의 시설기준으로 틀린 것은?

① 발전기 안 또는 조상기 안의 수소의 온도를 계측하는 장치를 시설할 것
② 발전기축의 밀봉부로부터 수소가 누설될 때 누설된 수소를 외부로 방출하지 않을 것
③ 발전기 안 또는 조상기 안의 수소의 순도가 85% 이하로 저하한 경우에 이를 경보하는 장치를 시설할 것
④ 발전기 또는 조상기는 수소가 대기압에서 폭발하는 경우에 생기는 압력에 견디는 강도를 가지는 것일 것

해설 수소냉각식 발전기 등의 시설기준으로 옳은 것은
① 발전기 안 또는 조상기 안의 수소의 온도를 계측하는 장치를 시설할 것
② 발전기 안 또는 조상기 안의 수소의 순도가 85% 이하로 저하한 경우에 이를 경보하는 장치를 시설할 것
③ 발전기 또는 조상기는 수소가 대기압에서 폭발하는 경우에 생기는 압력에 견디는 강도를 가지는 것일 것

083 저압전로에서 그 전로에 지락이 생긴 경우 0.5초 이내에 자동적으로 전로를 차단하는 장치를 시설하는 경우에는 특별 제3종 접지공사의 접지 저항값은 자동 차단기의 정격감도 전류가 30[mA] 이하일 때 몇 [Ω] 이하로 하여야 하는가?

한국전기설비규정으로 개정됨에 따라 출제되지 않는 문제입니다.

① 75
② 150
③ 300
④ 500

해설 저압전로에서 그 전로에 지락이 생긴 경우 0.5초 이내에 자동적으로 전로를 차단하는 장치를 시설하는 경우에는 특별 제3종 접지공사의 접지 저항값은 자동 차단기의 정격감도 전류가 30[mA] 이하일 때 500[Ω] 이하로 하여야 한다.

084 어느 유원지의 어린이 놀이기구인 유희용 전차에 전기를 공급하는 전로의 사용전압은 교류인 경우 몇 [V] 이하이어야 하는가?

① 20
② 40
③ 60
④ 100

해설 유원지의 어린이 놀이기구인 유희용 전차에 전기를 공급하는 전로의 사용전압은 교류인 경우 40[V] 이하이어야 한다.

정답 082 ② 083 ④ 084 ②

085 연료전지 및 태양전지 모듈의 절연내력시험을 하는 경우 충전부분과 대지 사이에 인가하는 시험전압은 얼마인가? (단, 연속하여 10분간 가하여 견디는 것이어야 한다.)

① 최대사용전압의 1.25배의 직류전압 또는 1배의 교류전압(500[V] 미만으로 되는 경우에는 500[V])
② 최대사용전압의 1.25배의 직류전압 또는 1.25배의 교류전압(500[V] 미만으로 되는 경우에는 500[V])
③ 최대사용전압의 1.5배의 직류전압 또는 1배의 교류전압(500[V] 미만으로 되는 경우에는 500[V])
④ 최대사용전압의 1.5배의 직류전압 또는 1.25배이 교류전압(500[V] 미만으로 되는 경우에는 500[V])

해설 연료전지 및 태양전지 모듈의 절연내력시험을 하는 경우 충전부분과 대지 사이에 인가하는 시험전압은 최대사용전압의 1.5배의 직류전압 또는 1배의 교류전압(500[V] 미만으로 되는 경우에는 500[V])을 연속하여 10분간 가하여 견디는 것이어야 한다.)

086 전개된 장소에서 저압 옥상전선로의 시설기준으로 적합하지 않은 것은?

① 전선은 절연전선을 사용하였다.
② 전선 지지점 간의 거리를 20[m]로 하였다.
③ 전선은 지름 2.6[mm]의 경동선을 사용하였다.
④ 저압 절연전선과 그 저압 옥상전선로를 시설하는 조영재와의 이격거리를 2[m]로 하였다.

해설 전개된 장소에서 저압 옥상전선로의 시설기준으로 적합한 것은
① 전선은 절연전선을 사용하였다.
② 전선은 지름 2.6[mm]의 경동선을 사용하였다.
③ 저압 절연전선과 그 저압 옥상전선로를 시설하는 조영재와의 이격거리를 2[m]로 하였다.

087 교류 전차선 등과 삭도 또는 그 지주 사이의 이격거리를 몇 [m] 이상 이격하여야 하는가?
한국전기설비규정으로 개정됨에 따라 출제되지 않는 문제입니다.

① 1
② 2
③ 3
④ 4

해설 교류 전차선 등과 삭도 또는 그 지주 사이의 이격거리를 2[m] 이상 이격하여야 한다.

정답 085 ③ 086 ② 087 ②

088 고압 가공전선을 시가지 외에 시설할 때 사용되는 경동선의 굵기는 지름 몇 [mm] 이상인가?

<한국전기설비규정으로 개정됨에 따라 출제되지 않는 문제입니다.>

① 2.6
② 3.2
③ 4.0
④ 5.0

해설 고압 가공전선을 시가지 외에 시설할 때 사용되는 경동선의 굵기는 지름 4.0[mm] 이상이어야 한다.

089 저압 수상전선로에 사용되는 전선은?

① 옥외 비닐케이블
② 600[V] 비닐절연전선
③ 600[V] 고무절연전선
④ 클로로프렌 캡타이어 케이블

해설 저압 수상전선로에 사용되는 전선은 클로로프렌 캡타이어 케이블이다.

090 440[V] 옥내 배선에 연결된 전동기 회로의 절연저항 최소 값은 몇 [MΩ]인가?

① 0.1
② 0.2
③ 0.4
④ 1

해설 440[V] 옥내 배선에 연결된 전동기 회로의 절연저항 최소 값은 0.4[MΩ]이다.

091 케이블 트레이 공사에 사용하는 케이블 트레이에 적합하지 않은 것은?

① 비금속제 케이블 트레이는 난연성 재료가 아니어도 된다.
② 금속재의 것은 적절한 방식처리를 한 것이거나 내식성 재료의 것이어야 한다.
③ 금속재 케이블 트레이 계통은 기계적 및 전기적으로 완전하게 접속하여야 한다.
④ 케이블 트레이가 방화구획의 벽 등을 관통하는 경우에 관통부는 불연성의 물질로 충전하여야 한다.

해설 케이블 트레이 공사에 사용하는 케이블 트레이
• 금속재의 것은 적절한 방식처리를 한 것이거나 내식성 재료의 것이어야 한다.
• 금속재 케이블 트레이 계통은 기계적 및 전기적으로 완전하게 접속하여야 한다.
• 케이블 트레이가 방화구획의 벽 등을 관통하는 경우에 관통부는 불연성의 물질로 충전하여야 한다.

정답 088 ③ 089 ④ 090 ③ 091 ①

092 전개된 건조한 장소에서 400[V] 이상의 저압 옥내배선을 할 때 특별히 정해진 경우를 제외하고는 시공할 수 없는 공사는? _{한국전기설비규정으로 개정됨에 따라 출제되지 않는 문제입니다.}

① 애자사용공사 ② 금속덕트공사
③ 버스덕트공사 ④ 합성수지몰드공사

해설 전개된 건조한 장소에서 400[V] 이상의 저압 옥내배선을 할 때 특별히 정해진 경우를 제외하고는 애자사용공사, 금속덕트공사, 버스덕트공사로 시공할 수 있다.

093 가공전선로의 지지물의 강도계산에 적용하는 풍압하중은 빙설이 많은 지방 이외의 지방에서 저온계절에는 어떤 풍압하중을 적용하는가? (단, 인가가 연접되어 있지 않다고 한다.)

① 갑종풍압하중
② 을종풍압하중
③ 병종풍압하중
④ 을종과 병종풍압하중을 혼용

해설 가공전선로의 지지물의 강도계산에 적용하는 풍압하중은 빙설이 많은 지방 이외의 지방에서 저온계절에는 인가가 연접되어 있지 않다고 한다면 병종풍압하중을 적용한다.

094 백열전등 또는 방전등에 전기를 공급하는 옥내전로의 대지전압은 몇 [V] 이하이어야 하는가? (단, 백열전등 또는 방전등 및 이에 부속하는 전선은 사람이 접촉할 우려가 없도록 시설한 경우이다.)

① 60 ② 110
③ 220 ④ 300

해설 백열전등 또는 방전등 및 이에 부속하는 전선은 사람이 접촉할 우려가 없도록 시설한 경우 백열전등 또는 방전등에 전기를 공급하는 옥내전로의 대지전압은 300[V] 이하이어야 한다.

095 특고압 가공전선로의 지지물에 첨가하는 통신선 보안장치에 사용되는 피뢰기의 동작전압은 교류 몇 [V] 이하인가?

① 300 ② 600
③ 1000 ④ 1500

해설 특고압 가공전선로의 지지물에 첨가하는 통신선 보안장치에 사용되는 피뢰기의 동작전압은 교류 1000[V] 이하이어야 한다.

정답 092 ④ 093 ③ 094 ④ 095 ③

096 태양전지 발전소에 시설하는 태양전지 모듈, 전선 및 개폐기 기타 기구의 시설기준에 대한 내용으로 틀린 것은?

① 충전부분은 노출되지 아니하도록 시설할 것
② 옥내에 시설하는 경우에는 전선을 케이블 공사로 시설할 수 있다.
③ 태양전지 모듈의 프레임은 지지물과 전기적으로 완전하게 접속하여야 한다.
④ 태양전지 모듈을 병렬로 접속하는 전로에는 과전류차단기를 시설하지 않아도 된다.

해설 태양전지 발전소에 시설하는 태양전지 모듈, 전선 및 개폐기 기타 기구의 시설기준에 대한 내용으로 옳은 것은
① 충전부분은 노출되지 아니하도록 시설할 것
② 옥내에 시설하는 경우에는 전선을 케이블 공사로 시설할 수 있다.
③ 태양전지 모듈의 프레임은 지지물과 전기적으로 완전하게 접속하여야 한다.

097 가공전선로의 지지물에 시설하는 지선으로 연선을 사용할 경우 소선은 최소 몇 가닥 이상이어야 하는가?

① 3　　　　　　　　　　② 5
③ 7　　　　　　　　　　④ 9

해설 가공전선로의 지지물에 시설하는 지선으로 연선을 사용할 경우 소선은 최소 3가닥 이상이어야 한다.

098 저압 가공전선로 또는 고압 가공전선로와 기설 가공 약전류 전선로가 병행하는 경우에는 유도작용에 의한 통신상의 장해가 생기지 아니하도록 전선과 기설 약전류 전선 간의 이격 거리는 몇 [m] 이상이어야 하는가? (단, 전기철도용 급전선로는 제외한다.)

① 2　　　　　　　　　　② 4
③ 6　　　　　　　　　　④ 8

해설 저압 가공전선로 또는 고압 가공전선로와 기설 가공 약전류 전선로가 병행하는 경우에는 유도작용에 의한 통신상의 장해가 생기지 아니하도록 전선과 기설 약전류 전선간의 이격거리는 2[m] 이상이어야 한다(단, 전기철도용 급전선로는 제외한다).

099 출퇴표시등 회로에 전기를 공급하기 위한 변압기는 1차 측 전로의 대지전압이 300[V] 이하, 2차 측 전로의 사용전압은 몇 [V] 이하인 절연변압기이어야 하는가?

한국전기설비규정으로 개정됨에 따라 출제되지 않는 문제입니다.

① 60　　　　　　　　　② 80
③ 100　　　　　　　　　④ 150

정답　096 ④　097 ①　098 ①　099 ①

해설 출퇴표시등 회로에 전기를 공급하기 위한 변압기는 1차 측 전로의 대지전압이 300[V] 이하, 2차 측 전로의 사용전압은 60[V] 이하인 절연변압기이어야 한다.

100 중성점 직접 접지식 전로에 접속되는 최대사용전압 161[kV]인 3상 변압기 권선(성형결선)의 절연내력시험을 할 때 접지시켜서는 안 되는 것은?

① 철심 및 외함
② 시험되는 변압기의 부싱
③ 시험되는 권선의 중성점 단자
④ 시험되지 않는 각 권선(다른 권선이 2개 이상 있는 경우에는 각 권선)의 임의의 1단자

해설 중성점 직접 접지식 전로에 접속되는 최대사용전압 161[kV]인 3상 변압기 권선(성형결선)의 절연내력시험을 할 때 접지시켜야 하는 것은
① 철심 및 외함
② 시험되는 권선의 중성점 단자
③ 시험되지 않는 각 권선(다른 권선이 2개 이상 있는 경우에는 각 권선)의 임의의 1단자이다.

2020년 8월 22일 시행

제1과목 **전기응용 및 공사재료**

001 다음 중 쌍방향 2단자 사이리스터는?

① SCR
② TRIAC
③ SSS
④ SCS

해설 SSS(Silicon Symmetrie Switch)란 실리콘 대칭형 스위치의 약어로 NPNPN 또는 PNPNP의 5층 구조의 쌍방향성 복합 2단자 사이리스터(Thyistor)이며 이는 트라이액(TRIAC)에서 게이트(gate) 부분을 제거한 형태이다.

002 축전지의 충전방식 중 전지의 자기방전을 보충함과 동시에, 상용부하에 대한 전력공급은 충전기가 부담하되 비상 시 일시적인 대부하 전류는 축전지가 부담하도록 하는 충전방식은?

① 보통충전
② 급속충전
③ 균등충전
④ 부동충전

해설 부동충전방식이란 축전지의 충전방식 중 전지의 자기방전을 보충함과 동시에, 상용부하에 대한 전력공급은 충전기가 부담하되 비상 시 일시적인 대부하 전류는 축전지가 부담하도록 하는 방식이다.

003 저항용접에 속하는 것은?

① TIG 용접
② 탄소 아크 용접
③ 유니온멜트 용접
④ 프로젝션 용접

해설 저항용접에는 맞대기 용접, 점 용접, 봉합 용접, 프로젝션 용접 등이 있다.

004 열차가 곡선 궤도를 운행할 때 차륜의 플랜지와 레일 사이의 측면 마찰을 피하기 위하여 내측 레일의 궤간을 넓히는 것은?

① 고도
② 유간
③ 확도
④ 철차각

정답 001 ③ 002 ④ 003 ④ 004 ③

해설 $S(확도) = \dfrac{\ell^2}{8R}$[mm], R(곡선 반지름)[m], ℓ(고정 차축 길이)[m]

확도는 열차가 곡선 궤도를 운행할 때 차륜의 플랜지와 레일 사이의 측면 마찰을 피하기 위하여 내측 레일의 궤간을 넓히는 정도를 말한다.

005 3상 농형 유도전동기의 속도 제어방법이 아닌 것은?

① 극수 변환법 ② 주파수 제어법
③ 전압 제어법 ④ 2차저항 제어법

해설 3상 농형 유도전동기의 속도 제어방법에는 극수 변환법, 주파수 제어법, 전압 제어법이 있다.

006 전원전압 100[V]인 단상 전파제어정류에서 점호각이 30°일 때 직류전압은 약 몇 [V]인가?

① 84 ② 87
③ 92 ④ 98

해설 단상 전파제어정류회로에서 직류전압

$$V_{dc} = \frac{1}{\pi}\int_\alpha^\pi V_m \sin\theta\, d\theta = \frac{V_m}{\pi}(-\cos\theta)_\alpha^\pi = \frac{\sqrt{2}\,V}{\pi}(-\cos\pi + \cos\alpha)$$
$$= \frac{\sqrt{2}\,V}{\pi}(-1(-1)+\cos 30) = \frac{\sqrt{2}\,V}{\pi}(1+\cos 30°) = \frac{\sqrt{2}\times 100}{\pi}\left(1+\frac{\sqrt{3}}{2}\right)$$
$$= 45 \times 1.866 ≒ 84[V]$$

007 유도전동기를 동기속도보다 높은 속도에서 발전기로 동작시켜 발생된 전력을 전원으로 반환하여 제동하는 방식은?

① 역전제동 ② 발전제동
③ 회생제동 ④ 와전류제동

해설 회생제동이란 유도전동기를 동기속도보다 높은 속도에서 발전기로 동작시켜 발생된 전력을 전원으로 반환하여 제동하는 것을 말한다.

008 광속 5000[lm]의 광원과 효율 80%의 조명기구를 사용하여 넓이 4[m²]의 우유빛 유리를 균일하게 비출 때 유리 이(裏)면 (빛이 들어오는 면의 뒷면)의 휘도는 약 몇 [cd/m²]인가? (단, 우유빛 유리의 투과율은 80%이다.)

① 255 ② 318
③ 1019 ④ 1274

정답 005 ④ 006 ① 007 ③ 008 ①

해설

η(조명기구의 효율) = $\dfrac{\text{우유빛 유리 통과한 광속}(F')}{\text{광원의 광속}(F)}$

$F' = \eta F = 0.8 \times 5000 = 4000[\text{lm}]$

∴ $\tau F' = RS$ 에서 R(광속발산도) $= \dfrac{\tau F'}{S} = \dfrac{0.8 \times 4000}{4} = \dfrac{3200}{4} = 800[\text{rlx}] = \pi B$

B(휘도) $= \dfrac{R}{\pi} = \dfrac{800}{3.14} ≒ 255[\text{cd/m}^2]$ 이다.

---

009 실내 조도계산에서 조명률 결정에 미치는 요소가 아닌 것은?

① 실지수
② 반사율
③ 조명기구의 종류
④ 감광보상률

해설 실내 조도계산에서 조명률 결정에 미치는 요소에는 실지수, 반사율, 조명기구의 종류이다.

---

010 열전대를 이용한 열전 온도계의 원리는?

① 제벡 효과
② 톰슨 효과
③ 핀치 효과
④ 펠티에 효과

해설 제벡 효과란 2개 금속을 조합하면 온도차에 의해 열류가 흘러 열기전력이 생기는 효과를 이용한 것이 열전 온도계의 원리이다.

---

011 방전등의 일종으로 빛의 투과율이 크고 등황색의 단색광이며 안개속을 잘 투과하는 등은?

① 나트륨등
② 할로겐등
③ 형광등
④ 수은등

해설 나트륨등은 방전등의 일종으로 빛의 투과율이 크고 등황색의 단색광이며 안개속을 잘 투과하는 등이다.

---

012 다음 중 배전반 및 분전반을 넣은 함의 요건으로 적합하지 않은 것은?

① 반의 옆쪽 또는 뒤쪽에 설치하는 분배전반의 소형덕트는 강판재이어야 한다.
② 난연성 합성수지로 된 것은 두께가 최소 1.6[mm] 이상으로 내(耐)수지성인 것이어야 한다.
③ 강판재의 것은 두께 1.2[mm] 이상이어야 한다. 다만, 가로 또는 세로의 길이가 30[cm] 이하인 것은 두께 1.0[mm] 이상으로 할 수 있다.
④ 절연저항 측정 및 전선접속단자의 전검이 용이한 구조이어야 한다.

정답 009 ④ 010 ① 011 ① 012 ②

해설 다음 중 배전반 및 분전반을 넣은 함의 요건으로 적합한 것은
① 반의 옆쪽 또는 뒤쪽에 설치하는 분배전반의 소형덕트는 강판재이어야 한다.
② 강판재의 것은 두께 1.2[mm] 이상이어야 한다. 다만, 가로 또는 세로의 길이가 30[cm] 이하인 것은 두께 1.0[mm] 이상으로 할 수 있다.
③ 절연저항 측정 및 전선접속단자의 점검이 용이한 구조이어야 한다.

013 라인포스트 애자는 다음 중 어떤 종류의 애자인가?

① 핀애자
② 현수애자
③ 장간애자
④ 지지애자

해설 라인포스트 애자는 지지애자이다.

014 할로겐 전구의 특징이 아닌 것은?

① 휘도가 낮다.
② 열충격에 강하다.
③ 단위광속이 크다.
④ 연색성이 좋다.

해설 할로겐 전구의 특징 : ① 열충격에 강하다. ② 단위광속이 크다. ③ 연색성이 좋다.

015 KS C IEC 62305-3에 의해 피뢰침의 재료로 테이프형 단선 형상의 알루미늄을 사용하는 경우 최소단면적(mm^2)은?

① 25
② 35
③ 50
④ 70

해설 KS C IEC 62305-3에 의해 피뢰침의 재료로 테이프형 단선 형상의 알루미늄을 사용하는 경우 최소단면적은 70[mm^2]이어야 한다.

016 가공 배전선로 경완철에 폴리머 현수애자를 결합하고자 한다. 경완철과 폴리머 현수애자 사이에 설치되는 자재는?

① 경완철용 아이쇄클
② 볼크레비스
③ 인장클램프
④ 각암타이

해설 경완철용 아이쇄클는 가공 배전선로 경완철에 폴리머 현수애자를 결합하고자 할 때 경완철과 폴리머 현수애자 사이에 설치되는 자재이다.

017 전기기기의 절연의 종류와 허용최고온도가 잘못 연결된 것은?

① A종 - 105℃
② E종 - 120℃
③ B종 - 130℃
④ H종 - 155℃

정답 013 ④ 014 ① 015 ④ 016 ① 017 ④

> **해설** 전기기기의 절연의 종류와 허용최고온도는 A종 – 105℃, B종 – 130℃, E종 – 120℃, F종 – 155℃, Y종 – 90℃, H종 – 180℃이다.

018 지선밴드에서 2방 밴드의 규격이 아닌 것은?

① 150×203[mm]
② 180×240[mm]
③ 200×260[mm]
④ 240×300[mm]

> **해설** 지선밴드에서 2방 밴드의 규격인 것은 150×203[mm], 180×240[mm], 200×260[mm] 등이다.

019 석유류 등의 위험물을 제조하거나 저장하는 장소에 저압 옥내 전기설비를 시설하고자 한다. 이때 사용 가능한 이동전선은? (단, 이동전선은 접속점이 없다.)

① 0.6/1[kV] EP 고무절연 클로로프렌 캡타이어 케이블
② 0.6/1[kV] EP 고무절연 클로로프렌 시스 케이블
③ 0.6/1[kV] EP 고무절연 비닐시스 케이블
④ 0.6/1[kV] EP 비닐절연 비닐시스 케이블

> **해설** 석유류 등의 위험물을 제조하거나 저장하는 장소에 저압 옥내 전기설비를 시설하고자 한다. 이때 사용 가능한 이동전선은 0.6/1[kV] EP 고무절연 클로로프렌 캡타이어 케이블이다.

020 점유 면적이 좁고, 운전·보수가 안전하여 공장 및 빌딩 등의 전기실에 많이 사용되는 배전반은?

① 데드 프런트형
② 수직형
③ 큐비클형
④ 라이브 프런트형

> **해설** 큐비클형 배전반은 점유 면적이 좁고, 운전·보수가 안전하여 공장 및 빌딩 등의 전기실에 많이 사용되는 배전반이다.

제2과목 전력공학

021 3상 전원에 접속된 △결선의 커패시터를 Y결선으로 바꾸면 진상 용량 $Q_Y[kVA]$는? (단, $Q_\triangle$는 △결선된 커패시터의 진상 용량이고, Q_Y는 Y결선된 커패시터의 진상 용량이다.)

① $Q_Y = \sqrt{3}\, Q_\triangle$
② $Q_Y = \dfrac{1}{3} Q_\triangle$
③ $Q_Y = 3 Q_\triangle$
④ $Q_Y = \dfrac{1}{\sqrt{3}} Q_\triangle$

해설 △결선의 커패시터를 Y결선으로 바꾸면 $Q_Y = 3Q_△$, 또한 △결선의 저항을 Y결선으로 바꾸면 $Y_r = \frac{1}{3}△_R$이 된다.

022 교류 배전선로에서 전압강하 계산식은 $V_d = k(R\cos\theta + X\sin\theta)I$로 표현된다. 3상 3선식 배전선로인 경우에 k는?

① $\sqrt{3}$
② $\sqrt{2}$
③ 3
④ 2

해설 $V_S - V_R = V_d$ (교류 배전선로의 전압강하) $= \sqrt{3}I(R\cos\theta + X\sin\theta)$ 이다.
∴ $k = \sqrt{3}$이어야 한다.

023 송전선에서 뇌격에 대한 차폐 등을 위해 가선하는 가공지선에 대한 설명으로 옳은 것은?

① 차폐각은 보통 15~30° 정도로 하고 있다.
② 차폐각이 클수록 벼락에 대한 차폐효과가 크다.
③ 가공지선을 2선으로 하면 차폐각이 적어진다.
④ 가공지선으로는 연동선을 주로 사용한다.

해설 송전선에서 뇌격에 대한 차폐 등을 위해 가공지선을 2선으로 하면 차폐각이 적어진다.

024 배전선의 전력손실 경감 대책이 아닌 것은?

① 다중접지 방식을 채용한다.
② 역률을 개선한다.
③ 배전 전압을 높인다.
④ 부하의 불평형을 방지한다.

해설 배전선의 전력손실 경감 대책
① 역률을 개선한다.
② 배전 전압을 높인다.
③ 부하의 불평형을 방지한다.

025 그림과 같은 이상 변압기에서 2차 측에 5[Ω]의 저항부하를 연결하였을 때 1차 측에 흐르는 전류(I)는 약 몇 [A]인가?

① 0.6
② 1.8
③ 20
④ 660

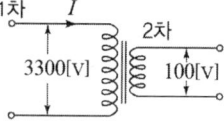

해설 이상 변압기의 $a = \dfrac{V_1}{V_2} = \dfrac{3300}{100} = 33$, $a = \dfrac{V_1}{V_2} = \dfrac{I_2}{I_1}$

$\therefore I_1 = \dfrac{I_2}{a} = \dfrac{\dfrac{V_2}{R_2}}{33} = \dfrac{\dfrac{100}{5}}{33} = \dfrac{20}{33} ≒ 0.6[\text{A}]$ 이다.

026 전압과 유효전력이 일정할 경우 부하역률이 70%인 선로에서의 저항 손실($P_{70\%}$)은 역률이 90%인 선로에서의 저항 손실($P_{90\%}$)과 비교하면 약 얼마인가?

① $P_{70\%} = 0.6 P_{90\%}$
② $P_{70\%} = 1.7 P_{90\%}$
③ $P_{70\%} = 0.3 P_{90\%}$
④ $P_{70\%} = 2.7 P_{90\%}$

해설 전압과 유효전력이 일정할 경우

$P_{70\%}$(부하역률 $\cos\theta_1 = 0.7$일 때의 저항 손실)$= I_1^2 R = \dfrac{P_{70\%} R}{(V\cos\theta_1)^2} = \dfrac{1}{(\cos\theta_1)^2} = \dfrac{1}{(0.7)^2}$ …… ㉠

$P_{90\%}$(부하역률 $\cos\theta_2 = 0.9$일 때의 저항 손실)$= I_2^2 R = \dfrac{P_{90\%} R}{(V\cos\theta_2)^2} = \dfrac{1}{(\cos\theta_2)^2} = \dfrac{1}{(0.9)^2}$ …… ㉡

$\therefore \dfrac{㉠}{㉡} = \dfrac{P_{70\%}}{P_{90\%}} = \dfrac{\dfrac{1}{(\cos\theta_1)^2}}{\dfrac{1}{(\cos\theta_2)^2}} = \dfrac{(\cos\theta_2)^2}{(\cos\theta_1)^2} = \dfrac{(0.9)^2}{(0.7)^2} = \dfrac{0.81}{0.49} ≒ 1.7$

$\therefore P_{70\%} ≒ 1.7 P_{90\%}$ 이 된다.

027 3상 3선식 송전선에서 L을 작용 인덕턴스라 하고, L_e 및 L_m은 대지를 귀로로 하는 1선의 자기인덕턴스 및 상호인덕턴스라고 할 때 이들 사이의 관계식은?

① $L = L_m - L_e$
② $L = L_e - L_m$
③ $L = L_m + L_e$
④ $L = \dfrac{L_m}{L_e}$

해설 L(작용 인덕턴스)[H], L_m(대지 귀로 1선의 상호인덕턴스)[H], L_e(대지 귀로 1선의 자기인덕턴스)$= L + L_m$[H]이다. $\therefore L = L_e - L_m$[H]의 관계가 성립된다.

028 표피효과에 대한 설명으로 옳은 것은?

① 표피효과는 주파수에 비례한다.
② 표피효과는 전선의 단면적에 반비례한다.
③ 표피효과는 전선의 비투자율에 반비례한다.
④ 표피효과는 전선의 도전율에 반비례한다.

정답 026 ② 027 ② 028 ①

해설 표피효과의 두께

$$\delta = \sqrt{\frac{2}{\omega k \mu}} = \sqrt{\frac{2}{2\pi f k \mu}} = \frac{1}{\sqrt{\pi f k \mu}} \fallingdotseq \frac{1}{\sqrt{f}}[\text{mm}] \text{이다.}$$

표피효과란 전선에 전류가 흐르는 두께로서 주파수에 비례한다.

보충 δ(표피효과의 두께)는 주파수에 반비례한다.)

029 배전선로의 전압을 3[kV]에서 6[kV]로 승압하면 전압강하율(δ)은 어떻게 되는가? (단, δ_{3kV}는 전압이 3[kV]일 때 전압강하율이고, δ_{6kV}는 전압이 6[kV]일 때 전압강하율이고, 부하는 일정하다고 한다.)

① $\delta_{6kV} = \frac{1}{2}\delta_{3kV}$
② $\delta_{6kV} = \frac{1}{4}\delta_{3kV}$
③ $\delta_{6kV} = 2\,\delta_{3kV}$
④ $\delta_{6kV} = 4\,\delta_{3kV}$

해설 V_r(배전선로의 전압) $= 3[\text{kV}]$

$V_r{'}$(배전선로의 전압) $= 6[\text{kV}] = 2 \times 3[\text{kV}] = nV_r$ (단, $n = \frac{6[\text{kV}]}{3[\text{kV}]} = 2$)

$P = V_r I \cos\theta [\text{W}]$, $I = \frac{P}{V_r \cos\theta}[\text{A}]$

δ_{3kV}(전압 3[kV]일 때의 전압강하율)

$$= \frac{V_s - V_r}{V_r} = \frac{IR}{V_r} = \frac{\frac{PR}{V_r \cos\theta}}{V_r} = \frac{PR}{V_r^2 \cos\theta} \fallingdotseq \frac{1}{V_r^2} \quad \cdots\cdots\cdots \, \text{㉠}$$

δ_{6kV}(전압 6[kV]일 때의 전압강하율)

$$= \frac{V_s - V_r{'}}{V_r{'}} = \frac{I'R}{V_r{'}} = \frac{\frac{PR}{V_r{'} \cos\theta}}{V_r{'}} = \frac{PR}{(V_r{'})^2 \cos\theta} \fallingdotseq \frac{1}{(V_r{'})^2} = \frac{1}{(nV_r)^2} \, \cdots\cdots \, \text{㉡}$$

$$\frac{\text{㉡}}{\text{㉠}} = \frac{\delta_{6kV}}{\delta_{3kV}} = \frac{\frac{1}{(V_r{'})^2}}{\frac{1}{V_r^2}} = \frac{V_r^2}{(V_r{'})^2} = \frac{V_r^2}{(nV_r)^2} = \frac{1}{n^2} = \frac{1}{(2)^2} = \frac{1}{4}$$

$\therefore \delta_{6kV} = \frac{1}{4}\delta_{3kV}$ 가 된다.

030 계통의 안정도 증진대책이 아닌 것은?

① 발전기나 변압기의 리액턴스를 작게 한다.
② 선로의 회선수를 감소시킨다.
③ 중간 조상 방식을 채용한다.
④ 고속도 재폐로 방식을 채용한다.

해설 계통의 안정도 증진대책
- 발전기나 변압기의 리액턴스를 작게 한다.
- 중간 조상 방식을 채용한다.
- 고속도 재폐로 방식을 채용한다.

031 1상의 대지 정전용량이 0.5[μF], 주파수가 60[Hz]인 3상 송전선이 있다. 이 선로에 소호리액터를 설치한다면, 소호리액터의 공진 리액턴스는 약 몇 [Ω]이면 되는가?

① 970　　　　　　　　　　② 1370
③ 1770　　　　　　　　　　④ 3570

해설 소호리액터의 접지 I_g(지락전류) $= \left(\dfrac{1}{j\omega L} + j\omega 3C\right)E$ [A]

공진조건은 $\dfrac{E}{j\omega L} = j\omega 3CE$

∴ 소호리액터의 공진 리액턴스

$\omega L = \dfrac{1}{3\omega C} = \dfrac{1}{3 \times 2\pi f C} = \dfrac{1}{3 \times 2 \times 3.14 \times 60 \times 0.5 \times 10^{-6}} = \dfrac{10^6}{565.2} = 1769.285 ≒ 1770[\Omega]$이다.

032 배전선로의 고장 또는 보수 점검 시 정전구간을 축소하기 위하여 사용되는 것은?

① 단로기　　　　　　　　　② 컷아웃스위치
③ 계자저항기　　　　　　　④ 구분개폐기

해설 구분개폐기는 배전선로의 고장 또는 보수 점검 시 정전구간을 축소하기 위하여 사용된다.

033 수전단 전력 원선도의 전력 방정식이 $P_r^2 + (Q_r + 400)^2 = 250000$으로 표현되는 전력계통에서 가능한 최대로 공급할 수 있는 부하전력(P_r)과 이때 전압을 일정하게 유지하는데 필요한 무효전력(Q_r)은 각각 얼마인가?

① $P_r = 500$, $Q_r = -400$　　　　② $P_r = 400$, $Q_r = 500$
③ $P_r = 300$, $Q_r = 100$　　　　　④ $P_r = 200$, $Q_r = -300$

해설 방정식에서 전압을 일정하게 유지하는데 필요한 무효전력 $Q_r = -400$[var]이어야만 전력계통에서 부하에 최대전력이 공급된다.
∴ 부하에 최대전력 $P_r = \sqrt{250000} = 500$[W]이다.

034 수전용 변전설비의 1차측 차단기의 차단용량은 주로 어느 것에 의하여 정해지는가?

① 수전 계약용량　　　　　② 부하설비의 단락용량
③ 공급측 전원의 단락용량　④ 수전전력의 역률과 부하율

정답 031 ③　032 ④　033 ①　034 ③

해설 수전용 변전설비의 1차측 차단기의 차단용량은 공급측 전원의 단락용량에 의하여 정해진다.

035 프란시스 수차의 특유속도(m · kW)의 한계를 나타내는 식은? (단, $H[\text{m}]$는 유효낙차이다.)

① $\dfrac{13000}{H+50}+10$
② $\dfrac{13000}{H+50}+30$
③ $\dfrac{20000}{H+20}+10$
④ $\dfrac{20000}{H+20}+30$

해설 45~350[rpm]인 경우 프란시스 수차의 특유속도 $N_s \leq \dfrac{13000}{H+20}+50[\text{m}\cdot\text{kW}]$

350~800[rpm] 이상인 경우 프란시스 수차의 특유속도의 한계를 나타내는 식

$N_s \leq \dfrac{20000}{H+20}+30[\text{m}\cdot\text{kW}]$이다.

036 정격전압 6600[V], Y결선, 3상 발전기의 중성점을 1선 지락 시 지락전류를 100[A]로 제한하는 저항기로 접지하려고 한다. 저항기의 저항 값은 약 몇 [Ω]인가?

① 44
② 41
③ 38
④ 35

해설 정격전압 6600[V], Y결선, 3상 발전기의 중성점을 1선 지락 시 지락전류

$I_g = \dfrac{E}{Z} = \dfrac{\frac{V}{\sqrt{3}}}{R} = \dfrac{V}{\sqrt{3}\,R}[\text{A}]$

∴ 저항기의 저항 $R = \dfrac{6600}{\sqrt{3}\,I_g} = \dfrac{6600}{\sqrt{3}\times 100} = \dfrac{66}{\sqrt{3}} \fallingdotseq 38[\Omega]$이어야 한다.

037 송전 철탑에서 역섬락을 방지하기 위한 대책은?

① 가공지선의 설치
② 탑각 접지저항의 감소
③ 전력선의 연가
④ 아크혼의 설치

해설 역섬락을 일으키지 않을 탑각 접지저항 $R = \dfrac{\text{애자의 섬락전압}}{\text{뇌전류}}[\Omega]$이다.

∴ 송전 철탑에서 역섬락을 방지하기 위해서는 탑각 접지저항을 감소해야 한다.

038 조속기의 폐쇄시간이 짧을수록 나타나는 현상으로 옳은 것은?

① 수격작용은 작아진다.
② 발전기의 전압 상승률은 커진다.
③ 수차의 속도 변동률은 작아진다.
④ 수압관 내의 수압 상승률은 작아진다.

정답 035 ④ 036 ③ 037 ② 038 ③

해설 조속기의 폐쇄시간이 짧을수록 수차의 속도 변동률
$= \dfrac{N_o(\text{무부하 회전속도}) - N_e(\text{부하 시 회전도})}{N_n(\text{정격 회전속도})} \times 100$은 작아진다.

039 주변압기 등에서 발생하는 제5고조파를 줄이는 방법으로 옳은 것은?

① 전력용 콘덴서에 직렬리액터를 연결한다.
② 변압기 2차측에 분로리액터를 연결한다.
③ 모선에 방전코일을 연결한다.
④ 모선에 공심 리액터를 연결한다.

해설 주변압기 등에서 발생하는 제5고조파를 줄이는 방법은 전력용 콘덴서에 직렬리액터를 연결한다.

040 복도체에서 2본의 전선이 서로 충돌하는 것을 방지하기 위하여 2본의 전선 사이에 적당한 간격을 두어 설치하는 것은?

① 아모로드 ② 댐퍼
③ 아킹혼 ④ 스페이서

해설 스페이서는 복도체에서 2본의 전선이 서로 충돌하는 것을 방지하기 위하여 2본의 전선 사이에 적당한 간격을 두어 설치하는 것을 말한다.

제3과목 전기기기

041 정격전압 120[V], 60[Hz]인 변압기의 무부하 입력 80[W], 무부하 전류 1.4[A]이다. 이 변압기의 여자 리액턴스는 약 몇 [Ω]인가?

① 97.6 ② 103.7
③ 124.7 ④ 180

해설 변압기의 무부하 입력 = 철손 $P_i = VI_i[\text{W}]$

$I_i(\text{철손전류}) = \dfrac{P_i}{V} = \dfrac{80}{120} \fallingdotseq 0.667[\text{A}] \cdots$ ㉠

$I_o(\text{무부하전류} = \text{여자전류}) = 1.4[\text{A}] \cdots$ ㉡

$I_\phi(\text{자화전류}) = \dfrac{V}{X} = \sqrt{I_o^2 - I_i^2} = \sqrt{(1.4)^2 - (0.667)^2} = \sqrt{1.96 - 0.44} = \sqrt{1.52} \fallingdotseq 1.2328[\text{A}]$ 에서

$X(\text{변압기의 여자 리액턴스}) = \dfrac{V}{I_\phi} = \dfrac{120}{1.2328} \fallingdotseq 97.6[\Omega]$

정답 039 ① 040 ④ 041 ①

042 서보모터의 특징에 대한 설명으로 틀린 것은?

① 발생토크는 입력신호에 비례하고, 그 비가 클 것
② 직류 서보모터에 비하여 교류 서보모터의 시동 토크가 매우 클 것
③ 시동 토크는 크나 회전부의 관성모멘트가 작고, 전기적 시정수가 짧을 것
④ 빈번한 시동, 정지, 역전 등의 가혹한 상태에 견디도록 견고하고, 큰 돌입전류에 견딜 것

해설 서보모터의 특징
- 발생토크는 입력신호에 비례하고, 그 비가 클 것
- 시동 토크는 크나 회전부의 관성모멘트가 작고, 전기적 시정수가 짧을 것
- 빈번한 시동, 정지, 역전 등의 가혹한 상태에 견디도록 견고하고, 큰 돌입전류에 견딜 것

043 3상 변압기 2차측의 E_W 상만을 반대로 하고, Y-Y 결선을 한 경우, 2차 상전압이 E_U = 70[V], E_V = 70[V], E_W = 70[V]라면 2차 선간전압은 약 몇 [V]인가?

① V_{U-V} = 121.2[V], V_{V-W} = 70[V], V_{W-U} = 70[V]
② V_{U-V} = 121.2[V], V_{V-W} = 210[V], V_{W-U} = 70[V]
③ V_{U-V} = 121.2[V], V_{V-W} = 121.2[V], V_{W-U} = 70[V]
④ V_{U-V} = 121.2[V], V_{V-W} = 121.2[V], V_{W-U} = 121.2[V]

해설 3상 변압기 2차측의 E_W 상만을 반대로 하면, V-W상과 W-U상은 직렬 연결로 상전압이 된다.
∴ 2차 선간전압 $V_{U-V} = \sqrt{3} E_U = \sqrt{3} \times 70 = 121.2$[V], $V_{V-W} = V_{W-U} = 70$[V]로 선간전압이 된다.

044 극수 8, 중권 직류기의 전기자 총 도체 수 960, 매극 자속 0.04[Wb], 회전수 400[rpm]이라면 유기기전력은 몇 [V]인가?

① 256　　　　　　　　　　② 327
③ 425　　　　　　　　　　④ 625

해설 중권에서는 $a = P = 8$
∴ 직류기의 유기기전력 $E = \frac{P}{a} Zn\phi = \frac{P}{a} Z \times \frac{N}{60} \phi = \frac{8}{8} \times 960 \times \frac{400}{60} \times 0.04 = 256$[V]

045 3상 유도전동기에서 2차측 저항을 2배로 하면 그 최대토크는 어떻게 변하는가?

① 2배로 커진다.　　　　　② 3배로 커진다.
③ 변하지 않는다.　　　　　④ $\sqrt{2}$ 배로 커진다.

정답　042 ②　043 ①　044 ①　045 ③

해설 3상 유도전동기에서 2차 입력=1차 출력 $P_2 = \omega_s T$[W]

$$T(\text{토크}) = \frac{P_2}{\omega_s} = \frac{P_2}{2\pi \frac{N_s}{60}} = \frac{P_2}{2\pi \frac{1}{60} \times \frac{120f}{P}} = \frac{(I_1')^2 \times \frac{r_2'}{s}}{\frac{4\pi f}{P}} \fallingdotseq \frac{r_2'}{s} [\text{N·m}]$$인 것을 비례추이라 한다.

이때 T=일정이면 $r_2' = s$이다. ∴ $2r_2' = 2s$이며 $T_{\max}$(최대토크)는 변하지 않는다.

046
동기전동기에 일정한 부하를 걸고 계자전류를 0[A]에서부터 계속 증가시킬 때 관련 설명으로 옳은 것은? (단, I_a는 전기자전류이다.)

① I_a는 증가하다가 감소한다.
② I_a가 최소일 때 역률이 1이다.
③ I_a가 감소상태일 때 앞선 역률이다.
④ I_a가 증가상태일 때 뒤진 역률이다.

해설 동기전동기에 일정한 부하를 걸고 계자전류를 0[A]에서부터 계속 증가시킬 때
I_a(전기자전류)가 최소일 때 역률이 1이다.
∴ 동기전동기는 항상 역률 1로 운전할 수 있다.

047
3[kVA], 3000/200[V]의 변압기의 단락시험에서 임피던스전압 120[V], 동손 150[W]라 하면 %저항 강하는 몇 %인가?

① 1
② 3
③ 5
④ 7

해설 변압기의 단락시험에서 V_{2s}(임피던스전압)$= I_{2n} Z_{21} = 120$[V]
P_s(임피던스 와트=동손)$= I_{2n}^2 r_{21} = 150$[W]
P_{2n}(정격용량)$= 3$[kVA]라면
$$P(\%저항\ 강하) = \frac{I_{2n} r_{21}}{V_{2n}} \times 100 = \frac{I_{2n}^2 r_{21}}{V_{2n} I_{2n}} \times 100 = \frac{P_s}{P_{2n}} \times 100$$
$$= \frac{150}{3 \times 10^3} \times 100 = \frac{15}{3} = 5\%$$이다.

048
정격출력 50[kW], 4극 220[V], 60[Hz]인 3상 유도전동기가 전부하 슬립 0.04, 효율 90%로 운전되고 있을 때 다음 중 틀린 것은?

① 2차 효율=92%
② 1차 입력=55.56[kW]
③ 회전자 동손=2.08[kW]
④ 회전자 입력=52.08[kW]

해설 P_0(정격출력=기계적인 출력)=50[kW]인 경우

① 2차 효율 $\eta_2 = \dfrac{P_0}{P_2} \times 100 = \dfrac{(1-s)P_2}{P_2} \times 100 = (1-s) \times 100 = (1-0.04) \times 100 = 96\%$

② 3상 유도전동기 효율 $\eta = \dfrac{P_0}{P_1} \times 100\%$, P_1(1차 입력) $= \dfrac{P_0}{\eta} = \dfrac{50}{0.9} = 55.56$[kW]

③ 회전자 동손=2차 동손 $P_{c2} = sP_2 = s \times \dfrac{P_0}{\eta_2} = 0.04 \times \dfrac{50}{0.96} = 0.04 \times 52.08 ≒ 2.08$[kW]

④ 회전자 입력=2차 입력=1차 출력 $P_2 = P_{c2} + P_0 = 2.08 + 50 = 52.08$[kW]이다.

049 단상 유도전동기를 2전동기설로 설명하는 경우 정방향 회전자계의 슬립이 0.2이면, 역방향 회전자계의 슬립은 얼마인가?

① 0.2
② 0.8
③ 1.8
④ 2.0

해설 정방향 회전자계의 슬립

$s_1 = \dfrac{N_s - N}{N_s} = 1 - \dfrac{N}{N_s} = 0.2$

$\dfrac{N}{N_s} = 1 - 0.2 = 0.8$ ∴ $N = 0.8N_s$

역방향 회전자계의 슬립 $s_2 = \dfrac{N_s - (-N)}{N_s} = 1 + \dfrac{N}{N_s} = 1 + \dfrac{0.8N_s}{N_s} = 1 + 0.8 = 1.8$이 된다.

050 직류 가동복권발전기를 전동기로 사용하면 어느 전동기가 되는가?

① 직류 직권전동기
② 직류 분권전동기
③ 직류 가동복권전동기
④ 직류 차동복권전동기

해설 직류 가동복권발전기를 전동기로 사용하면 직류 차동복권전동기가 된다.

051 동기발전기를 병렬운전 하는데 필요하지 않은 조건은?

① 기전력의 용량이 같을 것
② 기전력의 파형이 같을 것
③ 기전력의 크기가 같을 것
④ 기전력의 주파수가 같을 것

해설 동기발전기를 병렬운전 조건
- 기전력의 파형이 같을 것
- 기전력의 크기가 같을 것
- 기전력의 주파수가 같을 것

052 IGBT(Insulated Gate Bipolar Transistor)에 대한 설명으로 틀린 것은?

① MOSFET와 같이 전압제어 소자이다.
② GTO 사이리스터와 같이 역방향 전압저지 특성을 갖는다.
③ 게이트와 에미터 사이의 입력 임피던스가 매우 낮아 BJT보다 구동하기 쉽다.
④ BJT처럼 on-drop이 전류에 관계없이 낮고 거의 일정하며, MOSFET보다 훨씬 큰 전류를 흘릴 수 있다.

해설 IGBT(Insulated Gate Bipolar Transistor)
- MOSFET와 같이 전압제어 소자이다.
- GTO 사이리스터와 같이 역방향 전압저지 특성을 갖는다.
- BJT처럼 on-drop이 전류에 관계없이 낮고 거의 일정하며, MOSFET보다 훨씬 큰 전류를 흘릴 수 있다.

053 유도전동기에서 공급 전압의 크기가 일정하고 전원 주파수만 낮아질 때 일어나는 현상으로 옳은 것은?

① 철손이 감소한다.
② 온도상승이 커진다.
③ 여자전류가 감소한다.
④ 회전속도가 증가한다.

해설 유도전동기에서 공급 전압의 크기가 일정하고 전원 주파수만 낮아질 때 일어나는 현상은 온도상승이 커진다.

054 용접용으로 사용되는 직류발전기의 특성 중에서 가장 중요한 것은?

① 과부하에 견딜 것
② 전압변동률이 적을 것
③ 경부하일 때 효율이 좋을 것
④ 전류에 대한 전압특성이 수하특성일 것

해설 용접용으로 사용되는 직류발전기의 특성은 전류에 대한 전압특성이 수하특성이어야 한다.

055 동기발전기에 설치된 제동권선의 효과로 틀린 것은?

① 난조 방지
② 과부하 내량의 증대
③ 송전선의 불평형 단락 시 이상전압 방지
④ 불평형 부하 시의 전류, 전압 파형의 개선

해설 동기발전기에 설치된 제동권선의 효과
- 난조 방지
- 송전선의 불평형 단락 시 이상전압 방지
- 불평형 부하 시의 전류, 전압 파형의 개선

정답 052 ③ 053 ② 054 ④ 055 ②

056
3300/220[V] 변압기 A, B의 정격용량이 각각 400[kVA], 300[kVA]이고, %임피던스 강하가 각각 2.4%와 3.6%일 때 그 2대의 변압기에 걸 수 있는 합성부하용량은 몇 [kVA]인가?

① 550
② 600
③ 650
④ 700

해설 %Z가 작은 쪽이 큰 부하를 분담한다.

∴ $P_A(\text{기준}) = mP_B$

$m = \dfrac{P_A}{P_B} = \dfrac{400}{300} = \dfrac{4}{3}$ 부하에서 $Z_A I_A = Z_B I_B$

$\dfrac{I_A}{I_B} = \dfrac{P_A}{P_B} = \dfrac{Z_B}{Z_A} = \dfrac{\%Z_B}{\%Z_A} = \dfrac{m\%Z_B}{\%Z_A}$ 관계이다.

∴ 분배법칙에서 $P_A = \dfrac{m\%Z_B}{\%Z_A + m\%Z_B} \times P$ 에서

$P(\text{합성부하용량}) = \dfrac{\%Z_A + m\%Z_B}{m\%Z_B} \times P_A = \dfrac{2.4 + \dfrac{4}{3} \times 3.6}{\dfrac{4}{3} \times 3.6} \times 400 = \dfrac{7.2}{4.8} \times 400 = 600[\text{kVA}]$ 이다.

057
동작모드가 그림과 같이 나타나는 혼합브리지는?

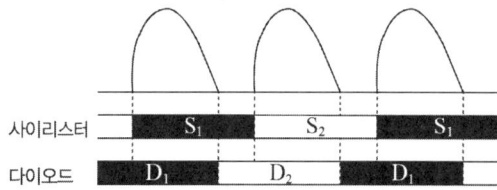

해설 동작모드가 그림과 같이 나타나는 혼합브리지는
① +반사이클에서는 S_1과 D_1 동작 부하에 전력 공급
② -반사이클에서는 S_2과 D_2 동작 부하에 전력 공급
되는 브리지가 된다.

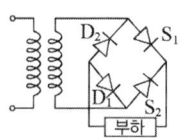

058 동기기의 전기자 저항을 r, 전기자 반작용 리액턴스를 X_a, 누설 리액턴스를 X_ℓ라고 하면 동기임피던스를 표시하는 식은?

① $\sqrt{r^2 + \left(\dfrac{X_a}{X_\ell}\right)^2}$
② $\sqrt{r^2 + X_\ell^2}$
③ $\sqrt{r^2 + X_a^2}$
④ $\sqrt{r^2 + (X_a + X_\ell)^2}$

해설 동기기에서 동기임피던스 $Z_s = r + j(X_a + X_\ell) = \sqrt{r^2 + (X_a + X_\ell)^2}\,[\Omega]$가 된다.

059 단상 유도전동기에 대한 설명으로 틀린 것은?

① 반발 기동형 : 직류전동기와 같이 정류자와 브러시를 이용하여 기동한다.
② 분상 기동형 : 별도의 보조권선을 사용하여 회전자계를 발생시켜 기동한다.
③ 커패시터 기동형 : 기동전류에 비해 기동토크가 크지만, 커패시터를 설치해야 한다.
④ 반발 유도형 : 기동 시 농형권선과 반발전동기의 회전자 권선을 함께 이용하나 운전 중에는 농형권선만을 이용한다.

해설 단상 유도전동기
- 반발 기동형 : 직류전동기와 같이 정류자와 브러시를 이용하여 기동한다.
- 분상 기동형 : 별도의 보조권선을 사용하여 회전자계를 발생시켜 기동한다.
- 커패시터 기동형 : 기동전류에 비해 기동토크가 크지만, 커패시터를 설치해야 한다.

060 직류전동기의 속도제어법이 아닌 것은?

① 계자제어법
② 전력제어법
③ 전압제어법
④ 저항제어법

해설 직류전동기의 속도제어법은 계자제어법, 전압제어법, 저항제어법이 있다.

제4과목 회로이론 및 제어공학

061 적분 시간 4[sec], 비례 감도가 4인 비례적분 동작을 하는 제어 요소에 동작신호 $z(t) = 2t$를 주었을 때 이 제어 요소의 조작량은? (단, 조작량의 초기 값은 0이다.)

① $t^2 + 8t$
② $t^2 + 2t$
③ $t^2 - 8t$
④ $t^2 - 2t$

정답 058 ④ 059 ④ 060 ② 061 ①

해설 비례적분 동작(PI동작) 제어 요소의 조작량
$$y(t) = K\left(Z(t) + \frac{1}{T_i}\int Z(t)\,dt\right) = 4\left(2t + \frac{1}{4}\int 2t\,dt\right) = 8t + \frac{4}{4}\times 2\frac{t^2}{2} = t^2 + 8t \text{ 가 된다.}$$

062 그림과 같은 피드백제어 시스템에서 입력이 단위계단함수일 때 정상상태의 오차상수인 위치상수(K_p)는?

① $K_p = \lim\limits_{s \to 0} G(s)H(s)$

② $K_p = \lim\limits_{s \to 0} \dfrac{G(s)}{H(s)}$

③ $K_p = \lim\limits_{s \to \infty} G(s)H(s)$

④ $K_p = \lim\limits_{s \to \infty} \dfrac{G(s)}{H(s)}$

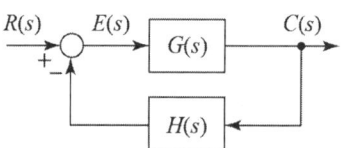

해설 단위계단함수 $r(t) = u(t)$, $R(s) = \dfrac{1}{s}$. 그림에서 편차 $E(s) = \dfrac{R(s)}{1+G(s)H(s)}$ 이다.

∴ 최종치 정리에서 정상 위치 편차
$$e_{ssp} = \lim_{s \to 0} sE(s) = \lim_{s \to 0} s \times \frac{R(s)}{1+G(s)H(s)} = \lim_{s \to 0} s \times \frac{\frac{1}{s}}{1+G(s)H(s)}$$
$$= \frac{1}{1 + \lim\limits_{s \to 0} G(s)H(s)} = \frac{1}{1+K_p} \text{ 이다.}$$
여기서, 정상상태의 오차상수인 위치상수 $K_p = \lim\limits_{s \to 0} G(s)H(s)$ 이다.

063 시간함수 $f(t) = \sin\omega t$의 z변환은? (단, T는 샘플링 주기이다.)

① $\dfrac{z\sin\omega T}{z^2 + 2z\cos\omega T + 1}$

② $\dfrac{z\sin\omega T}{z^2 - 2z\cos\omega T + 1}$

③ $\dfrac{z\cos\omega T}{z^2 - 2z\sin\omega T + 1}$

④ $\dfrac{z\cos\omega T}{z^2 + 2z\sin\omega T + 1}$

해설 시간함수 $f(t) = \sin\omega t$의 z변환 $= \dfrac{z\sin\omega T}{z^2 - 2z\cos\omega T + 1}$ 가 된다.

064 Routh-Hurwitz 방법으로 특성방정식이 $s^4 + 2s^3 + s^2 + 4s + 2 = 0$인 시스템의 안정도를 판별하면?

① 안정
② 불안정
③ 임계안정
④ 조건부 안정

해설 Routh-Hurwitz 방법으로 특성방정식이 $s^4+2s^3+s^2+4s+2=0$인 시스템의 안정도는

s^4	4	1	2
s^3	2	4	0
s^2	$\dfrac{2-16}{2}=-7$	$\dfrac{4\times2-4\times0}{2}=4$	
s^1	$\dfrac{-28-0}{-7}=4$	0	
s^0	2		

에서 1열의 부호변화가 2번이므로 불안정 근의 수는 2개이다. ∴ 이는 불안정이다.

065 다음과 같은 신호흐름 선도에서 $\dfrac{C(s)}{R(s)}$의 값은?

① $-\dfrac{1}{41}$

② $-\dfrac{3}{41}$

③ $-\dfrac{6}{41}$

④ $-\dfrac{8}{41}$

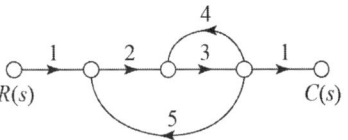

해설 그림의 신호흐름 선도에서 $\dfrac{C(s)}{R(s)}$의 값은 메이슨의 공식에서

$$\dfrac{C(s)}{R(s)} = \dfrac{\sum_{k=1}^{n} G_k \triangle_k}{\triangle} = \dfrac{G_1 \triangle_1}{1-(G_1H_1+G_2H_2)} = \dfrac{1\times2\times3\times1\times1}{1-(2\times3\times5+3\times4)}$$
$$= \dfrac{6}{1-(30+12)} = -\dfrac{6}{41}$$

066 제어시스템의 상태방정식이 $\dfrac{dx(t)}{dt}=Ax(t)+Bu(t)$, $A=\begin{bmatrix} 0 & 1 \\ -3 & 4 \end{bmatrix}$, $B=\begin{bmatrix} 1 \\ 1 \end{bmatrix}$일 때, 특성방정식을 구하면?

① $s^2-4s-3=0$

② $s^2-4s+3=0$

③ $s^2+4s+3=0$

④ $s^2+4s-3=0$

해설 제어시스템의 특성방정식은

$|sI-A| = \begin{vmatrix} s & 0 \\ 0 & s \end{vmatrix} - \begin{vmatrix} 0 & 1 \\ -3 & 4 \end{vmatrix} = \begin{vmatrix} s & -1 \\ 3 & s-4 \end{vmatrix} = s(s-4)+3 = s^2-4s+3 = 0$이다.

067 어떤 제어시스템의 개루프 이득이 $G(s)H(s) = \dfrac{K(s+2)}{s(s+1)(s+3)(s+4)}$ 일 때 이 시스템이 가지는 근궤적의 가지(branch) 수는?

① 1
② 3
③ 4
④ 5

해설 시스템이 가지는 근궤적의 가지(branch) 수는 영점(z)=1, 극점(P)=4 중에서 큰 것과 같다.
∴ 근궤적의 가지 수는 4이다.

068 다음 회로에서 입력 전압 $V_1(t)$에 대한 출력 전압 $V_2(t)$의 전달함수 $G(s)$는?

① $\dfrac{RCS}{LCS^2 + RCS + 1}$

② $\dfrac{RCS}{LCS^2 - RCS - 1}$

③ $\dfrac{CS}{LCS^2 + RCS + 1}$

④ $\dfrac{CS}{LCS^2 - RCS - 1}$

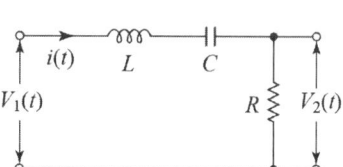

해설 그림에서 입력 전압 $V_1(s) = \left(R + SL + \dfrac{1}{SC}\right)I(s)[V]$, 출력 전압 $V_2(s) = RI(s)[V]$에서

전달함수 $G(s) = \dfrac{V_2(s)}{V_1(s)} = \dfrac{RI(s)}{\left(R + SL + \dfrac{1}{SC}\right)I(s)} = \dfrac{R}{R + SL + \dfrac{1}{SC}} = \dfrac{RCS}{LCS^2 + RCS + 1}$

069 특성방정식의 모든 근이 S 평면(복소평면)의 $j\omega$ 축(허수축)에 있을 때 이 제어시스템의 안정도는?

① 알 수 없다.
② 안정하다.
③ 불안정하다.
④ 임계안정이다.

해설 특성방정식의 모든 근이 S 평면(복소평면)의 $j\omega$ 축(허수축)에 있을 때 이 제어시스템의 안정도는 임계안정이다.

070 논리식 $((AB + A\overline{B}) + AB) + \overline{A}B$를 간단히 하면?

① $A + B$
② $\overline{A} + B$
③ $A + \overline{B}$
④ $A + A \cdot B$

해설) 논리식 $((AB+A\overline{B})+AB)+\overline{A}B = A(B+\overline{B})+B(A+\overline{A}) = A+B$이다.

071 선간전압이 $V_{ab}[V]$인 3상 평형 전원에 대칭 부하 $R[\Omega]$이 그림과 같이 접속되어 있을 때, a, b 두 상 간에 접속된 전력계의 지시 값이 $W[W]$라면 C상 전류의 크기(A)는?

① $\dfrac{W}{3V_{ab}}$

② $\dfrac{2W}{3V_{ab}}$

③ $\dfrac{2W}{\sqrt{3}\,V_{ab}}$

④ $\dfrac{\sqrt{3}\,W}{V_{ab}}$

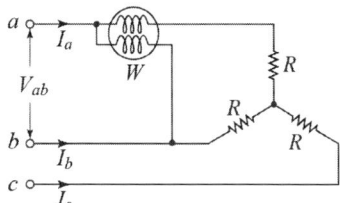

해설) Y결선 3상 평형 전원 $V_{ab}=V_{ac}=V[V]$이고 각 선 전류=상전류 $I_a=I_b=I_c=I[A]$, 대칭부하는 $R[\Omega]$이다. θ(위상)$=0$, $\cos\theta=\cos 0=1$이다.

① 그림에서 ab상 연결 시 전력계의 지시 값

$W_{ab} = W = V_{ab}I_a\cos(30+\theta) = VI\cos(30+\theta)[W]$ … ㉠

ac상 연결 시 전력계의 지시 값

$W_{ac} = W = V_{ac}I_c\cos(30-\theta) = VI\cos(30-\theta)[W]$ … ㉡

② 3상 1전력계 법에서의 3상 전력

$= W_{ab} + W_{ac} = W + W = 2W = VI(\cos(30+\theta) + \cos(30-\theta))$

$= VI((\cos 30°\cos\theta - \sin 30°\sin\theta) + (\cos 30°\cos\theta + \sin 30°\sin\theta))$

$= VI \times 2\cos 30°\cos\theta = VI \times 2 \times \dfrac{\sqrt{3}}{2}\cos 0 = \sqrt{3}\,VI[W]$이다.

∴ C상 전류의 크기 $I_c = I = \dfrac{2W}{\sqrt{3}\,V_{ab}}[A]$가 된다.

072 불평형 3상 전류가 $I_a = 15+j2[A]$, $I_b = -20-j14[A]$, $I_c = -3+j10[A]$일 때, 역상분 전류 $I_2[A]$는?

① $1.91 + j6.24$
② $15.74 - j3.57$
③ $-2.67 - j0.67$
④ $-8 - j2$

해설) 대칭분의
- 영상전류 $I_0 = \dfrac{1}{3}(I_a + I_b + I_c)[A]$
- 정상전류 $I_2 = \dfrac{1}{3}(I_a + aI_b + a^2I_c)[A]$
- 역상전류 $I_2 = \dfrac{1}{3}(I_a + a^2I_b + aI_c)[A]$이다.

정답 071 ③ 072 ①

(단, 연산자 $a = \angle 120° = -\frac{1}{2} + j\frac{\sqrt{3}}{2}$, $a^2 = \angle 240° = -\frac{1}{2} - j\frac{\sqrt{3}}{2}$, $a^3 = 1$이고 $1 + a + a^2 = 0$이다.)

∴ 역상분의 전류

$I_2 = \frac{1}{3}(I_a + a^2 I_b + a I_c) = \frac{1}{3}(15 + j2 + a^2(-20 - j14) + a(-3 + j10))$

$= \frac{1}{3}((15 - 20 \times a^2 - 3 \times a) + j(2 - 14 \times a^2 + 10 \times a))$

$= \frac{1}{3}(((15 - 20(-\frac{1}{2} - j\frac{\sqrt{3}}{2}) - 3(-\frac{1}{2} + j\frac{\sqrt{3}}{2})) + j(2 - 14(-\frac{1}{2} - j\frac{\sqrt{3}}{2}) + 10(-\frac{1}{2} + j\frac{\sqrt{3}}{2}))))$

$= \frac{1}{3}(((15 + 10 + \frac{3}{2}) + j(10\sqrt{3} - \frac{3\sqrt{3}}{2})) + j((2 + 7 - 5) + j(7\sqrt{3} + 5\sqrt{3})))$

$= \frac{1}{3}(((25 + 1.5) + j(10\sqrt{3} - 1.5\sqrt{3})) + j((4 + j12\sqrt{3})))$

$= \frac{1}{3}(26.5 + j8.5\sqrt{3} + j4 - 12\sqrt{3}) = \frac{1}{3}((26.5 - 20.78) + j(8.5\sqrt{3} + 4))$

$= \frac{1}{3}(5.72 + j18.72) = 1.91 + j6.24 [A]$가 된다.

073 회로에서 20[Ω]의 저항이 소비하는 전력은 몇 [W]인가?

① 14
② 27
③ 40
④ 80

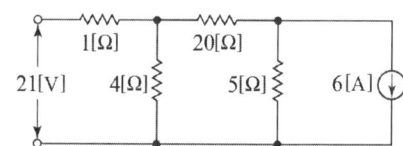

해설 중첩의 정리에서 20[Ω] 저항에 흐르는 전류를 구하면

① 회로에서 정전류원 개방 시 20[Ω]에 흐르는 전류는 분배법칙에서

$I_1 = \frac{4}{20+4} \times I_t = \frac{4}{24} \times \frac{V}{R_t} = \frac{1}{6} \times \frac{21}{1 + \frac{20 \times 4}{20+4}} = \frac{21}{6 \times 4.333} ≒ \frac{21}{26} = 0.8[A]$ … ㉠

② 정전압원 단락 시 20[Ω]에 흐르는 전류도 분배법칙에서

$I_2 = \frac{5}{20+5} \times (-6) = \frac{-30}{25} = -1.2[A]$ … ㉡

∴ 동시 존재 시 20[Ω] 저항에 흐르는 전류 $I = I_1 - I_2 = 0.8 - (-1.2) = 2[A]$이다.
20[Ω] 저항에 소비전력 $P = I^2 R = (2)^2 \times 20 = 4 \times 20 = 80[W]$이다.

074 RC 직렬회로에 직류전압 $V[V]$가 인가되었을 때, 전류 $i(t)$에 대한 전압 방정식(KVL)이 $V = Ri(t) + \frac{1}{C}\int i(t)dt [V]$이다. 전류 $i(t)$의 라플라스 변환인 $I(s)$는? (단, C에는 초기 전하가 없다.)

① $I(s) = \frac{V}{R} \frac{1}{S - \frac{1}{RC}}$

② $I(s) = \frac{C}{R} \frac{1}{S + \frac{1}{RC}}$

③ $I(s) = \frac{V}{R} \frac{1}{S + \frac{1}{RC}}$

④ $I(s) = \frac{R}{C} \frac{1}{S - \frac{1}{RC}}$

해설 $V = Ri(t) + \frac{1}{C}\int i(t)dt\,[V]$ 양변 라플라스 변환하면

$$\frac{V}{S} = RI(s) + \frac{1}{SC}I(s) = I(s)\left(R + \frac{1}{SC}\right)$$

$$\therefore I(s) = \frac{\frac{V}{S}}{R + \frac{1}{SC}} = \frac{\frac{V}{S} \times SC}{SCR+1} = \frac{\frac{V}{S} \times SC \times \frac{1}{RC}}{\frac{SCR}{RC} + \frac{1}{RC}} = \frac{V}{R}\frac{1}{S + \frac{1}{RC}}\,[A]\text{가 된다.}$$

075 선간전압이 100[V]이고, 역률이 0.6인 평형 3상 부하에서 무효전력이 $Q=10$[kvar]일 때, 선전류의 크기는 약 몇 [A]인가?

① 57.7
② 72.2
③ 96.2
④ 125

해설 무효전력 $Q = \sqrt{3}\,VI\sin\theta\,[var]$

선전류의 크기 $I = \frac{Q}{\sqrt{3}\,V\sin\theta} = \frac{10 \times 10^3}{\sqrt{3} \times 100 \times 0.8} = \frac{10000}{138.568} ≒ 72.2[A]$

076 그림과 같은 T형 4단자 회로망에서 4단자 정수 A와 C는?

(단, $Z_1 = \frac{1}{Y_1}$, $Z_2 = \frac{1}{Y_2}$, $Z_3 = \frac{1}{Y_3}$)

① $A = 1 + \frac{Y_3}{Y_1}$, $C = Y_2$

② $A = 1 + \frac{Y_3}{Y_1}$, $C = \frac{1}{Y_3}$

③ $A = 1 + \frac{Y_3}{Y_1}$, $C = Y_3$

④ $A = 1 + \frac{Y_1}{Y_3}$, $C = \left(1 + \frac{Y_1}{Y_3}\right)\frac{1}{Y_3} + \frac{1}{Y_2}$

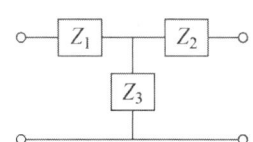

해설 T형 4단자 회로망에서 4단자 정수

$$\begin{vmatrix} A & B \\ C & D \end{vmatrix} = \begin{vmatrix} 1 & Z_1 \\ 0 & 1 \end{vmatrix}\begin{vmatrix} 1 & 0 \\ \frac{1}{Z_3} & 1 \end{vmatrix}\begin{vmatrix} 1 & Z_2 \\ 0 & 1 \end{vmatrix} = \begin{vmatrix} 1 + \frac{Z_1}{Z_3} & Z_1 \\ \frac{1}{Z_3} & 1 \end{vmatrix}\begin{vmatrix} 1 & Z_2 \\ 0 & 1 \end{vmatrix} = \begin{vmatrix} 1 + \frac{Z_1}{Z_3} & Z_2\left(1 + \frac{Z_1}{Z_3}\right) + Z_1 \\ \frac{1}{Z_3} & 1 + \frac{Z_2}{Z_3} \end{vmatrix}$$

$$= \begin{vmatrix} 1 + \frac{1/Y_1}{1/Y_3} = 1 + \frac{Y_3}{Y_1} & 1/Y_2\left(1 + \frac{1/Y_1}{1/Y_3}\right) + 1/Y_1 = 1/Y_2\left(1 + \frac{Y_3}{Y_1}\right) + 1/Y_1 \\ \frac{1}{1/Y_3} = Y_3 & 1 + \frac{1/Y_2}{1/Y_3} = 1 + \frac{Y_3}{Y_2} \end{vmatrix}$$

$\therefore$ 4단자 정수 $A = 1 + \frac{Y_3}{Y_1}$, $C = Y_3$이다.

077 어떤 회로의 유효전력이 300[W], 무효전력이 400[var]이다. 이 회로의 복소전력의 크기(VA)는?

① 350
② 500
③ 600
④ 700

🔍 **해설** 복소전력의 크기 $= \sqrt{P^2 + P_r^2} = \sqrt{(300)^2 + (400)^2} = 500[\text{VA}]$이다.

078 $R=4[\Omega]$, $\omega L = 3[\Omega]$의 직렬회로에 $e = 100\sqrt{2}\sin\omega t + 50\sqrt{2}\sin 3\omega t$를 인가할 때 이 회로의 소비전력은 약 몇 [W]인가?

① 1000
② 1414
③ 1560
④ 1703

🔍 **해설**
I_1(기본파 전류) $= \dfrac{E_1}{R+j\omega L} = \dfrac{100}{4+j3} = \dfrac{100}{\sqrt{4^2+3^2}} = \dfrac{100}{5} = 20[\text{A}]$

I_3(제3고조파 전류) $= \dfrac{E_3}{R+j3\omega L} = \dfrac{50}{4+j3\times 3} = \dfrac{50}{\sqrt{4^2+9^2}} = \dfrac{50}{9.849} \fallingdotseq 5.077[\text{A}]$

∴ 이 회로에 소비전력 $P = I_1^2 \times R + I_3^2 \times R = (20)^2 \times 4 + (5.077)^2 \times 4 = 1600 + 103 = 1703[\text{W}]$이다.

079 단위길이당 인덕턴스가 $L[\text{H/m}]$이고, 단위길이당 정전용량이 $C[\text{F/m}]$인 무손실 선로에서의 진행파 속도(m/s)는?

① $\sqrt{LC}$
② $\dfrac{1}{\sqrt{LC}}$
③ $\sqrt{\dfrac{C}{L}}$
④ $\sqrt{\dfrac{L}{C}}$

🔍 **해설** 무손실 선로 $R=0$, $G=0$이다.
∴ 무손실 선로에서의 진행파 속도 $v = \dfrac{\omega}{\beta} = \dfrac{\omega}{\omega\sqrt{LC}} = \dfrac{1}{\sqrt{LC}}$ [m/sec]이다.

080 $t=0$에서 스위치(S)를 닫았을 때 $t=0^+$에서의 $i(t)$는 몇 [A]인가? (단, 커패시터에 초기 전하는 없다.)

① 0.1
② 0.2
③ 0.4
④ 1.0

> **해설** $t=0$에서 스위치(S)를 닫았을 때 $t=0^+$에서의
> $i(t) = \frac{V}{R}e^{-\frac{1}{CR}t} = \frac{100}{1000}e^{-0} = 0.1 \times \frac{1}{e^0} = 0.1 \times \frac{1}{1} = 0.1[A]$이다.

제5과목 전기설비기술기준

081 345[kV] 송전선을 사람이 쉽게 들어가지 않는 산지에 시설할 때 전선의 지표상 높이는 몇 [m] 이상으로 하여야 하는가?

① 7.28
② 7.56
③ 8.28
④ 8.56

> **해설** 345[kV] 송전선을 사람이 쉽게 들어가지 않는 산지에 시설할 때 전선의 지표상 높이는 7.28[m] 이상으로 하여야 한다.

082 변전소에서 오접속을 방지하기 위하여 특고압 전로의 보기 쉬운 곳에 반드시 표시해야 하는 것은?

① 상별표시
② 위험표시
③ 최대전류
④ 정격전압

> **해설** 상별표시란 변전소에서 오접속을 방지하기 위하여 특고압 전로의 보기 쉬운 곳에 반드시 표시해야 하는 것을 말한다.

083 전력 보안 가공통신선의 시설 높이에 대한 기준으로 옳은 것은?

① 철도의 궤도를 횡단하는 경우에는 레일면상 5[m] 이상
② 횡단보도교 위에 시설하는 경우에는 그 노면상 3[m] 이상
③ 도로(차도와 도로의 구별이 있는 도로는 차도) 위에 시설하는 경우에는 지표상 2[m] 이상
④ 교통에 지장을 줄 우려가 없도록 도로(차도와 도로의 구별이 있는 도로는 차도) 위에 시설하는 경우에는 지표상 2[m]까지로 감할 수 있다.

> **해설** 전력 보안 가공통신선의 시설 높이는 횡단보도교 위에 시설하는 경우에는 그 노면상 3[m] 이상이어야 한다.

정답 081 ① 082 ① 083 ②

084 가반형의 용접전극을 사용하는 아크 용접장치의 용접변압기의 1차측 전로의 대지전압은 몇 [V] 이하이어야 하는가? 한국전기설비규정으로 개정됨에 따라 출제되지 않는 문제입니다.

① 60
② 150
③ 300
④ 400

해설 가반형의 용접전극을 사용하는 아크 용접장치의 용접변압기의 1차측 전로의 대지전압은 300[V] 이하이어야 한다.

085 전기온상용 발열선은 그 온도가 몇 ℃를 넘지 않도록 시설하여야 하는가?

① 50
② 60
③ 80
④ 100

해설 전기온상용 발열선은 그 온도가 80℃를 넘지 않도록 시설하여야 한다.

086 사용전압이 154[kV]인 가공전선로를 제1종 특고압 보안공사로 시설할 때 사용되는 경동연선의 단면적은 몇 [mm²] 이상이어야 하는가?

① 55
② 100
③ 150
④ 200

해설 사용전압이 154[kV]인 가공전선로를 제1종 특고압 보안공사로 시설할 때 사용되는 경동연선의 단면적은 150[mm²] 이상이어야 한다.

087 고압용 기계기구를 시가지에 시설할 때 지표상 몇 [m] 이상의 높이에 시설하고, 또한 사람이 쉽게 접촉할 우려가 없도록 하여야 하는가?

① 4.0
② 4.5
③ 5.0
④ 5.5

해설 고압용 기계기구를 시가지에 시설할 때 지표상 4.5[m] 이상의 높이에 시설하고, 또한 사람이 쉽게 접촉할 우려가 없도록 하여야 한다.

088 발전기, 전동기, 조상기, 기타 회전기(회전변류기 제외)의 절연내력 시험전압은 어느 곳에 가하는가?

① 권선과 대지 사이
② 외함과 권선 사이
③ 외함과 대지 사이
④ 회전자와 고정자 사이

정답 084 ③ 085 ③ 086 ③ 087 ② 088 ①

해설 발전기, 전동기, 조상기, 기타 회전기(회전변류기 제외)의 권선과 대지 사이에 절연내력 시험전압을 가하여 절연을 측정한다.

089 특고압 지중전선이 지중 약전류전선 등과 접근하거나 교차하는 경우에 상호 간의 이격거리가 몇 [cm] 이하일 때에는 두 전선이 직접 접촉하지 아니하도록 하여야 하는가?

① 15
② 20
③ 30
④ 60

해설 특고압 지중전선이 지중 약전류전선 등과 접근하거나 교차하는 경우에 상호 간의 이격거리가 60[cm] 이하일 때에는 두 전선이 직접 접촉하지 아니하도록 하여야 한다.

090 고압 옥내배선의 공사방법으로 틀린 것은?

① 케이블공사
② 합성수지관공사
③ 케이블 트레이공사
④ 애자사용공사(건조한 장소로서 전개된 장소에 한한다.)

해설 고압 옥내배선의 공사방법은 케이블공사, 케이블 트레이공사, 애자사용공사(건조한 장소로서 전개된 장소에 한한다.)가 있다.

091 조상설비에 내부고장, 과전류 또는 과전압이 생긴 경우 자동적으로 차단되는 장치를 해야 하는 전력용 커패시터의 최소 뱅크용량은 몇 [kVA]인가?

① 10000
② 12000
③ 13000
④ 15000

해설 조상설비에 내부고장, 과전류 또는 과전압이 생긴 경우 자동적으로 차단되는 장치를 해야 하는 전력용 커패시터의 최소 뱅크용량은 15000[kVA]이다.

092 옥내에 시설하는 사용 전압이 400[V] 이상 1000[V] 이하인 전개된 장소로서 건조한 장소가 아닌 기타의 장소의 관등회로 배선공사로서 적합한 것은?

① 애자사용공사
② 금속몰드공사
③ 금속덕트공사
④ 합성수지몰드공사

해설 애자사용공사는 옥내에 시설하는 사용 전압이 400[V] 이상 1000[V] 이하인 전개된 장소로서 건조한 장소가 아닌 기타의 장소의 관등회로 배선공사에 적합하다.

093 사용전압이 440[V]인 이동 기중기용 접촉전선을 애자사용 공사에 의하여 옥내의 전개된 장소에 시설하는 경우 사용하는 전선으로 옳은 것은?

① 인장강도가 3.44[kN] 이상인 것 또는 지름 2.6[mm]의 경동선으로 단면적이 8[mm²] 이상인 것
② 인장강도가 3.44[kN] 이상인 것 또는 지름 3.2[mm]의 경동선으로 단면적이 18[mm²] 이상인 것
③ 인장강도가 11.2[kN] 이상인 것 또는 지름 6[mm]의 경동선으로 단면적이 28[mm²] 이상인 것
④ 인장강도가 11.2[kN] 이상인 것 또는 지름 8[mm]의 경동선으로 단면적이 18[mm²] 이상인 것

해설 사용전압이 440[V]인 이동 기중기용 접촉전선을 애자사용 공사에 의하여 옥내의 전개된 장소에 시설하는 경우 사용하는 전선은 인장강도가 11.2[kN] 이상인 것 또는 지름 6[mm]의 경동선으로 단면적이 28[mm²] 이상인 것이어야 한다.

094 가공 직류 절연 귀선은 특별한 경우를 제외하고 어느 전선에 준하여 시설하여야 하는가?

한국전기설비규정으로 개정됨에 따라 출제되지 않는 문제입니다.

① 저압가공전선   ② 고압가공전선
③ 특고압가공전선   ④ 가공 약전류 전선

해설 가공 직류 절연 귀선은 특별한 경우를 제외하고 저압가공전선에 준하여 시설하여야 한다.

095 저압가공전선으로 사용할 수 없는 것은?

① 케이블   ② 절연전선
③ 다심형 전선   ④ 나동복 강선

해설 저압가공전선으로 사용할 수 있는 것은 케이블, 절연전선, 다심형 전선이다.

096 가공전선로의 지지물에 시설하는 지선의 시설기준으로 틀린 것은?

① 지선의 안전율을 2.5 이상으로 할 것
② 소선은 최소 5가닥 이상의 강심 알루미늄연선을 사용할 것
③ 도로를 횡단하여 시설하는 지선의 높이는 지표상 5[m] 이상으로 할 것
④ 지중부분 및 지표상 30[cm]까지의 부분에는 내식성이 있는 것을 사용할 것

해설 가공전선로의 지지물에 시설하는 지선의 시설기준은
① 지선의 안전율을 2.5 이상으로 할 것
② 도로를 횡단하여 시설하는 지선의 높이는 지표상 5[m] 이상으로 할 것
③ 지중부분 및 지표상 30[cm]까지의 부분에는 내식성이 있는 것을 사용할 것

097 특고압 가공전선로 중 지지물로서 직선형의 철탑을 연속하여 10기 이상 사용하는 부분에는 몇 기 이하마다 내장 애자장치가 되어 있는 철탑 또는 이와 동등이상의 강도를 가지는 철탑 1기를 시설하여야 하는가?

① 3
② 5
③ 7
④ 10

해설 특고압 가공전선로 중 지지물로서 직선형의 철탑을 연속하여 10기 이상 사용하는 부분에는 10기 이하마다 내장 애자장치가 되어 있는 철탑 또는 이와 동등이상의 강도를 가지는 철탑 1기를 시설하여야 한다.

098 제1종 또는 제2종 접지공사에 사용하는 접지선을 사람이 접촉할 우려가 있는 곳에 시설하는 경우, 「전기용품 및 생활용품 안전관리법」을 적용받는 합성수지관(두께 2[mm] 미만의 합성수지제 전선관 및 난연성이 없는 콤바인덕트관을 제외한다)으로 덮어야 하는 범위로 옳은 것은? 〈한국전기설비규정으로 개정됨에 따라 출제되지 않는 문제입니다.〉

① 접지선의 지하 30[cm]로부터 지표상 1[m]까지의 부분
② 접지선의 지하 50[cm]로부터 지표상 1.2[m]까지의 부분
③ 접지선의 지하 60[cm]로부터 지표상 1.8[m]까지의 부분
④ 접지선을 지하 75[cm]로부터 지표상 2[m]까지의 부분

해설 제1종 또는 제2종 접지공사에 사용하는 접지선을 사람이 접촉할 우려가 있는 곳에 시설하는 경우, 「전기용품 및 생활용품 안전관리법」을 적용받는 합성수지관(두께 2[mm] 미만의 합성수지제 전선관 및 난연성이 없는 콤바인덕트관을 제외한다)으로 덮어야 하는 범위는 접지선을 지하 75[cm]로부터 지표상 2[m]까지의 부분이다.

099 사용전압이 400[V] 미만인 저압 가공전선은 케이블인 경우를 제외하고는 지름이 몇 [mm] 이상이어야 하는가? (단, 절연전선은 제외한다.)

① 3.2
② 3.6
③ 4.0
④ 5.0

해설 사용전압이 400[V] 미만인 저압 가공전선은 케이블인 경우를 제외하고는 지름이 3.2[mm] 이상이어야 한다.(단, 절연전선은 제외한다.)

정답 097 ④ 098 ④ 099 ①

100 수용장소의 인입구 부근에 대지 사이의 전기저항 값이 3[Ω] 이하인 값을 유지하는 건물의 철골을 접지극으로 사용하여 제2종 접지공사를 한 저압전로의 접지측 전선에 추가 접지 시 사용하는 접지선을 사람이 접촉할 우려가 있는 곳에 시설할 때는 어떤 공사방법으로 시설하는가?

① 금속관공사　　　　　　② 케이블공사
③ 금속몰드공사　　　　　④ 합성수지관공사

해설 케이블공사 시설방법은 수용장소의 인입구 부근에 대지 사이의 전기저항 값이 3[Ω] 이하인 값을 유지하는 건물의 철골을 접지극으로 사용하여 제2종 접지공사를 한 저압전로의 접지측 전선에 추가 접지 시 사용하는 접지선을 사람이 접촉할 우려가 있는 곳에 시설한다.

2021년 3월 7일 시행

제1과목 전기응용 및 공사재료

001 SCR 사이리스터에 대한 설명으로 틀린 것은?

① 게이트 전류에 의하여 턴온 시킬 수 있다.
② 게이트 전류에 의하여 턴오프 시킬 수 없다.
③ 오프 상태에서는 순방향전압과 역방향전압 중 역방향전압에 대해서만 차단 능력을 가진다.
④ 턴오프 된 후 다시 게이트 전류에 의하여 턴온시킬 수 있는 상태로 회복할 때까지 일정한 시간이 필요하다.

 SCR사이리스터에 대한 옳은 설명은
  ① 게이트 전류에 의하여 턴온 시킬 수 있다.
  ② 게이트 전류에 의하여 턴오프 시킬 수 없다.
  ③ 턴오프 된 후 다시 게이트 전류에 의하여 턴온 시킬 수 있는 상태로 회복할 때까지 일정시간이 필요하다.

002 풍량 6000[m³/min], 전 풍압 120[mmAq]의 주배기용 팬을 구동하는 전동기의 소요동력(kW)은 약 얼마인가? (단, 팬의 효율 $\eta=60\%$, 여유계수 $K=1.2$)

① 200 ② 235
③ 270 ④ 305

해설 $1[\text{Hp}] = 0.735[\text{kW}]$

$P(\text{전동기의 소요동력}) = \frac{QH}{75} \times \frac{100}{\eta} \times K[\text{Hp}] = \frac{QHK \times 100}{102\eta} = \frac{100 \times (6000/60) \times 120 \times 1.2}{102 \times 60} = 235[\text{kW}]$

003 3400[lm]의 광속을 내는 전구를 반경 14[cm], 투과율 80%인 구형 글로브 내에서 점등시켰을 때 글로브의 평균 휘도(sb)는 약 얼마인가?

① 0.35 ② 35
③ 350 ④ 3500

해설 글로브의 광속

$\tau F = 4\pi I [\text{lm}]$, $I(광도) = \dfrac{\tau F}{4\pi} [\text{cd}]$

∴ 글로브의 평균 휘도

$B = \dfrac{I}{S} = \dfrac{\frac{\tau F}{4\pi}}{\pi r^2} = \dfrac{\tau F}{4\pi^2 r^2} = \dfrac{0.8 \times 3400}{4 \times 9.86 \times (14)^2} = \dfrac{2720}{7730.25} = 0.35 [\text{cd/cm}^2] = 0.35 [\text{sb}]$

004 형광등의 광색이 주광색일 때 색온도(°K)는 약 얼마인가?

① 3000
② 4500
③ 5000
④ 6500

해설 형광등의 광색이 주광색일 때 색온도는 6500[°K] 형광등의 광색이 백색일 때 색온도는 4500[°K]이다.

005 단상 반파정류회로에서 직류전압의 평균값 150[V]를 얻으려면 정류소자의 피크 역전압(PIV)은 약 몇 [V]인가? (단, 부하는 순저항 부하이고 정류소자의 전압강하(평균값)는 7[V]이다.)

① 247
② 349
③ 493
④ 698

해설 단상 반파정류회로에서 직류전압의 평균값

$E_{av} = \dfrac{V_m}{\pi} - e_a(전압강하)[\text{V}]$, $\dfrac{V_m}{\pi} = E_{av} + e_a$

∴ PIV(피크 역전압) = $V_m = \pi(E_{av} + e_a) = 3.14(150 + 7) ≒ 493[\text{V}]$이다.

006 전기철도의 전동기 속도제어방식 중 주파수와 전압을 가변시켜 제어하는 방식은?

① 저항제어
② 초퍼제어
③ 위상제어
④ VVVF 제어

해설 VVVF 제어란 전기 철도의 전동기 속도제어방식 중 주파수와 전압을 가변시켜 제어하는 방식이다.

007 구리의 원자량은 63.54이고 원자가가 2일 때, 전기 화학당량은 약 얼마인가? (단, 구리 화학당량과 전기 화학당량의 비는 약 96494이다.)

① 0.3292[mg/C]
② 0.03292[mg/C]
③ 0.3292[g/C]
④ 0.03292[g/C]

정답 004 ④ 005 ③ 006 ④ 007 ①

해설 구리 화학당량 = $\dfrac{\text{구리의 원자량}}{\text{원자가}} = \dfrac{63.54}{2} = 31.77$

∴ $\dfrac{\text{구리 화학당량}}{\text{전기 화학당량}} = 96494$

전기 화학당량 = $\dfrac{\text{구리 화학당량}}{96494} = \dfrac{31.77}{96494} \fallingdotseq 3.292 \times 10^{-4}[\text{g}/℃] = 0.3292[\text{mg}/℃]$

008 금속의 표면 담금질에 쓰이는 가열방식은?

① 유도가열 ② 유전가열
③ 저항가열 ④ 아크 가열

해설 유도가열 : 교번 자계 중에서 도전체에 생기는 와류손과 히스테리시스손에 의한 가열방식으로 금속의 표면 담금질에 쓰이는 가열방식이다.

009 물 7ℓ를 14℃에서 100℃까지 1시간 동안 가열하고자 할 때, 전열기의 용량(kW)은? (단, 전열기의 효율은 70%이다.)

① 0.5 ② 1
③ 1.5 ④ 2

해설 $1[\text{kwh}] = 860[\text{kcal}]$

열량과 물리적 량과의 관계는 $860Pt\eta = cm(T-t)$

$P(\text{전열기의 용량}) = \dfrac{cm(T-t)}{860t\eta} = \dfrac{1 \times 7(100-14)}{860 \times 1 \times 0.7} = \dfrac{602}{602} = 1[\text{kW}]$

010 일반적인 농형 유도전동기의 기동법이 아닌 것은?

① Y-△ 기동 ② 전전압 기동
③ 2차 저항 기동 ④ 기동보상기에 의한 기동

해설 2차 저항 기동법은 권선형 유도전동기의 기동법이다.

011 다음 중 지선에 근가를 시공할 때 사용되는 콘크리트 근가의 규격(길이)은 몇 [m]인가? (단, 원형 지선근가는 제외한다.)

① 0.5 ② 0.7
③ 0.9 ④ 1.0

해설 지선에 근가를 시공할 때 사용되는 콘크리트 근가의 규격(길이)는 0.7[m]이다.

정답 008 ① 009 ② 010 ③ 011 ②

012 고압으로 수전하는 변전소에서 접지 보호용으로 사용되는 계전기의 영상전류를 공급하는 계전기는?

① CT
② PT
③ ZCT
④ GPT

> **해설** ZCT(영상변류기) : 고압으로 수전하는 변전소에서 접지 보호용으로 사용되는 계전기의 영상전류를 공급하는 계전기이다.

013 장력이 걸리지 않는 개소의 알루미늄선 상호간 또는 알루미늄선과 동선의 압축접속에 사용하는 분기 슬리브는?

① 알루미늄 전선용 압축 슬리브
② 알루미늄 전선용 보수 슬리브
③ 알루미늄 전선용 분기 슬리브
④ 분기 접속용 등 슬리브

> **해설** 알루미늄 전선용 분기 슬리브 : 장력이 걸리지 않은 개소의 알루미늄선 상호간 또는 알루미늄선과 동선의 압축접속에 사용하는 분기 슬리브이다.

014 접지도체에 피뢰시스템이 접속되는 경우 접지도체의 최소 단면적(mm^2)은? (단, 접지도체는 구리로 되어 있다.)

① 16
② 20
③ 24
④ 28

> **해설** 접지도체에 피뢰시스템이 접속되는 경우 구리 접지도체의 최소 단면적은 $16[mm^2]$이다.

015 알칼리 축전지에서 소결식에 해당하는 초급방전형은?

① AM형
② AMH형
③ AL형
④ AH-S형

> **해설** AH-S형 : 알칼리 축전지에서 소결식에 해당하는 초급방전형이다.

016 철주의 주주재로 사용하는 강관의 두께는 몇 [mm] 이상이어야 하는가?

① 1.6
② 2.0
③ 2.4
④ 2.8

> **해설** 철주의 주주재로 사용하는 강관의 두께는 2[mm] 이상이어야 한다.

정답 012 ③ 013 ③ 014 ① 015 ④ 016 ②

017 셀룰러덕트의 최대 폭이 200[mm] 초과할 때 셀룰러덕트의 판 두께는 몇 [mm] 이상이어야 하는가?

① 1.2
② 1.4
③ 1.6
④ 1.8

해설 셀룰러덕트의 최대 폭이 200[mm] 초과할 때 셀룰러덕트의 판 두께는 1.6[mm] 이상이어야 한다.

018 KS C 8000에서 감전보호와 관련하여 조명기구의 종류(등급)를 나누고 있다. 각 등급에 따른 기구의 설명이 틀린 것은?

① 등급 0 기구: 기초절연으로 일부분을 보호한 기구로서 접지단자를 가지고 있는 기구
② 등급 Ⅰ 기구: 기초절연만으로 전체를 보호한 기구로서 보호 접지단자를 가지고 있는 기구
③ 등급 Ⅱ 기구: 2중 절연을 한 기구
④ 등급 Ⅲ 기구: 정격전압이 교류 30[V] 이하인 전압의 전원에 접속하여 사용하는 기구

해설 KS C 8000에서 감전보호와 관련하여 조명기구의 종류(등급)에 따른 각 기구의 옳은 설명은
① 등급Ⅰ기구: 기초절연만으로 전체를 보호한 기구로서 보호 접지단자를 가지고 있는 기구.
② 등급Ⅱ기구: 2중 절연을 한 기구
③ 등급Ⅲ기구: 정격전압이 교류 30 [V] 이하인 전압의 전원에 접속하여 사용하는 기구

019 가공전선로에 사용하는 애자가 구비해야 할 조건이 아닌 것은?

① 이상전압에 견디고, 내부 이상전압에 대해 충분한 절연강도를 가질 것
② 전선의 장력, 풍압, 빙설 등의 외력에 의한 하중에 견딜 수 있는 기계적 강도를 가질 것
③ 비, 눈, 안개 등에 대하여 충분한 전기적 표면저항이 있어 누설전류가 흐르지 못하게 할 것
④ 온도나 습도의 변화에 대해 전기적 및 기계적 특성의 변화가 클 것

해설 가공전선로에 사용하는 애자의 구비조건
① 이상전압에 견디고, 내부 이상전압에 대해 충분한 절연강도를 가질 것
② 전선의 장력, 풍압, 빙설 등의 외력에 의한 하중에 견딜 수 있는 기계적 강도를 가질 것
③ 비, 눈, 안개 등에 대하여 충분한 전기적 표면저항이 있어 누설전류가 흐르지 못하게 할 것

020 상향 광속과 하향 광속이 거의 동일하므로 하향 광속으로 직접 작업면에 직사시키고 상향 광속의 반사광으로 작업면의 조도를 증가시키는 조명기구는?

① 간접 조명기구
② 직접 조명기구
③ 반직접 조명기구
④ 전반확산 조명기구

> **해설** 전반확산 조명기구 : 상향 광속과 하향 광속이 거의 동일하므로 하향 광속으로 직접 작업면에 직사시키고 상향 광속의 반사광으로 작업면의 조도를 증가시키는 조명기구이다.

제2과목 전력공학

021 그림과 같은 유황곡선을 가진 수력지점에서 최대사용수량 0.C로 1년간 계속 발전하는데 필요한 저수지의 용량은?

① 면적 0CPBA
② 면적 0CDBA
③ 면적 DEB
④ 면적 PCD

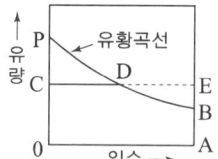

> **해설** 최대사용수량 0.C로 1년간 계속 발전할 때 부족수량은 DEB 수량이므로 이 면적에 상당한 수량 만큼 저수해 두면 된다.

022 통신선과 평행인 주파수 60[Hz]의 3상 1회선 송전선이 있다. 1선 지락 때문에 영상전류가 100[A] 흐르고 있다면 통신선에 유도되는 전자유도전압(V)은 약 얼마인가? (단, 영상전류는 전 전선에 걸쳐서 같으며, 송전선과 통신선과의 상호 인덕턴스는 0.06[mH/km], 그 평행 길이는 40[km]이다.)

① 156.6
② 162.8
③ 230.2
④ 271.4

> **해설** 통신선에 유도되는 전자유도전압
>
>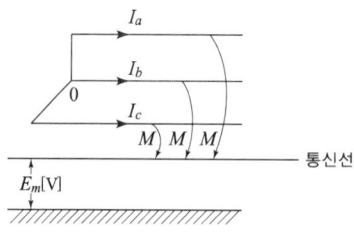
>
> $E_m = -jwMl(I_a + I_b + I_c) = -jwMl \times 3I_0 = -j2\pi fMl \times 3I_0$
> $= -j2 \times 3.14 \times 60 \times 0.06 \times 10^{-3} \times 40 \times 3 \times 100 = |-j377 \times 0.06 \times 12| ≒ 271.4[V]$

정답 021 ③ 022 ④

023 고장전류의 크기가 커질수록 동작시간이 짧게 되는 특성을 가진 계전기는?

① 순한시 계전기　　　　　　　② 정한시 계전기
③ 반한시 계전기　　　　　　　④ 반한시 정한시 계전기

해설　반한시 계전기는 고장전류의 크기가 커질수록 동작시간이 짧게 되는 특성을 가진 계전기이다.

024 3상 3선식 송전선에서 한 선의 저항이 10[Ω], 리액턴스가 20[Ω]이며, 수전단의 선간전압이 60[kV], 부하역률이 0.8인 경우에 전압강하율이 10%라 하면 이 송전선로로는 약 몇 [kW]까지 수전할 수 있는가?

① 10000　　　　　　　② 12000
③ 14400　　　　　　　④ 18000

해설　전압강하율 $\varepsilon = \dfrac{V_s - V_r}{V_r} \times 100$이 10%이면 $\varepsilon = 0.1 = \dfrac{V_s - 60}{60}$, $0.1 \times 60 = V_s - 60$

V_s(송전단전압) $= 60 + 6 = 66$[kV]

∴ $V_s = 66 = V_r + \sqrt{3}I(R\cos\theta + X\sin\theta) = 60 + \sqrt{3}I(10 \times 0.8 + 20 \times 0.6) = 60 + \sqrt{3}I \times 20$

∴ $I = \dfrac{(66-60) \times 10^3}{\sqrt{3} \times 20} = \dfrac{300}{\sqrt{3}}$[A]

∴ 수전전력 $P_r = \sqrt{3}V_r I\cos\theta = \sqrt{3} \times 60 \times \dfrac{300}{\sqrt{3}} \times 0.8 = 18000 \times 0.8 = 14400$[kW]

025 기준 선간전압 23[kV], 기준 3상 용량 5000[kVA], 1선의 유도 리액턴스가 15[Ω]일 때 % 리액턴스는?

① 28.36%　　　　　　　② 14.18%
③ 7.09%　　　　　　　④ 3.55%

해설　% 리액턴스 $= \dfrac{IZ}{E} \times 100 = \dfrac{PX}{10V^2} = \dfrac{5000 \times 15}{10 \times (23)^2} = \dfrac{75000}{10 \times 529} \fallingdotseq 14.18\%$이다.

026 전력원선도의 가로축과 세로축을 나타내는 것은?

① 전압과 전류　　　　　　　② 전압과 전력
③ 전류와 전력　　　　　　　④ 유효전력과 무효전력

해설　전력원선도의 가로축과 세로축은 유효전력과 무효전력을 나타낸다.

027 화력발전소에서 증기 및 급수가 흐르는 순서는?

① 절탄기 → 보일러 → 과열기 → 터빈 → 복수기
② 보일러 → 절탄기 → 과열기 → 터빈 → 복수기
③ 보일러 → 과열기 → 절탄기 → 터빈 → 복수기
④ 절탄기 → 과열기 → 보일러 → 터빈 → 복수기

해설 화력발전소에서 증기 및 급수가 흐르는 순서는 절탄기 → 보일러 → 과열기 → 터빈 → 복수기 이다.

028 연료의 발열량이 430[kcal/kg]일 때, 화력발전소의 열효율(%)은? (단, 발전기 출력은 P_G [kW], 시간당 연료의 소비량은 B[kg/h]이다.)

① $\dfrac{P_G}{B} \times 100$
② $\sqrt{2} \times \dfrac{P_G}{B} \times 100$
③ $\sqrt{3} \times \dfrac{P_G}{B} \times 100$
④ $2 \times \dfrac{P_G}{B} \times 100$

해설 화력발전소의 열효율
$\eta = \dfrac{출력}{입력} \times 100 = \dfrac{860 \times 발전기\ 출력}{연료발열량 \times 연료소비량} \times 100 = \dfrac{860 \times P_G}{430 \times B} \times 100 = 2 \times \dfrac{P_G}{B} \times 100\%$

029 송전선로에서 1선 지락 시에 건전상의 전압상승이 가장 적은 접지방식은?

① 비접지방식
② 직접 접지방식
③ 저항접지방식
④ 소호리액터접지방식

해설 직접 접지방식은 송전선로에서 1선 지락 시에 건전상의 전압상승이 가장 적은 접지 방식이다.

030 접지봉으로 탑각의 접지저항 값을 희망하는 접지저항 값까지 줄일 수 없을 때 사용하는 것은?

① 가공지선
② 매설지선
③ 크로스본드선
④ 차폐선

해설 매설지선은 접지봉으로 탑각의 접지저항 값을 희망하는 접지저항 값까지 줄일 수 없을 때 사용하는 접지법이다.

031 전력 퓨즈(Power Fuse)는 고압, 특고압기기의 주로 어떤 전류의 차단을 목적으로 설치하는가?

① 충전전류
② 부하전류
③ 단락전류
④ 양상전류

해설 전력 퓨즈(Power Fuse)는 고압, 특고압기기의 단락전류의 차단을 목적으로 설치한다.

032 정전용량이 C_1이고, V_1의 전압에서 Q_r의 무효전력을 발생하는 콘덴서가 있다. 정전용량을 변화시켜 2배로 승압된 전압($2V_1$)에서도 동일한 무효전력 Q_r을 발생시키고자 할 때, 필요한 콘덴서의 정전용량 C_2는?

① $C_2 = 4C_1$
② $C_2 = 2C_1$
③ $C_2 = \dfrac{1}{2}C_1$
④ $C_2 = \dfrac{1}{4}C_1$

해설 정전용량 $C_1[F]$에서의 전압 $V_1[V]$의 무효전력 $Q_r = V_1 I_1 = \dfrac{V_1^2}{X_{C1}} = \dfrac{V_1^2}{\dfrac{1}{\omega C_1}} = \omega C_1 V_1^2$ … ㉠

정전용량 변화 $2V_1[V]$에서도 동일 무효전력 $Q_r = \dfrac{(2V_1)^2}{X_{C2}} = \dfrac{(2V_1)^2}{\dfrac{1}{\omega C_2}} = \omega C_2 (2V_1)^2$ … ㉡

∴ ㉠=㉡식에서 $\omega C_1 V_1^2 = \omega C_2 (2V_1)^2$, $C_2 = \dfrac{C_1 V_1^2}{4V_1^2} = \dfrac{1}{4}C_1$ 이어야 한다.

033 송전선로에서의 고장 또는 발전기 탈락과 같은 큰 외란에 대하여 계통에 연결된 각 동기기가 동기를 유지하면서 계속 안정적으로 운전할 수 있는지를 판별하는 안정도는?

① 동태안정도(dynamic stability)
② 정태안정도(steady-state stability)
③ 전압안정도(voltage stability)
④ 과도안정도(transient stability)

해설 과도안정도(transient stability)란 송전선로에서의 고장 또는 발전기 단락과 같은 큰 외란에 대하여 계통에 연결된 각 동기기가 동기를 유지하면서 계속 안정적으로 운전 할 수 있는지를 판별하는 안정도를 말한다.

034 송전선로의 고장전류 계산에 영상 임피던스가 필요한 경우는?

① 1선 지락
② 3상 단락
③ 3선 단선
④ 선간 단락

해설 1선 지락은 송전선로의 고장전류 계산에 영상전류가 필요한 경우이다.

정답 031 ③ 032 ④ 033 ④ 034 ①

035 배전선로의 주상변압기에서 고압측 – 저압측에 주로 사용되는 보호장치의 조합으로 적합한 것은?

① 고압측 : 컷아웃 스위치, 저압측 : 캐치홀더
② 고압측 : 캐치홀더, 저압측 : 컷아웃 스위치
③ 고압측 : 리클로저, 저압측 : 라인퓨즈
④ 고압측 : 라인퓨즈, 저압측 : 리클로저

해설 배전선로의 주상변압기에서 고압측과 저압측에 주로 사용되는 보호장치의 조합은 고압측은 컷아웃 스위치, 저압측은 캐치홀더이다.

036 용량 20[kVA]인 단상 주상변압기에 걸리는 하루 동안의 부하가 처음 14시간 동안은 20[kW], 다음 10시간 동안은 10[kW]일 때, 이 변압기에 의한 하루 동안의 손실량(Wh)은? (단, 부하의 역률은 1로 가정하고, 변압기의 전 부하동손은 300[W], 철손은 100[W]이다.)

① 6850
② 7200
③ 7350
④ 7800

해설 24시간 전부하 동손 $P_{c24} = 24 \times 300 = 7,200[\text{W}]$ ····· ㉠

24시간 전부하 철손 $P_{i24} = m^2 P_c = \left(\dfrac{14}{24}\right)^2 P_c + \left(\dfrac{10}{24}\right)^2 P_c = \dfrac{196}{576} \times 300 + \dfrac{100}{576} \times 300$

$\fallingdotseq 102 + 52 = 154[\text{W}]$ ······ ㉡

∴ 변압기에 의한 하루(24시간) 동안의 손실량 $= P_{c24} + P_{i24} = 7,200 + 154 \fallingdotseq 7,350[\text{Wh}]$

037 케이블 단선사고에 의한 고장점까지의 거리를 정전용량 측정법으로 구하는 경우, 건전상의 정전용량이 C, 고장점까지의 정전용량이 C_x, 케이블의 길이가 l일 때 고장점까지의 거리를 나타내는 식으로 알맞은 것은?

① $\dfrac{C}{C_x}l$
② $\dfrac{2C_x}{C}l$
③ $\dfrac{C_x}{C}l$
④ $\dfrac{C_x}{2C}l$

해설 정전용량 측정법에 의한 고장점까지의 거리를 나타낸 식 $l_x = \dfrac{C_x}{C} \times l[\text{m}]$이다.

038 수용가의 수용률을 나타낸 식은?

① $\dfrac{\text{합성최대수용전력[kW]}}{\text{평균전력[kW]}} \times 100\%$
② $\dfrac{\text{평균전력[kW]}}{\text{합성최대수용전력[kW]}} \times 100\%$
③ $\dfrac{\text{부하설비합계[kW]}}{\text{최대수용전력[kW]}} \times 100\%$
④ $\dfrac{\text{최대수용전력[kW]}}{\text{부하설비합계[kW]}} \times 100\%$

해설 수용가의 수용률 $= \dfrac{\text{최대수용전력[kW]}}{\text{수용설비용량[kW]}} \times 100\% = \dfrac{\text{최대수용전력[kW]}}{\text{부하설비합계[kW]}} \times 100\%$

---

039 % 임피던스에 대한 설명으로 틀린 것은?

① 단위를 갖지 않는다.
② 절대량이 아닌 기준량에 대한 비를 나타낸 것이다.
③ 기기 용량의 크기와 관계없이 일정한 범위의 값을 갖는다.
④ 변압기나 동기기의 내부 임피던스에만 사용할 수 있다.

해설 % 임피던스에 대한 옳은 설명은
① 단위를 갖지 않는다.
② 절대량이 아닌 기준량에 대한 비를 나타낸 것이다.
③ 기기 용량의 크기와 관계없이 일정한 범위의 값을 갖는다.

---

040 역률 0.8, 출력 320[kW]인 부하에 전력을 공급하는 변전소에 역률 개선을 위해 전력용 콘덴서 140[kVA]를 설치했을 때 합성역률은?

① 0.93
② 0.95
③ 0.97
④ 0.99

해설 그림에서

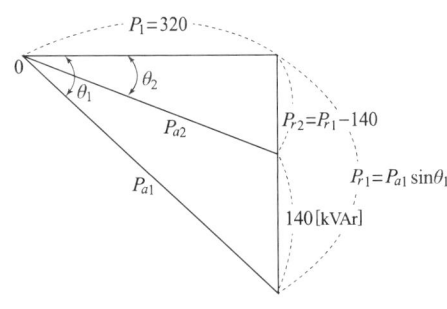

① $\cos\theta_1 = \dfrac{P_1}{P_{a1}}$
  $\therefore P_{a1} = \dfrac{P_1}{\cos\theta_1} = \dfrac{320}{0.8} = 400\,[\text{kVA}]$
② $P_{r1} = P_{a1}\sin\theta_1 = 400 \times 0.6 = 240\,[\text{kVAr}]$
③ $P_{r2} = P_{r1} - 140 = 240 - 140 = 100\,[\text{kVAr}]$
④ $P_{a2} = \sqrt{P_1^2 + P_{r2}^2} = \sqrt{(320)^2 + (100)^2} \fallingdotseq 335.26\,[\text{kVA}]$
⑤ $\cos\theta_2(\text{개선 합성역률}) = \dfrac{P_1}{P_{a2}} = \dfrac{320}{335.26} \fallingdotseq 0.95$

정답 038 ④ 039 ④ 040 ②

제3과목 전기기기

041 전류계를 교체하기 위해 우선 변류기 2차측을 단락시켜야 하는 이유는?

① 측정오차 방지
② 2차측 절연 보호
③ 2차측 과전류 보호
④ 1차측 과전류 방지

해설 전류계를 교체하기 위해 우선 변류기 2차측을 단락시켜야만 변류기 2차측 절연이 보호된다.

042 BJT에 대한 설명으로 틀린 것은?

① Bipolar Junction Thyristor의 약자이다.
② 베이스 전류로 컬렉터 전류를 제어하는 전류제어 스위치이다.
③ MOSFET, IGBT 등의 전압제어 스위치보다 훨씬 큰 구동전력이 필요하다.
④ 회로기호 B, E, C는 각각 베이스(Base), 이미터(Emitter), 컬렉터(Collector)이다.

해설 BJT
- 베이스 전류로 컬렉터 전류를 제어하는 전류제어 스위치이다.
- MOSFET, IGBT 등의 전압제어 스위치보다 훨씬 큰 구동전력이 필요하다.
- 회로기호 B, E, C는 각각 베이스(Base), 이미터(Emitter), 컬렉터(Collector)이다.

043 단상 변압기 2대를 병렬 운전할 경우, 각 변압기의 부하전류를 I_A, I_B 1차측으로 환산한 임피던스를 Z_A, Z_B 백분율 임피던스 강하를 z_a, z_b 정격용량을 P_A, P_B라 한다. 이때 부하 분담에 대한 관계로 옳은 것은?

① $\dfrac{I_A}{I_B} = \dfrac{Z_A}{Z_B}$

② $\dfrac{I_A}{I_B} = \dfrac{P_B}{P_A}$

③ $\dfrac{I_A}{I_B} = \dfrac{z_b}{z_a} \times \dfrac{P_A}{P_B}$

④ $\dfrac{I_A}{I_B} = \dfrac{Z_A}{Z_B} \times \dfrac{P_A}{P_B}$

해설 단상 변압기 2대 병렬운전인 경우 $z_a = \%z_a I_A$, $z_b = \%z_b I_B$ 라면

$z_a = \dfrac{I_A Z_A}{V_n} \times 100$, $Z_A = \dfrac{z_a V_n}{I_A \times 100}$

$z_b = \dfrac{I_B Z_B}{V_n} \times 100$, $Z_B = \dfrac{z_b V_n}{I_B \times 100}$

병렬 $V_n = $ 일정 $= I_A Z_A = I_B Z_B$

$\therefore \dfrac{I_A}{I_B} = \dfrac{Z_B}{Z_A} = \dfrac{\frac{Z_b V_n}{I_B \times 100}}{\frac{Z_a V_n}{I_A \times 100}} = \dfrac{Z_b V_n I_A}{Z_a V_n I_B} = \dfrac{Z_b}{Z_a} \times \dfrac{P_A}{P_B}$

단, A변압기 정격용량 $P_A = P_{an} = V_n I_A$, B변압기 정격용량 $P_B = P_{bn} = V_n I_B$ 이다.

044 사이클로 컨버터(Cyclo Converter)에 대한 설명으로 틀린 것은?

① DC-DC buck 컨버터와 동일한 구조이다.
② 출력주파수가 낮은 영역에서 많은 장점이 있다.
③ 시멘트공장의 분쇄기 등과 같이 대용량 저속 교류전동기 구동에 주로 사용된다.
④ 직류를 교류로 직접변환하면서 전압과 주파수를 동시에 가변하는 전력변환기이다.

해설 사이클로 컨버터(Cyclo converter)
- 출력주파수가 낮은 영역에서 많은 장점이 있다.
- 시멘트 공장의 분쇄기 등과 같이 대용량 저속 교류전동기 구동에 주로 사용된다.
- 직류를 교류로 직접 변환하면서 전압과 주파수를 동시에 가변하는 전력변환기이다.

045 극수 4이며 전기자 권선은 파권, 전기자 도체수가 250인 직류발전기가 있다. 이 발전기가 1200[rpm]으로 회전할 때 600[V]의 기전력을 유기하려면 1극당 자속은 몇 [Wb]인가?

① 0.04
② 0.05
③ 0.06
④ 0.07

해설 직류발전기의 유기기전력 $E = \dfrac{P}{a}Zn\phi\,[\text{V}]$

$\phi(1극당의\ 자속) = \dfrac{E}{\dfrac{P}{a}Z \times \dfrac{N}{60}} = \dfrac{600}{\dfrac{4}{2} \times 250 \times \dfrac{1200}{60}} = \dfrac{600}{10,000} = 0.06\,[\text{Wb}]$

046 직류발전기의 전기자 반작용에 대한 설명으로 틀린 것은?

① 전기자 반작용으로 인하여 전기적 중성축을 이동시킨다.
② 정류자 편간 전압이 불균일하게 되어 섬락의 원인이 된다.
③ 전기자 반작용이 생기면 주자속이 왜곡되고 증가하게 된다.
④ 전기자 반작용이란, 전기자 전류에 의하여 생긴 자속이 계자에 의해 발생되는 주자속에 영향을 주는 현상을 말한다.

해설 직류발전기의 전기자 반작용
- 전기자 반작용으로 인하여 전기적 중성축을 이동시킨다.
- 정류자 편간전압이 불균일하게 되어 섬락의 원인이 된다.
- 전기자 반작용이란 전기자 전류에 의하여 생긴 자속이 계자에 의해 발생되는 주자속에 영향을 주는 현상을 말한다.

047 기전력(1상)이 E_o이고 동기임피던스(1상)가 Z_s인 2대의 3상 동기발전기를 무부하로 병렬 운전시킬 때 각 발전기의 기전력 사이에 δ_s의 위상차가 있으면 한쪽 발전기에서 다른 쪽 발전기로 공급되는 1상당의 전력(W)은?

① $\dfrac{E_o}{Z_s}\sin\delta_s$　　　　② $\dfrac{E_o}{Z_s}\cos\delta_s$

③ $\dfrac{E_o^2}{2Z_s}\sin\delta_s$　　　　④ $\dfrac{E_o^2}{2Z_s}\cos\delta_s$

해설 2대의 3상 동기발전기를 무부하 병렬 운전할 때 한쪽 발전기(A기)에서 다른 쪽 발전기(B기)로 공급되는 1상당의 전력 $P = \dfrac{E_o^2}{2Z_s}\sin\delta_s$[W]이다[단, $E_o = E_A - E_B$[V], δ_s(기전력의 위상차)이다].

048 60[Hz], 6극의 3상 권선형 유도전동기가 있다. 이 전동기의 정격 부하시 회전수는 1140[rpm]이다. 이 전동기를 같은 공급전압에서 전부하토크로 기동하기 위한 외부저항은 몇 [Ω]인가? (단, 회전자 권선은 Y결선이며 슬립링간의 저항은 0.1[Ω]이다.)

① 0.5　　② 0.85
③ 0.95　　④ 1

해설 $N_s = \dfrac{120f}{P} = \dfrac{120 \times 60}{6} = 1200$[rpm]

s_1(슬립) $= \dfrac{N_s - N}{N_s} = \dfrac{1200 - 1140}{1200} = 0.05$

1상당 저항 $r_2 = \dfrac{0.1}{2} = 0.05$[Ω]

기동시 슬립 $s_2 = 1$에서 전부하 토크를 발생시키는데 필요한 외부삽입 저항 R_s라면

$\dfrac{r_2}{s_1} = \dfrac{r_2 + R_s}{s_2}$　　$\dfrac{0.05}{0.05} = \dfrac{0.05 + R_s}{1}$　　$1 - 0.05 = R_s$

∴ $R_s = 0.95$[Ω]

049 발전기 회전자에 유도자를 주로 사용하는 발전기는?

① 수차발전기　　② 엔진발전기
③ 터빈발전기　　④ 고주파발전기

해설 고주파발전기는 발전기 회전자에 유도자를 주로 사용하는 발전기이다.

050 3상 권선형 유도전동기 기동 시 2차측에 외부 가변저항을 넣는 이유는?

① 회전수 감소
② 기동전류 증가
③ 기동토크 감소
④ 기동전류 감소와 기동토크 증가

해설 3상 권선형 유도전동기 기동 시 2차측에 외부 가변저항을 넣는 이유는 기동전류 감소와 기동토크 증가이다.

051 1차 전압은 3300[V]이고 1차측 무부하전류는 0.15[A], 철손은 330[W]인 단상 변압기의 자화전류는 약 몇 [A]인가?

① 0.112
② 0.145
③ 0.181
④ 0.231

해설 P_i(철손) $= V_1 I_i$[W] I_i(철손 전류) $= \dfrac{P_i}{V_1} = \dfrac{330}{3300} = \dfrac{1}{10} = 0.1$[A]

또 I_o(무부하전류) $= \sqrt{(I_i)^2 + (I_\phi)^2}$ [A]

∴ I_ϕ(자화전류) $= \sqrt{(I_o)^2 - (I_i)^2} = \sqrt{(0.15)^2 - (0.1)^2} = \sqrt{0.0225 - 0.01} = \sqrt{0.0125} ≒ 0.112$[A]

052 유도전동기의 안정운전의 조건은? (단, T_m : 전동기 토크, T_L : 부하 토크, n : 회전수)

① $\dfrac{dT_m}{dn} < \dfrac{dT_L}{dn}$
② $\dfrac{dT_m}{dn} = \dfrac{dT_L^2}{dn}$
③ $\dfrac{dT_m}{dn} > \dfrac{dT_L}{dn}$
④ $\dfrac{dT_m}{dn} \neq \dfrac{dT_L^2}{dn}$

해설 유도전동기 n(속도)$-T$(토크) 곡선은 n 증가하면 T_L(부하 토크)가 T_m(전동기 토크)보다 커지고 n 감소하면 이와 반대가 된다. 즉, P점에서 안정운전하게 된다.

∴ 안정운전의 조건은 $\dfrac{dT_m}{dn} < \dfrac{dT_L}{dn}$ 이다.

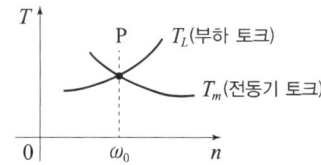

053 전압이 일정한 모선에 접속되어 역률 1로 운전하고 있는 동기전동기를 동기조상기로 사용하는 경우 여자전류를 증가시키면 이 전동기는 어떻게 되는가?

① 역률은 앞서고, 전기자 전류는 증가한다.
② 역률은 앞서고, 전기자 전류는 감소한다.
③ 역률은 뒤지고, 전기자 전류는 증가한다.
④ 역률은 뒤지고, 전기자 전류는 감소한다.

정답 050 ④ 051 ① 052 ① 053 ①

> **해설** 동기전동기를 동기조상기로 사용하는 경우 여자전류를 증가시키면 역률은 앞서고 전기자 전류는 증가한다.

054 직류기에서 계자자속을 만들기 위하여 전자석의 권선에 전류를 흘리는 것을 무엇이라 하는가?

① 보극
② 여자
③ 보상권선
④ 자화작용

> **해설** 여자란 직류기에서 계자자속을 만들기 위하여 전자석의 권선에 전류를 흘리는 것을 말한다.

055 동기리액턴스 $X_s = 10[\Omega]$, 전기자 권선저항 $r_a = 0.1[\Omega]$, 3상 중 1상의 유도기전력 $E = 6400[V]$, 단자전압 $V = 4000[V]$, 부하각 $\delta = 30°$이다. 비철극기인 3상 동기발전기의 출력은 약 몇 [kW]인가?

① 1280
② 3840
③ 5560
④ 6650

> **해설** 비철극기인 3상 동기발전기의 출력
> $$P_0 = 3 \times \frac{EV}{X_s} \sin\delta = 3 \times \frac{6400 \times 4000}{10} \times 10^{-3} \times \frac{1}{2} = \frac{3 \times 6400 \times 4}{20} = \frac{7680}{2} \fallingdotseq 3840[kW]$$

056 히스테리시스 전동기에 대한 설명으로 틀린 것은?

① 유도전동기와 거의 같은 고정자이다.
② 회전자 극은 고정자 극에 비하여 항상 각도 δ_n 만큼 앞선다.
③ 회전자가 부드러운 외면을 가지므로 소음이 적으며, 순조롭게 회전시킬 수 있다.
④ 구속 시부터 동기속도만을 제외한 모든 속도범위에서 일정한 히스테리시스 토크를 발생한다.

> **해설** 히스테리시스 전동기
> • 유도전동기와 거의 같은 고정자이다.
> • 회전자가 부드러운 외면을 가지므로 소음이 적으며 순조롭게 회전시킬 수 있다.
> • 구속시부터 동기속도만을 제외한 모든 속도범위에서 일정한 히스테리시스 토크를 발생한다.

057 단자전압 220[V], 부하전류 50[A]인 분권발전기의 유도기전력은 몇 [V]인가? (단, 여기서 전기자 저항은 0.2[Ω]이며, 계자전류 및 전기자 반작용은 무시한다.)

① 200
② 210
③ 220
④ 230

정답 054 ② 055 ② 056 ② 057 ④

> **해설** 분권발전기 단자전압 $V = E - Ir_a[\text{V}]$
> ∴ $E(\text{유도기전력}) = V + Ir_a = 220 + 50 \times 0.2 = 230[\text{V}]$

058 단상 유도전압조정기에서 단락권선의 역할은?

① 철손 경감
② 절연 보호
③ 전압강하 경감
④ 전압조정 용이

> **해설** 단상 유도전압조정기에서 단락권선의 역할은 전압강하를 경감시킨다.

059 3상 유도전동기에서 회전자가 슬립 s로 회전하고 있을 때 2차 유기전압 E_{2s} 및 2차 주파수 f_{2s}와 s와의 관계는? (단, E_2는 회전자가 정지하고 있을 때 2차 유기기전력이며 f_1은 1차 주파수이다.)

① $E_{2s} = sE_2,\ f_{2s} = sf_1$
② $E_{2s} = sE_2,\ f_{2s} = \dfrac{f_1}{s}$
③ $E_{2s} = \dfrac{E_2}{s},\ f_{2s} = \dfrac{f_1}{s}$
④ $E_{2s} = (1-s)E_2,\ f_{2s} = (1-s)f_1$

> **해설** 3상 유도전동기에서 회전자가 슬립 s로 회전하고 있을 때 $E_{2s}(\text{2차 유기기전력}) = sE_2[\text{V}]$, $f_{2s}(\text{2차 주파수}) = sf_1[\text{Hz}]$이다.

060 3300/220[V]의 단상 변압기 3대를 △-Y 결선하고 2차측 선간에 15[kW]의 단상 전열기를 접속하여 사용하고 있다. 결선을 △-△로 변경하는 경우 이 전열기의 소비전력은 몇 [kW]로 되는가?

① 5
② 12
③ 15
④ 21

> **해설** 변압기 △→Y결선을 △→△결선으로 변경시
> $V_Y\binom{Y\text{결선전압}}{\text{선간전압}} = \sqrt{3}\,V_\triangle\binom{\triangle\text{결선 전압}}{\text{상전압}}$, $I_Y\binom{Y\text{결선전류}}{\text{선전류}} = \sqrt{3}\,I_\triangle\binom{\triangle\text{결선 전류}}{\text{상전류}}$라면
> $P_Y(Y\text{결선전력}) = V_Y I_Y = 3V_\triangle I_\triangle = 3P_\triangle(\triangle\text{결선전력})$이다.
> ∴ △→Y결선 시 2차 $P_Y = 15[\text{kW}]$일 때 △→△ 변경 시 2차 $P_\triangle = \dfrac{1}{3}P_Y = \dfrac{15}{3} = 5[\text{kW}]$가 된다.

제4과목 회로이론 및 제어공학

061 블록선도와 같은 단위 피드백 제어시스템의 상태방정식은? (단, 상태변수는 $x_1(t) = c(t)$, $x_2(t) = \dfrac{d}{dt}c(t)$로 한다.)

① $\dot{x}_1(t) = x_2(t)$
　$\dot{x}_2(t) = -5x_1(t) - x_2(t) + 5r(t)$

② $\dot{x}_1(t) = x_2(t)$
　$\dot{x}_2(t) = -5x_1(t) - x_2(t) - 5r(t)$

③ $\dot{x}_1(t) = -x_2(t)$
　$\dot{x}_2(t) = 5x_1(t) + x_2(t) - 5r(t)$

④ $\dot{x}_1(t) = -x_2(t)$
　$\dot{x}_2(t) = -5x_1(t) - x_2(t) + 5r(t)$

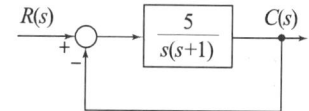

해설 상태변수 $c(t) = x_1(t)$, $\dfrac{d}{dt}c(t) = \dot{x}_1(t) = x_2(t)$ … ㉠

블록선도의 단위 피드백 제어시스템의 상태방정식의 전달함수

$$\frac{C(s)}{R(s)} = \frac{G(s)}{1+G(s)H(s)} = \frac{\dfrac{5}{s(s+1)}}{1+\dfrac{5}{s(s+1)}} = \frac{5}{s^2+s+5}$$

상태방정식은 $5r(t) = (s^2+s+5)c(t) = \dfrac{d^2}{dt^2}c(t) + \dfrac{d}{dt}c(t) + 5c(t) = \dot{x}_2(t) + \dot{x}_1(t) + 5x_1(t)$

$\dot{x}_2(t) = -5x_1(t) - x_2(t) + 5r(t)$ … ㉡

∴ ㉠, ㉡식이 상태방정식이다.

062 적분시간 3[sec], 비례 감도가 3인 비례적분 동작을 하는 제어요소가 있다. 이 제어요소에 동작신호 $x(t) = 2t$를 주었을 때 조작량은 얼마인가? (단, 초기 조작량 $y(t)$는 0으로 한다.)

① $t^2 + 2t$　　　　　　　② $t^2 + 4t$
③ $t^2 + 6t$　　　　　　　④ $t^2 + 8t$

해설 T(적분시간) = 3[sec], $x(t)$(동작신호) = $2t$, K(비례감도) = 3일 때

비례적분 동작의 조작량 = $K\left(x(t) + \dfrac{1}{T}\int x(t)dt\right) = 3\left(2t + \dfrac{1}{3}\int 2t\,dt\right)$

　　　　　　　　　　= $6t + \dfrac{3}{3} \times 2 \times \dfrac{t^2}{1+1} + y(t)$(초기 조작량) = $6t + t^2 + 0 = t^2 + 6t$

063 블록선도와 제어시스템은 단위 램프 입력에 대한 정상상태 오차(정상편차)가 0.01이다. 이 제어시스템의 제어요소인 $G_{C1}(s)$의 k는?

$$G_{C1}(s) = k, \quad G_{C2}(s) = \frac{1+0.1s}{1+0.2s}, \quad G_P(s) = \frac{200}{s(s+1)(s+2)}$$

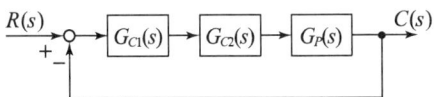

① 0.1
② 1
③ 10
④ 100

해설 개루프의 전달함수 $G(s) = G_{C1}(s)G_{C2}(s)G_P(s) = k \times \frac{1+0.1s}{1+0.2s} \times \frac{200}{s(s+1)(s+2)}$

속도편차상수 $k_V = \lim_{s \to 0} sG(s) = \lim_{s \to 0} \frac{k \times 200}{(s+1)(s+2)} \times \frac{1+0.1s}{1+0.2s} = \frac{200k}{2} = 100k$

램프 입력에 대한 정상상태가 100이 되기 위한 k값은 $\frac{1}{100k} = 0.01$

∴ $k = 1$이다.

---

064 개루프 전달함수 $G(s)H(s)$로부터 근궤적을 작성할 때 실수축에서의 점근선의 교차점은?

$$G(s)H(s) = \frac{K(s-2)(s-3)}{s(s+1)(s+2)(s+4)}$$

① 2
② 5
③ −4
④ −6

해설 $G(s)H(s)$로부터 근궤적을 작성할 때 실수축에서의 점근선의 교차점

$\sigma = \frac{\sum P_i - \sum Z_i}{P - Z} = \frac{-1-2-4-(2+3)}{4-2} = \frac{-12}{2} = -6$

---

065 2차 제어시스템의 감쇠율(damping ratio, ζ)이 $\zeta < 0$인 경우 제어시스템의 과도응답 특성은?

① 발산
② 무제동
③ 임계제동
④ 과제동

해설 2차 제어시스템의 감쇠율 $\zeta < 0$인 경우 제어시스템의 과도응답 특성은 발산이다. 또 감쇠율 $\zeta = 0$인 경우은 무제동, 감쇠율 $\zeta < 1$인 경우은 임계제동, 감쇠율 $\zeta > 1$인 경우 과제동이다.

정답 063 ② 064 ④ 065 ①

066 특성방정식이 $2s^4 + 10s^3 + 11s^2 + 5s + K = 0$으로 주어진 제어시스템이 안정하기 위한 조건은?

① $0 < K < 2$
② $0 < K < 5$
③ $0 < K < 6$
④ $0 < K < 10$

해설 Routh 판별법

s^4	2	·	11	·	K
s^3	10	·	5	·	0
s^2	$\frac{110-10}{10}=10$	·	$\frac{10K-0}{10}=K$	·	0
s^1	$\frac{50-10K}{10}$	·	0		
s^0	K	·			

1열에 부호변화가 없으므로 안정하다. 안정하기 위한 K값은
$\frac{50-10K}{10} > 0$, $50 > 10K$, $5 > K$ … ㉠
$K > 0$ …………………………… ㉡
∴ ㉠, ㉡식에서 안정하기 위한 조건은 $5 > K > 0$이다.

067 블록선도의 전달함수 $\left(\frac{C(s)}{R(s)}\right)$는?

① $\frac{G(s)}{1+H(s)}$
② $\frac{G(s)}{1+G(s)H(s)}$
③ $\frac{1}{1+H(s)}$
④ $\frac{1}{1+G(s)H(s)}$

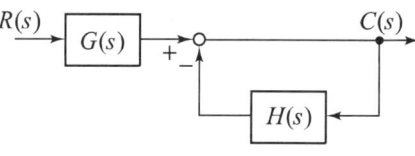

해설 블록선도의 전달함수
$\frac{C(s)}{R(s)} = G(s) \times \frac{1}{1+H(s)} = \frac{G(s)}{1+H(s)}$

068 신호흐름 선도에서 전달함수 $\left(\dfrac{C(s)}{R(s)}\right)$는?

① $\dfrac{abcde}{1-cg-bcdg}$

② $\dfrac{abcde}{1-cf+bcdg}$

③ $\dfrac{abcde}{1+cf-bcdg}$

④ $\dfrac{abcde}{1+cf+bcdg}$

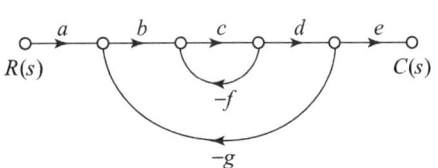

해설 메이슨의 공식에서 전달함수

$$\dfrac{C(s)}{R(s)} = \dfrac{\sum_{k=1}^{n} G_k \Delta_k}{\Delta} = \dfrac{G_1\Delta_1 + G_2\Delta_2 + \cdots}{1-(G_1H_1 + G_2H_2 + \cdots)} = \dfrac{abcde \times 1 + \cdots}{1-(-cf-bcdg+\cdots)} = \dfrac{abcde}{1+cf+bcdg}$$

069 $e(t)$의 z변환을 $E(z)$라고 했을 때 $e(t)$의 최종값 $e(\infty)$는?

① $\lim\limits_{z \to 1} E(z)$

② $\lim\limits_{z \to \infty} E(z)$

③ $\lim\limits_{z \to 1}(1-z^{-1})E(z)$

④ $\lim\limits_{z \to \infty}(1-z^{-1})E(z)$

해설 최종치 정리에서 $e(t)$의 최종값

$e(\infty) = \lim\limits_{t \to \infty} e(t) = \lim\limits_{z \to 1}(1-z^{-1})E(z)$ 이다.

070 $\overline{A} + \overline{B} \cdot \overline{C}$와 등가인 논리식은?

① $\overline{A \cdot (B+C)}$

② $\overline{A + B \cdot C}$

③ $\overline{A \cdot B + C}$

④ $\overline{A \cdot B} + C$

해설 $\overline{A}+\overline{B}\cdot\overline{C}$와 등가인 논리식 $=\overline{\overline{\overline{A}+\overline{B}\cdot\overline{C}}}=\overline{A\cdot(B+C)}$ 이다.

(단, $\overline{\overline{A}}=A$, $\overline{A+B}=\overline{A}\cdot\overline{B}$)

071 $F(s) = \dfrac{2s^2 + s - 3}{s(s^2 + 4s + 3)}$ 의 라플라스 역변환은?

① $1 - e^{-t} + 2e^{-3t}$
② $1 - e^{-t} - 2e^{-3t}$
③ $-1 - e^{-t} - 2e^{-3t}$
④ $-1 + e^{-t} + 2e^{-3t}$

해설 $F(s) = \dfrac{2s^2+s-3}{s(s^2+4s+3)} = \dfrac{2s^2+s-3}{s(s+1)(s+3)} = \dfrac{K_1}{s} + \dfrac{K_2}{s+1} + \dfrac{K_3}{s+3} = \dfrac{-1}{s} + \dfrac{1}{s+1} + \dfrac{2}{s+3}$ 를 라플라스 역변환하면

$K_1 = \lim\limits_{s\to 0} s\, F(s) = \lim\limits_{s\to 0} s \times \left(\dfrac{2s^2+s-3}{s(s+1)(s+3)}\right) = \lim\limits_{s\to 0} \dfrac{2s^2+s-3}{(s+1)(s+3)} = \dfrac{-3}{3} = -1$

$K_2 = \lim\limits_{s\to -1}(s+1)\, F(s) = \lim\limits_{s\to -1}(s+1) \times \dfrac{2s^2+s-3}{s(s+1)(s+3)} = \lim\limits_{s\to -1} \dfrac{2s^2+s-3}{s(s+3)}$
$= \dfrac{2(-1)^2-1-3}{-1(-1+3)} = \dfrac{-2}{-2} = 1$

$K_3 = \lim\limits_{s\to -3}(s+3) \times F(s) = \lim\limits_{s\to -3} \dfrac{2s^2+s-3}{s(s+1)} = \dfrac{2(-3)^2-3-3}{-3(-3+1)} = \dfrac{12}{6} = 2$

$f(t) = L^{-1}(F(s)) = L^{-1}\left(\dfrac{-1}{s} + \dfrac{1}{s+1} + \dfrac{2}{s+3}\right) = -1 + e^{-t} + 2e^{-3t}$

072 전압 및 전류가 다음과 같을 때 유효전력(W) 및 역률(%)은 각각 약 얼마인가?

$v(t) = 100\sin\omega t - 50\sin(3\omega t + 30°) + 20\sin(5\omega t + 45°)[\text{V}]$
$i(t) = 20\sin(\omega t + 30°) + 10\sin(3\omega t - 30°) + 5\cos 5\omega t[\text{A}]$

① 825[W], 48.6%
② 776.4[W], 59.7%
③ 1120[W], 77.4%
④ 1850[W], 89.6%

해설 유효전력은 같은 주파수 사이에만 존재한다.

$P(\text{유효전력}) = V_1 I_1 \cos\Psi_1 + V_3 I_3 \cos\Psi_3 + V_5 I_5 \cos\Psi_5$
$= \dfrac{100}{\sqrt{2}} \times \dfrac{20}{\sqrt{2}} \cos(0-30) + \dfrac{-50}{\sqrt{2}} \times \dfrac{10}{\sqrt{2}} \cos(30-(-30)) + \dfrac{20}{\sqrt{2}} \times \dfrac{5}{\sqrt{2}} \cos(45-90)$
$= \dfrac{2000}{2} \times \dfrac{\sqrt{3}}{2} - \dfrac{500}{2} \times \dfrac{1}{2} + \dfrac{100}{2} \times \dfrac{1}{\sqrt{2}} = 866.05 - 125 + 35.36 = 776.4[\text{W}] \cdots ㉠$

$P_a(\text{피상전력}) = VI = \sqrt{V_1^2 + V_3^2 + V_5^2} \times \sqrt{I_1^2 + I_3^2 + I_5^2}$
$= \sqrt{\left(\dfrac{100}{\sqrt{2}}\right)^2 + \left(\dfrac{-50}{\sqrt{2}}\right)^2 + \left(\dfrac{20}{\sqrt{2}}\right)^2} \times \sqrt{\left(\dfrac{20}{\sqrt{2}}\right)^2 + \left(\dfrac{10}{\sqrt{2}}\right)^2 + \left(\dfrac{5}{\sqrt{2}}\right)^2}$
$= \sqrt{6450} \times \sqrt{262.5} = 80.31 \times 16.20 ≒ 1301[\text{VA}] \cdots ㉡$

$\therefore \cos\theta(\text{역률}) = \dfrac{P}{P_a} \times 100 = \dfrac{776.4}{1301} \times 100 ≒ 59.7\%$

073 회로에서 $t=0$초일 때 닫혀 있는 스위치 S를 열었다. 이때 $\dfrac{dv(0^+)}{dt}$의 값은? (단, C의 초기 전압은 0[V]이다.)

① $\dfrac{1}{RI}$
② $\dfrac{C}{I}$
③ RI
④ $\dfrac{I}{C}$

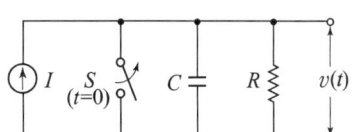

해설 회로에서 $t=0$초에서 닫혀 있는 S(스위치)를 여는 순간의 콘덴서 전류 $I=C\dfrac{dv(0^+)}{dt}$[A]

∴ 순간 전압의 변화 $\dfrac{dv(0^+)}{dt}=\dfrac{I}{C}$가 된다.

074 △ 결선된 대칭 3상 부하가 0.5[Ω]인 저항만의 선로를 통해 평형 3상 전압원에 연결되어 있다. 이 부하의 소비전력이 1800[W]이고 역률이 0.8(지상)일 때, 선로에서 발생하는 손실이 50[W]이면 부하의 단자전압(V)의 크기는?

① 627
② 525
③ 326
④ 225

해설 P_l(선로손실)$=I_l^2 R$[W]

I_l(선로전류)$=\sqrt{\dfrac{P_l}{R}}=\sqrt{\dfrac{50}{0.5}}=\sqrt{100}=10$[A]

$I_l=\sqrt{3}\,I$[A]

I(△결선(부하) 전류)$=\dfrac{I_l}{\sqrt{3}}=\dfrac{10}{\sqrt{3}}$[A] … ㉠

△결선 전력(부하 소비전력) $P=\sqrt{3}\,VI\cos\theta$[W]

∴ 부하의 단자전압 $V=\dfrac{P}{\sqrt{3}\,I\cos\theta}=\dfrac{1800}{\sqrt{3}\times\dfrac{10}{\sqrt{3}}\times 0.8}=\dfrac{1800}{8}=225$[V]

075 그림과 같이 △ 회로를 Y 회로로 등가 변환하였을 때 임피던스 Z_a[Ω]는?

① 12
② $-3+j6$
③ $4-j8$
④ $6+j8$

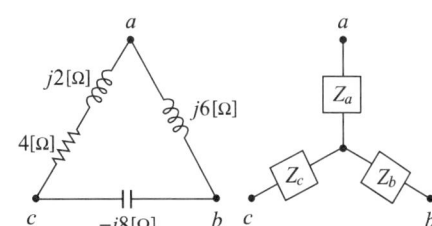

정답 073 ④ 074 ④ 075 ②

해설 △→Y 변환 시 Y각 상의 임피던스는

$$Z_a = \frac{(4+j2) \times j6}{4+j2+j6-j8} = \frac{-12+j24}{4} = -3+j6\,[\Omega]$$

$$Z_b = \frac{j6 \times (-j8)}{4+j2+j6-j8} = \frac{48}{4} = 12\,[\Omega]$$

$$Z_c = \frac{(4+j2) \times (-j8)}{4+j2+j6-j8} = \frac{16-j32}{4} = 4-j8\,[\Omega]$$

076 그림과 같은 H형의 4단자 회로망에서 4단자 정수(전송 파라미터) A는? (단, V_1은 입력전압이고, V_2는 출력전압이고, A는 출력 개방 시 회로망의 전압 이득 $\left(\dfrac{V_1}{V_2}\right)$이다.)

① $\dfrac{Z_1 + Z_2 + Z_3}{Z_3}$

② $\dfrac{Z_1 + Z_3 + Z_4}{Z_3}$

③ $\dfrac{Z_2 + Z_3 + Z_5}{Z_3}$

④ $\dfrac{Z_3 + Z_4 + Z_5}{Z_3}$

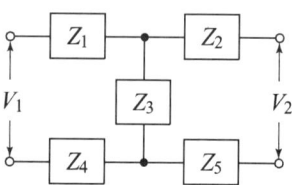

해설 H형 4단자망의 4단자 정수

$$\begin{vmatrix} A & B \\ C & D \end{vmatrix} = \begin{vmatrix} 1 & Z_1+Z_4 \\ 0 & 1 \end{vmatrix} \begin{vmatrix} 1 & 0 \\ \dfrac{1}{Z_3} & 1 \end{vmatrix} \begin{vmatrix} 1 & Z_2+Z_5 \\ 0 & 1 \end{vmatrix} = \begin{vmatrix} 1+\dfrac{Z_1+Z_4}{Z_3} & Z_2+Z_4 \\ \dfrac{1}{Z_3} & 1 \end{vmatrix} \begin{vmatrix} 1 & Z_2+Z_5 \\ 0 & 1 \end{vmatrix}$$

$$= \begin{vmatrix} 1+\dfrac{Z_1+Z_4}{Z_3} & (Z_2+Z_5)\left(1+\dfrac{Z_1+Z_4}{Z_3}\right)+(Z_2+Z_4) \\ \dfrac{1}{Z_3} & \dfrac{Z_2+Z_5}{Z_3}+1 \end{vmatrix}$$

∴ 4단자 정수 $A = 1 + \dfrac{Z_1+Z_4}{Z_3} = \dfrac{Z_1+Z_3+Z_4}{Z_3}$ 이다.

077 특성 임피던스가 400[Ω]인 회로 말단에 1200[Ω]의 부하가 연결되어 있다. 전원 측에 20[kV]의 전압을 인가할 때 반사파의 크기(kV)는? (단, 선로에서의 전압 감쇠는 없는 것으로 간주한다.)

① 3.3 ② 5
③ 10 ④ 33

> **해설** V_2(반사파 전압)$= \dfrac{Z_2-Z_1}{Z_1+Z_2} \times V_1 = \dfrac{1200-400}{400+1200}\times 20 = \dfrac{800}{1600}\times 20 = \dfrac{160}{16} = 10\,[\text{kV}]$

078 회로에서 전압 $V_{ab}[\text{V}]$는?

① 2
② 3
③ 6
④ 9

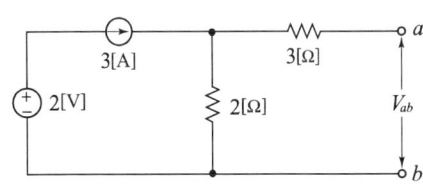

> **해설**
> - 정전류원 개방시 $V_{ab}=0$
> - 정전압원 단락시 $V_{ab}=IR=3\times 2 = 6\,[\text{V}]$

079 △결선된 평형 3상 부하로 흐르는 선전류가 I_a, I_b, I_c일 때, 이 부하로 흐르는 영상분 전류 $I_0[\text{A}]$는?

① $3I_a$
② I_a
③ $\dfrac{1}{3}I_a$
④ 0

> **해설** △결선된 평형 3상 부하에는 영상전류가 없다.
> ∴ I_0(영상전류) = 0이다.

080 저항 $R=15\,[\Omega]$과 인덕턴스 $L=3\,[\text{mH}]$를 병렬로 접속한 회로의 서셉턴스의 크기는 약 몇 [℧]인가? (단, $\omega = 2\pi \times 10^5$)

① 3.2×10^{-2}
② 8.6×10^{-3}
③ 5.3×10^{-4}
④ 4.9×10^{-5}

> **해설** 병렬회로 $Y = \dfrac{1}{R} + \dfrac{1}{jX_L} = G(\text{콘덕턴스}) - jb(\text{서셉턴스})\,[℧]$
> ∴ $|b| = \dfrac{1}{X_L} = \dfrac{1}{\omega L} = \dfrac{1}{2\pi\times 10^5 \times 3\times 10^{-3}} = \dfrac{1}{600\pi} = \dfrac{1}{600\times 3.14} \fallingdotseq 53\times 10^{-4}\,[℧]$

정답 078 ③ 079 ④ 080 ③

제5과목 전기설비기술기준

081 전기철도차량에 전력을 공급하는 전차선의 가선방식에 포함되지 않는 것은?

① 가공방식
② 강체방식
③ 제3레일방식
④ 지중조가선방식

> 해설) 전차선의 가선방식에는 가공방식, 강체방식, 제3레일방식이 있다.

082 수소냉각식 발전기 및 이에 부속하는 수소냉각장치에 대한 시설기준으로 틀린 것은?

① 발전기 내부의 수소의 온도를 계측하는 장치를 시설할 것
② 발전기 내부의 수소의 순도가 70% 이하로 저하한 경우에 경보를 하는 장치를 시설할 것
③ 발전기는 기밀구조의 것이고 또한 수소가 대기압에서 폭발하는 경우에 생기는 압력에 견디는 강도를 가지는 것일 것
④ 발전기 내부의 수소의 압력을 계측하는 장치 및 그 압력이 현저히 변동한 경우에 이를 경보하는 장치를 시설할 것

> 해설) 수소냉각장치의 시설기준
> • 발전기 내부에 수소온도를 계측하는 장치를 시설할 것
> • 발전기 내부에 수소압력장치와 압력 변동 경보장치를 설치할 것
> • 발전기는 기밀구조이고 수소가 대기압에서 폭발할 경우 압력에 견디는 강도일 것

083 저압전로의 보호도체 및 중성선의 접속방식에 따른 접지계통의 분류가 아닌 것은?

① IT 계통
② TN 계통
③ TT 계통
④ TC 계통

> 해설) 보호도체 및 중성선의 접속방식에 따른 접지계통의 분류는 IT계통, TN계통, TT계통 이다.

084 교통신호등 회로의 사용전압이 몇 [V]를 넘는 경우는 전로에 지락이 생겼을 경우 자동적으로 전로를 차단하는 누전차단기를 시설하는가?

① 60
② 150
③ 300
④ 450

> 해설) 교통신호등의 사용전압이 150[V] 넘는 경우 지락발생 시 자동 누전차단기를 설치한다.

정답 081 ④ 082 ② 083 ④ 084 ②

085 터널 안의 전선로의 저압전선이 그 터널 안의 다른 저압전선(관등회로의 배선은 제외한다) 약전류전선 등 또는 수관·가스관이나 이와 유사한 것과 접근하거나 교차하는 경우, 저압전선을 애자공사에 의하여 시설하는 때에는 이격거리가 몇 [cm] 이상이어야 하는가? (단, 전선이 나전선이 아닌 경우이다.)

① 10　　　　　　　　　　② 15
③ 20　　　　　　　　　　④ 25

해설　전선이 나전선이 아닌 경우 저압전선을 애자공사에 의하여 시설할 때는 이격거리 10[cm] 이상이어야 한다.

086 저압 절연전선으로 「전기용품 및 생활용품 안전관리법」의 적용을 받는 것 이외에 KS에 적합한 것으로서 사용할 수 없는 것은?

① 450/750[V] 고무절연전선
② 450/750[V] 비닐절연전선
③ 450/750[V] 알루미늄절연전선
④ 450/750[V] 저독성 난연 폴리올레핀절연전선

해설　저압절연전선으로 KS규격에 적합한 것은 450/750[V] 비닐절연전선, 450/750[V] 고무절연전선, 450/750[V] 저독성 난연 폴리올레핀절연전선이다.

087 사용전압이 154[kV]인 모선에 접속되는 전력용 커패시터에 울타리를 시설하는 경우 울타리의 높이와 울타리로부터 충전부분까지 거리의 합계는 몇 [m] 이상되어야 하는가?

① 2　　　　　　　　　　② 3
③ 5　　　　　　　　　　④ 6

해설　154[kV] 모선에 접속되는 전력용 커패시터에 울타리를 시설하는 경우 울타리의 높이와 울타리로부터 충전부분까지 거리의 합계는 6[m] 이상이어야 한다.

088 태양광설비에 시설하여야 하는 계측기의 계측대상에 해당하는 것은?

① 전압과 전류　　　　　　② 전력과 역률
③ 전류와 역률　　　　　　④ 역률과 주파수

해설　태양광설비에는 전압과 전류의 계측기로 시설해야 한다.

정답　085 ①　086 ③　087 ④　088 ①

089 전선의 단면적이 38[mm²]인 경동연선을 사용하고 지지물로는 B종 철주 또는 B종 철근콘크리트주를 사용하는 특고압 가공전선로를 제3종 특고압 보안공사에 의하여 시설하는 경우 경간은 몇 [m] 이하이어야 하는가?

① 100
② 150
③ 200
④ 250

해설 특고압 가공전선로를 제3종 특고압 보안공사에 의하여 시설하는 경우 경간은 200[m]이하이어야 한다.

090 저압 전로에서 정전이 어려운 경우 등 절연저항 측정이 곤란한 경우 저항성분의 누설전류가 몇 [mA] 이하이면 그 전로의 절연성능은 적합한 것으로 보는가?

① 1
② 2
③ 3
④ 4

해설 전로의 절연성능은 저항성분의 누설전류가 1[mA] 이하이면 적합한 것으로 본다.

091 금속제 가요전선관 공사에 의한 저압 옥내배선의 시설기준으로 틀린 것은?

① 가요전선관 안에는 전선에 접속점이 없도록 한다.
② 옥외용 비닐절연전선을 제외한 절연전선을 사용한다.
③ 점검할 수 없는 은폐된 장소에는 1종 가요전선관을 사용할 수 있다.
④ 2종 금속제 가요전선관을 사용하는 경우에 습기 많은 장소에 시설하는 때에는 비닐피복 2종 가요전선관으로 한다.

해설 금속제 가요전선관 공사에 의한 저압 옥내배선의 시설기준
• 가요전선관 안에는 전선의 접속이 없도록 한다.
• 옥외용 비닐절연전선을 제외한 절연전선을 사용한다.
• 습기가 많은 장소에 시설할 때는 비닐피복 2종 가요전선관을 사용한다.

092 리플프리(Ripple-free)직류란 교류를 직류로 변환할 때 리플성분의 실횻값이 몇 % 이하로 포함된 직류를 말하는가?

① 3
② 5
③ 10
④ 15

해설 리플프리(Ripple-free)직류란 교류를 직류로 변환할 때 리플성분의 실횻값이 10% 이하 포함된 직류를 말한다.

정답 089 ③ 090 ① 091 ③ 092 ③

093 사용전압이 22.9[kV]인 가공전선로를 시가지에 시설하는 경우 전선의 지표상 높이는 몇 [m] 이상인가? (단, 전선은 특고압 절연전선을 사용한다.)

① 6
② 7
③ 8
④ 10

해설 특고압 절연전선을 사용한 22.9[kV]인 가공전선을 시가지에 시설할 경우 전선의 지표상 높이는 8[m] 이상이어야 한다.

094 가공전선로의 지지물에 시설하는 지선으로 연선을 사용할 경우, 소선(素線)은 몇 가닥 이상이어야 하는가?

① 2
② 3
③ 5
④ 9

해설 가공전선로의 지지물에 시설하는 지선으로 연선을 사용할 경우 소선은 3가닥 이상이어야 한다.

095 다음 ( )에 들어갈 내용으로 옳은 것은?

> 지중전선로는 기설 지중약전류전선로에 대하여 (ⓐ) 또는 (ⓑ)에 의하여 통신상의 장해를 주지 않도록 기설 약전류전선로로부터 충분히 이격시키거나 기타 적당한 방법으로 시설하여야 한다.

① ⓐ 누설전류, ⓑ 유도작용
② ⓐ 단락전류, ⓑ 유도작용
③ ⓐ 단락전류, ⓑ 정전작용
④ ⓐ 누설전류, ⓑ 정전작용

해설 다음 ( )의 내용은 ⓐ 누설전류 ⓑ 유도작용이다.

096 사용전압이 22.9[kV]인 가공전선로의 다중접지한 중성선과 첨가 통신선의 이격거리는 몇 [cm] 이상이어야 하는가? (단, 특고압 가공전선로는 중성선 다중접지식의 것으로 전로에 지락이 생긴 경우 2초 이내에 자동적으로 이를 전로로부터 차단하는 장치가 되어 있는 것으로 한다.)

① 60
② 75
③ 100
④ 120

해설 22.9[kV]인 특고압 가공전선로의 다중접지한 중성선과 첨가 통신선의 이격거리는 60[cm] 이상이어야 한다.

정답 093 ③ 094 ② 095 ① 096 ①

097 사용전압이 22.9[kV]인 가공전선이 삭도와 제1차 접근상태로 시설되는 경우, 가공전선과 삭도 또는 삭도용 지주 사이의 이격거리는 몇 [m] 이상으로 하여야 하는가? (단, 전선으로는 특고압 절연전선을 사용한다.)

① 0.5
② 1
③ 2
④ 2.12

해설 22.9[kV]인 특고압 가공절연전선이 삭도와 제1차 접근상태로 시설되는 경우 삭도용 지주 사이의 이격거리는 1[m] 이상이어야 한다.

098 저압 옥내배선에 사용하는 연동선의 최소 굵기는 몇 [mm²]인가?

① 1.5
② 2.5
③ 4.0
④ 6.0

해설 저압 옥내배선에 사용하는 연동선의 최소 굵기는 2.5[mm²]이어야 한다.

099 전격살충기의 전격격자는 지표 또는 바닥에서 몇 [m] 이상의 높은 곳에 시설하여야 하는가?

① 1.5
② 2
③ 2.8
④ 3.5

해설 전격살충기의 전격격자는 지표 또는 바닥에서 3.5[m] 이상에 시설하여야 한다.

100 전기철도의 설비를 보호하기 위해 시설하는 피뢰기의 시설기준으로 틀린 것은?

① 피뢰기는 변전소 인입측 및 급전선 인출측에 설치하여야 한다.
② 피뢰기는 가능한 한 보호하는 기기와 가깝게 시설하되 누설전류 측정이 용이하도록 지지대와 절연하여 설치한다.
③ 피뢰기는 개방형을 사용하고 유효 보호거리를 증가시키기 위하여 방전개시전압 및 제한전압이 낮은 것을 사용한다.
④ 피뢰기는 가공전선과 직접 접속하는 지중케이블에서 낙뢰에 의해 절연파괴의 우려가 있는 케이블 단말에 설치하여야 한다.

해설 피뢰기의 시설기준
- 피뢰기는 변전소 인입측 또는 급전선 인출측에 설치한다.
- 피뢰기는 보호하는 기기와 가깝게 설치 누설전류 측정이 용이하도록 지지대와 절연하여 설치한다.
- 지중케이블에서는 낙뢰에 절연파괴의 우려가 있는 케이블 단말에 설치한다.

정답 097 ② 098 ② 099 ④ 100 ③

제1과목 전기응용 및 공사재료

001 형광등은 형광체의 종류에 따라 여러 가지 광색을 얻을 수 있다. 형광체가 규산아연일 때의 광색은?

① 녹색 ② 백색
③ 청색 ④ 황색

 형광체가 규산아연일 때의 형광등의 광체는 녹색이다.

002 자기방전량만을 항시 충전하는 부동충전방식의 일종인 충전방식은?

① 세류충전 ② 보통충전
③ 급속충전 ④ 균등충전

해설 세류충전 : 자기방전량만을 항시 충전하는 부동충전방식의 일종이다.

003 흑연화로, 카보런덤로, 카바이드로 등의 전기로 가열방식은?

① 아크 가열 ② 유도가열
③ 간접저항 가열 ④ 직접저항 가열

해설 직접저항 가열방식
피연물에 직접 통전하여 발열시키는 흑연화로, 카보런덤로, 카바이드로 등의 전기로 가열방식이다.

004 양수량 30[m³/min], 총양정 10[m]를 양수하는데 필요한 펌프용 전동기의 소요출력(kW)은 약 얼마인가? (단, 펌프의 효율은 75%, 여유계수는 1.1이다.)

① 59 ② 64
③ 72 ④ 78

정답 001 ① 002 ① 003 ④ 004 ③

해설 Q_A (양수량)$= 30\,[\text{m}^3/\text{min}] = \dfrac{Q}{60}\,[\text{m}^3/\text{sec}]$

∴ 펌프용 전동기 소요출력

$$P = \dfrac{9.8 Q_A HK}{\eta} = \dfrac{9.8 \times \left(\dfrac{Q}{60}\right) HK}{\eta} = \dfrac{9.8 QHK}{60\eta} = \dfrac{9.8 \times 30 \times 10 \times 1.1}{60 \times 0.75} = \dfrac{3.243}{45} \fallingdotseq 72\,[\text{kW}]$$

005 유전체 자신을 발열시키는 유전가열의 특징으로 틀린 것은?

① 열이 유전체 손에 의하여 피열물 자체 내에서 발생한다.
② 온도상승 속도가 빠르다.
③ 표면의 소손과 균열이 없다.
④ 전 효율이 좋고, 설비비가 저렴하다.

해설 유전체 자신을 발열시키는 유전가열의 특징
- 전 효율이 좋고, 설비비가 저렴하다.
- 온도상승 속도가 빠르다.
- 표면의 소손과 균열이 없다.

006 다이오드 클램퍼(clamper)의 용도는?

① 전압증폭 ② 전류증폭
③ 전압제한 ④ 전압레벨 이동

해설 다이오드 클램퍼(clamper)는 전압레벨을 이동한다.

007 루소 선도가 다음과 같이 표시될 때, 배광곡선의 식은?

① $I_\theta = \dfrac{\theta}{\pi} \times 100$

② $I_\theta = \dfrac{\pi - \theta}{\pi} \times 100$

③ $I_\theta = 100\cos\theta$

④ $I_\theta = 50(1 + \cos\theta)$

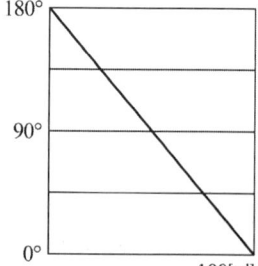

해설 θ방향의 광도를 I_θ라고 하면 루소 선도에서
$I_\theta : 50 = r(1+\cos\theta) : r$
∴ $I_\theta = 50(1+\cos\theta)$

정답 005 ① 006 ④ 007 ④

008 하역 기계에서 무거운 것은 저속으로, 가벼운 것은 고속으로 작업하여 고속이나 저속에서 다 같이 동일한 동력이 요구되는 부하는?

① 정토크 부하
② 정동력 부하
③ 정속도 부하
④ 제곱토크 부하

해설 정동력 부하란
하역 기계에서 무거운 것은 저속으로, 가벼운 것은 고속으로 작업하여 고속이나 저속에서 다 같이 동일한 동력이 요구되는 부하이다.

009 총 중량이 50[t]이고, 전동기 6대를 가진 전동차가 구배 20[‰]의 직선 궤도를 올라가고 있다. 주행속도 40[km/h]일 때 각 전동기의 출력(kW)은 약 얼마인가? (단, 가속저항은 1550[kg], 중량 당 주행저항은 8[kg/t], 전동기 효율은 0.9이다.)

① 52
② 60
③ 66
④ 72

해설 주행저항과 경사저항에 의한 견인력 $F_1 = W(R_r + R_g) = 50(8+20) = 50 \times 28 = 1400[kg]$ … ㉠
가속저항에 의한 견인력 $F_2 = 1550[kg]$ … ㉡
전 견인력 $F = F_1 + F_2 = 1400 + 1550 = 2950[kg]$ … ㉢
일 $FV = n\eta Pt$
∴ $P(전동기\ 출력) = \dfrac{FV}{n\eta t} = \dfrac{2950 \times 40}{6 \times 0.9 \times 367} = \dfrac{118000}{1981.8} ≒ 60[kW]$ ($1[kg \cdot m] = \dfrac{1}{9.8}[N \cdot m]$)
∴ $1[kg \cdot m] = \dfrac{60 \times 60}{9.8}[kW] ≒ 3671[kW]$이다.

010 반도체에 빛이 가해지면 전기 저항이 변화되는 현상은?

① 홀효과
② 광전효과
③ 제백효과
④ 열진동효과

해설 광전효과란 반도체에 빛이 가해지면 전기 저항이 변화되는 현상을 말한다.

011 합성수지몰드공사에 관한 설명으로 틀린 것은?

① 합성수지몰드 안에는 금속제의 조인트박스를 사용하여 접속이 가능하다.
② 합성수지몰드 상호 간 및 합성수지몰드와 박스 기타의 부속품과는 전선이 노출되지 아니하도록 접속해야 한다.
③ 합성수지몰드의 내면은 전선의 피복이 손상될 우려가 없도록 매끈한 것이어야 한다.
④ 합성수지몰드는 홈의 폭 및 깊이가 3.5[cm] 이하로 두께는 2[mm] 이상의 것이어야 한다.

정답 008 ② 009 ② 010 ② 011 ①

> **[해설]** 합성수지몰드공사
> - 합성수지몰드 상호 간 및 합성수지몰드와 박스 기타의 부속품과는 전선이 노출되지 아니하도록 접속해야 한다.
> - 합성수지몰드의 내면은 전선의 피복이 손상될 우려가 없도록 매끈한 것이어야 한다.
> - 합성수지몰드는 홈의 폭 및 깊이가 3.5[cm] 이하로 두께는 2[mm] 이상의 것이어야 한다.

012 고유저항(20℃에서)이 가장 큰 것은?

① 텅스텐   ② 백금
③ 은   ④ 알루미늄

> **[해설]** 20℃에서 고유저항이 가장 큰 것은 백금이다.

013 무대 조명의 배치별 구분 중 무대 상부 배치조명에 해당되는 것은?

① Foor ligkt   ② Tower light
③ Ceiling Spot light   ④ Suspension Spot light

> **[해설]** Suspension Spot light는 무대 조명의 배치별 구분 중 무대 상부 배치조명에 해당된다.

014 버스덕트공사에서 덕트 최대 폭(mm)에 따른 덕트 판의 최소 두께(mm)로 틀린 것은? (단, 덕트는 강판으로 제작된 것이다.)

① 덕트 최대 폭 100[mm] : 최소 두께 1.0[mm]
② 덕트 최대 폭 200[mm] : 최소 두께 1.4[mm]
③ 덕트 최대 폭 600[mm] : 최소 두께 2.0[mm]
④ 덕트 최대 폭 800[mm] : 최소 두께 2.6[mm]

> **[해설]** 버스 덕트 공사에서 덕트 최대 폭(mm)에 따른 덕트 판의 최소 두께(mm)로 옳은 것
> - 덕트 최대 폭 100[mm] : 최소 두께 1.0[mm]
> - 덕트 최대 폭 200[mm] : 최소 두께 1.4[mm]
> - 덕트 최대 폭 600[mm] : 최소 두께 2.0[mm]

015 전선 배열에 따라 장주를 구분할 때 수직 배열에 해당되는 장주는?

① 보통 장주   ② 래크 장주
③ 창출 장주   ④ 편출 장주

> **[해설]** 전선 배열에 따라 장주를 구분할 때 래크 장주는 수직 배열에 해당된다.

정답 012 ② 013 ④ 014 ④ 015 ②

016 다음 중 절연성, 내온성, 내유성이 풍부하며 연피케이블에 사용하는 전기용 테이프는?

① 면테이프 ② 비닐테이프
③ 리노테이프 ④ 고무테이프

해설 리노테이프는 절연성, 내온성, 내유성이 풍부하며 연피케이블에 사용하는 전기용 테이프이다.

017 피뢰침용 인하도선으로 가장 적당한 전선은?

① 동선 ② 고무 절연전선
③ 비닐 절연전선 ④ 캡타이어 케이블

해설 동선은 피뢰침용 인하도선으로 가장 적당한 전선이다.

018 경완철에 현수애자를 설치할 경우에 사용하는 자재가 아닌 것은?

① 볼쇄클 ② 소켓아이
③ 인장클램프 ④ 볼크레비스

해설 경완철에 현수애자를 설치할 경우 사용되는 자재는 볼쇄클, 소켓아이, 인장클램프 등이다.

019 3[MVA] 이하 H종 건식변압기에서 절연재료로 사용하지 않는 것은?

① 명주 ② 마이카
③ 유리섬유 ④ 석면

해설 3[MVA] 이하 H종 건식변압기에서 절연재료로 사용하는 것은 마이카, 유리섬유, 석면 등이다.

020 저압 가공 인입선에서 금속관 공사로 옮겨지는 곳 또는 금속관으로부터 전선을 뽑아 전동기 단자 부분에 접속할 때 사용하는 것은?

① 엘보 ② 터미널 캡
③ 접지클램프 ④ 엔트런스 캡

해설 터미널 캡은 저압 가공 인입선에서 금속관 공사로 옮겨지는 곳 또는 금속관으로부터 전선을 뽑아 전동기 단자 부분에 접속할 때 사용하는 것이다.

정답 016 ③ 017 ① 018 ④ 019 ① 020 ②

제2과목 전력공학

021 비등수형 원자로의 특징에 대한 설명으로 틀린 것은?

① 증기 발생기가 필요하다.
② 저농축 우라늄을 연료로 사용한다.
③ 노심에서 비등을 일으킨 증기가 직접 터빈에 공급되는 방식이다.
④ 가압수형 원자로에 비해 출력밀도가 낮다.

해설 비등수형 원자로의 특징
- 저농축 우라늄을 연료로 사용한다.
- 노심에서 비등을 일으킨 증기가 직접 터빈에 공급되는 방식이다.
- 가압수형 원자로에 비해 출력밀도가 낮다.

022 전력계통에서 내부 이상전압의 크기가 가장 큰 경우는?

① 유도성 소전류 차단 시
② 수차발전기의 부하 차단 시
③ 무부하 선로 충전전류 차단 시
④ 송전선로의 부하 차단기 투입 시

해설 전력계통에서 내부 이상전압의 크기가 가장 큰 경우는 무부하 선로 충전전류 차단 시이다.

023 송전단 전압을 V_s, 수전단 전압을 V_r, 선로의 리액턴스를 X라 할 때 정상 시의 최대 송전전력의 개략적인 값은?

① $\dfrac{V_s - V_r}{X}$
② $\dfrac{V_s^2 - V_r^2}{X}$
③ $\dfrac{V_s(V_s - V_r)}{X}$
④ $\dfrac{V_s V_r}{X}$

해설 최대 송전전력의 개략적인 값은 $P_s ≒ \dfrac{V_s V_r}{X}$ [kW]이다.

024 망상(network) 배전방식의 장점이 아닌 것은?

① 전압변동이 적다.
② 인축의 접지사고가 적어진다.
③ 부하의 증가에 대한 융통성이 크다.
④ 무정전 공급이 가능하다.

해설 망상(network) 배전방식의 단점은 인축의 접지사고가 적어진다.

정답 021 ① 022 ③ 023 ④ 024 ②

025 500[kVA]의 단상 변압기 상용 3대(결선 Δ-Δ), 예비 1대를 갖는 변전소가 있다. 부하의 증가로 인하여 예비 변압기까지 동원해서 사용한다면 응할 수 있는 최대부하(kVA)는 약 얼마인가?

① 2000
② 1730
③ 1500
④ 830

해설 500[kVA]의 단상 변압기 4대를 V결선 두 회로를 병렬 연결 운전하면 응할 수 있는 최대부하 $kVA = 2 \times \sqrt{3} \, VI = 2 \times \sqrt{3} \times 500 = \sqrt{3} \times 1000 ≒ 1730[kVA]$이다.

026 배전용 변전소의 주변압기로 주로 사용되는 것은?

① 강압 변압기
② 체승 변압기
③ 단권 변압기
④ 3권선 변압기

해설 배전용 변전소의 주변압기로 주로 사용되는 것은 강압 변압기이다.

027 3상용 차단기의 정격 차단용량은?

① $\sqrt{3}$×정격전압×정격 차단전류
② $3\sqrt{3}$×정격전압×정격전류
③ 3×정격전압×정격 차단전류
④ $\sqrt{3}$×정격전압×정격전류

해설 3상용 차단기의 정격 차단용량 $P_a = \sqrt{3}$×정격전압×정격 차단전류이다.

028 3상 3선식 송전선로에서 각 선의 대지정전용량이 0.5096[μF]이고, 선간정전용량이 0.1295[μF]일 때, 1선의 작용정전용량은 약 몇 [μF]인가?

① 0.6
② 0.9
③ 1.2
④ 1.8

해설 3상 3선식 송전선로에서 1선의 작용정전용량 $C = C_s$(대지정전용량)$+ 3C_m$(선간정전용량)$= C_s + 3C_m = 0.5096 + 3 \times 0.1295 ≒ 0.9[μF]$이다.

029 그림과 같은 송전계통에서 S점에 3상 단락사고가 발생했을 때 단락전류(A)는 약 얼마인가? (단, 선로의 길이와 리액턴스는 각각 50[km], 0.6[Ω/km]이다.)

① 224
② 324
③ 454
④ 554

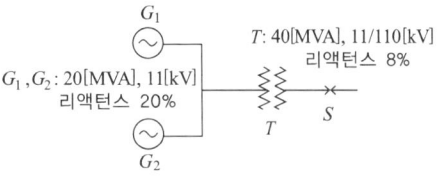

정답 025 ② 026 ① 027 ① 028 ② 029 ④

해설 40[MVA] 기준 정격전류 $I_n = \dfrac{P_a}{\sqrt{3}\,V_2} = \dfrac{40 \times 10^3}{\sqrt{3} \times 110} = \dfrac{40 \times 10^3}{190.531} ≒ 210[\text{A}]$ … ㉠

발전기 $\%X_{G1} = \%X_{G2} = \dfrac{40}{G_1} \times 20 = \dfrac{40}{G_2} \times 20 = \dfrac{40}{20} \times 20 = 40\%$ … ㉡

G_1과 G_2 병렬합성 $\%X_G = \dfrac{40 \times 40}{40 + 40} = \dfrac{40}{2} = 20\%$ … ㉢

변압기 $\%X_T = 8\%$ … ㉣

선로 $\%X_l = \dfrac{PZ}{10\,V_2^2} = \dfrac{40 \times 10^3 \times 50 \times 0.6}{10 \times (110)^2} = \dfrac{1200 \times 10^3}{121000} = \dfrac{1200}{121} ≒ 9.92\%$ … ㉤

총 $\%X = \%X_G + \%X_T + \%X_l = 20 + 8 + 9.92 = 37.92\%$

∴ S점에 3상 단락사고 발생 시 단락전류 $I_s = \dfrac{100}{\%X} \times I_n = \dfrac{100}{37.92} \times 210 ≒ 554[\text{A}]$

---

030 전력계통의 전압을 조정하는 가장 보편적인 방법은?

① 발전기의 유효전력 조정　　② 부하의 유효전력 조정
③ 계통의 주파수 조정　　　　④ 계통의 무효전력 조정

해설 전력계통의 전압을 조정하는 가장 보편적인 방법은 계통의 무효전력 조정이다.

---

031 역률 0.8(지상)의 2800[kW] 부하에 전력용 콘덴서를 병렬로 접속하여 합성역률을 0.9로 개선하고자 할 경우, 필요한 전력용 콘덴서의 용량(kVA)은 약 얼마인가?

① 372　　② 558
③ 744　　④ 1116

해설 P_a(역률개선용 전력콘덴서의 용량) $= P(\tan\theta_1 - \tan\theta_2) = P\left(\dfrac{\sin\theta_1}{\cos\theta_1} - \dfrac{\sin\theta_2}{\cos\theta_2}\right)$

$= 2800\left(\dfrac{0.6}{0.8} - \dfrac{\sqrt{1-(0.9)^2}}{0.9}\right) = 2800\left(\dfrac{3}{4} - \dfrac{\sqrt{0.19}}{0.9}\right) = 2800\left(0.75 - \dfrac{0.4359}{0.9}\right)$

$= 2800(0.75 - 0.4843) = 2800 \times 0.2657 ≒ 744$

---

032 컴퓨터에 의한 전력조류 계산에서 슬랙(slack)모선의 초기치로 지정하는 값은? (단, 슬랙모선을 기준모선으로 한다.)

① 유효전력과 무효전력　　② 전압 크기와 유효전력
③ 전압 크기와 위상각　　　④ 전압 크기와 무효전력

해설 컴퓨터에 의한 전력조류 계산에서 슬랙(slack)모선의 초기치로 지정하는 값은 슬랙(slack)모선을 기준모선으로 하면 전압크기와 위상각이다.

정답　030 ④　031 ③　032 ③

033 직격뢰에 대한 방호설비로 가장 적당한 것은?

① 복도체
② 가공지선
③ 서지흡수기
④ 정전방전기

해설 가공지선은 직격뢰에 대한 방호설비로 가장 적당하다.

034 저압배전선로에 대한 설명으로 틀린 것은?

① 저압 뱅킹방식은 전압변동을 경감할 수 있다.
② 밸런서(balancer)는 단상 2선식에 필요하다.
③ 부하율(F)과 손실계수(H) 사이에는 $1 \geq F \geq H \geq F^2 \geq 0$의 관계가 있다.
④ 수용률이란 최대수용전력을 설비용량으로 나눈 값을 퍼센트로 나타낸 것이다.

해설 저압배전선로
- 저압 뱅킹방식은 전압변동을 경감할 수 있다.
- 부하율(F)과 손실계수(H) 사이에는 $1 \geq F \geq H \geq F^2 \geq 0$의 관계가 있다.
- 수용률이란 최대수용전력을 설비용량으로 나눈 값을 퍼센트로 나타낸 것이다.

035 증기터빈 내에서 팽창 도중에 있는 증기를 일부 추기하여 그것이 갖는 열을 급수가열에 이용하는 열사이클은?

① 랭킨사이클
② 카르노사이클
③ 재생사이클
④ 재열사이클

해설 재생사이클이란 증기터빈 내에서 팽창 도중에 있는 증기를 일부 추기하여 그것이 갖는 열을 급수가열에 이용하는 열사이클이다.

036 단상 2선식 배전선로의 말단에 지상역률 $\cos\theta$인 부하 P[kW]가 접속되어 있고 선로말단의 전압은 V[V]이다. 선로 한 가닥의 저항을 $R[\Omega]$이라 할 때 송전단의 공급전력(kW)은?

① $P + \dfrac{P^2 R}{V\cos\theta} \times 10^3$
② $P + \dfrac{2P^2 R}{V\cos\theta} \times 10^3$
③ $P + \dfrac{P^2 R}{V^2 \cos^2\theta} \times 10^3$
④ $P + \dfrac{2P^2 R}{V^2 \cos^2\theta} \times 10^3$

해설 단상 2선식 배전선로에서 송전단의 공급전력＝말단의 부하전력(P)＋선로손실(P_l)＝
$P + 2I^2 R = P + 2 \times \left(\dfrac{P}{V\cos\theta}\right)^2 R = P + \dfrac{2P^2 R}{V^2 \cos^2\theta} \times 10^3$[kW]

정답 033 ② 034 ② 035 ③ 036 ④

037 선로, 기기 등의 절연수준 저감 및 전력용 변압기의 단절연을 모두 행할 수 있는 중성점 접지방식은?

① 직접접지방식
② 소호리액터접지방식
③ 고저항접지방식
④ 비접지방식

> **해설** 직접접지방식은 선로, 기기 등의 절연수준 저감 및 전력용 변압기의 단절연을 모두 행할 수 있는 중성점 접지방식이다.

038 최대수용전력이 3[kW]인 수용가가 3세대, 5[kW]인 수용가가 6세대라고 할 때, 이 수용가군에 전력을 공급할 수 있는 주상변압기의 최소용량(kVA)은? (단, 역률은 1, 수용가간의 부등률은 1.3이다.)

① 25
② 30
③ 35
④ 40

> **해설** 합성 최대전력 $= \dfrac{\text{최대수용전력의 합}}{\text{부등률}} = \dfrac{3 \times 3 + 5 \times 6}{1.3} = \dfrac{39}{1.3} = 30\,[\text{kW}]$
>
> ∴ 주상변압기의 최소용량 $= \dfrac{\text{합성 최대전력}}{\cos\theta} = \dfrac{30}{1} = 30\,[\text{kVA}]$

039 부하전류 차단이 불가능한 전력개폐장치는?

① 진공차단기
② 유입차단기
③ 단로기
④ 가스차단기

> **해설** 단로기(DS)는 부하전류 차단이 불가능한 전력개폐장치이다.

040 가공송전선로에서 총 단면적이 같은 경우 단도체와 비교하여 복도체의 장점이 아닌 것은?

① 안정도를 증대시킬 수 있다.
② 공사비가 저렴하고 시공이 간편하다.
③ 전선표면의 전위경도를 감소시켜 코로나 임계전압이 높아진다.
④ 선로의 인덕턴스가 감소되고 정전용량이 증가해서 송전용량이 증대된다.

> **해설** 복도체의 장점
> • 안정도를 증대시킬 수 있다.
> • 전선표면의 전위경도를 감소시켜 코로나 임계전압이 높아진다.
> • 선로의 인덕턴스가 감소되고 정전용량이 증가해서 송전용량이 증대된다.

정답 037 ① 038 ② 039 ③ 040 ②

제3과목 전기기기

041 부하전류가 크지 않을 때 직류 직권전동기 발생 토크는? (단, 자기회로가 불포화인 경우이다.)

① 전류에 비례한다.
② 전류에 반비례한다.
③ 전류의 제곱에 비례한다.
④ 전류의 제곱에 반비례한다.

해설 자기회로가 불포화인 직류 직권전동기의 발생 토크

$$T = \frac{EI_a}{\omega} = \frac{\frac{P}{a}Zn\phi}{\omega} \times I_a \fallingdotseq \phi I_a \fallingdotseq I_a^2 [\text{kg} \cdot \text{m}] \quad (단, \; \phi \fallingdotseq I_a 이다.)$$

∴ 직류 직권전동기의 발생 토크는 전류의 제곱에 비례한다.

042 동기전동기에 대한 설명으로 틀린 것은?

① 동기전동기는 주로 회전계자형이다.
② 동기전동기는 무효전력을 공급할 수 있다.
③ 동기전동기는 제동권선을 이용한 기동법이 일반적으로 많이 사용된다.
④ 3상 동기전동기의 회전방향을 바꾸려면 계자권선 전류의 방향을 반대로 한다.

해설 동기전동기
• 동기전동기는 주로 회전계자형이다.
• 동기전동기는 무효전력을 공급할 수 있다.
• 동기전동기는 제동권선을 이용한 기동법이 일반적으로 많이 사용된다.

043 동기발전기에서 동기속도와 극수와의 관계를 옳게 표시한 것은? (단, N_s : 동기속도, P : 극수이다.)

①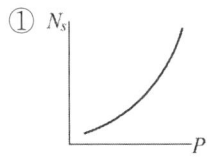
②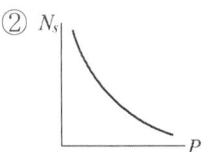
③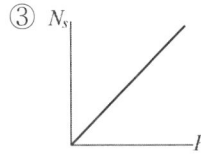
④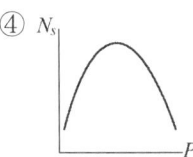

해설 동기발전기의 동기속도 $N_s = \frac{120f}{P} [\text{rpm}]$

P(극수)가 증가함에 따라 동기속도(N_s)는 감소되는 자속의 속도가 된다.

044 어떤 직류전동기가 역기전력 200[V], 매분 1200회전으로 토크 158.76[N·m]를 발생하고 있을 때의 전기자 전류는 약 몇 [A]인가? (단, 기계손 및 철손은 무시한다.)

① 90 ② 95
③ 100 ④ 105

해설 $P = EI_a = \omega T$ [W]

I_a(전기자 전류) $= \dfrac{\omega T}{E} = \dfrac{2\pi \dfrac{N}{60} T}{E} = \dfrac{2\pi \times \dfrac{1200}{60} \times 158.76}{200} = \dfrac{40\pi \times 158.76}{200} \fallingdotseq 100$ [A]

045 일반적인 DC 서보모터의 제어에 속하지 않는 것은?

① 역률제어 ② 토크제어
③ 속도제어 ④ 위치제어

해설 일반적인 DC(직류) 서보모터의 제어에 속하는 것은 토크제어, 속도제어, 위치제어이다.

046 극수가 4극이고 전기자권선이 단중 중권인 직류발전기의 전기자전류가 40[A]이면 전기자권선의 각 병렬회로에 흐르는 전류(A)는?

① 4 ② 6
③ 8 ④ 10

해설 단중 중권일 때는 $a = P = 4$이다.

직류발전기 전기자권선의 각 병렬회로에 흐르는 전류 $I = \dfrac{I_a}{a(P)} = \dfrac{40}{4} = 10$ [A]이다.

047 부스트(Boost)컨버터의 입력전압이 45[V]로 일정하고, 스위칭 주기가 20[kHz], 듀티비(Duty ratio)가 0.6, 부하저항이 10[Ω]일 때 출력전압은 몇 [V]인가? (단, 인덕터에는 일정한 전류가 흐르고 커패시터 출력전압의 리플성분은 무시한다.)

① 27 ② 67.5
③ 75 ④ 112.5

해설 스위칭 주기 $T = \dfrac{1}{f} = \dfrac{1}{20 \times 10^3} = 0.5 \times 10^{-4} = 5 \times 10^{-5}$ [sec]

충격파전압은 $45 + 45 \times 0.5 = 45 + 22.5 = 67.5$ [V]

∴ 출력전압 $V_o = 45 + 67.5 = 112.5$ [V]

정답 044 ③ 045 ① 046 ④ 047 ④

048 8극, 900[rpm] 동기발전기와 병렬 운전하는 6극 동기발전기의 회전수는 몇 [rpm]인가?

① 900
② 1000
③ 1200
④ 1400

해설 $P_1 = 8$극 동기발전기의 동기속도 $N(s) = \dfrac{120f}{P_1}$[rpm]

주파수 $f = \dfrac{N(s) \times P_1}{120} = \dfrac{900 \times 8}{120} = \dfrac{7200}{120} = 60$[Hz]

$P_2 = 6$극 동기발전기의 회전수 $N(s) = \dfrac{120f}{P_2} = \dfrac{120 \times 60}{6} = 1200$[rpm]

049 변압기 단락시험에서 변압기의 임피던스 전압이란?

① 1차 전류가 여자전류에 도달했을 때의 2차측 단자전압
② 1차 전류가 정격전류에 도달했을 때의 2차측 단자전압
③ 1차 전류가 정격전류에 도달했을 때의 변압기 내의 전압강하
④ 1차 전류가 2차 단락전류에 도달했을 때의 변압기 내의 전압강하

해설 변압기 단락시험에서 변압기의 임피던스 전압 $V_{1s} = Z_{12}I_{1n}$[V]란 1차 전류가 정격전류(I_{1n})에 도달했을 때의 변압기 내의 전압강하($Z_{12}I_{1n}$)를 말한다.

050 단상 정류자전동기의 일종인 단상 반발전동기에 해당되는 것은?

① 시라게전동기
② 반발유도전동기
③ 아트킨손형 전동기
④ 단상 직권 정류자전동기

해설 아트킨손형 전동기는 단상 정류자전동기의 일종인 단상 반발전동기이다.

051 와전류 손실을 패러데이 법칙으로 설명한 과정 중 틀린 것은?

① 와전류가 철심 내에 흘러 발열 발생
② 유도기전력 발생으로 철심에 와전류가 흐름
③ 와전류 에너지 손실량은 전류밀도에 반비례
④ 시변 자속으로 강자성체 철심에 유도기전력 발생

해설 와전류 손실의 패러데이 법칙
- 와전류가 철심 내에 흘러 발열 발생
- 유도기전력 발생으로 철심에 와전류가 흐름
- 시변 자속으로 강자성체 철심에 유도기전력 발생

052 10[kW], 3상 380[V] 유도전동기의 전부하전류는 약 몇 [A]인가? (단, 전동기의 효율은 85%, 역률은 85%이다.)

① 15
② 21
③ 26
④ 36

해설
$$\eta(효율) = \frac{P_o}{P_i} = \frac{P_o}{\sqrt{3}\,VI\cos\theta}$$
$$\therefore I(전부하전류) = \frac{P_o}{\sqrt{3}\,V\cos\theta\,\eta} = \frac{10\times 10^3}{\sqrt{3}\times 380 \times 0.85 \times 0.85} = \frac{10\times 10^3}{475.548} \fallingdotseq 21[A]$$

053 변압기의 주요 시험항목 중 전압변동률 계산에 필요한 수치를 얻기 위한 필수적인 시험은?

① 단락시험
② 내전압시험
③ 변압비시험
④ 온도상승시험

해설 단락시험은 변압기의 주요 시험항목 중 전압변동률 계산에 필요한 수치를 얻기 위한 필수적인 시험이다.

054 2전동기설에 의하여 단상 유도전동기의 가상적 2개의 회전자 중 정방향에 회전하는 회전자 슬립이 s이면 역방향에 회전하는 가상적 회전자의 슬립은 어떻게 표시되는가?

① $1+s$
② $1-s$
③ $2-s$
④ $3-s$

해설 2전동기설에 의하여 단상 유도전동기의 가상적인 2개의 회전자 중 정방향으로 회전하는 회전자 슬립이 s이면 역방향으로 회전하는 가상적인 회전자 슬립은 $2-s$이다.

055 3상 농형 유도전동기의 전전압 기동토크는 전부하토크의 1.8배이다. 이 전동기에 기동보상기를 사용하여 기동전압을 전전압의 2/3로 낮추어 기동하면, 기동토크는 전부하토크 T와 어떤 관계인가?

① $3.0T$
② $0.8T$
③ $0.6T$
④ $0.3T$

해설 $T_s = T_s'(기동토크) \fallingdotseq V^2(전전압) \fallingdotseq I_s^2(기동전류)$이다.
$T_s = 1.8T \fallingdotseq V^2$, $T_s' \fallingdotseq \left(\frac{2}{3}V\right)^2$
$\therefore \dfrac{1.8T}{T_s'} \fallingdotseq \dfrac{1}{\left(\frac{2}{3}\right)^2}$ 에서 $T_s' = 1.8T \times \dfrac{4}{9} = \dfrac{7.2T}{9} = 0.8T$

단, T : 전부하토크, V : 전전압(공급전압)이다.

정답 052 ② 053 ① 054 ③ 055 ②

056 변압기에서 생기는 철손 중 와류손(Eddy Current Loss)은 철심의 규소강판 두께와 어떤 관계에 있는가?

① 두께에 비례
② 두께의 2승에 비례
③ 두께의 3승에 비례
④ 두께의 1/2승에 비례

해설 변압기에서 생기는 철손 중 와류손(Eddy Current Loss)$= \eta(ftK_fB_m)^2 ≒ t^2$
즉, 철판두께(t)의 2승에 비례한다.

057 50[Hz], 12극의 3상 유도전동기가 10[HP]의 정격출력을 내고 있을 때, 회전수는 약 몇 [rpm]인가? (단, 회전자 동손은 350[W]이고, 회전자 입력은 회전자 동손과 정격출력의 합이다.)

① 468
② 478
③ 488
④ 500

해설 N_s(동기속도)$= \dfrac{120f}{P} = \dfrac{120 \times 50}{12} = 500[\text{rpm}]$ … ㉠

P_2(회전자 입력)$= P_{c2} + P_0 = 350 + 746 \times 10 = 7810[\text{W}]$

$P_{c2} = sP_2$, s(슬립)$= \dfrac{P_{c2}}{P_2} = \dfrac{350}{7810} ≒ 0.0448$ …… ㉡

s(슬립)$= \dfrac{N_s - N}{N_s}$

∴ N(회전수)$= (1-s)N_s = (1-0.0448) \times 500 = 0.9552 \times 500 ≒ 478[\text{rpm}]$

058 변압기의 권수를 N이라고 할 때 누설의 인덕턴스는?

① N에 비례한다.
② N^2에 비례한다.
③ N에 반비례한다.
④ N^2에 반비례한다.

해설 렌츠법칙에서 $LI = N\phi$,

L(누설 인덕턴스)$= \dfrac{N\phi}{I} = \dfrac{N \times \dfrac{NI}{R}}{I} = \dfrac{N^2}{R} ≒ N^2[\text{H}]$

∴ 변압기에서 누설 인덕턴스는 N^2(권수자승)에 비례한다.

059 동기발전기의 병렬 운전조건에서 같지 않아도 되는 것은?

① 기전력의 용량
② 기전력의 위상
③ 기전력의 크기
④ 기전력의 주파수

정답 056 ② 057 ② 058 ② 059 ①

해설 동기발전기의 병렬 운전조건
- 기전력의 크기가 같을 것
- 기전력의 위상이 같을 것
- 기전력의 주파수가 같을 것
- 발생전압의 주파수가 같을 것

060 다이오드를 사용하는 정류회로에서 과대한 부하전류로 인하여 다이오드가 소손될 우려가 있을 때 가장 적절한 조치는 어느 것인가?

① 다이오드를 병렬로 추가한다.
② 다이오드를 직렬로 추가한다.
③ 다이오드 양단에 적당한 값의 저항을 추가한다.
④ 다이오드 양단에 적당한 값의 커패시터를 추가한다.

해설 다이오드를 사용하는 정류회로에서 과대한 부하전류로 인하여 다이오드가 소손될 우려가 있을 때는 다이오드를 정류회로에 병렬로 추가한다.

제4과목 회로이론 및 제어공학

061 전달함수가 $G_C(s) = \dfrac{s^2+3s+5}{2s}$ 인 제어기가 있다. 이 제어기는 어떤 제어기인가?

① 비례미분 제어기
② 적분 제어기
③ 비례적분 제어기
④ 비례미분 적분 제어기

해설 비례요소의 전달함수 : K, 미분요소의 전달함수 : Ts
적분요소의 전달함수 : $\dfrac{1}{Ts}$, 1차 지연요소의 전달함수 : $\dfrac{K}{1+Ts}$ 등이다.
∴ $G_C(s)$(전달함수)$=\dfrac{s^2+3s+5}{2s}=\dfrac{1}{2}s+\dfrac{3}{2}+\dfrac{5}{2s}=Ts$(미분요소)$+K$(비례요소)$+\dfrac{K}{Ts}$(적분요소)
=비례미분 적분 제어기이다.

062 다음 논리회로의 출력 Y는?

① A
② B
③ A+B
④ A·B

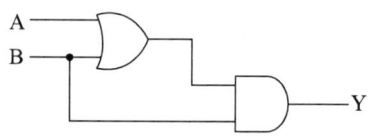

정답 060 ① 061 ④ 062 ②

해설 논리회로의 출력
Y = (A+B)·B = A·B+B·B = AB+B = B(A+1) = B

063 그림과 같은 제어시스템이 안정하기 위한 k의 범위는?

① $k > 0$
② $k > 1$
③ $0 < k < 1$
④ $0 < k < 2$

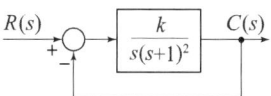

해설 특성방정식은 $1+G(s)H(s) = 1+\dfrac{k}{s(s+1)^2} = \dfrac{s(s+1)^2+k}{s(s+1)^2} = 0$

∴ $s(s+1)^2+k = s(s^2+2s+1)+k = s^3+2s^2+s+k = 0$의 Routh판별법은

$$\begin{array}{c|cc} s^3 & 1 & 1 \\ s^2 & 2 & k \\ s^1 & \dfrac{2\times 1-k}{2} & 0 \\ s^0 & k & \end{array}$$

제어시스템이 안정하기 위한 k의 범위는 $\dfrac{2-k}{2} > 0$, $2-k > 0$, $2 > k > 0$이다.

064 다음과 같은 상태방정식으로 표현되는 제어시스템의 특성방정식의 근(s_1, s_2)은?

$$\begin{bmatrix} \dot{x}_1 \\ \dot{x}_2 \end{bmatrix} = \begin{bmatrix} 0 & 1 \\ -2 & -3 \end{bmatrix} \begin{bmatrix} x_1 \\ x_2 \end{bmatrix} + \begin{bmatrix} 1 \\ 0 \end{bmatrix} u$$

① 1, -3
② -1, -2
③ -2, -3
④ -1, -3

해설 상태방정식으로 표현되는 제어시스템의 특성방정식의 근

$SI-A = \begin{bmatrix} s & 0 \\ 0 & s \end{bmatrix} - \begin{bmatrix} 0 & 1 \\ -2 & -3 \end{bmatrix} = \begin{bmatrix} s & -1 \\ 2 & (s+3) \end{bmatrix} = s(s+3)+2 = s^2+3s+2 = 0$

∴ $(s+1)(s+2) = 0$, $s_1 = -1$, $s_2 = -2$이다.

065 그림의 블록선도와 같이 표현되는 제어시스템에서 $A=1$, $B=1$일 때, 블록선도의 출력 C는 약 얼마인가?

① 0.22
② 0.33
③ 1.22
④ 3.1

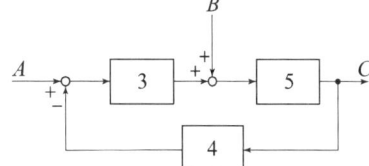

해설 $C(출력) = (3(A-4C)+B)5 = ((3A-12C)+B)5 = 15A - 60C + 5B$
$61C = 15A + 5B = 20$
$\therefore C(출력) = \dfrac{20}{61} \fallingdotseq 0.33$

066 제어요소가 제어대상에 주는 양은?

① 동작신호 ② 조작량
③ 제어량   ④ 궤환량

해설 조작량이란 제어요소가 제어대상에 주는 양을 말한다.

067 전달함수가 $\dfrac{C(s)}{R(s)} = \dfrac{1}{3s^2 + 4s + 1}$ 인 제어시스템의 과도 응답 특성은?

① 무제동   ② 부족제동
③ 임계제동 ④ 과제동

해설 특성방정식 $3s^2 + 4s + 1 = 0$에서 제동비 δ값은 $s^2 + \dfrac{4s}{3} + \dfrac{1}{3} = 0$은 특성방정식의 일반식
$s^2 + 2\delta\omega_n s + \omega_n^2 = 0$에서 $b = 2\delta\omega_n = \dfrac{4}{3}$ … ㉠
$C = \omega_n^2 = \dfrac{1}{3}$
$\omega_n = \dfrac{1}{\sqrt{3}}$ … ㉡을 ㉠식에 대입하면 $2\delta\omega_n = 2\delta \times \dfrac{1}{\sqrt{3}} = \dfrac{4}{3}$

$\delta(제동비) = \dfrac{\frac{4}{3}}{2\omega_n} = \dfrac{\frac{4}{3}}{2 \times \frac{1}{\sqrt{3}}} = \dfrac{4\sqrt{3}}{6} = 1.15466$ … ㉢

$\therefore \delta > 1$ 과제동, $\delta < 1$ 부족제동, $\delta = 1$ 임계제동, $\delta = 0$ 무제동이다.

068 함수 $f(t) = e^{-\alpha t}$의 z변환함수 $F(z)$는?

① $\dfrac{2z}{z - e^{\alpha T}}$ ② $\dfrac{1}{z + e^{\alpha T}}$
③ $\dfrac{z}{z + e^{-\alpha T}}$ ④ $\dfrac{z}{z - e^{-\alpha T}}$

해설 함수 $f(t) = e^{-\alpha t}$의 z변환함수 $F(z) = \dfrac{z}{z - e^{-\alpha T}}$ 이다.

069 제어시스템의 주파수 전달함수가 $G(j\omega) = j5\omega$ 이고, 주파수가 $\omega = 0.02$[rad/sec]일 때 이 제어시스템의 이득(dB)은?

① 20
② 10
③ −10
④ −20

해설 g(제어시스템의 주파수 이득) $= 20\log_{10} G(j\omega) = 20\log_{10}(5\omega) = 20\log_{10}(5 \times 0.02) = 20\log_{10} 0.1$
$= 20\log_{10}\frac{1}{10} = 20\log_{10} 1 - 20\log_{10} 10 = 0 - 20 = -20$[dB]

070 그림과 같은 제어시스템의 폐루프 전달함수 $T(s) = \dfrac{C(s)}{R(s)}$에 대한 감도 S_K^T는?

① 0.5
② 1
③ $\dfrac{G}{1+GH}$
④ $\dfrac{-GH}{1+GH}$

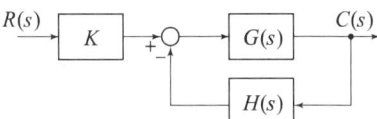

해설 $C(s) = (KR(s) - C(s)H(s))G(s)$
$C(s)(1 + G(s)H(s)) = KG(s)R(s)$
$T(전달함수) = \dfrac{C(s)}{R(s)} = \dfrac{KG(s)}{1+G(s)H(s)}$ 이다.
∴ 감도 $S_K^T = \dfrac{K}{T} \times \dfrac{dT}{dK} = \dfrac{K}{\frac{KG(s)}{1+G(s)H(s)}} \times \dfrac{d}{dK}\dfrac{KG(s)}{1+G(s)H(s)} = \dfrac{1+G(s)H(s)}{G(s)} \times \dfrac{G(s)}{1+G(s)H(s)} = 1$

071 그림 (a)와 같은 회로에 대한 구동점 임피던스의 극점과 영점이 각각 그림 (b)에 나타낸 것과 같고 $Z(0) = 1$일 때, 이 회로에 $R[\Omega]$, $L[H]$, $C[F]$의 값은?

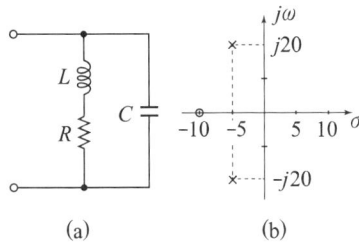

(a)　　　(b)

① $R = 1.0[\Omega]$, $L = 0.1[H]$, $C = 0.0235[F]$
② $R = 1.0[\Omega]$, $L = 0.2[H]$, $C = 1.0[F]$
③ $R = 2.0[\Omega]$, $L = 0.1[H]$, $C = 0.0235[F]$
④ $R = 2.0[\Omega]$, $L = 0.2[H]$, $C = 1.0[F]$

🔍 **해설** 구동점 임피던스

$$Z(s) = \frac{\frac{1}{sC}(R+sL)}{R+sL+\frac{1}{sC}} = \frac{R+sL = 0(영점)}{sCR+s^2LC+1 = 0(극점)} [\Omega]$$

① $Z(0) = 1 = R[\Omega]$이다.

② 분자=0, 영점(0), 그림 (b)에서 $s_1 = -10$, $R = 1[\Omega]$이다.
$R + s_1L = 0$, $s_1L = -R$, $-10L = -1$, $L(인덕턴스) = \frac{1}{10} = 0.1[H]$

③ 분모=0, 극점(×), $R=1[\Omega]$, $L=0.1[H]$, 그림 (b)에서 $s_2 = -5+j20$, $s_3 = -5-j20$이다.
$sCR + s^2LC + 1 = 0$, $C(s \times 1 + s^2 \times 0.1) + 1 = 0$, $C(s + 0.1s^2) = -1$

$\therefore C = \frac{-1}{s+0.1s^2} = \frac{-1}{s(1+0.1s)} = \frac{-1}{s_2(1+0.1s_3)} = \frac{-1}{(-5+j20)(1+0.1(-5-j20))}$

$= \frac{-1}{(-5+j20)(1-0.5-j2)} = \frac{-1}{(-5+j20)(0.5-j2)} = \frac{-1}{(-2.5+40)+j(10+10)}$

$= \frac{-1}{37.5+j20} = \frac{-1}{\sqrt{(37.5)^2+(20)^2}} = \frac{-1}{\sqrt{1806.25}} = \frac{1}{42.5} = 0.0235[F]$

(단, -1는 콘덴서이다.)

072 회로에서 저항 $1[\Omega]$에 흐르는 전류 $I[A]$는?

① 3
② 2
③ 1
④ -1

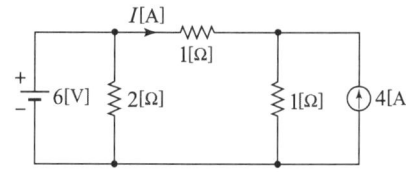

🔍 **해설** 중첩의 정리에서

① 정전류원 개방 시 $1[\Omega]$ 저항에 흐르는 전류 $I_1[A]$는 분배법칙에서
$I_1 = \frac{2}{2+2} \times I_t = \frac{2}{4} \times \frac{6}{\frac{2 \times 2}{2+2}} = \frac{2}{4} \times \frac{6}{1} = \frac{12}{4} = 3[A]$ … ㉠

② 정전압원 단락 시 $1[\Omega]$ 저항에 흐르는 전류 $I_2[A]$는 분배법칙에서
$I_2 = \frac{1}{1+1} \times I_t = \frac{1}{2} \times 4 = 2[A]$ … ㉡

∴ 정전압원과 정전류원 동시 존재 시 $1[\Omega]$ 저항에 흐르는 전류 $I = I_1 - I_2 = 3 - 2 = 1[A]$

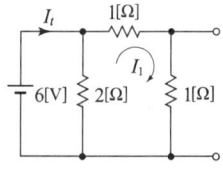

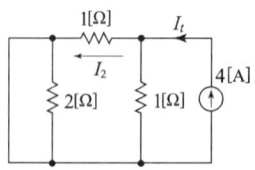

073 파형이 톱니파인 경우 파형률은 약 얼마인가?

① 1.155
② 1.732
③ 1.414
④ 0.577

해설 파형이 톱니파(3각파) 전류이면 실횻값 $=\dfrac{I_m}{\sqrt{3}}$, 평균값 $=\dfrac{I_m}{2}$

∴ 톱니파 전류의 파형률 $=\dfrac{실효값}{평균값}=\dfrac{\dfrac{I_m}{\sqrt{3}}}{\dfrac{I_m}{2}}=\dfrac{2}{\sqrt{3}}=\dfrac{2}{1.732}≒1.155$

074 무한장 무손실 전송선로의 임의의 위치에서 전압이 100[V]이었다. 이 선로의 인덕턴스가 $7.5[\mu\text{H/m}]$이고, 커패시턴스가 $0.012[\mu\text{F/m}]$일 때 이 위치에서 전류(A)는?

① 2
② 4
③ 6
④ 8

해설 무한장 무손실 전송선로 $R=0$, $G=0$이다.

$Z_o=\sqrt{\dfrac{Z}{Y}}=\sqrt{\dfrac{R+j\omega L}{G\pm j\omega C}}=\sqrt{\dfrac{L}{C}}=\sqrt{\dfrac{7.5\times 10^{-6}}{0.012\times 10^{-6}}}=\sqrt{625}=25[\Omega]$

∴ 임의 위치에서 전류 $I=\dfrac{V}{Z_o}=\dfrac{100}{25}=4[\text{A}]$이다.

075 전압 $v(t)=14.14\sin\omega t+7.07\sin\left(3\omega t+\dfrac{\pi}{6}\right)$[V]의 실횻값은 약 몇 [V]인가?

① 3.87
② 11.2
③ 15.8
④ 21.2

해설 순시치 전압에서의 실효치 전압

$V=\sqrt{V_1^2+V_3^2}=\sqrt{\left(\dfrac{14.14}{\sqrt{2}}\right)^2+\left(\dfrac{7.07}{\sqrt{2}}\right)^2}=\sqrt{(10)^2+(5)^2}=\sqrt{125}≒11.2[\text{V}]$

076 그림과 같은 평형 3상회로에서 전원 전압이 $V_{ab}=200$[V]이고 부하 한상의 임피던스가 $Z=4+j3[\Omega]$인 경우 전원과 부하사이 선전류 I_a는 약 몇 [A]인가?

① $40\sqrt{3}\angle 36.87°$
② $40\sqrt{3}\angle -36.87°$
③ $40\sqrt{3}\angle 66.87°$
④ $40\sqrt{3}\angle -66.87°$

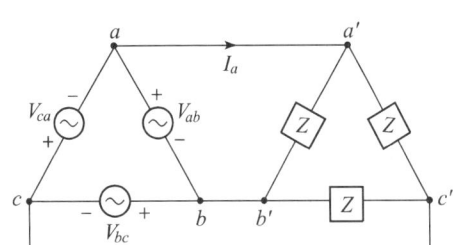

해설 그림에서 전원과 부하사이의 선전류와 위상각

$$I_a = \sqrt{3}\,I_{a'b'} = \sqrt{3}\times\frac{V_{ab}}{Z} = \sqrt{3}\times\frac{200}{4+j3} = \sqrt{3}\times\frac{200}{\sqrt{4^2+3^2}\angle\tan^{-1}\frac{3}{4}} = \sqrt{3}\times\frac{200}{5}\angle-\tan^{-1}\frac{3}{4}$$
$$= \sqrt{3}\times 40\angle-36.87° = 40\sqrt{3}\angle-36.87°\,[A]$$

077 정상상태에서 $t=0$초인 순간에 스위치 S를 열었다. 이때 흐르는 전류 $i(t)$는?

① $\dfrac{V}{R}e^{-\frac{R+r}{L}t}$

② $\dfrac{V}{r}e^{-\frac{R+r}{L}t}$

③ $\dfrac{V}{R}e^{-\frac{L}{R+r}t}$

④ $\dfrac{V}{r}e^{-\frac{L}{R+r}t}$

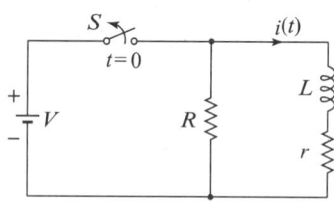

해설 정상상태에서 $t=0$초인 순간에 스위치 S를 열었다.

[초기 조건 $t=0$, S 닫힌 상태 $\dfrac{V}{r} = Ae^{-0} = A$(초기값)]

∴ 과도전류 $i(t) = Ae^{-\frac{R+r}{L}t} = \dfrac{V}{r}e^{-\frac{R+r}{L}t}\,[A]$이다.

078 선간전압이 150[V], 선전류가 $10\sqrt{3}$[A], 역률이 80%인 평상 3상 유도성 부하로 공급되는 무효전력(var)은?

① 3600
② 3000
③ 2700
④ 1800

해설 $\sin\theta = \sqrt{1-(\cos\theta)^2} = \sqrt{1-(0.8)^2} = \sqrt{1-0.64} = 0.6$

P_r(평형 3상 무효전력)$= \sqrt{3}\,VI\sin\theta = \sqrt{3}\times 150\times 10\sqrt{3}\times 0.6 = 150\times 30\times 0.6 = 2700\,[\text{var}]$

079 그림과 같은 함수의 라플라스 변환은?

① $\dfrac{1}{s}(e^s - e^{2s})$

② $\dfrac{1}{s}(e^{-s} - e^{-2s})$

③ $\dfrac{1}{s}(e^{-2s} - e^{-s})$

④ $\dfrac{1}{s}(e^{-s} + e^{-2s})$

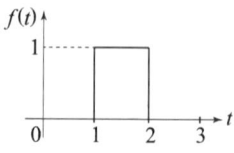

정답 077 ② 078 ③ 079 ②

해설 시간함수 $f(t) = u(t-1) - u(t-2)$의 라플라스 변환

$$F(s) = \int_0^\infty f(t)e^{-st}dt = \int_1^\infty 1 e^{-st}dt - \int_2^\infty 1 e^{-st}dt = \left(\frac{e^{-st}}{-s}\right)_1^\infty - \left(\frac{e^{-st}}{-s}\right)_2^\infty$$

$$= \left(\frac{0-e^{-s}}{-s}\right) - \left(\frac{0-e^{-2s}}{-s}\right) = \frac{e^{-s}}{s} - \frac{e^{-2s}}{s} = \frac{1}{s}(e^{-s} - e^{-2s})$$

080 상의 순서가 $a-b-c$인 불평형 3상 전류가 $I_a = 15 + j2\,[A]$, $I_b = -20 - j14\,[A]$, $I_c = -3 + j10\,[A]$일 때 영상분 전류 I_0는 약 몇 [A]인가?

① $2.67 + j0.38$
② $2.02 + j6.98$
③ $15.5 - j3.56$
④ $-2.67 - j0.67$

해설 연산자 $a = \angle 120°$, $a^2 = \angle 240°$, $a^3 = \angle 0°$, $1 + a + a^2 = 0$
(단, 3상 교류 전류나 전압의 합은 0이다.)

$\therefore I_o$(영상분 전류) $= \frac{1}{3}(I_a + I_b + I_c) = \frac{1}{3}(15 + j2 - 20 - j14 - 3 + j10)$

$= \frac{1}{3}((15-20-3) + j(2-14+10)) = \frac{1}{3}(-8 - j2)$

$≒ -2.67 - j0.67\,[A]$

제5과목 전기설비기술기준

081 지중 전선로를 직접 매설식에 의하여 차량 기타 중량물의 압력을 받을 우려가 있는 장소에 시설하는 경우 매설 깊이는 몇 [m] 이상으로 하여야 하는가?

① 0.6
② 1
③ 1.5
④ 2

해설 지중 전선로를 직접 매설식에 의해 매설할 경우 매설 깊이는 1[m] 이상이어야 한다.

082 돌침, 수평도체, 메시도체의 요소 중에 한 가지 또는 이를 조합한 형식으로 시설하는 것은?

① 접지극시스템
② 수뢰부시스템
③ 내부피뢰시스템
④ 인하도선시스템

해설 수뢰부시스템은 돌침, 수평도체, 메시도체 중에 한 가지 또는 이를 조합한 형식으로 시설한 것이다.

083 지중 전선로에 사용하는 지중함의 시설기준으로 틀린 것은?

① 조명 및 세척이 가능한 장치를 하도록 할 것
② 견고하고 차량 기타 중량물의 압력에 견디는 구조일 것
③ 그 안의 고인 물을 제거할 수 있는 구조로 되어 있을 것
④ 뚜껑은 시설자 이외의 자가 쉽게 열 수 없도록 시설할 것

> **해설** 지중 전선로의 지중함 시설기준으로 조명 및 세척이 가능하여서는 아니 된다.

084 전식방지대책에서 매설금속체측의 누설전류에 의한 전식의 피해가 예상되는 곳에 고려하여야 하는 방법으로 틀린 것은?

① 절연코팅
② 배류장치 설치
③ 변전소 간 간격 축소
④ 저준위 금속체를 접속

> **해설** 전식방지대책에서 누설전류에 의한 전식의 피해방법이 아닌 것은 변전소 간 간격 축소이다.

085 일반 주택의 저압 옥내배선을 점검하였더니 다음과 같이 시설되어 있었을 경우 시설기준에 적합하지 않은 것은?

① 합성수지관의 지지점 간의 거리를 2[m]로 하였다.
② 합성수지관 안에서 전선의 접속점이 없도록 하였다.
③ 금속관공사에 옥외용 비닐절연전선을 제외한 절연전선을 사용하였다.
④ 인입구에 가까운 곳으로서 쉽게 개폐할 수 있는 곳에 개폐기를 각 극에 시설하였다.

> **해설** 일반 주택의 저압 옥내 점검 시 시설기준으로 틀린 것은 합성수지관의 지지점 간의 거리를 2[m]로 하였다.

086 하나 또는 복합하여 시설하여야 하는 접지극의 방법으로 틀린 것은?

① 지중 금속구조물
② 토양에 매설된 기초 접지극
③ 케이블의 금속외장 및 그 밖에 금속피복
④ 대지에 매설된 강화콘크리트의 용접된 금속보강재

정답 083 ① 084 ③ 085 ① 086 ④

> **해설** 하나 또는 복합하여 접지극을 시설하는 방법으로 틀린 것은 대지에 매설된 강화콘크리트의 용접된 금속보강재이다.

087 사용전압이 154[kV]인 전선로를 제1종 특고압보안공사로 시설할 때 경동연선의 굵기는 몇 [mm²] 이상이어야 하는가?

① 55
② 100
③ 150
④ 200

> **해설** 154[kV]인 전선로를 제1종 특고압보안공사로 시설할 때 경동연선의 굵기는 150[mm²] 이상이어야 한다.

088 다음 ( )에 들어갈 내용으로 옳은 것은?

> 동일 지지물에 저압 가공전선(다중접지된 중성선은 제외한다)과 고압 가공전선을 시설하는 경우 고압 가공전선을 저압 가공전선의 (㉠)로 하고, 별개의 완금류에 시설해야 하며, 고압 가공전선과 저압 가공전선 사이의 이격거리는 (㉡)m 이상으로 한다.

① ㉠ 아래 ㉡ 0.5
② ㉠ 아래 ㉡ 1
③ ㉠ 위   ㉡ 0.5
④ ㉠ 위   ㉡ 1

> **해설** 동일 지지물에 저압 가공전선(다중접지된 중성선은 제외한다)과 고압 가공전선을 시설하는 경우 고압 가공전선을 저압 가공전선의 (㉠ 위)로 하고, 별개의 완금류에 시설해야 하며, 고압 가공전선과 저압 가공전선 사이의 이격거리는 (0.5)m 이상으로 한다.

089 전기설비기술기준에서 정하는 안전원칙에 대한 내용으로 틀린 것은?

① 전기설비는 감전, 화재 그 밖에 사람에게 위해를 주거나 물건에 손상을 줄 우려가 없도록 시설하여야 한다.
② 전기설비는 다른 전기설비, 그 밖의 물건의 기능에 전기적 또는 자기적인 장해를 주지 않도록 시설하여야 한다.
③ 전기설비는 경쟁과 새로운 기술 및 사업의 도입을 촉진함으로써 전기사업의 건전한 발전을 도모하도록 시설하여야 한다.
④ 전기설비는 사용목적에 적절하고 안전하게 작동하여야 하며, 그 손상으로 인하여 전기공급에 지장을 주지 않도록 시설하여야 한다.

정답 087 ③ 088 ③ 089 ③

> **해설** 전기설비기술기준에서 정하는 안전원칙의 내용으로 틀린 것은 전기설비는 경쟁과 새로운 기술 및 사업의 도입을 촉진함으로써 전기사업의 건전한 발전을 도모하도록 시설하여야 한다.

090 플로어덕트공사에 의한 저압 옥내배선에서 연선을 사용하지 않아도 되는 전선(동선)의 단면적은 최대 몇 [mm²]인가?

① 2
② 4
③ 6
④ 10

> **해설** 플로어덕트공사에 의한 저압 옥내배선에서 동선의 단면적은 최대 10[mm²]이다.

091 풍력터빈에 설비의 손상을 방지하기 위하여 시설하는 운전상태를 계측하는 계측장치로 틀린 것은?

① 조도계
② 압력계
③ 온도계
④ 풍속계

> **해설** 풍력터빈의 운전상태를 계측하는 계측장치로 틀린 것은 조도계이다.

092 전압의 종별에서 교류 600[V]는 무엇으로 분류하는가?

① 저압
② 고압
③ 특고압
④ 초고압

> **해설** 전압의 종별에서 교류 600[V]는 저압으로 분류된다.

093 옥내배선공사 중 반드시 절연전선을 사용하지 않아도 되는 공사방법은? (단, 옥외용 비닐 절연전선은 제외한다.)

① 금속관공사
② 버스덕트공사
③ 합성수지관공사
④ 플로어덕트공사

> **해설** 버스덕트공사는 옥내배선공사에서 반드시 절연전선을 사용하지 않아도 된다(단, 옥외용 비닐 절연전선은 제외).

정답 090 ④ 091 ① 092 ① 093 ②

094 시가지에 시설하는 사용전압 170[kV] 이하인 특고압 가공전선로의 지지물이 철탑이고 전선이 수평으로 2 이상 있는 경우에 전선상호 간의 간격이 4[m] 미만일 때에는 특고압 가공전선로의 경간은 몇 [m] 이하이어야 하는가?

① 100
② 150
③ 200
④ 250

해설 특고압 가공전선이 수평이고 전선상호 간의 간격이 4[m] 미만일 때 특고압 가공전선로의 경간은 250[m] 이하이어야 한다.

095 사용전압이 170[kV] 이하의 변압기를 시설하는 변전소로서 기술원이 상주하여 감시하지는 않으나 수시로 순회하는 경우 기술원이 상주하는 장소에 경보장치를 시설하지 않아도 되는 경우는?

① 옥내변전소에 화재가 발생한 경우
② 제어회로의 전압이 현저히 저하한 경우
③ 운전조작에 필요한 차단기가 자동적으로 차단한 후 재폐로한 경우
④ 수소냉각식 조상기는 그 조상기 안의 수소의 순도가 90% 이하로 저하한 경우

해설 170[kV] 이하의 변압기를 시설하는 변전소에 기술원이 수시로 순회하는 경우 운전조작에 필요한 차단기가 자동적으로 차단한 후 재폐로한 경우는 경보장치를 시설하지 않아도 된다.

096 특고압용 타냉식 변압기의 냉각장치에 고장이 생긴 경우를 대비하여 어떤 보호장치를 하여야 하는가?

① 경보장치
② 속도조정장치
③ 온도시험장치
④ 냉매흐름장치

해설 경보장치는 특고압용 타냉식 변압기의 냉각장치에 고장이 생긴 경우를 대비해서 설치한다.

097 특고압 가공전선로의 지지물로 사용하는 B종 철주, B종 철근콘크리트주 또는 철탑의 종류에서 전선로의 지지물 양쪽의 경간의 차가 큰 곳에 사용하는 것은?

① 각도형
② 인류형
③ 내장형
④ 보강형

해설 내장형은 B종 철주, B종 철근콘크리트주 또는 철탑에서 전선로의 지지물 양쪽의 경간차가 큰 곳에 사용된다.

정답 094 ④ 095 ③ 096 ① 097 ③

098 아파트 세대 욕실에 "비데용 콘센트"를 시설하고자 한다. 다음의 시설방법 중 적합하지 않은 것은?

① 콘센트는 접지극이 없는 것을 사용한다.
② 습기가 많은 장소에 시설하는 콘센트는 방습장치를 하여야 한다.
③ 콘센트를 시설하는 경우에는 절연변압기(정격용량 3[kVA] 이하인 것에 한한다)로 보호된 전로에 접속하여야 한다.
④ 콘센트를 시설하는 경우에는 인체감전보호용 누전차단기(정격감도전류 15[mA] 이하, 동작시간 0.03초 이하의 전류동작형의 것에 한한다)로 보호된 전로에 접속하여야 한다.

해설 아파트 세대 욕실에 "비데용 콘센트"는 접지극이 있는 것을 사용한다.

099 고압 가공전선로의 가공지선에 나경동선을 사용하려면 지름 몇 [mm] 이상의 것을 사용하여야 하는가?

① 2.0
② 3.0
③ 4.0
④ 5.0

해설 고압 가공전선로의 가공지선에 나경동선을 사용하려면 지름 40[mm] 이상의 것을 사용하여야 한다.

100 변전소의 주요 변압기에 계측장치를 시설하여 측정하여야 하는 것이 아닌 것은?

① 역률
② 전압
③ 전력
④ 전류

해설 역률은 변전소의 주요 변압기에 계측장치를 시설하여 측정하여야 하는 것이 아니다.

정답 098 ① 099 ③ 100 ①

2021년 9월 12일 시행

제1과목 전기응용 및 공사재료

001 일정 전류를 통하는 도체의 온도상승 θ와 반지름 r의 관계는?

① $\theta = kr^{-2}$　　　② $\theta = kr^{-3}$
③ $\theta = kr^{-\frac{2}{3}}$　　　④ $\theta = kr^{-\frac{3}{2}}$

해설 도체의 온도상승 $\theta = kr^{-3}$이다(단 r=도체 반지름).

002 열저항에 대한 설명 중 틀린 것은?

① 주행저항은 베어링 부분의 기계적 마찰, 공기저항 등으로 이루어진다.
② 열차가 곡선구간을 주행할 때 곡선의 반지름에 비례하여 받는 저항을 곡선저항이라 한다.
③ 경사궤도를 운전 시 중력에 의해 발생하는 저항을 구배저항이라 한다.
④ 열차 가속 시 발생하는 저항을 가속저항이라 한다.

해설 열저항에 대한 설명 중 옳은
㉠ 주행저항은 베어링 부분의 기계적 마찰, 공기저항 등으로 이루어진다.
㉡ 경사궤도를 운전 시 중력에 의해 발생하는 저항을 구배저항이라 한다.
㉢ 열차 가속 시 발생하는 저항을 가속저항이라 한다.

003 단상 유도전동기 중 기동토크가 가장 큰 것은?

① 반발 기동형　　　② 분상 기동형
③ 콘덴서 기동형　　　④ 셰이딩 코일형

해설 단상 유도전동기 중 기동토크가 가장 큰 것은 반발 기동형 > 반발유도형 > 콘덴서 기동형 > 분상기동형 > 셰이딩 코일형 > 모노 사이클링 순서이다.

004 정류방식 중 정류 효율이 가장 높은 것은?

① 단상 반파방식　　　② 단상 전파반파방식
③ 3상 반파방식　　　④ 3상 전파방식

정답　001 ②　002 ②　003 ①　004 ④

해설 정류방식 중 정류 효율이 가장 높은 것은 3상 전파방식이다.

005 25℃의 물 10[*l*]를 그릇에 넣고 2[kW]의 전열기로 가열하여 물의 온도를 80℃로 올리는 데 20분이 소요되었다. 이 전열기의 효율(%)은 약 얼마인가?

① 59.5　　② 68.8
③ 84.9　　④ 95.9

해설 열량과 물리적 양과의 관계
$860Pt\eta = Cm(T-t)$

$\eta(효율) = \dfrac{Cm(T-t)}{860Pt} = \dfrac{1 \times 10(80-25)}{860 \times 2 \times \dfrac{20}{60}} = \dfrac{1650}{1720} \fallingdotseq 0.959 \fallingdotseq 95.9$

006 직류전동기 속도제어에서 일그너 방식이 채용되는 것은?

① 제지용 전동기　　② 특수한 공작기계용
③ 제철용 대형압연기　　④ 인쇄기

해설 직류전동기 속도제어에서 일그너 방식은 제철용 대형압연기·제관작업 등에 채용된다.

007 전기화학용 직류전원의 요구조건이 아닌 것은?

① 저전압 대전류일 것
② 전압 조정이 가능할 것
③ 일정한 전류로서 연속운전에 견딜 것
④ 저전류에 의한 저항손의 감소에 대응할 것

해설 전기화학용 직류전원의 요구조건
· 저전압 대전류일 것
· 전압 조정이 가능할 것
· 일정한 전류로서 연속운전에 견딜 것

008 100[W] 전구를 유백색 구형 글로브에 넣었을 경우 글로브의 효율(%)은 약 얼마인가? (단, 유백색 유리의 반사율은 30%, 투과율은 40%이다.)

① 25　　② 43
③ 57　　④ 81

> **해설** 글로브의 효율 $\eta = \dfrac{I}{1-\rho} = \dfrac{0.4}{1-0.3} = 0.57 = 57\%$

009 전기철도의 매설관측에서 시설하는 전식 방지방법은?

① 임피던스본드 설치 ② 보조귀선 설치
③ 이선율 유지 ④ 강제배류법 사용

> **해설** 전기철도의 매설관측에서 시설하는 전식 방지방법은 강제배류법을 사용한다.

010 전해질용액의 도전율에 가장 큰 영향을 미치는 것은?

① 전해질용액의 양 ② 전해질용액의 농도
③ 전해질용액의 빛깔 ④ 전해질용액의 유효단면적

> **해설** 전해질용액의 농도는 전해질용액의 도전율에 가장 큰 영향을 미치는 것이다.

011 KS C 8309에 따른 옥내용 소형 스위치 중 텀블러스위치의 정격전류가 아닌 것은?

① 5[A] ② 10[A]
③ 15[A] ④ 20[A]

> **해설** KS C 8309에 따른 옥내용 소형 스위치 중 텀블러스위치의 정격전류는 10[A], 15[A], 20[A]이다.

012 램프효율이 우수하고 단색광이므로 안개지역에서 가장 많이 사용되는 광선은?

① 수은등 ② 나트륨등
③ 크세논등 ④ 메탈할라이드등

> **해설** 나트륨등은 램프효율이 우수하고 단색광이므로 안개지역에서 가장 많이 사용되는 광원이다.

013 한국전기설비규정에 따른 철탑의 주재료로 사용하는 강관의 두께는 약 [mm] 이상이어야 하는가?

① 1.6 ② 2.0
③ 2.4 ④ 2.8

> **해설** 한국전기설비규정에 따른 철탑의 주재료로 사용하는 강관의 두께는 2.4[mm] 이상이어야 한다.

정답 009 ④ 010 ② 011 ① 012 ② 013 ③

014 한국전기설비규정에 따른 플러덕트공사의 시설조건 중 연선을 사용해야만 하는 전선의 최소 단면적기준은? (단, 전선의 도체는 구리선이며 연선을 사용하지 않아도 되는 예외조건은 고려하지 않는다)

① 6[mm^2] 초과   ② 10[mm^2] 초과
③ 16[mm^2] 초과 ④ 25[mm^2] 초과

해설 한국전기설비규정에 따른 플러덕트공사의 시설조건 중 전선의 도체는 구리선이며 연선을 사용해야만 하는 전선의 최소 단면적 기준은 0[mm^2] 초과해야 한다.

015 공칭전압 22.9[kV]인 3상 4선식 다중접지방식의 변전소에서 사용하는 피뢰기의 정격전압(kV)은?

① 20   ② 18
③ 24   ④ 21

해설 공칭전압 22.9[kV]인 3상 4선식 다중접지방식의 변전소에서 사용하는 피뢰기의 정격전압은 21[kV]이다.

016 한국전기설비규정에 따른 상별 전선의 색상으로 틀린 것은?

① L1 : 백색   ② L2 : 흑색
③ L3 : 회색   ④ N : 청색

해설 한국전기설비규정에 따른 상별 전선의 색상은 L1(갈색), L2(흑색), L3(회색), N(청색), 보호도체(녹색-노란색) 등이다.

017 저압 인류애자에는 전압선용과 중성선용이 있다. 각 용도별 색깔이 옳게 연결된 것은?

① 전압선용 : 녹색, 중성선용 : 백색   ② 전압선용 : 백색, 중성선용 : 녹색
③ 전압선용 : 적색, 중성선용 : 백색   ④ 전압선용 : 청색, 중성선용 : 백색

해설 저압 인류애자에는 전압선용과 중성선용이 있다. 각 용도별 색깔이 옳게 연결된 것은 전압선용 : 백색, 중성선용 : 녹색이다.

018 기계기구의 단자와 전선의 접속에 사용되는 자재는?

① 터미널러그   ② 슬리브
③ 와이어커넥터   ④ T형 커넥터

해설 터미널러그는 기계기구의 단자와 전선의 접속에 사용되는 자재이다.

정답 014 ② 015 ④ 016 ① 017 ② 018 ①

019 축전지의 충전방식 중 전지의 자기방전을 보충함과 동시에 상용부하에 대한 전력공급은 충전기가 부담하도록 하되, 충전기가 부담하기 어려운 일시적인 대전류 부하는 축전지로 하여금 부담하게 하는 충전방식은?

① 보통충전   ② 과부하충전
③ 세류충전   ④ 부동충전

해설 부동충전방식이란 축전지의 충전방식에서 전지의 자기방전을 보충함과 동시에 상용부하에 대한 전력공급은 충전기가 부담하도록 하되, 충전기가 부담하기 어려운 일시적인 대전류 부하는 축전지로 하여금 부담하게 하는 충전방식이다.

020 네온방전등에 대한 설명으로 틀린 것은?

① 네온방전등에 공급하는 전로의 대지전압은 300[V] 이하로 하여야 한다.
② 네온변압기 2차측은 병렬로 접속하여 사용하여야 한다.
③ 관등회로의 배선은 애자공사로 시설하여야 한다.
④ 관등회로의 배선에서 전선 상호간의 이격거리는 60[mm] 이상으로 하여야 한다.

해설 네온방전등에 대한 옳은 설명은
- 네온방전등에 공급하는 전로의 대지전압은 300[V] 이하로 하여야 한다.
- 관등회로의 배선은 애자공사로 시설하여야 한다.
- 관등회로의 배선에서 전선 상호간의 이격거리는 60[mm] 이상으로 하여야 한다.

제2과목 전력공학

021 3상 수직배치인 선로에서 오프셋을 주는 주된 이유는?

① 유도장해 감소   ② 난조방지
③ 철탑 중량 감소   ④ 단락방지

해설 단락방지는 3상 수직배치인 선로에서 오프셋을 주어 방지한다.

022 3상 변압기의 단상 운전에 의한 소손방지를 목적으로 설치하는 계전기는?

① 단락계전기   ② 결상계전기
③ 지락계전기   ④ 과전압계전기

해설 결상계전기는 3상 변압기의 단상 운전에 의한 소손방지를 목적으로 설치하는 계전기이다.

정답 019 ④ 020 ② 021 ④ 022 ②

023 선로정수를 평형되게 하고, 근접 통신선에 대한 유도장애를 줄일 수 있는 방법은?

① 연가를 시행한다.
② 전선으로 복도체를 사용한다.
③ 전선로의 이도를 충분하게 한다.
④ 소호리액터 접지를 하여 중성점 전위를 줄여준다.

해설 선로정수를 평형되게 하고, 근접 통신선에 대한 유도장애를 줄일 수 있게 연가를 시행한다.

024 송전단, 수전단 전압을 각각 E_s, E_r이라 하고 4단자정수를 A, B, C, D라 할 때 전력원선도의 반지름은?

① $\dfrac{E_s E_r}{A}$ ② $\dfrac{E_s E_r}{B}$

③ $\dfrac{E_s E_r}{C}$ ④ $\dfrac{E_s E_r}{D}$

해설 송수전단 전압을 각각 E_s, $E_r(V)$, 4단자정수를 A, B, C, D라 할 때 전력원선도의 반지름은 $\dfrac{E_s E_r}{B}$ 이다.

025 가공선 계통을 지중선 계통과 비교할 때 인덕턴스 및 정전용량은 어떠한가?

① 인덕턴스, 정전용량이 모두 작다.   ② 인덕턴스, 정전용량이 모두 크다.
③ 인덕턴스는 크고, 정전용량은 작다.   ④ 인덕턴스는 작고, 정전용량은 크다.

해설 가공선 계통(D(선간거리) $\gg r$(반지름))의 L(인덕턴스)$= 0.05 + 0.4605\log_{10}\dfrac{D}{r}$[mh/km]

C(정전용량)$= \dfrac{0.02413}{\log_{10}\dfrac{D}{r}}$[$\mu$F/km]이므로 L(인덕턴스)는 크고 C(정전용량)은 작다.

∴ 가공계통은 지중계통(케이블)보다 인덕턴스는 크고 정전용량은 작다.

026 전력계통에서 전력용 콘덴서와 직렬로 연결하는 리액터로 제거되는 고조파는? (단, 기본주파수에서 리액턴스 기준으로 콘덴서 용량의 이론상 4% 높은 리액터 값을 적용한다.)

① 제2고조파   ② 제3고조파
③ 제4고조파   ④ 제5고조파

해설 전력계통에서 제3고조파는 변압기 $\varDelta$결선에서 제거되고 제5고조파는 전력콘덴서와 4~5% 정도의 직렬리액터를 삽입·제거한다.

027 취수구에 제수문을 설치하는 목적은?

① 낙차를 높이기 위해
② 홍수위를 낮추기 위해
③ 모래를 배제하기 위해
④ 유량을 조정하기 위해

해설 취수구에 제수문을 설치하는 목적은 유량을 조정하기 위해서이다.

028 송전계통의 중성점 접지용 소호리액터의 인덕턴스 L은? (단, 선로 한 선의 대지용량을 C라 한다.)

① $L = \dfrac{1}{C}$
② $L = \dfrac{1}{2\pi f}$
③ $L = \dfrac{1}{2\pi f C}$
④ $L = \dfrac{1}{3(2\pi f)^2 C}$

해설 소호리액턴스 접지방식

$I_g = \dfrac{E}{j\omega L} + j3\omega CE[\text{A}]$

$\dfrac{E}{\omega L} = 3\omega CE, \quad \omega L = \dfrac{1}{3\omega C}$

$L(\text{소호리액터의 인덕턴스}) = \dfrac{1}{3\omega^2 C} = \dfrac{1}{3(2\pi f)^2 C}[\text{H}]$

029 송전선로의 개폐조작에 따른 개폐서지에 관한 설명으로 틀린 것은?

① 회로를 투입할 때보다 개방할 때 더 높은 이상전압이 발생한다.
② 부하가 있는 회로를 개방하는 것보다 무부하를 개방할 때 더 높은 이상전압이 발생한다.
③ 이상전압이 가장 큰 경우는 무부하 송전선로의 충전전류를 차단할 때이다.
④ 이상전압의 크기는 선로의 충전전류 파고값에 대한 배수로 나타내고 있다.

해설 송전선로의 개폐조작에 따른 개폐서지에 옳은 설명
• 회로를 투입할 때보다 개방할 때 더 높은 이상전압이 발생한다.
• 부하가 있는 회로를 개방하는 것보다 무부하를 개방할 때 더 높은 이상전압이 발생한다.
• 이상전압이 가장 큰 경우는 무부하 송전선로의 충전전류를 차단할 때이다.

030 가공 송전선로의 정전용량이 0.005[μF/km]이고, 인덕턴스는 0.8[mH/km]이다. 이때 파동임피던스는 몇 [Ω]인가?

① 360
② 600
③ 900
④ 1000

정답 027 ④ 028 ④ 029 ④ 030 ②

해설 가공 송전선로의 파동임피던스
$$Z_1 = \sqrt{\frac{L}{C}} = \sqrt{\frac{1.8 \times 10^{-3}}{0.005 \times 10^{-6}}} = \sqrt{\frac{1.8}{5} \times 10^6} = \sqrt{\frac{180}{5}} \times 10^2 = \sqrt{36} \times 10^2 = 600 [\Omega]$$

031 원자로에 사용되는 감속재가 구비하여야 할 조건으로 틀린 것은?

① 중성자 에너지를 빨리 감속시킬 수 있을 것
② 불필요한 중성자 흡수가 적을 것
③ 원자의 질량이 클 것
④ 감속능 및 감속비가 클 것

해설 원자로에 사용되는 감속재가 구비하여야 할 조건
- 중성자 에너지를 빨리 감속시킬 수 있을 것
- 불필요한 중성자 흡수가 적을 것
- 감속능 및 감속비가 클 것

032 송전단 전압 6600[V], 길이 2[km]의 3상3선식 배전선에 의해서 지상역률 0.8의 말단부하에 전력이 공급되고 있다. 부하단 전압이 6000[V]를 내려가지 않도록 하기 위해서 부하를 최대 몇 [kW]까지 허용할 수 있는가? (단, 선로 1선당 임피던스는 $Z = 0.8 + j0.4 [\Omega/\mathrm{km}]$ 이다.)

① 818
② 945
③ 1332
④ 1636

해설 길이 2[km]의 3상3선식 배전선로의 전압강하 $V_R - V_R = \sqrt{3} I(2R\cos\theta + 2\sin\theta) [\mathrm{V}]$

$$I(\text{선전류}) = \frac{V_S - V_R}{\sqrt{3}(2R\cos\theta + 2\sin\theta)} = \frac{6600 - 6000}{\sqrt{3}(2 \times 0.8 \times 0.8 + 2 \times 0.4 \times 0.6)} = \frac{600}{\sqrt{3}(1.28 + 0.48)} = \frac{600}{\sqrt{3} \times 1.76}$$

∴ 부하의 최대전력
$$P_{\max} = \sqrt{3} V_R I \cos\theta = \sqrt{3} \times 6000 \times \frac{600}{\sqrt{3} \times 1.76} \times 0.8 = \frac{6000 \times 480}{1.76} = \frac{288000}{176} \times 10^3 = 1636 [\mathrm{kW}]$$

033 저압 망상식(Network) 배전방식의 장점이 아닌 것은?

① 감전사고가 줄어든다.
② 부하 증가 시 적응성이 양호하다.
③ 무정전 공급이 가능하므로 공급 신뢰도가 높다.
④ 전압변동이 적다.

> **해설** 저압 망상식(Network) 배전방식의 장점
> - 부하 증가 시 적응성이 양호하다.
> - 무정전 공급이 가능하므로 공급 신뢰도가 높다.
> - 전압변동이 적다.

034 배전선로에서 사고범위의 확대를 방지하기 위한 대책으로 옳지 않은 것은?

① 선택접지계선방식 채택
② 자동고장 검출장치 설치
③ 진상콘덴서 설치하여 전압보상
④ 특고압의 경우 자동구분개폐기 설치

> **해설** 배전선로에서 사고범위의 확대를 방지하기 위한 옳은 대책
> - 선택접지계선방식 채택
> - 자동고장 검출장치 설치
> - 특고압의 경우 자동구분개폐기 설치

035 수변전설비에서 변압기의 1차측에 설치하는 차단기의 용량은 어느 것에 의하여 정하는가?

① 변압기 용량
② 수전계약용량
③ 공급측 단락용량
④ 부하설비용량

> **해설** 수변전설비에서 변압기의 1차측에 설치하는 차단기의 용량은 공급측 단락용량에 의하여 정해진다.

036 각 수용가의 수용설비용량이 50[kW], 100[kW], 80[kW], 150[kW]이며, 각각의 수용률이 0.6, 0.6, 0.5, 0.5, 0.4이다. 이때 부하의 부등률이 1.3이라면 변압기 용량은 약 몇 [kVA]가 필요한가? (단, 평균 부하역률은 80%라고 한다.)

① 142
② 165
③ 183
④ 212

> **해설** 부등률 = $\dfrac{\text{최대 수용전력의 합}}{\text{합성 최대 수용전력}}$
>
> 합성 최대 수용전력 = $\dfrac{\text{최대 수용전력의 합}}{\text{부등률}} = \dfrac{\text{수용률} \times \text{설비용량}}{\text{부등률}}$
>
> $= \dfrac{50 \times 0.6 + 100 \times 0.6 + 80 \times 0.5 + 60 \times 0.5 + 150 \times 0.4}{1.3}$
>
> $= \dfrac{30 + 60 + 40 + 30 + 60}{1.3} = \dfrac{220}{1.3} \fallingdotseq 169.24[kW]$
>
> ∴ 변압기 용량 = $\dfrac{\text{합성 최대 수용전력}}{\cos\theta} = \dfrac{169.24}{0.8} \fallingdotseq 212[kVA]$

037 변류기의 비오차는 어떻게 표시되는가? (단, a는 공칭변류비이고 측정된 1, 2차 전류는 각각 I_1, I_2이다.)

① $\dfrac{aI_2 - I}{I_1}$ ② $\dfrac{aI_1 - I_2}{I_1}$

③ $\dfrac{I_2 - aI_1}{I_2}$ ④ $\dfrac{I_2 - aI_1}{I_1}$

해설 변류기의 비오차 $= \dfrac{측정값 - 참값}{참값} = \dfrac{aI_2 - I_1}{I_1}$

038 부하전력 및 역률이 같을 때 전압을 n배 승압하면 전압강하율과 전력손실은 어떻게 되는가?

① 전압강하율: $\dfrac{1}{n}$, 전력손실: $\dfrac{1}{n^2}$ ② 전압강하율: $\dfrac{1}{n^2}$, 전력손실: $\dfrac{1}{n}$

③ 전압강하율: $\dfrac{1}{n}$, 전력손실: $\dfrac{1}{n}$ ④ 전압강하율: $\dfrac{1}{n^2}$, 전력손실: $\dfrac{1}{n^2}$

해설 (1) P(부하전력)$= V_r I \cos\theta$[W], $I = \dfrac{P}{V_r \cos\theta}$[A]

ε(전압강하율)$= \dfrac{V_s - V_r}{V_r} = \dfrac{IR}{V_r} = \dfrac{\dfrac{P}{V_r \cos\theta} \times R}{V_r} = \dfrac{\dfrac{PR}{\cos\theta}}{V_r^2} ≒ \dfrac{1}{V_r^2}$ ⋯ ㉠

전압을 n배 상승 시 ε'(전압강하율) $≒ \dfrac{1}{(nV_r)^2} ≒ \dfrac{1}{n^2 V_r^2}$ ⋯ ㉡

$\dfrac{㉡}{㉠} = \dfrac{\varepsilon'}{\varepsilon} = \dfrac{\dfrac{1}{n^2 V_r^2}}{\dfrac{1}{V_r^2}} ≒ \dfrac{1}{n^2}$ ∴ $\varepsilon' = \dfrac{1}{n^2} \times \varepsilon$ ⋯ ⓐ

(2) P(부하전력)$= VI \cos\theta$[W], $I = \dfrac{P}{V \cos\theta}$[A]

P_l(전력손실)$= I^2 R = \left(\dfrac{P}{V \cos\theta}\right)^2 \times R = \dfrac{P^2 R}{V^2 \cos\theta^2} ≒ \dfrac{1}{V^2}$[W] ⋯ ㉠

전압을 n배 상승 시 P_l'(전력손실) $≒ \dfrac{1}{(nV)^2} = \dfrac{1}{n^2 V^2}$[W] ⋯ ㉡

$\dfrac{㉡}{㉠} = \dfrac{P_l'}{P_l} = \dfrac{\dfrac{1}{n^2 V^2}}{\dfrac{1}{V^2}} ≒ \dfrac{1}{n^2}$ ∴ $P_l' = \dfrac{1}{n^2} \times P_l$ ⋯ ⓑ

∴ ⓐ, ⓑ식에서 전압강하율: $\dfrac{1}{n^2}$, 전력손실: $\dfrac{1}{n^2}$

039 어떤 화력발전소의 증기조건이 고온열원 540℃, 저온열원 30℃일 때 이 온도간에서 움직이는 카르노 사이클의 이론 열효율(%)은?

① 85.2
② 80.5
③ 75.3
④ 62.7

해설 카르노 사이클(carnot cycle)이란 2개의 등온변화와 2개의 단열변화로 이루어진다.

카르노 사이클의 이론 열효율 $= \dfrac{273+t_1(\text{고온열원})-(273+t_2(\text{저온열원}))}{273+t_1(\text{고온열원})} \times 100$

$= \dfrac{273+540-(273+30)}{273+540} \times 100 = \dfrac{510}{813} \times 100 ≒ 62.7\%$

040 복도체를 사용하는 가공전선로에서 소도체 사이의 간격을 유지하여 소도체간의 꼬임현상이나 충돌현상을 방지하기 위하여 설치하는 것은?

① 아모로드
② 댐퍼
③ 스페이서
④ 아킹혼

해설 스페이서는 복도체를 사용하는 가공전선로에서 소도체 사이의 간격을 유지하여 소도체간의 꼬임현상이나 충돌현상을 방지하기 위하여 설치한다.

제3과목 전기기기

041 반도체 소자 중 3단자 사이리스터가 아닌 것은?

① SCS
② SCR
③ GTO
④ TRIAC

해설 반도체 소자 중 3단자 사이리스터인 것은 SCR, GTO, TRIAC이다.

042 전파 정류회로와 반파 정류회로를 비교한 내용으로 틀린 것은? (단, 다이오드를 이용한 정류회로이고, 저항부하인 경우이다.)

① 반파 정류회로는 변압기 철심의 포화를 일으킨다.
② 반파 정류회로의 회로구조는 전파 정류회로와 비교하여 간단하다..
③ 반파 정류회로는 전파 정류회로에 비해 출력전압 평균값을 높게 할 수 있다.
④ 전파 정류회로는 반파 정류회로에 비해 출력전압 파형의 리플성분을 감소시킨다.

정답 039 ④ 040 ③ 041 ① 042 ③

> **해설** 전파 정류회로와 반파 정류회로를 비교한 내용으로 옳은 것
> • 반파 정류회로는 변압기 철심의 포화를 일으킨다.
> • 반파 정류회로의 회로구조는 전파 정류회로와 비교하여 간단하다..
> • 전파 정류회로는 반파 정류회로에 비해 출력전압 파형의 리플성분을 감소시킨다.

043 25°의 스텝 각을 갖는 스테핑 모터에 초(s)당 500개의 펄스를 가했을 때 회전속도는 약 몇 [r/s]인가?

① 20
② 35
③ 50
④ 125

> **해설** P(스테핑 모터의 극수)$=\dfrac{360}{25}≒14.4$극
> f(스테핑 모터에 초당 500개 펄스)$=\dfrac{500}{2\times 60}≒4.1$극
> ∴ 스테핑 모터의 회전속도 $N=\dfrac{120f}{P}≒\dfrac{120\times 4.1}{14}=\dfrac{492}{14}≒35[\text{r/s}]$

044 Δ결선 변압기의 한 대가 고장으로 제거되어 V결선으로 전력을 공급할 때, 고장 전 전력에 대하여 몇 %의 전력을 공급할 수 있는가?

① 57.7
② 66.7
③ 75.0
④ 81.6

> **해설** $\dfrac{V\text{결선 용량}}{3\text{대 용량}}\times 100 = \dfrac{\sqrt{3}\,VI}{3\,VI}\times 100 = \dfrac{1}{\sqrt{3}}\times 100 ≒ 57.7\%$

045 3상 전원을 이용하여 2상 전압을 얻고자 할 때 사용하는 결선방법은?

① 환상결선
② Fork 결선
③ Scott 결선
④ 2중 3각 결선

> **해설** Scott(스코트) 결선이란 3상 전원을 이용하여 2상 전압을 얻고자 할 때 사용되는 결선방법이다.

046 변압기의 등가회로 상수를 결정하는데 필요하지 않은 시험은?

① 단락시험
② 개방시험
③ 구속시험
④ 저항측정

> **해설** 변압기 등가회로 상수를 결정하는데 필요한 시험은 단락시험, 개방(무부하)시험, 저항측정이다.

정답 043 ② 044 ① 045 ③ 046 ③

047 3상 유도전동기의 제3고조파에 의한 기자력의 회전방향 및 회전속도와 기본파 회전자계에 대한 관계로 옳은 것은?

① 고조파는 0으로 공간에 나타나지 않는다.
② 기본파와 역방향이고 3배의 속도로 회전한다.
③ 기본파와 같은 방향이고 3배의 속도로 회전한다.
④ 기본파와 같은 방향이고 $w/3$의 속도로 회전한다.

해설 3상인 경우
- 고조파의 차수 $h=2nm+1$는 기본파와 같은 방향으로 속도= $\dfrac{1}{h(고조파\ 차수)}$ 배이다(즉, 1/7배, 1/13배…).
- 고조파 차수 $h=2nm-1$는 기본파와 역방향이고 속도= $\dfrac{1}{h(고조파\ 차수)}$ 배이다(즉, 1/5배, 1/11배, 1/17배…).
- 3상 유도전동기에서 제3고조파에 의한 기본파 회전자방향과 회전속도의 관계는 고조파는 0으로 공간에 나타나지 않는다.

048 회전 전기자형 회전변류기에 관한 설명으로 틀린 것은?

① 회전자는 회전자계의 방향과 반대로 회전한다.
② 직류측 전압을 변경하려면 여자전류를 가감하여 조정한다.
③ 기계적 출력을 발생할 필요가 없으므로 축과 베어링은 작아도 된다.
④ 3상 교류는 슬립링을 통하여 회전자에 공급하며 회전자에 있는 정류자의 브러시에서 직류가 출력된다.

해설 회전 전기자형 회전변류기에 관한 옳은 설명
- 회전자는 회전자계의 방향과 반대로 회전한다.
- 기계적 출력을 발생할 필요가 없으므로 축과 베어링은 작아도 된다.
- 3상 교류는 슬립링을 통하여 회전자에 공급하며 회전자에 있는 정류자의 브러시에서 직류가 출력된다.

049 전부하 전류 1[A], 역률 85%, 속도 7500[rpm], 전압 100[V], 주파수 60[Hz]인 2극 단상 직권정류자 전동기가 있다. 전기자와 직권계자권선의 실효저항의 합이 40[Ω]이라 할 때 전부하시 속도기전력(V)은? (단, 계자자속은 정현적으로 변하며 브러시는 중성축에 위치하고 철손은 무시한다.)

① 34
② 45
③ 53
④ 64

해설 단상 직권정류자 전동기 $V=E+I(r_1+R_s)[V]$, $E=V-I(r_a+R_s)[V]$이다.
∴ 전부하시 속도기력의 실횻값
$$E_r=\dfrac{E}{\sqrt{2}}=\dfrac{1}{\sqrt{2}}(V-I(r_a+R_s))=\dfrac{1}{\sqrt{2}}(100-1\times40)≒45[V]$$

050 직류 직권전동기에서 회전수가 n일 때 토크 T는 무엇에 비례하는가?

① n^2
② n
③ $\dfrac{1}{n}$
④ $\dfrac{1}{n^2}$

해설 직류 직권전동기에서 자기포화를 무시하면 $I_a \fallingdotseq \phi$이다.
E(역기전력)$= \dfrac{P}{a}Zn\phi = Kn\phi \fallingdotseq n\phi$ [V]
$n = \dfrac{E}{\phi} \fallingdotseq \dfrac{1}{I_a}$ ∴ $I_a \fallingdotseq \dfrac{1}{n}$ … ㉠ 또 P(전력)$= EI_a = \omega T$ [W]
T(토크)$= \dfrac{EI_a}{\omega} = \dfrac{\dfrac{P}{a}Zn\phi I_a}{2\pi n} = \dfrac{PZ}{2\pi a}\phi I_a \fallingdotseq I_a^2$ … ㉡식에 ㉠식을 대입하면
$T \fallingdotseq I_a^2 = \left(\dfrac{1}{n}\right)^2 \fallingdotseq \dfrac{1}{n^2}$ 에 비례한다.

051 3상 권선형 유도전동기의 기동법은?

① 분상기동법
② 반발기동법
③ 커패시터기동법
④ 2차 저항기동법

해설 3상 권선형 유도전동기의 권선법에는 게르게스법, 2차 저항기동법이 있다.

052 돌극형 동기발전기에서 직축 동기리액턴스 X_d와 횡축 동기리액턴스 X_q의 관계로 옳은 것은?

① $X_d < X_q$
② $X_d \ll X_q$
③ $X_d = X_q$
④ $X_d > X_q$

해설 돌극형 동기발전기에서 X_d(직축 동기리액턴스)$>X_q$(횡축 동기리액턴스)이다. 또 비철극기(원통형) 동기발전기에서는 $X_d = X_q = X_s$(동기리액턴스)의 관계이다.

053 그림은 직류전동기의 속도특성 곡선이다. 가동복권전동기의 특성곡선은?

① A
② B
③ C
④ D

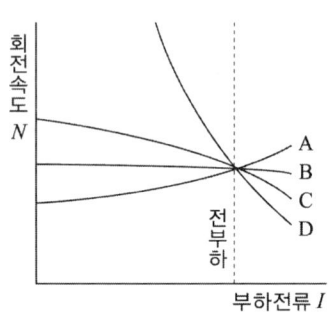

해설 문제의 그림은 직류전동기의 속도특성이다.
A(차동복권), B(분권), C(가동복권), D(직권)의 속도특성이다.

정답 050 ④ 051 ④ 052 ④ 053 ③

054 동일 용량의 변압기 2대를 사용하여 13200[V]의 3상식 간선에서 380[V]의 2상 전력을 얻으려면 T좌 변압기의 권수비는 약 얼마로 해야 되는가?

① 28
② 30
③ 32
④ 34

해설 a_M(주좌 변압기 권수비)$=\frac{13200}{380}≒34.74$

a_x(T좌 변압기 권수비)$=a_M×\frac{\sqrt{3}}{2}≒34.74×0.866≒30$

055 유도자형 고주파발전기의 특징이 아닌 것은?

① 회전자 구조가 견고하여 고속에서도 잘 견딘다.
② 상용 주파수보다 낮은 주파수로 회전하는 발전기이다.
③ 상용 주파수보다 높은 주파수의 전력을 발생하는 동기발전기이다.
④ 극수가 많은 동기발전기를 고속으로 회전시켜서 고주파 전압을 얻는 구조이다.

해설 유도자형 고주파발전기의 특징
• 회전자 구조가 견고하여 고속에서도 잘 견딘다.
• 상용 주파수보다 낮은 주파수로 회전하는 발전기이다.
• 극수가 많은 동기발전기를 고속으로 회전시켜서 고주파 전압을 얻는 구조이다.

056 직류기의 전기자 반작용 중 교차자화작용을 근본적으로 없애는 실제적인 방법은?

① 보극 설치
② 브러시의 이동
③ 계자전류 조정
④ 보상권선 설치

해설 보상권선 설치는 직류기의 전기자 반작용 중 교차자화작용을 근본적으로 없애는 방법이다.

057 그림과 같은 3상 유도전동기의 원선도에서 P점과 같은 부하상태로 운전할 때 2차 효율은? (단, $\overline{PQ}$는 2차 출력, $\overline{QR}$은 2차 동선, $\overline{RS}$는 1차 동손, $\overline{ST}$는 철손이다.)

① $\dfrac{\overline{PQ}}{\overline{PR}}$

② $\dfrac{\overline{PQ}}{\overline{PT}}$

③ $\dfrac{\overline{PR}}{\overline{PT}}$

④ $\dfrac{\overline{PR}}{\overline{PS}}$

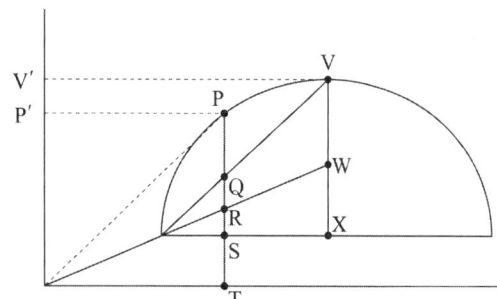

정답 054 ② 055 ② 056 ④ 057 ①

> **해설** 원선도에서 PR(2차 입력＝동기왓트), PQ(2차 출력)
> ∴ 3상 유도전동기의 2차 효율＝$\dfrac{\overline{PQ}(2차\ 출력)}{\overline{PR}(2차\ 입력)}\times 100[\%]$

058 6극, 30[kW], 380[V], 60[Hz]의 정격을 가진 Y결선 3상 유도전동기의 구속시험 결과 선간전압 50[V], 선전류 60[A], 3상 입력 2.5[kW], 단자간의 직류 저항은 0.18[Ω]이었다. 이 전동기를 정격전압으로 기동하는 경우 기동 토크는 약 몇 [N·m]인가?

① 71.7
② 115.23
③ 702.33
④ 1405.32

> **해설** ㉠ T(토크)≒V^2(공급전압), s(슬립)＝$\dfrac{1}{(V)^2}$, s'(구속 시)＝1＝$\dfrac{1}{(V_s)^2}$
> ∴ $s=\left(\dfrac{V_s}{V}\right)^2\times s'=\left(\dfrac{V_s}{V}\right)^2$ … ⓐ
> ㉡ P_{c2}(2차 동손)＝$P_1-P_{c1}=SP_2$[W]
> P_2(2차 입력)＝$\dfrac{P_{c2}}{s}=\dfrac{P_1-P_2}{s}=\dfrac{1}{\left(\dfrac{V_2}{V}\right)^2}(P_1-3I_s^2 r_1)$
> $=\left(\dfrac{380}{50}\right)^2\left(2.5\times 10^2-3\times(60)^2\times\dfrac{0.18}{2}\right)≒88257.3$[W]
> ∴ P_2(2차 입력)＝$\omega_s T$[W]
> T(토크)＝$\dfrac{P_2}{\omega_s}=\dfrac{P_2}{2\pi\dfrac{N_s}{60}}=\dfrac{P_2}{2\pi\dfrac{1}{60}\times\dfrac{120f}{P}}=\dfrac{P_2}{\dfrac{4\pi f}{P}}=\dfrac{88257.3}{\dfrac{12.56\times 60}{6}}=\dfrac{88257.3}{125.6635}≒702.33$[N·m]

059 직류 분권발전기가 있다. 극수는 6, 전기자도체수는 600, 각 자극의 자속은 0.005[Wb]이고 그 회전수가 800[rpm]일 때 전기자에 유기되는 기전력은 몇 [V]인가?

① 100
② 110
③ 115
④ 120

> **해설** 전기자 권선은 파권이므로 병렬회로수 $a=2$이다.
> 전기자에 유기되는 기전력
> $E=\dfrac{P}{a}Z\times\dfrac{N}{60}\phi=\dfrac{3}{2}\times 600\times\dfrac{800}{60}\times 0.005=3\times 10\times 800\times 0.005=24\times 5=120$[V]

060 정격용량 10000[kVA], 정격전압 6000[V], 1상의 동기임피던스가 3[Ω]인 3상 동기발전기가 있다. 이 발전기의 단락비는 약 얼마인가?

① 1.0
② 1.2
③ 1.4
④ 1.6

해설 P_a(3상 동기발전기의 정격용량)$=\sqrt{3}\,V_n I_n$[KVA]

I_n(정격전류)$=\dfrac{P_a}{\sqrt{3}\,V_n}=\dfrac{10000\times 10^3}{\sqrt{3}\times 6000}$[A]

∴ $\%Z$(%임피던스)$=\dfrac{I_n Z_s}{E_n(\text{상전압})}=\dfrac{\dfrac{P_a}{\sqrt{3}\,V_n}\times Z_s}{\dfrac{V_n}{\sqrt{3}}}=\dfrac{P_a\times Z_s}{V_n^2}=\dfrac{1000\times 10^3\times 3}{(6000)^2}=\dfrac{30}{36}$

∴ K_s(단락비)$=\dfrac{1}{\%Z}=\dfrac{1}{\dfrac{30}{36}}=\dfrac{36}{30}=1.2$

제4과목 회로이론 및 제어공학

061 3상 평형회로에서 전압계(V), 전류계(A), 전력계(W)를 그림과 같이 접속했을 때, 전압계의 지시가 100[V], 전류계의 지시가 30[A], 전력계의 지시(kW)이었다. 이 회로에서 선간전압(V_{ab})과 선전류(I_a)간의 위상차는 몇 도(°)인가? (단, 3상 전압의 상순은 $a-b-c$이다.)

① 15°
② 30°
③ 45°
④ 60°

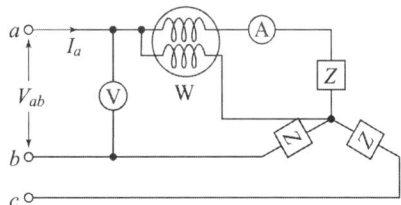

해설 3상 전력계 법에서 3상 전력
$P=P_1+P_2+P_3=3V_p I_p \cos\theta$[W]

$\cos\theta$(역률)$=\dfrac{P}{3V_p I_p}=\dfrac{P}{3\times\dfrac{V_{ab}}{\sqrt{3}}\times\dfrac{I_a}{\sqrt{3}}}=\dfrac{P}{V_{ab}I_a}=\dfrac{1500}{100\times 30}=\dfrac{1500}{3000}=\dfrac{1}{2}=0.5$

∴ θ(위상차)$=\cos^{-1}0.5=60°$

062 대칭 6상 성형결선 전원의 상전압의 크기가 100[V]일 때 이 전원의 선간전압의 크기(V)는?

① 200
② $100\sqrt{3}$
③ $100\sqrt{2}$
④ 100

해설 대칭 6상 성형 y결선에서의 V_e(선간전압)$=V_p\times 2\sin\dfrac{\pi}{n}=100\times 2\sin\dfrac{\pi}{6}=200\times\dfrac{1}{2}=100$

063 무한장 무손실 전송선로의 임의의 위치에서 전압이 10[V]이었다. 이 선로의 인덕턴스가 10[μH/m]이고, 해당 위치에서 전류가 1[A]일 때 이 선로의 커패시턴스(μF/m)는?

① 0.001
② 0.01
③ 0.1
④ 1

해설 무한장 무손실 전송선로에서는 $R=0$, $G=0$이다.
Z_0(선로의 특성임피던스) $=\sqrt{\dfrac{Z}{Y}}=\sqrt{\dfrac{R+j\omega L}{G+j\omega C}}=\sqrt{\dfrac{L}{C}}=\dfrac{V}{I}[\Omega]$

양변자승 $\dfrac{L}{C}=\left(\dfrac{V}{I}\right)^2=\left(\dfrac{10}{1}\right)^2=100$

$\therefore C=\dfrac{L}{100}=\dfrac{10\times 10^{-6}}{100}=1\times 10^{-7}=0.1\times 10^{-6}=0.1[\mu F/m]$

064 $f(t)=\mathcal{L}^{-1}\left[\dfrac{s^2+3s+8}{s^2+2s+5}\right]$는?

① $\delta(t)+e^{-t}(\cos 2t-\sin 2t)$
② $\delta(t)+e^{-t}(\cos 2t+2\sin 2t)$
③ $\delta(t)+e^{-t}(\cos 2t-2\sin 2t)$
④ $\delta(t)+e^{-t}(\cos 2t+\sin 2t)$

해설 라플라스 변환과 역변환의 관계

$\begin{bmatrix} L(\delta(t))=1 \\ L^{-1}=\delta(t)\,(\text{임펄스 함수}) \end{bmatrix}$
$\begin{bmatrix} L(e^{-t})=\dfrac{1}{s+1} \\ L\left(\dfrac{1}{s+1}\right)=e^{-t} \end{bmatrix}$

$\begin{bmatrix} L(\cos 2t)=\dfrac{s}{s^2+(2)^2} \\ L(\sin 2t)=\dfrac{2}{s^2+(2)^2} \end{bmatrix}$
$\begin{bmatrix} L^{-1}\left(\dfrac{s}{s^2+(2)^2}\right)=\cos 2t \\ L^{-1}\left(\dfrac{s}{s^2+(2)^2}\right)=\sin 2t \end{bmatrix}$

∴ 라플라스 역변환
$f(t)=L^{-1}\left(\dfrac{s^2+3s+8}{s^2+2s+5}\right)=L^{-1}\left(1+\dfrac{s+3}{s^2+2s+5}\right)=L^{-1}\left(1+\dfrac{s+1+2}{(s+1)^2+4}\right)$
$=L^{-1}\left(1+\dfrac{s+1}{(s+1)^2+(2)^2}+\dfrac{2}{(s+1)^2+(2)^2}\right)=\delta(t)+e^{-t}\cos 2t+e^{-t}\sin 2t$
$=\delta(t)+e^{-t}(\cos 2t+\sin 2t)$

065 그림의 회로에서 a, b 양단에 220[V]의 전압을 인가했을 때 전류 가 1[A]이었다. 저항 R은 몇 [Ω]인가?

① 100
② 150
③ 200
④ 330

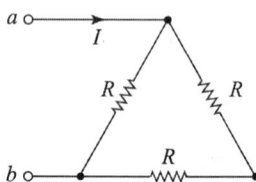

해설 직·병렬회로의 합성저항

$$\frac{R \times 2R}{R+2R} = \frac{2R}{3} = \frac{V}{I} = \frac{200}{1}$$

$$\therefore R(저항) \frac{3}{2} \times 200 = \frac{660}{2} = 330[\Omega]$$

066 그림의 회로에서 $t=0[s]$에 스위치(S)를 닫았을 때 인덕터(L) 양단 전압 $v_L(t)$는?

① $Ve^{-\frac{R}{L}t}$

② $\frac{L}{R}Ve^{-\frac{R}{L}t}$

③ $V\left(1-e^{-\frac{R}{L}t}\right)$

④ $\frac{L}{R}V\left(1-e^{\frac{R}{L}t}\right)$

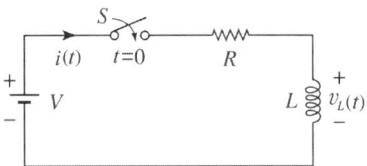

해설 RL직렬회로에서 $t=0[\text{sec}]$에서 스위치(s)를 닫는 순간의 과도전류

$i(t) = \frac{V}{R}(1-e^{-\frac{R}{L}t})[A]$이다.

이때의 L(인덕턴스) 양단의 전압

$$V_L = L\frac{di_{(t)}}{dt} = L\frac{d}{dt}\frac{V}{R}\left(1-e^{-\frac{R}{L}t}\right) = L\frac{V}{R}\left(0-\left(-\frac{R}{L}\right)e^{-\frac{R}{L}t}\right) = Ve^{-\frac{R}{L}t}[V]$$

067 다음과 같은 비정현파 교류 전압 $v(t)$와 전류 $i(t)$에 의한 평균전력 $P[\text{W}]$와 피상전력 $P_a[\text{VA}]$는 약 얼마인가?

$$v(t) = 150\sin\left(\omega t + \frac{\pi}{6}\right) - 50\sin\left(3\omega t + \frac{\pi}{3}\right) + 25\sin 5\omega t [V]$$

$$i(t) = 20\sin\left(\omega t - \frac{\pi}{6}\right) + 15\sin\left(3\omega t + \frac{\pi}{6}\right) + 10\cos\left(5\omega t - \frac{\pi}{3}\right) [A]$$

① $P=283.5$, $P_a=1542$
② $P=283.5$, $P_a=2155$
③ $P=533.5$, $P_a=1542$
④ $P=533.5$, $P_a=2155$

해설 비정현파의 평균전력은 같은 주파수 사이에서만 존재한다.

$\therefore P(\text{비정현파 평균전력}) = \frac{1}{T}\int_0^T V(t)i(t)dt = V_1I_1\cos\psi_1 + V_3I_3\cos\psi_3 + V_5I_5\cos\psi_5$

$= \frac{150}{\sqrt{2}} \times \frac{20}{\sqrt{2}}\cos(30-(-30)) + \frac{-50}{\sqrt{2}} \times \frac{15}{\sqrt{2}}\cos(60-30)) + \frac{25}{\sqrt{2}} \times \frac{10}{\sqrt{2}}\cos(0-30)$

$= \frac{3000}{2}\cos 60 - \frac{750}{2}\cos 30 + \frac{250}{2}\cos(-30) = 1500 \times \frac{1}{2} - \frac{750}{2} \times 0.866 + \frac{250}{2} \times 0.866$

$= 750 - 324.75 + 108.25 = 533.5[\text{W}]$

P_a(비정현파 피상전력)$=|V||I| = \sqrt{V_1^2 + V_3^2 + V_5^2} \times \sqrt{I_1^2 + I_3^2 + I_5^2}$

$= \sqrt{\left(\frac{150}{2}\right)^2 + \left(\frac{-50}{\sqrt{2}}\right)^2 + \left(\frac{25}{\sqrt{2}}\right)^2} \times \sqrt{\left(\frac{20}{\sqrt{2}}\right)^2 + \left(\frac{15}{\sqrt{2}}\right)^2 + \left(\frac{10}{\sqrt{2}}\right)^2} = \sqrt{\frac{25625}{2}} \times \sqrt{\frac{725}{2}}$

$= 113.19 \times 19 ≒ 2155 \text{[VA]}$

068 상순이 $a-b-c$인 회로에서 3상 전압이 V_a[V], V_b[V], V_c[V]일 때 역상분 전압 V_2[V]는?

① $V_2 = \frac{1}{3}(V_a + V_b + V_c)$ 　② $V_2 = \frac{1}{3}(V_a + aV_b + a^2V_c)$

③ $V_2 = \frac{1}{3}(V_a + a^2V_b + a^2V_c)$ 　④ $V_2 = \frac{1}{3}(V_a + a^2V_b + V_c)$

해설 3상 회로에서 비대칭분의 전압이 V_a, V_b, V_c일 때 대칭분전압은

V_0(영상전압)$= \frac{1}{3}(V_a + V_b + V_c)$[V]

V_1(정상전압)$= \frac{1}{3}(V_a + aV_b + a^2V_c)$[V]

V_2(영상전압)$= \frac{1}{3}(V_0 + a^2V_2 + aV_2)$[V]

069 4단자 정수가 각각 A_1, B_1, C_1, D_1과 A_2, B_2, C_2, D_2인 2개의 단자망을 그림과 같이 종속으로 접속하였을 때 전체 4단자 정수 중 A와 B는? (단, $\begin{bmatrix} V_1 \\ I_1 \end{bmatrix} = \begin{bmatrix} A & B \\ C & D \end{bmatrix} \begin{bmatrix} V_3 \\ I_3 \end{bmatrix}$)

① $A = A_1 + A_2$, $B = B_1 + B_2$
② $A = A_1A_2$, $B = B_1B_2$
③ $A = A_1A_2 + B_2C_2$, $B = B_1B_2 + A_2D_1$
④ $A = A_1A_2 + B_1C_2$, $B = A_1B_2 + B_1D_2$

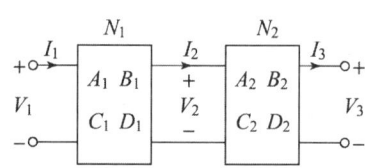

해설 2개 단자망이 그림과 같이 종속 접속일 때의 4단자 정수

$\begin{vmatrix} A & B \\ C & D \end{vmatrix} = \begin{vmatrix} A_1 & B_1 \\ C_1 & D_1 \end{vmatrix} \begin{vmatrix} A_2 & B_2 \\ C_2 & D_2 \end{vmatrix} = \begin{vmatrix} A_1A_2 + B_1C_2 & A_1B_2 + B_1D_2 \\ C_1A_2 + D_1C_2 & C_1B_2 + D_1D \end{vmatrix}$이다.

∴ 4단자 정수 $A = A_1A_2 + B_1C_2$, $B = A_1B_2 + B_1D_2$가 된다.

070 회로에서 인덕터의 양단 전압 V_L의 크기는 약 몇 [V]인가?
(단, $V_1 = 100∠0°$, $V_2 = 100∠60°$)

① 164
② 174
③ 150
④ 200

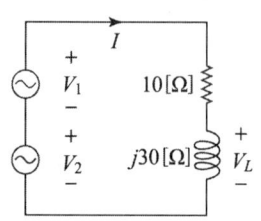

정답 068 ③ 069 ④ 070 ①

해설 V(전원전압) $= \dot{V}_1 + \dot{V}_2 = 100\angle 0° + 100\angle 60° = 100(\cos 0° + j\sin 0°) + 100(\cos 60° + j\sin 60°)$

$= 100 + j0 + 100 \times \frac{1}{2} + j100 \times \frac{\sqrt{3}}{2} = 150 + j86.6 [V] \cdots ㉠$

회로전류 $\dot{I} = \frac{V}{Z} = \frac{150 + j86.6}{10 + j30} = \frac{(150 + j86.6)(10 - j30)}{(10 + j30)(10 - j30)} = \frac{(1500 + 2598) + j(866 - 4500)}{(10)^2 + (30)^2}$

$= \frac{4098 - j3634}{1000} = 4.098 - j3.34 = \sqrt{(4.098)^2 + (3.634)^2}$

$= \sqrt{16.8 + 13.2} = \sqrt{30} ≒ 5.477 [A] \cdots ㉡$

$\therefore V_2$(인덕터 양단의 전압)$= IX_L = 5.477 \times 30 ≒ 164 [V]$

071 제어시스템의 특성방정식이 $s^3 + 11s^2 + 2s + 20 = 0$와 같을 때, 이 특성방정식에서 s 평면의 오른쪽에 위치하는 근은 몇 개인가?

① 0
② 1
③ 2
④ 3

해설 Routh 판별법

s^3	1	·	1
s^2	11	·	20
s^1	$\frac{22-20}{11} = \frac{2}{11}$	·	0
s^0	20	·	0

식에서 1열의 부호변화가 없으므로 s 평면 오른쪽에 위치하는 근은 0이다.

072 다음과 같은 상태방정식으로 표현되는 제어시스템에 대한 특성방정식의 근은?

$$\begin{bmatrix} \dot{x}_1 \\ \dot{x}_2 \end{bmatrix} = \begin{bmatrix} 0 & 1 \\ -2 & -2 \end{bmatrix} \begin{bmatrix} x_1 \\ x_2 \end{bmatrix} + \begin{bmatrix} 1 \\ 0 \end{bmatrix} u$$

① $-1 \pm j$
② $-1 \pm j\sqrt{2}$
③ $-1 \pm 2j$
④ $-1 \pm j\sqrt{3}$

해설 특성방정식의 근

$(sI - A) = \begin{vmatrix} s & 0 \\ 0 & s \end{vmatrix} - \begin{vmatrix} 0 & 1 \\ -2 & -2 \end{vmatrix} = \begin{vmatrix} s & -1 \\ 2 & s+2 \end{vmatrix} = s(s+2) + 2 = s^2 + 2s + 1 + 1 = (s+1)^2 + 1 = 0$

$(s+1)^2 = -1$, $s + 1 = \pm\sqrt{-1} = \pm j$, $(s+1+j)(s+1-j) = 0$

$\therefore s = -1 \pm j$의 근이다.

073 블록선도에서 ⓐ에 해당하는 신호는?

① 조작량
② 제어량
③ 기준입력
④ 동작신호

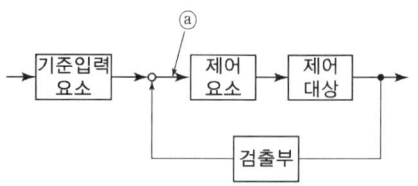

해설 블록선도(피드백 제어계의 일반적인 구성)에서 ⓐ는 동작신호이다.

074 논리식 $(A+B) \cdot (\overline{A}+B)$와 등가인 것은?

① A
② B
③ A · B
④ A · $\overline{B}$

해설 논리식 $(A+B) \cdot (\overline{A}+B) = A\overline{A}+A \cdot B+\overline{A}B+BB = B(A+\overline{A})+B = B+B = B$

075 다음은 근궤적의 성질(규칙)에 대한 내용의 일부를 나타낸 것이다. ( )에 알맞은 내용은?

> 근궤적의 출발점은 개루프 전달함수의 (ⓐ)이고, 근궤적의 도착점은 개루프 전달함수의 (ⓑ)이다.

① ⓐ 영점, ⓑ 영점
② ⓐ 영점, ⓑ 극점
③ ⓐ 극점, ⓑ 영점
④ ⓐ 극점, ⓑ 극점

해설 근궤적의 출발점은 개루프 전달함수의 ⓐ 극점이고, 근궤적의 도착점은 개루프 전달함수의 ⓑ 영점이다.

076 그림의 블록선도에서 출력 $C(s)$는?

① $\left(\dfrac{G_2(s)}{1-G_1(s)G_2(s)}\right)(G_1(s)R(s)+D(s))$

② $\left(\dfrac{G_2(s)}{1+G_1(s)G_2(s)}\right)(G_1(s)R(s)+D(s))$

③ $\left(\dfrac{G_1(s)}{1-G_1(s)G_2(s)}\right)(G_1(s)R(s)+D(s))$

④ $\left(\dfrac{G_1(s)}{1+G_1(s)G_2(s)}\right)(G_1(s)R(s)+D(s))$

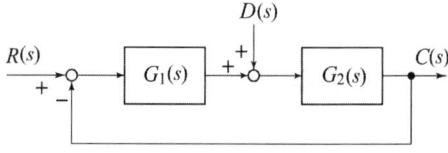

정답 073 ④ 074 ② 075 ③ 076 ②

해설 블록선도에서 출력
$C(s) = ((R(s) - C(s))G_1(s) + D(s))G_2(s) = R(s)G_1(s)G_2(s) - C(s)G_1(s)G_2(s) + D(s)G_2(s)$
$C(s)(1 + G_1(s)G_2(s)) = G_2(s)(G_1(s)R(s) + D(s))$
$\therefore C(s) = \left(\dfrac{G_s(s)}{1 + G_1(s)G_s(s)}\right)(G_1(s)R(s) + D(s))$

077 제어시스템의 전달함수가 $G(s) = e^{-10s}$, 주파수가 $\omega = 10\,[\text{rad/sec}]$일 때 이 제어시스템의 이득(dB)은?

① 20
② 0
③ -20
④ -40

해설 제어시스템의 전달함수 $G(s) = e^{-10s}$
$G(j\omega) = e^{10 \times j\omega} = e^{-j100}$
∴ 이득의 크기 $|G(j\omega)| = |e^{-100}| = \dfrac{1}{e^{100}} = \dfrac{1}{(2.718)^{100}} = 0$
∴ g(제어시스템의 이득) $= 20\log_{10}|G(j\omega)| = 20\log_{10}0 = 0\,[\text{dB}]$

078 단위계단 함수($f(t) = u(t)$)의 라플라스 변환함수($F(s)$)와 z변환함수($F(z)$)는?

① $F(s) = \dfrac{1}{s},\ F(z) = \dfrac{z}{z-1}$
② $F(s) = \dfrac{1}{s},\ F(z) = \dfrac{z-1}{z}$
③ $F(s) = s,\ F(z) = \dfrac{z}{z-1}$
④ $F(s) = s,\ F(z) = \dfrac{z-1}{z}$

해설 단위계단 함수의 라플라스 변환 $F(s) = \dfrac{1}{s}$이다.
단위계단 함수의 z 변환함수 $F(z) = \dfrac{z}{z-1}$이다.

079 전달함수가 $\dfrac{C(s)}{R(s)} = \dfrac{36}{s^2 + 4.2s + 36}$인 2차 제어시스템의 감쇠 진동 주파수($\omega_d$)는 약 몇 [rad/sec]인가?

① 4.0
② 4.3
③ 5.6
④ 6.0

해설 전달함수 $\dfrac{C(s)}{R(s)} = \dfrac{36}{s^2 + 4.2s + 36}$인 2차 제어시스템의 특성방정식
$s^2 + 2\sigma\omega_n s + \omega_n^2 = s^2 + 4.2s + 36 = 0$에서
㉠ $\omega_n^2 = 36$, ω_n(감쇠 진동 주파수) $= \sqrt{36} = 6\,[\text{rad/sec}]$
㉡ $2\sigma\omega_n s = 4.2s$, σ(감쇠 계수) $= \dfrac{4.2s}{2\omega_n} = \dfrac{4.2}{2 \times 6} ≒ 3.5$인 부족제동에서 감쇠진동한다.

정답 077 ② 078 ① 079 ④

080 신호흐름 선도의 전달함수 $\left(\dfrac{C(s)}{R(s)}\right)$는?

① $\dfrac{24}{5}$

② $\dfrac{28}{5}$

③ $\dfrac{32}{5}$

④ $\dfrac{36}{5}$

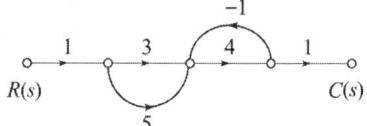

해설 메이슨의 공식에서 전달함수

$$G(s) = \dfrac{\sum_{k=1}^{n} G_k \Delta_k}{\Delta} = \dfrac{G_1\Delta_1 + G_1\Delta_2 + \cdots}{1-(G_1H_1+G_2H_2\cdots)} = \dfrac{G_1\Delta_1+G_1\Delta_2}{1-G_1H_1} = \dfrac{1\times3\times4\times1+1\times5\times4\times1}{1-4\times(-1)}$$
$$= \dfrac{12+20}{1+4} = \dfrac{32}{5}$$

제5과목 전기설비기술기준

081 풍력발전설비의 시설기준에 대한 설명으로 틀린 것은?

① 간선의 시설 시 단자의 접속은 기계적·전기적 안전성을 확보하도록 하여야 한다.
② 나셀 등 풍력발전기 상부시설에 접근하기 위한 안전한 시설물을 강구하여야 한다.
③ 100[kW] 이상의 풍력터빈은 나셀 내부의 화재발생 시, 이를 자동으로 소화할 수 있는 화재방호설비를 시설하여야 한다.
④ 풍력발전기에서 출력배선에 쓰이는 전선은 CV선 또는 TFR-CV선을 사용하거나 동등 이상의 성능을 가진 제품을 사용하여야 한다.

해설 풍력발전설비의 시설기준에 대한 옳은 것은
- 간선의 시설 시 단자의 접속은 기계적·전기적 안전성을 확보하도록 하여야 한다.
- 나셀 등 풍력발전기 상부시설에 접근하기 위한 안전한 시설물을 강구하여야 한다.
- 풍력발전기에서 출력배선에 쓰이는 전선은 CV선 또는 TFR-CV선을 사용하거나 동등 이상의 성능을 가진 제품을 사용하여야 한다.

082 의료장소의 안전을 위한 비단락보증 절연변압기에 대한 설명으로 옳은 것은?

① 정격출력은 5[kVA] 이하이다.
② 정격출력은 10[kVA] 이하이다.
③ 2차측 정격전압은 직류 250[V] 이하이다.
④ 2차측 정격전압은 직류 3000[V] 이하이다.

해설 의료장소의 안전을 위한 비단락보증 절연변압기에 정격출력은 10[kVA] 이하이다.

083 동기조상기를 시설하는 경우 계측하는 장치를 시설하여 계측하는 대상으로 틀린 것은?

① 동기조상기의 전압
② 동기조상기의 전력
③ 동기조상기의 회전자의 온도
④ 동기조상기의 베어링의 온도

해설 동기조상기를 시설하는 경우 계측하는 장치를 시설하여 계측하는 대상으로 옳은 것은
- 동기조상기의 전압
- 동기조상기의 전력
- 동기조상기의 베어링의 온도

084 변전소에서 사용전압 154[kV] 변압기를 옥외에 시설할 때 취급자 이외의 사람이 들어가지 않도록 시설하는 울타리는 울타리의 높이와 울타리에서 충전부분까지의 거리의 합계를 몇 [m] 이상으로 하여야 하는가?

① 5
② 5.5
③ 6
④ 6.5

해설 154[kV] 변압기를 옥외에 시설할 때 울타리 높이와 울타리에서 충전부분까지의 거리합계는 6[m] 이상으로 하여야 한다.

085 케이블 트레이공사에 사용하는 케이블 트레이에 적합하지 않은 것은?

① 케이블 트레이의 안전율은 1.5 이상이어야 한다.
② 금속재의 것은 내식성 재료의 것으로 하지 않아도 된다.
③ 전선의 피복 등을 손상시킬 돌기 등이 없이 매끈하여야 한다.
④ 지지대는 트레이 자체 하중과 포설된 케이블 하중을 충분히 견딜 수 있는 강도를 가져야 한다.

해설 케이블 트레이공사에 사용하는 케이블 트레이에 적합한 것은
- 케이블 트레이의 안전율은 1.5 이상이어야 한다.
- 전선의 피복 등을 손상시킬 돌기 등이 없이 매끈하여야 한다.
- 지지대는 트레이 자체 하중과 포설된 케이블 하중을 충분히 견딜 수 있는 강도를 가져야 한다.

086 교통신호등 제어장치의 2차측 배선의 최대사용전압은 몇 [V] 이하이어야 하는가?

① 150
② 250
③ 300
④ 400

해설 교통신호등 제어장치의 2차측 배선의 최대사용전압은 300[V] 이하이어야 한다.

정답 083 ③ 084 ③ 085 ② 086 ③

087 피뢰설비 중 인하도선시스템의 건축물·구조물과 분리되지 않은 피뢰시스템인 경우에 대한 설명으로 틀린 것은?

① 인하도선의 수는 1가닥 이상으로 한다.
② 벽이 불연성 재료로 된 경우에는 벽의 표면 또는 내부에 시설할 수 있다.
③ 병렬 인하도선의 최대 간격은 피뢰시스템등급에 따라 Ⅳ등급은 20[m]로 한다.
④ 벽이 가연성 재료인 경우에는 0.1[m] 이상 이격하고, 이격이 불가능한 경우에는 도체의 단면적을 100[mm^2] 이상으로 한다.

해설 피뢰설비에서 인하도선시스템의 건축물·구조물과 분리되지 않은 피뢰시스템의 옳은 것은
- 벽이 불연성 재료로 된 경우에는 벽의 표면 또는 내부에 시설할 수 있다.
- 병렬 인하도선의 최대 간격은 피뢰시스템등급에 따라 Ⅳ등급은 20[m]로 한다.
- 벽이 가연성 재료인 경우에는 0.1[m] 이상 이격하고, 이격이 불가능한 경우에는 도체의 단면적을 100[mm^2] 이상으로 한다.

088 급전용 변압기는 교류 전기철도의 경우 어떤 변압기의 적용을 원칙으로 하고, 급전계통에 적합하게 선정하여야 하는가?

① 3상 정류기용 변압기
② 단상 정류기용 변압기
③ 3상 스코드결선 변압기
④ 단상 스코드결선 변압기

해설 급전용 변압기는 전기철도의 경우 3상 스코드결선 변압기의 적용을 원칙으로 한다.

089 저압 가공전선이 도로·횡단보도교·철도 또는 궤도와 접근상태로 시설되는 경우 저압 가공전선과 도로·횡단보도교·철도 또는 궤도 사이의 이격거리는 몇 [m] 이상이어야 하는가? (단, 저압 가공전선과 도로·횡단보도교·철도 또는 궤도와의 수평이격거리가 0.8[m]인 경우이다.)

① 3
② 3.5
③ 4
④ 4.5

해설 저압 가공전선이 도로·횡단보도교·철도 또는 궤도와의 수평거리가 0.8[m]인 경우 저압 가공전선과 도로·횡단보도교·철도 또는 궤도 사이의 이격거리는 3[m] 이상이어야 한다.

090 주택의 전기저장장치의 축전지에 접속하는 부하측 옥내전로에 지락이 생겼을 때 자동적으로 전로를 차단하는 장치를 시설한 경우에 주택의 옥내전로의 대지전압은 직류 몇 [V]까지 적용할 수 있는가?

① 150
② 300
③ 400
④ 600

정답 087 ① 088 ③ 089 ① 090 ④

해설 주택의 부하측 옥내전로에 지락이 생겼을 때 자동차단하는 장치를 시설한 경우에 주택 옥내전로의 대지전압은 직류 600[V]까지 적용할 수 있다.

091 내부피뢰시스템 중 금속제 설비의 등전위 본딩에 대한 설명이다. 다음 ( )에 들어갈 내용으로 옳은 것은?

> 건축물구조물에는 지하 (ⓐ)m와 높이 (ⓑ)m마다 환상도체를 설치한다. 다만, 철근콘크리트, 철골구조물의 구조체에 인하도선을 등전위본딩하는 경우 환상도체는 설치하지 않아도 된다.

① ⓐ 0.4 ⓑ 15
② ⓐ 0.5 ⓑ 20
③ ⓐ 1.0 ⓑ 15
④ ⓐ 1.0 ⓑ 20

해설 내부피뢰시스템 중 금속제 설비의 등전위 본딩에 건축물구조물에는 지하 0.5[m]와 높이 20[m]마다 환상도체를 설치한다.

092 인입용 비닐절연전선을 사용한 저압 가공전선을 횡단보도교 위에 시설하는 경우 노면상의 높이는 몇 [m] 이상으로 하여야 하는가?

① 3
② 3.5
③ 4
④ 4.5

해설 인입용 비닐절연전선을 사용한 저압 가공전선을 횡단보도교 위에 시설하는 경우 노면상의 높이는 3[m] 이상으로 하여야 한다.

093 사용전압이 22.9[kV]인 특고압 가공전선이 건조물 등과 접근상태로 시설되는 경우 지지물로 A종 철근 콘크리트주를 사용하면 그 경간은 몇 [m] 이하이어야 하는가? (단, 중성선 다중접지방식의 것으로서 전로에 지락이 생겼을 때에 2초 이내에 자동적으로 이를 전로로부터 차단하는 장치가 되어 있는 것에 한한다.)

① 100
② 150
③ 250
④ 400

해설 중성선 다중접지방식의 전로에 지락이 생겼을 때에 2초 이내에 자동차단하는 장치가 되어 있는 22.9[kV]인 특고압 가공전선이 지지물로 A종 철근 콘크리트주를 사용하면 그 경간은 100[m] 이하이어야 한다.

정답 091 ② 092 ① 093 ①

094 사용전압이 22.9[kV]인 특고압 가공전선에서 1[km]마다 중성선과 대지 사이의 합성전기저항 값은 몇 [Ω] 이하이어야 하는가? (단, 중성선 다중접지방식의 것으로서 전로에 지락이 생겼을 때에 2초 이내에 자동적으로 이를 전로로부터 차단하는 장치가 되어 있는 것에 한한다.)

① 5
② 10
③ 15
④ 30

해설 중성선 다중접지방식의 전로에 지락이 생겼을 때에 2초 이내에 자동차단하는 장치가 되어 있는 2.9[kV]인 특고압 가공전선에서 1[km]마다 중성선과 대지 사이의 합성전기저항 값은 15[Ω] 이하이어야 한다.

095 직류회로에서 선 도체 겸용 보호도체를 말하는 것은?

① PEM
② PEL
③ PEN
④ PET

해설 PEL이란 직류회로에서 선 도체 겸용 보호도체를 말한다.

096 지중 전선로에 있어서 폭발성 가스가 침입할 우려가 있는 장소에 시설하는 지중함은 크기가 몇 [m³] 이상일 때 가스를 방산시키기 위한 장치를 시설하여야 하는가?

① 0.25
② 0.5
③ 0.75
④ 1.0

해설 지중 전선로에 있어서 폭발성 가스가 침입할 우려가 있는 장소에 시설하는 지중함은 크기가 1[m³] 이상일 때 가스를 방산시키기 위한 장치를 시설하여야 한다.

097 특고압으로 시설할 수 없는 전선로는?

① 옥상전선로
② 지중전선로
③ 가공전선로
④ 수중전선로

해설 특고압으로 시설할 수 있는 전선로는 지중전선로, 가공전선로, 수중전선로이다.

098 사용전압이 60[kV] 이하인 경우 전화선로의 길이 12[km]마다 유도전류는 몇 [μA]를 넘지 않도록 하여야 하는가?

① 1
② 2
③ 3
④ 4

정답 094 ③ 095 ② 096 ④ 097 ① 098 ②

해설 사용전압이 60[kV] 이하인 경우 전화선로의 길이 12[km]마다 유도전류는 2[μA]를 넘지 않도록 하여야 한다.

099 발전기의 내부에 고장이 생긴 경우 발전기를 자동적으로 전로로부터 차단하는 장치를 설치하여야 하는 발전기의 최소용량(kVA)은?

① 1000
② 1500
③ 10000
④ 15000

해설 발전기의 내부 고장이 생긴 경우 발전기를 자동적으로 전로로부터 차단 장치를 설치하여야 하는 발전기의 최소용량은 10000[kVA]이다.

100 소세력 회로의 최대 사용전압이 15[V]라면, 절연변압기의 2차 단락전류는 몇 [A] 이하이어야 하는가?

① 1
② 3
③ 5
④ 8

해설 소세력 회로의 최대 사용전압이 15[V]라면 절연변압기의 2차 단락전류는 8[A] 이하이어야 한다.

전기응용 및 공사재료 / 전력공학 / 전기기기 / 회로이론 및 제어공학 / 전기설비기술기준

2022년 3월 5일 시행

제1과목 전기응용 및 공사재료

001 레이저 가열의 특징으로 틀린 것은?

① 파장이 짧은 레이저는 미세가공에 적합하다.
② 에너지 변환 효율이 높아 원격가공이 가능하다.
③ 필요한 부분에 집중하여 고속으로 가열할 수 있다.
④ 레이저의 조사면적을 광범위하게 제어할 수 있다.

> 해설 레이저 가열의 특징으로 옳은 것은
> ① 파장이 짧은 레이저는 미세가공에 적합하다.
> ② 필요한 부분에 집중하여 고속으로 가열할 수 있다.
> ③ 레이저의 조사면적을 광범위하게 제어할 수 있다.

002 스테판-볼츠만(Stefan-Boltzmann) 법칙을 이용하여 온도를 측정하는 것은?

① 광 고온계
② 저항 온도계
③ 열전 온도계
④ 복사 고온계

> 해설 스테판-볼츠만(Stefan-Boltzmann)의 법칙은 흑체의 복사 발산도 $J = \sigma T^4 ≒ T^4 [°K]$ (단, $T[°K]$는 절대온도, σ(스테판-볼츠만의 상수)$=5.6724 \times 10^{-3} [W \cdot m^{-2} deg^{-4}]$)을 이용하여 복사 고온계의 온도를 측정한다.

003 흑체의 온도복사 법칙 중 절대 온도가 높아질수록 파장이 짧아지는 법칙은?

① 스테판-볼츠만(Stefan-Boltzmann)의 법칙
② 빈(Wien)의 변위법칙
③ 플랑크(Planck)의 복사법칙
④ 베버 페히너(Weber-Fechner)의 법칙

> 해설 빈(Wien)의 변위법칙은 T(절대 온도)가 높아질수록 λ(파장)이 짧아지는 법칙을 말한다.

정답 001 ② 002 ④ 003 ②

004 다음 중 시감도가 가장 좋은 광색은?

① 적색　　　　　　　　　　② 등색
③ 청색　　　　　　　　　　④ 황록색

해설　시감도란 파장의 에너지가 빛으로 느껴지는 정도를 말하며 시감도가 가장 좋은 광색은 5550[Å]인 황록색이다.

005 양수량 30[m³/min], 총양정 10[m]를 양수하는데 필요한 펌프용 3상 전동기에 전력을 공급하고자 한다. 단상 변압기를 V결선하여 전력을 공급하고자 할 때 단상 변압기 한 대의 용량(kVA)은 약 얼마인가? (단, 펌프의 효율은 70%이다.)

① 31　　　　　　　　　　② 36
③ 41　　　　　　　　　　④ 46

해설　펌프용 3상 전동기

$$P(\text{전력}) = \frac{9.8\,QH}{\eta} = \frac{9.8 \times \left(\frac{30}{60}\right) \times 10}{0.7} = \frac{49}{0.7} = 70 = \sqrt{3}\,VI = \sqrt{3}\,P_a[\text{kW}]$$

$$P_a(\text{V결선 단상 변압기(대용량)}) = \frac{70}{\sqrt{3}} \fallingdotseq 40.4 \fallingdotseq 41[\text{kVA}]$$

006 권수비가 1 : 3인 변압기를 사용하여 교류 100[V]의 입력을 가한 후 출력 전압을 전파정류하면 출력 직류전압(V)의 크기는?

① $300\sqrt{2}$　　　　　　　　② 300
③ $\dfrac{300\sqrt{2}}{\pi}$　　　　　　　　④ $\dfrac{600\sqrt{2}}{\pi}$

해설　$a(\text{권수비}) = \dfrac{N_1}{N_2} = \dfrac{V_1}{V_2}$, $\dfrac{1}{3} = \dfrac{100}{V_2}$　$V_2 = 300[\text{V}]$ … ㉠

출력 전압 전파정류 시 직류전압 크기 $V_{dc} = \dfrac{2V_m}{\pi} = \dfrac{2 \times \sqrt{2}\,V_2}{\pi} = \dfrac{2 \times \sqrt{2} \times 300}{\pi} = \dfrac{600\sqrt{2}}{\pi}[\text{V}]$

007 단상 교류식 전기철도에서 통신선에 발생하는 유도장해를 경감하기 위하여 사용되는 것은?

① 흡상 변압기　　　　　　② 3권선 변압기
③ 스코트 결선　　　　　　④ 크로스본드

해설　흡상 변압기는 단상 교류식 전기철도에서 통신선에 발생하는 유도장해를 경감하기 위하여 사용되는 변압기이다.

정답　004 ④　005 ③　006 ④　007 ①

008 3상 유도전동기를 급속히 정지 또는 감속시킬 경우나 과속을 급히 막을 수 있는 가장 쉽고 효과적인 제동법은?

① 발전제동
② 회생제동
③ 역전제동
④ 와전류 제동

해설 역전제동법은 3상 유도전동기를 급속히 정지 또는 감속시킬 경우나 과속을 급히 막을 수 있는 가장 쉽고 효과적인 제동법이다.

009 금속의 표면 열처리에 이용하며 도체에 고주파 전류를 흘릴 때 전류가 표면에 집중하는 효과는?

① 표피 효과
② 톰슨 효과
③ 핀치 효과
④ 제벡 효과

해설 표피 효과란 금속의 표면 열처리에 이용하며 도체에 고주파 전류를 흘릴 때 전류가 표면에 집중하는 효과를 말한다.

010 전력용 반도체 소자 중 IGBT의 특성이 아닌 것은?

① 게이트 구동전력이 매우 높다.
② 게이트와 에미터간 입력 임피던스가 매우 높아 BJT보다 구동하기 쉽다.
③ 소스에 대한 게이트의 전압으로 도통과 차단을 제어한다.
④ 스위칭 속도는 FET와 트랜지스터의 중간정도로 빠른편에 속한다.

해설 전력용 반도체 소자 IGBT의 특성
- 게이트와 에미터간 입력 임피던스가 매우 높아 BJT보다 구동하기 쉽다.
- 소스에 대한 게이트의 전압으로 도통과 차단을 제어한다.
- 스위칭 속도는 FET와 트랜지스터의 중간정도로 빠른편에 속한다.

011 금속관 공사에서 부싱을 쓰는 목적은?

① 관의 끝이 터지는 것을 방지
② 관의 끝 부분에서 전선 피복의 손상을 방지
③ 박스 내에서 전선의 접속을 방지
④ 관의 끝 부분에서 조영재의 접속을 방지

해설 금속관 공사에서 부싱을 쓰는 목적은 관의 끝 부분에서 전선 피복의 손상을 방지하기 때문이다.

정답 008 ③ 009 ① 010 ① 011 ②

012 경완철에 폴리머 현수애자를 설치할 경우 사용되는 재료가 아닌 것은?

① 볼쇄클
② 소켓아이
③ 인장클램프
④ 볼크레비스

해설 경완철에 폴리머 현수애자를 설치할 경우 사용되는 재료는 볼쇄클, 소켓아이, 인장클램프이다.

013 형광등의 점등회로 중 필라멘트를 예열하지 않고 직접 형광등에 고전압을 가하여 순간적으로 기동하는 점등회로로써, 전극이 기동 시에는 냉음극, 동작 시에는 방전전류에 의한 열음극으로 작동하는 회로는?

① 전자 스타터 점등회로
② 글로우 스타터 점등회로
③ 속시 기동(래피드 스타터) 점등회로
④ 순시 기동(슬림 라인) 점등회로

해설 순시 기동(슬림 라인) 점등회로는 형광등의 점등회로 중 필라멘트를 예열하지 않고 직접 형광등에 고전압을 가하여 순간적으로 기동하는 점등회로로써, 전극이 기동 시에는 냉음극, 동작 시에는 방전전류에 의한 열음극으로 작동하는 회로를 말한다.

014 특고압, 고압, 저압에 사용되는 완금(완철)의 표준길이에 해당되지 않는 것은?

① 900[mm]
② 1800[mm]
③ 2400[mm]
④ 3000[mm]

해설 특고압, 고압, 저압에 사용되는 완금(완철)의 표준길이

전선의 개수	특고압	고압	저압
2	1800[mm]	1400[mm]	900[mm]
3	2400[mm]	1800[mm]	1400[mm]

015 다음 중 0.6/1[kV] 가교 폴리에틸렌 절연 비닐시스 전력케이블의 기호는?

① 0.6/1[kV] CCV
② 0.6/1[kV] CVV
③ 0.6/1[kV] CV
④ 0.6/1[kV] CE

해설 0.6/1[kV] CV의 기호는 0.6/1[kV] 가교 폴리에틸렌 절연 비닐시스 전력케이블이다.

016 고압회로 및 기기의 단락보호용으로 사용되고 있는 기기는?

① 단로기
② 전력퓨즈
③ 부하개폐기
④ 선로개폐기

정답 012 ④ 013 ④ 014 ④ 015 ③ 016 ②

> **해설** 전력퓨즈는 고압회로 및 기기의 단락보호용으로 사용된다.

017 KS C 7617에 따른 네온관의 공칭 관전류는 몇 [mA]인가?

① 10　　　　　　　　　　② 20
③ 30　　　　　　　　　　④ 40

> **해설** KS C 7617에 따른 네온관의 공칭 관전류는 20[mA]이다.

018 다음 1차 전지 중 음극(부극)물질이 다른 것은?

① 공기 전지　　　　　　② 망간 건전지
③ 수은 전지　　　　　　④ 리튬 전지

> **해설** 리튬 전지는 1차 전지 중에서 음극(부극)물질이 다른 전지이다.

019 KS C 4610에 따른 고압 피뢰기의 정격전압(kV)이 아닌 것은? (단, 전압은 RMS값이다.)

① 7.5　　　　　　　　　② 24
③ 74　　　　　　　　　　④ 174

> **해설** KS C 4610에 따른 고압 피뢰기의 정격전압(kV)은 7.5[kV], 24[kV], 174[kV] 등이다.

020 2개소에서 한 개의 전등을 자유롭게 점멸할 수 있는 스위치 방식은?

① 로터리 스위치
② 마그넷 스위치
③ 3로 스위치
④ 푸시 버튼 스위치

> **해설** 3로 스위치는 2개소에서 한 개의 전등을 자유롭게 점멸할 수 있는 스위치 방식이다.

정답 017 ②　018 ④　019 ③　020 ③

제2과목 전력공학

021 소호리액터를 송전계통에 사용하면 리액터의 인덕턴스와 선로의 정전용량이 어떤 상태로 되어 지락전류를 소멸시키는가?

① 병렬공진
② 직렬공진
③ 고임피던스
④ 저임피던스

해설 소호리액터를 송전계통에 사용하면 리액터의 인덕턴스와 선로의 정전용량이 병렬공진 상태로 되어 지락전류를 소멸시킨다.

022 어느 발전소에서 40000[kWh]를 발전하는데 발열량 5000[kcal/kg]의 석탄을 20톤 사용하였다. 이 화력발전소의 열효율(%)은 약 얼마인가?

① 27.5
② 30.4
③ 34.4
④ 38.5

해설 η(화력발전소의 열효율)$= \dfrac{출력}{입력} \times 100 = \dfrac{860P}{WC} \times 100 = \dfrac{860 \times 40000}{20 \times 10^3 \times 5000} \times 100$

$= \dfrac{344}{1000} \times 100 = 34.4\%$

023 송전전력, 선간전압, 부하역률, 전력손실 및 송전거리를 동일하게 하였을 경우 단상 2선식에 대한 3상 3선식의 총 전선량(중량)비는 얼마인가? (단, 전선은 동일한 전선이다.)

① 0.75
② 0.94
③ 1.15
④ 1.33

해설
- 송전전력이 동일 : $\sqrt{3}\,VI_3\cos\theta = VI_1\cos\theta$
  $\therefore I_1 = \sqrt{3}\,I_3 \cdots \textcircled{\scriptsize ㉠}$
- 선로손실 동일 : $3I_3^2 R_3 = 2I_1^2 R_1$
  $\therefore 3I_3^2 \times \rho\dfrac{\ell}{s_3} = 2 \times (\sqrt{3}\,I_3)^2 \times \rho\dfrac{\ell}{s_1},\ 2s_3 = s_1,\ s_3 = \dfrac{1}{2}s_1 \cdots \textcircled{\scriptsize ㉡}$
- 총전선량(무게=중량)비

$\dfrac{3상\ 3선식}{단상\ 2선식} = \dfrac{3\sigma s_3 \ell}{2\sigma s_1 \ell} = \dfrac{3s_3}{2s_1} = \dfrac{3 \times \frac{1}{2}s_1}{2s_1} = \dfrac{3}{4} = 0.75$

024 3상 송전선로가 선간단락(2선 단락)이 되었을 때 나타나는 현상으로 옳은 것은?

① 역상전류만 흐른다.
② 정상전류와 역상전류가 흐른다.
③ 역상전류와 영상전류가 흐른다.
④ 정상전류와 영상전류가 흐른다.

해설 3상 송전선로가 선간단락(2선 단락) 시에는 정상전류와 역상전류가 흐른다.

025 중거리 송전선로의 4단자 정수가 $A = 1.0$, $B = j190$, $D = 1.0$일 때 C의 값은 얼마인가?

① 0
② $-j120$
③ j
④ $j190$

해설 중거리 송전선로에서 4단자 정수사이의 관계는 $AD - BC = 1$, $BC = AD$
$$\therefore C = \frac{AD}{B} = \frac{1 \times 1}{j190} = -j\frac{1}{190} \fallingdotseq -j0.005 \fallingdotseq 0$$

026 배전전압을 $\sqrt{2}$ 배로 하였을 때 같은 손실률로 보낼 수 있는 전력은 몇 배가 되는가?

① $\sqrt{2}$
② $\sqrt{3}$
③ 2
④ 3

해설
$$P(\text{전력}) = VI\cos\theta[\text{W}], \quad I(\text{전류}) = \frac{P}{V\cos\theta}[\text{A}]$$
$$P_\ell(\text{손실전력}) = I^2 R = \left(\frac{P}{V\cos\theta}\right)^2 R = \frac{P^2}{V^2\cos^2\theta} \times \rho\frac{\ell}{s}[\text{W}]$$
$$k(\text{손실율}) = \frac{P_\ell}{P} = \frac{\frac{P^2\rho\ell}{V^2\cos^2\theta s}}{P} = \frac{P\rho\ell}{V^2\cos^2\theta s}$$
$$P(\text{전력}) = \frac{V^2\cos^2\theta s}{\rho\ell}[\text{W}] \cdots \text{㉠}$$
$$\therefore V' = \sqrt{2}\,V \text{일 때의 } P' = \frac{(V')^2\cos^2\theta s}{\rho\ell} = \frac{(\sqrt{2}\,V)^2\cos^2\theta s}{\rho\ell} = 2 \times \frac{V^2\cos^2\theta s}{\rho\ell} = 2P[\text{W}]$$

027 다음 중 재점호가 가장 일어나기 쉬운 차단전류는?

① 동상전류
② 지상전류
③ 진상전류
④ 단락전류

해설 진상전류는 재점호가 가장 일어나기 쉬운 차단전류이다.

028 현수애자에 대한 설명이 아닌 것은?

① 애자를 연결하는 방법에 따라 클레비스(Clevis)형과 볼 소켓형이 있다.
② 애자를 표시하는 기호는 P이며 구조는 2~5층의 갓 모양의 자기편을 시멘트로 접착하고 그 자기를 주철재 base로 지지한다.
③ 애자의 연결개수를 가감함으로써 임의의 송전전압에 사용할 수 있다.
④ 큰 하중에 대하여는 2련 또는 3련으로 하여 사용할 수 있다.

해설 현수애자
- 애자를 연결하는 방법에 따라 클레비스(Clevis)형과 볼 소켓형이 있다.
- 애자의 연결개수를 가감함으로써 임의의 송전전압에 사용할 수 있다.
- 큰 하중에 대하여는 2련 또는 3련으로 하여 사용할 수 있다.

029 교류발전기의 전압조정장치로 속응 여자방식을 채택하는 이유로 틀린 것은?

① 전력계통에 고장이 발생할 때 발전기의 동기화력을 증가시킨다.
② 송전계통의 안정도를 높인다.
③ 여자기의 전압 상승률을 크게 한다.
④ 전압조정용 탭의 수동변환을 원활히 하기 위함이다.

해설 교류발전기의 전압조정장치로 속응 여자방식을 채택하는 이유
- 전력계통에 고장이 발생할 때 발전기의 동기화력을 증가시킨다.
- 송전계통의 안정도를 높인다.
- 여자기의 전압 상승률을 크게 한다.

030 차단기의 정격차단시간에 대한 설명으로 옳은 것은?

① 고장 발생부터 소호까지의 시간
② 트립코일 여자로부터 소호까지의 시간
③ 가동 접촉자의 개극부터 소호까지의 시간
④ 가동 접촉자의 동작 시간부터 소호까지의 시간

해설 차단기의 정격차단시간이란 트립코일 여자로부터 소호까지의 시간을 말한다.

031 3상 1회선 송전선을 정삼각형으로 배치한 3상 선로의 자기인덕턴스를 구하는 식은? [단, D는 전선의 선간거리(m), r은 전선의 반지름(m)이다.]

① $L = 0.5 + 0.4605 \log_{10} \dfrac{D}{r}$
② $L = 0.5 + 0.4605 \log_{10} \dfrac{D}{r^2}$
③ $L = 0.05 + 0.4605 \log_{10} \dfrac{D}{r}$
④ $L = 0.05 + 0.4605 \log_{10} \dfrac{D}{r^2}$

정답 028 ② 029 ④ 030 ② 031 ③

> **해설** 3상 1회선 송전선을 정삼각형($D=D_1=D_2=D_3$)로 배치할 경우 기하학적 평균거리는 $\sqrt[3]{D_1D_2D_3}=\sqrt[3]{DDD}=\sqrt[3]{D^3}=D$일 때의 3상 선로의 자기인덕턴스 $L=0.05+0.4605\log_{10}\dfrac{D}{r}$ [mH/km]이다.

032 불평형 부하에서 역률(%)은?

① $\dfrac{유효전력}{각\ 상의\ 피상전력의\ 산술합}\times 100$
② $\dfrac{무효전력}{각\ 상의\ 피상전력의\ 산술합}\times 100$
③ $\dfrac{무효전력}{각\ 상의\ 피상전력의\ 벡터합}\times 100$
④ $\dfrac{유효전력}{각\ 상의\ 피상전력의\ 벡터합}\times 100$

> **해설** 불평형 부하에서 역률 $=\dfrac{유효전력}{각\ 상의\ 피상전력의\ 벡터합}\times 100$ (%)이다.

033 다음 중 동작속도가 가장 느린 계전 방식은?

① 전류 차동 보호 계전 방식
② 거리 보호 계전 방식
③ 전류 위상 비교 보호 계전 방식
④ 방향 비교 보호 계전 방식

> **해설** 거리 보호 계전 방식은 동작속도가 가장 느린 계전 방식이다.

034 부하회로에서 공진 현상으로 발생하는 고조파 장해가 있을 경우 공진 현상을 회피하기 위하여 설치하는 것은?

① 진상용 콘덴서
② 직렬 리액터
③ 방전코일
④ 진공 차단기

> **해설** 직렬 리액터는 부하회로에서 공진 현상으로 발생하는 고조파 장해가 있을 경우 공진 현상을 회피하기 위하여 설치하는 것이다.

035 경간이 200[m]인 가공전선로가 있다. 사용전선의 길이는 경간보다 몇 [m] 더 길게 하면 되는가? (단, 사용전선의 1[m]당 무게는 2[kg], 인장하중은 4000[kg], 전선의 안전율은 2로 하고 풍압하중은 무시한다.)

① $\dfrac{1}{2}$
② $\sqrt{2}$
③ $\dfrac{1}{3}$
④ $\sqrt{3}$

해설 전선의 이도 $D = \dfrac{ws^2}{8T} = \dfrac{ws^2}{8 \times \dfrac{인장강도}{안전율}} = \dfrac{2 \times (200)^2}{8 \times \dfrac{4000}{2}} = \dfrac{2 \times 40000}{16000} = \dfrac{80}{16} = \dfrac{10}{2} = 5[m]$

$\therefore L - S = \dfrac{8D^2}{3s} = \dfrac{8 \times (5)^2}{3 \times 200} = \dfrac{8 \times 25}{600} = \dfrac{200}{600} = \dfrac{1}{3}[m]$

사용전선의 길이는 경간보다 $\dfrac{1}{3}[m]$ 더 길게 하면 된다.

036 송전단 전압이 100[V], 수전단 전압이 90[V]인 단거리 배전선로의 전압강하율(%)은 약 얼마인가?

① 5
② 11
③ 15
④ 20

해설 $\varepsilon(전압강하율) = \dfrac{V_s - V_r}{V_r} \times 100 = \dfrac{100 - 90}{90} \times 100 = \dfrac{10}{90} \times 100 = \dfrac{100}{9} ≒ 11\%$

037 다음 중 환상(루프) 방식과 비교할 때 방사상 배전선로 구성방식에 해당되는 사항은?

① 전력 수요 증가 시 간선이나 분기선을 연장하여 쉽게 공급이 가능하다.
② 전압 변동 및 전력손실이 작다.
③ 사고 발생 시 다른 간선으로의 전환이 쉽다.
④ 환상방식 보다 신뢰도가 높은 방식이다.

해설 환상(루프) 방식과 비교할 때 방사상 배전선로 구성방식에 해당되는 사항은 전력 수요 증가 시 간선이나 분기선을 연장하여 쉽게 공급이 가능하다.

038 초호각(Arcing horn)의 역할은?

① 풍압을 조절한다.
② 송전 효율을 높인다.
③ 선로의 섬락 시 애자의 파손을 방지한다.
④ 고주파수의 섬락전압을 높인다.

해설 초호각(Arcing horn)의 역할은 선로의 섬락 시 애자의 파손을 방지한다.

정답 036 ② 037 ① 038 ③

039 유효낙차 90[m], 출력 104500[kW], 비속도(특유속도) 210[m·kW]인 수차의 회전속도는 약 몇 [rpm]인가?

① 150
② 180
③ 210
④ 240

해설 특유속도 $N_s = N \dfrac{P^{1/2}}{H^{5/4}}$[rpm]

$N(\text{수차 회전속도}) = \dfrac{N_s \times H^{5/4}}{P^{1/2}} = 210 \times \dfrac{H^{4/4} \times H^{1/4}}{\sqrt{104500}} = 210 \times \dfrac{90 \times \sqrt{\sqrt{90}}}{\sqrt{104500}} = \dfrac{210 \times 277.2}{323.26}$

$\fallingdotseq \dfrac{58170}{323} \fallingdotseq 180$[rpm]

040 발전기 또는 주변압기의 내부고장 보호용으로 가장 널리 쓰이는 것은?

① 거리 계전기
② 과전류 계전기
③ 비율차동 계전기
④ 방향단락 계전기

해설 비율차동 계전기는 발전기 또는 주변압기의 내부고장으로 가장 널리 사용된다.

제3과목 전기기기

041 SCR을 이용한 단상 전파 위상제어 정류회로에서 전원전압은 실횻값이 220[V], 60[Hz]인 정현파이며, 부하는 순 저항으로 10[Ω]이다. SCR의 점호각을 α를 60°라 할 때 출력전류의 평균값(A)은?

① 7.54
② 9.73
③ 11.43
④ 14.86

해설 단상 전파 제어 정류회로에서 제어각 $\alpha = 60°$일 때 출력전압의 평균값

$E_d = \dfrac{1}{\pi} \displaystyle\int_\alpha^\pi \sqrt{2}\, E \sin\theta\, d\theta = \dfrac{\sqrt{2}\, E}{\pi}(-\cos\theta)_\alpha^\pi = \dfrac{\sqrt{2}}{\pi} E(1+\cos\alpha)$

$= \dfrac{\sqrt{2}}{\pi} \times 220(1+\cos 60°) = \dfrac{\sqrt{2}}{\pi} \times 330$[V]

∴ 출력전류의 평균값 $I_d = \dfrac{E_d}{R} = \dfrac{\dfrac{\sqrt{2}}{\pi} \times 330}{10} = 14.86$[A]

정답 039 ② 040 ③ 041 ④

042 직류발전기가 90% 부하에서 최대효율이 된다면 이 발전기의 전부하에 있어서 고정손과 부하손의 비는?

① 0.81
② 0.9
③ 1.0
④ 1.1

해설 직류발전기에서 최대효율의 조건은 $P_i = m^2 P_c$

$$\frac{\text{고정손}(P_i)}{\text{부하손}(P_c)} = \frac{m^2 P_c}{P_c} = (0.9)^2 = 0.81$$

043 정류기의 직류측 평균전압이 2000[V]이고 리플률이 3%일 경우, 리플전압의 실횻값(V)은?

① 20
② 30
③ 50
④ 60

해설 $r(\text{맥동률=리플률}) = \frac{AC(\text{교류}) \text{ 실효치 전압}}{DC(\text{직류}) \text{ 평균치 전압}}$

(교류 실효치 전압=리플전압의 실횻값)=리플률×직류측 평균치 전압=0.03×2000=60[V])

044 단상 직권 정류자전동기에서 보상권선과 저항도선의 작용에 대한 설명으로 틀린 것은?

① 보상권선은 역률을 좋게 한다.
② 보상권선은 변압기의 기전력을 크게 한다.
③ 보상권선은 전기자 반작용을 제거해 준다.
④ 저항도선은 변압기 기전력에 의한 단락 전류를 작게 한다.

해설 단상 직권 정류자전동기에서 보상권선과 저항도선의 작용
• 보상권선은 역률을 좋게 한다.
• 보상권선은 전기자 반작용을 제거해 준다.
• 저항도선은 변압기 기전력에 의한 단락 전류를 작게 한다.

045 3상 동기발전기에서 그림과 같이 1상의 권선을 서로 똑같은 2조로 나누어 그 1조의 권선전압을 $E[V]$, 각 권선의 전류를 $I[A]$라 하고 지그재그 Y형(Zigzag Star)으로 결선하는 경우 선간전압(V), 선전류(A) 및 피상전력(VA)은?

① $3E$, I, $\sqrt{3} \times 3E \times I = 5.2EI$
② $\sqrt{3}E$, $2I$, $\sqrt{3} \times \sqrt{3}E \times 2I = 6EI$
③ E, $2\sqrt{3}I$, $\sqrt{3} \times E \times 2\sqrt{3}I = 6EI$
④ $\sqrt{3}E$, $\sqrt{3}I$, $\sqrt{3} \times \sqrt{3}E \times \sqrt{3}I = 5.2EI$

정답 042 ① 043 ④ 044 ② 045 ②

해설 3상 동기발전기에서 1상의 권선을 서로 똑같은 2조(병렬)로 나누면 선간전압= $\sqrt{3}E$[V], 선전류= $2I$[A]이다. ∴ 피상전력= $\sqrt{3}\times$선간전압$\times$선전류= $\sqrt{3}\times\sqrt{3}E\times 2I=6EI$[VA]이다.

046 비돌극형 동기발전기 한 상의 단자전압을 V, 유도기전력을 E, 동기리액턴스를 X_s, 부하각이 δ이고, 전기자저항을 무시할 때 한 상의 최대출력(W)은?

① $\dfrac{EV}{X_s}$ ② $\dfrac{3EV}{X_s}$

③ $\dfrac{E^2V}{X_s}$ ④ $\dfrac{EV^2}{X_s}$

해설 비돌극형(원통형) 동기발전기는 부하각 $\delta=90°$일 때가 최대출력이다.
∴ $P_{\max}=\dfrac{EV}{X_s}$[W]

047 다음 중 비례추이를 하는 전동기는?

① 동기 전동기 ② 정류자 전동기
③ 단상 유도전동기 ④ 권선형 유도전동기

해설 권선형 유도전동기는 비례추이를 하는 전동기이다.

048 단자전압 200[V], 계자저항 50[Ω], 부하전류 50[A], 전기자저항 0.15[Ω], 전기자 반작용에 의한 전압강하 3[V]인 직류 분권발전기가 정격속도로 회전하고 있다. 이때 발전기의 유도기전력은 약 몇 [V]인가?

① 211.1 ② 215.1
③ 225.1 ④ 230.1

해설

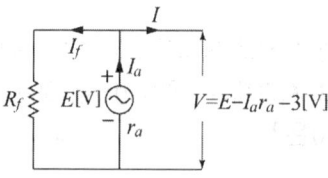

직류 분권발전기에서
I_a(전기자 전류) $= I+I_f = 50+\dfrac{V}{R_f}=50+\dfrac{200}{50}$
$= 54$[A]
E(발전기 유도기전력) $= V+I_ar_a+3$
$= 200+54\times 0.15+3$
$= 200+8.1+3=211.1$[V]

정답 046 ① 047 ④ 048 ①

049 동기기의 권선법 중 기전력의 파형을 좋게 하는 권선법은?

① 전절권, 2층권
② 단절권, 집중권
③ 단절권, 분포권
④ 전절권, 집중권

> **해설** 동기기의 권선법을 단절권이나 분포권으로 하면 기전력의 파형이 좋아진다.

050 변압기에 임피던스전압을 인가할 때의 입력은?

① 철손
② 와류손
③ 정격용량
④ 임피던스와트

> **해설** 변압기 부하손 측정시 저압측 단락 변압기에 임피던스전압을 인가할 때의 입력이 임피던스와트이다.

051 불꽃 없는 정류를 하기 위해 평균 리액턴스 전압(A)과 브러시 접촉면 전압강하(B) 사이에 필요한 조건은?

① A > B
② A < B
③ A = B
④ A, B에 관계없다.

> **해설** 불꽃 없는 정류를 하기 위한 조건은 평균 리액턴스 전압(A)보다 브러시 접촉면 전압강하(B)가 커야 한다. 즉 A < B이어야 한다.

052 유도전동기 1극의 자속 Φ, 2차 유효전류 $I_2\cos\theta_2$, 토크 τ의 관계로 옳은 것은?

① $\tau \propto \Phi \times I_2\cos\theta_2$
② $\tau \propto \Phi \times (I_2\cos\theta_2)^2$
③ $\tau \propto \dfrac{1}{\Phi \times I_2\cos\theta_2}$
④ $\tau \propto \dfrac{1}{(\Phi \times I_2\cos\theta_2)^2}$

> **해설** 유도전동기의 회전력 $T \fallingdotseq \phi I_2 \fallingdotseq \phi \times I_2 \cos\theta_2$이다.

053 회전자가 슬립 s로 회전하고 있을 때 고정자와 회전자의 실효 권수비를 α라 하면 고정자 기전력 E_1과 회전자 기전력 E_{2s}의 비는?

① $s\alpha$
② $(1-s)\alpha$
③ $\dfrac{\alpha}{s}$
④ $\dfrac{\alpha}{1-s}$

정답 049 ③　050 ④　051 ②　052 ①　053 ③

해설 유도전동기 1, 2차 권수비
$$\frac{N_1}{N_2} = \frac{E_1}{E_2} = \alpha \cdots \text{㉠}$$
$$E_{2s} = sE_2 \cdots \text{㉡}$$
㉠, ㉡ 식에서 $\frac{\text{고정자 기전력}}{\text{회전자 기전력}} = \frac{E_1}{E_{2s}} = \frac{\alpha E_2}{sE_2} = \frac{\alpha}{s}$

054 직류 직권전동기의 발생 토크는 전기자 전류를 변화시킬 때 어떻게 변하는가? (단, 자기포화는 무시한다.)

① 전류에 비례한다.
② 전류에 반비례한다.
③ 전류의 제곱에 비례한다.
④ 전류의 제곱에 반비례한다.

해설 직류 직권전동기는 ϕ(자속) $\fallingdotseq I_a$(전기자 전류)이다. $P = EI_a = \omega T$[W]

T(발생 토크) $= \dfrac{EI_a}{\omega} = \dfrac{\frac{P}{a}Zn\phi}{2\pi n} \times I_a = \dfrac{PZ}{2\pi a}\phi I_a \fallingdotseq k\phi I_a \fallingdotseq I_a^2$

∴ 발생 토크(T)는 전기자 전류(I_a)의 제곱에 비례한다.

055 동기발전기의 병렬운전 중 유도기전력의 위상차로 인하여 발생하는 현상으로 옳은 것은?

① 무효전력이 생긴다.
② 동기화전류가 흐른다.
③ 고조파 무효순환전류가 흐른다.
④ 출력이 요동하고 권선이 가열된다.

해설 2대의 3상 동기발전기 병렬운전 중 유도기전력에 위상차가 생기면 동기화전류(무효횡류)가 흐른다.

056 3상 유도기의 기계적 출력(P_o)에 대한 변환식으로 옳은 것은? (단, 2차 입력은 P_2, 2차 동손은 P_{2c}, 동기속도는 N_s, 회전자속도는 N, 슬립은 s이다.)

① $P_o = P_2 + P_{2c} = \dfrac{N}{N_s}P_2 = (2-s)P_2$

② $(1-s)P_2 = \dfrac{N}{N_s}P_2 = P_o - P_{2c} = P_o - sP_2$

③ $P_o = P_2 - P_{2c} = P_2 - sP_2 = \dfrac{N}{N_s}P_2 = (1-s)P_2$

④ $P_o - P_2 + P_{2c} = P_2 + sP_2 = \dfrac{N}{N_s}P_2 = (1+s)P_2$

정답 054 ③ 055 ② 056 ③

해설 P_o(3상 유도기의 기계적 출력)$= P_2 - P_{2c} = P_2 - sP_2$

$P_2(1-s) = \dfrac{N}{N_s}P_2$ (단, $s = \dfrac{N_s - N}{N_s} = 1 - \dfrac{N}{N_s}$ ∴ $\dfrac{N}{N_s} = 1 - s$)

057 변압기의 등가회로 구성에 필요한 시험이 아닌 것은?

① 단락시험
② 부하시험
③ 무부하시험
④ 권선저항 측정

해설 변압기의 등가회로 구성에 필요한 시험에는 단락시험, 무부하시험, 권선저항 측정이다.

058 단권변압기 2대를 V결선하여 전압을 2000[V]에서 2200[V]로 승압한 후 200[kVA]의 3상 부하에 전력을 공급하려고 한다. 이때 단권변압기 1대의 용량은 약 몇 [kVA]인가?

① 4.2
② 10.5
③ 18.2
④ 21

해설 단권변압기 2대를 V결선하여 3상 부하에 전력 공급 시

$\dfrac{\text{단권변압기 1대 용량}}{\text{2차 출력}} = \dfrac{(V_1 - V_2)I_1}{\sqrt{3}\,V_2 I_2} = \dfrac{(V_1 - V_2)I_1}{\sqrt{3}\,V_1 I_1} = \dfrac{V_1 - V_2}{\sqrt{3}\,V_1} = \dfrac{1}{\sqrt{3}}\left(1 - \dfrac{V_2}{V_1}\right)$

∴ 단권변압기 1대의 용량 $= \dfrac{1}{\sqrt{3}}\left(1 - \dfrac{2200}{2000}\right) \times 200 = 0.577(1 - 1.1) \times 200$

$= |0.577(-0.1) \times 200| ≒ 11.5 ≒ 10.5 [\text{kVA}]$

059 권수비 $a = \dfrac{6600}{220}$, 주파수 60[Hz], 변압기의 철심 단면적 0.02[m²], 최대자속밀도 1.2[Wb/m²]일 때 변압기의 1차측 유도기전력은 약 몇 [V]인가?

① 1407
② 3521
③ 42198
④ 49814

해설 권수비 $a = \dfrac{N_1}{N_2} = \dfrac{6600}{220}$, 1차측 권수 $N_1 = 6600$회

∴ 변압기의 1차측 유도기전력

$E_1 = 4.44 f_1 N_1 \phi_m = 4.44 f_1 N_1 Bs = 4.44 \times 60 \times 6600 \times 1.2 \times 0.02 = 42198 [\text{V}]$

060 회전형 전동기와 선형 전동기(Linear Motor)를 비교한 설명으로 틀린 것은?

① 선형의 경우 회전형에 비해 공극의 크기가 작다.
② 선형의 경우 직접적으로 직선운동을 얻을 수 있다.
③ 선형의 경우 회전형에 비해 부하관성의 영향이 크다.
④ 선형의 경우 전원의 상 순서를 바꾸어 이동 방향을 변경한다.

해설 회전형 전동기와 선형 전동기의 비교
- 선형의 경우 직접적으로 직선운동을 얻을 수 있다.
- 선형의 경우 회전형에 비해 부하관성의 영향이 크다.
- 선형의 경우 전원의 상 순서를 바꾸어 이동 방향을 변경한다.

제4과목 회로이론 및 제어공학

061 $F(z) = \dfrac{(1-e^{-aT})z}{(z-1)(z-e^{-aT})}$ 의 역 z 변환은?

① $1 - e^{-at}$
② $1 + e^{-at}$
③ $t \cdot e^{-at}$
④ $t \cdot e^{at}$

해설 $F(z)$의 역 z 변환

$$= \lim_{z \to 1}(z-1) \times F(z) + \lim_{z \to 1^{-aT}}(z - 1^{-aT}) \times F(z)$$

$$= \lim_{z \to 1}(z-1) \times \frac{(1-e^{-aT}) \times z}{(z-1)(z-e^{-aT})} + \lim_{z \to e^{-aT}}(z - e^{-aT}) \times \frac{(1-e^{-aT}) \times z}{(z-1)(z-e^{-aT})}$$

$$= \lim_{z \to 1}\frac{(1-e^{-aT}) \times z}{(z-e^{-aT})} + \lim_{z \to e^{-aT}}\frac{(1-e^{-aT}) \times z}{(z-1)} = \frac{(1-e^{-aT}) \times 1}{1-e^{-aT}} + \frac{(1-e^{-aT}) \times e^{-aT}}{e^{-aT}-1}$$

$$= 1 + \frac{(1-e^{-aT}) \times e^{-aT}}{-(1-e^{-aT})} = 1 - e^{-aT}$$

062 다음의 특성방정식 중 안정한 제어시스템은?

① $s^3 + 3s^2 + 4s + 5 = 0$
② $s^4 + 3s^3 - s^2 + s + 10 = 0$
③ $s^5 + s^3 + 2s^2 + 4s + 3 = 0$
④ $s^4 - 2s^3 - 3s^2 + 4s + 5 = 0$

해설 특성방정식 중 안정한 제어시스템의 조건
- 다항식의 모든 계수가 같은 부호일 것
- 다항식의 모든 계수가 존재하여야 한다.
∴ $s^3 + 3s^2 + 4s + 5 = 0$가 안정한 제어시스템이다.

063 그림의 신호흐름 선도에서 전달함수 $\dfrac{C(s)}{R(s)}$는?

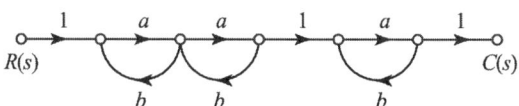

① $\dfrac{a^3}{(1-ab)^3}$ ② $\dfrac{a^3}{1-3ab+a^2b^2}$

③ $\dfrac{a^3}{1-3ab}$ ④ $\dfrac{a^3}{1-3ab+2a^2b^2}$

해설 메이슨의 공식에서
$$T(\text{전달함수})=\frac{C(s)}{R(s)}=\frac{G_1\Delta_1}{1-(G_1H_1+G_2H_2+G_3H_3)}=\frac{(1\times a\times a\times 1\times a\times 1)\times 1}{1-(ab+ab+ab)}=\frac{a^3}{1-3ab}$$

064 그림과 같은 블록선도의 제어시스템에 단위계단 함수가 입력되었을 때 정상상태 오차가 0.01이 되는 a의 값은?

① 0.2
② 0.6
③ 0.8
④ 1.0

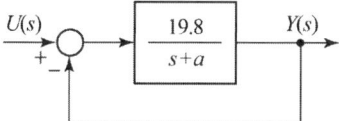

해설 e_{ssp}(정상상태 오차)$=0.01=\lim\limits_{s\to 0}\dfrac{s}{1+G(s)}\times R(s)=\lim\limits_{s\to 0}\dfrac{s}{1+\dfrac{19.8}{s+a}}\times\dfrac{1}{s}=\dfrac{1}{1+\dfrac{19.8}{a}}$

$1+\dfrac{19.8}{a}=\dfrac{1}{0.01}$ $\dfrac{19.8}{a}=\dfrac{1}{0.01}-1=\dfrac{1-0.01}{0.01}$

∴ $a=\dfrac{19.8\times 0.01}{1-0.01}=\dfrac{0.198}{0.99}=0.2$

065 그림과 같은 보드선도의 이득선도를 갖는 제어시스템의 전달함수는?

① $G(s)=\dfrac{10}{(s+1)(s+10)}$

② $G(s)=\dfrac{10}{(s+1)(10s+1)}$

③ $G(s)=\dfrac{20}{(s+1)(s+10)}$

④ $G(s)=\dfrac{20}{(s+1)(10s+1)}$

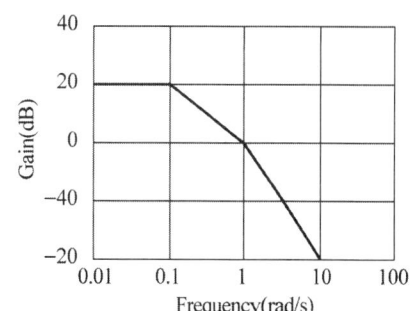

정답 063 ③ 064 ① 065 ②

해설 그림과 같은 보드선도의 이득(g[dB])선도를 갖는 제어시스템의 전달함수 $G(s)$ 값은

① $w = 0.1$[rad/sec]인 경우

$$\lim_{w \to 0.1} G(s) = \lim_{w \to 0.1} \frac{10}{(s+1)(10s+1)} = \lim_{w \to 0.1} \frac{10}{(j0.1+1)(j0.1 \times 10+1)}$$

$$= \left|\frac{10}{j1}\right| \angle -\tan^{-1}\frac{1}{1} = |10| \angle -45°$$

$$\therefore g(\text{이득}) = 20\log_{10}|G(s)| = 20\log_{10}10 = 20[\text{dB}]$$

② $w = 1$[rad/sec]인 경우

$$\lim_{w \to 1} G(s) = \lim_{w \to 1} \frac{10}{(s+1)(10s+1)} = \lim_{w \to 1} \frac{10}{(j1+1)(j10+1)}$$

$$\fallingdotseq \left|\frac{10}{j10}\right| = 1 \angle -\tan^{-1}\frac{1}{1} - \tan^{-1}\frac{10}{1} = 1 \angle -51°$$

$$\therefore g(\text{이득}) = 20\log_{10}|G(s)| = 20\log_{10}1 = 0[\text{dB}]$$

③ $w = 10$[rad/sec]인 경우

$$\lim_{w \to 10} G(s) = \lim_{w \to 10} \frac{10}{(s+1)(10s+1)} = \lim_{w \to 10} \frac{10}{(j10+1)(j100+1)}$$

$$\fallingdotseq \left|\frac{10}{j100}\right| = \angle -\tan^{-1}\frac{10}{1} - \tan^{-1}\frac{100}{1} = \left|\frac{1}{10}\right| \angle -85° - 90°$$

$$\therefore g(\text{이득}) = 20\log_{10}\left|\frac{1}{10}\right| = 20\left(\log_{10}1 - \tan^{-1}10\right) = 20(0-1) = -20[\text{dB}]$$

$\therefore$ 제어시스템의 전달함수 $G(s) = \dfrac{10}{(s+1)(10s+1)}$ 이다.

066 그림과 같은 블록선도의 전달함수 $\dfrac{C(s)}{R(s)}$ 는?

① $\dfrac{G(s)H_1(s)H_2(s)}{1+G(s)H_1(s)H_2(s)}$

② $\dfrac{G(s)}{1+G(s)H_1(s)H_2(s)}$

③ $\dfrac{G(s)}{1-G(s)(H_1(s)+H_2(s))}$

④ $\dfrac{G(s)}{1+G(s)(H_1(s)+H_2(s))}$

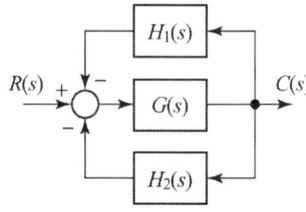

해설 $C(s) = (R(s) - H_1(s)C(s) - H_2(s)C(s))G(s)$

$C(s)(1 + H_1(s)G(s) + H_2(s)G(s)) = R(s)G(s)$

$\dfrac{C(s)}{R(s)} = \dfrac{G(s)}{1+G(s)(H_1(s)+H_2(s))}$

정답 066 ④

067 그림과 같은 논리회로와 등가인 것은?

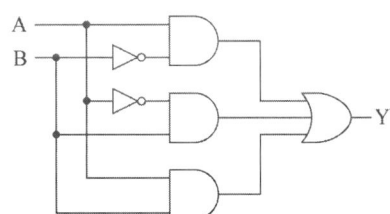

① A B ─ Y (AND)
② A B ─ Y (OR)
③ A B ─ Y (NAND)
④ A B ─ Y (NOR)

해설 부정 신호의 흡수법칙에서
$Y = A\overline{B} + \overline{A}B + AB = A(\overline{B}+B) + B(\overline{A}+A) = A + B$
∴ A, B → Y = A+B

068 다음의 개루프 전달함수에 대한 근궤적의 점근선이 실수축과 만나는 교차점은?

$$G(s)H(s) = \frac{K(s+3)}{s^2(s+1)(s+3)(s+4)}$$

① $\frac{5}{3}$ ② $-\frac{5}{3}$
③ $\frac{5}{4}$ ④ $-\frac{5}{4}$

해설 개루프 전달함수에 대한 근궤적의 점근선이 실수축과 만나는 교차점
$= \frac{\sum 극값의 합(P_i) - \sum 영점값의 합(Z_i)}{극수(P) - 영점수(Z)} = \frac{-1-3-4-(-3)}{5-1} = -\frac{5}{4}$

069 블록선도에서 ⓐ에 해당하는 신호는?

① 조작량
② 제어량
③ 기준압력
④ 동작신호

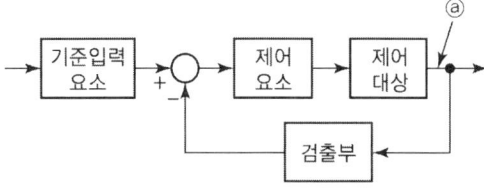

해설 피드백 제어계의 일반적인 구성 블록선도에서 ⓐ에 해당하는 신호는 제어량이다.

정답 067 ② 068 ④ 069 ②

070 다음의 미분방정식과 같이 표현되는 제어시스템이 있다. 이 제어시스템을 상태방정식 $\dot{x} = Ax + Bu$로 나타내었을 때 시스템 행렬 A는?

$$\frac{d^3C(t)}{dt^3} + 5\frac{d^2C(t)}{dt^2} + \frac{dC(t)}{dt} + 2C(t) = r(t)$$

① $\begin{bmatrix} 0 & 1 & 0 \\ 0 & 0 & 1 \\ -2 & -1 & -5 \end{bmatrix}$
② $\begin{bmatrix} 1 & 0 & 0 \\ 0 & 1 & 0 \\ -2 & -1 & -5 \end{bmatrix}$

③ $\begin{bmatrix} 0 & 1 & 0 \\ 0 & 0 & 1 \\ 2 & 1 & 5 \end{bmatrix}$
④ $\begin{bmatrix} 1 & 0 & 0 \\ 0 & 1 & 0 \\ 2 & 1 & 5 \end{bmatrix}$

해설 $C(t) = x(t)$, $\frac{d}{dt}C(t) = \dot{x}_1(t) = (0,1,0)x_1(t)$

$\frac{d^2}{dt^2}C(t) = \dot{x}_2(t) = (0,0,1)x_2(t)$

$\frac{d^3}{dt^3}C(t) = \dot{x}_3(t) = -2x_1(t) - x_2(t) - 5x_3(t) + u(t)$

이 제어시스템을 상태방정식 $\frac{d}{dt}x(t) = Ax + Bu$로 표현하면

$\frac{d}{dx}x(t) = \begin{vmatrix} \dot{x}_1(t) \\ \dot{x}_2(t) \\ \dot{x}_3(t) \end{vmatrix} = \begin{vmatrix} 0 & 1 & 0 \\ 0 & 0 & 1 \\ -2 & -1 & -5 \end{vmatrix} \begin{vmatrix} x_1(t) \\ x_2(t) \\ x_3(t) \end{vmatrix} + \begin{vmatrix} 0 \\ 0 \\ 1 \end{vmatrix} u(t)$

∴ 계수 행렬 $A = \begin{vmatrix} 0 & 1 & 0 \\ 0 & 0 & 1 \\ -2 & -1 & -5 \end{vmatrix}$ 이다.

071 $f_e(t)$가 우함수이고 $f_o(t)$가 기함수일 때 주기함수 $f(t) = f_e(t) + f_o(t)$에 대한 다음 식 중 틀린 것은?

① $f_e(t) = f_e(-t)$
② $f_o(t) = -f_o(-t)$

③ $f_o(t) = \frac{1}{2}[f(t) - f(-t)]$
④ $f_e(t) = \frac{1}{2}[f(t) - f(-t)]$

해설 $f_e(t)$가 우함수이고 $f_o(t)$가 기함수일 때 주기함수 $f(t) = f_e(t) + f_o(t)$에 대한 옳은 식은

① $f_e(t) = f_e(-t)$

② $f_o(t) = -f_o(-t)$

③ $f_o(t) = \frac{1}{2}[f(t) - f(-t)]$ 이다.

072 3상 평형회로에 Y결선의 부하가 연결되어 있고, 부하에서의 선간전압이 $V_{ab} = 100\sqrt{3} \angle 0°[V]$일 때 선전류가 $I_a = 20 \angle -60°[A]$이었다. 이 부하의 한 상의 임피던스(Ω)는? (단, 3상 전압의 상순은 $a-b-c$이다.)

① $5 \angle 30°$
② $5\sqrt{3} \angle 30°$
③ $5 \angle 60°$
④ $5\sqrt{3} \angle 60°$

해설
V_{ab}(선간전압) $= \sqrt{3} V_P \angle 30°[V]$
V_P(상전압) $= \dfrac{V_{ab}}{\sqrt{3}} \angle -30°[V]$

∴ 평형 3상 Y결선 부하의 한 상의 임피던스
$$Z_P = \dfrac{V_P}{I_P} = \dfrac{\dfrac{V_{ab} \angle -30°}{\sqrt{3}}}{I_a} = \dfrac{\dfrac{100\sqrt{3} \angle -30°}{\sqrt{3}}}{20 \angle -60°} = \dfrac{100 \angle -30°}{20 \angle -60°} = 5 \angle 30° [\Omega]$$

073 그림의 회로에서 120[V]와 30[V]의 전압원(능동소자)에서의 전력은 각각 몇 [W]인가? (단, 전압원(능동소자)에서 공급 또는 발생하는 전력은 양수(+)이고, 소비 또는 흡수하는 전력은 음수(-)이다.)

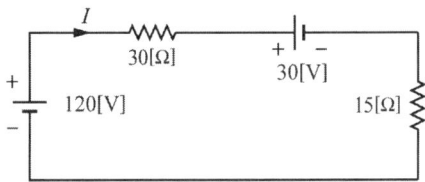

① 240[W], 60[W]
② 240[W], -60[W]
③ -240[W], 60[W]
④ -240[W], -60[W]

해설
① $120-30=90[V]$의 전압원(능동소자)에 의한 공급 전력
$$P_1 = I^2 R_t = \left(\dfrac{90}{30+15}\right)^2 \times (30 \times 15) = (2)^2 \times 45 = 180[W]$$
② $120-90=30[V]$의 능동소자에 의한 공급 전력
$$P_2 = (I)^2 \times 15 = (2)^2 \times 15 = 60[W]$$
∴ 전 공급 전력 $= P_1 + P_2 = 180 + 60 = 240[W]$
$90-120=-30[V]$에 의한 소비전력 $P = -(I)^2 \times 15 = -(2)^2 \times 15 = -60[W]$이다.

정답 072 ① 073 ②

074
각 상의 전압이 다음과 같을 때 영상분 전압(V)의 순시치는? (단, 3상 전압의 상순은 $a-b-c$ 이다.)

$$v_a(t) = 40\sin\omega t \,[\text{V}], \quad v_b(t) = 40\sin\left(\omega t - \frac{\pi}{2}\right)[\text{V}], \quad v_c(t) = 40\sin\left(\omega t + \frac{\pi}{2}\right)[\text{V}]$$

① $40\sin\omega t$
② $\dfrac{40}{3}\sin\omega t$
③ $\dfrac{40}{3}\sin\left(\omega t - \dfrac{\pi}{2}\right)$
④ $\dfrac{40}{3}\sin\left(\omega t + \dfrac{\pi}{2}\right)$

해설 대칭분의 영상 전압

$V_o = \dfrac{1}{3}\bigl(V_a(t) + V_b(t) + V_c(t)\bigr) = \dfrac{1}{3}\left(40\sin\omega t + 40\sin\left(\omega t - \dfrac{\pi}{2}\right) + 40\sin\left(\omega t + \dfrac{\pi}{2}\right)\right) = \dfrac{1}{3} \times 40\sin\omega t \,[\text{V}]$

075
그림과 같이 3상 평형의 순저항 부하에 단상 전력계를 연결하였을 때 전력계가 $W[\text{W}]$를 지시하였다. 이 3상 부하에서 소모하는 전체 전력(W)은?

① $2W$
② $3W$
③ $\sqrt{2}\,W$
④ $\sqrt{3}\,W$

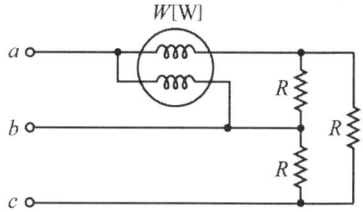

해설 $R[\Omega]$만의 회로이므로 위상 $\theta = 0$이다.
a, b 연결 시 전력계 지시 $W = VI(\cos30° + 0) = VI\cos30° \cdots$ ㉠
a, c 연결 시 전력계 지시 $W = VI(\cos30° - 0) = VI\cos30° \cdots$ ㉡
3상 부하에 소모되는 전체 전력은 ㉠+㉡이다.
∴ $W + W = 2W = 2VI\cos30° = 2VI \times \dfrac{\sqrt{3}}{2} = \sqrt{3}\,VI\,[\text{W}]$

076
정전용량이 $C[\text{F}]$인 커패시터에 단위 임펄스의 전류원이 연결되어 있다. 이 커패시터의 전압 $v_C(t)$는? (단, $u(t)$는 단위 계단함수이다.)

① $v_C(t) = C$
② $v_C(t) = Cu(t)$
③ $v_C(t) = \dfrac{1}{C}$
④ $v_C(t) = \dfrac{1}{C}u(t)$

해설 단위 임펄스 전류원 $u(t) = \int i(t)\,dt$ 이다.
∴ 커패시터의 전압 $v_C(t) = \dfrac{1}{C}\int i(t)\,dt = \dfrac{1}{C} \times u(t)\,[\text{V}]$이다.

077 그림의 회로에서 $t=0[\text{s}]$에 스위치(S)를 닫은 후 $t=1[\text{s}]$일 때 이 회로에 흐르는 전류는 약 몇 [A]인가?

① 2.52
② 3.16
③ 4.21
④ 6.32

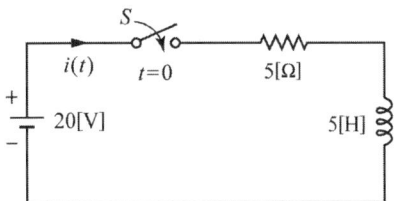

해설 RL 직렬 회로 과도현상에서 S(스위치)를 닫는 순간의 과도 전류

$$i(t) = \frac{E}{R}\left(1 - e^{-\frac{R}{L}t}\right) = \frac{20}{5}\left(1 - e^{-\frac{5}{5} \times 1}\right) = 4(1 - e^{-1}) = 4\left(1 - \frac{1}{e}\right) = 4\left(1 - \frac{1}{2.718}\right)$$
$$= 4(1 - 0.368) = 4 \times 0.632 = 2.52[\text{A}]$$

078 순시치 전류 $i(t) = I_m \sin(\omega t + \theta_I)[\text{A}]$의 파고율은 약 얼마인가?

① 0.577
② 0.707
③ 1.414
④ 1.732

해설 전파 정현파 전류

- 실효치 전류 $|I| = \dfrac{I_m}{\sqrt{2}}[\text{A}]$
- 평균치 전류 $|I_{av}| = \dfrac{2I_m}{\pi}[\text{A}]$
- 최대치 전류 $= I_m[\text{A}]$

$\therefore$ 파고율 $= \dfrac{\text{최대치 전류}}{\text{실효치 전류}} = \dfrac{I_m}{\dfrac{I_m}{\sqrt{2}}} = \sqrt{2} = 1.414$이다.

079 그림의 회로가 정저항 회로로 되기 위한 $L[\text{mH}]$은? (단, $R = 10[\Omega]$, $C = 1000[\mu\text{F}]$ 이다.)

① 1
② 10
③ 100
④ 1000

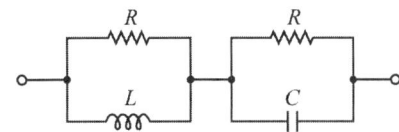

해설 정저항 회로란 회로요소가 서로 쌍대 관계에 있고 그 임피던스 및 어드미턴스의 비나 두 임피던스의 곱이 주파수에 관계없이 일정 저항과 같은 회로를 말한다.

즉 $Z_1 \times Z_2 = j\omega L \times \dfrac{1}{j\omega C} = \dfrac{L}{C} = R^2$인 회로이다.

$\therefore L = CR^2 = 1000 \times 10^{-6} \times (10)^2 = 0.1 = 100[\text{mH}]$이다.

080 분포정수회로에 있어서 선로의 단위길이당 저항이 100[Ω/m], 인덕턴스가 200[mH/m], 누설컨덕턴스가 0.5[℧/m]일 때 일그러짐이 없는 조건(무왜형 조건)을 만족하기 위한 단위길이당 커패시턴스는 몇 [μF/m]인가?

① 0.001　　② 0.1
③ 10　　④ 1000

해설 분포정수회로에서 일그러짐이 없는 조건(무왜형 조건)은 $\frac{R}{L}=\frac{G}{C}$ 이다.
$C=\frac{LG}{R}=\frac{200\times10^{-3}\times0.5}{100}=1\times10^{-3}[F]=1000[\mu F/m]$ 이다.

제5과목 전기설비기술기준

081 저압 가공전선이 안테나와 접근상태로 시설될 때 상호 간의 이격거리는 몇 [cm] 이상이어야 하는가? (단, 전선이 고압 절연전선, 특고압 절연전선 또는 케이블이 아닌 경우이다.)

① 60　　② 80
③ 100　　④ 120

해설 전선이 고압 절연전선, 특고압 절연전선 또는 케이블이 아닌 경우 저압 가공전선이 안테나와 접근상태로 시설될 때 상호 간의 이격거리는 60[cm] 이상이어야 한다.

082 고압 가공전선으로 사용한 경동선은 안전율이 얼마 이상인 이도로 시설하여야 하는가?

① 2.0　　② 2.2
③ 2.5　　④ 3.0

해설 고압의 경동선은 안전율이 2.2 이상의 이도로 시설하여야 한다.

083 사용전압이 22.9[kV]인 특고압 가공전선과 그 지지물·완금류·지주 또는 지선 사이의 이격거리는 몇 [cm] 이상이어야 하는가?

① 15　　② 20
③ 25　　④ 30

해설 22.9[kV]인 특고압 가공전선과 그 지지물·완금류·지주 또는 지선 사이의 이격거리는 20[cm] 이상이어야 한다.

084 급전선에 대한 설명으로 틀린 것은?

① 급전선은 비절연보호도체, 매설접지도체, 레일 등으로 구성하여 단권변압기 중성점과 공통접지에 접속한다.
② 가공식은 전차선의 높이 이상으로 전차선로 지지물에 병가하며, 나전선의 접속은 직선접속을 원칙으로 한다.
③ 선상승강장, 인도교, 과선교 또는 교량 하부 등에 설치할 때에는 최소 절연이격거리 이상을 확보하여야 한다.
④ 신설 터널 내 급전선을 가공으로 설계할 경우 지지물의 취부는 C찬넬 또는 매입전을 이용하여 고정하여야 한다.

해설 급전선
- 가공식은 전차선의 높이 이상으로 전차선로 지지물에 병가하며, 나전선의 접속은 직선접속을 원칙으로 한다.
- 선상승강장, 인도교, 과선교 또는 교량 하부 등에 설치할 때에는 최소 절연이격거리 이상을 확보하여야 한다.
- 신설 터널 내 급전선을 가공으로 설계할 경우 지지물의 취부는 C찬넬 또는 매입전을 이용하여 고정하여야 한다.

085 진열장 내의 배선으로 사용전압 400[V] 이하에 사용하는 코드 또는 캡타이어 케이블의 최소 단면적은 몇 [mm²]인가?

① 1.25 ② 1.0
③ 0.75 ④ 0.5

해설 400[V] 이하에 사용하는 진열장 내의 배선, 코드 또는 캡타이어 케이블의 최소 단면적은 0.75[mm²]이어야 한다.

086 최대사용전압이 23000[V]인 중성점 비접지식 전로의 절연내력 시험전압은 몇 [V]인가?

① 16560 ② 21160
③ 25300 ④ 28750

해설 최대사용전압이 23[kV]인 중성점 비접지식 전로의 절연내력 시험전압은 최대사용전압의 1.25배 (23000×1.25=28750[V])로 10분간 견디어야 한다.

087 지중 전선로를 직접 매설식에 의하여 시설할 때, 차량 기타 중량물의 압력을 받을 우려가 있는 장소인 경우 매설깊이는 몇 [m] 이상으로 시설하여야 하는가?

① 0.6 ② 1.0
③ 1.2 ④ 1.5

정답 084 ① 085 ③ 086 ④ 087 ②

해설 지중 전선로를 직접 매설식에 의하여 시설할 때, 차량 기타 중량물의 압력을 받을 우려가 있는 장소인 경우 매설깊이는 1[m] 이상으로 시설하여야 한다.

088 플로어덕트 공사에 의한 저압 옥내배선 공사시 시설기준으로 틀린 것은?

① 덕트의 끝부분은 막을 것
② 옥외용 비닐절연전선을 사용할 것
③ 덕트 안에는 전선에 접속점이 없도록 할 것
④ 덕트 및 박스 기타의 부속품은 물이 고이는 부분이 없도록 시설하여야 한다.

해설 플로어덕트 공사에 의한 저압 옥내배선 공사시 시설기준으로 옳은 것은
① 덕트의 끝부분은 막을 것
② 덕트 안에는 전선에 접속점이 없도록 할 것
③ 덕트 및 박스 기타의 부속품은 물이 고이는 부분이 없도록 시설하여야 한다.

089 중앙급전 전원과 구분되는 것으로서 전력소비지역 부근에 분산하여 배치 가능한 신·재생에너지 발전설비 등의 전원으로 정의되는 용어는?

① 임시전력원
② 분전반전원
③ 분산형 전원
④ 계통연계전원

해설 분산형 전원이란 중앙급전 전원과 구분되는 것으로서 전력소비지역 부근에 분산하여 배치 가능한 신·재생에너지 발전설비 등의 전원으로 정의되는 용어를 말한다.

090 애자공사에 의한 저압 옥측전선로는 사람이 쉽게 접촉될 우려가 없도록 시설하고, 전선의 지지점 간의 거리는 몇 [m] 이하이어야 하는가?

① 1
② 1.5
③ 2
④ 3

해설 애자공사에 의한 저압 옥측전선로는 전선과 지지점 간의 거리는 2[m] 이하이어야 한다.

091 저압 가공전선로의 지지물이 목주인 경우 풍압하중의 몇 배의 하중에 견디는 강도를 가지는 것이어야 하는가?

① 1.2
② 1.5
③ 2
④ 3

해설 저압 가공전선로의 지지물이 목주인 경우 풍압하중의 1.2배의 하중에 견디는 강도이어야 한다.

정답 088 ② 089 ③ 090 ③ 091 ①

092 교류 전차선 등 충전부와 식물 사이의 이격거리는 몇 [m] 이상이어야 하는가? (단, 현장여건을 고려한 방호벽 등의 안전조치를 하지 않은 경우이다.)

① 1
② 3
③ 5
④ 10

해설 교류 전차선 등 충전부와 식물 사이의 이격거리는 5[m] 이상이어야 한다.

093 조상기에 내부 고장이 생긴 경우, 조상기의 뱅크용량이 몇 [kVA] 이상일 때 전로로부터 자동 차단하는 장치를 시설하여야 하는가?

① 5000
② 10000
③ 15000
④ 20000

해설 조상기에 내부 고장이 생긴 경우, 조상기의 뱅크용량이 15000[kVA] 이상일 때 전로로부터 자동 차단하는 장치를 시설하여야 한다.

094 고장보호에 대한 설명으로 틀린 것은?

① 고장보호는 일반적으로 직접접촉을 방지하는 것이다.
② 고장보호는 인축의 몸을 통해 고장전류가 흐르는 것을 방지하여야 한다.
③ 고장보호는 인축의 몸에 흐르는 고장전류를 위험하지 않는 값 이하로 제한하여야 한다.
④ 고장보호는 인축의 몸에 흐르는 고장전류의 지속시간을 위험하지 않은 시간까지로 제한하여야 한다.

해설 고장보호
• 인축의 몸을 통해 고장전류가 흐르는 것을 방지하여야 한다.
• 인축의 몸에 흐르는 고장전류를 위험하지 않는 값 이하로 제한하여야 한다.
• 인축의 몸에 흐르는 고장전류의 지속시간을 위험하지 않은 시간까지로 제한하여야 한다.

095 네온방전등의 관등회로의 전선을 애자공사에 의해 자기 또는 유리제 등의 애자로 견고하게 지지하여 조영재의 아랫면 또는 옆면에 부착한 경우 전선 상호 간의 이격거리는 몇 [mm] 이상이어야 하는가?

① 30
② 60
③ 80
④ 100

해설 관등회로의 전선을 애자공사에 의해 조영재의 아랫면 또는 옆면에 부착한 경우 전선 상호 간의 이격거리는 60[mm] 이상이어야 한다.

정답 092 ③ 093 ③ 094 ① 095 ②

096 수소냉각식 발전기에서 사용하는 수소냉각장치에 대한 시설기준으로 틀린 것은?

① 수소를 통하는 관으로 동관을 사용할 수 있다.
② 수소를 통하는 관은 이음매가 있는 강판이어야 한다.
③ 발전기 내부의 수소의 온도를 계측하는 장치를 시설하여야 한다.
④ 발전기 내부의 수소의 순도가 85% 이하로 저하한 경우에 이를 경보하는 장치를 시설하여야 한다.

해설 수소냉각장치에 대한 시설기준
- 수소를 통하는 관으로 동관을 사용할 수 있다.
- 발전기 내부의 수소의 온도를 계측하는 장치를 시설하여야 한다.
- 발전기 내부의 수소의 순도가 85% 이하로 저하한 경우에 이를 경보하는 장치를 시설하여야 한다.

097 전력보안통신설비인 무선통신용 안테나 등을 지지하는 철주의 기초 안전율은 얼마 이상이어야 하는가? (단, 무선용 안테나 등이 전선로의 주위상태를 감시할 목적으로 시설되는 것이 아닌 경우이다.)

① 1.3　　② 1.5
③ 1.8　　④ 2.0

해설 전력보안통신설비인 무선통신용 안테나 등을 지지하는 철주의 기초 안전율은 1.5 이상이어야 한다.

098 특고압 가공전선로의 지지물 양측의 경간의 차가 큰 곳에 사용하는 철탑의 종류는?

① 내장형　　② 보강형
③ 직선형　　④ 인류형

해설 내장형은 특고압 가공전선로의 지지물 양측의 경간의 차가 큰 곳에 사용하는 철탑의 종류이다.

099 사무실 건물의 조명설비에 사용되는 백열전등 또는 방전등에 전기를 공급하는 옥내전로의 대지전압은 몇 [V] 이하인가?

① 250　　② 300
③ 350　　④ 400

해설 사무실 건물의 조명설비에 사용되는 백열전등 또는 방전등에 전기를 공급하는 옥내전로의 대지전압은 300[V] 이하이어야 한다.

정답　096 ②　097 ②　098 ①　099 ②

100 전기저장장치를 전용건물에 시설하는 경우에 대한 설명이다. 다음 ( )에 들어갈 내용으로 옳은 것은?

> 전기저장장치 시설장소는 주변 시설(도로, 건물, 가연물질 등)로부터 (㉠)[m] 이상 이격하고 다른 건물의 출입구나 피난계단 등 이와 유사한 장소로부터는 (㉡)[m] 이상 이격하여야 한다.

① ㉠ 3, ㉡ 1
② ㉠ 2, ㉡ 1.5
③ ㉠ 1, ㉡ 2
④ ㉠ 1.5, ㉡ 3

해설 전기저장장치 시설장소는 주변 시설(도로, 건물, 가연물질 등)로부터 1.5[m] 이상 이격하고 다른 건물의 출입구나 피난계단 등 이와 유사한 장소로부터는 3[m] 이상 이격하여야 한다.

정답 100 ④

제1과목 전기응용 및 공사재료

001 FET에 핀치 오프(pinch off)전압이란?

① 채널 폭이 막힌 때의 게이트 역방향 전압
② FET에서 애벌런치 전압
③ 드레인과 소스 사이의 최대 전압
④ 채널 폭이 최대로 되는 게이트의 역방향 전압

해설 FET에서 핀치 오프(pinch off)전압이란 채널 폭이 막힌 상태(I_D(드레인 전류)≒0일 때) 게이트(G→S 사이)에 걸리는 역방향 전압을 말한다.

V_P(핀치 오프전압) = $\dfrac{qN_d a^2}{2\varepsilon}$[V]

(단, q : 전하량[C], N_d : 불순물 농도, a : 채널 폭의 1/2, ε(유전율)=$\varepsilon_0 \varepsilon_s$[F/m])

002 비금속 발열체에 대한 설명으로 틀린 것은?

① 탄화규소 발열체는 카보런덤을 주성분으로 한 발열체이다.
② 탄소질 발열체에는 인조 흑연을 가공하여 사용하는 것이 있다.
③ 규화 몰리브덴 발열체는 고온용의 발열체로써 칸탈선이라고도 한다.
④ 염욕 발열체는 높은 도전성을 가지는 고체 발열체이다.

해설 비금속 발열체에 대한 설명으로 옳은 것은
① 탄화규소 발열체는 카보런덤을 주성분으로 한 발열체이다.
② 탄소질 발열체에는 인조 흑연을 가공하여 사용하는 것이 있다.
③ 규화 몰리브덴 발열체는 고온용의 발열체로써 칸탈선이라고도 한다.

003 직류 전동기의 속도 제어법이 아닌 것은?

① 극수변환　　　　　　　② 전압제어
③ 저항제어　　　　　　　④ 계자제어

해설 직류 전동기의 속도 제어법은 전압제어, 저항제어, 계자제어가 있다.

정답　001 ①　002 ④　003 ①

004 천장면을 여러 형태의 사각, 삼각 등으로 구멍을 내어 다양한 형태의 매입기구를 취부하여 실내의 단조로움을 피하는 조명방식은?

① pin hole light
② coffer light
③ line light
④ cornis light

해설 coffer light 조명방식
천장면을 여러 형태의 사각, 삼각 등으로 구멍을 내어 다양한 형태의 매입기구를 취부하여 실내의 단조로움을 피하는 조명 방식을 말한다.

005 형태가 복잡하게 생긴 금속제품을 균일하게 가열하는데 가장 적합한 전기로는?

① 염욕로
② 흑연화로
③ 카보런덤로
④ 페로알로이로

해설 염욕로
3형태가 복잡하게 생긴 금속제품을 균일하게 가열하는데 가장 적합한 전기로이다.

006 온도 20℃에서 저항 20[Ω]인 구리선이 온도 80℃로 변화하였을 때, 구리선의 저항(Ω)은 약 얼마인가? (단, 온도 t℃에서 구리 저항의 온도계수는 $\alpha_t = \dfrac{1}{234.5+t}$ 이다.)

① 15.36
② 24.72
③ 35.62
④ 43.85

해설 R_T(구리선의 저항)$= R_t(1+\alpha_t(T-t)) = 20\left(1+\dfrac{1}{234.5+20}(80-20)\right) ≒ 20(1+0.2358) ≒ 24.72[\Omega]$

007 전식을 방지하기 위한 전철 측에서의 방지대책 중 틀린 것은?

① 변전소의 간격을 축소한다.
② 레일본드를 설치한다.
③ 대지에 대한 레일의 절연 저항을 적게 한다.
④ 귀선의 극성을 전기적으로 바꾸어 준다.

해설 전식을 방지하기 위한 전철 측에서의 방지대책 중 옳은 것은
• 변전소의 간격을 축소한다.
• 레일본드를 설치한다.
• 귀선의 극성을 전기적으로 바꾸어 준다.

정답 004 ② 005 ① 006 ② 007 ③

008 엘리베이터에 사용되는 전동기의 특성이 아닌 것은?

① 소음이 적어야 한다.
② 기동 토크가 적어야 한다.
③ 회전부분의 관성 모멘트는 적어야 한다.
④ 가속도의 변화비율이 일정값이 되도록 선택한다.

> **해설** 엘리베이터에 사용되는 전동기의 특성
> • 소음이 적어야 한다.
> • 회전부분의 관성 모멘트는 적어야 한다.
> • 가속도의 변화비율이 일정값이 되도록 선택한다.

009 식염전해에 대한 설명으로 틀린 것은?

① 제조법에는 격막법과 수은법이 있다.
② 염소, 수소와 수산화나트륨의 제조 방법에 사용된다.
③ 수은법에서 전해조의 애노드는 흑연, 캐소드는 수은을 사용한다.
④ 격막법은 수은법보다 전류 밀도가 크고 생산성이 높다.

> **해설** 식염전해에 대한 설명으로 옳은 것은
> • 제조법에는 격막법과 수은법이 있다.
> • 염소, 수소와 수산화나트륨의 제조 방법에 사용된다.
> • 수은법에서 전해조의 애노드는 흑연, 캐소드는 수은을 사용한다.

010 휘도가 균일한 원통광원의 축 중앙 수직방향의 광도가 250[cd]이다. 전 광속(lm)은 약 얼마인가?

① 80
② 785
③ 2467
④ 3142

> **해설** 휘도가 균일한 원통광원의 전 광속
> $F ≒ \pi^2 I_0 = (3.14)^2 \times 250 ≒ 2467[\text{lm}]$

011 방전등에 속하지 않는 것은?

① 할로겐등
② 형광수은등
③ 고압나트륨등
④ 메탈할라이드등

> **해설** 방전등에 속하는 것은 형광수은등, 고압나트륨등, 메탈할라이드등이 있다.

정답 008 ② 009 ④ 010 ③ 011 ①

012 과전류차단기로 시설하는 퓨즈 중 고압전로에 사용하는 포장 퓨즈는 정격 전류의 몇 배의 전류에서 2시간 이내에 용단되지 않아야 하는가? (단, 퓨즈 이외의 과전류 차단기와 조합하여 하나의 과전류 차단기로 사용하는 것은 제외한다.)

① 1.1
② 1.3
③ 1.5
④ 1.7

해설 과전류차단기로 시설하는 퓨즈 중 고압전로에 사용하는 포장 퓨즈는 정격 전류의 1.3배의 전류에서 2시간 이내에 용단되지 않아야 한다.

013 나트륨램프에 대한 설명 중 틀린 것은?

① KS C 7610에 따른 기호 NX는 저압 나트륨램프를 표시하는 기호이다.
② 등황색의 단일 광색으로 색수치가 적다.
③ 색온도는 5000~6000[K] 정도이다.
④ 도로, 터널, 항만표지 등에 이용한다.

해설 나트륨램프에 대한 옳은 설명은
- KS C 7610에 따른 기호 NX는 저압 나트륨램프를 표시하는 기호이다.
- 등황색의 단일 광색으로 색수치가 적다.
- 도로, 터널, 항만표지 등에 이용한다.

014 콘크리트 전주의 접지선 인출구는 지지점 표시선으로부터 몇 [mm] 지점에 있는가?

① 600
② 800
③ 1000
④ 1200

해설 콘크리트 전주의 접지선 인출구는 지지점 표시선으로부터 몇 1000[mm] 지점에 있어야 한다.

015 다음 중 경완철의 표준규격(길이)이 아닌 것은?

① 1000[mm]
② 1400[mm]
③ 1800[mm]
④ 2400[mm]

해설 경완철의 표준규격(길이)은 1400[mm], 1800[mm], 2400[mm]이다.

016 KS C 3824에 따른 전차선로용 180mm 현수애자 하부의 핀 모양이 아닌 것은?

① 훅(소)
② 아이(평행)
③ 크레비스
④ ㄷ형

정답 012 ② 013 ③ 014 ③ 015 ① 016 ④

> **해설** KS C 3824에 따른 전차선로용 180[mm] 현수애자 하부의 핀 모양은 훅(소), 아이(평행), 크레비스이다.

017 암거에 시설하는 지중전선에 대한 설명으로 틀린 것은? (단, 암거 내에 자동소화설비가 시설되지 않은 경우이다.)

① 불연성이 있는 연소방지도료로 지중전선을 피복한 전선은 사용이 가능하다.
② 자소성이 있는 난연성 피복이 된 지중전선은 사용이 가능하다.
③ 자소성이 있는 난연성의 관에 지중전선을 넣어 시설하는 것은 불가능하다.
④ 자소성이 있는 난연성의 연소방지테이프로 지중전선을 피복한 전선은 사용이 가능하다.

> **해설** 암거에 시설하는 지중전선에 대한 올바른 설명은? (단, 암거 내에 자동소화설비가 시설되지 않은 경우)
> • 불연성이 있는 연소방지도료로 지중전선을 피복한 전선은 사용이 가능하다.
> • 자소성이 있는 난연성 피복이 된 지중전선은 사용이 가능하다.
> • 자소성이 있는 난연성의 연소방지테이프로 지중전선을 피복한 전선은 사용이 가능하다.

018 KS C 4506에 따른 COS(컷아웃스위치)의 정격전류(A)가 아닌 것은?

① 15　　② 30
③ 45　　④ 60

> **해설** KS C 4506에 따른 COS(컷아웃스위치)의 정격전류는 15[A], 30[A], 60[A] 등등이다.

019 연축전지의 음극에 쓰이는 재료는?

① 납　　② 카드뮴
③ 철　　④ 산화니켈

> **해설** 연축전지의 음극에 쓰이는 재료는 Pb(납)이고 양극은 PbO_2(산화아연)이다.

020 문자기호 중 계기류에 속하지 않는 것은?

① ZCT　　② A
③ W　　④ WHM

> **해설** 문자기호 중 계기류에 속하지 않는 것은 ZCT(영상변류기)이다.

정답 017 ③　018 ③　019 ①　020 ①

제2과목 전력공학

021 피뢰기의 충격방전 개시전압은 무엇으로 표시하는가?

① 직류전압의 크기
② 충격파의 평균치
③ 충격파의 최대치
④ 충격파의 실효치

해설) 충격파의 최대치는 피뢰기의 충격방전 개시전압으로 표시된다.

022 전력용 콘덴서에 비해 동기조상기의 이점으로 옳은 것은?

① 소음이 적다.
② 진상전류 이외에 지상전류를 취할 수 있다.
③ 전력손실이 적다.
④ 유지보수가 쉽다.

해설) 전력용 콘덴서에 비해 동기조상기의 이점은 진상전류 이외에 지상전류를 취할 수 있다.

023 단락 보호방식에 관한 설명으로 틀린 것은?

① 방사상 선로의 단락 보호방식에서 전원이 양단에 있을 경우 방향 단락 계전기와 과전류 계전기를 조합시켜서 사용한다.
② 전원이 1단에만 있는 방사상 송전선로에서의 고장 전류는 모두 발전소로부터 방사상으로 흘러나간다.
③ 환상 선로의 단락 보호방식에서 전원이 두 군데 이상 있는 경우에는 방향 거리 계전기를 사용한다.
④ 환상 선로의 단락 보호방식에서 전원이 1단에만 있을 경우 선택 단락 계전기를 사용한다.

해설) 단락 보호방식
- 방사상 선로의 단락 보호방식에서 전원이 양단에 있을 경우 방향 단락 계전기와 과전류 계전기를 조합시켜서 사용한다.
- 전원이 1단에만 있는 방사상 송전선로에서의 고장 전류는 모두 발전소로부터 방사상으로 흘러 나간다.
- 환상 선로의 단락 보호방식에서 전원이 두 군데 이상 있는 경우에는 방향 거리 계전기를 사용한다.

024 밸런서의 설치가 가장 필요한 배전방식은?

① 단상 2선식
② 단상 3선식
③ 3상 3선식
④ 3상 4선식

해설) 단상 3선식은 밸런서의 설치가 가장 필요한 배전방식이다.

정답 021 ③ 022 ② 023 ④ 024 ②

025 부하전류가 흐르는 전로는 개폐할 수 없으나 기기의 점검이나 수리를 위하여 회로를 분리하거나, 계통의 접속을 바꾸는데 사용하는 것은?

① 차단기
② 단로기
③ 전력용 퓨즈
④ 부하 개폐기

해설 단로기(DS) 부하전류가 흐르는 전로는 개폐할 수 없으나 기기의 점검이나 수리를 위하여 회로를 분리하거나, 계통의 접속을 바꾸는데 사용된다.

026 정전용량 0.01[μF/km], 길이 173.2[km], 선간전압 60[kV], 주파수 60[Hz]인 3상 송전선로의 충전전류는 약 몇 [A]인가?

① 6.3
② 12.5
③ 22.6
④ 37.2

해설 3상 송전선로의 충전전류

$$I_c = \frac{E\ell}{X_c} = \frac{E\ell}{\frac{1}{w_c}} = wC\ell \times \frac{V}{\sqrt{3}} = 2\pi f C\ell \times \frac{V}{\sqrt{3}} = 2\pi \times 60 \times 0.01 \times 10^{-6} \times 173.2 \times \frac{60}{\sqrt{3}} \times 10^3$$

$$\fallingdotseq 377 \times 1.732 \times 10^{-6} \times \frac{60}{\sqrt{3}} \times 10^3 = 377 \times 60 \times 10^{-3} \fallingdotseq 22.6[A]$$

027 보호계전기의 반한시·정한시 특성은?

① 동작전류가 커질수록 동작시간이 짧게 되는 특성
② 최소 동작전류 이상의 전류가 흐르면 즉시 동작하는 특성
③ 동작전류의 크기에 관계없이 일정한 시간에 동작하는 특성
④ 동작전류가 커질수록 동작시간이 짧아지며, 어떤 전류 이상이 되면 동작전류의 크기에 관계없이 일정한 시간에서 동작하는 특성

해설 반한시·정한시의 특성이란 동작전류가 커질수록 동작시간이 짧아지며, 어떤 전류 이상이 되면 동작전류의 크기에 관계없이 일정한 시간에서 동작하는 특성을 말한다.

028 전력계통의 안정도에서 안정도의 종류에 해당하지 않는 것은?

① 정태 안정도
② 상태 안정도
③ 과도 안정도
④ 동태 안정도

해설 전력계통의 안정도에서 안정도의 종류는 정태 안정도, 동태 안정도, 과도 안정도가 있다.

정답 025 ② 026 ③ 027 ④ 028 ②

029 배전선로의 역률 개선에 따른 효과로 적합하지 않은 것은?

① 선로의 전력손실 경감 ② 선로의 전압강하의 감소
③ 전원측 설비의 이용률 향상 ④ 선로 절연의 비용 절감

> **해설** 배전선로의 역률 개선에 따른 효과
> • 선로의 전력손실 경감
> • 선로의 전압강하의 감소
> • 전원측 설비의 이용률 향상

030 저압뱅킹 배전방식에서 캐스케이딩현상을 방지하기 위하여 인접 변압기를 연락하는 저압선의 중간에 설치하는 것으로 알맞은 것은?

① 구분퓨즈 ② 리클로저
③ 섹셔널라이저 ④ 구분개폐기

> **해설** 저압뱅킹 배전방식에서는 캐스케이딩현상을 방지하기 위하여 인접 변압기를 연락하는 저압선의 중간에 구분퓨즈를 설치한다.

031 승압기에 의하여 전압 V_e에서 V_h로 승압할 때, 2차 정격전압 e, 자기용량 W인 단상 승압기가 공급할 수 있는 부하용량은?

① $\dfrac{V_h}{e} \times W$ ② $\dfrac{V_e}{e} \times W$

③ $\dfrac{V_e}{V_h - V_e} \times W$ ④ $\dfrac{V_h - V_e}{V_e} \times W$

> **해설** 승압기에서 $\dfrac{\text{자기용량}(W)}{\text{부하용량}(P_a)} = \dfrac{eI}{V_h I} = \dfrac{e}{V_h}$ 에서 $P_a(\text{부하용량}) = \dfrac{V_h}{e} \times W[\text{VA}]$ 이다.

032 배기가스의 여열을 이용해서 보일러에 공급되는 급수를 예열함으로써 연료 소비량을 줄이거나 증발량을 증가시키기 위해서 설치하는 여열회수 장치는?

① 과열기 ② 공기 예열기
③ 절탄기 ④ 재열기

> **해설** 절탄기 : 배기가스의 여열을 이용해서 보일러에 공급되는 급수를 예열함으로써 연료 소비량을 줄이거나 증발량을 증가시키기 위해서 설치하는 여열회수 장치이다.

정답 029 ④ 030 ① 031 ① 032 ③

033 직렬콘덴서를 선로에 삽입할 때의 이점이 아닌 것은?

① 선로의 인덕턴스를 보상한다.
② 수전단의 전압강하를 줄인다.
③ 정태안정도를 증가한다.
④ 송전단의 역률을 개선한다.

해설 직렬콘덴서를 선로에 삽입할 때의 이점
- 선로의 인덕턴스를 보상한다.
- 수전단의 전압강하를 줄인다.
- 정태안정도를 증가한다.

034 전선의 굵기가 균일하고 부하가 균등하게 분산되어 있는 배전선로의 전력손실은 전체 부하가 선로 말단에 집중되어 있는 경우에 비하여 어느 정도가 되는가?

① 1/2
② 1/3
③ 2/3
④ 3/4

해설

구분	전압강하	전력 손실
말단 집중 부하	IR	I^2R
균등 분포 부하	$\frac{1}{2}IR$	$\frac{1}{3}I^2R$

$$\therefore \frac{\text{균등 분포부하 전력손실}}{\text{말단 집중부하 전력손실}} = \frac{\frac{1}{3}I^2R}{I^2R} = \frac{1}{3}$$

035 송전단 전압 161[kV], 수전단 전압 154[kV], 상차각 35°, 리액턴스 60[Ω]일 때 선로 손실을 무시하면 전송전력(MW)은 약 얼마인가?

① 356
② 307
③ 237
④ 161

해설 $P(\text{전송전력}) = \frac{V_s V_R}{X} \sin\delta = \frac{161 \times 10^3 \times 154 \times 10^3}{60} \times \sin 35° = \frac{24794 \times 10^6}{60} \times 0.574$
$\fallingdotseq 237 \times 10^6 \fallingdotseq 237[\text{MW}]$ (단, $\sin 35° \fallingdotseq 0.574$)

036 직접 접지방식에 대한 설명으로 틀린 것은?

① 1선 지락 사고시 건전상의 대지 전압이 거의 상승하지 않는다.
② 계통의 절연수준이 낮아지므로 경제적이다.
③ 변압기의 단절연이 가능하다.
④ 보호계전기가 신속히 동작하므로 과도안정도가 좋다.

해설 직접 접지방식
- 1선 지락 사고시 건전상의 대지 전압이 거의 상승하지 않는다.
- 계통의 절연수준이 낮아지므로 경제적이다.
- 변압기의 단절연이 가능하다.

037 그림과 같이 지지점 A, B, C에는 고저차가 없으며, 경간 AB와 BC 사이에 전선이 가설되어 그 이도가 각각 12[cm]이다. 지지점 B에서 전선이 떨어져 전선의 이도가 D로 되었다면 D의 길이(cm)는? (단, 지지점 B는 A와 C의 중점이며 지지점 B에서 전선이 떨어지기 전, 후의 길이는 같다.)

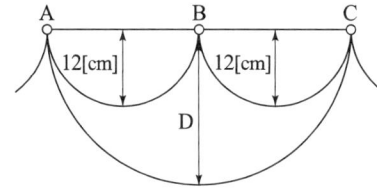

① 17
② 24
③ 30
④ 36

해설 전선의 실제 길이는 떨어지기 전과 떨어진 후가 같으므로 $2L_1 = L_2$

$$2\left(S + \frac{8 \times (12)^2}{3S}\right) = 2S + \frac{8D^2}{3 \times 2S}$$

$$2S + \frac{2 \times 8 \times (12)^2}{3S} = 2S + \frac{8D^2}{6S} \text{ 에서 } 2 \times 8 \times (12)^2 = 4D^2$$

$$\therefore 4D(\text{전선의 이도}) = \sqrt{\frac{2 \times 8 \times (12)^2}{4}} = \sqrt{4 \times 144} = \sqrt{576} = 24[\text{cm}]$$

038 수차의 캐비테이션 방지책으로 틀린 것은?

① 흡출수두를 증대시킨다.
② 과부하 운전을 가능한 한 피한다.
③ 수차의 비속도를 너무 크게 잡지 않는다.
④ 침식에 강한 금속재료로 러너를 제작한다.

해설 수차의 캐비테이션(공동)의 방지책
- 과부하 운전을 가능한 한 피한다.
- 수차의 비속도를 너무 크게 잡지 않는다.
- 침식에 강한 금속재료로 러너를 제작한다.

039 송전선로에 매설지선을 설치하는 목적은?

① 철탑 기초의 강도를 보강하기 위하여
② 직격뇌로부터 송전선을 차폐보호하기 위하여
③ 현수애자 1연의 전압 분담을 균일화하기 위하여
④ 철탑으로부터 송전선로로의 역섬락을 방지하기 위하여

해설 송전선로에 매설지선을 설치하는 목적은 철탑으로부터 송전선로의 역섬락을 방지하기 위해서다.

040 1회선 송전선과 변압기의 조합에서 변압기의 여자 어드미턴스를 무시하였을 경우 송수전 단의 관계를 나타내는 4단자 정수 C_0는? (단, $A_0 = A + CZ_{ts}$, $B_0 = B + AZ_{tr} + DZ_{ts} + CZ_{tr}Z_{ts}$, $D_0 = D + CZ_{tr}$ 여기서, Z_{ts}는 송전단변압기의 임피던스이며, Z_{tr}은 수전단변압기의 임피던스이다.)

① C
② $C + DZ_{ts}$
③ $C + AZ_{ts}$
④ $CD + CA$

해설

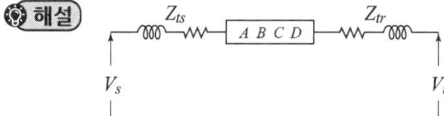

4단자 정수 $\begin{vmatrix} A_0 & B_0 \\ C_0 & D_0 \end{vmatrix} = \begin{vmatrix} 1 & Z_{ts} \\ 0 & 1 \end{vmatrix} \begin{vmatrix} A & B \\ C & D \end{vmatrix} \begin{vmatrix} 1 & Z_{tr} \\ 0 & 1 \end{vmatrix} = \begin{vmatrix} A + CZ_{ts} & B + DZ_{ts} \\ C & D \end{vmatrix} \begin{vmatrix} 1 & Z_{tr} \\ 0 & 1 \end{vmatrix}$

$= \begin{vmatrix} A + CZ_{ts} & AZ_{ts} + CZ_{ts}Z_{ts} + B + DZ_{ts} \\ C & D + CZ_{tr} \end{vmatrix}$

∴ 4단자 정수 $C_0 = C$이다.

제3과목 전기기기

041 단상 변압기의 무부하 상태에서 $V_1 = 200\sin(\omega t + 30°)[\text{V}]$의 전압이 인가되었을 때 $I_o = 3\sin(\omega t + 60°) + 0.7\sin(3\omega t + 180°)[\text{A}]$의 전류가 흘렀다. 이때 무부하손은 약 몇 [W]인가?

① 150
② 259.8
③ 415.2
④ 512

해설 단상 변압기에 무부하손은 같은 주파수 사이에서만 존재한다.

∴ $P(무부하손) = V_1 I_0 \cos \psi_1 = \frac{200}{\sqrt{2}} \times \frac{3}{\sqrt{2}} \cos(30-60) = \frac{600}{2} \cos(-30°) = 300 \times \frac{\sqrt{3}}{2} = 259.8 [W]$

042 단상 직권 정류자 전동기의 전기자 권선과 계자권선에 대한 설명으로 틀린 것은?

① 계자권선의 권수를 적게 한다.
② 전기자 권선의 권수를 크게 한다.
③ 변압기 기전력을 적게 하여 역률 저하를 방지한다.
④ 브러시로 단락되는 코일 중의 단락전류를 크게 한다.

해설 단상 직권 정류자 전동기의 전기자 권선과 계자권선에 대한 옳은 설명은
① 계자권선의 권수를 적게 한다.
② 전기자 권선의 권수를 크게 한다.
③ 변압기 기전력을 적게 하여 역률 저하를 방지한다.

043 전부하시의 단자전압이 무부하시의 단자전압보다 높은 직류발전기는?

① 분권발전기
② 평복권발전기
③ 과복권발전기
④ 차동복권발전기

해설 과복권발전기 : 전부하시의 단자전압이 무부하시의 단자전압보다 높은 직류발전기이다.

044 직류기의 다중 중권 권선법에서 전기자 병렬 회로수 a와 극수 P 사이의 관계로 옳은 것은? (단, m은 다중도이다.)

① $a = 2$
② $a = 2m$
③ $a = P$
④ $a = mP$

해설 직류기의 다중 중권 권선법에서는 a(전기자 병렬 회로수)$= mP$(다중 극수)이다.

045 슬립 s_t에서 최대 토크를 발생하는 3상 유도전동기에 2차측 한상의 저항을 r_2라 하면 최대 토크로 기동하기 위한 2차측 한 상에 외부로부터 가해 주어야 할 저항(Ω)은?

① $\frac{1-s_t}{s_t} r_2$
② $\frac{1+s_t}{s_t} r_2$
③ $\frac{r_2}{1-s_t}$
④ $\frac{r_2}{s_t}$

정답 042 ④ 043 ③ 044 ④ 045 ①

> **해설** s_m(기동 시) 슬립=1, 최대 토크로 기동하는 3상 유도전동기는 $\dfrac{r_2}{s_t}=\dfrac{r_2+R}{1}$이다.
> ∴ R(최대 토크로 기동하기 위한 2차측 한 상에 외부 저항)
> $=\dfrac{r_2}{s_t}\times 1-r_2=\dfrac{r_2-s_t r_2}{s_t}=\dfrac{(1-s_t)}{s_t}r_2[\Omega]$

046 단상 변압기를 병렬 운전할 경우 부하전류의 분담은?

① 용량에 비례하고 누설 임피던스에 비례
② 용량에 비례하고 누설 임피던스에 반비례
③ 용량에 반비례하고 누설 리액턴스에 비례
④ 용량에 반비례하고 누설 리액턴스의 제곱에 비례.

> **해설** 2대의 단상 변압기를 병렬 운전할 조건은 $P_a=P_b$, $VI_a=VI_b$이다.
> $\dfrac{I_a}{I_b}=\dfrac{P_a}{P_b}=\dfrac{Z_b}{Z_a}$ ∴ 부하전류의 분담은 용량에 비례하고 누설 임피던스에 반비례한다.

047 스텝 모터(step motor)의 장점으로 틀린 것은?

① 회전각과 속도는 펄스 수에 비례한다.
② 위치제어를 할 때 각도 오차가 적고 누적된다.
③ 가속, 감속이 용이하며 정·역전 및 변속이 쉽다.
④ 피드백 없이 오픈 루프로 손쉽게 속도 및 위치제어를 할 수 있다.

> **해설** 스텝 모터(step motor)의 장점
> • 회전각과 속도는 펄스 수에 비례한다.
> • 가속, 감속이 용이하며 정·역전 및 변속이 쉽다.
> • 피드백 없이 오픈 루프로 손쉽게 속도 및 위치제어를 할 수 있다.

048 380[V], 60[Hz], 4극, 10[kW]인 3상 유도전동기의 전부하 슬립이 4%이다. 전원 전압을 10% 낮추는 경우 전부하 슬립은 약 몇 %인가?

① 3.3
③ 4.4
② 3.6
④ 4.9

> **해설** V(전원 전압) $=380[V]$
> V'(전원 전압 10% 낮춘 전압) $=(1-0.1)V=0.9\times V=0.9\times 380=342[V]$
> s(슬립)$=\dfrac{1}{V^2}$ $\dfrac{s'}{s}=\left(\dfrac{V}{V'}\right)^2$
> ∴ $s'=\left(\dfrac{V}{V'}\right)^2\times s=\left(\dfrac{380}{0.9\times 380}\right)^2\times 0.4=(1.234)\times 0.4≒0.49=49\%$

정답 046 ② 047 ② 048 ④

049 3상 권선형 유도전동기의 기동 시 2차측 저항을 2배로 하면 최대토크 값은 어떻게 되는가?

① 3배로 된다. ② 2배로 된다.
③ 1/2로 된다. ④ 변하지 않는다.

해설 3상 권선형 유도전동기의 최대 토크는 공급전압 자승에 비례하며 2차 저항과는 무관하다. 즉 $T_{mm} ≒ V^2$이다.

050 직류 분권전동기에서 정출력 가변속도의 용도에 적합한 속도제어법은?

① 계자제어 ② 저항제어
③ 전압제어 ④ 극수제어

해설 계자제어 : 직류 분권전동기에서 정출력 가변속도의 용도에 적합한 속도제어법이다.

051 직류 분권전동기의 전기자전류가 10[A]일 때 5[N·m]의 토크가 발생하였다. 이 전동기의 계자의 자속이 80%, 전기자전류가 12[A]로 되면 토크는 약 [N·m]인가?

① 3.9 ② 4.3
③ 4.8 ④ 5.2

해설 $P = EI_a = \omega T[\text{W}]$

$T(\text{토크}) = \dfrac{EI_a}{\omega} = \dfrac{\dfrac{P}{a}Zn\phi \times I_a}{2\pi n} = \dfrac{PZ}{2\pi a}\phi I_a = K\phi I_a ≒ \phi I_a [\text{N·m}]$

$\phi(\text{전동기 계자자속}) = \dfrac{T}{I_a} = \dfrac{5}{10} = 0.5[\text{Wb}] \cdots \text{㉠}$

$\phi' = 0.8\phi = 0.8 \times 0.5 = 0.4[\text{Wb}]$일 때 $I_a' = 12[\text{A}]$이다.

이때의 $T'(\text{토크}) ≒ \phi' I_a' = 0.4 \times 12 = 4.8[\text{N·m}]$이다.

052 권수비가 a인 단상변압기 3대가 있다. 이것을 1차에 △, 2차에 Y로 결선하여 3상 교류 평형회로에 접속할 때 2차측의 단자전압을 $V[\text{V}]$, 전류를 $I[\text{A}]$라고 하면 1차측의 단자전압 및 선전류는 얼마인가? (단, 변압기의 저항, 누설리액턴스, 여자전류는 무시한다.)

① $\dfrac{aV}{\sqrt{3}}[\text{V}], \dfrac{\sqrt{3}\,I}{a}[\text{A}]$ ② $\sqrt{3}\,aV[\text{V}], \dfrac{I}{\sqrt{3}\,a}[\text{A}]$

③ $\dfrac{\sqrt{3}\,V}{a}[\text{V}], \dfrac{aI}{\sqrt{3}}[\text{A}]$ ④ $\dfrac{V}{\sqrt{3}\,a}[\text{V}], \sqrt{3}\,aI[\text{A}]$

정답 049 ④ 050 ① 051 ③ 052 ①

해설 1차 △, 2차 Y 결선 시

V_{1P}(1차 단자전압=상전압)=2차 상전압×권수비=$\frac{V_{2\ell}}{\sqrt{3}} \times a = \frac{aV}{\sqrt{3}}$[V]

[단, a(권수비)=$\frac{V_{1P}}{V_{2P}}$, $V_{1P}=aV_{2P}$, $V_{2\ell}$(2차 단자전압)=V[V]이다.]

$I_{1\ell}$(1차 선전류)=2차 선전류×권수비=$\sqrt{3} I_{2P} \times \frac{1}{a} = \frac{\sqrt{3}I}{a}$[A]

[단, a(권수비)=$\frac{I_{2\ell}}{I_{1\ell}}$, $I_{1\ell}=\frac{I_{2\ell}}{a}=\frac{1}{a}\times\sqrt{3}$, $I_{2P}=\frac{\sqrt{3}I}{a}$[A], I_{2P}(2차 상전류=선전류=전류)=I[A]이다.]

053 3상 전원전압 220[V]를 3상 반파정류회로의 각 상에 SCR을 사용하여 정류제어 할 때 위상각을 60°로 하면 순 저항부하에서 얻을 수 있는 출력전압 평균값은 약 몇 [V]인가?

① 128.65　　② 148.55
③ 257.3　　④ 297.1

해설 3상 반파정류회로에서 출력전압의 평균값

$E_{d\alpha} = \frac{3V_m}{2\pi} \times \sqrt{3} \cos\alpha = \frac{3\times\sqrt{2}V}{2\pi} \times \sqrt{3}\cos\alpha = \frac{3\times\sqrt{6}\times 220}{2\pi}\cos 60° = \frac{1616.66}{12.56} ≒ 128.7 = 128.65$[V]

054 유도자형 동기발전기의 설명으로 옳은 것은?

① 전기자만 고정되어 있다.　　② 계자극만 고정되어 있다.
③ 회전자가 없는 특수 발전기이다.　　④ 계자극과 전기자가 고정되어 있다.

해설 유도자형 동기발전기는 계자극과 전기자가 고정되어 있다.

055 3상 동기발전기의 여자전류 10[A]에 대한 단자전압이 1000$\sqrt{3}$[V], 3상 단락전류가 50[A]인 경우 동기임피던스는 몇 [Ω]인가?

① 5　　② 11
③ 20　　④ 34

해설 I_s(단락전류)=$\frac{E_n}{Z_s}=\frac{V_n}{\sqrt{3}Z_s}$[A]란 무부하시 정격전압을 유기하는데 필요한 계자전류를 말한다.

I_n(여자전류)=$\frac{P_n}{\sqrt{3}V_n}$[A]란 정격전류와 같은 3상 단락전류를 흘리는데 필요한 계자전류를 말한다. ∴ Z_s'(동기임피던스)=$\frac{I_n}{I_s}\times 100 = \frac{10}{50}\times 100 = 20$[Ω]이다.

정답　053 ①　054 ④　055 ③

056 동기발전기에서 무부하 정격전압일 때의 여자전류를 I_{fo}, 정격부하 정격전압일 때의 여자전류를 I_{f1}, 3상 단락 정격전류에 대한 여자전류를 I_{fs}라 하면 정격속도에서의 단락비 K는?

① $K = \dfrac{I_{fs}}{I_{fo}}$
② $K = \dfrac{I_{fo}}{I_{fs}}$
③ $K = \dfrac{I_{fs}}{I_{f1}}$
④ $K = \dfrac{I_{f1}}{I_{fs}}$

해설 $K(\text{단락비}) = \dfrac{1}{Z_s'} = \dfrac{I_s}{I_n} = \dfrac{I_{fo}(\text{단락전류})}{I_{fs}(\text{여자전류})} = \dfrac{1}{\text{동기임피던스}}$ 이 동기 발전기의 단락비이다.

057 변압기의 습기를 제거하여 절연을 향상시키는 건조법이 아닌 것은?

① 열풍법
② 단락법
③ 진공법
④ 건식법

해설 변압기의 습기를 제거하여 절연을 향상시키는 건조법에는 열풍법, 단락법, 진공법이 있다.

058 극수 20, 주파수 60[Hz]인 3상 동기발전기의 전기자권선이 2층 중권, 전기자 전 슬롯 수 180, 각 슬롯 내의 도체 수 10, 코일피치 7슬롯인 2중 성형결선으로 되어 있다. 선간전압 3300[V]를 유도하는데 필요한 기본파 유효자속은 약 몇 [Wb]인가? (단, 코일피치와 자극피치의 비 $\beta = 7/9$이다.)

① 0.004
② 0.062
③ 0.053
④ 0.07

해설 각상 직렬 코일 권수 $N = \dfrac{\text{전 도체 수}}{2 \times \text{상수} \times 2\text{중 성형}} = \dfrac{180 \times 10}{2 \times 3 \times 2} = 150$

기본파에 단절권 계수 $K_p = \sin\dfrac{\beta\pi}{2} = \sin\dfrac{\frac{7}{9}\pi}{2} = \sin\dfrac{7 \times 180°}{18} = \sin 70° = 0.94$

또 기본파에 분포권 계수 $K_d = \dfrac{\sin\dfrac{\pi}{2m}}{q\sin\dfrac{\pi}{2mq}} = \dfrac{\sin\dfrac{\pi}{2 \times 3}}{3\sin\dfrac{\pi}{2 \times 3 \times 3}} = \dfrac{\sin\dfrac{\pi}{6}}{3\sin\dfrac{\pi}{18}} = \dfrac{0.5}{3 \times 0.1736} ≒ 0.96$

(단, q(매극·매상의 슬롯 수) $= \dfrac{\text{전 슬롯 수}}{\text{극수} \times \text{상수}} = \dfrac{180}{20 \times 3} = 3$이다.)

$K(\text{권선계수}) = K_p \times K_d = 0.94 \times 0.96 = 0.9024$

∴ $E(\text{상전압}) = \dfrac{V}{\sqrt{3}} = 4.44 f N K_p K_d \phi$ [V]을 유도하는데 필요한 매극의 기본파 유효자속

$\phi = \dfrac{\dfrac{V}{\sqrt{3}}}{4.44 f N K_p K_d} = \dfrac{\dfrac{3300}{\sqrt{3}}}{4.44 \times 60 \times 150 \times 0.94 \times 0.96} ≒ 0.053$ [Wb]

정답 056 ② 057 ④ 058 ③

059 2방향성 3단자 사이리스터는 어느 것인가?

① SCR ② SSS
③ SCS ④ TRIAC

해설 TRIAC은 2방향성 3단자 사이리스터이다.

060 일반적인 3상 유도전동기에 대한 설명으로 틀린 것은?

① 불평형 전압으로 운전하는 경우 전류는 증가하나 토크는 감소한다.
② 원선도 작성을 위해서는 무부하시험, 구속시험, 1차 권선저항 측정을 하여야 한다.
③ 농형은 권선형에 비해 구조가 견고하며, 권선형에 비해 대형전동기로 널리 사용된다.
④ 권선형 회전자의 3선 중 1선이 단선되면 동기속도의 50%에서 더 이상 가속되지 못하는 현상을 게르게스현상이라 한다.

해설 일반적인 3상유도 전동기
- 불평형 전압으로 운전하는 경우 전류는 증가하나 토크는 감소한다.
- 원선도 작성을 위해서는 무부하시험, 구속시험, 1차 권선저항 측정을 하여야 한다.
- 권선형 회전자의 3선 중 1선이 단선되면 동기속도의 50%에서 더 이상 가속되지 못하는 현상을 게르게스현상이라 한다.

제4과목 회로이론 및 제어공학

061 다음 블록선도의 전달함수 $\left(\dfrac{C(s)}{R(s)}\right)$는?

① $\dfrac{10}{9}$
② $\dfrac{10}{13}$
③ $\dfrac{12}{9}$
④ $\dfrac{12}{13}$

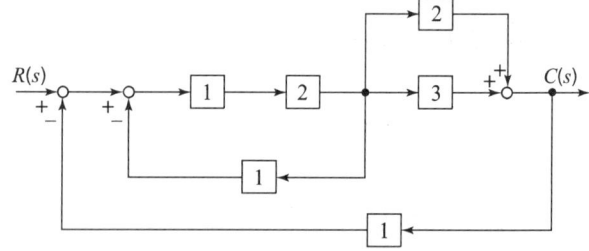

해설

$$C(s) = \dfrac{\dfrac{2}{3} \times 5}{1 + \dfrac{2}{3} \times (2+3) \times 1} R(s)$$

$$\therefore \dfrac{C(s)}{R(s)} = \dfrac{\dfrac{10}{3}}{1 + \dfrac{10}{3}} = \dfrac{10}{13}$$

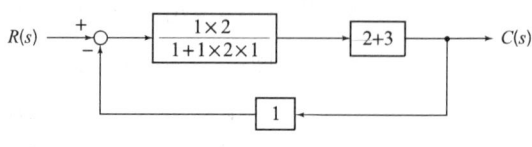

정답 059 ④ 060 ③ 061 ②

062 전달함수가 $G(s) = \dfrac{1}{0.1s(0.01s+1)}$ 과 같은 제어시스템에서 $\omega = 0.1\,[\text{rad/s}]$ 일 때의 이득(dB)과 위상각(°)은 약 얼마인가?

① 40[dB], $-90°$
② -40[dB], $90°$
③ 40[dB], $-180°$
④ -40[dB], $-180°$

해설 $\omega = 0.1\,[\text{rad/sec}]$ 일 때의 전달함수

$G(s) = \dfrac{1}{0.1s(0.01s+1)} = \dfrac{1}{0.1 \times j\omega(0.01 \times j\omega + 1)} = \dfrac{1}{0.1 \times j0.1(0.01 \times j0.1 + 1)}$

$\fallingdotseq \dfrac{1}{j0.01} = \left|\dfrac{1}{0.01}\right| \angle -90°$ 이다.

$\therefore g(\text{이득}) = 20\log_{10}\left|\dfrac{1}{0.01}\right| = 20\log_{10}100 = 20 \times 2 = 40\,[\text{dB}]$, 위상각 $= -90°$ 이다.

063 다음의 논리식과 등가인 것은?

$$Y = (A+B)(\overline{A}+B)$$

① $Y = A$
② $Y = B$
③ $Y = \overline{A}$
④ $Y = \overline{B}$

해설 $Y(A+B)(\overline{A}+B) = A\overline{A} + AB + \overline{A}B + BB = AB + \overline{A}B + B = B(\overline{A}+A) + B = B + B = B$

064 다음의 개루프 전달함수에 대한 근궤적이 실수축에서 이탈하게 되는 분리점은 약 얼마인가?

$$G(s)H(s) = \dfrac{K}{s(s+3)(s+8)}, \quad K \geq 0$$

① -0.93
② -5.74
③ -6.0
④ -1.33

해설 $1 + G(s)H(s) = 1 + \dfrac{K}{s(s+3)(s+8)} = \dfrac{s(s+3)(s+8) + K}{s(s+3)(s+8)} = 0 \quad \therefore s(s+3)(s+8) + K = 0$

$K = -(s(s+3)(s+8)) = -s^3 - 11s^2 - 24s$ 에서 $\dfrac{dk}{ds} = \dfrac{d}{ds}(-s^3 - 11s^2 - 24s) = -3s^2 - 22s - 24$

근의 공식에서 $s = \dfrac{-b \pm \sqrt{b^2 - 4ac}}{2a} = \dfrac{22 \pm \sqrt{(-22)^2 - 4 \times 3 \times 24}}{2(-3)} = -\dfrac{22}{6} \pm \dfrac{\sqrt{484 - 288}}{-6}$

$\fallingdotseq -3.67 \pm \dfrac{\sqrt{196}}{-6} \fallingdotseq -3.67 \pm \dfrac{14}{-6} = -3.67 \mp 2.33$

$\therefore K \geq 0$ 에 대한 $s_1 \fallingdotseq -3.66 - 2.33 \fallingdotseq -6$ 구간은 $0 \sim -6$, $-6 \sim -\infty$ 은 근궤적의 점이 될 수 없으므로 근궤적이 실수측에서 이탈하게 되는 분기점 $s_2 \fallingdotseq -3.66 + 2.33 \fallingdotseq -1.33$ 이 된다.

065 $F(z) = \dfrac{(1-e^{-aT})z}{(z-1)(z-e^{-aT})}$ 의 역 z 변환은?

① $t \cdot e^{-at}$
② $a^t \cdot e^{-at}$
③ $1 + e^{-at}$
④ $1 - e^{-at}$

해설 $F(z) = \dfrac{(1-e^{-aT})z}{(z-1)(z-e^{-aT})}$ 의 역 z 변환은

$\left(\dfrac{(1-e^{-aT})z}{(z-1)(z-e^{-aT})}\right)^{-1} = \lim_{z \to 1}(z-1)F(z) + \lim_{z \to e^{-at}}(z-e^{-at})F(z) = K_1 + K_2 = 1 - e^{-at}$

단, $K_1 = \lim_{z \to 1}(z-1)F(z) = \lim_{z \to 1}(z-1) \times \dfrac{(1-e^{-at})z}{(z-1)(z-e^{-at})} = \lim_{z \to 1}\dfrac{(1-e^{-at}) \times z}{z-e^{-at}} = \dfrac{(1-e^{-at}) \times 1}{1-e^{-at}} = 1$

$K_2 = \lim_{z \to e^{-at}}\dfrac{(1-e^{-at})z}{z-1} = \dfrac{(1-e^{-at}) \times e^{-at}}{e^{-at}-1} = \dfrac{(1-e^{-at})e^{-at}}{-(1-e^{-at})} = -e^{-at}$ 이다.

066 기본 제어요소인 비례요소의 전달함수는? (단, K는 상수이다.)

① $G(s) = K$
② $G(s) = Ks$
③ $G(s) = \dfrac{K}{s}$
④ $G(s) = \dfrac{K}{s+K}$

해설 기본 제어요소인 비례요소의 전달함수 $G(s) = K$이고, 미분요소의 전달함수 $G(s) = Ks$, 적분요소의 전달함수 $G(s) = \dfrac{K}{s}$ 등이다.

067 다음의 상태방정식으로 표현되는 시스템의 상태천이행렬은?

$$\begin{bmatrix} \dfrac{d}{dt}x_1 \\ \dfrac{d}{dt}x_2 \end{bmatrix} = \begin{bmatrix} 0 & 1 \\ -3 & -4 \end{bmatrix} \begin{bmatrix} x_1 \\ x_2 \end{bmatrix}$$

① $\begin{bmatrix} 1.5e^{-t}-0.5e^{-3t} & -1.5e^{-t}+1.5e^{-3t} \\ 0.5e^{-t}-0.5e^{-3t} & -0.5e^{-t}+1.5e^{-3t} \end{bmatrix}$

② $\begin{bmatrix} 1.5e^{-t}-0.5e^{-3t} & 0.5e^{-t}-0.5e^{-3t} \\ -1.5e^{-t}+1.5e^{-3t} & -0.5e^{-t}+1.5e^{-3t} \end{bmatrix}$

③ $\begin{bmatrix} 1.5e^{-t}-0.5e^{-4t} & 0.5e^{-t}-0.5e^{-4t} \\ -1.5e^{-t}+1.5e^{-4t} & -0.5e^{-t}+1.5e^{-4t} \end{bmatrix}$

④ $\begin{bmatrix} 1.5e^{-t}-0.5e^{-4t} & -1.5e^{-t}+1.5e^{-4t} \\ 0.5e^{-t}-0.5e^{-4t} & -0.5e^{-t}+1.5e^{-4t} \end{bmatrix}$

정답 065 ④ 066 ① 067 ②

해설 상태방정식으로 표현되는 시스템의 상태천이행렬은

$A(\text{계수행렬}) = \begin{vmatrix} 0 & 1 \\ -3 & -4 \end{vmatrix}$

$(SI-A) = S\begin{vmatrix} 1 & 0 \\ 0 & 1 \end{vmatrix} - \begin{vmatrix} 0 & 1 \\ -3 & -4 \end{vmatrix} = \begin{vmatrix} S & 0 \\ 0 & S \end{vmatrix} - \begin{vmatrix} 0 & 1 \\ -3 & -4 \end{vmatrix} = \begin{vmatrix} S & -1 \\ +3 & S+4 \end{vmatrix}$

$\phi(\text{역행렬}) = |SI-A|^{-1} = \frac{1}{\Delta}\begin{vmatrix} \Delta_{11} & \Delta_{21} \\ \Delta_{12} & \Delta_{22} \end{vmatrix} = \frac{1}{\begin{vmatrix} S & -1 \\ 3 & S+4 \end{vmatrix}} \begin{vmatrix} S+4 & 1 \\ -3 & S \end{vmatrix} = \begin{vmatrix} \frac{S+4}{(S+1)(S+3)} & \frac{1}{(S+1)(S+3)} \\ \frac{-3}{(S+1)(S+3)} & \frac{S}{(S+1)(S+3)} \end{vmatrix}$

∴ 상태천이행렬 $\phi(t) = L^{-1}(SI-A)^{-1} = \begin{vmatrix} \frac{K_1}{S+1} + \frac{K_2}{S+3} & \frac{K_3}{S+1} + \frac{K_4}{S+3} \\ \frac{K_5}{S+1} + \frac{K_6}{S+3} & \frac{K_7}{S+1} + \frac{K_8}{S+3} \end{vmatrix}$

$= \begin{vmatrix} \frac{1.5}{S+1} + \frac{-0.5}{S+3} & \frac{0.5}{S+1} + \frac{-0.5}{S+3} \\ \frac{-1.5}{S+1} + \frac{1.5}{S+3} & \frac{-0.5}{S+1} + \frac{1.5}{S+3} \end{vmatrix} = \begin{vmatrix} 1.5e^{-t} - 0.5e^{-3t} & 0.5e^{-t} - 0.5e^{-3t} \\ -1.5e^{-t} + 0.5e^{-3t} & -0.5e^{-t} + 1.5e^{-3t} \end{vmatrix}$

(단, $k_1 = \lim_{S \to 1}(S+1)F_{12}(S) = \lim_{S \to -1}(S+1)\frac{S+4}{(S+1)(S+3)} = \lim_{S \to 1}\frac{S+4}{S+3} = \frac{-1+4}{-1+3} = \frac{3}{2} = 1.5$

$k_2 = \lim_{S \to -3}(S+3)F_{12}(S) = \lim_{S \to -3}(S+3)\frac{S+4}{(S+1)(S+3)} = \lim_{S \to -3}\frac{S+4}{S+1} = \frac{-3+4}{-3+1} = \frac{1}{-2} = -0.5)$

$K_3 = 0.5$, $K_4 = -0.5$, $K_5 = -1.5$, $K_6 = 1.5$, $K_7 = -0.5$, $K_8 = 1.5$ 부분 분수 전개로 구하고 역변환하면, 천이행렬이 된다.

068 제어시스템의 전달함수가 $T(s) = \dfrac{1}{4s^2 + s + 1}$ 과 같이 표현될 때 이 시스템의 고유주파수 [$\omega_n[\text{rad/s}]$]와 감쇠율(ζ)은?

① $\omega_n = 0.25$, $\zeta = 1.0$
② $\omega_n = 0.5$, $\zeta = 0.25$
③ $\omega_n = 0.5$, $\zeta = 0.5$
④ $\omega_n = 1.0$, $\zeta = 0.5$

해설 특성방정식 $S^2 + 2\delta\omega_n S + \omega_n^2 = 4S^2 + S + 1 = S^2 + \dfrac{S}{4} + \dfrac{1}{4} = 0$ 에서 ω_n^2(고유주파수) $= \dfrac{1}{4}$

∴ ω_n(고유주파수) $= \sqrt{\dfrac{1}{4}} = \dfrac{1}{2} = 0.5\,[\text{rad/sec}]$

$2\delta\omega_n S = \dfrac{S}{4}$

∴ δ(감쇠율) $= \dfrac{\frac{1}{4}S}{2\omega_n S} = \dfrac{1}{4\omega_n \times 2} = \dfrac{1}{4 \times \frac{1}{2} \times 2} = \dfrac{1}{4} = 0.25$

정답 068 ②

069 그림의 신호흐름 선도를 미분방정식으로 표현한 것으로 옳은 것은? (단, 모든 초기 값은 0이다.)

① $\dfrac{d^2c(t)}{dt^2} + 3\dfrac{dc(t)}{dt} + 2c(t) = r(t)$

② $\dfrac{d^2c(t)}{dt^2} + 2\dfrac{dc(t)}{dt} + 3c(t) = r(t)$

③ $\dfrac{d^2c(t)}{dt^2} - 3\dfrac{dc(t)}{dt} - 2c(t) = r(t)$

④ $\dfrac{d^2c(t)}{dt^2} - 2\dfrac{dc(t)}{dt} - 3c(t) = r(t)$

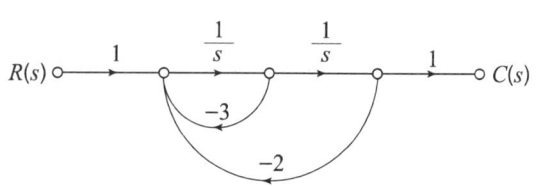

해설 메이슨의 공식에서 그림의 신호흐름 선도의

$$G(s)(전달함수) = \dfrac{C(s)}{R(s)} = \dfrac{1 \times \frac{1}{s} \times \frac{1}{s} \times 1}{1 - \left(\frac{1}{s} \times (-3) + \frac{1}{s^2} \times (-2)\right)} = \dfrac{\frac{1}{s^2}}{1 + \frac{3}{s} + \frac{2}{s^2}} = \dfrac{\frac{1}{s^2}}{1 + \frac{3s^2 + 2s}{s^3}} = \dfrac{s}{s^3 + 3s^2 + 2s}$$

∴ $\dfrac{C(s)}{R(s)} = \dfrac{s}{s(s^2 + 3s + 2)} = \dfrac{1}{s^2 + 3s + 2}$ 맞보는 변의 곱은 $\dfrac{d^2c(t)}{dt^2} + 3\dfrac{dc(t)}{dt} + 2c(t) = r(t)$

미분방정식의 표현이다.

070 제어시스템의 특성방정식이 $s^4 + s^3 - 3s^2 - s + 2 = 0$와 같을 때, 이 특성방정식에서 s 평면의 오른쪽에 위치하는 근은 몇 개인가?

① 0
② 1
③ 2
④ 3

해설 Routh 판별법

s^4	1	-3	2
s^3	1	-1	
s^2	$\dfrac{-3+1}{1} = -2$	2	
s^1	$\dfrac{2-2}{-2} = 0$		
s^0	2		

→ 제1열의 부호가 2번 변화하므로 불안정한 근의 수(s 평면의 오른쪽에 위치하는 근의 수)는 2개이다.

071 회로에서 6[Ω]에 흐르는 전류(A)는?

① 2.5
② 5
③ 7.5
④ 10

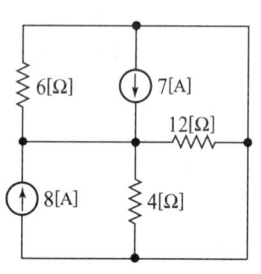

해설 정전압원은 직렬저항을 갖는다.
정전류원은 병렬저항을 가지므로 8[A]의 정전류원의
병렬합성저항 = $\frac{4 \times 12}{4+12} = \frac{48}{16} = 3[\Omega]$
분배법칙에서 6[Ω] 흐르는 전류
$I_6 = \frac{3}{6+3} \times 15 = \frac{3}{9} \times 15 = 5[A]$ 이다.

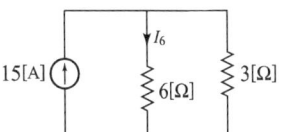

072 RL 직렬회로에서 시정수가 0.03[s], 저항이 14.7[Ω]일 때 이 회로의 인덕턴스(mH)는?

① 441
② 362
③ 17.6
④ 2.53

해설 RL 직렬회로의 시정수 $\tau = \frac{L}{R}$ [sec]

∴ L(인덕턴스) $= \tau R = 0.03 \times 14.7 = 0.441[H] ≒ 441[mH]$

073 상의 순서가 $a-b-c$인 불평형 3상 교류회로에서 각 상의 전류가 $I_a = 7.28\angle 15.95°$(A), $I_b = 12.81\angle -128.66°$(A), $I_c = 7.21\angle 123.69°$(A)일 때 역상분 전류는 약 몇 [A]인가?

① $8.95\angle -1.14°$
② $8.95\angle 1.14°$
③ $2.51\angle -96.55°$
④ $2.51\angle 96.55°$

해설 대칭분의
$\begin{bmatrix} I_0(\text{영상분 전류}) = \frac{1}{3}(I_a + I_b + I_c) \\ I_1(\text{정상분 전류}) = \frac{1}{3}(I_a + aI_b + a^2I_c) \end{bmatrix}$

I_2(역상분 전류) $= \frac{1}{3}(I_a + a^2I_b + aI_c)$

$= \frac{1}{3}(7.28\angle 15.95 + 1\angle 240 \times 12.81\angle -128.66 + 1\angle 120 \times 7.21\angle 123.69)$

$= \frac{1}{3}(7.28\angle 15.95 + 12.81\angle 111.34 + 7.21\angle 243.69)$

$= \frac{1}{3}(7.28(\cos 15.95 + j\sin 15.95) + 12.81(\cos 111.34 + j\sin 111.34) + 7.21(\cos 273.69 + j\sin 243.69))$

$= \frac{1}{3}(7.28\cos 15.95 + 12.81\cos 111.34 + 7.21\cos 243.69) + j\frac{1}{3}(7.28\sin 15.95 + 12.81\sin 111.34 + 7.21\sin 243.69)$

$≒ \frac{1}{3}(7.28 \times (0.96.15) + 12.81 \times (-0.3639) + 7.21 \times (-0.4432)) + j\frac{1}{3}(7.28 \times 0.274x + 12.81 \times 0.9314 + 7.21 \times (-0.8964))$

$≒ -0.28614 + j2.493t ≒ \sqrt{(-0.28614)^2 + (2.4936)^2} \angle \tan\frac{2.4936}{-0.28614} ≒ 2.5\angle 96.55[A]$

074
그림과 같은 T형 4단자 회로의 임피던스 파라미터 Z_{22}는?

① Z_3
② $Z_1 + Z_2$
③ $Z_1 + Z_3$
④ $Z_2 + Z_3$

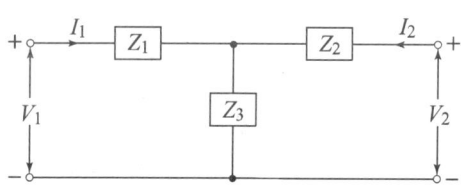

해설 T형 4단자 회로의 4단자 정수

$$\begin{vmatrix} A & B \\ C & D \end{vmatrix} = \begin{vmatrix} 1 & Z_1 \\ 0 & 1 \end{vmatrix} \begin{vmatrix} 1 & 0 \\ \frac{1}{Z_3} & 1 \end{vmatrix} \begin{vmatrix} 1 & Z_2 \\ 0 & 1 \end{vmatrix} = \begin{vmatrix} 1+\frac{Z_1}{Z_3} & Z_1 \\ \frac{1}{Z_3} & 1 \end{vmatrix} \begin{vmatrix} 1 & Z_2 \\ 0 & 1 \end{vmatrix} = \begin{vmatrix} 1+\frac{Z_1}{Z_3} & Z_2\left(1+\frac{Z_1}{Z_3}\right)+Z_1 \\ \frac{1}{Z_3} & 1+\frac{Z_2}{Z_3} \end{vmatrix}$$

∴ 임피던스 파라미터 $Z_{11} = \frac{A}{C}$, $Z_{12} = Z_{21} = -\frac{1}{C}$ (역방향일 때)

$$Z_{22} = \frac{D}{C} = \frac{\frac{Z_2+Z_3}{Z_3}}{\frac{1}{Z_3}} = Z_2 + Z_3 \text{이다.}$$

075
그림과 같은 부하에 선간전압이 $V_{ab} = 100\angle 30°[\text{V}]$인 평형 3상 전압을 가했을 때 선전류 $I_a[\text{A}]$는?

① $\frac{100}{\sqrt{3}}\left(\frac{1}{R}+j3\omega C\right)$
② $100\left(\frac{1}{R}+j\sqrt{3}\omega C\right)$
③ $\frac{100}{\sqrt{3}}\left(\frac{1}{R}+j\omega C\right)$
④ $100\left(\frac{1}{R}+j\omega C\right)$

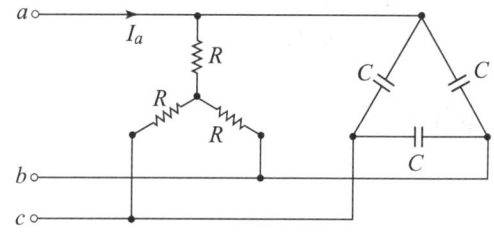

해설 2차측 △ → Y로 바꾸면

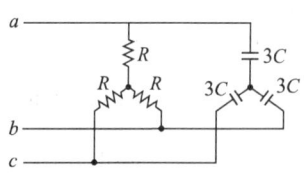

선간전압 $V_{ab} = \sqrt{3}\,V_p[\text{V}]$, V_p(상전압) $= \frac{V_{ab}}{\sqrt{3}}[\text{V}]$

또, 1차 $R[\Omega]$와 2차 $X_C[\Omega]$가 병렬연결

∴ Y 결선의 선전류=상전류

$$I_a = \frac{V_p}{R} + \frac{V_p}{-jX_c} = \frac{\frac{V_{ab}}{\sqrt{3}}}{R} + \frac{\frac{V_{ab}}{\sqrt{3}}}{\frac{1}{j\omega\times 3C}} = \frac{V_{ab}}{\sqrt{3}}\left(\frac{1}{R}+j\omega 3C\right)$$

$$= \frac{100}{\sqrt{3}}\left(\frac{1}{R}+j\omega 3C\right)[\text{A}]$$

정답 074 ④ 075 ①

076 분포정수로 표현된 선로의 단위길이당 저항이 0.5[Ω/km], 인덕턴스가 1[μH/km], 커패시스턴스가 6[μF/km]일 때 일그러짐이 없는 조건(무왜형 조건)을 만족하기 위한 단위길이당 컨덕턴스(℧/m)는?

① 1
② 2
③ 3
④ 4

해설 무왜형 조건(일그러짐이 없는 조건)은 $R/L = G/C$이다.

$$\therefore G(컨덕턴스) = \frac{R}{L} \times C = \frac{(0.5 \times 6 \times 10^{-6}) \times \frac{1}{1000}}{1 \times 10^{-6} \times \frac{1}{1000}} = \frac{0.5 \times 6 \times 10^{-6}}{1 \times 10^{-6}} = 3[\text{℧/m}]$$

077 그림 (a)의 Y결선 회로를 그림 (b)의 △결선회로로 등가 변환했을 때 R_{ab}, R_{bc}, R_{ca}는 각각 몇 [Ω]인가? (단, $R_a = 2[\Omega]$, $R_b = 3[\Omega]$, $R_c = 4[\Omega]$)

① $R_{ab} = \frac{6}{9}$, $R_{bc} = \frac{12}{9}$, $R_{ca} = \frac{9}{8}$

② $R_{ab} = \frac{1}{3}$, $R_{bc} = 1$, $R_{ca} = \frac{1}{2}$

③ $R_{ab} = \frac{13}{2}$, $R_{bc} = 13$, $R_{ca} = \frac{26}{3}$

④ $R_{ab} = \frac{11}{3}$, $R_{bc} = 11$, $R_{ca} = \frac{11}{2}$

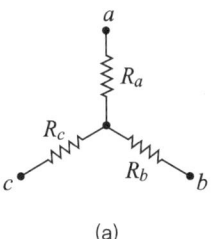
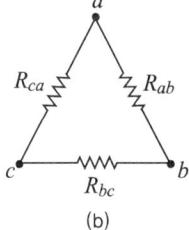

(a)　　(b)

해설 $\triangle = R_a R_b + R_b R_c + R_c R_a = 3 \times 2 + 3 \times 4 + 4 \times 2 = 26$

△각상의 저항
$R_{ab} = \frac{\triangle}{R_c} = \frac{26}{4} = \frac{13}{2}[\Omega]$
$R_{bc} = \frac{\triangle}{R_a} = \frac{26}{2} = 13[\Omega]$
$R_{ca} = \frac{\triangle}{R_b} = \frac{26}{3}[\Omega]$

078 다음과 같은 비정현파 교류 전압 $v(t)$와 전류 $i(t)$에 의한 평균전력은 약 몇 [W]인가?

$$v(t) = 200\sin 100\pi t + 80\sin\left(300\pi t - \frac{\pi}{2}\right)[\text{V}]$$
$$i(t) = \frac{1}{5}\sin\left(100\pi t - \frac{\pi}{3}\right) + \frac{1}{10}\sin\left(300\pi t - \frac{\pi}{4}\right)[\text{A}]$$

① 6.414
② 8.586
③ 12.828
④ 24.212

정답 076 ③ 077 ③ 078 ③

해설 같은 주파수 사이에만 평균전력이 발생된다.

$$P(평균전력) = V_1 I_1 \cos\phi_1 + V_3 I_3 \cos\phi_3 = \frac{200}{\sqrt{2}} \times \frac{1/5}{\sqrt{2}} \cos(0-(-60)) + \frac{80}{\sqrt{2}} \times \frac{1/10}{\sqrt{2}} \cos(-90-(-45))$$
$$= \frac{200}{10} \times \frac{1}{2} + \frac{80}{20} \times \frac{1}{\sqrt{2}} = 10 + \frac{4}{\sqrt{2}} = 10 + 2\sqrt{2} = 12.828 [\text{W}]$$

079

회로에서 $I_1 = 2e^{-j\frac{\pi}{6}}[\text{A}]$, $I_2 = 5e^{j\frac{\pi}{6}}[\text{A}]$, $I_3 = 5.0[\text{A}]$, $Z_3 = 1.0[\Omega]$일 때 부하(Z_1, Z_2, Z_3) 전체에 대한 복소 전력은 약 몇 [VA]인가?

① $35.3 - j7.5$
② $35.3 + j7.5$
③ $45 - j26$
④ $45 + j26$

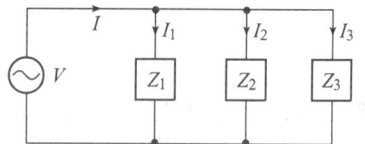

해설 병렬회로에서 $V = \dot{I}_3 Z_3 = 5 \times 1 = 5[\text{V}] = $ 일정하다.
병렬부하에 대한 복소 전력
$$P_a = \dot{V}\overline{\dot{I}_1} + \dot{V}\overline{\dot{I}_2} + \dot{V}\overline{\dot{I}_3} = 5 \times 2\varepsilon^{+j\frac{\pi}{6}} + 5 \times 5\varepsilon^{-j\frac{\pi}{6}} + 5 \times 1$$
$$= 10(\cos 30° + j\sin 30°) + 25(\cos 30° - j\sin 30°) + 5 = 10\left(\frac{\sqrt{3}}{2} + j\frac{1}{2}\right) + 25\left(\frac{\sqrt{3}}{2} - j\frac{1}{2}\right) + 5$$
$$= (5\sqrt{3} + 12.5\sqrt{3} + 5) + j(-12.5 + 5) = (8.66 + 21.65 + 5) - j7.5 ≒ 35.3 - j7.5 [\text{VA}]$$

080

$f(t) = \mathcal{L}^{-1}\left[\dfrac{s^2 + 3s + 2}{s^2 + 2s + 5}\right]$ 는?

① $\delta(t) + e^{-t}(\cos 2t - \sin 2t)$
② $\delta(t) + e^{-t}(\cos 2t + 2\sin 2t)$
③ $\delta(t) + e^{-t}(\cos 2t - 2\sin 2t)$
④ $\delta(t) + e^{-t}(\cos 2t + \sin 2t)$

해설 라플라스의 역변환은
$$f(t) = \mathcal{L}^{-1}\left(\frac{s^2 + 3s + 2}{s^2 + 2s + 5}\right) = \mathcal{L}^{-1}\left(1 + \frac{s-3}{s^2+2s+5}\right) = \mathcal{L}^{-1}\left(1 + \frac{s+1-4}{(s+1)^2+2^2}\right)$$
$$= \mathcal{L}^{-1}\left(1 + \frac{s+1}{(s+1)^2+2^2} - 2 \times \frac{2}{(s+1)^2+2^2}\right) = \delta(t) + e^{-t}\cos 2t - 2e^{-t}\sin 2t$$
$$= \delta(t) + e^{-t}(\cos 2t - 2\sin 2t)$$

제5과목 전기설비기술기준

081 풍력터빈의 피뢰설비 시설기준에 대한 설명으로 틀린 것은?

① 풍력터빈에 설치한 피뢰설비(리셉터, 인하도선 등)의 기능저하로 인해 다른 기능에 영향을 미치지 않을 것
② 풍력터빈 내부의 계측 센서용 케이블은 금속관 또는 차폐케이블 등을 사용하여 뇌유도 과전압으로부터 보호할 것
③ 풍력터빈에 설치하는 인하도선은 쉽게 부식되지 않는 금속선으로서 뇌격전류를 안전하게 흘릴 수 있는 충분한 굵기여야 하며, 가능한 직선으로 시설할 것
④ 수뢰부를 풍력터빈 중앙부분에 배치하되 뇌격전류에 의한 발열에 용손(溶損)되지 않도록 재질, 크기, 두께 및 형상 등을 고려할 것

> **해설** 풍력터빈의 피뢰설비 시설기준
> • 풍력터빈에 설치한 피뢰설비(리셉터, 인하도선 등)의 기능저하로 인해 다른 기능에 영향을 미치지 않을 것
> • 풍력터빈 내부의 계측 센서용 케이블은 금속관 또는 차폐케이블 등을 사용하여 뇌유도 과전압으로부터 보호할 것
> • 풍력터빈에 설치하는 인하도선은 쉽게 부식되지 않는 금속선으로서 뇌격전류를 안전하게 흘릴 수 있는 충분한 굵기여야 하며, 가능한 직선으로 시설할것

082 샤워시설이 있는 욕실 등 인체가 물에 젖어있는 상태에서 전기를 사용하는 장소에 콘센트를 시설할 경우 인체감전보호용 누전차단기의 정격감도전류는 몇 [mA] 이하인가?

① 5
② 10
③ 15
④ 30

> **해설** 욕실 등에 콘센트를 시설할 경우 인체감전보호용 누전차단기의 정격감도전류는 15[mA]이어야 한다.

083 강관으로 구성된 철탑의 갑종 풍압하중은 수직 투영면적 1[m²]에 대한 풍압을 기초로 하여 계산한 값이 몇 [Pa]인가? (단, 단주는 제외한다.)

① 1255
② 1412
③ 1627
④ 2157

> **해설** 강관으로 구성된 철탑의 갑종 풍압하중은 1255[Pa]이다(단, 수직 투영면적 1[m²] 풍압을 기초한 것).

084 한국전기설비규정에 따른 용어의 정의에서 감전에 대한 보호 등 안전을 위해 제공되는 도체를 말하는 것은?

① 접지도체   ② 보호도체
③ 수평도체   ④ 접지극도체

해설 용어의 정의에서 감전에 대한 보호 등 안전을 위해 제공되는 도체란 보호도체를 말한다.

085 통신상의 유도 장해방지 시설에 대한 설명이다. 다음 ( )에 들어갈 내용으로 옳은 것은?

> 교류식 전기철도용 전차선로는 기설 가공약전류 전선로에 대하여 (   )에 의한 통신상의 장해가 생기지 않도록 시설하여야 한다.

① 정전작용   ② 유도작용
③ 가열작용   ④ 산화작용

해설 교류식 전기철도용 전차선로는 기설 가공약전류 전선로에 대하여 (유도작용)에 의한 통신상의 장해가 생기지 않도록 시설하여야 한다.

086 주택의 전기저장장치의 축전지에 접속하는 부하 측 옥내배선을 사람이 접촉할 우려가 없도록 케이블배선에 의하여 시설하고 전선에 적당한 방호장치를 시설한 경우 주택의 옥내전로의 대지전압은 직류 몇 [V]까지 적용할 수 있는가? (단, 전로에 지락이 생겼을 때 자동적으로 전로를 차단하는 장치를 시설한 경우이다.)

① 150   ② 300
③ 400   ④ 600

해설 주택의 전기저장장치의 축전지에 방호장치를 시설한 경우 주택 옥내전로의 대지전압은 직류 600[V]까지이다(단, 선로에 지락이 생겼을 때 자동차단 장치를 시설한 경우이다).

087 전압의 구분에 대한 설명으로 옳은 것은?

① 직류에서의 저압은 1000[V] 이하의 전압을 말한다.
② 교류에서의 저압은 1500[V] 이하의 전압을 말한다.
③ 직류에서의 고압은 3500[V]를 초과하고 7000[V] 이하인 전압을 말한다.
④ 특고압은 7000[V]를 초과하는 전압을 말한다.

해설 전압의 구분에 대한 옳은 설명은 특고압은 7000[V]를 초과하는 전압을 말한다.

088 고압 가공전선로의 가공지선으로 나경동선을 사용할 때의 최소 굵기는 지름 몇 [mm] 이상인가?

① 3.2
② 3.5
③ 4.0
④ 5.0

해설 고압 가공전선로의 가공지선으로 나경동선을 사용할 경우 최소 굵기는 지름 4[mm] 이상이어야 한다.

089 특고압용 변압기의 내부에 고장이 생겼을 경우에 자동차단장치 또는 경보장치를 하여야 하는 최소 뱅크용량은 몇 [kVA]인가?

① 1000
② 3000
③ 5000
④ 10000

해설 특고압용 변압기의 내부에 고장이 생겼을 경우에 자동차단장치 또는 경보장치를 하여야 하는 최소 뱅크용량은 5000[kVA]이다.

090 합성수지관 및 부속품의 시설에 대한 설명으로 틀린 것은?

① 관의 지지점 간의 거리는 1.5[m] 이하로 할 것
② 합성수지제 가요전선관 상호 간은 직접 접속할 것
③ 접착제를 사용하여 관 상호 간을 삽입하는 깊이는 관의 바깥지름의 0.8배 이상으로 할 것
④ 접착제를 사용하지 않고 관 상호 간을 삽입하는 깊이는 관의 바깥지름의 1.2배 이상으로 할 것

해설 합성수지관 및 부속품의 시설
• 관의 지지점간의 거리는 1.5[m] 이하로 할 것
• 접착제를 사용하여 관 상호 간을 삽입하는 깊이는 관의 바깥지름의 0.8배 이상으로 할 것
• 접착제를 사용하지 않고 관 상호 간을 삽입하는 깊이는 관의 바깥지름의 1.2배 이상으로 할 것

091 사용전압이 22.9[kV]인 가공전선이 철도를 횡단하는 경우, 전선의 레일면상의 높이는 몇 [m] 이상인가?

① 5
② 5.5
③ 6
④ 6.5

해설 사용전압이 22.9[kV]인 가공전선이 철도를 횡단하는 경우, 전선의 레일면상의 높이는 6.5[m] 이상이다.

정답 088 ③ 089 ③ 090 ② 091 ④

092 가공전선로의 지지물에 시설하는 통신선 또는 이에 직접 접속하는 가공 통신선이 철도 또는 궤도를 횡단하는 경우 그 높이는 레일면상 몇 [m] 이상으로 하여야 하는가?

① 3
② 3.5
③ 5
④ 6.5

해설 통신선 또는 가공통신선이 철도 또는 궤도를 횡단하는 경우 그 높이는 레일면상 6.5[m] 이상으로 하여야 한다.

093 전력보안통신설비의 조가선은 단면적 몇 [mm^2] 이상의 아연도강연선을 사용하여야 하는가?

① 16
② 38
③ 50
④ 55

해설 전력보안통신설비의 조가선은 단면적 38[mm^2] 이상의 아연도강연선을 사용하여야 한다.

094 가요전선관 및 부속품의 시설에 대한 내용이다. 다음 (   )에 들어갈 내용으로 옳은 것은?

> 1종 금속제 가요전선관에는 단면적 (   )[mm^2] 이상의 나연동선을 전체 길이에 걸쳐 삽입 또는 첨가하여 그 나연동선과 1종 금속제가요전선관을 양쪽 끝에서 전기적으로 완전하게 접속할 것. 다만, 관의 길이가 4[m] 이하인 것을 시설하는 경우에는 그러하지 아니하다.

① 0.75
② 1.5
③ 2.5
④ 4

해설 1종 금속제 가요전선관에는 단면적 2.5[mm^2] 이상의 나연동선을 전체 길이에 걸쳐 삽입 또는 첨가한다.

095 사용전압이 154[kV]인 전선로를 제1종 특고압 보안공사로 시설할 경우, 여기에 사용되는 경동연선의 단면적은 몇 [mm^2] 이상이어야 하는가?

① 100
② 125
③ 150
④ 200

해설 154[kV]인 전선로를 제1종 특고압 보안공사로 시설할 경우, 여기에 사용되는 경동연선의 단면적은 150[mm^2] 이상이어야 한다.

096 사용전압이 400[V] 이하인 저압 옥측전선로를 애자공사에 의해 시설하는 경우 전선 상호간의 간격은 몇 m 이상이어야 하는가? (단, 비나 이슬에 젖지 않는 장소에 사람이 쉽게 접촉될 우려가 없도록 시설한 경우이다.)

① 0.025
② 0.045
③ 0.06
④ 0.12

해설 사용전압이 400[V] 이하인 저압 옥측전선로를 애자공사에 의해 시설하는 경우 전선 상호간의 간격은 0.06[m] 이상이어야 한다(단, 비나 이슬에 젖지 않는 장소에 사람이 쉽게 접촉될 우려가 없도록 시선한 경우이다).

097 지중전선로는 기설 지중약전류전선로에 대하여 통신상의 장해를 주지 않도록 기설약전류전선로로부터 충분히 이격시키거나 기타 적당한 방법으로 시설하여야 한다. 이때 통신상의 장해가 발생하는 원인으로 옳은 것은?

① 충전전류 또는 표피작용
② 충전전류 또는 유도작용
③ 누설전류 또는 표피작용
④ 누설전류 또는 유도작용

해설 지중전선로는 기설 지중약전류전선로에 통신상에 장해를 주지 않도록 시설하여야 한다. 이때 통신상에 장해가 발생하는 원인은 누설전류 또는 유도작용 때문이다.

098 최대 사용전압이 10.5[kV]를 초과하는 교류의 회전기 절연내력을 시험하고자 한다. 이때 시험전압은 최대사용전압의 몇 배의 전압으로 하여야 하는가? (단, 회전변류기는 제외한다.)

① 1
② 1.1
③ 1.25
④ 1.5

해설 최대 사용전압이 10.5[kV]를 초과하는 교류 회전기 절연내력을 시험하고자 할 때는 시험전압은 최대 사용전압의 1.25배의 전압으로 하여야 한다(단, 회전변류기는 제외한다).

099 폭연성 분진 또는 화약류의 분말에 전기설비가 발화원이 되어 폭발할 우려가 있는 곳에 시설하는 저압 옥내배선의 공사방법으로 옳은 것은? (단, 사용전압이 400[V] 초과인 방전등을 제외한 경우이다.)

① 금속관공사
② 애자사용공사
③ 합성수지관공사
④ 캡타이어 케이블공사

해설 폭연성 분진 또는 화약류의 분말에 전기설비가 발화원이 되어 폭발할 우려가 있는 곳에 시설하는 저압 옥내배선의 공사방법으로 옳은 것은 금속관공사이며, 400[V] 초과인 방전등은 제외한 경우이다.

정답 096 ③ 097 ④ 098 ③ 099 ①

100 과전류차단기로 저압전로에 사용하는 범용의 퓨즈(「전기용품 및 생활용품 안전관리법」에서 규정하는 것을 제외한다)의 정격전류가 16A인 경우 용단전류는 정격전류의 몇 배인가? (단, 퓨즈(gG)인 경우이다.)

① 1.25
② 1.5
③ 1.6
④ 1.9

해설 과전류차단기로 저압전로에 사용하는 범용의 퓨즈 정격전류가 16[A]인 경우 용단전류는 정격전류의 1.6배이다.

전기공사기사 필기

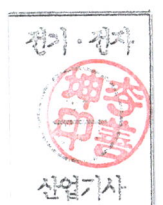

정가 ▮ 35,000원

지은이 ▮ 이광수 · 이기수
펴낸이 ▮ 차 승 녀
펴낸곳 ▮ 도서출판 건기원

2011년 3월 15일   제1판 제1인쇄발행
2020년 12월 15일   제10판 제1인쇄발행
2023년 2월 28일   제11판 제1인쇄발행
2023년 3월 24일   제11판 제2인쇄발행

주소 ▮ 경기도 파주시 연다산길 244(연다산동 186-16)
전화 ▮ (02)2662-1874~5
팩스 ▮ (02)2665-8281
등록 ▮ 제11-162호, 1998. 11. 24
홈페이지 ▮ www.kkwbooks.com

• 건기원은 여러분을 책의 주인공으로 만들어 드리며 출판 윤리 강령을 준수합니다.
• 본 수험서를 복제 · 변형하여 판매 · 배포 · 전송하는 일체의 행위를 금하며, 이를 위반할 경우 저작권법 등에 따라 처벌받을 수 있습니다.

ISBN 979-11-5767-700-9 13560